Die neuesten Fortschritte
in der Anwendung der Farbstoffe

Erster Band

DR. LOUIS DISERENS
Ing.-Chem. E. T. H., Generaldirektor der Manufacture d'impression
Scheurer, Lauth & Co., Thann im Elsass

Neueste Fortschritte und Verfahren in der chemischen Technologie der Textilfasern

In zwei Teilen

Erster Teil:
Die neuesten Fortschritte in der Anwendung der Farbstoffe
in drei Bänden

Zweiter Teil:
Neue Verfahren in der Technik der chemischen Veredlung der Textilfasern
in drei Bänden

Springer Basel AG

Neueste Fortschritte und Verfahren
in der chemischen Technologie der Textilfasern

ERSTER TEIL:

Die neuesten Fortschritte in der Anwendung der Farbstoffe

Hilfsmittel in der Textilindustrie

Erster Band

Von

DR. LOUIS DISERENS

Ing.-Chem. E. T. H., Generaldirektor der Manufacture d'impression
Scheurer, Lauth & Co., Thann im Elsass

Neubearbeitete und erweiterte 3. Auflage

Springer Basel AG

1951

ISBN 978-3-0348-4089-7 ISBN 978-3-0348-4164-1 (eBook)
DOI 10.1007/978-3-0348-4164-1

Ursprünglich erschienen bei Verlag Birkhäuser AG., Basel 1951.
Softcover reprint of the hardcover 3rd edition 1951

INHALTSVERZEICHNIS

VORWORT ZUR ERSTEN AUFLAGE.

Die französische Ausgabe des vorliegenden Werkes erschien in den Jahren 1938/1939 in zwei Bänden unter dem Titel: «Progrès réalisés dans l'application des Matières Colorantes». Die sehr gute Aufnahme und grosse Verbreitung, die dieses Fachbuch in der chemisch-technischen Industrie und in den Fachkreisen der Färbereien, des Textildruckes und der Erzeugung und Anwendung der Farbstoffe und ihrer Hilfsprodukte fand, veranlasste mich, das Buch auch in deutscher Sprache herauszugeben.

Diese deutsche Ausgabe wurde neu bearbeitet unter Berücksichtigung der seither erschienenen Literatur, so dass es sich nicht nur um eine Übersetzung, sondern um ein wesentlich erweitertes Handbuch handelt, welches allen neuen Errungenschaften auf den erwähnten Gebieten gerecht wird.

Der deutsche Text wurde unter Mitwirkung von Herrn Dr. P. Wengraf (Kap. I, II, III und XI), von Herrn H. Wagner (Kap. IV bis IX, sowie Kap. XII und XIII) und von Herrn Dr. C. Bener (Kap. X) ausgearbeitet.

Es ist mir ein Bedürfnis, hier diesen Kollegen sowie Herrn Dr. W. Hess, der mir bei der Korrektur des Textes behilflich war, meinen verbindlichsten Dank für ihre wertvolle und sachkundige Mitarbeit auszusprechen.

Mein aufrichtigster Dank soll auch dem Verlag E. Birkhäuser, Basel, gelten, der den Druck und die Ausstattung des Buches in hervorragender Weise besorgt hat.

Thann i. Elsass, den 1. April 1941.

L. Diserens

VORWORT ZUR ZWEITEN AUFLAGE.

In fachmännischen Kreisen und hauptsächlich in denjenigen der Textilindustrie wurde die erste Auflage meines Werkes in deutscher Sprache mit besonderem Wohlwollen aufgenommen. Obwohl dieses Werk im Jahre 1941 erschienen ist, also zu einer Zeit, da die Kriegsereignisse alle Welt vollauf in Anspruch nahmen, konnte es sich trotzdem in den meisten europäischen und selbst auch in einigen ausserkontinentalen Textilzentren verbreiten.

Es wirkte sehr aufmunternd auf mich, zu erfahren, dass mein Werk, welches mir soviel Mühe und Arbeit gekostet hatte, den europäischen Raum zu klein fand, die Meere und Ozeane überquerte, und sich schliesslich im Jahre 1942 auch in Australien und Indien seine Anhänger erwarb.

Die ungewöhnlich kurze Zeit, in welcher das Buch vergriffen war, stellte mich vor die Frage, ob es zweckmässiger sei, einen Ergänzungsband zur ersten Auflage oder eine verbesserte, erweiterte und auf den heutigen Stand der Technik gebrachte zweite Auflage auszuarbeiten. Da andererseits der Verlag Birkhäuser mit dem Vorschlag an mich herantrat, mein Werk «*Nouveaux procédés dans la technique de l'ennoblissement des fibres textiles*», welches im Jahre 1940 in französischer Sprache erschien, in deutscher Übersetzung herauszugeben, so war die Lösung gefunden, und ich entschloss mich, zu gleicher Zeit eine zweite Auflage des Werkes „Die neuesten Fortschritte in der Anwendung der Farbstoffe“ und die erste Auflage des Werkes „Neue Verfahren in der Technik der Veredlung der Textilfasern“ in Druck zu geben. Diese zwei Werke erscheinen nun in zwei Teilen unter dem gemeinsamen Titel:

„Die neuesten Fortschritte und Verfahren in der chemischen Technologie der Textilfasern.“

Der erste Teil, „Die neuesten Fortschritte in der Anwendung der Farbstoffe“, behandelt die Färberei und Druckerei, der zweite Teil, „Neue Verfahren in der Technik der Veredlung der Textilfasern“, umfasst einerseits das ganze Gebiet der Vorbehandlung der Fasern, d. h. die Schlichterei, die Bleicherei, die Mercerisation usw. und andererseits die Nachbehandlung der gefärbten und bedruckten Ware, d. h. die Appretur in ihrer Gesamtheit. Auf diese Weise werden, dem Titel entsprechend, alle Neuheiten und Verfahren auf dem Gebiete der chemischen Technologie der Textilfasern erfasst.

Die neue Auflage des Werkes „Die neuesten Fortschritte in der Anwendung der Farbstoffe“ weist eine ganze Reihe von Änderungen und Ergänzungen auf.

Dem ersten Kapitel wurde eine kurze Zusammenfassung der Indigofärberei und -druckerei sowie des Pappdruckartikels beigefügt.

Zwischen den Küpenfarbstoffen und den Indigosolfarbstoffen ist ein Kapitel über die Schwefelfarbstoffe eingeschaltet worden. Die Abhandlung über die Druckverfahren für unlösliche Azofarbstoffe sowie über die Zubereitung von Verbindungen, welche mit den Naphtolkörpern zusammen in der Druckfarbe untergebracht werden können und die nur durch nachträgliche Behandlung kuppeln (also Rapidogenfarbstoffe, Neocotonfarbstoffe usw.) wurde neu bearbeitet und beträchtlich erweitert.

Die Färbereiverfahren für synthetische Fasern sind neu gruppiert und in einem speziellen Kapitel zusammengefasst worden.

Eine grosse Anzahl neuer Verfahren wurden aufgenommen, z. B. das Küpensäureverfahren, das Aridyeverfahren, das Verfahren mit Rapidogenentwickler usw.

Verschiedene Produkte konnten hinsichtlich ihrer Konstitution oder Zusammensetzung berichtigt bzw. genauer angegeben werden. Die Anordnung des Stoffes wurde im allgemeinen beibehalten. Eine Anzahl Kapitel beziehen sich ausschliesslich auf die verschiedenen Farbstoffklassen, während die Hilfs-, Ätz-, Lösungs-, Verdickungsmittel usw. in besonderen Kapiteln behandelt werden.

Zahlreiche Firmen, u. a. hauptsächlich die Gesellschaft für Chemische Industrie in Basel, die Chemische Fabrik vorm. Sandoz, Basel, die Firma Joh. Rud. Geigy AG. in Basel, Böhme-Fettchemie GmbH. in Chemnitz, die Chemischen Fabriken Stockhausen & Co., Krefeld, die Firma Röhm und Haas AG. in Darmstadt, die Gesellschaft Rhodiaceta in Lyon, haben mir wertvolle Unterlagen zur Verfügung gestellt.

Der erweiterte deutsche Text wurde unter Mitwirkung von Herrn Dr. W. Hess ausgearbeitet.

Es ist mir eine angenehme Pflicht, hier meinen Kollegen und Mitarbeitern, Herrn H. Wagner, Herrn H. Offergeld und Herrn Dr. W. Hess, die mir bei der Korrektur des Textes behilflich waren, sowie allen Firmen und Kollegen, welche mir durch Ratschläge und private Mitteilungen meine Arbeit wesentlich erleichtert haben, meinen verbindlichsten Dank auszusprechen.

Mein Dank gebührt ebenfalls dem Verlag E. Birkhäuser in Basel, dem es trotz den gegenwärtigen schwierigen Verhältnissen gelang, den Druck und die Ausstattung des Buches in vorbildlicher Weise auszuführen.

Thann i. Elsass, März 1946.

L. Diserens

VORWORT ZUR DRITTEN AUFLAGE.

Mit dem vorliegenden ersten Band haben „Die neuesten Fortschritte in der Anwendung der Farbstoffe“ ihre 3. Auflage in deutscher Sprache erfahren. Im Jahre 1941 erschien die 1. Auflage dieses Werkes noch in einem einzigen Band, während schon die 2. Auflage, die in den Jahren 1946—1949 herauskam, bereits drei Bände umfasste.

Nachdem der 1. Band dieser Auflage (1946) vergriffen war, erwies es sich als unumgänglich, der steigenden Nachfrage nachzukommen und eine 3. Auflage herauszugeben, deren Text nochmals durchgesehen und auf den Stand vom 1. Januar 1950 gebracht wurde unter Berücksichtigung der zwischen 1945 und 1950 erschienenen Literatur. So wurde z. B. der Text durch verschiedene englische und amerikanische Verfahren, die infolge des Weltkrieges 1939—1945 noch nicht in die vorhergehende Auflage aufgenommen werden konnten, erweitert.

Anderseits hat die Nachkriegszeit eine Fülle von Arbeiten auf sämtlichen Gebieten der Textilindustrie gebracht. Das Auftreten neuer Fasern, neuer Farbstoffe und Textilhilfsmittel sowie neuer Druck- und Färbeverfahren, Spezialappreturen usw. haben oft eine erhebliche Erweiterung gewisser Kapitel mit sich gebracht.

Unbestreitbar findet man am meisten neue Arbeiten auf dem Gebiete der Küpenfarbstoffe. Es hat daher vor allem das diesbezügliche Kapitel I verschiedene wichtige Erweiterungen erfahren. So wurde unter anderem über die hauptsächlichsten Klassen der indigoiden und anthrachinoiden Farbstoffe ein umfangreicher Überblick gegeben, wobei jeweils auch die entsprechenden Konstitutionsformeln und die Handelsmarken der wichtigsten Vertreter angegeben wurden. Das Färben mit Küpenfarbstoffen war Gegenstand zahlreicher Untersuchungen und verschiedene neue Verfahren wurden auf diesem Gebiete entwickelt, wie das Pad-Steam-Verfahren, das Williams-Unit-Verfahren, der Standfast-Metallprozess, die Verwendung der Küpensäure, das Vat-Craft-Verfahren usw. Äusserst interessante Untersuchungen stellten englische Chemiker über die Einwirkung des Lichts auf Küpenfärbungen an und versuchten, die damit verbundene Schädigung der Baumwolle zu erklären. Desgleichen wurde auch über die Anwendung von Küpenfarbstoffen auf tierische und synthetische Fasern viel gearbeitet.

Die Tabellen am Ende des Kapitels wurden neu geordnet und ergänzt. Im Kapitel III wurden die Indigosole mit Angabe der Konstitutionsformel und den entsprechenden Handelsmarken in Tabellen zusammengefasst. Auf dem Gebiet der Schwefelfarbstoffe und der unlöslichen Azofarbstoffe finden wir nur wenig neue Arbeiten. Bei den letztern hat die I.G. Farbenindustrie neue Basen mit einer Trifluormethylgruppe herausgebracht. Das Vorhandensein einer solchen Gruppe im Molekül eines unlöslichen Azofarbstoffs verbessert ganz beträchtlich seine Lichtechtheit.

Von den Spezialverfahren, die ein gleichzeitiges Drucken einer Diazoverbindung und eines Naphtols erlauben, hat sich nur jenes in der Industrie durchzusetzen vermocht, welches Diazoaminoderivate verwendet. So scheint es wirklich, dass die Rapidogene endgültig in der Praxis Eingang gefunden haben und sich auf allen Gebieten mit immer grösserem Erfolg durchsetzen. Anderseits verhinderten die Schwierigkeiten, die sich bei der Anwendung der Neocotonfarbstoffe der Ciba zeigten, die Einführung dieses an sich so eleganten Verfahrens in die Praxis.

Wie bereits bei den Indigosolen, so wurde auch bei den Rapidogenen eine Einteilung der im Handel sich befindlichen Marken vorgenommen und in Tabellen mit gleichzeitiger Angabe der Handelsbezeichnungen und der Konstitutionsformeln zusammengefasst.

Endlich wären auf dem Gebiete der Beizenfarbstoffe noch die neueren Arbeiten von Durand & Huguenin AG., Basel, zu erwähnen, die zur Aufstellung einer interessanten Reihe von Farbstoffen führten, die sich durch kurzes Dämpfen fixieren lassen.

Diese kurze Aufzählung einiger Neuheiten in der Anwendung der verschiedenen Farbstoffe und damit verbunden die laufenden Entdeckungen auf dem Gebiete der synthetischen Fasern sollen den Leser von der Notwendigkeit dieser neuen Auflage überzeugen, welche die in der Textilindustrie verwirklichten Fortschritte festhalten möchte.

Um das ganze Werk im Rahmen der ursprünglichen Ausgabe halten zu können, sah ich mich infolge der Erweiterung des Textes veranlasst, im vorliegenden 1. Band auf die Literaturzusammenstellung sowie auf eine Zusammenstellung der Autorennamen zu verzichten. Dieser mehr informatorische Teil wurde an das Ende des 3. Bandes genommen und wird sich dann auf alle drei Bände beziehen.

Die 3. Auflage 1950 ist als endgültige Fassung dieses Werkes gedacht, welches grundsätzlich keine Neuauflagen mehr erleben soll. Damit jedoch stets diese ausgedehnte Dokumentation auf Grund der neuesten Ergebnisse nachgeführt werden kann, werden von Zeit zu Zeit Ergänzungsbände erscheinen, die über die seit 1950 erschienenen Arbeiten orientieren werden.

Nochmals möchte ich meiner Dankbarkeit Ausdruck geben gegenüber den zahlreichen chemischen und Farbstoffabriken für die mir freiwillig und gerne angebotene Zusammenarbeit und das grosse Interesse, das sie meinem Werke entgegengebracht haben. Die mir überlassenen wertvollen Unterlagen über ihre Spezialprodukte konnte ich in grossem Masse im Text und in den Tabellen verwenden.

Speziell möchte ich dabei die folgenden Firmen nennen: Ciba AG., Basel; Francolor, Paris; Chemische Fabrik Rohner, Pratteln; W. A. Scholten's Chemische Fabrik, Groeningen; Imperial Chemical Industries, Blackley; Calco Chem. Div., Bround Brook, N. J. (USA.); Chemische Fabrik Sandoz AG., Basel; Durand & Huguenin AG., Basel.

Mein Dank gilt gleichermassen meinen Freunden und Kollegen, deren wohlwollende Mitarbeit mir jederzeit sicher war. Unter ihnen möchte ich ganz besonders Herrn Dr. P. Wengraf, Elmhurst, nennen, der seit Beginn meiner Arbeiten im Jahre 1936 mir stets seine grosse Erfahrung und sein umfangreiches Wissen auf dem Gebiete der Textilindustrie zur Verfügung stellte. Er hat auch zusammen mit seinem Kollegen, Herrn M. Baumann, New York, die englische Ausgabe dieses Werkes verwirklicht. Ferner gilt mein spezieller Dank Herrn Dr. E. Krähenbühl, Basel, der stets bereit war, mir wertvolle Ratschläge zu erteilen und auch die Kapitel XII und XV bereinigte, den Herren Prof. H. Wahl, Nancy, Dr. Philippe Brandt und G. de Niederhäusern, Direktoren der Firma Durand & Huguenin AG. in Basel, sowie Herrn Dr. Joachim Müller, Krefeld, der den Abschnitt über die Küpensäureverfahren bearbeitete.

Die Übersetzung des neuen Textes des vorliegenden 1. Bandes der 3. Auflage ins Deutsche besorgten einerseits die Herren Dr. E. Stocker, Horn, und seine Mitarbeiter R. Baumgartner und P. Fink, St. Gallen, andererseits Herr Dr. Schürch, Riehen bei Basel. An dieser Stelle möchte ich allen nochmals meinen ausdrücklichen Dank hiefür aussprechen.

Es ist mir endlich eine angenehme Pflicht, dem Verlag Birkhäuser AG., Basel, für die ausgezeichnete Ausführung, sowohl was die äussere Form als auch was die Qualität des Drucks betrifft, die allseits vollberechtigt uneingeschränkte Anerkennung gefunden haben, aufs herzlichste zu danken.

Thann i. Elsass, Dezember 1950.

L. Diserens

Einleitung.

Der ausserordentliche Aufschwung, den die Farbstofferzeugung in den letzten Jahren erfuhr, hatte eine parallele Entwicklung in der Färberei und im Textildruck zur Folge. Alle diese Arbeiten, die eine unübersehbare Schar von Chemikern beschäftigten, führen dahin, neue Verfahren ausfindig zu machen, die Farbenskala zu bereichern und die Veredlung zu unterstützen. Das Bedürfnis, immer geeignetere Mittel zu schaffen und zu ersinnen, schneller und mit besseren Ausbeuten zu arbeiten, liegt in unserer Zeitepoche. Das Gebiet der Koloristik erfährt dank dem Wettkampf der einzelnen Industrien immer neue und wichtige Veränderungen.

Die Entwicklung der künstlichen Farbstoffe, die bis zum Jahre 1900 in der Auffindung und Ausarbeitung der substantiven Baumwoll-, der Woll-, Beizen-, basischen und unlöslichen Azofarbstoffe, die sich vom β-Naphtol ableiten lassen, bestanden hatte, erhielt einen neuen und wunderbaren Aufschwung seit dem Beginn des 20. Jahrhunderts durch die Auffindung des Indanthrenblaus und der darauf folgenden Küpenfarbstoffe.

An der Spitze der Forscher steht hier René Bohn mit seiner staunenerregenden Entdeckung des Indanthrenblaus und des Indanthrengelbs. Einige Jahre später findet P. Friedländer das Thioindigorot und Engi die Cibafarbstoffe, das Cibaviolett und das Cibascharlach. Nun beginnt das Zeitalter der Küpenfarbstoffe, welches seine volle Blüte wenige Jahre später erreicht dank den systematischen und tiefgründigen Arbeiten, die in unermüdlicher Forschung von der Badischen Anilin- und Sodafabrik, von den Farbwerken vorm. Meister, Lucius und Brüning in Höchst, von Bayer in Leverkusen und von der Ciba in Basel geleistet wurden[1]).

Der rasche Aufschwung, den die Küpenfarbstoffe zu verzeichnen haben, ist zweifellos der nicht weniger aufsehenerregenden Entdeckung der löslichen Hydrosulfite und besonders der Verbindung der Sulfoxylsäure mit Formaldehyd zu verdanken; diese Erfindungen haben erst eine leichte Anwendung der Farbstoffe ermöglicht, und mit ihnen sind die Namen von Descamps, der Manufaktur E. Zündel in Moskau (1902), von Meister, Lucius und Brüning in Höchst und der Badischen Anilin- und Sodafabrik in Ludwigshafen für immer verknüpft.

[1]) Karl Holzach, 75 Jahre Farbstoffsynthese in Ludwigshafen (Rhein), Mell. 1940, Bd. *21*, S. 225; Karl Holzach, Entwicklung der deutschen chemischen Industrie auf dem Gebiete der Farbstoffsynthese, Vortrag gehalten in Stuttgart am 28. 5. 36 auf dem Kongress des I. V. C. C.

Historisch weiterschreitend kommen wir zum Jahre 1910, in welchem Reinking sein Leukotrop-Ätzverfahren ausarbeitete. Nach knapp einem Jahr bringt Griesheim das Naphtol AS, das erste Anilid der 2-Oxy-3-Naphtoesäure heraus, dem sich nach dem ersten Weltkrieg eine ganze Reihe anderer Anilide anschlossen, die man durch Einführung von Substituenten erhielt, welche die Farbtöne und die Echtheiten der daraus hergestellten Azofarbstoffe beeinflussten. Wir wurden Zeugen des Entstehens einer neuen Klasse unlöslicher Azofarbstoffe, die bis dahin allein auf dem β-Naphtol aufgebaut waren. Auch hier hat es die I. G. Farbenindustrie AG. in bewundernswerter, methodischer und dabei phantasievoller Arbeit verstanden, alle Naphtole zur Erzielung von Braun-, Grün-, Schwarz- und Gelbtönen (Naphtole AS-LT, AS-BG, AS-GR, AS-LB, AS-SG, AS-SR, AS-LG, AS-G, AS-L 3 G) zu schaffen, indem sie die Anthrazen-, Pyrrol- und Karbazolderivate der Oxykarbonsäure-Anilide darstellte. Die Anzahl der unlöslichen Azofarbstoffe wuchs weiter an durch die Auffindung neuer Farbstoffbasen, die nicht nur in den Orange- und Rottönen, sondern auch im Bereich des Bordeaux, des Violetts und besonders des Marineblaus eine grosse Bereicherung der Farbenskala ermöglichten. Es sei hier vor allem die Erfindung der unter den Namen Variaminblau B, Echtblaubase BB und RR und Echtdunkelblausalz R bekannten Basen hervorgehoben.

Da die Anwendung dieser Farbstoffe durch die Notwendigkeit, in zwei Bädern zu arbeiten, umständlich war, wurde eine Abhilfe zuerst in der Form der Rapidechtfarbstoffe gefunden. Das Verfahren nahm seinen Ausgang von einer von der B.A.S.F. im Jahre 1893 patentierten Arbeitsweise, die auf der Umwandlung der kupplungsfähigen Diazoverbindung in ein stabiles Nitrosamin beruhte, das man den Kupplungskomponenten im gleichen Bade zusetzen konnte.

Hier machte aber die geniale Forschertätigkeit der Chemiker der I. G. Farbenindustrie nicht halt. Das Bestreben, die Beständigkeit der Farben zu verbessern, die Fabrikation zu vereinfachen und sicherer zu gestalten, führte zu einer weiteren Bereicherung der Farbstoffindustrie mit einer neuen Gruppe, den Rapidogenen[1]). Der unleugbare Erfolg dieser Entdeckung blieb nicht lange aus. Die Koloristen der ganzen Welt, stets auf der Suche nach neuen Effekten, nahmen diese Produkte begeistert auf, welche die bisherige Fabrikation auf gänzlich neue Grundlagen stellten und in wenigen Jahren zu Kennzeichen unserer modernen Erzeugung wurden.

---

[1]) Die Rapidogene werden gegenwärtig von verschiedenen Firmen hergestellt: in Frankreich von Francolor (Naphtazogene), in der Schweiz von Rohner (Ronagene), in den USA. von der Pharma Chem. Corp. (Pharmasole), von Du Pont (Diagene), von der Calco Chem. Div. (Calconyl) und von der General Dyestuff Corp. (Rapidogene), in England von der Imp. Chem. Ind. (Brentogene).

Der Erfolg der Rapidogene regte weiter die Tätigkeit der Forschungslaboratorien an und rief eine geradezu fieberhafte schöpferische Erfindertätigkeit diesseits und jenseits des Ozeans hervor. Hier wären vor allem die Arbeiten von Marcel Bader, der die Nitraminate zusammen mit den Naphtolen verwendete, sowie eine neue Klasse von Körpern zu nennen, die die Basler Farbenfabriken ausgearbeitet haben. Diese neuen Produkte sind unter den Handelsnamen der Neocotone (Ciba), der Neogenole (Sandoz) und der Tinogenale (Geigy) auf den Markt gekommen. Es scheint jedoch nicht, dass diese neue Farbstoffklasse grossen Anklang gefunden hat; die Vorliebe der Praxis gilt nach wie vor den Rapidogenen.

Dieses ungestüme Bestreben nach Vereinfachung sowie rascher und leichter Anwendbarkeit erstreckte sich aber auch auf die Küpenfarbstoffe und führte im Jahre 1922 zur aufsehenerregenden Entdeckung der Indigosole, das sind die in Form ihrer Schwefelsäureester stabilisierten Leukokörper der Küpenfarbstoffe. Diese Neuerung ist Marcel Bader zu verdanken. Sicherlich hätte sich da der Erfolg schneller einstellen können und müssen; doch verzögerten einerseits die Ausarbeitung der Fabrikations- und Anwendungsmethoden, andererseits die verhältnismässig hohen Gestehungspreise die Verbreitung ganz wesentlich. Dank der ausgezeichneten Arbeiten der Chemiker der Firma Durand & Huguenin stellte sich aber dennoch nach einigen Jahren der volle Erfolg ein. Die Indigosole sind, vermöge ihrer Kombinationsfähigkeit (Reserve- und Buntätzartikel) und ihrer gemeinsamen Verwendbarkeit mit Küpen- und Rapidogenfarbstoffen usw., in alle Gebiete der Färberei und Druckerei erfolgreich vorgedrungen.

Die Auffindung wertvoller Farbstoffe beschränkte sich nicht nur auf neue, sondern auch auf die alten Gebiete der Chrom- bzw. der Beizen-, der sauren Woll- und der direktziehenden Farbstoffe. Auch hier wurde mit dem besten Erfolg gearbeitet.

So fand Geigy in Basel die Eriochromfarbstoffe (1904), die eine sehr wertvolle Ergänzung der damals bekannten Nachchromierungsfarbstoffe bedeuteten. Es sind dies sulfonierte oder karboxylierte Azofarbstoffe ohne Chrom im Farbstoffmolekül, die man entweder mit organischen Säuren auffärbt und nachchromiert oder auf Chrombeize färbt. Einige Typen dieser Gruppe lassen sich nach dem sogenannten Eriochromatverfahren — bei gleichzeitiger Beschickung des Bades mit Farbstoff und Bichromat — färben.

Auch das frühere Nachchromierungsverfahren wurde durch die Einführung des Metachromverfahrens von der damaligen Agfa-Berlin wesentlich vereinfacht. Hier sind die Metachromfarbstoffe[1])

[1]) Andere Handelsmarken: Synchromatfarbstoffe der Ciba und Metomegachromfarbstoffe von Sandoz.

der I. G., die bei guter allgemeiner Echtheit die Anwendung in einem einzigen Bad gestatten, zu erwähnen, wobei die Chromverbindung gleich zu Beginn des Färbeprozesses in Form der Metachrom-Beize[1]) zugesetzt wird. In gleicher Weise arbeitet man auch mit der als Chromosol (Gemisch von Chromoxalat und Soda) bekannten Verbindung der Firma Sandoz (Basel).

Schliesslich hat ihrerseits die Ciba in Basel eine sehr interessante Spezialität auf dem Gebiete der Wollfarbstoffe entwickelt. Diese Firma war die erste, welche Chrom-Komplexe von chromierbaren Azofarbstoffen in ihre Produktion aufnahm. Diese Neolanfarbstoffe unterscheiden sich von den früher bekannten Chromierungsfarbstoffen dadurch, dass sie in ihrem Molekül Chrom enthalten. Solche Chrom-Komplexverbindungen, die als o-kondensierte Nebenvalenz-Verbindungen erkannt wurden, sind später als Palatinechtfarbstoffe von der I. G., als Inochromfarbstoffe von Francolor sowie als Vitrolanfarbstoffe von Sandoz, Gycolanfarbstoffe von Geigy und Chromacylfarbstoffe von Du Pont aufgenommen worden.

Die genannten chromhaltigen Farbstoffe färben die Wolle im schwefelsauren und glaubersalzhaltigen Bade direkt an und die Färbungen lassen sich gut mit Formaldehydsulfoxylat ätzen. Sie nehmen infolge ihrer Echtheit und ihrer Lebhaftigkeit einen hervorragenden Rang ein. Immerhin verlangen sie zum Anfärben der Wolle eine verhältnismässig hohe Konzentration an Mineralsäuren, die besonders bei der Färbung von Mischgeweben gefährlich ist. Diese Frage wurde sowohl von der Ciba als auch von der I. G. erforscht, und das neue Verfahren führte zu einer Verminderung dieser bedeutenden Säuremengen dank der Verwendung von nichtionogenen Kondensationsprodukten der Fettalkohole mit Äthylenoxyd vom Typus des Emulphors O. Solche Produkte befinden sich im Handel unter den Namen Palatinechtsalz O (I. G. Farbenindustrie), Ekalin F (Sandoz) und Inochromsalz O (Francolor). Seither sind auch Farbstoffe dieser Klasse gefunden worden, die mit Ameisensäure gefärbt werden können, z. B. das Palatinechtschwarz WAN extra.

Obschon der Pigmentdruck[2]) zu den ersten Druckverfahren gehörte, hat dieser Zweig dank sehr zahlreicher Untersuchungen die charakteristische Entwicklung der übrigen Farbstoff-Anwendungsarten mitgemacht. Parallel mit dem Aufkommen neuer Produkte versuchte man, das Eiweiss oder die Gelatine zu ersetzen, zunächst durch Zellulosederivate wie Nitrozellulose, Viskose, Zelluloseazetat (Serikose), dann durch Kondensationsprodukte wie Phenol-Formaldehyd (Bakelit, Verfahren der Firma E. Zündel in Moskau, *brit. P. 7.284*, 1915;

---

[1]) Metachrom-Beize ist eine Mischung von Natriumchromat und Ammoniumsulfat.

[2]) Mattiello, Protective and Decorative Coatings, John Wiley & Sons, 1941. Henry F. Herrmann, The Informative Labeling of Textiles, Amer. Dyest. Rep. 1946, Bd. *35*, S. 616.

D.R.P. 264.137; franz. P. 452.677); Resorzin-Formaldehyd (Manufaktur E. Zündel, Moskau, *brit. P. 714*, 1913); Harnstoff-Formaldehyd (I. G. Farbenindustrie, *amer. P. 1.871.087*); Melamin-Formaldehyd (Ciba-Haller-Widmer, *amer. P. 2.202.200; brit. P. 431.168*) und schliesslich durch Emulsionen vom Wasser-in-Öl- oder Öl-in-Wasser-Typus.

Das Aridye-Verfahren, welches auf der Anwendung von Pigmentfarben des Wasser-in-Öl-Typus beruht, wurde von der Interchem. Corp. untersucht (Aridye Corp., *amer. P. 2.222.581, 2.222.582, 2.248.696, 2.251.914; brit. P. 523.090*). Die Fixierung des Pigmentes erfolgt durch Trocknen bei 120—150° C. (Siehe auch Sherdyes, Sherwin-Williams.)

Eine ähnliche Farbstoffklasse wurde 1945 von Kuhlmann-Francolor unter dem Namen Impralac in den Handel gebracht (*brit. P. 570.742*, Francolor-Dürr), wobei ein Glyzerin-Phtalsäure-Harz zur Fixierung dient.

Schliesslich lancierte die Ciba ebenfalls im Jahre 1945 ihre Serie der Oremafarbstoffe vom Öl-in-Wasser-Typus (*schweiz. P. 213.035*, (12. 6. 1939); *franz. P. 865.752; brit. P. 544.157; D.R.P. 748.833; amer. P. 2.361.277*). Die Oremafarbstoffe sind dank ihrer Leuchtkraft, der bemerkenswerten Echtheit gewisser Nuancen und dadurch, dass das Gewebe keine Versteifung erfährt, für den Druck ganz besonders geeignet. Die Fixierung geschieht durch Passage in einem Spezialapparat bei 140—160° C.

In den vorstehenden Zeilen wurden die neuen, zu Bedeutung gelangten Farbstoffe, gewissermassen die Sieger, charakterisiert. Was wurde aber aus den „Besiegten"? Natürlich ging bis zu einem gewissen Grade der Erfolg der einen auf Kosten der anderen; doch haben immerhin auch die Farbstoffe der zweiten Gruppe je nach den augenblicklichen Bedürfnissen eine gewisse Bedeutung beibehalten, und ihre Einbusse war nicht allzu bedeutend.

Die direkten Azofarbstoffe, deren Anwendungsgebiet auf die Färberei beschränkt bleibt, mussten sicherlich gewisse Schwierigkeiten überwinden, um sich auch weiter zu behaupten. Wenn sie trotzdem nicht viel in ihrer Geltung verloren haben, so liegt dies in zwei Gründen: in der Billigkeit der Produkte und in den Fortschritten, welche durch Arbeiten der Farbenfabriken in der Erhöhung der Echtheit erreicht wurden.

Das Ergebnis war eine ganze Reihe von Farbstoffen, deren Lichtechtheit derjenigen mancher wertvollen Küpenfarbstoffe ebenbürtig ist. Es seien hier genannt die Benzoecht- bzw. Siriusfarbstoffe der I. G., die Chlorantinlichtfarbstoffe der Ciba, die Solarfarbstoffe von Sandoz, die Diphenylfarbstoffe von Geigy, die Phebaminfarbstoffe von St. Clair, die Diazollichtfarbstoffe von Francolor, die Fastusolfarbstoffe der G. D. C., die Solantinfarbstoffe der N. A. C., die Pontaminfarbstoffe von Du Pont und die Calcominfarbstoffe der Calco Chem. Div.

Bemerkenswert ist hier die Auffindung der direktziehenden Kupferkomplexverbindungen durch die Ciba, welche vielleicht die wichtigste Neuerung auf dem Gebiete der direktziehenden Farbstoffe darstellen, die in den letzten 30 Jahren gemacht wurde. Das Studium des Verhaltens der Komplexverbindungen führte auch in neuerer Zeit zu einer Verbesserung der bis dahin auf saurem Wege durchgeführten Kupferung der direktziehenden Farbstoffe — dem sogenannten Coprantin-Verfahren —, welches das Färben und das Nachkupfern von Färbungen ohne Anwendung von frischen Bädern erlaubt. (Coprantinsalz II, neutrales Kupfer-Natriumtartrat.)

Hier sind auch die Benzoechtkupferfarbstoffe der I. G. zu erwähnen, die, wenn auch nicht sehr lebhafte, aber doch ausgezeichnet lichtechte Farbtöne ergeben.

Die Basler Fabriken haben eine interessante Serie von Direktfarbstoffen untersucht und in den Handel gebracht, deren Wasch- und Lichtechtheit durch Nachbehandlung mit einem Gemisch eines Kupfersalzes mit einem kationaktiven Produkt (Sapamin) oder einem Derivat eines Melamin-Formaldehyd-Kondensationsproduktes (Lyofix SB) erhöht werden können. Es handelt sich um die Neocupran-(Ciba), die Cuprofix-(Sandoz) und die Cuprophenylfarbstoffe (Geigy). Die Nachbehandlung erfolgt mit Neocupransalz (Ciba), bzw. Cuprofixsalz (Sandoz). Diese Salze bestehen aus Kupfersulfat und dem Lyofix SB, bzw. dem kationaktiven Sandofix WE. Der Hauptvorteil dieser Farbstoffklasse liegt in den damit erzielten Wasch- und Lichtechtheiten, welche diejenigen der gewöhnlichen Direktfarbstoffe merklich übertreffen.

Ähnliches gilt für die Chromfarbstoffe, welche nur dank den Entwicklungsarbeiten der Firma Durand & Huguenin den heutigen Anforderungen der Färbereien und Druckereien (Anwendung auf Kunstseide, verkürzte Dämpfdauer beim Fixieren) Genüge leisten. Die konsequent fortgesetzten Untersuchungen von Durand & Huguenin führten zu einer neuen und schönen Serie, den Novochrom- und Perchromfarbstoffen, die zur Fixierung nur ein kurzes Dämpfen verlangen. Leider entsprechen ihre Wasch- und Lichtechtheiten nicht immer den Anforderungen der durch die Echtfärbungen verwöhnten Kundschaft.

Am meisten haben wohl die basischen Farbstoffe gelitten. Gewisse Artikel sind immerhin noch auf sie angewiesen, wie billige baumwollene und kunstseidene Exportwaren sowie auch kostbare Naturseidenstoffe im Druck, in welch letzterem Fall man wegen des alkalischen Angriffs weder Küpen- noch Rapidogenfarbstoffe verwenden kann. Einzelne Arbeiten haben auch hier den Zweck, Verbesserungen einzuführen, wobei man etwa die Tanninersatzmittel (Katanol, Depsoline) oder das Fixationsverfahren basischer Drucke durch einfaches Dämpfen ohne Brechweinsteinpassage (Débétanlaque der L. Z. J.) erwähnen könnte.

Der ausserordentliche Aufschwung der Farbstofferzeugung hatte eine sehr bedeutende Ausbreitung der Textilhilfsmittel zur Folge. Vor dem Weltkrieg 1914/18 gab es davon nur eine recht geringe Zahl, im Verlaufe der letzten Jahre sind sie zu einer fast unübersehbaren Zahl — im Verhältnis zu den Farbstoffen — angeschwollen.

Unter der Bezeichnung „Textilhilfsmittel“[1]) sollen jene Stoffe verstanden werden, die, sei es in der Druckfarbe, sei es im Appretur- oder Färbebad, sei es im Bleichbad oder in der Mercerisierflüssigkeit, die Wirkung einer Verbesserung der Ausgiebigkeit, einer Vereinfachung der Ausfertigung oder eines neuen Fabrikationseffektes, eines verbesserten Griffs oder Aussehens und endlich einer Qualitätsveredlung hervorbringen.

Zu Beginn dieser Entwicklung liessen sich die Hilfsmittel hauptsächlich von Fettkörpern ableiten, also von Seifen, Sulforizinaten usw. Die Knappheit an Fettstoffen während des Weltkrieges 1914/18 führte zur Heranziehung der alkylierten Naphtalinsulfosäuren (*D.R.P. 336.558*, 1916), wodurch bekannt wurde, dass zur Herstellung von Netzmitteln Fettstoffe nicht unbedingt notwendig sind. Dem *D.R.P. 336.558* folgten während etwas mehr als einem Dezennium verschiedene Patente und Publikationen, die sich auf dem Gebiete der fettlosen anionaktiven Hilfsstoffe bewegten. In der Folge fanden die Textilhilfsmittel ihre Verbreitung in neuen chemisch-physikalischen Gebieten; so entstanden die Netz-, die Dispergier- und Emulgiermittel, deren erstes wohl das Nekal von Günther ist. Ihm sind eine Anzahl wichtiger derartiger Hilfsmittel gefolgt, z. B. Emulphor, Peregal der I. G., Albatex (Ciba), Igepone, Igepale (I. G.), Ultravon (Ciba), Gardinol (Böhme Fettchemie), Lissapol (I. C. I.), Duponol (Du Pont) usw.

Es sei gestattet, hier eine kurze Zwischenbemerkung einzuschalten, um die Bezeichnungen klarzustellen. Man muss zwischen „Hilfs-

[1]) Chwala, Textilhilfsmittel, ihre Chemie, Kolloidchemie und Anwendung (Wien 1939), Schönfeld: Chemie und Technologie der Fette (Wien 1937), Bd. *2*, 4. Abschnitt „Die sulfonierten Öle“, S. 315- und ff., ferner l. c. Bd. *4* (Wien 1939), 1. Teil: Theoretisches, 1. Abschnitt: Anion- und Kationaktivität von Seifen und seifenartigen Stoffen; Kolloid-Z., Bd. *101*, S. 213 (1942): Referat über Invertseifen; Chem. Ztg., Bd. *64*, S. 325 (1940): Alkylierte organische Sulfosäuren; Chem. Ztg., Bd. *59*, S. 73 (1935): 100 Jahre Netzchemie; Young and Coons, Surface Active Agents, Chem. Publishing Co. (1945); J.-P. Sisley, Huiles sulfonées et Détergents modernes, Teintex 1944, Juniheft, und 1945, Juni-, Juli- und Augusthefte.

Schwartz and Perry, Surface active agents, Interscience Publishers, New-York (1949).

J.-P. Sisley, Index des Huiles sulfonées et Détergents Modernes, Editions Teintex, Paris, 1949.

mittel“ und „Netzmittel“, welcher Begriff sich in der Textilindustrie — oft fälschlich — verbreitet hat, wohl unterscheiden. Die Netzmittel im eigentlichen Sinne sind eine wohl abgrenzbare Untergruppe der Textilhilfsmittel im allgemeinen. Es sind dies Verbindungen, die imstande sind, die Oberflächenspannung des Wassers zu erniedrigen und auch bestimmte Bleich-, Färbe- und Appreturprozesse zu unterstützen.

Die Textilhilfsstoffe, soweit es sich um wasserlösliche, salzartige Verbindungen handelt, die als Netz- und Waschmittel verwendet werden, zerfallen in zwei Hauptgruppen. Es sind dies einerseits die anionaktiven Produkte, also salzartige Verbindungen, deren Wirksamkeit auf die Zusammensetzung des Anions zurückzuführen ist, und anderseits die kationaktiven Produkte, also salzartige Verbindungen, deren Wirksamkeit auf der Zusammensetzung des Kations beruht. Die ältesten und zugleich wichtigsten Textilhilfsprodukte gehören der Reihe der anionaktiven Produkte an. Die Seifen — die ältesten Textilhilfsprodukte, deren Konstitution als Alkalisalze der höheren aliphatischen Karbonsäuren anfangs des 19. Jahrhunderts von Chevreul aufgeklärt wurde — gehören also auch zu der anionaktiven Reihe.

Die Heranziehung der Sulfonierung zur Herstellung anderer wasserlöslicher Derivate von Fetten wurde zuerst von Runge vorgenommen, der im Jahre 1834 das Olivenöl sulfonierte. Im Jahre 1836 wurde dann der Cetylalkohol durch Dumas und Peligot sulfoniert. Dieses letztere Produkt blieb ein wissenschaftliches Präparat, das Sulfoleat hingegen wurde im Jahre 1846 von Mercer in die Technik eingeführt. Viel später, d. h. im Jahre 1875, wurde das Rizinusöl von Crum sulfoniert und somit das Türkischrotöl entdeckt. Das Türkischrotöl erlangte eine ganz hervorragende Bedeutung. Die erste wichtige Verbesserung auf diesem Gebiete war dann die Herstellung der Monopolseife von Stockhausen (*D.R.P. 113.433* und *126.541*, 1899).

Was die Chemie der Seifen und der Waschmittel im allgemeinen betrifft, so sind hier in den letzten Jahren ganz besondere Fortschritte erzielt worden. Da sowohl die Seife (fettsaure Alkalisalze) als auch die Sulforizinate in ihrer Anwendung durch die bekannte Empfindlichkeit gegen Kalk und Magnesia Schwierigkeiten boten, erschienen neue Produkte auf dem Markt, bei denen die COOH-Gruppe, welche gerade diese Erscheinungen hervorrief, entweder blockiert (wie beim Avirol AH extra von Böhme Fettchemie oder Humectol CX, Medialan A, Igepon A und T der I. G. Farbenindustrie) oder durch eine Alkoholgruppe ersetzt wurde (Fettalkoholsulfate, Gardinole von Böhme Fettchemie).

Zuerst ist hier die im Jahre 1928[1]) durch Hartmann und Kägi, beide von der Gesellschaft für Chemische Industrie in Basel, veröffent-

[1]) Z. f. ang. Chem. 1928, Bd. *41*, S. 127.

lichte Arbeit über saure Seifen zu erwähnen, welche die Aufmerksamkeit der Fachkreise auf Produkte solcher Art lenkte. Es handelt sich um Sapamine, Monoazylderivate aus höheren Fettsäuren und asym. disubstituierten Äthylendiaminderivaten (Diäthyläthylendiamin), die die beiden Forscher im Jahre 1923 in den Laboratorien der Ciba herstellten und zum Patent anmeldeten. Man erhält eine derartige Verbindung durch Erhitzen von Ölsäure und asym. Diäthyläthylendiamin bei 180—200° C unter Druck:

$$C_{17}H_{33}-C\begin{matrix}\nearrow O \\ \searrow OH\end{matrix} + H_2N-CH_2-CH_2-N\begin{matrix}\nearrow C_2H_5 \\ \searrow C_2H_5\end{matrix} \longrightarrow C_{17}H_{33}-C\begin{matrix}\nearrow O \\ \searrow NH-CH_2-CH_2-N\begin{matrix}\nearrow C_2H_5 \\ \searrow C_2H_5\end{matrix}\end{matrix} + H_2O$$

Sapamin

Das Chlorhydrat des asym. Diäthylaminoäthyloleylamids wurde im Jahre 1928 von der Ciba unter dem Namen Sapamin CH in den Handel gebracht.

Verbindungen mit dem Charakter der sauren Seifen waren bereits bekannt. So wurde in den Berichten der deutschen Chemischen Gesellschaft, Bd. *29*, S. 1330 (1886) das Cetylaminhydrochlorid von Krafft beschrieben; etwa 12 Jahre später wurde von Reychler im Bull. Soc. Chim. Belgique, Bd. *26*, S. 193 (1912) und in einer Reihe weiterer in den Jahren 1913 und 1914 erschienenen Publikationen das Trimethylcetylammoniumbromid untersucht. Reychler erkannte die charakteristischen Eigenschaften solcher Verbindungen, die er invertierte Seifen nannte; diese Arbeiten fanden aber keine Berücksichtigung in der Technik.

Die Sapaminpatente und die Arbeit von Hartmann und Kägi eröffneten nun eine neue Aera auf dem Gebiete der synthetischen Hilfsstoffe aus den Fettsäuren der Seifen, und nunmehr wurden, Schlag auf Schlag, die verschiedensten, in der Regel anionaktiven Hilfsstoffe patentiert und in den Handel gebracht. Unter diesen sind besonders zu erwähnen die Schwefelsäureester der höheren Alkohole vom Typus des Schwefelsäureesters des Cetylalkohols von Dumas und Peligot — es sind dies die Gardinole[1]) von Böhme Fettchemie —, die Amide oder Ester der Fettsäuren, die im Amino- oder Alkoholrest Sulfo-

[1]) In Frankreich als Primatex (Francolor), Sipon (Sinnova), Solepal (Sopura), in Amerika als Duponol (Du Pont) und in England als Lissapol (I. C. I.) bekannt. Der aus Deutschland stammende und in Europa gebräuchliche Begriff „Fettalkoholsulfonat" ist von den angelsächsichen Ländern nicht übernommen worden. Die amerikanische und englische Nomenklatur gibt diesen Produkten (Alkyl—O—SO_3Na) die richtigeren Bezeichnungen „Fettalkoholsulfat" oder höheres Alkylsulfat. Die eigentlichen Alkylsulfonate, mit einer unmittelbar an Kohlenstoff gebundenen Sulfogruppe (Alkyl—SO_3Na) haben nur eine untergeordnete Bedeutung. Dagegen stellen die erwähnten, „Fettalkoholsulfonate" genannten Schwefelsäure-Halbester der Fettalkohole sehr verbreitete Waschmittel und Weichmacher dar.

gruppen enthalten (die Igepone der I. G.) und die Benzimidazolsulfonate aus höheren Fettsäuren.

Diese letzterwähnten, kationaktiven Verbindungen sind in den *franz. P. 754.626, 774.018, 774.107* und *818.919* als Derivate der Reaktionsprodukte von Fettsäuren und o- oder p-Phenylendiamin beschrieben:

$$C_6H_4(NH_2)_2 + HO(O{=})C{-}C_{17}H_{33} \longrightarrow C_6H_4\langle{}^{NH}_{N}\rangle C{-}C_{17}H_{33} + 2\,H_2O$$

Das sulfonierte Produkt, z. B. das Natriumsalz der Heptadezylbenzimidazolsulfosäure, ist das von der Ciba lancierte Ultravon.

Ganz besonders interessant erscheint die Tatsache, dass die Fettalkoholsulfate, die eine so wichtige Rolle spielen, eigentlich ganz alte Produkte darstellen, denn wie schon oben angegeben, ist der saure Schwefelsäureester des Cetylalkohols in der Arbeit von Dumas und Peligot beschrieben, die in den Annales de la Pharmacie im Jahre 1836 erschienen ist. (A. *19*, S. 293.) Auch der Cetylschwefelsäureester ist von v. Cochenhausen (Dingler's polytechn. Journal 1837, *303*, S. 284) beschrieben worden.

Eine weitere wichtige Gruppe von Hilfsmitteln, u. a. Emulgatoren und Waschmitteln, bilden die Kondensationsprodukte des Äthylenoxyds mit Fettstoffen oder ihren Derivaten (Fettsäuren, Fettsäureamiden, Fettalkoholen), oder dann mit alkylierten Oxyarylverbindungen (Phenol-, Naphtolderivaten).

Die Erforschung dieses Gebietes ist das Verdienst der I. G. Farbenindustrie und führte zur Entwicklung nichtionogener Aktivsubstanzen, welchen ähnliche Kolloideigenschaften wie der Seife und den ionenaktiven Verbindungen im allgemeinen, jedoch keine salzbildenden Konfigurationen zukommen. In dieser Klasse von Hilfsmitteln sind zu erwähnen:

Emulphor A und AG (Olivenöl + C_2H_4O);
Emulphor EL (Rizinusöl + C_2H_4O);
Emulphor O (Oleylalkohol + 20 Mole C_2H_4O);
Peregal O, Palatinechtsalz O;
Diazopon A und AN (wässerige Lösungen von Emulphor O);
Emulphor FM öllöslich (Fettsäureoxyäthylamid + C_2H_4O);
Igepal C konz. (Dodezylphenol + 12 Mole C_2H_4O);
Igepal W (Isododezylphenol + 6 Mole Äthylenoxyd);
Emulphor A extra (Diisoheptylhexylphenol + 6,5 Mole C_2H_4O);
Emulphor ELN (Diisoheptylphenol + 20 Mole C_2H_4O);
Emulphor FFO und Leonil FFO (Hexylheptyl-β-Naphtol + 9 Mole C_2H_4O);
alle von der I. G. Farbenindustrie, ferner

Lissapol N der Imp. Chem. Ind. und
Triton NE, 720 und 770 von Röhm und Haas.

Alle diese Produkte haben in der Textilindustrie weite Anwendungsgebiete gefunden, sei es als Emulgatoren (zur Herstellung von Schmälzölen), sei es als Dispergiermittel (beim Färben mit Schwefel- und Küpenfarbstoffen) oder als Waschmittel (Igepal).

In den verschiedenen Textilveredlungsvorgängen kann der sachgemässe Gebrauch der Hilfsmittel zu sehr interessanten Verbesserungen führen. So haben umfangreiche Arbeiten, besonders der I. G., der Ciba, der Imp. Chem. Ind. und von Du Pont de Nemours, die Verbesserung der Feinteige der Küpenfarbstoffe zum Ziel gehabt. Es wurde die ausserordentliche Wirkung der verschiedensten Dispergiermittel (hydrotrope Körper, Betainderivate, Anthrachinon, Harnstoff usw.) bewiesen.

Die Fixierung der Chromfarbstoffe konnte bei Harnstoffzusatz von Durand & Huguenin schon in kurzer Dämpfdauer durchgeführt werden. Die Verwendung der Beizenfarbstoffe auf kunstseidenen Geweben konnte mittels der Universalbeize 9333 von Durand & Huguenin in Basel erleichtert werden.

Quaternäre Basen wurden zur Verbesserung der Echtheit substantiver Färbungen vorgeschlagen. Hier war es wieder die Ciba, welche die Sapamine — Fettsäureamide, die vom disubstituierten Äthylendiamin abgeleitet werden — als ausgezeichnete Emulgiermittel entdeckte. Anderseits hat Bertsch (Böhme Fettchemie) in einer meisterhaft durchdachten Arbeit die Theorie der kationaktiven Verbindungen begründet, die ihre Kapillaraktivität der Anwesenheit hochmolekularer Fettketten im Kation verdanken.

Überdies wurden zahlreiche neue Lösungsmittel für Farbstoffe angegeben; als Beispiele sollen die Polyglykole und deren Abkömmlinge (Glyecin A, Diäthylenglykol) genannt werden.

Es ist auch eine bedeutende Entwicklung im Bereich der Verdickungsmittel zu verzeichnen. Mit Erfolg wurden folgende neue Produkte bei der Herstellung von Druckverdickungen verwendet: Derivate der Alkylierung und Esterifizierung der Zellulose (Colloresin DK, V extra, Tylose MGC), Polymerisationsprodukte der Vinyl- oder Akrylderivate (Plextole, Mowilith, Vinnapas), Umwandlungsprodukte der Stärke (Quellstärke, kaltlösliche Stärke, Solvitex ST und BG der Firma Scholten in Groeningen (Holland) sowie die Stärkeäther (Solvitose H) derselben Firma usw.).

Eine wahrhaft erstaunliche Entwicklung, die zeitlich mit derjenigen der Farbstoffe und der Hilfsmittel übereinfällt, hat sich auf dem Gebiete der Kunstfasern vollzogen. Hier folgten rasch hintereinander die Erfindungen der Nitroseide, der Kupferseide, der Viskose, der Azetatseide, der Gelatin- und Kaseinfasern, der immunisierten Baumwollgarne, der Ätherseiden, der regenerierten und animalisierten Zellulosefasern (Vistra PX der I. G.), der synthetischen, Harze enthaltenden Viskosefasern (Artilana), der physikalisch modifizierten Zellwolle (Vistra XT, Schwarza), der rein synthetischen Fasern Nylon (Du Pont), Perlon (I. G.), Vinyon (C.C.C.C.), Rhofil (Rhodiaceta), Pe-Ce-Faser (I. G.); Terylen (I. C. I.), das Reaktionsprodukt von Phtalsäureanhydrid und Polyalkoholen; Saran (Dow Chem. Corp.); die Fasern, deren Herstellung vom Akrylnitril (Orlon), von den Polythenen, vom Polystyrol ausgeht usw.).

Die seit langer Zeit bekannten und überall verwendeten natürlichen Fasern, wie Baumwolle, Leinen, Wolle und Naturseide, haben gewisse Nachteile, die sich auf die Natur dieser Fasern zurückführen lassen, zum Beispiel der kalte und starre Griff des Leinens, die Alkaliempfindlichkeit der Seide und besonders der Wolle, die Säureempfindlichkeit der Baumwolle, der hohe Preis der Seide, das Zerknittern der Zellulosefasern usw.

All diese Nachteile, ob technischer oder wirtschaftlicher Art, konnten trotz unzähliger Forschungen nicht vollständig ausgeschaltet werden. Einerseits standen den Forschern sehr moderne Mittel zur Verfügung, andererseits waren sie gezwungen, technische oder natürliche Abfallprodukte zu verwenden. Es gelang so, neue künstliche Fasern herzustellen, die ausgezeichnete allgemeine Eigenschaften ausweisen (z. B. Unempfindlichkeit gegen chemischen Angriff), gleichzeitig leider aber neue Schwierigkeiten beim Färben oder Drucken hervorrufen.

Die Kunstseide[1]), deren industrielle Erzeugung vor knapp vierzig Jahren aufgenommen wurde, zählt heute zu den wichtigsten Textilrohstoffen und hat sich auf der ganzen Welt einen dauernden Platz

[1]) Vgl. M. Battegay, Les soies artificielles, Bull. Mulh. 1929, S. 171; J.-P. Sisley, Les fibres de remplacement, Teintex 1941, S. 188; Mell. 1926, S. 878: Die Kunstseidenarten; Synfil, The Story of Modern Textile Fibres, Silk and Rayon 1943, *17*, S. 26, 88, 240, 502, 562 und 684.

Die Entwicklung neuer Textilfasern aus verschiedenen Rohstoffen während der letzten zwanzig Jahre hat zu einer beträchtlichen Verwirrung der Nomenklatur Anlass gegeben. Herbert Rein[2]) schlägt daher bestimmte Definitionen vor, auf Grund deren genaue Schlüsse auf die Rohstoffe und die Herstellungsverfahren gezogen werden können.

Natürliche Fasern.

Zellulosefasern	Eiweissfasern	Mineralfasern
Baumwolle Flachs Hanf Jute	Seide Wolle	Asbest

erobert. Zum erstenmal trat sie auf der Internationalen Weltausstellung in Paris im Jahre 1889 in Erscheinung, wo die ersten Proben der „künstliche Seide“ genannten Produkte des Grafen Chardonnet ausgestellt waren. Schon damals war übrigens das Interesse für dieses Erzeugnis ein ganz beträchtliches. Im Jahre 1846 hatte Schönbein die Reaktion der Salpetersäure auf Zellulose studiert; diese Arbeiten lieferten Chardonnet die Grundlagen seiner Erfindung. Er verwendete das leicht entzündliche Zellulosenitrat (Schiessbaumwolle), das er in Äther-Alkohol löste. Die kolloidale Lösung, Kollodium, ist dickflüssig und zu Fäden ausziehbar. Beim Ausspritzen aus Düsen in

Künstliche Fasern.

Zellulose-Kunstfasern	Eiweiss-Kunstfasern	Mineral-Kunstfasern	Alginat-Kunstfasern	Synthetische Kunstfasern
Viskosefasern	Kaseinfasern (Lanital, Aralac, Caslen, Tiolan)	Glasfasern (Verranne, Silionne)	Alginsäurefasern	*Polyacrylnitril* (Orlon 1943)
Kupferfasern	Fibroinfasern	Quarzfasern		*Polyamid* (Nylon, Du Pont 1938, Perlon L, I. G., 1939)
Azetatfasern (Estron)	Soyafasern (Ardil)			*Polyäthylenfasern* Polythene
Propionatfasern (Forticel)	Zeinfasern (Vicara)			Polystyrolfasern
	Erdnussfasern (Sarelon)			*Polyvinylchloridfasern* (PeCe-Faser 1939, Rhofil 1941, Vinyon 1938, Rhovyl, Fibrovyl; Saran 1940, Vinyon N, ein Mischpolymerisat von 50% Polyvinylchlorid und -cyanid.)
				Polyvinylidenchloridfasern (Velon)
				Polyester der Terephtalsäure (Terylen 1947 I. C. I.)
				Polyvinylalkoholfasern (Vinyon A, Synthofil)

2) Mell. 1949, S. 54.

Wasser oder Luft bildet das Kollodium eine feste Substanz in der Form seidenähnlicher Fäden, welche hinsichtlich ihres Aufbaus ganz an den Ausgangskörper, die Zellulose, erinnern. Sie bestehen wie diese aus Mizellen, die aus mikroskopisch kleinen, kristallinen Körpern gebildet sind. Seit der 1890 erfolgten Inbetriebnahme der ersten Kunstfaserfabrik durch den Grafen Chardonnet in Besançon entwickelte sich die neue Industrie in einem Ausmass, das folgende Weltproduktionszahlen veranschaulichen:

1920	15000 t
1930	204000 t
1935	426000 t
1937	543000 t

Trotzdem für die Kriegsjahre 1939—1945 keine vollständigen Statistiken erhältlich sind, steht fest, dass der Anstieg der Kunstfaser- und besonders der Zellwollproduktion weiter anhielt. Die USA. fabrizierten z. B.

1937	145000 t und
1944	251000 t Kunstseide

Die Zunahme der Zellwollproduktion war in der gleichen Zeitspanne noch viel stärker:

Deutschland . . .	240%
Japan	173%
Italien	160%
USA	730%
Grossbritannien . .	200%

Die Zellwolle diente in den nach Autarkie strebenden Staaten hauptsächlich als Ersatz für die Naturfasern. Das Produkt hat jedoch auch in den angelsächsischen Ländern, denen es doch an Wolle und Baumwolle kaum fehlt, zahlreiche Anwendungen gefunden. Besonders die USA. haben ihre Produktion an Kunstfasern enorm gesteigert, obschon sie über fast unbeschränkte Baumwollmengen verfügen. Daraus ist ersichtlich, dass in bestimmten Anwendungsgebieten die Kunstfasern vom Ersatz zum Unersetzbaren geworden sind.

Frankreich hat, wenn auch in einem bescheideneren Masse, zum Anstieg der Weltproduktion ebenfalls beigetragen, was die folgenden Angaben belegen:

1920	1550 t
1930	23000 t
1937	37000 t
1943	58000 t
1944	28000 t

Die Schwierigkeit der Verarbeitung so leicht entzündlicher Substanzen, wie der Schiessbaumwolle, des Alkohols und des Äthers, ausserdem die unvermeidlichen Verluste der kostspieligen Reagenzien, der Salpetersäure und der genannten Lösungsmittel, regten die

Forscher zur Auffindung neuer, weniger teurer und gefährlicher Verfahren an. So wurden zwei neue Fabrikationsmethoden der Kunstseide mit erhöhtem Interesse aufgenommen. Das eine betraf die hochglänzende Kupferseide, das andere die Viskoseseide. Beide wurden mächtige Konkurrenten der Chardonnet-Seide, und besonders die Viskoseerzeugung steht heute, in bezug auf Verbreitung, an der Spitze.

Die Kupferseidenerzeugung verdankt man den Arbeiten von Schweizer (1857), von Despaissis (1890) und von Fremery, Urban und Bronnert (1897). Sie beruht auf der Eigenschaft der Löslichkeit der Zellulose im „Schweizer-Reagens" (Kupferoxydammoniaklösung), wobei eine spinnbare, viskose Flüssigkeit entsteht. Im Gegensatz zum Chardonnetverfahren, bei welchem die Härtung der Fäden durch den Entzug des Äther-Alkohols stattfindet, genügt hier zur Gerinnung des Fadens ein Spinnbad, durch welches das Ammoniak entfernt wird.

Die Kupferseide verlor ihre Bedeutung zum Teil, als die viel wirtschaftlichere Viskoseseide auf den Markt kam. Im Jahre 1892 fanden zwei bedeutende englische Chemiker, Cross und Bevan, eine neue Möglichkeit, die Zellulose zu lösen. Behandelt man unter bestimmten Bedingungen die Zellulose mit Ätzalkalien, sodann mit Schwefelkohlenstoff, so verwandelt sie sich in ihr Dithiokarbonat, eine in Wasser quellbare und dispergierbare Substanz, welche auf diese Weise eine ausserordentlich dicke Flüssigkeit, die Viskose, liefert[1]). Die Ausspin-

[1]) Handelsnamen für Viskose-Kunstseide:

	Herstellungsfirmen:	
Celta	Kemil Ltd. in Peterborough Textiles Art. de Gauchy.	Viskose-Kunstseide mit flacher Faser.
Sniafil Sniafiocco Snia Viscosa	Snia Viscosa (Società Nazionale Industria Applicazioni Viscosa An. Mailand (Italien).	Sniafil ist eine Faser, die dazu bestimmt ist, mit Wolle gemischt zu werden.
Travis-Seide (AGFA)	I. G. Farbenindustrie.	
Agfa-Kunstseide	I. G. Farbenindustrie.	
Agfa-Krepp	I. G. Farbenindustrie.	
Agfa-Trevira	I. G. Farbenindustrie.	
Agfa-Trinova	I. G. Farbenindustrie.	
Kasema	Fr. Küttner AG., Pirna in Sa.	
Zehla	Spinnstoff-Fabrik Zehlendorf AG., Berlin-Zehlendorf.	
Glanzstoff V, V/K, FF Mira, Supermira	Vereinigte Glanzstoff-Fabriken AG., in Wuppertal-Elberfeld.	
Melva, Visada, Dulva	Breda-Visada Ltd., Littleborough, Lancashire, England.	
Brenka, Britenka	British Enka Artificial Silk Co., Ltd., Aintree, Liverpool, England.	
Visca	Courtaulds Ltd., London.	
Lampose	Fil de Strasbourg in Strasbourg (Elsass).	
Arlina, Argenta	Filature d'Argenteuil S.A. in Argenteuil (Frankreich).	
Calextra, Calmatte	Les Filés de Calais, Pont du Leu près Calais (Frankreich).	
Fil de Lyon	Société Lyonnaise de Textiles S. A., Lyon (Frankreich).	
Viscodoz, Palodoz, Matadoz	Société des Textiles Chimiques du Nord et de l'Est S. A., Paris (Fabrik in Armentières).	
Alpha, Supra, Matalva	La Rayonne de Valenciennes (Frankreich).	

nung dieser Flüssigkeit sowie die Erhärtung der entstandenen Fäden erforderten zahlreiche Vorarbeiten, die zur Feststellung der geeigneten Arbeitsweisen führten. Die Auffindung dieser Methoden ging, wie bei den andern Kunstseiden, nur sehr mühsam vor sich. Obwohl das erste Viskoseverfahren von Ch. H. Stern schon im Jahre 1898 patentiert wurde, stellte sich der Enderfolg erst nach dem Weltkrieg 1914/18 auf Grund zahlloser Verbesserungen ein.

Die hier in Kürze aufgezählten Verfahren zur Erzeugung der Kunstseide zeigen das gemeinsame Merkmal der Überführung der Zellulose in eine spinnbare und im weiteren Verlauf härtbare Lösung, wodurch ein endloser weicher Faden geschaffen wird, welcher der Naturseide in seinem Aussehen möglichst nahekommen soll.

Leider können die Kunstseiden mit der Naturseide hinsichtlich der Festigkeitseigenschaften, vor allem in feuchtem Zustand, nicht in Wettbewerb treten. Während die Naturseide schon im trockenen Zustand ihnen hierin um etwa 20—50% überlegen ist, im feuchten Zustand nur ein Viertel ihrer anfänglichen Zugfestigkeit verliert, büssen die Kunstseiden, die nach den vorstehenden Verfahren hergestellt sind, in der Feuchtigkeit die Hälfte bis drei Viertel ihrer Festigkeit ein. Dieser Mangel, welcher ein erhebliches Hindernis für die Verbreitung der Viskose darstellte, regte Cross und Bevan, also gerade die ursprünglichen Erfinder der Viskose, im Jahre 1894 dazu an, die Azetylzellulose zur Erzeugung einer neuen Spinnfaser, der Azetatseide, heranzuziehen.

Diese schöne Faser[1]), die durch ihre grosse Elastizität ebenso wie durch ihre Feinheit, ihre bemerkenswerte Glätte, Weichheit, Ge-

[1]) Handelsnamen für Azetat-Kunstseide:

Rhodiaceta, Albène . . .	Deutsche Acetat-Kunstseiden A. G. „Rhodiaceta", Freiburg i. Br., Filiale der „Rhodiaceta" Lyon (Frankreich).
Celanese, Celfect	British Celanese Ltd., London.
Rhodiaceta, Albène . . .	Société „Rhodiaceta" Lyon, Fabrik in Roussillon und Lyon-Vaise bei Lyon.
Sétilose	Fabrique de Soie Artificielle de Tubize S. A. in Tubize (Belgien).
Aceta	I. G. Farbenindustrie (Fabrik in Berlin-Lichtenberg).
Seraceta	Courtaulds Ltd., London.
Acele	Du Pont de Nemours (U.S.A.).
Fortisan	British Celanese Ltd., London. (Eine nach dem Streckspinnverfahren hergestellte Faser aus verseiftem Zelluloseazetat. Vgl. Mellor, J. Soc. D. and Col. 1946, *62*, S. 168.)

Literatur: Mell. 1930, Juniheft, S. 450.

Estron ist die vorgeschlagene Bezeichnung für Azetatkunstseide und Azetatstapelfaser der American Society for Testing Materials.

Die neuen Bezeichnungen der Kunstfasern lauten nach dieser Gesellschaft:

Rayon für Stapelfasern und Kunstseide aus regenerierter Zellulose mit oder ohne Zusatz von Mattierungsmittel.

schmeidigkeit und naturseidenähnlichen, ruhigen, matten Glanz hervorragt, hat den Vorteil der praktischen Unempfindlichkeit gegen Feuchtigkeit und der guten Quell- und Waschfestigkeit. Aber gerade hier stiess man besonders auf dem Gebiete der Färberei auf grosse technische Schwierigkeiten, da die Azetatfaser keine Affinität zu den bisher bekannten Farbstoffen zeigte. Nur stufenweise und langsam konnte dieses Hindernis überwunden werden, wodurch dieser Spinnstoff seine heutige Bedeutung erst erreichen konnte. Die ersten Färbeprozesse zielten auf eine oberflächliche, durch Alkalien hervorgebrachte Veränderung ab, wodurch eine Schicht regenerierter Zellulose an der Aussenseite des Fadens gebildet wurde, um besonders die Färbung mit direkten und basischen Farbstoffen zu ermöglichen. Doch schufen in späterer Zeit die genialen Forschungen von René Clavel, de Green, von Baddiley, im Verein mit den unermüdlichen Arbeiten der Farbenfabriken eine Serie von neuen Farbstoffen, die speziell der Azetatfärberei dienten. Hier mögen die Ionamine von Green, die Duranole von Baddiley und die dispergierbaren Farbstoffe: Cibacetfarben der Ciba, Cellitonfarbstoffe der I. G., Setacylfarbstoffe von Geigy, Acetochinonfarbstoffe von Kuhlmann (jetzt Francolor) und Acétamines von St-Clair unter anderen erwähnt werden.

Zu diesen wasserunlöslichen Farbstoffen tritt nun eine neue Klasse wasserlöslicher Farbstoffe, die im Jahre 1939 einerseits von der I. G. unter der Bezeichnung Astrazonfarbstoffe und anderseits von den Imp. Chem. Ind. unter dem Namen Solacetfarbstoffe auf den Markt gebracht wurden.

Die löslichen Solacetfarbstoffe der I. C. I. sind Schwefelsäureester von Azofarbstoffen, die eine Oxyäthylgruppe $-CH_2-CH_2-OH$ tragen, z. B.

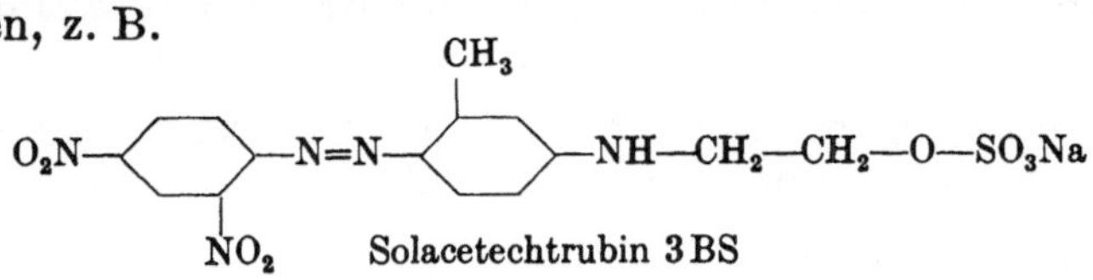

CH_3

$O_2N-C_6H_3(NO_2)-N{=}N-C_6H_3(CH_3)-NH-CH_2-CH_2-O-SO_3Na$

NO_2 Solacetechtrubin 3BS

Die Einführung der Oxyäthylgruppe in einfache Azofarbstoffmoleküle ergab wasserunlösliche, jedoch leicht dispergierbare Farbstoffe wie das

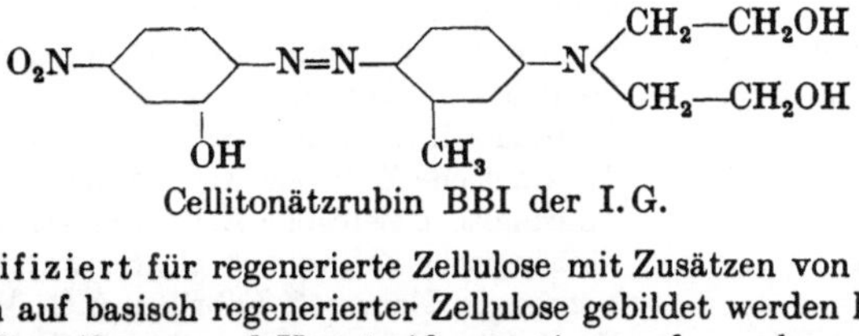

$O_2N-C_6H_3(OH)-N{=}N-C_6H_3(CH_3)-N(CH_2-CH_2OH)_2$

OH CH$_3$

Cellitonätzrubin BBI der I. G.

Rayon modifiziert für regenerierte Zellulose mit Zusätzen von Materialien, aus denen keine Fasern auf basisch regenerierter Zellulose gebildet werden können.

Estron für Stapelfasern und Kunstseide aus einem oder mehreren Zelluloseestern mit oder ohne Zusatz von nicht faserbildenden Materialien, wie Mattierungsmittel. Siehe Dorland, Textil-Reporter 1948, *3*, S. 9.

Die Astrazonfarbstoffe der I. G. Farbenindustrie sind substituierte asymmetrische Cyanine. Der erste Vertreter dieser Serie, das Astrafloxin FF, entsteht durch Kondensation des Trimethylindols mit Diäthylorthoformiat.

Astrafloxin FF

Ein weiteres Beispiel ist das

Astrazonrosa FG

Nachdem lange Zeit nur von Kunstseide die Rede war, versteht man heute unter diesem Begriff Kunstfasern mit kontinuierlichen Fäden, während für kurzstapelige Fasern einige Jahre vor 1939 der Name Zellwolle eingeführt wurde.

Hier soll noch die synthetische Faser Forticel[1]) erwähnt werden, deren Herstellung vom Zellulosepropionat ausgeht.

Die Zellwolle[2]) (Fibranne) ist eine kurzfaserig geschnittene Viskose-, Azetat- oder Cupro-Kunstseide. Schon vor dem Kriege 1939

[1]) Fibres, 1945, *6*, S. 189.

[2]) Verschiedene Handelsnamen der Zellwolle:

	a) Viskose-Zellwolle:
Plavia, Elstra	Sächsische Zellwolle A. G., Plauen i. Vogtl.
Zehlawo W	Spinnstoff-Fabrik, Zehlendorf A. G.
Glauchauer Zellwolle . . .	Spinnstoffwerk Glauchau A. G., Glauchau (Sa.).
Kelheimer Zellw. Z, ZL . .	Süddeutsche Zellwolle A. G., Kelheim a. d. Donau.
Schwarza-Zellwolle . . .	Thüringische Zellwolle A. G., Schwarza (Sa.).
Schwarza Merinova . . .	Thüringische Zellwolle A. G., Schwarza (Sa.).
Schwarza WI, W 6 . . .	Thüringische Zellwolle A. G., Schwarza (Sa.).
Schwarza Telusa	Thüringische Zellwolle A. G., Schwarza (Sa.).
Flox, Triflox	Vereinigte Glanzstoff-Fabriken A.G., Wuppertal-Elberfeld.
Feinflox, Mattflox HD . .	Vereinigte Glanzstoff-Fabriken A.G., Wuppertal-Elberfeld.
Duraflox, Floxalan . . .	Vereinigte Glanzstoff-Fabriken A.G., Wuppertal-Elberfeld.
Vistra WW, CWW, HB .	I.G. Farbenindustrie (Fabriken in Wolfen und in Premnitz).

hatte Deutschland die Industrie dieses Rohstoffes stark entwickelt, um während eines eventuellen Krieges die Baumwolle und die Wolle, zwei natürliche Fasern, die den Achsenmächten in diesem Falle mangeln würden, zu ersetzen.

In Frankreich wurde dieser Rohstoff zuerst unter dem Namen Velna, später Flesa, bekannt und für Kleider, Sporthemden und einige Modeartikel verwendet. Seit 1940 bekam diese Faser den endgültigen Namen Fibranne, welcher der deutschen Bezeichnung Zellwolle entspricht.

Die fünf Jahre der deutschen Besetzung hatten eine rasche Verbreitung dieser Faser in ganz Europa zur Folge. Zellwolle und Kunstseide waren ja praktisch die einzigen noch zur Verfügung stehenden Textilmaterialien.

Die Fibranne wird in folgenden Qualitäten geliefert:

1 Denier	8—32 mm, die Oberägypten- und Amerika-Baumwolle ersetzend.
	40 mm, die Sakel-Baumwolle ersetzend.
	60 mm
3 Deniers	32 mm

Die Zellwolle wird in Mischungen von 15—50 % und auch rein verwendet. Die Zellwolle aus Azetatzellulose zeigt gewisse Ähnlichkeiten mit der Wolle (Dichte, Hygroskopizität, Wärmeisolationsvermögen usw.).

Lenzella PKR	Lenzinger Zellwolle- u. Papierfabrik A.G., Lenzing, Agerzell.
Phrix	Schlesische Zellwolle A.G., Hirschberg i. Schl.
Superlena	Snia Viscosa, Mailand (Italien).
Superseris	Châtillon, S. A. Italiana per le Fibre Tessili Artificiali, Mailand (Italien).
Textra	Tomaszowska Fabryka Sztucznego Jedwabin, Warschau.
Du Pont Fibre	Du Pont Rayon Co., New York (U.S.A.).
Fibro	Courtaulds Ltd., London.
	b) Azetat-Zellwolle:
Drawinella	Dr. Alexander Wacker, Gesellschaft f. elektrochemische Industrie G. m. b. H., München.
Rhodia-Zellwolle . . . . Fibre Rhodia (Rovatex) .	Deutsche Azetat-Kunstseiden A. G. Rhodiaceta, Freiburg i. Br. und Société Rhodiaceta, Lyon (Frankreich).
Fibre Albène	Société Rhodiaceta, Lyon (Frankreich).
Aceta-Faser	I. G. Farbenindustrie.
Celafita, Teca	Tennessee Eastmann Corporation, Kingsport, Tenn. (U.S.A.)
	c) Kupfer-Zellwolle:
Cuprama	J. P. Bemberg A. G., Wuppertal-Oberbarmen, es besteht seit 1934 mit der I. G. Farbenindustrie eine Vereinbarung zur Herstellung der in gemeinsamer Arbeit entwickelten Kupferzellwolle in dem Werk Dormagen.
Cupralan	I. G. Farbenindustrie. Diese Faser ist eine Kupferzellwolle, die ähnlich dem Vistralan mit Wollfarbstoffen gefärbt werden kann.
Literatur: Bodenbender:	Zellwolle, Berlin, 1943.

In Deutschland sowie in Italien wurde vor dem Krieg 1939 bekanntlich ausser der importierten Zellulose eine ganze Reihe anderer faserhaltiger heimischer Rohmaterialien verwendet. Die Qualität der deutschen Zellwolle gilt nicht als einheitlich, was sich sowohl beim Verarbeitungs- als auch beim Veredlungsprozess oft bemerkbar macht. Die verschiedenen Zellwollstoffe auch der gleichen Art sowie die Viskose-Seiden haben nicht den gleichen Gehalt an Alpha-Zellulose oder an Verunreinigungen, wie z. B. an den besonders störenden Harzsubstanzen, deren weitgehendste Verminderung ein Hauptziel ist.

Ausserordentlich gross sind die Bemühungen, die Zellwolle für das Verspinnen geeigneter zu machen und auch die Eigenschaften der Fasern und Fertigfabrikate zu beeinflussen. Die Zellwolle soll eben in ihren Eigenschaften der Naturfaser weitgehendst angenähert, insbesondere die Faseroberfläche derart verändert werden, dass sie dieser möglichst ähnlich wird.

Die Wege, die hierzu eingeschlagen wurden, sind verschiedener Art. Man versuchte zunächst, durch mechanische Einrichtungen in den Kunstseide- bzw. Zellwollfabrikaten selbst die Glätte der Faser zu beheben und ihr eine gewisse Rauhigkeit zu verleihen, die das Abbinden der Fasern untereinander und mit fremden Fasern erleichtert, kurz ihr Haftvermögen zu erhöhen. Die strukturelle Kräuselung der Faser allein, ohne dass ihre Oberfläche rauher gemacht wird, hat zwar Verbesserungen gebracht, aber den gewünschten Erfolg noch nicht erzielt. Doch stehen freilich die Verhältnisse bei den etwa 70—80 mm langen Fasern, wie sie als Beimischung speziell in Kammgarnspinnereien benützt werden, günstiger.

Quantitativ überwiegende Bedeutung hat die Zellwolle für Baumwollspinnereien, besonders für die Verarbeitung in Mischung mit Baumwolle.

Die Weltproduktion an Zellwolle war im Jahre 1938 425,000,000 kg, diejenige von Kunstseide 442,000,000 kg; an dieser Menge sind Deutschland mit 155,000,000 kg und Japan mit 150,000,000 kg beteiligt.

Dem Betrachter nebenstehender Tabelle fällt auf, wie die Zellwollproduktion besonders in Deutschland, Italien und Japan gefördert wurde. Die Erklärung dazu liegt auf der Hand: diese Staaten produzieren selbst weder Wolle noch Baumwolle und standen lange unter autarkischem Regime.

In Frankreich blieb die Zellwollproduktion in einem bescheidenen Rahmen, bis sie sich 1941 unter dem Einfluss der Kriegsgeschehnisse stark zu vergrössern begann. Die französische Textilindustrie musste plötzlich jeglicher Einfuhr von Naturfasern entbehren und war zu ihrem Fortbestehen weitgehend auf die künstlichen Fasern angewiesen.

Die folgende Zusammenstellung gibt die Zellwollproduktion verschiedener Staaten seit 1929 in Jahrestonnen an:

Jahr	Frankreich	Deutschland	England	Italien	USA.	Japan
1929	—	1,000	200	750	200	—
1930	—	2,000	400	300	150	—
1931	200	2,000	350	600	400	—
1932	700	1,300	550	4,200	500	250
1933	1,000	3,900	1,100	5,000	900	400
1934	2,000	7,100	1,100	9,700	1,000	1,100
1935	2,200	17,100	4,200	30,600	2,000	6,100
1936	4,500	43,000	11,800	49,800	5,500	20,700
1937	7,000	99,200	14,800	70,800	9,100	78,900
1938	6,600	149,500	14,300	75,500	13,500	169,800
1939	8,600	199,300	27,100	86,500	24,000	140,200
1940	9,200	226,500	30,000	113,200	36,300	140,400
1941	20,000	239,200	—	113,250	55,300	135,900
1942	26,000	—	—	—	70,350	—
1943	31,700	—	—	—	73,000	—
1944	—	—	—	—	77,000	—

Noch eindrucksvoller ist aber die Entwicklung der Zellwollproduktion in den Vereinigten Staaten und in England, zwei Ländern, die stets über grosse Mengen von natürlichen Fasern verfügten. Diese Entwicklung lässt sich kaum, auch für die Kriegsjahre nicht, auf einen Mangel an Wolle oder Baumwolle zurückführen. Im gleichen Sinne spricht die Tatsache auch, dass bereits 1945 bedeutende greifbare Vorräte, besonders an Wolle, bestanden.

Die genannten, von der Zellulose abgeleiteten Kunstseiden sind jedoch heutzutage nicht mehr die einzigen im Betriebe geschaffenen Textilfasern[1]). Insbesondere jene Nationen, welche autarkisch eingestellt sind und eine nach diesen Zielen gerichtete Wirtschaft aufweisen, haben das Bestreben, sich von den natürlichen textilen Rohstoffen, welche andere durch ihre bessere Lage begünstigte Völker reichlich zur Verfügung haben, während es ihnen selbst daran fehlt, freizumachen. Zu diesen Rohstoffen zählen unter anderen sowohl die Baumwolle als auch die Wolle.

[1]) Eine interessante Klassifikation der künstlichen und synthetischen, auf dem Markt befindlichen Kunstfasern erschien in J. Soc. D. and Col. 1939, S. 167, Vortrag von H. A. Thomas. Siehe auch Mell. 1941, S. 263; The Dyer, Bd. *94*, S. 401 (1945); J. B. Speakman und A. K. Saville, Some physical properties of Nylon, Text. Manuf. 1946, *72*, S. 343; Greenwood, Application of modern textile fibres, Text. Manuf. 1946, *72*, S. 452, sowie G. Diamond, The Manufacture of modern textile fibres, Text. Manuf. 1946, *72*, S. 376.

Die vom deutschen Forscher Todtenhaupt (1904) zuerst ausgearbeitete Kaseinfaser[1]) wurde von Italien unter dem Druck der Sanktionen, die sich gegen die Erweiterung seines Kolonialbesitzes richteten, aufgenommen und durch die Forscherarbeit der Gelehrten, besonders Ferettis, kam man zu der technischen Lösung des Problems der Erzeugung der Kaseinseide, welche unter dem Namen Lanital (synthetische Wolle) bekannt wurde. Das Lanital ist aber nicht widerstandsfähiger als die ursprüngliche Todtenhaupt'sche Faser, dagegen deutlich den pflanzlichen Fasern hinsichtlich der Nass- und Trockenfestigkeit unterlegen.

Bei der Herstellung von Lanital geht man von der Magermilch aus, die bei 20° C mit Schwefelsäure zum Gerinnen gebracht wird.

Der Quark wird bis auf einen Wassergehalt von etwa 65% ausgepresst. In diesem gequollenen Zustand wird Kasein in Natronlauge gelöst, die Lösung filtriert, entlüftet und einem Reifungsprozess unterworfen; man erhält so die Spinnlösung, die Kasinose genannt wird. Diese Kasinose wird dann durch Düsen in ein auf 50° C erwärmtes Fällbad, welches aus einer wässerigen Lösung von Schwefelsäure und Natriumsulfat besteht, gepresst.

In chemischer Beziehung unterscheidet sich das Lanital vom Kasein durch seinen geringeren Schwefelgehalt und durch das Vorhandensein von Phosphor. Immerhin hat die Erzeugung von Kaseinfasern und von Albuminfasern aus dem Fischeiweiss merkliche Fortschritte zu verzeichnen, besonders in Deutschland, wo eine verbesserte Kaseinkurzfaser unter dem Namen Tiolan auf den Markt gelangte[2]).

Eine neue amerikanische Kaseinfaser wird unter dem Namen Caslen[3]) von der Rubberset Co, Newark, N. J. in Form von Einzelfäden und groben Stapelfasern hergestellt.

---

[1]) Todtenhaupt: *D.R.P. 170.051, 178.985, 182.574, 183.317, 203.820; brit. P. 25.296; franz. P. 356.404; amer. P. 836.788; öst. P. 28.290.*

Literatur: Koch, Z. f. ges. Text. Ind. 1936, S. 306; Plail, Mell. 1936, S. 469; Borghetty, Amer. Dyest. Rep. 1936, S. 538; Soehngen, Kunstseide 1938, S. 78; Braida, Z. f. angew. Chemie 1939, S. 341.

[2]) Lanital ist durch die Snia Viscosa (Italien) in den Handel gebracht worden, die es nach den Patenten von Antonio Feretti herstellt. In Frankreich wird diese Faser durch die Gesellschaft „Lanital français" hergestellt.

Handelsnamen: Tiolan von der Spinnstoffgesellschaft in Cottbus (Deutschland), Lactefil (Holland), Caseinfiber (England), Cargan (Belgien), Silkool (Japan), Thiozell der Zellgarn A.G., Litzmannstadt (nach dem Schwarzaverfahren), Enkasa (Holland).

Literatur über Tiolan: Kunstseide 1938, S. 347; Z. f. ges. Text. Ind. 1938, S. 663. E. Haller, Kunststoffe auf Grundlage von Kasein in R. Houwink, Chemie u. Technologie der Kunststoffe, Bd. *2*, Leipzig 1942.

Patente über Lanital: *Franz. P. 813.427, 834.443* Feretti; *brit. P. 483.731 483.807/810; franz. P. 835.280* Montecatini.

[3]) G. W. Bendigo, Textile World 1949, *99*, S. 106.

Lanital hat die Form einer zylindrischen Faser, deren äussere glatte Schicht längsgestreift ist. Ihr Aussehen ist dem der Wolle sehr ähnlich. Das Lanital quillt viel schneller, daher seine grosse Absorptionsfähigkeit und seine Affinität zu den Farbstoffen, die derjenigen der Wolle überlegen ist. Die Färbungen auf Lanital sind im allgemeinen waschecht.

Lanital ist sehr wärmeempfindlich; man muss unbedingt vermeiden, bei höheren Temperaturen als 85° C zu färben. Diese Faser wird selten allein gebraucht, meistens in Mischung mit Wolle.

Das Vorhandensein von Proteinsubstanzen neben der regenerierten Zellulose soll nach Ansicht der Faserchemiker den Fäden die gewünschte Annäherung an die physikalischen, chemischen und färberischen Eigenschaften der tierischen Faser verleihen. Als Ergebnis dieser Arbeiten haben wir die Erzeugung einer neuen Klasse von Ersatzfasern, die aus regenerierten und animalisierten oder Proteozellulosefasern zusammengesetzt sind; diese Fasern bestehen aus animalisierter Viskose, der man in die Spinnmasse Protein-Substanzen zugibt (Kasein, Gelatine usw.).

Die Handelsmarken sind folgende:

Vistra PX.	I. G. Farbenindustrie.
Seresa und Fibre L . . . Supramine, Flesamine . .	Comptoir des Textiles artificiels (Frankreich).
Fibramine	Fabelta (Belgien).
Fibre L	Société France-Rayonne.
Velna	Société Cotonnière de Bruxelles.
Lacisana	C. I. S. A.-Raion, Rom (Italien).
Cisalfa	C. I. S. A.-Raion, Rom (Italien).

Anderseits ermöglichte die Einwirkung organischer Amine auf die Viskose die Herstellung animalisierter Fasern, als deren Vertreter folgende Handelsnamen genannt werden sollen.

Vistralana XT .	der I. G., eine Viskose-Kunstseide, der ein Äthyleniminpolymer einverleibt ist. *(Brit. P. 493.509.)* Sie ist eine der Wolle sehr nahe kommende Faser, die eine grosse Affinität für die sauren Farbstoffe besitzt.
Artilana	Schoeltins & Co., Berlin. — Spezialzellwolle nach dem Verfahren von Prof. Ubbelohde. — Enthält ein Harz auf Formaldehyd-Basis. Die Faser besitzt eine schwache Affinität für saure Farbstoffe und eine hohe Knitterfestigkeit.
Rayolanda . . .	von Courtaulds (England). — Es ist eine Viskose-Faser, die im Moment ihrer Bildung mit einem Bestandteil eines künstlichen basischen Harzes behandelt wird. Die Faser besitzt eine starke Affinität für die sauren Farbstoffe sowie für die Anthrasol-Farbstoffe[1]).
Solvna	Bata in Batizovi. — Es ist ein Zellulose-Xanthogenat, vermischt mit einem Kunstharz und mit Infusorienerde.

[1]) W. Penn, Text. Recorder 1946, S. 755; R. A. McFarlane, Druckverfahren für Fibro und Rayolanda, The Dyer 1946, Bd. *95*, S. 235 und 263. The Dyer 1946, *96*, S. 356. Synthetic Fibres, Animalized Cellulose Rayons, The Dyer 1945, *94*, S. 403.

Eine andere Klasse von künstlichen Fasern stammt von physikalisch veränderter Zellulose. Hier findet man folgende Handelsmarken:

Vistra XT . .	der I. G. Farbenindustrie-Zellwolle, die durch eine spezielle Behandlung rauh gemacht wird *(brit. P. 480.597, 424.229)*.
Floxalan . . .	Vereinigte Glanzstoff-Fabriken A.G .
Lanusafaser . .	der I. G. Farbenindustrie-Zellwolle, die nach einem speziellen Streckspinnverfahren hergestellt wird.
Schwarza . . .	Thüringische Zellwolle A.G. — Diese Faser besitzt eine permanente Kräuselung.
Vistra XTH . .	hydrophobierte Zellwolle, die durch eine oberflächliche Behandlung der Faser (strukturelle Kräuselung) erhalten wird.
Phrix BH . . .	Phrix Gesellschaft, Hamburg.
Trockenflox . .	Vereinigte Glanzstoff-Fabriken A. G.
Fibralaine VD .	Courtaulds (England).

Endlich sind aus der jüngsten Zeit (1938) die aus Amerika stammenden, rein synthetischen Fasern Nylon (Du Pont de Nemours) und Vinyarn (Carb. and Carb. Chem. Corp.) zu nennen, welche nun auch Rhodiaceta in Lyon, Frankreich, fabriziert. Sie entstehen durch Polykondensation von höheren Aminen und mehrbasischen organischen Säuren, sowie auch durch Mischpolymerisation von Vinylderivaten[1]).

---

[1]) In Deutschland wird Nylon von der I. G. Farbenindustrie unter den Bezeichnungen Perlon und Perluran (Fasern) und Igamid (Kunststoff) hergestellt.

Während unter dem Namen Nylon ausschliesslich Polyamide verstanden werden, umfasst das Perlon sowohl Polyamide als auch Polyurethane. Zur Zeit (1943) werden drei Perlon-Typen, nämlich L, T und U hergestellt. In Ludwigshafen wurden von der I. G. folgende nylonartige Kunststoffe fabriziert:

Igamid A: identisch mit Nylon.
Igamid B: Analogon des Nylons, von Aminokapronsäure ausgehend.
Igamid BS.
Igamid CA: polymerisiertes Gemisch von Igamid A und B, alkohollöslich.
(The Dyer 1946, Bd. *95*, S. 453.)

Literatur über Nylon: Nylon ist von W. H. Carothers von der Firma du Pont de Nemours in USA. entdeckt worden.

Patente: *amer. P. 2.071.250/251/252/253, 2.130.947/948; brit. P. 461.236/237, 474.999, 487.734, 495.790; franz. P. 828.848, 833.755, 833.756, 845.691.*

Chem. Ztg. 1939, S. 71; W. von Bergen, Rayon Text. Monthly 1939, S. 53; 1938, S. 664; Seide und Kunstseide 1939, S. 3; Silk Journal 1938, S. 18; E. Clayton, J. Soc. D. and Col. 1939, S. 32; The Dyer 1938, S. 446. Teintex 1941, S. 273, Fils et Fibres de Nylon.

Kollek, Polyamide in R. Houwink, Chemie und Technologie der Kunststoffe, Bd. *2*, Leipzig 1942.

J. B. Speakman and A. K. Saville, Some physical properties of Nylon, Text. Manuf. 1946, S. 343; P. Wengraf, A Review of the Nylon Patents, Rayon Textile Monthly 1947, *28*, Januarheft.

Herbert Rein, Mell. 1949, Juniheft, S. 243 und Juliheft, S. 299; G. Preston Hoff, New synthetic Fibers, Amer. Dyest. Rep. 1949, *38*, Nr. 12, S. 459 u. ff. André Michel, Die französischen synthetischen Fasern, Rhovyl, Fibrovyl, Thermovyl und Isovyl, L'Industrie Textile 1949, *6*, S. 180—183; Greenwood, Application of modern textile fibers, Text. Manuf. 1946, S. 452; Leo Kollek, Vollsynthetische Kunststoffe in der Textilindustrie, Mell. 1950, *31*, S. 26 u. ff.

Die synthetischen Fasern[1]) können nach der Herstellungsart folgender Weise klassifiziert werden.

A. Polymerisationsfasern. Aneinanderlagerung vieler Moleküle ungesättigter monomerer Verbindungen zu dem hochmolekularen Polymerisat

$$\overset{|}{\underset{|}{C}}\;\overset{|}{\underset{|}{C}} + \overset{|}{\underset{|}{C}}\cdot\overset{|}{\underset{|}{C}} + \overset{|}{\underset{|}{C}}\cdot\overset{|}{\underset{|}{C}} \longrightarrow \left[-\overset{|}{\underset{|}{C}}-\overset{|}{\underset{|}{C}}-\overset{|}{\underset{|}{C}}-\overset{|}{\underset{|}{C}}-\overset{|}{\underset{|}{C}}-\overset{|}{\underset{|}{C}}-\right]_x$$

Igelit PCU (I. G. 1934); Pe Ce-Faser (nachchloriertes Polyvinylchlorid) (I. G. 1934), Rhofil (nicht überchloriertes Polyvinylchlorid) (Rhodiaceta, 1941).

Vinyon (C.C.C.C. 1938), Vinylchlorid-Vinylazetat-Mischpolymerisat, Vinyon E (C.C.C.C.);

Saran (Dow. Chem. Corp. 1940) und Pe Ce 120-Faser (I. G. 1941) } Asym. Dichloräthylen-Vinylchlorid-Mischpolymerisat.

Velon, Polyvinylidenchlorid.

Orlon (I. G. 1943, Du Pont 1945), Polyacrylnitril.

Vinyon N (C.C.C.C. 1947), Vinylchlorid-Acrylnitril-Mischpolymerisat.

Polyvinylalkoholfaser, Synthofil (1949), Polystyrolfaser usw.

B. Kondensationsfasern. Reaktion von Produkten mit mindestens 2 funktionellen Gruppen, die miteinander unter Austritt von Wasser bzw. Alkohol zu reagieren vermögen

$$\underset{\underset{O}{\|}}{\overset{HO}{\overset{|}{C}}}-R-\underset{\underset{H}{|}}{\overset{H}{\overset{|}{N}}}\quad \underset{\underset{O}{\|}}{\overset{HO}{\overset{|}{C}}}-R-\underset{\underset{H}{|}}{\overset{H}{\overset{|}{N}}} \longrightarrow \left[-\underset{\underset{O}{\|}}{C}-R-\underset{\underset{H}{|}}{N}-\underset{\underset{O}{\|}}{C}-R-\underset{\underset{H}{|}}{N}-\right]_x$$

Nylon (Polyamid, Du Pont 1938), Perlon L (Polyamid, I. G. 1939), Terylen, Polyester der Terephtalsäure mit Äthylenglykol (I.C.I. 1947).

C. Polyadditionsfasern. Verwendung von Diisocyanaten, welche mit Alkohol- oder Aminogruppen unter Verschiebung eines H-Atoms dieser Gruppe reagieren.

$$HO-R-OH + \underset{\underset{O}{\|}}{C}{=}N-R-N{=}\underset{\underset{O}{\|}}{C} + HO-R-OH$$

Diisocyanat

$$\left[-O-R-O-\underset{\underset{O}{\|}}{C}-NH-R-NH-\underset{\underset{O}{\|}}{C}-O-R-O-\right]_x$$

Perlon U (Polyurethan, I. G. 1939)

[1]) Herbert Rein, Die synthetischen Fasern, Mell. 1949, Juni- und Julihefte, S. 243 und S. 299.

Nylon besteht aus einem thermoplastischen, linear-kondensierten Superpolysäureamid, das durch Erwärmen in molekularem Verhältnis von höheren aliphatischen Diaminen mit mindestens einem freien H-Atom an jeder NH_2-Gruppe von der Formel:

$$R\begin{cases} NH_2 \\ NH_2 \end{cases}$$

wo R = Kohlenwasserstoffkette von mindestens 4 CH_2-Gruppen (Tetra-, Penta-, Hexamethylendiamin).

mit höheren aliphatischen Dikarbonsäuren von der Formel:

$$R_1\begin{cases} COOH \\ COOH \end{cases}$$

wo R_1 = Kette von wenigstens 4 CH_2-Gruppen, z. B. Adipinsäure, Kork-, Sebacinsäure.

erhalten wird.

Diese Polykondensation von Diaminen mit Dikarbonsäuren führt zu linear ausgebildeten, hochmolekularen Ketten von der Formel:

$$H_2N—(CH_2)_x—NH——CO—(CH_2)_y—CO \ldots$$

Diaminrest, bei x = 6 Hexamethylendiaminrest — Dikarbonsäurerest, bei y = 4 Adipinsäurerest

$$\ldots NH—(CH_2)_x—NH—CO—(CH_2)_y—CO—NH—(CH_2)_x—NH—CO—(CH_2)_y—COOH$$

Amidgruppe

Eine neue Richtung haben deutsche Chemiker diesem Gebiet durch das Studium gewisser Anlagerungsreaktionen erschlossen. Diese Reaktionen ermöglichen es, lineare Kondensations-Makromoleküle auf rein additivem Wege zu gewinnen.

So kann man beispielsweise von einer bestimmten Körperklasse, den Isocyanaten, ausgehend durch Anlagerung von Alkoholen mit endständigen Hydroxylgruppen zu linearen Makromolekülen gelangen, in denen die Karbamidsäuregruppierung die einzelnen Kohlenstoffketten miteinander verknüpft (Perlon U).

Die so erhaltenen Polykondensate werden als Polyurethane bezeichnet.

$$\ldots . CO–NH–(CH_2)_x–NH–CO–O–(CH_2)_y–O–CO–NH–(CH_2)_x–NH–CO–O–CH_2 \ldots .$$

Karbamidsäuregruppe — Butandiolrest bei y=4 — Hexamethylendiisocyanrest bei x = 6

Perlon U.

Eine dritte Serie von Kondensationsprodukten wird von der Aminokapronsäure ausgehend erhalten.

$$\ldots H\,]\!-\!NH\!-\!(CH_2)_5\!-\!\underset{\underset{O}{\|}}{C}\!-\!\boxed{OH \ldots H}\,NH\!-\!(CH_2)_5\!-\!\underset{\underset{O}{\|}}{C}\!-\![\,OH$$

$$\downarrow$$

$$\left[-NH-(CH_2)_5-\underset{\underset{O}{\|}}{C}-NH-(CH_2)_5-\underset{\underset{O}{\|}}{C}-\right]_n + nH_2O$$

Perlon L

Das Nylon zeichnet sich durch seine Elastizität, seine Wasserfestigkeit und seine sehr grosse Reissfestigkeit in nassem Zustande, die 85 % der Reissfestigkeit in trockenem Zustande beträgt, aus. Die Faser ist unverbrennbar; sie verhält sich unter der Einwirkung des Feuers wie die Wolle, indem sie eine aufgeblasene Masse bildet. Die Widerstandsfähigkeit gegenüber alkalischen Behandlungen ist hervorragend. In bezug auf das Färben sind die Farbstoffe für Azetatzellulose die geeignetsten, jedoch besitzen die sauren sowie auch die basischen Farbstoffe eine ziemlich gute Affinität[1]).

Nach dem Kriege 1939—1945 verzeichnete die Klasse der Kondensatfasern eine Erweiterung durch das Aufkommen des Terylens[2]). Die Entdeckung dieser Faser verdanken wir J. R. Whinfield und seinen Mitarbeitern in den Laboratorien der Calico Printers Association, während das technische Herstellungsverfahren von der I. C. I. ausgearbeitet wurde. Dem Terylen kommt im Gegensatz zum Nylon keine Polyamid-, sondern eine Polyesterstruktur zu, und zwar ist es ein Polyester der Terephtalsäure und des Äthylenglykols:

$$HOCH_2-CH_2OH + HOOC-C_6H_4-COOH \longrightarrow$$

$$\left[-CH_2-CH_2-O-CO-C_6H_4-CO-O-CH_2-CH_2-O-CO-C_6H_4-CO-O-\right]_x$$

Diese Faser ist gegenüber Licht, Wärme und Säuren sehr widerstandsfähig und zudem noch fäulnisbeständig. Zu diesem Produkt ist noch folgendes zu bemerken: Verwendet man für die Polyveresterung Terephtalsäure, in welcher die zwei Karboxylgruppen para-Stellung einnehmen, so erhält man lineare Makromoleküle, die sich sehr gut für die Erzeugung von Textilien eignen. Dagegen lassen sich mit Orthophtalsäure nur ungeordnete makromolekulare Gebilde erzeugen.

---

[1]) In Frankreich wird die Nylonfaser von der Soc. Rhodiaceta hergestellt.

[2]) Herbert Rein, Die synthetischen Fasern, Mell. 1949, S. 299ff.

The Dyer 1946, Bd. *96*, S. 356; Schweiz. Text. Ztg. 1946, Nr. 1314; Nord Industriel 1946, S. 357; *Brit. P. 578.079, 579.462, 588.497, 596.688* und *604.985;* Cady, Terylene, The new British Fibre, Amer. Dyest. Rep. 1948, *37*, S. 699; K. Turner, Terylene, The new synthetic Fibre, Text. Rec. 1946, Bd. *64*, S. 36. Terylene, its Properties and Processing, Brit. Silk and Rayon Journ. 1949, S. 45; Polymers of the Terylene Group, Brit. Silk and Rayon Journ. 1948, S. 54.

Die erste Polymerisatfaser und gleichzeitig die erste synthetische Faser überhaupt war das Igelit PCU. Es wurde 1931 von E. Hubert im wissenschaftlichen Laboratorium der Kunstseidenfabrik Wolfen entwickelt. (*D.R.P. 666.264* [20. 10. 1931] der I. G.) Aus technischen Gründen wurde diese Faser nicht im grossen hergestellt. Dagegen wurde 1934 von der I. G. Farbenindustrie unter dem Namen PeCe-Faser eine neue, aus nachchloriertem Polyvinylchlorid hergestellte, vollsynthetische Faser in den Handel gebracht[1]). Eine Faser auf ähnlicher Basis ist das in den USA. hergestellte Vinyon bzw. Vinyarn (C.C.C.C.), welche durch Mischpolymerisation von ca. 90% Vinylchlorid und 10% Vinylazetat gewonnen wird; sie entspricht in ihren Eigenschaften dem Igelit PCU von Hubert. Vinyon E (1947) ist eine analoge Faser mit besonders ausgeprägter Elastizität[2]); das Ausgangsmischpolymerisat enthält ca. 40% Akrylnitril. Ebenfalls Polyvinylchlorid wird von der U.S. Firestone Tyre and Rubber Co. und der Dow Chemical Co. zur Herstellung des Sarans verwendet. Die Rohmaterialien für die Herstellung des Sarans[3]) sind Erdöl und Kochsalz. Je nach den Polymerisationsbedingungen und Beimischungen lassen sich verschiedene Typen von Saran erzeugen, deren Erweichungspunkte zwischen 70 und 180° C liegen. Das Handelsprodukt hat einen Erweichungspunkt von 140—160° C und ein Molekulargewicht von ca. 20000. Schliesslich ist in Frankreich das Rhofil der Société Rhodiaceta aufgekommen; dieses ist ein nicht nachchloriertes Polyvinylchlorid.

Die französischen synthetischen Fasern werden zur Zeit unter den Namen Rhovyl, Fibrovyl, Thermovyl und Isovyl erzeugt[4]).

Bei allen 4 Fasern handelt es sich um Polyvinylchloridfasern. Rhovyl besteht aus praktisch endlosen Fasern wie die Kunstseide. Ihre Trocken- und Nassfestigkeit ist gleich gross und beträgt 2,8 bis 3,6 g/den. Die Trocken- und Nassdehnung schwankt zwischen 12 und 15%. Charakteristisch für Rhovyl ist, dass sich die Gewebe unter der Einwirkung von Wärme zusammenziehen. Die Grösse des Einlaufens hängt von der Gewebekonstruktion bzw. der Schuss- und Kettdichte ab. Ein mechanisch fixiertes Gewebe kann 100 bis 130° C vertragen, ohne einzugehen. Die Faser ist hoch orientiert. Fibrovyl zeigt die gleichen Eigenschaften wie Rhovyl, nur ist es auf Stapellänge geschnitten. Thermovyl ist ebenfalls eine Stapelfaser, hat aber einen Titer von 9 bis 10 den. während Fibrovyl nur einen Titer von 3 den. besitzt. Seine Reissfestigkeit ist gering, während es eine hohe Bruch-

---

[1]) *D.R.P. 569.911; franz. P. 857.418, 857.142* (6. 7. 1938) der I. G. Farbenindustrie.

[2]) Silk and Rayon 1944, Bd. *18*, S. 261.

[3]) A. T. Look, Saran, das Ausgangsmaterial, seine Ausrüstung und Verwendung. Canadian Text. J. 1949, *66*, S. 46; Textil-Rundschau 1950, *5*, S. 106/107.

[4]) André Michel, L'Industrie Textile, 1949, *6*, S. 180—183.

dehnung aufweist. Es ist bis 100° C wärmebeständig. Isovyl hat einen Titer von 18 den. und nur eine sehr schwache Molekularorientierung, infolgedessen auch eine geringe Festigkeit. Alle 4 synthetischen Fasern sind flammensicher, unempfindlich gegen Einwirkung von Wasser, Chemikalien sowie gegen Insektenbefall bzw. Bakterien oder Schimmel. Rhovyl wird ausser zu technischen Zwecken für Möbelstoffe in den Tropen verwendet, die anderen Stapelfasern je nach ihrem Charakter für technische Zwecke einschliesslich Isolierung. Das Färben von Thermovyl bereitet keine Schwierigkeiten. Man färbt es ähnlich wie Azetatkunstseide. Schwieriger ist es mit Rhovyl, dessen Färbeprobleme noch im Labor bearbeitet werden.

Die Hauptmerkmale des Vinyons oder der PeCe-Faser sind: eine bisher von keiner Faser erreichte Beständigkeit gegen die Einwirkung von Säuren, Alkalien, Oxydations- und Reduktionsmitteln; selbst Königswasser oder 50% Kalilauge greifen PeCe-Faser auch nach 24stündiger Einwirkung nicht an; ferner eine sehr hohe Reissfestigkeit und Dehnbarkeit; beide Eigenschaften ändern sich praktisch nicht in nassem Zustand.

Als weitere wichtige Merkmale, welche die PeCe-Faser vor anderen Textilien auszeichnen, sind die Unquellbarkeit in Wasser und die Fäulnisfestigkeit zu erwähnen. Ebenso ist die Unflammbarkeit beachtenswert, das Material schmilzt bei Berührung mit offener Flamme, erlischt aber sofort, sobald die Zündflamme entfernt wird.

Deshalb hat sich die PeCe-Faser ganz ausgezeichnet für Filtrierstoffe in der chemischen Industrie bewährt; sie ist auch von Interesse für die Herstellung von Angelschnüren, Fischernetzen, für Schutzanzüge, als Dichtungsmaterial usw.[1]).

Dagegen lässt sich diese Faser durch gewisse organische Lösungsmittel quellen bzw. lösen. Das Färben von Vinyon ist keine einfache Aufgabe. Weder wasserlösliche Anilinfarbstoffe, noch Küpen- oder Pigmentfarbstoffe sind imstande, Vinyon nach dem für Textilfasern üblichen Verfahren zu färben.

Der einzige, bisher bekannte Weg, die Faser für Farbstoffe aufnahmefähig zu machen, besteht darin, sie oberflächlich zum Quellen zu bringen. Auf diese Weise gelingt es, mit Cibacetfarbstoffen sowie auch mit basischen Farbstoffen auf Vinyon Färbungen bis zu tiefen Tönen zu erzielen.

Der grösste Nachteil des Vinyons bzw. der PeCe-Faser liegt in ihrem Verhalten in der Wärme. Die Faser ist thermoplastisch und schrumpft schon bei 70° sehr erheblich.

Die Kurashiki Rayon Co. in Japan stellt eine neue Faser aus Polyvinylalkohol her. Zu diesem Zwecke wird Polyvinylazetat mit alkoho-

[1]) H. Rein, Die PeCe-Faser, Mell. 1941, Bd. *22*, S. 5; Jehle, Die Bedeutung der PeCe-Faser für die Textilindustrie, Zellwolle-Kunstseide-Seide 1940, Bd. *45*, S. 181.

lischer Natronlauge hydrolysiert; der erhaltene Niederschlag wird sodann in einem natrium- und zinksulfathaltigen Fällbad versponnen (Dorland Text. Report 1948, Nr. 3).

Kürzlich wurde die Herstellung von Fasern auf Polyvinylfluoridbasis bekanntgegeben (*brit. P. 605.445*); dazu wird Vinylfluorid bei 50—200° C und 150—200 Atm. in Gegenwart von Katalysatoren (Peroxyden) polymerisiert. Das so gewonnene Polyvinylfluorid kann im geschmolzenen Zustande versponnen werden (Smp. 175—200° C).

Eine weitere neue Faser besteht aus polymerisiertem Äthylen (*brit. P. 471.590* und *472.051*). Die Polymerisation erfolgt unter Hochdruck bei 200—400° C in Gegenwart von Sauerstoff. Diese Polythene sind ebenfalls thermoplastisch und sehr elastisch[1]).

Andererseits hat man für die Erzeugung von Kunstfasern auch Vinylidenderivate herangezogen. Zum Beispiel ist Vinylidenchlorid das Ausgangsprodukt des Velons[2]).

Eine seit Kriegsende aufgekommene Faser amerikanischer Herkunft ist die Polyakrylnitrilfaser, deren Eigenschaften diejenigen des Nylons übertreffen. Sie erhielt daher zunächst die Bezeichnungen Super-Nylon oder Faser A (Du Pont) und später dann den endgültigen Handelsnamen Orlon[3]). Das Herstellungsverfahren des Polyakrylnitrils arbeitete die I. G. Farbenindustrie in Ludwigshafen aus[4]). Im Jahre 1939 gelang O. Bayer und P. Kurtz in Leverkusen die direkte Synthese des Polyakrylnitrils aus Azetylen und Cyanwasserstoff:

$$\mathrm{CH{\equiv}CH + HCN} \longrightarrow \underset{\text{Akrylnitril}}{\mathrm{CH_2{=}CH{-}CN}} \longrightarrow \underset{\text{Polyakrylnitril}}{\left[\mathrm{-CH_2-\overset{\overset{\displaystyle CN}{|}}{C}H-CH_2-\overset{\overset{\displaystyle CN}{|}}{C}H-}\right]_x}$$

Das Akrylnitril $CH_2{=}CH{-}CN$ ist eine leicht flüchtige Flüssigkeit, welche katalytisch (mit Peroxyden) zu linearen Makromolekülen polymerisiert werden kann. Es resultieren dickflüssige, durch Düsen verspinnbare Lösungen[5]). Mit diesem sehr billigen Polymerisat wurden in den Jahren 1940—43 Spinnversuche unternommen, welche zu der eben erwähnten Orlonfaser führten[6]).

---

[1]) Silk and Rayon 1944, Bd. *18*, S. 1110.

[2]) Chem. Abstr. 1944, Bd. *38*, S. 6570; Plastics Chicago, Bd. *1*, S. 34 und 96.

[3]) Du Pont, Textile World 1948, Bd. *98*, S. 102a.

[4]) *D.R.P. 580.351* (26. 7. 1929), *654.989* (18. 2. 1930); *brit. P. 358.534;* siehe auch Rein, *D.R.P. 631.756* (22. 8. 1934); *amer. P. 2.117.210* und *2.140.921.*

[5]) *Brit. P. 461.675, 581.526, 583.939, 584.066, 584.548, 585.368.* Silk and Rayon 1947, *21*, S. 825; Jos. v. Hermann, Acrylonitriles, A new class of synthetic fibers, Textile World 1947, Nr. 3, S. 101.

[6]) *D.R.P. 728.767* (13. 7. 1939) der I. G.; siehe Z. f. angew. Chemie 1948, Bd. *A 60*, S. 159—161. Die Priorität der ersten amerikanischen Patente lautet auf den 17. Juni 1942. Vgl. ferner *franz. P. 883.763, 883.764, 893.461, 905.038* und *905.039.*

Die Verwendungsmöglichkeiten des Orlons sind mindestens ebenso vielgestaltig wie diejenigen des Nylons. Orlon verträgt Temperaturen von 200—250° C und übertrifft Nylon besonders durch seine Dauerwärmebeständigkeit. Wird Nylon einige Tage bei 120° C gehalten, so nimmt seine Widerstandsfähigkeit deutlich ab, während unter denselben Bedingungen diejenige des Orlons auch nach fünf Wochen keine Einbusse erfährt.

Zum Färben des Orlons eignen sich die Farbstoffe für Azetatkunstseide, sowie die basischen und einige Küpenfarbstoffe. Die Lichtechtheit dieser Färbungen ist unbefriedigend[1]).

Ebenfalls aus Amerika stammt die Sarelon-Faser, zu deren Herstellung die Proteine der Nüsse dienen. Die schwache Wasserechtheit dieser Faser kann durch eine Behandlung mit Formaldehyd und Aluminiumsalzen verbessert werden[2]). Die Erzeugung von Fasern aus den Proteinen der Sojabohnen gab Anlass zu interessanten Untersuchungen, unter welchen diejenigen von Bergen erwähnt werden sollen[3]). In den letzten Jahren wurde ferner das Gebiet der Zeinfasern[4]) erforscht. Die grundlegenden Arbeiten über diese Fasern stammen von Crostan, Evans und Smith. Die Fabrikation von Zeinfasern wurde Ende 1948 in Taftville (Conn., USA.) aufgenommen. Die neue Faser wurde unter dem Namen Vicara in den Handel gebracht.

Zein gehört zu den Prolaminen und wird aus dem Maiskleber durch Extraktion mit Isopropylalkohol gewonnen. Zein besteht aus Aminosäuren; Cystin, Lysin, Tryptophan sind jedoch darin nicht enthalten. Zur Herstellung der Spinnlösung wird Zein in verdünntem Alkali gelöst und in verdünnter Säure versponnen, getrocknet und mit Formaldehyd gehärtet. Vorläufig wird nur Stapelfaser erzeugt; die Produktion ist einstweilen noch beschränkt, indem in den USA. nur ca. 100 Millionen lb. Zein zur Verfügung stehen. Ein amerikanischer Vorschlag möchte allen Fasern, die sich von Eiweisstoffen ableiten (Soja- und Nussproteine sowie Kaseine), den Sammelnamen Azlone[5]) geben.

Zum Schluss dieser kurzen Übersicht über die Entwicklung der Kunstseiden sei noch auf die Alginatkunstseide hingewiesen, welche Gegenstand verschiedener Arbeiten von J. B. Speakman ist[6]). Als

[1]) J. B. Quig, Rayon and Synthetic Textiles, 1949, *30*, S. 91.

[2]) A. L. Merrifield und A. F. Pomes, The Dyer, 1946, *96*, S. 469; Text. Res. J. 1946, *16*, S. 369; Chem. Abstr. 1946, Bd. *40*, S. 6262.

[3]) Bergen, Chem. Abstr. 1944, Bd. *38*, S. 6551.

[4]) W. P. ter Horst, Virginia-Carolina Chem. Corp., Amer. Dyest. Rep. 1949, *38*, S. 335; A. B. Davidson, Vicara, die neue Stapelfaser, Rayon and Synth. Text. 1949, *30*, S. 73.

[5]) Ambassador 1946, S. 117.

[6]) Text. Manuf. 1940, *66*, S. 464; Mell. 1942, S. 297; *brit. P. 573.058*, (Speakman), *575.611, 578.016;* The Dyer 1946, Bd. *96*, S. 106 und 406; Text. World 1945, Bd. *95*, S. 113. S. E. Lawton, F. C. Wood, *brit. P. 567.101;* The Dyer 1946, *95*, S. 504.

Ausgangsprodukt dient die zuerst von Standfort im Jahre 1884 isolierte Alginsäure[1]). Sie wird aus Algen mit einer Natriumkarbonatlösung extrahiert. Es bildet sich hierbei eine sehr viskose und spinnbare Flüssigkeit. Dieselbe wird beim Austritt aus der Spinndüse durch Behandlung in einer Kalziumchloridlösung, in Form von Kalziumalginat, ausgefällt.

Glasfasern[2]): Seit mehreren Jahren wird als Isolier- oder Filtriermaterial vielfach die sog. Glaswolle verwendet, deren Fasern durch Ausziehen von geschmolzenem Glas hergestellt werden. Davon ausgehend hat man sich in den Jahren 1930—1938, besonders in den Vereinigten Staaten, auch daran gemacht, spinn- und webbare Glasfasern zu fabrizieren. In Frankreich haben vor allem die Untersuchungen der Manufacture de St-Gobain zur Lösung dieser Frage beigetragen, so dass jetzt Glasfasern mit ausgezeichneten Eigenschaften, und daraus Glasgewebe erzeugt werden können.

Zu ihren Vorteilen zählen vor allem ihre Unbrennbarkeit, Fäulnisbeständigkeit und aussergewöhnliche Zugfestigkeit. Die Glasgewebe dienen besonders für Möbelüberzüge usw. Das Färben und Bedrucken dieser Produkte ist allerdings ein heikles Problem; die Untersuchungen der I. G. Farbenindustrie, der Ciba, der Elsässischen Stoffdruckerei Scheurer-Lauth und der Firma Durand-Huguenin führten zu einer interessanten und technisch anwendbaren Lösung (siehe Kap. X).

Ein ähnlicher und ebenso merkwürdiger Aufschwung hat sich im Laufe der letzten 20 Jahre im Bereich der Kunststoffe, deren Anwendung sich auf die verschiedensten Industrien ausgedehnt hat, gezeigt. In der Textilindustrie ist die Rolle dieser Kunststoffe besonders wichtig gewesen. Einerseits, wie wir es schon erwähnt haben, in der Herstellung der künstlichen Fasern, anderseits in den Veredlungsverfahren der Fasern, in der Permanent-, Knitterfrei-, Quellfest- und Streichappretur, sowie für die Mattierung der Kunstfasern.

Endlich soll noch erwähnt werden, dass diese Produkte als Druckverdickungen von Interesse sein können. Um besser die grosse Wichtigkeit und das grosse Interesse, die diese Produkte hervorgerufen haben, zu unterstreichen, scheint es uns angebracht, die Tabelle wiederzugeben, die in Mell. 1942, Bd. 23, Heft 1, Schwen als Erläuterung seines bemerkenswerten Aufsatzes „Kunststoffe in der Textilindustrie" veröffentlicht hat[3]).

---

[1]) Die Natrium- und Ammoniumalginate werden von der Société de Produits chimiques et pharmaceutiques in Quimper (Frankreich) hergestellt.

[2]) Page, Chem. Abstr. 1943, Bd. *37*, S. 733; Science Counselor, Bd. *8*, S. 109 und 124; Silk and Rayon 1946, Bd. *20*, S. 734.

[3]) K. Walter, Verwendung von Kunststoffen als Textilhilfsmittel, Zellwolle-Kunstseide-Seide, Mai 1941, Bd. *46*, S. 174; K. Walter und Schwenk, Untersuchungen über waschfeste Appreturen auf Zellwolle, Baumwolle, Kunstseide, Zellwolle-Kunstseide-Seide

Kunststoffe in der Textilindustrie.

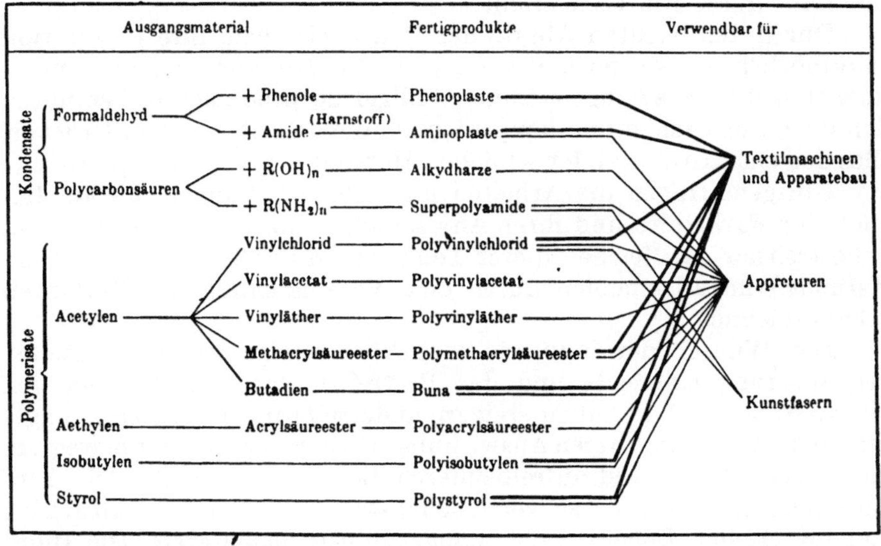

Ein wertvoller, auf Polyvinylchloridbasis aufgebauter Werkstoff, wird von der Köln-Rottweiler-Pulverfabrik bzw. Troisdorfer Werke A.G., vormals Dynamitfabrik, Troisdorf bei Köln, unter dem Namen Mipolam, auf den Markt gebracht. Er ist, wie die Praxis beweist, sehr säurefest, zeigt also keine Korrosionszerstörungen.

Es werden alle möglichen Gegenstände, insbesondere aber, was Interesse verdient, auch Röhren daraus hergestellt, welche angeblich bis 12 Atmosphären Druck und Temperaturen bis ca. 70° C aushalten.

Mipolam soll sich auch sehr gut als Werkstoff für die Herstellung von Leitungsrohren für Wasser, das freie Kohlensäure enthält, eignen und auch schon in dieser Hinsicht Verwendung finden. Von den anderen Produkten auf Polyvinylchloridbasis sind noch zu nennen: Igelit PCU, Decilith, die unter dem Namen Vinidur, Gobanyl und Rhodopas zusammengefasst werden.

Es erscheint uns interessant, hier noch eine kleine Übersicht über die Lage und die Entwicklung der Textilindustrie im Laufe der letzten 20 Jahre zu geben.

1939, Dezemberheft; 1940, Maiheft; K. Walter, Normalappretur oder Hochveredlung auf Stoffen für Berufskleider, Deutsches Wollengewerbe, Grünberg, 1939, Nr. 34; E. Gröner, Verdunklungsstoffe, Deutsches Wollengewerbe, Grünberg, Nr. 42; K. Walter, Plextol-Einbadverfahren für waschfeste Appreturen, Mell. 1938, Nr. 4; K. Walter, Plextol in der Textilindustrie, Mell. 1937, Nr. 8; Trommsdorff: Die Acrylharze, Kunststoffe, 1937, Märzheft; Weltzien, Die Bedeutung der synthetischen Fasern für die Textilindustrie, Zellwolle-Kunstseide-Seide 1940, Bd. *45*, S. 213; Trommsdorff, Kunststoffe aus Polymerisaten von Äthylenderivaten in R. Houwink, Chemie und Technologie der Kunststoffe, Bd. *2*, Leipzig 1942.

Die Industrie der Druckerei hat seit 1918 in Europa und Amerika eine sehr grosse Blütezeit erlebt.

Durch den leichten Absatz der Ware getrieben, ihre Produktion unaufhörlich zu steigern, dann durch die Konkurrenz, die immer stärker wurde, gezwungen, immer billiger zu produzieren, bemühten sich die europäischen und hauptsächlich die amerikanischen Drucker, alles der Quantität und der schnellen Herstellungsweise zu opfern[1]).

Übrigens tragen die Arbeiten und die Forschungen, die im Bereich der Farbstoffe und ihrer Anwendungen unternommen wurden, unbestreitbar das Zeichen dieser Tendenz. In der Tat sind die neuen Methoden im allgemeinen durch eine Vereinfachung der Verfahren gekennzeichnet.

Der Wunsch der Industrie nach Absatzsteigerung-Produktionsvergrösserung einerseits und das Bestreben der Bevölkerung, den Lebensstandard dauernd zu steigern anderseits führten zu einer ungesunden Entwicklung, deren Auswirkung sich in einer äusserst bewegten, immer schnelleren und aufreibenderen Lebensweise zeigte. Die Tendenz machte sich auf den verschiedensten Gebieten des kulturellen und materiellen Lebens aufs unangenehmste bemerkbar. Die Industrie, die wissenschaftlichen Forschungen, ja sogar die „kulturelle Produktion" unterlag schliesslich immer mehr und mehr dem beschleunigten Rhythmus der gesamten Lebensweise.

Es ist sicher, dass die amerikanische Textilindustrie, hauptsächlich die teils in den Neuengland-Staaten Massachusetts (Boston) Connecticut und Rhode Island und teils um New York (New Jersey, Paterson) und in Pennsylvanien (Philadelphia) lokalisiert ist, einen ungeheuren Aufschwung genommen hat dank ihrer 600—650 Druckmaschinen[2]), der sie scheinbar in produktiver Hinsicht über die europäische Industrie gestellt hat, welche ihrerseits sich während den 10 Jahren nach dem Versailler Vertrag auch bedeutend entwickelt und sich in sehr hohem Masse gesteigert hat[3]).

Es muss jedoch bemerkt werden, dass diese Steigerung der Produktion, hauptsächlich die der amerikanischen Industrie, auf Kosten der Qualität und des künstlerischen Wertes der Ware erzielt wurde.

Die europäische Industrie hat diesen Wert in bestimmten Gebieten wahren können, hauptsächlich in Deutschland (Heidenheim, Lörrach), in Frankreich (Lyon, Elsass), in England (Manchester).

Da übrigens der Verbraucher nicht sehr anspruchsvoll war, was die Auswahl der Muster und die Qualität der Farbenzusammenstel-

---

[1]) Es ist zu bemerken, dass im Jahre 1937 die amerikanische Produktion 1,700,000,000 m betrug, was für eine Bevölkerung von 130,000,000 Seelen ca. 14 m pro Kopf ausmacht, während sich in Europa der Verbrauch pro Einwohner auf 4–5 m stellte.

[2]) Die grösste Stoffdruckerei ist die Pacific Mills in Lawrence mit 75 Maschinen.

[3]) Am Ende des III. Bandes dieses Werkes wird man eine Übersicht finden über die Stoffdruckereien der verschiedenen Länder mit Angaben über die Maschinenzahlen.

lungen betrifft, begnügte man sich in vielen Fällen damit, einfache und schneller ausführbare Artikel zu produzieren. Man hat vor allem versucht, alles zu vermeiden, was die Arbeit verlangsamen, verteuern oder komplizieren könnte. Der erste Nachteil dieses Produktionswettkampfes war eine Überschwemmung des Marktes und demzufolge stark herabgedrückte Verkaufspreise. Als die Krise 1929 plötzlich den Verbrauch verringerte, wurde eine grosse Anzahl Firmen schwer getroffen. Die Rückschläge machten sich in der ganzen Welt spürbar.

Seit 1934—1935 hat sich wieder ein gewisser Aufschwung gezeigt, der sich sogar in den Jahren 1938—1939 merklich steigerte. Die Preise blieben jedoch sehr niedrig und ermöglichten nur einen kleinen Gewinn. Eine erbitterte Konkurrenz drückte die Preise bis aufs äusserste herab. Anderseits erhöhten noch die wachsenden Steuern, die Einführung der 40-Stunden-Woche in Frankreich und Amerika und die Steigerung der Löhne in grossem Masse die Lasten der Betriebe und verschlimmerten folglich die allgemeine finanzielle Lage der Textilindustrie.

Diese Entwicklung, welche zu einer allgemeinen Unsicherheit führte, wurde durch den Weltkrieg 1939—1945 grösstenteils unterbrochen. Bis im Jahre 1947 übernahm wegen des Mangels an Textilien aller Kategorien wie auch an Farbstoffen die Kundschaft bereitwillig und zu jedem Preise die lang entbehrten Güter. Schon 1948 machte sich aber ein Umschwung bemerkbar; die von der Kundschaft an die sehr teure Ware gestellten Ansprüche wurden massgebend und verlangten von seiten der Fabrikanten, Verkäufer und Techniker neue Anstrengungen.

Die Kattundrucker sahen sich veranlasst, neue Artikel zu suchen, die einen grösseren Gewinn zu erzielen erlaubten. So machte sich in den Jahren 1930—1940 auf allen Gebieten (Fasern, Gewebe, Kollektionen) ein Drang nach neuen Verfahren bemerkbar, die zu neuartigen Veredlungseffekten führten. Dies alles wurde natürlich durch eine kostspielige, aber immer sehr gut vorgeführte Reklame begleitet.

Von dieser Zeit rührt die Erziehung des Publikums für den Echtheitsbegriff her. Dies wurde zuerst von der I. G. durch das Indanthren-Etikett eingeführt und bedeutet eine Echtheitsgarantie, die durch eine Auswahl der echtesten Vertreter bestimmter Farbstoffgruppen bedingt ist und deren Anwendung einer sorgfältigen und dauernden Kontrolle untersteht.

Eine besondere Spezialität in echten Drucken und Färbungen hat sich die Firma Tootal in Manchester erworben, die den von der Kundschaft wohlbekannten Tobralco-Artikel eingeführt hat, der einige Jahre später auf dem Markt eine ganze Reihe Konkurrenten gefunden hat: Bonalo (Lyon), Osako (Schweiz), Selcosol (Thann) usw.

Alle diese Artikel wurden der Kundschaft mit einem Garantie-Etikett versehen angeboten.

Um von den Anstrengungen in der Zeit von 1930—1940 ein Bild zu geben, wollen wir hier die hauptsächlichsten Fabrikationen erwähnen, die auf dem Markte erschienen sind:

Die Mattdruckeffekte, der Krepp- und Gaufrier-Artikel der rohen Ware, das Aufdrucken von Lackfarben, ein Artikel, der hauptsächlich in Lyon und auch im Elsass (Scheurer, Lauth & Co.) hergestellt wurde; die Pergament- und Matteffekte von Heberlein in Wattwil (Schweiz), die knitterfesten Gewebe (Tootal-Verfahren mit Lizenzen für Gillet in Frankreich und für die I. G. in Deutschland), die Permanentappreturen (Tylose, Appretane), die wasserabstossenden Appreturen (Pfersee-Verfahren, Imprägnol-Marke, Velan-Verfahren der I.C.I., Inflos-Verfahren von Stolte-Missy in Krefeld), Appreturen durch Anfilmen, Lösungen von Zellulose (Linisierungsverfahren oder das sogenannte Arlin-Verfahren der Arnold Printworks in USA.), neues Finish-Verfahren der Bleachers Assoc., Duron Finish unter den Namen Kerbos und Leyla bekannt.

Permanente Gaufrier-Effekte werden auch mit Hilfe von Harnstoff-Formaldehyd-Kondensationsprodukten erhalten nach den Verfahren von Raduner A. G. in Horn (Schweiz), von Joseph Bancroft and Sons Co. und der Calico Printers Association. Kalandrier-Effekte, insbesondere das Permanent-Chintz, sind in zahlreichen Patentschriften beschrieben worden; diese Patente sind gegenwärtig alle im Besitze der Firma Bancroft (Marke Everglaze).

Ferner sind noch zu nennen die neuen Verfahren für waschechte Steifung von Krägen, das sogenannte Trubenizing-Verfahren der B. Lubowitz-Trubenizing Process Corporation, New York, die krumpffreie Ausrüstung nach dem Sanforizing-Verfahren, die Verbesserung der Quellfestigkeit der Kunstfaser, welche mittels verschiedener Verfahren erreicht wird, die entweder auf der Bildung von Harnstoff-Formaldehyd-Kondensaten oder auf der Wirkung von Formaldehyd selbst auf Zellulosefaser beruhen. Hierfür werden das Kaurit-Verfahren der I. G. Farbenindustrie, die Schubert FK-Ausrüstung, das Waschtreu-Verfahren von Stockhausen, das Acrisin-Verfahren von Röhm & Haas angewendet.

Dieser, wenn auch nur flüchtige Überblick über die Fortschritte auf dem Gebiete der Farbstoff-, der Textilhilfsmittel- und der Kunstfaserindustrie mag einen Begriff von der Grösse und Bedeutung des Arbeitsfeldes und der hier geleisteten Forscherarbeit geben.

Während jedoch bis etwa zum Kriegsausbruch 1914/18 der Grossteil der auf die Anwendung der Farbstoffe in Färberei und Druck Bezug habenden Arbeiten in den Laboratorien der Fabriken durchgeführt wurde, die als die Bezieher der Farbstoffe in Betracht kamen, hat sich nach dem Kriegsende 1918 hier ein völliger Umschwung vollzogen. Fast die gesamte Forschertätigkeit wurde nun von den Farbenfabriken übernommen oder sie geschah grösstenteils unter deren Führung. Es ist schwer, zu entscheiden, ob dies ein Vorteil oder ein Nachteil ist, da hierfür, wie überall, Gründe und Gegengründe angeführt werden können. Wohl hatte diese Umstellung den günstigen Erfolg, dass die Versuche gründlicher ins Werk gesetzt werden konnten, weil die Farbenfabriken über ungleich grössere Mittel verfügten als etwa die Färbereien oder Druckereien mit ihren unzureichenden Laboratorien, doch ist es anderseits sehr zu bedauern, dass für den Nachwuchs der Koloristen jeder Ansporn wegfällt, welcher die Stärke der früheren Generation bildete. Es mag der Wunsch nach der Auffindung eines Mittelweges ausgesprochen werden, nach einer gemeinsamen harmonischen Arbeit von Chemikern der Farbenfabriken und der verbrauchenden Industrien, welcher allein unserem Fach zum Segen gereichen würde.

„Dem Organisationstalent und der Anpassungsfähigkeit des Koloristen soll die Aufgabe vorbehalten bleiben, die verschiedenen, von den Kunden verlangten Artikel mit den Erzeugungsmöglichkeiten des eigenen Betriebs in Einklang zu bringen, die besten Verfahren hier ausfindig zu machen und die sorgfältige Ausführung zu überwachen." Mit diesen Worten kennzeichnete einer unserer Kollegen in einem vor einigen Jahren erschienenen Artikel die Aufgabe des Chemiker-Koloristen. O nein! Diese Ansicht kann man nicht teilen, ja, man möchte sagen, dass sie durchaus falsch ist und den Betriebschemiker zu einer Art von Werkmeister mit chemischer Vorbildung degradiert. Es mag wohl sein, dass sich ein Grossteil der Chemiker mit dieser Beschränkung ihres Wirkungskreises abfinden, doch scheint diese Auffassung ihrer viel edleren und schöneren eigentlichen Aufgabe nicht gerecht zu werden. Neben seinen geschäftlichen Verpflichtungen, neben dem Zwang, die Erzeugung mit den zur Verfügung stehenden Mitteln in Einklang zu bringen, soll der Chemiker sich der Forschungsarbeit widmen und dadurch sich über die einfache Anpassung der Formeln und Rezepturen hinausgehend bemühen, die ihm vorliegenden Verfahren zu verbessern, den Weg für neue Erfindungen zu bahnen und womöglich immer vorwärts zu schreiten. Waren doch die Erfindungen des Hydrosulfits, der Verbindungen des Formaldehyds mit der Sulfoxylsäure, der knitterfesten Appreturen — um nur einige zu nennen — das Geistesprodukt von in den Betrieben der Textilfabriken beschäftigten Chemikern! Hier allerdings muss man die Frage stellen, ob die Färbereien und Zeugdruckereien auch die Möglichkeiten für derartige Arbeiten bieten.

Es gibt nämlich in zahlreichen Fabriken sozusagen keine Untersuchungslaboratorien, in anderen sind sie schlecht ausgerüstet und ebenso schlecht geführt. In vielen Fällen sind die Leiter der Fabriken nicht von der Notwendigkeit derartiger Einrichtungen durchdrungen. In diesem Punkte wäre ein weitgehendes Verständnis der Fabrikleitungen für die Bedürfnisse der Chemiker äusserst wünschenswert. Wo diese auf geistige Mitarbeit und auf moralische Unterstützung ihrer Bestrebungen treffen, dort wird sich ganz von selbst der Antrieb zu neuen Forschungsarbeiten einstellen; es wird dem Chemiker die rechte Grundlage für seinen eigentlichen, ihm zukommenden Wirkungskreis gegeben sein, und er wird die Möglichkeit gewinnen, sich in einer seinen wirklichen Aufgaben entsprechenden Richtung zu entwickeln. Vereinzelte Anstrengungen können aber hier trotzdem nicht zum Ziele führen. Der erfahrenste und eifrigste Chemiker, der sich von der Fachwelt abschliesst, würde schliesslich erkennen müssen, dass seine Energie im Kampf mit der Alltagsroutine nutzlos verpufft. Eine Vorbedingung für den Erfolg ist vielmehr die gemeinsame, zweckbewusste Tätigkeit, die die Erfolge aller Forscherarbeit begründet. Ein alter Spruch sagt, dass Einigkeit stark mache, und dieser Spruch bewahrheitet sich in unserem Falle ganz besonders. Das Geheimnis besteht eben darin, dass die Versuchslaboratorien miteinander und die farbstofferzeugenden Fabriken mit den farbstoffverwendenden Fabriken Hand in Hand arbeiten.

Während die Farbstoffabrikation eine wohlorganisierte Industrie ist, die über eine reiche Literatur, daher auch über die Möglichkeit der leichten Beschaffung aller Unterlagen verfügt, weist die Hilfsmittelindustrie eine Unzahl von Produkten der verschiedenartigsten Bezeichnungen auf, deren Zusammensetzung den meisten Fachleuten, die diese Erzeugnisse verwenden, unbekannt zu sein pflegt, wohl auch vielen, die sie vertreiben. Die Folgen sind: mangelndes Verständnis der eigentlichen Bestimmung, bedauerliche Irrtümer, Schwierigkeiten in der Verwendung und schliesslich Gleichgültigkeit in der ganzen Frage, ein Zustand, der bei Erzeugern und Verbrauchern die gleichen nachteiligen Folgen nach sich zieht. Denn im Gestrüpp zahlloser Phantasiebezeichnungen verirren sich die Techniker und Chemiker, der eigentliche Zweck eines Verfahrens entgeht ihnen und, um etwaige Fehler in der Anwendung zu vermeiden, lassen sie schliesslich die neuen Produkte ganz fallen.

Im vorliegenden Werke kann sich der in den Druckerei- und Färbereibetrieben beschäftigte Chemiker-Kolorist näher über die chemischen Eigenschaften der verschiedenen Hilfsmittel orientieren. Als Voraussetzung hierfür muss selbstverständlich die Zusammensetzung und Konstitution dieser Hilfsmittel bekannt sein. Wenn hier der Versuch gemacht wird, den chemischen Aufbau der Produkte anzugeben, so war dies nur möglich, indem man an Hand aller verfügbaren Unterlagen, wie Patente, Zirkulare, Anwendungsvorschriften usw., eine sorgfältige Studie vornahm, aus der man auf die Konstitution oder Zusammensetzung der Produkte schliessen konnte.

Ein erschwerender Umstand für die Durchführung einer solchen Arbeit besteht in der Tatsache, dass sämtliche Erzeugerfirmen von Hilfsmitteln aus kaufmännischen Gründen die Zusammensetzung ihrer Produkte geheimhalten. Infolgedessen wird es wohl jedem Fachmann ohne weiteres einleuchten, dass unter solch schwierigen Verhältnissen nicht immer mit absoluter Sicherheit auf die Richtigkeit einer angegebenen Konstitution geschlossen werden kann. Jedoch glauben wir, sagen zu können, dass die Angaben immerhin das Wesentliche enthalten und dass der Kern erfasst wurde.

Sicher ist es heute nicht leicht, einen getreuen Bericht über die Fortschritte abzufassen, der all die täglich gemachten Neuheiten auf diesen Gebieten berücksichtigt. Die meisten Artikel der Fachzeitungen sind mehr oder weniger von den grossen Erzeugerfirmen beeinflusst. So bleiben als Realität die Patentschriften übrig. Aber auch hier müsste der Kolorist in einen wahren Irrgarten eindringen, vieldeutige Bezeichnungen und schwer verständliche Sätze enträtseln. Hier liegt ein Hauptzweck der vorliegenden Arbeit: sie soll die Tätigkeit des Chemikers erleichtern, ihm eine tunlichst ausführliche, überprüfte und nach Gruppen geordnete Literatur an die Hand geben, die unter allen Umständen den fortschreitenden Verbesserungen Rechnung tragen soll. Damit ist auch das Ziel dieser Neuauflage umschrieben; sie gibt eine Übersicht der im Gebiete der chemischen Technologie der Textilfasern erzielten Fortschritte und soll die Bestrebungen unserer Industrie unterstützen, ihre Erzeugung immer mehr zu veredeln, sie zu vergrössern und dabei immer einfacher zu gestalten.

I. KAPITEL.

Fortschritte in der Anwendung der Küpenfarbstoffe.

Vor etwa 40 Jahren sind die ersten Küpenfarbstoffe auf dem Markt erschienen. Das Interesse, das sie schon in den ersten Anfängen fanden und das sich unaufhörlich steigerte, ist vielleicht in der Geschichte der Färberei und Druckerei einzig dastehend. Obwohl die ersten Indigoderivate — mit Ausnahme des Dimethylindigos — ebenso wie diejenigen des Indanthrens erst aus dem Jahre 1900 stammen und die wichtigsten Vertreter dieser Klasse, wie der Thioindigo und seine Abkömmlinge, die tetrahalogenierten Indigoprodukte, die Kondensationsprodukte des Azenaphtenchinons mit dem Thioindoxyl (3-

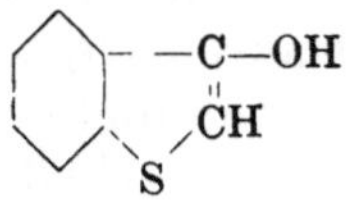

C—OH
CH
S

Thioindoxyl

Oxy-1-thionaphten) oder der Oxythionaphtenkarbonsäure, dem Cibascharlach G entsprechend, die Flavanthrenderivate, die Derivate des Benzanthrons, der Anthrachinonimide und der Azylamino-Verbindungen der Anthrachinonreihe erst in den Jahren 1905—1912 bekannt wurden, haben einige Jahre genügt, um ihnen einen so bedeutenden Platz zu erobern, dass man schon vor dem Kriege 1914—1918 kaum eine Druckerei oder Färberei hätte finden können, wo diese Erzeugnisse nicht laufend verwendet worden wären.

Zufolge methodischer, rastloser und ununterbrochener Arbeiten, die sowohl durch ihre Systematik als durch ihren Erfindungsgeist als aussergewöhnlich bezeichnet werden müssen und die hauptsächlich in den Laboratorien der I. G. in Frankfurt, der Ciba in Basel, der Imperial Chemical Industries (British Dyes Ltd. und Scottish Dyes Ltd.), der Du Pont de Nemours Co., ebenso der Etablissements Kuhlmann in Paris durchgeführt wurden, ist es gelungen, das Gebiet der Küpenfarbstoffe wesentlich durch die Entdeckung neuer indigoider und anthrachinoider Derivate zu bereichern.

Ihrer chemischen Konstitution nach können die Küpenfarbstoffe in drei Klassen unterteilt werden:

A. Die indigoiden Farbstoffe.

B. Die anthrachinoiden Farbstoffe.

C. Farbstoffe verschiedener Struktur (z. B. Kondensationsprodukte von Diaminen mit Tetrakarbonsäureanhydriden).

Im Laufe der letzten dreissig Jahre hat auf dem Gebiete der Küpenfarbstoffe besonders die anthrachinoide Klasse eine grosse Entwicklung erfahren. Das Hauptziel zahlreicher und bemerkenswerter Arbeiten lag in der Herstellung von Farbstoffen mit immer höheren Licht-, Wasch- und Kochechtheiten.

A) Indigoide Farbstoffe[1]).

Diese Farbstoffklasse umfasst folgende Gruppen:

I. Symmetrische indigoide Farbstoffe.

1. Die eigentlichen Indigoide, deren Hauptvertreter der Indigo selbst und seine Halogenderivate sind.

CO CO
4 3 3′ 4′
5 2C=C2′ 5′
6 6′
7 1 1′ 7′
NH NH

2,2′-Bisindolindigo

2. Der eigentliche Thioindigo und seine Derivate.

CO CO
C=C
S S

2,2′-Bisthionaphtenindigo

II. Asymmetrische indigoide Farbstoffe.

3. Die gemischten thioindigoiden Farbstoffe (2-Thionaphten-2′-indolindigo).

CO CO
C C
S NH

4. Die vom Indirubin sich ableitenden Farbstoffe.

5. Die Kondensationsprodukte des Azenaphtenchinons mit dem Thioindoxyl (Oxythionaphten).

6. Verschiedene indigoide Farbstoffe (gemischte Abkömmlinge des Naphtalins und des Anthrazens, z. B. Alizarinindigo).

---

[1]) Harley-Mason und Mann, Die Konstitution verschiedener Thioindigofarbstoffe, J. Soc. D. and Col. 1942, *58*, S. 404. Volz, Indigoide Farbstoffe, Allg. Text. Ztg. 1944, Bd. *2*, S. 80.

Die indigoiden Küpenfarbstoffe leiten sich vom Indigo ab und enthalten alle die charakteristische chromophore Gruppierung

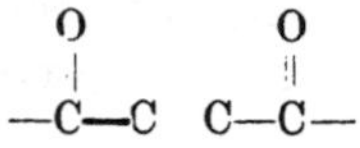

```
  O      O
  |      ||
—C—C   C—C—
```

1. Gruppe des Indigos.

Die an den Benzolkernen des Indigos halogenierten Derivate haben dank ihrer Leuchtkraft und ihrer hohen allgemeinen Echtheiten besonders für die Druckerei eine grosse Bedeutung erlangt.

Während die Mono- und Dihalogenderivate bereits 1900 durch die Arbeiten Rathjens bekannt waren, hat dann 1908 Engi (Ciba) die Tetra-, Penta- und Hexahalogenverbindungen zugänglich gemacht, deren wichtigster Vertreter das Cibablau 2B ist.

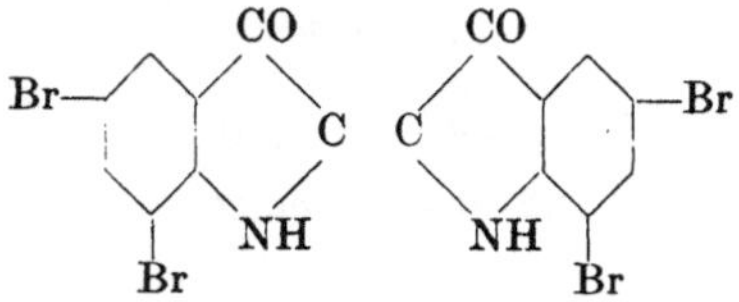

```
          CO           CO
Br—/\  /\        /\  /\—Br
   |  ||   C   C   ||  |
   \/  \/        \/  \/
   |   NH        NH   |
   Br                 Br
```

5,7,5',7'-Tetrabromindigo[1])
Cibablau 2B[2])

Der Schwefelsäureester ist das Indigosol 04B (D.H.).

Indigo Ciba R[3]) besteht aus einem Gemisch von 5-Monobromindigo und 5,5'-Dibromindigo.

4,4'-Dichlor-5,5'-dibromindigo gibt ein Türkisblau reinster Nuance; leider ist die Färbung wenig lichtecht. Dieser Farbstoff ist unter dem Namen Brillantindigo 4G (M.L.B.) bzw. Anthrasol 04G (I. G.) bekannt.

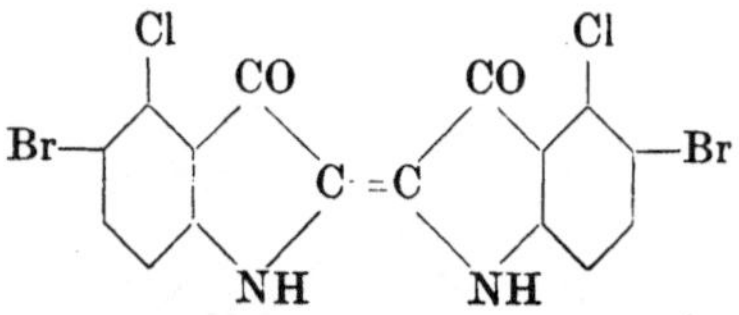

```
   Cl                    Cl
   |   CO          CO    |
Br—/\  /\          /\  /\—Br
   |  ||   C = C   ||  |
   \/  \/          \/  \/
       NH          NH
```

Brillantindigo 4 G (I. G.)

Das 5,5'-Dichlor-7,7'-dibromderivat ist der Brillantindigo 2B der I. G. *(D.R.P. 237.262)*.

---

[1]) Das entsprechende Tetrachlorderivat (5,7,5',7'-Tetrachlorindigo) ist als Cibablau BR (Ciba); Tetrablau BR (Sandoz); Tinonblau BR (Geigy); Indigo BR (Francolor); Brillantindigo BR (I. G.) bekannt.

[2]) Andere Handelsmarken: Brillantindigo 4B (I. G.); Tetrablau 2B (Sandoz); Tinonblau 2B (Geigy); Indigo 4B (Francolor); Durindonblau 4BCS (I.C.I.); Sulfanthrenblau 2BDN (Du Pont); Calcosolblau 2BDN und 2BDG (C.C.C.); Brillantindigo 4BR (N.A.C.)

[3]) Andere Handelsmarken: Indigo R (I. G. Farbenindustrie), Indigo 2R (Francolor).

2. Gruppe des Thioindigos.

Der Thioindigo wurde von Friedländer im Jahre 1905 entdeckt *(franz. P. 359.379, 359.398)*. Dieser Farbstoff wird unter den Bezeichnungen Algolrot 5B für Baumwolle und Helindonrot 2B für Wolle verkauft.

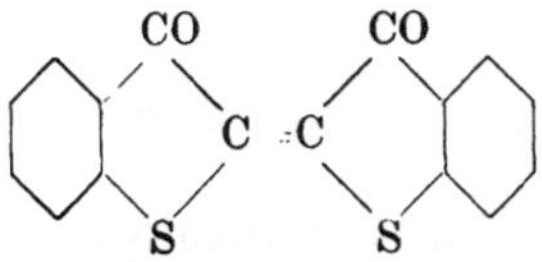

CO CO
C = C
S S

Thioindigorot B (Kalle)

Die intensiven Entwicklungsarbeiten, die der Entdeckung Friedländers folgten, führten zu einer raschen Vermehrung der Farbstoffe dieser Klasse. Die Einführung verschiedener Substituenten in das Thioindigomolekül bewirkt Nuancenverschiebungen, die noch auffallender sind als in der Gruppe des Indigos.

Man kam auf diese Weise zu orangen, roten, violetten und grauen Farbstoffen. Es wurde festgestellt, dass die Einführung eines Substituenten in Meta-Stellung zum Schwefelatom eine Farbverschiebung nach gelb bewirkt, während derselbe Substituent in para-Stellung die Nuance gegen Grün umschlagen lässt. Natürlich spielen Art und Anzahl der Substituenten eine bedeutende Rolle.

Als interessante Beispiele sollen erwähnt werden:

Der 6,6′-Diäthoxythioindigo von Schirmacher und Deicke *(D.R.P. 239.090)*:

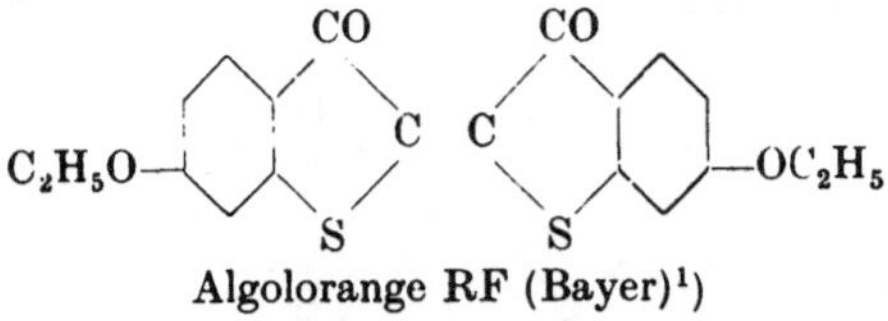

CO CO
C C
C_2H_5O — — OC_2H_5
S S

Algolorange RF (Bayer)[1]

Der 5,5′-Dichlor-7,7′-dimethylthioindigo *(D.R.P. 241.910)* von Schmidt und Bryk (1907):

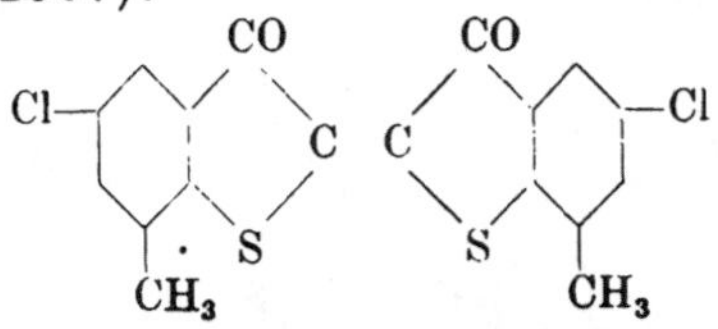

CO CO
Cl — C C — Cl
S S
CH_3 CH_3

Thioindigorot 3B (Kalle)[2]

[1]) Andere Handelsmarken: Helindonorange R (M.L.B.); Sandothrenorange R (Sandoz); Cibaorange R (Ciba); Tinonorange R (Geigy); Durindondruckorange RS (I.C.I.); Helianeorange RF (Francolor); Sulfanthrenorange R (Du Pont); Calcoloidorange RD (C.C.C.); Vat Orange R (N.A.C.); Algolorange RFA (G.D.C.).

[2]) Andere Handelsmarken: Cibarot 3B, 3 BN (Ciba); Helindonrot 3B (M. L. B.); Durindonrot 3B, 3BS (I.C.I.); Tinonchlorrot 3B (Geigy); Indanthrenrotviolett RH (I. G.); Sandothrenrot 3BN (Sandoz); Sulfanthrenrot 3B (Du Pont); Solanthrenrotviolett N (Francolor); Calcosolviolet 6RD und 6RP (C.C.C.); Vat Red Violet RH (N.A.C.).

Der 4,4'-Dimethyl-6,6'-dichlorthioindigo:

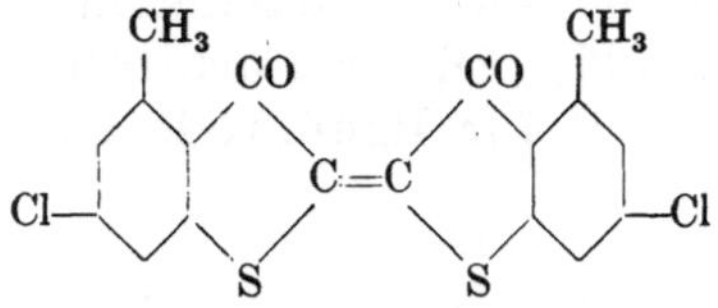

Indanthrenbrillantrosa R (I. G.)[1]

Der Dibenzthioindigo (2,1-Naphthioindigo)

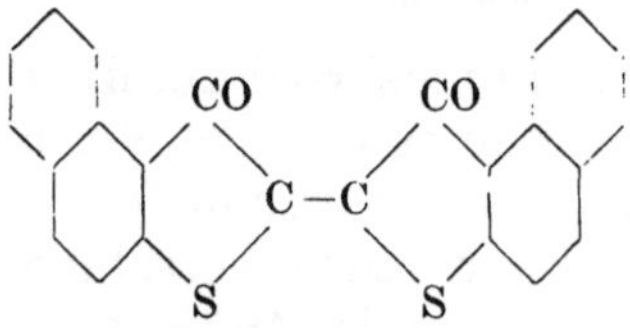

Cibabraun G (Ciba)[2]

ein Farbstoff, der durch seine ausgezeichnete Licht- und Seifenechtheit hervorsticht.

3. Gemischte thioindigoide Farbstoffe.

In dieser Gruppe findet man einige interessante Farbstoffe, die jedoch durch das Aufkommen von echteren violetten Derivaten der anthrachinoiden Klasse verdrängt wurden. Es waren u. a. der 2-Thionaphten-2'-indolindigo

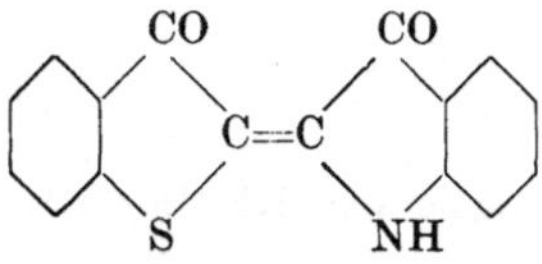

Cibaviolett A

und sein Tribromderivat

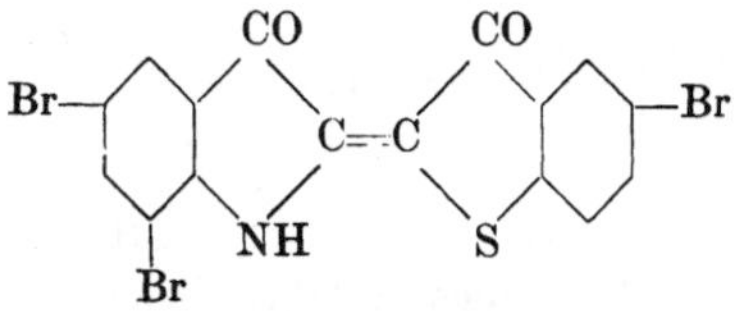

Cibaviolett B von Engi

---

[1]) Andere Handelsmarken: Cibabrillantrosa R (Ciba); Durindonrosa FFS (I.C.I.); Sandothrenbrillantrosa R (Sandoz); Solanthrenbrillantrosa R oder RF (Francolor); Tinonbrillantrosa R (Geigy); Sulfanthrenrosa FF (Du Pont); Calcosolrosa FFD (C.C.C.).

[2]) Andere Handelsmarken: Indanthrenbraun RRD (I.G.); Solanthrenbraun 2RI (Francolor); Tinonchlorbraun G (Geigy); Sandothrenbraun G (Sandoz); Durindonbraun G, GS (I.C.I.); Sulfanthrenbraun G (Du Pont); Calcoloidbraun RRP (C.C.C.).

4. Derivate des Indirubins.

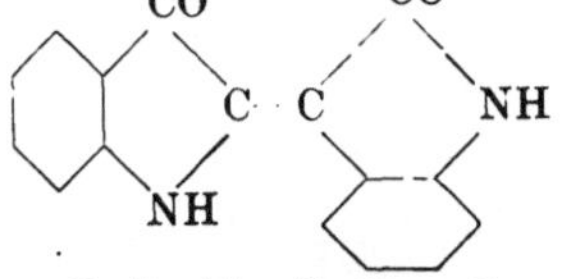

Indirubin (Indigorot)

Dieses Isomere des Indigos hat ebenfalls indigoide und thioindigoide Abkömmlinge, von denen genannt seien: das Dibromderivat:

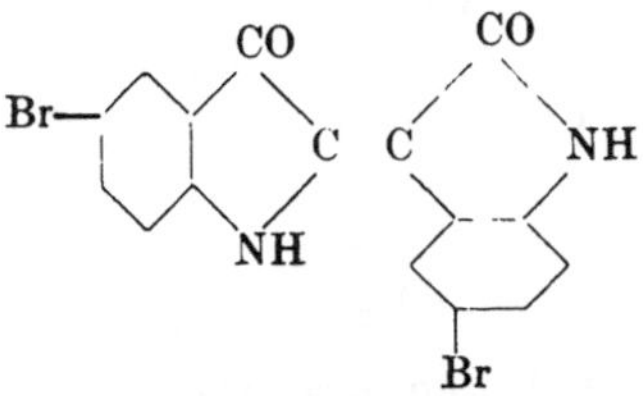

Cibaheliotrop B

sowie der 2-Thionaphten-3′-indolindigo

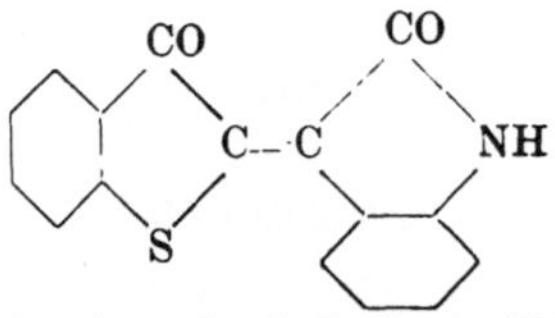

Thioindigoscharlach R von Kalle,

der 1906 von Albrecht dargestellt wurde. Hier ist die eine Imidgruppe des Indirubins durch Schwefel ersetzt, indem Isatin mit Oxythionaphten kondensiert wird *(D.R.P. 182.260)*.

5. Kondensationsprodukte des Azenaphtenchinons mit dem Thioindoxyl.

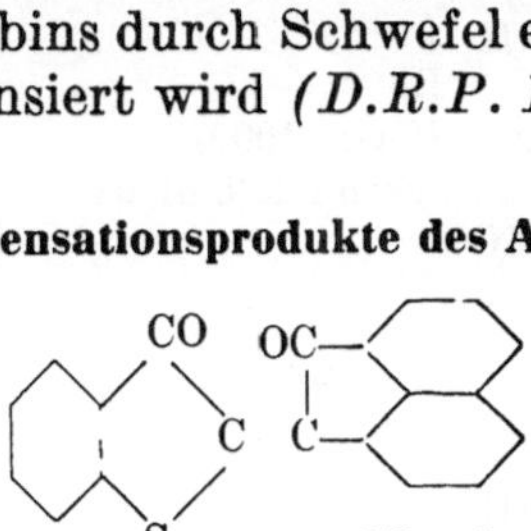

2-Thionaphten-2′-azenaphtenindigo

Cibascharlach G (Engi, 1907)[1]

6. Gemischte Derivate des Anthrazens oder Naphtalins und des Indigos.

Die Benzolkerne des Indigos und des Thioindigos können durch andere aromatische Kerne (Naphtalin oder Anthrazen) ersetzt werden. Zu dieser Gruppe von Derivaten gehören die Alizarinindigofarb-

[1]) Andere Handelsmarken: Tetrascharlach G (Sandoz); Idanthrendruckscharlach G (I. G.); Thioindigoscharlach GG (Kalle); Helindonechtscharlach C (M.L.B.); Durindonscharlach YS (I.C.I.); Tinonscharlach G (Geigy); Sulfanthrenscharlach G (Du Pont); Helianscharlach J (Francolor).

stoffe, z. B. der Alizarinindigo 3R von Elbel und Wray (*franz. P. 413.799*, 1910). Dieser ist ein bromiertes Derivat des

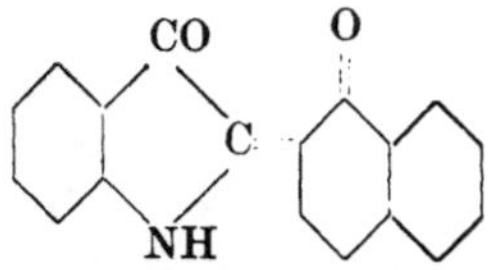

CO O C NH

Naphtalin-2-indolindigos

Die mannigfaltigen Kombinationsmöglichkeiten dieser Farbstoffgruppe zeigen noch die folgenden Beispiele:

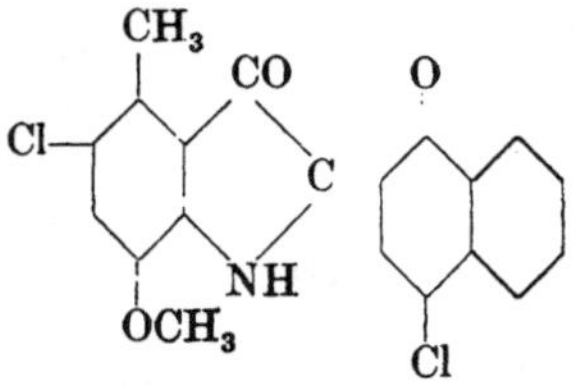

CH_3 CO O Cl C NH OCH_3 Cl

Indanthrendruckblau GG[1])

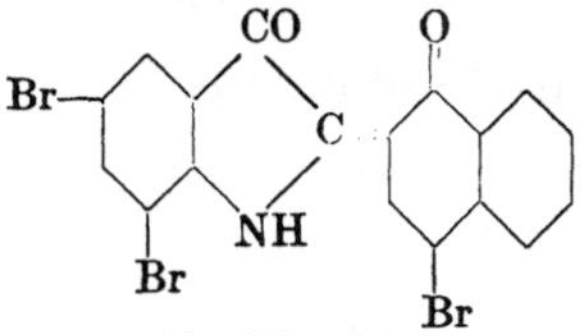

CO O Br C NH Br Br

Algolblau 4R

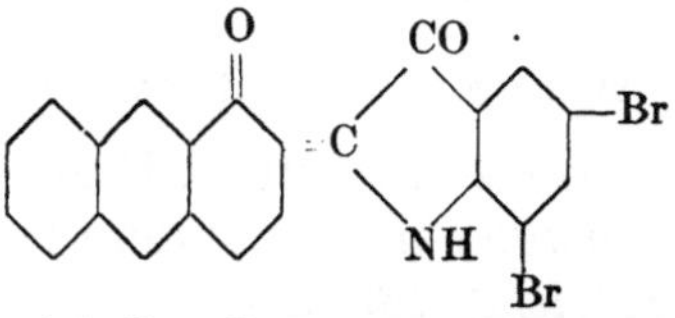

O CO C Br NH Br

Alizarinindigo G (Bauer und Herra, 1909)
Algolblau G, ein Derivat des Anthrazenindolindigos
(Indigosol AZG)

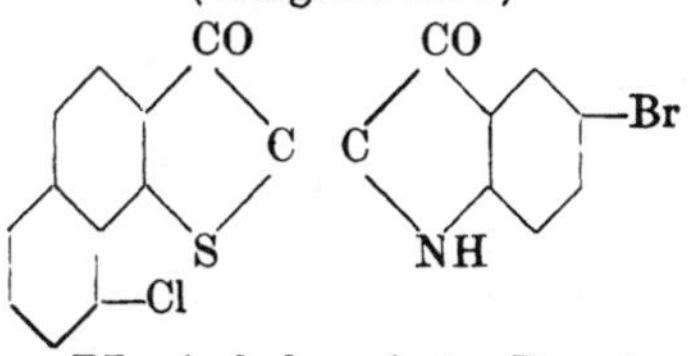

CO CO C C Br S NH Cl

Indanthrendruckschwarz BL, ein halogenierter Benzoxythionaphtenindolindigo

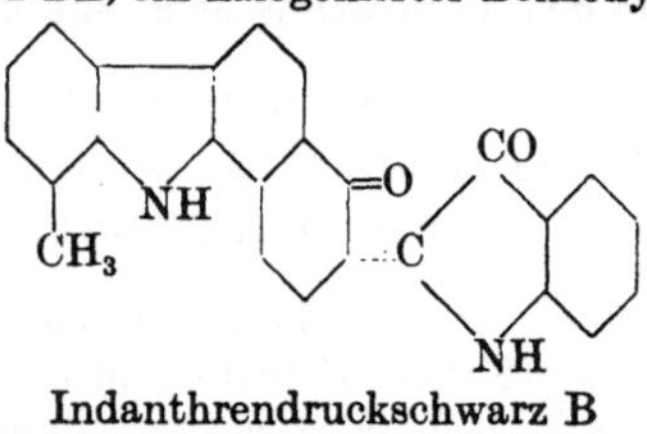

CO O NH CH_3 C NH

Indanthrendruckschwarz B

---

[1]) Siehe B. I. O. S., 983, S. 5/32.

B) Anthrachinoide Farbstoffe[1]).

Man unterscheidet in dieser Farbstoffklasse folgende Gruppen:

1. Die eigentlichen Indanthrene (N-Dihydroanthrachinonazine)
2. Die Farbstoffe vom Flavanthrentypus
3. Die Farbstoffe von Pyranthrontypus
4. Die Dibenzanthrone
5. Die Azylaminoderivate des Anthrachinons
6. Die Anthrachinonimide oder Anthrimide
7. Heterozyklische Derivate des Anthrachinons
   a) Die Farbstoffe der Akridongruppe
   b) Die Anthrachinonthiazole, -oxazole, -imidazole
   c) Die Karbazolderivate
   d) Die Anthrapyrimidine, Anthrapyridone
8. Die Cyanurfarbstoffe (Anthrachinonylaminotriazine)

1. Die eigentlichen Indanthrene (Dihydroazine).

Die Indanthrene wurden 1901 in Ludwigshafen von René Bohn entdeckt, als er basische oder saure Kondensationsagenzien auf 2-Aminoanthrachinon einwirken liess. Der erste auf diese Weise erhaltene Farbstoff ist das N-Dihydro-1,2-2',1'-Anthrachinonazin *(D.R.P. 129.845/848* und *135.407/408)*:

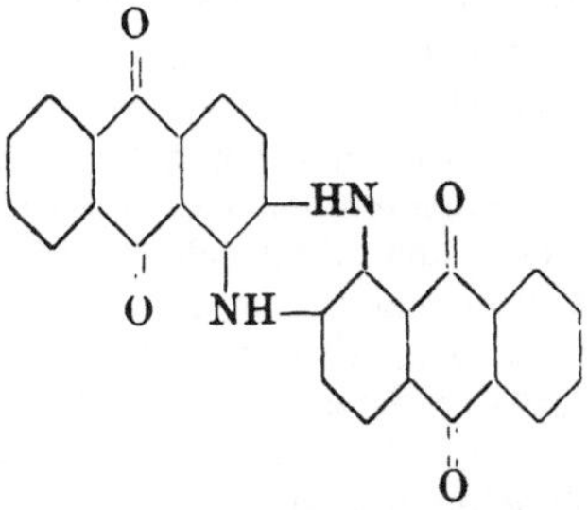

Indanthrenblau RS. (R. Bohn, 1901)[2])

Weitere Untersuchungen von René Bohn und Robert Scholl lehrten, dass die Halogenierung des Indanthrenblau RS seine Chlorechtheit verbessert. So ergaben sich:

---

[1]) Siehe diesbezüglich M. R. Fox, The Relationship between the Chemical Constitution of Vat Dyes and their Dyeing and Fastness Behaviour, J. Soc. D. and Col. 1949, *65*, S. 508 u. ff., sowie Walter Wittenberger, Zur Konstitutionsermittlung von Anthrachinonküpenfarbstoffen, Mell. 1949, S. 159.

[2]) Solanthrenblau RS (Francolor); Indanthrenbrillantblau R (I.G.); Caledondruckblau RS (I.C.I.); Sandothrenblau NRS (Sandoz); Ponsolblau RP (Du Pont); Cibanonblau RS (Ciba); Tinonchlorblau RSN (Geigy); Calcosolblau RS (C.C.C.).

Ein Monochlorderivat (*D.R.P. 157.449*, 1903): **Indanthrenblau CE**[1]),

das 4,4'-Dichlorderivat (*D.R.P. 138.167*, 1903, und *155.415*):

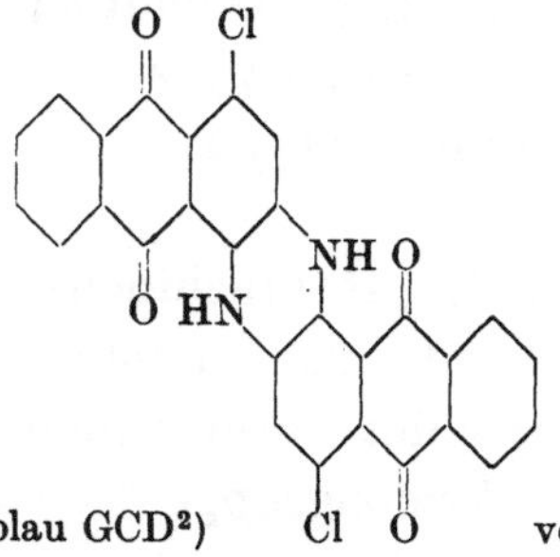

O Cl

NH O

O HN

Indanthrenblau GCD[2]) Cl O von R. Bohn (1903)

das 3,3'-Dichlorderivat: O

Cl

NH O

O HN

Cl

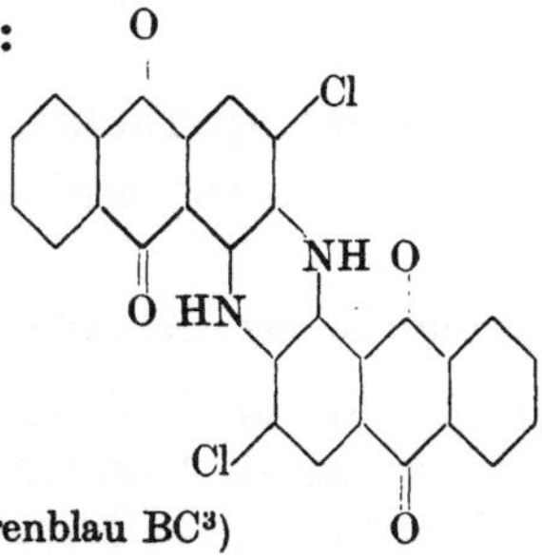

Indanthrenblau BC[3]) O

[1]) Es ist jedoch zu erwähnen, dass für diese Halogenderivate verschiedene Konstitutionen angegeben werden. So schrieb ihnen Holzach in einem Vortrag, gehalten vor dem 19. Kongress der I. V. C. C. in Stuttgart, 1936, folgende Konstitutionen zu:

Indanthrenblau GCD = Monochlorderivat
Indanthrenblau BC = 3,3'-Dichlorderivat,

was mit den Angaben der Farbstofftabellen von Schultz, 7. Aufl., 1931—1934, nicht übereinstimmt. Indanthrenblau RS, Indanthrenblau 3 G, Indanthrenbrillantblau R und Indanthrenbrillantblau 3 G unterscheiden sich hauptsächlich durch ihren Reinheitsgrad (siehe B. I. O. S. 987, S. 56). Die Muttersubstanz ist **Indanthrenblau RS**: mit H_2SO_4 + HBO_3 gereinigt → Indanthrenblau 3 G; mit H_2SO_4 allein gereinigt → Indanthrenbrillantblau R, welches mit H_2SO_4 + HBO_3 gereinigt das Indanthrenbrillantblau 3 G gibt. Siehe B. I. O. S. 987, S. 56. Vgl. ferner Kunz, Die Indanthrenfarbstoffe, Z. f. angew. Chemie 1938, Bd. *51*, S. 420, u. Thomson, Anthrachinonfarbstoffe, J. Soc. D. and Col. 1936, Bd. *52*, S. 237. Andere Handelsmarken:

a) Indanthrenbrillantblau 3 G:	Solanthrenbrillantblau 3 G	(Francolor)
	Caledonbrillantblau 3 GS	(I. C. I.)
Indanthrenbrillantblau R:	Solanthrenbrillantblau R	(Francolor)
	Caledonbrillantblau R	(I. C. I.)
	Ponsolbrillantblau R	(Du Pont)
Indanthrenblau 3 G:	Solanthrenblau 3 G	(Francolor)

[2]) Indanthrenblau GCD enthält kleine Mengen von 3,3'-Dichlorindanthren. Nach anderen Angaben soll es ein Monochlorderivat sein.

Andere Handelsmarken: Cibanonblau GCD (Ciba); Sandothrenblau NGCD (Sandoz); Solanthrenblau JI, JIN (Francolor); Tinonchlorblau GCDN (Geigy); Caledonblau GCD (I.C.I.); Ponsolblau GD u. GDD (Du Pont); Calcosolblau GCD (C.C.C.).

[3]) Andere Handelsmarken: Caledonblau RC (I. C. I.); Solanthrenblau SB (Francolor).

Dieser Farbstoff wird auch in der Form seines löslichen Schwefelsäureesters, des Indigosolblau IBC, verwendet (s. Kap. III).

Ein Trichlorderivat: Indanthrenblau BCS[1])

und das 3,3'-Dibromderivat: Indanthrenblau GC.[2])

Unter den Hydroxyderivaten des Indanthrens ist das Indanthrenbrillantblau 3G[3]) (I.G.) und Caledonbrillantblau 3GS (I.C.I.) zu erwähnen.

Alle diese Farbstoffe haben den schweren Nachteil, dass sie sehr empfindlich sind gegenüber oxydierenden Substanzen, z. B. Chlorkalk. Im Falle des Indanthrenblau RS resultiert eine Vergrünung, indem sich aus dem N-Dihydro-1,2,2',1'-Anthrachinonazin das gelbe 1,2,2',1'-Anthrachinonazin bildet:

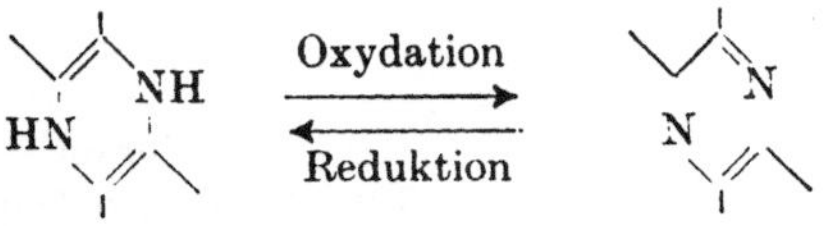

Daher kann eine grün gewordene Färbung durch Behandeln mit einem Reduktionsmittel (Hydrosulfit) in die ursprüngliche, rein blaue Nuance zurückgebracht werden[4]).

2. Die Farbstoffe vom Flavanthrentypus.

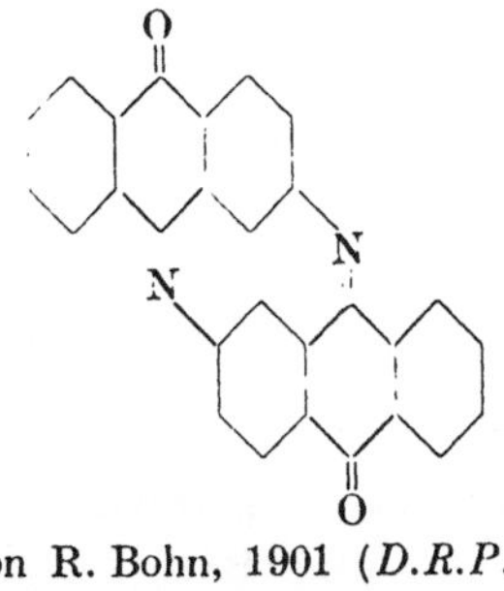

Indanthrengelb G von R. Bohn, 1901 (*D.R.P. 133.686, 135.407/408*)

Indanthrengelb R ist das Dibromderivat des Indanthrengelb G. Die Indanthrengelbmarken waren während vieler Jahre die wichtigsten Gelbfarbstoffe für Druck (blauviolette Küpe)[5]).

---

[1]) Nach anderen Angaben wäre es ähnlich dem Indanthrenblau BC.

[2]) Andere Handelsmarke: Solanthrenblau J (Francolor).

[3]) Diese Angaben stammen aus den Schultz Tabellen und entsprechen nicht denjenigen, die nach der Kriegszeit (1946) aus den Dokumenten der I. G. Farbenindustrie gesammelt wurden (siehe weiter oben).

[4]) Clibbens: Die reversible Reduktion von Indanthren und anderen Anthrachinonküpenfarbstoffen, J. Soc. D. and Col. 1943, Bd. *59*, S. 275; Brassard: Die Theorie und Praxis der Reduktion und Oxydation des Indanthrens und seiner Derivate, J. Soc. D. and Col. 1943, Bd. *59*, S. 127.

[5]) Maki und Kishi, J. Soc. Chem. Ind. Japan 1942, *45*, S. 1205; Chem. Abs. 1948, *42*, S. 6119. Andere Handelsnamen: Solanthrengelb J (Francolor), Caledongelb G (I.C.I.); Cibanongelb GN (Ciba), Sandothrengelb NGN (Sandoz); Calcosolgelb G (C. C. C.); Ponsolgelb G (Du Pont); Carbanthrengelb G (N. A. C.).

3. Die Farbstoffe vom Pyranthrontypus.

Das sich von Pyren ableitende Pyranthron kann durch intramolekulare Kondensation von 2,2'-Dimethyl-1,1'-dianthrachinonyl oder aus Dibenzoylpyren nach der Scholl'schen Methode hergestellt werden[1]).

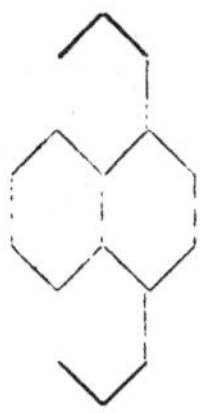

Pyren ($C_{16}H_{10}$)

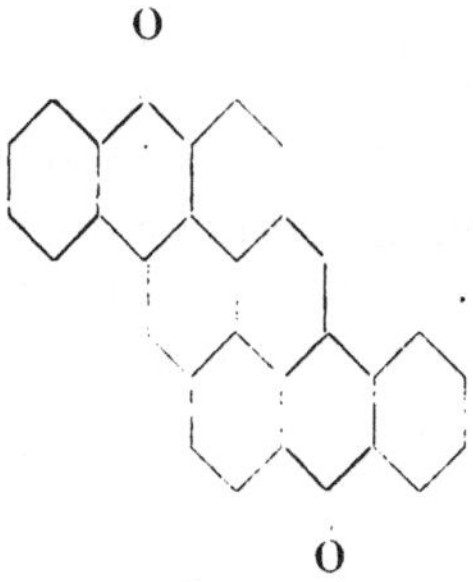

Pyranthron
= 3,2,8,7-Dibenzoylenpyren
= Indanthrengoldorange G (Scholl, 1905)[2])

Weitere Farbstoffe dieser Gruppe sind z. B. Indanthrenorange RRT = Dibrompyranthron[3])

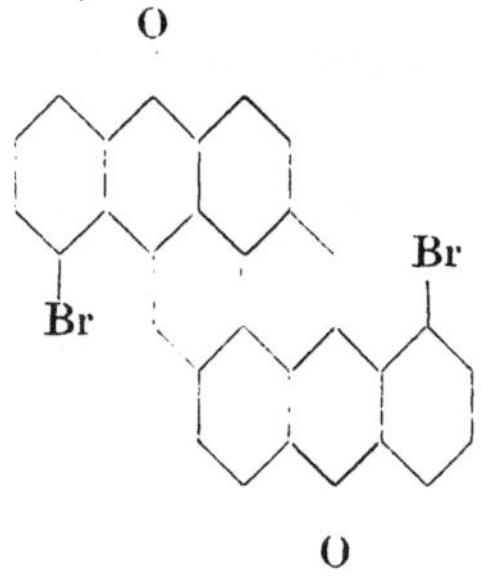

und Indanthrengoldorange 4R = Tribrompyranthron[4])

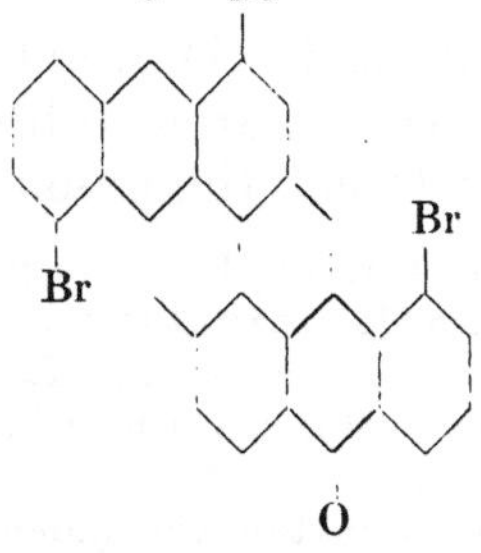

---

[1]) Siehe J. Houben, Das Anthrazen und die Anthrachinone, S. 749.

[2]) B.I.O.S. 1493, S. 42. Andere Handelsmarken: Caledongoldorange G (I.C.I.); Cibanongoldorange G (Ciba), Solanthrenorange J (Francolor), Sandothrengoldorange NG (Sandoz).

[3]) Andere Handelsmarken: Cibanongoldorange 2R (Ciba); Ponsolgoldorange RRT (Du Pont); Sandothrenrotorange NG (Sandoz); Caledonorange 2 RTS (I.C.I.).

[4]) Andere Handelsmarken: Cibanonorange 8 R (Ciba); Sandothrenrotorange NR (Sandoz); Ponsolgoldorange 4 R (Du Pont); Caledonorange 4 RS (I.C.I.).

Die Entdeckung des Isodibenzpyrenchinons durch Kränzlein in Höchst (1922) bildete den Ausgangspunkt einer Reihe sehr bedeutender Farbstoffe.

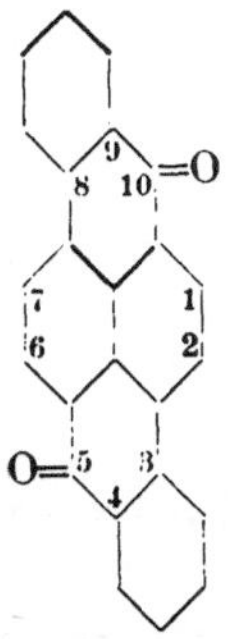

3,4,8,9-Dibenzpyren-5,10-chinon
Dibenzpyrenchinon = Indanthrengoldgelb GK[1])

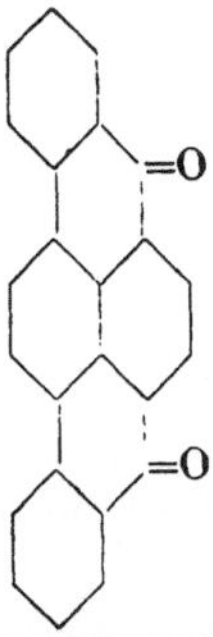

4,5,8,9-Dibenzpyren-3,10-chinon
Isodibenzpyrenchinon

Indanthrengoldgelb RK[2]) ist ein Dibromderivat von GK.

Die Halogenderivate des Isodibenzpyrenchinons sind durch Scholl untersucht worden; Kränzlein erhielt daraus sehr interessante rote und Scharlachfarbstoffe (1927), z. B.:

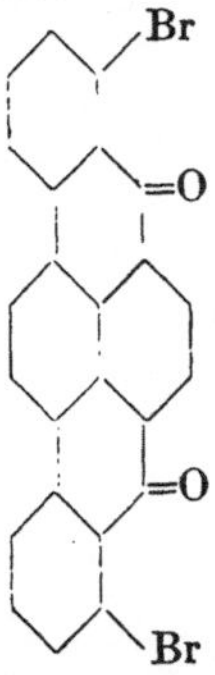

Indanthrenscharlach 4 G

Mit dieser Farbstoffamilie verwandt sind die von Kalb im Jahre 1922 dargestellten Derivate des Anthanthrons.

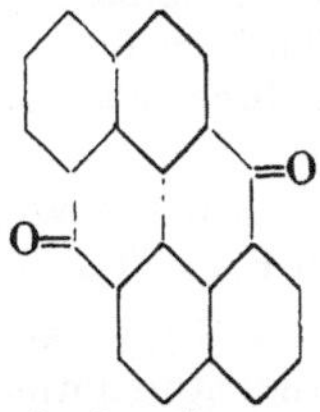

Anthanthron

[1]) Andere Handelsmarken: Sandothrengoldgelb NGK (Sandoz); Solanthrenbrillantgelb J (Francolor); Indanthrengoldgelb GKA und GOW (G. D. C.); Carbanthrengoldgelb GK (N. A. C.).

[2]) Andere Handelsmarken: Solanthrenbrillantgelb R (Francolor); Carbanthrengoldgelb RK (N. A. C.); Indanthrengoldgelb RKA (G. D. C.).

U. a. ergaben sich durch Halogenierung orange Farbstoffe von bemerkenswerter Leuchtkraft:

Dichloranthanthron
Indanthrenbrillantorange GK (I. G.) Cibanonbrillantorange GK (Ciba)
Sandothrenbrillantorange NGK (Sandoz)

Dem Dibromanthanthron entsprechen die Marken RK dieser Farbstoffe[1]).

4. Die Dibenzanthrone[2]).

Diese Körper lassen sich vom Benzanthron, dem Reaktionsprodukt von Glyzerin auf Anthrachinon in Gegenwart von Schwefelsäure herleiten (Bally, 1905).

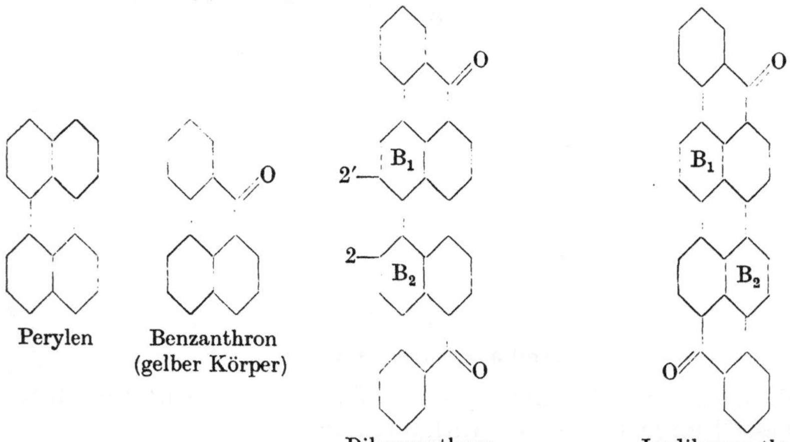

Perylen

Benzanthron (gelber Körper)

Dibenzanthron
Violanthren BS
Indanthrendunkelblau BO[3])

Isodibenzanthron
Indanthrenviolett R extra
(ehedem Violanthren R extra)
Cibanonviolett R

Indanthrenbrillantviolett 4R (R. Just und H. Wolff) = Dichlorisodibenzanthron[4])
Cibanonmarineblau RA = Trichlordibenzanthron

[1]) Indanthrenbrillantorange RK (I. G.); Cibanonbrillantorange RK (Ciba); Sandothrenbrillantorange NRK (Sandoz); Indanthrenbrillantorange RKA (G. D. C.).

[2]) Rowe, The Development of the Chemistry of Commercial Synthetic Dyes, 1856—1938, London, The Institute of Chemistry, 1938, S. 93.

[3]) Andere Handelsmarken: Cibanondunkelblau BO (Ciba), Solanthrendunkelblau B (Francolor); Indanthrendunkelblau BOD (G. D. C.); Ponsoldunkelblau BR (Du Pont).

[4]) Andere Handelsmarken: Cibanonviolett 4 R (Ciba); Solanthrenbrillantviolett 4 R (Francolor). Andere Chlorderivate des Isodibenzanthrons sind Cibanonviolett 2 R

Der wichtigste Farbstoff in dieser Reihe ist das Caledon Jade Green 2B der Scottish Dyes Ltd. (jetzt I.C.I.). Er schloss eine Lücke, deren Töne nur durch Mischungen, daher mit ungleichmässigen Resultaten, hergestellt werden konnten (Davies, Thomson, Thomas, 1920).

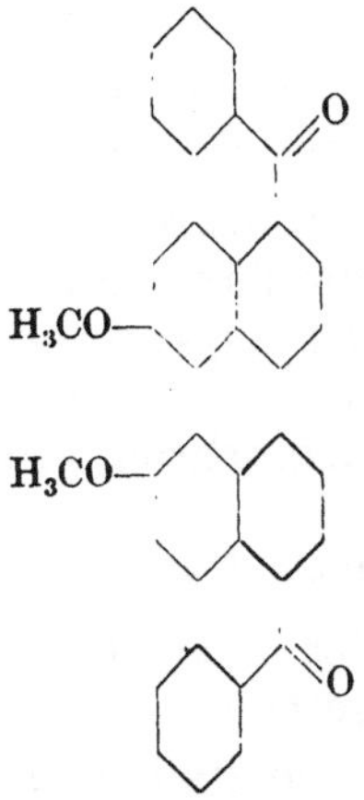

H_3CO— H_3CO—

Davies, Thompson und Thomas der Scottish Dyes Corp. Ltd. (jetzt I.C.I.), 1920
D.R.P. 417.068, 416,208, 413.738, 436.828
Caledon Jade Green 2 B oder BS und XNS (I.C.I.)[1])

Dieser Farbstoff ist das 2,2'-Dimethoxydibenzanthron, das man durch Alkylierung des 2,2'-Dioxydibenzanthrons erhält. Diese letztere Verbindung, ein grüner Farbstoff, war bereits 1912 von Isler und Bally durch Oxydation des Benzanthrons dargestellt worden *(D.R.P. 259.370* und *260.020).*

Durch Bromierung des Indanthrenbrillantgrün FFB erhält man das sehr echte, schöne Indanthrenbrillantgrün 2 G (Nawiasky, 1922)[2]).

Ein weiterer sehr wichtiger Farbstoff von erstaunlicher Lichtechtheit ist das Cibanonblau 3G der Ciba, das einem Thiophenderivat des Benzanthrons entspricht. Dieser Farbstoff wird durch Schwefeln von 2-Methyldibenzanthron erhalten (Indanthrenblaugrün FFB, Sandothrenblau N3G von Sandoz; Carbanthrenblaugrün FFB (N.A.C.)).

(Ciba); Solanthrenbrillantviolett 3 R (Francolor), sowie Indanthrenbrillantviolett 2 R (I. G.) und Solanthrenbrillantviolett R (Francolor).

[1]) Andere Handelsmarken: Indanthrenbrillantgrün B (I. G.); Indanthrenbrillantgrün FFB (I. G.); Cibanonbrillantgrün 2 B und BF (Ciba); Sandothrenbrillantgrün N2B oder NBF (Sandoz); Tinonchlorbrillantgrün 2 B und BF (Geigy); Ponsol Jade Green doppelt Teig und supra (Du Pont); Solanthrenbrillantgrün B und FF (Francolor).

[2]) Andere Handelsmarken: Cibanonbrillantgrün 2 G (Ciba), Caledon Printing Green 2 GS (I.C.I.); Solanthrenbrillantgrün J (Francolor); Ponsolbrillantgrün 2 G (Du Pont).

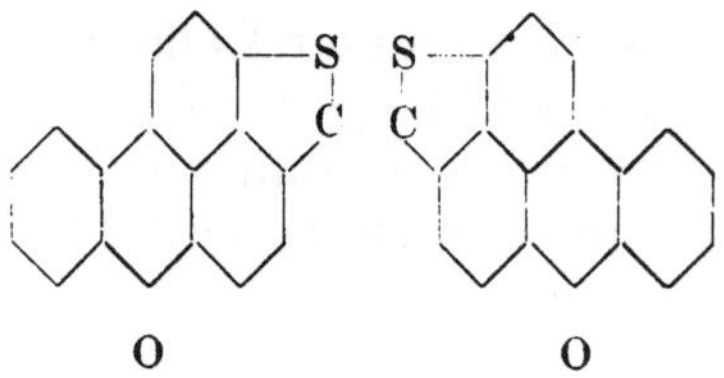

S S
C C

O O

B. Mayer und Pfannenstiehl (1908)
D.R.P. 209.351 und *243.751*

Andere Derivate des Benzanthrons geben grüne, graue, blaue und violette Töne, insbesondere die Farbstoffe, die man durch Einwirkung von Hydroxylamin auf das Dibenzanthron, auf das Isodibenzanthron und deren Abkömmlinge, wie das Benzanthronpyrazolanthron und das Anthrachinonylaminobenzanthron, erhält.

5. Die Azylaminoderivate des Anthrachinons.

Diese Gruppe ist in der Serie der Algolfarbstoffe der Firma Fr. Bayer & Co. zusammengefasst.

Die α-Aminoanthrachinone sind in unsubstituierter Form keine Farbstoffe. Erst die Einführung einer Azidylgruppe macht sie zu Farbstoffen von besonderer Bedeutung, und zwar vor allem die Benzoylgruppe, während die Azetylgruppe fast wirkungslos ist (Tomaschewski und Deinet, Lab. R. E. Schmidt, Bayer & Co. in Elberfeld, 1908).

Hierher gehören:

als einfachster Vertreter das 1-Benzoylaminoanthrachinon (Deinet, 1909):

O NH—CO—

O

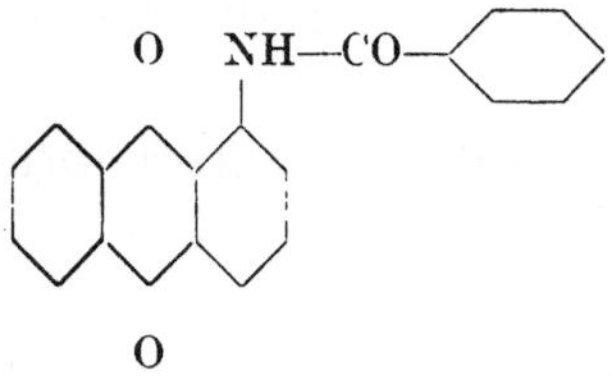

Algolgelb WG

das 1,4-Dibenzoylaminoanthrachinon (Deinet, 1909, *D.R.P. 216.772, 225.232*):

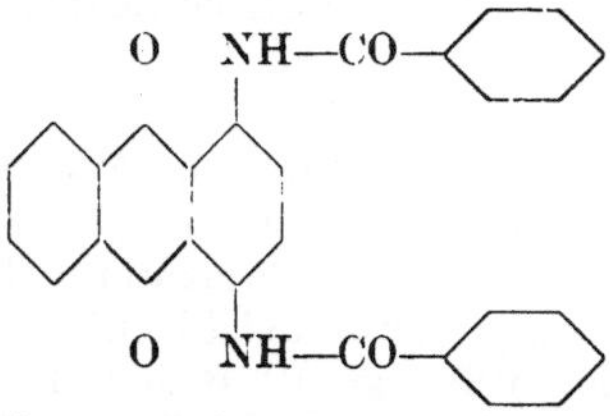

O NH—CO—

O NH—CO—

Indanthrenrot 5 GK (früher Algolrot 5 G)[1])

[1]) Andere Handelsmarken: Caledonrot 5 GS (I.C.I.); Solanthrenrot 5 J (Francolor.)

das 1,5-Dibenzoylaminoanthrachinon (Deinet, 1909, *D.R.P. 213.473, 216.772, 226.940*):

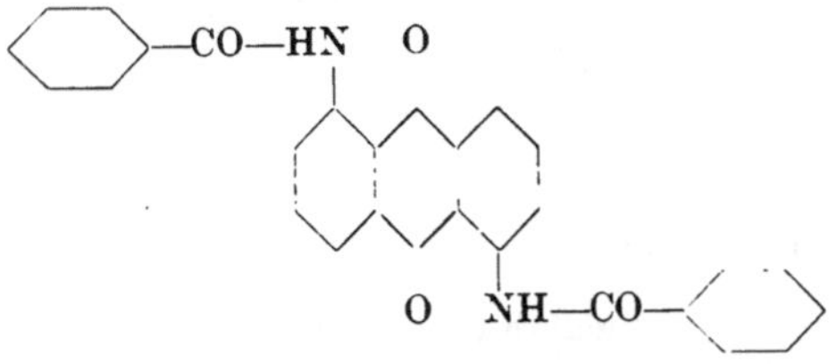

Indanthrengelb GK (früher Algolgelb R)[1])

das 1,5-Di-p-methoxybenzoylamino-4,8-dioxyanthrachinon (Tomaschewski, 1908, *D.R.P. 223.510; franz. P. 400.563*):

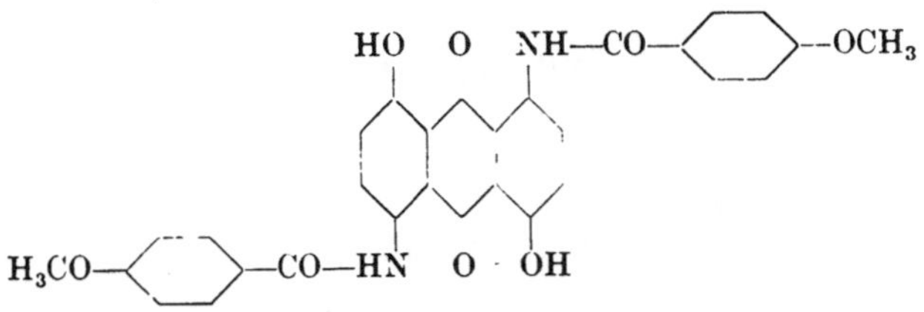

Indanthrenbrillantviolett RRK[2])

Unter den neueren Farbstoffen dieser Gruppe sind zu nennen:

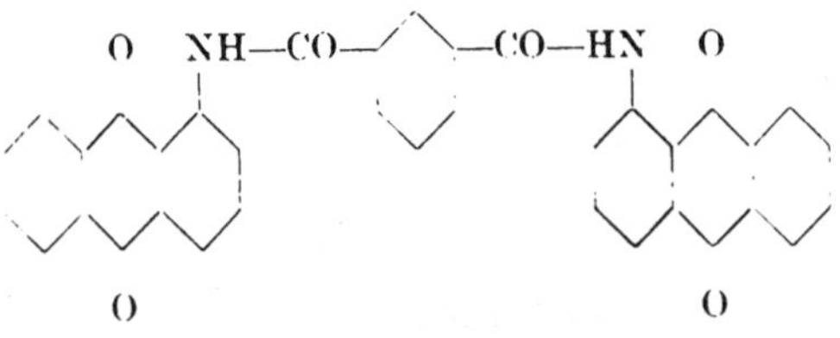

Indanthrengelb 5 GK (Lichtechtheit 5)[3])

Hier hat man zur Blockierung der Aminogruppen eine zweiwertige Säure verwendet. Dieser Farbstoff hat eine bessere Lichtechtheit als das Algolgelb GC und ist daher geeignet, den letzteren in den Mischungen mit dem Indanthrenbrillantgrün FFB zu ersetzen.

---

[1]) Andere Handelsnamen: Cibanongelb GK (Ciba); Sandothrengelb NGK (Sandoz); Solanthrengelb 2 J (Francolor); Caledongelb 3 GS (I.C.I.).

[2]) Indanthrenbrillantviolett RWK; (G.D.C.); Carbanthrenbrillantviolett RK (N.A.C.); Indanthrenbrillantviolett BBK (I.G.); Solanthrenbrillantviolett 2 B (Francolor) entsprechen dem Anisoylbenzoylanthrarufin, ferner Indanthrenbrillantviolett RK (I.G.) und Solanthrenbrillantviolett R sind 4,8-Dianisoylsulfaminoanthrarufin.

[3]) Andere Handelsmarken: Cibanongelb 5 GK (Ciba); Sandothrengelb N 5 GK (Sandoz); Solanthrenbrillantgelb 5 J (Francolor); Tinonchlorgelb 5 GK (Geigy); Caledongelb 5 GS (I.C.I.).

Ferner, ebenfalls mit Lichtechtheit 5:

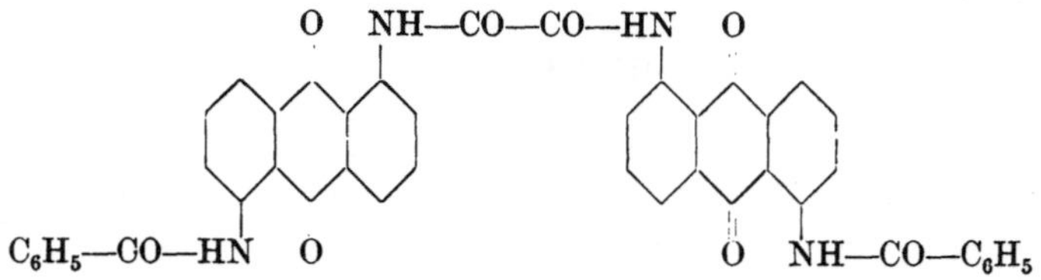

O NH—CO—CO—HN O

C_6H_5—CO—HN O O NH—CO—C_6H_5

Indanthrengelb 3 GF[1])

Der nächste Schritt führt uns zu den Harnstoffderivaten des Anthrachinons, z. B.:

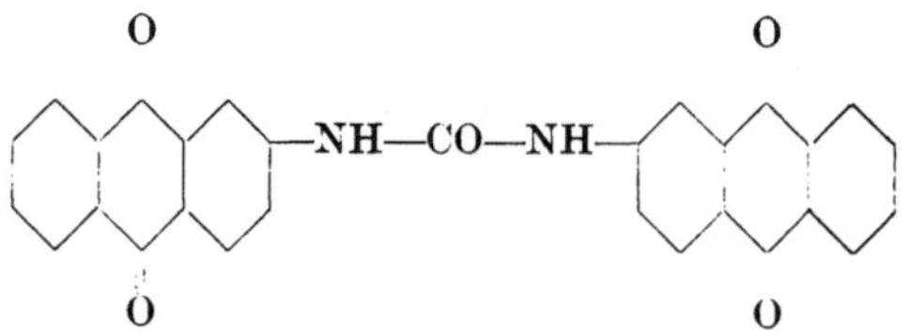

O O

—NH—CO—NH—

O O

Algolgelb 4 GK[2])

Die Harnstoff- oder Amido-Brücken können sich wiederholen wie im

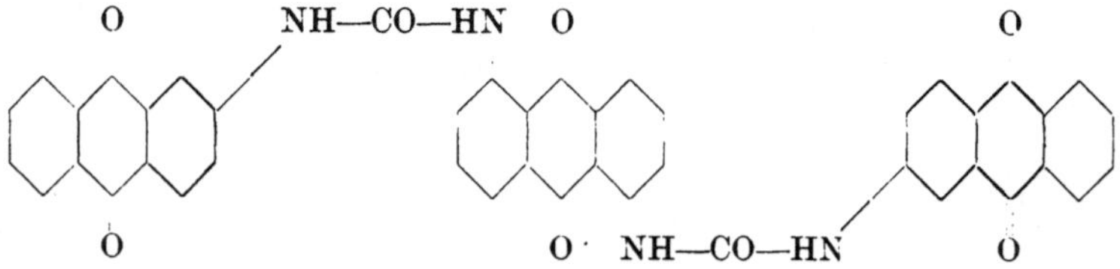

O NH—CO—HN O O

O O NH—CO—HN O

Helindonbraun 3 GN

oder durch Verwendung von besonderen Dikarbonsäuren ausgebaut werden, z. B. im

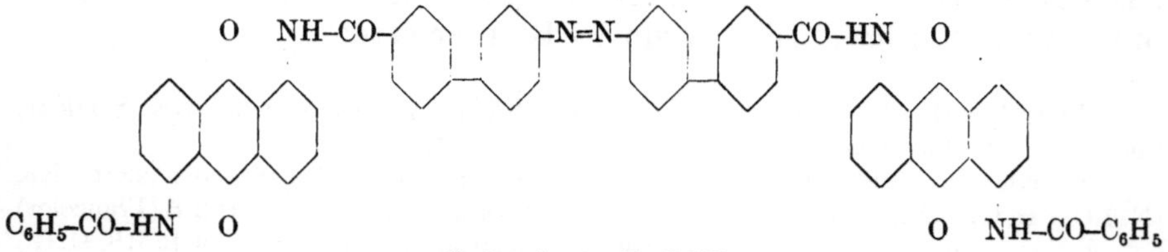

O NH-CO- -N=N- -CO-HN O

C_6H_5-CO-HN O O NH-CO-C_6H_5

Indanthrengelb GGF

[1]) Andere Handelsmarke: Solanthrengelb GF (Francolor).
[2]) Andere Handelsmarke: Helindongelb 3 GN.

6. Die Anthrachinonimide oder Anthrimide.

Das sind Kondensationsprodukte der aminierten und halogenierten Anthrachinone, welche von Isler bereits im Jahre 1905 untersucht wurden, z. B.:

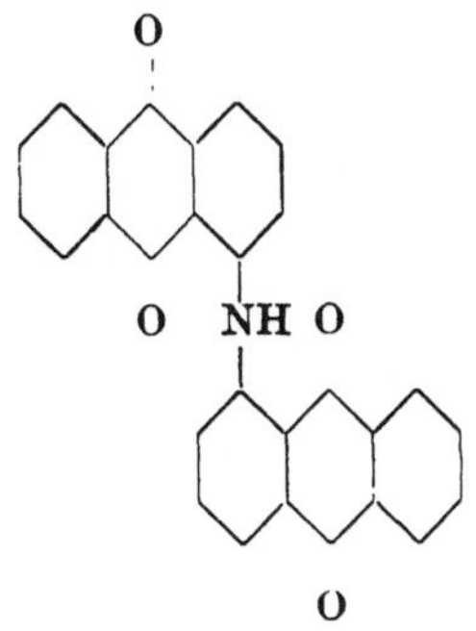

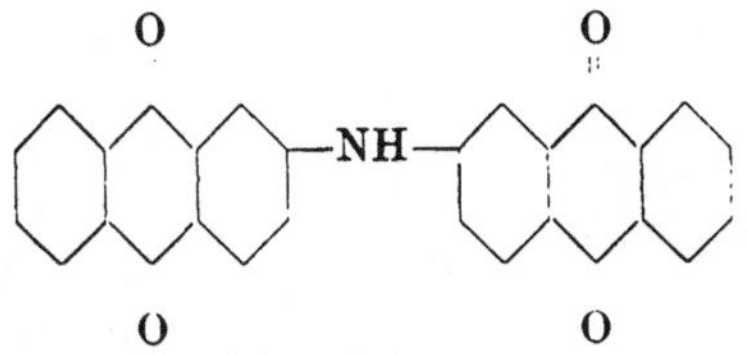

(Isler 1905)

Der erste Farbstoff dieser Gruppe ist das 1,2′-Dianthrachinonylimid (M. H. Isler, 1905, *D.R.P. 174.699* und *208.845*):

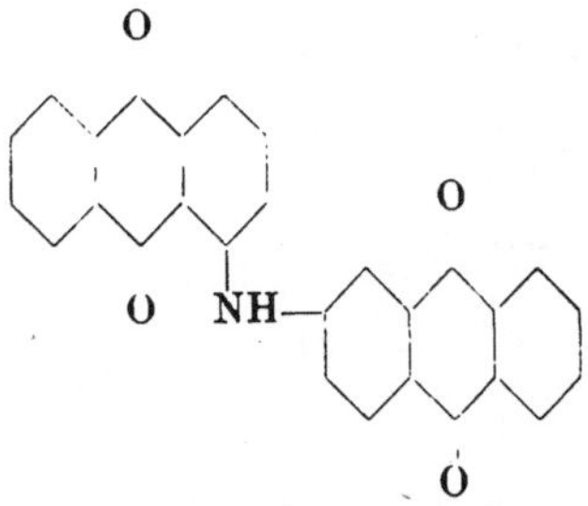

Indanthrenorange 6RTK
früher Algolorange R (Bayer)

Das 4-Benzoylaminoderivat des Indanthrenorange 6RTK ergibt das

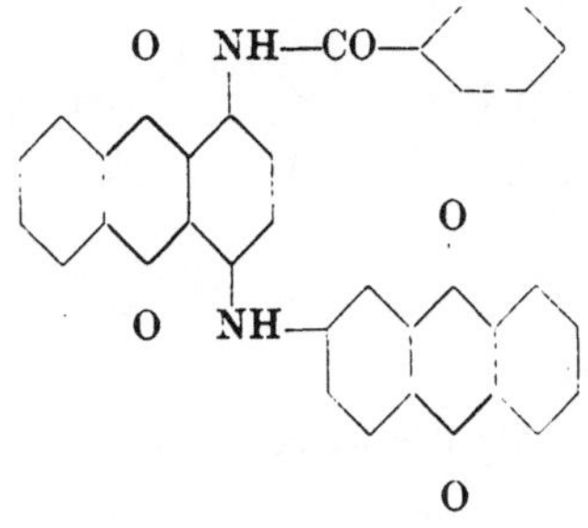

Indanthrenkorinth RK

und das 4,4'-Dibenzoylaminoderivat das

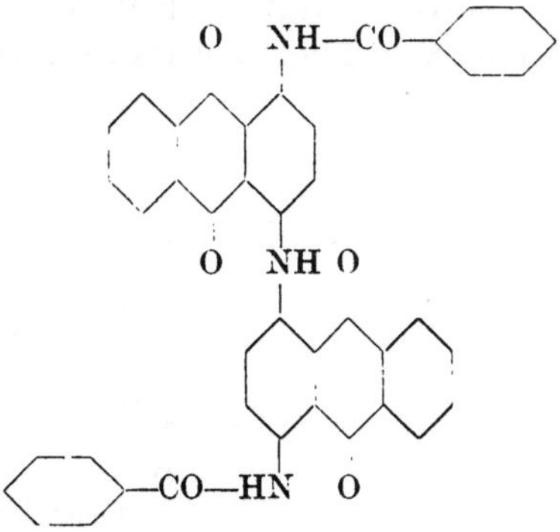

Indanthrengrau K (I. G.)[1])

Die Kondensation kann eine mehrfache sein, wie im

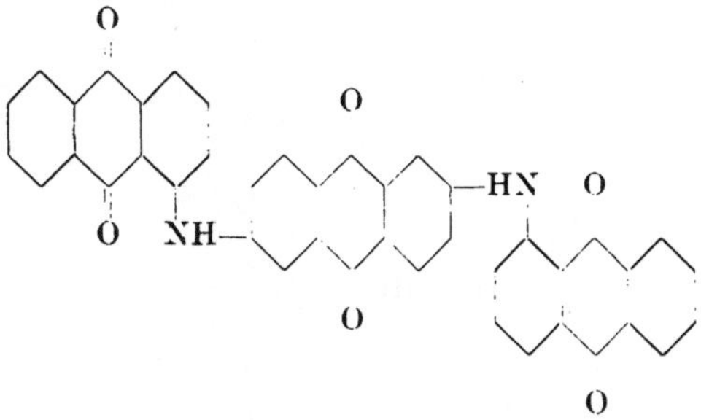

Indanthrenrot G von Isler und Kacer (1907). (*D.R.P. 197.554*).
Indanthrenorange 7RK (I. G.)

ferner im

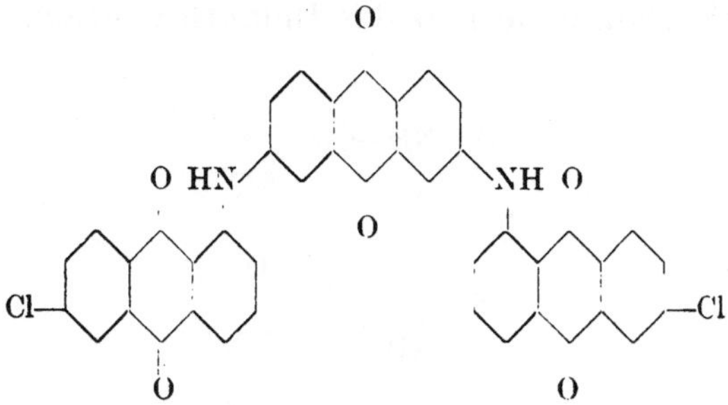

Algolbordeaux RT (I. G.)

---

[1]) Andere **Handelsmarke**: Solanthrengrau N (Francolor).

7. Die heterozyklischen Derivate des Anthrachinons.

a) Die Farbstoffe der Akridongruppe[1])

Die Entwicklung dieser Farbstoffe verdanken wir F. Ullmann, A. Luttringhaus und Bally. Man findet hier den ersten schönen roten Farbstoff der Indanthrenklasse, das Anthrachinon-1,2,2',1'-naphtalinakridon von Lüttringhaus (1910, *D.R.P. 237.236/237*):

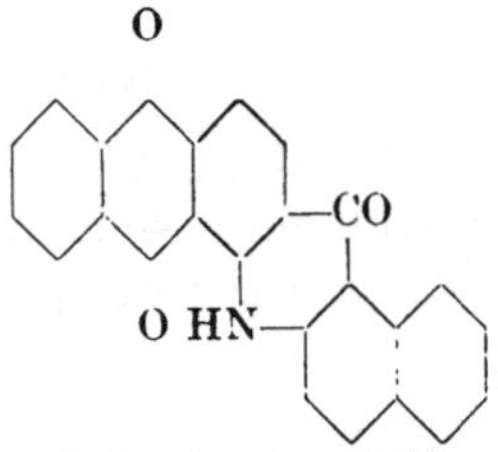

O
—CO
O HN—

Indanthrenrot RK[2])

ferner das 1,2,5,6-Anthrachinondibenzakridon von Ullmann (1909, *D.R.P. 234.977*):

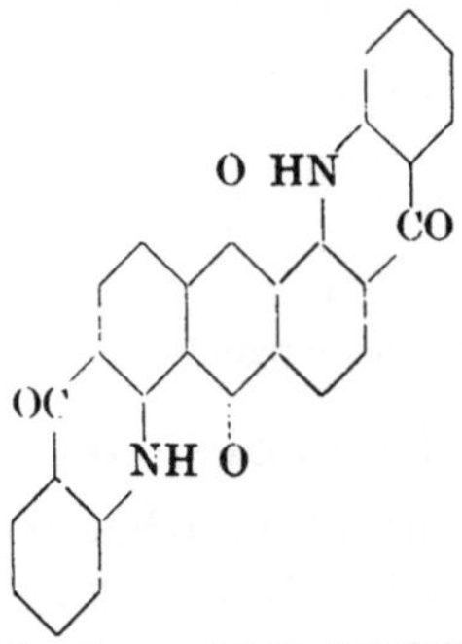

O HN
CO
OC
NH O

Indanthrenviolett FFBN[3])

das 4,3',5'-Trichlor-1,2-anthrachinonbenzakridon von Bally (1910):

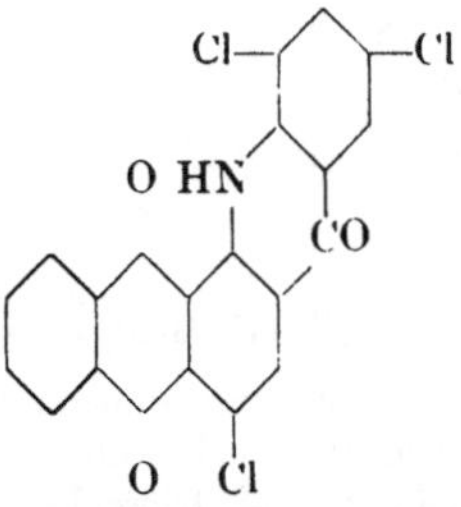

Cl— —Cl
O HN
CO
O Cl

Indanthrenrotviolett RK[4])

---

[1]) Die Farbstoffe dieser Gruppe enthalten den Akridonring (NH, O)

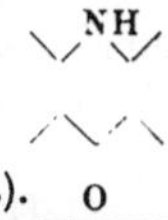

[2]) Andere Handelsmarken: Caledonrot BN (I.C.I.); Cibanonrot RK (Ciba).

[3]) Andere Handelsmarken: Caledonviolett XBNS (I.C.I.); Indanthrenviolett FFBNA (G.D.C.); Carbanthrenviolett BNX (N.A.C.).

[4]) Andere Handelsmarke: Caledonrotviolett 2 RN (I.C.I.).

und das

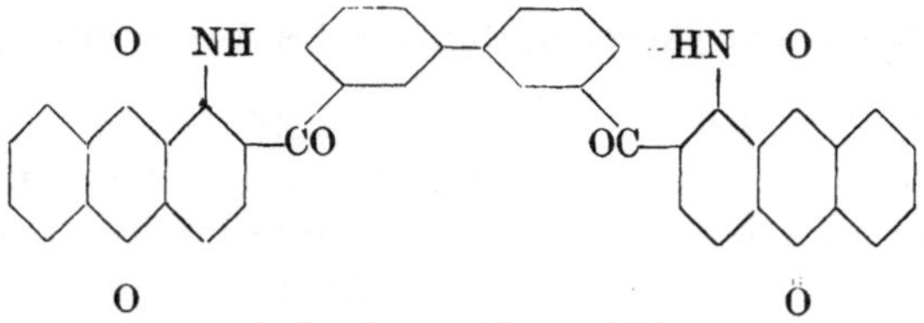

Indanthrenrotbraun R[1])

Die Anthrachinonthioxanthone.

Diese besonders durch F. Ullmann[2]) und Schaarschmidt untersuchten Verbindungen unterscheiden sich von den Akridonderivaten nur dadurch, dass an Stelle der NH-Gruppe ein Schwefelatom steht, wie z. B. im

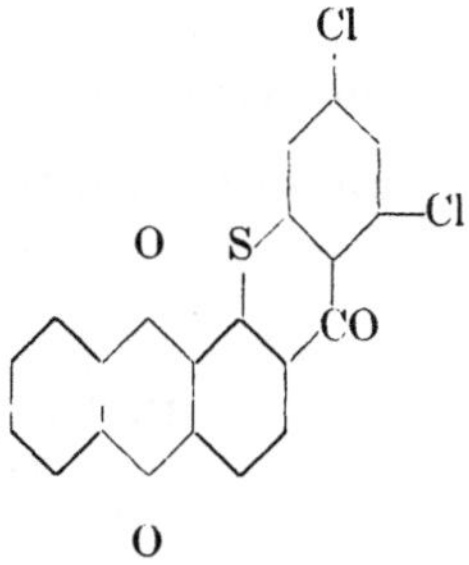

Indanthrengoldorange GN

b) Die Anthrachinonthiazole, -oxazole und -imidazole.

Diese Gruppe der Anthrachinonthiazole, -oxazole und -imidazole umfasst gelbe bis rote Farbstoffe, welche waschechte, aber weniger lichtechte Färbungen liefern.

Als Thiazolderivate[3]) sind folgende Farbstoffe zu erwähnen:

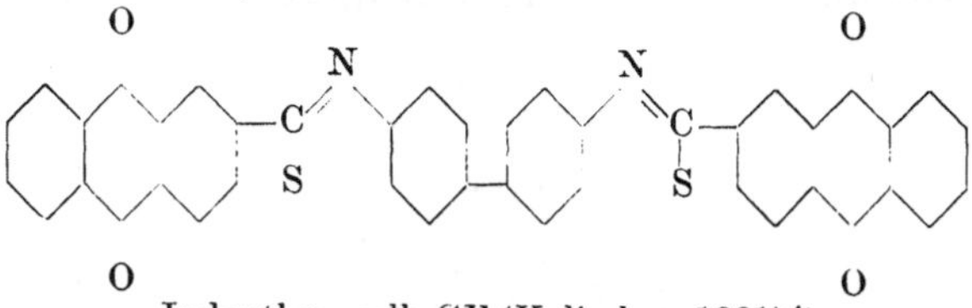

Indanthrengelb GF (Kalischer, 1921)[4])

---

[1]) Das Indanthrenrotbraun R ist ein Gemisch von mehreren Farbstoffen, wobei unter anderem auch die oben erwähnte Verbindung darin enthalten ist.

[2]) Ullmann, Ber. 1910, Bd. *43*, S. 536. Diese Literaturstelle bezieht sich auf solche Thioxanthone, welche die CO-Gruppe in 1-Stellung und das S-Atom in 2-Stellung enthalten. Diesen Verbindungen kommt keine praktische Bedeutung zu; die wertvollen Thioxanthone sind umgekehrt substituiert (S in 1 und CO in 2).

[3]) Diese Farbstoffe enthalten den Thiazolring

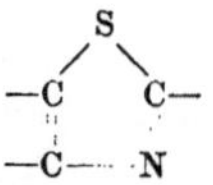

[4]) Andere Handelsmarke: Solanthrengelb JF (Francolor).

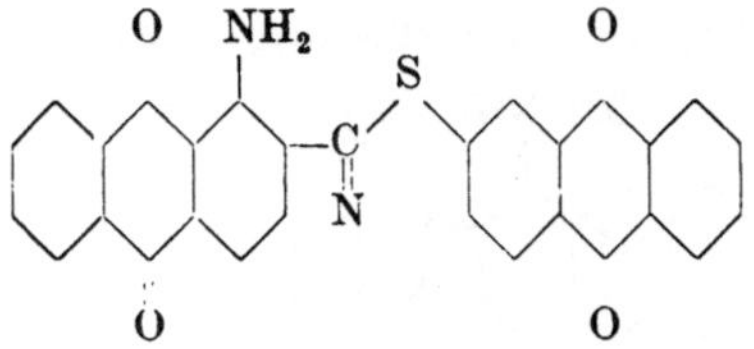

Indanthrenrubin B

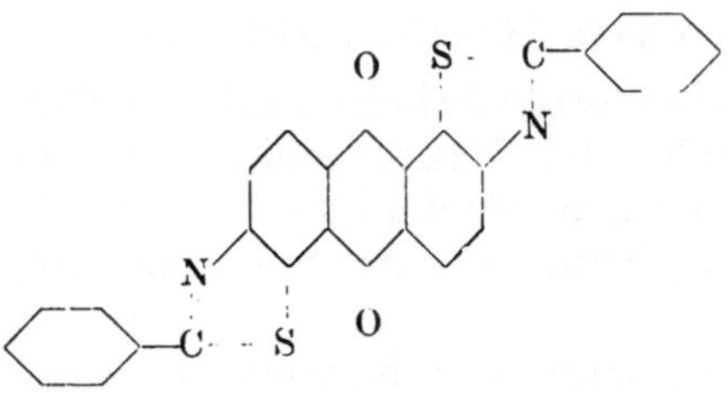

Algolgelb GC von Isler, 1905 (Lichtechtheit 4)[1]

Dieser Farbstoff wird vielfach zum Nuancieren des Indanthrenbrillantgrün FFB verwendet; seine Lichtechtheit lässt aber zu wünschen übrig.

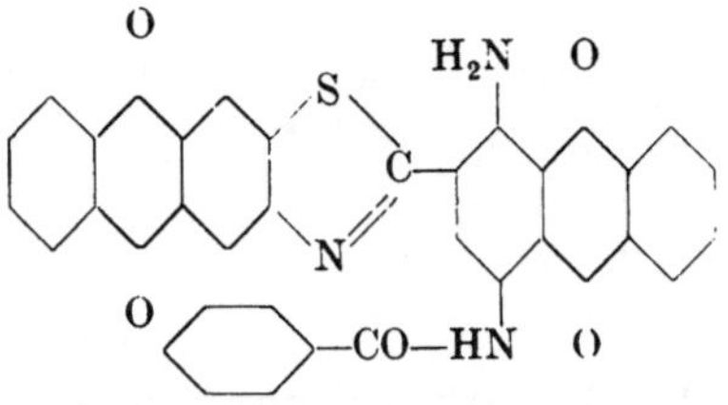

Indanthrenblau CLG (I. G.)

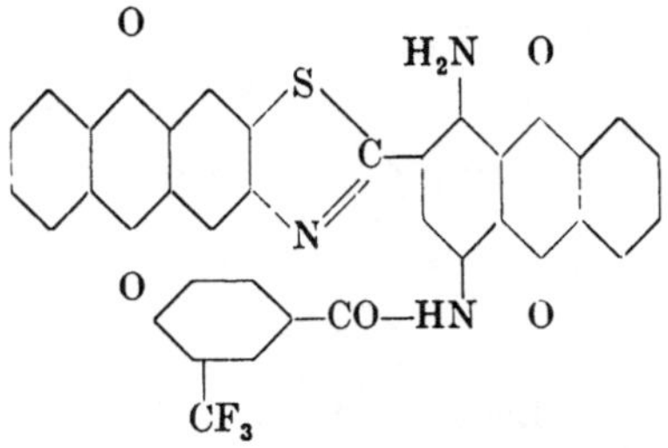

Indanthrenblau CLB

[1]) Andere Handelsmarken: Sandothrengelb NGC (Sandoz), Cibanongelb GC (Ciba); Ponsol Flavone GC (Du Pont); Heliangelb J (Francolor); Caledongelb 5 GS (I.C.I.); Tinonchlorgelb 3 GF (Geigy); Paradongelb GC (L.B. Holliday); Algolgelb GCA (G.D.C.).

Von den Oxazolderivaten[1]) erwähnen wir das

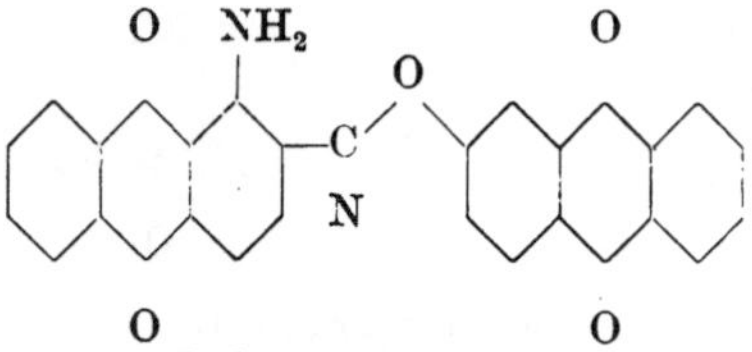

Indanthrenrot FBB

c) Die Karbazolderivate.

Den soeben geschilderten Arbeiten auf dem Gebiete der Anthrachinonimide (Anthrimide oder Dianthrachinonylamine) schlossen sich in neuerer Zeit intensive Untersuchungen der I. G. Farbenindustrie und der Ciba an über die Gruppe der Anthrachinonkarbazole. (Diphtaloylkarbazole).

Unter der Einwirkung von Kondensationsagenzien, wie Aluminiumchlorid, Schwefelsäure oder Chlorsulfonsäure, bilden die Anthrimide unter Ringschluss die entsprechenden Karbazolderivate. Mit bestimmten Anthrimiden geht diese Reaktion sehr glatt von statten.

Man findet in dieser Gruppe eine Anzahl Indanthrenfarbstoffe von ausgezeichneter Lichtechtheit (7—8), z. B. das

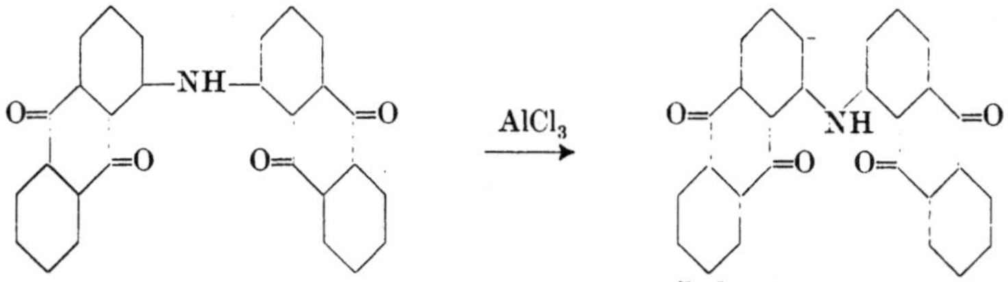

Indanthrengelb FFRK

und besonders dieses 1,4-Dikarbazol von Uhlenhut (1908):

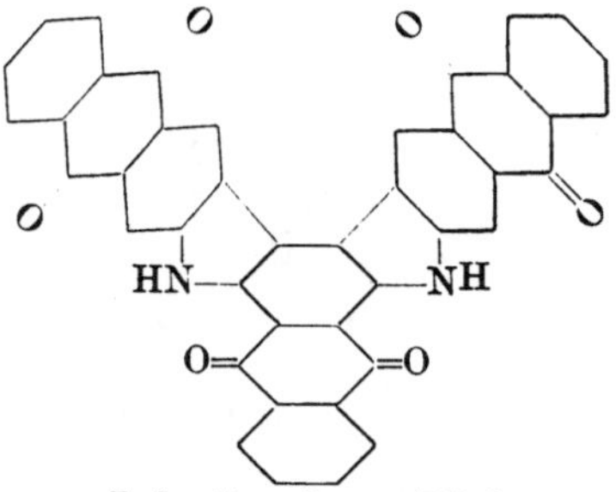

Indanthrenbraun BR[2])

[1]) Oxazolring

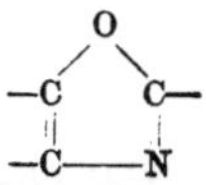

[2]) Andere Handelsmarken: Solanthrenbraun BR (Francolor); Indanthrenbraun BRA (G.D.C.); Calcoloidbraun BR (C.C.C.).

Die Zyklisierung des Tetraanthrimids führt zu folgendem Farbstoff:

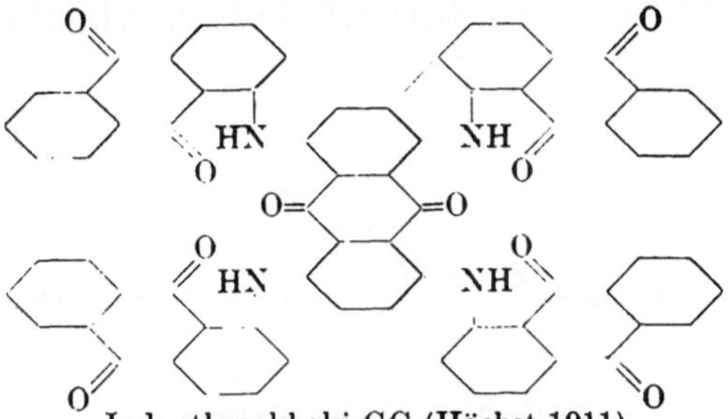

Indanthrenkhaki GG (Höchst 1911)

Ebenfalls von Uhlenhut (1910) ist dieses sehr interessante 1,5-Dikarbazol dargestellt worden:

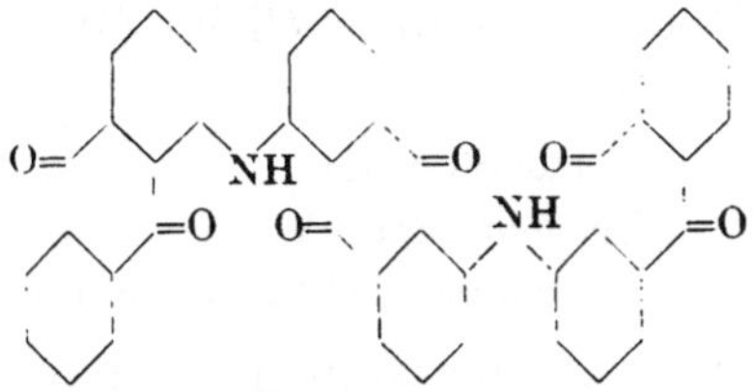

Indanthrengelb 3R

Die Einführung von Benzoylaminogruppen in die eben erwähnten Farbstoffmoleküle eröffnete weitere interessante Möglichkeiten; so ergibt z. B. das Dibenzoylaminoderivat des Indanthrengelb 3R das

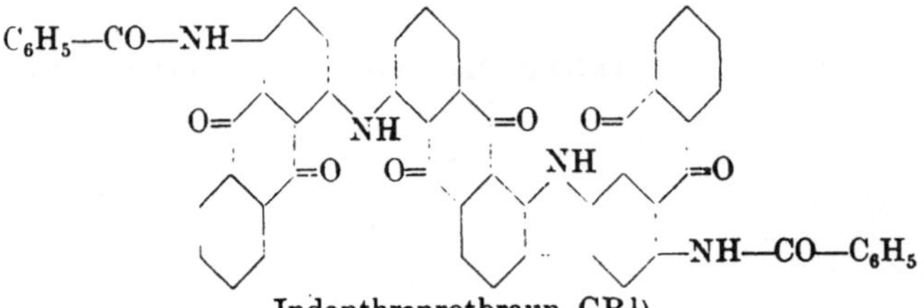

Indanthrenrotbraun GR[1])

Als weitere Beispiele von Anthrachinonkarbazolen mit Benzoylaminogruppen erwähnen wir vor allem die mit zwei derartigen Gruppen substituierten Derivate des Indanthrengelb FFRK:
das 4,4'-Dibenzoylaminoderivat,

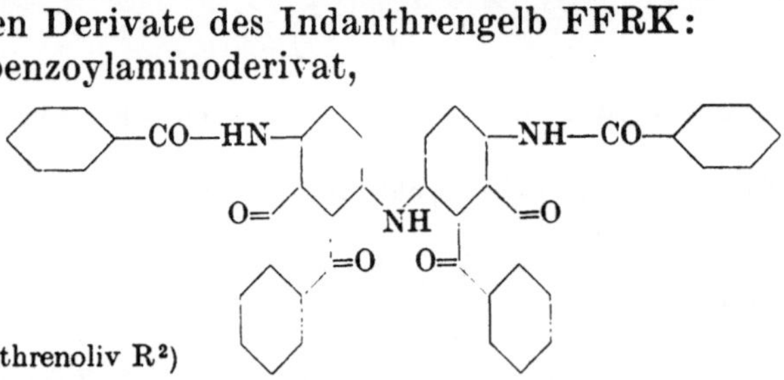

Indanthrenoliv R[2])

[1]) Andere Handelsmarke: Solanthrenbraun JR (Francolor).

[2]) Andere Handelsmarken: Caledonolive R (I.C.I.); Cibanonoliv 2 R (Ciba); Sandothrenoliv N2R (Sandoz); Solanthrenoliv R (Francolor); Ponsololiv ARD (Du Pont).

Indanthrenbraun R, das 4,5′-Dibenzoylaminoderivat (Mieg, 1910), Indanthrengoldorange 3 G, das 5,5′-Dibenzoylaminoanthrachinonkarbazol:

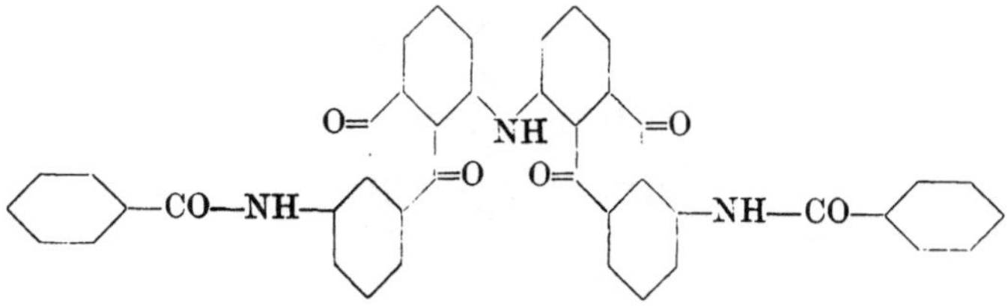

Indanthrengoldorange 3 G [1])

Die Arbeiten der Ciba auf diesem Gebiete führten zum Cibanongrau 2 GR und einer Reihe ausserordentlich echter brauner Farbstoffe, die unter den Bezeichnungen

Cibanongelbbraun G
Cibanonrotbraun R
Cibanonbraun 2 BR, 3 B und RV

in das Sortiment der Ciba aufgenommen wurden.

d) Anthrachinonpyrimidine und Anthrapyridone.

Als Vertreter der Anthrachinonpyrimidine [2]) nennen wir:

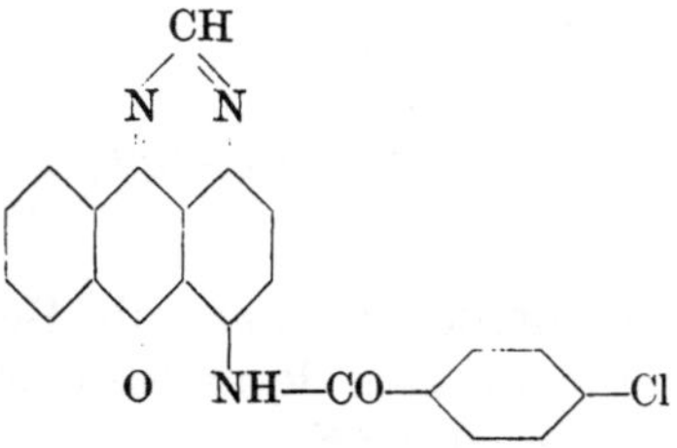

Indanthrengelb 7 GK

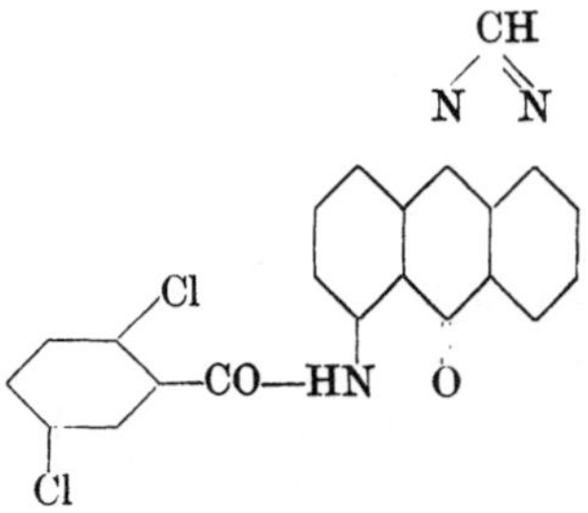

Indanthrengelb 4 GK [3])

---

[1]) Andere Handelsmarken: Caledongoldorange 3 G (I.C.I.); Solanthrenorange 3 J (Francolor).

[2]) Pyrimidinring:

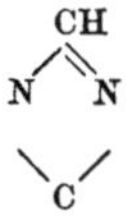

[3]) *D.R.P. 566.474*, 1933; Frdl. *19*, S. 2024, I G. Farbenindustrie. *D.R.P. 573.556*, *623.207*.

und als interessantesten Vertreter der Anthrachinonpyridone[1]) Algolrot BTK (Formel a).

Kondensationen führen zu komplizierteren, vom Äthylendianthron sich ableitenden Ringsystemen[2]), wie demjenigen des Indanthrenrotbraun RR. (Formel b).

a) Algolrot BTK (Lichtechtheit 4)

b) Indanthrenrotbraun RR

und des komplizierteren Indanthrenbraun NG

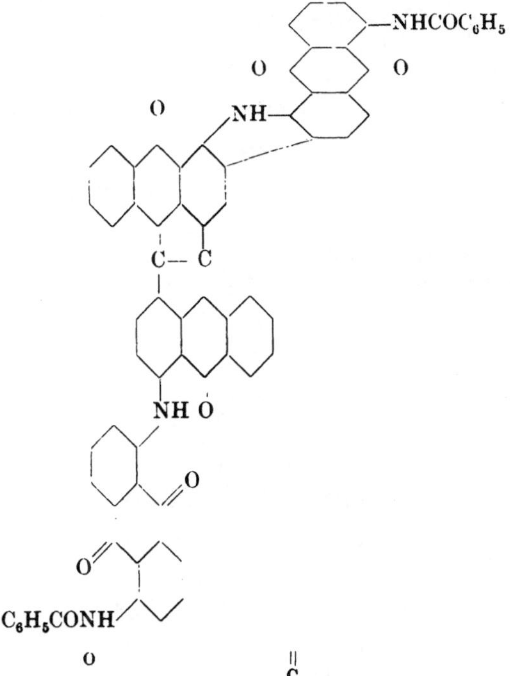

---

[1]) Pyridonring:

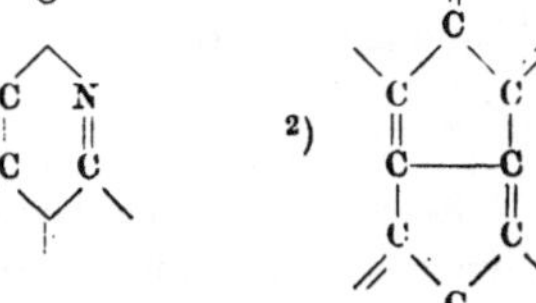

[2]) 2 Mol. Anthrachinon verbunden mit einem Zyklooktadienring.

8. Die Cyanurfarbstoffe (Anthrachinonylaminotriazine)[1].

Die Kondensationsprodukte aus Cyanurchlorid mit α-Aminoanthrachinon wurden von der Ciba beschrieben. Es sind dies Farbstoffe, die in den verschiedensten Farbtönen ausserordentlich lichtechte und sehr lebhafte Nuancen ergeben.

In dieser Gruppe findet man einige Marken von Cibanongelb, Cibanongoldorange, Cibanonorange und das

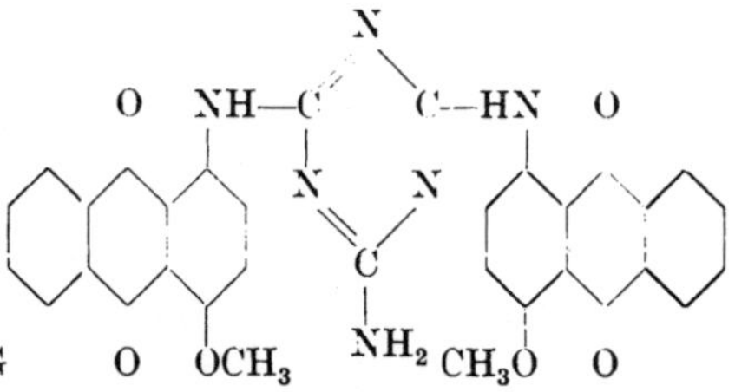

O NH—C C—HN O

N N

C

Cibanonrot G O OCH_3 NH_2 CH_3O O

Weitere Anthrachinonylaminotriazine sind:

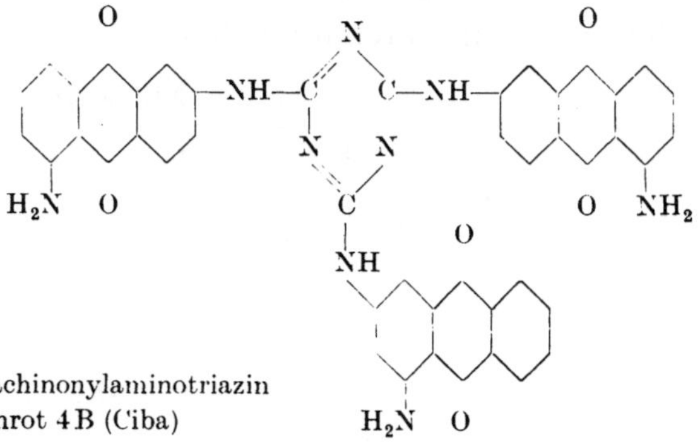

O N O

—NH—C C—NH—

N N

H_2N O C O NH_2

O

NH

Tri-β-anthrachinonylaminotriazin
Cibanonrot 4B (Ciba)

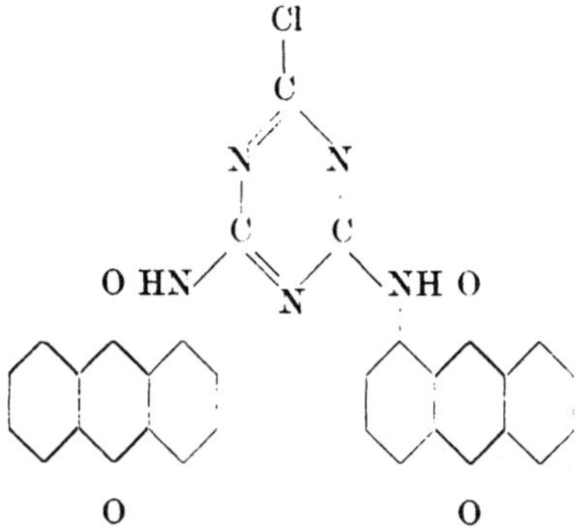

H_2N O

Cl

C

N N

C C

O HN N NH O

O O

Cibanongelb 2GR

[1]) Cyanurring (N, C, C, N, N, C)

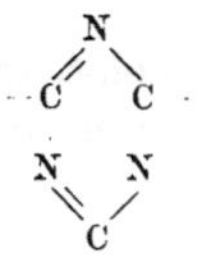

Siehe Matter, Zur Kenntnis von Cyanurring enthaltenden Anthrachinon- und Azofarbstoffen, Dissertation, Zürich 1936.

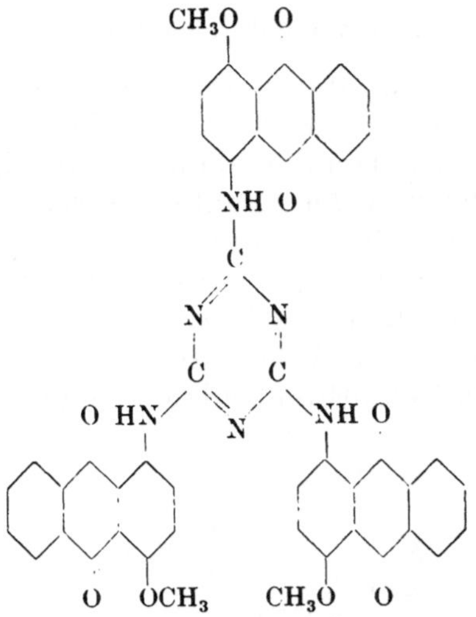

CH$_3$O O

NH O

C

N N

C C

O HN NH O

N

O OCH$_3$ CH$_3$O O

Cibanonorange 6R

Endlich erstreckten sich die neuesten Arbeiten von Max A. Kunz, die in einem aufsehenerregenden, meisterhaften Vortrag am 7. April 1933 in der Höheren Chemieschule in Mülhausen im Elsass dargelegt wurden (Wiederholung des Vortrages auf dem Kongress des I.V.C.C. in Marienbad und in der Schweizer Sektionssitzung des gleichen Vereins in Zürich), auf ein Isomeres des Pyranthrons, das 5,6,8,7-Dibenzoylenpyren oder allo-meso-Naphtodianthron, weiter auf das meso-Anthradianthron. Die Halogenderivate dieser Verbindungen sind gelbe oder orange Farbstoffe von bedeutender Lichtechtheit und grosser Leuchtkraft.

Man hat festgestellt, dass die Gruppe CF_3 von vorteilhaftem Einfluss ist. Durch ihre Einführung in den Benzoylrest des Indanthrenblau CLG erhält man einen Farbstoff (Indanthrenblau CLB) von hervorragender Chlorechtheit. Dies ist um so bemerkenswerter, als die bisherigen Indanthrenblaufarbstoffe gegenüber Chlor nur von verhältnismässig geringer Echtheit sind.

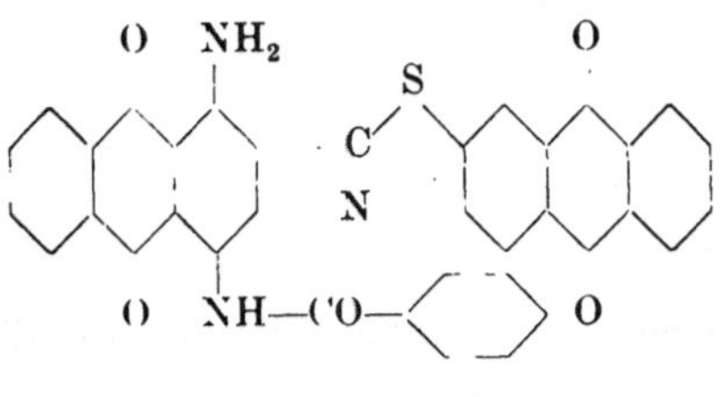

O NH$_2$ O O NH$_2$ O

S S

C C

N N

O NH—CO— O O NH—CO— O

Indanthrenblau CLG 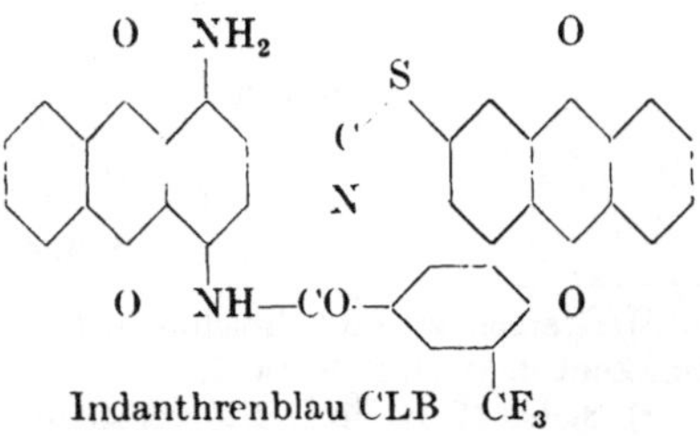 Indanthrenblau CLB CF_3

Die I. G.-Farbenindustrie hat noch andere Farbstoffe, welche im Molekül eine CF_3-Gruppe enthalten, auf den Markt gebracht, so z. B. das Indanthrenbrillantviolett F3RK und das Indanthrendruckblau FG.

C) Farbstoffe verschiedener Struktur.

Im Laufe der letzten Jahre sind Produkte ganz verschiedener Struktur in den Handel gebracht worden. Es sind dies einerseits die Kondensationsprodukte von Diaminen mit Tetrakarbonsäureanhydriden, insbesondere die Derivate der Naphtalintetrakarbonsäure. In dieser Gruppe findet man den besten orangen Küpenfarbstoff, das Indanthrenbrillantorange GR [1]), hervorragend durch seine Leuchtkraft und besonders seine Lichtechtheit. Zweifelsohne dürfte dieser, bisher ausschliesslich von der I. G. hergestellte Farbstoff, alle anderen Orange-Marken, wie das Indanthrenbrillantorange GK oder RK, verdrängen.

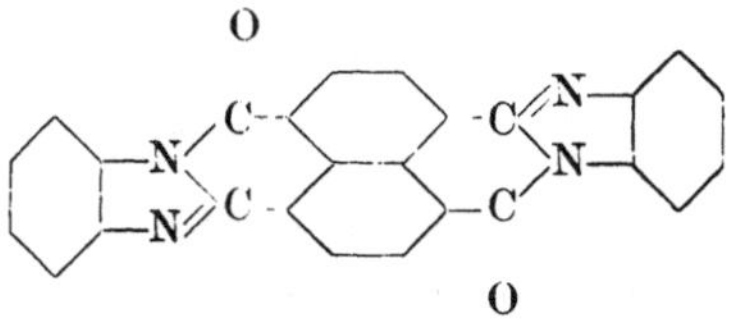

Indanthrenbrillantorange GR Naphtoylenbenzimidazol

Das Indanthrenbrillantorange GR sowie sein cis-Isomer Indanthrenbordeaux RR [2]) sind typische Imidazolderivate der

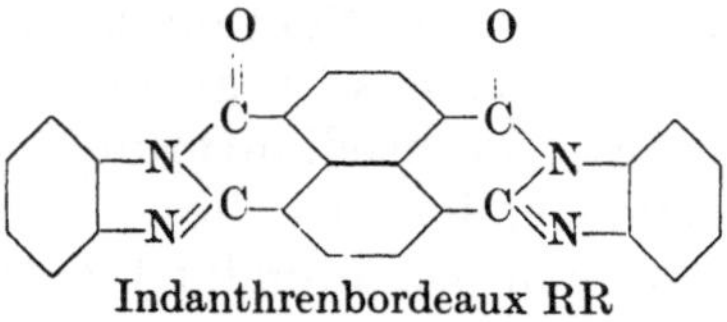

Indanthrenbordeaux RR

Naphtalintetrakarbonsäure. Sie entstehen durch Reaktion dieser Säure mit o-Phenylendiamin. Eine verwandte Verbindung stellt das Indanthrenscharlach 2 G von Höchst (Eckert und Greune, 1924) dar.

Weitere Möglichkeiten bieten die Derivate der Perylentetrakarbonsäure, z. B.:

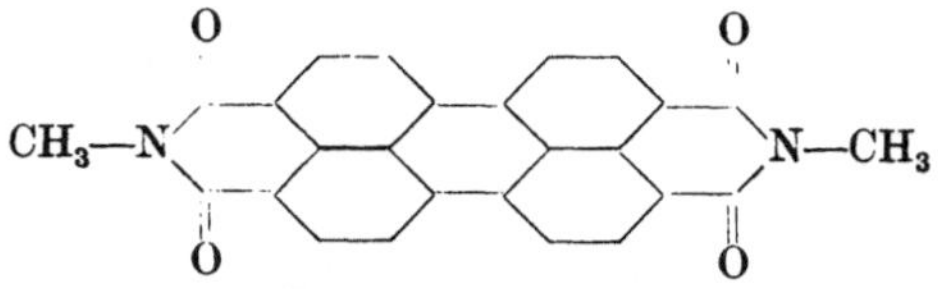

Indanthrenrot GG

1) Gratschew und Schtschukewitsch, Gewinnung von Indanthrenbrillantorange GR, Chem. Zentbl. 1943, *2*, S. 1415.

2) Siehe M. R. Fox: Die veröffentlichten Konstitutionen einiger Küpenfarbstoffe, J. Soc. D. and Col. 1947, *63*, S. 297; Mell. 1948, S. 214 sowie B. I. O. S. Report Nr. 1088, wo die Strukturformel des Indanthrenbordeaux RR fälschlicherweise als die des Transisomeren von Naphtoylenbisimidazol angegeben ist, welche die des Indanthrenbrillantorange GR ist.

sowie diejenigen des Pyrazolanthrons, z. B. die Indanthrenmarineblaumarken R und RH.

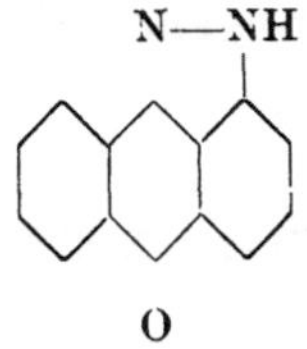

N—NH

O

Pyrazolanthron

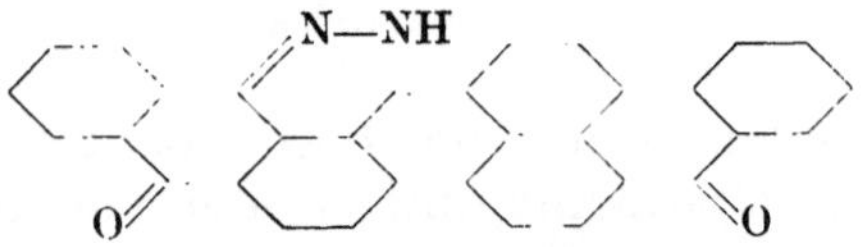

N—NH

O O

Indanthrenmarineblau R

ferner die Alkylderivate des 2,2'-bispyrazolanthron

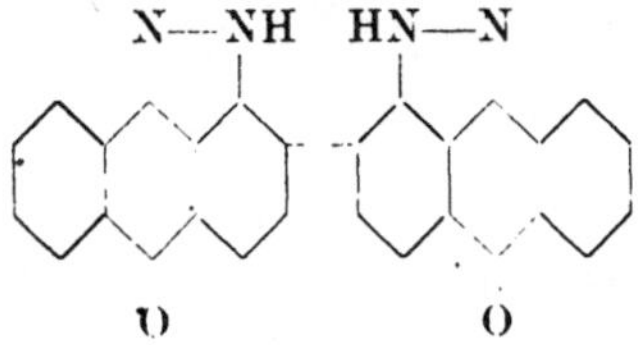

N—NH HN—N

O O

z. B.

C_2H_5 C_2H_5

N—N N—N

O O

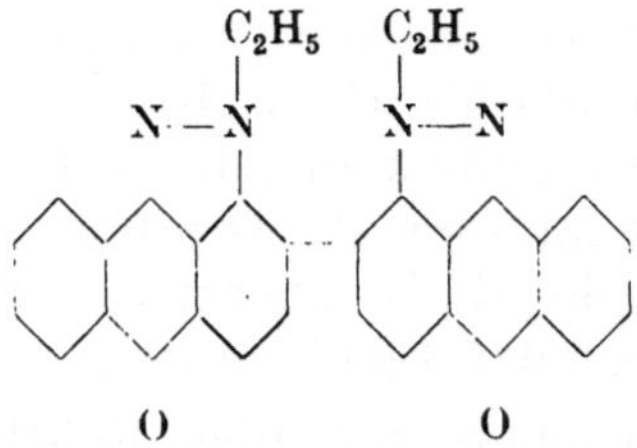

Indanthrenrubin R der I. G. Farbenindustrie

Zu dieser Gruppe gehören auch das Cibanonrot 2B und das Sandothrenrot N6B (Sandoz).

Andererseits findet man hier einfachere Verbindungen, Derivate des Benzochinons, wie das Helindongelb CG (etwas schwache Nuance), das auch in Form seines Schwefelsäureesters existiert (Indigosolgelb CG).

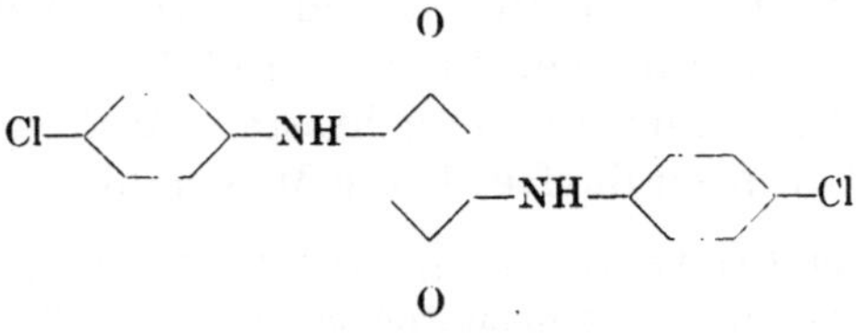

O

Cl— —NH—

—NH— —Cl

O

Helindongelb CG

Dank ihrer Untersuchungen auf dem Gebiete der Aminoanthrachinonderivate konnte die I. G. Farbenindustrie in den letzten Jahren vor dem zweiten Weltkriege folgende Farbstoffe entwickeln:

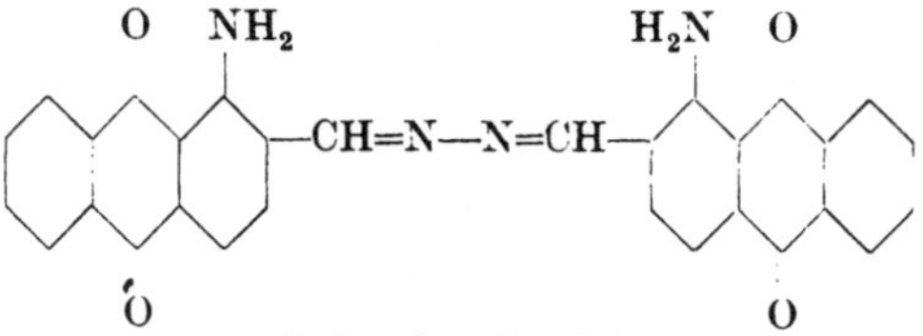

Indanthrenbordeaux B

erhalten durch Kondensation von 1-Aminoanthrachinon-2-aldehyd oder Azomethin mit Hydrazinhydrat[1]) oder von Anthrachinon-1,2-isoxazol mit Hydrazinhydrat[2])

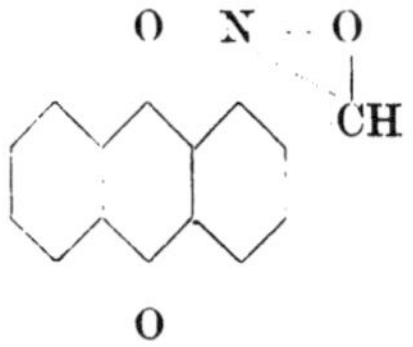

Anthrachinon-1,2-isoxazol

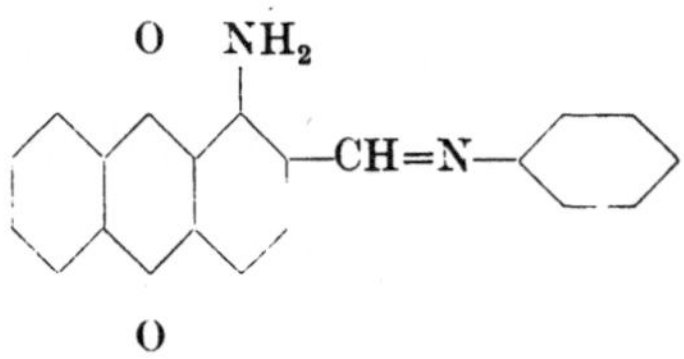

Azomethin

Einen überraschenden Erfolg hat in letzter Zeit die wissenschaftliche Forschung der Farbenfabriken Bayer zu verzeichnen durch die Erfindung des Indanthrenbrillantblau 4G[3]). Dieser, seit Juli 1949 der Praxis zur Verfügung stehende Farbstoff weicht in mancher Beziehung von den bekannten Farbstoffen sowohl der Indigoiden- wie der Anthrachinonreihe ab, ist aber dennoch ein typischer Küpenfarbstoff mit hervorragender Lichtechtheit.

Sowohl durch ihre hervorragenden Echtheitseigenschaften, besonders durch ihre Licht- und Chlorechtheit, als auch durch die nahezu vollständige Farbenskala, welche eine einheitliche Fabrikation gestattete, haben die Küpenfarbstoffe eine ganze Reihe von bisher gebräuchlichen Anwendungsverfahren umgestossen. Sie bildeten den Kernpunkt der modernen Fabrikation und wurden in ihrer Verbreitung durch eine ausserordentlich geschickt angelegte Werbetätigkeit unterstützt, wodurch ihre besonderen Echtheitsqualitäten ins rechte Licht gesetzt wurden. Diese Propaganda, die von der I. G. ausging und der andere Farbenfabriken folgten, gipfelte in der Schaffung des „I"-Zeichens, welches nur für die echtesten Marken der Indanthrenreihe angewendet werden durfte. Diese Massnahmen hatten in Mittel-

---

1) *D.R.P. 533.249*, I. G. Farbenindustrie; *D.R.P. 343.252*, *357.042* (Cassella).

2) *D. R. P. 479.350*, I. G. Farbenindustrie, *364.181*, *360.422* (M.L.B.).

3) F. Gund, Mell. 1950, *31*, S. 46.

europa, mehr als in Frankreich, einen ausserordentlichen Erfolg bei den Abnehmern, denen dadurch eine wesentliche Gewähr für die Echtheit geboten wurde.

Klassiert man die Küpenfarbstoffe nach ihren Echtheitseigenschaften, so ergibt sich folgende Unterteilung:

Gruppe I: Küpenfarbstoffe mit optimalen Echtheitseigenschaften;

Gruppe II: Küpenfarbstoffe mit guten Echtheitseigenschaften, die jedoch nicht den Anforderungen des „I-Etiketts" genügen.

Die folgende Tabelle gibt eine Übersicht über die Handelsmarken der einzelnen Firmen:

Firmen	Gruppe I	Gruppe II
I. G. Farbenindustrie . . .	Indanthrene	Algole
B.A.S.F.	Indanthrene	Indanthrene
Cassella		Hydrone
M.L.B.		Helindone
Gen. Dyestuff Corp.	Indanthrene	Algole Hydrone Helindone
Kalle	Thioindone	Thioindigo
Bayer		Algole
Kuhlmann-Francolor . . .	Solanthrene	Solane, Heliane
Saint-Denis	Colorants pr. Cuve	
Saint-Clair	Luxiane	Heliane
Ciba	Cibanone	Ciba
Geigy	Tinonchlor	Tinon
Sandoz	Sandothrene	Tetra
Imp. Chem. Ind.	Caledon Alizanthrene	Durindon
B.D.C. (jetzt I.C.I.). . . .	Chloranthrene	Duranthrene
L. B. Holliday	Paradone (früher: Hydranthrene)	
Scottish Dyes	Caledon	Solindene
A.C.N.A.	Romanthrene Antinale	
Nat. Anil. Corp.	Carbanthrene	Vat Dyes
Aussig	Ostan	
Du Pont	Ponsol	Sulfanthrene
James Robinson and Co .	Endurol	
Brotherton and Co Ltd. .	Anthrone	
Y.D.C.	Benzadone	
Calco Chemical Div. . . .	Calcosol Calcoloid	

Für den Rang, welchen sich diese Farbstoffe[1]) erobert haben, dürften die von Max A. Kunz gegebenen, sehr eindrucksvollen Ziffern kennzeichnend sein. Der Verbrauchswert der Küpenfarbstoffe (einschliesslich des Indigos) überstieg demnach im Jahre 1933 die ungeheure Summe von 200 Millionen Schweizer Franken.

Das vorliegende Kapitel soll die Fortschritte auf dem Gebiete der Anwendung der Küpenfarbstoffe darlegen und eine möglichst vollständige Wiedergabe der einschlägigen Literatur geben.

Es wird sich demnach in folgende drei Gruppen gliedern:

a) Die Herstellung der Teige und Feinpulver für den Druck.

b) Eigentliche Druckverfahren (Direktdruck, Ätzen, Reserven).

c) Färberei (Abziehen der Färbungen).

Herstellung der Teige und der Feinpulver für Druck.

Der Küpendruck verlangt, ebenso wie die Küpenfärberei, gewisse Vorsichtsmassnahmen. Insbesondere hängt aber beim Druck die Ausgiebigkeit von dem Zustand der Dispersion ab, in welcher sich der Farbstoff befindet. Mit der Feinheit und Homogenität eines solchen Teiges oder Pulvers wächst die Möglichkeit, den Farbstoff leicht und gleichmässig in der Druckfarbe zu verteilen, die Reduktion im Dampf zu beschleunigen und sie auch dadurch weniger abhängig von der Dampfqualität zu machen.

Die Küpenfarbstoffe werden derzeit als Feinteige für Druck, als Feinpulver oder als sogenannte Suprafix-Teige hergestellt, die in der Regel den obigen Bedingungen entsprechen[2]). In der für allgemeine

[1]) Robert E. Schmidt, Bull. Mulh., Bd. *84*, S. 423—435: Sur l'état actuel de la chimie de l'anthraquinone (Der gegenwärtige Stand der Chemie des Anthrachinons). Vortrag gehalten an der Sitzung der Soc. Ind. de Mulhouse vom 25. April 1914.

René Bohn, Über die Fortschritte auf dem Gebiete der Küpenfarbstoffe. Vortrag gehalten vor der Deutschen Chemischen Gesellschaft am 5. März 1910, Ber. *43*, S. 987, 1910; R.G.M.C. 1910, S. 235 und 319; Chem. Ztg. 1906, S. 69 und 809; 1910, S. 247.

Engi (Ciba), Les colorants à cuve Ciba (Die Cibafarbstoffe), R.G.M.C. 1909, S. 105; Chem. Ztg. 1908, S. 1179.

Friedländer, Die indigoiden Farbstoffe, Z. f. ang. Chem. 1911, S. 1107; Chem. Ztg. 1911, S. 640; R.G.M.C. 1911, S. 233.

Masera, Die Küpenfarbstoffe, Vortrag gehalten auf dem 3. Kongress des I.V.C.C. in Turin, 1911, Frb. Ztg. 1911, S. 336.

Max A. Kunz, Etat actuel de la connaissance des colorants du type Indanthrène (Der gegenwärtige Stand der Kenntnisse auf dem Gebiet der Indanthren-Küpenfarbstoffe), Vortrag gehalten am 7. April an der Höheren Chemieschule in Mülhausen (Jahrbuch 1933). Dieser Vortrag wurde auf dem Kongress des I.V.C.C. in Marienbad am 27. Mai 1933 und am 1. Oktober 1933 vor der Schweizer-Sektion derselben Vereinigung wiederholt (vgl. Bull. der Föderation text. Chem. und Kol. Ver., 1, S. 277).

[2]) Produkte der I.G. Farbenindustrie für Druck: Teig-Marken, Teig fein-Marken, Suprafix-Marken, Pulver fein für Druck-Marken, Pulver fein für Färbung-Marken. Die gewöhnlichen Pulver-Marken werden im Druck nur in Ausnahmefällen verwendet. Sie müssen in reduziertem Zustand gedruckt werden.

Zwecke üblichen Pulverform werden die Küpenfarbstoffe selten zum Druck verwendet, obschon sie im chemisch reduzierten Zustande auch aufgedruckt werden können. Eine wesentliche Verbesserung der Ausbeute im allgemeinen hat sich durch die letztgenannten Suprafixprodukte (Suprafixe der I.G., Optima der Fabrik St-Clair du Rhône, Superfein-Marken von Saint-Denis, Cellix von Kuhlmann (Francolor), Ultrafixe von Sandoz, Mikroteige der Ciba, Leucosole von Du Pont) eingestellt. Die feine Verteilung dieser Teigmarken bedingt eine leichtere Überführung in die Leukokörper, die Reduktion geht rascher vor sich, die Töne werden tiefer.

Der Dispersionsgrad des Farbstoffes und seine leichte Anwendungsmöglichkeit spielen eine sehr wichtige Rolle. Die Firma Du Pont de Nemours hat mit Erfolg die Leucosole in den Handel gebracht. Es sind Küpenfarbstoffe, die mit dem Salz der Disulforizinsäure und Triäthanolamin sehr fein gemahlen werden (*amer. P. 2.038.591*, 1939).

Die Farbstoffabriken haben ebenfalls frostbeständige Pasten in den Handel gebracht. Die Eigenschaft der Frostbeständigkeit wird durch die in den Farbstoffteigen befindlichen organischen Lösungsmittel, hauptsächlich Glykolderivate, bedingt.

Die Literatur, welche die Erzeugung dieser Teige betrifft, ist in so zahlreichen Patenten zerstreut, dass eine systematische Einteilung schwer möglich erscheint.

Verwendung von hydrotropen Substanzen.

Die Erscheinung der Hydrotropie[1]) wurde von C. Neuberg (Biochemische Zeitschrift, Bd. *76*, 1916, S. 107—176 und Sitzungsberichte der kgl. preuss. Akad. d. Wissenschaften von Berlin, Jahrgang 1916, S. 1034—1042), ausserdem von R. Tamba (Biochemische Zeitschrift, 1924, Bd. *145*, S. 415) studiert und als jene Eigenschaft definiert, die eine grosse Zahl von Körpern, besonders Salze in wässeriger Lösung, befähigt, an sich wasserunmischbare Substanzen wassermischbar zu machen. So sind als hydrotrope Verbindungen u. a. die folgenden anzusehen: die Salze der Benzoesäure, Salizylsäure, Benzolsulfosäuren, Naphtensäuren, Sylvin- und Abietinsäuren, das sulfovinylsaure-, isobutylsaure-, valeriansaure-, kapronsaure-, önanthsaure, kaprylsaure Kalium, die Salze der Säuren des Thiophen- und Furanrings, die Mandelsäure, die Zimtsäure, der Harnstoff, der Thioharnstoff, das Hexamethylentetramin usw. Die Erklärung dieser Erscheinung liegt auf kolloid-chemischem Gebiet[2]).

[1]) R. W. Chelmi, Übersicht über technisch wichtige hydrotrope Verbindungen, Chem. Umschau 1929, Nr. 13, S. 198. H. Berthold, Mell. 1950, *31*, S. 422 und 575.

[2]) Aug. Noll (Seifensieder Ztg. 1927, S. 769) führt als Körper mit hydrotropen Gruppen solche an, die in Form wässeriger Lösung wasserunlösliche Stoffe in Lösung bringen, dazu gehören: Salizylate, Kresotinate und Salze der Oxynaphtoesäuren.

Die hydrotropen Eigenschaften gewisser Körper wurden viel benützt, um Küpenfarbstoffteige herzustellen, und man findet eine stattliche Anzahl von Patenten, die sich auf diese interessante Eigenschaft beziehen.

Die hydrotropische Wirkung von wässerigen Lösungen organischer Salze findet verschiedene praktische Anwendungen[1]; sie können die meist teureren organischen Lösungsmittel ersetzen. Z. B. vermögen 100 g einer wässerigen Lösung von xylolsulfosaurem Natrium bei 80°C 60 g Nitrobenzol zu lösen; Azetessigester ist mit einer gesättigten Lösung von Ammoniumrhodanid bei 25°C unbegrenzt mischbar.

Die hydrotropen Substanzen spielen eine grosse Rolle in der Herstellung von Küpenfarbstoffteigen und insbesondere von „Suprafixen".

Die Theorie der Hydrotropie, welche zum erstenmal von der I.G. auf dieses Gebiet übertragen wurde, hatte zur Folge, dass einer so grossen Anzahl von Derivaten das Merkmal hydrotroper Eigenschaften zuerkannt werden musste, dass es augenblicklich – wenn man den Patenten folgt – überhaupt schwer ist, irgendeine Körperklasse ausfindig zu machen, welche nicht imstande wäre, die Anteigung zu verbessern und zu erleichtern. Man muss also wohl hier eine gewisse Auswahl treffen.

Es soll wenigstens bei der Besprechung der einzelnen Patente eine gewisse Gruppierung dieser Veröffentlichungen versucht werden.

Salze der Dimethylmetanil- und Dimethylsulfanilsäuren: *D.R.P. 626.626* der I.G.; *brit. P. 343.102* und *343.527*; *franz. P. 715.444*; *schweiz. P. 149.067* der I.G.-Berthold-Gassner.

Die I.G. verwendet hier als hydrotrope Körper die Alkalisalze der Dialkylaminobenzolsulfosäure, besonders die Natriumsalze der Dimethylmetanil- und Dimethylsulfanilsäure nachstehender Formeln und deren Homologe:

$N(CH_3)_2$, SO_3Na (meta) $\qquad$ $N(CH_3)_2$, SO_3Na (para)

Man erhält auf diese Weise Küpenfarbstoffteige oder Küpenfarbstoffpulver, die sich sehr leicht im Wasser zerteilen lassen; die Teige sind sehr beständig; die Töne sind tiefer und die Fixation geht rascher vor sich.

Beispiel: 100 Teile Teig mit einem Farbstoffgehalt von 20%, 15 Teile Natriumdimethylsulfanilat, 40 Teile Glyzerin und 25 Teile

[1]) McKee, Ind. Eng. Chem. 1946, Aprilheft.

Wasser. Diese Patente schützen die Herstellung der Suprafixteige. Das *D.R.P. 626.627* derselben Firma nennt als hydrotropes Mittel das p-toluolsulfosaure Natrium. Nach dem *D.R.P. 626.811, 1929* der I.G. benützt man andere hydrotrope Substanzen, wie die Alkalisalze von Sulfo- und Karbonsäuren, z. B. das Natriumbenzolsulfonat, das Benzylsulfanilat, ferner die Lithiumsalze der organischen Säuren, so das Benzoat oder das Naphtalin-α-monosulfonat des Lithiums. Das Natriumsalizylat, das orthokresotinsaure Natrium, ebenso wie das Natrium-p-Chlorsalizylat werden in den *D.R.P. 626.811* und *626.812*, 1929 der I.G.-Gassner-Berthold als hydrotrope Mittel empfohlen.

In gleicher Weise kann man Pulverpräparate für Druck laut *D.R.P. 626.813* durch Zusatz von gelösten Dispergiermitteln, welche keine Schutzkolloide sind, herstellen, so z. B. werden 100 T. eines 20%igen Farbstoffteiges mit 15 T. benzylsulfanilsaurem Natrium und 20 T. Eisensulfat gemischt und dann durch Zerstäubung in einem heissen Luftstrom getrocknet, wie es im *D.R.P. 285.232* angegeben ist.

Gemäss den *D.R.P. 622.355*, 1934; *franz. P. 793.986*; *schweiz. P. 177.231*; *brit. P. 446.381* der Ciba konnte man feststellen, dass Zusätze von Monoalkylmetanilsauren Salzen zur Druckfarbe einen günstigen Einfluss haben. Die Patente nennen als Beispiel das Monoäthylmetanilsaures Natrium.

H
N
C_2H_5
$-SO_3Na$

Harnstoff: Auch der Harnstoff hat für die Herstellung von Feinpulvern interessante Eigenschaften, die von der Ciba für die Erzeugung homogener Präparate benützt wurden. Das Verfahren bildet den Gegenstand der Patente: *franz. P. 681.566*; *amer. P. 1.835.926*; *D.R.P. 570.583*, 1929. Man verarbeitet 50 T. Farbstoff mit 160 T. Harnstoff, 30 T. Zellulose-Sulfitablauge und 9 T. eines Netzmittels. Dieser Teig wird gut durchgerührt und im Vakuum getrocknet. Das auf diese Art entstandene Produkt kann leicht pulverisiert werden und verteilt sich gut in der Druckfarbe.

Das *D.R.P. 583.315* (I.G.) bezeichnet als hydrotrope Substanzen die Alkalisalze der hydroaromatischen Säuren. So verwendet man zum Anteigen von Indocarbon CL das Natriumsalz der Tetrahydronaphtalin-2-Sulfosäure, welches hervorragende hydrotrope Eigenschaften besitzt (siehe auch das *amer. P. 1.987.583* I.G.-Berthold).

Es wird notwendig sein, auch die ausgesprochen hydrotropen Wirkungen der Salze hervorzuheben, die aus bestimmten organischen Säuren und alkylierten aliphatischen Aminen gebildet werden. Auch diese

Verbindungen dienen sowohl zur Erzeugung von Teigen für Druck als auch als unmittelbare Zusätze zur fertigen Druckfarbe; es ergeben sich bessere Fixationen und Ausbeuten sowie egalere Drucke. Scheinbar sind diese Verbindungen nicht unter Patentschutz, doch geht aus persönlichen Informationen hervor, dass sie gewissen im Handel erhältlichen Druckfarben-Hilfsmitteln zugrunde liegen (Débécuvol A (L. Z. J.).)

Betain und seine Derivate[1]): *Brit. P. 420.095*, I.G. (Berthold-Albrecht), *brit. P. 446.488*, *amer. P. 1.989.784*; *franz. P. 795.683*; *öst. P. 145.504* und *145.505*. Es wurde gefunden, dass ein Zusatz von Betain und seinen Derivaten zur Druckfarbe die Fixierung des Küpenfarbstoffs verbessert und den Farbton vertieft. Dieses Mittel erhöht die Dispersion des Farbstoffs und die Beständigkeit der Druckfarben. Der Vorteil wäre daher in der Möglichkeit eines längeren Lagerns der bedruckten Waren vor dem Dämpfen ohne das Entstehen von Inegalitäten und schwächeren Ausfällen zu erblicken. Das Anteigungsmittel kann entweder dem Farbstoff selbst oder der fertigen Druckfarbe – gemischt mit Glyzerin – zugegeben werden.

Betain ist das Trimethylglykokoll, das durch Erhitzen von Trimethylamin mit Monochloressigsäure entsteht. Es wurde von C. Scheidler im Saft der Runkelrübe (Beta vulgaris) entdeckt und bildet zerfliessliche Kristalle der Formel:

$$(CH_3)_3\overset{+}{N}{<}\overset{O}{\underset{CH_2}{\diamond}}{>}CO \cdot H_2O$$

Die Lösung ist neutral und sehr beständig gegen die Einwirkung von Säuren. Das Chlorhydrat des Betains kristallisiert in monoklinen Tafeln. Man erhält es nach der Ehrlichschen Methode (*D.R.P. 157.173*).

$$(CH_3)_3\underset{\underset{Cl}{|}}{N}-CH_2-COOH$$

Das Produkt wird von der I.G. unter dem Namen Acidol als Ersatz für Salzsäure („feste Salzsäure") in den Handel gebracht.

Die für den Druck wichtigsten Derivate, die in den *brit. P. 446.265*, *446.269* und *446.337*; *amer. P. 2.146.646* und in dem *D.R.P. 651.733* (I.G. Nicodemus-Schmidt) beschrieben werden, sind die Sulfobetaine, also Körper, welche die Gruppe $-SO_2-O-N{\equiv}$ statt der Gruppe $-CO-O-N{\equiv}$ aufweisen, die für die Betaine charakteristisch ist. Man erhält sie durch Kondensation einer aliphatischen Sulfosäure, die ein austauschbares Halogenatom enthält, mit einem tertiären Amin, des-

[1]) *D. R. P. 614.768; schweiz. P. 169.662.*

sen Stickstoffatom einem Pyridin- oder Chinolinkern angehört, oder mit einem tertiären Amin der Formel

$$N\begin{matrix}\diagup R_1\\ -R_2\\ \diagdown R_3\end{matrix}$$

wobei R_1, R_2, R_3 Alkyl-, Aryl- oder Aralkylgruppen bedeuten, die wieder Substituenten, wie Trimethylamin, Dimethyllaurylamin, Dimethyloleylamin u. a. enthalten können. Als aliphatische Sulfosäuren benützt man die 1-Chlor-2-oxypropan-3-sulfosäure, die 2-Chlorbutan-4-sulfosäure oder die 1-Chloräthan-2-sulfosäure.

$$\underset{\text{Pyridin}}{C_5H_5N} + \begin{matrix}CH_2\text{—}Cl\\ |\\ CHOH\\ |\\ CH_2\text{—}SO_3H\end{matrix} \longrightarrow \underset{\text{Pyridinium-}\beta\text{-oxypropansulfobetain}}{C_5H_5N\begin{matrix}\diagup CH_2\text{-}CHOH \diagdown\\ \diagdown O \qquad SO_2 \diagup\end{matrix}CH_2} + HCl$$

Das *franz. P. 795.683* der I.G. erstreckt sich auf alle aliphatischen oder aliphato-aromatischen Sulfosäuren, die nicht mehr als 8 Kohlenstoff-Atome in der Seitenkette besitzen; so umfasst es alle Sulfosäuren der gesättigten und ungesättigten aliphatischen Kohlenwasserstoffe, z. B. des Aufbaus R-CH CH-SO_3H, ebenso wie kompliziertere Körper, die durch Einwirkung der Sulfosäuren auf die tertiären Basen (Pyridin) gebildet werden. Als Beispiel diene das vorgenannte Einwirkungsprodukt von 1-Chlor-2-oxypropan-3-sulfosäure auf Pyridin.

Der Teig wird durch Mischung von 20 T. Farbstoff mit 4-5 T. Glyzerin und 4 T. Pyridinbetain hergestellt.

Gemäss dem *amer. P. 2.081.017* (I.G.-Nüsslein-Daimler-Platz) werden an Stelle der obenerwähnten Pyridinsulfobetaine als Anteigungsmittel die Alkalisalze des Betains der Formel:

$$\begin{matrix}CH_3\diagdown\\ CH_3\text{—}\\ CH_3\diagup\end{matrix}\underset{\underset{OH}{|}}{N}\text{—}CH_2\text{—}C\begin{matrix}\diagup OMe\\ \diagdown O\end{matrix}$$

empfohlen. Die damit angesetzten Druckfarben, besonders jene des Indanthrenblau RS, geben tiefere und egalere Drucke.

C h o l i n u n d s e i n e D e r i v a t e: *Brit. P. 385.606*; *amer. P. 2.003.960* der I.C.I. und *D.R.P. 651.733* der I.G. Farbenindustrie. – In analoger Weise werden als Anteigungsmittel sowie als Hilfsmittel für den Küpendruck quaternäre, mit Alkylen oder Aralkylen substituierte Ammoniumbasen, insbesondere das Cholin und dessen Abkömmlinge, erwähnt. – Das Cholin wurde von Strecker in der G a l l e entdeckt (Liebigs Ann., 1862, *123*, S. 353); es hat die Formel:

$$\begin{matrix}(CH_3)_3\equiv N\text{—}OH\\ |\\ CH_2\text{—}CH_2\text{—}OH\end{matrix}$$

ist also ein Trimethyl-(β-oxyäthylen)-ammoniumhydroxyd. Als ältere Bezeichnungen finden wir Amanitin, Bilineurin, Sinkalin und Fagin.

Das Cholin bildet eine zerfliessliche Kristallmasse von stark alkalischer Reaktion; es ist leicht löslich in Wasser und Alkohol und nimmt beträchtliche Mengen von Kohlensäure aus der Luft auf. Man erhält es aus der Hirnsubstanz des Rindes oder synthetisch durch die Einwirkung von Trimethylamin auf Äthylenoxyd in wässeriger Lösung (Wurtz, 1868). Durch milde Oxydation wird es in Betain verwandelt. Das Chlorhydrat, das durch die Einwirkung von Trimethylamin auf Äthylenchlorhydrin entsteht, bildet zerfliessliche Nadeln.

Das Cholin bildet einen Bestandteil des Lezithins, worin es an Phosphorsäure und an höhere Fettsäuren (Palmitin-, Stearin-, Ölsäure) in Form von deren Glyzeriden gebunden ist.

Sarkosin: *Brit. P. 462.384* der I.G. Farbenindustrie AG. Hier wird als Anteigungsmittel für Küpenfarbstoffe das Kondensationsprodukt von Oleylchlorid mit Sarkosin (Medialan der I.G.) gemischt mit Zellulose-Sulfitablauge und Natriumpyrophosphat genannt. Auch hier wird als Vorteil die Beständigkeit und feine Zerteilung des Teiges erwähnt; die Farbe greift die Rakel und die Druckwalze nicht an.

Sarkosin ist Methylglykokoll (entdeckt von Liebig im Jahre 1874 beim Abbau des Kreatins des Fleisches mit Barytwasser). Synthetisch erhält man es durch Erwärmung von Chloressigester mit einer wässerigen Lösung von Monomethylamin. Durch die Einwirkung von Fettsäurechloriden müssen sich demnach Fettsäureamide bilden, die jenen Amiden ähnlich sind, welche aus Fettsäurechloriden und Taurin oder Methyltaurin entstehen, also Amide, die der Isäthionsäure entsprechend gebaut sind.

$$\begin{matrix} CH_2\text{—}NH\text{—}CH_3 \\ | \\ COOH \end{matrix} + R\text{—}C\begin{matrix} \diagup O \\ \diagdown Cl \end{matrix} \longrightarrow R\text{—}C\begin{matrix} \diagup O \\ \diagdown N\begin{matrix} \diagup CH_3 \\ \diagdown CH_2\text{—}COOH \end{matrix} \end{matrix}$$

$$\begin{matrix} CH_2\text{—}OH \\ | \\ CH_2\text{—}SO_3H \\ \text{Isäthionsäure} \end{matrix} \qquad \begin{matrix} CH_2\text{—}NH_2 \\ | \\ CH_2\text{—}SO_3H \\ \text{Taurin} \end{matrix} \qquad \begin{matrix} CH_2\text{—}NH\text{—}CH_3 \\ | \\ CH_2\text{—}SO_3H \\ \text{Methyltaurin} \end{matrix}$$

Ebenso sind die Sapamine der Ciba Amide der Fettsäuren; z. B. das Diäthylaminoäthyloleylamid:

$$C_{17}H_{33}\text{—}C\begin{matrix} \diagup O \\ \diagdown NH\text{—}CH_2\text{—}CH_2\text{—}N\begin{matrix} \diagup C_2H_5 \\ \diagdown C_2H_5 \end{matrix} \end{matrix}$$

Das in Rede stehende Patent besitzt überdies durch die Verwendung von Derivaten mit einer Amino- und einer Säuregruppe eine gewisse Ähnlichkeit mit den *brit. P. 420.095, 446.488*; *amer. P. 1.989.784*; *franz. P. 795.683* und den *öst. P. 145.504* und *145.505* der I.G. (siehe oben), die eine Verwendung der Betaine oder Sulfobetaine schützen.

Glukamine: Verbindungen der schematischen Formel:

$$\begin{matrix} R_1 \\ R_1 \end{matrix} \!\!>\! N—Z$$

worin R_1 = H oder Alkyl usw., Z = Monosaccharidrest bedeutet, gehören zur Klasse der Glukamine (Methylglukamin, Butylglukamin). Gemäss dem *amer. P. 2.073.116* (I.G.-Nüsslein-Balle) dienen sie wie die vorgenannten Körper zur Erzeugung von Küpenfarbstoffteigen sowie als Zusätze zu den betreffenden Druckfarben.

Sulfamide: Eine andere Gruppe von Anteigungsmitteln wurde von der Ciba laut *franz. P. 775.617*; *schweiz. P. 172.340*; *D.R.P. 623.751*; *amer. P. 2.029.999*; *brit. P. 437.977* ausgearbeitet; das sind die Sulfamide der allgemeinen Formel:

$$R—\left(SO_2—N\begin{matrix} X \\ X \end{matrix}\right)_n$$

wobei R = H, Alkyl usw., X = H oder ein organischer Rest ohne COOH ist, z. B. das Aminobenzolsulfamid, das Oxynaphtalinsulfamid, das Diphenylsulfimid und insbesondere das Methyl-4-Benzolsulfamid oder p-Toluolsulfamid:

$$HN\begin{matrix} SO_2—C_6H_5 \\ SO_2—C_6H_5 \end{matrix}$$

Diphenylsulfimid

$$CH_3—C_6H_4—SO_2—NH_2$$

p-Toluolsulfamid

Auch die Sulfamide kann man, wie die anderen Anteigungsmittel, der Druckfarbe selbst zusetzen, wodurch man tiefere Farbtöne bekommt.

Dispergiermittel:

Zellulose-Sulfitablauge (Dekol): Die Zellulose-Sulfitablauge, ein wertvolles Dispergiermittel, wird auch häufig für die Herstellung der Farbstoffteige verwendet. Das *schweiz. P. 148.451* der Ciba empfiehlt es nicht nur für die Erzeugung der Küpenfarbstoffpräparate, sondern auch für die Dispergierung der wasserunlöslichen Azetatfarbstoffe. Denselben Hinweis findet man im *amer. P. 1.828.592* und im *D.R.P. 548.870* der gleichen Firma. Der Farbstoff wird in konz. Schwefelsäure gelöst, in Eiswasser ausgefällt, im Gemisch mit der Sulfitablauge getrocknet und gemahlen, wodurch man ein sehr feines und besonders leicht reduzierbares Pulver erhält. Da die Rückstände der gewöhnlichen Sulfitablauge (Schwarzlauge) sehr hygroskopisch sind, muss diese vor dem Eindampfen zur Trockene mit Säure neutralisiert werden. Erwähnt werden besonders die vom Benzochinon ableitbaren Küpenfarbstoffe, die sich schwer mit nichtkaustischen Alkalien verküpen lassen, während nach dem obigen Verfahren auch für tierische Fasern geeignete Präparate entstehen.

Das *D.R.P. 578.939* der I. G. empfiehlt zum selben Zweck Ligninsulfosäuren und Polyakrylsäuren oder andere Körper, welche kunstharzartige Kondensationsprodukte zu liefern vermögen.

Farbstoffteige, die vornehmlich für tierische Fasern bestimmt sind, entstehen laut *brit. P. 396.050* der I. G. mit Hilfe der als Dispergiermittel wirkenden Salze, Hydroxyde oder Oxyde des Magnesiums, Zinks oder Kadmiums in Verbindung mit hochmolekularen Schutzkolloiden, z. B. Zucker, Stärke oder wieder Zellulose-Sulfitablauge.

D.R.P. 564.778; *brit. P. 371.836* und *franz. P. 772.885* der I. G. betreffen die Anteigung von Küpenfarbstoffen in Gegenwart der Reaktionsprodukte von Halogenfettsäuren mit aromatischen, OH-Gruppen enthaltenden Verbindungen, z. B. die Kresoxyessigsäure:

$$CH_3—C_6H_4—O—CH_2—COOH$$

Im Zusatzpatent, dem *D.R.P. 604.468* der I. G., wird das Verfahren auf die Reaktionsprodukte der vorgenannten Halogenfettsäuren mit karbozyklischen Basen (Anilin) oder heterozyklischen Basen (Pyridin) ausgedehnt. Das *schweiz. P. 169.662* behandelt ebenfalls diese Frage. Es sind hier Verbindungen angeführt, die aus Monochloressigsäure und karbozyklischen Körpern entstehen. Geht man beispielsweise von Aminoanthrachinon aus, so entsteht das Anthrachinonglyzin. Ebenso können die Reaktionsprodukte von Halogenfettsäuren mit schwefelhaltigen Verbindungen, z. B. die Thioglykolsäure, als Anteigungsmittel für Schwefel- und Küpenfarbstoffe zur Anwendung gelangen. Auch hier ist, wie schon früher erwähnt, zu bemerken, dass diese Körper der Druckfarbe unmittelbar zugesetzt werden können.

Einem früheren Vorschlag von Gubelmann zufolge verwendet man zum Anteigen die aus dem α-Dichlorhydrin des Glyzerins und Ammoniak entstehenden Verbindungen. Eine Verbesserung dieses Verfahrens wird in den *amer. P. 1.977.250/251* und *1.977.253* und *D.R.P. 639.670* (Du Pont de Nemours) geschützt; sie besteht in der Verwendung der nach dem *brit. P. 438.523* hergestellten Einwirkungsprodukte von Epichlorhydrin auf Ammoniak. Bekanntlich entspricht das α-Dichlorhydrin des Glyzerins der Formel:

$$\begin{array}{l} CH_2Cl \\ | \\ CHOH \quad \text{Sdp. 174—175° C} \\ | \\ CH_2Cl \end{array}$$

das ist 1-3-Dichlorpropanol-(2) oder symmetrisches Dichlor-Isopropanol, während das – von Berthelot entdeckte – Epichlorhydrin die Konstitutionsformel:

$$\underset{\diagdown O \diagup}{CH_2—CH}—CH_2Cl$$

besitzt. Es ist eine in Wasser unlösliche, leicht bewegliche Flüssigkeit vom Sdp. 117° C. Somit entsprechen die in diesen Patenten genannten Verbindungen der Formel:

$$\underset{\diagdown O \diagup}{CH_2—CH}—CH_2—NH—R$$

Hierbei ist R = H, Alkylrest oder Arylrest mit einer löslich machenden Gruppe (SO_3H oder COOH) im Kern.

Dagegen geht aus einem neuen Patent Gubelmanns (*amer. P. 1.977.272*), das gleichzeitig mit den Du Pont'schen Patenten erteilt wurde, hervor, dass in beiden Fällen ähnliche Verbindungen entstehen, so dass es unerklärlich erscheint, dass dieses „verbesserte" Verfahren zum Patent erhoben werden konnte.

Harnstoff-Formaldehyd-Derivate:

Die Anteigung von anthrachinoiden Küpenfarbstoffen unter Heranziehung von Harnstoff-Aldehyd-Kondensaten bildet den Inhalt der Patente: *brit. P. 366.524*; *franz. P. 724.771*; *amer. P. 1.909.221*; *schweiz. P. 159.034/036* der I.G.-Pasquin; man verwendet hauptsächlich Aldehyd-Ammoniak + Harnstoff.

Dagegen gibt das *amer. P. 1.856.434* bzw. *D.R.P. 543.462* der I.G.-Schmidt ein Anteigungsverfahren für Küpenfarbstoffe an, das im Zusatz von Kondensationsprodukten von Harnstoff mit Alkoholen, wie Butylenglykol, oder organischen Säureestern besteht. Die Farbe soll nach dem Druck und vor dem Dämpfen lagerbeständiger sein; sonstige Kondensationsprodukte von Kresol mit Formaldehyd nennt für denselben Zweck das *brit. P. 399.533* (Bedford).

Das *amer. P. 1.979.248* von Du Pont gibt Vorschriften für die Herstellung von Teigen der indigoiden Küpenfarbstoffe und jener anthrachinoiden Marken, die nach dem Kaltfärbeverfahren zu färben sind, wie Indanthrenblau GCD, Indanthrenviolett 2 R usw. Während man bis jetzt für die Anteigung dispergierende Mittel verwendete, gebraucht man hier Überschüsse von Glyzerin (20—30% des Farbstoffteigs), Diglyzerin oder Natriumrizinat. Auch hier ist es jedenfalls auffallend, dass dieser Gedanke der Anteigung mit Glyzerin, ein Verfahren, das man schon lange kennt und überall anwendet, den Patentschutz erhielt.

In einem anderen Patent, dem *amer. P. 1.979.469* derselben Firma wird mit dem Natriumsalz des Glykolsäureäthers der Zellulose (Colloresin V der I.G.) angeteigt, welchen Körper Sakarada im Jahre 1929 aus Alkalizellulose und Monochloressigsäure darstellte. Das Natriumsalz des Glykolsäureäthers wurde gleichfalls von der I.G. erforscht (*D.R.P. 662.936*, siehe Seite 131—135) und hat während des Krieges 1939–1945 eine äusserst wichtige Anwendung als Ersatz für stärkeähnliche Verdickungsmittel gefunden. Das Produkt ist unter dem Namen Colloresin V bekannt und wurde in sehr grossem Massstab in Verbindung mit Stärke während der letzten Jahre gebraucht (s. Kap. XV, ferner diesen Band, Kap. I, S. 130). Übrigens ist dasselbe Verfahren auch im *brit. P. 424.685* der I.C.I. beschrieben. Es ist aus dem *brit. P. 138.116* der Deutschen Celluloidgesellschaft in Eilenburg bekannt, dass die Alkalizellulose durch Monochloressigsäure in das Natriumsalz des Zelluloseglykolsäureäthers verwandelt wird, und diese Verbindung wird eben von den zwei genannten Firmen als Anteigungsmittel genannt.

Gemäss dem *amer. P. 2.155.326* von Collway Colors verwendet man für die Bereitung von Teigen der Küpenfarbstoffe Mischungen von Laktose (Milchzucker) mit einem Dispergiermittel, z. B. Tamol. Tamol ist das Natriumsalz des Disulfodinaphtylmethans (s. *amer. P. 2.154.405*, Kap. IV), welches durch Einwirkung von Formaldehyd auf Naphtalindisulfosäure dargestellt wird. Die Reaktionsprodukte von Oleylalkohol oder Stearylalkohol mit Sarkosin (N-Alkylaminofettsäuren, entsprechend dem Medialan A der I.G.) kommen auch in Betracht.

Um Küpenfarbstoffe in einer vorher bestimmbaren Teilchengrösse zu erhalten, hat sich das Verfahren bewährt, den Farbstoff zuerst in Lösung zu bringen und dann wieder niederzuschlagen, wobei man es durch die Wahl des Fällungsmittels und die sonstigen Arbeitsbedingungen in der Hand hat, beliebig feine Korngrössen zu erhalten. Gemäss dem *amer. P. 1.991.647* (Du Pont) dispergiert man Küpenfarbstoffe in nachstehender Weise: man löst den Farbstoff in Schwefelsäure und giesst diese Lösung in sehr dünnem Strahl und rasch in eine Sodalösung. Die Kohlensäureentwicklung bewirkt eine energische Durchwirbelung der Flüssigkeit; es bildet sich ein sehr fein verteilter Niederschlag, der gewaschen und getrocknet wird; in einem späteren Patent derselben Firma (*amer. P. 2.065.928*) wird bemerkt, dass hier die Temperatur des Wassers, in das man die Lösung giesst, eine wesentliche Rolle spielt. Wenn man den in einem Überschuss von Säure gelösten Farbstoff in kochendes Wasser giesst, so bekommt man mikroskopisch kleine Kriställchen. In ähnlicher Weise hat die National Aniline Div. im *amer. P. 2.026.623* die Bedingungen weiter ausgearbeitet, unter denen ein homogener Teig durch Auflösung des

Farbstoffes in Schwefelsäure und darauffolgende Verdünnung mit Wasser gebildet wird. Das Kennzeichen des Verfahrens, welches die Patentfähigkeit begründet, nämlich der Grad der optimalen Verdünnung, wird darin ersehen, dass man vorerst eine kolloidale Lösung herstellt und dass die Ausflockung durch Verdünnung der Schwefelsäure bewirkt wird, wobei gleichzeitig das Lösungsvermögen der Schwefelsäure aufgehoben wird (vgl. auch *amer. P. 2.032.458* von Du Pont).

Nach dem *brit. P. 439.114* und *schweiz. P. 187.672* der National Aniline Div. verwendet man zum Anteigen Verbindungen, die aus einem mehrbasischen Säureradikal und einem aliphatischen oder aromatischen Rest (ersterer nicht über 5 Kohlenstoffatome) gebildet werden. Es werden beispielsweise das Isobutylsulfat oder das n-Butylsulfat des Natriums $C_4H_9—O—SO_3Na$ sowie das Natriumäthylsulfat genannt. In einer neuen Reihe amerikanischer Patente, nämlich *2.067.926/27/28/29/30* der National Aniline Div.-Kern, wird dieses Verfahren auf die spezielle Herstellung von Produkten für die Färberei und Druckerei angewendet. Man teigt den Küpenfarbstoff mit den Natriumsalzen der Ester von Alkoholen und Glykolen (ebenfalls nicht über 5 Kohlenstoffatome) mit mehrbasischen Mineralsäuren an; es handelt sich also nicht um Fettalkoholsulfate, sondern ausdrücklich um Körper von geringer Kohlenstoffzahl, so z. B. um das Glykolbisulfat oder das Isopropylsulfat des Natriums:

$$\begin{matrix} CH_3 \\ CH_3 \end{matrix} \!\!>\! CH—O—SO_3Na$$

Gemäss dem *brit. P. 355.363* (Celanese) wird der Küpenfarbstoff mit Natriumsulforizinat angeteigt und dann reduziert; hierauf gibt man Essigsäure oder Ameisensäure bis zur sauren Reaktion zu. Beim Konzentrieren erhält man luftbeständige, zum Gebrauch auf tierischen Fasern bestimmte Pasten.

Die I.G. veröffentlicht im *schweiz. P. 170.424* und im *amer. P. 2.070.739* (I.G.-Krauss-Pommer) ein Verfahren zur Herstellung von Feinpulvern, darin bestehend, dass der Küpenfarbstoff mit Wasser und Benzylsulfanilat (Solutionssalz) angeteigt und dann durch Zerstäuben in einem heissen Luftstrom getrocknet wird. Auf diese Weise erhält man ein fein verteiltes, für den Druck geeignetes Pulver.

In den *brit. P. 361.350* und *364.052* sowie im *D.R.P. 623.713* und im *franz. P. 702.019* der I.G. (vgl. auch *brit. P. 334.878*) findet man die Feststellung, dass verbesserte Ergebnisse im Druck erzielt werden, wenn man als Reaktionsbeschleuniger Metallsalze oder Metalloxyde (mit Ausnahme der Alkali- und Erdalkalisalze) verwendet, so z. B. $FeCl_3$, $CuSO_4$, $ZnSO_4$. In einer späteren Mitteilung *(brit. P. 416.878,*

D.R.P. 628.756 und *630.207)* wird näher ausgeführt, dass diese beschleunigenden Reagentien gemeinsam mit Netzmitteln oder hydrotropen Substanzen (Natriumdimethylsulfanilat) Teige von besonders hoher Dispersion ergeben.

Anthrachinonderivate: Auch Anthrachinonderivate kommen für die Herstellung von Küpenfarbstoffteigen in Betracht: hier werden in den Patenten *D.R.P. 626.862; amer. P. 1.970.644*; *franz. P. 727.605*; *schweiz. P. 154.478* und *brit. P. 349.995* (I.G.-Berthold)[1]) Oxyanthrachinone und ihre Reduktionsprodukte angegeben, die noch Sauerstoff in der meso-Stellung besitzen. Man vermahlt demnach 40 T. Oxyanthrachinon, 80 T. Glyzerin und 300 T. Wasser und fügt bei 70°C 80 T. Ammoniak und 16 T. Hydrosulfit hinzu. So entsteht ein Gemenge von Oxyanthrachinon mit dessen Reduktionsprodukt, das im Wasserbad bis auf einen Gehalt von etwa 25% des Gehalts an Trockensubstanz konzentriert wird; zur Herstellung der Druckpaste teigt man dann 200 T. des 20–30%igen Farbstoffteiges mit 40 T. Glyzerin und 60 T. Oxyanthrachinon (25%, wie oben) an. Das *D.R.P. 627,425*, auch *brit. P. 350.963*, Zusätze zum eben genannten Patent, empfehlen den Gebrauch des Aminoanthrachinons, das *D.R.P. 627.468* bzw. *brit. P. 380.860* (ebenfalls der I. G.) die Verwendung der Anthrachinonsulfo- oder -karbonsäuren. Das *amer. P. 1.990.854* der I. G. nennt ferner als Anteigungsmittel die Reaktionsprodukte des β-Aminoanthrachinons auf substituierte oder unsubstituierte aromatische Sulfochloride (*brit. P. 371.848* und *D.R.P. 627.467* der I.G., 1930), d. h. also die Arylsulfonyl-β-Aminoanthrachinone. Schliesslich erwähnt das *D.R.P. 628.303*, auch *brit. P. 379.360* (I.G.-Berthold aus d. J. 1931) schwefelhaltige Verbindungen der Anthrachinonreihe, das Anthrachinonmerkaptan oder auch Anthrachinonrhodanide, wie das 1-Chlor-2-rhodananthrachinon.

Verschiedene andere Hilfsprodukte.

Durch Sulfonierung der Rückstände der Destillation des Benzaldehyds, des Terpentins oder verschiedener Harze (Verfahren nach dem *D.R.P. 506.838*), können gemäss dem *D.R.P. 525.303* der Ciba ebenfalls Anteigungsmittel für Küpenfarbstoffe gewonnen werden.

Laut dem *D.R.P. 523.910* (I. G.) erhält man sehr feine Dispersionen unlöslicher Pigmente — worunter nicht nur die Küpenfarbstoffe fallen — durch Zusatz von Methylzellulose, und zwar bevor sich die angeteigten Substanzen in kristallinischer Form absetzen können. Dasselbe Ergebnis erhält man nach dem *D.R.P. 521.123* der I.C.I. durch Anwendung mehrfach chlorierter Alkalinaphtalinsulfonate, z. B. des Natriumtrichlornaphtalinsulfonats.

[1]) *Amer. P. 1.903.967; brit. P. 452.036; schweiz. P. 181.784.* Der wichtigste Zusatz in dieser Reihe ist das 2-Oxyanthrachinon und die Anthraflavinsäure.

Nach *D.R.P. 518.197* (I. G.) bietet die Verwendung von Fliessmitteln, z. B. Emulsionen von Ölen und Fetten bzw. deren Fettsäuren und wasserlöslichen Derivaten oder Zellulosederivaten zum Anteigen unverküpter Küpenfarben die Möglichkeit, diese tiefer in die Faserzwischenräume hineinzutragen als dies in der Küpe möglich ist, da bei dichteren Geweben infolge der Alkaliquellung der Fasern ein tieferes Eindringen des Farbstoffes stark erschwert wird.

In der Praxis haben sich besonders reine Fettschwefelsäureester nach *D.R.P. 614.702* (Prästabitöl V von Stockhausen) bewährt.

Die I. G. hat ein Verfahren zur Erzeugung von Küpenfarbstoffpulvern mittels wässeriger Lösungen saurer Arylphosphate vorgeschlagen; diese Pulvermarken verteilen sich gut im Wasser, wobei äusserst feine Dispersionen entstehen. In einem Beispiel findet man die Angabe eines Zusatzes von 0,1% Natriumdikresylphosphat zu Indanthrenblau RS in Teig; beim Trocknen erhält man ein sehr feines Pulver [1]).

Das *brit. P. 368.294* der Newport Corp. schlägt die Sulfonierungsprodukte des Abietins und dessen Salze, das *brit. P. 368.746* die Hydroxyalkyläther aliphatischer Amine als Anteigungsmittel vor. Gemäss dem *brit. P. 371.286* der I. G. benützt man zum selben Zweck die Salze der Hydroxynaphtalinkarbonsäuren, z. B. die Salze der 2-Naphtol-3-Karbonsäure.

Im *franz. P. 772.585* der I. G. wird der Zusatz egalisierender Mittel zu Farbstoffteigen empfohlen, welche aus den Kondensationsprodukten der höheren Fettsäuren mit albuminoiden Körpern, wie Leim oder Albumin, bestehen. Man behandelt den Leim aus den Abfällen von Hasenbälgen mit Lauge bei 150°C im Autoklaven und gibt dann unter kräftigem Rühren Oleylchlorid zu; nach erfolgter Kondensation entfernt man die überschüssige Ölsäure. An sich sind die Abbauprodukte albuminoider Verbindungen als Hilfsmittel bekannt, aber die Kondensationsprodukte derselben mit Fettsäuren ergeben neue Dispersionsmittel.

Zufolge *schweiz. P. 157.312; franz. P. 727.605; brit. P. 389.915* sowie der *D.R.P. 628.756*, *628.757* und *630.207* ist es vorteilhaft, bei der Anteigung reduzierter Küpenfarbstoffe als hydrotrope Substanzen solche auszusuchen, die wasserunlösliche Verbindungen sind, wie das Zinnsalz der Benzylsulfanilsäure. Man kann annehmen, dass die reduzierten Pasten beständiger in der Einlagerung sind als diejenigen, die mit wasserlöslichen analogen Produkten erzeugt werden, da die Reaktionsgeschwindigkeit hier eine verschiedene ist. Ebenso erhält man beständigere und leicht fixierbare Pasten, bei denen die Reoxydations-

---

[1]) *D.R.P. 534.549*, siehe auch dieses Kap. S. 152; *D.R.P. 713.902; franz. P. 863.256* und *brit. P. 508.554*.

geschwindigkeit verringert wird — insbesondere bei thioindigoiden Küpenfarbstoffen — gemäss dem *schweiz. P. 156.413* oder *brit. P. 361.350* durch Zusatz von Salzen der Schwermetalle, so z. B. des Ferrosulfats.

Das *amer. P. 1.827.757* (Nat. Anil. Div.) hat zum Zweck, gut dispergiertes Indigopulver herzustellen. Die bei der Fabrikation anfallende Paste wird bis zur Neutralität gewaschen, getrocknet und dann nochmals mit Produkten, wie Dextrin, Phenolen, Alkoholen u. dgl. angeteigt und nochmals getrocknet. Es versteht sich von selbst, dass diese Präparate nicht nur zum Färben, sondern auch zum Drucken bestimmt sind.

Das *D.R.P. 533.811* (Oranienburg) hat ebenfalls die Verpastung von Farbstoffen zum Zweck, und zwar mittels aromatischer Sulfosäuren, die durch hochmolekulare aliphatische Radikale (Stearyl, Palmityl) substituiert sind.

Laut *amer. P. 1.858.632* (I. G.-Männchen-Kummerich) werden speziell für Wolldrucke geeignete Küpenpräparate durch Verarbeiten mit Alkalistärke gewonnen.

Auch das *schweiz. P. 156.743* (I. G.) möge hier erwähnt werden, worin Metallsalze durch rasche Rotation in einer Trommel unter gleichzeitiger Einleitung heisser Luft zu gleichmässigen, trockenen, kleinen Kügelchen geformt werden, die mit Farbstoffen gemeinsam verarbeitet, gut dosierbare und gleichmässig wirkende Farbstoff-Feinpulver ergeben.

Du Pont de Nemours veröffentlicht im *brit. P. 384.304* die Darstellung eines Indigoküpenpräparates, welches durch Einwirkung von Zinkstaub auf eine Suspension des Farbstoffes in Bisulfit hergestellt wird. Es entsteht intermediär Zinkhydrosulfit, welches eine entsprechende Menge Indigo reduziert und selbst in Zinksulfit übergeht, aus welchem wieder durch nachgesetzte Säure SO_2 freigemacht wird usw., bis alles Zink in Sulfat umgesetzt ist. Der Leukokörper scheidet sich in der sauren Lösung ab und wird als fertige Küpe nach der Auflösung in Lauge verwendet.

An dieser Stelle wären noch zu erwähnen:

das *amer. P. 2.087.866* (Du Pont), welches als Anteigungsmittel Verbindungen empfiehlt, die durch zwei mit einem Kohlenstoff verbundene Benzolringe gekennzeichnet sind; als Beispiel diene das Natriumsalz des Oxyphenylphtalids:

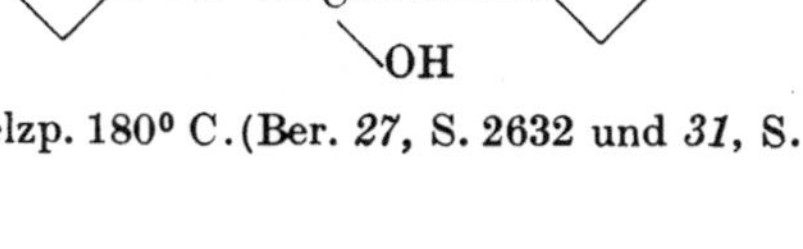

—COONa H —ONa
C
OH

Schmelzp. 180° C. (Ber. *27*, S. 2632 und *31*, S. 2790)

Ein anderes Patent, das *amer. P. 2.086.831* (Nat. Anil. Div.-Tolman) bedient sich zur Anteigung der Küpenfarbstoffe bestimmter Glyzinderivate. Die Aminoessigsäure, gewöhnlich Glyzin oder Glykokoll genannt,

$$\begin{array}{l} CH_2\text{—}NH_2 \\ | \\ COOH \end{array}$$

bildet sich durch Einwirkung der Monochloressigsäure auf Ammoniak in Form von rhombischen, leicht in Wasser löslichen Kristallen. Mehrere Patente haben auf die Verwendung der Aminoessigsäure in der Textilindustrie überhaupt Bezug. So dient sie beim Küpendruck auf Wolle zum Schutze der tierischen Faser gegen den Angriff der alkalischen Druckfarbe laut der im Jahre 1933 erteilten Patente: *brit. P. 394.632; amer. P. 1.990.852; D.R.P. 583.533* und *591.476; franz. P. 753.141; schweiz. P. 167.489*, sämtliche der I. G., auch als Hilfsmittel beim Abziehen küpengefärbter Wolle und als Zusatz zu Formaldehydsulfoxylatätzen auf Wollgeweben. Über die Abkömmlinge dieser Säure, nämlich das Betain und das Sarkosin, wurde schon früher ausführlich gesprochen. In diese Gruppe, die für das Anteigen der Küpenfarbstoffe Interesse hat, fällt z. B. auch das Phenylglyzin,

$$\begin{array}{l} CH_2\text{—}NH\text{—}C_6H_5 \\ | \\ COONa \end{array}$$

das man aus Monochloressigsäure und Anilin darstellen kann.

Laut dem *amer. P. 2.086.574* (Dow-Chemical Comp.) erhält man Feinpulver durch Trocknen des Küpenfarbstoffteiges, gemischt mit Natriumazetat, im Vakuum. Nach dem *franz. P. 813.680*, auch *schweiz. P. 188.298* und *D.R.P. 670.961* der Ciba werden Küpenfarbstoffe, besonders das Cibanonblau GCD und das Cibabraun G mit wasserlöslichen Salzen von Aminokarbonsäuren angeteigt, wobei die Wasserstoffe der Aminogruppe durch Alkylreste ersetzt sind; vornehmlich handelt es sich um die Kalisalze der Alkylaminobenzoesäure, z. B. das diäthylamino-p-benzoesaure Kalium[1]).

$$\begin{array}{c} N(C_2H_5)_2 \\ | \\ C_6H_4 \\ | \\ COOK \end{array}$$

[1]) Siehe auch R.G.M.C. 1938, S. 186.

Beispiel der Herstellung des Pulvers:

120 g Cibanonblau GCD 30% Teig
50 g Sulfitablauge 50%
33 g Diäthylaminobenzoesaures Kalium
4 g Glukose

Die im heissen Luftstrom getrocknete Mischung wird zerkleinert; das Pulver enthält 28,7 % Farbstoff und kann unmittelbar der Druckfarbe zugesetzt werden.

Zufolge des *franz. P. 813.856* der Ciba (R.G.M.C. 1938, S. 187) wurde beobachtet, dass die Salze der Ester oder der Karbonsäureamide, mit freien, an ein Alkali (Na oder K) gebundenen, sauren Gruppen (COOH oder SO_3H) gleichfalls als Anteigungsmittel gebraucht werden können. Das Patent nennt als Beispiel das Kaliumsalz des Isobutylphtalsäureesters

—COOK
—C(=O)OC_4H_9

und als Druckansatz:

100 T. Cibabraun G-Teig
600 T. Stärkeverdickung
34 T. Wasser
25 T. Britishgum
10 T. Glyzerin
150 T. Formaldehydsulfoxylat
50 T. Kaliumsalz des Isobutylphtalsäureesters
31 T. Wasser
1000 T.

Ferner findet man in dieser Veröffentlichung, sowie im *brit. P. 486.445* und im *Zusatzpatent 47.850* zum *franz. P. 813.856* eine Angabe betreffend die Verwendung der Cymolsulfosäure, gebunden an Na, K, NH_4 oder eine organische Base:

CH_3
—SO_3H
H_3C—CH—CH_3

Die Beispiele führen weiter als Hilfsmittel die Chlorcymolsulfosauren Salze (50 g pro kg) an. Die Säure erhält man durch Chlorierung des Cymols bei 50° C in Gegenwart von Eisen und darauffolgende Sulfonierung mit konz. Schwefelsäure. Die Wirkung dieser Verbindungen als Dispergier- und Anteigungsmittel ist derjenigen der entsprechenden Benzol-, Toluol- und Naphtalinverbindungen überlegen. Endlich kommen, gemäss dem *franz. P. 821.750* (I. G.) auch als Anteigungsmittel Kondensationsprodukte in Betracht, die aus Harnstoff und den Reaktionsprodukten von Alkylenoxyden mit organischen Basen gebildet werden. Diese Verbindungen haben die allgemeine Formel:

$$HO—CH_2—CH_2—NH—CH_2—CH_2—NH_2$$

Monoäthanoläthylendiamin

Sie geben tiefere und leuchtendere Nuancen bei rascherer Fixation im Dampf.

Im *franz. P. 839.086* der Ciba werden als Hilfsmittel für die Drukkerei und Färberei der Küpenfarbstoffe, besonders zum Anteigen, Mischungen, bestehend aus aliphatischen bzw. hydroaromatischen Säuren, die eine Kohlenstoffkette von mindestens 8 Kohlenstoffatomen enthalten, mit organischen basischen Körpern erwähnt. Zu der ersten Gruppe gehören die Öl-, Stearin-, Cetylsulfosäuren, ferner die Schwefelsäureester des Oktylalkohols; in der zweiten Gruppe sind basische Körper, wie Glykokoll, Sarkosin und die Salze der Anthranilsäure (Aminobenzoesäure) zu erwähnen.

Auf mechanischem Wege werden Feinpulver von Küpenfarbstoffen nach dem Verfahren des *amer. P. 2.070.739* (I. G.-Krauss-Pommer) durch Dispergierung der mit Solutionssalz versetzten Farbstoffteige und Aussprühen dieses Gemisches in einem heissen Luftstrom hergestellt. In ganz ähnlicher Weise arbeitet das *amer. P. 2.071.492* (Boehmer) mit dem Unterschied, dass hier unmittelbar die mit Wasser angeteigten Filterkuchen in die Trockenatmosphäre ausgespritzt werden.

Überdies wären noch die Patente der I. G. *schweiz. P. 150.588; brit. P. 373.312* und *378.828* zu erwähnen, die auf die Herstellung reduzierter Küpenfarbstoffpasten Bezug haben. Man behandelt den in Wasser suspendierten Farbstoff mit einem Polyalkohol und reduziert gleichzeitig mit Rongalit und Titanchlorür; die entstandenen Teige setzen sich nicht ab.

Eine spezielle Gruppe bilden die schon gebrauchsfähigen, also reduzierten Präparate; neu ist die Lösung dieser Frage im *franz. P. 761.342* (I. G.), wobei dem Umstand Rechnung getragen wird, dass die Proportionen von Lauge und Hydrosulfit zum Farbstoff immer konstant sein müssen, während umgekehrt, das Verhältnis zwischen Farbstoffmenge und Reduktionsmittel in der Färberei selbst je nach der Badkonzentration wechselt. Hier wird der Ausweg gefunden, dass zwei getrennte Präparate verwendet werden; das eine enthält die für die Verküpung dem Farbstoff jeweils angepasste Menge Hydrosulfit-Alkali, das andere bloss die beiden letzteren Bestandteile, so dass man dieses zweite Präparat nur der Flottenmenge entsprechend zusetzen muss.

Ein spezielles Leukopräparat des Tetrachlorindigos wird nach *schweiz. P. 163.549* (I. G.) dadurch erhalten, dass man den Farbstoff in Alkohol löst, Schwefeldioxyd einleitet, bis sich ein in kalten Alkalilaugen unlösliches, in heissen, wässerigen Alkalien dagegen lösliches, dabei luftbeständiges, fast weisses Produkt abscheidet.

Dieselbe Firma beschreibt im *brit. P. 414.426* ebenfalls ein schon druckfertiges Küpenpräparat (vgl. hierzu auch *schweiz. P. 166.184*), das im wesentlichen aus dem Farbstoff, Hydrosulfit, Nekal und Trinatriumphosphat als alkalischem Mittel besteht.

Ein Leukoküpenpräparat erhält man auch nach *brit. P. 431.278* (I. G.) durch Verarbeitung des trockenen Küpenfarbstoffes mit trockenem Metasilikat und wasserfreiem Natriumhydrosulfit.

Aus dem *D.R.P. 622.761* (I. G.-Krauss-Hagenböcker) kann man entnehmen, dass bestimmte Thioindigo-Farbstoffe bei der Verarbeitung mit einem Reduktionsmittel und weniger Lauge als den stöchiometrischen Gesetzen entspricht, schwer lösliche, stabile Reduktionsprodukte geben.

Lösungsmittel: Bei der Teigherstellung setzt man meistens auch Lösungsmittel hinzu: hauptsächlich werden hier Glykole, Polyglykole und deren Derivate verwendet, ferner Äther und Ester (Äthylenglykol, Äthylglykol, Diäthylenglykol, Butyldiäthylenglykol, Thiodiäthylenglykol usw.). Die Anwendung dieser Glykolderivate ist insbesondere für die Herstellung frostbeständiger Teige von Wichtigkeit. In der zweiten Abteilung dieses Kapitels wird noch auf die speziellen Lösungsmittel für Küpendruck näher eingegangen werden; hier werden nur einige Patente erwähnt, die sich ausdrücklich mit der Teigherstellung befassen. So wird die gemeinsame Verwendung hydrotroper Substanzen und der Polyalkohole (Glyzerin, Thiodiäthylenglykol) im *schweiz. P. 159.928* (I. G.), der Glykole und der Diäthylenglykole im *brit. P. 392.139* von Du Pont und im allgemeinen die Verwendung aller Körper der schematischen Formel:

$$X\begin{cases} CH_2{-}CH_2{-}OH \\ CH_2{-}CH_2{-}OH \end{cases}$$

wo X = S oder O ist, kurz der Glykole in den *schweiz. P. 157.912* und *157.913* der Newport Corp. beschrieben. Noch vor ganz kurzer Zeit wurden auf diesem Gebiet Patente erteilt, die aber nichts Neues bringen. So erscheint es unverständlich, mit Rücksicht auf die genannten Veröffentlichungen, dass das Patentamt derartigen Gesuchen den Patentschutz zuerkannt hat. Beispielsweise hat das *amer. P. 2.038.591*, 1930 der Nat. Aniline and Chem. Co. die Anwendung von Diäthylenglykol und Triäthanolamin zur Anteigung von Küpenschwarz (Carbanthren schwarz BB) zum Gegenstand[1]) und die *amer. P. 2.047.650, 2.069.209* und *2.069.210* (Nat. Aniline Dir.) nennen abermals das Diäthylenglykol, das Dibutylenglykol und im allgemeinen die Hydroxyalkyläther.

Gemäss dem *amer. P. 1.968.926*, dem *schweiz. P. 170.425*, dem *brit. P. 424.588* und dem *D.R.P. 591.547* (I. G.-Liese-Berthold) wird mit dem Oxydationsprodukt des Thiodiäthylenglykols, dem Thionyldiäthylenglykol:

$$O{=}S\begin{matrix}\diagup CH_2{-}CH_2{-}OH\\ \diagdown CH_2{-}CH_2{-}OH\end{matrix}$$

angeteigt. Die Ergebnisse sind besonders günstig. Man erhält sehr homogene und beständige Pasten, die so gute Ausbeuten nach dem Soda- oder Rongalit-Pottasche-Verfahren liefern, wie sie — ohne Anwendung des Hilfsmittels — nur mit Vorreduktion der Druckfarbe erzielbar wären.

Ein interessantes Verfahren gibt auch das *D.R.P. 609.908* (I. G.-Nawiasky) an; es beruht auf einer Verpastung des Farbstoffes mit Phosphorsäure oder deren Salzen, z. B. dem Dinatriumphosphat. Diese Teige sind unempfindlich gegenüber der Härte des Wassers.

Andere Dispergiermittel werden im *brit. P. 428.390* der I. G. geschützt; es sind das die wasserlöslichen Produkte der Holzverzuckerung, die bei der Behandlung der Holzzellulose mit konz. Säuren, wie Fluorwasserstoff oder Oxalsäure, entstehen.

Der Blaudruckartikel mit Indigo.

Es ist nicht der Zweck dieses Kapitels, sämtliche Verfahren, die sich auf den Druck von Indigo beziehen, eingehend zu behandeln[2]).

Das vorliegende Werk würde jedoch eine Lücke aufweisen, wenn diese Fabrikation unerwähnt bliebe, obwohl dieses Gebiet kaum wissenschaftlich weiter bearbeitet wurde. Deshalb soll sich dieses Kapitel lediglich darauf beschränken, eine kurze Übersicht der bekanntesten Herstellungsweisen dieses einst so wichtigen, aber heute durch die Küpenfarbstoffe gänzlich in den Hintergrund gedrängten Artikels zu geben, ohne den Anspruch auf Vollständigkeit zu erheben. Diese kurze Zusammenfassung der wichtigsten Verfahren auf diesem Gebiete ist um so interessanter, da sie die praktischen Möglichkeiten, über welche die Textilfabriken in jener Zeit verfügten und auch den Eifer, mit

[1]) Die Paste enthält Carbanthrenenschwarz BB + Alkali + Rongalit C und als Hilfsmittel ein Äthanolamin oder ein Oxyalkyläther.

[2]) Für Einzelheiten siehe das vorzügliche Werk von Haller-Glafey, Chemische Technologie der Baumwolle, S. 256, Verlag Julius Springer. — Georgievicz-Haller, Handbuch des Zeugdrucks, S. 524, Leipzig 1927.

welchem die neuesten wissenschaftlichen Errungenschaften von den Betrieben übernommen wurden, veranschaulicht.

Der Indigodruck wird schon seit einigen Jahrtausenden ausgeführt, und es scheint, dass er seinen Ausgang in Indien genommen hat, wo man den reduzierten Farbstoff mit Pinsel auf das Gewebe auftrug. Sozusagen parallel mit dem Indigo wurde sein indisches Anwendungsverfahren in Europa eingeführt, und zwar naturgemäss zuerst in den direkt importierenden Ländern England und Holland. Das Verfahren verbreitete sich anfangs des 18. Jahrhunderts in Europa und war während langen Jahren unter dem Namen Pinselblau (bleu au pinceau) oder Schilderblau allgemein bekannt. Die Zubereitung der Farbe erfolgte, so dass man den Indigo in einem Gemisch von Arsensulfid (Schwefelarsen) und Kalklauge auflöste und die erhaltene Farbstofflösung mit Senegalgummi verdickte. Dieses Verfahren wurde ebenfalls für die Herstellung des Tafeldruck-Artikels angewendet.

Ein anderes Verfahren, englischen Ursprungs, wurde im Jahre 1826 aufgenommen und ist unter dem Namen Solidblau-Verfahren (bleu réduit) bekannt. Ein grosser Nachteil der schwefelarsenenthaltenden Farbe bestand in der gesundheitsschädlichen Wirkung dieses Produktes. Nach J. G. Dingler kann Zinnoxydulteig in Verbindung mit Kandiszucker an Stelle von Schwefelarsen als reduzierendes Mittel verwendet werden.

Ein ebenfalls aus England stammendes Verfahren wurde anfangs des 18. Jahrhunderts übernommen. Es beruht auf der Verwendung der Vitriolküpe ($FeSO_4 + Ca(OH)_2$) und ist unter dem Namen Fayenceblau oder Englischblau bekannt. Die Arbeitsmethode ist folgende[1]): Man teigt Indigo mit Wasser an, setzt Eisenvitriol und Eisenazetat zu und verdickt mit Gummi. Nach dem Drucken wird die Farbe an der Luft oxydiert und dann laufend durch folgende Bäder genommen: Kalkmilch, Eisenvitriol, verdünnte Kalilauge, verdünnte Schwefelsäure. Zum Schluss wird gründlich gewaschen. Dieses Verfahren hatte jedoch keinen grossen Anklang gefunden, da die Ausführung sehr schwierig ist.

Es ist interessant, hier noch einige Verfahren anzuführen, die als die Wiege des viel später angewandten Rongalitverfahrens anzusehen sind, so die Arbeitsmethode von Schützenberger und de Lalande[2]), auf der Verwendung von hydroschwefliger Säure fussend und diejenige von Blanchon und Allegret, welche im *amer. P. 522.042* (26. 6. 1894) die Verküpung mittels Hydrosulfit schützen liessen.

Die Verküpung des Indigos kann ebenfalls durch roten Phosphor in Verbindung mit Natronlauge während des Dämpfens erfolgen.

---

[1]) Siehe H. v. Kurrer, Die Druck- und Färbekunst, 1849, Bd. *2*, S. 464.

[2]) Vorschrift in Sansone, Der Zeugdruck, Berlin 1890, S. 208; *Brit. P. 3377*, 1871; Bull. Mulh. 1874, S. 25.

Andere Verfahren fussen auf der Eigenschaft gewisser Verdikkungsmittel, in Gegenwart grosser Mengen Ätzalkalien die Reduktion des Indigos während des Dämpfens hervorzurufen. So wurde Dextrin von Ward vorgeschlagen, während im *franz. P. 278.376*, 1898 die B.A.S.F. die Verwendung von gerösteter Stärke empfiehlt[1]).

Wilhelm beschreibt in der R.G.M.C. 1902, S. 137 (*franz.P.284.324*) ein Verfahren, das er bei Konschin in Serpoukhoff (Russland) im Grossen einführte. Hier wird der gerösteten Stärke noch Britishgum und Glyzerin zugegeben, die ebenfalls als Reduktionsmittel in stark alkalischer Lösung wirken. Wilhelm gibt folgende Zusammensetzung der Druckfarbe an:

20 g	Indigo
24 g	Wasser
16 g	Glyzerin
40 g	Natronlauge 48° Bé
100 g	Wasser
400 g	Natronlauge 48° Bé
250 g	geröstete Stärkeverdickung 33%
150 g	Britishgumverdickung 40%
1000 g	

Nach dem Drucken wird 2½ Stunden in luftfreiem Dampf gedämpft, dann gewaschen, im Strang geseift, gespült und getrocknet.

Eines der wichtigsten Verfahren für Indigodruck ist dasjenige von A. Schlieper der Manufaktur Schlieper & Baum in Elberfeld[2]). Es beruht auf der Reduktion des Indigos mittels Glukose in Gegenwart von Alkalilauge. Es ist das Verdienst von Bancroft[3]), im Jahre 1816 als erster die reduzierende Eigenschaft des Zuckers und der Melasse erkannt zu haben (Honigküpe)[4]). Schon im Jahre 1863 hat Leese ein Verfahren praktisch ausgeführt, nach welchem Indigo mit Glukose, Natronlauge und Verdickungsmittel aufgedruckt wird. Die Fixierung der Drucke erfolgte durch Dämpfen in luftfreiem Dampf.

Die Reduktionskraft der Glukose in ätzalkalischem Milieu ist ausserordentlich gross, so dass leicht eine Überreduktion des Indigos in Desoxyindigo eintritt, welcher auf der Faser nicht mehr in den ursprünglichen Farbstoff rückoxydiert werden kann. Dies hat ausser einem unregelmässigen Ausfall der Drucke noch eine bedeutende Ver-

---

[1]) B.A.S.F. *D.R.P. 123.607, 126.596*; siehe B.A.S.F., Indigo rein S. 149.

[2]) Literatur: Bull. Mulh. 1883, S. 585; 1884, S. 49; Monit. Scient. Quesneville 1883, S. 257; Depierre III, S. 359; Gallois, Über die Fixierung indigoider Küpenfarbstoffe im Dampfdruck, Vortrag gehalten am III. Kongress des I.V.C.C. in Turin 1911, R.G.M.C. 1912, S. 106; Frb. Ztg. 1911, S. 305 u. 314; B.A.S.F., Indigo rein, S. 132.

[3]) Bancroft, Experimental researches concerning the philosophy of permanent colours, 1794, II. Aufl.; Deutsche Auflage von Buchner, Dingler und Kurrer, Neues englisches Färbebuch, Nürnberg 1817, Bd. *1*, S. 293.

[4]) Völker, Vortrag, gehalten vor der Akademie der Wissenschaften in Erfurt, 1816.

minderung der Farbstoffausbeute zur Folge. Durch Einwirkung von Natronlauge wird Glukose in Milchsäure umgewandelt. Da nun die Indigodruckfarbe nach dem Glukoseverfahren sehr alkalisch sein muss, um eine lokale Mercerisation hervorzurufen, was erst eine grösstmögliche Ausbeute an Farbstoff erlaubt, so stiess man immer wieder auf die Schwierigkeit einer Überreduktion, sogar in der Druckfarbe selbst. Es wurde jedoch beobachtet, dass durch teilweisen Ersatz der Natronlauge durch Ätzkalk diese Reaktionen bedeutend verzögert werden. Von dieser Tatsache ausgehend hat Ward[1]) versucht, die Nachteile der Verküpung des Indigos mit Glukose zu beheben, jedoch ohne grossen Erfolg.

Es ist das Verdienst A. Schliepers, das Verfahren mit Glukose praktisch und betriebsmässig gestaltet zu haben, indem er das Reduktionsmittel (Glukose) vom Farbstoff trennte. Dieses Verfahren erfreute sich allgemeiner Anwendung, hauptsächlich für die Herstellung des Blau-Rot-Artikels mit Indigo auf Türkischrot[2]).

Die Arbeitsgänge sind folgende:

1. Präparieren der weissen Ware auf dem Foulard mit einer Glukoselösung von 7—8⁰ Bé (je nach der verlangten Tiefe der Indigodrucke verwendet man 100—250 g Traubenzucker pro Liter Flotte).

2. Drucken der Farbe folgender Zusammensetzung:

750 g	Alkalische Verdickung
100 g	Natronlauge 22⁰ Bé
150 g	Indigo M.L.B. Teig 20%
1000 g	

Alkalische Verdickung:

25 g	Weizenstärke
55 g	Britishgum trocken
120 g	Wasser
800 g	Natronlauge 45⁰ Bé
1000 g	

3. Trocknen und Dämpfen im luftfreien Schnelldämpfer.

4. Waschen.

Anstatt Glukose soll nach dem *D.R.P. 168.288* der B.A.S.F. auch Maltose mit Erfolg verwendet werden können.

Obwohl das Schlieper'sche Verfahren allgemein angewendet wurde, musste es rasch dem Sulfoxylatformaldehydverfahren weichen. Das erste Verfahren, Indigo mit hydroschwefligen Salzen zu ver-

[1]) Ward's Glukosedruckverfahren in Manchester (England) 1857; *brit. P. 3038*, 1857; *franz. P. 37.373* vom 18. 7. 1858.

[2]) Bull. Mulh. 1883, S. 53, 585, 600; 1884, S. 49. Ribbert, *D.R.P. 20.368* vom 7. 10. 1881.

küpen, ist auf Schützenberger und de Lalande zurückzuführen[1]). Wegen der zu grossen Empfindlichkeit der Druckfarbe gegenüber Luft ging die praktische Anwendung kaum über das Versuchsstadium hinaus, weil die Ausbeute an Farbstoff wegen der schon in der Druckfarbe vor dem Drucken erfolgten Reduktion und Zersetzung des löslichen Hydrosulfits nur mangelhaft war[2]). Um diese Schwierigkeiten zu umgehen, verwendete die Manufaktur E. Zündel in Moskau das unlösliche Zinkhydrosulfit[3]). In den *D.R.P. 125.023*, *139.217*, *141.450* hat die B.A.S.F. ein Verfahren niedergelegt, nach welchem die Ware mit einer Borax- oder Silikatlösung präpariert und dann mit einer Druckfarbe von Indigo und löslichem Zink-Natriumhydrosulfit bedruckt wird[4]).

Bulard[5]) verwendet ein Gemisch von Soda und Zinkpulver als Reduktionsmittel, während Zuber und Pelizza[6]) die Verküpung des Indigos mit einem Gemisch von Zinkpulver und Bisulfit-Keton oder Bisulfit-Aldehyd vornahmen. Es ist erstaunlich, dass letztgenannte Erfinder sich nicht näher mit der zwischen Zink und Bisulfitaldehyd stattfindenden Reaktion befassten, denn ihre Untersuchungen hätten unzweifelhaft schon zu dieser Zeit zur Entdeckung des Natriumsulfoxylatformaldehyds führen müssen.

Die Farbwerke von Höchst empfehlen in den *D.R.P. 173.878* und *180.069* die Verwendung von Natriumformaldehydsulfoxylat in Verbindung mit starken Alkalien. Dieses Verfahren hat den Vorteil, dass das Reduktionsmittel mit dem Farbstoff und dem Alkali in der Druckfarbe vereinigt werden kann, ohne dass man eine vorzeitige Reduktion zu befürchten hat. Eine Vorbehandlung der Ware fällt hiermit weg.

Die Anwendung von grossen Mengen Ätzalkalien, welche für die Erzielung tiefer Blautöne mit Indigo unerlässlich sind, kann eine teilweise Zerstörung des Farbstoffes während des Dämpfens hervorrufen. Die Mitläufer und Wolltücher der Druckmaschine sowie die Druckwalzen werden von den stark alkalischen Farben angegriffen. Dies führte seitens der B.A.S.F. zu Versuchen, die auf den Ersatz starker Alkalien durch schwächere Basen, wie Zinkweiss, Kaliumsulfit, Magnesiumoxyd, Zinkkarbonat und Natriumsilikat, hinzielten. Diese Arbeiten sind in dem *D.R.P. 196.693* niedergelegt[7]).

---

1) *Brit. P. 3377*, 1871; Bull. Mulh. 1874, S. 25; ein ähnliches Verfahren ist in dem *amer. P. 522.042* vom 26. 6. 1894 von Blanchon u. Allegret niedergelegt.

2) Depierre III, S. 346—359; Gros-Renaud, Bull. Rouen 1874, S. 17.

3) Bull. Mulh. 1904, S. 44.

4) Fischer's Berichte 1903, S. 453.

5) Bull. Mulh. *51*, S. 36.

6) Bull. Mulh. 1900, S. 48.

7) Fischer's Berichte 1908, S. 392.

Stark alkalische Indigofarbe.

	I	II	III
Hydrosulfit NF	120	60	75
Wasser von 40° C	50	40	208
Alkalische Gummiverdickung	680	—	617
Alkalische Britishgumverdickung. . .	—	650	—
Indigoteig 20%	150	150	50
Natronlauge 40° Bé	—	100	25
Alkohol	—	—	25
		1000 g	

Alkalische Britishgumverdickung:

100 g Britishgum trocken
900 g Natronlauge 40° Bé
1000 g

Schwach alkalische Indigofarbe.

	I	II	III
Indigo 20% Teig	50	100	100
Gummiverdickung . . .	300	300	100
Rongalit C trocken . .	35	60	60
Soda	100	—	—
Wasser	150	150	200
Zinkweiss	—	160	100
Glyzerin	—	130	100
Natriumsulfit	—	—	140
Britishgumverdickung .	365	100	200
		1000 g	

Die schwach alkalischen Druckfarben eignen sich jedoch nur für mittlere oder helle Farbtöne.

Nach dem Drucken wird 3—7 Minuten im luftfreien Schnelldämpfer gedämpft, anschliessend gewaschen, gesäuert und gespült.

Mit Borax, an Stelle anderer Alkalien, liessen sich ebenfalls ausgezeichnete Resultate erzielen. Verfasser hat in Russland folgende Druckfarbe angewendet:

40 g Borax
500 g Tragantverdickung
160 g mit Tragantverdickung vermahlener Indigo
75 g Hydrosulfit NF
225 g Gummiverdickung

Die Farbe muss sehr gut vermahlen werden, um das Einsetzen zu verhüten. Ein Aufwärmen der Farbe darf wegen der Gefahr des Reduzierens nicht erfolgen.

Die bedruckte Ware wird getrocknet, 2 mal während 4 Minuten im Schnelldämpfer gedämpft, dann mit Bichromat oxydiert, gewaschen, geseift und gespült. Für schwere Muster wird die Ware nach dem Dämpfen während 24 Stunden verhängt.

In theoretischer und historischer Hinsicht ist es noch interessant, die Druckmethoden anzuführen, welche vor dem Schlieper und Baum'schen und dem Sulfoxylatformaldehyd-Verfahren angewendet wurden und die auf der Synthese künstlichen Indigos auf der Faser beruhten. Wegen den hohen Gestehungskosten und den schlechten Ausbeuten konnten sich diese Arbeitsmethoden gegenüber dem späteren Glukoseverfahren von Schlieper und Baum und schliesslich dem Sulfoxylatformaldehydverfahren nicht behaupten.

Als Ausgangsprodukte wurden o-Nitrophenylpropiolsäure, Indophor, Indigosalz T von Kalle oder das Dehydroindigobisulfit verwendet.

Verfahren mit o-Nitrophenylpropiolsäure.

Bayer fand, dass die o-Nitrophenylpropiolsäure mit alkalischen Reduktionsmitteln, von welchen Natriumxanthogenat am geeignetsten ist, in Indigotin[1]) übergeht.

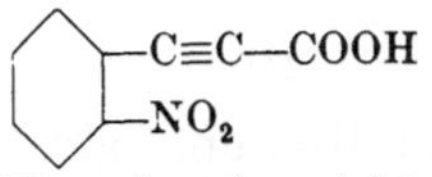

$C_6H_4(—C{\equiv}C—COOH)(—NO_2)$

o-Nitrophenylpropiolsäure.

Die Bildung von Indigo erklärt sich durch eine intermediäre Umlagerung der o-Nitrophenylpropiolsäure in Gegenwart alkalischer Reduktionsmittel in Isatogensäure, die alsdann unter CO_2-Abspaltung zu Indigo reduziert wird:

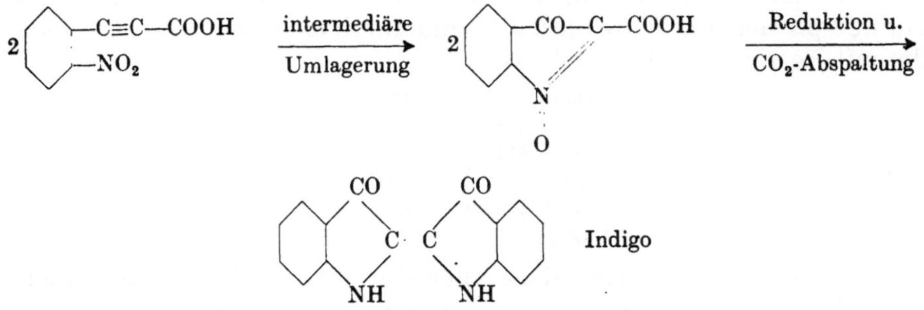

$$2\ C_6H_4(—C{\equiv}C—COOH)(—NO_2) \xrightarrow[\text{Umlagerung}]{\text{intermediäre}} 2\ C_6H_4(—CO—C—COOH)(—N{\cdot}O) \xrightarrow[CO_2\text{-Abspaltung}]{\text{Reduktion u.}}$$

$$C_6H_4<^{CO}_{NH}>C=C<^{CO}_{NH}>C_6H_4 \quad \text{Indigo}$$

Der Arbeitsgang ist folgender:

a) Drucken einer Farbe, die o-Nitrophenylpropiolsäure, ein alkalisches Mittel und Natriumxanthogenat enthält.

b) Verhängen der bedruckten Stücke während 48 Stunden bei 30°C.

[1]) Monit. Scientifique, 1881, S. 307; *D.R.P. 14.997* und *15.516*. Siehe A. Sansone, Der Zeugdruck, 1890, S. 209, J. Springer, Berlin.

c) Waschen, durch eine Sodaflotte von 10 g/Liter bei 110°C passieren und lauwarm seifen.

Druckfarbe mit o-Nitrophenylpropiolsäure.

2960 g	o-Nitrophenylpropiolsäure 25%
740 g	Natriumazetat
5180 g	Stärke-Tragantverdickung
1120 g	Natriumxanthogenat, vor dem Drucken zuzusetzen.
10000 g	

Die Farbe muss frisch zubereitet werden.

Der Nachteil dieser Arbeitsmethode bestand in dem nachhaltigen Merkaptangeruch der Fertigware. Dies war auch der Gund, neben den hohen Gestehungskosten, warum das Verfahren aufgegeben wurde, obwohl es eine Zeitlang in der Praxis Anwendung fand.

Verfahren mit Indophor (B.A.S.F.).

Das Indophor entspricht der Indoxylkarbonsäure:

$$C_6H_4\langle {}^{CO}_{NH} \rangle CH\text{—}COOH$$

die durch Oxydation in alkalischem oder saurem Medium in Indigo übergeht.

$$2\, C_6H_4\langle {}^{CO}_{NH} \rangle CH\text{—}COOH + O_2 \longrightarrow C_6H_4\langle {}^{CO}_{NH} \rangle C = C \langle {}^{CO}_{NH} \rangle C_6H_4 + 2\, H_2O + CO_2$$

Für die Ausführung druckt man eine verdickte Indophorlösung auf und passiert die Ware anschliessend durch eine Entwicklungsflotte, die mit Ferrichlorid beschickt ist.

Zusammensetzung der Druckfarbe:

10 g	Indophor B.A.S.F.
100 g	Alkohol
90 g	kochendes Wasser
800 g	Tragantverdickung
1000 g	

Als Oxydationsmittel dient auch der Sauerstoff der Luft beim Dämpfverfahren oder Verhängen der bedruckten Ware.

Verfahren mit Indigosalz T von Kalle.

Nach Bayer und Drewsen kondensiert sich o-Nitrobenzaldehyd mit Azeton zu dem o-Nitrophenylmilchsäuremethylketon,

$$C_6H_4\langle {}^{CHOH\text{—}CH_2\text{—}CO\text{—}CH_3}_{NO_2}$$

das von Kalle unter dem Namen Indigosalz T in den Handel gebracht wurde. Durch alkalische Behandlung geht dieses Produkt in Indigo über[1]).

Die Ausführung dieses Verfahrens kann entweder durch Aufdruck einer 10%igen, verdickten Natronlauge auf mit Indigosalz präparierte Ware erfolgen oder durch direkten Druck einer Indigosalz-T-Farbe auf weisse Ware, die durch nachträgliche Behandlung in verdünnter Natronlauge entwickelt wird. Wegen des Gestehungspreises scheint jedoch nur letzteres Verfahren Anwendung gefunden zu haben.

Das in Wasser nur schwer lösliche Indigosalz muss zur Bereitung der Druckfarbe zuerst mit Bisulfit bei 50°C gelöst werden.

Druckvorschrift für Indigosalz T.

	I	II
Indigosalz T	40	50
Natriumbisulfit 38° Bé .	60	80
Soda	—	2
Wasser	300	20
Gummiverdickung . . .	600	848
	1000 g	

Nach dem Drucken wird die Ware 3—10 Minuten im luftfreien Schnelldämpfer gedämpft und dann durch heisse Natronlauge von 16—20° Bé passiert, anschliessend gespült, dann gesäuert und abermals gewaschen. Die Nachteile dieses Verfahrens sind: mangelhafte Löslichkeit der Bisulfitverbindung des Indigosalzes T, ungenügende Beständigkeit des Produktes, schwache Ausbeute an Indigo und starke Mercerisation der Ware durch Behandlung in konzentrierter Natronlauge.

Verfahren von Kalb (1908)[2]).

Durch Oxydation von Indigo mit Bleisuperoxyd oder Kaliumpermanganat in essigsaurem Milieu erhielt Kalb den Dehydroindigo,

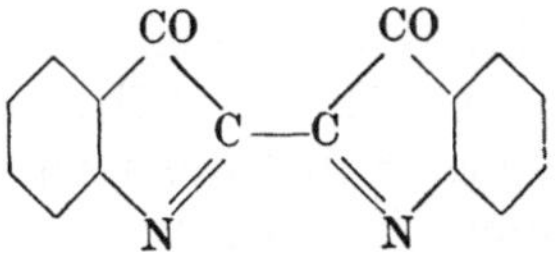

CO CO
C—C
N N

[1]) Bull. Mulh. 1893, S. 210; *D.R.P. 38.722, 105.630, 108.722, 109.809, 123.607, 123.608, 126.595, 126.596.* Fischer's Ber. 1901, S. 540 und 542.

[2]) *D.R.P. 222.460.*

welcher sehr leicht mit wässeriger Bisulfitlösung in die schwefligsaure Verbindung folgender Konstitution übergeht:

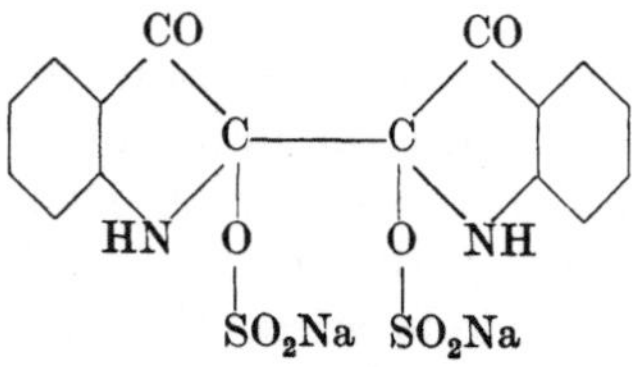

CO CO
C—C
HN O O NH
SO_2Na SO_2Na

Das wasserlösliche Dehydroindigobisulfit wird durch Einwirkung von Alkalien oder Säuren sehr leicht in Indigo umgesetzt.

Diese Eigenschaft des Produktes führte zu einem neuen Druckverfahren, nach welchem eine verdickte Lösung des Dehydroindigobisulfits aufgedruckt wird und dann die bedruckte Ware, zum Zweck der Bildung von Indigo, durch eine auf 80°C erwärmte Säureflotte genommen wird. Wegen der schlechten Ausbeute an Indigo und dem sehr ungleichen Ausfall der Ware, konnte sich das Verfahren nicht behaupten.

Fixierung des Indigos durch Adsorption. — Indigograu.

Das Verfahren von W. Elbers in Hagen i.W.[1]) besteht darin, dass man Indigo mit vegetabilischen oder animalischen Ölen fein vermahlt und dann die verdickte Suspension auf das Gewebe druckt; nach 1—2stündigem Dämpfen, ganz besonders unter Druck, wird der Indigofarbstoff durch Adsorption sehr fest auf der Faser fixiert. Man erhält auf diese Weise graue Farbtöne, die durch vorzügliche Licht-, Wasch- und Seifenechtheit gekennzeichnet sind.

Ursprünglich nahm man die Sublimation als Ursache der Fixierung des Indigos an. R. Haller[2]) bewies, dass der Indigo in der Verdickung + Öl einen anderen Dispersionsgrad annimmt, wodurch für die Adsorption des Indigopigments günstigere Bedingungen geschaffen werden.

Druckverfahren für Küpenfarbstoffe.

Die Küpenfarbstoffe sind in Wasser, Säuren und Alkalien unlösliche Körper von Ketoncharakter, welche in alkalischer Lösung durch reduzierende Substanzen, wie Hydrosulfit, Glukose, Zinnsalz, Eisenoxydulhydrat, in Leukokörper mit der Gruppe ≡C—OH übergeführt werden, die in Alkali löslich sind. Im reduzierten und daher gelösten Zustand werden diese Farbstoffe von der vegetabilischen Faser so auf-

---

1) *D.R.P. 101.190, 106.708.*
2) Kolloid-Zeitschr. Bd. *75*, S. 49, 1919.

genommen wie z. B. die substantiven Farbstoffe. Tatsächlich sind die Alkalienolate der Küpenfarbstoffe Kolloidelektrolyte, genau so wie die substantiven Farbstoffe (siehe Haller, Chem. Ztg. 1912, S. 169 und S. 255, auch Knecht und Batey, J. of Soc. D. and Col. 1910, S. 4), d. h. diese salzartigen Verbindungen sind in verdünnter wässeriger Lösung nicht in dem Masse Elektrizitätsleiter, wie es bei einem vollständigen elektrolytischen Zerfall in Ionen der Fall sein müsste. Ein Teil derselben bleibt in nicht dissoziiertem, kolloidalem Zustand. Diese Kolloidelektrolyte dringen in Form von positiven oder negativen Ionen (Na oder organischer Rest) in das Gewebe ein. Da die Baumwollfaser negativ aufgeladen ist, ist es begreiflich, dass sich das positiv geladene Ion (Na) auf ihr befestigt, während bei einem negativen Ion (organische Gruppe) die Fixation auf das Entstehen einer doppelten Schicht zurückgeführt werden kann, sei es durch Anreicherung der Na-Ionen, die eine der negativen Schicht entgegengesetzt geladene Schicht bilden, sei es durch Konzentration und Ausflockung im Innern des Zellulosemoleküls (Kaufler, Z. phys. Chem. 1903, S. 692; Marcel Bader, Dissertation, Universität Lausanne, 1917). Durch Oxydation wird der Farbstoff sehr echt fixiert, da begreiflicherweise das Oxydationsprodukt nicht mehr ionenbildend ist.

Eine sehr interessante Verwendung der kationaktiven Körper mit höheren Fettresten, also solcher Verbindungen, deren oberflächenaktive Eigenschaft durch das Kation hervorgerufen wird, soll hier in Erinnerung gebracht werden. Die Haupttypen dieser Gruppe sind die Sapamine der Ciba, z. B. das Chlorhydrat des asymmetrischen Diäthylaminoäthyloleylamids.

$$\left[CH_3{-}(CH_2)_7{-}CH{=}CH{-}(CH_2)_7{-}C\begin{matrix} {}^{\nearrow O} \\ {}_{\searrow NH{-}CH_2{-}CH_2{-}\overset{H^+}{N}\begin{matrix} {}^{\nearrow C_2H_5} \\ {}_{\searrow C_2H_5} \end{matrix}} \end{matrix}\right] Cl^-$$

In Gegenwart derartiger Körper können die negativ aufgeladenen Baumwollfasern substantiv für alle negativ geladenen Teilchen werden. So kann man Küpenfarbstoffe in unreduziertem Zustand auf die Faser bringen und die Reduktion und Wiederoxydation auf der Faser durchführen.

Die Fixierung der Küpenfarbstoffe durch Druck kann auf folgende Weise geschehen:

a) **Dämpfverfahren.** Druck des Küpenfarbstoffes zusammen mit einem Reduktionsmittel und einem Alkali und darauffolgendes Dämpfen in möglichst wenig überhitztem Dampf. Hierbei wird der Farbstoff nur teilweise in der Druckfarbe reduziert, die Überführung in das Leukoderivat, das Lösen desselben und seine Aufnahme durch die Faser wird erst durch die Dampfeinwirkung besorgt. Die Rückbildung des Farbstoffes geht durch Oxydation in einem Bad vor sich, das ein Oxydationsmittel wie Perborat oder Bichromat enthält.

Eine Variante dieses Verfahrens besteht in der vorherigen Aufbringung eines Reduktionsmittels auf das Gewebe und im darauffolgenden Druck einer Farbe, die aus Farbstoff und Alkali zusammengesetzt ist. Das ist das Glukose-Verfahren nach Ward und Schlieper-Baum, das lange Jahre hindurch zum Druck von Indigo in Gebrauch war, das aber jetzt nicht mehr für indigoide und anthrachinoide Küpenfarbstoffe angewendet wird. Eine andere Abart des Dämpfprozesses, die von der Firma Koechlin Frères in Mülhausen (Bull. Mulh. 1929, S. 221) herstammt, soll kurz erwähnt werden. Man druckt den ohne sonstige Zusätze verdickten Küpenfarbstoff auf das weisse Gewebe, klotzt mit einer Lösung von Soda oder Lauge und Reduktionsmittel, dämpft im Schnelldämpfer, oxydiert, wäscht und seift wie gewöhnlich.

Weiterhin ist die Anwendung von Küpensäuren[1]) im Druckverfahren zu erwähnen. Die Arbeitsweise ist folgende: Verküpung des Farbstoffes, Bildung der Küpensäure durch Neutralisation des alkalischen Küpenansatzes und Rückbildung der Leukoverbindung durch Zugabe von Pottasche bzw. Soda. Die Behandlung der Drucke erfolgt wie gewöhnlich: Dämpfen, Oxydieren mit Perborat + Essigsäure, Seifen. Für die Küpensäurefarbe kann man folgende Druckvorschrift angeben:

200 g Farbstoffteig oder 67 g Farbstoffpulver
80 g Glyzerin
390 g Verdickung
60 g Natronlauge 38° Bé
20 g Setamol WS
30 g Natriumhydrosulfit, 10 Minuten erwärmt, bei 60° C reduziert, abgekühlt und mit
20 g Essigsäure 8° Bé die Küpensäure gebildet. Zum Schluss
120 g Pottasche
80 g Rongalit C zugegeben

1000 g

Ein Zusatz eines Dispergiermittels verbessert die Ausbeute. Man hat auch beobachtet, dass farbstärkere Drucke auf mit Alkali präparierter Ware erhalten werden können. Die Küpensäuredruckfarben zeigen im allgemeinen eine gute Haltbarkeit. Das Küpensäureverfahren bietet gegenüber dem Pottasche-Rongalitverfahren keine bestimmten Vorteile, so dass kaum anzunehmen ist, dass eine derartig komplizierte Arbeitsweise industriell je Bedeutung erlangen könnte.

[1]) Siehe weiter unter Färberei, S. 292.

Eine andere Arbeitsweise ist das Laugen-Zinnoxydul-Dämpfverfahren. Die Druckfarbe besteht nach Robert Haller z. B. aus:

100 g	Farbstoff in Teig	
40 g	Zinnoxydul in Teig 50%ig	
50 g	Glyzerin	
700 g	alkalische Verdickung	{ 320 g Dextrinlösung 600/400 340 g Gummilösung 1:1 1000 g Natronlauge 40° Bé
110 g	Gummi-Dextrinverdickung 1:1	
1000 g		

Nach dem Aufdruck wird die Ware im Schnelldämpfer gedämpft, dann ¼ Stunde in einem mit Schwefelsäure schwach angesäuerten Bade behandelt und gespült.

b) **Verfahren ohne Dampfpassage.** (Jeanmaire, *D.R.P. 132.402*)[1]). Druck des Farbstoffes zusammen mit einem Reduktionsmittel und darauffolgende Ausfertigung in Alkali. Dieses Verfahren mit Umgehung des Dämpfprozesses beruht auf der Reduktion des Farbstoffes durch Zinnsalz und Eisenoxydulhydrat, welch letzteres sich auf der Faser durch den Aufdruck von Eisenvitriol und darauffolgende Laugenbehandlung bildet. Der Farbstoff wird demnach erst in der Lauge reduziert; da hier genügend Lösungswasser vorhanden ist, so sind die besten Bedingungen für die Lösung des Leukokörpers gegeben und die entstandene Küpe durchdringt die Faser ebensogut wie bei einer Färbung. Trotzdem hat sich das Verfahren nicht allgemein eingeführt; der geringe Erfolg ist dem Umstand zuzuschreiben, dass die Behandlung mit Natronlauge von 20° Bé und bei 80°C eine Spezialapparatur verlangt, und dass sich überdies diese Drucke nicht mit denjenigen anderer Farbstoffklassen vereinigen lassen, ein Nachteil, welcher beim Dämpfverfahren eben nicht vorliegt.

Ferner eignet sich dieses Verfahren nicht für alle Küpenfarbstoffe, ist aber für Zwecke des Handdruckes noch immer von gewisser Bedeutung.

Wir führen zur Illustration folgende Druckvorschrift an:

335 g	Stärke-Tragantverdickung
360 g	Ferrosulfat 1:2
20 g	Glukose 1:1
15 g	Stannochlorid 1:2
50 g	Milchsäure 50
20 g	Weinsäure 1:1
200 g	Farbstoff in Teig
1000 g	

Nach dem Trocknen wird die Ware in breitem Zustande während ca. 30 Sekunden in einer Rollenkufe durch 15%ige Natronlauge

[1]) Später an B.A.S.F. übertragen.

(20° Bé) bei 75°C genommen, wobei die Fixierung des Farbstoffes erfolgt. Anschliessend wird die Ware ohne vorheriges Abquetschen nochmals durch eine gleich starke, aber kalte Natronlauge (18—20° Bé) passiert, abgequetscht, kräftig abgespritzt, gewaschen, in Schwefelsäure von 3° Bé, der 2 g Oxalsäure im Liter zugesetzt sind, während ¼—½ Stunde gründlich abgesäuert; nach gutem Spülen seift man 10 Minuten kochend.

Der als Fixierungsbad dienenden heissen Lauge setzt man vorteilhaft etwas gefälltes Mangandioxyd zu, um ein Anfärben des Weissbodens durch abgelösten Farbstoff zu vermeiden.

Um das Ausfliessen des Farbstoffes im alkalischen Bad zu verhindern, hat das *brit. P. 417.322*, auch *D.R.P. 622.885* der Bleach. Ass. Ltd., eine 15 Sekunden währende Behandlung mit sehr heisser (110°C) Lauge von 32° Bé empfohlen, worauf man über gekühlte Trommeln führt, dann unter Spannung mercerisiert und schliesslich ziemlich lange (1—1 ½ Stunden) absäuert.

Zu erwähnen wäre hier noch ein Verfahren, das auf der Jeanmaire'schen Methode aufgebaut ist und den Druck von Küpenfarbstoffen neben Rapidogenen zum Gegenstand hat. Im *brit. P. 427.900* und *amer. P. 2.069.919* (Imp. Chem. Ind.-Hardacre) macht der Erfinder geltend, dass die Rapidogene im ersten Dampf durch die Formaldehyddämpfe leiden, wenn die Küpenfarbstoffe nach dem Rongalit-Pottasche-Verfahren gedruckt werden. Er empfiehlt dagegen einen Ansatz der Küpendruckfarbe mit Eisenvitriol, Zinnsalz und Weinsäure; nach dem Druck wird erst unter Essigsäurezufuhr zur Entwicklung der Rapidogene gedämpft, dann in üblicher Weise nach Jeanmaire'scher Methode behandelt, gewaschen und geseift. Es muss zugegeben werden, dass auf diese Art die Fixierung der Küpenfarbstoffe ausgezeichnet ist und dass die Rapidogene viel schöner herauskommen, aber die Umständlichkeit ist denn doch zu gross. Es ist ganz unwahrscheinlich, dass unter den heutigen Umständen ein Betrieb diese Kosten auf sich nehmen kann. Bedeutend einfacher dagegen ist es, den althergebrachten Weg einzuschlagen und die schädliche Einwirkung des Formaldehyds und der reduzierenden Dämpfe, die übrigens bei der Mehrzahl der Rapidogene (mit Ausnahme der Gelbmarken) unbedeutend ist, dadurch zu verhindern, dass man der Rapidogendruckfarbe als Schutz gegen den Einfluss reduzierender Dämpfe neutrales Chromat zugibt.

c) **Colloresin-Verfahren.** Diese neue, von der I. G. im Jahre 1927 ausgearbeitete Methode hat den Vorteil, dass die aufgedruckten Farben vor dem Dämpfen unbeschränkt haltbar sind, da sie weder Reduktionsmittel noch Alkali enthalten. Das Verfahren, welches daher namentlich für den Hand- und Filmdruck geeignet ist, beruht auf der

Verwendung einer Spezialverdickung, des Colloresin DK[1]), eines Zellulosemethyläthers, der in kaltem Wasser löslich, dagegen in heissem Wasser und in Alkalien unlöslich ist. Man druckt hier den mit Colloresin DK verdickten Farbstoff auf, klotzt dann mit einer alkalischen Formaldehydsulfoxylatlösung, dämpft und wäscht kalt.

Druckfarbe:

125 g Indanthrenfarbstoff in Teig
250 g Colloresin DK-Verdickung 4%
350 g Stärkeverdickung 100:1000
275 g Wasser
1000 g

Die Entwicklung erfolgt nach zwei Verfahren:

1. Rongalit-Pottasche-Verfahren.
2. Natriumhydrosulfit-Natronlauge-Verfahren.

1. Entwicklungsbad:

100 g Rongalit C
100 g Kaliumkarbonat oder 50 g Natriumkarbonat
500 g Wasser
100 g Glyzerin
3 g Nekal BX trocken
50 g Natriumsulfat, wasserfrei und auf
1 Liter mit Wasser eingestellt.

Die bedruckten Stücke werden getrocknet, auf dem Foulard mit dem Entwicklungsbad bei einer Temperatur von 25° C gepflatscht (ausquetschen auf 100%) und getrocknet.

Man dämpft sofort im Schnelldämpfer, wäscht in kaltem Wasser, um das Colloresin DK zu entfernen. Zum Schluss wird kochend geseift.

2. Das Entwicklungsbad nach diesem Verfahren enthält:

200 g Natriumsulfat oder Natriumchlorid
500 g Wasser
15 g Glyzerin
3 g Prästabitöl V (Stockhausen)[2])
20 g Azeton
65 g Natronlauge 38° Bé
40 g Natriumhydrosulfit
157 g Wasser
1000 g

Die Ware wird bedruckt, auf einem Dreiwalzenfoulard gepflatscht, ausgequetscht und ohne Zwischentrocknung in einem Colloresindämpfer gedämpft. Es wird dann gewaschen, in einem Essigsäurebad gesäuert, mit einer Perboratlösung (½ g pro Liter) oxydiert, gewaschen und geseift.

[1]) *D.R.P. 495.712*, *525.182* der I.G. Farbenindustrie; Mell. 1927, S. 1047 und 1928, S. 666. Pfeffer, *amer. P. 1.922.978; D.R.P. 574.939.*

[2]) Prästabitöl ist ein sehr hoch sulfoniertes Rizinusöl, das gegen Metallsalze beständig ist. Siehe Mell. 1928, S. 759; 1930, S. 610 und 1931, S. 196.

Es wurde eine andere Entwicklungsmethode ausgedacht (Elsässische Stoffdruckerei Scheurer-Lauth & Co., L. Diserens, W. Hess), die darin besteht, dass man auf die bedruckten Stücke mit einer 1000-Punkt-Walze folgende Lösung bringt:

200 g	Rongalit C
100 g	Natriumkarbonat
50 g	Natriumsulfat
650 g	Wasser
1000 g	

Wegen der zu starken Hygroskopizität des Kaliumkarbonats wird am besten Natriumkarbonat verwendet; aus demselben Grunde wird das Glyzerin ausgeschaltet. Nach dem Pflatschen dämpft man 6 Minuten im Schnelldämpfer, säuert in einem Essigsäurebad, spült mit kaltem Wasser, oxydiert in einem Perborat- oder Perkarbonatbad (½ g pro Liter) und seift.

Die mit diesem Verfahren erzielten Resultate sind sehr gut; der Hauptvorteil besteht darin, dass man eine spezielle Apparatur nicht benötigt.

Hierüber findet man ein neueres Patent von Stockhausen, das *D.R.P. 748.974*, das vorschlägt, anstatt der nicht sehr stabilen alkalischen Hydrosulfitlösung das Natriumsalz des Formaldehydsulfoxylats zusammen mit einem Alkalikarbonat zu verwenden. Ferner konnte festgestellt werden, dass man vorteilhaft das Karbonat des Entwicklungsbades durch einen Überschuss an kaustischem Alkali (10 g/l) ersetzen kann.

Das Colloresinverfahren hat besonders Interesse für den Hand-, Spritz- und Filmdruck, aber es kann der hohen Gestehungskosten wegen nicht mit dem normalen Dämpfverfahren in Wettbewerb treten.

Ein weiteres, in einigen englischen Firmen angewendetes und demjenigen mit Colloresin DK ähnliches Verfahren benutzt Johannisbrotkernmehl- und Stärke-Verdickungen, welche in alkalischem, warmem Medium koagulieren.

Es wird eine Farbe aufgedruckt, die lediglich den Farbstoff und das Verdickungsmittel enthält; nach dem Trocknen wird der Stoff in einer soda-, glaubersalz- und rongalithaltigen Lösung foulardiert und anschliessend in der üblichen Art und Weise kontinuierlich in den Dämpfkessel geführt. Die letzten Operationen bestehen aus der Oxydation, dem Waschen, Seifen und Spülen und weichen von der gewöhnlichen Behandlung nicht ab.

Mit diesem Verfahren kann die bedruckte Ware ohne besondere Schutzmassnahmen liegen bleiben; der Farbstoff ist mehrere Tage lang gegen Luftsauerstoff beständig.

Ein neues Verfahren für photographischen Druck von Küpenfarbstoffen bildet den Gegenstand des *brit. P. 597.982* der Bleachers Association Ltd. (Farrington, Amer. Dyest. Rep. 1949, S. 206). Es besteht in der Verwendung von Ferrisalzen (Oxalat, Tartrat, Zitrat, Glykolat) in ammoniakalischer Lösung. Unter der Einwirkung des aktinischen Lichtes gehen die Ferri- in Ferro-Salze hohen Reduktionsvermögens über, welche befähigt sind, die Küpenfarbstoffe in alkalischer Flotte zu reduzieren.

Das Gewebe wird ein erstes Mal in einer Suspension von Küpenfarbstoffen (Caledon Jade Green), dann ein zweites Mal in einer ammoniakalischen Lösung von Ferrisulfat und Ammoniumzitrat foulardiert. Nach dem Trocknen, das unter Lichtausschluss erfolgt, wird ein Negativ auf den Stoff gelegt und das Ganze mit einer starken Bogenlampe belichtet. Das Gewebe wird schliesslich in einer Sodalösung behandelt, gespült, durch eine Oxalsäurelösung passiert, gespült und geseift. Der Küpenfarbstoff ist an den belichteten Stellen fixiert[1]).

Die Fixierung von Drucken mit Küpenfarbstoffen mittels aktinischer Strahlen wird ferner im *brit. P. 604.696*[2]) der Bleachers Association-Farrington besprochen. Die Eigenschaft bestimmter Substanzen, wie Gelatine, Kasein, Schellack und einiger Kunststoffe, durch Einwirkung von Licht in Gegenwart von Bichromat unlöslich zu werden, wird beim Drucken von Küpenfarbstoffen benutzt, indem man z. B. den Farbstoff zusammen mit Gelatine und Bichromatlösung unter Lichtausschluss auf ein Gewebe klotzt und trocknet. Bestimmte Gebiete des Gewebes werden dann dem Licht ausgesetzt und darauf wird gespült. Die Farbstoff-Gelatinelösung wird dann, soweit sie nicht durch Licht unlöslich geworden ist, durch einen Waschprozess entfernt, und dann der an den gehärteten Stellen festgehaltene Farbstoffe wie üblich unter alkalischer Reduktion fixiert.

Nach dem *amer. P. 2.288.261* der Interchemical Corp. verwendet man für den Druck von Küpenfarbstoffen eine Paste, die durch Emulgieren einer wässerigen Lösung des Leukokörpers in einer sich mit Wasser nicht mischenden Flüssigkeit (im allgemeinen eine Lösung eines filmbildenden Verdickungsmittels in einem mit Wasser nicht mischbaren Lösungsmittel) erhalten wird. Die so hergestellten Drucke zeigen leider oft keine genügende Farbstärke und geringe Waschechtheit.

Dies lässt sich dadurch erklären, dass ein Teil des wasserunlöslichen Küpenfarbstoffs das Bestreben hat, von der wässerigen Phase der Emulsion in die Ölphase überzugehen. Da während des Druckens ein Teil des Farbstoffs nicht in die lösliche Leukoverbindung übergeführt wird, wird der Farbstoff teilweise nur mit Hilfe des Ölbestandteils auf dem Gewebe fixiert.

---

[1]) Siehe J. Indian Chem. Soc. 1933, S. 91 und 101 (Prasad) sowie 1931, S. 489.

[2]) Mell. 1949, S. 272.

Diese Nachteile lassen sich dadurch beheben, dass man zur Druckpaste auf der Basis einer Wasser-in-Öl-Emulsion eine kleine Menge eines Phosphatids, z. B. Lezithin, gibt (0,2—1% auf das Gewicht der Druckpaste berechnet).

Beispiel.	Gewichtsteile
Der wässerige Anteil, bestehend aus Indanthrenblau RSA, doppelt (Küpenfarbstoff, Colour Index 1106)	10
Glyzerin	5
Glyecin A	5
Pottasche	9
Rongalit C, 40% (Natriumformaldehydsulfoxylat)	9
Wasser	37
wird in einer organischen Komponente folgender Zusammensetzung emulgiert:	
Äthylzellulose, 500 Zentipoisen	0,275
Terpentinöl	0,150
Toluol	12,075
Solvesso 3 (hydrierte Erdölfraktion, Sdpkt. 182—210°)	12,500
Lezithin (aus Soyabohnen)	0,500

Mit dieser Emulsion lassen sich scharfe Drucke von lebhafter Farbe mit guter Wasch- und Reibechtheit erzielen.

Das Dämpfverfahren.

Dieses Verfahren ist augenblicklich das einzige, das in der Praxis angewendet wird und deshalb soll es im Nachfolgenden eingehend besprochen werden.

Die Druckfarbe besteht aus Farbstoff, Reduktionsmittel, Alkali und Verdickung; gewisse Hilfsmittel zur Verbesserung der Ausbeute, der Beständigkeit und der Fixierung treten noch hinzu.

Reduktionsmittel.

Gegenwärtig wird ausschliesslich das Formaldehydsulfoxylat in der Praxis als Reduktionsmittel verwendet.

Die Hydrosulfite sind die Salze der hydroschwefligen Säure, die wieder als ein gemischtes Anhydrid der schwefligen und der Sulfoxylsäure (unterschwefligen Säure) aufgefasst werden kann.

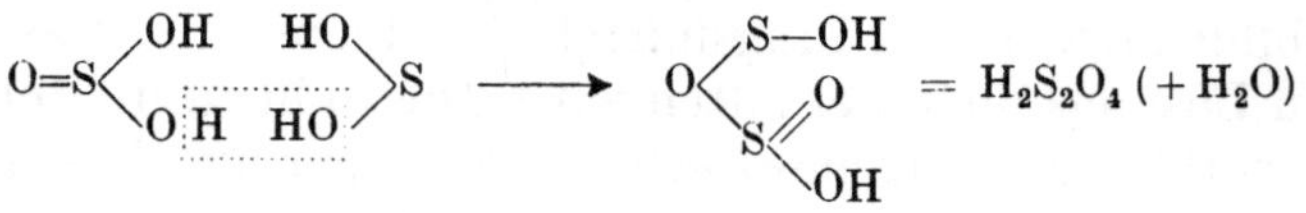

$$O{=}S\langle^{OH}_{OH} \quad ^{HO}_{HO}\rangle S \longrightarrow O\langle^{S-OH}_{S(=O)-OH} = H_2S_2O_4\ (+H_2O)$$

Es sind drei Konstitutionsformeln der hydroschwefligen Säure möglich, eine symmetrische, eine unsymmetrische und diejenige einer Disulfinsäure, welch letztere derzeit allgemein angenommen wird:

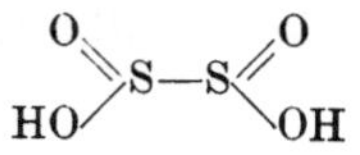

$$HO(O{=})S-S({=}O)OH \qquad HO(O{=})S-O-S-OH \qquad H-S(O_2)-S(O_2)-H$$

Symmetrische Form 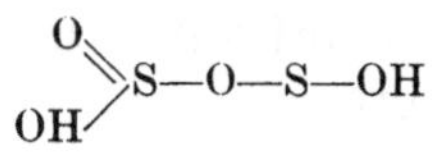 — Unsymmetrische Form 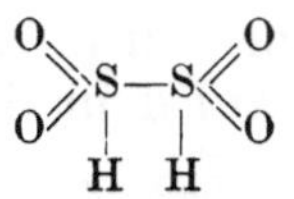 — Disulfinsäure

In Wasser zerfällt das Hydrosulfit je nach An- oder Abwesenheit von Luftsauerstoff verschiedenartig.

Ohne Luftsauerstoff: $2\,Na_2S_2O_4 \longrightarrow \underset{\text{Thiosulfat}}{Na_2S_2O_3} + \underset{\text{Pyrosulfit oder Metabisulfit}}{Na_2S_2O_5}$

$$Na_2S_2O_5 + H_2O \longrightarrow \underset{\text{Bisulfit}}{2\,NaHSO_3}$$

Mit Luftsauerstoff: $Na_2S_2O_4 + H_2O + O_2 \longrightarrow NaHSO_4 + NaHSO_3$

In Wasser geht das Bisulfit unter Abspaltung von Wasserstoff in Sulfat über:

$$NaHSO_3 + H_2O \longrightarrow NaHSO_4 + 2\,H$$

Diese Reaktion geht erst in Anwesenheit eines reduzierbaren Körpers vollständig vor sich.

Die ersten Versuche, den Indigo mit Hydrosulfit zu fixieren, gehen auf Schützenberger und De Lalande (1871, *brit. P. 3.377;* Bull. Mulh. 1874, S. 25) zurück. Doch hat dieses Verfahren in der Praxis nicht den erhofften Erfolg gezeigt, da die Ausführung wegen der Luftempfindlichkeit der Druckfarbe schwierig und unwirtschaftlich war (Depierre, III, S. 346—359; Gros Renaud, Bull. Rouen 1874, S. 17).

Grossmann hat 1898 die verhältnismässig grössere Beständigkeit der wenig löslichen oder ganz unlöslichen Hydrosulfite des Ca, Zn, Ba und Pb hervorgehoben (*brit. P. 21.126*, 1898).

Im Jahre 1901 verwendete nun die Manufaktur Zündel in Moskau das Zinkhydrosulfit (Bull. Mulh. 1904, S. 36 und S. 44; siehe die folgenden Patente für die Herstellung dieses Salzes: *D.R.P. 218.192; franz. P. 311.938*, 1901, *336.943*, 1902, *374.673; D.R.P. 130.408, 137.474*). Das Salz ist schwer löslich und bemerkenswert beständig. Die B.A.S.F. empfahl das Zink-Natrium-Hydrosulfit (*D.R.P. 133.478, 135.725*, 1900; *franz. P. 297.370;* R.G.M.C. 1905, S. 60; weitere *D.R.P. 125.023*, *139.217*, *141.450;* Fischers Ber. 1903, S. 453). Man pflatscht das Gewebe mit einer Lösung von Borax oder Wasserglas vor und druckt eine Farbe auf, die aus Indigo, Zink-Natriumhydrosulfit und Gummiverdickung besteht. Es soll auch kurz an die von Descamps mit dem Kalziumhydrosulfit gemachten Versuche erinnert werden (*franz. P. 320.227*, 1902; *D.R.P. 112.774*, *113.940*, *113.949*, 1898; R.G.M.C. 1903, S. 35, 37, 85; B.A.S.F., *D.R.P. 117.991*, *217.038*)*;* das Produkt ist unter dem Namen „Redo“ bekannt gewesen.

Bulard druckte Indigo auf, indem er den Farbstoff mit Zinkstaub und Soda mischte (Bull. Mulh., Bd. *51*, S. 36).

Ein weiterer Schritt wurde von Zuber und Pellizza (Bull. Mulh. 1900, S. 48; R.G.M.C. 1900, S. 137; 1904, S. 130) auf diesem Gebiet getan. Die Autoren bedienten sich eines Gemisches von Zinkstaub und Bisulfit, dem sie Formaldehyd beigaben; so erreichten sie eine erhöhte Beständigkeit der Farbe; sie setzten jedoch ihre Forschungen nicht weiter fort.

Nun hat die Entdeckung der Verbindung von Hydrosulfit mit Formaldehyd die Industrie mit sehr wertvollen, durch ihre Beständigkeit und Reduktionskraft bemerkenswerten Erzeugnissen beschenkt, welche in kurzer Zeit die alten Hydrosulfitverfahren ausser Gebrauch setzten und die hauptsächlichsten, man kann sagen, die einzigen Reduktionsmittel für den Küpendruck wurden[1]).

Es bestehen gegenwärtig zwei Anschauungen über die Konstitution der Aldehydsulfoxylate: die eine setzt eine Esterbindung der Sulfoxylsäure voraus,

$$S\begin{cases}ONa\\O-CH_2OH\end{cases}$$ Oxymethansulfoxylsäure (hergeleitet von der symmetrischen Formel $$S\begin{cases}OH\\OH\end{cases}$$

die andere (Bazlen) nimmt ein Derivat der unterschwefligen Säure:

$$\begin{matrix}O\\O\end{matrix}\!\!\gg S\begin{cases}H\\H\end{cases}$$

an, und zwar dementsprechend die Formel

$$\begin{matrix}O\\O\end{matrix}\!\!\gg S\begin{cases}Na\\CH_2OH\end{cases}$$

Die ersten Produkte, die zum Verkauf gelangten, waren Mischungen der Natriumsalze der Oxymethansulfosäure

$$CH_2\begin{cases}OH\\SO_3Na\end{cases}$$

und der Oxymethansulfoxylsäure

$$CH_2\begin{cases}OH\\O-S-ONa\end{cases}$$

Die Handelsnamen waren Hydrosulfit NF von M.L.B., Hyraldit A von Cassella, Rongalit C der B.A.S.F., Produkte, die einheitlich als Natriumhydrosulfitformaldehyd bezeichnet werden. Die B.A.S.F. hatte als erste Fabrik ein fast chemisch reines Natriumformaldehydsulfoxylat unter dem Namen Eradit C (1905) herausgebracht.

[1]) Siehe Kap. IV und XIII.

Die derzeit im Handel befindlichen Marken sind folgende:

Formosul	Brotherton
Hydrosulfit FD konz.	Geigy
Hydrosulfit R konz.	Ciba
Hydrosulfit RF konz.	Rohner
Hydrosulfit RN und RFN	Sandoz
Hydrosulfit SC	Soc. Ind. Dérivés du Soufre
Redol C	Jouy-en-Josas, Frankreich
Rongalit C extra	I. G. Farbenindustrie
Rongeol C extra u. C extra konz. .	Francolor
Sulfoxal C	Etabl. Lambiotte
Sulfoxit C	Du Pont
Hydrosulfit AWC	J. Wolf, Passaic, N. J.
Discolite	Royce Chem. Co.
Formopon	Röhm and Haas
Hydronyx	Onyx
Hydrosulfit AW	Arkansas

Die Formaldehyd-Sulfoxylsäure bildet zweierlei Salze, von denen man diejenigen des Zinks kennt:

Primärsalz:

$$Zn\begin{cases}O-S-O-CH_2OH\\O-S-O-CH_2OH\end{cases}$$

Decrolin lösl. konz.	I. G.
Décolorant Z	Francolor
Arostit ZET	Sandoz
Hydrosulfit AZL konz.	Rohner
Hydrosulfit BZ wasserlösl.	Ciba
Hydrosulfit SZS lösl.	Soc. Ind. Dérivés du Soufre
Hydrosulfit Z wasserlösl.	Geigy
Parolite	Royce Chem. Co.
Protoline	Röhm and Haas
Sulfoxit S konz.	Du Pont
Redusol Z	Brotherton

und das Sekundärsalz:

$$Zn\begin{cases}O-S-O\\O-\text{ - - - -}\end{cases}CH_2\cdot 3\,H_2O$$

Decrolin	I. G.
Décolorant	Francolor
Hydrosulfit BZ säurelösl.	Ciba
Hydrosulfit SZ	Soc. Ind. Dérivés du Soufre
Hydrosulfit Z	Geigy, Sandoz, Rohner
Hydrosulfit Z spez.	Sandoz
Zink Formosul	Brotherton

Im Bull. Mulh. 1929, Dezember, S. 757, findet sich eine Arbeit von Dondain und Stiegler, die aus dem Jahre 1911 stammt, worin die Autoren den Formaldehyd durch Azetaldehyd für Zwecke des Indigo- und Küpenfarbstoffdrucks im allgemeinen ersetzen wollen. Hier ist zu bemerken, dass die Farbwerke Höchst im Jahre 1921 das

Hydrosulfit NFA, ein azetaldehydsulfoxylsaures Natrium anboten, welches weniger beständig ist als die entsprechende Formaldehydverbindung und schon bei 80° C reduziert.

Eine andere Gruppe von Reduktionspräparaten entsteht laut *amer. P. 2.112.567* (Du Pont) durch die Bildung von Komplexsalzen aus Zinkhydrosulfit und Äthylendiamin oder dessen Homologen. Wenn man einer technischen Zinkhydrosulfitlösung, die wie gewöhnlich aus Zinkstaub, Wasser und Schwefeldioxyd bereitet wird, Äthylendiamin zusetzt, so entsteht die Verbindung: $ZnS_2O_4 \cdot 3\,(C_2H_8N_2)$, die im Vakuum konzentriert und durch Alkoholzusatz in eine kristalline Masse übergeführt wird. Besonders sollen diese Verbindungen, da sie widerstandsfähig gegen verdünnte Säuren sind, für die Färbung von Azetatfasern mit Indigo von Interesse sein. Andere Amine (z. B. Triäthanolamin) sind dagegen für die Komplexsalzbildung ungeeignet.

Ein neues Reduktionsmittel ist in dem *amer. P. 2.164.930* (siehe Kap. XIII) Du Pont de Nemours-Lubs beschrieben, welches für die Reduktion der Küpenfarbstoffe angewendet wird sowie auch für die Färberei, Druckerei und auch für das Abziehen der Färbungen in Betracht kommen kann. Es handelt sich hier um ein Derivat, welches von Barnet im Jahre 1919 entdeckt wurde (J. Chem. Soc. 1919, Bd. *97*, S. 63—65) und unter den Namen Iminoaminomethansulfinsäure oder Formamidinsulfinsäure bekannt ist.

$$HN{=}C\begin{cases} NH_2 \\ S{\overset{\displaystyle O}{\diagup\!\!\!\diagup}} \diagdown OH \end{cases}$$

Das Produkt entsteht durch Oxydation des Thioharnstoffs mit Peroxyd in wässeriger Lösung nach folgendem Schema:

$$S{=}C\begin{cases} NH_2 \\ NH_2 \end{cases} \longrightarrow HN{=}C\begin{cases} SH \\ NH_2 \end{cases} \xrightarrow{O_2} HN{=}C\begin{cases} S(=O)OH \\ NH_2 \end{cases}$$

Thioharnstoff — Pseudo-Thioharnstoff

Es ist in der Kälte und in der Wärme sehr beständig; die Reduktionskraft soll 75—100% grösser als diejenige des Hydrosulfits und Rongalits sein. Die Stabilität gegenüber den Alkalien sowie in neutralen, sauren und alkalischen Flotten ist ebenfalls sehr gut.

Folgendes Druckrezept wird angegeben:

200 g	Cibabraun G Teig
50 g	Formamidinsulfinsäure
50 g	Natronlauge 35%
50 g	Pottasche
20 g	Solutionssalz
630 g	Stärke-Britishgumverdickung
1000 g	

Das Verfahren wäre wegen der guten Stabilität der Farbe besonders im Hand- und Filmdruck angebracht.

Glukose[1]) hat sich dagegen nur in wenigen Fällen, und zwar in stark alkalischem Milieu als vorteilhaft erwiesen; einige indigoide Farbstoffe werden hierbei selbst bei kurzer Dämpfdauer überreduziert. Lichtenstein empfahl die Glukose für den Druck von Hydronblau (Frb. Ztg. 1912, S. 144; *öster. P. 33.611;* Öst. *W.* u. L. Ind. 1912, S. 313).

In einer späteren Veröffentlichung (*amer. P. 1.919.792*, Lichtenstein und Klein) wurde dann noch festgestellt, dass die Glukose allein als Reduktionsmittel für den Küpendruck nicht ausreicht, dass aber eine erhöhte reduzierende, sogar über diejenige des Rongalits hinausgehende Wirkung durch den Zusatz solcher Anthrachinonabkömmlinge, welche leicht in die betreffenden Oxanthranolverbindungen übergehen, erzielt werden kann. Hier wird besonders das „Silbersalz", das ist β-anthrachinonsulfosaures Natrium, verwendet. Das Verfahren bezog sich vornehmlich auf indigoide Küpenfarbstoffe und war besonders für den Handdruck gedacht.

Das kürzlich eingeholte *amer. P. 2.405.151* der Amer. Cyanamid Corp. (Kienle-Amick) stellt fest, dass die mit den Äthanolaminen des Glyzerins oder des Glykols, mit Anthrachinon oder Silbersalz zubereiteten Küpen unbefriedigende Beständigkeit aufweisen, dass dagegen eine wesentliche Erhöhung der Stabilität durch Zusätze von aromatischen Aminsalzen (Anilinsalzen) der Anthrachinon-(mono- oder di-) sulfosäuren erzielt wurden.

Der Druck von Indigo mittels Glukose wurde zuerst von W. J. Ward in *brit. P. 3.038*, 1857; *franz. P. 37.373*, 1858 beschrieben und geschützt.

Bei Zimmertemperatur reagiert die Glukose nur schwach mit dem Indigo; dagegen reduziert sie ihn bei Alkalizusatz selbst in der Kälte. Die Geschwindigkeit der Reaktion hängt sowohl von der Art des Alkalis als auch von der Temperatur ab; bei Verwendung von Ätzalkalien ist sie sehr bedeutend, und es kann sogar eine Überreduktion des Indigos stattfinden; mit Ätzkalk verläuft sie wesentlich langsamer. Das Ward'sche Verfahren bestand im Aufdruck einer Mischung von Indigo, Lauge, Kalk und Glukose. Das Verdienst der Überführung in die Praxis gebührt Adolf Schlieper (s. o.), welcher den glücklichen Gedanken hatte, den Auftrag des Reduktionsmittels von demjenigen des Alkalis in zwei getrennten Vorgängen durchzuführen. Das Verfahren wurde bei Schlieper & Baum in Elberfeld im Jahre 1870 eingerichtet[2]), und es blieb viele Jahre hindurch in Anwendung, bis es

[1]) Siehe Weiss, Mell. 1929, S. 59.

[2]) Bull. Mulh. 1883, S. 585; 1884, S. 49; Mon. Scient. de Quesneville 1883, S. 257; Depierre III, S. 359; von de Gallois, „Über die Fixierung indigoider Küpenfarbstoffe im Dämpfdruck", Vortrag gehalten auf dem 3. Kongress des I.V.C.C., in Turin (1911), R.G.M.C. 1912, S. 106; Frb. Ztg. 1911, S. 305 und 314; B.A.S.F., Indigo rein.

durch die Natriumformaldehydsulfoxylat-Methode vollständig verdrängt wurde. Die Behandlung bestand in folgenden Prozessen:

a) Klotzung des Gewebes mit einer Lösung des Reduktionsmittels und Trocknung;

b) Druck einer Farbe, bestehend aus Indigo, Alkali und Verdickung

c) Dämpfen;

d) Oxydieren (Vergrünen) und Waschen.

Durch die Trennung des Reduktionsmittels vom Alkali hat Schlieper zwei wichtige Arbeitsbedingungen erfüllt: er vermied die vorzeitige Reduktion in der Druckfarbe vor dem Druck und bewirkte eine örtliche Mercerisation des Gewebes, da man nun der Druckfarbe so viel Alkali zusetzen konnte, dass gleichzeitig eine Reduktions- und eine Mercerisierwirkung eintrat. So erhält man eine quantitative Reduktion des Farbstoffes (siehe R.G.M.C. 1924, S. 71—73). Das Schlieper-Baum'sche Verfahren hatte einen ganz ausserordentlichen Erfolg in der Herstellung des indigoblau geätzten Artikels auf Alizarinrot oder auf unigefärbten Azofärbungen; die letztere Ausführung wurde vollkommen von Zublin und Zingg in der Firma Schlaepfer, Wenner & Co. in Salerno[1]) ausgearbeitet.

Candit V. Ein neues Reduktionsmittel, das von der Chem. Fabrik Pyrgos in Radebeul bei Dresden unter dem Namen Candit V vertrieben wurde, besteht aus einer Additionsverbindung von Glukose und Natriumhydrosulfit (Mell. 1928, S. 41; 1929, S. 630, 717). Es entstammt den Arbeiten von Haller und Solbach[2]). Das Candit V weist eine höhere Reduktionskraft als das Natriumformaldehydsulfoxylat auf; sein Vorteil besteht in der erhöhten Beständigkeit, so dass man bei besserer Ausnützung des Farbstoffes in der Kontinue-Küpe oder auf dem Jigger bei Temperaturen von 75—80° C färben kann, doch scheint es sich nicht im Druck eingeführt zu haben. In diesem Zusammenhang sei an die Arbeiten von Perndanner, Hackl und Bartl, welche diesen Gegenstand betreffen, erinnert. Diese Autoren konnten bei der Einwirkung von Natronlauge auf Glukose die Bildung von aldehydartigen Verbindungen feststellen, welche in gesteigertem Masse — im Vergleich mit Formaldehyd — mit Hydrosulfit in Reaktion treten können. Glukose, die mit Natronlauge vorbehandelt wird, besitzt demnach höhere Reduktionswirkung als unbehandelte Glukose. Sie erklären diese Erscheinung durch die Bildung nachstehender Körper:

$$C_6H_{12}O_6 \xrightarrow{\text{NaOH}} CH_2OH\text{—}CHOH\text{—}CHO + CH_3\text{—}CO\text{—}CHO + H_2O$$

$$C_6H_{12}O_6 \longrightarrow CH_2OH\text{—}CO\text{—}CH_2OH + CH_3\text{—}CO\text{—}CHO + H_2O$$

[1]) *Franz. P. 267.205;* Frb. Ztg. 1898, S. 110.

[2]) Hackl, Neuerungen in der Reduktionstechnik in Färberei und Zeugdruck, Mell. 1930, Mai, S. 383, und Juli, S. 530.

Diese aldehydartigen Verbindungen, also der Glyzerinaldehyd (Glyzerose), sind an Stelle der Glukose verwendet worden, um mit dem Hydrosulfit das Sulfoxylat der Natrium-Glyzerose, einen Körper von ausserordentlicher Reduktionskraft, zu geben[1]).

Die B.A.S.F. (*D.R.P. 168.288*) empfahl die Maltose anstatt der Glukose (Fischer's Ber. 1906, S. 423).

Ward schlug das Dextrin als geeignetes Hilfsmittel für den Indigodruck (vgl. B.A.S.F. *franz. P. 278.376*, 1898) vor. Paul Wilhelm hat eine ähnliche Arbeitsweise unter Anwendung von Dextrin als Reduktionsmittel zufolge seiner Grossversuche, die er beim Aufdruck von Indigo bei Konschin in Serpoukhoff (Russland) machte, beschrieben (R.G.M.C. 1902, S. 137; *franz. P. 284.324*). Aber keines dieser Verfahren hat weitere Verbreitung gefunden, da der Ausfall unregelmässig war.

Die I. G. Farbenindustrie empfahl zur Erzielung schärferer Druckkonturen Zusätze von Oxyalkylaminen mit reduzierender Wirkung, z. B. Triäthanolamin. Man druckt beispielsweise:

100 g	Indanthrenfarbstoff in Teig
200 g	Triäthanolamin
100 g	Pottasche
600 g	Stärke-Tragantverdickung
1000 g	

Ein anderes Reduktionsmittel wurde von Cheshire in der Firma Voronin, Luetschy und Cheshire in Petrograd[2]) (1910), ausprobiert. Es handelt sich hier um das Reduktionsprodukt von Natriumsulfid mit Formaldehyd in Gegenwart von Bisulfitformaldehyd. Dieses Reduktionsmittel kann bei ungereinigten, noch Polysulfide oder alkalische Sulfide enthaltenden Schwefelfarbstoffen angewendet werden, wodurch man die Angriffe der Produkte auf die Kupferwalzen und die Rakel vermeiden kann. Die Druckfarbe ist sehr beständig, sie lässt sich gut verarbeiten, und eine vorherige Reduktion in der Druckpaste ist nicht zu bemerken[3]). Hier wäre überdies eine Arbeit von Chartscheff über denselben Gegenstand zu verzeichnen (Frb. Ztg. 1913, S. 255, Manufaktur Voronin, Petrograd). Auch hier wird das Kondensationsprodukt von Formaldehyd mit Schwefelnatrium besprochen, das durch Auflösen von Schwefelnatrium in einem Gemenge von Formaldehyd und Bisulfit entsteht. Es kristallisiert in farblosen Nadeln, ist sehr beständig und reduziert leicht die Küpenfarbstoffe, wobei es

---

[1]) Mell., Januar 1930, S. 42; Über den Chemismus der Hydrosulfit-Glukose-Küpe, Mell., Juli 1930, S. 533; Tiba, August 1930, S. 963; Pomeranz, Konstitution der beständigen Hydrosulfite, Mell. 1930, S. 286.

[2]) Frb. Ztg. 1913, S. 255, Bull. Mulh. 1932, S. 555; R.G.M.C. 1933, S. 101.

[3]) Vgl. auch *D.R.P. 164.506*, Cassella; *D.R.P. 217.587*, 1907, Weiler-ter-Meer; Trithioformaldehyd, Baumann, Ber. *23*, S. 60 und S. 1869; Wohl, Ber. *19*, S. 2344.

gleichzeitig den Leukokörper löst. Ein Hauptvorteil wäre die Umgehung jeder Überreduktion, die nach Chartscheff tatsächlich im Formaldehydsulfoxylatverfahren leicht eintreten und dadurch grössere Farbstoffverluste verursachen kann. Dagegen geht bei dem vorliegenden Produkt die Reduktion langsamer vor sich, so dass man zwei Phasen wohl unterscheiden kann:

a) Vorreduktion in der Druckfarbe und Bildung einer Vorstufe der Leukoverbindung;

b) Reduktion im Dampf und Bildung der vollständigen Leukoverbindung, wogegen die Reduktion mittels Formaldehydsulfoxylat unmittelbar und ohne Zwischenstufe zur Leukoverbindung führt.

Chartscheff und Levit haben ein Produkt patentiert (*D.R.P. 251.935*), welches unter dem Namen Sulfosol von der Firma Wacker und Schmidt in Mülhausen nach folgenden Rezepten hergestellt wurde:

1 kg kalziniertes Natriumsulfid
1 l heisses Wasser, lösen, erkalten lassen und
2 kg Formaldehyd 40%ig hinzufügen

oder

1 kg Natriumbisulfit 38° Bé
1 kg kalziniertes Natriumsulfid, 12 Stunden in der Kälte belassen und
2 kg Formaldehyd 40%ig hinzufügen.

Es bildet sich ein kristallines Pulver.

Auf anderem Wege hat Cassella (1910) laut *D.R.P. 164.506* und *168.598* einen Körper erhalten, der durch die Einwirkung von Formaldehyd auf Schwefelnatrium gebildet wird, und zwar lässt man dort eine konz. Schwefelnatriumlösung durch Erwärmen auf 100° C mit Formaldehyd reagieren. Hier entsteht zum grössten Teil Trithioformaldehyd. Im Dampf wird das Schwefelnatrium im alkalischen Medium wieder zurückgebildet, wodurch die Reduktion des Farbstoffes zu Ende geführt wird:

$$H_2C\begin{array}{l}\diagup S-CH_2 \diagdown \\ \diagdown S-CH_2 \diagup\end{array}S$$

Trithioformaldehyd.

Diese Arbeiten werden nur aus literarischen Gründen angeführt; in der Praxis haben die hier eben erwähnten Produkte keine Anwendung auf dem Gebiete des Küpendrucks finden können.

Ausserdem wurde von der B.A.S.F. noch das Zinnoxydul als Reduktionsmittel für Küpenfarbstoffe genannt. Das Verfahren[1]) ist im *franz. P. 363.533*, im *D.R.P. 209.427*, auch in Frb. Ztg. 1909, S. 301

[1]) Vgl.: Die Grundzüge für die Verwendung der Farbstoffe der B.A.S.F. auf dem Gebiet der Druckerei, 1921, S. 105—108 und B.A.S.F., Die Indanthrenfarbstoffe, 1910, S. 38.

niedergelegt. Endlich empfiehlt das *franz. P. 687.734* der I. G. (1930) die Verwendung der Verbindungen des dreiwertigen Titans, $TiCl_3$ oder $Ti_2(SO_4)_3$, an Stelle des Rongalit C.

Alkalische Mittel.

In praktischer Hinsicht unterscheiden sich die verschiedenen Ansätze nur durch das verwendete Alkali.

Die Auswahl des Alkalis[1]) hängt davon ab, wie leicht der Küpenfarbstoff zu reduzieren und wie löslich das Leukoderivat im betreffenden Medium ist. Hauptsächlich verwendet man Natronlauge oder Pottasche. Erstere allein wird beim Druck von Indigo (*D.R.P. 180.069;* Frb. Ztg. 1899, S. 319) und beim Druck bestimmter Küpenfarbstoffe, speziell des Indanthrenblau RS in Teig angewendet. Die Druckfarbe enthält hier bis zu 500 g Lauge 38° Bé und das einzige Verdickungsmittel, das in diesem Fall in Frage kommt, ist Britishgum oder gebrannte Stärke.

Schwache Alkalien, besonders die Karbonate, eignen sich für die leicht reduzierbaren Küpenfarbstoffe, deren Leukoverbindungen eine grosse Affinität zur Faser haben, so z. B. die Halogenderivate des Indigos und die thioindigoiden Farbstoffe. Die Pottasche enthaltenden Druckfarben geben bei den meisten Küpenfarbstoffmarken gute Ausfälle, und darum ist dies die meist verbreitete Arbeitsweise.

Das Kaliumsalz wird deshalb gebraucht, weil es löslicher ist als das Natriumsalz. Ebenso werden die Druckfarben, die mit Lauge und Pottasche (oder Soda) angesetzt sind, ebenso wie diejenigen, welche nur Pottasche enthalten, in den meisten Fällen für den Druck indigoider und anthrachinoider Typen verwendet, z. B. für Cibablau 2B, Cibaviolett B, R und 3B, Cibascharlach G usw.

Die Dämpfverfahren, die industriell angewendet werden, sind folgende:

1. Das normale Pottasche-Rongalit C-Verfahren (W. Sieber in Reichenberg).
2. Das Pottasche-Vorreduktionsverfahren.
3. Das kombinierte Pottasche-Natronlaugeverfahren (Scheurer-Lauth & Co. - L. Diserens).
4. Das Bikarbonatverfahren.
5. Das Soda-Vorreduktionsverfahren.
6. Das stark alkalische (Natronlauge) Druckverfahren.

Man kann den Farbstoff mit Hydrosulfit vorreduzieren oder in nicht reduziertem Zustand drucken.

Von diesen Druckverfahren zur Fixierung von Küpenfarbstoffen findet industriell das Pottasche-Rongalit C-Verfahren, seiner ein-

[1]) Anreissen von Kupferdruckwalzen beim Druck mit alkalischen Druckfarben, Mell. 1930, Nr. 6; Mell. 1931, S. 328; Mell. 1940, S. 536.

fachen Arbeitsweise und der verhältnismässigen Betriebssicherheit wegen, weitgehend Anwendung[1]).

Ohne Vorreduktion:

100—300 g	Küpenfarbstoff in Teig
50—100 g	Glyzerin oder 50 g Glyecin A
0— 30 g	Solutionssalz B oder B neu
550—300 g	Stärke-Tragant- oder Bristishgum-Stärke- oder Britishgum-Schirazgummi-Verdickung
80—120 g	Pottasche
60—100 g	Rongalit C extra
160— 50 g	Wasser
1000 g	

Mit Vorreduktion:

100—300 g	Küpenfarbstoff in Teig
50—100 g	Glyzerin oder 50 g Glyecin A
30 g	Solutionssalz B oder B neu
500—250 g	Stärke-Tragant- oder Britishgum-Stärke- oder Britishgum-Schirazgummi-Verdickung
120 g	Pottasche
40 g	Natriumhydrosulfit konz. Pulver werden zusammen ½ Stunde auf 60° C erwärmt, bis der Farbstoff gelöst ist, dann kühlt man ab und gibt
160 g	Rongalit C extra 1:1 zu.
1000 g	

Die einzelnen Vorreduktionsverfahren, das Soda-Vorreduktionsverfahren und das Pottasche-Vorreduktionsverfahren werden seltener angewendet, da ihre Arbeitsweise umständlicher ist, obgleich in verschiedenen Fällen grössere Farbstoffausbeuten und teilweise auch gleichmässigere Drucke erhalten werden können.

Das kombinierte Pottasche-Natronlaugeverfahren ergibt mit den meisten Farbstoffen sehr regelmässige Resultate[2]).

Als Beispiel geben wir hier folgende Rezeptur:

I (ohne Vorreduktion)

500 g	alkalische Verdickung I oder II
80 g	Indanthrenbrillantgrün B Teig fein konz.
140 g	neutrale Verdickung
120 g	Wasser
160 g	Rongalit C extra 1:1
1000 g	

II (mit Vorreduktion)

300 g	Cibabraun G Mikroteig
100 g	Britishgum trocken
230 g	Britishgumverdickung 1:1
20 g	Glyecin A
20 g	Harnstoff
100 g	Kaliumkarbonat 45° Bé
30 g	Natronlauge 38° Bé
40 g	Natriumhydrosulfit, konz. auf 60° C erwärmen, abkühlen und
160 g	Rongalit C 1:1 zusetzen
1000 g	

[1]) Siehe W. Sieber, Über Indanthren-Dämpfdruckverfahren, Mell. 1926, S. 141 bis 143.

[2]) Von Louis Diserens in der Firma Scheurer-Lauth & C°, Thann im Elsass, ausgearbeitet und in die Praxis eingeführt.

Alkalische Verdickung.

I.		II.	
100 g	Tylose MGA	537 g	kaltes Wasser
700 g	Wasser, während 2 Std. kochen	114 g	Weizenstärke, aufschlemmen, dann während 3/4 Stunden kochen und nach dem Auflösen
30 g	Kartoffelstärke mit	294 g	Britishgum trocken
115 g	Wasser aufschlemmen und der Tyloselösung zugeben, 20 Minuten kochen	90 g	Débécuvol C (L.Z.J.)
90 g	Débécuvol C (L.Z.J.)	375 g	Pottasche 45° Bé
375 g	Kaliumkarbonat 45° Bé	90 g	Natronlauge 38° Bé zusetzen
90 g	Natronlauge 38° Bé		
1500 g		1500 g	

Das Bikarbonatverfahren hat praktisch heute kaum noch Interesse. Seine Anwendung beschränkt sich wohl nur auf jene Fälle, in denen Farbstoffe zum Druck gelangen sollen, die als Farbstoffe nicht die für den Druck erforderliche Homogenität besitzen und demgemäss, um egalen Druckausfall zu erhalten, mit Natronlauge und Hydrosulfit in der Druckfarbe vorverküpt werden müssen. Dieses ebenfalls sehr umständliche Arbeitsverfahren ist nur für eine gewisse Auswahl von Farbstoffen mit Erfolg anwendbar und gibt bei Direktdruck von an sich gut geeigneten Küpenfarbstoffen meist einen schwächeren Druckausfall als das Pottasche-Rongalitverfahren.

30 g	Farbstoff in Pulver
30 g	Alkohol
80 g	Glyzerin oder 40 g Glyecin A
400 g	Verdickung
145 g	Wasser
65 g	Natronlauge 38° Bé
40 g	Hydrosulfit konz., auf 60° C erwärmen, dann
60 g	Natriumbikarbonat und
150 g	Rongalit C 1:1 zusetzen
1000 g	

Natrium- oder Kaliumbikarbonat wurde von Bayer & Co. für den Druck von Küpenfarbstoffen, insbesondere von Algolfarbstoffen empfohlen; der Grund liegt darin, dass diese Farbstoffe Azylaminderivate sind und dass man stärkere alkalische Einwirkungen, welche die Azylamingruppe aufspalten könnten, vermeiden muss[1]).

Die stark alkalischen Druckfarben ohne bzw. mit Vorreduktion sind nur auf Spezialartikel beschränkt (Indanthrenblaudruck).

Ein sehr interessantes Verfahren, das im *franz. P. 800.980; brit. P. 473.353* (Ciba-Haller) geschützt ist, bezieht sich auf den Druck von Cibanonblau RS oder O und überhaupt auf schwer fixierbare Küpenfarbstoffe. Dieselben lassen sich in guten Ausbeuten in Gegenwart kleiner Mengen von Natriumformaldehydsulfoxylat mit solchen stark

[1]) *D.R.P. 263.419*, 1911; *brit. P. 22.201*, 1912 (Bayer); Frb. Ztg. 1913, S. 463; Chem. Ztg. 1913, Rep. S. 453.

alkalischen Druckfarben (500—600 g 50%ige Natronlauge pro kg Druckfarbe, mit Britishgum verdickt) drucken.

Druckfarbe.

650—550 g alkalische Verdickung WB
100— 0 g Natronlauge 38° Bé
100—150 g Rongalit C extra 1:1
150—300 g Farbstoff in Teig
1000 g

Alkalische Verdickung WB.

90 g Britishgum trocken
60 g Stärke
120 g Wasser
10 g Natronlauge 38° Bé, anteigen, über Nacht stehenlassen und
720 g Natronlauge 38° Bé zusetzen
1000 g

Den Gegenstand des *brit. P. 473.353* der Ciba bildet ein Druckverfahren, welches sich besonders für Farbstoffe eignet, die sich mit dem Natriumformaldehydsulfoxylat-Verfahren nicht normal fixieren lassen. Der Patentanspruch besteht in der Anwendung von stark ätznatronhaltigen (25%) Druckfarben mit wenig (3%) oder überhaupt ohne Reduktionsmittel. Als Verdickungsmittel wird ausschliesslich Britishgum gebraucht. Dieses Verfahren kommt für den Druck von Farbstoffen wie das Cibanonblau RNS, Cibanonrot 3BN usw. in Frage.

In einem versiegelten Schreiben aus dem Jahre 1911 (Bull. Mulh. 1925, S. 159) hat L. Lantz an Stelle der Soda- eine Wasserglaslösung von 35° Bé empfohlen.

Gewisse indigoide Küpenfarbstoffe wie das Cibarot 3B (früher Helindonrot 3B) oder das Algolorange R (Helianorange RF von Francolor) fixieren sich sehr gut in Gegenwart von Kaliumsulfit, das aber selten allein, sondern meist in Verbindung mit Lauge angewendet wird.

Druckfarbe.

150 g Cibarot 3B in Teig
300 g Britishgumverdickung 1:1
200 g Wasser
250 g Kaliumsulfit 45° Bé
100 g Rongalit C extra 1:1
1000 g

Laut *D.R.P. 555.305*, auch brit. *P. 373.558* oder *franz. P. 729.412* der Ciba ersetzt man einen Teil des Alkalis (Pottasche oder Lauge) durch organische Basen, wie Triäthylamin, Piperazin usw., wodurch bei der Buntreserve von Küpenfarbstoffen unter Anilinschwarz die gefürchtete Hofbildung (Aureolen) nicht eintreten soll.

Einige Verfahren zielen auch darauf hin, die alkalische Druckfarbe ohne die Gefahr einer Faserschädigung auf tierischer Faser anwenden zu können. So haben Bayer & Co. (Frb. Ztg. 1912, S. 460; Öst. W. u. L. Ind. 1912, S. 401) Natriumstannat als basisches Mittel für den Wolldruck bezeichnet, da dieses die Wollfaser nicht angreift. Dagegen empfiehlt Grossheintz (Bull. Mulh. 1913, S. 285; Frb. Ztg. 1913, S. 420) ebenfalls für den Wolldruck die Verwendung von Ammoniak statt fixer Alkalien. Kalle & Co. haben auch im *D.R.P. 391.995*, 1917 vorgeschlagen, das zur Reduktion der Küpenfarbstoffe mit Hydrosulfit u. dgl. nötige Alkali durch Ammoniak, Ammoniumkarbonat oder -bikarbonat zu ersetzen.

Im *D.R.P. 486.488* der I. G. Farbenindustrie (1925) wird der Ersatz der Ätzalkalien oder der Pottasche durch Salze schwacher Säuren, wie Natriumphosphat oder -aluminat, geschützt.

Ciba schlägt im *schweiz. P. 166.186*, ebenso im *franz. P. 763.509* dagegen den Ersatz der Pottasche durch Natriumsalze organischer Verbindungen wie z. B. Natriumphenolat, Natriumglykolat oder β-Naphtolat vor, wobei man noch gewisse Reduktionsbeschleuniger wie Anthrachinon oder Salze des dreiwertigen Eisens oder des Titans zugibt. Diese Farben enthalten dann keine Pottasche mehr; man verwendet nur wenig Natriumformaldehydsulfoxylat, dafür aber 10% Glukose.

Im *brit. P. 386.433* (I. G.) findet man für Wolldruck mit Küpenfarbstoffen die Vorschrift, das Natriumformaldehydsulfoxylat durch Glukose und das fixe Alkali durch Ammoniak, Natriumphosphat oder auch durch Triäthanolamin zu ersetzen.

Da auch die Azetatseide wegen der Verseifungsgefahr beim Druck von alkalischen Farben leiden kann, trifft das *brit. P. 417.978* und das *franz. P. 765.960* der Rhodiaceta für diesen Fall durch die Auswahl der basischen Mittel Vorsorge; hier ist es wichtig, dass die Wanderung des Alkalis durch die Verdickung hindurch auf die Faser nicht zu schnell vor sich geht, weshalb man die gebräuchlichen Ätzalkalien durch Magnesiumhydroxyd, $Mg(OH)_2$, ersetzt; neben dem Natriumformaldehydsulfoxylat erfolgt demgemäss eine Zugabe von 50 g $Mg(OH)_2$ pro kg.

Verdickungsmittel[1]).

Das beste Verdickungsmittel für Küpenfarbstoffe ist sicherlich Britishgum, der sowohl für kaustische Farben als auch für solche, die frei von Ätzalkalien sind, geeignet ist. Das Abflecken des Farbstoffes während des Dämpfens ist mit dieser Verdickung grösstenteils ausgeschaltet. Der Nachteil dieser Verdickung liegt in einer geringen Ausbeute der mit ihr zubereiteten Küpenfarbstoffe. Um eine bessere Aus-

[1]) Anreissen von Kupferdruckwalzen beim Druck mit alkalischen Druckfarben; Mell. 1930, Nr. 6; Mell. 1931, S. 328; Mell. 1940, S. 536. Siehe Bd. *3*, Kap. XV.

beute zu erzielen, benutzt man in der Praxis eine Mischung von Britishgumverdickung mit Stärkekleister. Dies erhöht jedoch die Gefahr des Abfleckens während des Dämpfens bedeutend.

Ein gutes und normales Fixieren der Küpenfarbstoffe ist von der möglichst grossen Menge Wasser, die auf der Ware während des Dämpfens kondensiert, abhängig. Diese Wassermengen sind um so grösser, je mehr passive Substanzen sich in der Druckfarbe befinden und je grösser die spezifischen Wärmewerte derselben sind. Es wäre deshalb von Vorteil, solche Farben zu drucken, die grosse Mengen von aufgelösten Substanzen enthalten, was z. B. der Fall ist bei Küpenfarben, die mit Britishgum verdickt sind.

Der hohe Gehalt an Trockensubstanz, die in der Britishgumverdickung enthalten ist, erleichtert die Kondensation des Dampfes an den bedruckten Stellen, weshalb sich die Fixierung des Leukokörpers unter optimalen Bedingungen vollzieht.

Aber wie schon erwähnt, fallen die Drucke mit diesem Verdikkungsmittel wesentlich heller aus als mit Stärkeverdickung. Die Ursache liegt darin, dass eine mit Britishgum bereitete Druckfarbe beim Drucken viel besser in die Faser eindringt als eine solche, die mit Stärkeverdickung zubereitet ist. Dieser Umstand erklärt schon teilweise die verschiedenen Ausbeuten mit diesen zwei Verdickungsmitteln; denn wenn die mit Britishgum verdickte Druckfarbe tiefer in das Gewebe eindringt, verteilt sich selbstverständlich der in ihr befindliche Farbstoff auf eine grössere Menge Fasern, während mit Stärkeverdickung der Farbstoff nur an der Stoffoberfläche bleibt. Dies hat natürlich zur Folge, dass im ersten Falle der Farbton heller ausfällt als im letzteren. Ein weiterer Grund der verschiedenen Ausbeuten mit diesen zwei Verdickungsmitteln liegt wahrscheinlich auch in der Ursache, dass während des Dämpfens dem gebildeten Leukoderivat von der relativ grossen Menge Britishgum ein bedeutend grösserer Widerstand beim Aufziehen entgegengesetzt wird als durch den Stärkekleister, der eine viel geringere Konzentration an Verdickungsmittel aufweist. Dies hat zur Folge, dass der mit Britishgum verdickte Farbstoff unvollständig auf die Faser aufzieht und beim Waschen teilweise abfällt. Das idealste Verdickungsmittel wäre demnach ein solches von sehr grosser spezifischer Wärme, welches bei sehr geringen Substanzmengen ein äusserst ausgeprägtes Verdickungsvermögen besässe und dem der Nachteil des Abfleckens nicht anhaften würde.

Die Britishgumverdickung hält die Pigmente besser in Suspension als die Stärke-Tragant-Verdickung, daher ist auch die Durchdringung eine günstigere, und ausserdem flecken Britishgumverdikkungen von guter Qualität nicht leicht ab[1]).

---

[1]) Siehe Gerber, Einfluss der Verdickungen auf die Farbtiefe von Küpendruckfarben, Mell. 1937, *18*, Aprilheft, S. 316.

Lösliche Senegalgummi- oder unlösliche indische Gummisorten geben für sich oder in Mischung mit Britishgum sehr gute Resultate, insbesondere auf Kunstseidewaren. Pfister beschreibt im *amer. P. 2.011.728* ein Verfahren, um Schiraz- oder Karaya-Gummi gegen Alkali unempfindlich zu machen. Danach wird die Ursache des Gerinnens dieser Gummiverdickungen durch Alkalien auf die Anwesenheit von Kalziumverbindungen der Kohlenhydrate zurückgeführt. Wenn man aber die Verdickung vorher mit Sodalösung erhitzt, dann die niedergeschlagenen, unlöslichen Kalksalze abfiltriert, so ist ein Zusatz von Alkalien möglich und somit auch die Verwendung dieser Verdickung für den alkalischen Küpendruck.

Man erhält eine gute Ausbeute bei schwach alkalisch gehaltenen Druckfarben durch Verwendung von Stärkeverdickungen, z. B. von neutralen Stärke-Tragant- oder Stärke-Britishgumverdickungen. Bei den mit Stärkeverdickung angesetzten Druckfarben ist ein Zusatz von benzylsulfanilsaurem Natrium (Solutionssalz) zu empfehlen. Die Aufgabe dieses Salzes besteht darin, eine Adsorption des Leukofarbstoffes durch die Stärkeverdickung zu verhindern; die Praxis hat nämlich gelehrt, dass bei nicht mit Stärke verdickten Druckfarben eine Beigabe von Solutionssalz in den meisten Fällen ganz überflüssig ist [1]).

In einer Untersuchung über die Verdickungen empfahl Peters besonders die Stärke als Verdickungsmittel für Küpenfarbstoffe; er nimmt an, dass eine Gummiverdickung im Dampf durch die in der Druckfarbe enthaltenen Alkalien nicht verflüssigt wird. So bildet sich ein homogenes und unveränderliches Gemisch; daher ist das Durchdringungsvermögen wohl gut, doch ist die Fixierung wegen der zu raschen Wiederoxydation des Leukokörpers unzureichend. Dagegen verwandelt sich die Stärke zwar im Dampf in ein homogenes Produkt, das aber bei der Abkühlung wieder in den ursprünglichen Zustand des Kleisters übergeht, den Leukokörper umschliesst und dadurch dessen langsame, regelmässige Oxydation sichert, woraus sich eine gute Farbstoffixierung ergibt (Peters, Über Solutionssalz, R.G.M.C. 1912, S. 214 und 1913, S. 27).

In der Praxis bieten immerhin die Stärkeverdickungen oft ernste Schwierigkeiten. Die Verdickung ist schwerer entfernbar und so flecken die Farben sowohl im Dämpfkasten als in der darauffolgenden Wäsche leicht ab, wobei sicherlich die Anwesenheit von benzylsulfanilsaurem Natrium diese Nachteile abschwächt. Der Hauptvorteil der Stärkeverdickung im Küpendruck liegt darin, dass sie tiefere Töne liefert als andere Verdickungen.

---

[1]) Vgl. Peters, Frb. Ztg. 1912, S. 134, 436; R.G.M.C. 1912, S. 214; 1913, S. 27; Lichtenstein, Über die Wirkung von benzylsulfanilsaurem Natrium in Druckfarben, Frb. Ztg. 1912, S. 205; Öst. W. u. L. Ind. 1912, S. 313.

Lezithin: Laut *amer. P. 1.986.360* (Hansawerke) wird die Stärkeverdickung in ihren Eigenschaften (Zügigkeit, Bindevermögen) durch Zusatz von pflanzlichen Phosphatiden, z. B. Lezithin, das aus dem Sojabohnen-Öl gewonnen wird, wesentlich verbessert (Handelsname: Splendilezithin der Hansawerke). Eine Portion von 60–80 T. Lezithin wird in 300 T. Mineralöl eingerührt und dieses Gemisch einem auf 60° C nach dem Verkochen abgekühlten Stärkekleister zugegeben (*D.R.P. 566.149*, 1931; R.G.M.C. 1932, S. 262; *brit. P. 353.873*).

Es möge in Erinnerung gebracht werden, dass das Lezithin auch im Eigelb enthalten ist. Es gehört zu den Lipoiden und ist der Distearylglyzerophosphorsäureester des Cholins:

$$
\begin{array}{l}
CH_2-O-CO-C_{17}H_{35} \\
| \\
CH-O-CO-C_{17}H_{35} \\
| \qquad\qquad\quad OH \\
CH_2-O-P\!\!\left\langle \begin{array}{l} \\ \end{array}\right. \qquad\qquad\qquad CH_3 \\
\quad\;\; \vdots \quad\; O-CH_2-CH_2-N\!\!\left\langle \begin{array}{l} CH_3 \\ CH_3 \end{array}\right. \\
\quad\;\; O \qquad\qquad\qquad\qquad\quad | \\
\qquad\qquad\qquad\qquad\qquad\quad HO
\end{array}
$$

Durch Einwirkung von Salzsäure auf Lezithin bildet sich Cholin und der Distearylglyzerinester der Phosphorsäure (Mell. 1931, S. 123; Tiba *12*, S. 427):

$$
\begin{array}{l}
CH_2-O-CO-C_{17}H_{35} \\
| \\
CH-O-CO-C_{17}H_{35} \\
| \\
CH_2-O-P\!\left\langle \begin{array}{l} OH \\ O \\ OH \end{array}\right.
\end{array}
$$

Distearylglyzerophosphorsäure

Da die wässerigen Emulsionen des Lezithins nicht genügend beständig sind, verbessert man diese Eigenschaften gemäss dem *amer. P. 1.972.764* (Engelmann) durch Zusatz kleiner Mengen von Alkaliperoxyden.

Obschon es sich um ein Pigmentdruckverfahren handelt, soll hier auch das *amer. P. 2.288.261* erwähnt werden. Dieses schlägt als Druckfarbe eine Wasser-in-Öl-Emulsion vor, welche geringe Mengen eines Phosphatides enthält, beispielsweise 0,2 bis 1 % Lezithin (% des Farbstoffgewichtes).

Man bereitet z. B. ein wässeriges Gemisch von

100 g Indanthrenblau RSA
45 g Glyzerin
50 g Glyecin A
90 g Pottasche
90 g Rongalit 40%
370 g Wasser

und emulgiert es mit der öligen Phase folgender Zusammensetzung:

2,75 g	Äthylzellulose 500 cP
1,5 g	Terpentinöl
120,75 g	Toluol
125,0 g	Solvesso (Hydrierte Erdölfraktion, Sdp. 182—210° C)
5,0 g	Sojalezithin
1000 g	

Das Verfahren ergibt sehr feine, genaue und sehr reibechte Drucke.

In einer Arbeit, welche in Mell. 1926, Februarheft, erschien, hebt W. Sieber den Vorteil des Ersatzes des Britishgums durch Kartoffelstärke zur Herstellung einer besonderen Verdickung auf Grundlage von Stärke und Glyzerin hervor. Wenn man eine solche Mischung bis zum Kochen erhitzt, so bildet sich eine klare und gleichförmige Flüssigkeit, die man auf 20—25° C abkühlt und der man Natronlauge von 40° Bé zugibt.

Nach Schindler (Mell. 1927, *8*, S. 1030) gibt die Stärke Tragant-Verdickung sehr satte Drucke; aber sie besitzt zwei Nachteile: sie mischt sich schlecht mit dem Alkali, und sie wird rasch wässerig; ihre Verwendung für grosse Flächen im Druck ist nicht zu empfehlen, dagegen ist ihr Verhalten im Dampf günstig, nur lässt die Beständigkeit der alkalischen Druckfarben zu wünschen übrig[1]).

Stärke-Britishgumverdickung gibt eine bessere Fixierung des Farbstoffes als Britishgumverdickung allein.

Eine Spezialverdickung für Küpenfarbstoffe wird von W. Hess in Mülhausen angegeben: Kartoffelstärkekleister wird mit Lauge bei 80° C behandelt und dazu harzsaure Tonerde zugefügt.

Man erhält auch eine ausgezeichnete Verdickung aus Weizenstärke und Gummi. Damit erzielt man ganz hervorragend egale Drucke, selbst mit Farbstoffen wie Cibabraun G.

Die kaltlösliche Stärke (Quellstärke), die sich leicht in kaltem Wasser löst, ist sowohl von den Stärkemodifikationen zu unterscheiden, die erst mit heissem Wasser Lösungen von Verdickungscharakter ergeben, als auch von den Dextrinen, welche Produkte eines weitergehenden Abbaus sind (vgl. Blinc und Samec, Koll. *77*/*1*, S. 134). Die Quellstärken sind schon lange in der Nahrungsmittel- und Klebstoffindustrie bekannt und im Gebrauch. Neuerdings wurden sie auch in die Textiltechnik eingeführt, und zwar speziell auf dem Gebiet der Appretur (Quellin von Scholten).

Die chemische Fabrik Scholten hat diese kaltlösliche Stärke als Mittel zur Herstellung von Druckverdickungen im *franz. P. 732.306* vorgeschlagen.

---

[1]) Herstellung von Tragantverdickungen, siehe Wengraf, Ber. 1937, Mai, S. 16.

Verschiedene Produkte auf Basis von chemisch konvertierter Stärke werden mit gutem Erfolg zum Drucken von Küpenfarbstoffen verwendet. Sie werden entweder allein oder in Mischung mit Britishgum oder mit anderen Gummen angewendet. Diese abgebauten Stärken kommen unter folgenden Namen auf den Markt:

Kovatgum (Nat. Starch Prod.)
Gum KAC 4 (Stein Hall Co.)
Hevtex

Von der Firma Scholten in Groeningen (Holland) und von Doittau in Corbeil (Frankreich) werden unter den Handelsbezeichnungen Solvitex ST und Solvitex BG2[1]) Verdickungsmittel auf Grundlage von löslichgemachter Weizenstärke vertrieben. Zur Herstellung der Verdickung löst man Solvitex durch Einstreuen in kaltes Wasser und rührt etwa eine Stunde, bis eine gleichförmig viskose Masse entstanden ist (das Wasser muss stets vorgelegt werden). Die Verdickung gibt vorzügliche Resultate im Druck mit Rapidogen- und Indigosolfarbstoffen. Für

125 g Solvitex ST nimmt man
875 g Wasser

Solvitex-Stärke-Verdickungen.

Solvitex ST-Stärke (STS-Verdickung)		Solvitex BG-Stärke (BGS-Verdickung)	
80— 90 g	Stärke (vorzugsweise Weizenstärke, sonst Maisstärke) werden mit ca.	75 g	Stärke (vorzugsweise Weizenstärke, sonst Maisstärke) werden mit ca.
125 cm³	kaltem Wasser zu einer Milch angerührt. Dann hinzufügen:	100 cm³	kaltem Wasser zu einer Milch angerührt. Dann hinzufügen:
755—740 cm³	kaltes Wasser. In diese Masse werden	750 cm³	kaltes Wasser. In diese Masse werden
40— 45 g	Solvitex ST unter Rühren hineingestreut.	75 g	Solvitex BG unter Rühren hineingestreut.
1000 g		1000 g	

Alles in einem doppelwandigen Kessel gut durcheinandermischen, rühren, kochen und bis 20—25° C unter ständigem Rühren abkühlen.

Die Aufmerksamkeit wird besonders auf die Anwendung der Solvitex BG-Stärke- (BGS-)Verdickung für Küpenfarbstoffe hingelenkt, weil dieselbe

1. einen wesentlich dunkleren Farbausfall (höhere Ausgiebigkeit des Farbstoffes) und

2. einen ausserordentlich scharfen Druck gibt.

Besonders bei den indigoiden Küpenfarbstoffen treten die Eigenschaften einer BGS-Verdickung sehr stark in Erscheinung. Die BGS-

[1]) *Franz. P. 732.306*, dieses Werk, Bd. *1*, Kap. I, S. 125.

Verdickung findet besonders Anwendung für kleinere Muster, bei welchen ein sehr scharfer Druck Bedingung ist, wie z. B. bei Hemdenstoffen.

Verdickung.

30— 40 g	Stärke (vorzugsweise Weizenstärke) werden mit ca.
70 cm³	kaltem Wasser zu einer Milch angerührt.
	Dann hinzufügen:
620—600 cm³	kaltes Wasser. In diese Masse werden
30— 40 g	Solvitex BG unter Rühren hineingestreut
100 g	Glyzerin
	Kochen in einem doppelwandigen Kessel
	mit Abkühlung bis ca. 50° C
150 g	Pottasche hinzufügen.
1000 g	

Das Grundprinzip der Herstellung dieser kaltlöslichen Stärken[1]) besteht in der Aufschliessung des Stärkekorns durch verschiedene Mittel und unter bestimmten Wärmebedingungen, um beim Zusatz von Wasser eine verdickte Lösung zu erhalten, was durch einen einfachen Vorgang der Hydrolyse nicht möglich ist. So z. B. behandelt man nach dem *öst. P. 130.649* (Henkel & Co.) die Stärke bei 140 bis 160° C unter einem Überdruck von 2 ½ Atm. Das Verfahren des *brit. P. 383.786* der Metallgesellschaft A.-G. beruht darauf, Stärkemilch in eine erhitzte Kammer einzuspritzen. Das Wasser wird bei diesem Vorgang bei einer Temperatur verdampft, welche den Punkt überschreitet, bei dem die Stärke abgebaut wird und man erhält eine lösliche Stärke in Pulverform.

Andere in der Literatur angegebene Verfahren sind:

Das *öst. P. 136.009*, auch *schweiz. P. 160.428:* Einwirkung von heissem Wasser, Trocknung und Zerstäubung der Stärkemilch in heissen Kammern, die mit heissem, gesättigtem Dampf und mit Luft von unter 100° C gefüllt sind.

Öst. P. 135.000 (Chem. Ind. Rannersdorf): Zersetzung der Stärkeverbindungen in Gegenwart von Erdalkalisalzen.

D.R.P. 582.679 (Henkel-Schulz): Einwirkung von Lauge bei Zimmertemperatur im Beisein organischer Lösungsmittel, wie Alkohol, Chlorkohlenwasserstoffe, Trichloräthylen sowie von Aldehyden und besonders von Aminen, um eine rasche Verkleisterung zu verhindern.

D.R.P. 602.832 (Gröninger): Mischung von Stärkemilch mit Triäthanolamin, sodann Verarbeitung mit Lauge von 25% und Neutralisation mit Oxalsäure.

Diese kurze — und wie bemerkt werden soll, sehr unvollständige — Übersicht betreffend die Erzeugung kaltlöslicher Stärke, soll nur dartun, wie mannigfache Produkte dieser Gruppe zum Verkauf ge-

[1]) Bd. *3*, II. Aufl. Kap. XV, S. 280—284.

langen können; somit ergibt sich um so mehr die Notwendigkeit, dieselben gründlich zu prüfen, bevor man eines derselben in den Betrieb übernimmt.

Johannisbrotkernmehl[1]): Die Verdickungen aus dem Mehl der Johannisbrotkerne eignen sich aus dem Grunde nicht für die Herstellung alkalischer Druckfarben, weil sie in diesem Falle wässerig und daher unbrauchbar werden. Gemäss dem *D.R.P. 578.776*, 1933 von Kästner soll man aber eine Verdickung aus diesem Material erhalten, welche den Zusatz von Pottasche verträgt, wenn man die Masse mit Säuren oder Diastasen so lange in der Wärme behandelt, bis die gewünschte Konsistenz erreicht ist. Leider wird das Ausgangsmaterial stark verändert und erhält reduktive Eigenschaften (*brit. P. 444.838;* Mell. 1931, Februar, S. 163). Gemäss dem *D.R.P. 749.708* von Kästner erhält man durch Behandlung von Johannisbrotkernmehl bei Siedehitze mit Säuren oder Diastasen eine für alkalische Druckpasten geeignete Verdickung.

Ähnlich ist auch das *öst. P. 150.992* (Ver. Färbereien A.-G.), wobei das Mehl in einem doppelwandigen Kessel unter Erhitzen und Durchrühren mit einer verdünnten Säure besprüht wird — so ähnlich, wie dies bei den bekannten Dextrinierungs-Apparaten der Fall ist. Die hierdurch entstehende Veränderung der Substanz hat aber mit einer Dextrinierung nichts zu tun, da das Johannisbrotkernmehl mit Stärke nicht identisch ist.

Nach dem *D.R.P. 719.786* (5. 8. 1934) der Diamalt A.G. München kann man pottaschebeständige Druckverdickungen aus Johannisbrotkernmehl herstellen, wenn man das Mehl mit mehrwertigen Phenolen, wie Resorzin, Brenzkatechin, Hydrochinon, Pyrogallol vermischt und das trockene Gemisch einige Zeit auf über 100° C erhitzt.

Das *franz. P. 838.904* und das *brit. P. 508.135* (Durand-Huguenin) geben eine neue Methode, um das Problem der Empfindlichkeit der Verdickungen aus Johannisbrotkernmehl gegen Alkalien zu lösen, in der Weise, dass dem Mehl ein Proteinkörper (Eiweiss, Leim oder dgl.) zugesetzt wird, dem man offenbar so starke schutzkolloidale Eigenschaften zuschreiben muss, dass auch bei Alkalizusatz keine Gerinnung eintritt. Die Verdickung besteht z. B. aus 20 T. Johannisbrotkernmehl, 10 T. Leim (in Lösung zugesetzt), 1 T. Salizylsäure als Konservierungsmittel, mit Wasser auf 1000 T. gestellt. Sie ist für die verschiedensten Klassen von Farbstoffen geeignet; ein Beispiel nennt auch Indanthrenbrillantgrün B nach dem normalen Pottasche-Rongalit-Rezept. Das genannte Verfahren bildet die Grundlage des unter

---

[1]) Handelsmarken: Diagum (Diamalt A.G., München), Cefen, Leicogummi, Tragasol, Siliqua, Okatol, Adurin, Fruktangummi, Ceratoniagummi, Lisogum usw. Siehe Bd. *3*, Kap. XV.

dem Namen Universalgummi bekannten Handelsproduktes von Durand-Huguenin.

Die I. G. Farbenindustrie hat versucht, neue Verdickungsmittel zu erhalten durch Einwirkung von Oxyalkylierungsagenzien wie Äthylenoxyd, Dimethyl- oder Diäthylsulfat sowie Chlorhydrinen auf Johannisbrotkernmehl. Man findet im *brit. P. 498.149* folgende Vorschrift: Die durch Extraktion der Johannisbrotkerne erhaltene wässerige Masse wird mit Natronlauge versetzt und mit Propylenoxyd behandelt. Das Reaktionsprodukt wird neutralisiert und unter Druck heiss getrocknet. Das erhaltene Verdickungsmittel ist wasserlöslich.

Das dem erwähnten britischen Patent entsprechende *franz. P. 838.184* der gleichen Firma macht zu diesem Verfahren einige weitere Angaben: Auf das in wässeriger Suspension gehaltene Johannisbrotkernmehl lässt man eine alkalische Lösung von Äthylenoxyd einwirken, neutralisiert dann mit Säure und verdampft zur Trockene. Das entstehende Produkt eignet sich ganz besonders zur Herstellung von Verdickungen für Küpenfarbstoffe. Es wird jedoch empfohlen, das Produkt in Mischung mit Tragant oder Britishgum zu verwenden.

D.R.P. 440.321; brit. P. 360.015 der Holzhydrolyse A.-G., Intern. Sugar and Alc. Comp. beschreiben die Bildung von Zucker aus Holz, dessen Aufbau noch nicht gänzlich geklärt ist. Hier sind folgende Teilvorgänge zu erwähnen:

a) Behandlung des Holzes mit Mineralsäuren;

b) Fällung der Erdalkaliverbindungen der Kohlenhydrate in der Kälte; dieser Vorgang erfordert besondere Sorgfalt;

c) Zersetzung der Kalksalze mit Kohlensäure. – Aus diesen Abbauprodukten kann man ebenfalls Verdickungen erhalten, die billiger als Stärke sind und sich als Druckmittel für Küpenfarbstoffe bewährt haben.

Zelluloseabkömmlinge.

Für den Druck von Küpenfarbstoffen kommen ferner auch Zellulose-Abkömmlinge in Betracht. Das Colloresin DK (vgl. oben), ein Zellulosealkyläther, ist in kaltem Wasser löslich, in heissem Wasser und in Alkalien unlöslich (*D.R.P. 495.712* der I. G-Gmelin, vgl. Kerth, Mell. 1935, November, S. 791). Zu Beginn war das Colloresin DK[1]) ein Zellulosemethyläther; später bestand das Handelsprodukt aus einem gemischten Äther, dem Methyloxyäthylzelluloseäther. Das Produkt ist sehr ausgiebig; 40—50 g der festen, zellstoffähnlichen

---

[1]) *Amer. P. 1.870.516* und *1.922.978* (Gen. Anil. Works).
Siehe Stockhausen, Pigmentdruck mit Küpenfarbstoffen, *amer. P. 1.922.728; D. R. P. 748.974.*

Substanz geben pro Kilo eine durchsichtige, farblose, ziemlich konsistente Verdickung.

Ihre Hauptverwendung in der Druckerei beruht auf der Eigenschaft, in der Hitze, etwa über 60° C, und durch fixe Alkalien (Karbonate), ferner durch Rongalit C, basische und neutrale Metallsalze (Sulfate), fällbar zu sein und unlöslich zu werden. Dieser Vorgang ist reversibel, d. h. die ausgefällte Verdickung ist in kaltem Wasser wieder löslich. Auch Gerbstoffe, Phenole, Nekal BX u. a. bewirken eine Gerinnung. Hieraus ergibt sich die folgende Arbeitsweise in der Druckerei:

Vor dem Dämpfen wird der bedruckte Stoff in einer warmen alkalischen Rongalitlösung behandelt, wobei kein Ausfliessen der Farbstoffe stattfindet, da das Colloresin unter diesen Bedingungen unlöslich ist; hierauf wird getrocknet, gedämpft und wie üblich fertiggestellt. Dieses Verfahren wird hauptsächlich für den Hand- und Filmdruck mit Küpenfarbstoffen verwendet, da auf diese Weise aufgedruckte Küpenfarben beliebig lange vor dem Dämpfen ohne Schädigung aufbewahrt werden können.

Colloresin DK wird durch Salze (Soda, Sulfate), durch Natriumsulfoxylat, durch Nekal oder Tannin niedergeschlagen. Seine Verwendung erwies sich als vorteilhaft beim Druck der Küpenfarbstoffe, der Beizenfarbstoffe (mit Ausnahme des Alizaringelb GG), der sauren Wollfarbstoffe und insbesondere im Reserveverfahren unter Anilinschwarz. Tatsächlich kann man bei Küpenreserven die Bildung von Höfen im letzteren Falle vermeiden, wenn man dem Schwarzklotz eine gewisse Menge von Colloresin zusetzt, da dasselbe an den Berührungsstellen unlöslich ausfällt[1]).

Es wird im *D.R.P. 525.182* vorgeschrieben, der Verdickung solche Körper beizumengen, die durch Alkalieinwirkung ausfallen und dadurch die Wanderung des Leukokörpers in die Faser hemmen; hier nennt das Patent beispielsweise das Bentonit, ein natürliches Aluminiumsilikat. Nach Kerth (Mell. 1937, Mai, S. 378) kann man das Colloresin DK mit Stärke- und Tragant-Verdickungen mischen, dagegen bleiben Gemische mit Gummi- oder Britishgumverdickung nicht homogen.

Laut *D.R.P. 562.985* der I.G.-Sponsel sind dagegen die Oxyalkyläther der Zellulose in heissem Wasser löslich und als Verdickungsmittel in alkalischen Farben anwendbar. Dieses Patent entspricht wahrscheinlich dem Produkt, welches unter der Handelsbezeichnung Colloresin V extra bekannt ist und als Verdickungsmittel von der

---

[1]) Siehe hierzu *amer. P. 1.922.978* Pfeffer; Colloresindämpfer: *D.R.P. 574.939* der I. G., ebenso *amer. P. 1.870.516:* Verwendung eines Gemisches pflanzlicher, durch Alkalieinwirkung gerinnender Substanzen an Stelle des Colloresins und *D.R.P. 582.114* (Ciba): Mischung von Gummi mit Eisenchlorid.

I. G. im Jahre 1940 vorgeschlagen wurde[1]). Das Produkt weist gegenüber Colloresin DK verschiedene Vorteile auf, vor allem denjenigen, in kaltem wie in warmem Wasser löslich zu sein. Die Drucke haben nach dem Trocknen einen weichen Griff, und die Verdickung lässt sich durch Waschen in kaltem oder warmem Wasser fast ohne Benützung von Stangenseife entfernen. Schliesslich bilden sich auch bei schnellem Drucken keine Schatten.

Im trockenen Zustande ist Natrium-Zelluloseglykolat auch bei längerer Lagerung absolut beständig gegen Bakterien und Enzyme. Auch im gelösten Zustande bleibt die Beständigkeit gegen Mikroorganismen gross; eine Schädigung kann nur unter besonders ungünstigen Bedingungen eintreten. Sehr geringe antiseptische Zusätze, wie

0,1 % Metakresol,
0,1 % Monochlorxylenol,
0,001 % Phenylquecksilberazetat

schützen die Lösungen von Natrium-Zelluloseglykolat sehr wirksam.

Colloresin V extra ist ein Derivat der Holzzellulose, das man durch Einwirkung von Monochloressigsäure auf eine mit Natronlauge vorbehandelte Holzzellulose erhält. Es hat wie Colloresin DK die Konstitution eines Zellulose-Äthers und entspricht dem Natriumsalz des Glykolsäure-Zelluloseäthers, der Formel:

$$\text{Zellulose}\begin{cases}\text{O—CH}_2\text{—COONa}\\ \text{O—CH}_2\text{—COONa}\\ \text{O—CH}_2\text{—COONa}\end{cases}$$

Zelluloseglykolsaures Natrium.

Colloresin V extra verträgt Zusätze von Rongalit C, Pottasche und Rhodanammonium ohne Veränderung. Nur Chrom-, Aluminium- und Ferrisalze bewirken Koagulation, die aber durch Zusatz von Ameisensäure, Tartraten, Glykol- oder Milchsäure verhindert werden kann. Die Stammverdickung gleicht in Färbung, Viskosität und Zügigkeit einer Britishgumverdickung 1:1. Colloresin V extra wird weder durch Säuren noch durch Alkalien in seinen wesentlichen Eigenschaften beeinflusst. Dank seiner ausgezeichneten Zügigkeit kann es als Verdickung im Maschinen-, Film- und Handdruck an Stelle von Tragant,

---

[1]) Handelsnamen:

Collocel (Dow Chem.)	Cellappret (I. G.)
Renose V extra (Ciba)	Glycelose A (Sinnova)
Blanose (Novacel)	Tylose MGC (I. G.)
Sodium CMC (Du Pont)	Relatin (Dehydag)
Carboxymethocel S (Ciba, N. Y.)	Cellcosan (Skanska Attik Fabr. AB.) Schweden
Cellofas WFZ (I.C.I.)	Ekacelle (Francolor)

Siehe Nestelberger, Ein neues Verdickungsmittel im Zeugdruck, Mell. 1940, *21*, S. 74; *mer. P. 1.979.469; brit. P. 138.116; D.R.P. 562.985* und *662.936;* J. Soc. D. and Col. 1941, S. 254—258; E. P. Sommer, Textile Age 1947, Bd. *11*, Nr. 3, S. 46.

Britishgum und Pflanzengummi verwendet werden. Es bietet gegenüber den gewöhnlichen Verdickungsmitteln ausser einer ausgezeichneten Zügigkeit den Vorteil, sehr leicht auswaschbar zu sein. Es eignet sich als Verdickungsmittel für Direkt-, Ätz- und Reservedruck mit Küpen-, Rapidogen- und sauren Farbstoffen sowie mit Indigosolen und Anilinschwarz.

Die Verdickung wird folgenderweise zubereitet:

15 kg Colloresin V extra werden unter Umrühren in
85 l heisses Wasser eingetragen und 2 Stunden stehengelassen; hierauf wird die Verdickung gesiebt.

In der Praxis wird hauptsächlich eine Mischung mit Stärke verwendet:

7,5 kg Weizenstärke, Mais- oder Kartoffelmehlstärke mit kaltem Wasser angeteigt,
7,5 kg Colloresin V extra eingerührt, das Ganze mit Wasser auf
100 kg eingestellt, unter Rühren aufgekocht und abgekühlt.

Die mit Colloresin V extra verdickten Druckfarben drucken sich ausgezeichnet und ergeben einen reinen und sehr scharfen Druck. Die Druckfarben besitzen ebenfalls eine gute Zügigkeit.

Die I. G. Farbenindustrie hat auch das Produkt äthoxyzelluloseoxäthansulfosaures Natrium hergestellt, das zur Bereitung von Druckverdickungen bestimmt war. Die Forschungen in den Laboratorien in Höchst a. Main und Ludwigshafen sollen schon sehr weit gediehen sein; doch scheint es nicht, dass dieses Produkt eine praktische Anwendung gefunden hat.

Das *amer. P. 2.160.782* (Dow Chem. Co.) empfiehlt die Verwendung von alkylarmen Methylzellulosen als Verdickungsmittel. Diese Produkte werden durch unvollständige Alkalisierung und darauffolgende Alkylierung mit Alkylhaliden hergestellt. Die gewonnenen Substanzen, die kaltwasserlöslich, in der Hitze aber unlöslich sind, können analog den Albuminverdickungen für Pigmentdrucke verwendet werden.

Das *amer. P. 2.268.612* (Dow Chem. Co., 1942) gibt folgende Einzelheiten über die Herstellung von Natrium-Zelluloseglykolat bekannt:

Man lässt während einigen Sekunden eine 75%ige Chloressigsäurelösung auf die gleiche Menge Zellulose einwirken, worauf dieselbe mit einer 41,3%igen Natronlauge behandelt wird.

Du Pont stellt gemäss *amer. P. 2.236.545*, 1941 Natrium-Zelluloseglykolat folgendermassen her:

1000 T. Zellulose werden mit
10000 T. Natronlauge 25% behandelt,

worauf durch teilweises Entfernen der Flüssigkeit die Masse auf

3000 Teile gebracht wird. Die so erhaltene Alkalizellulose lässt man alsdann mit 725 Teilen Natriumchlorazetat reagieren[1]).

Die verschiedenen Anwendungen des Natrium-Zelluloseglykolats sind durch folgende Patente geschützt:

brit. P. 508.547 und *526.845* der I. G.: Verdickungen;

brit. P. 538.909 und *537.980* von Du Pont: Plastifizierungsmittel;

amer. P. 2.308.664 der Dow Chem. Co.: In Form von Aluminiumsalz in Mischung mit Wachsen als Hydrophobierungsmittel; auch als Stabilisator für Emulsionen;

amer. P. 2.357.469, 1944 der I.C.I. und *2.377.834* der Dow Chem. Co.: Zusatz zu Alkylzelluloseverdickungen;

amer. P. 2.335.194 von Pauser und Nüsslein: Putzmittel.

Den Gegenstand des *amer. P. 2.148.951* (Du Pont) bildet die Herstellung eines Stärkepräparates, welches durch Reaktion der Stärke mit kleinen Mengen polyfunktioneller Mittel derart entsteht, dass mindestens zwei funktionelle Gruppen einwirken. Es handelt sich hier im allgemeinen um Esterifizierungs- und Ätherifizierungsmittel, wie z. B. Epichlorhydrin, Dimethylsulfat, Dichlordiäthyl, Dichlorazetat usw., also um Substanzen, die mit zwei Resten auf die alkalisierte Stärke wirken können. Die so erhaltenen Produkte, besonders das Chlorazetat, werden als Verdickungsmittel, namentlich für Küpenfarben, empfohlen.

Man muss gemäss der Erfindung dafür Sorge tragen, dass sich wirklich beide Gruppen anlagern, denn in gewissen Fällen kann sich trotz der Anwendung zweibasischer Säuren dennoch nur eine funktionelle Gruppe im Esterifizierungs- bzw. Ätherifizierungsmittel er-

[1]) Siehe auch *amer. P. 2.276.704* (Gen. Aniline and Film Corp.): Darstellungsweise durch Einwirkung von Monohalogenessigsäure oder ihren Salzen auf mit Alkalihydroxyden vorbehandelten Zellstoff.

Ferner *brit. P. 305.230* (I. G.): Verbesserung der Zügigkeit von Küpenfarben auf enggewobene oder appretierte Stoffe durch Verwendung von Natrium-Zelluloseglykolat in der Druckpaste.

Amer. P. 1.979.469 (Du Pont): Stabilisierung von Emulsionen oder Suspensionen für Druckpasten durch Verwendung von Natrium-Zelluloseglykolat als Lösung oder Gel.

Amer. P. 2.021.932 (Du Pont): Verwendung von Natrium-Zelluloseglykolat in Färbeflotten, insbesondere für Küpenfarbstoffe. Verzögernde Wirkung.

Amer. P. 2.248.048 (Celanese Corp. of America): Der Gebrauch von Natrium-Zelluloseglykolat oder anderen Zelluloseäthern in der Druckpaste erlaubt die Mitverwendung eines den Druck begünstigenden Lösungsmittels für die Faser (Druck auf Azetatkunstseide).

Amer. P. 2.259.796 (Sylvania Ind. Co.): Druckverfahren: Der Farbstoff wird in Form einer Paste auf Zelluloseäthergrundlage aufgetragen und anschliessend in einem Bade entwickelt, welches gleichzeitig das Zellulosederivat koagulieren lässt.

Amer. P. 2.265.915 (Lilienfeld Patents Inc.): In dem als Appret verwendeten Natrium-Zelluloseglykolat können Pigmente dispergiert werden. Das Gewebe (Baumwolle) wird imprägniert, dann lässt man koagulieren.

geben. Ein Beispiel ist das Reaktionsprodukt von Benzoylchlorid auf eine beliebige Dikarbonsäure nach der Gleichung:

$$C_6H_5\text{—}C{\overset{O}{\underset{Cl}{\lessgtr}}} + (CH_2)_n(COOH)_2 \longrightarrow C_6H_5\text{—}C{\overset{O}{\underset{O\text{—}CO\text{—}(CH_2)_n\text{—}COOH}{\lessgtr}}} + HCl$$

Das daran anschliessende *amer. P. 2.148.952* derselben Firma überträgt den Gedanken auf analoge Behandlungen von Zelluloseäthern, ebenfalls zu Verdickungszwecken. Hier tritt wieder einmal der Parallelismus zwischen Zellulose und Stärke in Erscheinung.

In den vorliegenden Beispielen wird hauptsächlich Epichlorhydrin verwendet, welches man in einem Verhältnis von 0,25—0,5 Teile auf 60 Teile einer 7 %igen Lösung des Zelluloseglykolsäureäthers in Alkali, bei gewöhnlicher Temperatur und unter starkem Umrühren etwa 12 Stunden einwirken lässt. Mit diesem Verdickungsmittel soll man bedeutend vollere Küpenfarbstoffdrucke als mit Zelluloseätherverdickungen, z. B. Colloresin DK, erhalten.

Das *brit. P. 513.917* (Du Pont) beschreibt die Herstellung von Zellulosederivaten, die sich ebenfalls für Druckverdickungen eignen. Man lässt zu diesem Zwecke Zellulose mit einem monofunktionellen Ätherifizierungsmittel, wie Methylchlorid, oder mit Natriumchlorazetat in Gegenwart einer geringen Menge eines bifunktionellen Ätherifizierungsmittels, wie Epichlorhydrin, α, α'-Dichlordiäthyläther u. dgl. einwirken. Die Mengen des Ätherifizierungsmittels sind derart berechnet, dass durch die Substitution mit den monofunktionellen Mitteln allein eine wasserlösliche Zellulose entsteht, die nebenbei 0,0002 bis 0,25 Mol des bifunktionellen Reagens für jede Glukoseeinheit aufweist. Die derart hergestellten Erzeugnisse ergeben wässerige Lösungen von grösserer Viskosität als diejenigen, die aus Alkylzellulose gleicher Alkylzahl, jedoch ausschliesslich unter Verwendung monofunktioneller Mittel erzeugt wurden.

Da es in Deutschland sowie in den von der Achse besetzten Gebieten an stärkeähnlichen Produkten mangelte, war es seit 1941 unmöglich, die Druckereien mit Britishgum und Stärke im allgemeinen zu versorgen.

Die Drucker wurden gezwungen, mit Ersatzprodukten zu arbeiten, z. B. mit Zellulosederivaten, wie Colloresin V extra der I. G.

Da aber dieses Produkt nur aus gewissen Qualitäten Holz hergestellt werden kann, entstanden nach einiger Zeit (1942) Lieferschwierigkeiten. Nachdem nun Colloresin V überhaupt nicht mehr lieferbar war, wurde es durch ein anderes Produkt ersetzt, und zwar durch Tylose MGA oder Colloresin KB, das wasserlöslich ist und in Vereinigung mit Stärke in den Küpenfarben mit gutem Erfolg verarbeitet werden kann. Als Beispiel geben wir folgendes Rezept einer Verdickung mit Tylose MGA an:

100 g	Tylose MGA
770 g	Wasser
	während 2 Stunden kochen, dann
30 g	Kartoffelstärkemehl in
100 g	Wasser aufschlemmen, der gekochten Tyloselösung zugeben und noch 20 Minuten kochen.
1000 g	

Zum Druck von Küpenfarbstoffen wurden auch Verdickungen aus Polyvinylalkoholen vorgeschlagen. So verdickt man gemäss dem *franz. P. 691.070* der I. G. (1930) Indanthrenfarbstoffe mit einer Verdickung aus 100 g Polyvinylalkohol, den man in 900 g Wasser löst. Man druckt auf, trocknet und pflatscht in einem Bad von 110 g Rongalit und 75 g Glyzerin im Liter, trocknet und dämpft.

Laut dem *brit. P. 464.283* der I. G. kommen als Verdickungsmittel Zwischenprodukte aus der Kondensation wasserlöslicher Vinylderivate mit wasserlöslichen Polyvinylverbindungen in Betracht, sofern sich diese letzteren unter denselben Bedingungen polymerisieren lassen, wie die löslichen Komponenten. Als Beispiel dient ein Gemisch von Methylvinyläther und Oktadezylvinyläther. Nach dem Aufdruck der mit diesen Körpern verdickten Küpenfarbstoffe behandelt man in einer Lösung von Formaldehydsulfoxylat und Pottasche, trocknet und dämpft im Schnelldämpfer. (Siehe hierzu *amer. P. 2.108.994*, ebenso *D.R.P. 662.936* der I. G.)

Neue Versuche zeigten, dass sich auch Mischpolymerisate der Polyakrylsäure als Druckverdickungsmittel eignen. (Siehe H. Gerber, Mell. 1939, *20*, S. 286; s. auch dieses Werk, I. Aufl., Kap. XIII, S. 663).

Als Druckverdickung wurde eine wässerige Lösung von Mischpolymerisaten der Polyakrylsäure angewendet, die einen Trockensubstanzgehalt von 15% hat, bestehend aus einer Mischung von

65% Polyakrylsäurenitril $(CH_2{=}CH{-}C{\equiv}N)_x$ und
35% polyakrylsaurem Natrium $(CH_2{=}CH{-}COONa)_x$

als organische Komponente, welche mit Ammoniak auf den nötigen p_H-Wert eingestellt war.

Im Sinne des *D.R.P. 662.936* der I. G.-Reppe-Hölscher-Schneevoigt kommen ebenfalls wasserlösliche Mischpolymerisate von Vinyläthern als Verdickungen für Küpenfarbstoffe in Betracht.

Das *amer. P. 2.108.994* zitiert u. a. Körper der Vinylreihe, die als Interpolymerisationsprodukte bezeichnet werden.

Nach dem *D.R.P. 713.903* (28.1.1938) von Röhm & Haas können diese Verdickungen verbessert werden, wenn man sie mit wasserlöslichen Silikaten in wässeriger Lösung mischt. Die Mitverwendung der löslichen Silikate ermöglicht die Einstellung eines ganz bestimmten Durchdringungsvermögens sowie eine bessere Farbstoffausnutzung. (Mell. 1943, S. 150.)

Als Verdickungsmittel wäre hier noch Natriumalginat zu nennen, das am besten in Mischung mit Kartoffelstärke verwendet wird (über Alginat, siehe Kapitel XV).

Zur näheren Veranschaulichung diene nachstehendes Rezept einer Alginatverdickung:

100 g	Natriumalginat (Soc. de Prod. Chim. et Pharmaceutiques in Quimper, Frankreich)
18 g	Kartoffelstärke
882 g	Wasser
1000 g	

Küpenfarbstoffe, die mit dieser Verdickung gedruckt werden, ergeben bedeutend bessere Ergebnisse als mit der gewöknlichen Stärke-Britishgumverdickung.

Schliesslich wären noch die anorganischen Verdickungsmittel kurz zu erwähnen, die auf der Grundlage kolloidaler Siliziumverbindungen hergestellt sind und unter dem Namen Sisol von der Firma Gignoux in Lyon als Verdickungen für Küpenfarbstoffe empfohlen werden. Sie sind darum bemerkenswert, weil die verdickten Substanzen durch sie in nicht absetzender Suspension gehalten werden. Da sie neutrale und chemisch indifferente Körper sind, haben sie den Vorteil der leichten Entfernbarkeit von der Faser, durch einfaches Abspülen, sie adsorbieren selbst den Farbstoff nicht, und somit ist die Ausbeute an fixiertem Farbstoff viel grösser.

Als Verdickungsmittel kommen auch die Bentonite in Frage, welche der folgenden allgemeinen Formel entsprechen:

$$Al_2O_3 \cdot SiO_2 \cdot n\,H_2O$$

Nach dem *franz. P. 812.944* (L. Marion und Mme Béraud) werden die in Form unlöslicher Niederschläge befindlichen Bentoniten zur Erhöhung der Viskosität der Druckfarben verwendet. Diese Produkte geben mit Wasser sehr beständige Suspensionen, welche durch Elektrolyte ausgefällt werden[1]).

Die I. G. beschreibt im *D.R.P. 696.722* (24. 3. 1937) ein Verfahren zum Drucken von Textilstoffen mit Küpenfarbstoffen, nach welchem Druckpasten verwendet werden, welche dicke Metalloxydsole oder amphotere Metalloxydgele als Verdickungsmittel enthalten. Der Vorzug dieser Sole vor anderen Verdickungsmitteln wie Stärke, Tragant besteht nicht nur im niedrigen Preis, sondern auch in ihrer Eigenschaft, Drucke von besonders guter Kaltwaschechtheit zu liefern.

[1]) Siehe auch *brit. P. 631.907* der United Turkey Red. Co. Ltd.

Zusatz von Hilfsmitteln zur Druckfarbe.

Die Fixierung der Küpenfarbstoffe kann durch eine ganze Reihe von Substanzen verbessert werden. Es wurde festgestellt, dass in den so häufigen Fällen von unregelmässigen Dampfverhältnissen Zusätze hygroskopischer Körper, Lösungs- oder Dispergiermittel, die Reduktion des Farbstoffs, die Lösung und das Aufziehen des Leukoderivats auf die Faser erleichtern, so dass kräftigere Töne und eine Verkürzung der Dämpfdauer die Folge sind.

Andererseits gestattet die Verwendung von hydrotropen oder sonstigen Dispergiermitteln eine Erhöhung der Beständigkeit der Druckfarbe vor dem Dämpfen, und zwar in der Weise, dass man die bedruckten Stücke länger vor der Dampfbehandlung ohne Gefahr eines schwächeren Farbausfalls liegenlassen kann.

Endlich bringt eine Gruppe von Hilfsmitteln die Wirkung einer leichteren Fixierung der Farbstoffe an sich hervor und gestattet hierdurch ebenfalls eine Verkürzung der Dampfpassage.

Es soll versucht werden, eine Gruppierung derartiger Hilfsmittel durchzuführen, wobei wohlgemerkt die Trennungslinien nicht sehr scharf sein können, da verschiedene Substanzen mehrere der erwähnten Wirkungen zugleich ausüben können. So z. B. beschleunigen die hydrotropen Substanzen nicht nur die Fixation, sondern sie wirken auch gleichzeitig verteilend in der Druckpaste und beschleunigen den Reduktionsprozess, daher egalisieren sie und geben dabei bessere Ausbeuten. Demnach wäre zu unterscheiden in

a) Lösungsmittel und hygroskopische Körper;

b) die Fixierung beschleunigende Mittel (Verminderung der Dämpfdauer), Reduktionskatalysatoren;

c) hydrotrope Substanzen;

d) dispergierende Mittel oder andere Verbindungen, welche die Ausgiebigkeit, die Beständigkeit und die Egalität der Drucke steigern.

Nach diesen Gesichtspunkten sollen die Patente und die darauf Bezug habenden Arbeiten im folgenden besprochen werden.

a) Lösungsmittel und hygroskopische Körper.

Das Glyzerin hat sich zufolge seiner hygroskopischen Eigenschaften bei schlechten Dampfverhältnissen (überhitzter Dampf) als wirksam erwiesen, doch kann dessen Zusatz nur als Vorbeugungsmittel angesehen werden, da man durch eine gut eingestellte Dampfzufuhr wesentlich grössere Wassermengen auf dem Gewebe kondensieren kann, als es das Glyzerin zufolge seiner Wasseraufnahme imstande wäre. Man muss darauf hinweisen, dass zum Zwecke einer weitgehenden Verbesserung des Ergebnisses sehr hohe Zusätze (100—130 g pro Kilo Druckfarbe) nötig wären, welche Mengen in den Zirkularen der Farbenfabriken niemals genannt werden. Doch kann man annehmen, dass das Glyzerin die Löslichkeit des Leukofarbstoffes erhöht und dadurch das Eindringen in die Faser erleichtert.

Das *D.R.P. 578.821* der I. G. hat die Verwendung der Polyglyzeride zum Gegenstand, und zum selben Zweck gebraucht man Glukose oder Azetin (vgl. R.G.M.C. 1924, S. 316).

Das Thiodiäthylenglykol wurde von der I. G. im *D.R.P. 339.690* aus dem Jahre 1919, im *brit. P. 147.102*, im *schweiz. P. 159.928* und im *franz. P. 713.460*, ebenso von der Newport Chem. Corp. im *franz. P. 711.869* empfohlen. Der Körper fand im Weltkrieg als Zwischenprodukt der Yperit-(Dichlordiäthylensulfid)-Erzeugung Verwendung; er entsteht durch die Einwirkung von Schwefelnatrium auf das Glykolchlorhydrin bei 90—100° C nach der Gleichung:

$$2\,\begin{matrix} CH_2-Cl \\ | \\ CH_2-OH \end{matrix} + S\langle\begin{matrix} Na \\ Na \end{matrix} \longrightarrow S\langle\begin{matrix} CH_2-CH_2-OH \\ CH_2-CH_2-OH \end{matrix} + 2\,NaCl$$

(Siedepunkt 208° C)

Das Thiodiäthylenglykol erwies sich als ein ausgezeichnetes Farbstofflösungsmittel, insbesondere für basische Farbstoffe; derzeit gebraucht man es im Küpendruck, vielfach um die Farbnuancen zu vertiefen, sie zu egalisieren und die Wiederoxydation zu fördern. Die Handelsnamen des Produktes sind:

Glyecin A (I. G.)	Brecolane NCI (Francolor)
Dehapan GB (D. H.)	Cibantinlöser II (Ciba)
Lyogen TG (Sandoz)	Tinosollöser A (Geigy)
Lyoprint G (Ciba)	Solutène CI (Francolor)
Kromfax Solvent (C.C.C.C.)	Neocoton Solvent II (Ciba)
Glydote A (I.C.I.)	

Es ist eine gut wasserlösliche, dicke Flüssigkeit von durchdringendem Geruch; jede Berührung mit Salzsäure bei Temperaturen über 60° C ist zu vermeiden.

Sein Oxydationsprodukt, das Thionyldiäthylenglykol der Formel:

$$O{=}S\langle\begin{matrix} CH_2-CH_2-OH \\ CH_2-CH_2-OH \end{matrix}$$

wird im *schweiz P. 170.425*, im *D.R.P. 591.547* und im *amer. P. 1.968.926* der I. G.-Berthold als Mittel zur Erhöhung der Ausgiebigkeit der Küpendrucke genannt.

Das Diäthylenglykol:

$$O\langle\begin{matrix} CH_2-CH_2-OH \\ CH_2-CH_2-OH \end{matrix} \quad \text{(Sdp. 245° C, Dichte 1,1212).}$$

das von Carb. and Carb. Chem. Corp., New York, auf den Markt gebracht wurde, entsteht durch die Einwirkung von Äthylenoxyd auf

Glykol als eine hochsiedende und mit Wasser in allen Verhältnissen mischbare Flüssigkeit. Seinen guten lösenden Eigenschaften sowie seiner Hygroskopizität ist die schnelle und allgemeine Verbreitung dieses Hilfsmittels für die Herstellung von Küpendruckfarben zu verdanken (*D.R.P. 340.552, 391.007; brit. P. 392.139*). Dabei ist es erstaunlich, dass nach diesen Vorveröffentlichungen die Firma Du Pont mit dem *amer. P. 2.047.650* den Schutz auf die Anwendung des Diäthylenglykols zugesprochen erhielt. Die *schweiz. P. 157.912/13* bzw. *brit. P. 368.910* der Firma Newport Chem. Corp. wurden schon früher gelegentlich der Besprechung der Teigherstellung erwähnt. Dabei handelt es sich allgemein um Ätheroxyde und Thioäther der schematischen Formel:

$$X\begin{cases} CH_2—CH_2—OH \\ CH_2—CH_2—OH \end{cases}$$

wobei X = S oder O ist, also wiederum Diäthylenglykol, dessen Äther und Thiodiäthylenglykol.

Handelsbezeichnungen:

Diäthylenglykol (C.C.C.C.)	Solutène DG (Francolor)
Polyglykol (I. G.)	Tinosollöser B (Geigy)
Brecolane NDG (Francolor)	Débésol B (L.Z.J.)

Die katalytische Polymerisation des Äthylenglykols kann auch weiter getrieben werden; sie führt dann zum Triäthylenglykol, zum Nonaäthylenglykol und zu den hochpolymeren, wachsähnlichen, unter dem Namen Carbowax bekannten Produkten (*amer. P. 2.293.863* der C.C.C.C. sowie *D.R.P. 597.496, 613.267* und *616.428*). Triäthylenglykol stellt ein beliebtes Druckereihilfsmittel dar. Die Carbowaxe haben als Schlichtezusätze, als Anteigemittel usw. Verwendung gefunden.

Die Äther des Diäthylenglykols, insbesondere das Monoäthyl- und Butyldiäthylenglykol werden gleichfalls von der Carb. and Carb. Chem. Corp. erzeugt und unter dem Sammelnamen Carbitol verkauft. Sie haben sich als vorzügliche Anteigungsmittel für Küpenfarbstoffe bewährt. Formel:

$$O\begin{cases} CH_2—CH_2—OC_2H_5 \\ CH_2—CH_2—OH \end{cases} \quad \text{(Sdp. 200° C, Dichte 1,020)}$$

Handelsnamen:

Carbitol	der Carb. and Carb. Chem. Corp.
Fibrit D	der I. G. Farbenindustrie
Hystabol D	der Böhme Fettchemie G.m.b.H. und P.C.M.R. in Mülhausen
Débésol C	der Firma Labor. Zündel, Joliet & Cie., in Gennevilliers (Paris).

Das Glykol wird industriell aus dem Erdgas erhalten, aus dem man das Äthan durch Verflüssigung und fraktionierte Destillation abscheidet. Durch katalytische Dehydrierung des Äthans bei 750° C entsteht Äthylen, welches leicht in Glykol umgewandelt werden kann.

Glykol:

$$\begin{array}{l} CH_2OH \\ | \\ CH_2OH \end{array} \quad \text{(Sdp. 197° C, Dichte 1,118)}$$

ist eine ölige Flüssigkeit von süsslichem Geschmack und in allen Verhältnissen mit Wasser und Alkohol mischbar.

Zufolge des *franz. P. 587.269*, 1924 der Firma Geigy kann man für die Anteigung der Küpenfarbstoffe Mischungen von Äthylenglykol mit Äthylenchlorhydrin zum Zwecke gleichmässigerer Fixierung gebrauchen (Irgasol). Dem Äthylenchlorhydrin kommt die Formel

$$\begin{array}{l} CH_2{-}OH \\ | \\ CH_2{-}Cl \end{array}$$

zu. Es ist eine mit Wasser mischbare Flüssigkeit vom Sdp. 132° C. Ein azeotropes Gemisch vom Sdp. 97,85° C entsteht aus 42,5 T. Äthylenchlorhydrin und 57,5 T. Wasser.

Ferner sind das Monoäthylglykol

$$\begin{array}{l} CH_2{-}OH \\ | \\ CH_2{-}OC_2H_5 \end{array} \quad \text{(Sdp. 135° C, Dichte 0,937)}$$

und das Monobutylglykol

$$\begin{array}{l} CH_2{-}OH \\ | \\ CH_2{-}OC_4H_9 \end{array} \quad \text{(Sdp. 165—173° C, Dichte 0,899)}$$

die ebenfalls von der Carb. and Carb. Chem Corp. unter dem Namen Cellosolve hergestellt werden, sehr gute Lösungsmittel. Druckfarben, denen Cellosolve zugesetzt wird, arbeiten gut und setzen nicht in die Gravur ein.

Handelsnamen:

Cellosolve (C.C.C.C.)
Äthylglykol (I. G.)
Solentwickler GA (I. G.)
Developsol GA (D. H.)
Solasolentwickler GA (Francolor)

Die Oxyalkylamine, insbesondere das Triäthanolamin:

$$N \begin{cases} CH_2{-}CH_2{-}OH \\ CH_2{-}CH_2{-}OH \\ CH_2{-}CH_2{-}OH \end{cases}$$

werden für die Herstellung der Küpenfarbstoff-Druckpasten von der Firma Du Pont empfohlen. Allerdings kann man dies nicht verallgemeinern. Dieses Hilfsmittel gibt keine deutliche Verbesserung mit Cibabraun G, dagegen ist es wirksam bei Indanthrenblau GCD und Indanthrengrau 3B (*brit. P. 302.252*, Du Pont, *324.315*, I. G.; *franz. P. 648.954*, 1928).

Nach dem *amer. P. 2.147.635*, 1938 von Du Pont de Nemours mischt man zur Bereitung der Druckpaste den Küpenfarbstoff mit Triäthanolamin und Ferro- oder Stannooxyd. Die so erhaltene Paste wird dann mit dem Verdickungsmittel und Pottasche druckfertig gemacht. Nach dem Drucken wird gedämpft und der Farbstoff durch Oxydation entwickelt.

Laut *D.R.P. 555.305* der Ciba vermeidet man durch Ersatz eines Teils des Alkalis (Pottasche, Lauge) der Küpendruckfarbe durch organische Basen, wie Triäthanolamin, Piperazin usw., die Bildung von Höfen (Aureolen) beim Aufdruck dieser Farben als Anilinschwarz-Buntreserven (*brit. P. 373.558; franz. P. 729.412; amer. P. 1.952.247*, Haller). Das Lösungsvermögen des Triäthanolamins wird im *brit. P. 295.025* (Du Pont-Kern) für Färbungen mit Küpenfarbstoffen benutzt; man setzt Äthanolamine der Hydrosulfitküpe zu und bekommt besonders mit Indanthrenblau GCD egalere Töne (vgl. das vorerwähnte *brit. P. 302.252* von Du Pont). Ebenso wird auch das Triäthanolamin im *brit. P. 386.433* der I. G. für den Wolldruck mit Küpenfarbstoffen genannt.

b) Die Fixierung beschleunigende Mittel im Küpendruck. Anthrachinonabkömmlinge als Reduktionskatalysatoren.

Eine Reihe von Arbeiten bezieht sich auf diese Körperklasse. Ihre Anwendung als Reduktionskatalysatoren hat sich als vorteilhaft erwiesen, und zwar sowohl bei der Teigherstellung wie auch als Zusatz zur fertigen Druckfarbe.

So kann man nach dem *franz. P. 727.605*, 1931; *D.R.P. 626.862; amer. P. 1.970.644; brit. P. 378.553, 349.955* und *schweiz. P. 154.487* der I. G.-Berthold[1]) bei Küpendrucken die Ausgiebigkeit erhöhen und die Fixierungsgeschwindigkeit steigern, wenn man der Farbe Oxyanthrachinone, vor allem das 2,6- und 2,7-Dioxyanthrachinon (Anthra und Isoanthraflavinsäure) zusetzt. Dagegen scheinen das Chinizarin, 1,4-Dioxyanthrachinon und die 1,5- und 1,8-Dioxyanthrachinone nicht dieselbe günstige Wirkung zu haben. Der Zusatz dieser Verbindungen geschieht in nachstehender Weise: man vermahlt 4 T. Oxyanthrachinon mit 8 T. Glyzerin und 50 T. Wasser und gibt 2 T. Natriumhydrosulfit zu. Es bildet sich ein Gemisch des Oxyanthrachinons mit seinem Reduktionsprodukt, das man auf dem Wasserbad zu einem 25 %igen Teig konzentriert; 60—100 g des so erhaltenen Teiges werden auf das Kilo Druckfarbe zugegeben.

[1]) *Amer. P. 1.963.967; brit. P. 452.036; schweiz. P. 181.784.*

Bei der Erprobung anderer Anthrachinonderivate für denselben Zweck fand man, wie aus dem *D.R.P. 627.425*, dem *amer. P. 1.970.649*, dem *brit. P. 350.963*, dem *franz. P. 727.727* und dem *Zusatzpatent 40.738* zum *franz. P. 727.605* hervorgeht, dass man an Stelle der Oxyanthrachinone auch die Aminoanthrachinone anwenden kann. Das gleiche gilt für die Anthrachinonsulfo- oder -karbonsäuren (*brit. P. 380.860; D.R.P. 627.468* und *Zusatzpatent 40.899* zum *franz. P. 727.727*), ebenso wie für die Arylsulfamidoanthrachinone (*amer. P. 1.990.854; D.R.P. 627.467; brit. P. 371.848*), die man durch Einwirkung aromatischer Sulfochloride auf das 2,6-Diaminoanthrachinon erhält, z. B. das 2,6-Di-p-toluolsulfamidoanthrachinon.

Schliesslich bemerkt das *D.R.P. 628.303* (I. G.-Berthold aus dem Jahre 1931), dass man an Stelle der vorerwähnten Anthrachinonderivate auch die entsprechenden Schwefelverbindungen, z. B. das Anthrachinon-2-merkaptan oder das Thiocyananthrachinonylchlorid, treten lassen kann. Diese Verbindungen dienen gemäss dem *brit. P. 378.553* der I. G. auch zum Druck von Schwefelfarbstoffen, die sich dann besser und in dunkleren Tönen auf der Faser fixieren.

Das Anthrachinon selbst fördert in seiner Eigenschaft als Wasserstoffüberträger die Fixierung der Farbstoffe.

Denselben Gedankengang bringt auch das *brit. P. 456.357* der I.C.I. betreffend wasserlösliche Schwefelsäureester der β-Hydroxyanthrachinone, wobei ausdrücklich wasserlösliche Verbindungen zur Anwendung kommen sollen. Dazu kommt noch die Reihe der *amer. P. 2.024.973/975* (Du Pont-Lubs-Cole) mit Anthrachinonsulfonaten, bei welcher Gelegenheit an das schon erwähnte *amer. P. 1.919.792* von Lichtenstein und Klein erinnert wird, in welchem ausdrücklich schon das sogenannte Silbersalz, also das β-anthrachinonsulfosaure Natrium als verstärkender Zusatz zu Küpendruckfarben, sogar in einzelnen Fällen, wie bei thioindigoiden und indigoiden Farbstoffen, ohne Beigabe von Rongalit geschützt war (siehe S. 113).

Kürzlich wurde die Verwendung von aromatischen Aminsalzen (z. B. Anilinsalzen) der Anthrachinonmono- oder -disulfosäuren patentiert (*amer. P. 2.405.151*, American Cyanamid Co.-Kienle-Amick, (6. 7. 1946). Die Ausgiebigkeit der mit diesen Derivaten zubereiteten Farben wird dadurch deutlich gesteigert.

c) Zusatz hydrotroper Verbindungen.

Das Wesen der Hydrotropie wurde schon früher als die Eigenschaft zahlreicher Körper, vor allem vieler wasserlöslicher Salze definiert, an sich wasserunmischbare Substanzen in wässerige Lösung zu bringen. Da es gegenwärtig eine unübersehbare Zahl der verschiedenartigsten Verbindungen gibt, denen man in freigiebigster Weise diese

Eigenschaften zuerkannt hat, wäre es ungemein schwer, diejenigen herauszufinden, welche tatsächlich Interesse für den Küpendruckprozess haben. Es sollen darum nur die wichtigsten Patente angeführt werden, die zum grössten Teil von der I. G. genommen wurden.

Cholin und seine Derivate.

Es war schon früher Gelegenheit, auf die Verwendung der quaternären Ammoniumbasen für die Herstellung der Küpenfarbstoffteige hinzuweisen. Nach dem *brit. P. 385.606* und dem *amer. P. 2.003.960* der Imperial Chemical Industries bietet auch der Zusatz dieser Körper zur fertigen Druckfarbe gewisse Vorteile. Hier handelt es sich um die Substitutionsprodukte (mit Alkyl- oder Aralkylgruppen) des Cholins und seiner Derivate.

Cholin:

$$(H_3C)_3N(OH){-}CH_2{-}CH_2{-}OH \qquad \text{Oxyäthyltrimethylammoniumhydroxyd}$$

Abkömmlinge des Betains.

Die Anwendung derselben bildet den Gegenstand der nachfolgenden Patente: *D.R.P. 614.768, 671.996* (8. 9. 1934)*; brit. P. 420.095, 446.265, 446.269, 446.337, 446.488; amer. P. 1.989.784; franz. P. 789.304, 795.417, 795.683; öster. P. 145.504, 145.505; amer. P. 2.146.646* und *schweiz. P. 169.662* der I. G. Farbenindustrie-Berthold-Albrecht[1]).

Eine interessante Arbeit, die sich mit der Funktion des Betains und seiner Derivate bei der Fixierung der Küpenfarbstoffe befasst, wurde von der I. G.-Berthold-Albrecht ausgeführt. Es handelt sich, wie schon bereits erwähnt, um die Sulfobetaine, das sind Verbindungen, die die Gruppe $—SO_2—O—N\equiv$ anstatt der Gruppe $—CO—O—N\equiv$ enthalten, welche für die Betaine charakteristisch ist. Die Sulfobetaine können durch Einwirkung einer aliphatischen Sulfosäure, die ein austauschbares Halogenatom besitzt, auf ein tertiäres Amin, dessen Stickstoffatom einem Pyridin- oder Chinolinring angehört, dargestellt werden; überdies kann das tertiäre Amin auch ganz allgemein die Formel:

$$N \begin{cases} R_1 \\ R_2 \\ R_3 \end{cases}$$

besitzen, wobei R_1, R_2 und R_3 Alkyl-, Aryl- oder Aralkylgruppen bedeuten, also z. B. das Trimethylamin, das Dimethyllaurylamin oder das Dimethyloleylamin. Die in Rede stehende Arbeit erstreckt sich nun auf alle aliphatischen oder aromatisch-aliphatischen Sulfosäuren,

[1]) H. Berthold. Mell. 1950, *31*, S. 422 und 575.

die nicht mehr als acht Kohlenstoffatome in der Seitenkette tragen und auf die Sulfosäuren ungesättigter oder gesättigter Kohlenwasserstoffe, z. B. vom Typus: R—CH=CH—SO_3H. So werden in den Beispielen die 1-Chlor-2-oxypropan-3-sulfosäure, die 2-Chlor-3-oxybutan-4-sulfosäure usw. genannt.

Die Verbindungen, welche aus den genannten Säuren mit Pyridinbasen entstehen, haben ein besonderes Interesse für den Küpendruck. Ihre Zusammensetzung ist dann beispielsweise:

$$C_5H_5N + CH_2Cl{-}CHOH{-}CH_2{-}SO_3H \longrightarrow C_5H_5N\langle {}^{CH_2-CHOH}_{O\text{———}SO_2} \rangle CH_2 + HCl$$

Pyridinium-β-oxypropansulfobetain

Eine solche Verbindung wird nach dem *D.R.P. 671.996* z. B. aus Chloroxypropansulfosäure mit Pyridin oder aus Chloräthansulfosäure mit Chinolin gewonnen. Versuche haben bewiesen, dass die Zugabe dieser Körper eine erhöhte Dispersion des Küpenfarbstoffes zur Folge hat, und dass die Druckfarbe beständiger wird, so dass man die bedruckten Stücke vor dem Dämpfen ohne Gefahr des schlechteren oder ungleichmässigeren Ausfalles länger liegenlassen kann. Dabei geht die Fixierung rascher — schon bei einer Dämpfdauer von 2—3 Minuten — vor sich. Das Verfahren ist sowohl im Ätz- als auch im Reservedruck auf den verschiedensten Faserstoffen anwendbar.

Hierher gehört noch das *amer. P. 2.081.017* (I. G.-Nüsslein-Daimler-Platz); es werden als Hilfsmittel für den Küpendruck und als Anteigungsmittel statt der obengenannten Pyridin-Sulfobetaine, die in den vorgenannten Patenten empfohlen wurden, die Alkalisalze der Betaine:

$$(H_3C)_3N(OH){-}CH_2{-}C\langle {}^{O}_{OMe}$$

genannt.

Besonders fallen dann die Drucke von Indanthrenblau RS auf Kunstseide tiefer und gleichmässiger aus.

So erwähnen die *D.R.P. 626.626* und *626.627*, die *brit. P. 343.102* und *343.527* sowie das *franz. P. 715.444* der I. G.-Berthold-Gassner die Alkalisalze der Aminobenzolsulfosäuren, speziell die Natronsalze der Dimethylmetanilsäure und der Dimethylsulfanilsäure sowie deren Homologe (vgl. den Abschnitt über die Küpenteigherstellung). Das Natriumdimethylmetanilat wurde von der I. G. als Ersatz für Solutionssalz unter dem Namen Dinaton vertrieben.

Das weiter erwähnte *D.R.P. 626.627* der I. G. nennt als hydrotropes Mittel das p-toluolsulfosaure Natrium. Gemäss dem *D.R.P. 626.811*, auch *schweiz. P. 149.067*, 1929 derselben Firma setzt man den

Küpendruckfarben als hydrotrope Substanzen Alkalisalze von Sulfo- oder Karbonsäuren zu, so z. B. das Natriumbenzolsulfonat oder das benzylsulfanilsaure Natrium, auch Lithiumsalze solcher Säuren wie das Lithiumbenzoat oder das Lithium-α-Naphtalinmonosulfonat. Ferner wird im *D.R.P. 626.812*, 1929 der I. G. die Zugabe des Natriumsalizylats, des Natrium-p-chlorsalizylats oder des o-Kresolats beschrieben, die ebenfalls als hydrotrope Körper aufzufassen sind.

Auch die Ciba hat die Wirkungen der hydrotropen Substanzen geprüft. Im *D.R.P. 622.355*, 1934, im *franz. P. 793.986*, im *schweiz. P. 177.231* und im *brit. P. 446.381* werden Zusätze von 50 g der Salze einer Monoalkylmetanilsäure pro kg Druckfarbe erwähnt. Das Verfahren bezieht sich insbesondere auf die Blaumarken vom Typus des Halogenindigos, auf Cibanonorange und speziell auf Cibanonblau RS, welches bekanntlich bis dahin nicht mit guter Ausbeute gedruckt werden konnte. Die Beispiele nennen u. a. das Natriumsalz der 1-Monoäthylaminobenzol-3-sulfosäure der Formel:

$$C_6H_4(NHC_2H_5)(SO_3Na)$$

Das *D.R.P. 583.315* der I. G. führt als hydrotrope Körper die Alkalisalze der hydroaromatischen Säuren, z. B. das Natriumsalz der Tetrahydronaphtalin-2-Sulfosäure (vgl. auch *amer. P. 1.987.583*, I. G.-Berthold), an.

Schliesslich sei noch an die sehr bemerkenswerte Wirkung der Salze aliphatischer Amine bestimmter organischer Säuren erinnert, die sich anscheinend mit besonderen Hilfsmitteln für den Küpendruck chemisch verbinden. Auch diese Verbindungen begünstigen den Ausfall des Druckes und der Egalität. Die Ergebnisse übertreffen im allgemeinen diejenigen, welche mit Solutionssalz erreicht werden.

d) Dispergierende Mittel oder hydrotrope Substanzen, welche die Ausgiebigkeit und die Gleichmässigkeit steigern.

Benzylsulfanilsaures Natrium.

$$NaO_3S-C_6H_4-NH-CH_2-C_6H_5$$

Handelsnamen:

Solutionssalz B und B neu	I. G. Farbenindustrie
Algosol (alte Bezeichnung)	Bayer
Liovatin S	Sandoz
Sel dissolvant SB und S	St. Denis
Sel dissolvant B und BS	Francolor
Sel dissolvant S und B	S.P.C.M.C.
Solutionssalz G	Geigy

Das Produkt ist ein feines, weisses, in Wasser gut lösliches Pulver (Löslichkeit 17 T. auf 100 T. Wasser). Das Natriumsalz ist ein wirksames, viel gebrauchtes Dispergiermittel für Küpenfarbstoffe.

Laut den schon erwähnten Arbeiten von Lichtenstein und Peters wird, vermöge der dispergierenden Wirkung des Solutionssalzes, die Wanderung des Farbstoffs durch die Hülle der Verdickung beschleunigt und die Adsorption der Leukokörper durch die Stärkeverdickung wesentlich verhütet, so dass man im allgemeinen eine Verbesserung der Ausgiebigkeit und der Egalität erzielt. In Druckfarben mit anderen Verdickungen als Stärke scheint immerhin auch in gewissen Fällen ein besserer Ausfall einzutreten, so bei bestimmten Küpenschwarzmarken[1]).

Die Bearbeitung der hydrotropen Körper führte zur Erkenntnis, dass sich mitunter beim Ersatz der löslichen Natriumsalze der Benzylsulfanilsäure durch deren unlösliche Verbindungen mit anderen Metallen beständigere Druckfarben ergeben. So empfiehlt die I. G. im *franz. P. 727.605*, im *brit. P. 389.915* und im *schweiz. P. 157.312* die im kalten Wasser unlöslichen, in heissem Wasser löslichen Zinn- oder Benzidinsalze der Benzylsulfanilsäure. Das Verfahren gewinnt Interesse für den Fall der Herstellung beständiger Leukoprodukte. Diese wären dann keine eigentlichen Leukoderivate im gebräuchlichen Sinn, sondern Zwischenprodukte, die erst im Augenblick des Dämpfens in Gegenwart hydrotroper Substanzen in die richtigen Leukoverbindungen umgewandelt werden. Es kann nämlich bei der Verwendung der löslichen Solutionssalze der Fall eintreten, dass diese Umwandlung schon in der Druckfarbe oder gar während der Lagerung im Farbstoffteig stattfindet, wodurch Verluste an Farbstoffausbeute unvermeidlich werden.

Ein anderes Hilfsmittel, welches für den Küpendruck sehr wichtig ist und in seiner Wirkung das besprochene Monobenzylderivat

---

[1]) Peters, Frb. Ztg. 1912, S. 134 und 436; R.G.M.C. 1913, S. 27; 1912, S. 214. — Lichtenstein, Über die Wirkung von benzylsulfanilsaurem Natron in Druckfarben, Frb. Ztg. 1912, S. 205; Öster. W. u. L. Ind. 1912, S. 313; Haller, Frb. Ztg. 1913, S. 22, 1914, Nr. 1 und 2, S. 8 und 76; Frb. Ztg. 1910, S. 333; 1912, S. 444; 1913, S. 22 und 442; *öster. P. 33.611; brit. P. 27.742,* 1908 (Bayer)-Algosol.

übersteigt, ist das dibenzylsulfanilsaure Natrium (*brit. P. 421.606* der I.C.I.).

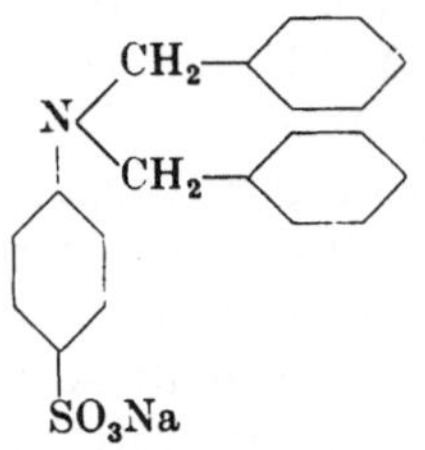

$$N(CH_2-C_6H_5)_2$$

$$SO_3Na$$

Hier ist zu bemerken, dass auch das monobenzylsulfanilsaure Natrium (also das Solutionssalz) immer kleine Anteile — bis zu 2 % — des Dibenzylkörpers von Hause aus enthält.

Eine andere, anscheinend in diese Gruppe gehörende Verbindung ist das Débécuvol A und C der Firma Laboratoires Zündel, Joliet & Cie. in Gennevilliers (Paris). Es ist dies das Triäthanolaminsalz der Benzylsulfanilsäure, das vor dem Natriumsalz den Vorzug hat, gleichmässigere Drucke zu geben, und zwar insbesondere beim Druck des sonst Schwierigkeiten bereitenden Cibabraun G.

Eiweissabbauprodukte[1]).

Zufolge der Arbeiten von Lichtenstein üben gewisse Abbauprodukte albuminoider Körper, z. B. Natriumlysalbinat oder -protalbinat, eine ähnliche dispergierende Wirkung wie das Solutionssalz aus. Auch verhindern sie, in der mit Stärke angesetzten Druckfarbe die Adsorption der Leukoverbindung durch die Verdickung und die vorzeitige Ausfällung des Farbstoffes. Da diese Mittel speziell in der Färberei Verbreitung fanden, sollen sie weiter unten ausführlicher behandelt werden. Sie befinden sich im Handel unter den Bezeichnungen Lamepon und Egalisal von Landshoff und Meyer, Grünau. Dieser Firma kommt das Verdienst zu, das Gebiet untersucht zu haben. Seit 1944 existiert dasselbe Produkt auch unter dem Namen Protepon A von Protex (Frankreich) und Maypon (USA) (*amer. P. 2.015.912, 2.119.272*).

Das *D.R.P. 562.889*, 1931 gibt ferner an, dass durch die Einwirkung von Äthylenoxyd oder Butylenoxyd oder auch von Epichlorhydrin auf Kasein, Leim oder dgl. oxyalkylierte Albuminkörper gewonnen werden, die in Wasser löslich sind und durch ihre Dispergiereigenschaften das Eindringen der Küpenfarbstoffe in die Baumwollfaser fördern. Die Verwendung liegt auf den Gebieten der Färberei, des Druckes und der Anteigung der Farbstoffe.

[1]) Lichtenstein, Frb. Ztg. 1913 S. 21; *D.R.P. 120.311* und *132.322* von Kalle-Paal.

β-Naphtol.

Franz. P. 383.533, 1907; *D.R.P. 209.429* B.A.S.F.; Aubert, Bull. Mulh. 1909, S. 476. Die B.A.S.F. einerseits und Aubert andererseits haben als erste festgestellt, dass sich die Küpen- und Schwefelfarbstoffe leichter und mit grösserer Ausgiebigkeit auf mit β-Naphtol präparierte Ware fixieren. Um eine Vorbehandlung zu vermeiden, hat Aubert den Zusatz des Naphtolats zur Druckfarbe empfohlen. M. Richard hat einige Jahre später diese Frage im Bull. Mulh. 1923, S. 386, wieder aufgegriffen. Er druckte im grossen Küpenfarben auf ein Gewebe, das mit 17 g/Liter β-Naphtol präpariert war. Das Verfahren könnte auf den ersten Blick hin eine gewisse Bedeutung haben, weil man dann bequem die billigen Azorot oder Azoorange neben Küpenfarben drucken könnte, doch hat J. Brandt hierzu bemerkt, dass es schwer wäre, einen vollkommenen Weissfond auf naphtolierter und dann gedämpfter Ware zu bekommen. In einem anderen und bei der Soc. Ind. de Mulhouse hinterlegten Schreiben hat M. Richard das Verfahren dahin abgeändert, dass man das Naphtolat im Zuge des Befeuchtens der Ware vor dem Dämpfen aufbringt (Bull. Mulh. 1924, S. 94). — Wie man später sehen wird, ist auch die Ciba in jüngster Zeit auf die Frage zurückgekommen, indem sie für den Wolldruck den Gebrauch des Natriumnaphtolats an Stelle stärkerer Alkalien in Vorschlag brachte (*franz. P. 753.141*).

Abkömmlinge des Benzothiazols.

Amer. P. 2.024.502 I. G.-Berthold. Die Beigabe von Merkaptobenzothiazolen oder von Merkaptobenzimidothiazolen gibt beständigere Druckpasten und tiefere Nuancen. Der Vorteil liegt hier wieder in der Beständigkeit der Drucke, wodurch eine längere Lagerung vor dem Dämpfen ermöglicht wird. Man setzt etwa 40 g pro kg Druckfarbe zu (*franz. P. 785.822; D.R.P. 633.103*).

Benzothiazol:

$$C_6H_4\begin{matrix}-S\\-N\end{matrix}\!\!>\!CH$$

Reaktionsprodukte von Epichlorhydrin auf Ammoniak.

Amer. P. 1.977.250, *1.977.251* und *1.977.253; brit. P. 438.523* von Du Pont. Eine Verbesserung der Ausbeute wird mit den Reaktionsprodukten des Epichlorhydrins auf Ammoniak, ein Amin oder Alkylendiamin, erreicht.

Die schematische Formel der entstandenen Körper ist:

$$\underbrace{CH_2-CH}_{O}-CH_2-NH-R$$

dabei ist R = H, Alkyl oder Aryl mit einer löslich machenden Gruppe, wie SO_3H oder COOH.

Vordem wurde in Erinnerung gebracht, dass Gubelmann im *amer. P. 1.977.272* ebenfalls die Reaktionsprodukte von Epichlorhydrin und Ammoniak für die genannten Zwecke empfohlen hatte.

Zusätze von Schwermetallsalzen.

Franz. P. 702.019; D.R.P. 623.713; brit. P. 361.350, 364.052 und *D.R.P. 630.391; schweiz. P. 150.891* der I. G.

Vor allem bei indigoiden Farbstoffen, die in vorreduziertem oder unreduziertem Zustande aufgedruckt werden, erzielt man eine Farbenvertiefung durch Zusätze von kleinen Mengen von Metallsalzen mit Ausnahme der Alkali- oder der Erdalkalisalze. In den Patenten findet man z. B. 0,5 g Eisenchlorid oder 1 g Kupfersulfat pro kg Druckfarbe.

Zusätze von Sulfamiden.

D.R.P. 623.751; amer. P. 2.029.999; franz. P. 775.617; schweiz. P. 172.340 der Ciba-Grieshaber, 1934. Die Angaben beziehen sich auf Sulfamide der allgemeinen Formel:

$$R-\left[SO_2-N\begin{matrix}X\\X\end{matrix}\right]_n$$

R = H oder Alkyl usw., X = H oder ein Rest, der keine COOH-Gruppe enthält. Als Beispiel gelten Alkylsulfamide, Methyl-4-phenylsulfamid (Paratoluolsulfamid), Amidophenylsulfamid, 1-Oxynaphtalin-8-sulfamid, Diphenylsulfimid (Verwendung als 50%iger Teig):

$$HN\begin{matrix}SO_2-C_6H_5\\SO_2-C_6H_5\end{matrix}$$

So verstärkt z. B. eine Zugabe von 60—80 g Paratoluolsulfamid im kg Druckfarbe die Farbtiefe.

Zusätze von Glukaminen.

Franz. P. 783.093; brit. P. 449.171; amer. P. 2.073.116 der I. G. Stickstoffhaltige Zuckerderivate wie die Glukamine, das Methylglukamin, das Benzylglukamin u. a. haben einen sehr bemerkenswerten Einfluss auf den Ausfall der Küpendruckfarben. Die Farbe wird nach dem obengenannten *franz. P. 783.093* aus Formaldehydsulfoxylat, Pottasche und Glukamin (40 g von letzterem im kg) zusammengesetzt; die Farbe fixiert sich schneller, und die ungedämpften Drucke halten sich länger unverändert, was besonders für die Handdruck- und Filmdruckartikel von Wichtigkeit sein dürfte.

Zusätze von Kondensationsprodukten von Chlorfettsäuren.

Franz. P. 727.885, 1931; *D.R.P. 564.778,* 1930 der I. G. Hier wird der Zusatz von Kondensationsprodukten der Chlorfettsäuren mit hydroxylierten aromatischen Körpern, wie z. B. das Natriumsalz der Oxyphenylessigsäure, das kresoxyessigsaure Natrium erwähnt; diese Verbindungen verbessern in Gegenwart eines Polyalkohols die Ausbeute der Küpen- und Schwefelfarbstoffdrucke.

Zellulose-Sulfitablauge[1]).

Die Zellulose-Sulfitablauge ist ein interessantes Dispergiermittel, das in der Färberei, in der Herstellung der Farbstoffteige und Feinpulver (Suprafixe) sehr gute Dienste leistet. Ein Bericht in Mell. 1932, S. 546, gibt Einzelheiten an, welche die Behandlung der Ablaugen betreffen, die bei der Papierfabrikation abfallen und als Textilhilfsmittel in Verwendung kommen. Die Sulfitlauge, die in der Papierindustrie gebraucht wird, entsteht durch Auflösung von schwefligsaurem Kalk in Gegenwart von überschüssigem Schwefeldioxyd. Man gibt der Lösung (etwa 12%) organische Substanzen zu, von denen 1,5% auf Polyosen (Biosen von der Zusammensetzung des Zuckers) entfallen. Der grösste Teil dieser organischen Körper, der von der Behandlung des Holzes mit Sulfitlauge herstammt, ist aus Monosen vom Typus des Lignins zusammengesetzt, die sich nach der Einwirkung der Sulfitlauge in Form der Salze der Ligninsulfosäuren vorfinden. Die Rohlauge muss von den Überschüssen von schwefliger Säure und Kalk befreit werden, und der wirksame Bestandteil ist ein Natrium-Ligninsulfit, gemischt mit Glukose, Gummen und gerbstoffartigen Substanzen.

Die Zellulose-Sulfitablauge ist in Wasser sehr leicht löslich; sie wird in 50%iger Lösung angewendet und besitzt bemerkenswerte Dispergiereigenschaften. Eine Ausflockung der Kalksalze der Fettsäuren in den Färbe- und Abkochbädern wird verhindert, das Aufziehen der Küpenfarbstoffe auf die Fasern wird verlangsamt, daher verbesserte Durchdringung und Egalisierung, insbesondere bei hellen Färbungen. Schliesslich hat die Zellulose-Sulfitablauge noch die Eigenschaft, als schutzkolloidaler Körper die tierische Faser gegen den alkalischen Angriff zu schützen. Ein Zusatz zur fertigen Druckfarbe ist wohl nicht sehr empfehlenswert, doch hat sich das Produkt, wie bemerkt, für die Herstellung der Farbstoffteige bewährt.

---

[1]) *D.R.P. 229.191,* B.A.S.F.; *schweiz. P. 148.451; franz. P. 681.566* der Ciba, ebenso *D.R.P. 313.840;* Frb. Ztg. 1911, S. 358; Z. f. Farb. u. Text. Chemie. 1911, S. 45; Z. f. ges. Text. Ind. 1911, Heft 23; Bull. Föd. *1,* S. 132; Mell. 1921, S. 353; 1930, S. 610, 1932, S. 546.

Kondensationsprodukte von Formaldehyd mit Phenolen und mit Harnstoff.

Derartige Hilfsmittel werden in den *D.R.P. 237.368* und *239.336* (Fischer's Berichte, 1911, S. 452; Chem. Ztg. 1911, Rep. S. 500, 656) als Zusätze beschrieben. Der Gegenstand wurde neulich in den Patenten der I.G.: *schweiz. P. 156.726; D.R.P. 562.382; amer. P. 1.909.221; brit. P. 366.524; franz. P. 724.771* (I.G.-Paquin) aufgenommen und auf die Kondensate des Harnstoffes mit Aldehydammoniak, Aldolammoniak oder allgemein mit aliphatischen Aldehyden ausgedehnt. Dieselbe Frage wird in den *schweiz. P. 159.034—36* behandelt. Man kann diese Verbindungen im noch nicht kondensierten Zustande den nach dem Rongalit-Pottasche-Verfahren angesetzten Druckfarben zusetzen; der Effekt wird in der Praxis jedoch bestritten.

Das *brit. P. 399.533* (Bedford) nennt als Druckereihilfsmittel Kondensationsprodukte von Kresol mit Formaldehyd. Auch hat man gefunden, dass die Küpenfarbstoffe beim Zusatz von Kondensationskörpern aus Azetaldehyd und Triäthanolamin oder anderen Aminen besser eindringen (*D.R.P. 562.382* der I. G.).

Das *amer. P. 1.856.434* und das *D.R.P. 543.462* (I. G.-Schmidt) bezeichnen die Kondensate von Harnstoff mit Alkoholen, z. B. Butylenalkohol, oder mit sauren Estern als geeignet, die Beständigkeit der Druckfarben zu steigern.

Franz. P. 821.750 der I. G.: Zur Verbesserung der Ausbeute der Drucke der anthrachinoiden Küpenfarbstoffe auf Kunstseide hat die Erfinderfirma einen Zusatz von Kondensationsprodukten von Harnstoff mit bestimmten Aminen vorgeschlagen. In den Beispielen werden einerseits Alkylharnstoff, andererseits Einwirkungsprodukte von Äthylenoxyd auf Äthylendiamin oder p-Phenylendiamin genannt. Die Druckfarbe wird wie gewöhnlich angesetzt, indem man beim Anteigen des Indanthrenfarbstoffs Schutzkolloide und ein Kondensat von Harnstoff und Monooxyäthylendiamin beimischt. Dieser Teig wird in Stärke-Tragantverdickung eingerührt, sodann Glyzerin, Pottasche und Rongalit beigegeben. Die Drucke auf Viskosekunstseide fallen lebhafter und kräftiger aus.

Harnstoff.

Franz. P. 681.566, 1924, *731.270; D.R.P. 570.583; amer. P. 1.835.926.* Der Harnstoff an sich besitzt hydrotrope und lösende Eigenschaften, welche für die Herstellung von Küpenfarben im Druck ausgenützt wurden. Ciba hat diese interessante Frage bearbeitet; ein Zusatz von Harnstoff zur Druckfarbe ergibt zum mindesten bei einigen Farbstofftypen, wie bei den Cibabraunmarken G und 2B, beim Indanthrengrau 3B und im allgemeinen bei den Küpenschwarz erhebliche

Verbesserungen in der Ausbeute. Hierbei wurde eine Beigabe des Harnstoffs zur alkalischen, pottaschehaltigen Verdickung, mit der man den Farbstoff anteigt, empfohlen, worauf man das Formaldehydsulfoxylat zusetzt. Insbesondere scheint das Produkt dort zu wirken, wo die Leukoderivate wenig löslich sind, wie beim schon genannten Cibabraun G (Sandothrenbraun G, Indanthrenbraun RRD), ebenso bei den verschiedenen, schlecht egalisierenden Grau- und Schwarzfarbstoffen, die die Gefahr des Abfleckens bieten. Die Erhöhung der Egalisierung tritt besonders bei den Kunstseidengeweben, matten oder glänzenden Kreppgeweben usw. in Erscheinung. Auf Grund dieser Forschungen hat die Ciba den Harnstoff unter dem Namen Verstärker Ciba in den Handel gebracht; man setzt 80—100 g pro kg Druckfarbe zu.

Organische Borsäureester.

Brit. P. 367.240 (Sandoz). Bei schlechten Dampfverhältnissen ergeben derartige Zusätze merkliche Verbesserungen des Ausfalls. Das Liovatin FL (Sandoz) ist der Borsäureglyzerinester. Es hat sich als Dispergiermittel z. B. beim Sandothrengoldorange NG im Sinne einer Erleichterung des Reduktionsprozesses und demzufolge durch die gute Fixierbarkeit im Dampf bewährt. Liovatin FL ist eine dicke, geruch- und farblose Flüssigkeit, die sich leicht im Wasser verteilen lässt, und die man am besten beim Anteigen des Farbstoffes (20—25 g pro kg Druckfarbe) zumischt. Bei einer grossen Anzahl von Farbstoffen, zumal bei denjenigen der indigoiden Gruppe, ist jedoch keine besondere Wirkung beobachtet worden.

Phosphorsäureester.

In dem *brit. P. 508.554* (30. 6. 1939) schlägt die I. G. als Zugabe zu einer Druckfarbe, welche den Küpenfarbstoff, Rongalit C extra und die Verdickung enthält, ein wasserlösliches Salz eines Phosphorsäureesters, das mindestens einen aliphatischen oder alizyklischen Rest mit nicht weniger als 6 Kohlenstoffatomen enthält, vor.

Als Beispiel gibt das Patent das Natriumsalz der Verbindung an, welche durch Einwirkung von Phosphorsäureanhydrid auf Hexyl- bzw. Heptylalkohol entsteht, und die man der Druckfarbe, bestehend aus Küpenfarbstoff, Butylalkohol, Verdickung, Glyzerin, Pottasche und Rongalit C, zugibt.

Die I. G. schlägt im *D.R.P. 713.902* (14. 7. 1938) und *franz. P. 863.256* vor, den Druckfarben neutrale, schwer lösliche oder unlösliche Ester der Phosphorsäure zuzusetzen. Als Beispiel werden folgende Verbindungen angeführt: Tributylphosphat, Triisobutylphosphat, Triphenylphosphat und Trikresylphosphat. Diese Patente entsprechen der Zusammensetzung des Entschäumungsmittels, welches die I. G. im Jahre 1940 unter dem Namen Etingal[1]) auf den Markt gebracht hat und das aus einer Mischung von 87 % Triisobutylphosphat und 13 % Isopropylalkohol besteht.

Derivate des Propylenoxyds.

Schweiz. P. 184.008 der I. G. Ein neues Hilfsmittel für den Küpendruck wurde in einem Kondensationsprodukt des Harnstoffs mit einem Körper gefunden, der durch Einwirkung des Propylenoxyds auf Äthylendiamin gebildet wird. Die Formel ist:

$$H_2N{-}CH_2{-}CH_2{-}NH{-}CH_2{-}CH_2{-}CH_2{-}OH$$

Leider gibt die Patentschrift keinen Anhaltspunkt für das aus dem Harnstoff und dem obigen Kondensat entstandene Endprodukt.

Verschiedene Hilfsmittel.

Amer. P. 2.074.150 der National Aniline and Chemical Co. Die hier behandelten Körper entsprechen der schematischen Formel:

$$R_1{-}CO{-}R_2$$

wobei R_1 eine Arylgruppe und R_2 einen Karbonsäurerest oder einen Rest von niederem Molekulargewicht bedeutet. Auch diese Körperklasse soll die Fixierung der Küpenfarbstoffe auf der Faser verbessern. Das Patent nennt beispielsweise folgende Verbindungen:

$C_6H_5{-}CO{-}C_6H_4{-}COOH$

o-Benzoylbenzoesäure

$HO_3S{-}C_6H_4{-}CO{-}C_6H_4{-}COOH$

p-Sulfo-o-benzoylbenzoesäure

$HO_3S{-}C_6H_4{-}CO{-}CH_3$

Azetophenon-p-sulfosäure

oder

$C_{10}H_7{-}CO{-}COOH$

α-Naphtoylameisensäure

Gemäss dem *amer. P. 2.069.215* von Du Pont hat sich herausgestellt, dass die Salze von Alkalien oder organischen Basen der Fettsäuren mit einer Kette von 6—12 Kohlenstoffatomen, z. B. der Monomethyl- oder Dimethylvaleriansäure eine günstige Wirkung auf die Fixierung bestimmter Küpenfarbstoffe ausüben. Es handelt sich um Dehydrogenierungsprodukte der Fettalkohole mit verzweigter Kette. Dabei werden noch besonders die 1,3-Dimethylvaleriansäure oder die 3-Methyl- sowie die 1,3-Dimethylkaprylsäure genannt. Im *amer. P.*

[1]) Ein ähnliches Produkt wird von Francolor unter der Bezeichnung Aphrogène HP hergestellt.

2.079.788 derselben Firma wird noch hervorgehoben, dass sich hierfür solche Fettsäuren mit verzweigter Kette eignen, deren Seitenketten sich an Hauptketten von 4—6 Kohlenstoffatomen anschliessen.

Schweiz. P. 190.599 und *190.600*, auch *amer. P. 2.128.599* der Ciba bezeichnen als egalisierende und dabei verstärkende Mittel im Küpendruck die wasserlöslichen Salze aromatischer einkerniger Sulfosäuren mit einer Seitenkette von mindestens 3 Kohlenstoffatomen, z. B. die wasserlöslichen Salze von Schwefelsäureestern der Phenole, sowie die Kaliumsalze von Schwefelsäureestern hydrierter Kresole oder das Natriumsalz der Cymolsulfosäure. Ein Zusatz von ca. 5% dieser Substanzen zur Druckfarbe ergibt eine wesentliche Verstärkung der Farbtöne, die mit Cibabraun G und Cibanonblau GCD usw. erhalten werden.

Schweiz. P. 192.013 (ebenfalls der Ciba). Eine verbesserte Ausbeute wird durch Zusatz von löslichen Xanthogenaten erreicht, die man durch Einwirkung von Schwefelkohlenstoff auf Alkohole oder oxyhydroaromatische Verbindungen in alkalischer Lösung erhält. So löst man z. B. Isobutylalkohol in Alkali und behandelt mit einer ätherischen Lösung von Schwefelkohlenstoff (1:1); dabei bildet sich das als Hilfsmittel für den Küpendruck bezeichnete isobutylxanthogensaure Kalium:

$$\mathrm{C}\begin{matrix}\nearrow \mathrm{S} \\ \searrow \mathrm{S}\end{matrix} + \mathrm{HO{-}R} + \mathrm{KOH} = \mathrm{C}\begin{matrix}\nearrow \mathrm{SK} \\ = \mathrm{S} \\ \searrow \mathrm{O{-}R}\end{matrix} + \mathrm{H_2O}$$

Zum selben Zweck empfiehlt das *amer. P. 2.101.828* der Dow Chemical Comp. die perhydrierten Phenole, wie das Terpineol oder Zyklohexanol; hauptsächlich scheinen dieselben für den Druck thioindigoider Farbstoffe geeignet zu sein.

Nach dem *brit. P. 443.436* und *478.567*, auch *amer. P. 2.117.623* der I. G., kommen als derartige Hilfsprodukte die Kondensate von Harnstoff mit Basen, wie Polyaminen, Polyäthylendiamin oder Monoäthoxyäthylendiamin in Frage. Für den Druck indigoider oder thioindigoider Küpenfarbstoffe kommen ferner nach dem *amer. P. 2.110.081* der Imp. Chem. Ind. die löslichen Salze der Anthrachinonsulfosäuren mit oder ohne Zusatz von Sulfaminsäuren in Betracht. Als Beispiel für die erstgenannte Gruppe diene der Oxyanthrachinonsulfosäureester, als Beispiel für die zweite Gruppe die Anthrachinonsulfaminsäure. Die Sulfonierung erfolgt mittels Schwefelsäureanhydrid in Pyridinlösung.

Gemäss dem *brit. P. 479.847* (Du Pont) soll man als Egalisierungsmittel für Küpenfarbstoffe, aber auch für Indigosole, Sulfate der primären oder sekundären aliphatischen Alkohole mit 6—12 Kohlenstoffatomen anwenden. Man geht besonders von Fraktionen der synthetischen Methylalkoholdarstellung aus, und zwar von denjenigen, die Mischungen primärer Alkohole von C_6—C_{10} und sekundärer von C_7—C_{10} enthalten.

Neue Anteigungsmittel, die auch, wie in so vielen Fällen, der Druckfarbe selbst zugesetzt werden können, nennt ferner das *schweiz. P. 195.636* der Ciba. Es sind dies die Salze der organischen Ketokarbonsäuren, z. B. der Lävulinsäure, der Cymolbenzoesäure oder der Benzophenonkarbonsäure.

COOH COOH

H_3C H_3C >CH—C₆H₄—C(=O)—C₆H₄(COOH) C₆H₅—C(=O)—C₆H₄(COOH)

O O

Franz. P. 833.100 der Ciba: Als Verstärker dienen hier die wasserlöslichen Salze der Ketokarbonsäuren, und zwar sowohl der aromatischen, der aliphatischen als auch der aliphato-aromatischen. Als Beispiele werden die Benzoylessigsäure, die Acetophenonkarbonsäure und besonders die Cymolbenzoesäure aufgeführt. Die Druckfarben enthalten 5% des Hilfsmittels und folgen sonst der üblichen Vorschrift.

Dagegen beschreibt das *brit. P. 489.929* derselben Firma die Anwendung wasserlöslicher Salze der verschiedensten Karbonsäureester oder Sulfokarbonsäureester, wie das Kaliumsalz der Isobutylphtalsäure, der Äthylphtalsäure oder der am Stickstoff substituierten Karbonsäureamide, wie das Kaliumsalz des N-Oxyäthylenphtalsäureamids,

O
—C $C_2H_4(OH)$
N
—COOK H

die sich besonders bei Druckfarben mit Cibabraun G, Cibanonblau 3 G oder Cibanongoldorange G bewährt haben.

In diesem Zusammenhang soll auch an die Veröffentlichungen der Ciba, *franz. P. 813.856; schweiz. P. 187.407* und *D.R.P. 694.312* (Mell. 1941, S. 296), die schon bei der Besprechung der Verfahren für die Anteigung der Küpenfarbstoffe erwähnt wurden, erinnert werden. Danach kann man die wasserlöslichen Salze von Monoestern oder von Monoamiden der Karbonsäuren, welche freie, an Natrium oder Kalium gebundene COOH- oder SO_3H-Gruppen aufweisen für diesen Zweck verwenden. Als Beispiel sei das Kaliumsalz des Monoisobutylphtalsäureesters genannt,

—COOK
O
—C
OC_4H_9

das man durch die Einwirkung eines Moles Phtalsäureanhydrid auf ein Mol Isobutylalkohol während 20 Stunden bei 80—85° erhält, worauf man mit Kalilauge neutralisiert und trocknet, ferner das Kaliumsalz des Phtalsäuremonophenylamids sowie des Isopropylphtalsäureesters. Die so erhaltenen Drucke sind wesentlich farbkräftiger als die ohne Phtalsäurederivate hergestellten.

Anschliessend an diese Arbeiten findet man nun im *brit. P. 486.445*, ebenso wie im *franz. Zusatzpatent 47.850* (zum vorgenannten *franz. P. 813.856*) die Angabe einer analogen Verwendung der Kalium- und Ammoniumsalze der Cymolsulfosäure, sowie die der organischen Basen (vgl. hierzu die *schweiz. P. 190.599* und *190.600* sowie das *amer. P. 2.128.599*, die früher zitiert wurden).

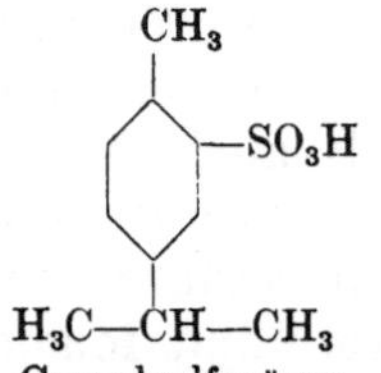

CH_3
$-SO_3H$
$H_3C-CH-CH_3$

Cymolsulfosäure.

Ebenso dienen die Natriumsalze der Chlorcymolsulfosäure (50 g pro kg Druckfarbe) als Hilfsmittel. Diese erhält man durch Chlorierung des Cymols in Gegenwart von Eisen und Sulfonierung des Chlorproduktes mit konzentrierter Schwefelsäure.

Schweiz. P. 200.662 der Ciba: Hiernach erhält man ein quaternäres Salz, wenn man von dem Sulfochlorid des Cymols ausgeht, indem man zuerst dessen Methylester durch Behandlung mit Methylalkohol in alkalischer Lösung darstellt, worauf man mittels Pyridins in das Endprodukt überführt. Auch diese Verbindung dient in erster Linie zur Verbesserung der Küpendrucke. Einer gewöhnlichen Druckfarbe von Cibanonblau 3 G, die nach der üblichen Pottasche-Rongalit-Vorschrift hergestellt ist, fügt man 50 g derselben im kg Druckfarbe zu.

Franz. P. 833.197 der Rosenthal A. G. empfiehlt allgemein als Verbesserung für den Druck der Küpenfarbstoffe, aber auch der sauren und Azetatfarbstoffe, sogar für den Ätzdruck, die Verbindung, die aus Salizylsäure mit Triäthanolharnstoff nach dem Schema:

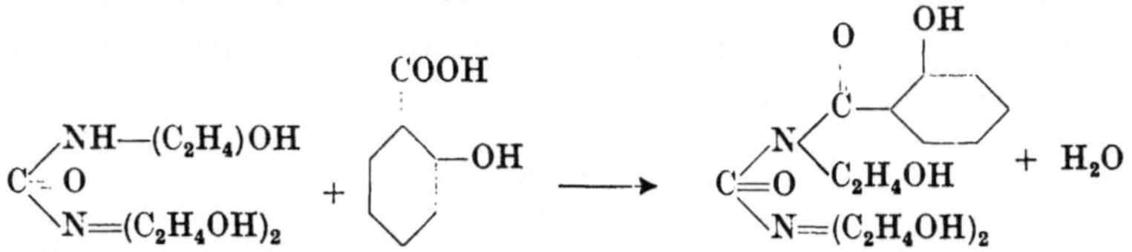

$C(=O)(NH-(C_2H_4)OH)(N=(C_2H_4OH)_2)$ + $C_6H_4(COOH)(OH)$ ⟶ $C(=O)(N(C_2H_4OH)(CO-C_6H_4OH))(N=(C_2H_4OH)_2)$ + H_2O

Triäthanolharnstoff — Salizylsäure

entsteht. Dabei kann man annehmen, dass die Wirkung dieses Produktes auf den dispergierenden Eigenschaften des Harnstoffes und seiner Derivate beruht. Es ist eine bräunliche, dicke Flüssigkeit, die gegenüber organischen konzentrierten Säuren beständig ist, dagegen durch konzentrierte Mineralsäuren zersetzt wird.

Franz. P. 835.148 und *brit. P. 491.896* der I. C. I.: Es wurde beobachtet, dass die schwer oder nur mit Hilfe von konzentrierten Laugen fixierbaren Anthrachinonküpenfarbstoffe eine viel bessere Ausbeute liefern, wenn man der Druckfarbe 3—4% eines alkylierten Trimethylentriamins, z. B. das Triäthylderivat der Formel:

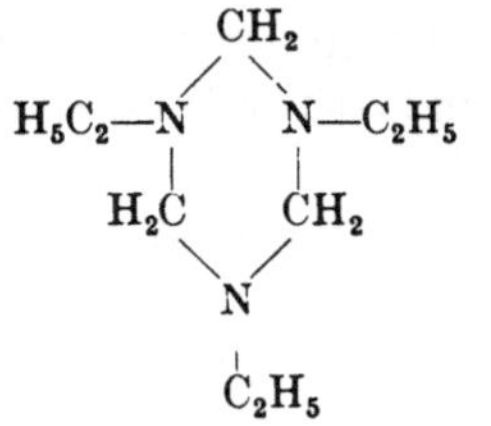

$$\begin{array}{ccccc} & & CH_2 & & \\ & / & & \backslash & \\ H_5C_2-N & & & & N-C_2H_5 \\ | & & & & | \\ H_2C & & & & CH_2 \\ & \backslash & & / & \\ & & N & & \\ & & | & & \\ & & C_2H_5 & & \end{array}$$

zugibt. Das Produkt wird in den Beispielen für den Druck von Caledonblau R, 3 G und RCS empfohlen. Der Hauptvorteil besteht auch hier beim Druck von Kunstseide in der Möglichkeit, die Dämpfdauer und die Alkalimenge herabzusetzen. Ein Ersatz der Alkylgruppen durch Arylgruppen (Tribenzyltrimethylentriamin) ist in der Patentschrift vorgesehen, ebenso eine Anwendung als Hilfsmittel für die Bereitung von Farbstoffteigen und Feinpulvern.

Nach *amer. P. 2.173.824* (Du Pont de Nemours, 26. September 1939) soll sich ein Zusatz zur Druckfarbe von Benzylalkohol und einem sulfonierten Derivat, z. B. Natriumsulforizinat oder Fettalkoholsulfonat mit mindestens 6—12 Kohlenstoffatomen im Molekül, bewährt haben.

In dem *franz. P. 822.739* (Sandoz) werden aliphatische Amine mit mehreren Hydroxylgruppen als Hilfsmittel zur Druckfarbe vorgeschlagen. Man nennt in den Beispielen das Kondensationsprodukt von einem Molekül α-γ-Dichlorhydrin des Glyzerins und zwei Molekülen Ammoniak, primärer, sekundärer und tertiärer Amine.

Man weist in den Patentangaben darauf hin, dass selbst sehr schwer egalisierende Farbstoffe, wie Sandothrenviolett N 2 R und Sandothrenblau NRSC, auch in lichten Tönen gleichmässige Färbungen auf mercerisierter Ware liefern, was auf eine weitgehende Dispersion des Leukoküpenfarbstoffes zurückgeführt werden kann.

Eine Ergänzung dieses Verfahrens findet man in dem *amer. P. 2.155.135* (Sandoz-Kartaschoff) (siehe Färberei S. 311).

Das *brit. P. 502.479* der I. G. Farbenindustrie bringt die interessante Veröffentlichung, dass die Fixierung der Küpen- sowie der basischen Farbstoffe (Induline) durch Zusatz von wasserlöslichen Polyalkoholen, z. B. 1,3,5,7-Tetraoxyoktan, welches durch Reduktion des entsprechenden Aldols:

$$\underset{\text{Aldol}}{CH_3\text{—}[(CHOH)\text{—}(CH_2)]_3\text{—}CHO} \longrightarrow \underset{\text{1,3,5,7-Tetrahydroxyoktan}}{CH_3\text{—}[(CHOH)\text{—}(CH_2)]_3\text{—}CH_2OH}$$

entsteht, verbessert werden kann. Der Ausfall der Drucke wird damit regelmässiger, die erhaltenen Farbtöne sind kräftiger, das Durchdringen in die Faser wird wesentlich erhöht. Das ist hauptsächlich bei der Verarbeitung von Indanthrenblau GCD und RS festzustellen.

Das *amer. P. 2.147.486* von Du Pont de Nemours (26. Sept. 1939) empfiehlt verschiedene Derivate als Zusatz zu den Druckfarben, z. B. das Natriumsalz der Dibenzylthioglykolsäure und Derivate, die der allgemeinen Formel:

$$R\text{—}X\text{—}A$$

entsprechen, wo

R = Alkylrest oder Benzothiazol, an X durch ein azyklisches Kohlenstoffatom gebunden
X = —O— oder —S—
A = anorganischer oder organischer Rest.

In dem *brit. P. 514.078* berichtet die Ciba, Basel, über folgende Beobachtung: die Amide der allgemeinen Formel:

$$R_1\text{—}S\text{—}R_2\text{—}C\begin{matrix}\nearrow O \\ \searrow N\begin{matrix} \nearrow R_3 \\ \searrow R_4\end{matrix}\end{matrix}$$

R_1 = Alkyl- oder substituierter Alkylrest (Alkoxyalkyl oder Oxyalkyl)
R_2 = Alkylen- oder substituierter Alkylenrest
R_3 und R_4 = H, Alkyl, Oxyalkyl

können den Druckfarben zugesetzt werden, um die Affinität zur Faser zu verbessern. In diesem Patent werden u. a. die Amide der Glykolsäure genannt, die gegenüber von Thiodiäthylenglykol (Glyecin A) den Vorteil haben, mit Mineralsäuren keine hautätzenden Produkte vom Typus Gelbkreuz (Yperit) zu liefern.

Der Nachtrag *amer. P. 2.184.495* (Ciba-Gränacher-Matter) zum *brit. P. 514.078* empfiehlt die Zugabe von Hilfsmitteln zu den Druckfarben, besonders das Amid der Äthanolthioglykolsäure.

$$S\begin{matrix}\nearrow CH_2\text{—}C\begin{matrix}\nearrow O \\ \searrow NH_2\end{matrix} \\ \searrow CH_2\text{—}CH_2OH\end{matrix}$$

Nach dem *amer. P. 2.327.405* (eing. am 13. März 1940, erteilt am 24. August 1943) der Imp. Chem. Ind. verwendet man als Zusatz zu den Druckfarben mit thioindigoiden und anthrachinoiden Farbstoffen die Phtalocyanine, die Eisen oder Eisenverbindungen (organische, eisenhaltige Pigmente) und als Substituenten SO_3H- oder COOH-Gruppen enthalten, z. B. 1 Teil Phtalocyanin auf 1000 Teile Druckfarbe.

Druckfarbe.

100 g	Küpenfarbstoffteig
100 g	Wasser
548 g	Gummiverdickung
50 g	Glyzerin
80 g	Hydrosulfit R konz.
120 g	Pottasche
2 g	Eisenphthalocyanin als 5%ige wässerige Paste
1000 g	

Man druckt, dämpft während 5 Minuten, spült, oxydiert, wäscht, seift, spült und trocknet.

Die Amer. Cyanamid and Chem. Corp. macht im *brit. P. 571.274*[1]) darauf aufmerksam, dass es möglich ist, bessere Druckresultate mit Küpenfarbstoffen zu erzielen, durch Anwendung von Druckfarbenteigen, die eine kleine Menge eines wasserlöslichen Salzes eines Esters einer azyklischen, aliphatischen Di- oder Polykarbonsäure mit mindestens einer Sulfogruppe enthalten; die Alkoholkomponente des Esters soll ein aliphatischer Alkohol mit mindestens 3, aber höchstens 10 Kohlenstoffatomen sein. Die Ester sulfonierter Di- oder Polykarbonsäuren besitzen eine ganz aussergewöhnliche Stabilität gegenüber den sich in der Druckfarbe befindlichen Alkalien. Es scheint jedoch nicht ausgeschlossen, dass die erhaltenen Resultate teilweise auf die Reaktionsprodukte dieser Ester zurückzuführen sind.

Als Beispiel werden die Derivate der Bernsteinsäure, hauptsächlich das Natriumdiisobutylsulfosuccinat und das Natriumdiamylsulfosuccinat angeführt, Produkte, die durch die Amer. Cyanamid Corp. unter der allgemeinen Bezeichnung Aerosole oder Deceresole[2]) in den Handel gebracht werden.

---

[1]) Vergleiche dazu *amer. P. 2.233.101* der Nat. Aniline Div., das die Herstellung von Druckpasten bespricht, die einen Küpenfarbstoff, ein Dispergiermittel und Natriumdibutylsulfosuccinat enthalten.

[2]) L. Diserens, Neue Verfahren in der Technik der Veredlung der Textilfasern, Bd. *1*, Kap. II, S. 176, 298, 302.

C. R. Caryl und W. P. Eriks, Ind. and Eng. Chem. 1939, Januar; R.G.M.C. 1939, S. 230.

Deceresol OT entspricht dem Natriumdioctylsulfosuccinat

$$\begin{array}{c} C_8H_{17}\text{—O—}\underset{\displaystyle \overset{\|}{O}}{C}\text{—}\underset{\displaystyle \overset{|}{SO_3Na}}{CH}\text{—}CH_2\text{—}\underset{\displaystyle O}{C}\text{—O—}C_8H_{17} \end{array}$$

und wird vor allem beim Walken verwendet. *(amer. P. 2.028.091).*

Deceresol 18	entspricht dem Dinatrium N—Oktodezylsulfosuccinat.
Aerosol AY	entspricht dem Natriumdiamylsulfosuccinat.
Aerosol IB	entspricht dem Natriumdiisobutylsulfosuccinat.
Aerosol MA	entspricht dem Natriumdihexylsulfosuccinat.
Aerosol OS	entspricht dem Natriumisopropylnaphtalinsulfosuccinat.

Die Druckfarbe wird folgendermassen hergestellt:

5 T. Farbstoffteig
5 T. einer wässerigen Lösung von Natriumdiisobutylsulfosuccinat
90 T. eines Verdickungsmittels aus Stärke-Britishgum, enthaltend Pottasche und Natriumformaldehydsulfoxylat

100 T.

Das Patent betont, dass das beschriebene Verfahren die Anwendung von Küpenfarbstoffen auf Wolle gestattet.

Nach dem *amer. P. 2.451.270* (Amick-Kienle)[1]) befürwortet die Amer. Cyanamid Co. den Zusatz eines Harnstoff- und Monochinonylamidderivates einer Dikarbonsäure zum Druckteig von Küpenfarbstoffen.

Diese Derivate lassen sich wie folgt formulieren:

$$\mathrm{Ch{-}NH{-}\underset{\substack{\Vert\\ O}}{C}{-}Ac{-}\underset{\substack{\Vert\\ O}}{C}{-}OX} \quad \text{oder} \quad \mathrm{Ch{-}NH{-}\underset{\substack{\Vert\\ O}}{C}{-}Ac{-}\underset{\substack{\Vert\\ O}}{C}{-}NH{-}Ch}$$

Ch = Chinongruppe
Ac = Rest einer zyklischen oder aliphatischen Dikarbonsäure (Phtalsäure, Maleinsäure, Fumarsäure usw.)
X = H oder Alkalimetall

Durch diese Verbindungen soll eine Verbesserung der Eigenschaften der Druckfarbe, insbesondere eine Vertiefung der Farbnuance, erreicht werden.

Die vorhin erwähnten Verbindungen besitzen den Vorteil der allgemeinen Verwendbarkeit und haben auf die Farbnuance selber keinen Einfluss.

In einem Beispiel wird zu einem Presskuchen von Algolorange R eine Suspension des Säureamids aus Maleinsäure und Aminoanthrachinon zusammen mit Harnstoff zugegeben und mit einer alkalischen, Hydrosulfit NF (Natriumformaldehydsulfoxylat) enthaltenden Verdickung vermischt. In einem entsprechenden Beispiel wurde Harnstoff weggelassen. Die Harnstoff enthaltende Druckpaste druckt besser als die nur das Säureamid, aber nicht Harnstoff enthaltende Druckpaste. Es ist aber nicht sicher, dass der Harnstoff mit dem Chinonderivat in Reaktion tritt, wie dies im Patent behauptet wird[2]).

Gemäss dem *D.R.P. 691.176* amer. Priorität 27. Mai 1934, veröffentlicht am 17. Mai 1940) der National Aniline and Chem. Co., New York, können lösliche Salze saurer Ester mehrwertiger anorga-

---

[1]) Amer. Dyest. Rep. 1949, *38*, S. 206; Mell. 1949, S. 273.

[2]) Die Amer. Cyanamid and Chem. Corp. schlägt im *amer. P. 2.405.151* (Amer. Dyest Rep. 1947, S. 37) die Verwendung von Anthrachinonderivaten für Druckfarbenpasten vor, ohne die Kombination der Anthrachinonderivate mit Harnstoff zu erwähnen.

Die Allied Chem. Co. erwähnt im *amer. P. 2.286.262* ein Anteigungsverfahren für Küpenfarbstoffe mit Polyaminen, z. B. Triäthylentetramin.

nischer Säuren und ihrer Derivate als Hilfsmittel für Druckpasten von Küpenfarbstoffen verwendet werden, wobei insbesondere Anthrachinonderivate in Frage kommen.

Diese Ester werden z. B. durch Einwirkung von Schwefel-, Chlorsulfon-, Phosphorsäure usw. auf einwertige Alkohole, die mindestens 5 Kohlenstoffatome enthalten, erhalten und entsprechen der Formel:

$$R{-}OSO_3H$$

Die sauren Ester haben die allgemeine Formel:

$$(RO)_x{-}A{-}(OH)_{n-x}$$

wobei R = ein aliphatischer Kohlenwasserstoffrest, der aus einer linearen Kette von nicht mehr als 5 Kohlenstoffatomen besteht.
A = ein Rest einer anorganischen mehrwertigen Säure, z. B. $—SO_2—$ oder —PO—
x = eine Zahl, die nicht grösser als n—1 sein kann
n = Wertigkeit der anorganischen Säure.

Als Beispiele werden die folgenden Körper angeführt:

Natriumäthyl- oder isobutylsulfat
Natriumglykoldisulfat
Natriumborosulfat
ein Glykolmonoschwefelsäureester:
$CH_3{-}CH_2{-}O{-}CH_2{-}CH_2{-}O{-}SO_3H$
Diäthylenglykoldischwefelsäureester usw.

Druck von Küpenfarbstoffen auf Wolle oder Naturseide[1]).

Trotz allgemeinen Interesses, das der Küpendruck auf tierischer Faser haben müsste, hat sich zufolge des alkalischen Faserangriffs diese Druckmethode noch nicht einzuführen vermocht. Eine grössere Zahl von Patenten wurde auf diesem Gebiete genommen, ohne dass man sagen könnte, dass die Frage restlos geklärt worden sei. So hat die I. G. ein Verfahren ausgearbeitet, das auf Zusatz von 2,5—5% aminoessigsauren Natriums zur Pottasche-Rongalit-Farbe beruht, um die Faserschwächung zu umgehen. Das Verfahren bildete den Gegenstand der folgenden aus dem Jahr 1932 stammenden Patente: *brit. P. 394.632; amer. P. 1.990.852; D.R.P. 591.474, 591.476, 583.533; franz. P. 753.141*[2]) und *schweiz. P. 167.489.* Im Beisein der Salze der Aminoessigsäure, die gleichzeitig als basische Körper und als Schutzkolloide auftreten, kann man die Pottasche-Menge erheblich verringern, und zwar auf 75 g pro Kilo gegenüber den gebräuchlichen 120—150 g.

Eigene Versuche, die mit einer ganzen Reihe aminierter Säuren angestellt wurden, haben gezeigt, dass man an Stelle der Aminoessigsäure, die im Handel nur zu unerschwinglichen Preisen erhältlich ist, auch die Aminosalizylsäure nehmen kann, welche bekanntlich für die Erzeugung des Wollfarbstoffes Diamantschwarz F gebraucht wird. Die Aminosalizylsäure entsteht durch Reduktion der Nitrosalizyl-

[1]) Kollmann, Z. f. ges. Text. Ind. 1928, Bd. *31*, S. 792.
[2]) R.G.M.C. 1934, S. 154, 227.

säure, und zwar ein Gemisch des p- und o-Aminoderivates, wobei das p-Aminoderivat vorherrscht. Diese Mischung wird unmittelbar zum Ansatz der Druckfarbe genommen.

Weiter wird der teilweise oder vollständige Ersatz der Alkalikarbonate oder Ätzalkalien durch andere basische Mittel zum Zweck der Schonung der tierischen Faser in mehreren anderen Patenten vorerst im *franz. P. 763.509*, 1933[1]) und *schweiz. P. 166.186* der Ciba beschrieben. Dei Pottasche wird hier durch die Alkalisalze hydroxylierter Verbindungen, z. B. der Glykolsäure, der Milchsäure, des Phenols und vor allem des β-Naphtols ersetzt. Eine Verbesserung des Druckes ergibt sich noch durch den Zusatz von Reduktionskatalysatoren, wie des Anthrachinons und seiner Sulfoderivate, der Oxyanthrachinone oder der Salze des dreiwertigen Eisens oder Titans. Die Druckfarbe enthält überhaupt keine Pottasche mehr und das Formaldehydsulfoxylat wird teilweise durch Glukose (10%) ersetzt.

Beispiel:

450 g	Britishgumverdickung 1:1
125 g	Cibablau 2B in Teig
125 g	Glykolsaures Natrium
100 g	Glukose
90 g	Dioxyanthrachinon 20%
85 g	Wasser
25 g	Formaldehydsulfoxylat trocken
1000 g	

Das beste Resultat erhält man bemerkenswerterweise mit dem Phenolat oder Naphtolat. Hier soll auch an das Verfahren von Lichtenstein und Klein, das früher besprochen wurde, erinnert werden[2]). Die Ätzkombination von „Silbersalz“ und Traubenzucker ohne Zuhilfenahme von Rongalit bezieht sich aber doch nicht ausdrücklich auf die tierische Faser.

Im *brit. P. 386.433* der I.G. wird der Ersatz des Formaldehydsulfoxylats durch Glukose und des Alkalis (Pottasche, Lauge) durch Ammoniak, Natriumphosphat oder Triäthanolamin empfohlen. Bayer & Co. verwendeten als Alkali das Natriumstannat, das die tierischen Fasern nicht angreift (Frb. Ztg. 1912, S. 480; Öst. W. u. L. Ind. 1912, S. 401), während die I.G. im *D.R.P. 486.488*, 1925 die Lauge oder Pottasche durch Salze schwacher Säuren, wie Natriumphosphat oder Natriumaluminat, ersetzt (siehe auch *D.R.P. 391.995*, Ammoniumkarbonat).

Ein von den vorhergehenden grundsätzlich verschiedenes Verfahren von Du Pont *(amer. P. 1.967.569)* besteht im Zusatz von Körpern, die beim Dämpfen der Druckfarbe Säuren abgeben, um teilweise der Schädigung der Faser durch das Alkali entgegenzuwirken. Es wird

[1]) R.G.M.C. 1934, S. 478; Tiba 1934, S. 792.

[2]) S. dieses Werk S. 113, 142; *Amer. P. 1.919.792.*

eine Beigabe von 10% Formamid beschrieben. Dieser Vorschlag erscheint erstaunlich und es lässt sich kaum auf diese Weise eine normale Farbausbeute im Druck erwarten, wenn man den schädlichen Einfluss der Säuren auf die Fixierung der Leukoderivate berücksichtigt.

Franz. P. 817.585 der I. G.: Anstatt der im obengenannten *franz. P. 753.141* erwähnten Aminoessigsäure bzw. deren Salze verwendet man hier das Äthylendiamin oder dessen Homologe, womit man einen Teil des Alkalis der Druckfarbe ersetzt. Die Druckfarbe enthält z. B.

200 g	Küpenfarbstoff in Teig
80 g	Glyzerin
50 g	Wasser
440 g	Stärke-Tragantverdickung
150 g	Äthylendiamin
80 g	Rongalit C extra
1000 g	

Der Zusatz von Ammoniummonochlorazetat zu Druckpasten wird von der Ciba bei Anwendung von Küpenfarbstoffen auf Wolle oder Wolle enthaltende Mischgewebe empfohlen. Die Verbindung wird von der Ciba unter dem Namen Albatex L in den Handel gebracht. Zur Herstellung wird Monochloressigsäure mit Ammoniumhydroxyd neutralisiert. Die Druckpaste soll 4% dieses Schutzmittels enthalten. Es wurde auch beobachtet, dass der Zusatz dieses Produktes zur Druckpaste eine vorzeitige Reduktion des Küpenfarbstoffs verhindert. (R. C. Geering)[1]).

Das *amer. P. 2.085.145* von Du Pont beschreibt ein Verfahren zum Drucken von Küpenfarbstoffen auf Wolle (auch zum Färben), wonach man zuerst den Farbstoff mit Alkalihydrosulfit reduziert, dann mit Salzsäure neutralisiert und gleichzeitig Salze der Erdalkalien oder der Schwermetalle ($CaCl_2$, $FeCl_2$) zugibt. Es bildet sich dann ein schwerlösliches Salz der Leukoverbindung, welches getrocknet und pulverisiert der Verdickung zusammen mit Soda, Pottasche oder Natriumtriphosphat zugesetzt wird. Im Augenblick des Aufdrucks (oder der Auffärbung) geht eine doppelte Umsetzung vor sich, also etwa Eisenphosphat + Alkalisalz des Leukokörpers. So kann man sowohl einen fasergefährdenden Alkaliüberschuss als auch die Verwendung eines Reduktionsmittels überhaupt vermeiden. Die Zusammensetzung der Druckfarbe ist: 400 Teile Verdickung, 200 Teile unlösliches Salz des Leukokörpers, 100 Teile Pottasche und 100 Teile Diäthylenglykol.

Brit. P. 471.808 der I. G. oder *amer. P. 2.126.964; D.R.P. 692.895*, 1936 der I. G.-Kerth: Das Alkali wird durch Amine der Fettreihe mit mindestens zwei basischen Stickstoffatomen ersetzt, so durch die Polyäthylendiamine, welche bei der Erzeugung des Äthylendiamins abfallen. Ihre Zusammensetzung ist:

$$H_2N{-}(CH_2{-}CH_2{-}NH)_n{-}CH_2{-}CH_2{-}NH_2$$

[1]) Siehe Bd. *2*, II. Aufl., Kap. XI, S. 467 (Ätzdruck auf Wollfärbung).

Ferner wurden noch Oxyäthylpolyäthylendiamin und Triäthylendiamin genannt. Die so hergestellten Drucke zeichnen sich durch besondere Lebhaftigkeit und Ausgiebigkeit aus. Die schädigende Wirkung der gebräuchlichen Alkalien auf die tierische Faser, insbesondere die Wollfaser, wird vermieden.

In ähnlicher Weise wird im älteren *brit. P. 443.436* die Anwendung der Kondensate von Harnstoff auf die Einwirkungsprodukte von Alkylenoxyd auf Äthanolamin empfohlen.

Ein anderes Verfahren, das auf einem ganz neuen Prinzip beruht, wird im *franz. P. 793.141* der I. G. mitgeteilt und besonders für den Druck von rein tierischen Fasern oder Gemischen derselben mit pflanzlichen Fasern empfohlen. Es ist hauptsächlich dazu bestimmt, Rapidogene neben Küpenfarbstoffen zu drucken. Der Gedankengang ist dabei folgender: es konnte festgestellt werden, dass Leukoderivate der Küpenfarbstoffe auf die tierischen Fasern auch in nicht alkalischem Medium befestigt werden können. Man muss also annehmen, dass tierische Fasern imstande sind, durch Adsorption den Farbstoff selbst, und nicht etwa — wie die pflanzlichen Fasern — bloss das Enolat aufzunehmen. Die Druckfarbe enthält z.B. pro kg: 20 g Farbstoff, 100 g Formaldehydsulfoxylat, 50 g Diäthyltartrat und 25 g Betain oder eines seiner Derivate. Im Schnelldämpfer und unter dem Einfluss der vom Diäthyltartrat abgespaltenen Säuremenge wird das Enolat in den Farbstoff (wahrscheinlich Zwischenbildung von Küpensäure)[1]) übergeführt, der unmittelbar auf die Faser aufzieht. Allerdings fehlen hier Einzelheiten, so dass man über den praktischen Wert der Erfindung noch kein Urteil abgeben kann. Das Verfahren erinnert übrigens an dasjenige, das Illinsky vor Jahren (1908) ausgearbeitet hat und das in der Behandlung der Faser im Färbebad mit feinst verteilten Küpenfarbstoffen besteht, die dann in einem alkalischen Reduktionsbad entwickelt werden. So hat Illinsky bewiesen, dass auch die Baumwollfaser den fein verteilten Küpenfarbstoff aufnimmt. In der letzten Zeit ist dieses Prinzip vielfach für das sogenannte Prästabitölverfahren nutzbar gemacht worden, das besonders für die Durchfärbung dichter und schwerer Gewebe eine Rolle spielt. Die Wirkung ist an den Zusatz reiner Fettschwefelsäureester nach *D.R.P. 614.702* (Prästabitöl V von Stockhausen) gebunden.

Auch in den *amer. P. 2.045.476/477* der I. G. Krauss-Hagenböcker wird durch langsame Neutralisation der Küpen, speziell derjenigen der halogensubstituierten thioindigoiden Marken, mit Säure eine stabile Reduktionspaste abgeschieden. Dieses Verfahren unterscheidet sich von dem vorgenannten im *franz. P. 793.141* beschriebenen Verfahren dadurch, dass der ausgeschiedene Leukoküpenfarbstoff dann wie gewöhnlich mit Pottasche und Rongalit aufgedruckt wird.

---

[1]) Siehe weiter, unter Färberei: Küpensäureverfahren.

Endlich soll an ein von Grossheintz erdachtes Verfahren (Bull. Mulh. 1913; Frb. Ztg. 1913, S. 420) erinnert werden, bei dem die Alkalikarbonate durch Ammoniak und Sulfit ersetzt werden. Man nimmt beispielsweise für 300 g Küpenfarbstoff in Teig 100 g Ammoniak 10%ig und 100 g Kaliumsulfitlösung von 45° Bé, ausserdem 200 g Natriumformaldehydsulfoxylat.

In ganz ähnlicher Weise ersetzen Kalle & Co., gemäss dem *D.R.P. 391.995*, 1917, das zur Reduktion der Küpenfarbstoffe mit Hydrosulfit u. dgl. nötige Alkali durch Ammoniak, Ammoniumkarbonat oder Bikarbonat.

Eine weitere neue Färbemethode für Küpenfarbstoffe wird im *amer. P. 2.450.767* der Allied Chem. and Dye Corp. beschrieben. Nach dieser Methode werden die Fasern mit dem nicht reduzierten Küpenfarbstoff imprägniert, dann erfolgt eine Entwicklung durch Oxydation. Das Verfahren eignet sich speziell für animalische Fasern, bei denen die Verwendung von stark alkalischen Bädern zu vermeiden ist, wie auch für organische Zellulosederivate, wie z. B. Zelluloseazetat.

Das Verfahren ist vor allem bei Stückgut anwendbar.

Eine gleiche Überlegung findet sich in der Arbeit der Allied Chem. and Dye Corp., *amer. P. 2.450.773*, nach welchem man eine Küpe eines indigoiden Farbstoffs in Gegenwart von Natriumhydrosulfit und Ammoniak verwendet, wobei das Färbebad, besonders bei Anwesenheit von neutralem Sulfat oder Alkalichlorid, vollständiger erschöpft wird.

Der Druck von Küpenfarbstoffen auf Azetatkunstseide kann gemäss dem *brit. P. 392.139* von Du Pont in der Weise durchgeführt werden, dass man der Druckpaste Quellmittel, wie die Methyl-, Äthyl- oder Dimethyläther des Glykols, zufügt. Im *franz. P. 765.960* der Rhodiaceta wird dagegen, um die schädliche, verseifende Wirkung des Alkalis auf diese Faser zu beheben, das letztere durch Magnesiumhydroxyd ersetzt[1]).

Das Dämpfen[2]).

Im Laufe der Veredlung des Textilgutes ist das Dämpfen der Küpenfarbstoffe derjenige Arbeitsvorgang, dem der Chemikerkolorist seine ganze und sorgfältigste Aufmerksamkeit widmen muss. Diese Operation, die dem Laien als eine einfache, ja sogar nebensächliche

[1]) Siehe Seite 329.

[2]) F. Streng, Das Dämpfen der Küpenfarbstoffe, Textil Praxis, 1947, *2*, S. 87.
Frederick Fanhoe, A Fundamental Study of Aging Conditions in the Vat Ager. Amer. Dyest. Rep. 1949, *38*, S. 663—672. H. Barth, 1950, *31*, S. 710 und 771.
O. Gaumnitz, Mell. 1924, *5*, S. 537; H. Gerber und P. Grünn, Mell. 1939, *20*, S. 439.
R. Haller, J. Soc. D. and Col. 1925, *41*, S. 251; H. Lotz, Mell. 1939, *20*, S. 761.
P. J. Choquette und D. F. Habel, Amer. Dyest. Rep. 1949, *38*, S. 919.
A. B. Meggy, J. Soc. D. and Col. 1943, *59*, S. 192 und 215.
A. R. Urquhart und N. Eckersall, J. Text. Inst. 1930, *21*, S. 499; 1932, *23*, S. 163.

Prozedur erscheint, verursachte jedoch schon manchem, wenn nicht jedem Chemiker, der sich mit dieser Frage näher beschäftigt hat, Kopfzerbrechen und man kann ohne Überhebung behaupten, dass dieses Problem bis jetzt nur teilweise seine wissenschaftliche und praktische Lösung gefunden hat.

Der Dämpfprozess hat eine entscheidende Funktion im Küpendruck; er ist der heikelste Punkt der Fabrikation. Um so mehr muss man erstaunt sein, dass diese Frage noch sehr wenig in systematischer, wissenschaftlicher Weise bearbeitet wurde. Es muss allerdings zugestanden werden, dass das Problem schwierig ist und viele unbekannte Faktoren in sich birgt; es müssten hier eigentlich fortwährend koloristische Fachleute und solche auf dem Gebiet der Thermodynamik Hand in Hand miteinander arbeiten, was wohl in den gewöhnlichen Betrieben schwer durchführbar ist. Sicherlich genügen die landläufigen physikalischen und thermodynamischen Kenntnisse des Chemikers nicht zu einer vollständigen Erforschung dieses Gebietes. Die Frage des Dämpfens ist daher noch immer ein ungelöstes Problem und der Chemiker begnügt sich in der Regel, seine Stücke durch einen Apparat durchlaufen zu lassen, der vom Betriebsingenieur mit Dampf beschickt wird. Mit einem gewissen Bedauern hört man auch jetzt noch technische Chemiker Ausdrücke wie „feuchter Dampf" oder „den Dampf mit Feuchtigkeit sättigen" verwenden, welche Bezeichnungen auf schweren Irrtümern beruhen, da sie sich auf in der Physik unbekannte Begriffe beziehen, die am besten gänzlich aus dem Wortschatz der Ingenieur-Chemiker verschwinden sollten.

Die Ausführung des Dämpfprozesses ist bei der Anwendung der Küpenfarbstoffe von immer grösserer Bedeutung, da zu gleicher Zeit auf der bedruckten Ware mehrere, in ihrer Natur sehr verschiedene Teilvorgänge unter optimalen Bedingungen nebeneinander ablaufen sollen, nämlich einerseits die Reduktion des unlöslichen Küpenfarbstoffes in sein lösliches Leukoderivat (Enolat) und andererseits die Lösung des Leukoderivates im kondensierten Wasser verbunden mit dem Aufziehen des so gelösten Enolates auf die Faser.

Demgemäss kann das Dämpfen als ein örtlicher Färbeprozess angesehen werden, der sich in konzentrierter Lösung bei einer höheren Temperatur und in Gegenwart eines Lösungsmittels, nämlich des 100grädigen Wassers, das sich auf dem Gewebe kondensiert, vollzieht.

Um die Reduktion, die Auflösung und die Fixierung auf der Faser mittels dieses aus der Dampfkondensation herrührenden Wasserquantums am besten ausführen zu können, muss selbstverständlich der Dampf so wenig wie möglich überhitzt sein, damit er sich bei unmittelbarer Berührung mit dem eine niederere Temperatur aufweisenden Gewebe in Form eines wässerigen Films abscheidet. Natürlich ist eine leichte Überhitzung des Dampfes zur Vermeidung von Tropfflecken notwendig. Ein Gewebe, das gleichzeitig durchlüftet und abgekühlt ist, wird demnach eine bessere und gleichmässigere Kondensation verbürgen. Sicher ist, dass regelmässig eingestellter Dampf und gut belüftete Ware für die Fixierung des Farbstoffenolates die günstigsten Bedingungen schaffen. Leider werden in der Praxis nicht immer diese beiden wichtigen Vorbedingungen erreicht, daher die Verwendung von hygroskopischen Körpern oder von Lösungsmitteln, die bis zu einem gewissen Grad die Ergebnisse verbessern können. Es muss in Erinnerung gebracht werden, dass gewisse Farbstoffe besonders empfindlich gegen zu geringe Wassermengen im Zuge der Fixierung des Farbkörpers sind, und so muss man die in Rede stehenden Zusätze als Schutzmittel ansehen, die unzweideutig beweisen, dass der Dampf nicht richtig eingestellt und das Gewebe nicht entsprechend durchlüftet war.

Reduktion des Farbstoffes im Dampf. Dieser erste Teil des Fixationsprozesses bietet mit Rücksicht auf die ohnehin in der Druckfarbe vorhandenen erheblichen Überschüsse an Reduktionsmittel keine eigentlichen Schwierigkeiten. Das Formaldehydsulfoxylat beginnt in wässerigem Medium schon bei 80° C zu wirken, jedoch liegt die optimale Reduktionstemperatur weit unterhalb von 80° C. Die Reduktion wird noch durch feine Dispergierung des Farbstoffes, also durch die Anwendung von Feinteigen oder durch Zusätze von Dispergiermitteln zur fertigen Druckfarbe, entsprechend gefördert.

Bei der Küpenbildung auf der Faser ist Luftfreiheit eine Hauptbedingung. Schon vor langer Zeit hat man das Problem dadurch gelöst, dass man den Dampf von oben her und in den rückwärtigen Teil des Apparates einführte, während man das Stück durch einen vorn und unten am Kasten angebrachten Schlitz ein- und austreten liess. Vor diesem Schlitz befindet sich ein kleiner Kasten mit einem Ableitungsrohr, durch das der durchströmende Dampf die Luft aus dem eintretenden Stück verdrängt und so den Eintritt von Luft in den Dämpfer verhindert. Der beim Arbeitsbeginn luftfrei gemachte Apparat bleibt in diesem Zustand unter der Voraussetzung einer guten Dampfzirkulation und eines gewissen geringen Überdruckes des Arbeitsdampfes gegenüber der Aussenluft.

Ein neueres System besteht in der Einführung des Dampfes von unten und entlang dem ganzen Apparat mit Austritt des Dampfes im oberen Teil, wobei das Gewebe in diesem Falle oben eintritt und in Falten nach unten geführt wird, um wieder oben auszutreten, oder aber: der Dampf tritt durch ein Verteilungsrohr, das über den ganzen oberen Teil des Kastens geführt wird, ein und wird unten abgeleitet, während das Gewebe ebenfalls unten ein- und austritt.

Lösung: Die Löslichkeit der Leukoderivate ist bei den einzelnen Küpenfarbstoffen verschieden; diejenige der indigoiden Körper ist grösser als die der anthrachinoiden. Diese Verschiedenheiten machen sich bei Kombinationen bemerkbar und sind häufig der Grund integaler Mischfarben (z. B. Grün aus Mischung von Gelb und Blau). Wie schon bemerkt, hängt die Lösung vor allem von der genügenden Menge des Lösungsmittels, also des auf der Faser kondensierten Wassers ab. Das bedruckte Gewebe soll im Dampfapparat so lange als möglich in Berührung mit dem Kondenswasser bleiben. Bei überhitztem Dampf wird ein Gewebe weniger Wasser kondensieren als in einer Atmosphäre von gesättigtem Dampf. Andererseits verdampft das einmal kondensierte Wasser nicht so leicht in einer Umgebung von gesättigtem Dampf, während die Verdampfung in überhitztem Dampf um so schneller stattfinden wird, je grösser der Überhitzungsgrad ist[1]).

Die besten Bedingungen bestehen demnach bei einem Dampf, der von der Hauptleitung unter einem Druck von 2 Atmosphären kommt und nach der Entspannung in einem Wasserbehälter bis zur Sättigung abgekühlt wird. Somit kommt der Dampf in gesättigtem Zustand in den Dämpfapparat und erfährt eine leichte Überhitzung durch die Heizplatten einerseits und durch die oxydoreduktive, wärmeabgebende Reaktion der Druckfarbe andererseits. Die Temperatur soll zwischen 100 und 101° C betragen. Es ist zu bemerken, dass die Aufgabe des Wasserbehälters nicht in einer „Befeuchtung“ des Dampfes, sondern in dessen Abkühlung liegt; derselbe Effekt würde auch ohne Einschaltung des Wasserbehälters durch Abkühlung des Dampfes in irgendwelcher Kühlvorrichtung anderer Art erhalten werden, wobei ebenfalls der Sättigungspunkt des Dampfes erreicht würde.

Der Einfluss der oberen Heizplatte im Mather-Platt ist sehr ausschlaggebend. Nach Messungen, die der Verfasser mit an verschiedenen Stellen des Dämpfers angebrachten Thermometern anstellte, konnte leicht ein Gebiet festgestellt werden, das etwa $^1/_5$—$^1/_4$ des Gesamtvolums des Apparates ausmachte und worin eine Überhitzung von 103—106° C abgelesen werden konnte. Dieses gefährliche Gebiet örtlicher Überhitzung kann leicht durch entsprechende Regulierung der Plattenheizung unschädlich gemacht werden, obwohl man gezwungen ist, eine sehr geringe Überhitzung aufrechtzuerhalten, um die Bildung von Wassertropfen zu vermeiden. Es empfiehlt sich ebenso, die Platten genügend hoch über dem Rollstuhl anzubringen, damit sich letzterer nicht im überhitzten Raum der Platten befindet.

Die Zersetzung des Hydrosulfits geht mit einer erheblichen Wärmeabgabe einher, die nach der Passage von etwa 3—4 Stücken eine Temperaturerhöhung von 3—4° C bewirken kann. Man muss also dann im Apparat einen kräftigeren Dampfstrom zirkulieren lassen, um die Temperatur auf ca. 101° C zu halten.

[1]) Siehe H. Gerber und P. Grünn: Versuche über die Wasseraufnahme der Druckverdickungen beim Dämpfprozess. Mell. 1939, *20*, S. 439.

In einem interessanten Artikel[1]) spricht W. Hess über das Dämpfen der Küpenfarbstoffe. Wir geben hier die wichtigsten Angaben dieser Veröffentlichung wieder, weil sie zu den Erfahrungen und Beobachtungen gehören, welche in einer langen Versuchsreihe mehrere Jahre hindurch in der Elsässischen Stoffdruckerei Scheurer, Lauth & Co. in Thann/Elsass, von L. Diserens und L. Zündel gemacht wurden.

Das Dämpfen der Küpenfarbstoffe beruht auf zweierlei Vorgängen, nämlich:

A) physikalischer Natur;

B) chemischer Natur.

Diese Vorgänge, die sich während des Dämpfens gleichzeitig abspielen, können, je nach den Bedingungen, entweder in gleicher oder in entgegengesetzter Richtung wirken.

A) Vorgänge physikalischer Natur: Das gute und normale Dämpfen der Küpenfarbstoffe ist hauptsächlich bedingt durch ein normales Abwickeln dieser physikalischen Vorgänge, die einen ebenso wichtigen Faktor darstellen wie die auf der Faser stattfindenden chemischen Reaktionen.

Um ein gutes Dämpfen der mit Küpenfarbstoffen bedruckten Ware zu verwirklichen, müssen hierzu die bestmöglichen Vorbedingungen gegeben sein in bezug auf Dampf, Faser und aufgedruckte Farbe.

Die Faser: Nach dem Verlassen der Druckwalzen wird die Ware zum Zwecke des Trocknens durch die Mansarden geführt. Je nach der Vorrichtung wird die Trocknung durch Wärmestrahlung oder durch Warmluft bewerkstelligt. Die heiss austretenden Stücke werden auf Wagen abgeschlagen und aufgeschichtet, und zwar so, dass ein Luftzutritt zum Inneren des Stückes fast unmöglich wird und somit eine Abkühlung nicht stattfinden kann. Dies bezieht sich, wie schon gesagt, nur auf die inneren Teile des Stückes, da die äusseren Teile, d. h. die den Webkanten am nächsten liegenden, sich verhältnismässig rasch abkühlen. Es ergibt sich hieraus die Tatsache, dass die an den heissen inneren Teilen des Stückes gedruckte Farbe (bzw. Natriumsulfoxylat), die unter Umständen während langen Stunden einer nicht unbedeutenden Temperatur ausgesetzt ist und dies noch in Gegenwart von Luft, sich relativ schnell zersetzt bzw. oxydiert, so dass während des Dämpfens nicht mehr genügend Reduktionsmittel vorhanden ist, um eine vollständige Fixierung des Farbstoffes zu bewerkstelligen.

Für die äusseren Teile des Stückes, die sich schnell an der Luft abkühlen können, kommt eine Zerstörung der Druckfarbe nicht in Frage.

Eine andere wichtige Tatsache ergibt sich ebenfalls aus obiger Betrachtung: Bekanntlich werden die mit Küpenfarbstoffen bedruckten Stücke vor dem Dämpfen in breitem Zustande über Leitrollen durch kalte Luft passiert. Diese Passage hat den doppelten Zweck, die Stücke abzukühlen und ihnen die beim Trocknen entzogene natürliche Feuchtigkeit zurückzugeben. Es ist leicht verständlich, dass solche Partien der Stücke, die längere Zeit in abgeschlagenem Zustand heiss waren, sich dann während der kurzen Luftpassage langsam abkühlen und somit auch langsam und unvollständig die Feuchtigkeit aufnehmen, während diejenigen Partien, die schon von Anfang an abgekühlt waren, bereits die ganze Feuchtigkeit absorbiert haben. Hierdurch erklärt sich die jedem Koloristen nur zu gut bekannte Erscheinung der unregelmässig fixierten Stücke, die von den Webkanten gegen die Mitte immer heller werden. Die Erklärung ist folgende:

Die spezifische Wärme der Zellulose entspricht einem Wert von 0,25. Da nun die Zellulose etwa 10% Feuchtigkeit aufnimmt (was besonders bei Viskosekunstseide der Fall ist), so ergibt sich durch einfache Rechnung das Resultat, dass die von dem Gewebe

[1]) Scheurer, Lauth & Co. — W. Hess, Mell. 1942, *23*, S. 346 Chem. Abstr. *38*, S. 3130.

adsorbierte Feuchtigkeit während des Dämpfens fast so viel Wasserdampf kondensiert, wie die Hälfte des Gewichtes der Zellulose es vermag. Somit ist es vollkommen klar, dass an denjenigen Teilen des Stückes, die die Feuchtigkeit nicht aufnehmen konnten, sich während des Dämpfens viel weniger Wasserdampf kondensiert als an den übrigen Teilen, die lange genug abgekühlt wurden. Infolgedessen kann die Färbung resp. Fixierung nicht gleichmässig im Stück vor sich gehen.

Um also die besten Bedingungen in Bezug auf die Faser zu schaffen, wird die bedruckte Ware bei möglichst mässiger Temperatur in der Mansarde (vorzugsweise Warmluftmansarde) getrocknet, so dass sie am Ausgang der Mansarde kalt abgeschlagen wird. Sodann werden die Stücke einer sofortigen Luftpassage in einem kühlen und feuchten Raume unterzogen, damit die Ware eine grösstmögliche Menge Feuchtigkeit absorbieren kann. Nach der Luftpassage können die Stücke ohne Nachteil einige Stunden vor dem Dämpfen liegen bleiben.

B) Vorgänge chemischer Natur. Die chemischen Vorgänge, die sich während des Dämpfens abspielen, erfolgen zweifellos gleichmässig und quantitativ, wenn die oben erwähnten physikalischen Bedingungen erfüllt sind.

Die aufgedruckte Farbe wird im Dampf allmählich auf 100° C gebracht. Schon bei 80° C beginnt die Zersetzung des Natriumsulfoxylatformaldehyds, das bei niedrigerer Temperatur fast keine Reduktion des Farbstoffes hervorruft. Aber im Moment, wo die Spaltung des Rongalits in Natriumsulfoxylat, Formaldehyd und Wasser eintritt, beginnt auch die Umwandlung des Farbstoffes in sein Leukoderivat. Die Spaltung des Rongalits im Dampf geht unter Wärmeaufnahme vor sich, denn, wenn man zu einer Lösung von Natriumhydrosulfit Formaldehydlösung zugibt, erfolgt eine starke Temperaturerhöhung, bewirkt durch die Reaktion:

$$Na_2S_2O_4 + 2\,CH_2O + 3\,H_2O =$$
$$NaHSO_2 \cdot CH_2O \cdot 2\,H_2O + NaHSO_3 \cdot CH_2O + x \text{ Kalorien}$$

Um das Natriumsulfoxylatformaldehyd wieder in seine Komponenten zu spalten, muss eine Wärmezufuhr stattfinden, die dem gleichen Wert entspricht wie dem seiner Bildung nach obiger Reaktion. (Selbstverständlich muss man von x Kalorien die Bildungswärme des Natriumbisulfitformaldehyds abziehen.)

Die Reduktion des Küpenfarbstoffes setzt gleichzeitig mit der Spaltung des Natriumsulfoxylatformaldehyds ein und ist schon nach 1—2 Minuten vollendet. Sie findet mit grosser Wärmeentwicklung statt, da sie durch die Oxydoreduktionsreaktion bewirkt wird, die einer Verbrennung des Natriumsulfoxylatformaldehyds durch den oxydierend wirkenden Farbstoff gleichkommt. Deswegen benötigt man auch im Dämpfer eine grosse Dampfzufuhr, um die schädliche Wirkung dieser freiwerdenden Wärme auszuschalten. Zu gleicher Zeit mit der Spaltung des Natriumsulfoxylatformaldehyds und der Reduktion des Farbstoffes setzt auch das Aufziehen des Leukoderivates auf die Faser ein. Dies ist ausser Zweifel der Vorgang, der die grösste Zeit des Dämpfens in Anspruch nimmt, da er der Färbung eines substantiven Farbstoffes sehr ähnlich kommt. Die Ursache des Aufziehens des reduzierten Farbstoffes auf das Gewebe liegt hauptsächlich in der Affinität des Leukoderivates zur Faser. Jedoch erscheint es zweifelhaft, dass das Aufziehen des Enolates während des Dämpfens in der kurzen Zeit von 5—6 Minuten nur allein dieser Affinität zuzuschreiben ist. Es wirft sich die Frage auf, ob nicht noch andere Kräfte in Betracht kommen, wie beispielsweise eine elektrische Anziehung des Leukomoleküls durch die elektrisch entgegengesetzt geladene Faser oder auch osmotischer Druck, die das Aufziehen des reduzierten Farbstoffes fördern.

Wenn die zuletzt genannte Ursache in Betracht käme, so würde die auf der Faser kondensierte Wassermenge auch für diesen Vorgang von ausserordentlicher Wichtigkeit sein; denn der osmotische Druck würde bedingt durch das Verhältnis der Konzentration des Leukoderivates im kondensierten Wasser (die am Anfang des Dämpfens Null ist) und der der aufgedruckten Farbe, die bei den gleichen Bedingungen sehr hoch ist. Dieser physikalisch-chemische Vorgang dürfte sich folgendermassen abspielen:

Das auf der Faser kondensierte Wasser wird von den in der Druckfarbe befindlichen löslichen Salze durch das als halbdurchlässige Membran fungierende Verdickungsmittel angezogen. Somit werden diese Salze sowie das lösliche Enolat viel schneller in Lösung gebracht als durch einfaches Einwirken des kondensierten Wassers auf die aufgedruckte Farbe.

Dass nicht allein die Affinität des Leukoderivates das Aufziehen des reduzierten Farbstoffes auf die Faser hervorruft, zeigt schon die Tatsache, dass Küpenfarbstoffe, die nach dem Colloresin DK-Verfahren gedruckt werden, ebenso schnell auf die Faser aufziehen wie die mit gewöhnlichen Verdickungen zubereiteten, trotzdem die Colloresin-Verdickung in alkalischem Mittel unlöslich ist, und somit die Beweglichkeit der Leukopartikel nur sehr klein sein kann.

Die bekannte Tatsache, dass im allgemeinen ein zweites Dämpfen der mit Küpenfarbstoffen bedruckten Ware sehr vorteilhaft ist, ist ganz bestimmt nicht in der Ursache einer unvollständigen Reduktion des Farbstoffes, sondern allein in einem unvollständigen Aufziehen des Leukoderivates zu suchen. Man kann annehmen, dass beim ersten Dämpfen sämtliche physikalischen und chemischen Reaktionen, die unter Wärmeabgabe oder Wärmeaufnahme stattfinden, schon bewerkstelligt sind, so dass beim zweiten Dämpfen nur noch die Färbung vollzogen wird, und zwar unter den besten Bedingungen.

Es erscheint nicht überflüssig, auf eine im Amer. Dyest. Rep. Bd. *16*, S. 33, erschienene Arbeit hinzuweisen, derzufolge der Autor bemerkt haben will, dass — entgegen den bisher gemachten Erfahrungen — bei der Reduktion durch das Formaldehydsulfoxylat eine Temperaturerniedrigung eintreten soll. Da es unwahrscheinlich ist, dass die Reaktion endothermisch verläuft, so müsste man es als möglich ansehen, dass eine vom Verfasser beobachtete Temperaturerniedrigung schon vor dem eigentlichen Einsetzen des Reduktionsprozesses stattfand und auf das Mitreissen von Kaltluft oder auf die tiefere Temperatur des Gewebes selbst zurückzuführen war.

Schlatter verfolgt im Amer. Dyest. Rep. 1937, Bd. *26*, S. 154, die verschiedenen chemischen Vorgänge, die sich im Dämpfapparat vollziehen. Im Augenblick des Eintritts des Stückes sind zwei Gruppen von Reaktionen in Betracht zu ziehen: 1. Die Reduktion durch das Rongalit-Alkali und gleichzeitig die örtliche Anfärbung der Faser und 2. die Nebenvorgänge, wie Dampfkondensation und Bildung einer Wasserschicht auf der Faser, Lösung der löslichen Salze, Oxydation des Formaldehydsulfoxylats zu Bisulfit und Zerstörung des Leukokörpers durch Überreduktion. Auch dieser Autor behauptet, dass die Hauptreaktion (also die erste Gruppe) ohne Wärmeabgabe vor sich geht, während nur die Nebenreaktionen eine örtliche Überhitzung bewirken können.

Um das Stück möglichst feucht zu halten, d. h. möglichst viel Feuchtigkeit darauf niederzuschlagen, ist es wichtig, dasselbe vor dem Dämpfen einem Belüftungs- und Anfeuchtungsprozess zu unterwerfen und jede Überhitzung zu vermeiden. In einzelnen Fällen ist man auf den Gebrauch hygroskopischer Mittel (meist Glyzerin und dessen Ersatzprodukte, z. B. Glyzerinersatz Stoko, ein invertierter Zucker (Sorbit) oder auch auf eines der schon angeführten Lösungsmittel) angewiesen.

Die meisten Druckereien finden es notwendig, das bedruckte Gut vor der Ausfertigung zu klotzen, um Rackelstreifen und ein Überziehen der Nuance zu vermeiden, besonders dann, wenn Küpenfarbstoffe als Buntätzen auf gefärbte Grundlage gedruckt werden. Die Klotzlösung enthält entweder Wasserstoffsuperoxyd oder Ludigol oder beides in einem dünnen Gummiermittel. Das Klotzen kann auf einer Druckmaschine mit einer punktierten Walze oder auf einem Dreiwalzenfoulard erfolgen, wobei nur die beiden oberen Walzen verwendet werden. Das Stückgut wird mit der bedruckten Seite gegen die mittlere Rolle gepresst, die eine feine, punktierte Gravierung zur Erhöhung des Effektes haben kann. Die gleichen Vorsichtsmassnahmen müssen beim Trocknen und Legen im warmen Zustand, gleich wie beim Trocknen von Drucken, auch hier beachtet werden.

Marius Richard hat in einem bei der Soc. Ind. de Mulhouse hinterlegten versiegelten Schreiben (Bull. Mulh. 1924, S. 93) empfohlen, vor dem Dämpfapparat einen Zweiwalzenfoulard anzubringen, dessen untere kupferne Walze mit Pikots graviert ist und in eine Lösung von Tragant, Glyzerin und 5 g β-Naphtolnatrium im Liter eintaucht; der Überschuss dieser Brühe wird abgerakelt. Das bedruckte Gewebe wird mit dieser Lösung, die so dick ist, dass sie nicht fliesst, linksseitig bedruckt und auf diese Weise vor dem Eintritt in den Dämpfkasten befeuchtet. In der Praxis hat das Verfahren seine Schwierigkeiten, besonders bei feinen Drucken, deren guter Ausfall unsicher ist (Hemdenartikel), anderseits könnte diese Betriebskosten erhöhende zusätzliche Behandlung nur dort gerechtfertigt sein, wo man die Dampfqualität nicht auf normale Weise erreichen kann.

Die Auswahl der Verdickungen scheint einen grossen Einfluss auf die Kondensationsvorgänge zu haben; hier sind die Verdickungen mit hohem Gehalt an Festsubstanz wie Britishgum vorteilhafter. Je mehr Trockensubstanz sich auf dem Gewebe befindet, desto mehr Wärme braucht es logischerweise, um diese auf 100° C zu erwärmen. Es konnte vom Verfasser festgestellt werden, dass Zusätze von Körpern mit hoher spezifischer Wärme die Fixation des Farbstoffes verbessern und den Ausfall weniger abhängig von etwaigen Dampfschwankungen machen.

Reinking[1]) betont die Wichtigkeit einer unabhängigen und tunlichst kurzen Rohrleitung zwischen Dämpfkasten und Dampf-

[1]) K. Reinking, Mell. 1921, *2*, S. 309. J. Text. Inst. 1922, *13*, S. A 16; Mell. 1922, *3*, S. 309. J. Soc. D. and Col. 1922, *38*, S. 306.

K. Reinking und P. A. Driessen, Mell. 1927, *8*, S. 269. Chem. Abstr. *21*, S. 2065. J. Text. Inst. 1923, *18*, S. A 240. Mell. 1936, *17*, S. 500; J. Text. Inst. 1936, *27*, S. A 382.

erzeuger sowie des richtigen Höhenverhältnisses zwischen den beiden Endpunkten dieser Rohrleitung. Diese Bedingungen sollen bedeutungsvoll für die Indanthrene sein, die für geringe Druckdifferenzen empfindlich sind und sich nur bei ganz bestimmten Drucken fixieren. Diese Anschauungen scheinen die Ingenieure nicht zu teilen und es fehlt nicht an Mitteln, um eine Regelmässigkeit des Dampfdrucks sicherzustellen (Dampfspeicher System Ruth). In einer anderen Arbeit über die Fixierung der Küpenfarbstoffe (Mell. 1927, Märzheft) nimmt Reinking an, dass diese von der direkt zugeführten Dampfmenge und der Verküpungstemperatur abhängig ist. Er konnte feststellen, dass das Indanthrengelb G der am leichtesten (schon bei 0,1 Atm.) fixierbare Küpenfarbstoff ist; in dieser Hinsicht stehen ihm die meisten indigoiden Marken nahe, deren Fixierung bei einem sehr geringen Überdruck (0,1 Atm.) beginnt, bei einer Drucksteigerung bis zu 0,3 Atm. immer besser wird, um ein Optimum zu erreichen, wonach bei einer weiteren Steigerung wieder eine Abnahme der Farbintensität zu bemerken ist. Ähnlich wie die indigoiden Farbstoffe verhalten sich noch die folgenden Farbstoffe: Indanthrenbraun G für Druck, Indanthrengoldgelb GK, Indanthrenrosa IB, Indanthrenviolett RF, BF, BBF usw.

Dagegen fixieren sich die anderen anthrachinoiden Küpenfarbstoffe auf eine ganz andere Weise. Durch einen geringen Zustrom von Dampf (0,2 Atm.) erzielt man praktisch so gut wie keine Fixierung und der Grossteil des Farbstoffes fällt beim Waschen wieder ab. Bei einer weiteren Zunahme (0,3 Atm.) ist jedoch die Fixierung rasch und vollkommen und jenseits dieses Punktes kann man keine weitere Verbesserung bemerken, da eben der Farbstoff vollständig auf der Faser befestigt ist. Der grundsätzliche Unterschied zwischen indigoiden und anthrachinoiden Küpenfarbstoffen bestände also nach Reinking darin, dass die letzteren sich unterhalb eines gewissen Dampfüberschusses gar nicht, die indigoiden Farbstoffe jedoch allmählich selbst bei unzureichenden Dampfmengen fixieren, so dass die indigoiden Farbstoffe allgemein leichter fixierbar sind. Folgt man Reinking mit seinen Ausführungen weiter, so ist es demnach unerlässlich, für die Erzielung einer guten Ausbeute bei Indanthrendrucken einen ständigen und genügenden Zustrom von gesättigtem Dampf wirken zu lassen; da, wie man oben sah, die Empfindlichkeit dieser Farbstoffe gegen ganz geringfügige Veränderungen des Dampfdruckes sehr gross ist, so müsste eine besondere Dampfanlage vorgesehen werden, die den Dämpfkasten vor derartigen Schwankungen schützt — also Ruth-Speicher und direkte Dampfleitung zum Dämpfapparat.

Vom physikalischen Standpunkt aus erscheint jedoch die Auffassung Reinkings nicht ganz überzeugend. Tatsächlich liegt das entscheidende Moment nicht in einem mehr oder weniger energischen

Dampfzustrom in den Dämpfkasten, sondern lediglich in der auf der Faser kondensierten Wassermenge, denn der Dampfüberschuss hat keine andere Aufgabe, als diejenige, die Dampftemperatur möglichst nahe bei 100° C zu halten, d. h. die durch die Heizplatten und durch die exotherme Reaktion in der Druckfarbe hervorgerufene Überhitzung wieder aufzuheben. Die Menge des auf dem Gewebe kondensierten Wassers, die zur Lösung des Leukokörpers nötig ist, ist auf alle Fälle genügend, wie stark auch der Zustrom des Dampfes sein mag.

So lange die zur Lösung der Leukoverbindung notwendige Wassermenge auf der Faser kondensiert wird, spielt der Dampfdruck der Dampfversorgung keine Rolle.

Es möge hier an eine interessante Arbeit von P. Aug. Driessen (Mell. 1928, Augustheft, S. 670—671) über den physikalischen Zustand des Dampfes im Dämpfapparat erinnert werden. Der Verfasser wendet sich gegen die falschen Ausdrücke, welche sich in den Sprachgebrauch der Betriebe eingeschlichen haben, wie der schon erwähnte „feuchte Dampf" und er betont, dass es sich in einem derartigen Falle wohl nur um einen leicht überhitzten Dampf, der sich in einem der Sättigung stark angenäherten Zustand befinde, handeln könne. „Feuchter Dampf" wäre in der Vorstellung derjenigen, die diesen Ausdruck gebrauchen, ein mit Feuchtigkeit beladener Dampf man müsste also eine Art von Nebel annehmen; nun ist ein solcher Zustand in physikalischer Hinsicht unbekannt. Es existiert nur ein gesättigter oder ein überhitzter Dampf.

Um die Begriffe, die den Zustand des Dampfes beschreiben, klarzustellen, ist folgendes aus der „Engineering Encyclopedia" (herausgegeben von F. D. Jones) entnommen:

„Dampf ist durch Wärmezufuhr in den gasförmigen Zustand übergeführtes Wasser. Der Wasserdampf kann gesättigt, überhitzt, trocken oder nass (?) sein. Wasserdampf wird dann als gesättigt bezeichnet, wenn er sich in Gegenwart jenes Wassers, aus dem er erzeugt wird, bildet und die gleiche Temperatur wie das noch zu verdampfende Wasser besitzt. Im Falle des gesättigten Dampfes gibt es immer eine bestimmte Beziehung zwischen der Temperatur und dem Dampfdruck. So hat z. B. gesättigter Dampf bei einem Druck von 1,3 kg/cm² eine Temperatur von 106,6° C, bei einem Druck von 1,8 kg/cm² eine solche von 116,3° C, usw., während gesättigter Dampf bei Atmosphärendruck immer eine Temperatur von 100° C aufweist. Überhitzter Dampf ist solcher, der über die Temperatur erhitzt wurde, die seinem Sättigungsdruck entspricht. Die Überhitzung erfolgt so, dass man den Dampf, nachdem er den Dampfkessel verlassen hat, durch Röhren oder Schlangen leitet, die von heissen Ofengasen umstrichen werden. Trockener Dampf enthält keine Feuchtigkeit und kann gesättigt oder überhitzt sein. Nasser Dampf (?) enthält mehr oder weniger grosse Mengen Feuchtigkeit in Form feinzerstäubter Wassertröpfchen, unterscheidet sich aber sonst nicht von gesättigtem Dampf, indem der Druck bei verschiedenen Temperaturen dem jeweiligen Sättigungsdruck entspricht."

„Dampfqualität: Der Prozentgehalt trockenen Dampfes im feuchten Dampf wird als Dampfqualität bezeichnet. Wenn z. B. ein Muster von 1000 g Dampf 40 g Wasser in Form von Tröpfchen und 960 g trockenen Dampf enthält, so beträgt die Dampfqualität 96%. Die Feuchtigkeitsmenge des Dampfes wird mit dem Kalorimeter gemessen."

Hinsichtlich der Konstruktion der Dämpfvorrichtungen kann man nur wenige besondere, das Gebiet der Ausfertigung der Küpenfarbstoffe betreffende Spezialapparaturen finden.

Das *brit. P. 457.952* von Horridge beschreibt eine neue Einrichtung zur Einführung des Dampfes in den Apparat, die es gestattet, örtlich die Dampfzufuhr zu regeln. Andere interessante Anordnungen zur Vermeidung von Stellen, die eine örtliche Überhitzung aufweisen, sind bestrebt, durch eine besondere Regulierung des Dampf- und Wasserzutritts ihr Ziel zu erreichen; es sind dies die *D.R.P. 609.922* (Chapuis) und *578.400* (Deltex Co.). Nach dem letzteren Verfahren wird konstruktiv die Möglichkeit gegeben, grössere Räume zwischen den Gewebelagen zu bilden. In *brit. P. 422.117* (Spooner) findet man diesbezüglich auch einige interessante Gedanken: örtliche Überhitzungen werden durch die Konstruktion einzelner Kammern mit getrenntem Dampfein- und -austritt vermieden, durch welche der Dampf mit verhältnismässig grosser Geschwindigkeit durchströmt und an verschiedenen Stellen des Apparates abgesaugt werden kann.

Ein kürzliches Verfahren, *franz. P. 904.983* (Hofman), beruht auf der Verwendung von Reduktionsmitteln, z. B. von Pyrogallol oder einer Hydrosulfitlösung. Das Verfahren bietet den Vorteil, die schädigende Wirkung des Sauerstoffes während des Dämpfens zu verhindern.

Im *franz. P. 904.832* beschreibt R. Hofman eine Verschlussvorrichtung eines Schnelldämpfers mit einer Feder beim Wareneingang. Dadurch werden alle Dampfverluste beim Eintreten und Verlassen von Stückgut in den Apparat vermieden.

Der Elektrofixierer[1]).

Der Elektrofixierer wurde von H. Aubauer von der Deutschen Teerfarben- und Chemikalien Handels A.G. in Wien erfunden und gebaut. Die Erfindung wurde in den folgenden Patenten beschrieben:

[1]) Der Apparat wurde vor 1939 von der deutschen Firma Benno Schilde, Maschinenbau A.G., Hersfeld (Kassel) fabriziert.

D.R.P. 651.607 und *652.085; brit. P. 421.237; franz. P. 756.817* und *öst. P. 138.746* der I. G. Farbenindustrie.

Das Prinzip des Elektrofixierers besteht darin, dass hier durch Verwendung von Elektrowärme die bedruckte Ware in kürzester Zeit auf höhere Temperaturen erhitzt werden kann. Dabei findet eine plötzliche und vollständige Reduktion des Farbstoffes statt. Der Apparat besteht aus einer gut isolierten Kammer, in welche elektrische Heizkörper so eingebaut sind, dass man im oberen Teil des Apparates Temperaturen von 180—200° C erzielen kann.

Man bedruckt das Gewebe mit einem Farbstoffteig, der aus dem Küpenfarbstoff und einem Verdickungsmittel besteht und imprägniert anschliessend mit einer Lösung aus Natriumformaldehydsulfoxylat und Alkali. Das so vorbehandelte Gewebe tritt ohne vorhergehende Trocknung in den Apparat ein und bringt die notwendige Menge Wasser mit sich, die für die chemische Reaktion (Reduktion und Adsorption des Leukoderivates) erforderlich ist. Das Gewebe geht zuerst durch den oberen Teil des Apparates, der auf 150—180° C gebracht wurde; dabei wird das bedruckte Gewebe sehr schnell erhitzt, was sofort die Reaktion auslöst und deren Dauer auf ein vernünftiges Mass verkürzt. Die Durchlaufzeit des Gewebes in diesem Teil des Apparates beträgt 30—45 Sekunden, was einer Produktion von 1800—2500 m Gewebe pro Stunde entspricht. Dann passiert die Gewebebahn den unteren Teil des Apparates, wo die Temperaturen weniger hoch gehalten werden, und wo die, durch die hohen Temperaturen ausgelösten Reaktionen zu Ende geführt werden. Nun verlässt das Gewebe den Apparat, um direkt in eine grosse Waschmaschine geführt zu werden.

Der Elektrofixierer kann ohne Schwierigkeiten vor einer Waschmaschine angebracht werden.

Da die Druckfarbe nur das Verdickungsmittel enthält, kann die Ware vor der Ausfertigung unbegrenzte Zeit ohne irgendwelche Gefahren gelagert werden.

Man bringt das Reduktionsmittel erst kurz vor dem Eintritt in den Fixierer auf das Gewebe, wobei die Ware noch vorher einen Foulard passiert.

Die zahlreichen Vorteile des Elektrofixierers sind:

a) Keine Dampfverwendung und dadurch keine Variation des Dampfdrucks, wie das früher so oft der Fall war.
b) Elektrische Heizung, d. h. rationelle und automatische Regelung der Wärme.
c) Verkürzung der Fixierdauer.
d) Kontinuierliches Arbeiten (Fixieren und Waschen).
e) Grössere Produktivität bei billigeren Arbeitsbedingungen.
f) Verbesserung der Farbausbeute und grössere Lebhaftigkeit des Druckes.
g) Die Möglichkeit, die Ware nach dem Druck beliebig lang ohne Gefahr liegen zu lassen.
h) Verwendung des Apparates sowohl für den Rouleaux- wie auch für den Film- und Handdruck.

Am Anfang wurde der Elektrofixierer einzig für die Ausfertigung von Küpenfarbstoffen verwendet. Im folgenden wurde sein Anwendungsgebiet vernünftig erweitert, vor allem zur Ausfertigung von Ätzartikeln sowie von Rapidogen- und Rapidechtdrucken, wie auch als Kondensationsapparat für Drucke mit Harnstoff-Formaldehydkondensationsprodukten. Man versuchte auch den Elektrofixierer bei der Herstellung von Farbstoffen, die auf Kupplungsreaktionen von Naphtolen mit diazotierten Verbindungen beruhen, als Beschleuniger heranzuziehen.

In der Praxis wird er hingegen hauptsächlich beim Drucken von Küpenfarbstoffen, wie er in einigen deutschen und österreichischen Betrieben in Gebrauch ist, verwendet.

Ein Zusatzpatent der I. G. Farbenindustrie (Aubauer), *D.R.P. 652.085*, gibt einige Auskünfte, diesen Apparat und seine Anwendung für Ätzartikel betreffend, wobei man bei Temperaturen von 120 bis 170° C arbeitet.

Beim Elektrofixierer wird die aufgewandte Wärme vollständig ausgenützt, so dass der Energiehaushalt des Apparates sehr günstig ist.

Die *franz. P. 756.817; brit. P. 421.237*, wie auch das *öst. P. 138.746* der I. G. Farbenindustrie bringen eine Vereinfachung und Verbesserung des Fixierprozesses für Küpenfarbstoffe. Diese Erfindung erscheint sehr originell, doch ist der praktische Wert des Verfahrens schwer zu beurteilen, da noch einige Einzelheiten seiner Anwendung fehlen.

Das Verfahren besteht darin, dass entgegen den bisherigen Konstruktionen, die mit luftfreiem Dampf arbeiten, dieser Grundsatz gänzlich verlassen wird. Reduktion und Fixierung sollen sich sehr schnell unterhalb den Temperaturen vollziehen, bei welchen sonst die Reduktion erfolgt, und innerhalb jener Grenzen, bei welchen das Hydrosulfit auch tatsächlich wirkt.

Das letztere reagiert, wie schon erwähnt wurde, zwischen 70 bis 80° C, während seine Zersetzung bei 120° C vollständig ist, eine Temperatur, die nur für die Farben notwendig ist, die Natriumformaldehydsulfoxylat enthalten.

Bei heissfärbenden Küpenfarbstoffen beträgt die Temperatur 50—60° C, bei den Kaltfärbern 20—25° C.

Diese optimalen Bedingungen sind bei einem Spezialapparat von sehr einfacher Konstruktion realisiert. Man bringt das bedruckte Gewebe auf diese optimale Temperaturen durch eine elektrisch geheizte Entwicklungskammer. Die Mehrzahl der Beispiele bezieht sich auf das Colloresin-Verfahren, und es scheint, dass die Erfindung hauptsächlich auf diese Arbeitsmethode abgestellt ist. Der nach dem Colloresin DK-

Verfahren bedruckte Stoff passiert durch ein alkalisches Hydrosulfitbad und kommt in den Apparat. Die elektrischen Heizkörper geben die nötige Verküpungstemperatur, wodurch man die notwendigen Bedingungen zur Bildung des Leukoderivates herstellt.

In letzter Zeit wurde auch eine Dämpferkonstruktion von Gerber *(brit. P. 486.029* und *486.070)* in der Fachpresse eifrig kommentiert, die darauf beruht, dass man die Ware in einen innerhalb des Dämpfers vorgesehenen und von diesem allseits umgebenen Hohlraum einführt und von der Oberseite des Dämpfers wieder abzieht. Hier geht das Gewebe in Spiralwindungen durch den Apparat, ohne dass man dasselbe wenden muss; ein Abflecken grösserer Druckflächen — wie sie speziell beim Filmdruck vorkommen — wird dadurch unmöglich.

In Amerika verwendet man für das Dämpfen der Küpenfarben einen Schnelldämpfer, in welchen der Dampf durch ein durchlöchertes Rohr in den Kessel eindringt. Dieses Rohr, das durch die ganze Länge des Apparates hindurchgeht, befindet sich unmittelbar über dem Boden des Kessels und verzweigt sich in ebenfalls perforierten horizontalen Leitungen. Durch diese Anordnung werden sämtliche Teile des Kessels beständig von dem frischen Dampfstrom von oben nach unten durchzogen.

Zur Vermeidung des Abfleckens von filmbedruckten Stoffen beim Dämpfen verwendet man spezielle Dämpfapparate. Für gestrickte Gewebe, wie Jerseys, die leicht gekräuselt sind, eignet sich der sogenannte „tower ager" (Turmdämpfer). Dieser Apparat ist 6—9 m hoch, mit einer Rolle an der Spitze, wobei die Ware am Boden eintritt und den Apparat auch dort verlässt. Verbesserungen dieses einfachen Turmes gestatten die Verwendung von Vorheizkammern und die Möglichkeit, zwei Gewebebahnen auf einmal zu behandeln, indem man zwei Rollen verwendet. (Geering, Rayon Text. Mon., 1946, Februar; Textil Rundschau, 1946, November. Siehe auch F. Streng, Über das Dämpfen von Küpenfarbdrucken, Textil Praxis, 1947, *2*, S. 87).

Die New England Batt Company (Rhode Island, USA.) hat einen Dämpfer konstruieren lassen, der gewisse Fehler, die auf die Kondensation des Dampfes wie auch auf die Dampfspannung zurückzuführen sind, vermeidet. Das Prinzip des Apparates liegt in der Verwendung einer Aufheizkammer, die die Ware passiert, bevor sie in den eigentlichen Dämpfer kommt.

Ausfertigung.

Die Entwicklung der Küpenfarbstoffe beruht auf der Umwandlung des Alkalienolats, das die Faser im Dampf aufgenommen hat, in den unlöslichen Küpenfarbstoff, z. B.:

ONa — Entwicklung → / ← Reduktion — O

ONa — O

Obwohl die praktische Durchführung dieses Vorgangs an sich nicht schwierig ist, spielt sie eine wichtige Rolle in der Erzielung einer guten Ausbeute des Farbstoffes. Eine unvollkommene Reduktion kann unegale, weniger tiefe und weniger echte Ausfälle zur Folge haben. Eine zu weit getriebene Reduktion kann dagegen zu überreduzierten Verbindungen führen, aus denen man den Farbstoff nicht mehr quantitativ zurückbilden kann.

Dasselbe gilt auch für die oxydative Entwicklung. Eine nur teilweise Oxydation des Enolats wird sich in einer verminderten Echtheit des Farbausfalls, in einer Unregelmässigkeit des Farbtons äussern, wogegen man bei einer Überoxydation Gefahr läuft, die Farbe teilweise zu zerstören.

Die Oxydationsmittel, welche für die Entwicklung der Küpenfarbstoffe in Frage kommen, sind der Luftsauerstoff, Chlor, chlorierte Sulfamide, Perborate, Perkarbonate, Peroxyde, vor allem Wasserstoffsuperoxyd, Persulfate und Natrium- oder Kaliumbichromat.

Unlängst haben die Mathieson Alkali Works die Verwendung von Natriumchlorit (*franz. P. 918.494*, eing. am 7. Dezember 1945, veröffentl. am 10. Februar 1947) empfohlen[1]).

Alle Oxydationsmittel, mit Ausnahme des Luftsauerstoffs, können mehr oder weniger eine Überoxydation zur Folge haben[2]). Je nach ihrer Konstitution und der Dissoziationsfähigkeit der Leukoverbindungen brauchen die Küpenfarbstoffe mehr oder weniger Sauerstoff zu ihrer vollkommenen Entwicklung; man kann diese Farbstoffe somit in leichter oder schwieriger reoxydierbare Körper einteilen. Die gute Ausbeute, der gleichmässige und einheitliche Ausfall von Druck und Färbung hängen daher in hohem Masse von den Bedingungen ab, unter denen die Oxydation vorgenommen wird, namentlich von der Wahl des Oxydationsmittels, der Einwirkungsdauer und der Temperatur des Entwicklungsbades. Da sind nun zahlreiche Fehler möglich: Flecken, unegale Stellen, geringe Seifen-, Reib- oder Lichtechtheit.

---

[1]) Siehe weiter S. 187/188.

[2]) Textile Manuf. 1946, Nr. 861, S. 435. In diesem Artikel handelt es sich um die Anwendung des Glydote A der Imp. Chem. Ind., das als Oxydationsverzögerer (Reduktionsmittel) verwendet wird, um eine vorzeitige Oxydation oder eine Überoxydation zu verhindern. Anschliessend folgt eine Behandlung mit Bichromat.

Glydote A entspricht dem Thiodiäthylenglykol (Glyecin A).

Die Entwicklung der Küpenfarbstoffe wird in kontinuierlichen Breitapparaten durchgeführt, in welchen die Oxydation sehr schnell ausgeführt werden kann. Hierzu sind stark wirkende Oxydationsmittel erforderlich, da die Wirkung des Luftsauerstoffs ungenügend und zu langsam ist. Um eine unerwünschte Überoxydation zu verhindern, müssen die verwendeten Oxydationsmittel sorgfältig in bezug auf Quantität, Dauer und Temperatur dosiert werden.

Die Entwicklung zerfällt in folgende Teilvorgänge:

a) in die Zerstörung des überschüssigen Reduktionsmittels, soweit dies nicht beim Dämpfen erreicht wurde, und in die Entfernung des Verdickungsmittels.

b) in die eigentliche Oxydation des Leukokörpers.

Oxydation durch den Luftsauerstoff. Das beste Oxydationsmittel wäre schon mit Rücksicht auf die Billigkeit und Einfachheit des Verfahrens der Luftsauerstoff, doch wirkt er leider zu langsam und eine vollständige oxydative Entwicklung ist hier bei begrenzter Behandlungsdauer in Kontinue-Einrichtungen nicht möglich. Esist darum unvermeidlich, zur Beschleunigung der Reaktion die bedruckte und gedämpfte Ware zuerst mit angesäuerten wässerigen Lösungen (1—2 g H_2SO_4 66° Bé im Liter) zu behandeln, um den Überschuss des Reduktionsmittels zu zerstören, und dann einige Zeit in Wasser zu spülen. Bei einer Strangbehandlung der Gewebe, welche natürlich durch längere, unbegrenzte Dauer fortgesetzt werden kann, erreicht man dann eine vollständige Oxydation zum ursprünglichen Farbstoff.

Oxydation mittels Chlor. Von einer besonderen Entwicklungsmethode kann hierbei nicht die Rede sein, weil dieses Oxydationsmittel bei einzelnen Farbstoffen lediglich dazu dient, den Ton ihrer Färbungen etwas zu verbessern. Die Arbeitsweise besteht darin, dass man die beispielsweise bereits mit Luft oxydierten Färbungen in ein Bad bringt, das 1—2 g aktives Chlor pro Liter enthält. Nach kurzer Behandlung bei 15—20° C wird gespült, mit Säure oder Thiosulfat entchlort, gut gespült und hierauf geseift. Evans hat als Oxydationsmittel Chlorkalklösungen von ½° Bé vorgeschlagen. Diese Arbeitsweise eignet sich für einige Marken, die sich schwer rückoxydieren lassen, wie das Indanthrengelb G, doch ist sie gefährlich für halogenierte indigoide Küpenfarbstoffe sowie für das Indanthrenschwarz BB und BGA.

Oxydation mit chlorierten Sulfamiden[1]). Die Firma Pyrgos in Radebeul bei Dresden brachte vor wenigen Jahren einige sehr

---

[1]) *D.R.P. 390.658*, *422.076*, *461.637*, *504.997*, *530.894*, *559.250*, *563.887*, Chem. Fabr. von Heyden in Radebeul; *brit. P. 241.579*, *241.580*, 1925, Bayer in Leverkusen; *öster. P. 107.722*, Proschko in Wien; Z. f. ges. Text. Ind. 1932, Bd. *35*, S. 168; Bonnet, Teintex 1937, Bd. *2*, S. 95 und 158; Mell. 1927, Bd. *8*, S. 172; 1929, S. 240; Feibelmann, Mell. 1931, S. 263; Hausner, Mell. 1932, S. 268; Herbst, D.F.Z. 1934, S. 395. R. Haller, Spinner und Weber, 1924, S. 11; Landolt, Mell. 1930, S. 610; Chem. Ztg. 1924, S. 279; Z. f. ang. Chem. 1927, S. 1032; Leipz. Mon f. Textil. Ind. 1927, S. 392.

interessante, hierher gehörige Produkte auf den Markt. Das Aktivin oder Chloramin T ist das Natriumsalz des p-Toluolchlorsulfamids. Die Konstitution ist:

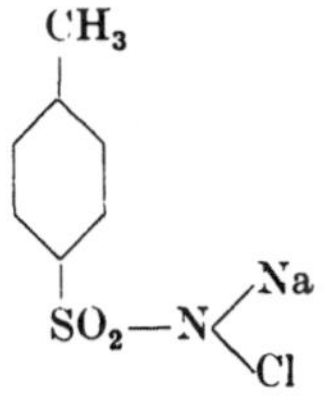

CH_3

$SO_2—N<^{Na}_{Cl}$

Weisses, chlorähnlich riechendes Pulver, 100 T. Wasser lösen bei 100° C 300 T. Chloramin T.

Das Aktivin ist ein weisses, mit 3 aq. kristallisierendes, in Wasser leicht lösliches Pulver. Die wässerige Lösung ist in der Kälte ausgezeichnet haltbar und zersetzt sich nur teilweise beim Sieden.

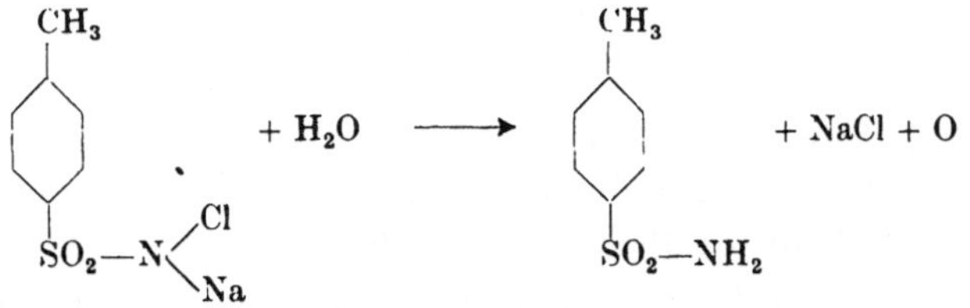

CH_3 ... $SO_2—N<^{Cl}_{Na}$ $+ H_2O \longrightarrow$ CH_3 ... $SO_2—NH_2$ $+ NaCl + O$

In Abwesenheit eines oxydierbaren Körpers geht die Zersetzung langsam vor sich. Sie erfolgt schneller in Gegenwart einer Säure. Daher ist das Aktivin in neutraler oder alkalischer Lösung ein langsam wirkendes Oxydationsmittel, das nur die reduzierenden Substanzen angreift und weder O noch Cl entwickelt, jedoch im sauren Bereich energisch oxydiert.

Die genannten Produkte werden in der Bleiche, beim Chlorieren der Wolle, zum Löslichmachen von Stärkeverbindungen (Appreturzubereitung), zur Desinfektion des Wassers usw. angewendet. Sie wurden ausserdem auch für die Wiederoxydation der Küpenfarbstoffe empfohlen; das Entwicklungsbad wird mit 2—3 g Aktivin im Liter bei einer Temperatur von 50—60° C angesetzt und man kann entweder Essigsäure (1—2 g pro Liter) oder ebensoviel Soda zugeben.

Das Chloramin TO[1]) ist das isomere Orthoderivat des Chloramin T, hat also die Formel:

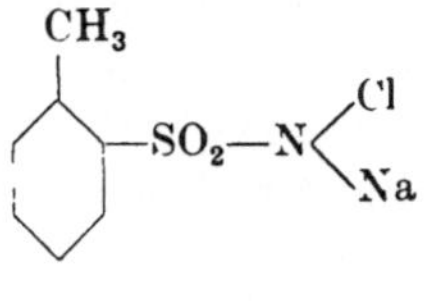

CH_3

$—SO_2—N<^{Cl}_{Na}$

[1]) Chem. Ztg. 1920, *4*, S. 14; *D.R.P. 647.566.*

Das *Chloramin BX* oder *Holazon* ist eine Verbindung, bei der die Methylgruppe durch eine m-ständige Karboxylgruppe ersetzt ist. Es reagiert demnach in wässeriger Lösung sauer.

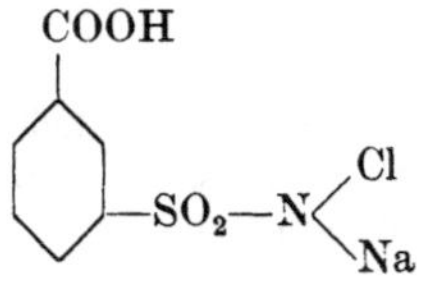

COOH

$—SO_2—N\langle^{Cl}_{Na}$

Das *Peraktivin*[1]) ist ein Körper, bei dem die beiden Wasserstoffatome der Aminogruppe durch zwei Chloratome ersetzt sind; es ist in Wasser unlöslich, dagegen in Alkalien löslich. Kennzeichnend ist somit die Gruppe

$$—SO_2—N\langle^{Cl}_{Cl}$$

Das Peraktivin ist ein weisses Pulver mit einem starken Chlorgeruch. Die Literatur dieser Verbindungen wurde bereits bei der obigen Besprechung des Chloramin T angegeben.

Hinsichtlich des Peraktivins (Dichlorsulfamid) ist noch hinzuzufügen, dass es gemäss dem *D.R.P. 563.887* (Pyrgos-Feibelmann) hergestellt wird. Es hat ebenfalls bleichende und oxydierende Eigenschaften, doch ist es, wie schon bemerkt, wasserunlöslich und wurde deshalb bisher nur in geringem Masse in der Technik angewendet. Der Ansatz hat in alkalischer Lösung zu erfolgen. Auch kann man es zur Herstellung eines Bleichpräparates mit Soda mischen (s. Mell. 1931, S. 263, Feibelmann). In der Formel

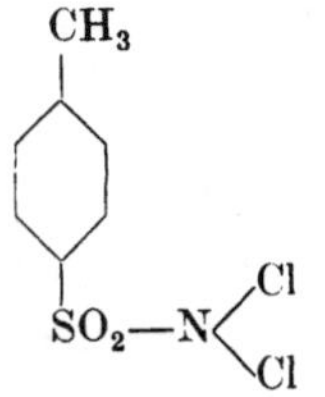

CH_3

$SO_2—N\langle^{Cl}_{Cl}$

können nun nach dem *D.R.P. 647.566* (Pyrgos) diese Dichlorsulfamide der aromatischen Körper durch solche ersetzt werden, die im Kern durch COOH-Gruppen substituiert sind, wodurch wasserlösliche Dichlorprodukte oder andere karboxylierte Verbindungen, welche Vorteile gegenüber den Monochlorprodukten, also dem Aktivin T oder

[1]) Kosche, Z. f. ges. Text. Ind. 1933, S. 578; Thiebaud, Teintex 1937, Bd. *2*, S. 366. Feibelmann, Mell. 1931, S. 263.

Chloramin T bieten. So kann man eine Reihe von Substanzen herstellen, die bei niederer oder höherer Temperatur Chlor entwickeln und sich deshalb als gute Bleichmittel erweisen.

Oxydation mittels Natriumperborat, $NaBO_2 \cdot H_2O_2 \cdot 3H_2O$. Die Perborate sind borsaure Salze, die aktiven Sauerstoff enthalten. Anfangs wurde die Konstitution dieser Produkte jedoch nicht geklärt und man blieb im Zweifel, ob sie als wirkliche Persalze, wie z. B. die Persulfate oder Perkarbonate, oder als gewöhnliche Additionsverbindungen von Wasserstoffsuperoxyd, wie z. B. die Perkarbonate von Tanatar (1910) oder das Ammoniumpersulfat von Willstaetter (1903), anzusehen seien.

Dank der Arbeiten von Le Blanc über die Perborate und derjenigen von Riesenfeld und Mau (Ber. 1911, S. 3595) über die Perkarbonate und Persulfate, wurde es möglich, diese Verbindungen in 3 Klassen zu ordnen[1]):

1. Wasserstoffsuperoxyd-Additionsprodukte.
2. Persalze, die aus Superoxyd und Säureanhydrid hergestellt werden (Perborate und Perkarbonate sind bekannt, Persulfate sind unbekannt).
3. Persalze, die auf elektrochemischem Wege hergestellt werden (Perborate sind unbekannt. Persulfate und Perkarbonate sind bekannt).

Während sämtliche Anlagerungsderivate, also Borperhydrate, wie z. B. folgende Derivate:

$NaBO_2 \cdot H_2O_2 \cdot 3\,H_2O$ = Natriumperborat des Handels
$Na_2B_4O_8 \cdot 10\,H_2O$ = Perborax (Jaubert, *franz. P. 336.062*, 4,17% akt. O)
$Na_2B_4O_{11} \cdot 6\,H_2O$

bekannt sind, kennt man bei den Persalzen nur die Verbindungen:

$KBO_3 \cdot \frac{1}{2}\,H_2O$
$NH_4BO_3 \cdot \frac{1}{2}\,H_2O$ und das
$NaBO_3$.

Die Natriumperborate können hergestellt werden:

a) durch Einwirkung von Wasserstoffsuperoxyd auf eine Boraxlösung *(D.R.P. 204.279)*.

$$Na_2B_4O_7 + 2\,NaOH = 4\,NaBO_2 + H_2O$$
$$NaBO_2 + H_2O_2 + 3\,H_2O = NaBO_2 \cdot H_2O_2 \cdot 3\,H_2O$$

b) durch Einwirkung von Borsäure auf Natriumsuperoxyd;
c) auf elektrolytischem Wege (Landshoff und Meyer, Grünau, *D.R.P. 297.223)*.

Das Entwicklungsbad wird bei 60—70° C gehalten; es enthält 2—4 g Natriumperborat im Liter. Die oxydierende Wirkung ist hier sehr langsam und kann daher nicht im kontinuierlichen Arbeitsgang durchgeführt werden. Es ist deshalb notwendig, nach einer Breitpassage durch Perboratlösung die Ware einige Minuten im Stapel

[1]) Literatur: Tanatar, Zeit. phys. Chem., Bd. *26*, S. 132; Bd. *29*, S. 162; Melikoff und Pissarjewsky, Ber. Bd. *31*, S. 678 (1898); Ullmann, Enzyklopädie der technischen Chemie, Bd. II, S. 566—568.

liegen zu lassen. Als Vorteil dieser Entwicklungsart ist dagegen hervorzuheben, dass man dann unmittelbar ohne Zwischenwaschung in das Seifenbad eingehen kann.

Oxydation mittels Perkarbonat. Als Folge der Ereignisse des 2. Weltkrieges ist das Natriumperborat mehr oder weniger vom europäischen Markte verschwunden. In den meisten Fällen konnte es jedoch ohne Schwierigkeiten durch das Natriumperkarbonat ersetzt werden (Carbal, L'Air liquide, Paris)[1]).

Man hat zu unterscheiden zwischen den echten Perkarbonaten, welche in ihrem molekularen Aufbau eine —O—O— Brücke aufweisen, und den sogenannten Anlagerungskarbonaten, die den aktiven Sauerstoff in Form von Kristallwasserstoffsuperoxyd enthalten (siehe Machu S. 249, Riesenfeld und Reinhold, Ber. 1909, *42*, S. 4377, Wilstaetter, Ber. 1903, *36*, S. 1828).

Es sind zwei Natriumsalze der Perkohlensäure bekannt:

Das Natriummonoperoxykarbonat:

$$O{=}C\begin{cases}ONa\\O{-}ONa\end{cases} \quad \text{oder } Na_2CO_4$$

und das Natriumperoxydikarbonat oder Natriumperkarbonat:

$$\begin{matrix}O{=}C\begin{cases}ONa\\O\end{cases}\\ \quad\quad | \\ O{=}C\begin{cases}O\\ONa\end{cases}\end{matrix} \quad \text{oder } Na_2C_2O_6$$

Die Permonokarbonate werden durch Einwirkung von Kohlensäure auf Natriumperoxyd bei einer Temperatur unter 0° C nach folgender Gleichung erhalten:

$$2\,CO_2 + 2\,Na_2O_2 + 3\,H_2O = 2\,Na_2CO_4 \cdot 3\,H_2O$$

Die Perkarbonate bilden sich durch Oxydation an der Anode von Alkalikarbonatlösungen bei — 30° C, auch durch Einwirkung von gasförmiger Kohlensäure auf Natriumperoxyd bzw. von Natriumperoxyd auf Phosgen.

---

[1]) Siehe J. Salquin: Les percarbonates et leurs emplois dans l'industrie textile. Teintex 1942, S. 164.

Das Carbal der Firma Air Liquide ist ein Natriumperkarbonat mit einem Gehalt von 10% aktivem Sauerstoff. Andere Handelsnamen: Percar-Electro, Ugine, Frankreich.

Das im Handel käufliche Perkarbonat ist ein schönes weisses Produkt, das durch Einwirkung von Feuchtigkeit zusammenbackt. Es entspricht dem Natriumperkarbonat, dessen Lösungen sich unter Entwicklung von Kohlensäure und aktivem Sauerstoff zersetzen.

Das Perkarbonat kann als Oxydationsmittel für die Leukoderivate der Küpen- und Schwefelfarbstoffe gebraucht werden. Zu diesem Zwecke wird es in saurem Medium angewendet. Die Säure bewirkt die Umwandlung des löslichen Leukoderivates in die unlösliche freie Leukosäure, die alsdann durch das Perkarbonat in den ursprünglichen Farbstoff rückoxydiert wird.

Man arbeitet gewöhnlich bei einer Temperatur von 50—60° C mit einer Lösung von 2—3 g Perkarbonat pro Liter Flotte. Am zweckmässigsten verwendet man hartes Wasser, da die Erdalkalisalze stabilisierend auf das Perkarbonat einwirken.

Auch Magnesiumsulfat kann als Stabilisator für die Perkarbonate verwendet werden, hauptsächlich in heisser, alkalischer Lösung.

Oxydation mittels Natriumperoxyd[1]) und Wasserstoffsuperoxyd. Die Badtemperatur beträgt wie beim Perborat 60—70° C bei einem Gehalt von 2—3 g Natriumperoxyd im Liter. Da die Lösung ziemlich unbeständig ist, ist ein Zusatz von Stabilisatoren wie Wasserglas geboten.

Schon aus diesem Grunde kann diese Oxydationsart keinen Anspruch auf allgemeine Anwendung haben, abgesehen davon, dass auch hier ab und zu mit Farbtonänderungen zu rechnen ist und dass durch die meist notwendig werdende Zwischensäuerung der ganze Entwicklungsvorgang viel Zeit beansprucht.

Die Verhältnisse liegen beim Wasserstoffsuperoxyd ähnlich wie beim Natriumsuperoxyd, wenn auch die Alkalität des Bades während der Oxydation geringer sein wird. Enthält das Färbegut von der Küpe her sehr viel Natronlauge, so wird man auch hier vor allem bei längerer Behandlungsdauer Stabilisatoren zusetzen müssen. Eine reinigende Wirkung kommt dem Bade nicht zu, so dass im gesamten Entwicklungsprozess keine Vereinfachung eintreten kann. Mancherlei Farbtonänderungen muss Rechnung getragen werden.

Nach dem Verfahren des *brit. P. 582.895* der Mathieson Alkali Works (eing. am 29. Februar 1944, erteilt am 2. Dezember 1946) wird die Rückoxydation der Küpenfarbstoffe dadurch erreicht, dass man das gefärbte oder bedruckte Gewebe durch ein Bad von Wasserstoffsuperoxyd und Natriumtetraborat ($Na_7B_4O_7$) passiert. Das Bad wird dabei bei $p_H = 8—11$ gehalten. Das Natriumtetraborat wirkt als Puffersubstanz.

Die gleiche Firma beschreibt im *can. P. 434.497* eine Rückoxydationsmethode mittels eines Bades aus Wasserstoffsuperoxyd, das

[1]) Solazone (Du Pont).

man bei $p_H = 8{,}3$—10 hält. Als Puffersubstanz dient Natriumbikarbonat mit oder ohne Natriumtetraborat.

Oxydation mit Ammoniumpersulfat. Da Bichromat im Kriege 1940/45 nicht mehr erhältlich war, hat man es durch Wasserstoffsuperoxyd oder auch durch Ammonium- bzw. Kaliumpersulfat $(NH_4)_2S_2O_8$ ersetzt. In äquimolekularen Mengen sind diese Produkte imstande, dasselbe Quantum Sauerstoff zu entwickeln.

Das Bad besteht aus 2 g Ammoniumpersulfat + 2—3 cm^3 Schwefelsäure 66° Bé pro Liter. Die Stücke werden in breitem Zustande durch diese Lösung bei 70° C genommen und gewaschen.

Sowohl vor wie nach der Oxydation muss gut gespült werden, da infolge der sauren Reaktion des Bades mit den gleichen Fehlern gerechnet werden muss, die bei der Chromsalzentwicklung auftreten können. Diese Methode ist aber immer noch der Chromsalzentwicklung vorzuziehen, da Farbtonänderungen nicht in dem erwähnten starken Masse auftreten können und da als Zersetzungsprodukt des Persulfates lediglich Bisulfit gebildet wird. Eine Verkürzung des gesamten Entwicklungsprozesses durch Wegfall einzelner Behandlungsbäder ist nicht zulässig.

J. Rière beschreibt im *franz. P. 907.341* (eing. am 18. Oktober 1944, erteilt am 8. März 1946) ein Verfahren, dadurch gekennzeichnet, dass die Oxydation und das Seifen in einem einzigen Bade erfolgen, was eine Verkürzung der Behandlungszeit bedeutet. Man verwendet dabei ein Bad, das ein Oxydationsmittel (Kaliumpersulfat) und ein Dispergiermittel (Fettalkoholsulfat) enthält. Zudem verwendet man eine Puffersubstanz wie Natriumbikarbonat, welches das Ätznatron des Färbebades oder der Druckfarbe in Soda umwandelt.

Zur Illustration des Verfahrens soll folgende Zusammensetzung eines Oxydationsbades als Beispiel angeführt werden:

2 g Natriumpersulfat
4 g Natriumbikarbonat
5 g Natriumkarbonat
1 g Fettalkoholsulfat (Gardinoltypus).

Die Behandlung erfolgt durch zwei Passagen am Jigger bei einer Temperatur von 80° C während 20 Minuten.

Es scheint nicht, dass dieses Verfahren eine Neuheit darstellt, denn in Wirklichkeit sind ähnliche Verfahren des gleichzeitigen Oxydierens und Seifens für das Färben und das Drucken von Küpenfarbstoffen bereits früher angedeutet worden, wie z. B. Bäder mit Aktivin und einem Reinigungsmittel (siehe weiter oben).

Oxydation mit Kalium- oder Natriumbichromat. Es ist dies das gebräuchlichste Verfahren, das allerdings die grösste Gefahr der Überoxydation mit sich bringt. Cibascharlach G (sowie im allgemeinen die thioindigoiden Farbstoffe) gibt trübere Töne. Bei Indanthrenblau BCD, GCD, 3 G, RS, Indanthrendruckblau FRS, Indanthrenbrillantblau 3 G und R darf man mit Natriumbichromat — das mit Essigsäure oder Schwefelsäure angesäuert wird — nur bei niederen Temperaturen entwickeln, um einen Farbenumschlag zu verhüten. In diesen Fällen ist eine Entwicklung mit Perborat, Natrium- oder Wasserstoffsuperoxyd, die die Töne nicht verändern, vorzuziehen.

Als weiterer Nachteil ist der Umstand anzusehen, dass ein sehr gutes Spülen vor dem Oxydieren notwendig ist. Ist die Vorspülung ungenügend, so kann es zur Bildung freier Leukosäuren der Farbstoffe kommen; überwiegt der Alkaligehalt der Faser den Säuregehalt des Bades, so tritt Zersetzung des Oxydationsmittels ein. Ebenfalls muss nach der Entwicklung gut gespült werden, bevor geseift wird, da sonst Säure- oder Chromsalzreste in das Seifenbad gelangen.

Die nach dem Färben gut gespülte Ware kommt in ein Behandlungsbad, das 0,5—1,0 g Kaliumbichromat und 0,5—1,0 cm³ Schwefelsäure pro Liter Badflüssigkeit enthält. Bisweilen ersetzt man auch die Schwefelsäure durch Essigsäure. Hierauf muss wiederum gründlich gespült werden, worauf man kochend seift.

Oxydation mit sauerstoffhaltigen Fettalkoholsulfaten. Ein neues, sehr interessantes Verfahren wurde von Böhme in Chemnitz angegeben. Es beruht auf der Anwendung von Fettalkoholsulfaten, denen Körper mit einem Gehalt an aktivem Sauerstoff zugesetzt werden. So brachte Böhme ein Erzeugnis, Ondal dopp. conc., in den Handel, welches die Reinigungswirkungen der Fettalkoholsulfate mit dem Oxydationseffekt der Persalze vereinigt. Gemäss dem *D.R.P. 594.806*[1]) ist das Ondal ein Pyrophosphorsäureester eines Fettalkoholsulfats; es wird speziell für die Entwicklung der Küpendrucke und -färbungen empfohlen. Der Vorteil des Ondals liegt in der Möglichkeit des Seifens und Oxydierens in einem Bad, wodurch die Ausfertigung wesentlich vereinfacht, andererseits die Gefahr der Überoxydation oder Trübung der Nuance vermieden wird. Dabei ist es von Belang, dass zuerst die oxydierende Wirkung eintritt, weshalb man bei niederer Temperatur eingeht und die Temperatur langsam auf 70—80° C steigert. Das Bad besteht aus 1—3 g Ondal pro Liter. Man löst es vorher 1:1 in heissem Wasser, behandelt im ersten Bad bei 30° C, im zweiten Bad bei 40° C und erhöht erst in den folgenden Bädern die Temperatur auf 70—80° C.

Die Verwendung von Natriumchlorit (Texton). Nach dem Verfahren des *franz. P. 918.494* (eing. am 7. Dezember 1945, er-

[1]) *D.R.P. 589.778; brit. P. 425.804; schweiz. P. 183.447;* siehe die Arbeit von K. Heide, Die Entwicklung von Küpenfärbungen, Klepzig's Textilzeitschrift 1936, *39* S. 133 und 1937, *40*, Nr. 10, S. 178.

teilt am 10. Februar 1947) der Mathieson Alkali Works, wird die Oxydation der Leukoderivate so durchgeführt, dass man das Textilmaterial mit einer wässerigen Lösung von Natriumchlorit (Texton) behandelt, wobei Natriumbikarbonat als Puffersubstanzzu gesetzt wird. Das p_H der Lösung soll mindestens 3 betragen, liegt aber im allgemeinen zwischen 8 und 10,5. Die Temperatur des Oxydationsbades beträgt 50—60° C.

Nach dem *brit. P. 576.292* kann das Natriumchlorit in neutraler oder saurer Lösung verwendet werden.

Man nimmt z. B:

0,8—1,0 g Natriumchlorit
4 cm³ Essigsäure 6° Bé (28%ig)

auf 1 Liter Badflüssigkeit bei 60° C.

Der Vorteil dieser Methode ist der, dass jede Überoxydation so vermieden wird. (Silk and Rayon 1946, *20*, S. 985.)

Im *brit. P. 576.296*[1]) der gleichen Firma findet man einige zusätzliche Angaben, die die Oxydation von Küpen- oder Schwefelfarbstoffen behandeln. Die Oxydation wird durch Zusatz von Essigsäure oder Soda beschleunigt.

Die Zusammensetzung des Ausfertigungsbades ist im allgemeinen die folgende:

0,25% Natriumchlorit
1,2 % Natriumbikarbonat
0,4 % Essigsäure 28%ig.

Die Badtemperatur beträgt 60° C für Küpenfarbstoffe und 55° C für Schwefelfarbstoffe.

Die Form des abgeschiedenen Farbstoffes ist für die Reibechtheit und für die Lebhaftigkeit der Färbung nicht gleichgültig. Grobe, oberflächlich sitzende Partikelchen setzen die Reibechtheit herab und zerstreuen das Licht, so dass eine Trübung hervorgerufen wird. Diese Partikelchen müssen aus der Faser entfernt werden was durch Behandlung in einem kochenden Seifenbad erreicht wird. Zu grobe Teilchen entfernt man auf diese Weise und die feinen Teilchen werden zu Molekülaggregaten kondensiert[2]).

Für diese Behandlung benutzt man hauptsächlich Seife, am besten in Gegenwart von kalkseifeverhindernden Mitteln wie Calgon (Benckiser), Giltex (Progil), Trilon A und B (I.G. Farbenindustrie)[3]).

Die Seife kann mit sehr guten Resultaten durch andere neue Waschmittel ersetzt werden, z. B. Igepon T (I.G.), Fettalkoholsulfate (Gardinole, Modinal von Böhme-Fettchemie, Cyklanon

[1]) The Dyer, 1946, *95*, S. 503.

[2]) Haller und Ruperti: Cellulose Chem. 1925, Bd. *6*, S. 169; Mell. 1925, Bd. *6*, S. 664; 1927, Bd. *8*, S. 942.

[3]) Siehe Kap. XV, Waschmittel, S. 390, 406.

von der I.G. Farbenindustrie, Sipon L der Sinnova, Sandopan von Sandoz usw.), Igepale der I.G. Farbenindustrie und Ultravone der Ciba, sowie die Fettamide (Solepal von Doittau, Amitex von Francolor)[1]).

Hiermit erscheint die Übersicht über den Druck der Küpenfarbstoffe abgeschlossen. Auf die heutzutage nicht mehr gebräuchlichen Verfahren der Fixation ohne Dampf muss nicht näher eingegangen werden und bezüglich einiger — ebenfalls bedeutungsloser — Spezialverfahren, wie z. B. Druck von Küpenfarbstoffen auf Metallbeizen, dürfte es genügen, im nachstehenden die Literatur anzuführen: *D.R.P. 253.293*, 1912, Bayer & Co., Leverkusen; *franz. P. 453.799;* Frb. Ztg. 1912, S. 517; auch Justin Mueller, Bull. Mulh. 1914, S. 220; Marius Richard, Bull. Mulh. 1923, S. 382.

Ätzen.

Die Küpenfarbstoffe können sowohl oxydativ als reduktiv zerstört werden. Lange Jahre hindurch waren allein die Oxydationsätzen für den Druck auf Indigo in Gebrauch. Mit wenigen Ausnahmen (indigoide Farbstoffe, Halogenindigomarken) haben sie jedoch auf andere Küpenfarbstoffe keine Anwendung gefunden. Derzeit sind die Oxydadationsätzverfahren sozusagen gänzlich ausser Gebrauch gekommen und die Reduktionsätzen auf der Grundlage des Formaldehydsulfoxylats sind als die ausschlaggebenden modernen Verfahren auf diesem Gebiete anzusehen. Im folgenden sollen kurz die verschiedenen Ätzverfahren charakterisiert werden:

1. Oxydationsätzen:
   a) Chromatätzen (Thompson 1826 und C. Koechlin 1874);
   b) Ferricyanidätzen (Mercer 1845);
   c) Ätzen mit Chlor und Chloraten (Persoz, Jeanmaire 1889);
   d) Ätzen mit Brom und Bromaten (Brandt und F. Binder);
   e) Nitratätzen (Freiberger 1908).
2. Reduktionsätzen:
   a) mit Zinkstaub, Eisenvitriol und Zinnsalzen;
   b) mit Traubenzucker;
   c) mit Natrium- oder Zinkhydrosulfit (Schützenberger, Manufaktur E. Zündel in Moskau);
   d) mit Natriumformaldehydsulfoxylat (B.A.S.F.; Manufaktur Zündel in Moskau; Farbwerke M.L.B. in Höchst);
   e) mit Natriumformaldehydsulfoxylat + Leukotrop (B.A.S.F. und Reinking).

[1]) Siehe Kap. XV sowie L. Diserens, Neue Verfahren in der Technik der Veredlung der Textilfasern, Kap. II, wo sich eine Sammlung der verschiedenen Handelsprodukte dieser Klasse befindet.

Oxydationsätzen - Ätzen auf Indigo.

a) Chromatätzen.

Die ältesten Ätzverfahren sind auf Basis von Chromat aufgebaut. Tatsächlich hat Thompson[1]) in Manchester anno 1826 vorgeschlagen, das mit Indigo gefärbte Gewebe mit einer Lösung von Bichromat zu pflatschen und mit Oxalsäure oder Weinsäure zu bedrucken. An den bedruckten Stellen wird Indigo durch Oxydation mittels Chromsäure in Isatin umgewandelt, das leicht von der Faser abgezogen werden kann.

Später (Depierre Bd. *3*, S. 381) hat man, um mittlere Blautöne zu ätzen, ein Gemisch von Zitronensäure und Kaliumbisulfat auf das mit Bichromat präparierte Gewebe aufgedruckt.

Das Thompson'sche Verfahren zeigt aber verschiedene Nachteile: Lichtempfindlichkeit des mit Bichromat präparierten Gewebes, sehr grosser Verbrauch von Bichromat, sehr hoher Gestehungspreis, die Möglichkeit, nur Weissätzen auf mittleren und hellblauen Tönen zu erhalten.

Aus diesen Gründen erfuhr das Thompson'sche Verfahren im Laufe der Jahre verschiedene Verbesserungen. Eine von diesen bestand darin, dass man das Gewebe mit Oxalsäure bedruckte und durch eine Bichromatlösung passieren liess. Die wichtigste und aufsehenerregendste Vervollkommnung, die vor allem das Verfahren allgemein anwendbar machte, geht auf die Arbeiten des Mülhauser Industriellen Camille Koechlin[2]) zurück (1874). Diesem Verfahren war ein in der Geschichte des Zeugdrucks seltener Erfolg beschieden.

Es war im Jahre 1874 als Camille Kœchlin seine Verbesserungen am Thompson'schen Verfahren anbrachte. Durch Umkehrung der Reihenfolge der Operationen gestaltete er das Verfahren technisch brauchbar. Sein Verfahren, wie es noch heute unverändert durchgeführt wird, besteht im Bedrucken einer mit Indigo gefärbten Ware mit einer Druckfarbe, die Natrium- oder Kaliumbichromat enthält, das mit Ätznatron oder Ammoniak neutralisiert wurde, und anschliessendem Passieren der Stücke durch ein saures Bad. Damit wurde eine bedeutende Ersparnis an Chrom erreicht und ausserdem ergab sich die Möglichkeit, die bedruckte Ware unbegrenzt lange liegenzulassen; letzteres war beim Thompson'schen Verfahren deshalb nicht möglich, weil die mit Bichromat imprägnierte Ware ausserordentlich lichtempfindlich ist.

---

[1]) Persoz Bd. *3*, S. 46—49, Bull. Mulh., Bd. *1*, S. 83; von Kurrer, Druck- und Färbekunst 1849, Bd. *2*, S. 444.

[2]) Monit. Scient. Quesneville, 1892, S. 80; Bull. Mulh., Sitzung vom 13. Dezember 1892; Depierre, Bd. *3*, S. 381.

Ätzweiss.

(Morosoff'sche Manufaktur in Twer [Kalinin] 1918.)

	dunkelblau	hellblau	mittelblau	
Kaliumbichromat	150 g	80 g		
Wasser	360 g	300 g	Natriumbichromat	120 g
Weizenstärke . .	100 g	120 g	Britishgumverdikkung 1:1	790 g
Wasser	220 g	260 g		
Leiogum 1:1 . .	150 g	220 g	Natronlauge 38° Bé	60 g
Ammoniak . . .	20 g	20 g	Leiogum 1:1	30 g
	1000 g	1000 g		1000 g

Diese Farben, die demnach normales Natrium-Ammoniumchromat enthalten, werden auf das mit Indigo gefärbte Gewebe aufgedruckt. Die Ware kann ohne jegliche Gefahr nach dem Drucken einige Tage liegenbleiben, ohne dass man eine Schwächung der Faser feststellen kann. Beim Eintrocknen geht das Chromat in Bichromat über.

Ausfertigung: Man passiert die Ware durch ein Bad von Schwefelsäure + Oxalsäure. Dieses Entwicklungsbad wird folgendermassen zubereitet: Eine Holzkufe von 500 Liter Inhalt, die mit Blei ausgelegt ist, wird mit 50 Liter Wasser und 50 kg Leiogum beschickt. Man erwärmt bis zum Kochen, um den Leiogum aufzulösen und setzt nachträglich 182 kg Schwefelsäure 52° Bé und 30 kg Oxalsäure zu, rührt bis zur vollständigen Lösung und verdünnt auf 420 Liter (510 kg).

Diese Stammflotte wird vor dem Passieren der Stücke auf 1000 Liter (1090 kg) verdünnt. Die Konzentration der Säuren pro Kilo Entwicklungsflotte entspricht 164 g Schwefelsäure 52° Bé und 27 g Oxalsäure. Die Passage der Stücke wird in einer Rollenkufe bei 50° C während 25 Sekunden vorgenommen. Nach dieser Entwicklung wird die Ware in kaltem Wasser gründlich gespült, dann ausgequetscht und getrocknet.

Es wurde festgestellt, dass die Mitläufer (Untertücher), die zum Bedrucken der Stücke gebraucht wurden und dem Licht ausgesetzt waren, eine gewisse Faserschwächung erfuhren. Infolgedessen ist es notwendig, spezielle Untertücher unter Ausschluss von Mitläufern aus Rohware zu benutzen. Die Oxalsäure, die dem Entwicklungsbad zugesetzt wird, verhindert teilweise die Bildung von Oxyzellulose. Es wurde beobachtet, dass bei Abwesenheit der Oxalsäure der Ätzprozess viel langsamer verläuft.

In den auf die Entdeckung von Camille Koechlin folgenden Jahren, wurde eine Reihe Arbeiten über den Mechanismus der Chromatätze, die Temperaturbedingungen, die Konzentration des Bades und die Dauer der Säurebehandlung ausgeführt.

Unter diesen Arbeiten sind die folgenden erwähnenswert:

Schaposchnikoff: Frb. Ztg. 1894/95, S. 164; 1895/96, S. 19; Z. f. F. und Text. Chem. 1902, S. 459, 482 und 522.

Schaposchnikoff und Kadygrob: Z. f. F. und Text. Chem. 1904, S. 374.

von Georgiewicz: Z. f. F. und Text. Chem. 1903, S. 199.

M. Prud'homme: Bull. Mulh. 1903, S. 128; Frb. Ztg. 1894/95, S. 234; R.G.M.C. 1903, S. 65.

J. Mueller und Margulies: Frb. Ztg. 1892/93, S. 284; Bull. Mulh. 1903, S. 141.

Jorrissen und Reicher: Chem. Ztg. 1902, S. 1174.

Newjadomsky: Chem. Ztg. 1904, S. 423.

Versuche, das Passieren der Stücke durch ein Schwefelsäurebad von ziemlich hoher Konzentration in der Wärme durchzuführen, gaben nur mässige Resultate.

G. von Georgiewiecz untersuchte in einer Studie die Wirkung des Bichromats auf eine salzsaure Lösung von Indigokarmin und stellte fest, dass in Gegenwart von Oxalsäure die Zerstörung des Indigos beschleunigt wird.

Schaposchnikoff[1]) schlug für diese Reaktion eine Erklärung vor, die die wahrscheinlichste erscheint, und nach der die Chromsäure nicht direkt auf den Indigo, sondern zuerst auf die Oxalsäure wirkt und diese in der bekannten Weise oxydiert.

Er beobachtete ebenfalls, dass die Oxalsäure die Oxydation des Indigos durch die Chromsäure beschleunigt. Den Mechanismus dieser Reaktion erklärte er durch die Tatsache, dass die in Freiheit gesetzte Chromsäure die Oxalsäure oxydiert und der dabei entstehende Sauerstoff auf den Indigo einwirkt und ihn zerstört.

Nach Schaposchnikoff beobachtet man drei Reaktionsphasen:

1. $K_2CrO_4 + H_2SO_4 = K_2SO_4 + H_2O + CrO_3$
2. $2\ CrO_3 + H_2C_2O_4 = 2\ CO_2 + H_2O + Cr_2O_3 + O_2$
3. $C_{16}H_{10}N_2O_2 + O_2 = 2\ C_8H_5NO_2$

Der gesamte Reaktionsvorgang lässt sich durch die folgende Gleichung zusammenfassen:

$$2\ K_2CrO_4 + 5\ H_2SO_4 + H_2C_2O_4 + C_{16}H_{10}N_2O_2 =$$
$$2\ K_2SO_4 + Cr_2(SO_4)_3 + 6\ H_2O + 2\ CO_2 + 2\ C_8H_5NO_2$$

Es wurde auch festgestellt, dass die Oxalsäure die besten Resultate ergibt und nicht durch andere Säuren ersetzbar ist.

Die Temperatur des Säurebades ist im allgemeinen 60° C. Dagegen werden die besten Resultate beim Passieren bei 70—80° C erzielt. Der Druck wird dabei viel reiner und der Fond weniger zerstört. Bei 70° C erfolgt die Zersetzung des Bichromats rascher.

---

[1]) Z. f. F. und Text. Chem. 1902, S. 459.

Andere Arbeiten hatten zum Ziel, eine Verminderung der Faserschwächung durch die Chromatätze zu erreichen und werden im folgenden kurz zusammengefasst:

Schutz der Fasern vor dem Angriff durch die Chromsäure, die nicht zur Zerstörung des Indigos verbraucht wurde.

Zusätze zum Säurebad, die die Baumwolle dadurch schützen, dass sie leichter oxydiert werden als die Faser selbst, jedoch erst nach völliger Oxydation des Indigos angegriffen werden:

Zusatz von Dextrin und Glukose: J. Müller, Frb. Ztg. 1891/92, S. 291.

Zusatz von reiner Stärke: Piequet.

Zusatz von Glyzerin: H. Koechlin, Chem. Ztg. 1892, S. 463; Tagliani, Frb. Ztg. 1911, S. 350; 1912, S. 413.

Zusatz von 10 g Alkohol pro Liter Badflüssigkeit: Brandt, Frb. Ztg. 1891/92, S. 8 und 61.

Vorbehandlung des Gewebes mit Wasserglas: J. Müller, Frb. Ztg. 1891/92, S. 127.

Behandlung des Gewebes mit Leim und Glyzerin: Tagliani, Bull. Mulh. 1911, S. 156.

A. Scheurer[1]) untersuchte mit viel Sachkenntnis diese Frage und erkannte, dass gewisse Produkte eine unbestrittene Wirksamkeit haben. Es lässt sich nicht nur ein Schutz der Faser wahrnehmen, sondern auch der Indigo-Fond wird auf diese Weise weniger zerstört.

Er bemerkte, dass Natriumsilikat die gleiche Wirkung hat wie ein Verdickungsmittel gleicher Viskosität, d. h. dass es dem Eindringungsvermögen des Farbstoffes in die Fasern eine Schranke setzt. Zwischen 20 und 60° C hat die Temperatur des Säurebades ebenfalls einen Einfluss; darüber ist die Wirksamkeit schwächer.

Dynamometrische Versuche, die mit einer Reihe geeigneter Körper von A. Scheurer durchgeführt wurden, um die Verminderung der Faserschwächung festzustellen, führten zu folgenden Resultaten:

Man setzt die nachfolgenden Substanzen zu 1 kg einer Küpe zu:

		Festigkeit
200 g	Wasser	132
200 g	Alkohol	197
200 g	Glyzerin	196
200 g	Glukose	144
100 g	reiner Zucker	140
200 g	Azeton	169
200 g	Ameisensäure	150
100 g	Weinsäure	165
	unbehandeltes Gewebe	275

[1]) A. Scheurer: Frb. Ztg. 1891/92, S. 63, 87; Frb. Ztg. 1892/93, S. 255, 355, 365; Bull. Mulh. 1891, S. 487, 495; Bull. Mulh. 1892, S. 278, 281 und 540.

In dieser Reihe stehen Alkohol und Glyzerin an der Spitze; nur sie haben praktisches Interesse. Die Schutzwirkung wird um so besser sein, je höher die Konzentration an Glyzerin ist.

Nach von Niederhäusern[1]) wäre die Anwesenheit von Glyzerin überflüssig, wenn man die Konzentration der Ätzpaste genau einstellen könnte, um so einen genügenden Ätzeffekt zu erzielen. Dagegen ist ein Glyzerinzusatz ins Säurebad bei einem zu konzentrierten Ätzmittel zu empfehlen, da sonst die Zunahme der Faserschwächung nicht anders vermeidbar ist, als durch Zugabe einer gewissen Menge Glyzerin, Alkohol oder Gummi. Es ist schwierig, die Ätzmittelkonzentration genau zu dosieren, um dann die unbedingt nötige Menge Chromsäure in Freiheit zu setzen, wenn man im grossen arbeitet. Man ist gezwungen, eine etwas stärkere Ätzpaste anzuwenden, deren auffälligster Nachteil im Überziehen des Indigogrundes besteht.

Dieser Nachteil kann also durch Zugabe von gewissen Mengen Glyzerin oder Leiogum (10/1000) ins Säurebad behoben werden. Mit Glyzerinzusatz bleiben die Konturen schärfer und der Fond sauber.

Leiogum wirkt wie Glyzerin. Seine Verwendung, die seit sehr langem bekannt ist, ist auch heute noch geläufig.

Albert Scheurer[2]) macht darauf aufmerksam, dass nicht nur der Einfluss des Säurebades, sondern auch die angewendete Färbemethode zu beachten ist. Je nach dem Färbeverfahren dringt der Indigo mehr oder weniger tief in die Faser. Indigofärbungen, deren Küpen mit Ätznatron oder Ätzkali angesetzt wurden, lassen sich leichter ätzen als solche, bei denen Kalziumhydroxyd verwendet wurde.

Tagliani bemerkte[3]), dass es genügt, den Stoff mit Leim und Glyzerin zu imprägnieren, um ein Überziehen des Indigogrundes zu verhüten. Diese Methode gibt wirklich ausgezeichnete Resultate. Der Leim verhindert das Eindringen des Ätzmittels oder des Säurebades in die Faser noch mehr als das Natriumsilikat. Durch diese Schutzwirkung, verbunden mit der des Glyzerins ist es möglich, der Faserschwächung fast gänzlich entgegenzutreten.

Andere Forschungen beschäftigen sich mit der Möglichkeit, die Oxalsäure nicht dem Säurebad, sondern der Druckfarbe in Form von neutralem Natriumoxalat einzuverleiben. Diese Arbeiten sind folgenden Chemiker-Koloristen zu verdanken: Prud'homme, R.G.M.C. 1903, S. 65; 1904, S. 97; Rossel R.G.M.C. 1903, S. 100 und 163; Bulard R.G.M.C. 1904, S. 257.

---

[1]) von Niederhäusern: Frb. Ztg. 1892, S. 87, 105, 289; Bull. Mulh. 1892, S. 540.
[2]) Bull. Mulh. 1892, S. 281, 288.
[3]) Bull. Mulh. 1911, S. 156; Frb. Ztg. 1911, S. 351; 1912, S. 413.

Prud'homme[1]) versuchte, die Oxalsäure des Säurebades zu ersetzen, indem er neutrales Kaliumoxalat in die folgende Ätzpaste gab:

20 g	Natriumbichromat
37 g	heisses Wasser
13 g	Ammoniak 21° Bé
893 g	Britishgumverdickung
37 g	neutrales Kaliumoxalat oder 58 g rotes Blutlaugensalz
1000 g	

Diese Druckpaste, die 1 Mol Chromsäure auf ½ Mol Oxalsäure enthält, wurde auf Indigoblau gedruckt, das 0,5 g Indigo pro m² enthielt. Dann liess man bei 50° C durch ein Bad mit 10% Schwefelsäure 66° Bé passieren. Durch Zersetzung des Oxalates im sauren Bade bildet sich Oxalsäure im statu nascendi, die Chromsäure unter den zum Ätzen notwendigen Bedingungen liefert. Dadurch lässt sich eine bemerkenswerte Ersparnis an Oxalsäure erzielen.

Das Gelingen der Chromgelbätze unter Verwendung von neutralem Kaliumoxalat scheint schwierig zu sein, da die löslichen Oxalate, insbesondere das Kaliumoxalat, leicht Doppelsalze mit Bleioxyd geben. Die Abschwächung des Farbtons, vor allem des Gelbs, ist auf eine doppelte Umsetzung zwischen Bleibichromat und Kaliumoxalat zurückzuführen.

Bettig, Chemiker der Firma Bertrand i Hijo y Cia, Barcelona, erzielte mit Chromgelb gute Resultate bei Zusatz von Kaliumbichromat und Kaliumoxalat, indem er 10 g Oxalsäure dem schwefelsauren Bad zusetzte.

Bulard (R.G.M.C. 1904, S. 257) verwendete Kalziumoxalat an Stelle von Kaliumoxalat.

Das Kalziumoxalat eignet sich sehr gut für die Herstellung von Druckfarben. Dadurch kann eine gute Zügigkeit der Druckfarbe und ein scharfer Druck erreicht werden.

			Chromverdickung
300 g	Chromgelb	300 g	Natriumbichromat
260 g	Chromverdickung	250 g	heisses Wasser
150 g	Eialbumin 1:1	100 g	Natronlauge 30° Bé
100 g	Wasser	250 g	Tragantverdickung
100 g	Tragantverdickung	100 g	Ammoniak
90 g	Kalziumoxalat	1000 g	
1000 g			

Nach dem Drucken wird die Ware in einem Bad von 150 g Schwefelsäure 52° Bé pro Liter entwickelt. Das Bulard'sche Verfahren wurde eine gewisse Zeit in Russland angewendet, hauptsächlich in den Fabriken von Iwanowo-Wosnessensk.

Ch. Sünder[2]), Chemiker in Ivanowo-Wosnessensk, bemerkte in einer Darlegung über das Ätzen mit Oxalat auf Indigoblau, dass im

[1]) R.G.M.C. 1903, S. 65, 1904, S. 97; Frb. Ztg. 1906, S. 12.

[2]) R.G.M.C. 1906, S. 3 und 119.

allgemeinen die löslichen Oxalate weniger beliebt sind als das Kalziumoxalat. Durch Einwirkung von Kaliumoxalat auf Natriumbichromat bildet sich schwerlösliches Natriumoxalat, das in der Druckfarbe ausgefällt wird und die Rakel angreift. Die Verwendung des Kalziumoxalats erlaubt diesen Nachteil zu vermeiden. Die Druckfarbe, die Kalziumoxalat enthält, widersteht besser der Behandlung im Säurebad als die Druckfarbe, die nur Chromat enthält.

Borissof, Chemiker in Ivanowo-Wosnessensk, konnte die Ergebnisse Bettigs bestätigen. Er stellte fest, dass es schwierig sei, ein gutes Weiss zu erhalten, ohne Oxalsäure dem Säurebad zuzusetzen.

Man kann zu guten Resultaten kommen mit einer Druckfarbe, die 20 g/l Oxalsäure in Form ihres Kalziumsalzes enthält, und bei Verwendung eines Säurebades mit 90 g Schwefelsäure 66° Bé und 7 g Oxalsäure pro Liter. Unter diesen Bedingungen wird das Weiss bedeutend besser als dasjenige, das man beim Drucken von Bichromat mit anschliessendem Passieren durch ein Bad, das 45 g Schwefelsäure 66° Bé und 37 g Oxalsäure pro Liter enthält, erzielt.

Das Kalziumoxalat soll in Form eines sehr feinen Pulvers verwendet werden. In Anbetracht dieser Umstände brachten die Fabriques de Produits Chimiques von Thann und Mülhausen ein spezielles Kalziumoxalat unter dem Namen Oxaline in den Handel.

Schaposchnikoff und Kadygrob (Z. f. Farb. u. Text. Chem. 1904, S. 374) gingen von der Verwendung der Oxalsäure im Säurebad ab und ersetzten es durch Kaliumoxalat.

103 g	Kaliumoxalat
87 g	Natriumchromat
250 g	heisses Wasser
560 g	Leiogumverdickung
1000 g	

Trotz des lebhaften Interesses, welches das Kalziumoxalatverfahren anfangs hervorgerufen hat, scheint es jedoch, dass die meisten Fabriken das Verfahren, wie es C. Koechlin vorgeschlagen hat, beibehalten haben.

Man versuchte auch, die Chromate als Dampfätze zu verwenden. Albert Scheurer[1]) stellte fest, dass das Kaliumbichromat bei Gegenwart eines Metallsulfats oder -chlorids unter Einwirkung von Dampf Indigo zerstören kann. Er untersuchte die Kombinationen von Bichromat mit Aluminium-, Eisen-, Zink-, Magnesiumsulfat usw.

Für gewisse Artikel, und speziell zum Illuminieren mit Hilfe von Azofarbstoffen, verwendet man die unlöslichen Blei-, Zink-, Barium- und Kupferchromate. Aug. Romann (versiegeltes Schreiben, 1896)

[1]) Bull. Mulh. 1878, S. 159.

verwendete eine Farbe mit Natriumchromat unter Zusatz eines Zinksalzes, um eine Reserveätze auf Indigo zu erzielen[1]).

Diese Salze bieten im vorliegenden Fall keine Vorteile; sie können nur für Reserveätzen vorteilhaft verwendet werden. Im letzteren Fall druckt man auf ein helles Indigoblau eine Ätzfarbe, die nicht nur den Indigo ätzen soll, sondern durch einen nachfolgenden Druck die bedruckten Stellen gegen eine Überfärbung zu schützen hat.

Man druckt z. B. auf einen Indigoblaugrund eine Ätzfarbe, die gleichzeitig einen Gründeldruck eines zweiten Druckes reserviert. Zu diesem Zweck werden der Chromatätzfarbe Zinksulfat und Kaolin zugesetzt.

Das Illuminieren des Chromatätzartikels.

Durch Zugabe von Albumin und Pigmenten zur Druckfarbe erzielt man Buntätzen, unter denen die Gelbätze von besonderem Interesse ist. Diese letztere Fabrikation wird in Russland in grossem Maßstab ausgeführt (Manufakturen in Twer (Kalinin), in Moskau und mehrere Firmen in Iwanowo-Wosnessensk).

Gelbätze.

Rezeptur der Manufaktur Morosoff in Twer.

450 g	Chromgelblack in Teig
240 g	Blutalbumin 1:1
20 g	Rapsöl
15 g	Terpentin
10 g	Glyzerin
80 g	Tragantverdickung
95 g	Natriumbichromat
42 g	Ammoniak
48 g	Wasser
1000 g	

Die Buntätzen mittels unlöslicher Azofarbstoffe auf Indigogrund riefen eine grosse Anzahl von Forschungsarbeiten hervor, die schliesslich zu einem zufriedenstellenden Ergebnis bei der Herstellung des Blau-Rot- und Blau-Weiss-Rot-Artikels führten.

a) Blau-Rot-Artikel: Elbers war der erste, der sich mit dieser Frage beschäftigte. Er druckte auf naphtolierte Ware eine Farbe von Diazoaminoazobenzol + Natriumbichromat (Witt Bd. *1*, S. 531). Die Entwicklung wurde in einem sauren Bad vorgenommen[2]).

Um dem Rot seine guten Färbeeigenschaften und seine Lebhaftigkeit zu sichern, haben sich Zusätze von Aluminiumazetat, Natriumnitrat oder Kalziumazetat als vorteilhaft erwiesen. Nach dem Druck

[1]) Bull. Mulh. 1907, S. 244.

[2]) Erban, Frb. Ztg. 1910, S. 221, 236; 1910, S. 125, 141, 159; Nölting und Binder, Z. f. Chem. Ind. 1887, S. 204; Fischer's Berichte 1887, S. 1171; Elbers, *D.R.P. 55.779,* 1890; Depierre Bd. *3*, S. 426; Frb. Ztg. 1890/91, S. 74, 252, 405; 1893/94, S. 10.

passiert man wie üblich durch ein Säurebad. Elbers wies nach, dass man das Chromat einer sauren Diazolösung zufügen kann, ohne dass ihre Zerstörung erfolgt oder ihre Kupplung mit Naphtol verhindert wird. Er beschränkte sich auf die Verwendung von Diazoaminoazobenzol, da er mit andern diazotierten Aminen schlechte Ausbeuten erhalten hatte.

Verfahren nach Elbers (Witt. Bd. *1*, S. 531).

Das Gewebe, das mit Indigoblau gefärbt wurde, wird mit einer β-Naphtollösung imprägniert. Man druckt darauf die folgende Ätzfarbe:

200 g	Chromatverdickung
200 g	Diazoaminoazobenzol (220 g Aminoazobenzol, 25%ig)
10 g	Natriumnitrat
10 g	Kalziumazetat 15° Bé
5 g	Aluminiumazetat 11° Bé
5 g	Zinnchlorür

Chromverdickung.

1600 g	Kaliumbichromat
1140 g	Natriumkarbonat, krist.
1250 g	Wasser, aufkochen und heiss zusetzen
7220 g	Tragantschleim 60/1000
220 g	Ammoniak 20° Bé

Nach dem Trocknen passiert man durch ein Bad folgender Zusammensetzung:

140 g	Schwefelsäure 66° Bé
30 g	Oxalsäure in
1000 g	Wasser

dann wäscht und trocknet man. Der Zusatz des Zinnsalzes und des Natriumnitrats verbessert die Lebhaftigkeit des Rots, während das Kalziumazetat und das Aluminiumazetat eine bessere Seifenechtheit ergeben.

In der Folge wurde festgestellt, dass man die Chromate ohne weiteres einer p-Nitrodiazobenzollösung zufügen kann, vorausgesetzt, dass man ein reines und gut diazotiertes p-Nitranilin verwendet[1]).

Die Höchster Farbwerke haben die Anwendung von Azophorrot PN, dem man Bichromat zugibt, vorgeschlagen.

Die indigoblaue Ware wird naphtoliert und mit folgender Ätzfarbe bedruckt:

270 g	Tragantschleim 60/1000
180 g	Natriumbichromat
550 g	Azophorrotlösung
1000 g	

[1]) Frey, Bull. Mulh. Sitzung vom 10. März 1897; Frb. Ztg. 1897, S. 141.

Die Azophorrotlösung wird auf folgende Weise bereitet:

224 g	Azophorrot PN (M.L.B.) werden in
676 g	Wasser gelöst, hierauf
100 g	Natronlauge 22° Bé zugesetzt
1000 g	

Flintoff[1]) behandelte das Gewebe mit Natriumnaphtolat, druckte darauf eine Farbe aus p-Nitrodiazobenzolsulfat, Natriumazetat und Bichromat, passierte dann durch ein Bad, das Schwefelsäure und Oxalsäure enthielt.

Alle diese Verfahren können nicht für den Blau-Weiss-Rot-Artikel benutzt werden, weil das Weiss nicht auf β-naphtoliertem Stoff erhalten werden kann (Oxydation des β-Naphtols durch CrO_3).

b) Blau-Weiss-Rot-Artikel: Um den Nachteil einer Bräunung des naphtolierten Gewebes durch Oxydation zu verhüten, werden unlösliche Chromate (Bleichromat, Zinkchromat, Bariumchromat, Kalziumchromat) verwendet, und die Ware wird vor der sauren Behandlung gewaschen, um das β-Naphtol von der Faser vor der Passage durch das heisse Säurebad zu entfernen (C. Kurtz und F. Kunert, Frb. Ztg. 1897, S. 49; Bull. Mulh. 1897, S. 354).

Das Gewebe wird in einem Bad, das mit neutralem Natriumchromat und Natriumnaphtolat beschickt ist, gepflatscht und nach dem Trocknen mit einer Farbe von Bleiazetat + Paranitrodiazobenzol bedruckt. Hierbei bildet sich gleichzeitig das Bleichromat und der unlösliche Azofarbstoff. Nach dem Drucken wird getrocknet, die Ware in breitem Zustand durch ein Bad von 40 g Ammoniak pro Liter passiert, dann gewaschen, ausgequetscht und zuletzt durch ein Bad von Salzsäure + Oxalsäure genommen. Durch diese letzte Behandlung wird das Bleichromat unter Bildung von Chromsäure und freiem Chlor, welches den Indigo zerstört, zersetzt.

Verfahren von Watson und Bentz: *Brit. P. 2.620*, 1897; *franz. P. 262.097;* Frb. Ztg. 1898, S. 383; *brit. P. 8.033*, 1897. Man druckt auf naphtolierte Ware eine Druckfarbe von Bleiazetat + Paranitrodiazobenzol. Die Ware wird alsdann durch ein Bad von Natriumkarbonat genommen, wobei das Bleiazetat in Bleioxyd umgewandelt wird. Durch eine Passage in einer Natriumchromatlösung wird das Bleioxyd in Bleichromat umgesetzt. Anschliessend wird gespült. Die Ätzung erfolgt durch eine Behandlung in mineralsaurem Bade, wo die freiwerdende Chromsäure den Indigo zerstört (s. auch O'Loughlin, Frb. Ztg. 1895/96, S. 322; *brit. P. 21.287*, 1895; Lauber, Bd. *2*, S. 232, 2. Ausgabe).

O'Loughlin druckte auf ein naphtoliertes Gewebe Bleichromat und die Diazoverbindung passierte durch Schwefelsäure, führte das

[1]) Flintoff, Weigels Frb. Ztg. 1897, S. 527; Stürsberg, Frb. Ztg. 1893, S. 309.

Bleisulfat mittels einer Passage durch Ammoniak in Bleioxyd über, regenerierte die Chromsäure durch eine Chromierung, die dann im Bad die Ätzwirkung verursachte.

Lauber (Bd. *2*, S. 232, 2. Ausgabe) beschreibt ein ähnliches Verfahren, das darin besteht, dass man auf ein naphtoliertes Gewebe eine Druckfarbe druckt, die aus Bleiazetat und p-Nitrodiazobenzolnitrat besteht. Man passiert anschliessend durch eine Soda- und Glaubersalzlösung um das Bleioxyd zu fixieren und geht darauf durch eine Aluminiumsulfat- und Bichromatlösung. Endlich passiert man durch Bichromat allein, um das gebildete Bleichromat auf der Faser auszufällen. Man wäscht und zieht durch ein Säurebad.

Verfahren M.L.B.: Drucken von Azophorrot PN + frisch gefälltes $BaCrO_4$ (oder von $BaCrO_4$ allein für Weissätze) auf β-naphtolierten Stoff. Nach dem Drucken wird getrocknet, gewaschen, um das überschüssige Naphtol abzuziehen. Hierauf Passage durch Salzsäure + Oxalsäure und waschen.

Das Erscheinen der Nitrosamine (patentiert von der B.A.S.F. 1893, s. Kap. IV, *D.R.P. 81.791*, *83.010*), die eine gleichzeitige Beschickung der Farbe mit dem Diazosalz und dem Naphtolat erlauben, hat gleich verschiedene Möglichkeiten geboten. Die ersten, zwischen 1893 und 1906 durchgeführten Versuche waren nicht sehr ermunternd.

Um die Kupplung zu erleichtern, schlug die B.A.S.F. im Jahre 1893 vor, die Ware nach dem Bedrucken aufzuhängen und eine gewisse Zeit der Kohlensäure der Luft auszusetzen.

J. Müller[1]) druckte das Nitrosamin des p-Nitranilins mit Natriumbichromat, welches mit Ammoniak neutralisiert worden war. (O. Witt, Bd. *1*, S. 520.)

Im Jahre 1905 schlug C. Favre[2]) vor, die Stückware vorher mit Ammoniumoxalat zu präparieren. Nach dem Drucken der Rotätze (Nitrosamin und Bichromat) wurde gedämpft und anschliessend durch ein Säurebad gezogen.

Fourneaux[3]) fügte den Ätzfarben für Rot Ätherderivate (Dichlorhydrine) zu, die beim Dämpfen die notwendige Menge Säure zur Neutralisation des Alkalis abgeben können. Er ersetzte auch einen Teil des β-Naphtols durch ein sulfoniertes Naphtol und bildete so das Rot beim Dämpfen.

Schweitzer und Ebersol[4]) wiesen auf ein Verfahren hin, bei welchem das Gewebe mit Aluminiumsulfat, Bisulfat oder Milchsäure prä-

[1]) J. Müller, Frb. Ztg. 1893/94, S. 197; Bull. Mulh. Sitzung vom 3. März 1909.

[2]) C. Favre, Bull. Mulh. 1906, Sitzung vom 7. Februar 1906; Z. f. Farb. u. Text.-Chem. 1906, S. 138, 331.

[3]) Fourneaux, *D.R.P. 204.702*, *204.799*; Frb. Ztg. 1919, S. 64; Z. f. Farb. u. Text.-Chem. 1909, S. 130; *brit. P. 764* und *765*, 1907.

[4]) Schweitzer und Ebersol, Frb. Ztg. 1909, S. 163; Bull. Mulh. 1908, S. 65.

pariert wird. Man druckt dann eine Druckfarbe, die das Nitrosamin des p-Nitranilins, das Naphtolat und neutrales Chromat enthält und eine Chromatätze. Das Rot bildet sich sofort auf der Faser. Das überschüssige Alkali wird durch die Säure, die sich auf dem Gewebe befindet, neutralisiert. Die Verfasser versuchten auch, die Präparierung des Gewebes zu umgehen, indem sie die Ätzfarbe direkt druckten und in Gegenwart von Essigsäure dämpften. Die Behandlung erfolgt in einem mit Walzen ausgerüsteten Kasten, auf dessen Boden sich ein mit Hilfe eines Doppelbodens mit Dampf geheiztes Gefäss befindet, in das man von Zeit zu Zeit etwas Essigsäure giesst. Um Farbhöfe zu vermeiden, werden Ätznatron statt Ätzkali und das weniger lösliche Kaliumbichromat statt Natriumchromat verwendet.

Chayloff[1]) empfiehlt nach dem Drucken und dem Trocknen eine Kohlensäurebehandlung. Man bereitet eine Druckfarbe aus Nitrosamin, Rizinusöl, Terpentinöl und eine β-Naphtollösung in Natriumrizinoleat; das Ganze wird mit Gummi verdickt. Nach dem Drucken wird die Ware in einer Kohlensäureatmosphäre behandelt, wobei die Kupplung auf dem Gewebe erfolgt.

Ein praktisch verwertbares Verfahren erhielt die Firma Felmayer & Cie. dadurch, dass sie das Gewebe mit Essigsäure vorbehandelte (*D.R.P. 199.143*). Beim Schweitzer-Verfahren genügt die dem Gewebe zugeführte Menge Essigsäure nicht für eine vollständige Neutralisation; ferner schadet die hohe Temperatur der Essigsäuredämpfe.

Die Lösung dieses Problems ist das Verdienst von Dziewonsky und A. Bourcart[2]), die 1908 ein Verfahren ausgearbeitet haben, das zu wunderschönen Rot-Effekten auf Indigo mit dem Nitrosamin des Paranitroorthoanisidins geführt hat. Die Stücke werden mit Borsäure und Aluminiumazetat präpariert und mit einer Druckfarbe, die Nitrosamin, β-Natriumnaphtolat, neutrales Natriumbichromat und Türkischrotöl enthält, bedruckt. Es wird dann während 2—3 Minuten gedämpft und durch ein Bad von Schwefelsäure + Oxalsäure passiert.

Dziewonsky, Pluzansky und Kapec erhielten das p-Nitro-o-anisidinrot durch Diazotieren des Amins und Einführen des Diazokörpers in kalte Natronlauge. Es entsteht ein kristalliner Niederschlag, der im alkalischen Medium mit β-Naphtol nicht mehr kupplungsfähig ist. Man druckt diesen mit β-Natriumnaphtolat vermischten Niederschlag auf und passiert durch ein Säurebad oder dämpft in Gegenwart von Natriumoxalat. Um eine Einwirkung der Luft-Kohlensäure auf die Farbe zu vermeiden, wird dieser Zinkweiss oder Tonerdehydrat zugefügt.

---

[1]) Weigels Frb. Ztg. 1909, S. 240; Bull. Mulh. 1908, Sitzung 8; Öst. Woll- und Lein.-Ind. 1908, S. 424.

[2]) Z. f. Farb. u. Text. Chem. 1909, *6*, 282; Frb. Ztg. 1910, S. 7 u. 117; Bull. Mulh. 1909, S. 173.

Rezepte von Rotätzen nach Dziewonsky:

	helle Färbung	dunkle Färbung
Blandolaverdickung	11575 g	9350 g
Natronlauge 38° Bé	175 g	175 g
Neutralisierte Bichromatlösung . . .	3125 g	6250 g
Nitrosaminpaste	1750 g	1750 g
β-Natriumnaphtolatlösung	5250 g	3125 g
Wasser	3125 g	4350 g
	25 kg	

Neutralisierte Bichromatlösung:

4450 g Natriumbichromat kristallisiert
4550 g heisses Wasser
4000 g Natronlauge 38° Bé
13000 g

β-Natriumnaphtolat-Lösung:

350 g β-Naphtol
600 g Natronlauge 38° Bé
2600 g Wasser
1700 g Natriumaluminatlösung
5250 g

Natriumaluminatlösung:

1350 g Aluminiumhydroxyd 17%
2650 g Natronlauge 10° Bé
4000 g

Die Farbe ist nicht sehr lange haltbar; während der Arbeit wird sie mit Eis gekühlt und vor Sonnenstrahlen geschützt aufbewahrt. Zur Erhöhung der Beständigkeit der Farbe schlägt C. Bourcart[1]) einen Zusatz von 10/1000 Tetrachlorkohlenstoff vor und zum Neutralisieren des Alkalis Rizinolsäure, Natriumthiosulfat usw.

850 g Nitrosamin des p-Nitro-o-anisidins
25 g Natronlauge 38° Bé
20 g Natriumrizinoleat 40%
10 g β-Naphtol
995 g Tragantschleim 6%
100 g Tetrachlorkohlenstoff
2000 g

Zur Vervollständigung dieser Übersicht sei noch ein von der B.A.S.F. vorgeschlagener Konversionsdruckartikel erwähnt (vgl. Indigo rein der B.A.S.F.). Man druckt auf Indigo eine nitrosaminhaltige Farbe, überdruckt mit einer Chromatätze und passiert die Ware

[1]) Bourcart, Frb. Ztg. 1909, S. 64, 363; Bull. Mulh. 1909, S. 175.

durch ein Säurebad. Man erhält auf diese Weise braune, rote und weisse Effekte auf indigoblauem Gewebe.

B.A.S.F.-Verfahren.

150 g	β-Naphtol
150 g	Natronlauge 38° Bé
8400 g	Tragantschleim 6%
800 g	Nitrosamin
500 g	Türkischrotöl
10000 g	

Nach dem Drucken wird getrocknet und die Chromatätze aufgedruckt:

1500 g	Natriumbichromat
5800 g	warmes Wasser
2700 g	Britishgumverdickung
10000 g	

Man trocknet und passiert durch ein Bad von Schwefelsäure und Oxalsäure bei 80° C.

An den Stellen des Gewebes, wo der Indigo mit Nitrosaminrot und Bichromat überdruckt wurde, resultiert eine Rotätze; dort, wo Bichromat allein aufgedruckt wurde, eine Weissätze. Wo sich über dem Indigo Nitrosaminrot allein befindet, entwickelt sich ein Rot, welches zusammen mit dem blauen Grund als ein bräunliches Schwarz erscheint.

Cahors de Virgile (Bull. Mulh. 1906, Dezemberheft) hat einen Artikel beschrieben, welcher durch Aufdrucken einer Chromatätze auf hellem indigoblauem Grund und Passage durch ein Säurebad hergestellt wird. Nach gründlichem Waschen und Trocknen klotzt man das Gewebe mit β-Naphtol, trocknet, druckt eine Zinnsalz und Weinsäure enthaltende Farbe auf, geht durch das Diazobad, wäscht und seift. Nach diesem Verfahren lassen sich rote und hellblaue Effekte auf bordeauxfarbenem Grund erzielen.

Eine Weissätze auf blauem Fond und gleichzeitig eine Reserve für Anilinschwarzaufdruck lassen sich mit einer stark natriumazetathaltigen Chromatfarbe bewerkstelligen.

Eine Reserve unter Chromatätze, gegebenenfalls auch unter Anilinschwarz, erfolgt durch Anwendung von Reduktionsmitteln, wie Natriumbisulfit, -thiosulfat oder -arsenit. Man druckt auf indigoblauem Gewebe das Chromatweiss und die Arsenitreserve, trocknet, säuert ab und wäscht.

Arsenit-Reserve.

700 g	Natriumarsenit 48° Bé
300 g	geröstete Stärke
1000 g	

An den mit der Reserve bedeckten Stellen wird der blaue Grund von der Chromsäure nicht weggeätzt.

Im *D.R.P. 199.843* beschreiben die Hoechster Farbwerke ein Verfahren, nach welchem weisse und Rotätzeffekte auf indigoblauem und mit β-Naphtol präpariertem Gewebe erzielt werden können[1]).

Das Vergilben der weissgeätzten Stellen in Gegenwart des Naphtols lässt sich dadurch verhindern, dass der Weissätze Substanzen beigemischt werden, welche mit dem Naphtol lösliche Derivate ergeben. Damit wird das Naphtol der oxydierenden Wirkung der im Säurebad entstehenden Chromsäure entzogen, und es können sich keine schmutzigbraunen Oxydationsprodukte bilden. Man verfährt folgendermassen:

Das mit Indigo gefärbte Gewebe wird mit β-Naphtolatlösung geklotzt, getrocknet und mit den Weiss- und Rotätzen bedruckt. Dann passiert man es wie üblich durch ein Schwefelsäure- und Oxalsäurebad, spült und trocknet. Die in der Weissätze vorhandene Sulfanilsäure bildet mit dem β-Naphtol einen orangefarbenen, leicht auswaschbaren Farbstoff.

Weissätze.

300 g	Verdickung
450 g	Diazolösung
50 g	Natriumazetat
250 g	Natriumbichromat
1050 g	

Diazo-Lösung.

31 g	Sulfanilsäure
150 g	kaltes Wasser
51 g	Salzsäure 22° Bé
100 g	Eis
39 g	Natriumnitrit 290/1000
79 g	Wasser
450 g	

Rotätze.

300 g	Verdickung
100 g	Azophorrot PN
350 g	kaltes Wasser
50 g	Natriumazetat
200 g	Natriumbichromat
1000 g	

Viktoroff und Flintoff haben ebenfalls ein Verfahren vorgeschlagen, nach welchem mit Hilfe des Paranitranilinlacks ein roter Effekt auf Indigoblau erzielt werden kann[2]).

---

[1]) Fischer's Ber. 1908, S. 394.

[2]) Viktoroff-Flintoff-Verfahren, R.G.M.C. 1906, S. 241; Z. f. Farb. und Text.-Chem. 1906, S. 81.

Zubereitung des Lacks.

19000 g Weizenstärke
15000 g Wasser; dann zufügen:

1500 g β-Naphtol
2900 g Natronlauge 20° Bé
10000 g siedendes Wasser
15000 g Rizinusölseife; gut vermischen, abkühlen u. Diazolösung zugeben:

3000 g Paranitranilin
1800 g Natriumnitrit
5000 g Wasser
3000 g Eis
9200 g Salzsäure 20° Bé
8800 g Natriumazetat
10000 g Wasser
1000 g Essigsäure

Dekantieren, filtrieren, pressen. Ausbeute: 25 kg.

Rotätze.

6500 g roter Lack
6500 g Verdickung
1200 g Öl

14200 g

Verdickung.

3600 g Bichromat
2400 g Tragantschleim 6%
1600 g Ammoniak
4000 g Albuminlösung

11600 g

Nach dem Drucken wird durch ein Schwefelsäure- und Oxalsäurebad passiert, gespült und getrocknet.

b) Ferricyanidätze.

Mercer (1845) druckte kaustische Soda auf ein mit rotem Blutlaugensalz $K_3[Fe(CN)_6]$ präpariertes und mit Indigo vorgefärbtes Gewebe. Für die praktische Ausführung wurde dieses Verfahren durch Umkehrung verschiedener Operationen durch de Gallois verändert, und als solches hat es einige Anwendungen auf hellen und mittleren Indigofärbungen gefunden (Prud'homme, Bull. Mulh. 1903, S. 293; Fischer's Ber. 1904, S. 466). De Gallois druckte verdicktes Ferricyankalium und bewirkte die Zerstörung des Indigos durch Oxydation an den bedruckten Stellen durch eine Passage des Gewebes in heisser verdünnter Natronlauge 12° Bé. Dieses Verfahren erlaubt mittels Paranitranilin eine rote Ätze zu erhalten.

Das Gewebe wird mit einer Lösung von

100 g kaustischer Soda trocken
10 g Soda kalz.

pro Liter

gepflatscht und getrocknet; dann wird folgende Weissätze aufgedruckt:

650 g	Britishgumverdickung
120 g	rotes Blutlaugensalz
150 g	Natriumsilikat 30° Bé
30 g	Glyzerin
50 g	Natriumsulforizinat
1000 g	

Das Verfahren eignet sich jedoch nur zum Ätzen von hellen und mittleren Färbungen; auf dunkleren Böden ist der Ätzeffekt ungenügend.

Werden der Farbe Aluminium- und Magnesiumazetat beigemischt, so kann man durch nachträgliches Färben mit Alizarin rote Effekte erhalten[1]). Nach Depierre (Bd. *3*, S. 400) führt auch Aluminiumferricyanid zu diesem Ziele.

Hier sind ferner diejenigen Buntartikel zu nennen, welche mit Farbstoffen von der Klasse der Eosine, Phloxine usw., oder mit Beizenfarbstoffen hergestellt werden, die man auf Zink- und Magnesiumferricyanid fixiert. Man druckt beispielsweise folgende Ätzfarbe:

20 g	Phloxin
400 g	Verdickung
50 g	Alkohol
150 g	Kaliumferricyanid
100 g	Zinkoxyd
100 g	Natriumazetat
50 g	Kalziumazetat 15° Bé
80 g	Natriumsulforizinoleat 50%
50 g	Magnesiumazetat 26° Bé
1000 g	

Als Tanninfarbstoffe verwendet man das Rhodamin 6 G extra, das Thioflavin T usw. Es bilden sich zunächst Zink- und Magnesiumferricyanid; diese werden aber im alkalischen Bade zu Ferrocyaniden reduziert, und letztere dienen als Beizen für die basischen Farbstoffe.

In Anwesenheit gewisser Azetate oder Karbonate und von Wasserdampf gibt das Kaliumferricyanid die Reaktion von Mercer. Dieser Tatsache zur Folge verwendeten Jeanmaire und Ch. Zürcher (Bull. Mulh. 1876, S. 139; Depierre, Bd. *3*, S. 392) Bikarbonat, welches beim Dämpfen als Alkali wirkt. Sie konnten auf diese Weise die Passage in Natronlauge durch ein blosses Dämpfen ersetzen. Jeanmaire gab dem Natriumkarbonat den Vorzug; P. Richard verwendete Magnesia und erhielt dadurch nicht hygroskopische Farben und reinere weisse Töne.

Alb. Scheurer (Bull. Mulh. 1878, S. 157) gelang die Zerstörung des Indigos beim Dämpfen nach Aufdrucken von Kaliumferricyanid und

[1]) Vgl. Sansone, S. 422—424; Wängler, Fischer's Ber. 1888, S. 117. Drucken einer verdickten Lösung von Kaliumferricyanid und Aluminiumazetat mit nachträglicher Passage in Natronlauge 1° Bé.

Zink- oder Bleiazetat. Er erkannte, dass die Ferricyanide des Zinks und des Magnesiums in Abwesenheit von Alkali den Indigo zu ätzen vermögen.

Jeanmaire (Firma Gebr. Koechlin) kam zu einem gelben Illuminationseffekt durch Drucken eines Gemisches von Kaliumferricyanid und Bleinitrat, welches bei 45° C den Indigo ätzt unter gleichzeitiger Ablagerung von Bleioxyd auf der Faser. Nach Passage in einem Bichromatbade erhält man je nach der Behandlung gelbe oder orangefarbene Ätzeffekte auf hellem Indigoblau. Nach Prud'homme zeigen die Aluminium-, Chrom- und Eisennitrate gleiches Verhalten wie das Bleinitrat. C. Bloesch[1]) erhielt durch Aufdrucken von Kaliumferricyanid + Bleikarbonat und Nachchromieren eine Gelbätze auf hellem indigoblauem Grund. Tagliani[2]) verwendete eine Aluminiumnitrat- und Kaliumferricyanid-Farbe; er schützte das Gewebe vor Angriff und Oxyzellulosebildung durch eine Vorbehandlung mit Leim und Glyzerin.

J. Müller[3]) kam zu einem roten Illuminationseffekt, indem er einen Benzidinfarbstoff mit Kaliumferricyanid und Natriumsilikat aufdruckte.

De Gallois (Frb. Ztg. 1890/91, S. 298; *D.R.P. 59.921*, 1891 von M.L.B.) stellte eine rote Ätze auf Indigofärbung her, indem er das vorgefärbte Gewebe mit Naphtol präparierte und dann eine Farbe aufdruckte, die rotes Blutlaugensalz und diazotiertes Paranitranilin enthielt. Nach dem Trocknen passieren die Stücke bei 50° C durch ein auf 10° Bé eingestelltes Natronlaugebad und werden anschliessend gewaschen und geseift.

Ein Bordeaux erhält man nach dem gleichen Verfahren mit α-Naphtylamin (O. Witt, Bd. *1*, S. 526). Das mit einer Lösung von β-Naphtol (14/1000) präparierte Gewebe wird mit einer Farbe folgender Zusammensetzung bedruckt:

75 g	α-Naphtylaminchlorhydrat
30 g	Salzsäure 19° Bé
300 g	neutrale Stärke-Tragantverdickung
95 g	Wasser
75 cm^3	Natriumnitrit 15 %
225 cm^3	Wasser
220 cm^3	Verdickung
250 cm^3	Kaliumferricyanid
50 cm^3	Natriumazetat
1300 cm^3	

Man trocknet, passiert durch Natronlauge 10° Bé bei 60° C und seift.

[1]) Frb. Ztg. 1892/93, S. 361; Bull. Mulh. 1878, S. 934.

[2]) Frb. Ztg. 1910, S. 238.

[3]) Frb. Ztg. 1889/90, S. 97. K. Boetsch verwendete das Rot von St. Denis mit Kaliumferricyanid und Bikarbonat; Frb. Ztg. 1889/90, S. 251.

c) Chloratätze.

Die Chloratätze hat in der Ätztechnik eine sehr grosse Bedeutung erlangt, insbesondere für die Indigo- und Chromfarbstoffätzartikel (siehe Kap. V).

Schon 1846 stellte Persoz (siehe Bd. *3*, S. 53) Versuche an, um Indigo mit Chlor zu ätzen. Er erkannte, dass eine Indigofärbung im trockenen Zustande von Chlor praktisch nicht angegriffen, in wässerigem Medium jedoch augenblicklich wegoxydiert wird.

Albert Scheurer (Bull. Mulh. 1884, S. 304) beobachtete, dass ein mit Indigo gefärbtes und mit Natronlauge getränktes Gewebe in einer Chloratmosphäre vollständig entfärbt wird. Dieser Oxydationsvorvorgang ist sehr energisch; im Gegensatz dazu bewirken die Hypochlorite, auch in konzentrierter Lösung, keine rasche Ätzung.

Das Ätzverfahren von Daniel Koechlin (cuve décolorante), welches hauptsächlich zum Ätzen von Türkischrot dient, konnte ebenfalls auf mit Indigo gefärbtem Gewebe angewendet werden. Es besteht darin, dass eine angemessen verdickte, Zitronensäure enthaltende Farbe, die nicht zum Auslaufen neigt, aufgedruckt wird und die Stücke durch eine Chlorkalklösung passiert werden. Die an den Berührungsstellen der Säure mit dem Oxydationsmittel entstehende unterchlorige Säure zerstört den Indigo.

Persoz behandelte das gefärbte Gewebe mit Chlorat und druckte Weinsäure auf. E. Schlumberger verwendete Aluminiumchlorat: $Al(ClO_3)_3$[1]. Die Farbwerke Höchst wiesen auf die Verwendung des Cerchlorats hin.

Jeanmaire kommt das grosse Verdienst zu, dieses wichtige Problem praktisch gelöst zu haben. Sein Verfahren, welches auf Küpenblau sowie auf einer ganzen Reihe von Färbungen mit durch Oxydation zerstörbaren Farbstoffen (z. B. Chromfarbstoffe) wunderbar schöne Ätzen zu erhalten erlaubt, war gewiss nach dem Verfahren von C. Koechlin während langen Jahren eines der meist verbreitetsten.

So wie das Bichromatverfahren wurde das Chloratverfahren nach einer längeren Anwendungsperiode immer weniger ausgeführt und schliesslich durch die modernen Ätzen mit Rongalit und Leukotrop verdrängt.

Die Methode Jeanmaire fusst auf der Verwendung von Kaliumchlorat in Verbindung mit rotem oder gelbem Blutlaugensalz: $K_3[Fe(CN)_6]$ und $K_4[Fe(CN)_6]$[2].

---

[1]) Bull. Mulh. 1872, S. 307.

[2]) Literaturnachweis: Versiegeltes Schreiben von Jeanmaire 1885, geöffnet 1899; Bull. Mulh. 1895, S. 134; 1899, S. 317; Frb. Ztg. 1890/91, S. 23; 1893/94, S. 269; 1897, S. 76; 1894/95, S. 220; 1900, S. 195; Z. f. Farb. u. Text.-Chem. 1906, Heft 23 u. 24; Frb. Ztg. 1899, S. 140.

Ätzweiss mit Chlorat.

für dunkle Indigofärbungen		für mittlere Indigofärbungen	
Kaolin, gemahlen . .	300 g	Glyzerin	30 g
Kaliumchlorat . . .	200 g	Kaliumchlorat . . .	150 g
Verdickung	270 g	Gummiverdickung .	685 g
Kaliumferricyanid .	50 g	Kaliumferricyanid .	30 g
Milchsäure 50% . .	180 g	Zitronensäure . . .	50 g
		Natronlauge 38° Bé .	55 g
	1000 g		1000 g

Noch energischer wirkt eine Ätzfarbe, welche chlorsaure Tonerde enthält:

Ätzweiss mit chlorsaurer Tonerde[1]).

780 g Wasser
1496 g Britishgumverdickung
1000 g Natriumchlorat bei 70—80° C lösen,
2000 g Chlorsaure Tonerde 18° Bé
500 g Ferricyankalium
84 g Terpentinöl
70 g Weinsäure
70 g Zitronensäure
6000 g

Die mit Chloratätze bedruckte Ware wird 2—4 Minuten im Schnelldämpfer gedämpft, wodurch die Ätzstellen infolge Bildung von Isatin gelb werden, die Stücke werden dann durch laues Wasser und durch ein heisses alkalisches Bad (10 cm³ Natronlauge 38° Bé oder 10 cm³ Wasserglas 36° Bé pro Liter) passiert, gespült, gewaschen und getrocknet.

Zur Schonung des Fonds und um eine Schwächung der Faser zu verhindern, empfiehlt Casanovas (Frb. Ztg. 1912, S. 300 und 413) Zusätze von Glyzerin und Natriumthiosulfat.

Die Chloratweissätze weist leider einige Nachteile auf, welche den Koloristen schon manche Sorgen bereiteten. Sie ist gegenüber Anilindämpfen sehr empfindlich und greift die Mitläufer an, besonders wenn diese zu stark getrocknet werden. Man verwendet meistens rohe Mitläufer, die nach der Passage nicht in die Trockenkammer gehen, sondern unverzüglich gewaschen werden.

Das Drucken der Chloratätzen ist mit verschiedenen Schwierigkeiten verbunden. Die Farbe greift Rakeln und Walzen an, und diese beginnen zu schmieren. Die Rakeln müssen unbedingt alle drei bis vier Stücke nachgeschliffen werden. Unter keinen Umständen darf die Walze bei auch nur kurzem Stillstehen mit der Farbe in Berührung bleiben.

[1]) R. Haller, Technologie der Baumwolle, S. 284.

Nicht selten entstehen in den Trockenkammern Brände, welche durch das auf den Stücken anwesende Oxydationsmittel noch verschlimmert werden.

Wegen der mit der Chloratätze unvermeidlichen Schwächung der Fasern kann sie bei leichten Geweben (Batist, Voile, Organdi) nicht angewendet werden.

Zur Illumination können mit Eiweiss fixierte Pigmente, Azofarbstoffe (Paranitranilin usw.), einige substantive oder basische Farbstoffe sowie die Eosine dienen. Es folgen einige aus der Praxis stammende Rezepte:

Gelbätze.

300 g	Chromgelb
180 g	Natriumchlorat
80 g	Natriumzitrat 27° Bé
60 g	Ammoniumzitrat
10 g	Ammoniumchlorid
15 g	Ammoniak 15° Bé
303 g	Albuminlösung
52 g	Kaliumferricyanid
1000 g	

Rotätze.

28 g	Eosin
72 g	siedendes Wasser
180 g	Tragantverdickung
240 g	roter Paranitranilinlack
225 g	Eialbumin 1:1
30 g	Kaliumferricyanid
175 g	Natriumchlorat
30 g	Chromazetat
20 g	Rizinusöl
1000 g	

Rosaätze.

28 g	Rhodamin 6G extra
30 g	Glyzerin
342 g	Gummiverdickung
200 g	Natriumchlorat
50 g	Kaliumferricyanid
100 g	Natriumzitrat 27° Bé
250 g	Eialbumin 1:1
1000 g	

Der Rotätzartikel auf indigoblauem Grund, nach dem Jeanmaire-Verfahren.

Bloch und Zeidler[1]) haben mittels Paranitranilin eine rote Ätze erhalten, indem sie Chloratätze aufdruckten, der sie vorher eine Lösung von Azophor PN und Aluminiumsulfat zugegeben hatten. Nach

[1]) Bull. Mulh. 1898, S. 50; Frb. Ztg. 1899, S. 140; Brandenberger, Bull. Mulh. 1898, S. 56; Frb. Ztg. 1899, S. 162; Stein, Frb. Ztg. 1893/94, S. 269; 1897, S. 76; Radkiewicz, Z. f. Farb. u. Text.-Chem. 1906, Heft 23 und 24.

dem Druck geht die Ware durch den Schnelldämpfer, dann durch ein Sodabad, hierauf wird geseift und gewaschen.

Um der Zerstörung des Diazokörpers vorzubeugen, schlagen C. Bourcart und A. Brandt[1]) die Verwendung einer Ferrocyanid-Chlorat-Farbe vor, die einige Tage geruht hat oder vor dem Gebrauche auf 60° C erwärmt wurde. Sie empfehlen das diazotierte p-Nitro-o-anisidin und die Oxydation des Ferrocyanids zu Ferricyanid in der Farbe selbst. Bereits 1897 hatte Brandenberger die Empfindlichkeit der Diazoniumsalze gegenüber dem Kaliumferrocyanid nachgewiesen.

Man druckt auf naphtoliertem Gewebe folgende Farbe:

40 g	Natriumferrocyanid
450 g	Stärke-Tragantverdickung
200 g	Natriumchlorat
80 g	Weinsäure
46 g	Ammoniak 18%
70 g	Essigsäure
114 g	Tragant 60/1000
1000 g	

Man gibt 120 g Lösung des diazotierten p-Nitro-o-anisidins dazu.

Wegen des anwesenden Ammoniumazetats ist die Weinsäure als Ammoniumbitartrat vorhanden. Die Ätzung erfolgt glatt nach einigen Minuten Dämpfen bei 1 Atm.

Die Diazoverbindung des p-Nitro-o-anisidins ist mit den gleichen Nachteilen behaftet wie die des p-Nitranilins. Sie zersetzt sich unter der Einwirkung des Chlorats und des Ferrocyanids, besonders wenn das Oxydationsmittel in statu nascendi vorliegt. Die Diazoverbindung des p-Nitro-o-anisidins gilt jedoch als beständiger (Frb. Ztg. 1909, S. 82 und 113).

Ein Blau-Weiss-Rot-Artikel wurde in Russland laufend hergestellt, indem man die Rongalit CL-Ätze für das Weiss mit der Chloratätze für das Rot kombinierte. Nachstehend ein Rezept aus der Praxis:

390 g	Stärke-Tragantverdickung
220 g	Natriumchlorat
30 g	Kaliumferricyanid
80 g	Wasser oder Verdickung
30 g	Wein- oder Essigsäure
200 g	einer 10%igen Lösung von diazotiertem p-Nitro-o-anisidin
50 g	Natriumazetat oder Natriumphosphat
1000 g	

An Stelle der Essig-, Wein- oder Zitronensäure empfehlen Lehnbach und Schleider die Glykolsäure (Frb. Ztg. 1910, S. 119; *D.R.P. 198.043*).

[1]) C. Bourcart und A. Brandt, Bull. Mulh. 1908, S. 242; Z. f. Farb. u. Text.-Chem. 1908, S. 6 und 99; Frb. Ztg. 1910, S. 7 und 119, Frb. Ztg. 1909, S. 82 und 113.

H. Sünder fand es vorteilhaft, einen Teil der Zitronensäure durch Borsäure zu ersetzen, um verschiedene Nachteile zu beseitigen, u. a. das Angreifen des Gewebes, die Feuergefahr in den Mansarden, das Angreifen der Rakel (Bull. Mulh. 1921, S. 345).

d) Bromatätzen.

Im Jahre 1884 stellte Albert Scheurer fest, dass Indigo durch die Hypobromite viel leichter zerstört werden kann als durch die Hypochlorite.

Diese Beobachtung war der Ausgangspunkt einer Reihe von Arbeiten, die zu neuen Ätzverfahren führten.

Storck u. Pfeiffer:	Verwendung des Aluminiumbromats, Frb. Ztg. 1891/92; Bull. Mulh. 1892, S. 387; Frb. Ztg. 1892/93, S. 60; Depierre *3*, S. 423.
F. Binder:	Verwendung des naszierenden Broms, das man durch Einwirkung einer starken Säure auf Mischungen von Natriumbromid und Natriumbromat erhält; die Säure entsteht im Schnelldämpfer. R.G.M.C. 1906, S. 236; Bull. Mulh. 1892, S. 207; Frb. Ztg. 1891/92, S. 226; 1902, S. 309.
Erban:	Verwendung von Bromsalzen für Ätzdruckartikel, Frb. Ztg. 1905, S. 337.
Charles Brandt:	Herstellung einer roten Ätze mittels Alizarin. Die Farbe besteht aus Aluminiumchlorat ($Al(ClO_3)_3$) 15° Bé, verdickt mit gerösteter Stärke; man gibt pro Liter 200 g Natriumbromid, 25 g Kupfersulfid und 25 g Natriumiodid zu. Beim Dämpfen wird der Indigo zerstört, das Aluminium fixiert; die Ware wird dann gewaschen und mit Alizarin gefärbt. Frb. Ztg. 1891/92, S. 191 und 262; 1892/93, S. 375; 1893/94, S. 10; 1895/96, S. 152; 1902, S. 309; Bull. Mulh. 1892, S. 201.
Freiberger:	1892; R.G.M.C. 1914, S. 123; Bull. Mulh. 1913, S. 811.
Erban u. Specht:	Frb. Ztg. 1905, S. 357.
Grossner:	Frb. Ztg. 1910, S. 236.

Das Bromatverfahren mit Säurepassage.

Wie Ch. Brandt erkannte, vollzieht sich das Ätzen des Indigos ohne Oxyzellulosebildung, wenn das Gewebe mit verdicktem Natriumbromat bedruckt und anschliessend in Schwefelsäure passiert wird. Wird dem Bromat Natriumbromid beigegeben, so erfolgt die Ätzung noch leichter, indem Brom und unterbromige Säure entstehen, welche den Indigo energischer ätzen als die naszierende Bromsäure. Allerdings ist dieses Bromid-Bromat-Ätzverfahren ziemlich kostspielig.

Dydynsky beschreibt im *franz. P. 378.373*, 1907, die Zerstörung des Indigos mit einer Bromid-Bromat-Ätze in saurem Bade. Er druckte ein Gemisch von Natriumbromid und -bromat auf, trocknete und passierte die Ware durch 12%ige Schwefelsäure von 80° C. Um einen Angriff der gefärbten Ware zu vermeiden, wird dem Säurebad Eisensulfat zugefügt.

Eine Rotätze erhält man durch Ersetzen des Chromats in der Ätze von C. Koechlin durch ein Bromid-Bromat-Gemisch (Bromsalz von Hoechst). Man gibt eine Lösung von p-Nitro-diazobenzol zu; nach dem Drucken erfolgt eine Passage im Säurebad. Das in Freiheit gesetzte Brom oxydiert den Indigo.

Der Hauptvorteil der Bromid-Bromatätze beruht darauf, dass das Brom der Faser weniger schadet als das Chlor oder die Chromsäure. Dagegen bietet die Entfernung der Bromsalze aus dem Gewebe einige Schwierigkeiten. Das p-Nitranilinrot ist dem Brom gegenüber weniger empfindlich und fällt daher lebhafter aus.

Die Bromatätze mit Säurepassage lässt sich mit einer Nitrosaminfarbe kombinieren. Diese Rotätze ist beständiger als die Chromatfarbe.

Durch Zusatz von Azetin, von Chlorhydrinen, von Oxalsäuremethyläther usw. kann die Bromid-Bromatätze wie eine Dampfätze verwendet werden. Die Säure wird durch Verseifung des Esters in Freiheit gesetzt.

e) Salpetersäureätze.

Das Entfärben des Indigos mit Salpetersäure stellt eine altbekannte analytische Methode dar. Freiberger[1]) hat 1908 die Salpetersäure und die salpetrige Säure verwendet, die durch Einwirken einer starken Säure auf eine Mischung von Nitrat und Nitrit entstehen.

Das Verfahren besteht darin, dass man eine Nitrat und Nitrit enthaltende Farbe aufdruckt und nach dem Trocknen durch ein Schwefelsäurebad (40—42° Bé) während 5—6 Sekunden bei 60° C nimmt. Trotz der grossen Anwendungsschwierigkeiten dieses Verfahrens hat sich dasselbe in der Praxis bewährt. Die für das Schwefelsäurebad benötigte Maschine besteht aus einer Kufe, die innen mit Blei ausgekleidet ist und unten eine Walze, ebenfalls aus Blei, besitzt (Ch. Sünder, Bull. Mulh. 1921).

Nitratätzweiss.

330 g	Maisstärke
180 g	Weizenmehl
3640 g	Wasser und
50 g	Rizinusöl, verkochen, dann
2500 g	Natronsalpeter und ferner noch
3300 g	Blanc fixe in Teig (Bariumsulfat) zugeben.
10000 g	

Die nach dem Nitratätzverfahren erzielten Ätzeffekte neigen gerne zum Auslaufen und lassen, was ihre Feinheit betrifft, oft zu wünschen

[1]) Literatur: *D.R.P. 228.694; franz. P. 391.829; brit. P. 13.896,* 1908; *ital. P. 96.946;* Bull. Mulh. 1913, S. 225; R.G.M.C. 1910, S. 169; 1913, S. 207; Frb. Ztg. 1910, S. 334 und 410; 1913, Hefte 1 und 2; Frb. Ztg. 1912, S. 381; Haller, Z. f. ges. Text. Ind. 1926. *D. R. P. 249.327, 250.303;* Leipz. Mon. 1912, 240 und 271.

übrig. Dieser Nachteil kann durch einen Nitritzusatz zur Farbe vermieden werden. Die Anwesenheit von nitrosen Dämpfen beschleunigt den Ätzvorgang.

Ein weiterer Nachteil besteht darin, dass die in der Flotte sich anreichernde Salpetersäure den gefärbten Grund angreift. Gegen diesen Umstand können Zusätze von Sägemehl, Kartoffelmehl oder Eisensulfat von Nutzen sein. Das so erzielte Weiss ist gut, nur leicht gelblich, und das Gewebe wird nicht geschwächt. Der grosse Vorteil der Nitratätze beruht auf der Möglichkeit, mit Azofarbstoffen (Naphtolfarbstoffen), mit Farbpigmenten und mit Indanthrenfarbstoffen schöne Buntätzen herzustellen.

Zum Schluss seien noch folgende oxydierende Produkte, mit denen versucht wurde, den Indigo zu ätzen, aufgeführt:

Permanganatätze $KMnO_4$: J. Reber und Potier, Bull. Rouen 1876, S. 62; Kayser, Frb. Ztg. 1901, S. 278.

Braunsteinätze MnO_2: Depierre Bd. *3*, S. 388; Scoupil-Verfahren, R.G.M.C. 1926, S. 100; B.A.S.F. Indigo rein 1908, S. 179.

Manganbister: Schützenberger, Saget, Mon. Scientif. 1887. S. 177; Pokorny, R.G.M.C. 1917, S. 66.

Mennige (Pb_3O_4): Oskar Scheurer, Bull. Mulh. 1878, S. 110; Frb. Ztg. 1901, S. 270; Depierre, Bd. *3*, S. 393.

Das im *brit. P. 578.528*, 1946 beschriebene Verfahren der Mathieson Alkali Works beruht auf der Verwendung des Natriumchlorits (Texton) als Ätze für Indigoblau.

Das wichtigste Oxydationsätzverfahren war unleugbar die Chromatätze, die von Camille Koechlin (1874) ausgearbeitet wurde. Ihr Erfolg ist in der Geschichte des Zeugdrucks nahezu unerreicht geblieben, da durch viele Jahre hindurch ausschliesslich von diesem Verfahren in den Kattundruckereien der ganzen Welt für den Indigoätzdruck Gebrauch gemacht wurde. Die Ursache dieses Erfolges lag in der Reinheit und Schärfe der Drucke und in der Möglichkeit der Herstellung von Buntätzeffekten (Chromgelb, Rot durch Anwendung des Nitrosamins des p-Nitroanisidins, welch letzteres durch Dziewonsky[1]) in vorbildlicher Weise ausgearbeiet wurde). Ätzdrucke von Weiss neben Rot und Gelb begründeten während langer Zeit die Vorherrschaft dieses Verfahrens. Wie aber alle hervorstechenden Neuheiten schliesslich doch ihren Reiz verlieren, erreichte die Verbreitung dieses Artikels langsam seinen Höhepunkt, um dann allmählich nachzulassen und von anderen Verfahren im Wettbewerb beiseite geschoben zu werden, die tatsächlich würdig waren, die alte Methode zu verdrängen. Den Todesstoss gab dem Artikel das so elegante und dabei einfache Verfahren von Reinking, dem Erfinder des Leukotrops.

---

[1]) Vgl. Z. f. Farb. u. Text.-Chem. 1909, S. 282; Frb. Ztg. 1910, S. 7, 117; Bull. Mulh. 1909, S. 173.

Reduktionsätzen.

Durch Einwirkung eines Reduktionsmittels geht Indigo in Leukoindigo über, welcher einerseits die nötige Löslichkeit besitzt, um von der Faser entfernt werden zu können, andererseits aber an der Luft nicht beständig ist und sich schnell in alkalischem Medium oxydiert, wobei Indigo zurückgebildet wird.

Damit eine Ätze, sei sie nun oxydierend oder reduzierend, für Indigo befriedigen kann, muss sie folgende Bedingungen erfüllen:

a) Sie darf die Faser nicht schwächen;

b) sie muss ohne Schwierigkeiten druckbar sein (beständige Farbe, welche Rakeln und Walzen nicht angreift und sich nicht in die Gravur einsetzt usw.);

c) sie muss den Indigo in eine Verbindung überführen, welche gegenüber Luftsauerstoff und Feuchtigkeit unempfindlich ist, sich dagegen ohne weiteres aus der Faser auswaschen lässt.

Die erste dieser Bedingungen, die Faserschonung, erfüllen die Oxydationsätzen nicht; dagegen lassen die Reduktionsätzen in dieser Hinsicht nichts zu wünschen übrig. Sie lassen sich auch anstandslos drucken. Die Schwierigkeiten, die bei der Anwendung der Reduktionsätzen in der Praxis auftauchten, betreffen ausschliesslich die dritte Bedingung. Die Reduktionsätzen verwandeln den Indigo zu Leukoindigo. Die Löslichkeit des letzteren erlaubt wohl ein glattes Auswaschen aus der Faser; der Leukoindigo ist jedoch nicht beständig gegenüber dem Luftsauerstoff: er wird von diesem rasch zum Indigo zurückoxydiert.

Obschon die ersten Versuche, den Indigo reduktiv zu ätzen, im Jahre 1896 erfolgten, konnte erst ca. 1910, dank den Untersuchungen der B.A.S.F., eine restlos befriedigende und praktische Lösung gefunden werden.

a) Zinkstaubätze und Zinnsalzätze.

Das erste Verfahren zum Ätzen des Indigos durch Reduktion ist auf das Jahr 1896 zurückzuführen (B.A.S.F., *D.R.P. 97.593*): Aufdruck einer Farbe, die Zinkstaub, Bisulfit und Azetin enthält (Fischer's Berichte 1898, S. 1020).

Das beim Dämpfen entstehende Zinkhydrosulfit reduziert den Indigo. Die Reduktion geht aber weiter als bis zum Leukoindigo, nämlich bis zur Zerstörung des Farbstoffes. Es bilden sich dabei unlösliche und schwer auswaschbare Abbauprodukte. Wenn auch hier keine Rückoxydation zu befürchten ist, liefert diese Methode keine rein weissen Ätzeffekte. Sie kann dagegen im Buntätzverfahren mit basischen Farbstoffen verwendet werden.

Ein anderes Verfahren, ebenfalls von der B.A.S.F., beruht auf der Verwendung des Zinnazetats als Reduktionsmittel (Indigo rein B.A.S.F. 1. Aufl. S. 108). Leider tritt auch in diesem Falle Überreduktion ein, wobei auch hier keine schönen Weisseffekte erhalten werden.

Folgendes Rezept wurde von der B.A.S.F. in ihrem Buche „Indigo rein", 1. Aufl., S. 108, angegeben:

80—250 g	basischer Farbstoff
400 g	Weizenstärke
500 g	Wasser
1450 g	Türkischrotöl F
100 g	Glyzerin
	Das Ganze wird zum Auflösen des Farbstoffes einige Minuten auf 70° C erwärmt. Man fügt dann zu:
4700 g	Zinnsalz
2600 g	krist. Natriumazetat
10000 g	

Nach dem Drucken wird gründlich getrocknet und 2 Stunden unter Druck gedämpft. Dann passiert man die Stücke durch ein Tanninbad 20/1000, quetscht aus, behandelt mit Brechweinsteinlösung, spült und trocknet.

Die Verwendung von Natriumstannit wird in *D.R.P. 213.474;* Frb. Ztg. 1910, S. 287 und *brit. P. 8.726,* 1908 beschrieben.

Man druckt:

650 g	Gummiverdickung
50 g	Zinnoxydulhydrat 50%
100 g	Wasser
200 g	Natriumhydroxyd
1000 g	

Man trocknet, dämpft 5 Minuten bei 100° C mit luftfreiem Dampf, passiert in kochendem Wasser, das 10 g/l Natronlauge 40° Bé und etwas Formaldehyd enthält, spült und trocknet.

Pomerantz (*D.R.P. 253.155;* Frb. Ztg. 1912, S. 520; Z. f. Farb. u. Text.-Chem. 1912, S. 380) arbeitete mit einem Gemisch von Eisensulfat und Zinnsalz. Nach dem Aufdruck wurde die Ware durch ein 80° C heisses Laugenbad genommen. Die Firma M. Ribbert in Hohenlimburg (Westfalen) schützte im *D.R.P. 264.243,* 1912 (Frb. Ztg. 1913, S. 463), ein Verfahren, welches mit Glukose und Zinkhydroxyd und darauffolgender alkalischer Passage arbeitete. (Siehe versiegeltes Schreiben von Sünder und Solbach, abgegeben 1912, Bull. Mulh., Sitzung vom 4. Februar 1925.)

Die Ätzfarbe enthält verdicktes Eisensulfat, Zinnsalz, Leukotrop W und eine organische Säure.

Eisensulfat-Weissätze:

250 g	Eisensulfat
200 g	Wasser
360 g	Gummiverdickung
40 g	Anthrachinon 30%
40 g	Zinnsalz
60 g	Leukotrop W
50 g	Weinsäure
1000 g	

Man druckt, dämpft, passiert durch kochende Natronlauge 20° Bé, wäscht, säuert ab und wäscht nochmals. Zum Illuminieren wird der Farbe Indanthrengelb G beigefügt. Die Farbe ist sauer und daher sehr unbeständig. An den bedruckten Stellen bildet sich Eisenhydroxyd; um es zu entfernen, muss man absäuern. Der indigoblaue Grund wird merklich angegriffen.

b) Glukose-Ätze.

Glukose wurde von der B.A.S.F. als Ätzmittel vorgeschlagen[1]). Man druckt auf das indigoblaue Gewebe eine verdickte Glukose- und Alkalilösung. Dieses Verfahren ist mit verschiedenen Nachteilen behaftet; u. a. hat es eine teilweise Zerstörung des Farbstoffs zur Folge, was die Bildung von gefärbten Abbauprodukten mit sich bringt. Wie mit den Zinn- und Zinkätzen erhält man daher kein reines Weiss. Die Farbe ist überdies wenig beständig.

Im *D.R.P. 214.715*, 1908 (Pat. Anm. 5183) gibt die B.A.S.F. folgendes Rezept an:

650 g	Gummiverdickung 1:1
100 g	Wasser
200 g	Natronlauge 40° Bé
50 g	Glukose
1000 g	

Andererseits hat Ch. Sünder der Firma M. Ribbert in Hohenlimburg (Westfalen) eine Druckfarbe, die Glukose und Zinnoxydul enthält, angewendet (*D.R.P. 267.408*, 1913).

Endlich empfahl die B.A.S.F. im *D.R.P. 240.513* und *brit. P. 21.052*, 1910 (Frb. Ztg. 1911, S. 143, 465; Chem. Ztg. 1911, S. 216) die Verwendung einer Ätzfarbe mit Glukose, Natronlauge und Leukotrop W.

Man druckt folgende Farbe:

70 g	Zinkoxyd
70 g	Glyzerin
150 g	Kalziumsalz der Dimethylphenylbenzylammoniumhydroxyddisulfosäure
150 g	Glukose
50 g	Anthrachinon-Teig
100 g	Natronlauge 40° Bé
410 g	Gummiverdickung
1000 g	

[1]) Vgl. Frb. Ztg. 1910, S. 287; 1911, S. 461; Leipz. Mon. 1909, S. 332; *D.R.P. 213.974*.

Nach dem Drucken wird getrocknet, gedämpft und durch Natriumsilikat passiert.

Ein Verfahren, das in der Manufaktur Prochoroff in Moskau ausgearbeitet wurde, gestattet mit Hilfe von Glukose ebenfalls ein Azorot auf Indigo zu ätzen und macht sich dabei den Umstand zunutze, dass die Ätzung des gefärbten Bodens erst im Laugenbad, die Bildung des Rots sich dagegen schon im Dampf vollzieht (Scheunert und Wosnessensky 1910; Bull. Mulh. 1920, S. 263).

Man druckt zunächst eine Glukoselösung auf, trocknet und passiert durch kochende Natronlauge.

Ätzweiss.
(Firma Prochoroff-Scheunert in Moskau.)

50 g Leukotrop W
50 g Anthrachinon-Teig
200 g Zinkoxyd-Glyzerin 1:1
300 g Glukose trocken
400 g Britishgumverdickung 1:1
1000 g

Nach dem Drucken und Trocknen geht die Ware unmittelbar in eine Natronlauge von 30° Bé bei 80° C während 20—30 Sekunden, dann wird gespült und getrocknet. Die Erfinder konnten die Weissätze mit Bunteffekten mittels unlöslicher Azo- (Azorosa BB) und Küpenfarbstoffe (siehe Kielbasinsky und Nalpakow, Frb. Ztg. 1912, S. 233) verbinden.

Das mit Inidgo gefärbte und mit β-Natriumnaphtolat präparierte Gewebe wird mit folgender Rotätze bedruckt:

200 g Glukose
150 g Lösung des diazotierten Azorosa BB
50 g Leukotrop W
600 g Verdickung
1000 g

und für blaue oder gelbe Effekte:

250 g Indanthrenblau GCD (oder Indanthrengelb R)
300 g Glukose
400 g Britishgumverdickung
50 g Zinnchlorür
1000 g

Bei der Passage im kochenden Alkalibad wird der Indigo reduziert und von der Faser entfernt, während der einmal gebildete Azofarbstoff unverändert bleibt. Die Reinheit der weissgeätzten Stellen und die Leuchtkraft der Bunteffekte lassen sich wesentlich verbessern, wenn man in der Ätzpaste einen Teil der Glukose durch Zinnsalz ersetzt. Diese Verfeinerung der Methode wurde einige Jahre später von Ch. Sünder patentiert *(D.R.P. 267.408)*. Das Verfahren von Scheunert und Wosnessensky, welches einige Zeit bei der Manufaktur Prochoroff in Moskau zur Anwendung gelangte, ist durch die Kombination von Weissätzen mit Illuminiereffekten in Indanthrenblau, Azorosa BB usw., bemerkenswert. Es hat jedoch den Nachteil, dass durch die unvermeidliche Mercerisierung die Stücke stark eingehen.

R. Haller und Hackl haben das beständige Einwirkungsprodukt von Glukose auf Natriumhydrosulfit dem Ätzprozess nutzbar gemacht (Mell. 1928, S. 41; 1929, S. 630 und 717). Dem Zinksalz dieser Verbindung fügt man Zinkchlorid und Zinkoxyd hinzu; dabei entsteht eine sirupdicke Masse, welche bei der Behandlung mit Alkohol auskristallisiert. Die Ätzfarbe weist folgende Zusammensetzung auf:

150 g	Hydrosulfit conc. Pulver
300 g	Traubenzucker
60 g	Zinkoxyd
60 g	Zinkchlorid
430 g	Gummiverdickung 1:1
1000 g	

Man druckt auf indigogefärbte Ware und führt die Stücke, ohne sie zu dämpfen, durch ein Bad von 20 g Natronlauge 40° Bé und 10 g Wasserglas 38° Bé pro Liter (18—20 Sekunden bei 85° C). Nach dieser Methode kann man auch Küpenbuntätzen auf Indigofonds herstellen, wobei man eine Druckfarbe ansetzt, die neben dem Glukose-Sulfoxylat noch Küpenfarbstoff, Eisenvitriol und Zinnsalz enthält. Die Ausfertigung mittels Lauge-Wasserglas bleibt die gleiche wie bei der Weissätze. Das Glukose-Sulfoxylat (Candit V der Chem. Fabrik Pyrgos in Radebeul) wird nach der Angabe von R. Haller hergestellt. Eine Ätzvorschrift auf Indigo findet man in Mell. 1929, Nr. 8 (Perndanner und Hackl):

300 g	Candit V
100 g	Kaolin 1:1
500 g	Gummiverdickung
100 g	Wasser
1000 g	

Nach dem Druck passiert man wie oben angegeben durch Lauge und Wasserglas.

c) Natriumhydrosulfitätze.

Die erstmalige Verwendung des Hydrosulfits als Ätzmittel stammt aus dem Jahre 1908 und ist im *brit. P. 19.528* von Ashworth beschrieben. Als es später der B.A.S.F. gelungen war, Hydrosulfit in fester Form technisch darzustellen, versuchte sie auch dieses Reduktionsmittel dem Zwecke des Ätzdruckes, speziell auch dem des Indigos, dienstbar zu machen, da dieser Körper in Gegenwart von Säure bzw. sauer reagierender Salze befähigt ist, Indigo vollständig zu zerstören[1]). Leider führten aber ihre Bemühungen noch nicht zu einem Erfolge. Trotz des ausserordentlichen Ätzvermögens der Hydrosulfite, die im kleinen geradezu bestechende Resultate liefern, scheiterte ihre praktische Verwendung für Druckzwecke daran, dass sie in Lösung nicht die genügende Haltbarkeit besassen, um ein Trocknen auf der Faser unter technischen Bedingungen zu überdauern; die unlöslichen und durch besondere Zusammensetzung der Druckfarben in ungelöstem Zustande gehaltenen löslichen Hydrosulfite[2]) teilen mit dem Zinkstaub die unangenehme Eigenschaft, die Gravuren der Walzen zu verstopfen.

Juteau (R.G.M.C. 1914, S. 191) hat am 4. Kongress des Vereins der Textil-Chemiker A.C.I.T. (1914) ein Verfahren zum Ätzen ohne Dämpfen beschrieben, das auf der Verwendung des Zinkhydrosulfits beruht. Das Zinkhydrosulfit wird in Gegenwart eines Überschusses von Zinkoxychlorid gefällt.

Die Ware wird gedruckt, getrocknet, geht ungedämpft durch ein 10% Natronlauge 40° Bé enthaltendes, 80° C heisses Bad und wird dann, um den im vorhergehenden Bad reduzierten Indigo zu entfernen, in einem 5%igen, kochenden Silikatbad behandelt[3]).

150 g	Hydrosulfit Pulver BASF
30 g	Zinkoxyd
100 g	eiskaltes Wasser
100 g	Zinkchlorid
620 g	Verdickung
1000 g	

Für mehrfarbige Ätzen mittels Küpen- und Azofarbstoffen kombinierte Juteau die Chromatätzen mit Leukotrop- und Zinkhydrosulfitfarben. Er druckte das diazotierte Nitroanisidin mit Bariumchlorid neben Hydrosulfitfarben, dämpfte und ging mit der breiten Ware durch fünf aufeinanderfolgende Bäder.

Das erste Bad mit 15 g Soda pro Liter entfernt bei 100° C den Leukoindigo und führt das Bariumchlorid in unlösliches Karbonat über. Man führt dann in die zweite Kufe ein, die 10 g pro Liter Bichromat enthält, welches das Bariumkarbonat in unlösliches Chromat verwandelt. In der dritten Kufe wird vorsichtig gewaschen, die vierte wird mit Oxal- und Salzsäure beschickt, welche die Chromsäure des Bariumchromats, die das Ätzen des Indigos hervorruft, freigeben, worauf man in der fünften Kufe in üblicher Weise wäscht.

---

[1]) B.A.S.F., *D.R.P. 133.478* und *135.725*, sowie R. Haller, *D.R.P. 194.878.*

[2]) Die Methoden, um lösliche Hydrosulfite in den Druckfarben ungelöst zu halten, sind in den *D.R.P. 186.442, 186.443* und *191.495* der B.A.S.F. beschrieben.

[3]) Tiba 1929, Januar, Seite 47.

d) Natriumformaldehydsulfoxylat-Ätze.

Trotzdem sie die Faser unversehrt lassen, konnten die meisten dieser Verfahren die Chromat- und Chloratmethoden nie ernstlich konkurrenzieren. Sie bieten alle schwerwiegende Nachteile, die ihrer Anwendung im grossen Masstabe entgegenstehen.

Die drei bisher erwähnten Prozesse (Zinkstaub-Bisulfitätze, Zinnsalzätze, Hydrosulfitätze) gehen auf eine vollständige Zerstörung des Farbstoffes aus. Bei dieser Überreduktion über das Indigoweiss hinaus entstehen gelbgefärbte Zersetzungsprodukte unbekannter Natur, die sich mit keinem Mittel vollständig von der Faser entfernen lassen, so dass reine Weisseffekte mit ihnen nicht zu erzielen sind.

Man hat deshalb versucht, unter Verzicht auf eine Zerstörung des Farbstoffcharakters dadurch zum Ziele zu gelangen, dass man die Reduktion bei dem leicht löslichen Indigoweiss stehen liess und, durch Zufuhr eines starken Überschusses an Reduktionsmittel, den durch Dämpfen geätzten Stellen die für die Weiterverarbeitung notwendige Widerstandsfähigkeit gegen Luft und Feuchtigkeit verlieh.

Das Erscheinen des Natriumformaldehydsulfoxylats eröffnete eine neue Epoche auf dem Gebiete der Indigoätzen.

Das Problem der Indigoätzen wurde entgegen aller Erwartungen gelöst, da in dem Formaldehydsulfoxylat ein Reduktionsmittel vorliegt, das viel besser als alle anderen die gegebenen Bedingungen erfüllt.

Man unterscheidet zwei Methoden:

1. das Rongalit-C-Verfahren;
2. das Leukotrop-W-Verfahren.

1. Rongalit-C-Verfahren.

Im Jahre 1905 waren R. Haller einerseits[1]) und Aubert[2]) andererseits die ersten Forscher, welche versuchten, den Indigo mit Rongalit C zu ätzen. Ihre Verfahren beruhten auf der Tatsache, dass der Leukoindigo in der Nähe von 100° C nur wenig Affinität zur Baumwollfaser besitzt und durch Behandlung der Ware in kochender Seifenlösung restlos von der Faser abgezogen werden kann.

Man druckt eine Farbe, die Rongalit C extra, Seife und eine Verdickung enthält, dämpft und behandelt in einem Seifen- oder Sodabad bei 100° C, um den reduzierten Indigo von der Faser abzuziehen.

---

[1]) *D.R.P. 194.878;* Fischer's Ber. 1908, S. 293; R. Haller, Die Entwicklung des Zeugdrucks, Mell. 1932, S. 377 und 433.

[2]) Bull. Mulh. 1907, S. 419; R.G.M.C. 1908, S. 146; siehe auch Lustig u. Paulus, Frb. Ztg. 1907, S. 57; 1911, S. 460; Alfred Kunig, Bull. Mulh. Sitzung vom 7. Dez. 1921.

Infolge der raschen Wiederoxydation des Leukokörpers forderte dieses Verfahren besondere Vorsichtsmassregeln, um das Anbläuen der Weissätzen zu verhüten. Man versuchte diesen Nachteil zu beheben, indem man der Druckfarbe Antioxydationsmittel zugab, oder indem man apparative Vorkehren traf, welche das Liegenbleiben der gedämpften Ware vor dem Waschen zu verhindern halfen (Aufstellen des Dämpfers in unmittelbarer Nähe der Fertigstellungsmaschine).

Ein erster, von Meister, Lucius und Brüning angegebener Verbesserungsvorschlag bestand in der Zugabe gewisser reduktionsfördernder Substanzen zur Farbe, wie Anthrachinon[1]). Diese Verbindung vermittelt das Reduktionsvermögen des Rongalits, indem sie selbst zu Anthrahydrochinon reduziert und dann beim Dämpfen auf Kosten des Indigos rückoxydiert wird.

$$\text{Anthrachinon} \underset{}{\overset{+H_2}{\rightleftarrows}} \text{Anthrahydrochinon}$$

Die Anwesenheit von freiem Formaldehyd in der Farbe muss unbedingt vermieden werden, weil sonst dieses mit Anthrachinon ein kristallisiertes Kondensationsprodukt bilden kann.

Die Zugabe von alkalischen Mitteln macht die Farbe haltbarer, bewirkt eine schnellere Reduktion des Indigos und verlangsamt die Wiederoxydation des Leukokörpers.

Haller fand (1905) eine Möglichkeit, die Seife in die Druckfarbe selbst einzuführen und erhielt so eine Weissätze auf Indigo *(D.R.P. 194.878)*.

Eine Beigabe von Zinkoxyd verbessert laut *D.R.P. 166.783* (Cassella) merklich die Ätzwirkung der Druckfarbe; wahrscheinlich bildet sich hier eine Additionsverbindung von Leukoindigo und Zinkoxyd, die wasserunlöslich und infolgedessen weniger luftempfindlich ist als der freie Leukokörper. Zu nämlichen Zwecken schlug die B.A.S.F. neutrales Sulfit vor. (Siehe auch Tagliani und Krostewitz, Frb. Ztg. 1912, S. 211 und 236). Schwarz empfahl den Zusatz von Anilin oder anderen Aminen *(D.R.P. 204.565)*.

Die Zugabe von Formaldehyd in das Alkalibad ist vorteilhaft. Nach Kalle (*brit. P. 20.208*, 1908; *D.R.P. 120.318, 212.791; 212.792;* Frb. Ztg. 1910, S. 287) kann die Behandlung im kochenden Soda- oder Silikatbad durch eine Passage in einem leicht angesäuerten und auf

[1]) *D.R.P. 209.122, 213.583; Pat. Anm. 23.637*, *24.643* zum *D.R.P. 200.927* von M.L.B.; Planowsky, Z. f. Farb. u. Text.-Chem. 1907, S. 109; siehe auch dieses Werk, Kap. IV; J. Haager, Über Katalysatoren, Frb. Ztg. 1912, S. 21.

40° C erwärmten, Alkohol enthaltenden Bad (250 cm^3 Alkohol und 10 cm^3 Salzsäure im Liter) ersetzt werden.

Laut *D.R.P. 200.927* (Kalle) wird das überschüssige Hydrosulfit durch eine Passage in verdünnter Säure entfernt und anschliessend der Leukoindigo an den geätzten Stellen durch eine Behandlung in einer leicht alkalischen Flotte abgezogen (Reinking, Frb. Ztg. 1910, S. 31).

Nach Fussgänger (Frb. Ztg. 1910, S. 33) ergibt Natriumsilikat mit einem geringen Formaldehydzusatz sehr gute Resultate. Man verwendet einen Rollenapparat mit vier Abteilen. Die zwei ersten enthalten Natronlauge 5/1000 und Formaldehyd 2/1000 bei 70° C. Die Rollen müssen sich unter dem Flüssigkeitsspiegel befinden, um jeglichen Kontakt der Ware mit der Luft zu vermeiden. (Diese Bedingung ist beim Leukotropverfahren nicht unerlässlich.) Die zwei letzten Abteile dienen zum Spülen; anschliessend wird auf Trockentrommeln getrocknet.

Die Druckformel einer vor dem Bekanntwerden des Leukotropverfahrens häufig gebrauchten Ätze war ungefähr die folgende:

680 g	Stärke-Tragantverdickung
100 g	Natriumformaldehydsulfoxylat
80 g	Zinkoxyd
40 g	Anthrachinon 30% Teig
100 g	Wasser
1000 g	

Es wurde nach dem Aufdruck 5 Minuten gedämpft und darauf die Ware, ohne sie liegenzulassen, durch heisse verdünnte Natronlauge genommen[1]).

Ätzweiss mit Rongalit C:

200 g	Rongalit C extra
70 g	Zinkoxyd
70 g	Wasser
100 g	Kaliumsulfit 45° Bé
30 g	Glyzerin
30 g	Anthrachinon Teig 30%
500 g	Gummiverdickung
1000 g	

Nach dem Drucken wird getrocknet (Übertrocknen verhüten) und bei 101—102° C in gesättigtem Dampf während 7 Minuten gedämpft; dann werden die Stücke am Ausgang des Dämpfapparates aufgerollt, um das Rückoxydieren zu vermeiden. Das Abzugbad besteht aus einer 1%igen Natriumsilikat- oder Kalklösung.

Zum Illuminieren der Rongalit-C-Ätzen verwendet man basische, Küpen- und Schwefelfarbstoffe oder Pigmente.

[1]) Einzelheiten dieser Fabrikation sind in der Veröffentlichung der Manufaktur E. Zündel im Bull. Mulh. 1938, Sitzung des Comité de Chimie vom Dezember 1938 zu finden.

2. Das Leukotrop-W-Verfahren.

Das Leukotropverfahren wurde im Jahre 1908 von der Badischen Anilin- und Sodafabrik ausgearbeitet; es beseitigte einen der Hauptfehler des Chromatverfahrens, indem es die Textilfasern schonte. Das ebenfalls faserschonende Rongalit-C-Verfahren wäre ohne grosses Interesse geblieben, wenn die B.A.S.F. mit der Erfindung der Leukotrope nicht die Möglichkeit geschaffen hätte, den Leukoindigo auf der Faser in eine luftbeständige Verbindung überzuführen (benzylierter Leukoindigo).

Das Prinzip des Leukotrops[1]) beruht darauf, dass das Leukoderivat eines Küpenfarbstoffes, z. B. des Indigos, in eine luftunempfindliche Verbindung übergeführt wird. Diese Umwandlung wird durch eine Ätherifizierung der Enolgruppe mit verschiedenen Ätherifizierungsmitteln, besonders des Dimethylphenylbenzylammoniumchlorids durchgeführt. Auf diese Weise entstehen Ätheroxyde, die luftbeständig und von der Faser leicht entfernbar sind, da sie sich in Alkalien leicht lösen. Ferner vermeidet man die Wiederoxydation des Leukokörpers auf der Faser und somit eine Anfärbung der weissen Ätzpartien. Die Ätherifizierung lässt sich folgendermassen formulieren:

```
 OH       OH            O—R     O—R
 |        |             |       |
 C        C             C       C
/ \\     // \   ——→    / \\    //
    C— C                  C— C
   /    \                /    \
```

wobei R den Alkylrest (Benzylrest) bedeutet.

Das Leukotropverfahren hat nach und nach alle alten Oxydations-Ätzverfahren verdrängt; es hat sich auch gegen die in den letzten Jahren vorgeschlagenen neuen Methoden behauptet und hält heute die erste Stelle inne unter den Ätzen für dunkel-, mittel- und hellblaue

[1]) Reinking, Das Leukotropverfahren, Frb. Ztg. 1910, S. 243; Reinking, Die Entwicklung des Ätzens von Indigo mit Reduktionsmitteln, Frb. Ztg. 1912, S. 250, 309, sowie Neue Beiträge des Leukotropverfahrens, Frb. Ztg. 1913, Heft 3, S. 45; Tagliani und Krostewitz, Frb. Ztg. 1912, S. 211 und 236; Porai-Koschitz, Über den Chemismus der Indigoätzungen vermittels Leukotrop, Bull. Moskau 1911, S. 147; Frb. Ztg. 1911, S. 135; Tchilikine, Benzylderivate des Indigos und Anthrachinons, Frb. Ztg. 1913, S. 517; Bude, Studien über Theorie und Anwendung der Reduktionsätzen auf Küpenfarben. Frb. Ztg. 1912, S. 470; Badel, Hydrosulfit-Leukotropätze, Z. f. Farb. u. Text. Chem. 1912, S. 277; Chem. Ztg. 1912, S. 1579; H. Sünder, Frb. Ztg. 1912, S. 334; L. Diserens, Les Rongeants et les Réserves, 1. Bd., S. 50—66 (Le Procédé au Leucotrope).

D.R.P. 184.381; Fischer's Ber. 1907, S. 448; *D.R.P. 229.023*, 1909; *D.R.P. 231.543* 1909; *franz. P. 414.937;* Frb. Ztg. 1910, S. 309 und 374; *D.R.P. 235.879;* Leipz. Mon. 1911, S. 158; *D.R.P. 235.880; D.R.P. 240.513*, 1910; Leukotrop, Frb. Ztg. 1911, S. 465; *D.R.P. 246.252; brit. P. 25.957*, 1910; Frb. Ztg. 1911, S. 102; *D.R.P. 247.099* und *247.101;* Frb. Ztg. 1911, S. 227; *D.R.P. 247.100; brit. P. 27.038*, 1910; Frb. Ztg. 1911, S. 406; *D.R.P. 249.542;* Frb. Ztg. 1912, S. 519; *D.R.P. 249.543; franz. P. 413.554; brit. P. 7.094*, 1910; Chem. Ztg. Rp. 1910, S. 483; *D.R.P. 231.487* (Natriumnitrosomethylensulfoxylat).

Indigofärbungen sowie für diejenigen indigoider Farbstoffe. Diese Vorzugsstellung fusst auf entscheidenden Vorteilen. Dank seiner vollkommenen Unschädlichkeit für vegetabilische Fasern können mit dem Leukotropverfahren grosse Ätzeffekte (Tupfen, Streifen usw.) erzielt werden, die mit den Chromat- und Chloratverfahren nicht ohne Gefährdung der Faserfestigkeit gewagt werden durften. Ferner kann es, im Gegensatz zum Verfahren von Freiberger und zu der Jeanmaireschen Chloratmethode, ohne besondere Umstellungen mit den einer Stoffdruckerei normalerweise zur Verfügung stehenden Mitteln angewendet werden. Die Rakeln und Walzen erleiden keinen Angriff. Während schliesslich die Oxydationsätzen nicht ohne weiteres auf feine Gewebe anwendbar sind, können mit dem Leukotrop-Verfahren alle möglichen Gewebetypen gefahrlos geätzt werden.

Einige Jahre vor dem Erscheinen des Leukotrops hat R. Haller, um die Ätzeffekte nach dem Dämpfen beständig zu erhalten, versucht, den Leukoindigo in eine nicht oxydierfähige Verbindung zu verwandeln und auch ein positives Ergebnis durch den Zusatz von Zinkchlorid und Resorzin zum Reduktionsmittel erzielt. Bedauerlicherweise waren die erhaltenen Verbindungen nicht löslich. Eine befriedigende Lösung des Problems war erst den Chemikern der B.A.S.F. vorbehalten, und wir verdanken der Erfindertätigkeit Reinkings die ausserordentlich wichtige Entdeckung der Benzylierungsmittel, die als Leukotrope Eingang in die Fabrikation gefunden haben.

In der Fortsetzung ihrer Untersuchungen über das Rongalitverfahren empfahl die B.A.S.F. 1906, um das Vergrünen nach dem Dämpfen zu verhüten, der Rongalitätze gewisse organische Ammoniumbasen sowie gewisse Farbstoffe, wie Methylenblau B, Rhodamin B, Indulinscharlach (*D.R.P. 184.381*, 1906), als Reduktionskatalysatoren zuzugeben.

Das Leukotropverfahren kann als Vorläufer der Indigosolfabrikation angesehen werden, denn es trägt unleugbar deren Keim in sich, nämlich das Prinzip der Stabilisierung der Leukoprodukte. Beim Leukotropverfahren wird der Leukoindigo in einen Äther übergeführt, der nur in Alkali löslich ist und von dem aus der Farbstoff kaum regeneriert werden kann. Es war dem Scharfsinn Marcel Baders vorbehalten, durch die logische Entwicklung dieses Prinzips beständige, leicht wasserlösliche Leukoindigoderivate zu schaffen, aus welchen der Farbstoff vollständig regenerierbar ist. So kam Marcel Bader zu den Indigosolen. Dies sei durch die nachfolgende Gegenüberstellung erläutert:

$$\mathrm{C_6H_5{-}CH_2{-}O{-}C(\!=\!)\!\!-\!C{=}C\!-\!C(\!=\!){-}O{-}CH_2{-}C_6H_5}$$

alkalilösliche Äther

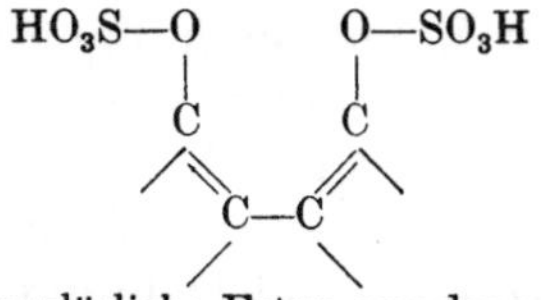

$HO_3S—O$ $O—SO_3H$

Indigosole, wasserlösliche Ester, aus denen der Farbstoff vollständig wiedergewonnen wird.

Es gibt zwei unter dem Namen Leukotrop bekannte Produkte: Das Leukotrop O (*D.R.P. 231.543*, 1909; *franz. P. 414.937*, 1910)

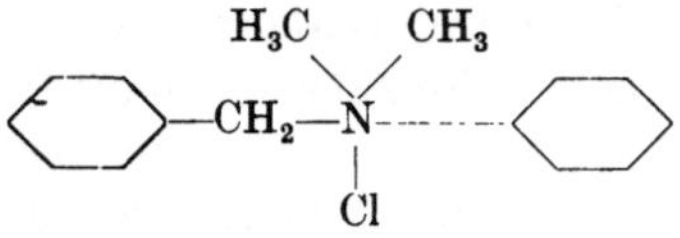

H_3C CH_3 —CH_2—N— Cl

das ist das Chlorid des Dimethylphenylbenzylammoniums, welches mit dem Indigo einen in Wasser und Alkalien unlöslichen Äther gibt und das Leukotrop W, das Kalziumsalz der Disulfosäure der vorstehenden Verbindung (*D.R.P. 235.879*, *235.880*, *240.513*, 1910; *amer. P. 1.106.970*), also das dimethylphenylbenzylammoniumdisulfosaure Kalzium

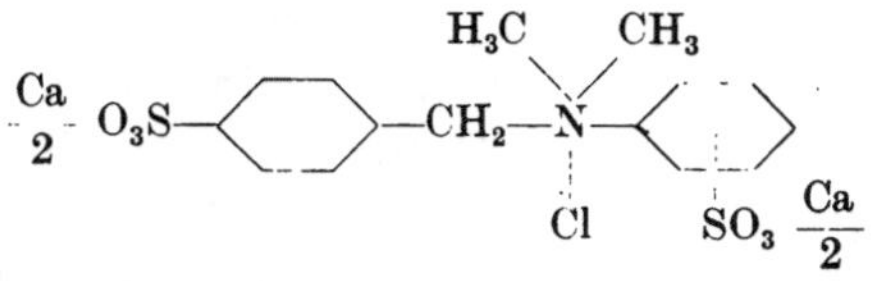

$\frac{Ca}{2}\,O_3S$—⟨⟩—CH_2—N(H_3C, CH_3, Cl)—⟨⟩—$SO_3\,\frac{Ca}{2}$

Man erhält diese Verbindungen durch Einwirkung von Benzylchlorid auf Dimethylanilin oder andere tertiäre Amine, resp. auf die Sulfosäuren der tertiären Amine (Dimethylmetanilsäure). Ebenso kann man, von der p-Toluolsulfosäure ausgehend, die α-Chlor-p-Toluolsulfosäure erhalten, die man auf die Dimethylmetanilsäure gemäss der folgenden Gleichung einwirken lässt[1]):

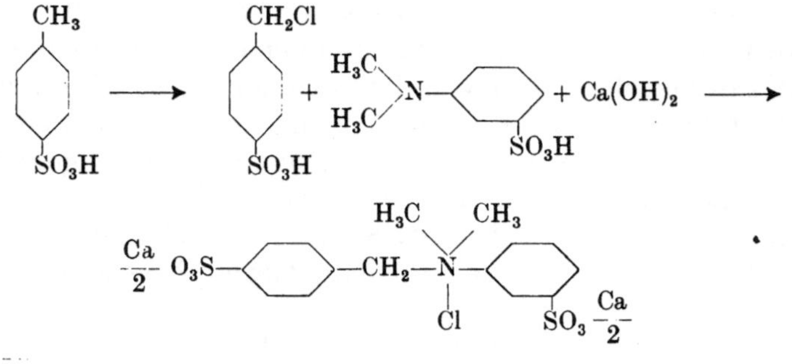

CH_3 (⟨⟩) SO_3H ⟶ CH_2Cl (⟨⟩) SO_3H + $(H_3C)_2$N—⟨⟩—SO_3H + $Ca(OH)_2$ ⟶

$\frac{Ca}{2}\,O_3S$—⟨⟩—CH_2—N(H_3C, CH_3, Cl)—⟨⟩—$SO_3\,\frac{Ca}{2}$

[1]) Literatur betreffend die Darstellung und Anwendung der Leukotrope: Frb. Ztg. 1912, S. 309 und 374; Frb. Ztg. 1911, S. 465; *D.R.P. 233.328*, *246.252*, *247.099*, *247.100*, *247.101*, *249.542*, *249.543*; *franz. P. 413.554* und *Zusatzp. 12.784*, *13.487*, *13.430*, 1910; *brit. P. 25.957* und *27.038*, 1910; Leipz. Mon. 1911, S. 262; Frb. Ztg. 1911, S. 102, 227 und 406; Vgl. auch *D.R.P. 229.023* und *246.519*.

Im *D.R.P. 229.023*, 1909, beschreibt die B.A.S.F. die Verwendung von eine oder mehrere Sulfogruppen tragenden Ammoniumderivaten, z. B. dem Kalziumsalz des sulfonierten Dimethylphenylbenzylammoniumchlorids. Die gleiche Firma empfiehlt im *D.R.P. 240.513* Reduktionsmittel wie Glukose mit dem Leukotrop W zu kombinieren.

Durch Einwirkung des Leukotrop O entsteht eine gelbe, an der Luft und in der Feuchtigkeit unveränderliche Verbindung, aus der man jedoch noch den Indigo zurückbilden kann. Das Dimethylphenylbenzylammoniumchlorid wird im Dampf in Benzylchlorid und Dimethylanilin gespalten:

$$C_6H_5-CH_2-N(CH_3)_2(Cl)-C_6H_5 \longrightarrow C_6H_5-CH_2Cl + C_6H_5-N(CH_3)_2$$

Das freie Benzylchlorid ergibt mit den OH-Gruppen des Leukoindigos einen Benzyläther, der nach Reinking der Formel:

$$C_6H_4\langle{}^{C(ONa)}_{NH}\rangle C-C\langle{}^{C(ONa)}_{NH}\rangle C_6H_4 \xrightarrow[\text{Benzylchlorid}]{R-Cl} C_6H_4\langle{}^{C(O-CH_2-C_6H_5)}_{NH}\rangle C-C\langle{}^{C(O-CH_2-C_6H_5)}_{NH}\rangle C_6H_4 + 2\,NaCl$$

entspricht.

In Gegenwart von Zinkoxyd entsteht mit dem Leukotrop O ein gelbes Pigment der Zusammensetzung:

$$C_6H_4\langle{}^{C(O-CH_2-C_6H_5)}_{NH}\rangle C-C\langle{}^{C(O\frac{Zn}{2})}_{HN}\rangle C_6H_4$$

welches als Gelbätze auf Indigo Verwendung findet.

Dagegen erhält man mit dem Leukotrop W eine orangegefärbte Verbindung, die in Alkalien leicht löslich ist und sich von der Faser gut ablösen lässt, so dass man ein ganz reines Ätzweiss erhält.

Die in Freiheit gesetzte Salzsäure wird durch das Dimethylanilin (teilweise) und durch das in der Druckfarbe enthaltene Zinkoxyd neutralisiert.

Das Leukotrop O ist tatsächlich Benzylchlorid in einer Form, die seine Verwendung im Druck zulässt.

Der benzylierte Leukoindigo stellt einen Äther dar. Die Äther, die man als Anhydride der Alkohole betrachten mag, können sich von zwei identischen oder verschiedenen Alkoholmolekülen ableiten:

$$R—OH + HO—R_1 \longrightarrow H_2O + R—O—R_1$$

Wie Porai-Kochnitz beobachtete, lassen sich die Phenole mit Leukotrop veräthern:

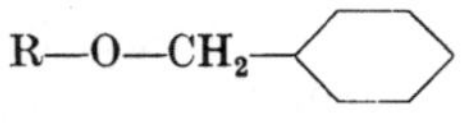

$$R—O—CH_2—C_6H_5$$

Durch Einwirkung von Benzylchlorid erhält man das Mono- oder Dibenzylderivat:

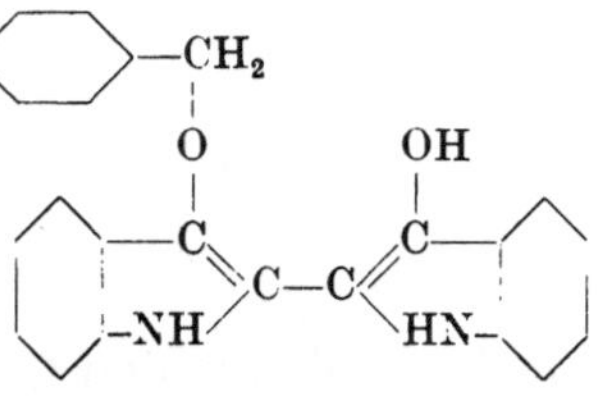

$C_6H_5—CH_2—O—C$ ... $C—C$ ... $C—OH$ (NH, HN)

Reinking[1]) nimmt also ein Monobenzylderivat des Leukoindigos an, in dem der Wasserstoff der zweiten Hydroxylgruppe durch Zink ersetzt wird. Es wurde beobachtet, dass in Abwesenheit des Zinks oder eines anderen zweiwertigen Metalls entweder Alkalisalze oder Dibenzylverbindungen des Leukoindigos entstehen, die in Wasser, Säuren oder Alkalien nur schwer löslich sind und daher für die Weissätze des Indigos keine Bedeutung haben.

Die Reinking'sche Theorie wurde von Tchilikine in der Frb. Ztg. 1913, S. 517, erörtert. Nach diesem Autor ist das Entstehen einer Gruppe

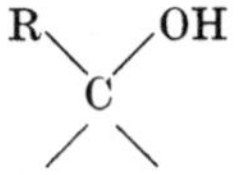

R, OH, C

im Falle des Benzylderivates des Leukoindigos, demnach der Verbindung:

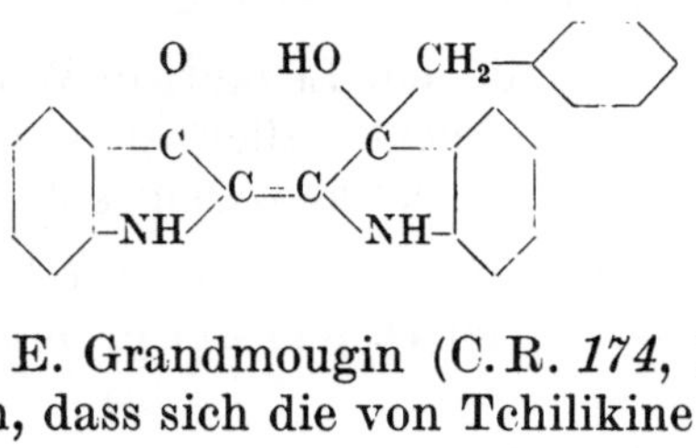

O, HO, $CH_2—C_6H_5$; C, C=C, C; NH, NH

anzunehmen. Nach E. Grandmougin (C.R. *174*, 1922, S. 758) ist es nicht ausgeschlossen, dass sich die von Tchilikine gefundenen Körper

[1]) Frb. Ztg. 1912, S. 250.

als Nebenprodukte der Reaktion bilden. Grandmougin nimmt (Rev. Chim. Ind. 1932, S. 134) das Entstehen eines Zinksalzes an, das sich von der Benzylchinindolinkarbonsäure ableiten lässt und schreibt diesem die Formel:

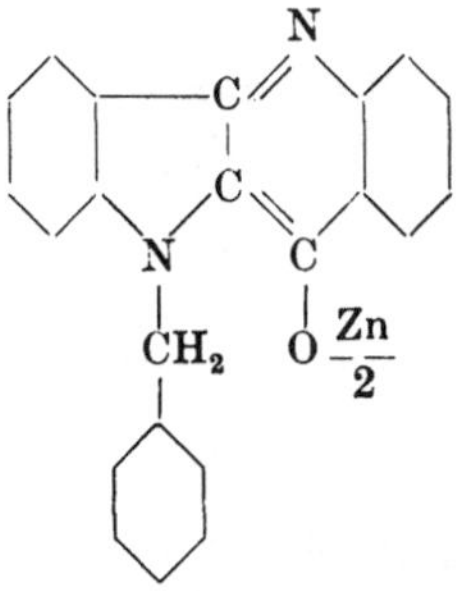

zu. Es müsste sich demnach durch die Reduktion des Indigos auf der Faser in Gegenwart des Leukotrops eine Reaktion abspielen, die analog derjenigen ist, welche Schützenberger und Giraud beobachtet haben, nämlich eine Spaltung des Indigos in Isatin und Indoxyl und ein Zusammentreten der Spaltungsprodukte zur Chinindolinkarbonsäure.

Um ihre Erfindung vollständig zu schützen, erweiterte die B.A.S.F. in den Jahren 1911 und 1912 ihre Urheberrechte, indem sie eine ganze Reihe von neuen Leukotropderivaten patentierte, sowie Ätherifizierungsmittel für den Leukoindigo (oder für irgendwelche Leukoderivate von Küpenfarbstoffen), die einer Rongalitfarbe zugesetzt werden und beim Dämpfen den Leukoindigo in einen luft- und feuchtigkeitsbeständigen Äther überführen können.

Das *D.R.P. 246.252* (*brit. P. 25.957*, 1910) dehnt die Verwendung als Leukotrope auf die Verbindungen des folgenden Typus aus:

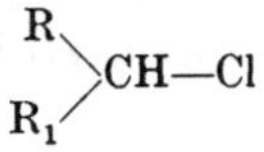

$$\begin{matrix}R\\R_1\end{matrix}\Big\rangle CH{-}Cl$$

(wobei R und R_1 Alkyl- oder Arylgruppen darstellen), z. B. α-Chlortoluol-p-sulfosaures Natrium.

Beispiel:

70 g	Zinkoxyd
70 g	Wasser
80 g	Anthrachinon 30%
100 g	α-chlortoluol-p-sulfosaures Natrium
100 g	Wasser
120 g	Rongalit C extra
460 g	Gummiverdickung
1000 g	

Das *D.R.P. 247.099* (*franz. P. 413.554, Zusatz-P. 13.487*, 1910; Frb. Ztg. 1911, S. 227) erwähnt die Verwendung von Substanzen der Formel

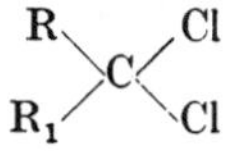

$$\begin{matrix} R \\ R_1 \end{matrix} \!> C <\! \begin{matrix} Cl \\ Cl \end{matrix}$$

die eine oder mehrere salzbildenden Gruppen enthalten, sowie von internen Kondensationsprodukten der α-Chlortoluol-o-sulfosäure:

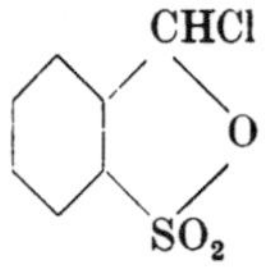

$$C_6H_4 \begin{matrix} -CHCl- \\ -SO_2- \end{matrix} O$$

Im *D.R.P. 247.100* (*brit. P. 27.038*, 1910) stossen wir auf eine weitere Klasse von Verbindungen, die als Leukotrope dienen können; das sind Sulfoniumderivate, die wenigstens einen Aralkylrest enthalten und von welchen ein oder mehrere Wasserstoffatome durch freie oder fixierte salzbildende Gruppen substituiert sind, z. B. Dimethylbenzylsulfoniumchlorid:

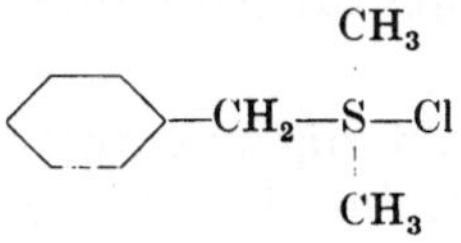

$$C_6H_5-CH_2-S(CH_3)_2-Cl$$

Das *D.R.P. 247.101* (*franz. P. 413.554, Zusatz-P. 13.430*, 1910) nennt Aralkyl-Ammoniumverbindungen, in welchen der Aralkylrest nebst der Sulfogruppe eine oder mehrere salzbildenden Gruppen trägt, z. B. die aus α-Chlortoluol-p-karbonsäure und Dimethylanilin entstehende Ammoniumverbindung.

Das *D.R.P. 249.542* schützt die Verwendung von aus Aralkylhalogeniden und tertiären Aminen gebildeten Ammoniumverbindungen mit einer oder mehreren sauren Gruppen, wie die aus Benzylchlorid und Dimethylanilin-m-sulfosäure entstehende Ammoniumverbindung.

Beispiel:

400 g	Gummiverdickung
70 g	Glyzerin
40 g	Natronlauge 38° Bé
15 g	Glukose
25 g	Wasser
230 g	Zinkoxyd 1:1
140 g	Ammoniumverbindung aus Benzylchlorid und Dimethylanilin-m-sulfosäure
80 g	Wasser
1000 g	

Das *D.R.P. 249.543* empfiehlt, nebst Aralkylverbindungen tertiäre Amine mit salzbildenden Gruppen der Ätzfarbe zuzusetzen. Man gibt z. B. zu der Rongalitfarbe α-Chlortoluol-p-sulfosaures und Dimethylmetanilsaures Natrium.

70 g	Zinkoxyd
70 g	Wasser
60 g	Anthrachinon 30%
80 g	α-Chlortoluol-p-sulfosaures Natrium
80 g	Dimethylmetanilsaures Natrium
100 g	Wasser
120 g	Rongalit C extra
420 g	Gummiverdickung
1000 g	

Es zeigte sich, dass bei der Benzylierung des Leukoindigos einzig die Aralkylgruppe eine Rolle spielt. Ammoniumverbindungen, die denselben Aralkylrest enthalten, bilden mit dem Indigo das gleiche Reaktionsprodukt, ungeachtet der übrigen Basenkomponenten. So ergeben die aus Benzylchlorid und Aminen, wie Dimethylanilin, Methyläthylanilin usw., gebildeten Ammoniumverbindungen mit dem Leukoindigo stets denselben Äther.

Später kam man dazu, diese Verbindung durch direkte Einwirkung von Benzylchlorid auf der Faser zu erzeugen (Bude, Frb. Ztg. 1912, S. 470; Reinking, Frb. Ztg. 1913, S. 45).

Für die Ätzung von Indigo empfahl die Firma von Heyden A.G. die Verwendung des Natriumnitrosomethylensulfoxylats (*D.R.P. 231.487*, 1911).

Laut *franz. P. 413.554* (Ciba, Basel) soll man mit Ammoniumderivaten ätzen können (R.G.M.C. 1910, S. 364). Dieses Verfahren kann von Interesse sein, wie später gezeigt wird, um Küpenfarbstoffdrucke zu reservieren. Man druckt eine Leukotrop-W-Farbe auf; beim Dämpfen wird der reduzierte Küpenfarbstoff veräthert, und er lässt sich leicht von der Faser entfernen. Auf diese Weise lassen sich weisse Effekte unter Gründel erzeugen.

Um ihre Kunden zu veranlassen, ihnen ebenfalls das Natriumformaldehydsulfoxylat zu kaufen, brachten die deutschen Firmen ein Gemisch von Leukotrop W und Formaldehydsulfoxylat in den Handel (Rongalit CL, Hydrosulfit CL, Hyraldit CL). Dieses Produkt enthält 33% Leukotrop W. Um das Quantum von 75 g Leukotrop W je Kilo Farbe nicht zu überschreiten, nimmt man für dunkles Indigoblau 200 g Rongalit CL pro Kilo und ergänzt das Reduktionsmittel auf das nötige Mass mit Rongalit C.

Folgende Produkte sind zum Ätzen von Indigo und anderen Küpenfarbstoffen bestimmt:

Arostit RFL	Sandoz
Hydrosulfit CL	Rohner
Hydrosulfit SCL	Soc. Ind. Dér. Soufre
Rongalit CL	I. G. Farbenindustrie
Rongeol CL	Francolor
Formosul CL	Brotherton

Die nach dem Leukotropverfahren geätzten Stellen zeigen ein leicht bläuliches Weiss, welches sich besonders vom gelblichen Weiss der mit Chromat geätzten Effekte unterscheiden lässt. Die Ätzfarbe besteht aus Zinkweiss, Leukotrop W (70—90 g pro Kilo) und Rongalit, und zwar

150—170 g für dunkles Indigoblau (4% Indigo),
120—150 g für mittleres Indigoblau (2% Indigo),
90—100 g für helles Indigoblau (0,5—1% Indigo).

Eine Druckformel für Ätzweiss mit Leukotrop ist die folgende:

435 g	Gummiverdickung
152 g	Zinkweisspaste 1:1
15 g	Anthrachinon 15%iger Teig
48 g	Glyzerin
200 g	Rongalit C + Leukotrop W = Rongalit CL
50 g	Rongalit C
100 g	Wasser
1000 g	

Nach dem Aufdruck auf indigogefärbte Ware trocknet man, dämpft in gesättigtem Dampf ca. 7—8 Minuten und nimmt dann durch eine 1%ige Wasserglaslösung bei 80° C. Die geätzten Stellen müssen nach dem Dämpfen eine tief orangerote Farbe zeigen.

Die Druckfarbe muss gut gesiebt und nicht allzusehr verdickt sein. Als Verdickung nimmt man Senegal- oder indischen Gummi oder Britishgum. Eine Übertrocknung der Stücke in den Trockenkammern muss vermieden werden. Beim Verlassen des Dämpfapparates sind die Ätzstellen leuchtend orangefarbig; grünlichgelbe oder gelbe Töne deuten auf einen schlechten Gang des Prozesses. Nach dem Dämpfen können die zusammengerollten oder -gelegten Stücke ohne zu waschen 2—3 Tage auf einem Wagen liegengelassen werden; man erhält ein ebenso reines Weiss, wie wenn man unverzüglich gewaschen hätte.

Die Silikatpassage erfolgt im breiten Zustande in einem Apparat von drei oder vier Kufen. In der ersten, 5 bis 6000 Liter fassenden Kufe wird eine Silikatlösung 10/1000 vorgelegt. Man kann die Stücke zweifach einlaufen lassen. Die nächsten Kufen enthalten fliessendes kaltes Wasser. Unmittelbar nach dem Waschen werden die Stücke ohne zu seifen getrocknet. Das Seifen hat sich in vielen Fällen als schädlich erwiesen.

Sowohl Reinking (Frb. Ztg. 1913, S. 45) als auch Bude (Frb. Ztg. 1912, S. 470 und 1913, S. 102; R.G.M.C. 1913, S. 54) haben die Wirkung der Leukotrope auf die Leukoderivate verschiedener Küpenfarbstoffe geprüft. Man kann — nach dem zweiten Autor — die Küpenfarbstoffe hinsichtlich ihrer Ätzbarkeit in folgende vier Gruppen einteilen:

a) Indigo und seine Halogenderivate ergeben gefärbte und unlösliche Verbindungen mit Leukotrop O, lösliche Verbindungen mit Leukotrop W.

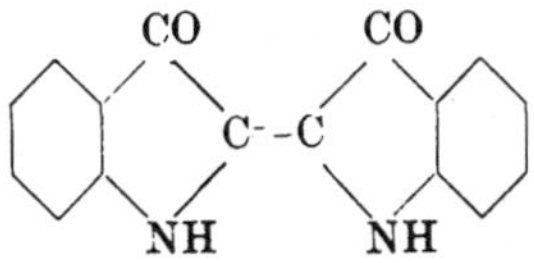

Indigo

Zu dieser Gruppe gehören die Substitutionsprodukte des Indirubins:

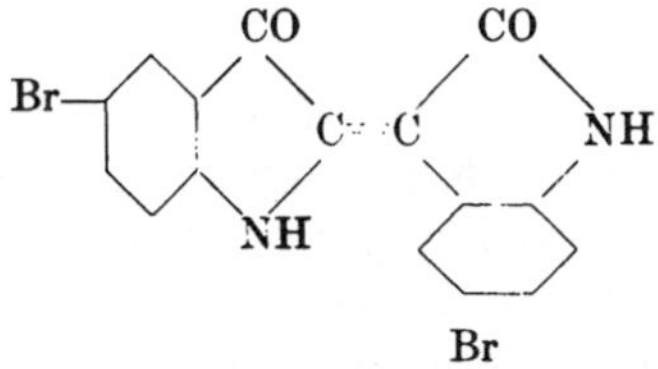

Cibaheliotrop B

Wie Bude erkannte, sind die Halogenderivate des Indirubins desto schwerer ätzbar, um so mehr Halogenatome sie enthalten. Die Farbstoffe dieser Gruppe verhalten sich gegenüber den Reduktionsmitteln und insbesondere gegenüber dem Rongalit CL genau wie der Indigo, d.h. ihre Leukoderivate bilden mit dem Leukotrop in Gegenwart von Zinkoxyd gelborangefarbene benzylierte Derivate, die mit dem Leukotrop O unlöslich, mit dem Leukotrop W löslich sind. Die so erhaltenen Äther sind luftbeständig. Die Löslichkeit dieser benzylierten Derivate ist jedoch von Fall zu Fall unterschiedlich, und auch die Benzylierungsreaktion geht je nach Farbstoff verschieden vonstatten.

Dank des Aufkommens dieser Farbstoffe wurden verschiedene neue Artikel in den Handel gebracht, z. B. die Weissätzartikel auf Färbungen mit Brillantindigo 4B, Cibablau 2B usw. Die Ätzen für bromierte Indigo enthalten mehr Leukotrop und müssen alkalisch sein.

Weissätze:

I.		II. (B.A.S.F.)	
410 g	Britishgum	410 g	Verdickung
250 g	Rongalit CL	100 g	Soda
50 g	Rongalit C extra	180 g	Zinkweis 1:1
150 g	Zinkweiss 1:1	40 g	Kreide
100 g	Soda	140 g	Leukotrop W konz.
40 g	Anthrachinon 30%	120 g	Rongalit CL
1000 g		10 g	Öl
		1000 g	

Die halogenierten Indigoderivate lassen sich leicht reduzieren, aber schwerer benzylieren als der Indigo, weshalb hier die Menge des

Leukotrops erheblich gesteigert werden muss. Eine Druckformel für die Ätze auf Tetrabromindigo (Cibablau 2 B) ist die nachstehende:

325 g	Gummiverdickung 1:1
225 g	Leukotrop W
80 g	Soda kalz.
40 g	Leimverdickung 1:2½
80 g	Zinkweiss
55 g	Wasser
50 g	Kreide
125 g	Rongalit C extra
10 g	Öl
10 g	Terpentinöl
1000 g	

b) Symmetrische oder asymmetrische Thionindigoderivate, also Farbstoffe, die im Kern Schwefel und Stickstoff enthalten, liefern mit dem Leukotrop O ungefärbte Benzylierungskörper. Bude konnte feststellen, dass die asymmetrischen Thionindigofarbstoffe leichter reduzierbar sind als die symmetrischen.

CO CO CO CO
C=C C=C
S S S NH
symmetrisch asymmetrisch

Reinking stellte fest, dass die indigoiden Farbstoffe mit dem Leukotrop O gefärbte und unlösliche benzylierte Derivate liefern (gelbe Illuminierung), während die thioindigoiden Farbstoffe farblose Verbindungen bilden. So kann man mit Leukotrop O einen roten Thioindigofond weiss ätzen. Bevor die Leukotrope bekannt waren, hatte man versucht, das Thioindigorot nach dem für Indigo angewendeten Verfahren mit Rongalit zu ätzen.

Frossard und Fleischer[1]) haben gefunden, dass es zur Verlangsamung der Wiederoxydation des Leukothioindigos zweckmässig ist, der formaldehydsulfoxylathaltigen Ätzdruckfarbe Natronlauge zuzugeben; das Reduktionsprodukt wird dann durch Behandlung mit Wasser von der Faser abgelöst.

Kalle (*D.R.P. 200.927, 212.792;* Frb. Ztg. 1910, S. 275; Fischer's Ber. 1908, S. 396) empfiehlt eine Ausfertigung mit kalter, verdünnter Säure und darauf eine Passage durch heisse, verdünnte Lauge. Dieselbe Firma gibt im *D.R.P. 212.791* (Frb. Ztg. 1910, S. 287) eine Nachbehandlung in verdünntem angesäuertem Alkohol und einen Zusatz von Anthrachinon zur Ätzfarbe an *(D.R.P. 213.583)*. Die Ausfertigung geschieht somit beispielsweise in einem Bad von 25%igem Alkohol, dem man 10% Salzsäure zusetzt; die Behandlungsdauer ist 2 Minuten bei 40° C.

[1]) Versiegeltes Schreiben, Bull. Mulh. 1907, S. 422.

Nach dem *D.R.P. 213.474* (Frb. Ztg. 1910, S. 287) kann man das Thioindigorot mit Zinnoxydulhydrat ätzen. Man druckt eine Zinnoxydulhydrat und Natronlauge enthaltende Farbe auf, passiert durch kochendes Wasser, dem etwas Natronlauge zugegeben wurde.

Traubenzucker oder andere Kohlenhydrate wurden gemäss dem *D. R. P. 214.715* (Frb. Ztg. 1910, S. 287) als Ätzmittel für thioindigoide Farbstoffe angegeben. Für das Ätzen von Thioindigorot haben sich in der Praxis folgende Druckformeln bewährt:

Ätze für Thioindigorot[1]).

80 g	Zinkweiss
100 g	Kaliumsulfit
100 g	Wasser
90 g	Formaldehydsulfoxylat
600 g	Gummiverdickung 1:1
30 g	Anthrachinon Teig 30%
1000 g	

450 g	Gummiverdickung
150 g	Rongalit C
286 g	Wasser
114 g	Natronlauge 40⁰ Bé
1000 g	

Man dämpft im Schnelldämpfer, passiert durch ein Säurebad (1—2 cm^3/l) während 1—1 ½ Minuten, dann durch siedendes Wasser, welches im Liter 5—10 cm^3 Natronlauge 40⁰ Bé enthält und wäscht.

c) Kondensationsprodukte des Acenaphtenchinons mit Oxy-3-Thionaphten (Cibascharlach G) sind mit Rongalit CL nicht ätzbar.

CO OC C C S

Cibascharlach G

d) Indanthrenfarbstoffe, Abkömmlinge des Indanthrens, des Flavanthrens, des Benzanthrons, Caledon Jade Green lassen sich nicht ätzen; dagegen werden gewisse Küpenfarbstoffe anderer Klassen mit Rongalit CL weiss geätzt, wie die Azylaminoderivate der Anthrachinonreihe (Algolfarbstoffe), welche dadurch gekennzeichnet sind, dass sie im Anthrachinonkern neben mehreren Hydroxylgruppen eine oder zwei Gruppen:

—N(H)(R) R bedeutet die Gruppe CO—C_6H_5

enthalten[2]).

[1]) Fischer's Ber. 1907, S. 495; Luck, Frb. Ztg. 1907, S. 33.

[2]) Auf das Ätzen von Küpenfarbstoffen bezugnehmende Patente sind: *D.R.P. 231.543, 235.879, 235.880, 240.513, 246.252, 246.519, 247.099, 247.101* und *250.084*.

Die Färbungen verschiedener Indanthren- und gleichwertiger Cibanonfarbstoffe lassen sich in gleicher Weise, wie dies bereits beim Ätzdruck von Färbungen mit Indigo oder indigoiden Farbstoffen erwähnt wurde, mit alkalischen rongalit-CL-haltigen Farben, welche grössere Mengen Leukotrop W konz. enthalten, selbst in dunklen Nuancen, ohne vorherige Präparation, weiss ätzen.

Ätzweiss ohne Alkali:

410 g Britishgum 1:1
100 g Zinkoxyd 1:1
200 g Bariumsulfat Teig 1:1
40 g Anthrachinon Teig 30%
200 g Rongalit CL
50 g Glyzerin
1000 g

Ätzweiss mit Alkali:

200 g Bariumsulfat Teig 1:1
50 g Anthrachinon Teig 30%
125 g Britishgum-Dextrinverdickung
300 g Rongalit CL
100 g Leukotrop W konz.
175 g Natronlauge 40° Bé
50 g Wasser
1000 g

Die bedruckte indanthrenfarbige Ware wird 5—7 Minuten bei 101° C im Schnelldämpfer gedämpft und dann durch ein kochendes, 1% natriumsilikathaltiges Bad während 1 Minute passiert, anschliessend wird gut gewaschen und geseift.

Der I. G. Farbenindustrie[1]) verdankt man die Beobachtung, dass in Einzelfällen eine Vorbehandlung des Gewebes mit Leukotrop W eine Verbesserung des Ätzeffektes auf mittleren und dunklen Färbungen hervorbringt. Das Gewebe wird mit einer Lösung von 200 g Leukotrop W im Liter vorgeklotzt, worauf man eine Farbe aufdruckt, die 300 g Rongalit CL, 75 g Leukotrop W konz. und 250 g Natronlauge 40° Bé im kg enthält; es wird gedämpft, dann in üblicher Weise geseift und gewaschen.

Nach Gossler (Mell. 1928) kann man ein reineres Ätzweiss erzielen, wenn man dem Ausfertigungsbad Pyridin zusetzt; es ist auf diese Weise möglich, Indanthrenblau RS weiss zu ätzen.

Haller und Hackl[2]) konnten feststellen, dass man den Weisseffekt erhöhen kann, wenn man die mit Leukotrop W präparierten und mit Leukotrop und Lauge weiss geätzten Färbungen von Indanthrenblau RS mit oxydierenden Mitteln nachbehandelt. Es wurde auch versucht, oxydierende Mittel der Ätzfarbe zuzugeben. So druckte man z. B. auf

[1]) Siehe Grundzüge für die Verwendung der Farbstoffe der B. A. S. F. auf dem Gebiete der Druckerei, 1921.

[2]) Handbuch des Zeugdrucks von Georgievics und Haller, S. 629/30, und R. Haller, Chemische Technologie der Baumwolle, S. 305.

die mit Indanthrenblau RS gefärbte und mit Leukotrop-W-Lösung präparierte Ware eine Ätze, die Rongalit CL, Lauge, Leukotrop W und Hypochloritlösung enthielt. Die Reaktionsprodukte lassen sich leicht von der Faser durch eine Nachbehandlung mit Schwefelsäure (2‰) bei 80° C entfernen. An Stelle des Hypochlorits wird auch eine alkalische Pyrogallollösung empfohlen. Immerhin sei es gestattet, einige Zweifel hinsichtlich des Effekts dieser Verfahren zu äussern, da die alkalische Hypochloritlösung ein starkes Oxydationsmittel, das Formaldehydsulfoxylat ein Reduktionsmittel ist und das Nebeneinanderwirken dieser beiden Körper logischerweise ausgeschlossen erscheint.

Die Erfinder schlagen folgende Rezeptur vor:

Die Ware wird mit 125 g Leukotrop W konz. pro Liter präpariert. Die Ätzfarbe hat folgende Zusammensetzung:

370 g	alkalische Verdickung	300 g Britishgum 100 g Wasser 600 g Natronlauge 40° Bé
60 g	Kaolin	
360 g	Rongalit CL	
80 g	Leukotrop W konz.	
80 g	Glyzerin	
10 g	Resorzin-Alkohol	
40 g	Natriumhypochlorit 40° Bé	
1000 g		

Man dämpft im Schnelldämpfer bei möglichst hoher Temperatur (112—115° C). Die Ätzstellen sollen ein rötliches Aussehen haben. Das Fertigmachen besteht darin, dass man in einem heissen Bad von 5 g Nekal pro Liter behandelt, dann kochend seift und spült.

Nach Bude liegen Hydronblau R und G zwischen den indigoiden und den anthrachinoiden Farbstoffen. Sie liefern zitronengelbe Reduktionsprodukte, die an der Luft rasch vergrünen. Bude ist der Ansicht, dass hier im Gegensatz zu den indigoiden Farbstoffen keine Benzylierung stattfindet[1]).

Nach einer Vorschrift von Cassella lassen sich auf mit Hydronblau gefärbtem Fond befriedigende Ätzeffekte erzielen, wenn man das Gewebe mit Alkali (Natronlauge, Soda oder Silikat) präpariert.

Das derart präparierte Gewebe wird mit folgender Farbe bedruckt:

460 g	Verdickung
150 g	Rongalit CL
50 g	Rongalit C extra
50 g	Leukotrop W extra
100 g	Zinkweiss
70 g	Kreide
80 g	Soda
40 g	Glyzerin
1000 g	

[1]) Cassella, Frb. Ztg. 1913, S. 14, 56, 242 und 309.

Nach dem Dämpfen wird wie üblich mit Silikat fertiggestellt, dann gespült und getrocknet. Das nach diesem Verfahren erzielte Weiss ist nicht rein. Die Farbe muss gut gesiebt sein, um das Einsetzen in die Gravur zu vermeiden.

Im *D.R.P. 568.426* der I. G. findet man die Angabe, dass Körper der Leukotropserie, wie das Natriumsulfonat des 1-Phenyl-1-naphtomethylammoniumhydroxyds (bei einem Zusatz von 250 g pro kg Druckfarbe) geeignet seien, die Reduktionskraft zu steigern und einen Ätzeffekt auf gewissen, mit Leukotrop allein sonst nicht ätzbaren Indanthrenfärbungen hervorzubringen, so beim Indanthrendunkelblau BO.

Buntilluminieren der Leukotropätzen.

Eine schwierige Fabrikation ist die Herstellung von Buntätzen mit Leukotrop, da nur wenige Farbstoffe der reduzierenden Wirkung einer Rongalit-Leukotropfarbe sowie dem kochenden Wasserglasbade widerstehen. Hierzu hat man Chromfarbstoffe, Tanninfarben, auch Pigmente, die mit Albumin fixiert werden, vorgeschlagen.

In jeder dieser Farbstoffklassen steht jedoch nur eine mehr oder weniger beschränkte Anzahl Farbtöne zur Verfügung.

Für gelbe Effekte verwendet man Indanthrengelb G und R, Algolorange R, Schwefelgelb, Immedialgelb GG, Naphtamingelb, Oxamingelb 3 G, Querzitron und Kreuzbeeren.

Die B.A.S.F. hat eine orangefarbene Illuminierung mit Leukotrop O vorgeschlagen. Auch die Illuminierung mit Bleichromat liess sich in genügender Reinheit erzielen.

Für blaue Töne dienen Ultramarin, Indanthrenblau RS und GCD, Anthracyanin S und Thioninblau O.

Grüne Nuancen erreicht man mit einem Gemisch von Thioninblau O und Thioflavin T oder von Oxamingelb 3 G und Methylenblau BG (B.A.S.F.), oder noch mit Guignet's Grün. Für graue Effekte nimmt man Blauholz, Alizarinblau, Methylengrau oder Indanthrengrau B. Für braune, Cachou- und Mode-Töne dienen Anthrazenbraun oder Alizarinbraun; in gewissen Fällen haben Immedialkatechu R und G sowie Immedialorange C Verwendung gefunden. Rosa-Nuancen erhält man mit Algolrosa B oder Rhodamin 6 GD und schliesslich rote Töne mit Azofarbstoffen. Man hat sich auch schon des Alizarinrots und Primulinrots bedient (Siebert und Krostewitz, Frb. Ztg. 1911, S. 318).

Zu einer Alizarinrotätze auf blauem Grund kam R. Haller durch Aufdrucken einer Rongalit C, Aluminiumbisulfit, Formaldehyd und Kalziumferrocyanid enthaltenden Farbe.

Nach dem Drucken dämpft man im Schnelldämpfer, passiert durch ein Alizarin und Marseillerseife enthaltendes Bad, seift und trocknet. Schliesslich wird die Ware mit Sulforizinat foulardiert und gedämpft. (Bull. Mulh. 1922, Sitzungsberichte des Comité de Chimie.)

Interessant ist die gelbe Ätze mit Bleichromat. Die ersten Versuche zum Illuminieren von Hydrosulfitätzen mit Bleichromat verdanken wir Dondain und Corhumel (Bull. Mulh. 1905, S. 123; Z. f. Farb. u. Text. Chem. 1908, S. 4). Sie druckten auf mit Paranitranilinrot gefärbtem Gewebe eine Farbe, die 250 g Hydrosulfit NF und 200 g Bleiazetat pro kg enthielt. Nach einer Dämpfdauer von 5 bis 6 Minuten wurde das Gewebe durch Kalkmilch 5‰ und anschliessend durch Bichromat passiert. Podreschetnikoff (Z. f. Farb. u. Text.-Chem. 1907, S. 401) ätzte mit Rongalit C und basischem Bleikarbonat.

Beim Dämpfen entsteht aus dem Bleikarbonat unter der Einwirkung des Hydrosulfits eine Schicht Bleisulfid. Die darauffolgende Passage durch Wasserstoffsuperoxyd und Soda oxydiert das Sulfid zum Sulfat; schliesslich wird chromiert.

Gelbätzfarbe.

200 g	Rongalit C extra
190 g	Tragantverdickung
10 g	Formaldehyd
100 g	Glyzerin
500 g	Bleikarbonat
1000 g	

1. Drucken und Dämpfen;
2. Passage durch eine Lösung von

   2 g Natriumkarbonat und
   ½ g Natriumperoxyd

   im Liter; während 20 Minuten behandeln;
3. Chromieren;
4. Spülen und Trocknen.

Die B.A.S.F. gab im Jahre 1913 eine analoge Methode an; zum Fertigstellen wurde mit 10% Natriumpersulfat behandelt und chromiert. Nach Klosenberg lässt sich auf mittleren Indigofärbungen eine sehr reine, auf dunklen Indigofonds eine leicht grünliche Gelbätze erzielen, indem man auf das mit Ammoniumsulfat präparierte Gewebe eine Rongalitätze druckt, welche Bleichromat und Eiweiss enthält.

Zu interessanten blauen Ton-in-Ton-Effekten gelangt man mit Ultramarin.

Ultramarinblauätze.

150 g	Ultramarin OA
100 g	Tragantverdickung
100 g	Glyzerin
150 g	Blutalbumin
200 g	Rongalit C extra
240 g	Tragantverdickung
40 g	Formaldehyd/Ammoniak 6:1
20 g	Ammoniak
1000 g	

Zur Herstellung von gelben Ätzeffekten schlugen die Höchster Farbwerke vor, Kadmiumsulfid zu drucken[1]). Man druckt auf hellem indigoblauem Grund:

400 g	Kadmiumsulfid in Teig 50%
50 g	Gummiverdickung 1:1
100 g	Rongalit C extra
100 g	Dimethylphenylbenzylammoniumchlorid
150 g	Zinkoxyd 1:1
160 g	Eiweiss 1:1
40 g	Anthrachinon 30%
1000 g	

oder:

200 g	Kadmiumsulfat
160 g	Wasser
400 g	Gummiverdickung 1:1
100 g	Rongalit C extra
100 g	Leukotrop W
40 g	Anthrachinon 30%
1000 g	

Nach dem Drucken dämpft man 5 Minuten bei 100° C und passiert durch ein Natriumsulfidbad 10/1000. Das Kadmiumsulfidgelb ist heller und weniger leuchtend als das Chromatgelb.

Für Gelbätzen wurden auch einige Direktfarbstoffe verwendet (Naphtamin- und Oxamingelb sowie Primulinfarbstoffe). In ihrer Abhandlung über die Rongalitätzen erwähnt die B.A.S.F. folgende Farbrezepte:

Zinkweiss	70 g	60 g
Wasser	70 g	60 g
Gummiverdickung 1:1	220 g	350 g
Litholechtgelb GG extra	250 g	—
Rongalit CL	160 g	160 g
Eiweissverdickung	40 g	—
Anthrachinon-Teig	40 g	40 g
Oxamingelb 3G	20 g	35 g
Glyzerin	30 g	60 g
Gummiverdickung 1:1	100 g	235 g
	1000 g	1000 g

Der Gedanke, Primulinfarbstoffe mit Rongalitätzen zu kombinieren, stammt von G. Tagliani und G. Peirsel. Das Primulingelb ist wegen seiner unreinen Nuance und geringen Echtheit kaum in Betracht zu ziehen. Dagegen mag für das Illuminieren von Indigofärbungen das Primulinrot von Interesse sein. Zu diesem Zwecke gibt man der Rongalitätze Primulin zu; nach dem Dämpfen passiert man durch leicht angesäuerte Nitritlösung und entwickelt wie üblich mit β-Naphtol.

[1]) Frb. Ztg. 1912, S. 519; *D. R. P. 245,308;* Z. f. Farb. u. Text.-Chem. 1912, S. 225.

Der B.A.S.F. gelangen orangefarbige und gelbe Illuminationseffekte, indem sie einer Rongalitfarbe Leukotrop O zusetzte. Dieses bildet in Gegenwart von Zinkoxyd mit dem Leukoindigo der Grundfärbung ein orangegelbes Pigment. Das auf diese Weise hergestellte Gelb ist nicht lichtecht[1]).

Leukotrop-O-Gelbätze.

100 g	Zinkweiss
80 g	Wasser
20 g	Glyzerin
40 g	Anthrachinon-Teig 30%
70 g	Leukotrop O
150 g	Rongalit C
540 g	Verdickung
1000 g	

Die Azofarbstoffe konnten mit den Rongalitätzen verbunden werden. Stiegler (Bull. Mulh. 1909, S. 478) erdachte ein Ätzverfahren auf substantiven Färbungen, das darin bestand, dass man eine β-Naphtol enthaltende Rongalitfarbe aufdruckte, dämpfte und nachher durch ein Paranitrodiazobenzolbad nahm, um das Rot zu bilden[2]). Dieses Verfahren kann auch auf mit Indigo gefärbtem Gewebe angewandt werden. Man druckt die mit Natrium-β-naphtolat versetzte Rongalit CL-Ätze, dämpft 4 Minuten in gesättigtem Dampf, nimmt in einem Kontinueapparat durch eine Lösung von diazotiertem Paranitranilin, wäscht, säuert und seift.

Ein neueres Verfahren für Buntätzen wird in Mell. 1938, S. 665 von Schürch beschrieben (*D.R.P. 692.743*, 27. Mai 1937; *franz. P. 837.556* Ciba). Es knüpft an ältere Verfahren an, die — wie schon oben bemerkt — auf dem Zusatz löslicher Alkalinaphtolate zu einer Rongalit-Leukotrophaltigen Ätzfarbe beruhten und das gefärbte und bedruckte Gewebe nach dem Dämpfen in einem Diazobad ausfertigten. In dieser Weise ist aber ein befriedigender Ausfall praktisch nicht zu erzielen, da der Azofarbstoff durch die Spaltprodukte des Formaldehydsulfoxylats (Sulfit und Bisulfit) in Mitleidenschaft gezogen wird. Es wurde jedoch beobachtet, dass indigoide Färbungen geätzt werden können, ohne Hydrosulfit zu verwenden, wenn man Druckfarben gebraucht, die quaternäre Ammoniumsalze, wie das Leukotrop W (Ätzsalz Ciba W oder Leukophenin W), nebst bedeutenden Mengen Kalilauge (150 g pro kg), Anthrachinon und Zinkoxyd enthalten; so wird das Gewebe, das mit Cibablau 2 B (1—2%) vorgefärbt ist, mit einer Druckfarbe der vorgenannten Zusammensetzung bedruckt, der man noch ein Naphtol (AS, AS-G, AS-BG) zugibt.

---

[1]) Kielbasinsky und J. Höpker, Frb. Ztg. 1912, S. 233.

[2]) Siehe dieses Werk, Bd. II, Kap. VI. Fortschritte in der Anwendung der substantiven Farbstoffe.

Weissätze:

550 g Britishgum 1:1
100 g Ätzsalz Ciba W
50 g Glyzerin
100 g Pottasche
160 g Wasser, auf 60—70° C erhitzen, dann abkühlen lassen und
40 g Anthrachinon Teig 30% zusetzen

1000 g

Buntätze:

30 g Cibanaphtol RTO
30 g Natronlauge 38° Bé
30 g Türkischrotöl
120 g Wasser, erwärmen, kochen, auflösen,
550 g neutrale Stärke-Tragantverdickung
100 g Ätzsalz Ciba W
100 g Pottasche, auf 60—70° C erwärmen, abkühlen und
40 g Anthrachinon Teig 30% zusetzen.

1000 g

Nach dem Drucken und Trocknen wird 4—6 Minuten gedämpft und durch ein Diazobad (60 g Echtscharlachbase GG oder 80 g Ciba-Orange-Salz II im Liter) genommen, gespült und in einem 10 cm^3 Natriumsilikat im Liter enthaltenden Bad behandelt, gewaschen, geseift und gespült. Man erhält auf diese Weise auf blauem Grund leuchtende Rot-, Rosa-, Gelb-, Braunätzen usw. Anscheinend wird dieser Artikel in zahlreichen Betrieben erzeugt. Die vorliegenden Kolorits zeichnen sich nicht nur durch die Lebhaftigkeit der Buntfarben sondern auch durch die Reinheit des Ätzweisses und die Reichhaltigkeit der Farbenpalette aus.

Brit. P. 492.166 (Ciba) schützt für die Ätzung von Küpenfärbungen die Anwendung der im Handel unter dem Namen Neocotone (Neogenole von Sandoz und Tinogenale von Geigy) bekannten Azoprodukte; das sind Azofarbstoffe, welche durch die Einwirkung azylierender Mittel, wie des Benzoesäuresulfochlorids, löslich gemacht wurden (vgl. Kap. IV). Das Patent entspricht dem *franz. P. 818.918*, als dessen Fortsetzung es anzusehen ist und beruht darauf, dass hier Druckfarben zur Anwendung kommen, die Ferricyankalium (rotes Blutlaugensalz) und Zinkweiss enthalten. Die Ätzfarbe wird auf ein mit Cibablau 2 B vorgefärbtes Gewebe gedruckt und sodann in Natronlauge 13° Bé bei 50° C entwickelt.

Auch sonst bildete das Problem der Buntätze auf Küpenfonds mittels Küpenfarben den Inhalt vieler Arbeiten, die aber während längerer Zeit zu keinen befriedigenden Resultaten führten. Man probierte nämlich zunächst, immer den Küpenfarbstoff mit dem Ätzmittel in alkalischer Lösung anzuwenden, um damit dem Leukofarbstoff sogleich Gelegenheit zur Fixation zu geben. Da aber die Wirkung des Leukotrops W in Gegenwart von Alkali nicht normal ist, so findet nur eine partielle Benzylierung statt. Der nichtbenzylierte rückoxydierbare Anteil des Farbstoffes (Indigo) ist der Reinheit des Illuminationseffektes schädlich. (Siehe R. Haller, Mell. 1923, S. 121, 429.)

Die Firma E. Zündel zeigte im Jahre 1909 versuchsweise einige Illuminationseffekte mit Indanthrenfarbstoffen. Nebst mit Anthrazenbraun, Kreuzbeeren usw. gefärbten Ätzen wurden blaue und rosafarbige Effekte mit Indanthrenblau RS oder GCD und Algolrot B hergestellt.

Man versuchte zuerst ohne Leukotrop, nur mit Rongalit C, in alkalischem Medium zu arbeiten. (Verfahren der Manufaktur Zündel in Moskau, 1908/10).

2000 g	Britishgum 1:1
1400 g	Rongalit C extra 1:1
1400 g	Natronlauge 40° Bé
700 g	Glyzerin
500 g	Indanthrenblau RS Teig
6000 g	

Besonders interessant sind die Arbeiten von R. Haller[1]). Das Verfahren ist eine Kombination der Leukotropätze mit der Ätzfarbe nach Jeanmaire und B.A.S.F. *(D.R.P. 132.402)*, welche auf der Anwendung von Eisenvitriol und Zinnsalz beruht. Man druckt einen ungelösten Indanthrenfarbstoff nebst Zinnsalz, Eisenvitriol und Rongalit CL auf das indigogefärbte Gewebe auf. Im Dampf wird der Indigo an den Druckstellen in Leukoindigo-Benzyläther umgewandelt. Darauf nimmt man die Stücke durch Lauge von 18° Bé bei einer Temperatur von 60—80° C. Hierbei wird der Indanthrenfarbstoff unter der gleichzeitigen Einwirkung der Lauge, des Ferrohydroxyds und des Rongalits verküpt und auf der Faser fixiert, während der zerstörte Indigogrund abgelöst wird.

Ätzfarbe:

350 g	Verdickung
120 g	Rongalit CL
80 g	Rongalit C extra
200 g	Indanthrengelb G Teig
90 g	Eisensulfat
70 g	Wasser
50 g	Zinkweiss 1:1
20 g	Zinnsalz
20 g	Anthrachinon-Teig 1:1
1000 g	

Einzelne Abänderungen dieses Verfahrens findet man im *D.R.P. 270.124*, 1913 der Firma Enderlin AG., Wien (Frb. Ztg. 1914, S. 160); so ist es gelungen, das Eisenvitriol und das Zinnsalz ganz wegzulassen[2]).

[1]) *D. R. P. 263.647* der Firma Enderlin A. G. in Wien; Frb. Ztg. 1912, S. 462.

[2]) Vgl. auch Sander-Solbach, Bull. Mulh. 1925, S. 755: Zusatz von Zinnhydroxydul. Haller, Mell. 1924, S. 317.

Blauätze:

490 g	Gummiverdickung
120 g	Rongalit CL
80 g	Rongalit C extra
200 g	Indanthrenblau RS 10%
80 g	Zinkweiss
30 g	Anthrachinon 30%
1000 g	

Im alkalischen Bade wird der beim Dämpfen teilweise reduzierte Indanthrenfarbstoff fixiert, während der benzylierte Leukoindigo von der Faser entfernt wird.

Reservedruck unter Indigo (Pappdruckartikel).

Der Reservedruckartikel unter Indigo, der sogenannte Pappdruckartikel, so wie er in Europa ausgeführt wird; beruht auf der Verwendung von Substanzen, die entweder als mechanische oder als chemische Reservemittel wirken.

Als mechanische Reservemittel werden verwendet: Wachs, Fichtenharz, Stärke, Pfeifenerde, Bariumsulfat.

Als chemische Reservemittel kommen solche Produkte in Betracht, die infolge ihrer sauren bzw. oxydierenden Eigenschaften den Leukoindigo, bevor er in die Faser eindringen kann, als unlösliches Leukoindigosalz bzw. Indigo durch Rückoxydation des Leukoindigos ausfällen. Hier sind zu nennen: Kalziumbiphosphat, Blei- und Aluminiumsulfat, Alaun, Kupfersulfat, -nitrat, -azetat, Quecksilberchlorid (ätzendes Quecksilbersublimat), Bariumformiat[1]), Manganchlorid[2]), Zinksulfat, Leukotrop O und W[3]), Ludigol.

Im *D.R.P. 292.171* empfehlen Crone & Co. die unlöslichen Blei- und Kupfersalze der m-Nitrobenzolsulfosäure, die ebenfalls oxydierend wirken und gegenüber Ludigol den Vorteil haben, die Hofbildung (Aureolen) und das Fliessen zu verhüten. Ausserdem sind die Reserven widerstandsfähiger.

Gewisse Körper wirken mechanisch oder gleichzeitig physikalisch und chemisch. So fällen z. B. Zink-, Aluminium- oder Mangansalze das Indigoweiss einerseits und bilden anderseits in alkalischem Mittel eine für das Färbebad undurchdringliche halbdurchlässige Hydratmembran. Das Verdickungsmittel selbst wirkt als mechanische Reserve. Nach Persoz kann eine solche Farbe aus schwefelsaurem, essigsaurem und salpetersaurem Kupfer, Gummiverdickung und Pfeifenerde zusammengesetzt werden. Von Persoz stammt auch folgender sehr in-

[1]) *D. R. P. 196.658,* Caberti; Fischer's Ber. 1906, S. 353.

[2]) Felmayer, *D. R. P. 215.128.*

[3]) Reservesalz O und W von Kalle, *D. R. P. 210.682.*

teressante Artikel: Bunteffekte mit Krappfarben auf dunkelblauem Boden. Dieser Artikel war in Frankreich (Koechlin Frères in Mulhouse, Eck in Cernay usw.) in den Jahren 1840—1860 sehr beliebt und wurde noch 1914 bei Prochoroff in Moskau für die Herstellung von Taschen- und Kopftüchern in sehr grossen Mengen ausgeführt. Das Verfahren beruht auf folgendem Prinzip[1]):

Auf das gebleichte und kalanderte Gewebe wird mittels eines Models, der die roten, rosa, weissen, blauen, gelben und grünen Effekte in Relief graviert trägt, eine Weissreserve gedruckt. Die Weissreserve enthält essig-, schwefel- und salpetersaures Kupfer, verdickt mit Gummi und Pfeifenerde. Die Stücke, welche man nach dem Drucken 24 Stunden liegen lässt, werden alsdann in der Indigoküpe ausgefärbt, dann in reinem Wasser gespült und durch ein kaltes Schwefelsäurebad von 2⁰ Bé genommen, um die Oxydation des Indigotins zu beschleunigen und die reservierten weissen Stellen zu reinigen.

Man druckt dann die nämliche Reservedruckfarbe auf die erhaltenen weissen Flächen, lässt jedoch diejenigen Stellen frei, die durch eine zweite Passage in der Indigoküpe hellblau gefärbt werden. Anschliessend wird gewaschen, gesäuert und gespült. Nun wird die Aluminiumbeize aufgedruckt, die durch nachträgliches Färben mit Alizarin das Rot und das Rosa erzeugt, welche durch wiederholte Behandlung in einem mit Zinnhydroxyd beschickten Seifenbad bedeutend an Leuchtkraft gewinnen. Das Gelb wird erhalten durch Fixieren von Kreuzbeerenextrakt auf Aluminium- und Zinkbeize. Das Grün entsteht durch Überfall des Hellblau auf das Gelb.

Dieser Artikel ist sowohl durch die Echtheitseigenschaften als durch die Lebhaftigkeit der Farben gekennzeichnet und konnte bis heute durch kein modernes Ätzverfahren nachgeahmt werden.

Der Lapis-Artikel, welcher im Jahre 1808 von Hartmann, D. Koechlin und J. Thompson von Primerose eingeführt wurde, beruht auf einer ähnlichen Arbeitsweise. Nach diesem Verfahren können unter Indigo und dem aus Indigoblau und Gelbholz erhaltenen Grün sehr schöne Buntreserven (Rot, Gelb, Grün, Schwarz, Weiss) erzielt werden[1]).

Calico Printers & Co. — Davenport *(brit. P. 8738/12)* geben der Farbe, die Dextrin oder Britishgum, Kupfer- und Bleisalze enthält, eine gewisse Menge Harz und Stearin zu, die vorher geschmolzen und mit Terpentinöl versetzt wurden. Die Farbe wird warm gedruckt und die Ware auf einer an die Druckmaschine angeschlossenen Rollenkufe gefärbt. Hier wird der Reserveeffekt hauptsächlich durch das Harz bewirkt. Die aufgelösten Metallsalze dringen tiefer in das Ge-

[1]) Siehe Einzelheiten in: Persoz, Bd. *4*, S. 345—380; Kreissig: Abhandlung über das Bedrucken, Bleichen und Färben der gewebten Zeuge (Berlin 1835, 4 Bände).

webe ein und erlauben somit, eine doppelseitige Reserve zu erzielen. (Frb. Ztg. 1913, S. 236; Öst. W. u. L. Ind. 1913, S. 402.)

Schaab (*D.R.P. 144.286; öst. P. 15.707* der B.A.S.F.) bewirkt durch Fällung von Metallhydroxyden mit einer Lösung von Kaliumkarbonat und Natronlauge ein Verhärten der aufgedruckten Reserven, die alsdann genügend widerstandsfähig sind, um das Färben auf der Kontinuemaschine zu erlauben (Fischer's Ber. 1903).

Tagliani empfiehlt im *D.R.P. 200.298* die wie üblich präparierte Ware nach dem Trocknen mit einer stärkehaltigen Druckpaste zu überziehen. Dies erfolgt mittels einer 1000-Punkt- oder Haschüren-Walze auf einer Druckmaschine. Nach dieser Behandlung wird sofort getrocknet und auf der Kontinuemaschine ausgefärbt. Die Reserven werden durch die Stärkeschicht geschützt und bedeutend widerstandsfähiger (Fischer's Ber. 1908). Nach dem Färben wird in heisser, verdünnter Schwefelsäure abgesäuert und anschliessend gründlich gespült.

Die Weissreserven setzen sich im allgemeinen aus Kupfersulfat, -nitrat oder -azetat, eventuell in Verbindung mit Bleinitrat oder- azetat, Gummiverdickung und Pfeifenerde zusammen.

Hier sind noch die im Jahre 1907 von der B.A.S.F. und Felmayer & Co. angegebenen Verfahren zu erwähnen, welche hauptsächlich für die Ausführung des Reservedruckes unter Küpen- und Schwefelfarbstoffen angewendet wurden, aber auch für den Indigoartikel von Wichtigkeit waren. Es sind dies Verfahren, welche auf der Anwendung von folgenden Reserven beruhen:

1. Die Mangansalzreserven (Felmayer).
2. Die Zinkchloridreserven (B.A.S.F.).
3. Die Ludigolreserven (B.A.S.F., Kalle).
4. Die Leukotropreserven (zum Reservieren der Überdrucke mit Küpenfarbstoffen[1])).

Die Ätzreserven.

Die Ätzreserven besitzen gewissermassen eine Mittelstellung zwischen den Reserven und den Ätzen. Diese Ätzreserven haben infolge ihrer chemischen Zusammensetzung die Eigenschaft, das Anfärben der bedruckten Stellen zu verhüten und an diesen, infolge ungenügender Reservierung, doch durchdringende kleinere Mengen Indigo zu zerstören. Letzteres wird bei der nachträglichen sauren Behandlung durch die freiwerdende Chromsäure bzw. Chlor bewirkt.

Auf ätzbar vorgefärbter Ware finden die Ätzreserven ebenfalls Anwendung; hier wird an den bedruckten Stellen das Aufziehen der

[1]) Siehe weiter: Reserven unter Küpenfarbstoffen, S. 252.

Indigoküpe verhütet und die Vorfärbung durch die anschliessend saure Ausfertigung zerstört[1]).

Die Buntreserven.

Nachdem man ursprünglich auf die Erzeugung von gelben, orangegelben, hellblauen und grünen Reserven beschränkt war, konnten von 1890—1895 ab, dank dem Erscheinen der Eisfarben, auch sehr lebhafte Rot und Orangereserven hergestellt werden. Wiederholte Versuche, die basischen und substantiven Farbstoffe im Reservedruck unter Indigo anzuwenden, blieben ohne jeden praktischen Erfolg.

Im Jahre 1907 haben Felmayer & Co. die Schwefelfarbstoffe und einige Jahre später die Küpenfarbstoffe eingeführt.

Zwischen 1800 und 1860 wurden hauptsächlich Gelb, Orange, Hellblau oder Grün, mit oder ohne Weiss, auf hell- oder dunkelblauem Grund (ein- und zweifarbige Muster) sowie Weiss-Gelb-Hellblau und Weiss-Hellblau-Grün auf dunkelblauem Grund hergestellt.

Die Gelb-Effekte werden in einfacher Weise durch Aufdruck einer bleihaltigen (salpetersaures, schwefelsaures und essigsaures Blei mit gerösteter Stärke oder mit Gummi verdickt) Reserve auf das weisse Gewebe, darauffolgender Ausfärbung in der Indigoküpe und, nach dem Absäuren, saures Chromieren (Salzsäure und Bichromat) erzielt. Wird nach dem Färben sofort in alkalischem Chromatbad behandelt, so entsteht ein Orange infolge Bildung von basischem Bleichromat. Gelb kann auch auf Aluminium- und Zinkbeize erhalten werden. In neuerer Zeit verwendet man für diesen Zweck Eisfarben.

Hellblaue Bemusterungen können nur zufriedenstellend durch Aufdruck einer bleifreien Weissreserve auf hellblauvorgefärbter Ware erhalten werden. Grün-Effekte werden auf ähnliche Weise hergestellt mit dem Unterschied, dass man einen bleihaltigen Papp aufdruckt und die Ware nach dem Ausfärben auf der Indigoküpe in saurem Bad nachchromiert; hierbei bildet sich das gelbe Bleichromat, das sich dem Hellblau der Vorfärbung überlagert.

Sollen neben den hellblauen Effekten auch weisse Figuren erhalten werden, so wird auf weisse Ware ein gewöhnlicher Papp aufgedruckt und anschliessend in der Indigoküpe hellblau ausgefärbt.

---

[1]) Siehe Kreyssig, Der Zeugdruck 1834, Bd. *2*, S. 438; Bd. *4*, S. 394. Tagliani, Verwendung von unlöslichen Chromaten, Z. f. Farb. u. Text.-Chem. 1904. S. 443. Kurrer, Die Druck- und Färbekunst 1848—1850. Nach dem Färben wird abgesäuert, um die Orangereserve aufzuhellen. Ernst Paul, Frb. Ztg. 1889/90, S. 255. Zusammensetzung der Ätzreserven: Zinkchromat oder Blei- und Kupfersalze + Kaliumchromat + Stärke. Depierre, Bd. *3*, S.452; Frb. Ztg. 1902, S. 128. M.L.B., Zugabe von Zinkchromat.

Durch abermaliges Aufdrucken eines gewöhnlichen Papps und Ausfärben in der starken Küpe erzielt man weisse und hellblaue Reserven auf dunkelblauem Grund.

Grüne und weisse Bemusterungen auf dunkelblauem Grund erhält man auf ähnliche Weise. In diesem Falle wird im zweiten Arbeitsgang eine bleihaltige Reserve aufgedruckt und nach dem Ausfärben in einer sauren Chromatlösung behandelt. Nach Schumacher (*D.R.P. 148.501;* Fischer's Ber. 1903, S. 457) erhält man Rosa-Effekte, indem man einer Kupfersalzreservefarbe Thiazinrot R zugibt.

Durch Überfärben von weissreserviertem Dunkelblau mit substantiven Farbstoffen wurden gelbe, rosa und blaue Effekte erzielt (1887). Zum nämlichen Zwecke werden auch basische Farbstoffe verwendet. Hierbei muss die Ware zuerst mit Ferrocyanid oder Tannin-Brechweinstein vorbehandelt werden.

Gadda (Bull. Mulh. 1912, S. 553; Frb. Ztg. 1913, S. 76) bedruckt die weisse Ware mit einer Tannin-Zinkazetatfarbe, welche die Indigofärbung reserviert und den basischen Farbstoff aus einem nachfolgenden Färbebad fixiert. Durch Überdruck einer Chloratätze und anschliessendem Dämpfen wird der blaue Grund weiss geätzt, während die Buntreserve nicht angegriffen wird.

Die Herstellung von Buntreserven mit Eisfarben gab zu einer Anzahl von Arbeiten Anlass, welchen man den sehr schönen Blau-Rot-Artikel zu verdanken hat (Erban, Der Blau-Rot-Artikel, Frb. Ztg. 1910, S. 141). Die Priorität dieses Artikels gehört ohne Zweifel den amerikanischen Manufakturen, welchen es bedeutend früher als den europäischen Druckereien gelang, den Blau-Rot-Artikel durch Reservedruck unter Indigo herzustellen.

Nach Donald (The Dyer 1897, S. 23—24) verfährt man folgendermassen:

a) Man imprägniert das Gewebe mit einer β-Naphtolatlösung, die kein Türkischrotöl enthalten darf, um die Bildung von Kalkseifen in der alkalischen Küpe zu verhüten.

b) Nach dem Trocknen druckt man eine rote Reserve auf, die Bleisulfat, Zinkazetat, Zinkweiss, Türkischrotöl und die Diazolösung des p-Nitranilins, welche mit Blei- oder Zinkazetat anstatt mit Natriumazetat neutralisiert wurde, enthält. Die mit dem Türkischrotöl gebildeten Blei- und Zinkseifen wirken ebenfalls reservierend. Das Bleisulfat kann man durch Behandlung mit Kalk und Bichromat in Bleichromat überführen, welches mit Oxal- und Schwefelsäure freie Chromsäure bildet, die die letzten Spuren von Indigo an den unvollständig reservierten Stellen zerstört. Wenn anstatt Paranitranilin das p-Nitroanisidin verwendet wird, kann man der Reserve Kupfersalze zusetzen, die in chemischer und mechanischer Hinsicht bedeutend reservierender wirken.

c) Anschliessend wird gefärbt und wie üblich ausgefertigt.

Lurati *(öst. P. 8411,* 1900; Chem. Ztg. 1902, S. 534; Öst. W. u. L. Ind. 1909, S. 1523) gelang es, sehr lebhafte Rotreserven zu erzielen. Sein Verfahren ist demjenigen von Donald sehr ähnlich und unterscheidet sich lediglich dadurch, dass das Naphtolbad Türkischrotöl enthält und dass der Reservedruckfarbe Bichromat zugesetzt wird, das ihr den Charakter einer Ätzreserve verleiht.

Die Ausführung des Verfahrens geschieht auf folgende Weise: Das mit β-Naphtol, Natronlauge und Türkischrotöl präparierte Gewebe wird mit einer Farbe, die diazotiertes Paranitranilin, Zinksulfat, Bleiazetat, Bleinitrat, Tonerde und Gummiverdickung enthält, bedruckt.

Es ist zu bemerken, dass die Neutralisation der Diazolösung mit Bleioxyd oder Bleiazetat vorgenommen wird. Ausserdem gibt man der Druckfarbe noch Kaliumbichromat zu, welches mit den Metallsalzen unlösliche Chromate bildet. Durch eine sich an die Ausfärbung anschliessende Behandlung in verdünnter Schwefelsäure wird Chromsäure frei, wodurch der Indigo an den unvollständig reservierten Stellen zerstört wird. Lurati arbeitet auf ähnliche Weise mit Azophorrot, Nitrosamin der B.A.S.F., sowie mit α-Naphtylamin oder Nitrotoluidin. Es muss jedoch erwähnt werden, dass die Chromsäure auf gewisse Diazoverbindungen, insbesondere auf diejenige des α-Naphtylamins, zerstörend wirkt. In diesem Falle ersetzt man das Bichromat durch andere Oxydationsmittel, beispielsweise durch Mangan- oder Bleisuperoxyd (siehe Stiegelmann, *D.R.P. 151.367; franz. P. 313.926* der B.A.S.F. 1902; Öst. W. u. L. Ind. 1902, S. 366). Das Verfahren von Lurati gegenüber demjenigen von Donald ist sowohl durch die viel lebhafteren Rotreserven, als auch durch die besser reservierende Wirkung der Druckfarben gekennzeichnet.

Nach dem *amer. P. 700.521,* 1902 von Lurati versetzt man die β-Naphtollösung mit Ferrocyankalium, welches die löslichen Metallsalze der Reserve ausfällt und dadurch eine für die Indigoküpe undurchlässige Membran bildet.

Nach den Farbwerken von Höchst geschieht die Ausführung des Blau-Rot-Artikels auf folgende Weise:

1. Man imprägniert das Gewebe mit:

25 g β-Naphtol R
50 g Natronlauge 22° Bé
50 g Paraseife PN
50 g Tragantverdickung 60/1000

auf 1 Liter

2. Nach dem Trocknen bedruckt man das präparierte Gewebe mit folgenden Reserven:

Weissreserve:		Rotreserve:	
200 g	Gummiverdickung	80 g	Azophorrot PN
70 g	Wasser	40 g	Wasser
220 g	Bleinitrat	840 g	Weissreserve
330 g	Bleisulfat	40 g	Natriumazetat
180 g	Zinksulfat		
1000 g		1000 g	

3. Dann färbt man in der Indigoküpe aus, wäscht und säuert ab.

Die B.A.S.F. beschreibt ein ähnliches Verfahren: Das mit einer Türkischrotöl enthaltenden β-Naphtollösung imprägnierte und bei 40° C getrocknete Gewebe wird mit der üblichen Zink- und Bleisalzreserve, der noch eine salzsaure Lösung von Nitrosaminrot oder diazotiertem Paranitranilin zugegeben wird, bedruckt. Nach dem Drucken bleibt die Ware einige Tage liegen, dann wird gefärbt und im Säurebad bei 35° C nachbehandelt.

Zur Erzeugung des Blau-Rot-Artikels sind von Felmayer (Alt-Kettenhofer Druckfabrik) drei verschiedene Verfahren, die sämtliche auf der Anwendung von Nitrosaminrot beruhen, vorgeschlagen worden.

Zwei dieser Verfahren[1]) benötigten für die Entwicklung des Rots das sehr umständliche und kostspielige Pflatschen der bedruckten Ware mit Essigsäure, weshalb sie in der Praxis nicht eingeführt wurden.

Dagegen hat sich das dritte Verfahren bewährt[2]). Es beruht auf der Beobachtung von Felmayer, dass auf der Faser ausgefälltes Mn_3O_4 bzw. Manganichromat die Indigofärbungen reservieren kann.

Die gebleichte und mercerisierte Ware wird mit folgender Naphtollösung präpariert.

40 g	Leim
25 g	β-Naphtol
25 g	Natronlauge 36° Bé
40 g	Soda
20 g	Türkischrotöl
auf 1 Liter	

Die so vorbereitete Ware wird dann bedruckt mit:

Rotreserve:		Diazolösung:	
180 g	Gummi arabicum 1:1	49 g	Paranitranilin
400 g	Manganchlorür 1:1	190 g	heisses Wasser
340 g	Diazolösung	131 g	Salzsäure 21° Bé
25 g	Natriumbichromat	330 g	Wasser
55 g	Natriumazetat	100 g	Natriumnitrit 40%
1000 g		800 g	

[1]) Öst. W. u. L. Ind. 1908, S. 774; *öst. P. 36.668; D.R.P. 199.143; öst. P. 36.758; D.R.P. 205.461;* Frb. Ztg. 1901, S. 95; Z. f. Farb. u. Text. Chem. 1909, S. 210.

[2]) *D.R.P. 215.128;* Öst. W. u. L. Ind. 1909, S. 1186; Z. f. Farb. u. Text.-Chem. 1910, S. 22; 1910, 114; *öst. P. 45.189;* Frb. Ztg. 1910, S. 286.

Nach dem Trocknen wird auf der Kontinueküpe ausgefärbt, dann gespült und schliesslich in einem mit Kaliumrhodanid versetzten warmen Schwefelsäurebad abgesäuert.

Im *D.R.P. 237.018* (Frb. Ztg. 1911, S. 365 u. 405) schützt die B.A.S.F. die Verwendung von Zinksalzen als Reservemittel unter Indigo bzw. Küpenfarbstoffen.

Reserve unter Indigoüberdruck.

Die Ausführung der Reserveverfahren unter Indigoüberdruck beruht auf der Verwendung von:

1. Schwefel
2. Ludigol (Serodit)
3. Leukotrop (Primazol)
4. Zinkchlorid und Manganchlorür.

Die Schwefelreserve ist schon seit langer Zeit bekannt und wurde auch im Verfahren von Schlieper und Baum angewendet. Für die Herstellung von Weiss-Effekten druckt man

500 g	Schwefelmilch
500 g	Gummiverdickung
1000 g	

auf mit Traubenzucker präparierte Ware und überdruckt mit Indigo und Natronlauge. Dann wird gedämpft und gewaschen.

Buntreserven können auf einfache Weise hergestellt werden, indem man der Schwefelfarbe verschiedene Mineralsalze oder Farbstoffe zusetzt. So erzielt man beispielsweise eine gelbe Illumination auf blauem Grund, wenn man der Druckfarbe Cadmiumchlorid zusetzt, welches im Dämpfer mit dem Schwefel gelbes Cadmiumsulfid bildet.

Rote Effekte werden erhalten, indem man der Schwefelfarbe Aluminiumazetat beigibt und dann nach dem Drucken und Dämpfen in Alizarinrot ausfärbt.

Bei gleicher Arbeitsweise können nach Davis auch Schwefelfarbstoffe (*brit. P. 17.713*, 1908) und indigoide oder Indanthrenfarbstoffe (*franz. P. 405.151*, Bayer; Frb. Ztg. 1910, S. 334; *D.R.P. 223.104*) für die Erzeugung von Buntreserven unter Indigoüberdruck verwendet werden.

Bloch und Schwartz (Bull. Mulh. 1894, S. 260; Frb. Ztg. 1893/94, S. 360) versuchten auf ähnliche Weise, mittels auf der Faser erzeugten unlöslichen Azofarbstoffen Bunteffekte unter Indigoüberdruck zu erzielen. Die Ware wird mit Natrium-β-naphtolat und Glukose präpariert, dann mit der Schwefelreserve, welcher man die Diazoverbindung einverleibt, bedruckt und schliesslich mit der Indigofarbe überdruckt. Die Ausführung dieses Verfahrens ist jedoch schwierig, da der elementare Schwefel auf den gebildeten Azofarbstoff einwirkt und dessen Farbton beträchtlich verändert.

Zum gleichen Zweck verwendeten dieselben Forscher substantive Farbstoffe, z. B. Benzopurpurin B, das dem Schwefel gegenüber sowohl in der Kälte als auch in der Wärme indifferent ist. Die erhaltenen Nuancen sind jedoch sehr hell und wenig echt.

Um die Reservewirkung zu erhöhen, versuchte Edouard Colli (Bull. Mulh. 1902, S. 428; Frb. Ztg. 1903, S. 358, 373), die Natronlauge zu neutralisieren und dadurch das Reduktionsvermögen der Glukose aufzuheben, indem er den Schwefel durch organische Säuren oder saure Salze (Milchsäure, Aluminiumsulfat, Ammoniumchlorid) ersetzte; die Ergebnisse waren indessen nicht zufriedenstellend. Über einen interessanten Konversionsartikel siehe Bull. Mulh. 1903, S. 210.

Die Verfahren mit Ludigol, Leukotrop oder mit Zink und Mangansalzen sind unter „Reserven unter Küpenfarbstoffen", Seite 261–266 beschrieben.

Reserven unter Küpenfarbstoffen.

Reservierende Mittel: Ursprünglich bediente man sich hier oxydierender Substanzen, die eine örtliche Zerstörung des Hydrosulfits im Klotzbad hervorriefen.

a) Neutrales Chromat nach Jeanmaire[1]).

b) Aufdruck einer Reserve von rotem Blutlaugensalz nach Raczkowski[2]), der dieses Salz als Reservemittel vorschlug. Er druckte 250 g Kaliumferricyanid pro Kilo Farbe auf, trocknete und druckte eine Farbe darüber, welche den Indanthrenfarbstoff, Zinnchlorür und Eisensulfat enthielt. Dem Dämpfen folgten eine Passage durch heisse Natronlauge 20° Bé, das Waschen, Absäuren und Seifen.

c) Verwendung von Metallsalzen. Es wurde beobachtet, dass Metallsalze mit Erfolg als Reservemittel unter Küpenfärbungen angewendet werden können. Auf dieses Verfahren beziehen sich folgende Arbeiten:

1. Verwendung von Kupfersulfat und Bleinitrat als Reservemittel unter Thioindigorotfärbungen[3]). Das Gewebe wird mit der Lösung eines Metallsalzes bedruckt, welches die Bildung eines Leukoderivates verhindert, z. B. Kupfer-, Chrom-, Blei-, Zinksalze usw.

Beispiel:

300 g	Kupfersulfat
238 g	Bariumformiat
462 g	Gummiverdickung
1000 g	

[1]) Bull. Mulh. 1913, S. 84; Tigerstedt, Bull. Mulh. 1902, S. 422; Caberti, R.G.M.C. 1906, S. 353.

[2]) Bull. Mulh. 1909, S. 91; Frb. Ztg. 1910, S. 282.

[3]) Kalle, *D.R.P. 196.658;* Frb. Ztg. 1908, S. 150; R.G.M.C. 1910, S. 216; Z. f. Farb. u. Text.-Chem. 1910, S. 356; Schumann, Z. f. Farb. u. Text.-Chem. 1910, *9*, S. 114.

2. Verwendung von Metallsalzen, insbesondere von Manganchlorid (Verfahren von Felmayer, Alt-Kettenhofer Druckfabrik bei Wien, Aufdruck von Manganchlorid + Kaliumbichromat[1])).

Manganreserve nach Felmayer:

400—500 g	Manganchlorid	I
350 g	Gummilösung 1:1	I
75 g	Kaolin	II
25 g	Natriumbichromat	II
50 g	Wasser	II
900—1000 g		

Kurz vor Gebrauch rührt man I in II (Haller, Beiträge zur Kenntnis der Reservierung von Manganoxyden unter Küpenblau, Mell. 1921, S. 173). Das kontinuierliche Färben in der Hydrosulfit-Glukoseküpe mit Indanthrenblau RS geschieht in der Kontinueküpe. Die B.A.S.F. hat die Anwendung dieses Verfahrens für die Indanthrenfärbungen verallgemeinert (Z. f. Farb. u. Text.-Chem. 1910, S. 356).

B.A.S.F.-Verfahren. — Man druckt folgende Reserve auf:

25 g	Kaliumbichromat
150 g	Wasser
150 g	Kaolin-Pfeifenerde
225 g	Gummiverdickung 1:1
450 g	Manganchlorid
1000 g	

Nach dem Drucken wird gründlich getrocknet, in einer einzigen Passage von $\frac{1}{4}$ bis 2 Minuten durch Kontinueküpe gefärbt, ohne an der Luft liegen zu lassen sofort gespült, abgesäuert und geseift. Eine rote Reserve erhält man durch Zufügen einer diazotierten Paranitranilinlösung zu der weissen Reserve und Präparieren des Gewebes in β-Naphtolatlösung.

Indanthrenblau RS-Stammküpe:

4	kg	Indanthrenblau RS Teig
8	l	Natronlauge 30° Bé
2½	kg	Eisensulfat
6	l	Wasser
½	kg	Zinnchlorür
1	l	Wasser
20 Liter		

Ansetzen der Färbeküpe.

Eine denjenigen der Indigofärberei analoge, vorzugsweise mit Rührwerk ausgestattete Kufe wird mit Wasser gefüllt. Man erwärmt auf 70° C und gibt dann auf 90—100 Liter Flotte 3 Liter Natronlauge

[1]) *D.R.P. 215.128, 243.683; öst. P. 40.412, 45.189; brit. P. 25.312*, 1908, Frb. Ztg. 1910, S. 286; 1911, S. 48 und 460.

38° Bé und 7,5 Liter Stammküpe dazu; das Ganze wird auf 100 Liter gestellt (15 g Indanthrenblau pro Liter Badflüssigkeit). Man färbt, spült zunächst in einer Lösung von 25 bis 40 g Hydrosulfit konz. B.A.S.F. pro 100 Liter und schliesslich in fliessendem Wasser.

Um den Braunstein zu entfernen, behandelt man die Ware einige Zeit in Wasser, das im Liter 10 bis 15 cm³ Salzsäure und ½ bis 1 g Kaliumrhodanid enthält; zuletzt wird nochmals gespült.

d) Manganchloridreserven ohne Bichromat nach Pokorny[1]).

e) Zinkchloridreserve der B.A.S.F.[2]). Die Metallsalze werden im alkalischen Färbebad zu unlöslichen Hydroxyden und bilden mit dem Verdickungsmittel eine Schutzschicht, die für die kolloidalen Lösungen der Indanthrenfarbstoffe undurchlässig ist. Sie neutralisieren die Natronlauge, kombinieren sich mit den Leukoderivaten der Küpenfarbstoffe zu unlöslichen Salzen und bewirken dadurch die Ausfällung des Farbstoffes an den bedruckten Stellen. Die reservierende Wirkung der Zink- und Mangansalze lässt sich als eine Fällung von Kolloiden durch Elektrolyte anschauen. Die Metallsalzreserven widerstehen einer Färbung auf langer Flotte ohne weiteres.

f) Magnesiumsalze ($MgCO_3$) oder Magnesiumoxyd nach Lauterbach (Gebrüder Enderlin in Traun).

g) Reserven nach R. Haller[3]).

Als Reservierungsmittel wird eine Mischung von Zink- und Mangansalzen angewendet.

Haller hat erkannt, dass der Reserveeffekt sich verbessern lässt, indem man Pikrinsäure der Farbe zugibt; diese enthält 120 g Manganchlorid, 240 g Zinkchlorid und 20 g Pikrinsäure pro kg.

Eine andere Gruppe von Reservierungsmitteln wurde von der B.A.S.F. und Kalle im Jahre 1909 angegeben. Das sind die Natriumsalze von Benzol-, Naphtalin- und Anthrazenderivaten, welche die Reste $-NO_2$ und $-SO_3H$ aufweisen. Die hauptsächlichsten, hierhergehörigen Körper sind das m-nitrobenzolsulfosaure Natrium (Ludigol der I. G., Solidol N von Kuhlmann-Francolor, Revatol von Sandoz, Mattenol der S.P.C.M.C. in Mülhausen, Albatex BD der Ciba, Reservesalz G von Geigy, Resistsalt L der Imp. Chem. Ind.; *D.R.P. 210.681*, *210.682*, *211.526;* Frb. Ztg. 1909, S. 360), das Natriumsalz der o- oder p-Nitrotoluolsulfosäure (Reservesalz von Kalle). Die in Wasser leicht löslichen Verbindungen verursachen die Zersetzung des Hydrosulfits der Küpe und verhindern demgemäss die Befestigung des

---

[1]) Bull. Mulh. 1920, S. 257; Mell. 1923, S. 583. Öst. W. und L. Ind. 1916, S. 148.

[2]) *D.R.P. 237.018;* Frb. Ztg. 1911, S. 365 und 405; J. Soc. D. and Col. 1913, S. 150.

[3]) Vgl. Nowack, Mell. 1927, S. 861 und Handbuch des Zeugdrucks von Georgiewicz und Haller, S. 619. Haller, Bull. Mulh. 1927, S. 497—501.

Küpenfarbstoffes an den bedruckten Stellen. Hier ist vor allem zu bemerken, dass die grosse Löslichkeit der Alkalisalze dieser Verbindungen in der Praxis grosse Nachteile mit sich brachte. Deshalb wurde die Verwendung der weniger löslichen Zink-, Mangan- oder Kalziumsalze an deren Stelle vorgeschlagen. So z. B. bedienten sich Crone & Co. der Kupfer-, Blei-, Zink- oder Mangansalze der m-Nitrobenzolsulfosäure[1]). Dabei wurde beobachtet, dass das Kupfersalz die Indigoküpe gut reserviert, während die Bleisalze bei den heissen Indanthrenküpen grössere Vorteile bieten. Neuerdings hat die I. G. dieses Verfahren wieder aufgenommen und im *D.R.P. 548.202* die Kalzium-, Barium- und Magnesiumsalze empfohlen. Anschliessend ist durch dieses Patent die Marke Reservol B der I. G. geschützt, ein weisses, in Wasser schwer lösliches Pulver. In einem anderen Patent *(amer. P. 1.962.085)* werden Dinitroprodukte, nämlich die Salze der Dinitrobenzolsulfosäure genannt.

Um weiter die reservierende Wirkung des Natriumsalzes der m-Nitrobenzolsulfosäure zu verstärken und die Bildung von Höfen (Aureolen) zu verhindern, die auf die leichte Löslichkeit dieser Salze zurückzuführen ist, griff man zu einem Zusatz von Polyvinylalkohol, der in der Hitze durch Alkalien zur Gerinnung gebracht wird *(amer. P. 1.922.993; öst. P. 126.574; brit. P. 355.059; D.R.P. 531.475)*. Die Reserve besteht aus:

600 g Polyvinylalkohol 25%
400 g m-nitrobenzolsulfosaures Natrium in 50%iger Lösung

1000 g

In einer Arbeit über Reserven unter Küpenfarbstoffen (Turski und Checinsky, Mell. 1937, Bd. *18*, Januarheft, S. 87) findet man einige interessante Angaben über die Verwendung der Dinitroprodukte auf diesem Gebiete. Schon R. Haller hatte die Pikrinsäure (siehe oben) und das Dinitrophenol *(D.R.P. 205.813)* vorgeschlagen. An Stelle der sulfonierten und daher leicht löslichen Körper versuchte man die nicht sulfonierten Verbindungen, z. B. das Dinitrobenzol und das Dinitronaphtalin. Da sie unlöslich sind, muss man sie in Form ihrer Dispersionen anwenden. Zu diesem Zwecke wird das Dinitrobenzol geschmolzen und in diesem Zustand in die heisse Verdickung eingerührt, wogegen das Dinitronaphtalin fein gemahlen, mit Sulforizinat angeteigt und dann der Gummiverdickung zugesetzt wird.

Das *D.R.P. 642.581* beschreibt ein neues Buntreserveverfahren unter Küpenfärbungen, dessen Kennzeichen in der Anwendung einer durch Alkali koagulierenden Verdickung besteht. Man druckt z. B. Naphtol AS + Johannisbrotkernmehlverdickung, überdruckt mit

[1]) *D.R.P. 292.171;* Frb. Ztg. 1916, S. 209; Chem. Ztg. 1916, S. 80.

einer Küpenfarbstoff (Indanthrenblau) enthaltenden Druckpaste und behandelt in einem alkalischen Reduktionsbad. Der Indanthrenfarbstoff wird verküpt, und man entwickelt dann mit einer Diazolösung. Zeidler und A. Haller (*öst. P. 126.753*, siehe oben) hatten schon früher zum selben Zweck mit Alkali gerinnende Verdickungen (native Stärke) empfohlen.

Die Leukotrope wurden auch als Reserven unter Überdrucken mit Küpenfarbstoffen verwendet[1]).

Es wird eine 100—150 g Dimethylphenylbenzylammoniumchlorid oder dessen Sulfoderivat enthaltende Reserve vorgedruckt und mit einem Küpenfarbstoff übergründelt, dann getrocknet, gedämpft und gewaschen.

Ein Reserveartikel unter Küpendruck lässt sich nach zwei gut zu unterscheidenden Fabrikationsverfahren herstellen:

1. Reserven unter Färbungen auf der Kontinueküpe,
2. Reserven unter Pflatschfärbungen (kurze Flotten).

1. Reserven unter Färbungen auf der Kontinueküpe.

Haller[2]) hat als erster den Reserveartikel (Rotreserven in der Kontinueküpe, speziell in der Indanthrenblau RS-Küpe) eingeführt. Als Reservierungsmittel dient eine Mischung von Zink-, Blei- und vor allem Mangansalzen. Die angewandte Formel lautete:

500 g	Senegalgummi 1:1
120 g	Manganchlorid
240 g	Zinkchlorid
120 g	Kaolin
20 g	Pikrinsäure
1000 g	

Man druckt auf weisse, mit Türkischrotöl präparierte Ware, lässt 24 Stunden liegen und färbt in einer Kontinue-Küpe der nachstehenden Zusammensetzung:

21 kg	Indanthrenblau RS dopp. Tg.
6 kg	Farbstoff aus dem alten Bad regeneriert
28 kg	Natronlauge 40° Bé
19 kg	Glukose 1:1 in Wasser gelöst
3 kg	Hydrosulfit konz. Pulver, mit Wasser auf
500 Liter stellen.	

Die Rotreserve erhält man durch Zusatz einer Diazolösung und Natriumbichromat zur obigen Reserve. Der Druck erfolgt hier auf naphtolierter Ware.

---

[1]) Primazol N der B.A.S.F.; Ätzsalz Ciba; *D.R.P. 250.084;* Frb. Ztg. 1911, S. 425; 1912, S. 445; Z. f. Farb. u. Text.-Chem. 1912, S. 29; Chem. Ztg. 1912, S. 117; *brit. P. 16.389,* 1910 von Calico Print. in Manchester.

[2]) Bull. Mulh. 1927, S. 497.

Siehe R. Haller: Beiträge zur Kenntnis der Reservierung von Manganoxyden unter Küpenblau, Mell. 1921, S. 173.

Pappreserveartikel unter Indanthrenfärbungen.

Für die Herstellung dieses Artikels benutzt man dieselben Reserven, wie für den Reserveartikel unter Indigo. In diesem Falle arbeitet man jedoch meist mit der Indanthrenküpe, die mit Eisenvitriol und Zinnchlorid angesetzt ist:

Pappreserve:

330 g Gummiverdickung 1:1
215 g Bleisulfat
275 g Wasser
110 g Bleinitrat
55 g Bleiazetat
15 g Raps- oder Rüböl
1000 g

Der gangbarste indanthrenfarbige Reserveartikel von unverwüstlicher Farbechtheit ist der mit Indanthrenblau RS hergestellte[1]).

Soll die Ware in der Hydrosulfit-Glukoseküpe ausgefärbt werden, so darf sie nicht mit einer Reserve, die Blei- oder Kupfersalz enthält, bedruckt werden. Diese Salze bilden mit Hydrosulfit die entsprechenden Sulfide, welche die Reserveeffekte trüben würden. In diesem Falle gebraucht man vorteilhaft Mangan-Zinksalzreserven.

Die gut gebleichte Ware wird zweckmässig zuerst mit einer Türkischrotöllösung 15 g/Liter präpariert und in der Hot-Flue getrocknet. Dann druckt man folgende Weissreserve:

600 g Britishgum
500 g Wasser
300 g Manganchlorid
600 g Zinkchlorid
300 g Kaolin
50 g Pikrinsäure
2350 g

Die so bedruckte Ware wird dann in einer ca. 500 Liter fassenden Färbekufe mit Indanthrenblau RS ausgefärbt.

Färbeflotte:

30 kg Indanthrenblau RS Teig werden mit
37,5 Liter Glukose (1:1) sowie
100 Liter heissem Wasser gut angeteigt und in die mit
350 Liter heissem Wasser gefüllte Rollenkufe gegeben.
Dann erwärmt man auf 75° C und gibt
30 Liter Natronlauge 40° Bé sowie
1,75 kg Hydrosulfit konz. Pulver zu. Einstellen auf
500 Liter

Die Färbedauer beträgt 20—45 Sekunden. Temperatur: 80° C.

[1]) Nowack, Beitrag zur Geschichte des Indanthrenblau-Reserveartikels und Kenntnis der Manganreserve, Mell. 1927, S. 861.

Buntreserven unter Küpenfärbungen.

Die Buntreserven unter Küpenfarbstoffen können mittels basischer, Chrom- oder Küpenfarbstoffe erzielt werden. Dieser letztere Artikel bildete den Gegenstand der nachstehend genannten Arbeiten:

Felmayer & Co., Alt-Kettenhof bei Wien, *Öst. P. 36.728*, *36.668*, *40.142; D.R.P. 194.143;* Tagliani, Frb. Ztg. 1917, S. 193. Einerseits Verwendung von Cersalzen zur Unterbrechung des Reduktionsvorganges, anderseits Aufdruck einer Farbe aus Zinkchlorid, Küpenfarbstoff, Zinnoxydulchlorid und Eisenvitriol (Frb. Ztg. 1917, S. 247).

Öst. P. 59.155, *59.164*, 1913; Frb. Ztg. 1917, S. 193, 214, 247 und 271: Vordruck einer Farbe, die Mangan- und Zinkchlorid, Indanthrenfarbstoff, Eisenvitriol und Zinnsalz enthält, Ausfärbung in einem 80° C warmen Bad mit Hydronblau im Beisein von Schwefelnatrium, Natronlauge und Natriumhydrosulfit, Passage durch Lauge von 20° Bé bei 80° C (15—20 Sekunden), Säuern und Waschen.

Nach einer Variante dieses Verfahrens wird das Gewebe mit einer Lösung von 50 g Natronlauge 36° Bé pro Liter Wasser foulardiert, worauf folgende Farbe aufgedruckt wird:

100 g	Chinaclay
200 g	Eisensulfat
40 g	Zinnchlorür
300 g	Gummiverdickung 1:1
300 g	Manganchlorid
60 g	Indanthrengelb G dopp. Teig
1000 g	

Die Firma de Angeli in Mailand hat dieses Verfahren für Buntreserven mit Küpenfarbstoffen hauptsächlich für Reserven von Indanthrengelb G unter Indanthrenblau- oder Hydronblaufärbungen in grossem Masstabe angewendet. Nachfolgend die Beschreibung dieser Fabrikation, die von Tagliani in der Frb. Ztg. 1917, S. 193 veröffentlicht wurde.

Man druckt eine Reserve von Manganchlorid und Zinkchlorid, der man den Indanthrenfarbstoff, Eisensulfat und Zinnoxydulchlorid zugibt:

Gelbreserve:		Weissreserve:	
120 g	Kaolin	150 g	Kaolin
40 g	Wasser	100 g	Wasser
50 g	Indanthrengelb G Pulver	180 g	Manganchlorid
320 g	Stärkeverdickung	180 g	Zinkchlorid
250 g	Manganchlorid	390 g	Gummiverdickung
170 g	Eisensulfat	1000 g	
50 g	Zinnchlorid		
1000 g			

Nach dem Drucken wird getrocknet und bei 80° C während 30 bis 40 Sekunden mit Hydronblau R in Gegenwart von Natriumsulfid, Natronlauge und Natriumhydrosulfit gefärbt.

Hydronblauküpe:

100 g	Hydronblau R 20%
50 g	Natronlauge 36° Bé
30 g	Natriumsulfid
6 g	Türkischrotöl
15 g	Natriumhydrosulfit
auf 1 Liter	

Dann wird durch Natronlauge 20° Bé bei 80° C während 15 bis 20 Sekunden passiert, gesäuert, gewaschen und getrocknet. Alle diese Arbeitsvorgänge werden kontinuierlich ausgeführt.

R. Haller[1]) hat eine Gelbreserve mit Indanthrengelb unter Indanthrenblau ausgearbeitet durch Verwendung von Zinkchlorid und Manganchlorid als reservierende Mittel und von Indanthrengelb G als Buntätzfarbe unter Zusatz von Zinnoxydulhydrat und Anthrachinon. Nach dem Druck wird das Gewebe getrocknet und in der Indanthrenblauküpe ausgefärbt, gewaschen, gesäuert und gespült.

Verfahren von Haller.

(Von der Firma Enderlin AG. in Traun angewendet).

Stammfarbe:

450 g	Manganchlorid
500 g	Wasser
700 g	Britishgum
480 g	Kaolin
900 g	Zinkchlorid
3030 g	

Druckfarbe I:

500 g	Stammfarbe
100 g	Indanthrengelb R
110 g	Zinnoxyd in Teig
180 g	Anthrachinon in Teig
890 g	

Druckfarbe II:

2000 g	Stammfarbe
1000 g	Hydrongelb G
250 g	Zinnchlorür
500 g	Anthrachinon in Teig
280 g	Hydrosulfit NF
280 g	Kaliumsulfit 40° Bé
4310 g	

Ferner hat R. Haller festgestellt, dass Eisenvitriol ebenfalls als reservierendes Mittel dienen kann. Hierzu bediente er sich einer Druckfarbe, die aus Formaldehydsulfoxylat, Leukotrop W, Zinkoxyd, Anthrachinon, Eisenvitriol und einem Indanthrenfarbstoff zusammengesetzt ist.

[1]) Versiegeltes Schreiben Nr. 2222, 1913; Bull. Mulh. 1927, S. 134; R.G.M.C. 1919, S. 127; Frb. Ztg. 1917, S. 247, 309, 330, 350; 1918, S. 1, 51, 121. Gebrüder Enderlin in Traun, Frb. Ztg. 1917, Heft 22. Siehe auch *öst. P. 103.911*, Enderlin AG. – A. Lauterbach.

Stammfarbe:	
9400 g	Britishgum
6000 g	Rongalit C extra
4800 g	Zinkoxyd
2400 g	Anthrachinon Teig 30%
24900 g	Wasser
47500 g	

Druckfarbe:	
27000 g	Stammfarbe
2500 g	Indanthrengelb G Teig
1000 g	Eisenvitriol
500 g	Glyzerin
31000 g	

Nach dem Aufdruck dämpft man bei 105° C, färbt wie üblich in der Indanthrenblauküpe, wäscht, säuert, wäscht nochmals und trocknet. Das Alkali des Färbebades löst die während des Dämpfens gebildete Leukoverbindung und bewirkt deren Aufziehen auf die Faser. Das Eisenvitriol spielt sowohl die Rolle eines Reduktionsmittels als auch diejenige eines Reservierungsmittels[1]).

Bleach. Ass. Schwabe-Parker haben im *D.R.P. 638.755* ein Verfahren der Buntreservierung von Küpenfärbungen mittels Küpenfarbstoffe veröffentlicht. Das Prinzip dieser Methode unterscheidet sich nicht wesentlich von dem Haller'schen Verfahren und beruht auf der Bildung von halbdurchlässigen Membranen durch Aufdruck von Verdickungen (Colloresin, Johannisbrotkernmehl), denen man ein Mangansalz zusetzt. Nach dem Drucken und Trocknen klotzt man mit einem dispergierten Küpenfarbstoff; zur Ausfertigung trocknet man wieder und nimmt durch eine Hydrosulfitlösung, worauf man spült. Zeidler und A. Haller haben übrigens auf dasselbe Verfahren (Bildung einer unlöslichen Membran, die als mechanische Reserve wirkt) den Schutz des *öst. P. 126.753* erhalten.

Interessant ist ein Verfahren, welches den Gegenstand des *amer. P. 2.298.147* von Du Pont bildet.

Die Erfindung bezieht sich auf die Herstellung reiner, weisser Ätzeffekte unter Küpenfärbungen, die sich gegenüber den auf übliche Weise hergestellten Weisseffekten durch besondere Weichheit auszeichnen, sowie auf die Herstellung küpengefärbter Buntreserven, deren Vorteile in der Reinheit der Farbtöne sowie den besonders scharfen Konturen bestehen.

Zur Erzeugung einer Weissreserve wird die Ware mit einer Emulsion aus Wachs und einem hydrolisierbaren Aluminiumsalz bedruckt und möglichst rasch auf heissen Zylindern getrocknet. Dadurch wird den bedruckten Stellen eine wasserabstossende Wirkung verliehen, die es erlaubt, nachträglich die Ware auf übliche Weise mit Küpenfarbstoffen oder mit Schwefelsäureestern der Leukoverbindungen auszufärben.

Zur Erzeugung von Buntreserven wird oben genannte Emulsion zusammen mit einer Küpendruckfarbe aufgedruckt, auf heissen Zy-

[1]) Vgl. auch Bull. Mulh. 1927, S. 135; L. Diserens: Buntreserven unter Indanthrenfärbungen, R.G.M.C. 1920, S. 113; siehe auch Erban, Frb. Ztg. 1915, S. 20 u. 1917, S. 330.

lindern möglichst rasch getrocknet, 5—10 Minuten gedämpft, mit dem Schwefelsäureester der Leukoverbindungen von Küpenfarbstoffen gefärbt und entwickelt.

Beispiel:

12,5 T. Asiatic Wax[1])
12,5 T. Paraffinoil
10 T. Leim 10%ig
4,3 T. Aluminiumazetat
60,2 T. Wasser

100,0 Teile

Die Emulsion wird aufgedruckt und auf heissen Zylindern während 2 Minuten getrocknet. Die bedruckte Ware wird dann in einem Bad, welches 2% Leukoschwefelsäureester des Dimethoxydibenzanthrons sowie 2% Natriumnitrit enthält, ausgefärbt.

Die Ware wird abgequetscht und in einem ½% Schwefelsäure enthaltenden Bad bei 70—80° C entwickelt und gespült.

2. Reserven unter Pflatsch-Färbungen (kurze Flotten).

Es sind zwei Verfahren zu unterscheiden:

a) das Zinkchlorid-Verfahren;

b) das Ludigol-Verfahren.

Das Zinkchlorid-Verfahren.

Dieses Verfahren ist identisch mit demjenigen für Reservedruck unter Schwefelfarbstoffen, für welche es hauptsächlich angewendet wurde. Das Weiss enthält 150—200 g Zinkchlorid pro Kilo Druckfarbe. Man kann vorteilhaft einen Teil des Zinkchlorids durch Manganchlorid ersetzen. Nach dem Drucken wird getrocknet, mit dem reduzierten Indanthrenfarbstoff gepflatscht, gewaschen und schliesslich gesäuert. Um den Reserveeffekt zu erhöhen, gibt man dem Färbebad Kaliumferrocyanid zu, das mit Zinkchlorid eine unlösliche Membran von Zinkferrocyanid an den zu reservierenden Stellen erzeugt und somit eine mechanische Reserve bewirkt.

Für das Färben benutzt man einen Foulard von ca. 50—60 Liter Inhalt. Die Ware bleibt 3—4 Sekunden im Färbebad, das auf 70° C erwärmt wird. Das Färbebad enthält den mit Glyzerin angeteigten Farbstoff, Hydrosulfit und Natronlauge. Nach dem Färben wird ausgequetscht, dann gibt man eine Luftpassage von 20—30 Sekunden, wäscht, säuert und spült.

Die Buntreserven können mittels Azo-, Tannin-[2]), Chrom-, Schwefel- und Indanthrenfarbstoffe ausgeführt werden.

[1]) Asiatic Wax ist ein Paraffinwachs mit einem Schmelzpunkt von 61° C.

[2]) Diserens, R.G.M.C. 1918, S. 63.

Das Illuminieren von Reserven mit Küpenfarbstoffen weist einige Besonderheiten auf. Die für 40 und mehr Sekunden dauernde Färbevorgänge üblichen Arbeitsmethoden bieten bei Reserven unter Pflatschfärbungen von 3 bis 5 Sekunden gewisse Schwierigkeiten. Die Bildung von Mangan- und Zinkhydroxyd, das Eindringen der Natronlauge durch die Reserve hindurch, schliesslich die Reduktion und Fixierung des Illuminationsfarbstoffes erforden eine gewisse Zeit. Es erscheint als vorteilhaft, den Illuminationsfarbstoff vor dem Pflatschen zu fixieren. Zu diesem Ziele führen einige Verfahren, die man im Kap. II (Reserven unter Schwefelfarbstoffen) finden wird[1]).

Eisensulfatverfahren auf alkalisch präpariertem Gewebe[1])[2]).

Das Gewebe wird mit Alkali gepflatscht und mit einer Farbe bedruckt, welche den Illuminationsfarbstoff, Ferrosulfat, Zinnoxyd und Rongalit C extra enthält. Beim Dämpfen wird der Küpenfarbstoff fixiert. Man pflatscht mit der Indanthrenfarbstoff enthaltenden Lösung, wäscht und passiert durch ein Säurebad.

Das Ferrosulfat dient als Reserve- und Reduktionsmittel. Der Reserveeffekt lässt sich durch Zugabe von Zink- oder Manganchlorid wesentlich verbessern; diese Chloride können das Ferrosulfat sogar vollständig ersetzen. Im letzterwähnten Falle besteht die Möglichkeit, mit alkalisch präpariertem Gewebe zu arbeiten oder das Alkali in die Reserve einzuführen. Eine andere Methode beruht auf dem Gebrauch von Zinkhydrosulfit und Alkali. Mitverwendung von Zinnoxyd und Manganchlorid sowie Präparieren des Gewebes mit Soda sind von Vorteil. Nach dem Drucken wird gedämpft, mit einer Indanthrenfarbstoffküpe gepflatscht, gewaschen, gesäuert und getrocknet. Dieses Verfahren ermöglicht die Herstellung der verschiedensten Effekte auf einer ganzen Reihe von Indanthrenfärbungen. Als Illuminationsfarbstoffe dienen Cibascharlach G, Cibarot, Indanthrengelb G oder R, Cibablau 2B, Helindonorange R oder D usw.

Das Ludigol-Verfahren.

Dieses Verfahren wird von verschiedenen russischen Druckereien in ziemlich grossem Umfang angewendet. Nachfolgende Beschreibung stammt von einer Firma aus der Umgebung von Moskau.

Die Echtheit der Färbungen und die Lebhaftigkeit der Buntreserven haben bewirkt, dass dieses Verfahren dem Ätzartikel auf Substantiv- und Chromfärbungen vorgezogen wurde.

---

[1]) Diserens, R.G.M.C. 1920, S. 113.

[2]) Wosnessensky, Bull. Mulh. 1928, S. 637.

Weiss mit Ludigol:

300 g	Senegalgummiverdickung
175 g	Ludigol
55 g	Kaolin
390 g	Wasser
80 g	Zinkazetat
1000 g	

Das Zinkazetat dient zur Bildung des Ludigolzinksalzes; letzteres ist viel weniger löslich als das Natriumsalz und vermeidet infolgedessen das Fliessen der Farbe. Nach dem Drucken auf die weisse Ware wird 4 Minuten gedämpft, dann in der Indanthrenküpe gepflatscht und schliesslich gewaschen und getrocknet.

Dieses Verfahren ist auch in den Vereinigten Staaten praktiziert worden. Dort ist es kürzlich einer Überprüfung unterzogen worden; durch Beschleunigung des Arbeitsprozesses liess sich eine Verbesserung erzielen.

Das Ludigol-Reserveverfahren, wie es gegenwärtig in den USA. durchgeführt wird, besteht darin, dass die Ware durch einen Foulard passiert wird, dessen untere Walze in eine Indanthrenküpe taucht, welche den Farbstoff, Natronlauge und Hydrosulfit enthält. Nach einer kurzen Passage wandert das Gewebe mit einer Geschwindigkeit von 100 m pro Minute in eine Dämpfkufe von 100° C, wo es 6 bis 7 Sekunden verweilt; anschliessend wird die Ware nach üblicher Art und Weise fertiggestellt. Dieses Verfahren gibt bessere Resultate als das in Russland angewandte; die Färbung fällt egaler und wesentlich echter aus.

Eine ganz beträchtliche Qualitätsverbesserung der Reserve wurde von L. Diserens dadurch erreicht, dass zur Ludigolreserve ein Formaldehyd-Harnstoff- oder ein Melamin-Formaldehyd-Vorkondensat (Lyofix A der Ciba) zugegeben wurde.

Mit nachstehender Reserve lassen sich sehr reine Weisseffekte erzielen:

150 g	Lyofix A
125 g	warmes Wasser
100 g	Ludigol
100 g	warmes Wasser
100 g	Titanoxyd
100 g	warmes Wasser
325 g	Gummiverdickung

Nach dem Drucken wird während 6 Minuten im Schnelldämpfer gedämpft, im Kontinueverfahren zuerst auf dem Foulard in einem Indanthrenfarbstoffküpe enthaltenden Bad gepflatscht und nachträglich durch ein Belüftungssystem passiert. Zum Schluss wird gesäuert, geseift und gespült.

Mit Erfolg lässt sich auch nach dem Färbefoulard eine Dampfkufe dazwischenschalten, die etwa einer solchen entspricht, wie sie beim Pad-Steam-Färbeverfahren gebraucht wird. Dadurch lässt sich das Eindringen der Farbflotte verbessern, sowie eine bessere Verbindung zwischen Farbstoff und Faser erzielen.

Buntreserven mittels Ludigol werden unter Anwendung von basischen, Beizen-, Küpen-, Indigosol- und unlöslichen Azofarbstoffen sowie Rapidogenen erzeugt.

Buntreserven mittels unlöslicher Azofarbstoffe: Man druckt auf mit Naphtol präparierten Stoff folgende Farbe:

30 g	Echtrotsalz TR
90 g	Wasser
300 g	Senegalgummiverdickung
150 g	Ludigol
50 g	Kaolin
300 g	Wasser
80 g	Zinkazetat
1000 g	

Rapidogene lassen sich sehr gut zum Illuminieren von Reserven unter Küpenfarbstoffen verwenden.

Man druckt folgende Rotreserve:

60 g	Rapidogenrot G
10 g	denaturierten Alkohol
100 g	Rapidogenentwickler N
30 g	Harnstoff technisch
150 g	Wasser, lauwarm
80 g	Ludigol
570 g	Stärke-Tragantverdickung
1000 g	

Nach dem Drucken und Trocknen wird neutral gedämpft, dann auf dem Foulard mit einer Indanthrenfarbstoffküpe gepflatscht, belüftet oder in einer wie oben erwähnten Dampfkufe behandelt, gesäuert und gewaschen.

Buntreserven mit basischen Farbstoffen: Dieselben können entweder auf Tannate oder auf Zinkferrocyanid fixiert werden. Im ersten Falle enthält die Druckfarbe Ludigol, den basischen Farbstoff und Tannin. Nach dem Drucken wird gedämpft, dann durch Brechweinstein passiert und geseift.

L. Diserens[1]) hat ein Verfahren ausgearbeitet, nach dem Tannin, Zinkazetat und der basische Farbstoff zusammen gedruckt werden können, ohne dass das Zinktannat oder der Farbstofflack ausfällt. Dies wird bewirkt durch eine Zugabe von Resorzin zur Druckfarbe,

[1]) R.G.M.C. 1917, S. 141, 1918, S. 63.

welches als Lösungsmittel für den aus dem basischen Farbstoff mit dem Zinktannat gebildeten Lack dient.

30 g	basischer Farbstoff
100 g	Resorzin 1:1 oder Glykolsäure 1:3
80 g	Wasser
150 g	Ludigol
300 g	Gummiverdickung
100 g	Wasser
120 g	Tannin 1:1
120 g	Zinkazetat oder Zinklaktat
1000 g	

Somit wird die Passage in Brechweinsteinlösung überflüssig, Nach dem Drucken wird gedämpft, mit der Farbstofflotte gepflatscht, gesäuert und gewaschen.

Buntreserven mit Indigosolfarbstoffen: Sehr interessante Buntreserven mit Indigosolfarbstoffen lassen sich unter Küpenfarbenüberdrucken herstellen. Das Prinzip des Verfahrens beruht auf der Verwendung des — im Vergleich mit den entsprechenden Alkalisalzen — auch bei höheren Temperaturen viel weniger löslichen Mangansalzes der m-Nitrobenzolsulfosäure als Reservierungsmittel, welches unter dem Namen Reservol B im Handel bekannt ist (siehe diesbezüglich *D.R.P. 548.202* der IG, S. 255 dieses Werkes). Zum selben Zweck können ebenfalls die Kalzium-, Barium- und Magnesiumsalze dieser Säure verwendet werden. Das Mangansalz wirkt sauer und oxydierend und hilft infolgedessen bei der Entwicklung der Indigosolfarbstoffe mit.

Die Arbeitsweise ist folgende:

Man druckt auf das weisse Gewebe eine Druckfarbe, welche den Indigosolfarbstoff und das Mangansalz der m-Nitrobenzolsulfosäure enthält, vor.

Zusammensetzung der Indigosolreservedruckfarbe:

50 g	Indigosolfarbstoff
50 g	Débésolvol IND
145 g	Wasser
510 g	Gummiverdickung
25 g	Natriumchlorat 1:3
20 g	Ammoniumvanadat 1:1000
200 g	Mangansalz der m-Nitrobenzolsulfosäure in Teig
1000 g	

Herstellung des Mangansalzes der m-Nitrobenzolsulfosäure:

A	200 g	Ludigol in
	300 g	heissem Wasser und
B	220 g	Manganchlorid in
	250 g	heissem Wasser, jedes für sich lösen.

Lösung B in die Lösung A eingiessen. Das in der Kälte fein auskristallisierende Mangansalz wird filtriert und ausgepresst. Ausbeute ca. 375 g Paste 66—70%.

Nach dem Trocknen überdruckt man eine Küpendruckfarbe mit einem Gründelmuster, trocknet und dämpft während 5 Minuten im Schnelldämpfer. Die Entwicklung erfolgt durch Behandlung in einem kalten Bad von 5 g Natriumnitrit und 20 g Schwefelsäure 66° Bé pro Liter während 2 Sekunden und anschliessender Luftpassage von 20 Sekunden Dauer. Hierauf wird gespült, geseift und getrocknet.

Als Reserve unter Küpenfärbungen wird entweder Ludigol selbst oder sein Mangansalz verwendet[1]).

Reservedruckpasten mit Indigosolen sind sehr gut haltbar.

Beispiel 1:

50 g	Indigosolblau IBC
30 g	Debesol B
100 g	Harnstoff, technisch
145 g	warmes Wasser
400 g	Stärke-Tragantverdickung
36 g	Natriumchloratlösung 1:3
18 g	Aluminiumsulfatlösung 1:2
10 g	Ammoniumvanadat
100 g	Ludigol
100 g	warmes Wasser
1000 g	

Beispiel 2:

50 g	Indigosolfarbstoff
60—100 g	Déhapan O oder Glyecin A
135—100 g	Wasser
500 g	Gummiverdickung
30— 35 g	Natriumchlorat 1:3
10— 15 g	Ammoniumvanadat 1%ig
200 g	m-nitrobenzolsulfosaures Mangan 70%ig
10— 20 g	Ammoniumlaktat
1000 g	

Nach dem Drucken wird gut getrocknet, im Schnelldämpfer 5—10 Minuten gedämpft und am Foulard mit Indanthrenfarbstoff gepflatscht.

[1]) Die Schwermetallsalze des Ludigols sind viel weniger löslich als die Alkalisalze, besonders in warmem Bade. Sie werden infolgedessen, als Reserven gebraucht, viel weniger Neigung zum Fliessen zeigen. Da das Mangansalz gleichzeitig sauer und oxydierend wirkt, begünstigt es die Entwicklung der Indigosole.

Buntreserven mittels Küpenfarbstoffe: *D.R.P. 272.685*, B.A.S.F. Dieses Verfahren der Reservierung von Küpenfärbungen durch Küpenfarbstoffe beruht auf der Beobachtung, dass einzelne Farbstoffe dieser Gruppe durch Nitroderivate reserviert werden, während andere sich in deren Gegenwart fixieren. So können gelbe Indanthrenreservedrucke auf Indanthrenblaufärbungen erzielt werden. Man druckt z. B.:

150 g	Indanthrengelb R Teig
550 g	Tragantverdickung
75 g	Ludigol
50 g	Glukose
175 g	Wasser
1000 g	

Nach dem Trocknen wird mit Indanthrenblau, Rongalit und Alkali überdruckt oder zwischen zwei Walzen gepflatscht, worauf gedämpft, gewaschen und geseift wird[1]).

D.R.P. 520.519 (I. G. — Gossler) veröffentlicht ein Verfahren der Reservierung von Küpenfärbungen mittels Küpenfarbstoffen unter Verwendung von Colloresin DK als Verdickungsmittel.

Halbtöne im Küpendruck[2]).

Halbtöne im Küpendruck lassen sich nach folgenden Methoden herstellen:

1. Verwendung von Rastergravuren;
2. Vordrucken mit Zinkoxyd, Kaolin, Titanoxyd, Gummi und dergleichen als mechanische Reserve;
3. Vordrucken oder Überdrucken chemisch wirkender Mittel, wie Hydrosulfit R konz. Ciba, Albatex BD.

Eine Kombination dieser Methoden kann noch bessere Resultate geben als die ausschliessliche Anwendung einer einzigen Methode. Eine sehr einfache und wirkungsvolle Reserve für Ciba- und Cibanonfarbstoffe steht dem Koloristen in Albatex PO zur Verfügung, dessen zurückhaltende und egalisierende Wirkung in der Färberei bekannt ist. Es können mit Albatex PO sehr schöne und je nach der angewendeten Menge abgestufte Halbtöne erzielt werden. Die Methode bietet dem Drucker ferner die Möglichkeit, die Zahl der Schablonen um eine oder sogar mehrere zu reduzieren.

---

[1]) Siehe Haller: Réserves colorées en colorants à cuve sous teintures en colorants Indanthrène, Bull. Mulh. 1927, S. 135.

[2]) Reichhardt, Ciba Rundschau 1949, *83*, S. 3113; siehe auch Cahiers Ciba 1948, *15*, S. 535.

Zur Herstellung von Halbtoneffekten mit Albatex PO wird eine Reserve etwa folgender Zusammensetzung aufgedruckt:

600 g neutrale Renose V extra-Verdickung 100:1000
100 g Kaolin 1:1
60 g Albatex PO
240 g Wasser 90° C.

Hierauf werden Ciba- und Cibanonfarbstoffe wie üblich überdruckt, getrocknet, 5 Minuten gedämpft, gespült, kochend geseift, heiss und kalt gespült und getrocknet.

Die Herstellung von Halbtoneffekten gestaltet sich nach dieser Methode sehr einfach, und die Effekte zeichnen sich durch sehr gute Egalität aus.

Die Küpenfarbstoffe haben überdies eine weitverbreitete Verwendung bei Buntätzartikeln, welche sich durch grosse Echtheit auszeichnen, gefunden, und zwar besonders:

a) im Laugenätzartikel auf mit Tannin-Brechweinstein präparierter Ware (Tigerstedt, R.G.M.C. 1902, S. 161)[1];
b) bei der Buntätze von Beizenfarbstoffen, besonders auf Türkischrot (Ivanoff, Bull. Mulh. 1913, S. 87; *D.R.P. 173.878*, *179.454* von M.L.B.; Fischer's Berichte 1906, S. 438)[2];
c) bei Buntätzen von unlöslichen Azofärbungen auf β-Naphtol und Naphtol-AS-Grund, auch als Reserven unter Variaminblau[3];
d) im Buntätzartikel auf substantiven Vorfärbungen, eine derzeit besonders stark angewendete Fabrikationsmethode[4];
e) zur Buntreservierung von Anilinschwarz (P. Braun, R. G. M. C. 1928, S. 334)[5];
f) zur Buntreservierung von Indigosolfärbungen[6];
g) zur Buntreservierung von Schwefelfärbungen[7].

Abschliessend wären noch die *amer. P. 1.898.570; D.R.P. 529.969* und *534.641* (I.G. — Pfeffer) zu erwähnen, worin eine Buntreserve unter Anilinschwarz mit Küpenfarbstoffen unter Zuhilfenahme von Colloresin DK als Verdickungsmittel beschrieben wird. Auf eine mit Anilinschwarz geklotzte Ware druckt man eine Farbe bestehend aus einem Küpenfarbstoff, Colloresin DK und einem reservierenden Alkali, wie Natriumazetat, welches das Colloresin DK nicht zum Gerinnen bringen darf. Zuerst wird das Schwarz durch Dämpfen entwickelt, sodann durch ein alkalisches Reduktionsbad (Hydrosulfit + Lauge) genommen und endlich nochmals bei 98° C 15 Sekunden lang gedämpft.

---

[1]) Bd. II, Kap. VII.
[2]) Bd. I, Kap. V.
[3]) Bd. I, Kap. IV.
[4]) Bd. II, Kap. VI.
[5]) Bd. II, Kap. VIII.
[6]) Bd. I, Kap. III.
[7]) Bd. I, Kap. II.

Indigofärberei.

Es ist nicht der Zweck des vorliegenden Werkes, die Indigofärberei im einzelnen zu behandeln, da diese Fabrikation in den letzten Jahrzehnten, mindestens in Europa, von den modernen Verfahren gänzlich in den Hintergrund gedrängt wurde. Nur eine ganz geringe Anzahl neuer Arbeiten beschäftigen sich mit diesem Artikel. Um jedoch dem Leser eine lückenlose Übersicht über die gesamte Küpenfärberei vorlegen zu können, geben wir hier eine ganz kurze Zusammenfassung der bekannten Verfahren und der diesbezüglichen Literatur.

Literatur:

R. Haller, H. Glafey: Chemische Technologie der Baumwolle, Herzog's Technologie der Textilfasern, S. 111.

R. Reinking: Über die älteste Beschreibung der Küpenfärberei im Papyrus Graecus Holmiensis, Mell. 1925, S. 349.

R. Reinking: Über das Auftauchen des Indigo in Europa, Mell. 1924, S. 187, auch Mell. 1929, S. 733.

R. Haller: Frb. Ztg. 1912, S. 259; Mell. 1922, Kongressbericht Innsbruck 1922.

B.A.S.F.: Indigo rein B.A.S.F. 1909.

O. Leupin und B. Hartmark: Studien über Indigo und Indigofärbungen auf Wolle, Mell. 1943, S. 394.

Hackl: Neuerungen in der Reduktionstechnik in Färberei und Zeugdruck (Candit V), Mell. 1930, Maiheft, S. 383 und Juliheft S. 530.

Perndanner, Hackl, Bartl: Über den Chemismus der Hydrosulfit-Glukose-Küpe, Mell. 1930, Januarheft S. 42.

Der Indigo ist der älteste Vertreter der Küpenfarbstoffe. Das natürliche Produkt wurde schon vor Jahrtausenden von den asiatischen Völkern als Färbemittel erkannt und in Japan, Indien, Indonesien in grossen Mengen für das Färben der Gewebe verwendet.

Als erstem gelang es v. Baeyer, im Jahre 1880 künstlichen Indigo herzustellen. Die technische Darstellung, die erst 10 Jahre später aufgenommen werden konnte, ist den hervorragenden Arbeiten der Chemiker der B.A.S.F. (Heumann, Knietsch usw.) zu verdanken.

Eine weitere, sehr geniale Herstellungsmethode wurde zu Anfang des 20. Jahrhunderts von Sandmeyer (Geigy) gefunden. Nachfolgend geben wir eine kurze schematische Zusammenfassung dieser wichtigen Synthesen.

Synthesen nach B.A.S.F. (Heumann):

a)

Naphtalin + H_2SO_4 (+ $HgSO_4$) ⟶ Phtalsäureanhydrid + NH_3 ⟶ Phtalimid

↓

Phtalimidnatrium (CO, N—Na, CO) —— + H_2O ⟶ Phtalamidsaures Natrium (—CO—NH_2, —COONa) —— + NaOCl ⟶ Anthranilsäure (—NH_2, —COOH)

Anthranilsäure + NaCN + CH_2O ⟶ (—NH–CH_2–CN, —COOH) ⟶ Phenylglyzinkarbonsäure (—NH–CH_2–COOH, —COOH)

Anthranilsäure + Cl—CH_2COOH ⟶ Phenylglyzinkarbonsäure

Phenylglyzinkarbonsäure —Alkalischmelze⟶ Indoxylkarbonsäure (NH, CH—COOH, CO)

Indoxylkarbonsäure —Luft⟶ Indigo (NH, NH, C=C, CO, CO)

b)

Benzol —Nitrierung⟶ Nitrobenzol (—NO_2) —Reduktion⟶ Anilin (—NH_2) —Monochloressigsäure⟶ Phenylglyzin (—NH—CH_2, COOH)

Phenylglyzin —Alkalischmelze⟶ Indoxyl (NH, CH_2, CO)

Indoxyl —+ O_2⟶ Indigo (NH, C, CO, NH, C, CO)

Synthese nach Sandmeyer (Geigy):

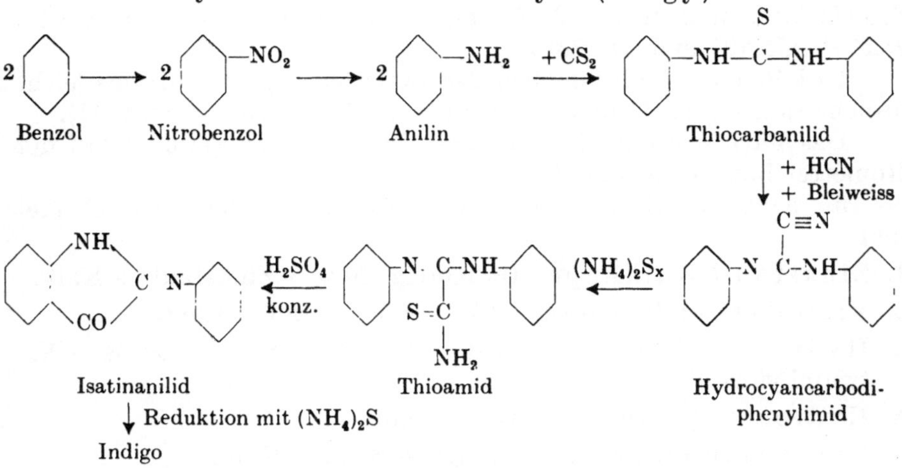

2 Benzol ⟶ 2 Nitrobenzol ($-NO_2$) ⟶ 2 Anilin ($-NH_2$) $\xrightarrow{+CS_2}$ Thiocarbanilid ($-NH-C(S)-NH-$)

↓ + HCN + Bleiweiss

Hydrocyancarbodiphenylimid ($-N=C(C\equiv N)-NH-$) $\xrightarrow{(NH_4)_2S_x}$ Thioamid ($-N=C(C(=S)NH_2)-NH-$) $\xrightarrow{H_2SO_4 \text{ konz.}}$ Isatinanilid (NH, CO, C=N–)

↓ Reduktion mit $(NH_4)_2S$

Indigo

Durch Reduktion geht der Indigo in eine gelblich-weisse Verbindung, das Indigoweiss, über, welches im Molekül 2 Atome Wasserstoff mehr besitzt als das Ausgangsprodukt[1]).

Es wurde festgestellt, dass der Farbstoff in der Küpe Alkali addiert, aber nicht aufnimmt. Der Vorgang lässt sich folgendermassen formulieren:

I. Indigo (CO, NH, C=C, CO, NH) + NaOH ⟶ (C–ONa, NH, C–C(OH), CO, NH)

↓ – O

(C–ONa, NH, C–CH, CO, NH)

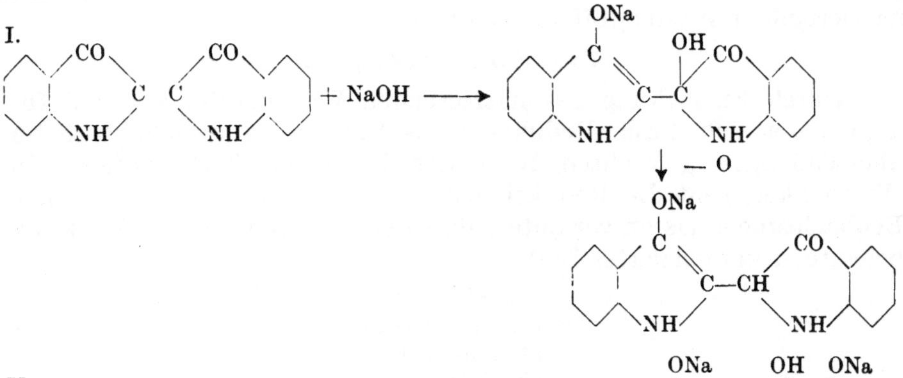

II. Indigo (CO, NH, C=C, CO, NH) + 2 NaOH ⟶ (C–ONa, NH, C–C(OH), C(OH)(ONa), NH)

↓ – O – H_2O

(C–ONa, NH, C–C, C–ONa, NH)

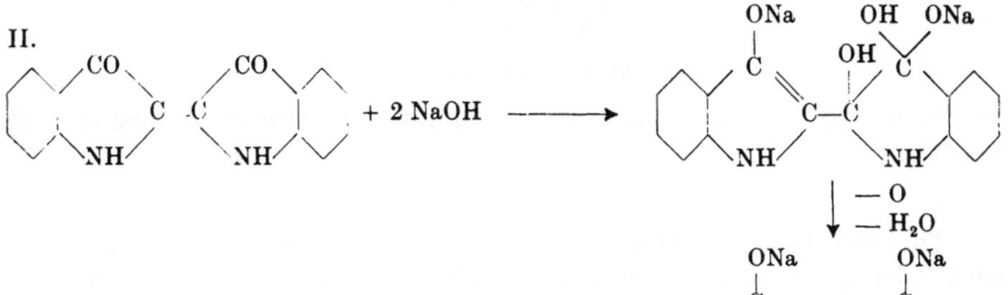

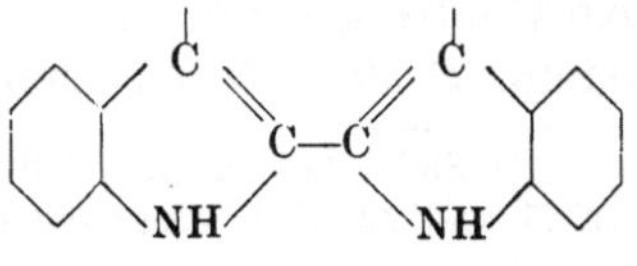

[1]) Dumas 1841, Chevreul, Berthollet, Berzelius, Liebig. Siehe Z. f. Farb. u. Text.-Chem. 1903, Heft 2, S. 25.

(Siehe: R. Haller, H. Glafey, Chemische Technologie der Baumwolle, S. 114; Binz und Rung, Z. f. ang. Chem. 1902, S. 627; B.A.S.F., *D.R.P. 158.625* und *219.732)*.

Es können sich also demgemäss zweierlei Salze bilden: das leicht lösliche saure Salz (I) und das weniger lösliche neutrale Salz (II).

Das Färben erfolgt in der Senk- bzw. Tauchküpe oder auf der Roulette- bzw. Kontinueküpe.

Je nach der Zusammensetzung des Färbebades unterscheidet man:

1. Zinkstaub-Kalkküpe: Indigoteig 20% + Zinkstaub + Kalk.
2. Vitriolküpe: Indigoteig 20% + Eisenvitriol + Kalk.
3. Hydrosulfitküpe: Indigoteig 20% + Natronlauge 40° Bé + Natriumhydrosulfit.
4. Hydrosulfit-Glukoseküpe: Candit V.
5. Gärungsküpe: Zucker + Indigo + Soda + Kalk.
6. Verküpung in saurem Medium: Zinkstaub + Natriumbisulfit. (Bull. Rouen 1884, S. 330).

Zinkstaub-Kalkküpe:

Die Zinkstaub-Kalkküpe beruht auf der Eigenschaft des Zinkpulvers mit gelöschtem Kalk unter Bildung von Kalziumzinkat und naszierendem Wasserstoff zu reagieren.

$$Zn + Ca(OH)_2 = CaZnO_2 + 2\,H$$

Durch Einwirkung des naszierenden Wasserstoffs auf den Indigo bildet sich durch Reduktion das Indigoweiss, welches sich im überschüssigen gelöschten Kalk der Reduktionsflotte auflöst. In Wirklichkeit geht die Reduktion nicht so einfach vor sich. Gewisse Beobachtungen lassen vermuten, dass der Chemismus dieser Reaktion bedeutend komplizierter ist[1]).

Färbebad:

200 kg Indigoteig 20%
45 kg Zinkstaub
100 kg Kalk

auf 2000 Liter einstellen

An Stelle von gelöschtem Kalk kann auch Natronlauge verwendet werden.

Vitriolküpe:

Das Reduktionsmittel dieser Küpe besteht aus Ferrosulfat, dessen Anwendung schon im Ätzdruck auf Küpenfärbungen erwähnt wurde (siehe S. 243, Verfahren von R. Haller, *D.R.P. 263.647* der Firma

[1]) Siehe diesbezüglich: Binz und Rung, Die Zinkstaubküpe, Z. f. ang. Chem. 1899, Nr. 21 und 22; Z. f. Elektrochem. 1898, Nr. 1 und 9.

Enderlin AG. in Wien, Frb. Ztg. 1912, S. 462) und von welchem schon Jeanmaire für die Küpenfärbung (siehe S. 103 und 288) und für den Küpendruck Gebrauch machte.

Die Reduktion mit Eisenvitriol in alkalischem Mittel (Kalziumhydroxyd) beruht auf folgenden Reaktionen:

$$FeSO_4 + Ca(OH)_2 = Fe(OH)_2 + CaSO_4$$
$$2\,Fe(OH)_2 + 2\,H_2O = 2\,Fe(OH)_3 + 2\,H$$

Das Eisenoxydulhydrat reduziert den Indigo in Indigoweiss und wird selbst zu Ferrihydroxyd oxydiert.

Stammküpe.

25 kg Indigo rein Teig 20% werden unter ständigem Umrühren mit
45 Liter Wasser von 60° C versetzt. Man gibt alsdann
30 kg Kalk, in Form von Kalkmilch zu. Dieser Suspension wird dann eine Lösung von
20 kg Eisenvitriol in
80 Liter Wasser von 60° C zugesetzt und das Ganze auf
250 Liter verdünnt.

Gärungsküpe.

Die Gärungsküpe wird hauptsächlich in Ostasien (Japan, Indien, China) und Kleinasien (Türkei) angewendet. Dieses Verfahren kommt in Europa, mit Ausnahme Russlands und der Balkanstaaten, kaum mehr zur Ausführung. Als Reduktionsmittel wirkt hier naszierender Wasserstoff der in alkalischem Medium durch bakterielle Gärung verschiedener zucker- oder stärkehaltige Produkte entsteht. Je nach den Ländern, in denen die Gärungsküpe noch zur Anwendung kommt, gebraucht man:

a) als Reduktionsmittel: Kleie, Mehl, Melasse (Sirup), Brot, Datteln und andere zuckerhaltige Früchte, Wein, Hennahblätter, Rosinen, Krapp;

b) als alkalische Mittel: Kalk, Pottasche, Holzasche, Natriumkarbonat, natürlich vorkommende Soda (Illig oder Kallia in Syrien, Persien, Thessalien; Kischmisch in Kleinasien; Kalagar im Kaukasus), manchmal auch Urin.

Beispiel einer Kleieküpe:

9 kg Indigoteig 20%
3 kg Pottasche oder der Absud von
15 kg Kleie.

Letztere wird zuvor mit etwa 100 Liter Wasser ausgekocht und die Abkochung durch ein Sieb in die Küpe gegossen. Der Ansatz geschieht bei 50° C.

Die in der Gärungsküpe ausgefärbte Ware ist mit einem eigentümlichen Geruch behaftet, der auf die Bildung von Indol zurückzuführen ist.

Die Bisulfit-Zinkküpe unterscheidet sich im wesentlichen nicht von der Hydrosulfitküpe, gibt jedoch zu verschiedenen Schwierigkeiten Anlass (Niederschlag usw.).

Die Hydrosulfitküpe eignet sich hauptsächlich für die Apparatefärberei.

Von den verschiedenen Küpen arbeiten allein die Gärungsküpe und die Hydrosulfit-Glukoseküpe bei höherer Temperatur. Bei steigender Temperatur nimmt die Affinität des Leukoindigos zur Faser erheblich ab.

Um die Ausbeute der Küpe zu erhöhen, hat man verschiedene Zusätze empfohlen, insbesondere Leim oder Tetracarnit. (R. Haller, Mell. 1926; *D.R.P. 112.942*, 1887, B.A.S.F.[1])).

Es sei hier erwähnt, dass das unter dem Namen Candit V (von Pyrgos in Radebeul) im Handel befindliche Produkt ebenfalls als Reduktionsmittel beim Färben mit Indigo verwendet werden kann[2]).

Die I.G.-Farbenindustrie beschreibt im *D.R.P. 692.626* (13. März 1938) folgendes Verfahren zum Färben von Faserstoffen mit Indigo:

Das Färbegut, Baumwolle oder regenierte Zellulose, wird mit Indigoweiss in alkalischer, neutraler oder saurer Flotte mit oder ohne Zusatz von Fliess- oder Verteilungsmitteln geklotzt und das geklotzte Färbegut dann, wie beim Pigmentklotzverfahren üblich, in einem alkalischen Reduktionsbad zwecks Fixierung des Farbstoffes behandelt. Das Reduktionsmittel in diesem Bad ist notwendig, um das nach dem Klotzen auf der Faser teilweise oxydierte Indigoweiss wieder zu reduzieren und zu fixieren. Auf diese Weise durchdringt der Farbstoff das Färbegut gleichmässig, und es werden tiefblaue, nicht bronzierende Färbungen erhalten.

Das Färben der Wolle mit Indigo.

Das Färben der Wolle mit Indigo[3]) erlangte eine grosse Bedeutung wegen der sehr schönen, satten und echten Blautöne, welche damit erzielt wurden.

Vor dem Erscheinen des Hydrosulfits wurde die Indigofärberei in der sogenannten Gärungsküpe ausgeführt. Die Reduktion des Indigos erfolgt durch gärungsfähige Produkte, welche man der Färbeflotte zusammen mit dem Farbstoff und dem Alkali (Soda, Pottasche oder Kalk) zusetzt. Je nach der Art des Alkalis oder des Gärungsmittels unterscheidet man:

die Waidküpe (Ansatz: Kalk, Waid, Kleie und Krapp)
die Sodaküpe (Ansatz: Kalk, Soda, Kleie, Sirup, Krapp)
die Urinküpe
die Wollschweissküpe } kommen kaum mehr zur Anwendung.

Die Färbung erfolgt bei etwa 50° C.

---

[1]) Siehe ferner *brit. P. 448.272* (I. G.): Präparation der pflanzlichen Faserstoffe mit Ammonium-, Sulfonium- und Phosphoniumbasen.

[2]) Siehe S. 114.

[3]) O. Leupin und B. Hartmark, Studien über Indigo und Indigofärbungen auf Wolle, Mell. 1943, S. 394.

Diese verschiedenen Gärungsküpen wurden jedoch in den meisten Ländern von der Hydrosulfitküpe verdrängt. Die Ursache hierfür liegt insbesondere in den sogenannten „Krankheiten", von welchen die Gärungsküpen bei nicht sachgemässer Behandlung durch unerfahrene Arbeitskräfte befallen werden.

Zusammensetzung der Stammküpe (für 3000 Liter Färbeküpe).

7,5 kg Indgo rein B.A.S.F. Teig 20%, werden mit
15 Liter Wasser von 60° C angerührt und mit
1,8 Liter Natronlauge 40° Bé versetzt. Dann gibt man
1,5 kg Hydrosulfit konz. B.A.S.F. Pulver zu und hält auf
60—70° C während ½ Stunde unter ständigem Rühren.

Ansatz der Färbeküpe.

Das Wasser wird vorerst mit etwa 1 Liter Ammoniak und 150 g Hydrosulfit versetzt, dann gibt man 10 Liter Leimlösung 1:10[1]) und schliesslich die Stammküpe zu.

Bei der Kalkküpe wird die Natronlauge durch Kalk ersetzt. In manchen Fällen wird das Hydrosulfit beim Ansatz der Küpe durch Einwirkung von Zinkstaub auf Natriumbisulfit hergestellt. Es handelt sich also hier um eine Bisulfitzinkkalkküpe.

Das Färben mit Küpenfarbstoffen[2]).

Die Küpenfarbstoffe werden für die Färberei der vegetabilischen Fasern (Baumwolle, Kunstseide, Zellwolle) in grossem Maßstabe, seltener für die Wollfärberei verwendet.

Die Baumwolle wird als lose Baumwolle, in Garn und im Stück gefärbt. Die lose Baumwolle und Baumwollgarn werden in mecha-

---

[1]) *D.R.P. 152.907* (B.A.S.F.).

[2]) P. Colomb, Teintex 1941, S. 307.

G. Durst, Über das Färben mit Indanthrenblau GCD, Mell. 1925, S. 837.

F. Gund, Über Spezialmethoden zum Färben mit Indanthrenfarbstoffen, Mell. 1943, S. 401, 435 und 470.

E. Koester, Neuere Färbeverfahren für Indanthrenfarbstoffe und ihre Anwendung beim Färben von Kunstseide und Zellwolle, Textil-Praxis 1948, Bd. *3*, S. 82.

O. W. Clark (Calco), Gegenwärtige Arbeitsmethoden und charakteristische Entwicklungstendenzen in der Küpenfärberei, Canad. Text. J. 1948, Bd. *65*, S. 45; 1949, Bd. *66*, S. 46.

J. Boulton, Fortschritte in der Anwendung von Küpenfarbstoffen für Viskose-Spinnkuchen, The Dyer 1948, Bd. *100*, S. 437; Amer. Dyest. Rep. 1948, S. 438.

A. Müller, Erfahrungen beim Färben mit Küpenfarbstoffen, S.V.F. Fachorgan 1948, S. 253.

W. Dietrich, Das Indanthren-Nass-Dampf-Kontinue-Entwicklungsverfahren, Textil-Praxis 1949, S. 333 und 393.

O. W. Clark, Experimentaluntersuchungen über Küpenfärberei, Mell. 1948, Bd. *29*, S. 386; Amer. Dyest. Rep. 1948, S. 82; Text. Rundschau 1948, S. 403.

D. A. Clibben, Absorption von Küpenfarbstoffen durch Baumwolle, J. Text. Inst. 1949, Bd. *40;* Nr. 1, S. 57—87; Mell. 1949, S. 174.

The Rhode Island Section, Einige Bedingungen, die die Anwendung von Küpenfarbstoffen beeinflussen, Amer. Dyest. Rep. 1949, Bd. *38*, S. 69; Mell. 1949, Bd. *30*, S. 221.

nischen Apparaten nach dem Prinzip: ruhende Ware – bewegte Flotte, behandelt.

Das Färben der Baumwollgewebe geschieht auf dem Foulard, auf dem Jigger oder auf kontinuierlichen Apparaten.

Um mit Küpenfarbstoffen färben zu können, müssen sie zuerst mit Natronlauge und Natriumhydrosulfit reduziert werden. Es entsteht dabei das Leukoderivat, das eine grosse Affinität zur Zellulose aufweist.

Chemisch gesehen:

a) Indigo-Derivate.

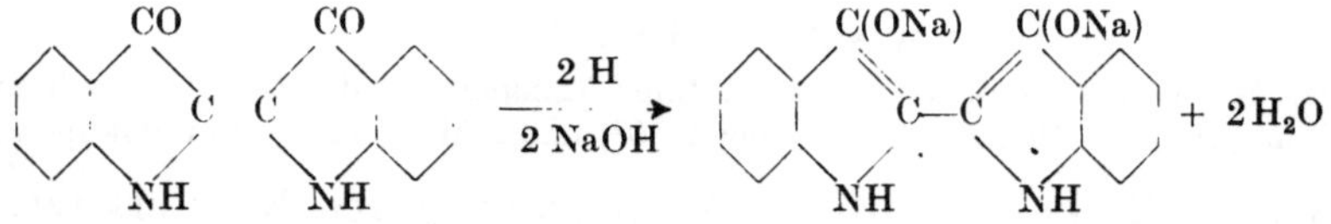

CO CO C(ONa) C(ONa)
C C $\xrightarrow[2\,NaOH]{2\,H}$ C—C + $2\,H_2O$
NH NH NH NH

b) Anthrachinon-Derivate.

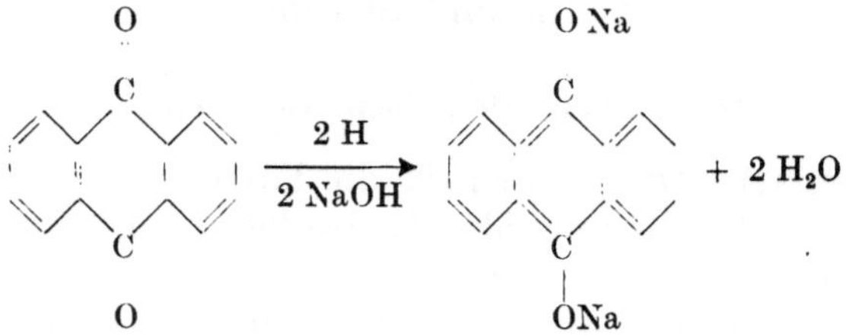

O ONa
C C
$\xrightarrow[2\,NaOH]{2\,H}$ + $2\,H_2O$
C C
O ONa

c) Anthrachinonazin-Derivate.

O O
C C
O $\xrightarrow[2\,NaOH]{2\,H}$ ONa + $2\,H_2O$
C NH NH C C NH NH C
O O
C C
O ONa

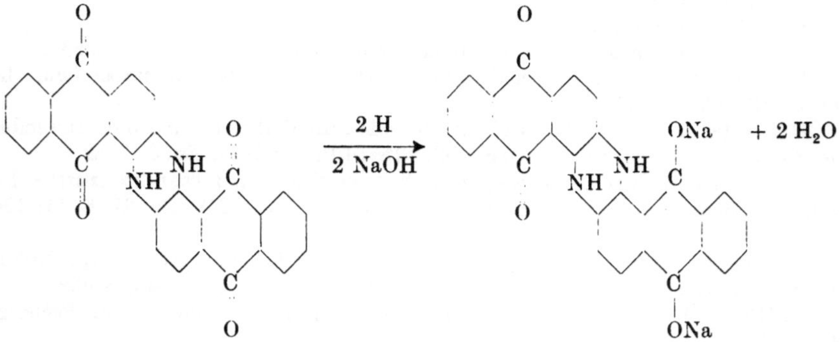

Von Bedeutung ist dabei, dass die Anthrachinonazinderivate, also die eigentlichen Indanthrenfarbstoffe, wie die Indanthrenblau RS, GC, GCD, durch die Reduktion mit Natronlauge und Hydrosulfit nur in das Dihydroderivat übergeführt werden.

Um sie in das Tetrahydroderivat überzuführen, müssen sie mit stärker wirkenden Reduktionsmitteln behandelt werden.

Die so erhaltenen Leukoderivate werden durch den Luftsauerstoff leicht wieder oxydiert. Die oben erwähnten Reduktionsvorgänge müssen unter bestimmten Vorbedingungen erfolgen:

a) Die für die Reduktion erforderliche Menge Reduktionsmittel.

$$Na_2S_2O_4 + 2\,H_2O \longrightarrow 2\,NaHSO_3 + 2\,H$$

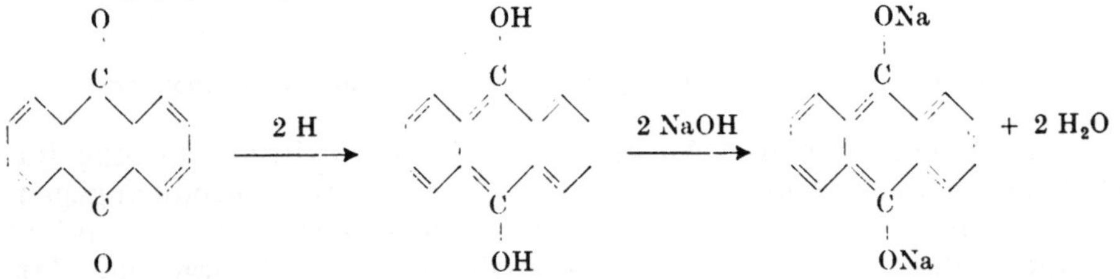

O / C / C / O $\xrightarrow{2\,H}$ OH / C / C / OH $\xrightarrow{2\,NaOH}$ ONa / C / C / ONa $+ 2\,H_2O$

Mit Hilfe dieser Gleichungen ist es möglich, die nötigen Mengen Hydrosulfit und Natronlauge zu berechnen. In der Praxis benötigt man jedoch mehr Hydrosulfit, um eine Reoxydation durch den Luftsauerstoff auszuschalten. Gleichzeitig benötigt man auch mehr Natronlauge, da einerseits das entstehende Natriumbisulfit zu neutralisieren ist, und anderseits muss das Gleichgewicht nach folgender Reaktion nach rechts verschoben werden, da die Leukosäure schwer löslich ist.

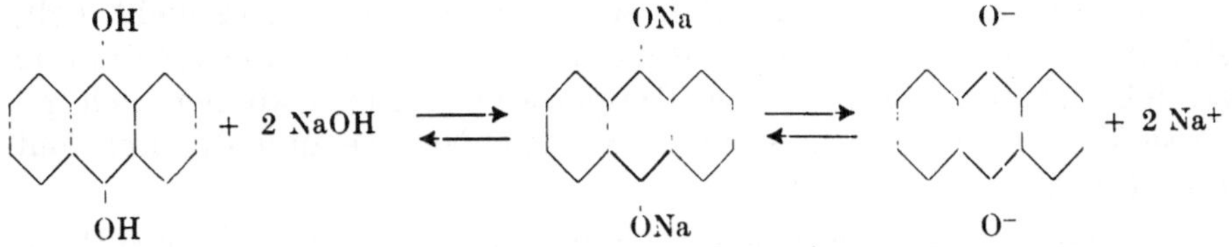

OH / OH (Leukosäure) $+ 2\,NaOH \rightleftarrows$ ONa / ONa $\rightleftarrows$ O^- / O^- $+ 2\,Na^+$

b) Der p_H-Wert.

Wenn zu wenig Alkali vorhanden ist und der p_H-Wert gegen 7 geht, können andere Reaktionen erfolgen. Man weiss von verschiedenen Küpenfarbstoffen, besonders der Anthrachinonreihe, dass die Leukoverbindung teilweise sich in die isomere Oxanthronform umlagert:

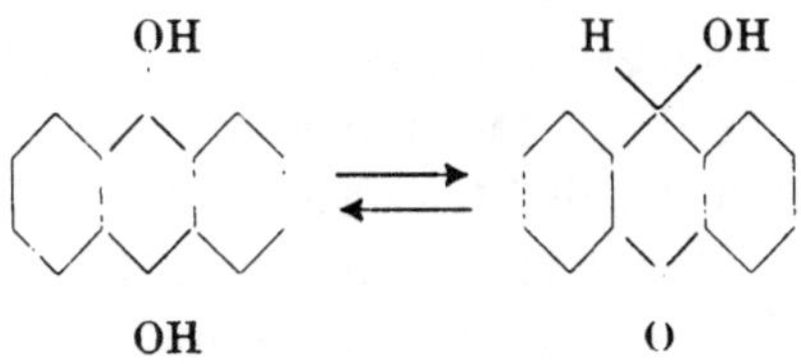

OH / OH (Anthrahydrochinon) $\rightleftarrows$ H OH / O (Oxanthron)

Die Oxanthronform ist schwer oxydierbar. Die Reduktion hat also stark alkalisch zu erfolgen, damit die Anthrahydrochinonform erhalten wird. Zudem wird das Anthron in schwach alkalischem Medium leicht in das isomere Anthranol übergeführt.

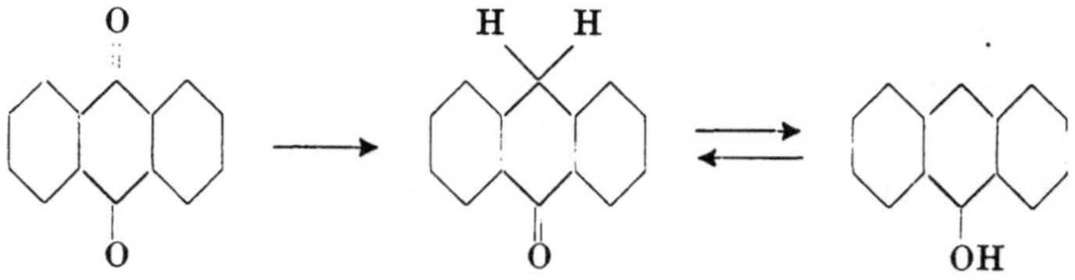

Anthrachinon → Anthron (Keto-Form) ⇄ Anthranol (Enol-Form)

In diesem Falle sind Anthron und Anthranol in der Lösung im Gleichgewichtszustand. Das Anthron ist ziemlich unempfindlich gegen Luftoxydation, das Anthranol hingegen wird gerne zu Produkten oxydiert, die nicht mehr die ursprüngliche Farbtiefe ergeben. Hat also eine Überreduktion stattgefunden, so ergibt sich eine Verminderung der Farbausbeute und ein unegaler Ausfall der Färbung.

Um dies zu verhindern, empfiehlt es sich, darauf zu achten, dass die reduzierte Form des Farbstoffes während des Färbeprozesses sich nicht verändert. Nachher ist rasch und vollständig zu oxydieren und zu säuern.

c) Die Temperatur.

Ist die Temperatur zu tief, so kann die Reduktion nicht vollständig verlaufen sowie die Löslichkeitsgrenze der Leukoverbindung erreicht werden. Bei zu hoher Temperatur hingegen können sich gewisse Küpenfarbstoffe zersetzen, was die Nuance und die Echtheit beeinflusst.

In einer sehr gründlichen Abhandlung schildert M. R. Fox[1]) zunächst kurz die Entwicklung der Färbeverfahren für Küpenfarbstoffe; es wird eine Übersicht über die Konstitution der letzteren gegeben.

Der Verfasser untersucht sodann die Zusammenhänge zwischen Konstitution und Färbeeigenschaften der Küpenfarbstoffe. Es wurde festgestellt, dass die nötige Menge Natriumhydrosulfit von Farbstoff zu Farbstoff variiert. Desgleichen ist der Bedarf an Natronlauge von der Anzahl der Ketogruppen abhängig.

Temperatur und Elektrolytzusätze sind im allgemeinen durch die Menge Natronlauge bedingt. Die Farbstoffe, welche viel Natronlauge verlangen, müssen bei ca. 60° C ausgefärbt werden.

Sieht man von der Kristallisation des Leukoderivates in der Küpe ab, so ist die Beständigkeit einer Küpe von folgenden Faktoren abhängig:

---

[1]) Zusammenhänge zwischen der chemischen Konstitution von Küpenfarbstoffen und deren Färbe- und Echtheitseigenschaften, J. Soc. D. and Col. 1949, S. 533.

1. Hydrolyse der labilen Gruppen des Farbstoffes: Dieser Vorgang kommt nur bei Farbstoffen vor, die Benzoylaminoreste tragen. Geschwindigkeit und Ausmass der Reaktion werden durch erhöhte Temperatur begünstigt.

2. Überreduktion: Diesem Vorgang unterliegen nur Stickstoffheterozyklische Farbstoffe (Indanthron- und Flavanthrenderivate).

3. Enthalogenierung: Kann bei halogenierten Farbstoffen eintreten, z. B. beim Indanthrenbrillantgrün 2 G, Indanthrenbrillantviolett 3 B (bromiertes Isodibenzanthron).

4. Intramolekulare Umlagerung des Farbstoffes: Siehe Brassard, J. Soc. D. and Col. 1943, *59*, S. 127.

Was die Farbechtheiten anbetrifft, so steht fest, dass die Farbstoffe mit höchster Lichtechtheit (Noten 7 und 8) unter denjenigen anzutreffen sind, welche im Gerüst eine Iminogruppe (—NH—) aufweisen, z. B. Karbazol- und Akridonderivate, Dihydropyrazine u. a. m.

Die Rhode Island Section[1]) veröffentlichte einen interessanten Artikel, worin untersucht wird, warum bestimmte Küpenfarbstoffe befriedigende Ergebnisse beim Färben liefern, aber allgemein schlechte Druckeigenschaften besitzen.

Untersucht wurden folgende Faktoren:

1. Dispersion der Pigmentteilchen und Teilchengrösse.
2. Substantivität der Leukoverbindungen.
3. Reduktion des Küpenfarbstoffes.
4. Löslichkeit der Leukoverbindungen.
5. Molekulargewicht.

Ein ausschlaggebender Faktor wurde in der Feuchtigkeit ermittelt. Vollständige Reduktion und Löslichkeit konnte in verschiedenen Medien erreicht werden, doch war die geeignete Feuchtigkeitsmenge zur Erzielung befriedigender Färbungen oder Drucke notwendig. Die zur Reduktion des Farbstoffes erforderliche Alkalikonzentration war relativ gering. Mit zunehmender Konzentration über dieses Minimum hinaus nahm die Farbtiefe schnell ab.

Wesentlichen Einfluss auf den Ausfall der Drucke hatten hygroskopische Mittel oder Lösungsmittel, zu deren Bestimmung die beschriebenen Versuchsverfahren neue und einheitliche Methoden liefern. Die für den Druck am besten geeigneten Farbstoffe sind solche, die die geringste Veränderung in den unter verschiedenen Bedingungen durchgeführten Versuchsergebnissen aufweisen.

---

[1]) Amer. Dyestuff Rep. 1949, *38*, Nr. 2, S. 69—75.

Siehe auch Du Pont, The Techn. Bull. 1949, Dezemberheft, ferner Absorptionsgeschwindigkeiten der Küpenfarbstoffe, Du Pont, The Techn. Bull. 1947, Dezemberheft.

Die Anwendung der Küpenfarbstoffe in der Färberei erfolgt nach zwei verschiedenen Grundverfahren:

I. Imprägnieren des Gewebes auf dem Foulard (mit oder ohne nachträglicher Trocknung) in einem den nicht reduzierten Farbstoff enthaltenden Bad. Entwicklung, d. h. Reduktion des Farbstoffes in einer Hydrosulfit- und Ätznatronlösung, wobei das eigentliche Aufziehen des Leukoderivates stattfindet, und schliesslich Oxydation. Diese Methode wird zur Herstellung von hellen und mittleren Tönen verwendet; sie umfasst die sogenannten Pflatschverfahren.

II. Imprägnieren des Gewebes in einem Bad, das den reduzierten Farbstoff enthält (Küpe). Entwicklung, d. h. Oxydation mit Luft oder Oxydationsmitteln. Dieses Verfahren ist unter dem Namen Stammküpenverfahren bekannt.

Zur ersten Kategorie gehören folgende Pflatschverfahren:

A. Pigmentklotzverfahren oder Prästabitölverfahren. Der als Pigment vorliegende Farbstoff wird durch Foulardieren auf das Gewebe gebracht. Mann kann auf zwei Arten vorgehen:

a) Klotzen mit einem Bade, welches den nicht reduzierten, mit Tragantverdickung angerührten Farbstoff enthält;

in der Hotflue trocknen;

entwickeln im Jigger mit einem Bade, welches das Reduktionsmittel (Natriumhydrosulfit) und Alkali (Natronlauge) enthält, zwecks Reduktion des Farbstoffes und Bildung des Leukoderivates;

ausfärben, dann waschen und oxydieren (entweder auf demselben oder auf einem weiteren, dahintergeschalteten Jigger).

b) Auf einem gewöhnlichen Foulard klotzen und wie oben entwickeln, jedoch ohne zu trocknen.

B. Pad-Steam-Verfahren (Du Pont de Nemours):

Mit dem nicht reduzierten Farbstoff klotzen;

trocknen (nicht unentbehrlich);

anschliessend im Kontinue mit Hydrosulfit- und Ätznatronlösung klotzen;

durch einen Dämpfkasten bei 102° C passieren;

oxydativ entwickeln und waschen.

C. Williams Unit-Verfahren *(amer. P. 2.364.838)*:

Mit dem nicht reduzierten Farbstoff klotzen;

anschliessende Ultrakurzwellen-Behandlung nach dem William-System.

D. Dämpfverfahren:

Klotzen mit dem nicht reduzierten Farbstoff + Natriumformaldehydsulfoxylat + Pottasche;

trocknen;

durch Dämpfen entwickeln;

in einem Breitapparat oxydieren und waschen.

Diese Methode ist also einem Druckdämpfverfahren ähnlich.

E. Jeanmaire-Verfahren (*D.R.P. 132.402* der B.A.S.F.): Klotzen mit dem nicht reduzierten Farbstoff + Ferrosulfat; entwickeln (reduzieren) mit Natronlauge 20° Bé bei 80° C; waschen, oxydieren und spülen.

Die Verfahren der zweiten Kategorie, welche mit einer Lösung des reduzierten Farbstoffes (Küpe) arbeiten, sind die folgenden:

A. Stammküpenfärbeverfahren: Färben auf dem Jigger oder auf dem Kontinue-Apparat (Stammküpenkontinueverfahren).

B. Küpensäureverfahren.

C. Drapal-Temperaturstufenverfahren (mit gradueller Temperaturänderung).

D. Multi-Lap-Verfahren.

E. Küpen-Pflatschverfahren: Klotzen mit dem reduzierten Farbstoff und entwickeln durch Oxydation an der Luft oder mit einem Oxydationsmittel.

F. Das Abbot-Cox-Verfahren.

G. Das Vat-Craft-Verfahren[1]): Photochemisches Verfahren der Vat-Craft Corp., New York. In Gegenwart radioaktiver Katalysatoren wird eine photoempfindliche Küpenfarbstofflösung verwendet.

H. Das Standfast-Metal-Molten-Machine-Verfahren[2]).

I. Pflatsch-Verfahren.

A. Pigmentklotzverfahren[3]).

Das Prinzip dieses Verfahrens besteht in der Anwendung des Farbstoffes in seiner unlöslichen Ketoform R=C=O. Das Gewebe wird mit einer Suspension des dispergierten, unreduzierten Indanthrenfarbstoffes unter Zusatz eines Schutzkolloides und Egalisiermittels (Peregal OK, Albatex PO) geklotzt und sodann in der Hotflue getrocknet. Eine Variante arbeitet auch ohne Trocknung. Nachher wird das unlösliche Pigment in das Leukoderivat, d. h. in das lösliche Enolat R≡C—ONa, übergeführt. Diese Operation geschieht durch Behandeln des Gewebes auf dem Jigger mit einem Hydrosulfit und Natronlauge enthaltenden Bade. Das Enolat hat eine ausgesprochene Faseraffinität und zieht in kurzer Zeit auf. Schliesslich besteht die Entwicklung in der Oxydation des Enolats zwecks Rückbildung des unlöslichen Ausgangsfarbstoffes.

---

1) The Dyer 1950, S. 89; Teintex 1950, S. 71.

2) Boardman, J. Soc. D. and Col. 1950, *65*, S. 397; J. P. Niederhauser, Teintex 1950, *15*, S. 471.

3) C. F. Woble, The Dyer 1946, Bd. *96*, S. 277 und 303; C. Zuber, Teintex 1946, S. 281. Gund, Über die Anwendung der Küpenfarbstoffe in unverküptem Zustand in der Färberei, Mell. 1937, S. 231.

Dieses Verfahren liefert gut aufgezogene Färbungen. Es eignet sich nur für helle und mittlere Nuancen; für das Färben von Mischgeweben taugt es nicht.

Man kann auch, wie bereits erwähnt, eine mit Tragant leicht verdickte Suspension des Küpenfarbstoffes aufklotzen und ohne Zwischentrocknung entwickeln. In diesem Falle fällt jedoch die Färbung gerne streifig aus, und die Ware erhält ein ungleichmässiges Aussehen. Das Trocknen nach dem Pflatschen begünstigt das Eindringen des Farbstoffes in das Gewebe und führt durch eine regelmässigere Verteilung des Farbstoffes zu egaleren Färbungen.

Wir führen hier ein Beispiel an, welches während langer Zeit in einer bedeutenden elsässischen Firma angewendet wurde:

a) Verfahren mit Zwischentrocknung auf der Hotflue:

	entweder	oder
Küpenstoff in Teig . . .	5—10 g	3—10 g
Eulysin A	10 cm³	—
Nekal BX extra	1 g	—
Schirazgummiverdickung	—	15 g
	auf 1 Liter	auf 1 Liter

Man gibt zwei Passagen bei 80° C auf dem Foulard, dessen Quetschwalzen so belastet werden, dass das Gewebe ca. 75% Klotzlösung aufnimmt; anschliessend wird auf der Hotflue getrocknet.

Die Ausfärbung erfolgt auf dem Jigger. Man bereitet ein Bad, das

	entweder	oder
Natronlauge 38° Bé . . .	12 cm³	12 cm³
Natriumhydrosulfit konz. .	4 g	3 g
Natriumsulfat kalz. . . .	10 g	—
Dekol-Plv.	2,5 g	—
	auf 1 Liter	auf 1 Liter

enthält, gibt bei 42—50° C 4—6 Passagen, spült (3 Passagen), oxydiert in einem 1 g Schwefelsäure 66° Bé im Liter enthaltenden Bad und wäscht (Igepon T, Igepal C, Gardinol CH).

b) Pigmentverfahren ohne Zwischentrocknung:

Dieses Verfahren ist dem obigen ähnlich; es arbeitet jedoch mit einem Foulard ohne Hotflue.

Drei 100-m-Stücke des gebleichten Gewebes werden zusammen aufgerollt und mit einem kalten, den mit Gummi verdickten Farbstoff enthaltenden Bade geklotzt.

Anschliessend werden die Stücke aufgerollt und auf dem Jigger ausgefärbt. Das Entwicklungsbad enthält:

5000 g Natronlauge 38° Bé
500 g Natriumhydrosulfit
auf 400 Liter

Man gibt drei Passagen, entleert, wäscht, säuert mit 2 g/l Schwefelsäure 66° Bé ab (2 Passagen), wäscht und spült.

Dieses Verfahren erspart viel Handarbeit und die Trocknung auf der Hotflue, man erhält aber, wie schon oben angeführt, ungleichmässigere Färbungen.

Bei dieser Gelegenheit sollen auch einige Mitteilungen erwähnt werden, die sich speziell auf das Zweibadverfahren mit unreduzierten Küpenfarbstoffdispersionen und darauffolgender Reduktion beziehen. Hier sei auf Text. Manuf. 1929, S. 282 und Mell. 1930, S. 639 (Hatt'scher-Artikel) verwiesen. Der Farbstoff wird mit Gummi- oder Tragantverdickung (6%) gut angeteigt. Im Gegensatz zu den üblichen Angaben setzt man noch ein Netzmittel zu. Ebenso wird der Zusatz von Sulforizinat, besser noch von Prästabitöl von Stockhausen empfohlen[1]). Hierher gehören auch die *amer. P. 2.094.608* und *2.094.609* (Kritchevsky), wonach mit fettsauren Salzen der Alkylolamine emulgiert wird und das *amer. P. 2.010.320* (Mc. Loughlin), wobei zuerst mit Alkali und einem Verzögerungsmittel präpariert und dann erst in der alkalischen Küpe ausgefärbt wird.

Nach dem *amer. P. 1.899.975* (Moorhouse-Nat. Anil. Div.) kann das Zweibadklotzverfahren durch Zusatz von Alkalisulfiden zur Küpenfarbstoffdispersion verbessert werden, wobei der Farbstoff sich feiner verteilt.

Im *D.R.P. 636.306* (Oranienburger Chem. Fabrik) wird mitgeteilt, dass beim Prästabitölverfahren, also bei der Klotzung mit unverküpten Küpenfarbstoffen, die sulfonierten Fett- oder Wachsalkohole, z. B. Oleylalkohol, eine gute dispergierende Wirkung zeigen.

Das Pigmentfärbeverfahren ist dem Klotzverfahren ähnlich. Man imprägniert die Gewebe bzw. Kreuzspulen oder Kettbäume mit der Suspension des unlöslichen Indanthrenfarbstoffes bei 70—80° C während 15—20 Minuten. Alsdann setzt man portionenweise Natronlauge und Hydrosulfit zu, führt auf diese Weise den Farbstoff allmählich in seine Leukoverbindung über und färbt nach der vollständigen Verküpung evtl. unter Salzzusatz noch 20 Minuten bei 60—80 C.

Eine Ausgestaltung des Prästabitölverfahrens findet man im *franz. P. 824.196* (Geigy). Man setzt hiernach eine Stammküpe ohne

[1]) Hier wäre auch die Arbeit von Gund, Über die Anwendung der Küpenfarbstoffe in unverküptem Zustand in der Färberei, Mell. 1937, März, S. 231/2, heranzuziehen, worin man interessante Einzelheiten über das Prästabitölverfahren findet, das besonders in der Apparatefärberei unentbehrlich erscheint.

Überschüsse an Alkali und Reduktionsmittel an, und giesst diese dann in einen Überschuss von Wasser, so dass sich unter Umschlagen des Tones des verküpten Farbstoffes eine feine Suspension bildet, welche anscheinend das Alkalisalz des Leukoküpenfarbstoffes in stark dissoziiertem Zustand enthält. Überschüsse von Alkali, welche die Leukoverbindung ausflocken würden, sind zu vermeiden. Färbt man in diesem Bade aus und nimmt durch ein Reduktionsbad, so erhält man durchaus egale Färbungen.

Eine eigentümliche Fixierung von unlöslichen Farbstoffen auf der Faser, insbesondere von Indanthrenfarben, hat W. Illinsky[1]) angewandt. Die Ware wird in einer schwach angesäuerten Suspension des Indanthrenfarbstoffes bei langsam steigender Temperatur behandelt. Dadurch findet eine nahezu quantitative Adsorption des Pigmentes statt. Illinsky nennt diese Verbindung, die auf dem Substrat nur sehr locker befestigt ist, „labile Farbstoff-Faserverbindung". Die eigentliche Färbung wird in der Weise ausgeführt, dass die Ware in einer alkalischen Lösung von Hydrosulfit bei 70° C behandelt wird und der in grober Form auf der Faser abgelagerte Farbstoff in die hochdisperse Form der Leukoverbindung übergeht.

B. Das Pad-Steam-Verfahren[2]).

Dieses Verfahren wurde von den Chemikern der Firma Du Pont de Nemours ausgearbeitet. Ein sehr rascher Reduktionsvorgang (er dauert weniger als eine Minute) sowie das Auftragen des Farbstoffes als unlösliches Pigment durch Klotzen sind seine charakteristischen Merkmale. Vergleichsweise sei erwähnt, dass beim Pigmentverfahren die Reduktion innert 30 Minuten auf dem Jigger bei 60° C erfolgt.

Es wurde beobachtet, dass die Leukoderivate, welche bei 60 bis 70° C nur sehr kurze Zeit beständig sind, bei 100° C innerhalb einiger Sekunden ohne jeglichen Zerfall gebildet werden, was übrigens von der Druckerei her schon bekannt war.

Das Pad-Steam-Verfahren geht folgendermassen vor sich:

1. Klotzen des Gewebes mit einer Dispersion des nicht reduzierten, also als unlösliches Pigment vorliegenden Farbstoffes, unter Zugabe geeigneter Dispergiermittel. Man benützt mit Vorteil einen Foulard mit drei Rollen und sehr starkem Druck (hydraulische Druckvorrichtung). Badtemperatur: 90° C; Abquetscheffekt: mindestens 60% des Stoffgewichtes.

2. Trocknung in der Hotflue mit Luftzufuhr auf beiden Seiten des Gewebes, dann Passage durch einen Kühlapparat mit einer oder zwei Walzen.

---

[1]) *D.R.P. A. W. 38.675, W. 38.728, W. 38.700, W. 40.286;* Z. f. angew. Chem. 1917, S. 356.

[2]) W. Dietrich, Das Indanthren-Nass-Dampf-Kontinue-Entwicklungs-Verfahren, Textil-Praxis 1949, S. 333 und 393. Du Pont, The Techn. Bull. 1949, Oktoberheft.

3. Imprägnieren auf einem zweiten Foulard mit der Lösung des Reduktionsmittels und des Alkalis. Temperatur: 30° C; Zusammensetzung des Bades: 35 g Natriumhydrosulfit und 35 cm³ Natronlauge 36° Bé pro Liter.

4. Dämpfen bei 101—102° C während 10 Sekunden in einer speziellen, vollständig luftfreien Entwicklungskammer.

5. Oxydation in einer Reihe von Rollenkufen; schliesslich waschen und trocknen.

Wie die Chemiker der Firma Du Pont beobachteten, erfolgt diese sehr rasche Reduktion nur in Abwesenheit jeglicher Spuren von Sauerstoff. Diese Forderung hat eine doppelte Begründung: sowohl die Zerstörung des Reduktionsmittels wie die vorzeitige Rückoxydation des gebildeten Leukoderivates müssen vermieden werden. Letzteres liegt hier, im Gegensatz zum gedruckten Farbstoff, nicht unter der schützenden Schicht eines Verdickungsmittels und ist der Einwirkung des Luftsauerstoffs unmittelbar ausgesetzt.

Dem Pad-Steam-Verfahren liegt das am 11. März 1944 eingereichte und am 4. Februar 1947 publizierte *amer. P. 2.415.379*[1]) von Du Pont de Nemours zugrunde. Die Apparatur setzt sich zusammen aus einem Dreiwalzen-Foulard, der die fein verteilte Suspension des Farbstoffes aufnimmt, einer Spezial-Trockenkammer, in welcher die Wanderung des Farbstoffes vermieden wird, einem zweiten Foulard, der die Imprägnierung mit Natronlauge und Hydrosulfit bewerkstelligt, und einer Entwicklungskammer. Zum Fertigstellen wird wie bei den üblichen Verfahren oxydiert, gewaschen und geseift.

Ein weiteres, analoges Färbeverfahren wurde von J. Welch and Sons Ltd. im *brit. P. 571.325* beschrieben[2]). Das Gewebe wird mit der Suspension eines Indanthrenfarbstoffes geklotzt, getrocknet und passiert sodann durch ein Reduktionsbad. Unmittelbar anschliessend wird das Gewebe zwischen zwei endlose Mitläufer genommen und über mehrere grosse, beheizte Trommeln geführt. Die Mitläufer sind dicht gummiert, so dass eine Einwirkung des Luftsauerstoffs auf den Leukokörper ausgeschlossen ist. Die aufgetragene Menge Reduktionsflüssigkeit reicht eben aus, um den vom Gewebe aufgenommenen Farbstoff zu reduzieren, ohne dass eine Wanderung desselben zu befürchten wäre. Dank dem aus dem Reduktionsbad mitgenommenen Wasser kann auf den überhitzten Walzen die Reduktion stattfinden. Das Fertigstellen erfolgt nach üblicher Art durch Oxydieren des Leukoderivates, Seifen und Spülen.

---

[1]) Siehe auch *amer. P. 2.487.197* von Du Pont; Amer. Dyest. Rep. 1950, S. 191; Teintex 1950, S. 193; sowie frühere von dem amerikanischen Patentamt zitierte Referenzen: *amer. P. 2.204.439*, 1940, *2.164.930*, 1939 von Du Pont, *2.151.363*, 1939 von Wedler, *2.089.920*, 1937 von General Aniline; *2.607.926*, 1937 von National Aniline; *D.R.P. 574.939*; Pfeffer, Colloresindämpfer, dieses Kap., S. 130.

[2]) The Dyer 1945, Bd. *94*, S. 347.

Die apparative Einrichtung besteht aus einem Imprägnier-Foulard mit anschliessenden Trockentrommeln, einem Palmer mit endlosem Mitläufer und einer Rollenbahn für die dazwischen liegende Strecke.

Beispiel: Das gebleichte Gewebe wird auf dem Foulard mit einer wässerigen Dispersion von

120 g	Caledon Jade Green XS Teig fein
10 cm³	Natriumsulforizinoleat
5 g	Tragantverdickung
auf 1 Liter	

imprägniert, auf den Trommeln getrocknet und mit einer kalten Lösung von

20 cm³	Natronlauge 30° Bé und
10 g	Natriumhydrosulfit
auf 1 Liter	

geklotzt. Das Gewebe passiert sodann mit einer Geschwindigkeit von 20 Metern in der Minute zwischen dem Mitläufer und der auf 95° C geheizten Trommel des Palmers; zuletzt wird gewaschen, oxydiert und geseift.

Im *amer. P. 2.396.908* (eingereicht 21. Oktober 1943, erteilt 19. März 1946) beschreibt die Riverside and Dan River Cotton Mills Inc. ein Kontinue-Färbeverfahren für Küpenfarbstoffe, die als wässerige Dispersion oder Suspension aufgetragen werden. Die Pigmente werden durch nachträgliche Trocknung auf dem Gewebe fixiert. Die Reduktion erfolgt wie gewohnt mit einer Hydrosulfit- und Ätznatronlösung, dann wird oxydiert. Alle Operationen werden kontinuierlich durchgeführt.

Die apparative Einrichtung ist die folgende:

a) ein Zweiwalzen-Foulard, auf dem das Gewebe mit der wässerigen Suspension des Farbstoffes imprägniert und auf 50—75% Flottenaufnahme ausgequetscht wird;

b) eine Hotflue nach Andrews Goodrich;

c) ein Dreiwalzen-Foulard, der mit einer Hydrosulfit- und Ätznatronlösung relativ hoher und konstanter Konzentration beschickt wird;

d) mehrere, Hydrosulfit und Natronlauge enthaltende Rollenkufen;

e) weitere Rollenkufen mit Quetschwalzen zum Spülen, Oxydieren und Seifen.

Die Entwicklung der Nuance vor dem Trocknen erfordert bloss 1 bis 2 Minuten, weil die Vortrocknung die Absorption des Reduktionsmittels und der Natronlauge durch das Textilmaterial erleichtert.

Die Wärme des aus der Hotflue kommenden Gewebes, welche die Reduktionstemperatur übersteigt, wird dem Entwicklungsbad abgegeben und beschleunigt den Färbevorgang.

Die Research Engineering Division der Riverside and Dan River Cotton Mills Inc. in Danville, Va. (U.S.A.) beschrieb in einer Broschüre ihr Kontinue-Färbeverfahren, welches sich vom Pad Steam-Verfahren nur durch eine Hotflue spezieller Konstruktion unterscheidet[1]).

Schliesslich soll hier das im *amer. P. 2.447.993* von N. R. Viera (Du Pont) angeführte Verfahren Erwähnung finden. Das Textilmaterial wird mit dem Küpenfarbstoffpigment geklotzt und anschliessend in eine luftfrei abgeschlossene und mit Dampf beschickte Kammer geführt, in welcher die alkalische Lösung eines Reduktionsmittels im Sieden erhalten wird. Das Gewebe geht abwechslungsweise in das Reduktionsbad und in die Dampfatmosphäre, wobei die Tauchperioden kürzer sind als die Dämpfperioden. Die gesamte Behandlungszeit wird so bemessen, dass die Reduktion und die nachträgliche Entwicklung allen im Gewebe vorhandenen Farbstoff erfasst.

C. Williams-Unit-Verfahren.

Dieses von Sunmer und H. Williams erfundene Verfahren bildet den Gegenstand des *amer. P. 2.364.838*, 1944 der General Dyestuff Corp., North Carolina (U.S.A.).

Seinem Prinzip nach stellt es ein Pigmentverfahren dar. Das Gewebe wird auf einem Zwei- oder Dreiwalzenfoulard mit dem fein dispergierten Küpenfarbstoff kontinuierlich imprägniert. Das Klotzbad enthält ziemlich viel Natronlauge. Die Ware passiert sodann durch einen Apparat von mehreren langen und sehr schmalen Abteilungen. Beim Eingang wird das Gewebe mit heisser Natronlauge bespritzt und mechanisch mit pulverförmigem Hydrosulfit bestreut. Die Reduktion und Fixierung des Farbstoffes erfolgt im Innern des Apparates; beim Verlassen desselben wird das Gewebe kräftig ausgequetscht, dann in gewohnter Art und Weise oxydiert, gewaschen und getrocknet.

D. Dämpf-Verfahren.

Diese Methode ist mit dem Druck-Dämpfverfahren verwandt. Das Färbebad enthält den Farbstoff, das Alkali (Natronlauge oder Soda) und das Reduktionsmittel (Rongalit C extra).

Man imprägniert die Stücke auf dem Foulard, trocknet sie in der Hotflue oder in der Mansarde einer Druckmaschine, dämpft 6 Minuten im Schnelldämpfer, entwickelt in einem Oxydationsbad, seift und spült.

---

[1]) The Dyer 1946, Bd. *96*, S. 304. Siehe auch *amer. P. 2.396.908* (eing. am 21. Oktober 1943, ert. am. 19. März 1946).

E. Jeanmaire-Verfahren.

Dieses im *D.R.P. 132.402* (B.A.S.F.) beschriebene Verfahren ist vielfach im Drucke angewendet worden.

Das Färbebad enthält den Farbstoff, ein Reduktionsmittel (Ferrosulfat und Zinnchlorür) sowie Weinsäure. Die Stücke passieren durch das Färbebad und anschliessend durch Natronlauge 20⁰ Bé bei 70⁰ C; sie werden kalt gespült. Um eine Ablagerung von Eisenoxyd auf der Faser zu verhüten, säuert man mit Schwefelsäure ab[1]).

II. Küpenfärbeverfahren.

A. Jigger- und Apparatefärberei. (Stammküpenfärbeverfahren.)

Das Prinzip dieses Verfahrens besteht in der Zubereitung einer möglichst hoch konzentrierten Stammküpe, die man der ein Dispergiermittel enthaltenden Färbeflotte zufügt. Das Entscheidende bei diesem Verfahren ist die Tatsache, dass eine mehr oder minder weitgehende Hydrolyse der Natrium-Leukoverbindung unter Bildung der freien Küpensäure eintritt. Man erreicht also durch die Verdünnung, dass die Affinität des Farbstoffes zum grössten Teil aufgehoben wird.

Der weitere Arbeitsvorgang gestaltet sich dann so, dass zunächst mit dieser Flotte das Material getränkt und durch allmähliche Zugabe von Natronlauge und Hydrosulfit eine Überführung des Farbstoffes in den affinen Zustand erreicht wird. Auf diese Weise erzielt man eine vollständige Ausnutzung des Färbebades bei gleichmässiger Durchdringung des Materials.

Je nach den Substantivitätsverhältnissen werden die Küpenfarbstoffe nach den drei folgenden Verfahren gefärbt, die sich durch verschiedene Temperaturen und Natronlaugemengen sowie durch den Salzzusatz unterscheiden.

a) in heissem und stark alkalischem Bad, entsprechend dem IN-Verfahren nach der Bezeichnung der I. G., Natronlauge 40⁰ Bé 10—12 cm³ pro Liter, Temperatur 60⁰ C.

b) in heisser, aber schwächer alkalischen Lösung, als es bei a) der Fall ist (IW-Verfahren). Das IW-Verfahren arbeitet unter Zusatz von Glaubersalz kalz. oder Natriumchlorid zum Färbebad. Pro Liter Färbebad benötigt man nur 3—5 cm³ Natronlauge 40⁰ Bé. Temperatur des Färbebades 40—45⁰ C.

c) Kaltfärbeverfahren (IK-Verfahren). Eine Anzahl Indanthrenfarbstoffe wird am besten bei gewöhnlicher Temperatur (20—25⁰ C) und unter Zusatz der doppelten Menge Glaubersalz kalz. oder Natriumchlorid gefärbt. Natronlaugemenge: 3—5 cm³, 40⁰ Bé pro Liter.

Die Färbebäder enthalten Natronlauge, Hydrosulfit, Natriumsulfat oder Natriumchlorid. Die Färbedauer schwankt zwischen 20 Minuten und einer Stunde. Verschiedene Netz-, Egalisier- und Durchdringungsmittel, deren Ziel es ist, die Faser durch die Färbeflotte

[1]) Jeanmaire, Bull. Mulh. 1913, S. 84. Vgl. dieses Kapitel, S. 103.

schnell und vollständig benetzbar zu machen, werden dem Färbebad zugesetzt[1]).

Als solche sind zu nennen:

Nekal BX der I. G. Farbenindustrie
Leonil SB, S, SBS der I. G. Farbenindustrie
Invadin BL extra konz. der Ciba
Coptal N von Francolor
Oranit der Oranienburger Chem. Fabr.
Neomerpin von Pott
Resolin B und NF von Sandoz
Noval TB 4 und ISN 3 von Sodag
Alcanol B, SA, MG von Du Pont

ferner Sulfonate pflanzlicher Öle, wie

Avirol AH der Böhme Fettchemie
Sandozol KBN von Sandoz
Geneucol M
Inferol NF
Optan
Prästabitöl V und MA von Stockhausen
Tinopol BH von Geigy

und andere mehr.

Die Temperatur ist von grossem Einfluss auf den Netzvorgang. Das Netzvermögen nimmt mit steigender Temperatur zu. Man unterscheidet deshalb Kalt- und Heissnetzer.

Als Heissnetzer von besonders guter Wirkung in Färbebädern sind zu nennen:

Humectol C oder CX der I. G., das ist das Äthylanilid der Ölsäure:

$$C_{17}H_{33}\text{—CO—N}\begin{matrix} \diagup C_2H_5 \\ \diagdown C_6H_5 \end{matrix}$$

Laut *D.R.P. 693.620* erhält man diese Verbindung durch Überführen der Ölsäure mit Phosphortrichlorid in das Ölsäurechlorid und Substituieren desselben mit Äthylanilin. Zur Löslichmachung wird Natriumbisulfit an die Doppelbindung der Ölsäurekette angelagert.

Weitere Hilfsmittel mit Egalisier- oder Verzögerungswirkung sind als Zusätze zu den Färbebädern empfohlen worden, z. B.:

Lamepon A von Landshoff und Meyer
Protepon A von Protex
Dekol der I. G. Farbenindustrie
Unisol von Francolor
Cellex der Ciba
Peregal O oder PO der I. G.
Ekalin F von Sandoz
Repellat und Amendol der Böhme Fettchemie
Albatex PO und PON von der Ciba

[1]) H. Ellner, Neue Erkenntnisse in bezug auf Durchfärbe- und Egalitätsverbesserung beim Färben mit Küpenfarbstoffen, Mell. 1938, S. 508.

Die Arbeitsweise gestaltet sich folgendermassen: das zu färbende Material wird zunächst in einer Flotte, die je Liter 1—2 cm^3 Peregal OK bzw. Albatex PO + 1 g Setamol WS enthält, während 10—15 Minuten bei 75—80° C vorgenetzt. Dann setzt man die Stammküpenlösung zu, und behandelt die Ware 10—15 Minuten bei 75° C für IN oder 60° C für IW. In der wässerigen Lösung tritt infolge der hohen Verdünnung eine teilweise Hydrolyse der Natrium-Leukoverbindung des Küpenfarbstoffes in freie Küpensäure ein, die keine Affinität zur Faser besitzt.

Zu Beginn des Färbeprozesses zieht daher nur der nicht hydrolysierte Anteil des Leukoküpenfarbstoffes auf die Faser. Die gebildete Küpensäure wird durch die zugesetzten Dispergiermittel in feinster Verteilung gehalten.

Nach 10—15 Minuten Behandlung setzt man portionenweise Natronlauge und Hydrosulfit zur Färbeflotte zu. Hierbei findet eine allmähliche Überführung der vorhandenen freien Küpensäure in das substantive Natriumsalz statt. Die Aufziehgeschwindigkeit des Farbstoffes wird so kontinuierlich und gleichmässig gesteigert, was eine erhöhte Egalität und Durchfärbung zur Folge hat.

Stammküpenverfahren auf dem Jigger. Beispiel einer Färbung in Sandfarbe für Militärtuche:

3 Stücke Mischgewebe zu 42 kg = 126 kg.

Die Stücke werden roh in trockenem Zustande in das Färbebad eingefahren, welches mit

270 Liter Wasser
30 Liter Stammküpe
1 kg Hydrosulfit
2½ Liter Natronlauge 38° Bé
1 Liter Enzyferman (Diamalt A. G., München)

beschickt ist. Nach den ersten 4 Passagen setzt man noch in zwei Malen 1200 g Natriumhydrosulfit zu und gibt nach jeder Aufbesserung 3 Passagen. Dann wird gespült (insgesamt 10 Passagen). Zum Entwickeln der Färbung werden 3 Passagen in

150 Liter Wasser
1 Liter Essigsäure
½ Liter Wasserstoffsuperoxyd

gegeben, hierauf spült man zweimal.

Stammküpe:

15 g Indanthrenolivgrün B Pulver fein konz. f. Frbg.
150 g Indanthrenbraun BR Pulver
110 g Indanthrengelb GGF
150 g Albatex PO (700%)
1 Liter Natronlauge 38° Bé
1 Liter Prästabitöl MA (Stockhausen)
500 g Natriumhydrosulfit
25 Liter Wasser von 60° C

auf 30 Liter einstellen.

Um die Beständigkeit der Küpen zu erhöhen und dadurch das Aufziehen und die Gleichmässigkeit zu verbessern, haben die Imp. Chem. Ind. im *amer. P. 2.304.502* kleine Zusätze von Kondensationsprodukten des Hexamethylentetramins mit einem Alkylchlorid von höchstens 4 C-Atomen, z. B. Äthylchlorid, vorgeschlagen. Laut dem in der Patentschrift angegebenen Beispiel verküpt man:

2,5 T. Caledon Jade Green XS (Col. Ind. No. 1101) in
1000 T. Wasser von 45° C mit
2,5 T. Natriumhydrosulfit und
5 T. Natronlauge 38° Bé; man fügt dann dazu
0,1 T. eines Kondensationsproduktes des Hexamethylentetramins mit Äthylchlorid in 10 T. Wasser

Die Standard Bleachery and Printing Co. beschreibt im *franz. P. 915.958* (eingereicht 17. Oktober 1945, erteilt 22. November 1946) und im *amer. P. 2.371.145* (eingereicht 6. Januar 1942, erteilt 13. März 1945) ein Kontinuefärbeverfahren mit Küpenfarbstoffen, welches darin besteht, dass das zu färbende Textilmaterial durch ein heisses Färbebad und dann zwischen zwei alkalibeständigen Metallelektroden (Eisenanode und Nickelkathode) passiert. Die mit der Färbeflotte imprägnierte Ware bildet den Elektrolyt für den zwischen den Elektroden fliessenden Strom.

Wahrscheinlich vervollständigt der elektrische Strom die Reduktion des Farbstoffes und beschleunigt in Gegenwart von Alkali die Auflösung des Leukokörpers in der Färbeflüssigkeit, wodurch diese besser in die zu färbende Faser eindringen kann.

Laut *brit. P. 600.751* von Standard Bleachery[1]) soll ein fortlaufender Färbeprozess gegenüber bekannten Methoden ein besseres Durchdringen, grössere Gleichmässigkeit und andere Vorteile gewährleisten. Die Anwendung des elektrischen Stromes vermindert die benötigte Farbmenge und vermehrt die Zahl der anwendbaren Farbstoffe. Verschiedene Farbstoffe, die bisher den Jigger notwendig machten, können jetzt kontinuierlich benützt werden. Der elektrische Strom wird so angewendet, dass das gefärbte Stück zwischen Elektroden durchläuft, wobei der Strom den Stoff durchdringt der in den meisten Fällen die einzige Verbindung zwischen den zwei Elektroden bildet. Der Stoff wird in einem warmen Farbbad gefeuchtet und geht dann zwischen einer positiven Eisen- und einer negativen Nickelelektrode hindurch. Die kontinuierliche Durchlaufgeschwindigkeit des Stoffes ist hoch. In der elektrolytischen Zone führt der Strom den noch unreduzierten Farbstoff in seine lösliche Form über, wodurch eine schnelle Durchdringung der Faser gewährleistet wird. Nach dem Verlassen der elektrolytischen Zone wird das Material reoxydiert, dann wie üblich

[1]) Mell. 1949, S. 84.

gespült, gewaschen, wieder gespült, kalandert, gefärbt oder sonstwie behandelt. Das Erzeugnis ist denjenigen anderer Verfahren überlegen. Verschiedene mit Küpenfarbstoffen hergestellte Artikel lassen sich nach diesem Verfahren ausführen.

Interessant ist noch das Verfahren von Karl H. Brubaker, welches den Gegenstand des *Can. P. 446.785*[1]) bildet, zu erwähnen. Das zu färbende Stück wird zunächst in einer normalen Küpe, die gerade die zur Reduktion notwendige Menge Reduktionsmittel und die zur Lösung der Leukoverbindung notwendige Menge Alkali enthält, genetzt und dann zwischen Eisen als positiver und Nickel als negativer Elektrode einem Strom mit der Spannung von 6 bis 120 V ausgesetzt. Der Elektrodenabstand soll grösser als die Dicke des Textilmaterials sein. Es wird eine vollständige Durchfärbung erreicht. Nach dieser Behandlung wird der Farbstoff oxydiert.

B. Das Küpensäureverfahren von Joachim Müller[2]).

Beim Neutralisieren der alkalischen Küpe eines Indanthrenfarbstoffs, also beim Ersetzen des Natriums im löslichen Leukoderivat durch Wasserstoff entsteht das Enolderivat R—OH, die Küpensäure. Es ist bekannt, dass diese isoliert werden kann und gegenüber der Einwirkung von Oxydationsmitteln ziemlich beständig ist.

Man kann den Zusammenhang[3]) zwischen oxydierten und reduzierten Derivaten der Küpenfarbstoffe durch das Verhalten des Anthrachinonketons (Pigment) zeigen.

---

[1]) Mell. 1950, *31*, S. 304.

[2]) Joachim Müller, Vortrag gehalten vor der Bezirksgruppe Bayern-Württemberg des I.V.C.C. in Stuttgart am 19. Februar 1938, Mell. 1940, S. 80.

Siehe auch *brit. P. 355.363*.

Chilmelniski, Amer. Dyest. Rep. 1947, *36*, S. 279.

Dahlen, B. I. O. S. Miscellaneous Reports Nr. 20; Rabold, F. I. A. T., 664; Amer. Dyest. Rep. 1947, *36*, S. 142.

Joachim Müller, Die Anwendung der Küpensäure in der Färberei, Mell. 1949, *30*, S. 214, 364.

W. Dietrich, Das Indanthren-Nass-Dampf-Kontinue-Entwicklungsverfahren, Textil-Praxis 1949, 4, S. 333 und 393.

J. Arnold Heyder und G. N. Sandor, Kritik und Praxis des Küpensäureverfahrens, Text. Rundschau, 1950, *5*, S. 179.

F. Gund, Über Spezialmethoden zum Färben mit Indanthrenfarbstoffen, Mell. 1943, *24*, S. 399 und 470.

J. H. Hennessy, Practical experience in Vat acid Dyeing, Amer. Dyest. Rep. 1947, *36*, S. 26; Amer. Dyest. Rep. 1947, *36*, S. 142.

Joachim Müller, Grundlagenforschung und Praxis im Bereich der Küpenfarben, Textil-Rundschau 1950, *5*, S. 261.

[3]) Siehe diesbezüglich R. W. Speke, Hexagon Digest 1949, Nr. 7, Juliheft, S. 19. Zu dieser Formelübersicht kann man sagen, dass dadurch möglicherweise ein nicht ganz richtiger Eindruck insofern erweckt wird, als man für die Ketoform daraus eine Art Zwischenstellung zwischen der Küpensäure und der Natrium-Leukoverbindung her-

Im allgemeinen dürften die Küpensäuren die reinen Enolformen darstellen, worauf die augenblickliche Bildung der Natrium-Leukoverbindung beim Hinzufügen von Alkali hindeutet. Es sind allerdings auch Fälle bekannt, in denen eine gewisse Tendenz zur Bildung der Ketoform — auch von der Küpensäure ausgehend — besteht, und zwar bei den Derivaten des Indanthrons, in erster Linie bei den halogenhaltigen Indanthrenblaumarken. Hier liegt in der Tat ein gewisses Gleichgewicht vor, das merkwürdigerweise durch Zusätze von

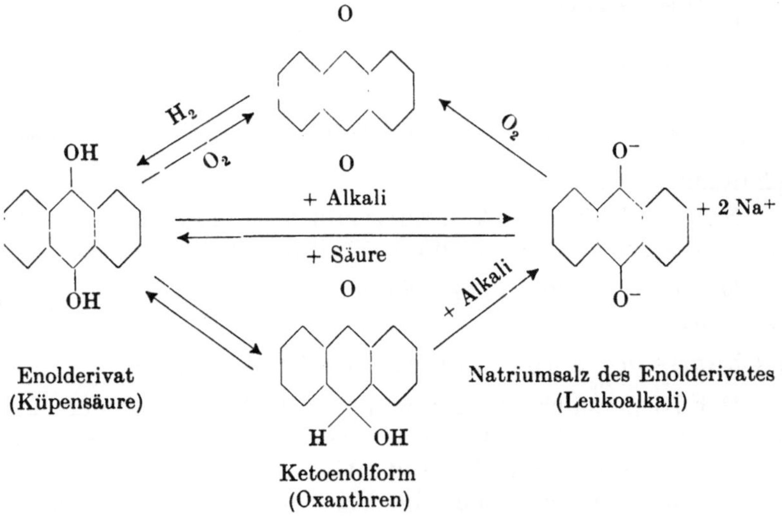

H_2 / O_2 — O_2

+ Alkali

+ Säure

+ Alkali

+ 2 Na^+

Enolderivat
(Küpensäure)

Natriumsalz des Enolderivates
(Leukoalkali)

Ketoenolform
(Oxanthren)

Produkten wie *Igepon T* oder *Medialan A* in Richtung der Enolform beeinflusst werden konnte. Auch gewisse schwache organische Basen wie Diäthyläthanolamin üben eine ähnliche Wirkung aus.

Die Enolderivate herrschen bei den meisten Farbstoffen vor.

Die Küpensäuren sind in Wasser unlöslich, können aber durch Neutralisation mit starken Alkalien in lösliche Alkalisalze umgewandelt werden.

Die Küpensäuren lassen sich schwer durch Luft oder saure Oxydationsmittel zur Ketoenolform oxydieren. Es ist bemerkenswert, dass gewisse Farbstoffe viel stabiler sind als andere, was auf die Neigung der Leukoderivate, in der Oxanthronform vorhanden zu sein, zurückzuführen ist.

---

auslesen könnte. Der zwischen Ketoform und der normalen Natrium-Leukoverbindung angebrachte Pfeil mit der Beschriftung „Alkali" liesse vermuten, als würde die Ketoform in allen Fällen durch Alkali in die Richtung der normalen Leukoverbindung dirigiert. Dies ist aber bei einer Reihe von Ketoformen nicht oder nur in untergeordnetem Masse der Fall. Als typische Vertreter dieser Art seien die Keto-Leukoformen des Indanthrons und seiner Derivate sowie des Indanthrenoliv T, des Indanthrenkhaki GG u. a. m. zitiert. Positiv abhängig von der Zugabe von Alkali sind dagegen die Ketoformen beispielsweise bei Indanthrengelb 5 GK und Algolgelb GC.

Die Küpensäuren sind, wie bereits gesagt, praktisch in Wasser unlöslich und werden ausgefällt und unbrauchbar, wenn man die Lösungen der Leukoalkaliverbindungen ansäuert. Hingegen bildet sie eine kolloidale Suspension, wenn man vor dem Ansäuern ein Dispergiermittel zufügt.

Das folgende Rezept nennt das beste Verfahren:

x Teile Farbstoff werden bei 50—60° C mit 10—30 x-Teilen Wasser

$\frac{x}{4}$ Teile Ätznatron

$\frac{x}{3}$ Teile Hydrosulfit und

$\frac{x}{3}$ Teile Dispersol AC (Setamol WS der I.G., Dispergine CB von Francolor)

behandelt.

Nach vollständiger Auflösung gibt man diese Lösung in die nötige Menge Wasser von 50° C, die 0,55 Teile Eisessig enthält.

Die so erhaltene Menge Küpensäure hängt von folgenden Faktoren ab:

1. Chemische Konstitution des Farbstoffes.

Der Dispersionsgrad der Küpensäure hängt von der chemischen Konstitution des Farbstoffes ab. Die Derivate des Dibenzanthrons geben echte Lösungen, das Indanthron und seine Abkömmlinge ergeben trübe Suspensionen, die bei Konzentrationen von über 5% ausflocken.

2. Angewendete Menge und Art des Dispergiermittels.

Das wirksamste Dispergiermittel, das man kennt, ist das Setamol WS (I.G. Farbenindustrie) oder Lissatan AC der I.C.I., das durch Kondensation von Naphtalinsulfonsäure und Formaldehyd erhalten wird. Die zu verwendende Menge hängt vom Farbstoff und dessen Konzentration ab. Die günstigsten Bedingungen sind bei 10 bis 30 Teilen Setamol WS auf 1000 Teile Farbstoff.

In gewissen Fällen ist es von Vorteil, zudem noch andere Hilfsmittel anzuwenden, wie das Netzmittel Perminal BX[1]) der I.C.I., was jedoch mit Vorsicht zu erfolgen hat, da gewisse Netzmittel, wie das Calsolenöl HS, einen flockigen Niederschlag hervorrufen.

3. Die verwendete Farbstoffkonzentration.

4. Der verwendete Farbstoff.

Für das Pflatschen des Pigment-Küpenfarbstoffes benötigt man speziell fein gemahlene und dispergierte Pasten.

---

[1]) Nekal BX der I.G. Farbenindustrie; Coptal N von Francolor.

5. Bei der Reduktion angewendete Wassermenge.

In der vorhergehenden Formel wurde die für die alkalische Reduktion nötige Wassermenge in Funktion der letztendlichen Farbstoffkonzentration in der Dispersion angegeben. Bei tiefer Konzentration muss man ein kurzes, bei hoher Konzentration ein erhöhtes Flottenverhältnis anwenden.

6. Die für die Neutralisation nötige Menge Eisessig.

Die für das Ansäuern nötige Menge Eisessig wird auf die zu neutralisierende Natronlauge berechnet.

x-Teilen NaOH entsprechen 2,2 x-Teile Eisessig.

Ein Essigsäureüberschuss beeinträchtigt die Luftunempfindlichkeit der Dispersion.

Bei ungenügender Menge Essigsäure bildet sich die Küpensäure langsamer.

Der Ausgangspunkt für das Küpensäureverfahren war in der Beobachtung gegeben, dass sich die Küpensäuren unter geeigneten Bedingungen in Form kolloidaler Lösungen oder feinst verteilter Suspensionen erhalten lassen und des weitern der Umstand, dass im Gegensatz zu den Natriumleukoverbindungen die Küpensäuren keine bzw. nur sehr geringe Affinität zu nativer oder regenerierter Zellulose besitzen.

Nach diesem Prinzip hat Joachim Müller folgende Verfahren ausgebildet:

1. Küpensäureverfahren für die Apparatfärberei.
2. Küpensäure-Klotzverfahren unter Benutzung von Foulard und Jigger (also diskontinuierliche Arbeitsweise).
3. Küpensäure-Kontinueverfahren:
   a) auf der Rollenkufe;
   b) auf dem Elektrofixierer.

Von 3a wurden dann sinngemäss das Du Pont-Pad-Steam-Verfahren und das Indanthren-Nass-Dampf-Kontinueverfahren abgeleitet. Das letztgenannte Verfahren ist im wesentlichen ja nur eine Variante des Du Pont-Prozesses und beide stellen verbesserte Rollenkufenverfahren dar.

1. Das Küpensäureverfahren für die Apparatfärberei.

Das Prinzip dieses Verfahrens beruht darauf, zunächst die Küpensäureflotte durch den Materialblock zirkulieren zu lassen und dann durch sukzessive Zugabe von Natronlauge und Hydrosulfit eine geregelte Überführung in die Natriumleukoverbindung und damit ein allmähliches Aufziehen des Farbstoffes auf das Färbegut zu erzielen. Von den Verfahren 2, 3a und 3b unterscheidet sich die Arbeitsweise auf Apparat grundsätzlich dadurch, dass zunächst in einer sehr verdünnten Flotte gearbeitet wird, so dass sich auf dem Material primär nur wenig von dem gesamten zur Verfügung stehenden Farbstoff befindet und der übrige Anteil durch die erwähnte Staffelung der Lauge-Hydrosulfit-Zusätze langsam auf die Ware gebracht wird.

Während bei dem Stammküpenverfahren eine Hydrolyse der Natriumleukoverbindung in die weniger affine Küpensäure nur teilweise erfolgt, wird bei dem Küpensäureverfahren durch Neutralisation der Küpe mit Essigsäure oder Ameisensäure in Gegenwart eines geeigneten Schutzkolloids und Verteilungsmittels die Küpensäure vollständig in Freiheit gesetzt.

Nach dem Eintragen der Stammküpe in das Färbebad wird die zum Ansatz der Stammküpe benötigte Natronlauge mittels Essigsäure oder Ameisensäure neutralisiert und der Farbstoff in die Küpensäureform übergeführt.

Nachdem die Farbflotte das Material gleichmässig durchdrungen hat, gibt man allmählich, ähnlich wie beim Stammküpenverfahren, Natronlauge, Hydrosulfit und Glaubersalz portionenweise zu.

Es wird dann, wie beim Stammküpenverfahren, bei 60—70° C gefärbt; die Nachbehandlung der Färbung geschieht wie üblich.

Beispiel eines Ansatzes:

1. Stammküpe:	1— 6 g	Indanthrenfarbstoff Pulv. fein
	5—10 g	Natronlauge 40° Bé
	3 g	Hydrosulfit
	2— 5 g	Setamol WS
	300 cm^3	

Während 3—5 Minuten auf 50—60° C erwärmen.

2. Verdünnung:	1 g	Setamol WS + event. noch
	1 cm^3	Peregal OK
	650 g	Wasser von 70—80° C
	950 cm^3	

+ 10—20 cm^3 Essigsäure 33% und 50 cm^3 Wasser.

Als ungefährer Anhaltspunkt für die benötigte Säuremenge sei angegeben, dass 1 Liter Natronlauge 40° Bé 2,5 Liter Essigsäure 30% bzw. 0,6 Liter Ameisensäure 80% entspricht.

2. Das Küpensäure-Klotzverfahren unter Benutzung von Foulard und Jigger entspricht in seinem Arbeitsverlauf auf dem bekannten Pigment-Klotzverfahren, d. h. die Küpensäurelösung bzw. Suspension wird — möglichst auf einem 3-Walzen-Foulard mit zweimaliger Tauchung — auf die Ware gebracht und anschliessend in üblicher Weise auf dem Jigger entwickelt. Durch die augenblickliche Umwandlung der Küpensäure in die Natrium-Leukoverbindung einerseits und die höhere Feinverteilung gegenüber der Pigmentform

andererseits ergeben sich nach den Beobachtungen der Praxis Vorteile hinsichtlich grösserer Entwicklungsgeschwindigkeit, einer besseren Egalität sowie bei schwer durchfärbbaren Waren auch hinsichtlich der Durchfärbung. Die dem Verfahren gesetzten Grenzen liegen einerseits in der Tatsache begründet, dass eine bestimmte Konzentration nicht überschritten werden kann und zum anderen darin, dass gewisse Farbstoffe sich nicht in eine verwertbare Küpensäureform überführen lassen.

3a) Küpensäure-Kontinueverfahren auf der Rollen-Kufe. Bei diesem Verfahren wird an die Stelle des Jiggers die Rollenkufe als Entwicklungsaggregat gesetzt. Die Ware läuft danach vom Farbfoulard direkt in die mit blinder Flotte beschickte Rollenkufe ein (meist zwei Kästen) und geht dann anschliessend durch Wasch-, Oxydations-, Seif- und Spülbäder. Der relativ geringe Entwicklungseffekt, den eine selbst bei 80° gehaltene blinde Küpe ausübt — wenn man sich die relativ geringe Entwicklungszeit vergegenwärtigt —, ergibt naturgemäss eine Beschränkung der Leistungsfähigkeit des Verfahrens auf helle und mittlere Töne. Auch ist es nicht ganz einfach, die unvermeidliche Ablösung von Farbstoff von der Ware durch entsprechende Vorgabe von blinder Flotte zu kompensieren. In dieser Beziehung ergeben die zitierten Varianten schon beträchtliche Vorteile, so dass nachfolgend nähere Angaben darüber gemacht werden.

Arbeitsrezeptur für eine Indanthren-Nass-Dampf-Kontinue-Entwicklung auf Küpensäurebasis[1]).

Beispiel aus der Praxis: 20000 m Hellblau auf Zellwollstückware mit 1,4 g Indanthrenblau GCD Pulver fein pro Kilo Ware. Klotzansatz 200 Liter mit 1,7 g/l Farbstoff.

Stammküpe:

350 g Indanthrenblau GCD Pulver fein werden mit
1,5 l Natronlauge 38° Bé
600 g Hydrosulfit konz. B.A.S.F.
330 g Setamol WS Plv. B.A.S.F.[2]) (in 1 l Wasser gelöst)

in 40 Liter Wasser bei 60° C verküpt

---

1) Nach W. Dietrich, Textil-Praxis 1949, S. 394.

2) Entsprechende Produkte:
Tamol der Calco Chem. Div.
Diastersol NDS oder
Dispergine CB von Kuhlmann-Francolor
Lyokol O von Sandoz
Lissatan AC der I.C.I.

Konstitution: Natriumsalz des Kondensationsproduktes der β-Naphtalinsulfosäure mit Formaldehyd.

Aus neueren amerikanischen Veröffentlichungen geht hervor, dass die Produkte vom Typus des Setamol WS als Schutzkolloide für Küpensäurefärbebäder die besten Resultate ergeben.

Hierauf wird diese Stammküpe sehr schnell unter kräftigem Rühren in

60 l	Wasser von 70° C, enthaltend
600 g	Setamol WS Plv. (= 3 g/l)
400 g	Nekal BX extra (= 2 g/l)
900 cm³	Ameisensäure 80% (entsprechend der überschüssigen Natronlauge der Stammküpe + notwendiger Überschuss)

eingegossen und auf 200 Liter Klotzflotte von 70° C eingestellt. Die Klotzflotte muss deutlich sauer reagieren (p_H = 4—5).

Mit dieser Klotzflotte wird die Ware, die unbedingt alkalifrei sein muss, auf einem Hochleistungs-Foulard imprägniert. Abquetscheffekt: 80%.

Entwicklung:

Ansatz (die Menge richtet sich nach der Entwicklungsapparatur, soll jedoch möglichst gering gehalten werden):

20 cm³	Natronlauge 38° Bé
10 g	Hydrosulfit konz. B.A.S.F.
10 cm³	Dekol N (B.A.S.F.)
4 cm³	Küpensäureklotzflotte
auf 1 Liter	bei 60° C

Nachsatz:

240 cm³	Natronlauge 38° Bé
100 g	Hydrosulfit konz. B.A.S.F.
12,5 cm³	Dekol N
auf 1 Liter	bei 30° C

Abquetscheffekt nach der Entwicklung: 100%, d. h. für 10 kg Ware lässt man 2 Liter Nachsatzlösung zufliessen[1]).

Anschliessend durchläuft die Ware wie üblich Spül- und Oxydationsbäder und wird schliesslich kochend mit beispielsweise 3 g/l Cyclanon WN dopp. konz. (B.A.S.F.) + 1 g/l Soda kalz. nachbehandelt.

Es mag von Interesse sein, das in den Vereinigten Staaten praktizierte Küpensäureverfahren in diese Übersicht einzubeziehen. Die Arbeitsmethode lautet:

1. Klotzen auf dem Zweiwalzenfoulard mit folgendem Küpensäurebad:

480	l	Wasser
300–350	g	Farbstoff-Feinpulver
4,5	kg	Setamol WS Pulver
3,6	kg	Natronlauge 38° Bé
3	kg	Natriumhydrosulfit
		Während 10 Minuten bei 50° C verküpen, dann
20	l	Essigsäure 50% zufügen und

auf 600 Liter stellen unter Zugabe von 0,5 kg Natriumhydrosulfit.

[1]) Bezüglich Warengeschwindigkeit, Verweilen im Dämpfer usw. siehe Angaben im Originaltext.

Nach der Reduktion soll nicht mehr geheizt, sondern beim Zugeben der Essigsäure nur gerührt werden.

2. Klotzen bei 30° C auf einem Dreiwalzen-Foulard mit einer Flotte folgender Zusammensetzung:

14 g/l Natronlauge 38° Bé
14 g/l Natriumhydrosulfit
6 g/l Küpensäure

Nachsatz für 1000 m Gewebe:

1,35 kg Natronlauge 38° Bé
1,00 kg Natriumhydrosulfit

3. Passage durch Dämpfkufe (10 Sekunden).

4. Waschen und entwickeln wie üblich.

3 b). Küpensäureverfahren auf dem Elektrofixierer. Das Küpensäure-Verfahren auf dem Elektrofixierer ist als ein rein foulardmässig arbeitendes Verfahren ausgebildet worden, wobei seinen speziellen Vorteilen aber auch Einschränkungen im gleichen Masse gegenüberstehen. Als besonderer Vorteil, im Gegensatz zu allen anderen Verfahren, wäre zu erwähnen, dass die Ablösung in der blinden Flotte praktisch vernachlässigt werden kann, auf der anderen Seite ist zumindestens für alle regenerierteu Zellulosen ein Zwischentrocknen unerlässlich. Auf nativen Zellulosen könnte jedoch auch Nass auf Nass gearbeitet werden. Sofern zwischengetrocknet wird, muss diese Zwischentrocknung sehr sorgfältig geschehen, um jede Farbstoffwanderung zu verhindern, da ein nachträgliches Ausegalisieren nicht möglich ist. Man erreicht dies durch Zusatz von Verdickungsmitteln, z. B. Britishgum.

Das Färben nach diesem Verfahren geschieht folgenderweise:

a) Die Ware wird auf dem Foulard mit der Küpensäure geklotzt, dann möglichst auf einer Hotflue zwischengetrocknet.

b) Die so zwischengetrocknete Ware wird dann auf einem zweiten Foulard mit einer konzentrierten Lösung von Natronlauge, Hydrosulfit und Glaubersalz getränkt, abgequetscht und die Reduktion, d. h. Fixierung auf der Ware, in dem bekannten Elektrofixierer von Aubauer durchgeführt.

c) Waschen und oxydativ entwickeln wie üblich.

Das Verfahren ist in hellen und dunklen Färbungen mit gleichem Erfolg ausgeführt worden. Das hohe Entwicklungsvermögen des Elektrofixierers wird von Joachim Müller darauf zurückgeführt, dass auf der Ware effektiv 100° C erreicht werden, während man bei einer Dämpfentwicklung, zumal bei der langsameren Übertragung der Wärme durch den Dampf, kaum über 90° C hinauskommt.

Neuere Nachkriegsarbeiten, die noch nicht abgeschlossen sind, haben gezeigt, dass die Entwicklungsgeschwindigkeit in starkem

Masse abhängig ist von der Teilchengrösse, in der sich der aufgeklotzte Farbstoff befindet, d. h. bei einer entsprechend feinen Verteilung dürfte auch die Pigmentform nicht allzu „entwicklungsträger" Küpenfarbstoffe bei einer so intensiven Entwicklung, wie sie das Nass-Dampf-Entwicklungsverfahren darstellt — vorausgesetzt, dass der Küpenfarbstoff in gleichmässiger Feinverteilung vorliegt —, zumindest für helle bis mittlere Farbtiefen einsetzbar sein. Dies würde der Praxis die umständliche und nicht ganz risikofreie Selbstbereitung der Küpensäurelösung ersparen und durch Wegfall der Kosten für die vorherige Verküpung und den Setamol-WS-Zusatz eine weitere Verbilligung bringen. In der Durchfärbung dicht geschlagener Gewebe dürfte die Anwendung des Küpenfarbstoffes in solch einer fein verteilten Pigmentform mitunter Vorteile bieten. Ferner fällt bei der Pigmentform die Begrenzung der Farbtiefe weg, die für die Küpensäureform durch die Höchstlöslichkeit der jeweiligen Farbstoffe in der Stammküpe bedingt ist. Die erreichbare Farbtiefe wird bei Anwendung einer entsprechenden Pigmentform nur durch die Intensität des Entwicklungsverfahrens und die Entwicklungsgeschwindigkeit des betreffenden Farbstoffes bzw. sein „Wiederablösebestreben" in den Beschleunigungsbädern bedingt.

Es hat sich bis jetzt — auch aus den früheren Arbeiten von J. Müller — gezeigt, dass in erster Linie diejenigen Indanthrenfarbstoffe für ein kontinuierliches Arbeiten (sei es in Küpensäure- oder in feinverteilter Pigmentform) Interesse bieten, die in Form ihrer Natrium-Leukoverbindung eine möglichst hohe Affinität (bei relativ leichter Verküpbarkeit) aufweisen, d.h. die Farbstoffe, die beispielsweise in der Apparatefärberei durch ihr schnelles Aufziehen weniger geschätzt werden.

In einer sehr interessanten Arbeit stellt W. Dietrich[1]) die neuen in Amerika entwickelten Kontinuefärbeverfahren, den Pad-Steam-Prozess von Du Pont und das Williams-Unit-Verfahren der G.D.C. nebst den von Riverside und Dan River sowie Shermann Converse patentierten Modifikationen den vor dem Kriege in Deutschland ausgearbeiteten Verfahren von Joachim Müller mit Küpensäure und dem Elektrofixiererverfahren gegenüber. Der Hauptvorzug der Küpensäure als Pigmentform eines Küpenfarbstoffs liegt nach dem Verfasser darin, dass die Küpensäure der Überführung in die Natriumleukoverbindung und damit der Fixierung des Küpenfarbstoffes einen bedeutend geringeren Widerstand entgegensetzt als die Pigmentform, selbst wenn letztere in sehr feiner Verteilung vorliegt. Der Haupteinwand, der gegen die Anwendung der Küpensäure erhoben werden kann, ist der, dass die Herstellung der Küpensäurelösung auf dem Umweg über den Ansatz einer Stammküpe im Färbereibetriebe selbst

[1]) W. Dietrich, Das Indanthren-Nass-Dampf-Kontinueentwicklungsverfahren, Textil-Praxis 1949, *4*, S. 333.

erfolgen muss. Bei nicht ausreichender Schulung des Hilfspersonals und nicht ganz gleichmässiger Arbeitsweise beim Ansatz und beim Ansäuren ergeben sich Schwankungen in der Feinverteilung der Küpensäure, die sich — namentlich bei Kombinationsfärbungen — in Unterschieden des Farbausfalles von einem Ansatz zum andern auswirken können. Ausserdem kann man bei der Selbstherstellung der Küpensäure nur bis zu gewissen Höchstkonzentrationen gelangen, die von einem Farbstoff zum andern verschieden sind. Der Abquetscheffekt bei der Küpensäurekochung darf nicht schwächer als 100 % sein, da sonst die Durchfärbung leidet. Man muss also in 1 Liter Flotte für 1 kg Ware den gesamten Farbstoff unterbringen. Die Menge muss in 800—900 cm^3 Stammküpe löslich sein. Dadurch ist für manche weniger leicht lösliche Küpenfarbstoffe die obere Grenze der Farbtiefe gegeben[1]).

Die Hauptvorteile der Anwendung der Küpensäure liegen bei allen Ausführungsvarianten in der Überwindung von Durchfärbeschwierigkeiten und bei Stückware weiterhin in einer Erhöhung der Arbeitsgeschwindigkeit und besserer Egalität im Vergleich zu den Möglichkeiten, die die Anwendung selbst hoch dispergierter Pigmente (Plv. fein-Marken) bietet. Ein gewisser Nachteil liegt in dem Erfordernis, der Bereitung der Küpensäureansätze ein besonderes Augenmerk zu schenken und der damit gegebenen Notwendigkeit, die Arbeitskräfte zu schulen.

C. Das Temperaturstufenverfahren[2]).

Dieses Verfahren scheint besonders für das Färben von Regenerat-Zellulose ausgearbeitet worden zu sein.

Im Gegensatz zu den Stammküpen- und Küpensäureverfahren, nach welchen eine regelmässige Anfärbung der Faser durch portionenweisen Zusatz von Lauge und Hydrosulfit zur Färbeflotte, die auf Färbetemperatur erwärmt ist, erhalten wird, ist das Temperaturstufenverfahren dadurch gekennzeichnet, dass das gleichmässige Aufziehen der vorverküpten Farbstoffe durch allmähliches, stufenmässiges Erwärmen des Färbebades erzielt wird. Dieses Verfahren ist speziell für den Typ der IN-Farbstoffe, welche bei üblicher Färbetemperatur eine äusserst hohe Affinität zur Faser besitzen, von Interesse. Der Arbeitsgang erfolgt in der Weise, dass man vorerst ein Bad zubereitet, welches je 1 Liter

1 g Igepon TS oder Peregal OK
1— 2 cm^3 Humectol CX
10—18 cm^3 Natronlauge 38° Bé
2— 3 g Hydrosulfit wasserfrei

[1]) Neuere Arbeiten von Joachim Müller haben ergeben, dass sich diese Grenze weitgehend hinausschieben lässt und zwar auch unter bewusster Überschreitung der Stammküpenkonzentration. Entsprechende Patentanmeldungen sind zur Zeit in München beim Deutschen Patentamt.

[2]) Drapal, Das Temperaturstufenverfahren, Mell. 1940, S. 294.

enthält, auf 13—14° C abkühlt und dann die konzentrierte Küpe zusetzt. Die trockene Ware wird dann in die kalte Flotte eingegeben und während einer Viertelstunde darin behandelt. Anschliessend wird die Temperatur langsam um 1° C pro Minute gesteigert. Im Temperaturbereich von 20—35° C ist besonders darauf zu achten, dass die Temperatur gleichmässig und nicht zu schnell erhöht wird. Wenn 35° C überschritten sind, kann die Steigerung der Temperatur rascher vor sich gehen. Es wird dann bei üblicher Färbetemperatur von 50—70° C während 15 Minuten weitergefärbt, gespült, oxydiert und wie üblich fertiggestellt.

Das Verfahren erlaubt hauptsächlich beim Färben von Zellwolle und Mischgespinsten im Apparat, von Kreuzspulen usw. eine gute Durchfärbung und Egalität zu erzielen.

Grössere praktische Erfahrungen auf dem Gebiete der Stückfärberei auf dem Jigger und der Haspelkufe liegen noch nicht vor. (Siehe auch F. Gund, Über Spezialmethoden zum Färben von Indanthrenfarbstoffen, Mell. 1943, Seite 437.)

D. Multi-Lap-Verfahren.

oder Soda-Entwicklungsverfahren.

Die Beschreibung dieses ebenfalls von Du Pont de Nemours stammenden Verfahrens befindet sich im *amer. P. 2.318.133* vom 31. Dezember 1940. Die Arbeitsmethode ist folgende:

1. Aufklotzen des reduzierten Farbstoffes.

2. Sofort in ein Bad eingehen, welches alkalisch genug ist, um den Farbstoff im reduzierten Zustande zu erhalten, jedoch bei einem p_H, welches für tierische Fasern oder Azetatkunstseide erträglich ist. Diese Bedingungen erfüllt eine Sodalösung, welche ausserdem etwas Natronlauge und kleinste Mengen des reduzierten Farbstoffes enthält; der p_H-Wert beträgt 8 bis 12.

Für die Durchführung dieses Verfahrens ist eine Spezialapparatur vorgeschlagen worden.

Im *amer. P. 2.364.838* von S. H. Williams[1]) findet man einige zusätzliche Angaben über die Williams-Maschine. Diese besteht aus einem Foulard mit drei Quetschwalzen und einer Kufe von sehr kleinem Inhalt, in welcher die Zirkulation des Färbebades in der Gewebe-Laufrichtung sowie in der Gegenrichtung erfolgen kann. Dank dieser Einrichtung bleibt das Gewebe nur äusserst kurze Zeit an der Luft, was beim Färben sowohl mit Küpen- wie mit Schwefelfarbstoffen sehr wichtig ist.

---

[1]) Teintex 1947, *12*, S. 31.

Weitere sehr ausführliche Angaben gab S. H. Williams im Amer. Dyest. Rep. 1947, S. 253. Die Arbeitsvorschrift lautet:

1. mit der Suspension eines Indanthrenfarbstoffes foulardieren;
2. auf der Hotflue trocknen;
3. reduzieren;
4. spülen;
5. oxydieren;
6. spülen;
7. seifen;
8. trocknen.

Diese Operationen erfolgen auf einer Maschine mit 6 Einheiten. Wie der Verfasser hervorhebt, kann diese Apparatur nicht nur für Indanthrenfarbstoffe sondern auch für Indigosole, Direkt-, Schwefel- und unlösliche Azofarbstoffe dienen.

F. Das Abbot-Cox-Verfahren[1]).

Dieses Verfahren englischer Herkunft eignet sich für das Färben von Textilmaterial in der Flocke oder auf Kreuzspulen und ganz besonders von Viskose-Spinnkuchen.

Das Verfahren besteht darin, dass die den fein dispergierten Küpenfarbstoff enthaltende Flotte bei hoher Temperatur (90—95° C) durch das gepackte Material zirkuliert. Dann wird das Erhitzen unterbrochen; man lässt die Temperatur langsam abnehmen und gibt nach und nach Kochsalz bis zu einer Konzentration von 2% des Waren-Trockengewichtes zu. Ist die Temperatur auf den für die Ausfärbung des betreffenden Farbstoffes gesunken, so werden Hydrosulfit und Natronlauge beigefügt.

Die Imp. Chem. Ind. veröffentlichten einige interessante Einzelheiten über die Anwendung des Abbot-Cox-Verfahrens auf Strang-Färbemaschinen[2]). Als Neuerung erscheint die Anwesenheit eines Elektrolyts neben dem fein dispergierten Farbstoff in der Flotte. Das Aufziehen des Farbstoffes auf die Faser findet vor der Verküpung statt; dieser Vorgang wird durch die Anwesenheit von Kochsalz oder Natriumsulfat begünstigt und beschleunigt.

Beispiel: 25 Teile Caledonblau RC, Feinteig, werden unter Rühren zu 250 Teilen Wasser gegeben, welches 50 Teile Dispersol VL enthält. Die so erhaltene Suspension gibt man zu 10000 Teilen Wasser von 90—95° C, das in einem Färbeapparat unter Druck zirkuliert. In den Färbeapparat bringt man darauf 500 Teile Viskose-Kunstseidegarn in Kuchenform und lässt die Suspension 1 Stunde lang zirku-

[1]) *Brit. P. 593.008* von Abbot und Cox (I.C.I.); *Franz. P. 926.338* (I.C.I.).

[2]) The Dyer 1946, Bd. *95*, S. 405; J. Soc. D. and Col. 1946, Bd. *62*, S. 41; Richardson and Wiltshire, J. Soc. D. and Col. 1947, Bd. *63*, S. 224.

lieren. Darauf gibt man fünfmal je in einem Abstand von 10 Minuten 12,5 Teile Salz in 125 Teilen Wasser gelöst zu und lässt die Badtemperatur auf 60° C absinken. Das Bad wird fast farblos, und der Farbstoff verteilt sich gleichmässig auf alle Partien des Färbekuchens. Die Reduktion und Oxydation werden nach dem allgemein üblichen Verfahren ausgeführt.

G. Vat-Craft-Verfahren[1]).

Dieses Verfahren der Vat-Craft Corp., New York beruht auf der Verwendung von radioaktiven Katalysatoren und photochemischer Entwicklung der Farbstoffe.

Die Maschine, die 12 m lang, 2 m breit und 4,5 m hoch ist, umfasst:

1. Einen Foulard, auf den der Stoff mit der Farbstofflösung imprägniert wird, die den unter der Kontrolle der amerikanischen Atomenergie-Kommission hergestellten radioaktiven Katalysator UA-1 enthält. Dieser Katalysator scheint eine erweiternde und beschleunigende Wirkung bei der nachfolgenden photochemischen Entwicklung aufzuweisen.

2. Einen Foulard für die Behandlung des Stoffes mit einer photoempfindlichen Lösung.

3. Eine Entwicklungskammer, in der der Stoff zwischen zwei Galerien von je 15 Lampen passiert. Der Abstand der Lampen beträgt je 30 cm und ihre Leistung 3,75 kW, was total 112,5 kW ergibt.

4. Eine Wascheinrichtung.

Die hauptsächlichsten Vorzüge dieses Verfahrens sind:

a) Der Stoff läuft spannungsfrei und der Griff der Ware wird nicht beeinträchtigt.

b) Das Verfliessen des Farbstoffes wird verhindert. Die Produktion ist 6800 m pro Stunde.

H. Das Standfast Metal-Molten-Machine-Verfahren[2]).

Die Standfast Dyers and Printers Ltd. in Lancaster hat ein neues Färbeverfahren ausgearbeitet, welches im *brit. P. 620.584* (Morton Sundour Fabrics Ltd.) beschrieben wird und auf der Verwendung einer Spezialmaschine, The Standfast Metal Machine, beruht.

Diese nach einem völlig neuen Prinzip gebaute Maschine begegnet einem sehr grossen Interesse wegen der Einfachheit ihrer Konstruktion, der Möglichkeit, sämtliche Küpenfarbstoffe ohne Ausnahme verwenden zu können, und wegen der guten Egalität der Färbungen, die auf den verschiedenartigsten Textilmaterialien hergestellt werden können.

---

[1]) The Dyer, 1950, *103*, S. 89; Teintex, 1950, Februarheft, S. 71.

[2]) The Dyer, 1950, *103*, S. 406; Boardman, J. Soc. D. and Col. 1950, *65*, S. 397; J. P. Niederhauser, Teintex 1950, *15*, S. 471; *franz. P. 941.030*, 1948; siehe auch *franz. P. 900.758* (I.G.).

Das Prinzip beruht auf einer sehr kurzen Imprägnierung des Gewebes mit einer den reduzierten Farbstoff enthaltenden Küpe und einer Passage des so imprägnierten Gewebes durch einen sehr engen, U-förmigen Behälter, in dem sich ein bei 95° C bereits geschmolzenes Metall befindet. Dabei findet ein Abquetschen des Gewebes statt, und gleichzeitig wird jeglicher Kontakt des Gewebes mit der Luft vermieden. Das imprägnierte Gewebe wird so völlig von der Farbküpe durchdrungen. Der eigentliche Färbeprozess geht dabei auch während der Passage durch die geschmolzene Metallmasse noch weiter. Nach dem Verlassen der Maschine wird das Gewebe durch ein Natriumsulfatbad und anschliessend durch ein Oxydationsbad genommen. Dann wird gespült, geseift und gewaschen.

Die Passage ist sehr kurz, so dass die Leistung der Maschine 60—80 m pro Minute erreichen kann, was einer Tagesproduktion von 30—35000 m entsprechen würde.

Das hierzu verwendete Metall ist eine Legierung aus 10% Kadmium, 50% Wismut, 26,7% Blei und 13,3% Zinn. Ihr Schmelzpunkt liegt in der Gegend von 70—75° C.

Das Färben von Zellwolle und Kunstseide.

Es hat sich nun in der Praxis gezeigt[1]), dass man nach den üblichen Färbeverfahren auf Zellwolle und Kunstseide nicht immer den befriedigenden Farbausfall hinsichtlich Egalität und Durchfärbung erhält, wie beim Färben der Baumwolle. Dieses abweichende Verhalten ist einerseits auf das stärkere Ziehvermögen der Regeneratzellulose für Farbstoffe zurückzuführen, anderseits auch auf das hohe Quellvermögen dieser Fasern, wodurch eine gleichmässige Durchdringung mit den kolloiden Farbstofflösungen erschwert wird.

Während man nun mit den IK- und IW-Färbern auf Grund ihres geringeren Aufziehvermögens, insbesondere durch Regulierung der Temperatur und Salzzusätze, in den meisten Fällen noch einwandfreie Färberesultate auf Kunstseiden, Zellwollen und Mischgespinsten aus Zellwolle und Baumwolle erzielen kann, bereiten die hochsubstantiven Vertreter der IN-Reihe infolge des mit der Steigerung der Temperatur oft sprunghaft ansteigenden Aufziehvermögens teilweise grössere Egalisierungsschwierigkeiten.

Zusatz von Egalisiermitteln.

Der Übelstand bei allen Färbeverfahren mit Küpenfarbstoffen ist Unegalität und wolkiger Ausfall der Färbungen. Darum beschäftigen sich zahlreiche Arbeiten mit der Herstellung und Verwendung von

[1]) Siehe W. Hees, Mell. 1940, S. 179 und S. Burgess, J. Soc. D. and Col. 1946, Bd. *62*, S. 41; Du Pont The Techn. Bull. 1949, Märzheft, Das Färben der Regeneratzellulose mit Küpenfarbstoffen.

Mitteln, welche die Egalität und das gleichmässige Eindringen des Farbstoffes in die Faser fördern[1]).

Um die hohe Affinität dieser Farbstoffe herabzusetzen und eine gleichmässigere Färbung zu erzielen, bedient man sich zunächst verschiedener Egalisiermittel als Zusatz zu den Färbeflotten. Die Egalisiermittel lassen sich auf Grund ihrer spezifischen Wirksamkeit in zwei Gruppen einteilen[2]):

1. die faseraffinen Egalisiermittel,
2. die farbstoffaffinen Egalisiermittel.

Die Wirkungsweise dieser beiden Gruppen ist unterschiedlich. Die faseraffinen Egalisiermittel sind kapillaraktiv und besitzen substantive Eigenschaften. Sie werden von der Zellulosefaser absorbiert, indem sie sich auf der Faseroberfläche anreichern und so die Stellen zunächst besetzen, die die Farbstoffteilchen einnehmen sollen. Es treten somit Egalisiermittel und Farbstoff in Wettbewerb um den Platz auf der Faser[3]).

Hierdurch wird ein zu schnelles Aufziehen des Farbstoffes verhindert. Zu Beginn des Färbeprozesses wird das Aufziehen durch das Egalisiermittel hintangehalten. Beim Fortschreiten des Färbevorganges wird durch die Temperatursteigerung und den Zusatz von Salzen oder Dispergiermitteln das Gleichgewicht zwischen Farbstoff und Egalisiermittel verschoben. Das System Faser + Egalisiermittel wird nach und nach lockerer, und der nun ungehinderte Farbstoff kann auf die Faser aufziehen.

Als faseraffine Egalisiermittel sind anzusprechen: Fettschwefelsäureester, wie Fettalkoholsulfate und Türkischrotöle, ferner Fettsulfosäuren und Fettsäurekondensationsprodukte, wie Igepon T, Neopol T von Stockhausen, Humectol CX und Medialan A. Eine ausgeprägte Substantivität zur Zellulosefaser zeigen insbesondere die beiden letztgenannten Produkte.

---

[1]) Über die Wirkung der Schutzkolloide beim Färben mit Küpenfarbstoffen, siehe P. Wengraf, Textil-Rundschau 1949, S. 328; Schwen, Mell. 1933, S. 22; Schoeller, Mell. 1934, *15*, S. 357; 1937, *18*, S. 234.

Methoden zur Bewertung der schutzkolloidalen Wirkung eines Körpers:

a) Bestimmung der Zsigmondyschen Goldzahl (Valkó, Kolloidchemische Grundlagen in der Textilveredelung, S. 619).

b) Bestimmung der Kongorubinzahl (Ostwald). Die Methode beruht darauf, dass Kongorubinlösungen durch Zusatz von Elektrolyten von Tiefrot in Blau umschlagen. Siehe Abhandlung von R. Haller: Weitere Beiträge zur Kenntnis des Kongorubins, Kolloid-Ztschr. 1941, Bd. *94*, S. 6, 199 und 203 ferner M. Baudoin, Mell. 1936, S. 654 und 922.

c) Methode von P. Wengraf, Textil-Rdsch. 1949, S. 328.

[2]) E. Valkó, Öster. Chem. Ztg. 1937, Nr. 21, S. 469; G. Schwen, Probleme der Egalisierung und Durchfärbung, Monatshefte für Seide, Kunstseide, Zellwolle 1938, Nr. 7, S. 374. E. J. Valkó, Journ. Amer. Soc. *63*, Nr. 5, S. 1433/37.

[3]) Siehe Valkó, a. a. O.

Die farbstoffaffinen Egalisiermittel besitzen eine Verwandtschaft zum Farbstoff, indem sie zunächst den Farbstoff binden oder anlagern, um ihn später allmählich an die Faser abzugeben. Es treten so Egalisiermittel und Faser miteinander in Wettbewerb um den Farbstoff[1]). Der Farbstoff wird durch das Egalisiermittel in seinem Aufziehen anfänglich gebremst. Bei längerer Färbedauer und durch Temperatursteigerung, evtl. durch Zusatz von Salz oder Dispergiermittel, wird die Bindung des Farbstoffes mit dem Egalisiermittel gelockert bzw. aufgehoben und so der Farbstoff für die Aufnahme seitens der Faser freigegeben.

Die beste Schutzwirkung geht von Gelatine und anderen Leimsorten aus, darnach von Haasenblase und Kasein; hierauf folgen in grösserem Abstand Gummi arabicum, Tragant, Dextrin, Stärke. Eines der besten Schutzkolloide ist das nichtionogene Peregal O. Es entfaltet eine erstaunliche Wirkung, insbesondere beim Färben mit dem sehr schlecht egalisierenden Indanthrenblaugrün FFB, sowie mit Indanthrengelb 5 GK, G, GF, Indanthrengoldorange G, 3 G und Indanthrenrotviolett RRK. Peregal O verursacht ein Zusammenballen der Leukomoleküle in der Küpe; das Aufziehen des Farbstoffes wird verzögert und die Färbung fällt gleichmässiger aus.

In der Küpenfärberei haben sich besonders die farbstoffaffinen Egalisiermittel bewährt, deren charakteristische Vertreter die Peregalmarken (I. G.), auch Albatex PO (Ciba) sind. Durch ihre Wirkung, die Substantivität der Farbstoffe zu vermindern, regulieren sie die Aufziehgeschwindigkeit der Küpenfarbstoffe insbesondere bei Farbstoffmischungen aus Komponenten mit stark unterschiedlicher Affinität.

Franz. P. 772.585, 1934; *brit. P. 437.528* der I. G. Zusätze von Kondensationsprodukten höherer Karbonsäuren mit Abbauprodukten der Eiweisskörper fördern das Egalisieren, so z. B. einerseits Laurin-, Stearin-, Palmitin- oder Ölsäure, andererseits albuminoide Verbindungen, Gelatine, Leim, Kasein usw. (siehe S. 85 und 147).

Brit. P. 295.025 (Du Pont-Kern). Zusätze von substituierten, OH-Gruppen enthaltenden aliphatischen Aminen, z. B. Alkoxyaminen, zur Färbeküpe bewirken gleichmässigere Färbungen, insbesondere bei Indanthrenblau GCD, 3 G usw.

Franz. P. 776.146, 1934 der Ciba. Die Anthrachinonküpenfarbstoffe egalisieren im allgemeinen schlecht beim Färben. Es wurde gefunden, dass der Ausfall durch Zusätze von Polysacchariden, die keine Zucker sind, verbessert werden kann. So führt das Patent das Cibanonviolett 2 R, bekanntlich ein in hellen Tönen schlecht egalisierender Farbstoff, an, dem man 0,1 g Methylzellulose mit 28%

[1]) a. Valkó, a. a. O.

Methoxygehalt im Färbebad zusetzen soll. Auch andere Alkylzellulosen, wie die Äthylzellulose, die Karboxymethylzellulose u. a. werden genannt (vgl. auch das *D.R.P. 518.197; öst. P. 131.863* der I.G.).

Ähnliches enthält auch das *amer. P. 2.021.932* (Du Pont), nach welchem der Zusatz von Zelluloseäthern, die natürlich in alkalischen Küpen löslich sein müssen, für Küpenfärbungen empfohlen wird. Die Löslichkeit dieser Verbindungen kann durch Einführung eines Sulfo-, Karboxyl- oder Hydroxyl-Restes in den Äther bewirkt werden und als Beispiel wird das Natriumsalz des Zelluloseglykolsäureäthers genannt (Colloresin V extra der I.G.).

Eine Zugabe von pflanzlichen Phosphatiden, wie Lezithin, zur Färbeflotte bildet den Gegenstand des *D.R.P. 566.149* und des *brit. P. 353.873*, das auch im *amer. P. 2.020.496* (Amer. Lecithin Comp.) genannt wird.

D.R.P. 598.441; franz. P. 728.808 oder *brit. P. 379.948* der Ciba. Man setzt den Klotzbädern, welche nach A) und B) unreduzierte Küpenfarbstoffe enthalten (siehe oben S. 280), Emulsionen von Fetten, Ölen oder Alkylzellulosen zu, wobei festgestellt wurde, dass hier die Zugabe von Netzmitteln im allgemeinen wirkungslos ist. Doch ist es überraschend, aus diesem Patent zu erfahren, dass Derivate der Dibutylnaphtalinsulfosäure, also dem Nekal nahestehende Körper, die Durchdringungsfähigkeit steigern.

D.R.P. 518.197 der I.G. sieht u. a. die Verwendung von sulfonierten Ölen mit den unverküpten Küpenfarbstoffen vor, und zwar ohne weitere Zusätze von Hydrosulfit und Lauge.

Von den sulfonierten Ölen zeigen besonders die Fettschwefelsäureester nach *D.R.P. 561.715* und *614.702* von Stockhausen eine hervorragende Wirkung.

Franz. P. 784.276 der I.G. Es wurde gefunden, dass man die Färbung mit Küpenfarbstoffen erleichtern kann, wenn man der Flotte basische Körper hinzufügt, welche widerstandsfähig gegen freies Alkali sind und sich vom drei- oder fünfwertigen Stickstoff, vom fünfwertigen Phosphor oder vom vierwertigen Schwefel ableiten lassen und mindestens eine Kohlenstoffkette von sechs Kohlenstoffatomen aufweisen. Es werden beispielsweise genannt: das Bromhydrat des Triäthylendodezyltetramins, das Stearyldiäthanolamin, die Sulfoderivate des Ölsäureäthylanilids (Humectol CX).

Denselben Gegenstand betrifft auch das parallele *D.R.P. 655.443* (I.G.-Schwen). Nach den Angaben dieser Patentschrift kann die Anfärbbarkeit des Textilgutes mit Küpenfarbstoffen (auch Indigo) dadurch erhöht werden, dass die Ware vor dem Färben mit der Lösung eines Salzes der obenerwähnten Basen, z. B. mit Trimethyldodezylammoniumbromid, während einer Stunde bei 80° C behandelt, dann geschleudert und getrocknet wird. Die Farbtöne gewinnen an Tiefe.

Das *D.R.P. 653.305* (Zittauer Masch. Fabr., 1936) stellt fest, dass die bisher üblichen Küpenfärbeverfahren, seien es solche, die mit reduzierten Lösungen, oder solche, die mit Aufschlämmungen nach dem Prästabitölverfahren arbeiten, beim Durchfärben von Garnen in Form von Kreuzwickeln versagen, da immer noch an den Kreuzungsstellen schlecht angefärbte Garnteile übrig bleiben. Die vorliegende Erfindung kombiniert dagegen Verfahren der zweitgenannten Art (Imprägnieren mit einer unreduzierten Flotte und nachträgliche Reduktion) mit den von früherer Zeit her bekannten Schaumfärbeverfahren: Der Küpenfarbstoff wird mit Wasser heiss angeteigt und Seife als Schaummittel zugegeben. Erhitzt man nun die Flotte, in die man die Spulen eingebracht hat, bis zum Kochen, so dass der heisse Schaum gut eindringen kann und nimmt dann die Reduktion wie gewöhnlich mit Alkali und Hydrosulfit auf frischem Bade vor, so hat man eine sehr gute Durchfärbung.

Hierher gehört ferner das *franz. P. 811.760* (Imp. Chem. Ind.), das im wesentlichen mit dem *brit. P. 464.110* gleichbedeutend ist. Es werden als Zusätze zur Küpe tertiäre Sulfoniumsalze der allgemeinen Formel:

$$R{-}C{\overset{\displaystyle /\!\!/ O}{\underset{\displaystyle \diagdown NH{-}Ar{-}S{\overset{\diagup X}{\underset{\diagdown Ac}{\cdots Y}}}}{}}}$$

(R = aliphatischer höherer Rest, Ar = aromatischer Kern, Y und X = niederes Alkyl, Ac = Säurerest)

empfohlen, wie z. B. das p-Toluolsulfonat des p-Stearylamidophenylmethyläthylsulfoniums:

$$C_{17}H_{35}{-}C(=O){-}NH{-}C_6H_4{-}S(CH_3)(C_2H_5){\cdot}SO_3{-}C_6H_4{-}CH_3$$

oder auch die entsprechende Laurylamidophenylverbindung usw.

Nach dem *franz. P. 817.786*, auch *brit. P. 470.346* derselben Erfinderfirma dienen demselben Zwecke, also der Erhöhung der Anfärbbarkeit, der Vertiefung der Nuance und der besseren Durchdringung, quaternäre Ammoniumverbindungen, die aus Estern der Alkylaminobenzoesäuren (Cetylester der p-Diäthylaminobenzoesäure) mit alkylierenden Mitteln (Methylsulfat) entstehen.

Die in Frage kommenden Benzoate haben schematisch folgende Konstitution:

$$\frac{R_1}{R_2}\!>\!N{-}C_6H_4{-}C(=O){-}OR_3$$

N-Dialkyl-p-aminobenzoesäureester.

($R_{1,2,3}$ = aliphatische Reste mit 10—20 C-Atomen, z. B. Cetyl-, Dodezyl, Oleyl- usw.)

Durch Alkylierung dieser Benzoate mit Alkylsulfaten erhält man die erwähnten quaternären Ammoniumverbindungen. Diese sind alkaliempfindlich; sie können das Aufziehen des Küpenfarbstoffes verzögern, ja sogar unterbinden. Da sie jedoch in der alkalischen Küpe nach und nach zerfallen, nimmt ihre Wirkung entsprechend ab, und der Farbstoff zieht langsam auf, wodurch sehr gleichmässige Färbungen entstehen.

In den *brit. P. 435.443* und *435.444* der I. G. werden gleichfalls die hochsubstituierten Phosphonium- oder Sulfoniumverbindungen als Hilfsmittel für die Küpenfärberei genannt. Es sind dies beispielsweise Körper, wie das

$$P\begin{cases}OH\\ C_8H_{17}\\ (CH_3)_3\end{cases} \qquad \text{oder das} \qquad S\begin{cases}CH_3\\ C_2H_5\\ C_{12}H_{25}\\ OH\end{cases}$$

Trimethyloktylphosphoniumhydroxyd — Methyläthyldodezylsulfoniumhydroxyd

Laut *brit. P. 434.810* der I. G. können diese Verbindungen auch für das Abziehen von Färbungen dienen.

Nach dem *franz. P. 782.143* derselben Firma kommen auch quaternäre Ammoniumverbindungen, die mit höheren Fettresten substituiert werden, nicht nur — zufolge ihrer Dispersionswirkung — für Abziehzwecke, sondern auch für die Unterstützung des Färbevorganges bei der Küpenfärberei in Betracht.

Das *D.R.P. 632.066*, 1934 der Imp. Chem. Ind. erwähnt, dass die quaternären Ammoniumbasen dank ihrem Dispergiervermögen für das Abziehen von Küpenfärbungen geeignet sind. Erstaunlicherweise können nach der gleichen Patentschrift Derivate dieser Verbindungen, z. B. Trimethyldodezylammoniumbromid, Octadezyltriäthylphosphoniumbromid usw., auch als Farbbadzusätze dienen, indem sie insbesondere mit den indigoiden Farbstoffen sattere Nuancen liefern. Es wird empfohlen, die Gewebe vor der Färbung mit einer 0,05 bis 0,1%igen Lösung dieser Substanzen zu imprägnieren.

Nach dem *brit. P. 448.272* (I. G.) wird durch eine Präparation der pflanzlichen Faserstoffe mit einer quaternären Ammonium-, Phosphonium- oder Sulfoniumbase die Ausbeute bei jenen Farbstoffen (Indigo) erhöht, die sonst nur eine geringe Affinität zu diesen Textilien haben. Hier sind ausdrücklich die Verbindungen heterozyklischer Basen (Pyridiniumverbindungen) ausgenommen.

Ausser den obengenannten findet sich in der Literatur noch eine Anzahl von parallelen Patenten, welche die dispergierenden Eigenschaften der Phosphonium-, Sulfonium- und Ammoniumverbindungen in der Küpenfärberei benützen. Im wesentlichen bringt die Anwendung dieser Verbindungen den gleichen Effekt hervor, und eine weitere

Aufzählung der einschlägigen Veröffentlichungen kann daher unterlassen werden.

Ferner empfiehlt das *brit. P. 440.983* (Imp. Chem. Ind.) zur Herstellung stabiler kolloidaler Lösungen von Küpenfarbstoffen abgebaute Woll- oder Leimsubstanzen, die durch Einwirkung von Alkalien entstehen. Der Abbau darf nicht weiter als bis zur Protalbin- oder Lysalbinsäure gehen; er wird durch Zusatz von Schwefelsäure aufgehalten. Die Lösung wird dann vor dem Zusatz zur Küpe auf $p_H = 10$ eingestellt.

Eine Anzahl Patente der De Carp's Garnfabriken (Erfinder Zahn), nämlich *D.R.P. 661.136; franz. P. 811.549; schweiz. P. 192.555* und *brit. P. 467.662* geben eine neuartige Methode der Küpenfärbungen an. Die Küpe wird mit verhältnismässig hohen Mengen Alkohol oder einem anderen mit Wasser mischbaren Lösungsmittel für die Leukoverbindung angesetzt und mit dieser konzentrierten Küpe wird vorerst gefärbt, dann mit Kondenswasser verdünnt und die Färbung in gewöhnlicher Weise beendigt. Es scheint, dass durch die dispergierende Wirkung des Alkohols eine bessere Egalisierung ermöglicht wird. Das Verfahren bezieht sich in erster Linie auf die Färbungen von Stranggarn.

Auf die Schonung von leichten Geweben, die durch die abwechselnde Passage durch das Färbebad und durch Luftzutritt leiden, nehmen *D.R.P. 644.069; amer. P. 2.115.317* und *brit. P. 461.752* der I. G. (Storb) Bezug. Hier werden als Zusätze aromatische Schutzkörper, insbesondere Hydrochinon, genannt, die sich leicht in Chinone umwandeln und daher eine Pufferwirkung ausüben. Es konnte beobachtet werden, dass ohne eine solche Zugabe ein Etamingewebe bis zu 57% seiner Festigkeit verlor, während man nach dem in Rede stehenden Verfahren nur einen Verlust von 0,3% unter sonst gleichen Bedingungen feststellen konnte.

Als Mittel zur Verbesserung der Egalisierung findet man ferner im *franz. P. 822.739* (Sandoz)[1]) aliphatische Polyamine angegeben, die durch Kondensation von Glyzerindichlorhydrin mit Ammoniak, primären, sekundären oder tertiären Aminen gebildet werden. Man nennt in den Beispielen das Kondensationsprodukt von einem Molekül α-γ-Dichlorhydrin (CH_2Cl—CHOH—CH_2Cl) und zwei Molekülen Ammoniak. Ihre Wirkung liegt in der Verlangsamung des Aufziehens; entsprechend dieser Eigenschaft können sie auch zum Abziehen gebraucht werden. Es wurden hier sehr gute Ergebnisse bei der Färbung von Sandothrenviolett N2R, Sandothrenblau NRSC und auch bei Schwefelfarbstoffen (Thionaldunkelblau G) erzielt.

Eine Ergänzung dieses Verfahrens findet man in dem *amer. P. 2.155.135* (Sandoz-Kartaschoff).

[1]) Siehe das entsprechende *D. R. P. 726.213*, 1942.

Die hydroxylierten Polyamine, deren Wirkung sich sehr vorteilhaft beim Färben von hellen Nuancen mit schwer egalisierenden Küpenfarbstoffen, wie Sandothrenviolett N2R, Sandothrendunkelblau MBO, Sandothrenbraun G, sowie für Schwefelfarbstoffe (Thionaldunkelblau G) gezeigt hat, werden direkt dem Färbebad zugegeben. Damit wird die Stabilität der Flotte verbessert, der Dispersionsgrad des Farbstoffes erhöht und das Aufziehen auf die Faser verlangsamt, wodurch eine sehr egale Färbung entsteht. Diese hydroxylierten Polyamine werden, wie man weiter sehen wird, als Hilfsmittel in Hydrosulfitflotten verwendet.

Sandoz hat auch auf einem anderen Gebiete eine recht interessante Anwendung für Polyamine gefunden, und zwar in der Verbesserung der Wasserechtheit von Direktfärbungen[1]), zu welchem Zwecke das Produkt Sandofix B in den Handel gebracht wurde. Möglicherweise bildeten die obenerwähnten Patente den Ausgangspunkt für die Handelsprodukte vom Typus des Liovatin E.

D.R.P. 561.482 empfiehlt zur Durchfärbung schwerer Gewebe mit Küpenfarbstoffen eine Vorbehandlung mit Sulfitablauge oder Leimlösung.

Peregal O und OK[2]).

Diese Produkte der I.G. Farbenindustrie wurden als Verzögerungs- und Egalisiermittel sowie für das Abziehen von Küpenfärbungen empfohlen.

Sie bilden den Gegenstand folgender Patente: *franz. P. 713.426, 713.427*, 1931, *727.202, 752.831, 762.839; brit. P. 346.550, 367.420, 409.336, 443.559; D.R.P. 548.201, 636.305.*

Peregal O ist eine 15%ige Lösung von Emulphor O. Dieses Kondensationsprodukt wird erhalten durch Anlagerung von 15–20 Mol Äthylenoxyd an Oktadezylalkohol (Stearylalkohol) nach der Gleichung:

$$C_{18}H_{37}\text{—}OH + 15\text{—}20\ \text{Mol}\ \begin{matrix}CH_2\\ |\\ CH_2\end{matrix}\!\!>\!O \longrightarrow C_{18}H_{37}(OC_2H_4)_{14-19}(O\text{—}C_2H_4)OH$$

Das Produkt ist eine feste weissliche Masse, die in Wasser klar löslich ist und in Form einer wässerigen Lösung in den Handel kommt. Es zeigt Netz- und Schaumvermögen, beeinflusst die Affinität der Leukosalze sowie der substantiven Farbstoffe zu den Zellulosefasern und ist gleichzeitig ein ausgezeichnetes Egalisiermittel.

[1]) Siehe Kap. VI.

[2]) Schöller, Mell. 1934, Bd. *15*, S. 357; Mell. 1937, Bd. *18*, S. 234; Rudolf, Z. f. d. ges. Tex. Ind. 1934, Bd. *37*, S. 385; Patel, Amer. Dyest. Rep. 1934, Bd. *23*, S. 505 und 521; Köster, Mell. 1935, Bd. *16*, S. 271; Stierwaldt, Mell. 1926, Bd. *17*, S. 50; Volz, Z. f. ges. Text. Ind. 1936, Bd. *39*, S. 149; Kosche, Z. f. ges. Text. Ind. 1936, Bd. *39*, S. 60; Schwen, Text. Manuf. 1936, Bd. *62*, S. 153; Hasse, Mell. 1937, Bd. *18*, S. 456, 527, 672, 1004; Schwen, Mell. 1933, Bd. *14*, S. 22; D.F.Z. 1933, Bd. *69*, S. 145.

Das Produkt dient als Kristallisationskeim für die zu grösseren Aggregaten zusammentretenden Leukosalze, wodurch die Aufziehgeschwindigkeit bei gewissen Küpenfarbstoffen vermindert wird.

Bei grösseren Mengen Peregal O oder OK ist die Verzögerung so stark, dass ein Teil des Farbstoffes nicht auf die Faser zieht. Eine Färbung mit Küpenfarbstoffen kann sogar in einer blinden Küpe in Gegenwart von Peregal O oder OK mehr oder weniger entfärbt werden (s. Seite 347, Peregal als Abziehmittel).

Albatex PO der Ciba[1]).

Ihrerseits brachte die Ciba unter den Bezeichnungen Albatex PO und PON analoge Egalisiermittel in den Handel. Es sind dies Derivate des Benzimidazols, insbesondere dessen sulfosaure Natriumsalze. Die Wirkung dieser Substanzen scheint durch Zusätze von Alkylzellulose und Polyvinylalkohol verstärkt werden zu können.

Die mehr oder minder alkalischen Färbeflotten verursachen einige Schwierigkeiten hinsichtlich der Gleichmässigkeit und des Durchfärbens, besonders wenn Kunstfasern mit starkem Quellungsvermögen gefärbt werden sollen. In solchen Fällen hat sich der Gebrauch von Egalisiermitteln, wie Albatex PO oder PON, welche gleichzeitig das Durchfärben fördern, als unentbehrlich erwiesen.

Franz. P. 778.476; amer. P. 2.053.821; brit. P. 398.150 und *441.296* der Ciba, beschreiben die Sulfonierungsprodukte der Benzimidazole, die als Egalisiermittel bezeichnet werden und das Aufziehen der Küpenfarbstoffe verlangsamen.

Gränacher[2]) nannte zur Unterstützung des Abziehprozesses mittels Hydrosulfit und Natronlauge bei Küpenfärbungen Verbindungen, welche an dem Kohlenstoffatom des Imidazolkerns einen aliphatischen Rest mit mehr als 8 Kohlenstoffatomen aufweisen, z. B. das Heptadezylbenzimidazol:

$$C_6H_4 \begin{matrix} -N= \\ -NH- \end{matrix} C{-}C_{17}H_{35}$$

Nach dem *D.R.P. 678.131* (Ciba) werden den Färbe- und Abziehbädern stickstoffhaltige Dispergiermittel zugesetzt, z. B. die Sulfosäuren der zyklischen Amidine, ferner Verbindungen, wie Cetylanilinsulfosäure, das Anlagerungsprodukt von Dimethylsulfat an Methylcetylanilin, die Sulfosäure des Benzylmethyldodezylamins usw.

Durch den Zusatz derartiger Verbindungen wird das Aufziehen der Farbstoffe ganz wesentlich verlangsamt, wodurch bei schnell

[1]) *Franz. P. 774.018, 776.146, 778.476, 778.833; D.R.P. 678.131; amer. P. 2.053.821; brit. P. 398.150, 441.296;* Landolt, Mell. 1936, Bd. *17*, S. 650.

[2]) Bull. Föd. 1938, Heft 3, S. 257 und 268.

ziehenden Farbstoffen bedeutend gleichmässigere Färbungen erhalten werden.

Dieses Patent, das wahrscheinlich dem *franz. P. 778.476* entspricht, behandelt im allgemeinen Dispergiermittel, die aliphatische oder alizyklische Radikale enthalten mit mindestens 8 Kohlenstoffatomen, einer Sulfo-(SO_3H)- oder Sulfingruppe (O—SOH) und einem basischen Stickstoffatom. Das Patent gibt in besonderen Beispielen die Benzimidazolderivate wie das sulfonierte N-Methyl-μ-heptadecylbenzimidazol oder das Methylsulfat des Heptadezylphenyldimethylammoniums an[1]):

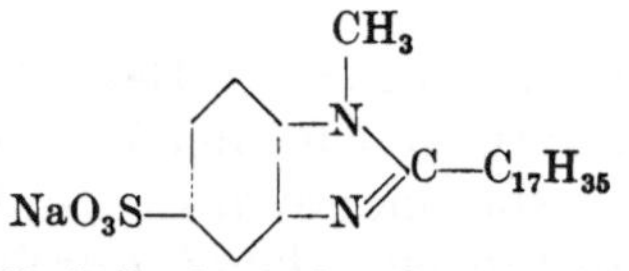

CH_3 — N; NaO_3S—; $C—C_{17}H_{35}$; N

Sulfoniertes N-Methyl-μ-heptadezylbenzimidazol (Ultravon K)

Dieses Derivat wird durch Einwirkung von Fettsäuren auf o-Phenylendiamin und durch nachträgliche Sulfonierung des Zwischenproduktes erhalten.

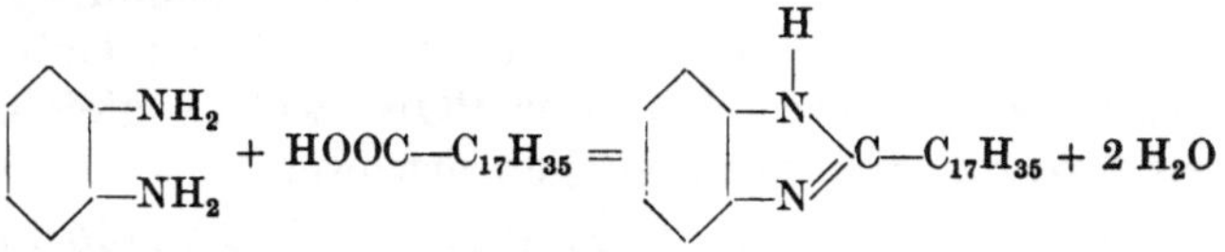

$$C_6H_4(NH_2)_2 + HOOC—C_{17}H_{35} = C_6H_4\begin{matrix}NH \\ N\end{matrix}C—C_{17}H_{35} + 2\,H_2O$$

Die Produkte befinden sich auch im Handel unter dem Namen Ultravone und werden von der Ciba als Egalisiermittel sowie als Abzieh- und Waschmittel empfohlen.

Ferner erhält man nach dem *franz. P. 778.833* der Ciba sehr gleichmässige Küpenfärbungen in Gegenwart von Polyvinylalkohol oder dessen Abkömmlingen, Äthern, Oxyalkyläthern oder Kondensationsprodukten mit Aldehyden (1—4%), wodurch ebenfalls das Aufziehen verzögert wird.

Um das Durchfärben von schweren Geweben zu erleichtern, empfiehlt die Ciba im *D.R.P. 561.482* das Vorbehandeln der Gewebe mit Sulfitablauge- oder Leimlösung.

Repellat KS von Böhme-Fettchemie.

Ein weiteres Egalisier- und Verzögerungsmittel für Küpenfarbstoffe[2]) wird von Böhme Fettchemie im *brit. P. 435.431* und *D.R.P. 673.158* (10. Oktober 1933) angegeben. Bei Zusatz von kationaktiven Hilfsmitteln (organische, mit höheren Fettketten substituierte Basen) zur Küpenflotte findet eine starke Verringerung der Affinität statt,

[1]) Siehe auch S. 349.

[2]) *Brit. P. 435.431; D.R.P. 673.158; franz. P. 770.235; schweiz. P. 173.257, 183.676; öster. P. 154.886.*

während anionaktive Hilfsmittel (Fettalkoholsulfate) diese Wirkung abschwächen oder sogar ganz aufheben. Das Verfahren besteht demgemäss in einem Zusatz von kationaktiven Mitteln zur Verlangsamung des Aufziehens und in einer Regelung des Tempos des Färbeprozesses durch allmähliche Zugaben von anionaktiven Körpern. Diese Patente liegen den beiden Produkten der Böhme-Fettchemie G.m.b.H. und der Soc. de Prod. Chim. de la Mer Rouge in Mülhausen zugrunde, und zwar dem Repellat KS, welches das kationaktive Mittel ist, z. B. das Laurylpyridiniumsulfat

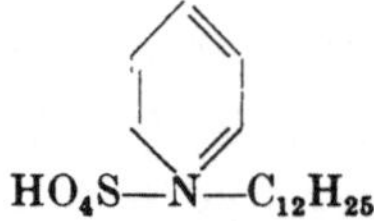

und dem Amendol, dem anionaktiven Anteil (Fettalkoholsulfat). Das Repellat verzögert also den Anfärbevorgang, wirkt daher egalisierend, speziell bei Indanthrenküpen, und das Amendol, das gemeinsam mit dem Repellat verwendet wird, beschleunigt umgekehrt das Aufziehen, wirkt daher farbvertiefend.

Lamepon A von Landshoff und Meyer[1]).

Dieses Produkt erhält man laut *brit. P. 413.016* von Landshoff und Meyer durch Einwirkung eines Säurechlorids (z. B. Ölsäurechlorid) auf Abbauprodukte von Eiweissubstanzen:

$$C_{17}H_{33}\text{—CO—Cl} + H_2N\text{—}R_1\text{—(CO—NH—}R_2)_x\text{—COONa} + \text{NaOH} \longrightarrow$$
$$\longrightarrow C_{17}H_{33}\text{—CO—NH—}R_1\text{—(CO—NH—}R_2)_x\text{—COONa} + \text{NaCl} + H_2O$$

Die Beständigkeit dieser Verbindungen gegenüber den Härtebildnern des Wassers sowie den Säuren lässt leider zu wünschen übrig. Das Lamepon wurde von der Chemischen Fabrik Grünau einerseits als Egalisiermittel für Küpenfärbungen und andererseits als Schutzkörper für tierische Fasern gegen Alkalischädigung in den Handel gebracht.

Das *amer. P. 2.015.912* derselben Firma betrifft die Kondensationsprodukte der Fettsäuren mit Lysalbin- und Protalbinsäure und das *brit. P. 435.481* der I. G. die durch Kondensation von Fettsäuren mit Polypeptiden erhaltenen Produkte.

Brit. P. 437.528 der I. G. Für Zwecke der Küpenfärberei wird ein Zusatz von Kondensationsprodukten höherer Fettsäuren mit Abbauprodukten der Proteinsubstanzen empfohlen. Man schreibt diesen ebenfalls das Aufziehen verlangsamenden und daher egalisierenden

[1]) Protepon A von Protex, *franz. P. 772.585; D.R.P. 670.096/097; amer. P. 2.015.912; brit. P. 413.016, 435.481, 450.467; schweiz. P. 172.359, 187.094/099.* Siehe auch Schultz, II. Erg. Band. S. 301; Cremer, Mell. 1935, S. 62 und 288; Z. f. angew. Chemie 1936, S. 668; Pattinger, Canad. Text. J. 1936, Nr. 26, S. 39; Chem. Zent. 1937, S. 2457.

Mitteln einen amidartigen Aufbau zu. Als Beispiel wird hier ein Reaktionsprodukt von Oleylchlorid auf eine Substanz genannt, die durch Behandlung des aus den Abfällen von Hasenbälgen (Hutfabrikation) gewonnenen Leims mit Alkali entsteht. Analog dazu sind die Kondensationsprodukte von höheren Fettsäuren mit albuminoiden Verbindungen nach *franz. P. 772.585* der I. G. für die Egalisierung von Küpenfärbungen zu verwenden (vgl. auch *öst. P. 137.321*), während nach dem *brit. P. 425.370* derselben Firma die Chlorkohlensäureester der höheren Fettalkohole mit Eiweissabbauprodukten kondensiert als Egalisiermittel bei Küpenfärbungen genannt werden (vgl. hierzu auch *brit. P. 452.689* und *franz. P. 786.391* von Freiberger).

Franz. P. 715.444 und *schweiz. P. 149.067* der I. G. betreffen den Zusatz von aromatischen oder hydroaromatischen Sulfo- oder Karbonsäuren (mit Ausnahme der Salze der Benzylsulfanilsäure), z. B. der Natriumsalze der Dimethylmetanil- oder Sulfanilsäure. Dieses Patent wurde schon früher gelegentlich der Besprechung der hydrotropen Substanzen erwähnt, die als Anteigungsmittel für Küpenfarbstoffe und als Zusätze zu Küpendruckfarben genannt wurden (siehe S. 74 und 144).

D.R.P. 562.382 und *562.889* der I. G. Dem Färbebad wird ein farbloses Kondensationsprodukt aus Harnstoff und Aldehydammoniak oder ein Reaktionsprodukt von Äthylenoxyd auf Albumin, z. B. das Äthoxykasein, zugegeben; auch dieses Patent wurde gelegentlich der Besprechung der Druckfarbenherstellung erwähnt. Das *amer. P. 2.006.557* (Du Pont) gibt eine Vorschrift zur Herstellung stabiler Emulsionen für Netzzwecke beim Färben von Küpenfarbstoffen durch Verwendung von Nekal mit Türkischrotöl und Produkten aus der katalytischen Hydrierung des Kohlenoxyds gemischt.

Du Pont de Nemours hat im *amer. P. 2.006.557* eine Herstellungsmethode von beständigen Netzmittelemulsionen für die Küpenfarbstoff-Färbebäder bekanntgegeben. Das Produkt setzt sich zusammen aus Nekal, Natriumsulforizinoleat und aus Verbindungen, die durch katalytische Hydrierung des Kohlenmonoxyds entstehen.

Das *D.R.P. 589.508* (Chem. Fabr. Oranienburg/Lindner) beschreibt eine Färbemethode mit reduzierten Küpen unter Zusatz von Fettsulfaten und Kresol.

Haller hat sich mit der Wirkung der in der Indanthrenfärbeküpe enthaltenen Glukose (Mell. 1928) beschäftigt. Wie dies schon erörtert wurde, kann man die stabilisierende Wirkung der Glukose in der Hydrosulfitküpe der Bildung eines beständigen Reaktionsproduktes von Hydrosulfit und Glukose zuschreiben. Haller betrachtet den entstandenen Körper als Additionsverbindung:

$$C_6H_{12}O_6 \cdot NaHSO_2$$

Die Chemische Fabrik Pyrgos brachte dieses für die Indigoküpe bestimmte Reduktionsmittel unter dem Namen Candit V in den Handel (Hackl, Neuerungen in der Reduktionstechnik in Färberei und Zeugdruck, Mell. 1930, Mai S. 383 und Juli S. 530). Auch wurde das entsprechende Zinksalz für die Färbung von Indigo und Indanthrenfarbstoffen hergestellt, welches dem Natriumformaldehydsulfoxylat überlegen ist; es gestattet in der Kontinueküpe oder auf dem Jigger bei Färbetemperaturen von 75—80° C eine bessere Ausnützung des Farbstoffes (hierzu die Arbeiten von Perndanner, Hackl, Bartl, Mell. 1930, Januar, S. 42, „Über den Chemismus der Hydrosulfit-Glukose-Küpe", auch Mell. 1930, S. 533).

Im *brit. P. 436.942* (I. G.) werden als Egalisiermittel hochsubstituierte Amine, z. B. das Laurylamin oder Amine, die Äthoxygruppen oder Reste des Di- oder Triäthylenglykols (z. B. das Dodezylmonoäthanolamin) aufweisen, beschrieben.

Dieses Verfahren ist ebenfalls Gegenstand des *D.R.P. 739.860* der I.G. Farbenindustrie. (Die Patenterteilung wurde erst am 19. August 1943 bekanntgegeben, obwohl die Patentanmeldung schon vor mehr als 9 Jahren, am 9. Januar 1934, erfolgte.)

Das Patent zitiert weitere Egalisiermittel, z. B. das Einwirkungsprodukt von 2 Mol Äthylenoxyd auf Dodezylmonoäthanolamin, ferner höhermolekulare aliphatische Polyamine (Dodezyläthylendiamin), Amine, die Oxyäthylgruppen oder Reste von Di- oder Triäthylenglykolen enthalten (Dodecylmonoäthanolamin, Oleyldiäthanolamin), Kondensationsprodukte aus höhermolekularen Fettsäuren und Aminen, z. B. das Amid aus Kokosfettsäure und Triäthylentetramin, weiterhin aromatische Polyamine, z. B. Umsetzungsprodukte von Polyglyzerinen, von halogenierten Paraffinen mit Ammoniak oder Aminen.

Als besonders geeignet werden genannt:

Dodezyltrimethylammoniumbromid

Dimethylphenylbenzylammoniumchlorid

also Leukotrope, und

Trimethyloktylphosphoniumhydroxyd

$$(CH_3)_3{\equiv}P\begin{matrix}\diagup C_8H_{17}\\ \diagdown OH\end{matrix}$$

Folgendes Beispiel wird gegeben:

Ein Viskoseseidegewebe wird in einer alkalischen Hydrosulfitküpe mit 1% Indanthrenbrillantviolett RR dopp. Teig unter Zusatz von 0,5 g pro Liter Flotte einer Mischung aus 0,45 g eines mit rauchender Schwefelsäure sulfonierten Rizinusöls und 0,05 g Trimethyldodezylammoniumbromid gefärbt.

Die erhaltene Färbung ist viel gleichmässiger.

Es wurde festgestellt, dass die Küpenfarbstoffe sich unter besonders günstigen Bedingungen auffärben lassen, wenn man alkalische Küpen der Farbstoffe verwendet, welche basisch wirkende, wasserlösliche oder in Wasser dispergierte alkalibeständige Verbindungen enthalten. Diese Verbindungen leiten sich vom 3- oder 5-wertigen Stickstoff, vom 5-wertigen Phosphor oder vom 4-wertigen Schwefel ab und müssen mindestens einen aliphatischen, alizyklischen oder aromatischen Rest mit 6 oder mehr Kohlenstoffatomen im Molekül aufweisen.

Interessant ist eine Erfindung von Roland Paschkes, Porto (Portugal), welche Gegenstand einer Anmeldung[1]) der I. G. Farbenindustrie (8 m 3/01, J. 70.850, ausgelegt am 13. Mai 1943) ist. Wie schon oben beschrieben, kann man, um gleichmässige Färbungen zu erhalten, Egalisiermittel verwenden, die eine Verringerung der Affinität und dadurch der Aufziehgeschwindigkeit verursachen. Leider werden in vielen Fällen die Fasereigenschaften häufig bei stark netzenden Egalisiermitteln in unerwünschter Weise verändert.

Es wurde nun gefunden, dass man gleichmässige Färbungen mit Küpenfarbstoffen erzeugen kann, wenn man vor dem Verküpen, oder zu der Küpe vor dem Färben oder während des Färbens Zellulosefaserstaub zusetzt, oder wenn man vorgefärbten Zellulosefaserstaub in blinder Küpe als Farbstoffträger verwendet.

Der gefärbte Faserstaub gibt allmählich im Laufe der Behandlung Farbstoff ab, der auf die Faser aufzieht.

Nach *D.R.P. 737.449* (Phrix Arbeitsgemeinschaft in Homburg, Kurt Lucas 14. Juli 1943) ist es möglich, egalere Färbungen mit anthrachinoiden Küpenfarbstoffen auf Geweben, die aus regenerierter Zellulose hergestellt sind, zu erzielen, wenn man die Ware mit einer Aluminiumsulfatlösung präpariert. Hierbei werden hauptsächlich die Kreuzungsstellen der Fäden besser durchgefärbt.

Man behandelt beispielsweise ein rohes Viskose-Zellwollmischgewebe vorerst während 20 Minuten bei 50° C in einem Bad, das 2 g Soda kalz. und 1 g eines Gemisches von Fettalkoholsulfat und Fettlöser enthält. Nach gutem Spülen wird die Ware in einer 20%igen Aluminiumsulfatlösung 2 Stunden lang bei 85° C behandelt und nach dem Abquetschen in bekannter Weise mit Indanthrenblau GCD gefärbt. Die Scheuerprüfung, die bei den so behandelten Geweben fast keine Weisscheinigkeit an den Scheuerstellen erkennen lässt, ist der beste Beweis dafür, dass der Farbstoff besser in die Faser eindringen konnte.

Das *franz. P. 899.875* der I. G. Farbenindustrie behandelt ein Verfahren, das zu einer Verbesserung der Gleichmässigkeit der Färbungen mit Küpen- oder Schwefelfarbstoffen auf zellulosehaltigem Textilgut

[1]) Das entsprechende Patent ist das *D.R.P. 747.861*, ausgegeben am 18. Oktober 1944.

führt. Das Verfahren besteht darin, dass man dem Färbebad Egalisiermittel zusetzt, die durch Kondensation von Polyalkylenpolyaminen von höherem Molekulargewicht, die keine Hydroxylgruppen enthalten, mit Alkylierungsmitteln, die ebenfalls frei von Hydroxylgruppen sind, erhalten werden. Die Alkylierungsmittel sollen mindestens zwei Alkylreste pro Molekül enthalten. Als Beispiele werden Polyamine von höherem Molekulargewicht erwähnt, die zur Propan- und Butanreihe gehören. Man erhält sie durch Einwirkung von Ammoniak oder Aminen auf Dihalogenpropane oder -butane, wie z. B. Propylenchlorid, Epichlorhydrin usw.

Ähnliches findet man im *franz. P. 901.326* der gleichen Firma, welches den Zusatz kleiner Mengen wasserlöslicher Azylierungsprodukte zum Färbebad vorschlägt, die durch Reaktion aliphatischer Karbonsäuren von niederem Molekulargewicht auf Polyalkylenimine erhalten werden.

Azylierungsprodukte können auch als Hilfsmittel Abziehbädern zugegeben werden, sowohl um streifige Färbungen auszuegalisieren als auch um Färbungen mit Küpen- oder Schwefelfarbstoffen abzuziehen. Die nicht azylierten Polyalkylenimine besitzen nur geringes Egalisiervermögen und sind daher für das Färben mit Küpen- und Schwefelfarbstoffen wertlos.

Im Patent wird folgendes Beispiel angeführt: Man färbt in der üblichen Weise 100 T. Baumwollgewebe, das leicht zu streifenförmigen Färbungen neigt, mit folgendem Färbebad:

48 T. Natronlauge 30° Bé
6 T. Natriumhydrosulfit
0,3 T. eines Küpenstoffes (blaugrüner Farbstoff nach *franz. P. 664.911)*
0,1 T. einer 10%igen Lösung von Azetylpolyäthylenimin
pro 3000 T. Färbebad

Nach der üblichen Nachbehandlung erhält man eine vollkommen gleichmässige, hellblaugrüne Ausfärbung.

Das vorhin erwähnte Azetylierungsprodukt kann z. B. nach folgender Methode erhalten werden: In eine Lösung von 44 Teilen Polyäthylenimin in ca. 200 Teilen Wasser lässt man tropfenweise 100 Teile Essigsäureanhydrid zufliessen, wobei die Temperatur von selbst auf 30—40° C steigt. Die Reaktionslösung wird während einiger Stunden gerührt, neutralisiert und mit Wasser auf 440 Teile gebracht. Die so hergestellte Lösung enthält 10% der aktiven Substanz, berechnet auf das Ausgangsmaterial, und kann direkt als Zusatz zu Färbebädern verwendet werden.

Das *franz. P. 895.725* der Deutschen Hydrierwerke A.G. (hinterlegt am 18. Juni 1943, erteilt am 1. Februar 1945) zitiert als Egalisiermittel Mischungen aus wasserlöslichen Erdalkalisalzen und alkalischen Anhydrophosphaten. Beispiel: Man färbt ein Mischgewebe aus Baumwolle und Viskose in einer Küpe, die 1 % des Farbstoffes (Indanthrenbrillantgrün GG in Pulverform) enthält, wobei sich die Farbstoffmenge auf das Gewicht des Bades bezieht.

Ohne Zusatz des Hilfsmittels erhält man eine normale und intensive Ausfärbung, wobei das Färbebad nach ca. 50 Minuten fast völlig erschöpft ist. Setzt man dagegen dem Bad eine neutrale Salzmischung, bestehend aus 55,75 % Natriumhexametaphosphat, 39 % wasserfreiem Magnesiumsulfat und 5,25 % wasserfreier Soda, als Egalisiermittel zu, so lässt sich feststellen, dass bei gleicher Farbstoffkonzentration das Bad viel langsamer ausgezogen wird, wodurch sich eine bessere Egalisierung erzielen lässt.

Der Einfluss der Nachbehandlung mit Kupfernaphtenat auf küpengefärbtes Material wurde von E. I. du Pont de Nemours & Co.[1]) untersucht. Die mitgeteilten Ergebnisse zeigen, dass in den meisten Fällen der Farbton beträchtlich infolge der durch das Kupfernaphtenat hervorgerufenen grünlichen Färbung verändert wird. Die Lichtechtheit der Farben bleibt im wesentlichen die gleiche, aber die Wetterechtheit schwankt; einige Farbstoffe zeigen verbesserte, einige verschlechterte Echtheit.

Beim Färben von Textilien in Flotten, die mit hartem Wasser beschickt sind, begegnet man häufig Schwierigkeiten infolge Bildung unerwünschter Niederschläge, welche die Güte der Färbungen beeinträchtigen können. Laut *D. R. P. 685.124*, 1932 der I.G.-Farbenindustrie können die Schwierigkeiten durch Zusatz von Alkali-, Ammonium- oder Aminosalzen der Metaphosphorsäure zum Färbebad behoben werden. Dieser Zusatz ist hauptsächlich beim Färben mit Küpen- oder Azofarbstoffen, bei der Erzeugung von unlöslichen Azofarbstoffen auf der Faser, sowie beim Färben mit Schwefel- und Azetatseidenfarbstoffen von Interesse.

Die Färberei von Leinengeweben mit Küpenfarbstoffen, die Schwierigkeiten bereitet, nimmt man im Pigmentklotzverfahren (s. oben) in zwei Bädern vor. Man erhält egalere Färbungen durch eine Zwischentrocknung nach dem Imprägnieren und vor der reduzierenden Entwicklung, welch letztere am besten auf dem Jigger durchgeführt wird (vgl. Textile Manufacturer, Manchester *61*, 722, S. 76, auch The Dyer *74*, S. 486).

Küpenfärbeverfahren für tierische Fasern.

Da Wolle durch heisse alkalische Lösungen sehr stark angegriffen wird, erscheint es schwierig, die Mehrzahl der Küpenfarbstoffe für diese Faserart zu verwenden. Ferner besitzen die Leukoderivate der Küpenfarbstoffe gegenüber Wolle nur eine geringe Affinität.

[1]) J. Textile Inst. 1949, Bd. *40*, S. 243; Techn. Bull. Du Pont 1945, *1*, S. 130/33.

Einzig diejenigen Farbstoffe, die eine ausgeprägte Affinität für tierische Fasern besitzen und sich aus schwach alkalischen Küpen und bei relativ tiefen Temperaturen ausfärben lassen, kommen für die Wollfärberei in Frage.

Mit diesem Ziel wurde von der M. L. B. in Höchst eine Reihe von Küpenfarbstoffen unter der allgemeinen Bezeichnung Helindonfarbstoffe, die sich speziell für Wolle eignen, in den Handel gebracht[1]).

Was die Küpenfärbeverfahren für tierische Fasern betrifft, so beziehen sich die meisten Patente auf eine Verringerung der für die Faser schädlichen Alkalinität des Bades. Hier seien kurz genannt:

Brit. P. 340.267, Morton. Zusatz von Borsäure zur Küpe, und *brit. P. 354.777.* Ersatz der Borsäure durch andere Körper, wie Resorzin, Phenol und andere als Puffer wirkende Verbindungen, endlich *brit. P. 390.513*, Morton-Harris. Statt der Borsäure wird Alkaliborat verwendet, das genau dosiert sein muss, so dass der p_H-Wert zwischen 8 und 13 liegt.

Brit. P. 388.044 der Imp. Chem. Ind. Anwendung von Phosphaten, speziell des Trinatriumphosphates.

Amer. P. 1.964.934 der I. G., Wallis- Virck. Zugabe von Magnesiumsalzen oder Magnesiumhydroxyd und Schutzkolloiden, wie Zellulose-Sulfitablauge. Desgleichen findet man das Verfahren im *D.R.P. 601.196* der I. G. mit der Bemerkung, dass die Schutzwirkung der Ablauge durch die Salze des Mg, Al, Cr oder Zn verstärkt wird.

Es war bereits früher Gelegenheit geboten, das *D.R.P. 479.344* der I. G. zu erwähnen, welches den Zusatz von Triäthanolamin oder Pyridin zur Küpe empfiehlt. Nun wird aus dem *D.R.P. 659.493* (I. G.-Kirst) bekannt, dass man zur Vermeidung von Alkaliüberschüssen bei Küpenfärbungen auf tierischer Faser — wobei besonders an nicht indigoide Farbstoffe gedacht wird — ausser den unbedingt zur Verküpung notwendigen Alkalimengen Guanidinkarbonat zugeben soll, das nach dem *D.R.P. 458.437* von Merck hergestellt wird.

Das Guanidinkarbonat entspricht der Formel:

$$HN{=}C\begin{matrix}\diagup NH_2\\ \diagdown NH_2\end{matrix}\cdot H_2CO_3$$

Anstatt der Ätzalkalien schlägt das *D.R.P. 669.300* (Chemische Werke Albert) Alkalipolyphosphate vor; diese sind durch das Verhältnis von $Na_2O : P_2O_5 = 3:2, 5:3, 6:5$ usw. gekennzeichnet und stehen somit in dieser Hinsicht zwischen den Metaphosphaten (Verhältnis 1:1)

[1]) H. Luttringhaus, J. E. Flint und A. A. Arens (G.D.C.), Amer. Dyest. Rep. 1950, *39*, P 2.

und den Pyrophosphaten (2:1). Gemische von Metaphosphaten und Pyrophosphaten sind durch ihre Unempfindlichkeit gegen Erdalkalisalze bekannt (Calgone) und die Polyphosphate weisen denselben Vorteil auf.

Nach dem *franz. P. 857.904* von Courtaulds Ltd, wird der Küpenfarbstoff mit Natronlauge und Natriumhydrosulfit in Lösung gebracht, und nach vollständiger Lösung die Natronlauge durch Kohlensäure, die man in Form von Natriumbikarbonat zugibt, neutralisiert. Das Färbebad wird folgendermassen zubereitet:

0,1 T. Indanthrengoldgelb RK dopp. Teig wird mittels
2,0 T. Natronlauge 17° Bé und
0,6 T. Natriumhydrosulfit Pulver und einer genügenden Menge Wasser von 60° C gelöst und auf
400,0 T. mit Wasser verdünnt.

Nach vollständiger Reduktion des Farbstoffes gibt man dem Färbebad 2,4 Teile wasserfreies Natriumbikarbonat zu. In diesem Färbebad werden alsdann 10 Teile Azetatzellulosegarn oder Wolle während ¾ Stunden bei 60—70° C gefärbt.

Die Küpenfärberei[1]) der Wolle in ammoniakalischer Küpe und unter Zusatz von Schutzkolloiden wird in der D.F.Z. Bd. *21*, S. 23, beschrieben. Auch soll hier die sehr interessante Arbeit von Kraus (W. u. L. Ind., *55*, S. 363) betreffend die Küpenfärberei in Gegenwart von Schutzkolloiden und Egalisiermitteln, wie Dekol, Nekal AEM, Leim, Prästabitöl usw., erwähnt werden.

Diesbezüglich wird im kürzlich erschienenen *D.R.P. 745.858* von der I. G.-Farbenindustrie-K. Joachim ein Verfahren beschrieben, nach welchem man Wolle mit Küpensäure in Gegenwart von Aminen färben kann. Die Küpensäure wird beispielsweise hergestellt durch Eingiessen einer konzentrierten Küpe in eine wässerige Säurelösung, wobei Verteilungsmittel, wie Kondensationsverbindungen aus Naphtalin-2-sulfosäure und Formaldehyd oder Schutzkolloide, wie Leim, mitverwendet werden[2]).

Im Vergleich mit den Färbeverfahren, die im *brit. P. 355.363* beschrieben werden, erreicht man durch Mitverwendung von Aminen beständigere Färbebäder. Nach den Patentangaben verfährt man folgendermassen:

---

[1]) Das Färben von Wolle in Stückgut wird in zwei Arbeiten im Amer. Dyest Rep. 1943, S. 31 (Derby) und S. 33 (Lindberg) behandelt.

[2]) Es sei hier erwähnt, dass bereits im *D.R.P. 152.907* der Zusatz von Leim zur Indigoküpe beim Färben der Wolle empfohlen wurde, um das Ausfallen des Indigoweiss in der ungenügend alkalischen Küpe zu verhüten.

Man setzt eine Küpe an, welche

2 T. eines Küpenfarbstoffes
2 T. einer Leimlösung 1:10[1])
2 T. Natriumhydrosulfit und
12 T. Natronlauge 38^0 Bé, 1:5 enthält.

Die Küpe wird auf 60 Teile aufgefüllt und bei 55^0 C verküpt. In das Färbebad gibt man

2 T. obiger Stammküpe
2 T. Natriumhydrosulfit
1,5 T. Essigsäure 50%ig und
0,5—1 T. Triäthanolamin.

Man färbt 10 Minuten in diesem Bade (p_H 6,2) und fertigt aus, indem man in einem Bade mit Säure und Natriumperoxyd entwickelt.

An Stelle des Triäthanolamins kann die gleiche Menge Diäthanolamin, Pyridin oder Guanidin verwendet werden.

Nach dem *amer. P. 2.318.133* von E. I. du Pont de Nemours & Co. (hintergelegt am 31. Dezember 1940, erteilt am 4. Mai 1943) kann man animalische Fasern oder Mischgewebe aus animalischen und hydrolysierbaren Zelluloseester- oder -ätherfasern mit Küpenfarbstoffen färben, ohne dass dabei die alkaliempfindlichen Fasern geschädigt werden, wobei man mit einer minimalen Menge an Farbstoff und anderen Chemikalien auskommt, wenn man folgendes Verfahren anwendet:

Man klotzt die Stückware mit der üblichen alkalischen Lösung des reduzierten Farbstoffes und behandelt die Ware, während der Farbstoff sich noch in reduzierter Form befindet, in einem Fixierbad, das mit einer alkalischen Hydrosulfitlösung oder einem ähnlichen Reduktionsmittel beschickt ist.

Dabei wird die Alkalität des Bades genügend hoch gehalten, damit der Farbstoff in Lösung bleibt, während der p_H-Wert tiefer ist als bei einer Hydrosulfit- und Natronlaugelösung. Man kann das Fixierbad ohne Schwierigkeiten auf eine gewählte Alkalität mit Alkalikarbonat stellen, ohne dass dabei das p_H zu hoch wird. Indem man die Ware, die mit der üblichen, mit Hydrosulfit und Ätzalkali bereiteten Küpenfarbstofflösung geklotzt worden war, durch ein Entwicklungsbad, welches ein Alkalikarbonat (Natriumkarbonat), ein Alkalihydrosulfit und etwas des verwendeten Küpenfarbstoffes enthält, nimmt, fixiert sich der Farbstoff auf der Faser. So lässt sich eine egale Färbung erhalten, sofern die Alkalität des Entwicklungsbades innerhalb relativ enger Grenzen gehalten wird.

[1]) Ebenso ist die Verwendung von Schutzmitteln zu empfehlen, die Kondensationsprodukte von Naphthalin-2-sulfosäure mit Formaldehyd darstellen und unter den Bezeichnungen Tamol (Calco), Setamol WS (I.G)., Diastersol NDS (Francolor), Dispergine CB (Francolor), Lissatan AC (I.C.I.) und Lyokol O (Sandoz) in den Handel gebracht werden.

Die Alkalität des Entwicklungsbades darf zwischen einem p_H-Wert von 8 und 12 variieren.

Nachdem die Fixierung beendigt ist, oxydiert man den Farbstoff auf der Faser.

Beispiel: Ein Gewebe aus Viskosekunstseide wird in licht- und waschechten blauen Tönen durch Klotzen mit einer Küpe folgender Zusammensetzung gefärbt:

Ponsolblau BF dopp. Teig	13,7 g/l
Ponsolviolett BN supra	1,7 g/l
Ponsololive GGL Teig	1,7 g/l
Kaliumhydroxyd	11,9 g/l
Natriumhydrosulfit	10,2 g/l

Nach dem Pflatschen lässt man das Textilmaterial durch ein Fixierbad passieren, dem soviel Farbstoff zugegeben wird, dass der Gleichgewichtszustand der Farbstoffverteilung zwischen der Flotte und der Faser bereits erreicht ist.

Die Alkalität des Entwicklungsbades soll einem Gehalt von 9,6–10,9 g/l Natriumkarbonat und 0,137—3,4 g/l Ätznatron entsprechen. Dank obiger Farbstoffkombination lässt sich die Verwendung von Bikarbonat zur Erhaltung der Alkalität des Bades vermeiden. Die Menge des verwendeten Hydrosulfits darf nicht unterhalb 1,27 g/l liegen.

Nach der Entwicklung wird das Gewebe mit kaltem Wasser gewaschen, durch ein Oxydationsbad gezogen, gespült, geseift, gespült und in der üblichen Weise getrocknet.

E. I. du Pont de Nemours bemerkt im *amer. P. 2.297.701* (hintergelegt am 11. April 1940, erteilt am 6. Oktober 1942), dass man die Affinität von indigoiden und anthrachinoiden Farbstoffen für Wollfasern verbessern kann, wenn man diese vorher mit wässerigen Lösungen eines schwefelhaltigen Reduktionsmittels behandelt, wie z. B. mit Formamidinsulfinsäure, Hydrosulfit, Aldehydsulfoxylaten, Bisulfiten oder wasserlöslichen Sulfiden. Dann folgen eine Dampfbehandlung des so vorbereiteten Gewebes, ein Spülen und die anschliessende Färbung aus einer Küpe, die den vorzugsweise mit Hydrosulfit und Natronlauge reduzierten Farbstoff enthält. Dabei sind die Alkalimengen und Temperaturen sorgfältig zu überwachen. Die Konzentration des Vorbehandlungsmittels liegt zwischen 12,1 bis 18,7 g/l. Die Temperatur soll 60—70° C betragen. Nach der Imprägnierung wird 3 Minuten unter Atmosphärendruck gedämpft. Man soll durch die genannte Vorbehandlung kräftigere Färbungen erhalten. Das in dieser Vorbehandlung angewendete Reduktionsmittel soll nach dem Patent nicht auf den später aufgebrachten Farbstoff einwirken können, weshalb dasselbe durch den Waschprozess vollständig von der Faser entfernt wird.

Man kann auch die Wolle mit den vorher erwähnten Mitteln während 5—30 Minuten bei 70—100° C behandeln, vorzugsweise während 15 Minuten bei 93° C, wobei die Konzentration des Vorbehandlungsmittels 3—5% beträgt, auf das Gewicht der Stückware berechnet.

Dank dieser Erhöhung der Affinität der Wolle zu den Küpenfarbstoffen können die kontinuierlichen Färbeverfahren für diese stark verbessert werden. Es ist so möglich, kräftige, dunkelblaue Färbungen auf Wolle zu erzielen, wenn das Färbebad 18,7 g/l reduzierten Indigoteig (20%ig) enthält und man 3 Minuten färbt. Bisher war eine Färbedauer von 10 Minuten erforderlich; dann erfolgte die Oxydation und schliesslich eine zusätzliche Färbung von 10 Minuten in einem zweiten Bad, um gleich tiefe Farbtöne zu erhalten.

Die Verkürzung der Färbedauer hat noch den Vorteil, dass dadurch die Schädigung der Wolle durch die zur Reduktion des Farbstoffs nötigen Alkalien verringert wird.

Nach dem *amer. P. 2.420.729* der Allied Chem. and Dye Corp. — Weber (Mell. 1948, Aprilheft, S. 147) bietet das Färben von wollenem Stückgut mit indigoiden Küpenfarbstoffen mehr Schwierigkeiten als das Färben von Baumwolle oder Kunstseide mit Farbstoffen aus derselben Gruppe. Es ist vielfach notwendig, zu stark alkalische Küpen zu verwenden. Schwach alkalischen Küpen, die Ammoniak oder Soda enthalten, werden oft Schutzkolloide, wie Leim oder Kasein, zugegeben. Volle Farbtöne werden in der Regel aber nicht zufriedenstellend erhalten, da sie geringe Waschechtheit besitzen und sich nicht gleichmäßig auffärben lassen. Das nachfolgende Verfahren beseitigt diese Schwierigkeit, die sich beim Färben von Wolle in dunklen Farbtönen ergibt.

Man färbt das Stückgut im Strang in der Küpe, wobei der Farbstoffgehalt letzterer so berechnet ist, dass er für eine vollständige Ausfärbung unzureichend ist. Nachträglich färbt man mit einem sauren Wollfarbstoff und erreicht den gewünschten Farbton. Man kann aber auch die Reihenfolge der Behandlungen umkehren.

In einer Arbeit, die in der Textile World 1949, *99*, S. 137[1]), von G. T. Hug (Du Pont) publiziert wurde, bemerkt dieser, dass sich das Problem der Anwendung der Küpenfarbstoffe auf Wolle in die Stückfärberei und das Färben von losem Material gliedert. Die erstere ist gegenwärtig praktisch weniger wichtig und befindet sich noch im Versuchsstadium, bietet aber für Entwicklungsarbeiten ein dankbares Arbeitsgebiet. Während nach der herkömmlichen Ansicht Stückware mit Küpenfarbstoffen (mit Ausnahme von Indigo) nur im breiten Zustand gefärbt werden kann, gelingt es nach dem neuen Verfahren mit beinahe derselben Laugenkonzentration wie bei Baumwolle, aber bei vorsichtig gewählter Temperatur (Anfangstemperatur 32° C, Färbe-

[1]) G. T. Hug, Amer. Dyest. Rep. 1948, *37*, S. 365. Textile World 1949, *99*, S. 137.

temperatur nicht über 44° C) und genügend langer Färbedauer die Wolle ohne nennenswerte Schädigung der Faser mit allen Küpenfarbstoffen im Strang zu färben. Dabei haben sich zwei Methoden bewährt, die Reduktions- und die Pigmentiermethode, wobei die erstere bevorzugt wird. Man löst den Farbstoff in $^1/_{10}$ der Färbeflotte mit 22,5 g/l Natronlauge und ebensoviel Hydrosulfit auf, benetzt die Wolle mit 1—4 g/l Alkanol WXN als Netzmittel, setzt diesen $^9/_{10}$ des gesamten Bades 2—3,75 g/l Ätznatron und 5,85—7,5 g/l Natriumhydrosulfit zu und lässt 5—10 Minuten laufen. Dann gibt man den reduzierten Farbstoff zu. Die Laugenkonzentration beträgt nunmehr 4—5,5 g/l, die Hydrosulfitkonzentration 7-7,7 g/l, wobei die höheren Konzentrationen für dunklere Farbtöne angewendet werden. Der p_H-Wert des Bades liegt etwas über 11. Man färbt 30—60 Minuten bei 32° C, 10 Minuten bei 40° C, setzt anschliessend 15—45 g/l Kochsalz zu und färbt weitere 10—20 Minuten. Die längeren Färbezeiten gelten für schwerere oder dichtere Gewebe. Wird eine Temperatur von 44° C erreicht, so kontrolliert man die Laugen- und Hydrosulfitkonzentration (Claytongelbpapier soll schwach rot, Ponsolgelb G-Papier sofort grün gefärbt werden) und stellt nötigenfalls die gewünschte Konzentration ein. Nachdem die Färbung beendigt ist, stumpft man die Lauge mit Natriumbikarbonat ab, spült, oxydiert mit Perborat und seift.

Beim Pigmentierverfahren setzt man den unreduzierten Farbstoff dem Färbebad zu und lässt eine halbe Stunde bei 32° C laufen. Dann werden 4,5—5,5 g/l Natronlauge und 6,75—9,75 g/l Hydrosulfit zugesetzt und, wie oben angegeben, weiter gefärbt. Diese letztere Methode ist nur für Farbstoffe anwendbar, die sich bei Temperaturen zwischen 32—44° C verküpen lassen. Für diese Färbemethode eignet sich am besten ein Mischgewebe aus Wolle und Viskose, wobei eine bessere Ausfärbung der letzteren Faser erzielt wird. Ganz ähnlich sind die Ansätze, mit welchen lose Wolle und Kammgarn in Zirkulationsapparaten mit Küpenfarbstoffen gefärbt werden. Meist benutzt man die Reduktionsmethode, während das Pigmentieren nur bei blassen Farbtönen zu empfehlen ist. Besonders sorgfältig muss die Neutralisation und die Rückoxydation bei loser Wolle durchgeführt werden. Eine Neutralisation mit Essigsäure schädigt infolge der auftretenden Neutralisationswärme die Faser und erzeugt einen harten Griff. Wieder gibt Bikarbonat die besten Resultate. Mit Wasser allein würde ein grosser Teil des Farbstoffes, der sich in der Leukoform befindet, wieder herausgewaschen. Nach dem Abstumpfen wird mit Perborat oxydiert, gespült und geseift. Man soll zum Schluss noch ansäuern, um eine luftigere Wolle zu erhalten.

Im Technical Bulletin 1948, *4*, S. 53 von E. I. du Pont de Nemours & Co. werden noch interessante Einzelheiten über das Färben von Wolle mit Küpenfarbstoffen angegeben.

Die früheren Versuche, die Küpenfarbstoffe für das Färben von Wolle heranziehen wollten, haben ergeben, dass es von grosser Bedeutung ist, Färbebäder von relativ niedriger Alkalität und gleichzeitig geeignete Schutzmittel zu verwenden, um Faserschädigungen zu verhindern. In seinem Buche „Vat Dyestuffs and Vat Dyeing", S. 35, empfiehlt Fox, das Färbebad mit Ammoniak alkalisch zu stellen und tierischen Leim als Schutzmittel zu verwenden. Die Patente *brit. P. 209.569* und *340.267* und *D.R.P. 411.007* und *438.244* empfehlen die Herabsetzung des p_H-Wertes des Bades durch Zugabe von Säure oder sauren Salzen. Whattam (Amer. Dyest. Rep. *25*, S. 566), schlägt Trinatriumphosphat, *amer. P. 1.815.990; brit. P. 262.506; D.R.P. 659.493* und *franz. P. 622.340* organische Basen zum gleichen Zweck vor. Neuerdings wurde auch ein modifiziertes Küpensäureverfahren empfohlen. In der Technik hat sich keines dieser Verfahren einführen können. In den zwanziger Jahren glaubte man, dass sich Anthrachinonküpenfarbstoffe nicht zum Färben von Wolle eignen, da diese Farbstoffe bei der Ausfärbung grössere Mengen Alkali und eine höhere Temperatur verlangen und gleichzeitig eine geringe Affinität zur Wolle zeigen. Man machte den Fehler, dass man um jeden Preis die Alkalität vermindern wollte. Im Soda-Verfahren des *amer. P. 2.318.133* konnte gezeigt werden, dass Wolle selbst ziemlich hohen Laugenkonzentrationen standhält, vorausgesetzt, dass man bei tiefen Temperaturen arbeitet, und die Behandlungszeit nur kurz ist. Später hat man sogar Natronlaugekonzentrationen von ca. 3,75 g/l bei gleichzeitigem Zusatz eines Schutzmittels und bei Färbetemperaturen von 50° C empfohlen (siehe: Clark, Amer. Dyest. Rep. *36*, S. 269). Du Pont ist noch weiter gegangen und empfiehlt Küpen von normaler Konzentration. Der Wert von Küpenfarbstoffen für Wolle liegt in der Möglichkeit, lebhafte, licht- und waschechte Töne auf schrumpffreier, waschbarer Wolle herzustellen, wofür ein steigendes Bedürfnis besteht. Die wichtigsten Artikel sind Autopolster-, Möbel- und Dekorationsstoffe, Teppiche, leichte Herrenstoffe, Badekostüme, Decken, Sporthemden und Strickgarne. Wollstücke kann man heute mit Küpenfarbstoffen im Strang färben[1]).

Küpenfärbeverfahren für Azetatseide[2]).

Was die Küpenfärberei von Azetylzellulose anbelangt, so muss man hier — ähnlich wie bei der Wolle — darauf Rücksicht nehmen, dass die Faser schon durch geringe Alkaliüberschüsse verändert, nämlich oberflächlich verseift wird.

Die Erzeugung echter Färbungen auf Azetatseide hat seit dem Erscheinen dieser Kunstfaser die Chemiker beschäftigt. In jüngster

[1]) Siehe auch G. T. Hug, Amer. Dyest. Rep. 1948, *37*, S. 365 und weiter oben S. 325.

[2]) P. Joly (Rhodiaceta, Lyon): Obtention de nuances grand teint sur fils et tissus d'acétate de cellulose, Teintex, 1944, S. 93. Siehe Bd. II, Kap. IX, S. 284—286.

Zeit scheint dieses Problem, infolge der verschiedensten Anwendungen, welche die Azetatseide auf vielen textilchemischen Gebieten gefunden hat, wieder in den Vordergrund des Interesses zu treten. Obwohl das Echtfärben diese Faser Gegenstand ausgedehnter Untersuchungen war und auch im Prinzip seine Lösung gefunden hat, ging die Ausführung kaum über das Versuchsstadium hinaus. Der Grund hierfür liegt in der Tatsache, dass die Echtheitseigenschaften der speziellen Farbstoffe für Azetatseide den Anforderungen vollauf genügten.

Das Färben der Azetatseide mit Küpenfarbstoffen stösst auf grosse Schwierigkeiten, die ihre Ursachen in der grossen Reaktivität dieser Faser gegenüber den alkalischen Reagenzien haben. Da die Anwendung der Küpenfarbstoffe nur in alkalischem Bad erfolgen kann, so ist von vornherein die Gefahr einer teilweisen, wenn auch nur oberflächlichen Desazetylierung der Faser gegeben. Selbst bei nur ganz geringer Desazetylierung ist es unmöglich, die sehr gesuchten Reserveeffekte auf Stück- oder Garnware durch nachträgliche Färbung zu erzielen.

Schon im Jahre 1921 hat Clavel (*franz. P. 542.940*, 1921) vorgeschlagen, die Azetatseide mit Küpenfarbstoffen in genügend schwach alkalischem Bade zu färben, um jede Desazetylierung zu vermeiden. Zu diesem Zwecke verwendet dieser Forscher Sodastammküpen, mit welchen in ammoniakalischer Flotte gefärbt wird. Den Färbebädern kann man auch Puffersalze, wie die Chloride der Erdalkalimetalle, oder Schutzkolloide, wie Gelatine, Glukose, Stärke oder Bastseife, zugeben. Einige Jahre später wurden andere Schutzkolloide empfohlen, insbesondere die Zellulosesulfitablaugen (*brit. 214.320*, 1923 Clayton Aniline Co.), gewisse Anthrachinonderivate (*brit. P. 214.212*, Morter) sowie auch einige hydroxylierte aromatische Verbindungen oder deren Natriumsalze (*brit. P. 252.208*, 1925 und *brit. P. 263.473*, 1926, Celanese). Obwohl alle diese patentierten Verfahren, die alle vom Clavel'schen Verfahren abgeleitet sind, seit einigen Jahren schon der Allgemeinheit zugänglich sind, haben sie sich in der Praxis kaum durchgesetzt.

Um eine Desazetylierung durch Alkalien zu verhüten, hat man versucht, die Azetatseide mit Küpensäure zu färben. Die Küpensäure wurde beispielsweise durch Neutralisation der Natronlauge der Küpe mit Kohlensäure (Natriumbikarbonat) oder mit Borsäure erhalten. Andere Möglichkeiten bestehen darin, mit der in einer Säure oder Seifenlösung dispergierten Küpensäure zu färben, oder das kaustische Alkali einer gewöhnlichen Küpe durch Magnesiumoxyd zu ersetzen. Die schädigende Einwirkung der Alkalien kann auf ein Mindestmass beschränkt werden, indem man die Färbung mit Küpenfarbstoffen bei einer Temperatur von 5° C vornimmt.

Nach neueren Arbeiten wird vorgeschlagen, die Reduktion des Küpenfarbstoffes in Gegenwart von organischen Basen an Stelle von Natronlauge vorzunehmen und in einem wasserfreien Medium zu färben.

Laut *franz. P. 765.960* (19. Juni 1934) der Société Rhodiaceta verwendet man Magnesiumoxyd als alkalisches Mittel. Trotz der geringen Löslichkeit ist die Alkalität von Magnesiumoxyd genügend gross, um es an Stelle von Natriumhydroxyd oder Natriumkarbonat verwenden zu können. Hierbei läuft man weniger Gefahr, die Faser durch Desazetylierung zu schädigen.

Folgendes Beispiel illustriert dieses Verfahren:

In 5 Liter Wasser löst man

250 g Natriumhydrosulfit und setzt
250 g Magnesiumoxyd sowie
50 g Indigo 2 B (Francolor) zu.

Dieses Gemisch wird auf 60° C erwärmt und während 15 Minuten bei ständigem Rühren auf dieser Temperatur gehalten. Diese Küpe wird in die Farbkufe, welche mit 50 Liter Wasser beschickt ist, eingegossen. Man färbt in diesem Bade 1 kg Azetatseide-Satin während 1 Stunde bei 75° C, worauf man spült und in einer Natriumperboratlösung bei 30—60° C entwickelt.

Laut *brit. P. 274.550* kann man mit einer weniger alkalischen Küpe in Gegenwart von Seife, Ammoniumkarbonat und Hydrosulfit arbeiten. Andere Möglichkeiten bestehen darin, dass man entweder die in Suspension oder Dispersion befindlichen Leukoderivate auf die Faser bringt *(franz. P. 697.523)*, oder die Ware in einem schwach alkalischen Färbebad mit einem Überschuss von Hydrosulfit färbt *(franz. P. 542.940)*.

Das *amer. P. 1.978.786* der Celanese behandelt die Küpenfärberei der Azetylzellulose, und man findet hier einige bemerkenswerte Einzelheiten hinsichtlich der Badtemperatur. Die Herabminderung der Laugenmenge findet durch teilweisen Ersatz des kaustischen Alkalis durch Triphosphat in analoger Weise wie bei der Wollfärberei statt. Nach *amer. P. 1.978.786* (Celanese) empfiehlt es sich, beim Färben von Mischgeweben aus Azetatseide-Viskose den Viskoseanteil mit Küpenfarbstoffen, die bei 10° C anfärben, zu decken, um ein Verseifen der Azetatseide zu verhindern, welche für sich mit Azetatfarbstoffen gefärbt wird. Gewisse indigoide Küpenfarbstoffe lassen sich in Gegenwart von Magnesiumhydroxyd auffärben. Eine andere Lösung liegt im Verfahren des *brit. P. 444.953* (Dreyfus), welches besagt, dass man den Alkaligehalt durch Anwendung der Zinkenolate der Küpenfarbstoffe herabdrücken kann. Um eine zu rasche Wiederoxydation zu vermeiden, wird hier in einem Kohlensäurestrom oder luftverdünnten Raum getrocknet.

Folgendes Verfahren hat in der Praxis zu guten Ergebnissen geführt:

Man bereitet vorerst ein Bad, das mit

1,5 g Prästabitöl NA oder Neosapol GEL
3 cm^3 Natronlauge 38^0 Bé
3 g Natriumhydrosulfit
5 cm^3 Ammoniak 20^0 Bé

per 1 Liter

beschickt ist.

Die gesamte Menge Natronlauge und ein Teil des Hydrosulfits werden für den Ansatz der Stammküpe verwendet, welche man dem ammoniakhaltigen Färbebad zusetzt. Man färbt während ½—¾ Stunden bei 45—60^0 C, spült und oxydiert in einem Säurebad (2 cm^3 Schwefelsäure 66^0 Bé pro Liter); dann wird gewaschen und geseift.

Folgende Küpenfarbstoffe eignen sich für dieses Verfahren:

Cibagelb C Pulv.
Cibanongelb GC
Küpengelb JK (St. Denis)
Indanthrengelb G
Indanthrenscharlach B (I. G.)
Indanthrenbrillantrosa R
Cibaviolett B Pulv.
Brillantindigo 4 B
Cibabraun 2 R
Algolschwarz B
Indanthrenbrillantblau 3 G

Die Société Rhodiaceta in Lyon[1]) hat eine Reihe sehr interessanter Untersuchungen angestellt, um einerseits den Einfluss der Temperatur und anderseits die untere Grenze der Alkalikonzentration, bei welcher die Desazetylierung beginnt, zu bestimmen.

Hierbei wurde festgestellt, dass man, ohne sich der Gefahr einer Desazetylierung auszusetzen, Färbebäder verwenden kann, welche Natronlauge enthalten und bis auf 80^0 C erwärmt werden können, unter dem Vorbehalt, dass der Gehalt an NaOH nicht 1,12 cm^3 Natronlauge 36^0 Bé pro Liter übersteigt. Dazu wird erwähnt, dass in Bezug auf die Haltbarkeit der Küpe die Natronlauge allen andern alkalischen Mitteln vorzuziehen ist. Berücksichtigt man, dass ein bedeutender Teil des Ätznatrons verbraucht wird, um das Natriumsalz des Leukoderivates zu bilden, so schliesst man daraus, dass die Gesamtmenge der Natronlauge 36^0 Bé im Färbebad, je nach dem Farbstoffgehalt und der erwünschten Farbtiefe, 1—2 cm^3 pro Liter betragen soll. Das durch die Rhodiaceta eingeführte Färbeverfahren wird demnach wie folgt durchgeführt:

Die Färbung wird bei einem Flottenverhältnis von 1:50 in weichem Wasser vorgenommen. Je nach den verwendeten Farbstoffen, der

[1]) Siehe Vortrag von P. Joly der Société Rhodiaceta, Teintex 1944, S. 93.

zu erzielenden Farbtiefe und den Bedingungen, unter denen die Färbung durchgeführt wird, soll das Färbebad folgende endgültige Höchstkonzentrationen pro Liter (Hydrosulfit und Natronlauge der Stammküpe inbegriffen) aufweisen:

2—3 g Natriumhydrosulfit
1—2 cm^3 Natronlauge 36° Bé
0,5 g Setamol WS (I. G.)[1]

Diese Mengen Hydrosulfit und Natronlauge genügen im allgemeinen, wenn man die Ware unter der Flotte färbt, um das Bad bis ans Ende alkalisch und reduzierend zu halten. Dies kann leicht kontrolliert werden mit einem Phenolphtalein-Papierstreifen oder besser einer Phenolphtaleinlösung und einem Solanthrengelb J-Papierstreifen.

Die Farbstoffe werden nach den Angaben der Musterkarten der Farbstofferzeuger in der Stammküpe reduziert. Diese Stammküpe wird durch ein Sieb dem Färbebad zugegeben, welches mindestens

0,15 cm^3 Natronlauge 36° Bé
0,5 g Natriumhydrosulfit und
0,5 g Setamol WS (I. G.)

pro Liter enthalten soll.

In der Stranggarnfärberei verfährt man wie folgt:

Die vorgenetzten Stränge werden über U-förmig gebogene Stäbe gehängt, so dass das Garn immer eingetaucht bleibt; dann wird bei 60° C in das Färbebad eingegangen und während 15 Minuten bei dieser Temperatur hantiert. Man erwärmt dann das Bad, ohne die Stränge herauszunehmen auf 80° C und färbt während einer Stunde bei dieser Temperatur. Die Stränge werden alle 5 Minuten gewendet und gleichzeitig unter der Flotte waagrecht umgezogen.

Sie werden dann rasch geschleudert und gespült:

a) während 5 Minuten bei 25° C in einem Bad, das pro Liter

0,2 g Natriumhydrosulfit und
0,5 g Peregal O (I. G.)

enthält;

b) während 5 Minuten in einem Bad, das

0,5 g Peregal O (I. G.)

pro Liter enthält.

Man geht dann in das Oxydationsbad ein, das pro Liter folgende Zusammensetzung aufweist:

2 cm^3 Wasserstoffsuperoxyd 30%
0,5 g Natriumbikarbonat
0,5—1 g Peregal O (I. G.)

Der p_H-Wert des Bades soll etwa 8,5 betragen.

[1]) Dispergine CB (Francolor); Lissatan AC (I.C.I.); Lyokol O (Sandoz).

Die Temperatur von 80° C in Verbindung mit der Natronlaugebehandlung ist in allen Beziehungen interessant, denn sie erhöht sichtlich die Ausbeute und beeinträchtigt in keiner Weise die Festigkeit der Faser.

Die Küpenfärberei auf Azetatseide wurde jedoch nur in sehr beschränktem Maßstabe angewendet, da einerseits die Ausführung des Verfahrens schwierig ist, anderseits die speziellen Farbstoffe für Azetatseide (siehe Kapitel IX) den Echtheitsanforderungen vollauf genügen.

Einige neuere Patente, die sich auf das Färben von Azetatseide beziehen, seien hier kurz erwähnt[1]).

So geben das *amer. P. 2.107.526* und das *brit. P. 444.953* von Dreyfus (Celanese Corp. of America) eine Beschreibung zum Färben von Azetatseide mit Küpenfarbstoffen. Das Verfahren ist folgendes:

Die Fasern werden mit einer konzentrierten Lösung des Leukokörpers des Küpenfarbstoffes imprägniert, anschliessend bei 60—70° C in einer sauerstoffreien Kohlendioxydatmophäre getrocknet; dann wird oxydiert und gewaschen. Die Adsorption des Farbstoffes erfolgt sehr schnell, aber es kann dabei zu einer partiellen Verseifung der Azetatfaser kommen. Die praktische Verwendung dieses Verfahrens dürfte ernstliche technische Schwierigkeiten mit sich bringen.

Im *amer. P. 2.049.431* empfiehlt die gleiche Firma den Ersatz von Ätzalkalien durch Erdalkalihydroxyde.

Die Celanese Corp. of Amerika — H. Dreyfus beschreibt im *amer. P. 2.182.963* ein Verfahren, nach dem man eine Küpe durch Auflösung eines Farbstoffes (z. B. Cibablau 2B) in einer organischen Base (z. B. Pyridin) herstellt. Die Reduktion erfolgt dann in einem wasserfreien Medium, und das erhaltene Leukoderivat wird mit einem organischen Lösungsmittel, z. B. Benzin, verdünnt.

Man färbt das Gewebe in diesem Bad, in Abwesenheit von Wasser und oxydiert anschliessend den Leukokörper.

Nach dem *amer. P. 2.080.254* (Celanese) kann Azetatkunstseide auch mit Farbstoffen gefärbt werden, die nur eine schwache Affinität zu dieser Faser aufweisen, wenn man sie im Färbebad imprägniert und anschliessend trockener Hitze aussetzt.

Das Patent wird durch folgendes Beispiel illustriert: Man imprägniert das Gewebe mit einer ammoniakalischen Indigoküpe, quetscht aus und erhitzt auf 160° C. Wahrscheinlich findet dabei eine Sublimation des Farbstoffes statt.

Die British Celanese Ltd. beschreibt im *brit. P. 578.212* (siehe The Dyer, 1946, *96*, S. 167) ein neues Verfahren zum Färben von Azetatseide mit Küpenfarbstoffen.

[1]) Siehe Bd. II, Kap. IX.

Die Stückware, die aus Zelluloseazetat oder anderen Zelluloseestern oder -äthern besteht, wird mit einer wässerigen Dispersion des Küpenfarbstoffs bei 70° C gepflatscht. Man reduziert bei 45° C auf dem Jigger während 20—30 Minuten mit einer Natriumkarbonat- und Hydrosulfitlösung, spült, oxydiert, wäscht, seift, spült und trocknet.

Bei diesem Verfahren soll keine Verseifung der Azetylzellulose stattfinden.

Im *brit. P. 592.788* (Silk and Rayon 1948, *22*, S. 1122) der British Celanese Ltd. wird ein weiteres Färbeverfahren für Azetatseide beschrieben. Es wird darauf aufmerksam gemacht, dass bei den bisher üblichen Färbeverfahren für Azetatseide mit Küpenfarbstoffen immer eine Verseifung der Faser stattfindet.

Bei dem Verfahren der British Celanese Ltd. wird der Farbstoff zunächst normal verküpt, dann wird die Leukoverbindung mit Hilfe wasserlöslicher Lösungsmittel, wie z. B. Alkohol, ausgefällt, abfiltriert und in einem neutralen Medium dispergiert. Diese neutrale Dispersion wird dann zum Färben der Azetatseide verwendet.

Die Küpenfärberei auf Mischgeweben aus Baumwolle und Azetatseide, wobei die Azetatseide reserviert wird, bildete eine sehr interessante Fabrikation, über welche eingehende Untersuchungen angestellt wurden, unter denen diejenige von J. Rolland (R.G.M.C. 1934, Novemberheft) besondere Erwähnung verdient.

Das Reservieren der Azetatseide beim Färben eines Mischgewebes erreicht man laut *franz. P. 633.505* der I.G. in der Weise, dass man die Ware im heissen Färbebad in Gegenwart von Aldehyden oder Ketonen von hohem Molekulargewicht behandelt. Die Anwendung von sulfonierten Phenolen, wie p- oder m-kresolsulfosaurem Natrium, wird zum selben Zweck im *D.R.P. 526.277* geschützt.

Die Firma Rhodiaceta verwendet für die Ausführung dieses Artikels eine Stammküpe, welche 2% Küpenfarbstoff enthält. Das Färbebad wird mit

6 g Natronlauge 36° Bé
2 g Natriumhydrosulfit
2 g Dextrin
4 g Dekol oder Cellex

auf 1 Liter

beschickt.

Man reduziert den Farbstoff im zehnten Teil des Färbebades unter Zusatz der ganzen Menge Hydrosulfit und ⅓ der Natronlauge bei 65° C während 15 Minuten. Nach vollendeter Reduktion lässt man die Lösung abkühlen, verdünnt sie und gibt den Rest der Natronlauge und die anderen Zusätze zu. In diesem Färbebad wird während einer Stunde bei 20—25° C gefärbt; dann wird gespült, im Wasserstoffsuperoxydbad entwickelt und schliesslich gewaschen.

Nach einem anderen Verfahren wird 0,2 g Küpenfarbstoff mit 24 cm^3 einer 10 %igen Seifenlösung und 5 g Natriumhydrosulfit bei 65° C reduziert, während 15 Minuten bei 20—25° C gefärbt und dann wie üblich fertiggemacht. Nach diesem Verfahren werden mit folgenden Farbstoffen gute Ergebnisse erzielt: Cibanongelb 2 GR und GN, Indanthrengelb C, Caledongrün 2 G 300, G 300 und GS, Sandothrenschwarz N 2 B.

Es ist zu erwähnen, dass die antrachinoiden Küpenfarbstoffe im allgemeinen die Azetatseide besser reservieren als die indigoiden. Jedoch nur eine kleine Anzahl Küpenfarbstoffe erlauben einwandfreie Reserveeffekte zu erzielen.

Gemäss dem *amer. P. 2.476.287* (Celanese-Croft und Hindle)[1]) kann man Küpenfarbstoffe in reduzierter Form, d. h. als Leukokörper, ohne Zusatz von Alkalien, die durch eine eventuelle Verseifung das Aussehen und die färberischen Eigenschaften dieser Faser verändern können, zum Färben von Azetatseide anwenden. Das durch dieses Patent geschützte Verfahren besteht darin, dass man wie üblich den Küpenfarbstoff in alkalischer Lösung reduziert und das Leukoderivat dann durch Zusatz von niedrigen Alkoholen, vorzugsweise Äthanol, wieder ausfällt. Der Niederschlag wird in Wasser gelöst und der Leukokörper so auf die Faser gebracht. Dann wird mit Perborat, Peroxyd usw. zurückoxydiert. Z. B. werden

500 T. Calcosolrot BLN dopp. Teig mit
250 T. Natronlauge 38° Bé und
350 T. Hydrosulfit vermischt und in
5000 T. Wasser gelöst, zuletzt wird diese Lösung mit
8000 T. Äthylalkohol ausgefällt.

Der Niederschlag, der sich nach einiger Zeit absetzt, wird abfiltriert, in Wasser gelöst, und mit dieser Lösung wird die Azetatkunstseide bei 50° C gefärbt. Die nach dieser Methode erhaltene Färbung (in einem anderen Beispiel wird das Färberezept für Indanthrenbrillantgrün GG Teig angegeben) zeichnet sich durch ihre Wasch-, Licht- und Säureechtheit aus.

Dieses Verfahren beschreibt einen neuen Weg, um gefällte und stabilisierte Leukokörper von Küpenfarbstoffen zu verwenden. Frühere Verfahren haben die Anwendung von Schutzkolloiden zu diesem Zweck vorgeschlagen (siehe: *brit. P. 440.983* der Imperial Chemical Industries).

Diesbezüglich seien noch die folgenden Patente angeführt:

Das Verfahren des *amer. P. 2.174.372* (Carps Carenfabrieken) besteht im Färben mit Küpenfarbstoffen, die in einer verdünnten Alkohol-, Azeton- oder Pyridinlösung reduziert wurden.

---

[1]) Amer. Dyest. Rep. 1949, Oktoberheft, S. 802.

Das Stückgut wird in eine verhältnismässig konzentrierte Küpe getaucht, und nach weiterem Verdünnen mit Wasser wird das Färben fortgesetzt. Für Azetatseide ist dieses Verfahren ungeeignet wegen der Anwesenheit von überschüssigem Alkali.

Nach dem *amer. P. 2.136.428* (Du Pont) werden indigoide, insbesondere indolinindigoide Farbstoffe, durch Reduktion mit Alkalihydrosulfit, in Abwesenheit von Alkalien, in stabile Leukokörper übergeführt, die dabei ausgefällt werden.

Nach dem *amer. P. 1.803.219*, 1931 (Tagliani) stabilisiert man schnell zersetzende Küpen von Indanthrenblau RS, wie man sie zum Färben von mit Pappreserven bedruckten Geweben verwendet, durch Zusatz einer kleinen Menge eines Gemisches aus Kresolen und Methylzyklohexanol (Mercerol).

Färben von Nylon-, Perlon- und Akrylonitrilfasern mit Küpenfarbstoffen.

Die Küpenfarbstoffe lassen sich nur schwer auf Nylonfaser auffärben, dagegen konnten beim Druck interessante Resultate durch Zusatz von Quellmitteln zur Druckpaste erhalten werden. Die so erzielten Farbtöne haben allerdings mit Ausnahme der Blau- und der Grüntöne nur sehr geringe Lichtechtheit.

Dieser Nachteil lässt sich vermeiden, wenn das bedruckte Stückgut einem zweiten Dämpfen und zwar unter Druck, unterworfen wird. Die Verbesserung der so erzielten Lichtechtheit geht allerdings auf Kosten der Reibechtheit[1]).

Im Amer. Dyest. Rep. 1946, *35*, S. 309 gibt Meunier eine Übersicht über die jüngsten Entwicklungen der Druckverfahren auf Nylongewebe.

Die üblichen Druckverfahren mit Küpenfarbstoffen werden durch eine neue Methode ersetzt, die darin besteht, dass man den Indanthrenfarbstoff in Suspension druckt, dämpft, dann das Gut durch ein Natriumhydrosulfit und Natronlauge enthaltendes Bad passieren lässt und nochmals während 10 Sekunden dämpft.

Das Färben von Perlon ist Gegenstand einer sehr ausführlichen Arbeit von Joachim Müller, die in Mell. 1949, *30*, S. 110, 147, 199 erschienen ist.

Für Perlonseide ist eine Färbetemperatur von 80—90° C nötig. Durch Vordämpfen unter Druck ist es möglich, nachher bei 60° C auszufärben. Die der Zellwolle entsprechende Perlonfaser zeigt ein der vorgedämpften Perlonseide ähnliches Verhalten. Das Aufziehvermögen ist ganz verschieden von Viskosekunstseide oder Baumwolle und ist stark von der Färbetemperatur abhängig. Das Ton-in-Ton-Färben von Perlonmischgeweben ist daher schwierig.

[1]) The Dyer 1946, *96*, S. 173.

Das Egalisiervermögen ist auf Perlon sehr gering. Ohne Zusätze bleibt es auch nach mehrstündiger Einwirkung hinter dem zurück, was auf Vistra nach 20 Minuten etwa erzielt wird. Die Peregale fördern den Ausgleich stark, aber gleichfalls erst nach 2—4stündiger Behandlung des Materials bei 80° C. Entsprechend schwierig ist es auch, Perlonfärbungen in genügendem Masse abzuziehen. Zur Erzielung gleichmässiger Färbungen auf Perlon bleibt, nachdem der sonst so wichtige Ausgleich auf der Faser ausscheidet, in den Fällen, in denen Einzelfarbstoffe bzw. Kombinationen nicht schon von Haus aus gut egalisieren, nur übrig, die Aufziehgeschwindigkeit zu verringern, und zwar durch langsame Steigerung der Färbetemperatur. Das Temperaturstufenverfahren hätte hier also eine besondere Bedeutung. Peregale, Leim und Dekol haben nur geringe Wirkung hinsichtlich Verringerung der Aufziehgeschwindigkeit.

Nach dem *brit. P. 616.440* von S. A. Fern (J. Soc. D. and Col. Juni 1949, S. 314) kann man Akrylonitrilpolymere (Orlon) mit Anthrachinon-, Indigo-, Thioindigo- oder verwandten Küpenfarbstoffen färben, indem man eine alkalische Küpe verwendet, die aromatische Hydroxyverbindungen enthält. Man erzielt so kräftige und leuchtende Farbtöne von guter Echtheit. So werden 100 Teile trocken versponnenes Polyakrylonitrilgarn 3 Stunden bei 95° C in einem Färbebad folgender Zusammensetzung gefärbt.

10 T.	Durindonviolett B 400
1000 T.	Natriumkarbonat
120 T.	Natriumhydrosulfit
100 T.	β-Naphtol
in 5000 T.	Wasser

Anschliessend spült man mit kaltem Wasser, oxydiert bei Zimmertemperatur mit Wasserstoffsuperoxyd (10 Teile H_2O_2 30%ig auf 100 Teile Wasser), seift und spült.

Echtheitserhöhung der Färbungen mit Küpenfarbstoffen.

Durch eine Behandlung mit den Glyzeriden höherer Fettsäuren kann man gemäss *brit. P. 450.868; amer. P. 2.116.553*, auch *franz. P. 801.131* (Imp. Chem. Ind.) verschiedene Färbungen, wie Indigo- und indigoide Färbungen und auch saure Chromfärbungen entsprechend in ihrer Echtheit erhöhen. Hier handelt es sich natürlich nicht um die Fette, also die Triglyzeride höherer Fettsäuren, sondern um wasserlösliche, also freie Hydroxyl-Gruppen enthaltende Körper, die durch Kondensation von verhältnismässig geringen Fettsäuremengen mit Überschüssen von Glyzerin unter Mithilfe von Ätzalkali entstehen.

Die Lichtechtheit von Färbungen und Drucken mit Küpenfarbstoffen oder Leukoestersalzen auf Garnen, Geweben, Filmen usw. aus

Superpolyamiden oder Superpolyurethanen[1]) ist, gemäss dem *brit. P. 603.154* vielfach ungenügend und kann wesentlich verbessert werden, indem die auf übliche Weise hergestellten Färbungen und Drucke nachträglich unter einem Druck von 1—2 Atm. gedämpft werden.

Wenn es sich um Leukoestersalze handelt, die nach dem Dampfverfahren fixiert wurden, so wird das sonst übliche Dämpfen von 2—6 Minuten durch ein solches von 20—60 Minuten unter Druck ersetzt.

Das Nachdämpfen der auf übliche Weise gefärbten und bedruckten Materialien hat nicht nur eine Verbesserung der Lichtechtheit zur Folge, sondern hat zudem den Vorteil, dass Nuancenverschiebungen eintreten, die den Nuancen derselben Farbstoffe auf Geweben animalischer und vegetalischer Herkunft näher kommen.

A. Butterworth und P. F. Crosland[2]) haben festgestellt, dass die Lichtechtheit von Küpenfarbstoffen auf Nylon durch eine Nachbehandlung mit Benzolderivaten, die eine Hydroxyl- und eine Karboxylgruppe oder eine der beiden Gruppen enthalten, verbessert werden kann. Diese Verbindungen dürfen jedoch keine Quellung des Nylons hervorrufen. Als geeignete Nachbehandlungsmittel seien genannt: Phenol, Kresole, Salicylsäure, m-Oxybenzoesäure, p-Oxybenzoesäure, Zimtsäure, β-Phenylpropionsäure (Hydrozimtsäure), β-Phenylpropiolsäure.

Einige Benzolderivate, wie z. B. die Benzoesäure, können durch Quellung das Nylon zerstören; deshalb erscheint ihre Verwendung nicht ratsam. Jedoch verursachen die meisten Verbindungen von oben erwähnter Konstitution keine ernsthafte Faserschädigung, sofern mit der notwendigen Sorgfalt gearbeitet wird.

Beispiel: Färbungen auf Nylonfasern werden nach dem *brit. P. 534.085* wie folgt nachbehandelt:

Das Färbebad zeigt nachstehende Zusammensetzung:

5 l	Wasser
7,5 g	Caledongelb GN 200 Feinteig
100 g	Soda
50 g	Formosul
25 g	Calsolenöl HS

Nachdem man das Bad 10 Minuten auf einer Temperatur von 90—95° C gehalten hat, beschickt man es mit 100 g des Nylonmaterials und färbt während 45 Minuten bei 90—95° C. Darauf wird das Nylon aus dem Bad genommen, gut mit Wasser gespült und bei 100° C mit einer wässerigen, 1%igen Natriumbichromatlösung während

[1]) Siehe auch E. I. du Pont de Nemours & Co. Techn. Bull. Du Pont 1949, *3*, S. 31, und J. Text. Inst. 1949, *40*, Nr. 6, S. 241.

[2]) *Brit. P. 632.083;* The Dyer 1950, Maiheft, S. 552.

15 Minuten behandelt, gut mit Wasser gewaschen, mit einer 1%igen Seifenlösung bei ca. 100° C 15 Minuten geseift und wiederum gut gewaschen.

Das gefärbte Nylon, entweder nass oder trocken, wird darauf in eine wässerige Zimtsäurelösung (ca. 1,5%, z. B. 75 g Zimtsäure auf 5 l Wasser) gebracht und während 30 Minuten bei 95° C hantiert. Das Flottenverhältnis soll etwa 1:50 betragen. Dann wird mit heissem Wasser gut gewaschen und anschliessend in einer 1% Seife und 0,5% Soda enthaltenden Lösung behandelt. Nach nochmaligem Waschen wird getrocknet.

Die Einwirkung von Licht auf küpengefärbte Zellulose.

Eine gewisse Anzahl Küpenfarbstoffe (Stoffschädiger) bewirken unter dem Einfluss des Lichtes einen ausserordentlich raschen Verschleiss der Faser.

Durch eine Reihe von Beanstandungen an küpengefärbten Dekorations-, vorwiegend Gardinenstoffen, wurde man auf diesen Umstand aufmerksam. (R. Kling, W. u. L. Ind. 1934, S. 95.)

Systematische Untersuchungen darüber stellten an[1]):

F. Scholefield und Goodyear, J. Soc. D. and C. 1929, *45*, S. 175; Mell. 1929, Novemberheft, S. 867, J. Soc. D and C. 1928, S. 268; The Dyer 1947, *96*, S. 175 und 253.

Scholefield und Patel, J. Text. Inst. 1933, *24*, S. 330.

A. Landolt, Mell. 1929, S. 533; 1930, S. 937; 1933, S. 32; J. Text Inst. 1931, *22* A, S. 41.

C. M. Whittacker, J. Soc. D. and C. 1933, S. 9[2]).

Turner, J. Soc. D. and Col. 1947, *63*, S. 372.

G. S. Egerton, J. Text. Inst. 1948, *39*, T. 293 und 305; J. Soc. D. and Col. 1948, *64*, S. 336.

G. S. Egerton, The Mechanism of Photochemical Degradation of Textile Materials, J. Soc. D. and Col. 1949, *65*, S. 764.

Harrison, J. Soc. D. and Col. 1912, *28*, S. 359.

Landolt, The Action of Light on Cellulose dyed with Vat Dyes, J. Soc. D. and Col. 1949, *65*, S. 659; The Dyer, 1949, *102*, S. 448. Textil-Rundschau 1950, *5*, S. 441.

O. S. Rhodes, J. Soc. Chem. Ind. 1932, *51*, S. 180.

J. Pinte, Teintex 1949, S. 21.

---

[1]) Auf der Tagung der Soc. of Dyers and Colourists in Harrogate, vom 22. bis 24. September 1949 wurden in 24 Referaten die Ergebnisse vieler Arbeiten über das Verhalten gefärbter Stoffe unter Lichteinwirkung veröffentlicht. Siehe J. Soc. D. and Col. 1949, Dezemberheft sowie Text. Mercury Argus 1949, *121*, 3157, S. 582.

[2]) Siehe auch Helv. chim. acta 1937, *20*, (2), S. 880.

A. Landolt, Über den Einfluss des Lichtes auf Küpenfärbungen, Bull. Föd. 1933, *1*, Heft 2, S. 103; R.G.M.C. 1934, S. 143.

Benrath und von Meyer Ber. 1912, *45*, S. 2707.

Nach der Ansicht von Harrison (J. Soc. D. and Col. 1912, *28*, S. 228) liegt die zerstörende Wirkung des Lichtes darin, dass es reduzierend wirkt. So wird z. B. Flavanthren auf Baumwolle durch Licht zum grünfarbigen Dihydroflavanthren reduziert.

Im Gegensatz dazu nahm Gebhard (Chem. Ztg. 1913, *37*, S. 767) an, dass die zerstörende Wirkung des Lichtes auf durch die Farbstoffe beschleunigte Oxydationsprozesse zurückführbar ist.

Nach König (J. Soc. D. and Col. 1913, *29*, S. 370) erfolgt die Zerstörung nur bei Anwesenheit von Feuchtigkeit und Sauerstoff, wobei sich intermediär die Peroxyde der Farbstoffe bilden.

Andere Autoren, wie Eckert (Ber. 1925, *58*, S. 313), Scharwin und Pakschwer (Z. ang. Chem. 1927, *40*, S. 1008) haben ebenfalls diese Frage untersucht. Nach der Beobachtung von Haller gibt Baumwolle, die mit Anthraflavon gefärbt ist, bei Belichtung eine Reaktion auf Oxyzellulose. (Mell. 1924, *5*, S. 543.)

In seiner Arbeit über die Beziehungen zwischen der Konstitution und den färberischen Eigenschaften der Küpenfarbstoffe untersuchte M. R. Fox[1]) auch die Beziehung zwischen der Konstitution und der zerstörenden Wirkung der Küpenfarbstoffe auf Zellulosefasern bei der Belichtung.

Er schlug vor, die Farbstoffe, die die Widerstandsfähigkeit der Fasern gegen Licht verändern, in sechs Klassen einzuteilen:

1. Farbstoffe mit sehr stark zerstörender Wirkung.
2. Farbstoffe mit stark zerstörender Wirkung.
3. Farbstoffe mit mässig zerstörender Wirkung.
4. Farbstoffe, die wenig wirksam sind.
5. Farbstoffe, die nicht wirksam sind.
6. Farbstoffe, die eine Schutzwirkung ausüben.

Gruppe 1:

Cibanongelb R	Anthrachinonthioxanthron
Cibanongelb GC	Anthrachinonthiazol
Anthraflavon G	Diphtaloylstilben

Gruppe 2:

Indanthrengoldgelb FFRK	Anthrachinonkarbazol
Cibanonorange R	Anthrachinonthioxanthen
Cibanongelb 2 GR	Anthrachinoylaminotriazin
Indanthrengoldgelb GK	Dibenzpyrenchinon
Indanthrengoldorange G	Pyranthron
Indanthrengelb 5 GK	Azylaminoanthrachinon
Indanthrengelb GF	Anthrachinonthiazol
Indanthrenscharlach F3G	

[1]) J. Soc. D. and Col. 1949, *65*, S. 528.

Gruppe 3:

Indanthrengelb GK	Azylaminoanthrachinon
Indanthrenbrillantorange GK u. RK	Anthanthron
Indanthrengelb 4 GK und 7 GK . .	Anthrapyrimidin

Gruppe 4:

Indanthrenorange RRT	Pyranthron
Indanthrengelb RK	Dibenzpyrenchinon
Indanthrenbrillantorange GR . . .	Naphtoylbenzimidazol
Indanthrenorange 4 R	Pyranthron

Gruppe 5:

Indanthrengelb 3 RT	Anthrachinonkarbazol
Indanthrengelb G	Flavanthren

Gruppe 6:

Indanthrenorange GG	Azylaminoanthrachinon
Indanthrenorange RR	Anthrachinonakridon

Als weitere Stoffschädiger seien noch genannt:

Algolrot 5B, Küpenrot B, Cibarosa B, 2,2'-Bisoxythionaphtenindigo.
Indanthrenbrillantrosa R, 6,6'-Dichlor-2,2'-thionaphtenindigo.
Indanthrenrotviolett RH Teig = 5,5'-Dichlor-7,7'-dimethyl-2,2'-bis-thionaphtenindigo.
Algolgelb R = 1,5-Dibenzoyldiaminoanthrachinon.
Indanthrenorange RRK = 1,2,3-Tribenzoyltriaminoanthrachinon.
Hydrongelb G ≡ 1,2,7,8-Diphtaloyloxykarbazol.

Scholefield und Goodyear (Mell. 1929, S. 867) haben beobachtet, dass vorwiegend gelbe, orange sowie einige braune und rote Küpenfarbstoffe bei Belichtung eine Zerstörung des Fasermaterials (Baumwolle) unter Bildung von Oxyzellulose verursachen. Ferner verringert sich bei Mischungen von gelben und orangen mit blauen Küpenfarbstoffen auf Baumwolle im allgemeinen die Lichtechtheit der blauen Komponenten durch die Anwesenheit der gelben.

Landolt stellte fest, dass eine Faserschwächung eintritt, wenn man mit Anthragelb GC oder Cibanongelb GC gefärbte Baumwolle mit Natronlauge imprägniert und dem Licht aussetzt. Es wurde angenommen, dass der Küpenfarbstoff bei Belichtung in Gegenwart von Natronlauge die Bildung von Wasserstoffsuperoxyd verursacht, das bei der Faserschwächung als Sauerstoffüberträger auftritt.

Es ist bekannt, dass eine mit starker Natronlauge behandelte Holzzellulosemasse Sauerstoff stark absorbiert, und dass ungebleichtes Baumwollgarn, aus dem die Natronlauge nach dem Mercerisieren nur unvollkommen ausgewaschen wurde, unter dem Einfluss von Sonnenlicht an der Luft Oxyzellulose bildet; die Küpenfarbstoffe wirken dabei als Katalysatoren.

Eine interessante Beobachtung wurde von der I.G. (A. Schaeffer) gemacht, die im *D.R.P. 736.882* (1. Juli 1943) beschrieben wird. Es wurde gefunden, dass eine Faserschädigung bei Verwendung solcher Farbstoffe nicht eintritt, wenn man die gefärbte Faser in Bädern nachbehandelt, die Salze der niederen Oxydationsstufen des Mangans, Kobalts, Bleis oder Chroms enthalten z. B. Mangano-, Kobalto-, Blei-Nitrat oder Chromazetat ($Mn(NO_3)_2$, $Co(NO_3)_2$, $Pb(NO_3)_2$). Bekanntlich sind bereits diese Salze zur Nachbehandlung von Färbungen mit Dithioalkylthioindigofarbstoffen auf pflanzlichen Fasern vorgeschlagen worden, um diese gegen die schädigende Lichteinwirkung zu schützen.

Die gefärbte Ware wird mit einem Bad, das 1 % dieser Salze enthält, ½ Stunde bei 20—30° C nachbehandelt und getrocknet.

In einem Zusatzpatent, dem *D. R. P. 743.221*[1]) (A. Schaeffer, ausgegeben am 31. Dezember 1943), bemerkt die I. G.-Farbenindustrie, dass bei Verwendung obengenannter Farbstoffe keine oder eine wesentlich geringere Faserschädigung eintritt, wenn man die gefärbte Faser bei 30—40° C mit Sulfamiden, Harnstoff (2%) oder Thioharnstoff enthaltenden Bädern nachbehandelt und trocknet.

Im *brit. P. 582.143* sowie *franz. P. 901.268* (eing. am 17. Januar 1944, ert. am 23. Juli 1945) der Ciba[2]) wird ein Verfahren beschrieben, das die Verbesserung des Widerstandes der Faser gegen die schädigende Wirkung von Farbstoffen bezweckt. Nach dem Verfahren wird die Schädigung durch Licht von Baumwollgeweben, die mit gelben oder orangen Küpenfarbstoffen gefärbt wurden, herabgesetzt, wenn man sie nach dem Färben mit einer wässerigen Lösung eines Kondensationsproduktes von Formaldehyd mit Substanzen behandelt, die wenigstens einmal die Gruppe

$$-C\begin{matrix}\nearrow NH- \\ \searrow NH\end{matrix}$$

enthalten. Ferner dürfen in diesen Verbindungen keine Kohlenstoffatome miteinander verbunden sein, kein Element mit einem höhern Atomgewicht als 16 darin vorkommen, und das Verhältnis zwischen Sauerstoff und Kohlenstoff soll kleiner als bei Harnstoff sein. Die Behandlung wird vorzugsweise in Gegenwart eines Kupfersalzes, z. B. Kupferazetat, ausgeführt. Man trocknet das behandelte Gewebe in Gegenwart einer Säure. In den Beispielen werden Kondensationsprodukte von Formaldehyd mit Dicyandiamidin und Melamin angeführt. Der Behandlungsprozess erhöht den Widerstand des Gewebes und gibt den Farbstoffen höhere Lichtechtheit.

In einer unlängst erschienenen Arbeit versuchte A. Landolt[3]) eine Beziehung zwischen der Konstitution der Küpenfarbstoffe und ihrer Eigenschaft, unter Lichteinwirkung die Zellulose zu verändern, zu finden. Er beobachtete, dass die meisten Anthrachinonkarbazole keine Veränderung bewirken. Anderseits können gewisse Substituenten

[1]) Siehe auch *D.R.P. 206.568*, Ciba-Landolt.

[2]) Siehe *amer. P. 2.435.591* der Ciba.

[3]) A. Landolt, The Action of Light on Cellulose dyed with Vat Dyes, J. Soc. D. and Col. 1949, *65*, S. 659.

eine schädliche Wirkung haben, während wiederum andere eine Schutzwirkung ausüben. Eine allgemeine Regel lässt sich nicht aufstellen. Die Schlussfolgerungen des Autors waren die, dass die Veränderungen am gefärbten Gewebe auf eine Reihe Reduktions- und Oxydationsprozesse zurückzuführen sind.

Eine andere Arbeit über dieses Thema wurde von C. H. Bamford und M. J. S. Dewar ausgeführt[1]).

V. A. Blinov (J. Text. Inst. 1947, *38*, S. 15) bestimmte sehr genau die Veränderungen der Fasern unter Lichteinfluss in Gegenwart von Küpenfarbstoffen. Er fand, dass ein ein Stickstoffatom und eine Karbonylgruppe enthaltender Ring (z. B. Flavanthren) im Farbstoffmolekül keine Veränderung der Faser bei der Belichtung bewirkt, dass jedoch bei Anwesenheit eines Triazinrings die Faser stark angegriffen wird.

Die Kondensationsprodukte von Formaldehyd und Dicyandiamid (Lyofix SB) setzen die zerstörende Wirkung des Lichtes bei ungefärbten Fasern merklich herab. Dagegen ist ihre Wirkung gleich Null bei Gegenwart von Küpenfarbstoffen, die als Oxydationskatalysatoren wirken.

D. Ashton, D. Clibbens, M. E. Probert[2]) haben eine interessante Arbeit über die photochemische Faserschädigung gefärbter Baumwolle veröffentlicht. Sie haben beobachtet, dass die photochemische Oxydation der Baumwolle durch die Anwesenheit von Schwefelfarbstoffen, basischen Farbstoffen und Küpenfarbstoffen begünstigt wird. Bei den Küpen- und Schwefelfarbstoffen hat die Farbe des Farbstoffes auf seine aktivierende Wirkung einen Einfluss; dies ist bei den basischen Farbstoffen nicht der Fall, bei denen die Art der Farbe auf die Faserschädigung keinen Einfluss hat.

Der einzige Direktfarbstoff, der eine ähnliche Wirkung auslöst, ist das Primulin; durch oxydative Mittel oder durch Diazotierung mit anschliessender Kupplung der Azogruppe auf der Faser wird seine photochemische Wirkung herabgesetzt.

Kupfer, auch in sehr kleinen Mengen, kann auf die photochemische Wirkung aller Farbstoffklassen einen grossen Einfluss ausüben. Der Mechanismus dieser Einwirkung ist kompliziert; eine Verminderung der Ausgiebigkeit der Farbstoffe ist die Folge davon.

Anderseits machen zahlreiche, feuchter Luft ausgesetzte Farbstoffe Wasserstoffsuperoxyd frei; die Anwesenheit von Spuren Kupfer oder gewisser anderer Metalle verhindern die Bildung von Wasserstoffsuperoxyd.

---

[1]) J. Soc. D. and Col. 1949, *65*, S. 674.

[2]) D. Ashton, D. Clibbens, M. E. Probert, Experimentelle Studie über photochemische Faserschädigung von gefärbter Baumwolle, J. Soc. D. and Col. 1949, *45*, S. 650.

Man hat festgestellt, dass eine Beziehung zwischen dem Freimachen von Wasserstoffsuperoxyd durch einen Farbstoff und seinem photochemischen Oxydationsvermögen besteht. Demgegenüber entwickeln die aktiv wirkenden Schwefelfarbstoffe kein Wasserstoffsuperoxyd.

Auch in einem Artikel von A. Landolt[1]) (Ciba) wird die Einwirkung des Lichtes auf mit Küpenfarbstoffen gefärbte Zellulose behandelt. Gegenstand dieser Arbeit ist das photochemische Verhalten von 38 Küpenfarbstoffen in Bezug auf Faserschädigung. Der Autor sucht auch die Faktoren zu bestimmen, welche diese Erscheinung verursachen; er hat dabei festgestellt, dass der Grossteil der Anthrachinonkarbazol-Farbstoffe diese Faserschädigung nicht erzeugen. Vorgenommene Versuche mit anderen Kategorien von Farbstoffen haben gezeigt, dass gewisse Faktoren diese Schädigung hervorzurufen scheinen im Gegensatz zu anderen, welche eine Schutzwirkung ausüben. Es scheint, dass die einfachsten chemischen Verbindungen der Küpenfarbstoffserie alle eine gewisse Fähigkeit zur Faserschädigung haben; diese kann je nach der Art und der Beschaffenheit der Substituenten mehr oder weniger in Erscheinung treten. Es ist deshalb kaum anzunehmen, dass eine gesetzmässige Beziehung zwischen der Faserschädigung und der chemischen Konstitution des Farbstoffes überhaupt besteht. Die Hauptschwierigkeit, eine solche Gesetzmässigkeit aufzufinden, liegt darin, dass man Farbstoffe mit verschiedener Lichtabsorption nicht miteinander vergleichen darf, da die Lichtenergie von der Wellenlänge abhängig ist.

Landolt hat auch festgestellt, dass die mit einem Küpenfarbstoff gefärbte und nachträglich belichtete Baumwolle gleichzeitig Oxydations- und Reduktionserscheinungen zeigt; dies bestätigt die Hypothese, nach welcher die photochemische Faserschädigung durch eine Aufeinanderfolge von Reduktion und Oxydation verursacht werden kann.

G. S. Egerton[2]) betrachtet die photochemische Faserschädigung unter zwei Gesichtspunkten:

1. Photolytische Zersetzung unter dem Einfluss kurzwelliger Strahlen.

Die photolytische Zersetzung eines organischen Moleküls kann einen sehr. komplizierten Verlauf nehmen, wie sich bereits am einfachen Beispiel des Azetons erkennen lässt, das sich unter dem Einfluss kurzwelliger Strahlen ($\lambda < 3000$ Å) am Karbonylsauerstoff spaltet

[1]) A. Landolt (Ciba): Lichtwirkung auf mit Küpenfarbstoffen gefärbte Zellulose. J. Soc. D. and Col., Dezember 1949, S. 659. Symposium on Photochemistry in Relation to Textiles 1949, September.

[2]) G. S. Egerton, Mechanismus der photochemischen Schädigung der Textilfasern, J. Soc. D. and Col., Dezember 1949, S. 764.

und dabei in die Stücke CH_3 und CH_3—CO zerfällt, aus denen durch Sekundärreaktionen CH_3—CH_3, CO und eine geringe Menge CH_3—CO—CO—CH_3 entstehen. Eine Photolyse von Makromolekülen wie Zellulose, Fibroin oder Nylon ist nur möglich, wenn Licht von genügend hohem Energieinhalt absorbiert wird. Eine Spaltung von Hauptvalenzketten in Fibroin oder Nylon bedeutet die Spaltung einer C—C- oder einer C—N-Bindung. Bei Zellulose kann die Spaltung entweder bei der C—C- oder bei der C—O-Bindung stattfinden. Beide erfordern eine Energie von ca. 80—90 cal. Es scheint also möglich, Makromoleküle zu photolysieren, vorausgesetzt, dass Licht von genügend kleiner Wellenlänge absorbiert wird.

Die Faserschädigung von Baumwolle und anderen Textilfasern bei einer Bestrahlung mit 2537 Å ist nicht durch den Sauerstoff der umgebenden Atmosphäre bedingt. In gewissen Fällen (z. B. Baumwolle und Viskosekunstseide) ist der Verlust in CO_2 oder Stickstoff beinahe ebenso gross wie derjenige von Sauerstoff. In anderen Fällen (z. B. Nylon) ist die Schädigung in einer Sauerstoff-Atmosphäre viel stärker als in einer CO_2-Atmosphäre, in letzterer trotzdem aber gut wahrnehmbar.

Die aktivierende Wirkung, welche die Küpenfarbstoffe auf die photochemische Schädigung ausüben, wird näher untersucht. Alle in Betracht gezogenen Küpenfarbstoffe verkleinern die photolytische Schädigung der Zellulose; gewisse Farbstoffe, wie das Caledongelb 5 G und das Cibanongelb R, vermindern die Schädigung der Baumwolle in der atmosphärischen Luft, im trockenen Sauerstoff und in Gasen.

2. Photochemische Oxydation durch nahes ultraviolettes und sichtbares Licht.

Das durch Glas fallende Licht bewirkt bei verschiedenen Farbstoffen und Pigmenten photochemische Schädigungen auf Baumwolle und anderen Textilfasern. Unter den Farbstoffklassen, welche diese Schädigung erhöhen, befinden sich Küpen-, Azetat-, Direkt-, basische-, Säure- sowie Schwefelfarbstoffe; ähnlich wirkende Pigmente sind Zinkoxyd, Zinksulfid und Titandioxyd. Die Schädigung der verschiedenen Fasern hängt von der Anwesenheit von Sauerstoff in der umgebenden Atmosphäre ab in Abwesenheit von Sauerstoff ist sie praktisch nicht vorhanden. Der Verfasser erörtert den Mechanismus dieser Schädigung und untersucht die Umstände, die zu der Vermutung Anlass geben, dass die Faserschädigung auf die Oxydation der Faser durch den Sauerstoff und sich bildendes Wasserstoffsuperoxyd zurückzuführen sei. Auf Grund der angestellten Experimente darf vermutet werden, dass der aktivierte Sauerstoff eine metastabile Form des molekularen Sauerstoffs ist.

Landolt[1]) hat festgestellt, dass ein bei der alkalischen Kurzbelichtung stark faserschädigender Farbstoff sich auch bei der normalen Dauerbelichtung gleich verhält.

Es wurde ferner gezeigt, dass die Benzoylaminoanthrachinone relativ stark katalytisch wirksam sind, während die Benzoylaminooxyanthrachinone weniger aktiv sind. Die Hydroxylgruppe scheint somit günstig zu wirken. Flavanthren ist bekanntlich nicht faserschädigend und ist auch als Kombinationsfarbstoff völlig inaktiv. Die Verwendung dieses Farbstoffs für inaktive Kombinationen ist dringend zu empfehlen, falls an die Waschechtheit der gefärbten Waren keine besonderen Anforderungen gestellt werden. Die Pyranthrone, Indanthrengoldorange G, Indanthrenorange RRT und 4 R sind wiederum aktiv, ebenso die anderen Dianthrachinonylderivate, Indanthrenorange 6RTK, Anthraflavon GC, Helindongelb 3GN und Indanthrengelb GF.

Von den indigoiden Farbstoffen ist Cibabraun R insofern inaktiv, als die Faser nicht angegriffen wird. Cibabraun R oxydiert sich bei der alkalischen Kurzbelichtung selbst und schützt dadurch die Baumwolle. Deutlich aktiv sind wiederum die Thionaphtenderivate mit Ausnahme von Helindongrau 2B. Dieser Farbstoff enthält jedoch zwei primäre Aminogruppen, welche die katalytische Wirkung zu hemmen scheinen.

Es geht aus dem Vorstehenden hervor, dass grundsätzlich alle Anthrachinon-, Indol- oder Thionaphten-Farbstoffe die Befähigung zur Lichtkatalyse in sich bergen. Wenn dies nicht der Fall ist, so erfolgt eine hemmende Wirkung durch die spezielle Konstitution des betreffenden Farbstoffes.

Es gibt nur noch zwei grosse Gruppen von anthrachinoiden Küpenfarbstoffen, die bis jetzt nur selten erwähnt worden sind, weil diese Farbstoffe die beschriebenen, nachteiligen Eigenschaften nicht aufweisen. Es handelt sich einerseits um die Anthrachinonazine, deren wichtigste Vertreter die Indanthren-, bzw. Cibanonblaumarken sind und andererseits um die Benzanthron-Farbstoffe, d. h. die Violett-, Dunkelblau- und Brillantgrün-Marken.

Aus neueren chemischen Arbeiten ging hervor, dass im Indanthrenblau RS bei niedriger Temperatur nur ein Anthrachinonkern reduziert wird. Das gleiche gilt übrigens auch für das ebenfalls nicht katalytisch wirkende Flavanthren.

Abziehen von Küpenfärbungen.

Die Salze der Formaldehydsulfoxylsäure sind im allgemeinen ideale Entfärbungsmittel, da sie auf einen Grossteil der Farbstoffe zerstörend wirken. Man geht in der Regel in folgender Weise vor:

[1]) Bull. Föd. 1933, Heft 2, S. 111.

Das zu entfärbende Gewebe wird gründlich gewaschen und während ½—1 Stunde bei Kochtemperatur in einer Lösung von Soda (1%), Reduktionsmittel (5%) und Essigsäure (2%) behandelt. Als Reduktionsmittel nimmt man das Natrium- oder Zinksalz der Formaldehydsulfoxylsäure (Rongalit C, Decrolin, Decrolin wasserlöslich konz., Décolorant N und NZ). Es wurde bereits früher erwähnt, dass das primäre Zinksalz der Formaldehydsulfoxylsäure sich in Wasser löst. Man verwendet es zum Abziehen der Küpenfärbungen auf pflanzlicher Faser, während das Sekundärsalz, das in Wasser unlöslich, aber in Säuren löslich ist, als Abziehmittel bei tierischen Fasern dient.

Gewisse Schwierigkeiten treten beim Abziehen der Küpenfärbungen zufolge der Wiederoxydation des Farbstoffes beim Waschprozess ein. Hier wurde eine verbesserte Wirkung des Hydrosulfits und eine Verzögerung der Rückbildung des Farbstoffes durch Zusatz von Magnesiumsalzen ($MgSO_4$, $MgCl_2$) oder von Magnesiumhydroxyd festgestellt. *Franz. P. 752.831*, 1933; *amer. P. 2.042.194* und *D.R.P. 636.305* der I.G. empfehlen folgende Arbeitsweise: man behandelt das küpengefärbte Gewebe bei Kochtemperatur in einer Lösung von Lauge (12 g NaOH 40° Bé im Liter) und Hydrosulfit (4 g im Liter) während einer halben Stunde, gibt dann 10 g Magnesiumsulfat im Liter zu und kocht eine weitere halbe Stunde, spült in hydrosulfithaltigem Wasser, wäscht und trocknet.

Ein Zusatz von Schutzkolloiden, wie Sulfitablauge, Leim- oder Gelatinlösung, von Abbauprodukten der Eiweisskörper, Natriumlysalbinat oder -protalbinat, erleichtert auch den Abziehvorgang mittels Hydrosulfit (*franz. P. 752.831* der I.G.). Ferner werden im *amer. P. 2.046.317* (Block) Zusätze von Monokalziumphosphat zum reduktiven Abziehbad erwähnt.

Sehr bemerkenswerte Forschungsarbeiten der I.G., der Imp. Chem. Ind. und der Ciba führten zur Auffindung von Körpern mit hochdispersen Eigenschaften, die nicht nur in der Färberei zur Verzögerung der Anfärbung sowie zur Egalisierung, sondern auch beim Abziehen im Soda-Hydrosulfitbad eine entsprechende Anwendung finden.

Die Arbeiten der I.G. betreffen Kondensationsprodukte des Äthylenoxyds mit höheren Fettsäuren oder Fettalkoholen, wie Oleylalkohol, Laurylalkohol, Oktadezylalkohol, ebenso wie Polymerisationsprodukte des Äthylenoxyds. Insbesondere die Kondensationsprodukte des Äthylenoxyds mit unlöslichen oder schwerlöslichen Verbindungen, die mindestens ein reaktionsfähiges Wasserstoffatom und einen Kohlenstoffrest von mehr als 6 Kohlenstoffatomen aufweisen (z.B. die Lauryl-, die Palmitin-, die Rizinol- oder die Abietinsäure) bewährten sich dabei als hervorragende Abziehmittel. Diese Körper sind aus den Alkyl- oder Oxyalkylestern der genannten Säuren oder aus den höheren Fettalkoholen durch Einwirkung von Äthylenoxyd herstellbar, so z. B. 20 Mol Äthylenoxyd und 1 Mol Oktadezylalkohol. Analoge Verbindungen entstehen durch Kondensation mit gasförmigen Alkylenoxyden bei 160—170° C in Gegenwart von Phosphaten oder Sulfaten als Katalysatoren.

Die Herstellung dieser Körper wird in folgenden Patenten beschrieben: *D. R. P. 548.201; franz. P. 713.426, 713.427, 727.202, 752.831, 762.839*, 1931; *brit. P. 346.550, 367.420, 409.336, 443.559* der I.G., welche die Erzeugung der Handelsprodukte Peregal O und OK[1]) schützen. In ähnlicher Weise erhält man Schutzkolloide von grosser Dispergierkraft durch Reaktion von Äthylenoxyd auf Stärke, Kasein oder Gelatine.

Auf einem ganz anderen Gebiete liegen die Arbeiten der Imp. Chem. Ind., in denen als Entfärbungsmittel Amine oder Ammoniumbasen, welche eine Kohlenstoffkette von über 10 Kohlenstoffatomen besitzen, angeführt werden. In den *franz. P. 752.728*, 1933, *791.217; D.R.P. 605.913, 632.066, 632.728, 652.347; brit. P. 400.239, 436.076, 437.884; amer. P. 2.003.928, 2.019.124, 2.052.612* dieser Firma werden mehrere zu dieser Gruppe gehörige Verbindungen angegeben, wie das Oktadezylpyridiniumbromid, das Cetyltrimethylammoniumbromid und das β-Oxyäthyl-N-Oktadezylmorpholinium.

Besonders interessant ist das Dodezyltrimethylammoniumchlorid

$$(H_3C)_3 \equiv N \begin{matrix} C_{12}H_{25} \\ Cl \end{matrix}$$

welches eine praktische Anwendung beim Färben von Kunstseide (Viskose), Zellwolle und Baumwolle als Dispergier- und Egalisiermittel gefunden hat.

Analog werden aus der Umsetzung von höheren Alkylchloriden mit Pyridin und seinen Homologen wertvolle Textilhilfsmittel gewonnen, z. B. das

$$C_5H_5N \begin{matrix} C_{12}H_{25} \\ Cl \end{matrix}$$

Dodezylpyridiniumchlorid

Fixanol der Imp. Chem. Ind., ähnlich dem Repellat von Böhme.

Das färbereitechnische Verhalten dieser Verbindung gleicht in vielen Beziehungen dem Peregal O sowie dem Velan.

Solche Pyridiniumderivate unterstützen das Abziehen von echten Küpenfarbstoffen in Verbindung mit den üblichen Mitteln (Soda und Hydrosulfit).

[1]) Siehe dieses Kap. S. 312.

Ferner wirken sie beim Färben als Verzögerungsmittel; sie verlangsamen das Aufziehen, beugen einem vorzeitigen Erschöpfen der Flotte vor und bewirken dadurch einen gleichmässigen Farbausfall.

Gemäss dem *D.R.P. 632.066*, 1934 der Imp. Chem. Ind. wird die gefärbte Ware in einem Bad behandelt, welches nebst dem Hydrosulfit eine derartige hochsubstituierte Ammoniumverbindung enthält. Die Firma hatte zuerst ein Produkt — auf Grund der vorgenannten Patente — unter dem Namen Decamin A in den Handel gebracht, welches sich nur für das Abziehen der auf der Faser gebildeten unlöslichen Azofärbungen eignete, aber nicht für das Abziehen der Küpenfärbungen. Für den letzteren Zweck wurde ein anderes Erzeugnis, das Lissolamin V[1]) ausgearbeitet, welches ebenso wie das Peregal O der I.G. verwendet werden kann (*brit. P. 400.239*, *436.076*, *437.884*, *444.169*; *franz. P. 771.349*; *D.R.P. 632.728*; *amer. P. 2.052.612* der Imp. Chem. Ind.).

Im Jahre 1936 hat Seidel eine ganze Reihe von Hilfsmitteln, die durch Einwirkung von Aminen auf Azyl- oder Alkyl-Halogenide mit langen Ketten in Gegenwart von Pyridin entstehen, untersucht. Unter Bezugnahme auf diese Studien haben Seidel und Brösamle (Ber. *72*, Nr. 1, S. 45), beobachtet, dass die Alkylreste nicht immer am Stickstoff der Aminogruppe fixiert sind, dass sich aber ein Pyridiniumsalz bildet, z. B. Oktadezylpyridiniumbromid, welches das Lösungsvermögen des Komplexes erhöht. Durch Reaktion dieses Bromids mit Naphtionsäure bildet sich das entsprechende Naphtionat. Benutzt man Amine von gefärbten Körpern, so erzeugt man Färbungen, die einerseits nicht so dunkel sind, anderseits aber eine viel grössere Waschechtheit besitzen. Diese Beobachtung führte dieselben Forscher zur Verwendung dieser Körper als Abziehmittel. Die Lissolamine der Imp. Chem. Ind. sind ähnliche Derivate. Sie können entweder allein oder in Verbindung mit Reduktionsmitteln für das Abziehen von Färbungen mit Küpenfarbstoffen und unlöslichen Azofarbstoffen verwendet werden. Es wird darauf aufmerksam gemacht, dass trotz Anwesenheit von langen aliphatischen Ketten kein wasserabstossender Effekt erreicht wird. Im Gegenteil, die betreffenden Körper geben eine Netz- und Dispergierwirkung, die das Aufziehen des Farbstoffes verhüten.

Franz. P. 778.476; *brit. P. 398.150* und *441.296* der Ciba beziehen sich ebenfalls auf das Abziehen von Küpenfärbungen. Es handelt sich

[1]) Nach *brit. P. 400.239* wäre Lissolamin V das Hexadezyltrimethylammoniumbromid:

$$C_{16}H_{33}-\underset{\underset{Br}{|}}{N}\begin{matrix} \diagup CH_3 \\ -CH_3 \\ \diagdown CH_3 \end{matrix}$$

um die obenerwähnten Ultravone[1]). Aus diesen Patenten geht hervor, dass man eine Verminderung der Farbstoffaffinität erreicht, wenn man den Färbebädern Sulfonate von Basen zusetzt, die lange Kohlenstoffketten besitzen und sich von den Benzimidazolen ableiten, so die sulfonierten Benzimidazole, die am Imidazolkern eine Kette von 8 Kohlenstoffatomen und darüber substituiert haben, z. B. das N-Methyl-μ-Heptadezylbenzimidazolsulfonat oder das N-Benzyl-μ-Heptadezylbenzimidazol. Die schematische Formel lautet:

$$C_6H_4\left\langle\begin{matrix} N \\ NH \end{matrix}\right\rangle C-R$$

Diese Verbindungen sind hochwirksame Dispergiermittel, die nicht nur zur Verzögerung der Anfärbung (siehe oben), sondern auch als Zusätze zum alkalischen Hydrosulfitabziehbad dienen.

Gemäss dem *brit. P. 398.150* der Ciba konnte festgestellt werden, dass der Abziehprozess mit Hydrosulfit auch durch quaternäre Ammoniumverbindungen vom Typus Aryl-Alkyl-Methyl-Benzyl-N-Anion (Cl) erleichtert wird, wobei der Benzylrest eine SO_3H-Gruppe enthalten muss. Auch wurden im *franz. P. 727.213* derselben Erfinderfirma zum selben Zweck quaternäre Ammoniumbasen vorgeschlagen, die durch die Einwirkung von Benzylchlorid auf Dimethylamin entstehen, also Leukotrope. Man kann die Zusätze dieser Hilfsmittel entsprechend verändern, dadurch die Egalisierfähigkeit steigern und im selben Sinne auch das reduktive Abziehen fördern; umgekehrt wirkt die Beigabe dieser Produkte zur Druckfarbe nachteilig, und in Einzelfällen kann man mit denselben sogar eine reservierende Wirkung erreichen.

Weiter sollen noch hier einige andere Erfindungen, welche Abziehverfahren für Küpenfärbungen betreffen, erwähnt werden:

Das *franz. P. 778.833*, auch *D.R.P. 636.626* der Ciba. Den alkalischen Hydrosulfitflotten werden beim Abziehvorgang Polyvinylalkohole oder deren lösliche Derivate zugesetzt; so wird z. B. das mit einem Küpenfarbstoff gefärbte Gewebe während ¾ Stunden bei 90° C in einem Bad behandelt, das im Liter 16 cm³ 30%ige Lauge, 5 g Hydrosulfit und 0,5 g gelösten Polyvinylalkohol enthält.

Dagegen stellt man nach dem Verfahren des *franz. P. 768.732*, Zusatzp. *46.129*, 1934 der Imp. Chem. Ind. ein Abziehmittel durch Kondensation des Dimethylolharnstoffes mit Äthylenoxyd und darauffolgender Azylierung mit Stearinsäure her. Man behandelt unter Rühren in einem Autoklaven bei 100—120° C 24 Teile Dimethylolharnstoff

[1]) Siehe S. 313.

und 44 Teile Äthylenoxyd mit 2 n-Natronlauge so lange, bis kein Überdruck mehr bemerkbar ist und setzt dann noch in kleinen Mengen 176 Teile Äthylenoxyd zu. Von dem entstandenen Reaktionsprodukt erhitzt man 115 Teile mit 25 Teilen Stearinsäure bis zum Aufhören der Dampfentwicklung.

Das *franz. P. 822.739* (Sandoz, Basel), in dem die Anwendung von aliphatischen Polyaminen mit mehreren Hydroxylgruppen als Druckhilfsmittel beschrieben wird.

Das *brit. P. 497.482* derselben Firma empfiehlt als Abziehmittel für Schwefel- und Küpenfarbstoffe die Zugabe von kleinen Mengen wasserlöslicher Polypropanolamine, z. B. das Reaktionsprodukt von Dichlorhydrin mit Ammoniak.

Ferner das entsprechende *amer. P. 2.155.135* (Sandoz-Kartaschoff), in welchem die Anwendung dieser hydroxylierten Polyamine nicht nur als Abziehmittel sondern auch als Hilfsmittel zur Druckfarbe selbst beschrieben wird.

Zum Abziehen der Küpenfärbungen auf Wolle nimmt man das basische Zinkformaldehydsulfoxylat unter Zusatz von Schutzkolloiden, wie Sulfitablauge, Zucker oder Abbauprodukten der Eiweisssubstanzen. Aber selbst im Beisein von derartigen Schutzkolloiden erleidet die Wolle Veränderungen durch die Behandlung mit Zinkformaldehydsulfoxylat. Dagegen werden im *brit. P. 459.309* der I.G. Verbindungen genannt, die aus Alkylenoxyden und tertiären, wasserunlöslichen, hochsubstituierten Aminen entstehen. Die quaternären Basen, welche auf diese Weise gebildet werden, sind, ähnlich den Lissolaminen A und V, Netz- und Dispergiermittel, die den Abziehprozess bei Küpenfärbungen unterstützen. Die Reaktion verläuft nach der folgenden Gleichung:

$$R{-}N\begin{matrix}CH_3\\CH_3\end{matrix} + O\begin{matrix}CH_2\\|\\CH_2\end{matrix} \xrightarrow{H_2O} \begin{matrix}CH_3\\CH_3\end{matrix}\!\!>\!\underset{OH}{\overset{}{N}}\!\!<\begin{matrix}R\\CH_2{-}CH_2{-}OH\end{matrix}$$

Tertiäres Amin wobei R = höherer Alkylrest z. B. $C_{15}H_{31}$ ist. — Äthylenoxyd

Die Schutzwirkung dieser Verbindungen wird laut *D. R. P. 601.103*, *601.196* und *brit. P. 409.336* der I.G.-Virck-Wallis durch den Zusatz von Metallsalzen, wie Magnesiumsulfat oder -nitrat oder auch von Zellulosesulfitablaugen und Metalloxyden (MgO oder ZnO), verbessert. Auch Fettschwefelsäureester zeigen nach *D.R.P. 561.715* bzw. *614.702* von Stockhausen eine ausgesprochene Schutzwirkung beim Abziehen und beim Färben (Mell. 1933, S. 78; Klepzig's Text. Z. 1939, S. 619).

Nach dem *D.R.P. 583.533* und *D.R.P. 591.476; franz. P. 753.141; brit. P. 394.632; schweiz. P. 167.489; amer. P. 1.990.852* der I.G.-Siefert wird die tierische Faser gleichfalls durch Zusatz von aminoessigsaurem Natrium (oder anderen Aminosäuren oder deren Salzen) zum Abziehbade geschont.

Endlich wäre noch das *brit. P. 434.810* der I.G. zu erwähnen. Die mit aliphatischen Resten substituierten Phosphonium- oder Sulfoniumverbindungen, die in Wasser löslich sind, sind ebenfalls interessante Abziehmittel. Im Patent wird das Dodezyltrimethylphosphoniumbromid oder das Methylcetylsulfoniumhydroxyd angegeben, wovon dem alkalischen Reduktionsbad 0,5—5 g pro Liter zugesetzt werden. Man erhält die Sulfoniumverbindungen durch Einwirkung von Alkyljodid auf die entsprechenden Thioäther.

Hilfsmittel für das Färben und Drucken von Küpenfarbstoffen.

Die Zahl der Hilfsmittel, welche für das Drucken und Färben der Küpenfarbstoffe vorgeschlagen wurden, ist ausserordentlich gross.

Eine genaue Einteilung nach Klassen lässt sich zwar nicht ausführen, jedoch kann man sagen, dass die Mehrzahl dieser Produkte für die Färberei bestimmt sind und sowohl das gleichmässige Aufziehen als die Ausbeute des Farbstoffes verbessern sollen.

Die Druckerei betreffend, lassen sich diese Hilfsmittel in folgende Klassen einteilen:

1. Produkte mit hydrotropen Eigenschaften, Dispergiermittel, welche entweder das Egalisieren oder die Ausbeute des Farbstoffes verbessern sollen.

Zu dieser Klasse gehören:
das benzylsulfanilsaure Natrium (Solutionssalz)
das Natriumdimetanilat (Dinaton)
die Zellulosesulfitablauge (Dekol, Unisol)
der Harnstoff (Verstärker Ciba).

2. Organische Lösungsmittel:

die Glykole, die Glykoläther usw.
das Diäthylenglykol, welches im Handel unter verschiedenen Namen, wie Fibrit D der I.G. Farbenindustrie, Débésol B der Laboratoires Zundel, Joliet & Cie., Hystabol D von Böhme, vorkommt.
das Thiodiäthylenglykol, im Handel unter dem Namen Glyecin A der I.G. Farbenindustrie, Brécolane NCI (Kuhlmann), Solutène CI (Francolor), Lyoprint G (Ciba), Lyogen TG (Sandoz), Kromfax solvent (C.C.C.C.), u.a.m., bekannt.

3. Produkte, welche als Zusatz zu Ätz- und Reservedruckfarben bestimmt sind:

Ätherifikationsmittel (Leukotrope).
Oxydationsmittel wie Ludigol, welches dem m-nitrobenzolsulfosauren Natrium oder Mangan entspricht.

4. Hilfsmittel für das Entwickeln der Küpendrucke:

Oxydationsmittel, wie das Aktivin von Pyrgos, das Ondal von Böhme, welches die Reinigungswirkung der Fettalkoholsulfonate mit dem Oxydationseffekt der Persalze vereinigt, das Carbal, welches dem Natriumperkarbonat entspricht usw.

Als Färbereihilfsmittel kommen namentlich folgende Produkte in Betracht:

1. Egalisier- und Dispergiermittel, wie die Sulfitablauge, die Kondensationsprodukte von Fettsäuren mit Äthylenoxyd, welche unter dem Namen Peregal O (I.G. Farbenindustrie) bekannt sind, die Benzimidazolderivate, die unter dem Namen Albatex PO von der Ciba hergestellt werden, die Kondensationsprodukte von Fettsäuren mit Abbauprodukten der Eiweissstoffe, welche von der Firma Grünau unter der Bezeichnung Lamepon auf den Markt gebracht werden.
2. Hochsulfonierte Öle, wie das Prästabitöl von Stockhausen, das Calsolene Oil HS der Imp. Chem. Ind., das Pentazikon TJ von Baumheier u.a.m.

   Das Kondensationsprodukt aus der β-Naphtalinsulfosäure mit Formaldehyd, welches dem Setamol WS der I.G. Farbenindustrie, dem Diastersol NDS von Kuhlmann und dem Tamol der Calco Chem. Div. dem Dispergine CB von Francolor, Lissatan AC der Imp. Chem. Ind. und dem Lyokol O von Sandoz entspricht.
3. Hilfsmittel, welche zusammen mit Hydrosulfit zum Abziehen von Indanthrenfärbungen dienen: Zu dieser Gruppe gehören das Peregal O der I.G. Farbenindustrie sowie neuartige Produkte, welche von der Imp. Chem. Ind. unter dem Namen Lissolamin hergestellt werden. Es sind Derivate quaternärer Ammoniumbasen, beispielsweise das Bromid des Hexadezyltrimethylammoniums. Dank ihrer bedeutenden dispergierenden Wirkung ist es möglich, Küpenfärbungen in einem alkalischen Natriumhydrosulfitbad abzuziehen.

Pulver- und Teigmarken für Druck in feinster Verteilung.

Die Forschung auf dem Gebiete der Hilfsmittel, die die Fixierung beschleunigen und die Farbstoffausbeute verbessern, zur Herstellung von Teigen und Pulvermarken der Küpenfarbstoffe wurde 1929 durch die I.G. Farbenindustrie in Leverkusen, Mainkur, Höchst und Ludwigshafen einerseits und durch Grasselli in den USA anderseits aufgenommen. Sie führte zur Herstellung der Suprafix-Teige, die von der I.G. Farbenindustrie 1931 auf den Markt gebracht wurden. Diese Suprafixe sind dadurch gekennzeichnet, dass sie eine oder mehrere Verbindungen enthalten, deren beschleunigende und verstärkende Wirkung zu einer sehr deutlichen Erhöhung der

Farbstoffausbeute führt. Wahrscheinlich beruhen die Verstärkung und die Beschleunigung der Fixierung auf einer kombinierten Wirkung verschiedener Bestandteile, und zwar

a) von hydrotropen Substanzen (Chlorhydrat des Pyridinbetains, des Harnstoffs usw.);

b) von Reduktionskatalysatoren und Fixierungsbeschleunigern, wie man sie z. B. unter den Anthrachinonabkömmlingen findet (Oxyanthrachinon, Merkaptothiazole);

c) von Lösungsmitteln, insbesondere Glyzerin und Glykole.

Die so erhaltenen Küpenfarbstoffteige (Suprafixe) sind thixotrope Substanzen[1]), die im Gelzustand beständig sind, nicht absitzen und von sehr gleichmässiger Zähflüssigkeit sind. Sie weisen den Vorteil auf, dass sie infolge des Zusatzes der vorerwähnten Beschleuniger für die Fixierung und der Verstärkungsmittel eine bessere Ausbeute ergeben als die gewöhnlichen Küpenfarbstoffteige.

Die Suprafixteige bzw. Feinteige für Druck sowie die Suprafixpulver sind bereits auf das bei Küpenfarbstoffen meistens angewandte Druckverfahren mit Rongalit-Pottasche ohne Vorreduktion abgestimmt.

Erst kürzlich haben verschiedene Farbstoff-Fabriken Küpenfarbstoffe in Pulverform in allen Dispersitätsgraden (Küpenfarbstoff-Mikropulver X der Ciba, Ponsol- oder Leukosolfarbstoffe Pulver PFD von Du Pont usw.) auf den Markt gebracht. Diese Produkte weisen eine beträchtliche Lagerbeständigkeit auf, sind hoch konzentriert und ergeben eine gute Ausbeute.

[1]) Unter thixotropen Substanzen versteht man solche, die durch Bewegung flüssig werden, aber nach mehr oder weniger langer Ruhe wieder eine zähflüssige Konsistenz annehmen. Dies wird auf eine reversible Agglomeration der Teilchen zurückgeführt. Siehe diesbezüglich H. Berthold, Zur Technologie der Küpenfarbstoffe für den Zeugdruck, Mell. 1950, *31*, S. 422, 575.

Name	Erzeugerfirma	Zusammensetzung
		Zusätze zu
Sel dissolvant B Sel dissolvant BS Solutionssalz B Solutionssalz B neu Liovatine S Sel dissolvant S und B Solutionssalz G Solutionsalt BN 200 Algosol (alte Bezeichnung) Solvenol Sel dissolvant S und SB	Francolor Francolor I.G. Farbenindustrie I.G. Farbenindustrie Sandoz S.P.C.M.C. Geigy I.C.I. Bayer I.G. Farbenindustrie St-Denis	Monobenzylsulfanilsaures Natrium $NH-CH_2-C_6H_5$ / C_6H_4 / SO_3Na weisses, in Wasser gut lösliches Pulver (17:100), beim Produkt der I.C.I. 1:1. Solutionssalz B neu der I.G. = Solutionssalz B + Natriumnaphtalinsulfonat.
Solutionsalt SV	I.C.I.	Dibenzylsulfanilsaures Natrium
Dinaton	I.G. Farbenindustrie	Natriumdimethylmetanilat.
Liovatin FL	Sandoz	Aliphatischer Borsäureester, wahrscheinlich Glyzerinborsäureester. Zähflüssig.
Débécuvol A, C, E	L.Z.J.	Wahrscheinlich das Triäthanolaminsalz der Benzylsulfanilsäure.
Verstärker Ciba Solafix F	Ciba Imp. Chem. Ind.	Harnstoff $CO(NH_2)_2$ In Wasser 1:1 lösliche Kristalle.

Literatur	Verwendungsgebiete
Druckfarben	
Brit. P. 27.742, 1908, Bayer; *Öst. P. 33.611,* Bayer; Frb. Ztg. 1910, S. 333; 1912, S. 134, 205, 436, 444; Frb. Ztg. 1913, S. 22, 442; 1914, S. 8 u. 76, Hasse, Mell. 1937, S. 456; R.G.M.C. 1912, S. 214; 1913, S. 27; Öst. Woll. u. Leinenind. 1912, S. 313. Siehe auch *franz. P. 727.605,* 1921; *brit. P. 389.915; schweiz. P. 157.312.* Siehe Band I, Kapitel I, S. 145.	Dispergiermittel und hydrotrope Substanz. Erleichtert die Reduktion zum Leukokörper und dessen Auflösung. Begünstigt die Fixierung; verbessert die Ausbeute, das Egalisieren sowie das Eindringungsvermögen der Küpenfarbstoffe. Anwendung: beim Küpenfarbstoffdruck, sowohl in vorreduzierten, als auch in unreduzierten Druckpasten, sowohl bei schwach, als auch bei stark alkalischer Druckfarbe. Speziell bei mit Stärke verdickten Farben empfohlen. Zusatz zur Druckfarbe: 30–40 g pro kg.
Brit. P. 421.606 der I.C.I.	
Seifensieder Ztg. 1928, S. 95.	Dispergiermittel und hydrotrope Substanz; wird als Zusatz zu Druckfarben empfohlen. Ersatzprodukt für Solutionssalz.
Brit. P. 367.240, 367.249 (Sandoz); *brit. P. 508.554* (30. 6. 1939) der I.G. Farbenindustrie. Siehe auch *D.R.P. 713.902* und *franz. P. 863.256* der I.G. Farbenindustrie; R.G.M.C. 1936, S. 349. Dieser Band, Kapitel I, S. 85 u. 152.	Hilfsmittel für Küpenfarbstoffdrucke, erleichtert die Reduktion und erhöht die Ausbeute. Es kann der Verdickung, mit welcher der Farbstoff angeteigt wird, zugesetzt werden; besonders geeignet für karbonathaltige Pasten. Bemerkenswerte Verbesserung bei Sandothrenorange NJ dopp. Teig.
	Dispergiermittel und Hilfsmittel für Küpendrucke zur Verbesserung der Farbausbeute.
Franz. P. 681.566, 731.270; amer. P. 1.835.926; D. R. P. 570.583, 1929; Mell. 1937, S. 275.	Hydrotropes und lösendes Mittel. Hilfsmittel im Küpendruck, wo es sehr deutlich die Ausbeute verbessert. Zusatz von 80 bis 100 g pro kg Druckfarbe. Man gibt den Verstärker der schwach erwärmten pottaschehaltigen Verdickung zu, mit der man den Farbstoff anteigt und setzt schliesslich in der Kälte die Rongalitlösung zu.

Name	Erzeugerfirma	Zusammensetzung
Dekol	I.G. Farbenindustrie 1925	Sulfitablauge.
Unisol N, S, DL	Francolor	Wirksame Substanz: Ligninschwefligsaures Natrium.
Levana	Sandoz	Dunkelbraune Flüssigkeit oder gräuliches, in Wasser gut lösliches Pulver von charakteristischem Geruch.
Sulfitablauge, Pulver	Ciba	
Protektol I. u. II. Pulver und Pulver dopp.	I.G. Farbenindustrie	
Cellex, Pulver	Ciba	
Egalin A	A. Th. Böhme	

Egalisiermittel für

Name	Erzeugerfirma	Zusammensetzung
Peregal O und OK	I.G. Farbenindustrie 1933	Kondensationsprodukte des Äthylenoxyds (20 Mol) mit höheren Fettalkoholen (Oleylalkohol).
Emulphor O	I.G. Farbenindustrie	
Ekalin F	Sandoz	
Unigal TU, N	Sinnova	
Cepegal D	S.P.C.S. (Bezons)	Allgemeine Formel:
Eganolo P	A.C.N.A.	$C_{18}H_{37}(OC_2H_4)_nOH$.
Peraltex O	Adjubel S.A. (Brüssel)	
Leonil O und OS	M.L.B.	
Latogal	Union Chim. Belge (Brüssel)	
Humifen O	G.D.C.	Peregal O ist eine 15%ige Lösung von Emulphor O.
Solopol W und W konz.	Stockhausen	
Solopol PW und PW konz.	Stockhausen	
Perunisol S Teig	Francolor	
Dispersol VL	Imp. Chem. Ind.	
Peregal KB	I.G. Farbenindustrie 1943	Polyaminoderivat, erhalten durch Einwirkung von Polyäthylenamin (Vulkacit) auf Dichloräthylen.
Liovatin E	Sandoz	

Literatur	Verwendungsgebiete
D.R.P. 229.191 B.A.S.F. und *313.840; schweiz. P. 148.451. Franz. P. 681.566*, Ciba. Frb. Ztg. 1911, S. 45, 358. Z. f. F. und Text. Chem. 1911, S. 45. Z. f. ges. Text. Ind. 1911, Nr. 23; 1934, S. 400. Bull. Föd. *1*, S. 133. Mell. 1921, S. 353; 1930, S. 610; 1932, S. 546; Körst, Mell. 1937, S. 739. Gaumnitz, Mell. 1927, S. 534. Hackl, Mell. 1930, S. 532. Schwen, Mell. 1932, S. 485. Siehe: Dieses Werk, Bd. I, Kapitel I, S. 150.	Dispergierende Eigenschaften. Beständig gegen Erdalkalien; schützen die tierischen Fasern vor dem Angriff durch Alkali. Verwendung: a) im Küpendruck, Zusatz von 40–50 g pro kg Druckfarbe; b) in der Küpenfärberei; c) zur Herstellung von Farbstoffteigen und Feinpulvern in Verbindung mit hydrotropen Körpern und Dispergiermitteln (Harnstoff, Natriumbenzylsulfanilat usw.); d) in Naphtollösungen (wegen ihrer Erdalkalibeständigkeit); e) in der Wollfärberei sowie bei der Wollwäsche zum Entfernen des Wollschweisses; f) als Wollschutzmittel.
Küpenfärbebäder	
Brit. P. 346.550, 367.420, 409.336, 443.559. Franz. P. 713.426, 713.427, 1932, *727.202*, 1931; *752.831*, 1932. *D.R.P. 548.201, 636.305* der I.G. Farbenindustrie; R.G.M.C. 1934, S. 153. Tiba 1934, S. 11; Bull. Föd. I, S. 244 und 245. Schwen, Mell. 1933, S. 22, D.F.Z. 1933, S. 145. Siehe: Dieses Werk, Kapitel I, S. 312.	In Wasser lösliche Flüssigkeit; Dispergiermittel von sehr grosser Wirksamkeit; verlangsamt das Aufziehen der Küpenfarbstoffe und wirkt daher egalisierend auf die Färbungen. In höherer Konzentration verhindert es mehr oder weniger die Anfärbung. Es erzeugt in den Hydronküpen sowie in denjenigen der bromierten oder chlorierten indigoiden Farbstoffe Niederschläge. Egalisiermittel. Abziehmittel für Küpen- und Naphtolfarbstoffe.

Name	Erzeugerfirma	Zusammensetzung
Albatex PO Albatex PON	Ciba	Benzimidazolderivat (Ultravontypus) Benzimidazolsulfosaures Natrium NH; C—$(CH_2)_x$—CH_3; NaO_3S; N
Tinegal CV	Geigy	Sulfoniertes aromatisches Diamid.
Tinegal T Liovatin E	Geigy Sandoz	Sulfoniertes Derivat des Kondensationsproduktes von aromatischen Aminen mit Fettsäuren (verwandt mit Albatex PO), braune Paste.
Tibalène NED Naphtosolvine ED	Francolor S.P.C.M.C.	Kondensationsprodukt des oleylphenolsulfosauren Natriums mit Formaldehyd.
Eulysin A	I.G. Farbenindustrie	Alkylierte Naphtalinsulfosäure + Triäthanolamin + NaOH. Gelbliche Flüssigkeit von stark alkalischer Reaktion.
Prästabitöl GA Prästabitöl K spez. Prästabitöl KG, W310 Prästabitöl V, NRT Prästabitöl MA Prästabitöl Z Tinopolöl BH Calsolene Oil HS Geneucol MM Neberon BA, S, BF, W Triumphöl supra Triumphöl spez. Pentazikon T	Stockhausen Stockhausen Stockhausen Stockhausen Stockhausen Stockhausen Geigy I.C.I. A. Th. Böhme Chem. Fabrik Dr. A. Schmitz, Düsseldorf Zschimmer und Schwarz Zschimmer und Schwarz Baumheier	Hochsulfoniertes Rizinusöl. Natriumsalz von Schwefelsäureestern der Fettsäuren. Gegen Metallsalze stabile Flüssigkeit von saurer Reaktion. Die Marken V und NRT sind identisch mit KG und W310, aber enthalten organische Lösungsmittel.

Literatur	Verwendungsgebiete
Siehe: Dieses Werk Kap. XV u. Kap. XIII (Ultravone), Kap. I, S. 313. *Brit. P. 398.150, 441.296; franz. P. 776.146, 778.476, 778.833.* R.G.M.C. 1935, S. 349, Bull. Föd. *1*, S. 514. Landolt, Mell. 1936, S. 110 (franz. Ausgabe). Egger, Mell. 1937, *18*, S. 651. Landolt, Mell. 1936, S. 650.	Dicke in Wasser gut lösliche Paste. Egalisier- und Durchdringungsmittel mit dem besonderen Vorteil, keine Niederschläge in der Küpe mit gewissen Farbstoffen zu geben. Abziehmittel für Küpenfarbstoffe und Naphtolfarbstoffe in Gegenwart von Natriumhydrosulfit und Alkali.
	Egalisiermittel für die Färberei, insbesondere für Küpenfarbstoffe. Hervorragendes Weichmachungsmittel, welches im Färbebad angewandt wird.
Tiba 1932, S. 1027. *Franz. P. 734.318.*	Dispergier- und Egalisiermittel. Verhindert die Kalkseifenbildung. Verhindert das Ausflocken von Küpenfarbstoffen in hartem Wasser. Erleichtert den Färbeprozess und vertieft die Farbtöne.
Hetzer, Tabellen S. 55. Nüsslein, Mell. 1935, S. 49. Prasse, Mell. 1936, S. 334. Stierwaldt, Mell. 1936, S. 500. Schwen, Text. Manuf. 1936, S. 153. Hasse, Mell. 1937, S. 456. Landolt, Mell. 1930, S. 610.	Egalisier- und Durchdringungsmittel für Garne in Form von Strängen, Kops- und Kreuzspulen. Wird zum Anteigen von Küpen- und Schwefelfarbstoffen, speziell beim Pigmentierverfahren verwendet. Verbesserung der Reibechtheit gewisser Färbungen mit Schwefelfarbstoffen.
D.R.P. 551.751, 614.702, 656.000; Mell. 1928, S. 799; 1930, S. 610; 1931, S. 196. Steitz, Z. f. ges. Text. Ind. 1932, *35*, S. 27; *36*, S. 210. Friedrich, Mell. 1933, *13*, S. 78. Dittmann und Kober, Mell. 1935, S. 736. Arnold, Text. Manuf. 1935, *61*, S. 76. Nelson, The Dyer, 1935, *74*, S. 486.	Prästabitöl KG ist beständig gegen Laugen bis 36° Bé. Egalisiermittel mit grossem Netzvermögen. Wird beim Mercerisieren von Baumwolle verwendet. Prästabitöl K. Netzmittel für das Färben von Küpenfarbstoffen. Prästabitöl V. Durchdringungsmittel zur Durchführung des Prästabitölverfahrens. Prästabitöl MA. Netz- und Dispergiermittel für stark alkalische Färbeflotten. Prästabitöl NRT. Wird besonders in der Apparatefärberei verwendet. Verhindert das Bronzieren beim Färben mit Schwefelfarbstoffen. Prästabitöl Z. Netz- und Dispergiermittel.

Name	Erzeugerfirma	Zusammensetzung
Avirol AH, AH extra	Böhme-Fettchemie, 1928	Natriumsalz des sauren Schwefelsäureesters des Rizinolbutylesters, z. B. Sulforizinoleat des Butyl- oder Amylalkohols. Typus: $C_{17}H_{32}\langle{}^{OSO_3Na}_{C(=O)OC_4H_9}$ Erhalten durch Veresterung einer Fettsäure mit aliphatischen Alkoholen.
Avirol AH extra	P.C.M.R.	
Tibalène NAM	Kuhlmann	
Sandozol KB und KBN	Sandoz	
Astrolane AM	S.P.C.M.C.	
Immersol S und SG	St. Denis	
Oloran B 7	Milch	
Puropolöl S	Simon-Dürkheim	
Doittau 14	Sopura	
Pénétrol AH	Sema, Asnières	
Prästabitöl ZA, ZN, SH	Stockhausen	
Geneucol M	A. Th. Böhme	
Inferol DF	A. Th. Böhme	
Prästabitöl S	Stockhausen	
Prästabitöl G, VA	Stockhausen	
Humectol C	I.G. Farbenindustrie	Natriumsalz des Schwefelsäureesters des Ölsäureamids. $C_{17}H_{34}\langle{}^{CONH_2}_{OSO_3Na}$ $CH_3-(CH_2)_7-CH_2-\underset{OSO_3Na}{\underset{\vert}{CH}}-(CH_2)_7-CONH_2$
Humectol CA	I.G. Farbenindustrie	
Humectol CX	I.G. Farbenindustrie	Schwefelsäureester des Äthyloleylanilins $CH_3-(CH_2)_7-\underset{OSO_3Na}{\underset{\vert}{CH}}-CH_2-(CH_2)_7-\overset{O}{\overset{\Vert}{C}}-N(C_6H_{11})-C_2H_5$ (Ring am N) Erhalten durch Einwirkung von Phosphortrichlorid auf Ölsäure und Behandeln des erhaltenen Säurechlorids mit Äthylanilin.
Dismulgan V	I.G. Farbenindustrie	Schwefelsäureester des Oleyldiisobutylamids: $CH_3-(CH_2)_7-\underset{OSO_3Na}{\underset{\vert}{CH}}-CH_2-(CH_2)_7-CO-N\langle{}^{C_4H_9}_{C_4H_9}$

Literatur	Verwendungsgebiete
Franz. P. 677.526, 677.527, 1929; *Zusatz P. 38.077*, 1930, Böhme-Fettchemie. *Franz. P. 698.637, 702.626*, 1930, 1930, *702.698*. Rev. Chim. Ind. 1931, S. 172. Bertsch, Mell. 1930, S. 779. Kling, Mell. 1931, S. 112. Mell. 1930, S. 381, 610, 788. Mell. 1926, S. 841. Landolt, Mell. 1928, S. 759; 1935, S. 62, 134, 288. Seifensieder Ztg. 1928, S. 372 und 405; 1932, S. 45. Z. f. ges. Text. Ind. 1930, Nr. 38. Das Deutsche Wollengewerbe 1931, S. 92 und 1685. Hüttenlocher, Mell. 1927, S. 538. Perndanner und Hackl, Mell. 1928, S. 913. Kling, Mell. 1928, S. 48 und 111. Nopitsch, Mell. 1928, S. 136, 241.	Ausgezeichnetes Egalisier- und Durchdringungsmittel von guter Beständigkeit gegen Kalk- und Magnesiumsalze. Wird besonders für die Apparatefärberei verwendet. Anteigungsmittel, verwendbar für substantive, saure und Azetatseidenfarbstoffe.
D.R.P. 595.173, 634.632. *Franz. P. 679.185, 693.520, 715.205, 716.705, 735.647.* *Brit. P. 340.272, 341.053, 343.524, 343.899* und *388.642.* *Öst. P. 125.182, 141.864.* Chwala, Textilhilfsmittel, S. 442. E. Mather, B.I.O.S., Nr. 667, H. M. Stationnery Office. Mell. 1937, S. 155. J. Soc. D. and Col. 1947, S. 27. Siehe: Dieses Werk, Kap. XV.	Netz- und Egalisiermittel in der Apparatefärberei mit Küpenfarbstoffen. Als Zusatz zu Farbbädern 0,5—1 g pro Liter für das Pigmentklotzverfahren.

Name	Erzeugerfirma	Zusammensetzung
Setamol WS, WSN Tamol N Diastersol NDS Dispergine CB Lyokol O Lissatan AC Tannol NNO Distabex L Lomar PW	I.G.Farbenindustrie, 1928 Calco Chem. Div. Kuhlmann, 1938 Francolor Sandoz I.C.I. I.G. Farbenindustrie St. Denis J. Wolff	Natriumsalz des Kondensationsproduktes aus β-Naphtalinsulfosäure und Formaldehyd. Tamol ist das Natriumsalz der Dinaphtylmethandisulfosäure: 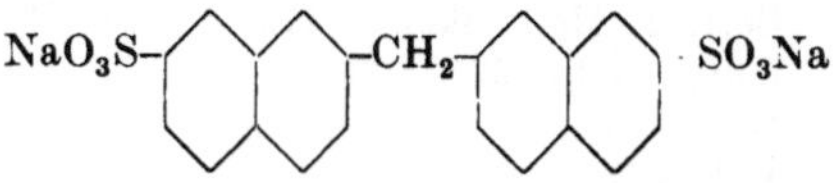 NaO_3S–[Naphthalin]–CH_2–[Naphthalin]–SO_3Na
Lamepon A Protepon A Lamepon K Maypon K Lanasan CL und FB	Landshoff & Mayer A.G., Berlin-Grünau Protex M.C.W. May Wood Chem. Works Sandoz	Polypeptidoleylamid. Kondensationsprodukt von Fettsäurechloriden (Oleylchlorid) mit Albuminen (Lysalbin- oder Protalbinsäure). Gelbbraunes, dickflüssiges, klares Öl, in Wasser leicht löslich.
Repellat KS Repellat T 59	Böhme-Fettchemie P.C.M.R. Böhme-Fettchemie P.C.M.R.	Laurylpyridiniumsulfat 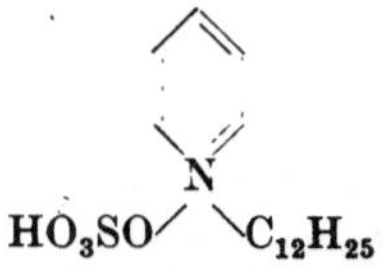 [Pyridinring] N, HO_3SO, $C_{12}H_{25}$ Braune, viskose Flüssigkeit, in Wasser löslich.
Amendol	Böhme-Fettchemie	Fettalkoholsulfat.

Produkte, die im Ätz- und Reservedruck

Name	Erzeugerfirma	Zusammensetzung
Leukotrop O Leucofixe J Leuco SO Reduzin NS Ätzsalz Ciba O, OS Addol O Leukophenin O Metabol O Leucotrope O Ätzsalz O (frühere Bezeichnung) Soledonresist A Leucotrope O	I.G. Farbenindustrie Francolor S. I.D.S. Sandoz Ciba Geigy Rohner I.C.I. Brotherton Kalle I.C.I. J.W.C.	Dimethylphenylbenzylammoniumchlorid 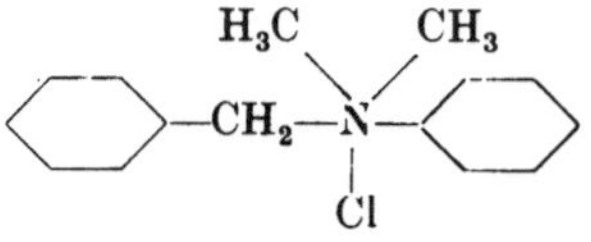 H_3C CH_3 / [Benzol]–CH_2–N–[Benzol] / Cl Reinking 1909 Graues, leicht wasserlösliches Pulver. Siehe Kap. III.

Literatur	Verwendungsgebiete
Mell. 1928, S. 779; 1932, S. 220. Siehe Kap. XI (Wolle).	Verwendung für das Küpensäurefärbeverfahren. Zum Reservieren der Seide beim Färben von Mischgeweben aus Wolle und Seide.
Amer. P. 2.015.912; brit. P. 435.481, Landshoff und Meyer. *Franz. P. 772.585*, I.G. Farbenindustrie. *Brit. P. 413.016*, Landshoff und Meyer und *450.467*. Mell. 1933, S. 424. *D.R.P. 657.706*, Landshoff und Meyer, *670.096*, *670.097*; *schweiz. P. 172.359*, *187.094/099*.	Egalisiermittel für Küpenfärbungen. Netz-, Dispergier- und Emulgiermittel. Zur Ausfertigung von Schwefel- und Küpenfärbungen, als Seifenersatzmittel.
Brit. P. 435.431, Böhme-Fettchemie. *D.R.P. 673.158*. *Schweiz. P. 173.257*, *183.676*. *Franz. P. 770.235* u. *753.189*. *Öst. P. 154.886*. *Amer. P. 2.104.728*.	Egalisiermittel für Küpenfarbstoffe. Kationaktives Hilfsmittel von grosser Netz- und Dispergierwirkung. Verzögert das Aufziehen des Farbstoffes auf Baumwolle und verbessert so die Egalisierung.
Brit. P. 435.431, Böhme-Fettchemie.	Mittel zur Beschleunigung des Aufziehens der Küpenfarbstoffe; daher gemeinsame Verwendung mit Repellat, das entgegengesetzte Wirkung hat.

und beim Abziehen verwendet werden

D.R.P. 231.543, 1909. *Franz. P. 414.937*, 1910. *D.R.P. 184.381* und *229.023*. Frb. Ztg. 1910, S. 243, 309, 374. Frb. Ztg. 1911, S. 103, 227, 237, 406 und 465. Frb. Ztg. 1912, S. 211, 236, 309, 334 und 374. Seide und Kunstseide 1936, S. 524. Chem. Ztg. 1937, I, S. 275. Dieses Werk, Kap. XIII, Kap. I, S. 224 und Kap. III.	Benzylierungsmittel. Zur Erzeugung von Gelbätzen auf Indigo. Bildung des Benzyläthers des Leukoindigos, der an der Luft beständig und in Wasser unlöslich ist. Reserven unter Gründeldrucken von Küpenfarbstoffen.

Name	Erzeugerfirma	Zusammensetzung
Leukotrop W Leucofixe B und B konz. Leuco SW Sel de réserve W Ätzsalz Ciba W Leukophenin W Reduzin S Addol W extra konz. Metabol WS Leucotrope W Ätzsalz W (frühere Bezeichnung) Primazol N (frühere Bezeichnung) Leucotrope W Leucotrope WXN	I.G. Farbenindustrie Francolor S.I.D.S. St. Denis Ciba Rohner Sandoz Geigy I.C.I. Brotherton Kalle B.A.S.F. J.W.C. G.D.C.	Natrium- oder Kalziumsalz der Disulfosäure des Dimethylphenylbenzylammoniumchlorids. $\frac{Ca}{2}O_3S\text{-}C_6H_4\text{-}CH_2\text{-}N(CH_3)_2(Cl)\text{-}C_6H_4\text{-}SO_3\frac{Ca}{2}$ Reinking 1909 Gelbes, wasserlösliches Pulver.
Ludigol Solidol N Mattenol Revatol S Albatex BD Reservesalz G Resist Salt L Tiskan Serodit (frühere Bezeichnung)	I.G. Farbenindustrie Francolor S.P.C.M.C. Sandoz Ciba Geigy I.C.I. Aussig B.A.S.F.	m-Nitrobenzolsulfosaures Natrium $C_6H_4(SO_3Na)(NO_2)$ Analog wurden auch die Kalziumsalze verwendet, sowie die entsprechenden Naphtalin- und Anthrazenderivate. Weisses, bis leicht gelbliches, sehr gut wasserlösliches Pulver.
Reservesalz K	Kalle	o- und p-Nitrotoluolsulfosaures Natrium.
Reservol B	I.G. Farbenindustrie	Zink-, Kalzium- oder Mangansalz der m-Nitrobenzolsulfosäure oder der 1,3-Nitroanthrazensulfosäure. Weisses Pulver mit geringer Wasserlöslichkeit.
Reservol BC	I.G. Farbenindustrie	Natriumanthrachinonsulfonat + Glyzinal.

Literatur	Verwendungsgebiete
D.R.P. 235.879, 235.880, 240.513, 246.252, 246.519, 247.099, 247.100, 247.101, 249.542, 249.543, 250.084. *Franz. P. 413.554* und Zusatz *P. 12.784, 13.430* und *13.487.* Reinking, Frb. Ztg. 1910, S. 243. Frb. Ztg. 1912, S. 250, 309. Frb. Ztg. 1913, S. 45. Bude, Frb. Ztg. 1912, S. 470; Frb. Ztg. 1913, S. 103. R.G.M.C. 1913, S. 54. B.A.S.F. Indigo rein, Broschüre, die sich auf das Leukotropätzverfahren bezieht (1910).	Ätherifizierungsmittel, das das Sulfoderivat des Benzyläthers des Leukoindigos bildet, unvergrünbar an der Luft, löslich in Alkalien, lässt sich von der Faser durch heisse Wasserglasflotten entfernen, wodurch man schöne Weissätzen auf Indigo und anderen Küpenfarbstoffen erhält. Wird ebenfalls für Reserven unter Gründeldrucken mit Küpenfarbstoffen angewandt.
D.R.P. 210.682, 211.526. Hasse, Mell. 1937, S. 456. Mell. 1937, S. 532.	Reservemittel unter Küpen- und Schwefelfärbungen, sowie unter Natriumformaldehydsulfoxylatätzen. Anwendung: a) Reserven unter Küpenfärbungen; b) zum Schutz des gefärbten Fonds gegen das Überziehen im Ätzdruck; c) in der Bleiche (Buntbleiche) zur Erhöhung der Widerstandsfähigkeit der Küpenfärbungen gegen die Alkaliwirkung in der Beuche; d) Zusatz zu Rapidogenfarben, die neben Küpenfarbstoffen im Druck verwendet werden; e) zur Vermeidung von Rakelstreifen.
D.R.P. 548.202, I.G. Farbenindustrie. Mell. 1931, S. 283.	Reservierendes Mittel für Küpenfarbstoffe, dessen Vorteil in seiner geringen Löslichkeit liegt. Gibt keine verschwommenen oder zerfliessende Drucke.

Name	Erzeugerfirma	Zusammensetzung
Lissolamine V Decamine (frühere Bezeichnung)	I.C.I.	Cetyltrimethylammoniumbromid $C_{16}H_{33}-N(CH_3)_3Br$ Gräuliches, in Wasser leicht lösliches Pulver. Beständig gegen Alkalien, Säuren und Kalksalze.
Levelene	Amer. Anil. Prod.	Simpöse Flüssigkeit wirkt als Kolloid stabilisierend im Küpenfärbebad.

Verschiedene Hilfsmittel

Colloresin DK Colloresin DK trocken Tylose TWA Renose S Colloresine AW	I.G. Farbenindustrie Kalle (1949) Ciba G.D.C.	Zelluloseäther. Am Anfang stellte dieses Produkt Methyl-Zellulose dar, die später durch den Methyl-oxy-äthyläther der Zellulose ersetzt wurde. In kaltem Wasser lösliche, in heissem Wasser unlösliche Substanz.
Ondal W 20 Ondal d. c. Leukolin	Böhme-Fettchemie Böhme-Fettchemie Zschimmer und Schwarz	Gemisch aus Gardinol WA, Natriumperborat, Trinatriumphosphat und Natriumpyrophosphat. Nach dem entsprechenden Patent handelt es sich um einen Pyrophosphorsäureester eines Fettalkoholsulfats (Laurylalkohol). Weisses Pulver, löslich in heissem Wasser, gibt alkalische Lösungen.

Literatur	Verwendungsgebiete
Brit.P. 400.239, 436.076, 437.884, *Franz. P. 748.510*, 1932, *752.728*, 1933, *771.349*, *791.217*. *D.R.P. 605.913*, *632.066*, *632.728* und *652.347*. *Amer. P. 2.003.928*, *2.019.124*, *2.052.612*. R.G.M.C. 1933, S. 465; 1934, S. 153. Tiba 1933, S. 935; 1934, S. 2; 1935, S. 279. Rev. Chim. Ind. 1933, S. 305. Amer. Dyest. Rep. 1934, S. 527. C. W. Wilson, R.G.M.C. 1938, S. 25. Teintex 1933, S. 490. Silk and Rayon 1950, *24*, S. 230 und 372.	Dispergiermittel, wird als Zusatz zum Abziehen von Küpenfarbstoffen in alkalischer Hydrosulfitlösung verwendet. Lissolamin V, wie das ähnliche Lissolamin A (siehe Kap. IV), unterstützt den Abziehvorgang in Hydrosulfitabziebbädern für Küpen- sowie Naphtolfärbungen, indem es eine Agglomerierung der abgezogenen Farbstoffpartikeln bewirkt und deren Wiederaufziehen verhindert. Dabei eignet sich die Marke A besonders für Naphtolfärbungen, die Marke V für Küpenfärbungen. Auch in oxydierbaren Abziehbädern (aktives Chlor oder Wasserstoffsuperoxyd) unterstützen sie den Abziehvorgang.

(spezielle Verdickungs-, Wasch[1])- und Ausfertigungsmittel)

Amer. P. 1.870.516, *1.922.978*, General Anil. Works. *D.R.P. 495.712*, *525.182*. Scholl, Mell. 1935, *16*, S. 155, 444. Kerth, Mell. 1935, *16*, S. 794; Mell. 1937, *18*, S. 378; Mell, 1927, *8*, S. 1047; Mell. 1928, *9*, S. 666.	Verdickungsmittel für Küpenfarbstoffe in der Walzen-, Film- und Handdruckerei nach dem Verfahren der I. G. Farbenindustrie. Spezialverwendung für Buntreserven unter Anilinschwarz mittels Küpenfarbstoffe.
D.R.P. 589.778, *594.806*. *Brit. P. 425.804*. *Schweiz. P. 183.447*. Heide, Z. f. ges. Text. Ind. 1936, *39*, S. 133 und 1937, *40*, S. 178.	Reinigungs- und gleichzeitig Oxydationsmittel für die Entwicklung der Küpenfärbungen, welches die Waschwirkung der Fettalkoholsulfate mit der Oxydations- und Bleichwirkung der Persalze verbindet. Stabilisierungsmittel für Superoxydbleichflotten.

[1]) Für andere Verdicker und Waschmittel, siehe Kap. XV.

Name	Erzeugerfirma	Zusammensetzung
Aktivin S und S spez. Chloramin T Peralbine NBA Chlorine C Mianin Chloramin Aktivin S	Pyrgos Rhône-Poulenc Kuhlmann-Francolor Saint-Denis Fahlberg, List & Co., Magdeburg von Heyden The Aktivin Corp., New York	Natriumsalz des p-Toluolchlorsulfonamids CH_3–C_6H_4–SO_2–N(Na)(Cl) · 3 H_2O Weisses Pulver, leicht löslich in Wasser, Alkali und in Neutralsalzlösungen.
Chloramin BX	Pyrgos	COOH–C_6H_4–SO_2–N(Cl)(Na)
Chloramin TO	Pyrgos	Isomeres Orthoderivat des Chloramin T. CH_3–C_6H_4–SO_2–N(Cl)(Na)
Peraktivin	Pyrgos	p-Toluoldichlorsulfonamid CH_3–C_6H_4–SO_2–N(Cl)(Cl) Weisses Pulver mit starkem Chlorgeruch.

Literatur	Verwendungsgebiete
D.R.P. 390.658, 422.076, 423.464, 443.013, 461.637, 462.199, 504.997, 530.894, 559.250, 563.887, 647.566. *Franz. P. 610.985; brit. P. 241.579, 241.580,* 1925, Bayer. Feibelmann, Chem. Ztg. 1924, S. 297. Mell. 1926, S. 47, 144; 1927, S. 714; 1931, S. 263. Mell. 1927, S. 172; 1929, S. 240; 1930, S. 610. Herbst, D.F.Z. 1934, *70,* S. 395. Bonnet, Teintex, 1937, S. 95, 158. Kosche, Z. f. ges. Text. Ind. 1933, *36,* S. 578. Z. f. ges. Text. Ind. 1932, S. 168. Heermann, Mell. 1924, S. 181. Haller u. Hohmann, Mell. 1926, S. 239.	Mässiges Oxydationsmittel in neutraler, energisches Oxydationsmittel in saurer Lösung. Wird für die Oxydation von Küpenfarbstoffen empfohlen, und zwar für die Ausfertigung der Drucke. Faserschonend infolge langsamer Sauerstoffentwicklung.
Kosche, Z. f. ges. Text. Ind. 1933, S. 578. Thiebaud, Teintex 1937, *2,* S. 366. Feibelmann, Mell. 1931, S. 263. Hausner, Mell. 1932, S. 268.	

Name	Erzeugerfirma	Zusammensetzung
Perburanil	Bauer-Gaebel & Co., Köln	Natriumsalz der Pyrophosphorsäure.
Leukotex PS	Zschimmer und Schwarz	Produkt auf Perboratbasis. Pulver von hohem Gehalt an aktivem Sauerstoff. Gibt den Sauerstoff nur langsam ab, selbst bei höheren Temperaturen (70 bis 80° C).
Natriumperborat	Degussa	$NaBO_2 \cdot H_2O_2 \cdot 3\ H_2O$.
Natriumperkarbonat Carbal Percar-Electro	Degussa L'Air Liquide Ugine	Natriumperkarbonat: $Na_2C_2O_6$. Weisses, in Wasser sehr gut lösliches Pulver.

Lösungsmittel

Name	Erzeugerfirma	Zusammensetzung
Glyecin A Brécolane NCI Solutène CI Dehapan GB Lyogen TG Lyoprint G Tinosollöser A Glydote A und B Kromfax Solvent Leucosolve LD, ER EMK	I.G. Farbenindustrie Kuhlmann Francolor Durand-Huguenin Sandoz Ciba Geigy I.C.I. C.C.C.C. Sopura	Thiodiäthylenglykol $S\langle{}^{CH_2—CH_2—OH}_{CH_2—CH_2—OH}$ Sdp. 208° C. Viskose Flüssigkeit von durchdringendem Geruch, mischbar mit Wasser.
Tinosollöser B	Geigy	Thiodiäthylenglykol und Harnstoff.
Débésol B	L.Z.J.	Lösungsmittel, bestehend aus einem Gemisch von Glykolderivaten von höherem Siedepunkt. Farblose, in Wasser lösliche Flüssigkeit.
Hystabol D	Böhme-Fettchemie P.C.M.R.	Lösungsmittel auf der Basis von Polyglykolen und Tetrahydrofurfurylalkohol, der industriell durch katalytische Hydrierung von Furfurol erhalten wird. $CH_2—CH—CH_2OH$ / $CH_2—CH_2$ (Ring über O geschlossen)

Literatur	Verwendungsgebiete
	Wird zur Ausfertigung der Küpenfärbungen verwendet.
	Wird zum Bleichen von Textilfasern und zum Oxydieren von Küpenfärbungen verwendet.
Tanatar, Z. Phys. Chem. *25*, S. 132; *29*, S. 162. Ullmann, Bd. 11, S. 566.	Oxydationsmittel für die Ausfertigung von Küpenfärbungen oder Drucken.
Salquin: Die Perkarbonate und ihre Verwendung in der Textilindustrie, Teintex 1942, S. 164.	Oxydationsmittel für die Leukoderivate von Küpenfarbstoffen.

für die Druckfarben

D.R.P. 339.690, I.G. Farbenindustrie. *Brit. P. 147.102* und *427.058*, Durand-Huguenin. *Franz. P. 711.869*, Newport Chem. Corp. *Franz. P. 713.460*. *Schweiz. P. 159.928*.	Lösungs- und Anteigungsmittel für Küpenfarbstoffe; wirkt verbessernd auf den Farbton, die Farbausbeute und die Egalisierung.
	Zum Anteigen von Küpenfarbstoffen. Hygroskopisches Mittel. Verbesserung der Ausbeute und der Egalisierung der Drucke mit Küpenfarbstoffen.
Öst. P. 139.111 und *139.845*. *Amer. P. 1.967.656*. *Schweiz. P. 165.151*. *Franz. P. 744.251*, Böhme-Fettchemie. Mell. 1934, S. 516.	Dispergiermittel. Vorzügliches Lösungsmittel. Zusatz zu Küpenfarben. Verbesserung der Ausbeute und der Egalisierung der Küpenfärbungen.

Name	Erzeugerfirma	Zusammensetzung
Irgasol	Geigy	Lösungsmittel auf der Grundlage von Äthylenglykol und Äthylenchlorhydrin.
Diäthylenglykol Brécolane NDG Polyglykol Solutène DG Tinogenallöser B Solaval B	C.C.C.C. und Dow. Kuhlmann I.G. Farbenindustrie Francolor Geigy I.C.I.	$O\langle {CH_2-CH_2-OH \atop CH_2-CH_2-OH}$ Farblose, mit Wasser in jedem Verhältnis mischbare Flüssigkeit. Dichte 1,1212, Sdp. 245° C. Sehr hygroskopisch.
Carbitol	C.C.C.C.	Monoäthyläther des Diäthylenglykols $O\langle {CH_2-CH_2-OC_2H_5 \atop CH_2-CH_2-OH}$ Sdp. 200° C, Dichte: 1,020. Hygroskopische, mit Wasser gut mischbare, farblose Flüssigkeit.
Fibrit D Durit O Lyoprint S	I.G. Farbenindustrie C.C.C.C. Ciba	Lösungsmittel, denen Glykole und Polyglykole zu Grunde liegen. Fibrit D besteht aus 80% Triglykoläther und 20% Glykol.
Candit V (1928)	Pyrgos, Radebeul, 1928	Glukose-Natriumsulfoxylat $C_6H_{12}O_6 \cdot NaHSO_2$ Weisser Teig, neutral, beständig gegen Kalk, unbeständig gegen Säuren. Nach Hetzer: Zink-Natrium-Glukose-Hydrosulfit (s. Färb. Kal. 1944, S. 325). Haller und Solbach: Durch Einwirkung von Glukose auf Hydrosulfit.

Literatur	Verwendungsgebiete
Franz. P. 587.269. *D.R.P. 386.032, 400.684,* Geigy.	Lösungsmittel für Druckfarben. Zusatz zu Druckfarben mit Küpenfarbstoffen.
D.R.P. 340.552, 391.007, I.G. *Brit. P. 392.139.* *Schweiz. P. 157.912, 157.913,* Newport Chem. Corp. *Brit. P. 368.910, 427.058.* *Amer. P. 2.047.650,* Du Pont.	Ausgezeichnetes Lösungsmittel. Anteigungsmittel für Küpenfarbstoffe. Dient zur Verbesserung der Farbausbeute und der Durchdringung.
	Ausgezeichnetes Lösungsmittel für Küpenfarbstoffe im Druck und in der Färberei. Anteigungs- und Durchdringungsmittel.
D.R.P. 340 552, 391.007. *Schweiz. P. 157.912, 157.913.* *Öst. P. 139.111* und *139.845.* *Schweiz. P. 165.151.* *Amer. P. 1.967.656.*	Vorzügliches Lösungsmittel. Die Egalisierung förderndes Hilfsmittel im Küpendruck. Anteigungsmittel. Zusatz zu Druckfarben mit Küpenfarbstoffen.
D.R.P. 529.617. Hackl, Mell. 1930, S. 383, 533. Mell. 1929, S. 41, 630, 717. Mell. 1930, S. 42. Tiba 1930, S. 963. Pomeranz, Konstitution der beständigen Hydrosulfite, Mell. 1930, S. 286.	Reduktionsmittel für die Indigoküpe, erhöht deren Beständigkeit. Anwendung für die Küpenfärberei im Kontinuebetrieb und auf dem Jigger. Zusatz zu Indigoätzen (Haller).

II. KAPITEL.

Die Anwendung der Schwefelfarbstoffe[1]).

Unter Schwefelfarbstoffen versteht man solche Farbstoffe, die durch Einwirkung von Schwefel und Schwefelalkali oder eines der beiden Reagenzien auf organische Verbindungen verschiedener Art erhalten werden.

Es sind Verbindungen von hohem Molekulargewicht, die Thiazinringe oder Disulfidketten enthalten. Man erhält sie durch längeres Verschmelzen der verschiedensten Substanzen mit Polysulfiden bei 100—200° C.

Die Konstitution der meisten Schwefelfarbstoffe ist unbekannt.

Die ersten Farbstoffe dieser Gruppe waren das Cachou de Laval (Croissant und Bretonnière, 1873), erhalten durch Verschmelzen von allen möglichen organischen Substanzen (Sägespäne, Blut, Torf usw.) mit Schwefel und Schwefelnatrium und das Vidalschwarz (Vidal 1893), welches durch Verschmelzen von Benzol- und Naphtalin-Abkömmlingen, insbesondere von p-Amino- und Dinitrophenol (*D.R.P. 99.039*, Frdl. *5.*, S. 439), mit Schwefel und Natriumsulfid hergestellt wird.

Im Jahre 1897 wurde aus Dinitrooxydiphenylamin der wertvolle schwarze Farbstoff Immedialschwarz (Kalischer, Cassella, 1897) erhalten; ihm folgte 1899 das wichtige Schwefelschwarz aus 2,4-Dinitrophenol oder Dinitrochlorbenzol (Prebs und Kaltwasser, 1898-1899).

In den darauffolgenden 50 Jahren hat sich die Zahl der Vertreter dieser Farbstoffklasse ganz ausserordentlich vermehrt, und die Textilindustrie verfügt heute über eine reiche Farbenskala besonders in den Schwarz-, Braun-, Blau-, aber auch in Grün-, Orange- und Gelbtönen; so z.B. gelang im Jahre 1900 durch Verwendung von Indophenolen und Indaminen die Darstellung eines reinblauen Farbstoffes, des Immedialreinblaus (Weinberg und Herz von Cassella) aus 4-Dimethylamino-4'-oxydiphenylamin.

---

[1]) Otto Lange, Die Schwefelfarbstoffe, Verlag Otto Spanner, Leipzig, 1925; F. Mayer, Chemie der organischen Farbstoffe, 1934, Springer, Berlin; Karl Voltz, Schwefelfarbstoffe, Klepzig's Text. Ztschr. 1942, S. 818/819.

Murawski, Geschichte der Immedialfarbstoffe, Textil-Praxis 1947, *2*, S. 212.

Allemann, Zur Kenntnis der schwarzen Schwefelfarbstoffe, Dissertation, Zürich 1943.

Beding, Zur Kenntnis der schwarzen Schwefelfarbstoffe, Dissertation, Zürich 1941.

Schubert, 50 Jahre Immedialfarbstoffe, Mell. 1947, *28*, S. 270.

Nach Norton, Jones jr. u. Emmer Reid (J.A.C.S. 1932, *54*, S. 4393; Chem. Zent. 1933, *1.*, S. 1289) ist dem Immedialreinblau folgende Formel zuzuschreiben:

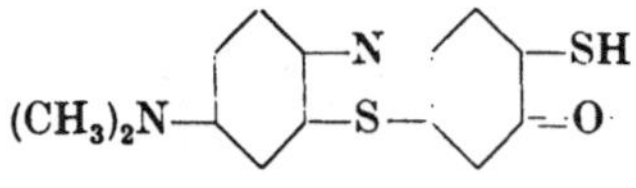

N —SH
$(CH_3)_2N$— —S— =O

Keller und Fierz-David[1]), nehmen folgende Konstitutionsformel dieses Farbstoffes an:

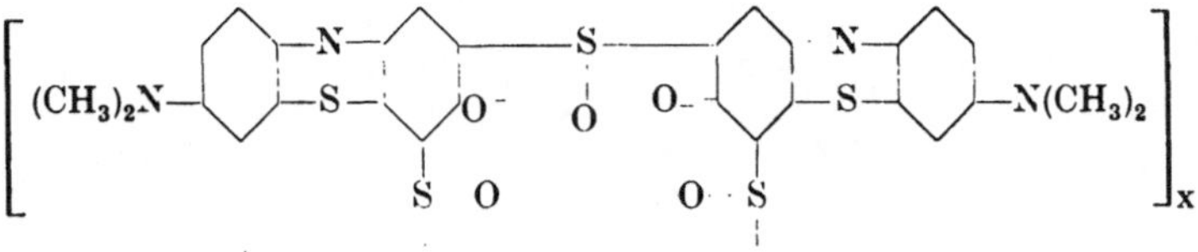

[—N— —S— N—
$(CH_3)_2N$— —S— O O O— —S— —$N(CH_3)_2$
S O O S]x

Im Jahre 1903 gelang die Darstellung rein gelber Töne (Immedialgelb, Weinberg von Cassella) durch Schwefelung von m-Diaminen sowie von grünen Farbstoffen.

Eine Erfindung von grosser Wichtigkeit wurde von Haas und Herz 1908 gemacht, die durch Verwendung von Karbazolchinoniminen das echte Hydronblau erhalten haben.

Man kann ohne Zweifel behaupten, dass diese Erfindung die bedeutendste auf dem ganzen Gebiete der Schwefelfarbstoffe ist, da das Hydronblau eine viel grössere Chlorechtheit als die meisten anderen Schwefelfarbstoffe besitzt[2]).

Hydronblau R (Cibablau RH, 2RH und 3RH der Ciba, Thio-Thinonblau von Geigy, Sandonblau RG von Sandoz, Solanblau von Francolor, Alizone Blue der Brith. Aliz. Company Ltd., Nissea Vat Blue R der Japan Dyestuff Manuf. Osaka), entspricht der schematischen Formel:

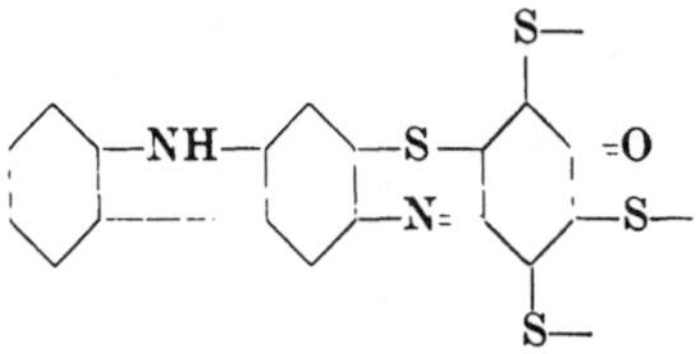

S—
—NH— —S— =O
—N= —S—
S—

Dieser Farbstoff wird aus 3-Amino-Karbazol, welches in das o-Mercaptan übergeführt und mit Chloranil kondensiert wird. erhalten.

---

[1]) Helv. Chim. Acta 1933, *16*, S. 585; Chem. Zent. 1933, S. 1188.

[2]) Bernasconi, Helv. Chim. Acta 1932, *15*, S. 287; A. von Weinberg, Ber. 1930, S. 119; Keller und Fierz-David, Helv. Chim. Acta, 1933, *16*, S. 585, *D.R.P. 224.591;* Schober, Mell. 1925, S. 449.

Es entsteht die Verbindung:

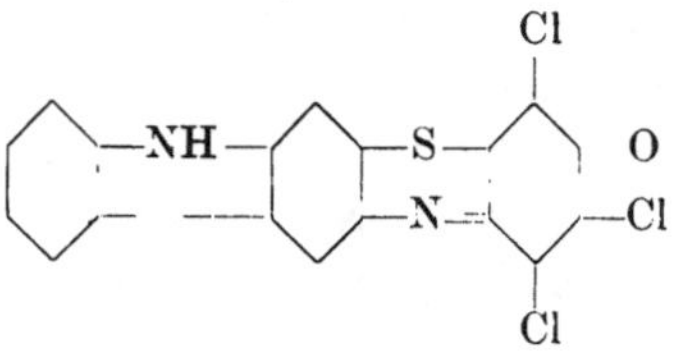

in welcher die Chloratome leicht durch Schwefel ersetzbar sind.

Hydronblau G (Cassella-I.G.)[1]).

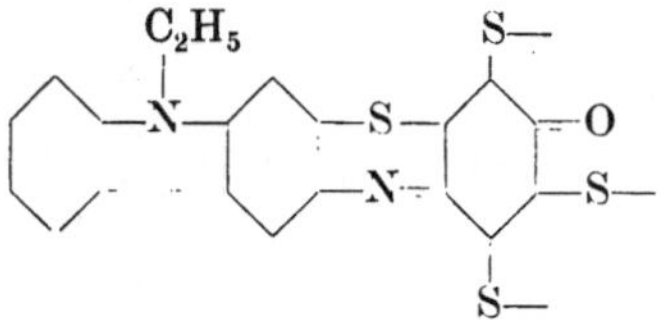

Trotz ihrer mangelhaften Chlorechtheit haben die Schwefelfarbstoffe eine grosse Bedeutung für die Färbung schwerer Gewebe, hauptsächlich in mittleren und dunklen Nuancen. Sie sind seifen-, licht- und reibecht.

Allerdings kann man feststellen, dass ihre Verbreitung in den Jahren bis zum Weltkrieg 1914—18 den Höhepunkt erreichte. Derzeit scheint das Interesse der Farbstoffsynthetiker an dieser Gruppe geschwunden zu sein, da man gegenwärtig nur höchst selten neue einschlägige Veröffentlichungen vorfindet. Zu erwähnen sind die in der letzten Zeit auf dem Gebiete der Druckerei erschienenen echten Indocarbonschwarzmarken, die von der I.G. Farbenindustrie 1926 auf den Markt gebracht wurden. Als Beispiel sei das Indocarbon CL[2]) genannt.

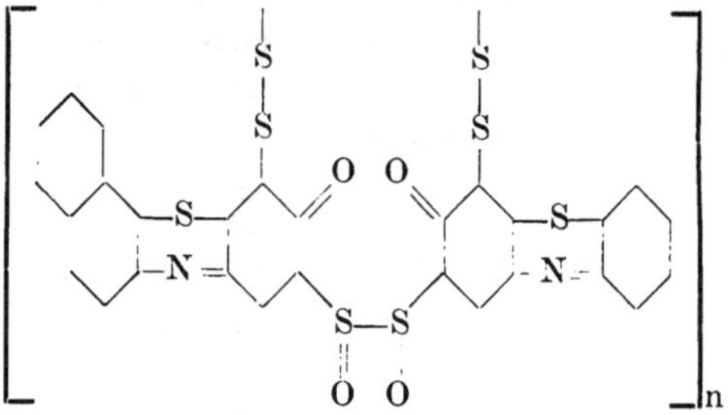

In der Schwefelfarbstoffärberei sind die in der letzten Zeit in den Handel gebrachten Leukoschwefelfarbstoffe (Immedialleukofarbstoffe der I.G.) besonders zu erwähnen. Diese Produkte sind als eine Neuerung auf diesem Gebiete zu betrachten, denn durch ihre

[1]) Schober, Mell. 1925, *6*, S. 499; *D.R.P. 222.640, 224.590.*

[2]) Literatur über Indocarbon CL und SN: Kertess, Mell. 1927, *8*, S. 56; D.F.Z. 1928, *64*, S. 100.

Anwendung wird die Färbung mit Schwefelfarbstoffen erheblich erleichtert; es sind schon vorreduzierte, stabile und gut wasserlösliche Präparate, die ohne zusätzliches Schwefelnatrium färben, keine hohe Temperatur zum Lösen benötigen und schon bei 25—30° C gute Affinität zur Baumwollfaser besitzen. In diese Farbstoffklasse reihen sich noch die *Eklipsolfarbstoffe* von Geigy, die *Neosolfarbstoffe* der Ciba und die *Tetracasealfarbstoffe* von Sandoz ein.

Diese Schwefelfarbstoffe benötigen kein Schwefelnatrium beim Färben oder Drucken und eignen sich daher besonders gut für Viskose und Zellwolle.

Die Handelsbezeichnungen der einzelnen Firmen sind, bzw. waren:

Auronalfarbstoffe	ter-Meer
Eklipsfarbstoffe	Geigy
Eklipsolfarbstoffe	Geigy
Immedialfarbstoffe	Cassella
Immedialfarbstoffe	I. G. Farbenindustrie
Katigenfarbstoffe	Bayer
Kryogenfarbstoffe	B.A.S.F.
Thioxinfarbstoffe	Griesheim
Colorants au soufre	St. Clair
Colorants immédiats	St. Clair
Thiophenol- u. Pyrogenfarbstoffe	Ciba
Pyrolfarbstoffe	Leonhardt
Thiogen-, Melanogenfarbstoffe	M.L.B.
Schwefelfarbstoffe	A.G.F.A.
Thionfarbstoffe	Kalle
Thionalfarbstoffe	Sandoz
Claytonfarbstoffe	Clayton
Thiophorfarbstoffe	Jäger
Thionolfarbstoffe	Imp. Chem. Ind.
Sulfanolfarbstoffe	Francolor
Thiononfarbstoffe	L. B. Holliday
Schwefelfarbstoffe	A.C.N.A.
Sulfogenfarbstoffe	Du Pont
Schwefel- und Sulfindonfarbstoffe	National Aniline Div.
Calcogenfarbstoffe	Calco Chem. Div.
Katigenfarbstoffe	G.D.C.
Niss- und Ryukafarbstoffe	Mitsui (Japan)

Die Schwefelfarbstoffskala ist jedoch bis heute noch nicht abgeschlossen, denn es fehlen immer noch rote und dem Rot nahestehende, besonders lebhafte Farbstoffe dieser Klasse.

Es wurde gefunden, dass der Schwefel in Form der Disulfidgruppe -S-S- verschiedene Komplexe miteinander verbindet. Durch

Reduktion wird bei der Verküpung die Disulfidgruppe –S–S– in die Sulfhydratgruppe –SH übergeführt. Die Schwefelfarbstoffe sind leichter reduzier- und verküpbar als die Küpenfarbstoffe. Schwerlöslichkeit und chemische Indifferenz erklären die wertvollen Echtheitseigenschaften der Schwefelfärbungen.

Schwefelfarbstoffe können sowohl in Substanz als auch vor allem auf der Faser durch Autooxydation Schwefelsäure abspalten, die in Gegenwart von Feuchtigkeit die Faser angreift.

Es wird vor allem der Schwefel oxydiert, welcher durch Nebenvalenz- oder Adsorptionskräfte festgehalten wird. Beschleunigend wirken dabei Wärme und Feuchtigkeit, ebenso Kupfer und Eisensalze.

Nach Möhlau und Erdmann werden Polysulfidbrücken angenommen, aus denen Schwefel etwa wie folgt abgespalten und zu Schwefelsäure oxydiert wird.

S—S—S—
H_2SO_4
weitere
S-Abspaltung
S
O
S=O
Sulfoxyd

Herstellung der Teige und Feinpulver.

Nach dem *amer. P. 2.091.417* (I.G.-Schick-Kohl), dem *D.R.P. 641.039* entsprechend, stellt man Schwefelfarbstoffteige durch Vermischen des pulverförmigen Farbstoffes mit Natriumsulfid, dem Salz einer organischen Säure (Natriumformiat) und dem Salz einer Phenolsulfosäure her. Der Teig ist gegen den oxydierenden Einfluss der Luft wenig empfindlich (vgl. auch das Zusatzpatent *D.R.P. 641.278*). Die Reduktion des Schwefelfarbstoffs zur Herstellung der hochkonzentrierten Paste führt man nach *brit. P. 429.350* (I. G.) mit einer solchen Menge von Schwefelnatrium durch, dass davon auch schon genügend für den Ansatz des Färbebades in der Paste enthalten ist, wobei bei einer Temperatur reduziert wird, die etwa bei 50—80° C, jedenfalls unter dem Siedepunkt der zu reduzierenden Flüssigkeit, liegen muss.

Der Vorschlag der I.G., den Schwefelfarbstoff mit Alkalisulfiden und einem hygroskopischen Mittel, wie Phenolsulfonat oder Rhodankali zu vermischen *(brit. P. 419.817)*, bezieht sich ausdrücklich nur auf Farbstoffpulver, nicht auf Teige. Die Pulver überziehen sich beim Stehen dabei mit einer zusammenbackenden, oberflächlichen Schutzschicht.

Das wichtigste Anwendungsgebiet der Schwefelfarbstoffklasse ist und bleibt die Färberei. Die Druckerei ist an ihnen nur hinsichtlich der Erzeugung des Reserveartikels interessiert, der vor dem ersten Weltkrieg in Russland mit gutem Erfolg fabriziert wurde. Die Grundzüge dieser Erzeugungsart sollen erwähnt werden, wobei Einzelheiten erst in den jüngst erschienenen Veröffentlichungen bekannt wurden.

Das Färben mit Schwefelfarbstoffen[1]).

Da die meisten Schwefelfarbstoffe in kolloidaler Leukoform auf die Pflanzenfaser aufziehen, sind sie in dieser Hinsicht den Küpenfarbstoffen zur Seite zu stellen.

Mit den substantiven Farbstoffen sind sie insofern zu vergleichen, da ihre Färbungen durch Nachbehandlung auf der Faser mit Metallsalzen in ihren Echtheitseigenschaften verbessert werden können. Sie nehmen demnach eine Mittelstellung zwischen Küpen- und substantiven Farbstoffen ein[2]).

Die Schwefelfarbstoffe werden auf lose Baumwolle, auf Garn und auf Stück gefärbt. Die Baumwollstückware wird auf dem Jigger, in dem Kontinueapparat und auf dem Foulard gefärbt. Lose Baumwolle und Baumwollgarn werden hauptsächlich in mechanischen Apparaten nach dem Prinzip „ruhende Ware, bewegte Flotte“ gefärbt, und zwar nach dem Packsystem oder nach dem Aufstecksystem. Im ersten Fall wird das Material unter Pressung in den mit einem weichen Tuch ausgekleideten Färberaum gebracht (Obermaierrevolverapparat, Haubold Färbeapparat), im zweiten Fall wird die Flotte durch eine zentraldurchlöcherte Spindel (Kops, Kreuzspulen, Bandspulen) zugeführt (Apparate von Haubold, Zittauer, Thies).

Anfänglich bot das Färben mit Schwefelfarbstoffen grosse Schwierigkeiten wegen der ungleichmässig erfolgenden Oxydation der nicht schnell genug entfernten Flottenreste (Unterflottenjigger usw.).

Die Oxydierbarkeit der Schwefelfarbstoff-Leukoverbindungen bewegt sich innerhalb weiter Grenzen. Ebenso wie manche Leukoverbindungen längere Zeit unverändert auf der Faser, ohne sich zu oxydieren, haltbar bleiben können, sind auch Schwefelfarbstoffe bekannt, die direkt aus dem Bade als Farbstoff aufziehen und überhaupt keiner Entwicklung bedürfen.

---

[1]) Matos, Text. Manuf. 1912, S. 131, Färben der Baumwolle mit Schwefelfarbstoffen auf dem Jigger und der Pflatsch- und Kontinuemaschine. Etzer, Z. f. ges. Text. Ind. 1912, S. 9. A. Busch, Z. f. ges. Text. Ind. 1917, S. 630. Pomeranz, Z. f. ges. Text. Ind. 1917, S. 162. Hofmann, Frb. Ztg. 1917, S. 197. K. Wojatschek, Das Färben von Kunstseiden bzw. Zellwollgarnen im Strang mit Schwefelfarbstoffen, Textil-Praxis, 1949, *4*, S. 402. The Dyer 1946, *96*, S. 19.

[2]) Siehe Biltz, Ber. *38*, S. 2963, 2973; Chem. Zent. 1905, *2*, S. 525; Friedländer, Z. f. ang. Chem. 1906, S. 615.

Ausschaltung des schädlichen Lufteinflusses.

1. *D. R. P. 220.169.* Umhüllung des Materials während des Färbeprozesses mit einer ganz dünnen Schwefelwasserstoff-, Kohlensäure- oder Gasschicht, um den Luftzutritt zur Ware zu verhindern.

2. *D.R.P. 117.732.* Ersatz des Natriumsulfids durch Salze der Trithiokohlensäure, die den Farbstoff besser lösen und die so fest an der Faser haften, dass während des Spülens immer noch etwas Lösungsmittel vorhanden ist.

3. *D.R.P. 129.281.* Alkalisulfhydrate an Stelle von Natriumsulfid.

4. *Franz. P. 329.432.* Natrium -di- oder -polysulfide.

5. *D.R.P. 130.848* und *197.892.* Flottenzusätze: Ammoniumsalze (Katigenverstärker), welche die Oxydation verlangsamen.

6. *D.R.P. 213.455.* Verwendung von Zusätzen, welche die Wirkung des Schwefelnatriums hemmen; Natriumbikarbonat *(D.R.P. 220.169)* Natriumbisulfit, essigsaure Tonerde, organische Säuren *(amer. P. 812.543)* usw.

7. Ferner sollen nach *Anm. K. 33.660* Verbindungen, wie Arylmerkaptane, Thiophenole, Thionaphtole und Thiokresole, die sich leichter in Disulfide überführen lassen als der Schwefelfarbstoff, als Schutzsubstanzen gegen Luftoxydation des Farbstoffes verwendet werden können.

8. *Franz. P. 334.797.* Zusatz von pflanzlichen Ölen.

Nach dem *franz. P. 899.944* (eing. am 20. November 1943, veröffentlicht am 14. Juni 1945) schlägt die I.G. Farbenindustrie Merkaptanverbindungen als Reduktionsmittel vor. Diese gehen leicht durch Oxydation in Disulfide über und wirken reduzierend:

$$2\,R{-}SH \longrightarrow R{-}S{-}S{-}R + 2\,H$$

Kondensationsprodukte aus Merkaptanen mit Aldehyden und Ketonen können leicht durch Hydrolyse in ihre Ausgangsprodukte gespalten werden. Sie wirken daher in gleicher Weise wie die Merkaptane.

Durch Spaltung von Abkömmlingen des Isothioharnstoffes kann man bekanntlich Merkaptane und Cyanamid erhalten.

Man löst einen Schwefelfarbstoff, z. B. 1 Teil Schwefelblau *(D.R.P. 199.963)* mit 2,5 Teilen Natriumthioglykolat und 2 Teilen Soda in heissem Wasser auf. Man färbt bei 60^0 C unter Zusatz von Glaubersalz und erhält so auf Baumwolle und auf Zellwolle tiefere Farbnuancen als nur mit Natriumsulfid allein. Jeder Farbstoff braucht bestimmte Mengen von Thioglykolsäure und Soda. Das Patent empfiehlt die Verwendung von Natriumdithioglykolat, Soda und einem Kondensationsprodukt aus Azeton mit Thioglykolsäure.

Flottenansatz.

Der Farbstoff wird zuerst in Eisengefässen unter Zusatz der nötigen Menge Natriumsulfid gelöst.

Schwefelnatrium bringt durch Reduktion den Farbstoff in Lösung.

Kochsalz oder Glaubersalz wirken aussalzend und fördern das Aufziehen des Farbstoffes.

Im *franz. P. 908.875* (eing. am 26. Januar 1945, erteilt am 29. Oktober 1945, veröffentlicht am 22. April 1946), beschreibt die Ciba ein Verfahren zum Färben von Kunstfasern mit Schwefelfarbstoffen. Es werden dabei alkalische Lösungen von Abbauprodukten natürlicher Kohlenhydrate als reduzierende Mittel verwendet. Man mischt z. B. 25 Teile Schwefelblau, als Pulver oder Paste, wie es aus der Fabrikation kommt, das man durch Sulfurieren von

O= ⬡ =N— ⬡ —NH— ⬡ (COOH)

o-Aminobenzoesäureindophenol.

erhält, mit 50 Teilen Dextrin und 25 Teilen kalzinierter Soda. Man löst diese Mischung in 200 Teilen warmem Wasser, erhitzt zum Sieden, belässt 1—2 Stunden bei Siedetemperatur und lässt abkühlen. Mit dieser Lösung werden 400 Teile Viskose während 1 Stunde bei 100⁰ C in einem Bade ausgefärbt, das 3—5 g/l Soda enthält.

Die Schwefelfärbungen können hinsichtlich ihrer Gestehungskosten keine zu grosse Belastung vertragen, weil sie vorwiegend für die Herstellung von Massenartikeln Verwendung finden, deren Preis durch die Konkurrenz bedingt ist.

Unter den zahlreichen Fehlern, die beim Färben mit Schwefelfarbstoffen vorkommen, ist hauptsächlich das Bronzieren hervorzuheben, das angeblich durch einen Zusatz von 2 g Trilon B pro 1 Liter Färbeflotte verhütet werden kann. Auch bei schon bronzierten Hydronblau- oder Indocarbonschwarzfärbungen kann die Ware wieder korrigiert werden. Dies wird erreicht, indem man die gefärbten Stücke auf einem Jigger bei 60⁰ C durch ein Bad von 2 g Trilon B und 30 g Schwefelnatrium nimmt, abquetscht und auf einem zweiten Jigger in einem Bad von 2,5 g Dekol Pulv. und 3 g Schwefelnatrium bei 50⁰ C spült. Alsdann wird abgequetscht und nacheinander in kaltem, heissem und abermals kaltem Wasser gespült.

Auch durch eine Nachbehandlung bronzierter Färbungen mit 30 g/l Vibatex A (Ciba) mit oder ohne Zusatz eines anionaktiven Weichmachers, z. B. Sapamin FLN (Ciba), kann das Bronzieren zum

Verschwinden gebracht werden; gleichzeitig wird der Ton der Färbungen voller und blumiger.

Dunkle Färbungen zeigen gelegentlich die Erscheinung des Bronzierens. Durch eine Nachbehandlung der gespülten Färbungen mit 0,5—2% Sapamin KW (Ciba), bezogen auf das Gewicht des Materials, bei 70° C während ¼ bis ½ Stunden kann das Bronzieren vollständig oder weitgehend beseitigt werden; dabei erzeugt Sapamin KW auch einen weichen Griff, was bei Schwefelfärbungen besonders wichtig ist.

Die Reibechtheit der Schwefelfärbungen lässt öfters zu wünschen übrig. In diesem Falle ist es vorteilhaft, dem Färbebad gewisse Hilfsmittel zuzusetzen, wie z. B. Medialan A (I. G.) oder Eulysin A[1]), die neben ihrer Eigenschaft als Anteigemittel ebenfalls ein hervorragendes Egalisiervermögen besitzen.

Verstärker.

Immedial- oder Katigen-Verstärker, Ammoniumchlorid oder -karbonat (Erban u. Mebus, Chem. Ztg. Rep. 1907, S. 220) verbessern die Egalität und die Intensität der Färbungen.

Dextrin, Glukose, Türkischrotöl bewirken leichteres Durchfärben, besseres Egalisieren und Erhöhung der Intensität der Färbungen.

Temperatur.

Die meisten Farbstoffe lassen sich heiss (nahe der Kochtemperatur) oder kalt färben; gewöhnlich wird bei 70—80° C, für hellere Töne manchmal bei etwa 60—70° C gearbeitet. Die Kaltfärberei[2]), welche während des Krieges 1939—45 einem besonderen Interesse begegnete, kommt auch für die Schwefelfarbstoffe in Betracht.

Man versteht unter Färben bei niedrigen Temperaturen oder unter Kaltfärberei im allgemeinen diejenige Arbeitsweise, nach welcher gewisse Farbstoffe schon bei einer Temperatur von 40—45° C auf die Faser aufziehen. Es ist bekannt, dass eine Anzahl von Schwefelfarbstoffen, besonders in der Reihe der Rotbraun-, Violett-, reinen Blau- und Grüntöne, beim Färben bei 50—60° C lebhaftere und schönere Nuancen ergeben.

Die Immedialleukofarbstoffe haben bei Färbetemperaturen von 25—30° C schon eine recht gute Affinität zur Baumwollfaser und können für die Kaltfärberei empfohlen werden. Auf Zellwolle ist es

---

[1]) Siehe Kap. I, Tabelle S. 368.

[2]) Siehe Kap. VI, Färben mit substantiven Farbstoffen. Ferner Schumacher, Das Färben von Spinnstoffen aus Kupfer- und Viskoseseiden mit substantiven Farbstoffen bei niedrigeren Temperaturen, Mell. 1943, *24*, S. 231. E. Käster, Das Färben von Zellwolle mit Schwefelfarbstoffen bei niedrigen Temperaturen, Mell. 1943, *24*, S. 265.

allerdings vorteilhafter, zur besseren Ausnützung der Farbstoffe Immedialleukofarbstoffe bei etwas höherer Temperatur (40—50° C) zu färben.

Auch in der Reihe der gewöhnlichen Schwefelfarbstoffe, also der Immedialfarbstoffe, ist eine Anzahl von Farbstoffen zu finden, welche sich auf Baumwolle bei niedrigen Temperaturen gut färben lassen. (Musterkarte der I.G. Nr. 1843, z. B.: Immedialgelb GG, Immedialbrillantblau CLB' extra, Immedialgrün GG extra, Indocarbon CL konz. usw.).

Nachbehandlung.

Mit Wasserstoffsuperoxyd und schwachen Alkalien. Erhöhung der Waschechtheit *(D.R.P. 110.367; franz. P. 350.096)*.

Mit Sulfit: Erhöhung der Lebhaftigkeit der Nuancen *(franz. P. 325.462)*.

Mit Thiosulfat: Erhöhung der Licht- und Lagerechtheit *(franz. P. 295.190; D.R.P. 140.541, 141.371;* siehe J. Müller, Chem. Ztg. Rep. 1921, S. 104).

Mit Metallsalzen: Die Schwefelfarbstoffe bilden mit Metallsalzen unlösliche Lacke; die Wasch- und Lichtechtheit wird erhöht.

a) *D.R.P. 114.266, 114.267, 124.507.* Mit Aluminiumsalzen, auch Chrom-, Nickel- und Kobaltsalzen.

b) *D.R.P. 127.465.* Nachbehandlung mit Chromoxydsalzen (Chromalaun).

c) *Franz. P. 334.797, Anm. G. 15.242* und *Anm. A. 8.779.* Nachbehandlung mit Chromoxydnatrium.

d) *D.R.P. 131.961.* Nachbehandlung mit Chrombisulfit.

Nachbehandlung mit oxydierenden Metallsalzen.

e) *D.R.P. 112.799.* Chromsalze (Chromat und Schwefelsäure); Kupfersalze (Kupfersulfat und Schwefelsäure).

f) *D.R.P. 213.582.* Nickelsalze, siehe Fr. Eppendahl, Frb. Ztg. 1911, Nr. 16; Frb. Ztg. 1911, *22*, S. 166.

Bei der Herstellung von Färbungen mit Schwefelfarbstoffen wird die Fixierung des Farbstoffes nach dem Färben durch Oxydation mittels Luftsauerstoff erreicht; dies geschieht, indem man die gefärbte Ware entweder an der Luft liegen lässt oder unter gleichzeitigem Luftzutritt spült. Im *D.R.P. 743.992* erteilt am 11. Januar 1944) bemerkt die I.G.-Farbenindustrie, dass sich beim Oxydieren des Schwefelfarbstoffes auf der gefärbten Ware Unegalitäten ergeben, die durch Ablagerung von oxydierten Farbstoffteilchen in unlöslicher Form auf das Gewebe verursacht werden. Bei einer Anzahl Schwefelfarbstoffe ist dieser Vorgang vor der Oxydation so störend, dass die Erzeugung einwandfreier Färbungen nicht ohne weiteres gelingt. Laut diesem Patent soll dieser Übelstand durch Zusatz von Aminosäuren oder deren Salzen, die mehr als eine Karboxylgruppe auf ein Stickstoffatom enthalten, behoben werden. Die Wiederoxydation des reduzierten Farbstoffes geht in Gegenwart dieser Verbindung weit rascher vor sich, so dass die Ablagerung des oxydierten und unlöslichen Farbstoffes nicht mehr stattfinden kann. Als Aminosäuren erwähnt die I.G. Farbenindustrie beispielsweise die Triglykolamidsäure, in Form ihres Dinatriumsalzes und die Äthylen-bis-(iminodiessigsäure).

$$N\begin{cases} CH_2-COONa \\ CH_2-COONa \\ CH_2-COOH \end{cases} \qquad \begin{matrix} HOOC-CH_2 \\ HOOC-CH_2 \end{matrix}\Big\rangle N-CH_2-CH_2-N\Big\langle\begin{matrix} CH_2-COOH \\ CH_2-COOH \end{matrix}$$

Diese Produkte sind im Handel unter den Namen Trilon A und B[1]) bekannt. (Siehe Kap. V u. XV dieses Werkes, sowie Neueste Verfahren in der Technologie der Veredelung der Textilfasern, Kap. II, Tabellen. Chwala, Textilhilfsmittel, I. Auflage, S. 81.

Eine Verbesserung der Schwefelfärbungen auf Baumwolle oder Mischgeweben aus Wolle und Baumwolle liegt im Zusatz der Kondensationsprodukte von höheren Fettsäuren mit Eiweissabbaukörpern. Diese Produkte[2]) sind im Handel unter folgenden Namen bekannt:

Lamepon A	von Landshoff & Meyer, Grünau und Chemical Marketting Co.;
Protepon A	von Protex, Paris;
Maypon	von Maywood Chem. Works, Maywood, N. Y. (USA.).

Als Vorteile werden folgende genannt:

1. Das Aufziehen des Farbstoffes wird verlangsamt, das Egalisiervermögen daher gesteigert.

2. Die Wiederoxydation wird ebenfalls gehemmt, so dass die Durchdringung besser ist.

3. Der Farbstoff lagert sich auf der Faser in dispergierterer Form ab. Die an der Gewebeoberfläche sitzenden, oxydierten Farbstoffteilchen sind in kolloidalem Zustand und können daher beim Auswaschen leicht abgespült werden. Die Reibechtheit der so erzielten Färbungen ist viel besser.

Für die einheitliche Färbung von Mischgespinsten (Wolle, mattierte Zellwolle usw.) empfiehlt das *D.R.P. 657.820* (Landshoff und

[1]) *Brit. P. 474.518; schweiz. P. 190.986; franz. P. 811.938.*

[2]) Landshoff u. Meyer, *D.R.P. 647.773, 657.820, 755.557; amer. P. 2.015.912; franz. P. 772.585, 786.391, 875.615; brit. P. 413.016, 435.481, 452.689;* siehe Kap. I, S. 315.

Meyer) ein Färbeverfahren bei möglichst niederer Temperatur (25° C), um die Wollanteile nicht zu schädigen, überdies eine Verminderung des Flottengehalts an Schwefelalkali und ebenfalls den Zusatz eines Schutzkolloids, wie lysalbinsaures Natrium.

Nach zwei Notizen im Chem. Zent. 1937, *2*, S. 3234, lassen sich übrigens die beim Waschen eingetretenen Verluste durch Nachbehandlung mit Magnesiumsalzen verringern. Hierbei soll sich Magnesiumhydroxyd abscheiden, dem einerseits die Bildung unlöslicher Verbindungen mit den Leukoschwefelfarbstoffen, anderseits auch eine abscheuernde Wirkung der oberflächlich anhaftenden Teilchen zugeschrieben wird. Wahrscheinlich besteht auch ein Vorteil darin, dass die beim Lagern etwa ungenügend ausgewaschener Färbungen entstehende Schwefelsäure neutralisiert wird.

Das *franz. P. 899.875* der I.G. Farbenindustrie (eing. am 18. November 1943, veröffentlicht am 13. Juni 1945, deutsche Priorität 19. November 1942) beschreibt ein Verfahren, Zellulosefasern einheitlich mit Küpen- oder Schwefelfarbstoffen zu färben oder abzuziehen. Dies erfolgt durch Zugabe von kleinen Mengen von Produkten, die erhalten werden durch Kondensation von Polyalkylenpolyaminen von hohem Molekulargewicht, die keine OH-Gruppe enthalten, mit Alkylierungsmitteln, die ebenfalls keine OH-Gruppen, jedoch pro Molekül 2 Alkylierungsreste enthalten.

Man erhält z. B. durch Kondensation von Polyäthylenpolyaminen mit β-β'-Dichlordiäthyläther ein wertvolles Hilfsmittel, um Küpen- oder Schwefelfarbstoffe gleichmässig auszufärben.

Die Beständigkeit der Schwefelfarbstofflotten gegen Oxydation lässt sich nach dem Verfahren der *amer. P. 2.130.415/416* (Southern Dyestuff Corp.) durch die Anwendung nahezu gleicher Mengen von Schwefelnatrium und Natriumsulfhydrat (anstatt der üblichen Mischung von Schwefelnatrium und Natriumkarbonat) erhöhen. Die Grundidee dieses Verfahrens verfolgt anscheinend den Zweck, den p_H-Wert der Färbeflotte soweit wie möglich herabzusetzen. Man kann eine solche Mischlösung leicht in der Weise herstellen, dass man das handelsübliche Hydrosulfit in Wasser löst und dann bis zur Erreichung des genannten p_H-Wertes mit Alkali versetzt. Hierdurch sind hochkonzentrierte, klare Schwefelfarbstofflösungen herstellbar, die nicht so luftempfindlich sind.

Die mit Schwefelfarbstoffen gefärbte Ware weist öfters eine Schwächung der mechanischen Eigenschaften der Faser auf. Dieser Übelstand wird durch eine Nachbehandlung in einer Natriumazetatlösung behoben.

Wir bringen hier zum Schluss Beispiele aus der Praxis.

1. Färben mit Hydronblau.

Moleskin für Arbeiterkleider.

Gewicht: 40 kg pro Stück von 100 m.

Das Vorbehandeln, Färben und die Ausfertigung werden auf dem Jigger ausgeführt.

1 Rolle von 2 Stück = 80 kg.

Vorbehandlung:

2 Passagen in einem mit 5 g Biolase + ¼ g Igepal C pro Liter beschicktem Bad. Temp. 70° C. Aufrollen und während 3—4 Stunden liegen lassen.
1 Passage in laufendem Wasser.
2 Passagen in kochendem Wasser.
4 Passagen in einem mit 5 g NaOH 38° Bé pro Liter beschicktem und auf 90° erhitztem Bad.

Die Stücke werden ungewaschen in das Färbebad eingeführt.

Färben: Auf dem Jigger.

170 Liter Wasser auf 70° C erwärmt.
30 „ Stammküpe.
2 Passagen bei 70° C, dann 2 kg Natriumhydrosulfit zusetzen.
3 Passagen kochend, dann wieder ½ kg Natriumhydrosulfit zusetzen und noch
3 Passagen kochend geben.

Spülen.

Entwickeln: 4 Passagen bei 40° C in:

1 Liter Essigsäure
½ „ Wasserstoffsuperoxyd 30%
200 „ Wasser

Spülen. Trocknen.

Stammküpe.

1200 g Hydronblau R
1500 g Schwefelnatrium
500 g Soda kalz.
3 l Natronlauge 38° Bé
150 g Albatex PO (700%)
500 g Laventin HW
30 Liter

2. Beispiel einer Einbad-Schwefelfarbstoffärbung auf dem Jigger.

Die Stücke werden in rohem Zustande trocken in das Färbebad eingeführt.

Färbebad: 200 Liter Wasser von 70° C
½ „ Etingal A
30 „ Stammküpe

Man gibt 2 Passagen bei 70° C, dann werden 6 kg Glaubersalz zugesetzt und noch 4 Passagen gefärbt.

Spülen.

Entwicklung: 3 Passagen bei 40° C in einer Flotte bestehend aus:
1 Liter Essigsäure
1/8 „ Wasserstoffsuperoxyd 30%
200 „ Wasser.
Spülen, trocknen.

Stammküpe:
200 g Immedialbraun BR extra
300 g Immedialcarbon B
1000 g Soda kalz.
1200 g Schwefelnatrium
125 g Albatex PO (700%)
200 g Laventin HW

auf 30 Liter mit Wasser einstellen.

Die Anwendung der Schwefelfarbstoffe auf Wolle[1]).

Die meisten Schwefelfarbstoffe zeigen fast keine Affinität zur Wolle. Eine kleine Anzahl jedoch, insbesondere die Blaumarken, lassen sich ziemiich gut auffärben *(D.R.P. 109.856, 197.165)*.

Das Natriumsulfid übt infolge seiner starken Alkalinität eine sehr schädigende Wirkung auf die Wolle aus, die unter Umständen zu weitgehenden Veränderungen der chemischen und mechanischen Eigenschaften dieser wertvollen Faser führen kann.

Es wurde jedoch festgestellt, dass durch Zusatz von Tannin oder Glukose zum Färbebad die Faserschädigung wesentlich verringert werden kann *(D.R.P. 161.190)*. Andere Substanzen, wie Blut und Natriumbisulfit, sollen ebenfalls einen günstigen Einfluss ausüben *(D.R.P. 224.017)*. Mit Formaldehyd vorbehandelte Wolle ist bedeutend weniger alkaliempfindlich (Kann, *D.R.P. 144.485, 146.845; brit. P. 25.971*, 1906; *amer. P. 904.752* Cassella-Böhler).

In praktischer Hinsicht ist das Färben der Wolle mit Schwefelfarbstoffen von nur geringem Interesse.

Die Anwendung der Schwefelfarbstoffe auf Seide.

Hier wie bei der Wolle ist die Anwendung von Schwefelfarbstoffen von nur ganz geringem Interesse, da die Seide ebenfalls sehr empfindlich ist gegen die Einwirkung von Natriumsulfid. Das Färben mit Schwefelfarbstoffen auf Seide kann nur in Gegenwart von

[1]) Siehe L. Diserens, Neue Verfahren in der Technik der Veredlung der Textilfasern, Bd. I, Kap. II, S. 323, Schutzmittel für die Wolle.

Levinstein, J. Soc. D. and Col. *23*, S. 296; *Brit. P. 3.492*, 1903.

Schutzkolloiden, wie z. B. Leim, vorgenommen werden. Gefärbt wird im Beisein von Natriumlaktat oder -formiat *(D.R.P. 173.685)* oder Glukose *(D.R.P. 161.190)*. Anstatt Natriumsulfid kann auch Ammoniumsulfid *(D.R.P. 138.848)* verwendet werden. Als Zusätze zum Färbebad wurden Natriumbisulfit *(D.R.P. 199.167)* und Diastafor *(D.R.P. 210.883)* empfohlen.

Das Drucken mit Schwefelfarbstoffen[1]).

Die Schwefelfarbstoffe werden, wie schon gesagt, nur selten im direkten Druck verwendet.

In den Jahren 1906—1910, als die Schwefelfarbstoffe Eingang in die Textilindustrie fanden, wurde eine verhältnismässig grosse Anzahl Untersuchungen durchgeführt, um geeignete Schwefelfarbstoff-Druckmethoden zu finden. Diese Arbeiten blieben jedoch ohne nennenswerten praktischen Erfolg. Die Druckfarbe enthält den Farbstoff, ein Verdickungsmittel und ein Reduktionsmittel. Als Reduktionsmittel kann Natriumsulfid nicht verwendet werden, da die Kupferwalzen durch das Natriumsulfid in kurzer Zeit angegriffen und dadurch unbrauchbar werden. Als Reduktionsmittel kommt z. B. Glukose in Frage. Man soll nur spezielle Schwefelfarbstoffe für Druck benutzen, die frei von anorganischen Substanzen, z. B. Polysulfiden usw., sind.

C. Favre (Lehne's, Frb. Ztg. 1912, S. 292, Bull. Mulh. 1911, S. 207) fand eine Druckmethode für Schwefelfarbstoffe durch Verwendung eines Gemisches von Natriumsulfid, Glukose und Formaldehyd als Reduktionsmittel. Dieses Gemisch verhindert den Angriff der Kupferwalzen. Natriumsulfid gibt in wässeriger Lösung mit Formaldehyd einen weissen Niederschlag, der sich jedoch in Anwesenheit von Glukose nicht bildet.

Die Druckpaste von C. Favre besteht aus:

120 g Schwefelfarbstoff
250 g Natriumsulfid
½ l Glukose
¼ l Wasser
¼ l Gummiverdickung
400 g Kaliumhydroxyd

Man löst kochend heiss, lässt bis auf 50° C abkühlen und gibt

50 g Rongalit C und wenn das Gemisch kalt ist,
¼ l Formaldehyd 40%, zu.

Die Reaktion zwischen Natriumsulfid und Formaldehyd wurde von Cassella gefunden *(D.R.P. 164.506* und *168.598)*[2]) für die Herstellung

[1]) Siehe Sedlaczck, Über die Entwicklung der Druckverfahren mit Schwefelfarbstoffen, Frb. Ztg. 1904, S. 309.

[2]) Siehe auch *D.R.P. 198.691* und *franz. P. 373.033.*

von löslichen Farbstoffen verwendet, die nach der Reinigung mit einer Glukoselösung versetzt und im Vakuum zur Trockene eingedampft werden.

Über denselben Gegenstand arbeitete Chartscheff, zuerst in der Firma Voronin, Leningrad, im Jahre 1910 und später zusammen mit Lewit[1]) bei der I.G. Farbenindustrie. Er suchte nach einem geeigneten Reduktionsmittel für den Druck mit Schwefelfarbstoffen, um so das Natriumsulfid ersetzen zu können. Dabei gelangte er zu einem Reaktionsprodukt, welches aus Natriumsulfid und Formaldehyd in Gegenwart von Natriumbisulfit entsteht.

Nach den Angaben der Erfinder soll es möglich sein, selbst nicht gereinigte Schwefelfarbstoffe, d. h. solche, die noch Polysulfide oder Alkalisulfide enthalten, zu drucken, ohne dass die Kupferwalzen angegriffen werden[2]).

Ein unter dem Namen Risus im Jahre 1915 in Deutschland auf den Markt gebrachtes Produkt entspricht einer Mischung von Formaldehyd, Schwefel und Alkali.

Ein anderes Produkt, das von Lewit *(D.R.P. 251.935)* untersucht wurde, setzt sich aus Formaldehyd, Natriumsulfid und Natriumbisulfit zusammen. Das als Rongalit-Ersatz geltende Produkt hatte aber keinen Erfolg.

Die Firma Wacker und Schmitt in Mülhausen hatte dieses Produkt unter dem Namen Sulfosol (siehe Kapitel I, S. 116) in den Handel gebracht.

Man hat auch beständige Verbindungen von Natriumsulfid mit Formaldehyd (*D.R.P. 164.506*, siehe Kap. 1, Seite 116) zu verwenden versucht, und zwar hauptsächlich in russischen Firmen. Es ist möglich, mit gewöhnlichen Farbstoffen zu arbeiten und durch Zugabe von Formaldehyd das vorhandene Schwefelnatrium zu binden (z. B. 20—50 cm^3 Formaldehyd 40%ig pro kg Druckfarbe).

Die Hydronblaumarken werden in manchen Fällen für direkten Druck angewendet, und zwar am besten nach der Vorschrift für schwach alkalische Druckfarben mit verküptem Farbstoff.

Für Druckzwecke wird eine besonders fein verteilte Paste unter der Bezeichnung Hydronblau R oder G Teig 20% für Druck in den Handel gebracht. Der Zusatz von Solutionssalz ist zwecks Erzielung satter Drucke besonders vorteilhaft[3]).

---

[1]) *D.R.P. 251.935;* siehe auch Bull. Mulh. 1932, S. 555; R.G.M.C. 1933, S. 101.

[2]) Siehe Kap. I, S. 115; Chartscheff, Frb. Ztg. 1913, S. 255; *D.R.P. 217.587*, 1907, Weiler-ter-Meer; Baumann, Trithioformaldehyd, Ber. *23*, S. 60 und 1869; Wohl, Ber. *19*, S. 2344.

[3]) Siehe Lichtenstein, Frb. Ztg. 1912, S. 105 und Frb. Ztg. 1913; ferner Öst. W. und L. Ind. 1912, Heft 15, S. 313; Haller, Frb. Ztg. 1914, S. 8 und 26.

Von grosser Bedeutung für den direkten Druck ist besonders das Indocarbon CL fein für Druck der I.G. Farbenindustrie. Dieser Farbstoff fixiert sich leicht durch kurzes Dämpfen und liefert ein sehr tiefes Schwarz, das als indanthrenecht bezeichnet werden kann. (Siehe Adolf Kertess, Mitteilungen über Schwefelschwarz und Indocarbon, Mell. 1927, S. 56).

Nach dem *D.R.P. 682.799* (5. Mai 1935) der I.G.-Farbenindustrie können Störungen im Betrieb, wie sie häufig bei der Verwendung der gewöhnlichen Druckpasten auftreten, vermieden werden, wenn man den Druckpasten Ölsäuresarkosid (N-Oleylmethylaminoessigsäure), also Medialan A, zusetzt.

Medialan A[1]) entspricht der Formel

$$C_{17}H_{35}-C(=O)-N(CH_3)-CH_2-C(=O)ONa$$

Medialan A kann zweckmässig auch zusammen mit Erzeugnissen aus Sulfitzelluloseablauge oder Pyrophosphat verwendet werden.

Es soll hier nochmals das *D.R.P. 628.303*, 1931 der I.G.-Farbenindustrie-Berthold in Erinnerung gebracht werden, welches den Zusatz von Schwefelverbindungen von Anthrachinonderivaten empfiehlt. Laut Patentangaben kommen beispielsweise das Anthrachinon-2-Merkaptan oder das Thiocyananthrachinonylchlorid in Betracht.

Im *brit. P. 378.553*, das dem zuletzt erwähnten D. R. P. entspricht, betont die I.G.-Farbenindustrie, dass sich die Schwefelfarbstoffe besser und in dunkleren Tönen auf der Faser fixieren.

Die I.G. Farbenindustrie beschreibt im *franz. P. 899.944* (eing. am 20. November 1942, veröffentlicht am 14. Juni 1945)[2]) ein Färbe- oder Druckverfahren für Schwefelfarbstoffe unter Verwendung von Merkaptanen oder Disulfiden als Reduktionsmittel. Man bereitet z.B. folgende Druckpaste:

150 g	Hydronblau R Paste
25 g	Glyzerin
25 g	Thiodiglykol
115 g	Wasser
30 g	Soda kalz.
50 g	benzylsulfanilsaures Natrium
80 g	Glykose
25 g	dithiodiglykolsaures Natrium
500 g	Stärke-Tragantverdickung
1000 g	

und erhält im Direktdruck auf Baumwolle ein schönes Blau.

[1]) Siehe L. Diserens, Neue Verfahren in der chemischen Veredlung der Textilfasern, Teil II, Bd. I, S. 296—302; *D.R.P. 635.522; brit. P. 459.039, 461.328, 456.142, 455.310; franz. P. 789.004, 787.819.* Siehe auch dieses Werk, Bd. III, Kap. XV.

[2]) Siehe das entsprechende *D. R. P. 743.566*, 1944, der I. G. Farbenindustrie.

Ein anderes neues Druckverfahren für Schwefelfarbstoffe stammt von Du Pont *(amer. P. 2.335.905)*. Die Druckpasten enthalten Wasser, den in Wasser unlöslichen Schwefelfarbstoff, der jedoch keine —COOH oder —SO_3H-Gruppen enthalten soll, und ein pigmentbindendes Produkt.

Es werden während 1 Stunde

20 T Kasein in
150 T Wasser
5 T Ammoniak konz.
20 T Glyptalharz mit 37% dehydriertem Harzöl (Säurezahl 113),
gemischt, bis sich eine viskose Flüssigkeit bildet, die man dann auf
200 T verdünnt.

Diese Mischung wird mit 100 Teilen aliphatischer Petrolfraktion emulgiert unter Zusatz von

1,5 T Bentonit (Kieselgur, SiO_2).

Man mischt gründlich

40 T dieses Gemisches mit
10 T Sulfogenbordeaux, 20%ige Paste,

druckt und behandelt den bedruckten Stoff während 1 Minute bei 100° C.

Die American Cyanamid Co. empfiehlt im *amer. P. 2.472.052*[1]) zur Druckpaste die Zugabe von aliphatischen Alkylolaminen, die am Stickstoff mindestens ein freies Wasserstoffatom, jedoch höchstens 5 Alkyle aufweisen, wie Monoäthanolamin, Diäthanolamin, 3-Aminopropanol-1 usw. So kann z. B. Schwefelmarineblau CL, in der fünffachen Menge Monoäthanolamin verteilt, bzw. gelöst, durch Kochen in die Leukoform übergeführt werden, ohne dass ein Reduktionsmittel nötig ist.

Die Eklipsolfarbstoffe von der Firma Geigy in Basel sind Schwefelfarbstoffe, die sich ohne Zusatz von Schwefelnatrium auflösen sollen. Sie werden von dieser Firma auch für Druck angeboten und nach folgender Druckvorschrift angewendet

50—60 g Farbstoff
40 g Harnstoff
330 g Wasser
500 g Industriegummi 1:2 mit Wasser
50 g Soda kalz.
20 g Tinopolöl NP
990—1000 g

5 Minuten dämpfen, in 3‰ Wasserstoffsuperoxyd 30% + 5‰ Essigsäure 6° Bé bei 40° C während 5 Minuten entwickeln und seifen. Ein Zusatz von 5 g Hydrosulfit NF pro kg Farbe erhöht die Ausbeute bedeutend. Beim Färben mit diesen Farbstoffen in Gegenwart von Glaubersalz und Soda, genau wie mit einem substantiven Farbstoff,

[1]) Amer. Dyest. Rep. 1949, *38*, S. 765; Mell. 1950, *31*, S. 54.

erzielt man nach dem Entwickeln nur schlechte Resultate. Dagegen wird nach einstündigem Färben bei 40° C durch Zusatz von Natriumhydrosulfit zur Farbflotte und zwanzigminutigem Weiterfärben bei 60° C die Reinheit der Nuancen bedeutend erhöht und dies besonders für Eklipsolblau BG und Eklipsolschwarz T konz.

Ätz- und Reservedruck[1]).

Die Schwefelfarbstoffe eignen sich kaum für den Ätzartikel. Die Chloratätze ist anwendbar. Jedoch ist das Weiss nicht genügend rein, so dass dieser Artikel nur wenig Interesse bietet.

Man verwendet gewöhnlich eine Aluminiumchloratätze (Haller, Chem. Technologie der Baumwolle, S. 327)[2]).

200 g	Britishgum
70 g	Wasser
560 g	chlorsaure Tonerde 25° Bé
150 g	chlorsaures Natrium
20 g	Ferricyankalium
1000 g	

[1]) Literatur über Reserven mit Schwefelfarbstoffen.

BASF	*D.R.P. 246.519:* Verfahren mit Rongalit CL.
Cassella-Bayer	*Franz. P. 311.644,* 1901; *franz. P. 317.145;* R.G.M.C. 1902, S. 294; *D.R.P. 130.628; brit. P. 12.540,* 1901; *franz. P. 387.516; D.R.P. 153.146.*
Baumann und Thesmar	Z. f. Frb. Ind. 1908, S. 125; Frb. Ztg. 1909, S. 320.
Scheunert und Frossard	Bull. Mulh. 1927, S. 163.
Kielbasinsky	Frb. Ztg. 1912, S. 232.
L. Diserens	R.G.M.C. 1918, S. 63; 1917, S. 141, Neues Verfahren für Buntreserven mit Tanninfarbstoffen.
J. Frossard und Mouette	Bull. Mulh. 1924, S. 278. Bull. Mulh. 1938, Sitzungsbericht vom 3. Juni 1938.
Gandourine (1906)	Bull. Mulh. 1928, S. 367.
L. Diserens	R.G.M.C. 1920, S. 114, Buntreserven mit Küpen- und Schwefelfarbstoffen unter Schwefelfarbstoffen.
N. Wossnessensky	Bull. Mulh. 1928, S. 657, Reserven unter Schwefelfarbstoffen.
Cassella	*D.R.P. 223.682,* 1908, Verfahren zur Herstellung von Reserven mittels Kolloiden (Leim). Frb. Ztg. 1908, S. 394.
Kalle	*D.R.P. 210.682.*
Cassella	Frb. Ztg. 1908, S. 126 und 225. Buntreserven mit Chromfarbstoffen.
Scheunert und Frossard	Bull. Mulh. 1925, S. 531. Versiegeltes Schreiben 1907.
Manuf. d'Indiennes Konschin in Serpoukhoff	Bull. Mulh. 1927, S. 163. Weiss- und Buntreserven unter Schwefelfarbstoffen.
H. Fleischer, 1909	Bull. Mulh. 1927, Reserven mit basischen Farbstoffen auf Zinkferrocyanid fixiert. Sitzung des Comité de Chimie vom 2. Februar 1927.

[2]) Erban, Chem. Ztg. 1910, S. 596; Elbers Z. f. Frb. Ind., *3*, S. 99; *brit. P. 16.170,* 1901.

Battegay[1]) von der Firma Heilmann in Mülhausen verwendete ein Ätzverfahren mit Hydrosulfit und Glyzerin.

Das *D.R.P. 246.519*, B.A.S.F. empfiehlt folgendes Verfahren: Man pflatscht die mit Schwefelfarbstoff gefärbte Ware in einer wässerigen Lösung von 150 g pro Liter des Natriumsalzes der Dimethylphenylbenzylammoniumchloriddisulfosäure (also Leukotrop W) und druckt eine Rongalit CL-Ätze auf.

70 g	Zinkoxyd
70 g	Glyzerin
40 g	Anthrachinon
100 g	Rongalit CL
115 g	Leukotrop W
150 g	Wasser
455 g	alkalische Verdickung
1000 g	

Es wird 5—6 Minuten gedämpft und durch eine kochende 1%ige Silikatlösung genommen.

Praktisch hat man Weiss- und Bunteffekte unter Schwefelfarbstoffen nur durch Reserven erhalten können. Dieser Artikel hat in Russland einen aussergewöhnlichen Erfolg erzielt, wo die meisten der Manufakturen sich dieses Verfahrens seit 1908 bedienten, um den Ätzartikel auf substantiven Färbungen zu ersetzen. (Manufakturen Prochoroff und Zündel in Moskau, Morosoff in Twer, Konschin in Serpoukhoff, Kouwaieff in Iwanowo-Wosnessensk).

Im Jahre 1901 fand Cassella, dass gewisse Metallsalze die Fixierung der Schwefelfarbstoffe örtlich verhindern[2]). Praktisch wurde das Verfahren in den Manufakturen Hübner, Zündel und Prochoroff in Moskau ausgeübt[3]), welche 1906 eine sehr schöne Ausmusterung von Weiss- und Buntreserven auf Schwefelfärbungen herausbrachten.

Druckfarbe. — Im *franz. P. 311.644* empfiehlt Cassella als Reservierungsmittel Zinksulfat mit Gummi verdickt. Für Gelbeffekte verwendet man Bleisalze.

Bayer hingegen *(franz. P. 317.145)* nennt allgemein Metallsalze als Reservierungsmittel. Das Alkali des Färbebades bildet das entsprechende Metallhydroxyd auf der Faser, welches das Eindringen des Farbstoffs verhindert; z. B. bedruckt man den Stoff mit einer Reserve, die Aluminiumsulfat, China-clay und Gummi arabicum enthält, trocknet und färbt im Schwefelfarbstoffbad. Im *D.R.P. 130.628* benützt die Firma Cassella als Reservierungsmittel Zinkchlorid. Für Buntreserven fügt man der Zinkchlorid enthaltenden Reserve Diazo-

---

[1]) Battegay, Chem. Ztg. 1907, Rep. S. 56; Frb. Ztg. 1904, S. 85.

[2]) *Franz. P. 311.644,* 1901; *D.R.P. 130.628; franz. P. 317.145; brit. P. 12.540* und *21.172,* 1901; R.G.M.C. 1902, S. 23 und 294; *D.R.P. 153.142* und *franz. P. 387.516, 311.644* ($ZnSO_4$); Frb. Ztg. 1909, S. 301; 1908, S. 422.

[3]) Baumann und Thesmar, Z. f. Frb. Ind. 1908, S. 123; Scheunert und Frossard, Bull. Mulh. 1927, S. 163.

verbindungen des p-Nitranilins, Nitrotoluidins usw. zu, die man auf naphtolierte Ware druckt. Auch Chromfarbstoffe lassen sich verwenden.

In der Praxis hat es sich gezeigt, dass die besten Resultate mit Zinkchlorid als Reservierungsmittel für Schwefelfarbstoffe erzielt werden. Zinkazetat oder -rhodanid eignen sich für helle Färbungen oder für das Pflatschverfahren. Aluminium-, Kupfer-, Mangan- und Chromsalze reservieren nicht vollständig; sie lassen sich jedoch für Halbreserven verwenden. So gibt z. B. Chromazetat mit Tragant verdickt eine Halbreserve. Als Verdickungsmittel ist Senegalgummi empfehlenswert, da er bereits schon allein eine mechanische Halbreserve bildet. Durch Zusätze von Kaolin und Zinkoxyd kann der Reserveeffekt beträchtlich erhöht werden.

Andere Reservemittel, die von mehreren Firmen vorgeschlagen wurden, wie Milchsäure, Leim[1]), aromatische Verbindungen (Ludigol B.A.S.F., Serodit M.L.B., Reservesalz Kalle = ortho- oder metanitrotoluolsulfosaures Natrium) oder Natriumsalze der Nitronaphtol- und Anthrazensulfonsäuren haben keine für die Praxis genügende Resultate gegeben.

Die Druckfarbe enthält Zinkchlorid als Reservierungsmittel von ausgezeichneter Wirkung, als Verdickung indischen oder Senegalgummi, welche Sorten schon an sich als eine Art von mechanischen Halbreserven anzusehen sind.

Weiss-Reserve A (Manufaktur Morosoff).

250 g	Senegalgummiverdickung
500 g	Zinkchlorid 42° Bé
100 g	Kaolin
20 g	Rapsöl
130 g	Gummiverdickung
1000 g	

Reserve B (B.A.S.F.)

300 g	Gummiverdickung
450 g	Manganchlorid
50 g	Ludigol
200 g	Aluminiumhydroxyd (gelée d'alumine, siehe Kap. V).
1000 g	

Reserve C.

325 g	Gummiverdickung
150 g	Pfeifenerde 1:1
500 g	Manganchlorid
25 g	Kaliumbichromat
1000 g	

[1]) Cassella *D.R.P. 223.682*, 1908; Kalle, *D.R.P. 210.682* weist hauptsächlich auf Reserven unter Thioindigorot hin. Dieses Verfahren eignet sich aber nicht für Schwefelfarbstoffe. Das gleiche gilt auch für das *D.R.P. 250.084*, B.A.S.F. Reserven mit Leim: Frb. Ztg. 1910, S. 334.

Der bedruckte und in der Mansarde getrocknete Stoff wird bei 40—50° C durch das Färbebad genommen. Man benützt einen Dreiwalzen-Foulard mit Abquetschvorrichtung, dessen Chassisinhalt 50—60 Liter beträgt. Die Dauer der Passage beträgt 6—7 Sekunden. Für dunkle Färbungen verwendet man eine Kufe von 250 Liter Inhalt bei einer Färbedauer von 10—12 Sekunden. Um den Stoff vor dem Schaum des Färbebades zu schützen, lässt man ihn durch den Spalt zweier Leisten eintreten. Nach dem Abquetschen erfolgt eine Luftpassage von 10—15 Sekunden, indem man den Stoff durch ein Walzensystem führt.

Man hat nach dem Foulardieren ein kurzes Dämpfen vorgeschlagen, indem man den Stoff nach dem Foulard einen kleinen Dampfkasten passieren lässt. Der Farbton wird dabei etwas verstärkt, der Reserveeffekt jedoch ist kaum besser.

Das Färbebad.

Es sind zwei Färbeverfahren möglich. Das erste beruht auf der Anwendung von Natriumsulfid als Reduktions- und Alkalimittel, während im zweiten das Sulfid durch Glukose ersetzt wird. Die Verwendung von Glukose ist beschränkt, da sich viele Schwierigkeiten beim Färben ergeben, obwohl der Weisseffekt besser ist. Das Glukose enthaltende Bad erschöpft sich sehr rasch. Dies lässt sich auf folgende Weise erklären: das Zinkchlorid löst sich im alkalischen Bad und das dabei entstehende Natriumzinkat fällt den im Bad enthaltenen Farbstoff. Verwendet man jedoch Natriumsulfid, so bildet sich ein unlösliches Zinksulfid, welches auf der Faser bleibt und das Eindringen des Farbstoffes in die Reserve verhindert.

Das Glukoseverfahren ergibt bessere Weissreserven, da das Natriumzinkat, das Zinkoxyd und -chlorid, die sich auf dem zu färbenden Material befinden, beim Waschen in Lösung gehen und den reduzierten Farbstoff ausfällen, so dass die reservierten Stellen nicht mehr angefärbt werden können. Durch Zugabe von Glyzerin (100—150 g/l) wird das Natriumzinkat unlöslich, wodurch die Erschöpfung des Glukosebades verzögert wird. Dies bringt jedoch eine Erhöhung der Selbstkosten mit sich.

Natriumsulfidbad.

500 g Immedialcarbon BN
400 g Natriumsulfid 65%
1 l Alizarinrotöl

Auflösen und auf 50 Liter stellen.

Glukosebad.

500 g Immedialcarbon BN
4 l Natronlauge 22° Bé
4 kg Glukose
8 l Glyzerin

Bei 70° C auflösen und auf 50 Liter stellen.

Nach dem Drucken und Trocknen wird die Ware während 6—7 Sekunden auf einem Dreiwalzenfoulard (Inhalt des Chassis 50 bis 60 Liter) durch das 40—50° C warme Färbebad genommen. Dann quetscht man ab, gibt eine Luftpassage, säuert ab und wäscht in kaltem Wasser.

Die Ausfertigung.

Um einen guten Weisseffekt zu erhalten, ist es wichtig, nach dem Färben die Ware rasch und wirksam zu waschen. Daher wird der Stoff anschliessend an den Foulard kontinuierlich durch einen Waschapparat genommen. Jegliches Liegenlassen der Ware an der Luft vor der Ausfertigung ist schädlich.

Die Wascheinrichtung besteht aus 4—5 Einheiten, die mit guten Schlagvorrichtungen versehen sind. In der ersten Wascheinheit hat man vorzugsweise ein schwaches Säurebad oder 3—5 g/l H_2O_2. Dadurch wird der vom Stoff mitgenommene und nicht fixierte Farbstoff, der sonst das Weiss anschmutzen könnte, entfernt. In den anderen Wascheinheiten wird der Stoff gründlich mit Wasser gewaschen, abgesäuert und gespült. Für das Weiss allein kann in Strangform gearbeitet werden. Ein Seifen ist im allgemeinen nicht nötig.

Baumann und Thesmar (Z. f. Frb. Ind. 1908, S. 123, Frb. Ztg. 1909, S. 320, Fischer's Berichte 1908, S. 469) haben Bäder mit Natriumsulfid und Natriumhydrosulfit oder mit Glukose und Natronlauge verwendet.

Die Wirkung der Reserven kann bedeutend erhöht werden, indem man auf der Faser unlösliche Salze ausfällt, z. B. setzt man dem Färbebad Kaliumkarbonat oder Kaliumferrocyanid in Mengen von 25—30 g pro Liter zu. An den bedruckten Stellen bildet sich eine unlösliche Membran von Zinkkarbonat bzw. -ferrocyanid, das sich dem Eindringen des Färbebades widersetzt (siehe Kielbasinsky, Frb. Ztg. 1912, S. 232).

L. Diserens (1917) hat ausgezeichnete Resultate erzielt, indem er der Druckfarbe Aluminiumsalze und dem Färbebad Sulfoleate, Rizinate oder Oleinseife zusetzte. Das auf der Faser niedergeschlagene ölsaure Aluminium wirkt wasserabstossend und verhütet infolgedessen das Eindringen der Färbeflotte. Nach diesem Verfahren erhält man Weissreserven, die durch ihre grosse Reinheit ausgezeichnet sind.

Buntilluminieren der Reserven.

Buntreserven kann man mit unlöslichen, auf der Faser erzeugten Azofarbstoffen, mit Küpen-, Schwefel-, Chrombeizen- oder mit Tanninfarbstoffen herstellen. Im ersten Fall druckt man die verdickte Diazolösung und Zinkchlorid auf die naphtolierte Ware (Aubert, Bull.

Mulh. 1909, S. 476, Kielbasinsky, Frb. Ztg., 1912, S. 233), dann dämpft man 2 Minuten, färbt aus und macht wie gewöhnlich fertig.

Rot-Reserve.

180 g Diazolösung des p-Nitro-o-anisidins
30 g Zinkweiss
50 g Kaolin
400 g Zinkchlorid 56° Bé
300 g Senegalgummi
40 g Natriumazetat

1000 g

Bister-Reserve.

350 g Kaolin-Tragantverdickung
80 g Senegalgummi
250 g Zinkchlorid krist.
300 g Diazobenzidinlösung
40 g Natriumazetat

1020 g

Diazolösung von	p-Nitro-o-anisidin	Benzidin
p-Nitro-o-anisidin	16 g	—
Benzidin	—	20 g
Salzsäure	—	63,5 g
Schwefelsäure 52° Bé	22 g	—
Wasser und Eis	100 g	100 g
Natriumnitritlösung 40%	10 g	43,5 g
Wasser und Eis	52 g	73 g
	200 g	300 g

Man druckt auf naphtolierten Stoff, dämpft 2 Minuten, färbt und behandelt wie für die Weissreserve. Der Reserve wird jedoch Natriumbisulfit zugesetzt, um das Anschmutzen des Weiss zu vermeiden.

Durch Verwendung von m-Nitranilin, Chloranisidin, Nitrotoluidin oder m-Nitro-o-anisidin erhält man Orangereserven, während α-Naphtylamin Grenatreserve gibt. Nach dieser Methode lassen sich sehr schöne Orange- und Rot-Effekte in Verbindung mit Weissreserven auf Grün-, Braun- oder Grau-Fond erhalten.

Man glaubte sogar, dadurch eine Möglichkeit zur Ersetzung des Indigoätzartikels gefunden zu haben, dass man Weiss- oder Rotreserven unter Schwefelfarbstoffen (Immedialreinblau) herstellte. Leider lassen sich jedoch diese Farbstoffe nur sehr schwer reservieren, und deshalb lässt die Qualität des Weiss sehr zu wünschen übrig.

Interessant sind Bisterreserven, die von einigen russischen Manufakturen in Inwanowo-Wosnessensk besonders im ersten Weltkriege ausgeführt wurden. Der Stoff wird mit Katechu statt mit β-Naphtol geklotzt. Die Reserve enthält dann Zinkchlorid und diazotiertes α-Naphtylamin.

Man hat auch Ätzreserven vorgeschlagen, die mit Schwefelfarbstoffen ausgezeichnete Weissreserven ergeben und den Azofarbstoff der Rotreserve zerstören[1]). Man gelangt so zu Weisseffekten, die über dem Fond und der Rotreserve liegen. Man druckt auf naphtolierte Ware die Weissreserve, die Hydrosulfit NF enthält, trocknet, druckt die Rotreserve auf, dämpft 4 Minuten im Schnelldämpfer und pflatscht mit der Schwefelfarbstofflösung. Kielbasinsky nennt einen ähnlichen Artikel auf mit β-Oxynaphtoesäure (Smp. 216° C) präpariertem Stoff. Nach Hoepker erhält man gleiche Effekte mit Reservesalz von Öhler (Phenylhydrazinsulfosäure) und Manganchlorür. Durch Zugabe von Kaliumsulfit und Zinkoxyd zur Zinkchloridreserve lassen sich ähnliche Resultate auf Anilinschwarzüberdrucke erzielen.

Ätz-Reserve.

400 g	Zinkchlorid
200 g	Hydrosulfit NF konz.
90 g	Kaliumsulfit
30 g	Zinkoxyd
280 g	Senegalgummiverdickung
1000 g	

Buntreserven mit basischen Farbstoffen.

Buntreserven mit basischen Farbstoffen wurden ebenfalls in Russland (Manufaktur Prochoroff und Manufaktur E. Zündel in Moskau, Konschin in Serpoukhoff und Kouwaieff in Iwanowo-Wosnessensk) im grossen Maßstabe ausgeführt. Hier besteht die Schwierigkeit, in derselben Farbe den basischen Farbstoff, Tannin und Chlorzink zu vereinigen.

Im kleinen Ratgeber für die Druckerei der Firma Cassella ist eine Methode angegeben, nach welcher man diese drei Produkte ohne weiteres zusammen verwenden kann. Dies entspricht aber nicht den Tatsachen. Dieses Problem konnte erst 1917 gelöst werden durch Zugabe von Resorzin oder Glykolsäure, die das Zinktannat in Lösung bringen. Vorher wurden zwei andere Methoden angewendet. Die eine beruht auf der Fixierung des basischen Farbstoffes mit Zinkferrocyanid, während bei der zweiten Methode Tannin bereits vorher auf den Stoff gebracht wird.

a) Zinkferrocyanidverfahren.

Der Stoff wird mit 50 g/l Kaliumferrocyanid geklotzt. Um die Bildung von Berlinerblau zu verhindern, setzt man der Lösung Kaliumsulfit zu. Man druckt die Reserve C auf, dämpft 4 Minuten, färbt und

[1]) Siehe Kielbasinsky's Vortrag am I.V.C.C.-Kongress 1912 in Wien, Frb. Ztg., 1912, S. 233.

beendet im breiten Zustande, um ein Abflecken der Ware möglichst zu vermeiden.

Reserve C.

30 g	Rhodamin 6 G extra
100 g	Azetin
70 g	Wasser
400 g	Senegalgummi 1:1
350 g	Zinkchlorid 56° Bé
50 g	Kaolin
1000 g	

Die Farbtöne, die man so erhält, sind sehr lebhaft, doch ist die Licht- und Waschechtheit ungenügend. Eine Verbesserung der Echtheit wird nach Fleischer (Bull. Mulh. 1928, S. 125) durch Zusatz von Zinkwolframat und Weinsäure erzielt. Es sollen sich hierbei Faserangriffe ergeben (eine Abänderung, nämlich Unterbringung des Wolframats in die Ferrocyanidlösung, wäre naheliegender).

b) Tanninmethode.

Der Stoff wird mit 30—40 g/l Tannin geklotzt. Dann druckt man die Reserve T auf, die Chlorzink, Brechweinstein und den basischen Farbstoff enthält.

Reserve T

30 g	basischer Farbstoff
100 g	Azetin
50 g	Glyzerin
350 g	Zinkchlorid 56° Bé
380 g	Senegalgummi 1:1
30 g	Brechweinstein
60 g	Wasser
1000 g	

Nach dem Trocknen dämpft man 7 Minuten im Schnelldämpfer, färbt auf dem Foulard mit dem Schwefelfarbstoff, wäscht, säuert ab, seift in Breitform, wäscht und trocknet.

Nach dieser Methode, die gute Resultate ergab, wurde bis 1917 gearbeitet. Die nach diesem Verfahren erzielten Weisseffekte sind leider durch eine teilweise Oxydation des Tannins schwach gelb angefärbt.

c) Resorzinverfahren von L. Diserens[1]).

Diese Methode empfiehlt sich durch den niedrigen Gestehungspreis gegenüber den erstgenannten Verfahren und durch die einfache Ausführung. In Bezug auf die Reinheit, Echtheit und Lebhaftigkeit ist diese Illuminationsart bedeutend besser als die beiden erstgenannten. Sie beruht auf der Eigenschaft, dass verschiedene aromatische Ab-

[1]) R.G.M.C. 1918, Nr. 258, S. 63.

kömmlinge, z. B. Phenol, Resorzin, wie auch einige aliphatische Säuren, die eine Alkoholgruppe enthalten, z. B. Glykolsäure, das Ausfällen des Zinktannats verhindern. So ist es möglich, dass die Druckfarbe in Anwesenheit von Resorzin gleichzeitig den Farbstoff, Tannin und Chlorzink enthalten kann. Dadurch wird ein Präparieren des Stoffes mit Tannin überflüssig. Die basischen Farbstoffe sind mit Tannin fixiert und flecken nicht ab. Zudem ist der Weisseffekt sehr rein.

Man druckt auf mercerisierten Stoff folgende Reserve:

30 g	basischer Farbstoff
50 g	Glyzerin
150 g	Resorzin 1:1 oder Glykolsäure 1:3
280 g	Senegalgummiverdickung
300 g	Zinkchlorid krist.
50 g	Kaolin
120 g	Tannin mit Essigsäure 1:1
20 g	Rapsöl
1000 g	

Nach dem Drucken wird 7 Minuten im Schnelldämpfer gedämpft und durch das warme Färbebad genommen. Es bildet sich dabei auf der Faser ein Lack des basischen Farbstoffs mit dem Zinktannat, dessen Licht- und Seifenechtheit dem Tannin-Brechweinsteinlack kaum unterlegen ist. Die Ausfertigung kann ohne Gefahr eines Abfleckens in Strangform ausgeführt werden. Man muss jedoch nach dem Absäuern sofort seifen, waschen und trocknen.

J. Frossard und Mouette[1]) von der Firma Konschine in Serpoukhoff (Russland) versuchten Buntreserven mit basischen Farbstoffen unter Schwefelfarbstofffärbungen zu erzeugen nach dem Verfahren von Camille Favre (Beyer, Revue Textile, 1922, S. 925). Sie benützen das Resorzin in Form eines Kondensationsproduktes mit Formaldehyd als Fixierungsmittel für basische Farbstoffe.

Nach dem Trocknen wird 4 Minuten gedämpft, im Schwefelfarbstoffbad geklotzt, gewaschen, gesäuert und getrocknet. Diese Bunteffekte sind sehr waschecht, doch werden die Farbtöne am Licht nach einiger Zeit bräunlich.

d) Buntilluminierung mit Beizenfarbstoffen.

Diese Effekte sind schwer auszuführen, da die Beizenfarbstoffe in Anwesenheit von Zinkchlorid sich schlecht fixieren lassen.

Cassella[2]) nennt einige Chromfarbstoffe, die sich gut fixieren lassen: Chromviolett M, Chromblau F, Anthrazengelb BN. In der Praxis können folgende Farbstoffe verwendet werden:

---

[1]) Bull. Mulh. 1924, S. 278; Bull. Mulh. 1938, Sitzungsbericht des Comité de Chimie vom 3. Juni 1938; siehe auch Gandourine, Bull. Mulh. 1928, S. 367.

[2]) Frb. Ztg. 1908, S. 126 und 225; Zirkular 1908.

Chromazurol S (Geigy) ein sehr lebhaftes Blau, gut waschecht, jedoch sehr schlecht lichtecht
Modernviolett
Kreuzbeeren
Chromazurin G oder Gallophenin D
Chromechtgelb RRD
Viridin FE (Höchst) auf Eisen- und Nickelbeizen

Blaureserve.

40 g	Chromazurol S
80 g	Zinkoxyd
60 g	Wasser
400 g	Zinkchlorid 56° Bé
150 g	Chromazetat 20° Bé
270 g	Tragantverdickung
1000 g	

Man druckt, trocknet, dämpft 7 Minuten im Schnelldämpfer und klotzt im Schwefelfarbstoffbad. Die Ausfertigung wird wegen der Gefahr des Abfleckens in Breitform ausgeführt. Nach dem Waschen wird sofort getrocknet.

e) Buntreserven mit Schwefel- und Küpenfarbstoffen.

Gewisse echte Artikel verlangen eine Reserve mit besserer Wasch- und Lichtechtheit, als sie sich durch basische Farbstoffe erzielen lassen. Daher wurden sowohl wegen ihrer guten Echtheiten als auch ihrer Lebhaftigkeit hiefür oft Küpenfarbstoffe mit Erfolg angewendet.

Um Buntreserven mit Schwefel- oder Küpenfarbstoffen unter Schwefelfärbungen zu erhalten, wurden mehrere Verfahren angegeben[1]). Es ist unumgänglich den Illuminationsfarbstoff vor dem Klotzen der Ware auf der Faser zu fixieren. Zugleich müssen auf dem zu färbenden Material Substanzen vorhanden sein, die den Farbstoff des Färbebades ausfällen und ein Eindringen des Farbstoffes an den reservierten Stellen verhindern.

L. Diserens bringt daselbst eine Anzahl Vorschriften zur Herstellung von Reserven und empfiehlt einen Zusatz von Eisensulfat oder Zinksalzen beim Drucken auf mit Soda präpariertem Gewebe.

Man unterscheidet zwei Verfahren:

1. Das Eisensulfatverfahren (für Reserven unter Klotzfärbungen und Überdruckfarben).
2. Zink- und Mangansalzverfahren (Chlorzink, Zinkhydrosulfit).

Das erste Verfahren beruht auf folgendem Prinzip: das zur Bindung des Küpenfarbstoffs nötige Alkali wird zuerst auf den Stoff

[1]) L. Diserens, R.G.M.C. 1920, Nr. 284, S. 114; N. Wosnessensky, Bull. Mulh. 1928, S. 657.

gebracht. Die Buntreserve enthält den Küpenfarbstoff, Hydrosulfit und eine Substanz, die den Schwefelfarbstoff reserviert, aber die Fixierung des Küpenfarbstoffes nicht verhindert, z. B. Eisensulfat.

In Berührung mit dem Färbebad, das den Schwefelfarbstoff, Glukose und Natronlauge enthält, bildet sich Eisenhydroxyd, das das Eindringen des Schwefelfarbstoffes des Färbebades durch die Reserven verhindert. Nach dem Foulardieren wird gedämpft, um den Illuminationsfarbstoff zu fixieren.

Man geht folgendermassen vor: der Stoff wird mit 100 g Soda und 20 g Glyzerin pro Liter präpariert. Man druckt die Reserve auf und pflatscht mit verdicktem Schwefelfarbstoffbad. Dann wird getrocknet, im Schnelldämpfer während 4 Minuten gedämpft, während 30 Sekunden im Wasserstoffsuperoxydbad behandelt, gewaschen, gesäuert, gewaschen, geseift, gespült und getrocknet.

Reserve.

100—150 g	Küpenfarbstoff Teig
460—410 g	Dextrinverdickung
250 g	Rongalit C, 35%ige Lösung
70 g	Eisensulfat
120 g	Kaolin
1000 g	

Zinksalz-Verfahren. Die Druckpaste enthält Chlorzink als Reservemittel, den Küpenfarbstoff, Alkali und Hydrosulfit. Man kann das Chlorzink der Druckfarbe beigeben, da die Reduktion des Küpenfarbstoffes erst beim Dämpfen erfolgt. Zuerst bildet sich eine labile Verbindung zwischen dem sich in sehr feiner Suspension in der Druckpaste befindenden Küpenfarbstoff und der Faser. Der Illuminationsfarbstoff wird beim Dämpfen reduziert und während der Passage im alkalischen Färbebad vollständig fixiert.

Man druckt z. B. folgende Reserve:

150 g	Cibablau 2B 20%
250 g	Rongalit C 35%
250 g	Britishgumverdickung 35%
250 g	Zinkchlorid
100 g	Natronlauge 38° Bé
1000 g	

Nach dem Drucken wird getrocknet, zweimal im Schnelldämpfer während 4 Minuten gedämpft und gefärbt.

Das Färben der mit Weissreserve sowie Buntreserve bedruckten Ware erfolgt wie üblich durch eine Passage auf dem Foulard.

Das Färbebad enthält z. B.

10—60 g Schwefelfarbstoff
30—90 g Schwefelnatrium krist.
20 g Soda kalz. und
2 g Türkischrotöl in heissem Wasser gelöst

Auf 1 Liter eingestellt

oder

40 g Immedialschwarz BN
40 g Natriumsulfid
10 g Natronlauge 38^{0} Bé
40 g Türkischrotöl

Auf 1 Liter eingestellt.

Die Ausfertigung wird wie gewöhnlich ausgeführt.

Nach diesem Verfahren lassen sich auch Buntreserven mit Schwefelfarbstoffen unter Färbungen von Schwefelfarbstoffen erzielen. Man wählt gewisse blaue Schwefelfarbstoffe, die sich mit Chlorzink nicht reservieren lassen, wie das Schwefelblau der Agfa.

Name	Erzeugerfirma	Zusammensetzung
Medialan A Medialan A Pulver Medialan AL	I. G. I. G. I. G.	Natriumsalz des Oleylsarkosids oder der N-Oleylmethylaminoessigsäure $C_{17}H_{35}{-}C({=}O){-}N(CH_3){-}CH_2{-}C({=}O){-}ONa$ Beständig gegen hartes Wasser, gute Säurebeständigkeit. AL = Medialan A + Lösungsmittel.
Trilon A Celon C	I. G., 1938 S.P.C.S., Bezons	Natriumsalz der Nitriloessigsäure oder das aminotrimethylkarbonsaure Natrium. $N{\equiv}(CH_2{-}COONa)_3$
Trilon B Celon E	I. G., 1938 S.P.C.S., Bezons	Natriumsalz der Äthylendiamintetramethylkarbonsäure. $(NaOOC{-}CH_2)_2N{-}C_2H_4{-}N(CH_2{-}COONa)_2$ Weisses, in Wasser sehr leicht lösliches Pulver.

Literatur	Verwendungsgebiete
Mell. 1937, S. 296. Nüsslein, Mell. 1937, S. 248. *D.R.P. 635.522; brit. P. 459.039 461.328, 456.142, 455.310; franz. P. 789.004.* Siehe: Die neuesten Fortschritte in der Anwendung der Farbstoffe, II. Aufl., Kap. I und Neue Verfahren in der Technik der Veredlung der Textilfasern, Kap. II, Tabellen.	Reinigungs- und Dispergiermittel. Zusatz beim Färben mit Schwefelfarbstoffen. Waschmittel für die Ausfertigung der Küpendrucke.
Brit. P. 474.518; schweiz. P. 190.986; franz. P. 811.938. Chwala, Textilhilfsmittel, S. 81, I. Aufl. Schultz, Farbstofftabellen, II. Ergz.band, II, S. 295. Hasse, Mell. 1937, S. 456. Metzger u. Röhling, Mell. 1937, S. 644; D.F.Z. 1937, S. 583 und 1938, S. 141.	Wasserenthärtungsmittel. In den Gebrauchswässern enthaltene Ca-, Mg-, Fe-Salze werden durch Trilon, A oder B, unschädlich gemacht. Auf 1 Liter Wasser sind für 1° DH 0,12 g Trilon A, bzw. 0,16 g Trilon B erforderlich. Nach *D.R.P. 743.992* (1944) I.G. zum Färben von Schwefelfarbstoffen.

III. KAPITEL.

Indigosole[1]).

Die Indigosole, deren Entdeckung Marcel Bader (1921) zu verdanken ist, sind wasserlösliche Salze der Schwefelsäureester der indigoiden oder anthrachinoiden Leukoküpenfarbstoffe[2]).

Der erste Vertreter dieser wichtigen Farbstoffklasse, den Marcel Bader herstellte, war das Natriumsalz des Dischwefelsäureesters des Leukoindigos selbst:

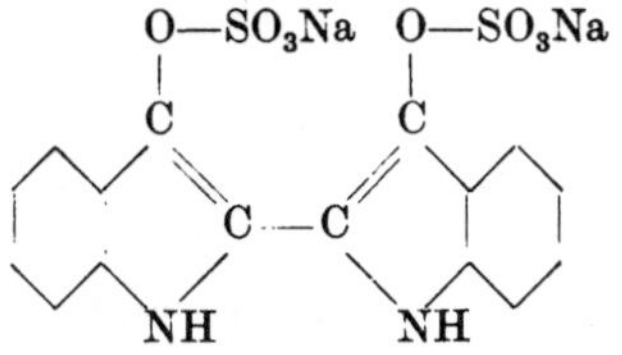

$O—SO_3Na$ $O—SO_3Na$
C C
C—C
NH NH

Die Darstellung gelang nach der Methode von A. Verley (Bull. Soc. Chim. France 1901, *25*, S. 46) durch Esterifizierung der entsprechenden Phenole mittels Chlorsulfonsäure in Gegenwart von Pyridin. Die Erfindung von Marcel Bader wurde durch die Patente: *franz. P. 551.666, 571.246; D.R.P. 397.823, 418.487, 424.981; amer. P. 1.448.251* geschützt.

Das Verfahren beruht auf der Reaktionsfähigkeit des Pyridinschwefeltrioxyds

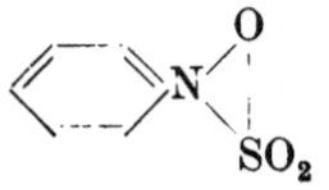

O
N
SO_2

(erhalten aus Chlorsulfonsäure und Pyridin) auf den Leukoindigo.

---

[1]) M. Bader, Dérivés de l'Indigo, Chimie et Industrie 1924, S. 449; Ch. Vaucher und M. Bader, L'Indigosol en teinture et impression, Chimie et Industrie 1924, S. 455; M. Bader, Chimie et Coloristique des Indigosols, Vortrag gehalten in Basel am 2. Mai 1937 vor der Schweizer Sektion des I.V.C.C., Bull. Föd. 1937, Sept., S. 169; Th.Voltz, Vortrag an der Höheren Chemieschule in Mülhausen im Jahre 1933 (Jahrbuch 1933); Caberti, Les Indigosols, R.G.M.C. 1934, S. 185; Torinus, Druckverfahren für Indigosole, Mell. 1935, *16*, S. 327; Friedländer, Mell. 1925, S. 916; Mell. 1926, Augustheft S. 696 und Sept. S. 781; Rittner und Gmelin, Mell. 1927, S. 530; G. Martin, Rev. Chim. Ind. 1934, Monographie, Bd. 2; Bell, Z. f. ang. Chem. 1924, S. 670; Schreiner, Mell. 1924, S. 670; Tagliani, Mell. 1925, S. 107; Hans Luttringhaus, Application of Leucoesters of Vat Dyestuffs to wool, Amer. Dyest. Rep. 1949, *38*, S. 173; Fritz Mayer, Chemie der organischen Farbstoffe, Bd. I, S. 228/229, Verlag J. Springer, 1934; Durand & Huguenin, S.A., Basel, Die Indigosole, II. Auflage, 1. Teil; H. B. Bradley, J. Soc. D. and Col., 1940, *56*, S. 97.

[2]) Diese Farbstoffklasse wurde später ergänzt und gegenwärtig befinden sich Indigosolfarbstoffe im Handel, welche sich nicht mehr von Küpenfarbstoffen ableiten, z. B. Indigosolrot AB, Anthrasolgoldorange IGG und Anthrasoldruckgelb I3G.

Es bildet sich dabei das Pyridiniumsalz des Dischwefelsäureesters des Leukoindigos, den man in das Natriumsalz überführt.

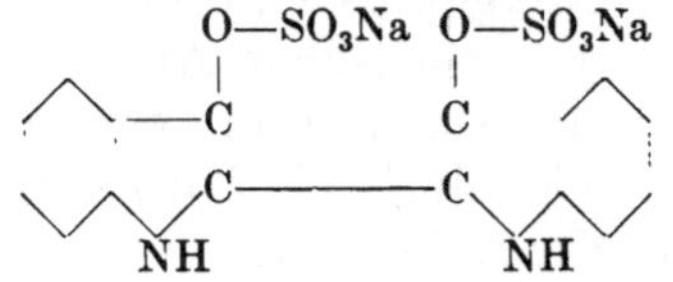

```
            O—SO₃Na O—SO₃Na
              |       |
   /\ —C       C  /\
               
  \/\/C———————C\/\/
      NH        NH
```

Das ursprüngliche Verfahren hat in der Folge verschiedene Modifikationen durchgemacht.

Eine Reihe verwandter Farbstoffe wurde einige Jahre später (1924) von der Scottish Dyes Co. Ltd. unter dem Namen Soledonfarbstoffe in den Handel gebracht. (*D.R.P. 563.958*, Frdl. *18*, I. S. 1513; *brit. P. 258.626;* Chem. Ztg. 1928, II, S. 1826; *brit. P. 277.398;* Chem. Ztg. 1928, I., S. 760.) Es sind dies ebenfalls Estersalze der indigoiden oder anthrachinoiden Küpenfarbstoffe, die man auf einem anderen und einigermassen einfacheren Wege erhält, da man hier die Isolierung der Leukoderivate umgeht. Der Pulverfarbstoff wird in einer tertiären Base, z. B. Pyridin, suspendiert und unter kräftigem Rühren ein Metall (Cu, Zn, Fe, Al usw.) in Pulverform zugesetzt. Unter Abkühlung wird die Chlorsulfonsäure eingetragen und darauf auf 50—60° C erwärmt. Wie im ursprünglichen Verfahren verdünnt man dann, neutralisiert und lässt auskristallisieren[1]).

Die Firma Durand & Huguenin A.G. übernahm die Patente von Marcel Bader, übertrug sie in die Fabrikation und schuf in gemeinsamer Arbeit mit der I.G. Farbenindustrie eine ausserordentlich reiche Farbenskala von indigoiden und anthrachinoiden Abkömmlingen dieser Gruppe[2]).

Es mag sein, dass die Ausarbeitung der Indigosole, so wie sie heute vorliegen, sowohl hinsichtlich der Erzeugung als hinsichtlich der Anwendung eine unendliche Arbeitsleistung erforderte und da-

[1]) Die Verfahren der Scottish Dyes Co. Ltd. wurden von Durand & Huguenin, Inhaberin der ersten Patente, angefochten. Es konnte jedoch eine Einigung zustande kommen, da die Imp. Chem. Ind., welche die Scottish Dyes Co. Ltd. übernahmen, verschiedene Verfahren für die Herstellung gewisser Indigosolfarbstoffe, insbesondere von Indigosolblau IBC, ausarbeiteten, die im Assortiment von Durand & Huguenin fehlten. Hieraus kann man folgern, dass die unter dem Sammelnamen Soledone im Handel befindlichen Farbstoffe mit den Indigosolen von Durand & Huguenin chemisch identisch sind.

[2]) Patente, welche die Herstellung der Indigosole betreffen: *D.R.P. 410.972, 418.487, 424.981, 428.241, 430.548, 431.250, 431.501, 433.146, 433.736, 435.787, 436.176, 441.371, 465.971, 474.036, 481.549; brit. P. 186.057, 202.630, 202.632, 203.681, 212.546, 218.649, 220.964, 231.189, 234.829, 237.295, 260.303, 267.952; amer. P. 1.575.958, 1.639.206, 1.646.925, 1.668.392.*

Handelsnamen: Indigosole von Durand & Huguenin; Soledone der Imp. Chem. Ind.; Anthrasole der I.G. Farbenindustrie; Tinosole von Geigy; Cibantine der Ciba; Sandozole von Sandoz; Solasole von Francolor; Algosole der G.D.C.; Calco Soluble Vat von Calco; Solvat der N.A.C.; Pontosole von Du Pont.

durch die Einführung in die Praxis erheblich verzögerte; aber unleugbar hat diese bedeutende Arbeit ihrem Erfinder und der Herstellerfirma durch das Endergebnis eine entsprechende Genugtuung geboten. In jahrelanger systematischer Arbeit wurde diese Aufgabe in wissenschaftlicher, praktischer und wirtschaftlicher Beziehung vollkommen gelöst. Dank der Vielfältigkeit der Anwendungsmöglichkeiten und der Vereinfachung der Verfahren konnten die Indigosole in eine grosse Zahl der modernen Fabrikationsartikel Eingang finden. Zusammen mit den unlöslichen Azofarbstoffen bieten sie dem Chemiker-Koloristen für die Musterung eine reichhaltige Auswahl farbenschöner Töne, die sich durch die einfache Anwendungsweise auszeichnen und deren Preis die gesetzten Grenzen nicht überschreitet.

Der unbestreitbare Erfolg dieser Farbstoffgruppe liegt in den mannigfaltigen Verwendungsmöglichkeiten. Im Direktdruck werden sie neben den Rapidogenen und als Ergänzung der hier fehlenden Nuancen gebraucht, im Reservedruck gestatten sie die Herstellung echter Erzeugnisse (Reserven unter Anilinschwarz und Variaminblau), in der Färberei konnte man Ergebnisse erzielen, die bis dahin geradezu für unerreichbar gehalten wurden, wie die Reservierung der Indigosolfärbungen durch Küpenfarbstoffdrucke, also Küpenfarbstoffe unter Küpenfärbungen, und endlich ergab sich auf dem Gebiete der Färberei die Möglichkeit der raschen Herstellung lichter, glatter, gut durchfärbender Töne im Gegensatz zu normalen Küpenfärbungen, die hier immer besondere Schwierigkeiten bereitet hatten.

Das sind kurz die vielen Gebiete, auf denen sich die Indigosole eingeführt haben, und zwar mit solchem Erfolg, dass eine ernsthafte Konkurrenz durch andere Farbstoffgruppen kaum denkbar ist.

Ähnlich wie dies bei den Rapidogenen ausgeführt wird, versuchte man auch nach dem Bekanntwerden der Indigosole neue Verfahren zur Herstellung von Farbstoffen dieser Klasse aufzufinden. doch scheinen diese Forschungen mit Ausnahme der Soledone zu keinem Erfolg geführt zu haben. Hier ist es immerhin wichtig, eine neue Gruppe löslich gemachter Küpenfarbstoffe zu erwähnen, die man durch die Reaktion indigoider oder anthrachinoider Küpenfarbstoffe mit m-Sulfobenzoesäurechlorid erhält und die der Formel

$$R-\left[-CO-C_6H_4-SO_3H\right]$$

entsprechen; unter R ist der Farbstoffrest zu verstehen. Im Gegensatz zu den Indigosolen, die durch Oxydation in saurem Milieu den ursprünglichen Farbstoff wieder entstehen lassen, werden die genannten Benzoyl-m-sulfonate durch alkalische Oxydation entwickelt (*amer. P. 1.903.870* und *1.903.871* der I.G.-Mieg-Huendenreich).

Einzelne Küpenfarbstoffe, speziell das Indanthron und das Flavanthren, bieten grosse Schwierigkeiten bei der Herstellung des Schwefelsäureesters, und bis zum Jahre 1927 war es beispielsweise nicht möglich, das dem Indanthrenblau BC entsprechende Indigosol darzustellen. Im Jahre 1932 kam dann das Indigosolblau IBC auf den Markt, ein Kaliumtetrasulfat, das vom 3,3'-Dichlordianthrahydrochinonazin abgeleitet wird. (*D.R.P. 470.809*, *476.811*, *579.327*, *580.013*, *580.534*, *584.718* der I.G. und *D.R.P. 547.083* und *574.190* der Scot. Dyes Ltd.). Es entspricht der Formel

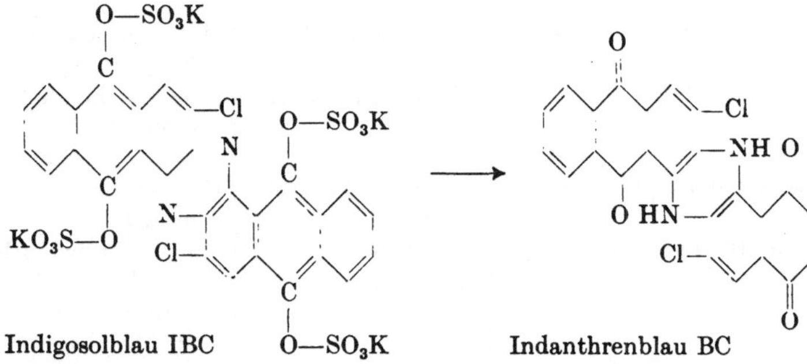

Indigosolblau IBC → Indanthrenblau BC

und wird durch Oxydation des Kalium- oder Natriumdisulfats des 3-Amino-2-chloranthrachinons erhalten (Bader, Bull. Föd. Sept. 1937).

Mit Hilfe des oben genannten Indigosols konnte man Drucke von Indanthrenblau BC herstellen, die bisher nach den gewöhnlichen Verfahren nicht zu erhalten waren, weshalb man bis dahin auf die Anwendung dieses Farbstoffes verzichten musste.

Speziell bei den Indigosolen der anthrachinoiden Reihe wurde die Beobachtung gemacht, dass wohl die Teige, denen man entsprechende Mengen von Alkalikarbonat zugesetzt hatte, verhältnismässig beständig waren, während die durch Trocknung und Vermahlen dargestellten Pulver sich langsam an der Luft zersetzen.

Das *amer. P. 2.122.113* (Durand & Huguenin-Ratti) schreibt nun vor, dass man die alkalischen Farbstoffteige mit Glukose, Melasse, Harnstoff oder Sulfitablauge versetzen soll und sodann erst im Vakuum trocknet und vermahlt. In diesem Fall weisen die Pulver eine genügende Luftbeständigkeit auf.

Die Indigosolgruppe umfasst derzeit ungefähr dreissig Typen, die hier in Form einer Tabelle aufgeführt werden sollen (vgl. Bull. Föd. 1937, Sept. und Durand & Huguenin: Die Indigosole I, S. 199, 2. Ausgabe). Die Anordnung ist hier so getroffen, dass die Indigosole in 5 Klassen gemäss ihrer Affinität zur Zellulose eingeteilt sind. Die oberste Klasse zeigt die geringste, die unterste die grösste Affinität.

Substantivität gegen Zellulose[1])	Indigosolmarke	Oxydierbarkeit	entspricht	Konstitution
I. sehr gering	Gelb V	leicht		
	Gelb R	leicht		
	Gelb GC	schwer	Cibanongelb GC Anthragelb GC	1, 2, 5, 6-Anthrachinon-C-diphenyldithiazol
	Gelb HCG	schwer	Cibagelb CG Helindongelb CG	p,p′-Dichloranilido-benzochinon
	Rosa IR extra	schwer	Indanthrenbrillant-rosa R extra Cibabrillantrosa R	Halogenierter Thio-indigo: 6,6′-Dichlor-4,4′-dimethyl-2, 2′-bisthio-naphtenindigo (Herz)
	Brillantrosa I 3B	schwer	Indanthrenbrillant-rosa 3B	Dimethyltrichlorthio-indigo
	Blau IBC[2])	leicht	Indanthrenblau BC Cibanonblau GF	3, 3′-Dichlorindanthron. Das Indigosol ist das Kaliumtetrasulfat des Dichlor-dianthra-dihydrochinonazins.
	Blau IRS		Indanthrenblau RS	Indanthron, N-Dihydro-1, 2-2′, 1′-anthra-chinonazin
	Indigosol O	leicht	Indigo	Bis-indol-2, 2′-indigo
	OR	leicht	Indigo R Indigo Ciba R	5-Monobromindigo + 5, 5-Dibromindigo
	Druckblau IGG	leicht	Indanthrendruck-blau GG	Subst. Naphtalinindol-indigo
II. gering	Brillantorange IRK	leicht	Cibanonbrillant-orange RK Indanthrenbrillant-orange RK	Dibromanthanthron
	Scharlach IB	leicht	Indanthren-scharlach B Cibascharlach B	6-Methoxy-4′-methyl-6′-chlorthioindigo
	Scharlach HB	schwer	Helindonecht-scharlach B	Mischung von Rosa IR und Orange HR

[1]) Siehe P. Ruggli, Substantivität der Indigosole, Helv. Chim. Acta 1940, *23*, S. 689.

[2]) Zu bemerken wäre, dass der Diester dieses Farbstoffes eine ausgesprochene Affinität zu pflanzlichen Fasern besitzt (siehe weiter unten das Essigsäureverfahren, S. 465).

Substantivität gegen Zellulose[1])	Indigosolmarke	Oxydierbarkeit	entspricht	Konstitution
II. gering	Rot IFBB	leicht	Cibanonrot FBB Indanthrenrot FBB	1-Amino-2-anthrachinonyl-2',3'-anthrachinonoxazol
	Brillantrosa I5B	schwer		
	Bordeaux I2RN	leicht	Cibabordeaux 2RN	Dimethoxyanthanthron
	Rotviolett IRH	schwer	Cibarot 3BN Indanthrenrotviolett RH (vorm. Helindonrot 3B)	5,5'-Dichlor-7,7'-dimethylthioindigo
	Orange HR	leicht	Cibaorange R Helindonorange R Algolorange RF Helianorange RF	6,6'-Diäthoxythioindigo
III. mittel	Goldgelb IGK	leicht	Cibanongoldgelb GK Indanthrengoldgelb GK	3,4,8,9-Dibenzpyrenchinon (5, 10)
	Goldorange I2R	leicht	Cibanongoldorange 2R	Halogen. Pyranthron
	Rot AB	leicht		Azoindigosol
	Rot I2B	schwer	Cibanonbrillantrosa 2BG	
	DruckviolettIRR	leicht	Indanthrendruckviolett RR	Chlormethyl-2'-thionaphten-2-dichlorindolindigo
	Braun IRRD	leicht	Cibabraun G Indanthrendruckbraun RRD	Dibenzthioindigo
IV. gross	Goldgelb IRK	leicht	Cibanongoldgelb RK Indanthrengoldgelb RK	Dibromderivat der Marke Indigosolgoldgelb, goldgelb IGK
	Purpur IR	leicht	Cibaviolett 6R Indanthrendruckpurpur R	5,6-Benzo-7-chlor-2,2'-thioindigo
	Violett IRRF	leicht		
	Druckviolett IBBF	schwer	Indanthrenviolett BBF vorm. Hydronviolett BBF	Halogenierter Oxythionaphtenindolindigo

[1]) Siehe P. Ruggli, Substantivität der Indigosole, Helv. chim. acta 1940, *23*, S. 689.

Substantivität gegen Zellulose[1])	Indigosolmarke	Oxidierbarkeit	entspricht	Konstitution
IV. gross	Brillantviolett I4R	leicht	Indanthrenbrillantviolett 4R	Dichlorisodibenzanthron
	Grün AB	schwer	Alizarinindigogrün B Algolgrün AB	Halogen. Naphthalinindolindigo
	Olivgrün IB	leicht	Cibanonoliv 2B Indanthrenolivgrün B	Benzanthronylaminoanthrachinonderivat
	Braun IBR	leicht	Indanthrenbraun BR Cibanonbraun BR	1,4-Anthrachinondikarbazol
	Braun I3B	leicht	Cibanonbraun 3B	Anthrachinonkarbazolderivat
V. sehr gross	04B	schwer	Cibablau 2B Indigo 4B	Tetrabromindigo
	06B	schwer	Indigo 6B	Hexabromindigo
	Grün IB	leicht	Cibanonbrillantgrün BF Indanthrenbrillantgrün B Solanthrenbrillantgrün B Caledon Jade Green B und XNS	Dimethoxydibenzanthron
	Grün IGG	leicht	Indanthrenbrillantgrün GG	Bromderivat des vorstehenden
	Grau IBL	leicht	Cibaschwarz BL Indanthrendruckschwarz BL Küpendruckschwarz BL	Benzoxythionaphtenindolindigo

[1]) Siehe P. Ruggli, Substantivität der Indigosole, Helv. chim. Acta 1940, *23*, S. 689.

Das hauptsächlichste Kennzeichen der Indigosole ist deren Fähigkeit, rasch den ursprünglichen Farbstoff wieder zu bilden. Diese Rückbildung vollzieht sich nahezu quantitativ in sauren Oxydationsflotten. Der ganze Prozess besteht demnach in einer Hydrolyse und einer Oxydation, während man es bei der Umwandlung des Leukoküpenfarbstoffes in den Küpenfarbstoff nur mit einer Oxydation zu tun hat.

Nach dem *franz. P. 898.527* von Durand & Huguenin kann die Oxydation nicht nur im neutralen, sondern auch im deutlich alkalischen Medium ausgeführt werden (s. S. 439).

Laut diesem Patent werden die Ferricyanide der Alkalimetalle als Oxydationsmittel in alkalischem oder neutralem Medium vorgeschlagen.

Schematisch kann die aus dem Indigosol erfolgende Rückbildung des Farbstoffes wie folgt ausgedrückt werden:

$$
\begin{array}{l}
\quad \rangle C{-}O{-}SO_3Na \\
{-}C \diagup\!\!\diagup \\
\quad | \\
{-}C \diagdown\!\!\diagdown \\
\quad \rangle C{-}O{-}SO_3Na
\end{array}
\xrightarrow{+\,O + H_2O}
\begin{array}{l}
\quad \rangle C{=}O \\
{-}C \diagup \\
\quad \vdots \\
{-}C \diagdown \\
\quad \rangle C{=}O
\end{array}
+ 2\,NaHSO_4
$$

Die thioindigoiden Indigosole lassen sich am schwierigsten oxydieren. Als Oxydationsmittel verwendet man Chromsäure, salpetrige Säure, Aluminium-, Natrium-, Ammoniumchlorat, Eisenchlorid sowie auch Kupfer- oder Eisensalze organischer Säuren.

Der Erfolg der Indigosolfarbstoffe liegt zweifellos in der Mannigfaltigkeit ihrer Anwendungsgebiete. Das Hauptverwendungsgebiet war zuerst die Druckerei, wo ihr Erscheinen die Schöpfung einer grossen Zahl neuer Artikel gestattete, und zwar sowohl im Direkt- als auch im Reserve- und Ätzdruck. Ohne Schwierigkeit kann man sie neben den Rapidogenen, den Rapidechtfarbstoffen, den Coprantinfarbstoffen (Ciba) oder den Cuprofixfarbstoffen (Sandoz), den Beizenfarbstoffen, den Küpenfarbstoffen und den diazotierten Basen auf mit Naphtol präparierter Ware gebrauchen. Die Indigosolreserven unter Anilinschwarz und Variaminblau haben unter diesen neuen Ausführungen in der Praxis einen sehr bedeutenden Erfolg gebracht.

Auch in der Färberei hat die Verbreitung der Indigosole in der letzten Zeit wesentlich zugenommen; dies ist auf die Vereinfachung in der Fabrikation und auf die Herausgabe echter Marken zurückzuführen. Gegenüber der Anwendung der gewöhnlichen Küpenfärbungen bieten sie den Vorteil einer besseren Durchfärbung und einer hervorragenden Egalisierung, besonders dann, wenn man es mit dicht geschlagenen und schwer durchzufärbenden Geweben zu tun hat.

Die Indigosole werden aus preislichen Gründen hauptsächlich nur in hellen Tönen gefärbt. Durch die Einführung der Sulfogruppe in das Küpenfarbstoffmolekül wird der Farbstoff wohl wasserlöslich, aber in fast allen Fällen wird seine Substantivität vermindert, so dass die meisten Indigosole im Vergleich zu den entsprechenden Leukoverbindungen eine wesentlich geringere Affinität aufweisen.

Druckverfahren für Indigosole.

Die Indigosole werden im Rouleaudruck, ferner auch im Relief-Film-, Hand- und Spritzdruck angewandt.

Das Drucken der Indigosole bietet im grossen und ganzen keine Schwierigkeiten. Als Vorteile sind dabei die Umgehung des Verküpungsprozesses mit allen seinen Unregelmässigkeiten und (in gewissen Fällen) der Wegfall des Dämpfens anzusehen, welches, wie früher begründet, im Küpendruck zu erheblichen Unterschieden im Ausfall Anlass geben kann.

Die beste Ausbeute im Druck der Indigosole gibt im wesentlichen die Stärke-Tragantverdickung; für Kunstseidengewebe wurden auch Dextrinverdickungen oder Gemische von Tragant-Dextrin empfohlen.

Während des Krieges 1939—1945 sind auch andere Verdickungsmittel, an Stelle der durch die Kriegsereignisse fehlenden Tragant- und Mais- oder Weizenstärkeverdickungen, verwendet worden. Besonders zu erwähnen wäre die Maisstärke + Tragu S der Diamalt A.G. München. Erstere kann durch Kartoffelmehl ersetzt werden. Die Mais- oder die Kartoffelmehlstärke + Colloresin V extra bzw. Colloresin MB sowie die Solvitexverdickung (Scholten) haben sich ebenfalls für die Rapidogene und die Indigosole vorzüglich bewährt.

Verbesserung der Löslichkeit der Indigosole.

Die meisten Indigosole (mit Ausnahme des Indigosolbraun IRRD, das dem Cibabraun G entspricht, des Indanthrenbrillantorange IRK, des Indigosolrotviolett IRH sowie des Indigosolrosa IR) sind leicht löslich. Im allgemeinen wird die Ausgiebigkeit der Farben durch besondere Lösungsmittel erhöht. Nach dem *brit. P. 298.088* von Durand & Huguenin, auch *D.R.P. 504.076*, sind zum Lösen der Indigosole das Glykol und dessen Derivate (Monoäthylglykol, Diäthylenglykol, die Äther des letzteren, das Thiodiäthylenglykol) geeignet. Die erhaltenen Töne sind tiefer und gleichmässiger (*brit. P. 427.058*, Durand & Huguenin; Mell. 1935, S. 327, Wengraf's Ber. 1935, Juniheft).

Eine gleiche Verbesserung des Ausfalls erzielt man gemäss dem *franz. P. 769.171* und *D.R.P. 601.860* (Durand & Huguenin) durch Zusatz von Harnstoff, gewisser Alkohole (im Patent wird der Furfurylalkohol genannt, aber man kann ebensogut Glykolderivate nehmen) und eines Phenols zur Druckfarbe.

Handelsprodukte, die besonders zum Lösen der Indigosole empfohlen werden, sind:

Dehapan OF . . . . Durand & Huguenin
Dehapan GB . . . . Durand & Huguenin
Glyecin A . . . . I. G. Farbenindustrie
Durit O . . . . C.C.C.C.
Lyogen TG . . . . Sandoz
Lyoprint G . . . . Ciba
Débésolvol IND . . . . Lab. Zundel, Joliet & Cie.

Schon der Harnstoff an sich verbessert bei einem Grossteil der Indigosole, insbesondere beim Indigosolbraun IRRD und beim Indigosolgrau IBL (*amer. P. 2.029.351*) die Farbstärke. Dasselbe gilt vom benzylsulfanilsauren Natrium; hier erläutert das *brit. P. 421.606* und *amer. P. 2.029.351* (Imp. Chem. Ind.) die sehr bemerkenswerte Wirksamkeit des dibenzylsulfanilsauren Natriums (Zusatz 50 g pro kg), welches die Löslichkeit und die Ausbeute verbessert. Das Handelsprodukt, das den Namen Solution Salt SV[1]) führt, ist ein monobenzylsulfanilsaures Natrium, das ungefähr 2% des Dibenzylderivats enthält (Wengraf's Ber. 1935, Märzheft). Die Formel des letzteren ist:

CH_2
N
CH_2
SO_3Na

Ein anderes ähnliches Verfahren wurde von der I.G. Farbenindustrie in ihrem *brit. P. 428.701* und *franz. P. 764.012* geschützt; es ist dadurch gekennzeichnet, dass der Druckfarbe aliphatische oder heterozyklische Derivate substituierter Stickstoffbasen wie der Trioxyäthyläther des Triäthanolamins oder das Reaktionsprodukt des Äthylenoxyds mit dem Pyridin beigegeben werden, zu dem Zwecke, die Löslichkeit gewisser Indigosole zu erleichtern und dadurch ihre Ausgiebigkeit zu erhöhen.

Laut *amer. P. 1.954.702*; *D.R.P. 571.596; schweiz. P. 153.487* (Du Pont) und *brit. Pat. 422.549; franz. P. 754.235* (Durand & Huguenin) sind die Triäthanolaminsalze bestimmter Indigosole leichter löslich als die entsprechenden Natriumsalze, und daher werden sie besonders für den Druck empfohlen. Sie werden durch Behandlung der schwerlöslichen Pyridinsalze der Schwefelsäureester der Leukoküpenfarbstoffe mit Triäthanolamin hergestellt. Andererseits hat man auch feststellen können, dass ein Zusatz von ca. 20 g Triäthanolamin

---

[1]) *Brit. P. 27.742*, 1908; *öst. P. 33.611.*

pro kg Druckfarbe bei der Anteigung eine günstige Wirkung ausübt. An dieser Stelle wäre noch das *brit. P. 401.137* (Durand & Huguenin) zu nennen, laut welcher Publikation anstatt der Natriumsalze die entsprechenden Lithiumsalze zu treten haben.

Durand & Huguenin A.G. empfiehlt im *franz. P. 889.228* (angem. am 1. Mai 1942, erteilt am 27. September 1943, veröffentlicht am 4. Januar 1944, schweiz. Prior. 5. Mai 1941) zum Färben und Drucken von Indigosolfarbstoffen eine Druckpaste, die neben den Schwefelsäureestern der Leukoverbindungen von Küpenfarbstoffen (Indigosole) wasserlösliche Verbindungen von primären, sekundären, tertiären oder quaternären organischen Basen und mit den Enolestern nicht salzbildende Dispergierungsmittel enthält.

Beispiel: Man stellt eine Druckfarbe wie folgt her:

Man löst 40 T.	Natriumsalz des Schwefelsäureesters des Leukodibromanthanthrons (Indanthrenbrillantorange RK) mit einem Gehalt von 50% Küpenfarbstoff durch Erhitzen mit
300 T.	Wasser
20 T.	N-Methylpyridiniummethylsulfat
100 T.	Harnstoff
500 T.	Verdickung
	Man lässt erkalten und fügt unter Rühren
30 T.	einer 30%igen Lösung von Natriumnitrit
10 T.	Ammoniak 22%ig zu
1000 T.	

Auf diese Art erhält man eine Druckfarbe, in welcher der Farbstoff in äusserst feiner Verteilung vorliegt. Man druckt diese Farbe auf Baumwollgewebe und erhält egale und lebhafte rotorange-gefärbte Drucke.

Das *franz. P. 866.935* vom 31. August 1940 von Durand & Huguenin schützt ein Druckverfahren für schwerlösliche Indigosole, dadurch gekennzeichnet, dass die Druckfarben Salze von Oxyalkylaminen mit starken anorganischen Säuren enthalten. Später beobachtete dieselbe Firma laut *franz. P. 894.243* (ert. am 13. März 1944, veröfftl. am 18. Dezember 1944)[1]), dass man ganz allgemein Salze stickstoffhaltiger primärer, sekundärer oder tertiärer Basen mit mindestens einer die Wasserlöslichkeit fördernden Hydroxylgruppe (Triäthanolamin, Diäthylaminoäthanol usw.) mit organischen Säuren ohne veresterte Karboxylgruppen (Milchsäure, Weinsäure, Oxalsäure, Benzoesäure, Phtalsäure usw.) gebrauchen kann.

Das *schweiz. P. 219.632* (eing. am 22. August 1940, ert. am 28. Februar 1942) von Durand & Huguenin entspricht dem *franz. P.*

[1]) Siehe gleichfalls das *amer. P. 2.302.753* und das *brit. P. 605.696* von Durand & Huguenin (J. Soc. D. and Col. 1948, S. 418), Anwendung von stickstoffhaltigen Basen mit einem Gehalt an löslichmachenden Gruppen wie z. B. p-Dimethylanilinsulfonat oder das Oxalat des Trioxyäthyläthers des Triäthanolamins.

894.243 und erwähnt vorerst die Unbrauchbarkeit der schlecht löslichen Natriumsalze gewisser Indigosole für den Druck, betont dann aber, dass durch Zusätze von Salzen der Oxyalkylamine mit anorganischen oder organischen Säuren gut druckbare Farben erhalten werden. Genannt sind die Oxyalkylamine als solche wie das Diäthanolamin, das Triäthanolamin sowie das Kondensationsprodukt des Äthylenoxydes mit dem Triäthanolamin.

Die Verwendung der Oxyalkylaminsalze der Indigosole in Teigform kann dadurch umgangen werden, dass diese durch leicht lösliche und für den Druck gut geeignete Alkalimetallsalze in Pulverform ersetzt werden.

Die neue Form des Farbstoffes ist leicht erhältlich durch Mischen der Ester der Leukoderivate mit einem Oxyalkylaminsalz.

Folgendes Beispiel erläutere das Patent:

60 T.	Natriumsalz eines Esters der Leukoverbindung eines Küpenfarbstoffes werden in
170 T.	Wasser
40 T.	Harnstoff
20 T.	Phenol
80 T.	einer wässerigen Lösung des Sulfates des Trioxyäthyläthers des Triäthanolamins
500 T.	neutrale Stärke-Tragantverdickung heiss gelöst;
	nach dem Erkalten werden
50 T.	einer 33%igen Natriumchloratlösung
60 T.	einer 50%igen Ammoniumrhodanidlösung
10 T.	einer 1%igen Ammoniumvanadatlösung
10 T.	Ammoniak 20% zugefügt.
1000 T.	

Verschiedene Patente, namentlich das *brit. P. 583.413*, das *amer. P. 2.372.370*, die *schweiz. P. 226.219* (eing. am 2. April 1941, ert. am 31. März 1943) und *230.620* (eing. am 21. Februar 1943, ert. am 15. Januar 1944); *brit. P. 605.314; amer. P. 2.388.285* und *2.431.708* von Durand & Huguenin haben die Herstellung von Produkten für Druck und Färbung zum Gegenstand, die ein Indigosol und eine quaternäre Ammoniumbase mit einem Gehalt an aliphatischen oder aliphato-aromatischen Gruppen enthalten (z. B. das Methylsulfat des Methyltriäthanolammoniums, das Additionsprodukt von einem Mol Dimethylsulfat und einem Mol des Trioxyäthyläthers des Triäthanolamins oder auch Derivate des Betains, wie das Trimethylbenzylammoniumsulfobetain).

Auf diese Art können die Oxyalkylaminsalze der Indigosole ausschaltet werden.

Das *franz. P. 894.243* (Durand & Huguenin, eing. am 20. Oktober 1942, ert. am 13. März 1944, veröfftl. am 18. Dezember 1944, schweiz.

Prior. 27. Oktober 1941) sowie das *schweiz. P. 225.706* (eing. am 27. Februar 1941, veröfftl. am 15. Februar 1943)[1]) haben zum Gegenstand ein Druckverfahren für schwerlösliche Indigosole, dadurch gekennzeichnet, dass man Druckpasten verwendet, welche Salze von Oxyalkylaminen mit mindestens einer Hydroxylgruppe mit organischen Säuren enthalten, die keine veresterten COOH-Gruppen haben (aliphatische Karbonsäuren von niedrigem oder hohem Mol.-Gew., z. B. Milchsäure, Weinsäure, Bernsteinsäure usw.).

Man stellt beispielsweise eine Druckfarbe wie folgt her:

60 T. Natriumsalz des Schwefelsäureleukoesters von 3,4,8,9-Dibenzpyrenchinon mit einem Gehalt von 30% Küpenfarbstoff werden unter Erhitzen mit
350 T. Wasser
40 T. Laktat des Trioxyäthyläthers des Triäthanolamins
500 T. neutrale Stärke-Tragantverdickung gelöst.
Nach dem Erkalten fügt man unter Rühren
30 T. einer 30%igen Natriumnitritlösung
20 T. einer 10%igen Natriumkarbonatlösung zu.

1000 T.

Man erhält eine goldgelbe Druckpaste, mit der sich kräftige, lebhafte und egale Drucke erzielen lassen. Die Entwicklung geht wie gewöhnlich bei 60° C in einem Bad von 20 g/l Schwefelsäure 66° Bé vor sich; nachher wird luftgetrocknet, gewaschen und geseift.

Eine neue Zubereitung von Indigosolen für Färbung und Druck wird im *franz. P. 891.021* (eing. 28. März 1942, ert. am 29. November 1943, veröfftl. am 24. Februar 1944, schweiz. Prior. 2. April 1941 und 21. Februar 1942) und im *brit. P. 583.413* von Durand & Huguenin beschrieben. Diese Präparate enthalten einerseits Schwefelsäureester von Leukoderivaten der Küpenfarbstoffe (Indigosole) und anderseits Amide (Harnstoff, Thioharnstoff) sowie quaternäre und ternäre Oniumverbindungen, welche mindestens eine löslichmachende Gruppe (quaternäre Ammonium-, Phosphonium-, oder ternäre Sulfoniumbasen) enthalten[2]).

Man stellt beispielsweise folgende Druckfarbe her:

80 T. Kaliumsalz des Schwefelsäureesters des Leuko-2,2'-Dibenzdimethoxydibenzanthrons (Caledon Jade Green), enthaltend 25% Küpenfarbstoff, werden heiss gelöst mit
350 T. Wasser
20 T. Oxyäthyläther des Oxyäthylpyridiniumchlorids
500 T. neutrale Stärke-Tragantverdickung.

Nach dem Erkalten werden zugesetzt:

30 T. einer 30%igen Natriumnitritlösung
20 T. einer 10%igen Natriumkarbonatlösung

1000 T.

---

[1]) Siehe weiter oben S. 416 *franz. P. 866.935*, in welchem ebenfalls Salze des Triäthanolamins verwendet werden.

[2]) Siehe S. 417 entsprechendes Patent: *schweiz. P. 226.219* von Durand & Huguenin.

Man erhält auf diese Art eine Farbe, die im Druck auf Baumwollgewebe ein kräftiges Grün gibt.

Die *schweiz. P. 223.765* (eing. am 20. Februar 1940, ert. am 15. Oktober 1942); *amer. P. 2.389.245; franz. P. 877.107; brit. P. 557.478* von Sandoz, beschreiben ein Verfahren zur Verhinderung vorzeitiger Dissoziation der Indigosole und demzufolge zur Erzeugung von tieferen Drucken im Dämpfprozess.

Es ist bereits früher vorgeschlagen worden, die Menge der säureabspaltenden Produkte (NH_4CNS, Diäthyltartrat) und der Oxydationsmittel herabzusetzen, was eine Verlängerung der Dämpfdauer (45—60 Min.) bedingt.

Eine eindeutige Verbesserung wurde dadurch erreicht, dass der Druckfarbe organische Basen (Mono-, Di-, Triäthanolamine) zugesetzt wurden.

Beispiel:		
	80 g	Indigosolgrün IB
	100 g	Dehapan O (*D.R.P. 601.860*)
	200 g	heisses Wasser
	500—480 g	neutrale Stärke-Tragantverdickung
	50 g	25%ige Natriumchloratlösung
	10 g	Ammoniumvanadatlösung
	40 g	Diäthyltartrat
	20—40 g	organische Base (Monoäthanolamin, Diäthylmonoäthanolamin)
	1000 g	

Die Dämpfdauer schwankt je nach der verwendeten Base zwischen 10 und 30 Minuten. Nach dem Aufdruck wird getrocknet, 10—30 Minuten gedämpft, gewaschen und geseift.

Im *amer. P. 2.437.554* (Amer. Dyest. Rep. 1949, S. 475) von Durand & Huguenin wird an die verschiedene Löslichkeit der Leukoestersalze von Küpenfarbstoffen erinnert. Der Schwefelsäurerest —SO_4H— vermittelt im allgemeinen eine gute Löslichkeit, aber gleichwohl sind in vielen Fällen die Alkalisalze gewisser Dischwefelsäureester schwer löslich.

Wie bereits früher erwähnt, wurden gewisse Hilfsprodukte empfohlen, um die Gleichmässigkeit der Dispersion zu verbessern, z. B. Glyecin A (Thiodiäthylenglykol), Äthylenglykol, benzylsulfanilsaures Natrium (Solutionssalz) usw.; dennoch werden durch Zusatz dieser Produkte nicht in allen Fällen gute Resultate erzielt. Dagegen wurde gefunden, dass Betaine oder Sulfobetaine eine noch bessere Wirkung haben. Die Anwendung des Betains und seiner Derivate zur Herstellung von Farbstoffteigen sowie als Zusätze zu Druckfarben ist bei Küpenfarbstoffen bereits bekannt. So wurden von der I.G. Farbenindustrie eine gewisse Anzahl von Patenten genommen (*brit. P. 420.095, 446.269, 446.337, 446.488; amer. P. 1.989.784, 2.146.646; franz. P. 795.683; öster. P. 145.504, 145.505; D.R.P. 651.733* siehe Kap. I, S. 76 und 143).

Die *amer. P. 2.432.041; brit. P. 583.413; franz. P. 889.228; schweiz. P. 235.027* (Durand & Huguenin) beschreiben die Anwendung von Betainen und Sulfobetainen[1]) als Hilfsmittel für Indigosole. Das Patent erwähnt folgendes Beispiel:

40 T. Indigosol
50 T. Harnstoff
50 T. Sulfobetain der Dimethylphenylbenzylammoniumsulfosäure
860 T. andere allgemein übliche Bestandteile, wie Verdickungen, Natriumnitrit
1000 T.

Die Entwicklung erfolgt wie üblich.

Gemäss dem *brit. P. 605.457* von Durand & Huguenin neigen einige Indigosolfarbstoffe zum Auskristallisieren in der Druckpaste, wodurch der Druckeffekt beeinträchtigt wird.

Es wurde nun gefunden, dass dieser Nachteil vermieden werden kann, wenn gewisse salzbildende Oniumverbindungen mitverwendet werden. Als Oniumverbindungen kommen solche quaternäre Ammonium-, bzw. Phosphonium- oder tertiäre Sulfoniumverbindungen in Frage, welche zum mindesten eine nicht ionogen gebundene, löslich machende Gruppe, wie z. B. eine Hydroxyl-, Karboxyl- oder Sulfogruppe, enthalten.

Die Wirkung dieser Produkte ist selektiv, so dass je nach dem verwendeten Indigosolfarbstoff ein peralkyliertes Triäthanolaminsulfonat oder ein Pyridinium- oder Diäthylanilinderivat verwendet wird.

Auf Grund der vorerwähnten Patente hat die Firma Durand & Huguenin im Jahre 1944[2]) eine neue Indigosolfarbstoffklasse in den Handel gebracht, welche für die Druckerei von grossem Nutzen ist.

Der erste Vertreter dieser Klasse ist das Indigosolbraun IRRD Supra-Pulver, welches sich von der gewöhnlichen Marke Indigosolbraun IRRD durch seine gute Löslichkeit unterscheidet. Es ist auch nicht mehr salzempfindlich.

Die alte Marke eignet sich kaum für den Druck. Nur nach dem Bichromatverfahren konnten annehmbare Resultate erzielt werden.

Das Indigosolbraun IRRD Supra-Pulver ist für den Druck empfohlen und lässt sich nach allen üblichen Verfahren ohne Schwierigkeiten drucken[3]).

---

[1]) Das *amer. P. 2.217.846* (General Aniline) beschreibt die Herstellung von Druckpasten mit Betainderivaten, die als Hilfsmittel empfohlen werden.

Das Patent bezieht sich auf Betaine, welche einen Kohlenwasserstoffrest von mindestens 4 C-Atomen enthalten.

[2]) Siehe weiter oben *D.R.P. 571.596* sich beziehend auf die Löslichkeit von Salzen des Triäthanolamins.

[3]) Es existieren 4 Marken von Indigosol Supra-Pulver, nämlich: Indigosolbraun IRRD (Cibabraun G), Indigosolrotviolett IRH, Indigosolrosa IR, Indigosolbrillantorange RK.

Von der I. C. I. werden ferner als Zusätze zu den Indigosoldruckfarben organische Verbindungen vorgeschlagen, die eine SO_3H-Gruppe und eine stark basische Gruppe, wie beispielsweise die Diguanidyl- oder Diamidingruppe enthalten *(brit. P. 633.536, 644.819* und *644.904).*

Nach einem Verfahren der Allied Chemical and Dye Corp., welches durch das *amer. P. 2.406.586* geschützt wird, kann die Stabilität der Druckpasten, die ganz allgemein Indigosole sowie im speziellen schwerlösliche Indigosole enthalten, sehr stark dadurch verbessert werden, dass man zur Druckpaste ein Xanthinderivat, z. B. Koffein (ein Methylderivat), Theobromin usw., gibt. Das p_H der wässerigen Lösung liegt dann über 7. Dadurch lässt sich eine Verbesserung der Echtheit, der Ausbeute und der Stabilität erzielen.

Nach dieser Methode lässt sich z. B. der Schwefelsäureester der Leukoverbindung des Cibanonblau 3G (Carbanthrengrünblau FFB, Colour Index Nr. 1173), der sehr schwer wasserlöslich ist und sich nicht in der Druckpaste dispergieren lässt, sehr gut verwenden, und zwar durch Zugabe von Koffein im Verhältnis von 1:5 berechnet auf die Farbstoffmenge.

Koffein oder Thein ist 1,3,7-Trimethylxanthin, Theobromin 3,7-Dimethylxanthin.

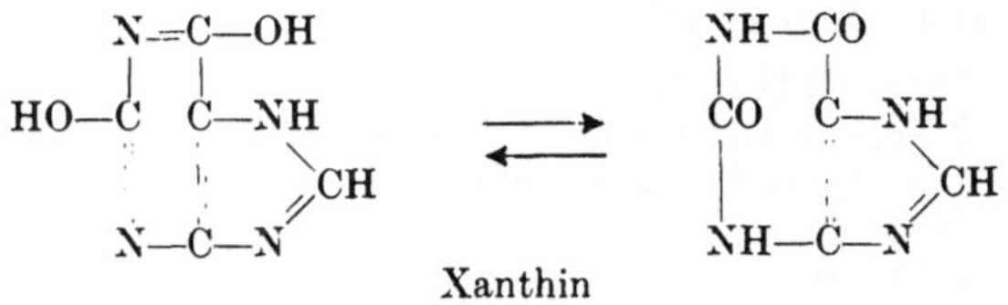

```
    N═C—OH                     NH—CO
    |  |                       |   |
HO—C  C—NH      ——→        CO  C—NH
    ‖  ‖  \      ←——          |   ‖  \
    |  |   CH                  |   |   CH
    |  |  //                   |   |  //
    N—C—N                      NH—C—N
```

Xanthin
(zwei tautomere Formen)

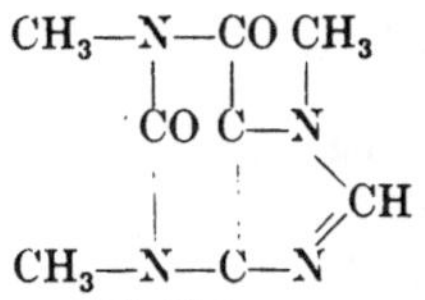

```
CH3—N—CO CH3
    |  |   |
   CO  C—N
    |  ‖   \
    |  |    CH
    |  |   //
CH3—N—C—N
```

Koffein

Industriell wird das Koffein aus Harnsäure, aus Teeabfällen oder als Nebenprodukt bei der Herstellung koffeinfreien Kaffees gewonnen. Es ist kristallin, sehr gut wasserlöslich und verflüchtigt sich bei 150°.

Oxydierbarkeit der Indigosole.

In den *amer. P. 2.466.656* und *2.474.785* (Amer. Dyest. Rep. 1949, S. 522 und 738) stellt die Amer. Cyanamid Co. fest, dass eine gewisse Anzahl von Indigosolen[1]) schwer oxydierbar sind und sich beispiels-

[1]) Indigosol O4B, Indigosolviolett IBBF, Indigosolrotviolett RH.

weise nicht nach der üblichen Methode anwenden lassen, d. h. durch Zusatz von Bichromat zur Druckpaste und Dämpfen in einer Essigsäureatmosphäre.

Es wurde gefunden, dass gewisse Substanzen, die substituierte aromatische Sulfonate enthalten, als Oxydationsbeschleuniger wirken.

Man erwähnt z. B. Naphtolsulfosäuren, Naphtalinderivate, bei denen die Sulfogruppe nicht direkt am aromatischen Kern sitzt, sondern an einer Seitenkette, z. B. 2-Oxynaphtyl-methylsulfosäure. Diese Substanzen werden in ziemlich grossen Mengen zugesetzt. Dieses Verfahren eignet sich nur für die Bichromatmethode mit Entwicklung in saurem Dampf.

Das *amer. P. 2.474.785* dehnt diese Erfindung auf andere Körper aus, wie die Alkylanilinsulfosäuren und ihre Salze, z. B. 2-Amino-3,5-dimethylbenzolsulfosaures Natrium.

Diese Derivate entsprechen der allgemeinen Formel:

$$X{-}R_1(SO_3H)_m(OH)_n R_2, \text{ wobei}$$

R_1 = Benzol- oder Naphtalinkern
R_2 = ein gesättigter Kohlenwasserstoffrest von niedrigem Mol.-Gew.
X = Wasserstoff oder ein Alkyl- oder Oxyalkylrest
m = 1 oder 2
n = 1 oder 2

Beispiel einer Druckpaste:

3 T.	Farbstoff (Indigosol O4B)
10 T.	2-Naphtol-1-Methan-ω-sulfosäure oder 1-Methylnaphtol(2)-8-sulfosäure[1])
6—6,5 T.	Glukose
6 T.	Harnstoff
4 T.	Diäthylenglykol
4 T.	Azetamid
2 T.	Furfurylalkohol
11 T.	Wasser
70 T.	Gummiverdickung
2 T.	Ammoniak 25%
5 T.	Natriumbichromat
3 T.	Ammoniumchlorid 25%
126 T.	

Drucken, in Gegenwart von Essig- und Ameisensäure dämpfen und waschen.

Hier soll auch an das *amer. P. 2.234.301*, 1941 (Amer. Dyest. Rep. 1949, S. 552) erinnert werden, das ein Oxydationsverfahren in Gegenwart von reduzierenden Substanzen wie Hydrochinon oder Brenzkatechin zum Gegenstand hat.

[1]) $CH_2{-}SO_3H$, —OH und HO_3S, CH_3, —OH

In der Tabelle wurde die sehr leichte Oxydierbarkeit des Indigosolgrün IB erwähnt. Die Beständigkeit der diesen Farbstoff enthaltenden Druckfarben kann im Sinne des *brit. P. 452.018* der I.G. durch Zusatz von bestimmten Hilfsmitteln, wie des Thiophenols, der Thioglykolsäure, des Thiodiäthylenglykols usw. erhöht werden. Auch können diejenigen Indigosolfarbstoffe, welche sich in der Druckfarbe leicht zersetzen (hier werden speziell die Derivate der Benzanthronreihe genannt), laut dieser Veröffentlichung durch Zusätze von Merkaptoverbindungen im allgemeinen stabilisiert werden.

Im folgenden soll eine Reihe von Verfahren zur Entwicklung der Indigosoldrucke erörtert werden; die Entwicklung erfolgt entweder durch eine entsprechende Nassbehandlung, durch Dämpfen, durch Verhängen oder durch Lichteinwirkung[1]).

Entwicklung auf nassem Wege.

a) Bichromatverfahren (Bichromat und Schwefelsäure im Entwicklungsbad);

b) Chromatverfahren (Chromat in der Druckfarbe, Schwefelsäure im Entwicklungsbad);

c) Nitritverfahren (Natriumnitrit in der Druckfarbe, Entwicklung in Schwefelsäure);

d) Eisennitratverfahren (Chromat in der Druckfarbe, Entwicklung in Schwefelsäure und Eisennitrat).

e) Kupfervitriolverfahren (derzeit ohne Bedeutung, *amer. P. 1.917.101*);

f) Durit ADF-Verfahren (neutrales Chromatverfahren);

g) Eisenchloridverfahren.

Das Wesen der obenangeführten Verfahren besteht darin, die Faser, welche die Indigosollösung und allenfalls ein Oxydationsmittel (Nitrit, Chromat) aufgenommen hat, in einem sauren - kalten oder warmen - Bad (wie Schwefelsäure oder Salzsäure) mit oder ohne Zusatz eines Oxydationsmittels zu behandeln.

a) Das Bichromatverfahren. Man druckt den in einem Lösungsmittel (Dehapan O) verteilten, verdickten Indigosolfarbstoff auf, trocknet und entwickelt in 2 Sekunden bei 35° C in einem Bad von 8% Schwefelsäure 66° Bé und 3% Natriumbichromat, quetscht ab, gibt einen Luftgang von 20 Sekunden, wäscht und neutralisiert. Eine kurze Dampfpassage, die vor dieser Entwicklung gegeben wird, verbessert die Farbtiefe.

---

[1]) Nähere Einzelheiten enthält das Handbuch von Durand & Huguenin, 2. Ausgabe, I. Teil.

Indigosolblau IBC und Indigosoldruckschwarz IB können nach dem Bichromatverfahren nicht entwickelt werden.

Die Entwicklung der Indigosole mittels Natriumbichromat bzw. Natriumnitrit und Schwefelsäure ruft eine Vergilbung der Kunstseide und der Naturseide hervor. Laut *D.R.P. 679.767* und *franz. P. 835.854* von Durand & Huguenin kann dieser Nachteil durch Zusatz leicht oxydierbarer Substanzen, z. B. p-Aminophenol, Hydrochinon, Resorzin, zu dem sauren Oxydationsbad verhütet werden.

Der Zusatz dieser Substanzen zum Oxydationsbad muss genau dosiert werden, da ein Überschuss eine unvollständige Entwicklung der Indigosolfarbstoffe hervorruft.

b) Das Chromatverfahren. Dieses Verfahren ist nur eine Abänderung des obigen, indem das Bichromat des Entwicklungsbades durch neutrales Chromat ersetzt wird, welches man der Druckfarbe selbst zugibt. In diesem Falle enthält die Druckfarbe beispielsweise neben der verdickten Indigosollösung 75–120 g einer Lösung von neutralem Natriumchromat 1 : 2 im kg. Die Entwicklung erfolgt dann in einem Säurebad, bestehend aus 25 cm^3 Schwefelsäure 66^0 Bé + 30 g Oxalsäure + 50 g Glaubersalz pro Liter Flotte. Nach diesem Verfahren kann man aber auch durch eine einfache Passage im Schnelldämpfer im sauren Dampf die Indigosoldrucke neben Rapidogendrucken entwickeln, wodurch die Notwendigkeit der Anwendung des sauren Bades dahinfällt. Alle leicht oxydierbaren Indigosolfarbstoffe (Indigosolgelb IGK, Indigosolgrün IB, Indigosolbraun IBR, Indigosolscharlach IB, Indigosolgrau IBL) können mit diesem Verfahren durch saures Dämpfen zugleich mit den Rapidogenfarbstoffen, die angrenzend gedruckt sind, entwickelt werden. Dies ist von grosser Wichtigkeit beim Überdruck von Indigosolen mit Rapidogenfarbstoffen oder umgekehrt (Überdruckeffekt), da nach allen übrigen Verfahren die Farbstoffe an der Überdruckstelle reserviert oder nur teilweise entwickelt werden.

Dieses Chromatverfahren scheint in den Vereinigten Staaten von Nordamerika allgemeine Anwendung gefunden zu haben.

Der Indigosolfarbstoff wird in einem geeigneten Lösungsmittel gelöst und verdickt. Man setzt nun neutrales Natriumchromat und eine geringe Menge Ammoniumrhodanid zu. Die Drucke werden durch 4-minutiges saures Dämpfen zugleich mit den Rapidogenfarbstoffen entwickelt. Wie bereits oben erwähnt, können nach diesem Verfahren durch übereinanderfallende Indigosol- und Rapidogenfarbstoffe Mischtöne erzielt werden.

Zusammensetzung der Druckfarbe (Durand & Huguenin):

80 g Indigosolbraun I3B
100 g Harnstoff
20 g Dehapan GB (Dehagen GB)
205 g heisses Wasser
500 g neutrale Stärke-Tragantverdickung
75 g neutrale Natriumchromatlösung 1 : 2
20 g Sodalösung 10%

1000 g

Nach dem Drucken und Trocknen wird ca. 8 Sekunden lang bei 35° C in folgendem Bade behandelt:

25 cm³ Schwefelsäure 66° Bé
30 g Oxalsäure
50 g Natriumsulfat kalz.

1 Liter

Hierauf wird gespült, geseift und gewaschen.

Eine andere Variante des Chromatverfahrens wurde im Jahre 1937 von L. Diserens (Scheurer, Lauth & Cie.) ausgearbeitet, einerseits um Überfalleffekte mit Indigosolen und Rapidogenen zu erzeugen und Angriffe der Kupferwalzen durch die Ammoniumrhodanid und Ammoniumchlorat enthaltenden Farben zu verhüten, anderseits um eine normale Entwicklung der Indigosole auf mit Naphtol AS präpariertem Gewebe zu ermöglichen.

Tatsächlich lassen sich diese Farben sehr leicht abrakeln, greifen aber die Druckwalzen rasch an, eine Erscheinung, die vermutlich auf der Bildung von ungenügend löslichen Ammoniumsalzen der Indigosole beruht, welche dann in der Farbe zum Auskristallisieren neigen.

Das neue Verfahren beruht auf der Anwendung von Farben, die neutrales Chromat enthalten. Das Gewebe wird mit Kupplungskomponenten der Naphtol AS-Klasse oder eines ihrer Homologen präpariert, getrocknet und bedruckt; die Entwicklung erfolgt durch eine kurze, 6 Minuten dauernde Dampfpassage in essigsäurehaltigem Dampf; nachher wird gewaschen, geseift und getrocknet.

50 g Indigosolgoldgelb IGK
50 g Débésol B (L.Z.J.)
148 g heisses Wasser
650 g Stärke-Tragantverdickung
100 g neutrales Natriumchromat in Lösung
2 g Natriumkarbonat kalz.

1000 g

Die Farben können auch derart entwickelt werden, dass sie während 8 Sekunden ein 35° C warmes Bad durchlaufen, das 25 cm³/l Schwefelsäure, 30 g/l Oxalsäure und 50 g/l Natriumsulfat kalz. enthält.

Ein Verfahren, welches die Firma Durand & Huguenin A. G., Basel, speziell für das Drucken von Indigosolen auf naphtoliertem Stoff neben Naphtolkombinationen empfiehlt, besteht darin, den Druckfarben neben einem Lösungsmittel, wie Dehapan GB, Natriumoxalat und neutrales Chromat zuzusetzen.

Nach dem Drucken und Trocknen wird die Entwicklung der Indigosole durch kurzes Passieren bei 60—70° C in einem Bade, welches pro Liter Wasser 20 cm³ Schwefelsäure 66° Bé enthält, erreicht. Nach der Passage durch dieses Bad gibt man noch eine Luftpassage von 10—20 Sekunden.

Hierauf wird sofort gespült, bei 50° C in einer Sodalösung behandelt, gespült, kochend geseift und fertiggemacht.

Dieses Verfahren gibt bessere Resultate als das Nitritverfahren.

Im *amer. P. 2.466.656*[1]) der Amer. Cyanamid Co. wurde erwähnt, dass gewisse Indigosole beim Chromatverfahren nicht gleichmässig oxydiert werden und die Nuancen deshalb schipprig und unegal erscheinen. Diese Unannehmlichkeit kann vermieden werden und die Oxydation dieser Indigosole vollkommen erfolgen, wenn in Gegenwart von Beschleunigern, z. B. hydroaromatischer Sulfonate oder wasserlöslicher Salze der Naphtoldisulfosäuren, gearbeitet wird. (Amer. Dyest. Rep. 1949, Juliheft, S. 522).

Bei Anwendung mit den Rapidogenen zeigen die Indigosole auf Viskosezellwollgewebe im allgemeinen eine schwächere Ausbeute; man hat beobachtet, dass die Ausgiebigkeit in vielen Fällen von der Qualität der Viskosezellwolle abhängt, und dass die Unterschiede von einer zur anderen Qualität sehr auffallend sein können.

Dabei spielt die Vorbehandlung, welche das Viskosezellwollgewebe durchgemacht hat, ebenfalls eine ausschlaggebende Rolle. Es wird empfohlen, das Gewebe im Strang in einer Lösung von 4 g/l Biolase N oder Rapidase bei 70° C zu entschlichten, nachher auszuwringen und in einer Flotte von 2 g Natriumkarbonat und 2 g Igepon HW oder 1 g Igepal C pro Liter bei 90° zu behandeln. Eine nachfolgende alkalische Behandlung verbessert noch die Ausbeute der Drucke. Zu diesem Zweck benutzt man eine Natronlauge von 4—6° Bé. Das Gewebe wird am Foulard mit Natronlauge imprägniert, an der Luft verhängt und energisch gewaschen.

Es ist nicht empfehlenswert, konzentrierte Laugen anzuwenden, was eine Verschlechterung des Griffes und des Gewebes überhaupt zur Folge hätte.

Die Zubereitung der Druckfarben spielt eine wichtige Rolle; das Säuredämpfverfahren mit einer chromathaltigen Farbe scheint am besten geeignet zu sein.

---

[1]) Siehe weiter oben S. 421.

Die Druckfarben enthalten neben dem Indigosol eine Chromatlösung und 10—20 g/kg Natronlauge 38° Bé. Nach dem Aufdruck wird in Gegenwart von Essigsäure gedämpft und dann durch eine Lösung von Nitrit und Schwefelsäure genommen.

c) Das Nitritverfahren. Dieses ist die in der Praxis meistens eingeschlagene Arbeitsweise, da man vorzügliche Ergebnisse erzielt, welche sich noch durch kurzes Dämpfen vor der Entwicklung verbessern lassen. Die Ware wird mit Indigosol + Lösungsmittel (Dehapan O) + Verdickung + Nitrit (ungefähr 10—15 g im kg) bedruckt. Die Entwicklung erfolgt im kontinuierlichen Gang durch ein Bad, das 20 cm³ Schwefelsäure 66° Bé enthält, innerhalb von 2—20 Sek. bei einer Temperatur von 65—75° C. Bei kurzer Passage (2—6 Sek.) ist vor dem Spülen ein Luftgang unentbehrlich. Das Verfahren wurde seinerzeit von H. Perndanner[1]) ausgearbeitet.

Durch Zugabe von Natriumnaphtolat zur Druckfarbe wird die Haltbarkeit derselben erhöht (20 g/kg).

Eine etwas abgeänderte Fixierungsmethode für Indigosole, besonders für Indigosol O, ist von Tagliani und Krähenbühl (Mell. 1925, S. 107) ausgearbeitet worden. Es wurde beobachtet, dass die Küpenfarbstoffrückbildung durch Einwirkung von leicht dissoziierbaren organischen Salzen (milchsaures, glykolsaures, oxalsaures Ammonium) auf die Mischung Indigosol + Natriumnitrit beim Trocknen oder Dämpfen erfolgen kann.

Die direkte Entwicklung der Indigosol-Nitrit-Druckfarbe kann ebenfalls durch eine stark essigsaure oder ameisensaure Atmosphäre im Schnelldämpfer bewirkt werden.

Druckvorschrift nach Tagliani.

30 g	Indigosol O
135 g	Wasser
5—35 g	Natriumnitrit
200 g	milchsaures Ammonium 21° Bé
600 g	Gummiverdickung 1 : 1
970—1000 g	

Durand & Huguenin A.G. in Basel empfiehlt im *D.R.P. 696.268* (17. August 1937) die Verwendung von Entwicklungsbädern, die neben Mineralsäuren organische Säuren enthalten. Die Entwicklung erfolgt in diesen Bädern bei 75—90° C. Diese Entwicklung ist milder als bei den bekannten Verfahren, bei denen die Gefahr einer Faserschädigung durch die Mineralsäure nicht von der Hand zu weisen ist. Das Verfahren ist besonders beim Drucken neben Rapidogenen empfehlenswert. Nach dem Drucken und Trocknen wird, ohne zu dämpfen, die

[1]) H. Perndanner, Über den Einfluss von salpetriger Säure auf die Oxydation von Leukoverbindungen von Küpenfarbstoffen, Mell. 1925, S. 32.

bedruckte Ware in einem Bad entwickelt, das Schwefelsäure, Natriumsulfat, Essigsäure und Ameisensäure enthält. Die Entwicklungsdauer beträgt etwa 20 Sekunden. Man erhält auf diese Weise sowohl mit den Estersalzen von Leukoküpenfarbstoffen als auch mit den Eisfarbenpräparaten vollentwickelte und gleichförmige Farbtöne.

Gewisse Indigosolmarken sind besonders empfindlich gegen Überoxydation. Es ist angebracht, wie aus den *brit. P. 426.073; D.R.P. 596.887* und *franz. P. 765.377* (D.H.) hervorgeht, in einem solchen Falle zur Abhilfe Mischungen von Ferri- und Ferrosalzen, Puffersubstanzen, wie Zinnsalz oder Titanchlorür, oder stickstoffhaltige Verbindungen, z. B. Harnstoff, dem Entwicklungsbad zuzusetzen. Dieses enthält beispielsweise 30 g Schwefelsäure 66° Bé und 5 g Zinnsalz pro Liter bei einer Temperatur zwischen 20° und 70° C. Andererseits schadet die verhältnismässig hohe Schwefelsäuremenge, die man im warmen Entwicklungsbade anwendet, sowohl dem Gewebe als dem Farbkörper. Deshalb ist es das Bestreben des *D.R.P. 570.582* der I. G., die Badkonzentration und die Temperatur durch Zugaben kleiner Mengen von Oxydationsbeschleunigern in Form von reduzierenden Mitteln herabzusetzen, worunter Oxalsäure oder Natriumbisulfit zu verstehen sind (siehe auch *D.R.P. 596.887*, das zu Beginn des Abschnittes zitiert wurde).

Der chemische Einfluss der salpetrigen Säure auf die Leukoester ist unterschiedlich und abhängig von deren Konstitution.

So wird z. B. das bei der Entwicklung aus dem Tetraschwefelsäureester des 3,3'-Dichlordianthrachinonazins (Indigosolblau IBC) auf der Faser gebildete 3,3'-Dichlor-N-dihydro-1,2-1',2'-anthrachinonazin durch Überoxydation in die grünlichgelbe Azinform übergeführt, wodurch die Färbungen schon bei sehr milder Überoxydation wesentlich stumpfer und grünstichiger ausfallen.

Bei Leukoschwefelsäureestern von Küpenfarbstoffen, die eine durch salpetrige Säure diazotierbare primäre Aminogruppe enthalten, wird wahrscheinlich die primäre NH_2-Gruppe diazotiert. Zu dieser Gruppe von Estern gehört beispielsweise der Ester des 1-Amino-2-Anthrachinoyl-2',3'-anthrachinonoxazols (Indigosolrot IFBB).

Um einen solchen Angriff zu verhindern, brachten Durand & Huguenin A.G. das Dehagen FBB in den Handel, das in der Hauptsache aus Aminen besteht, die leichter diazotierbar sind als Indigosolrot IFBB und eine schützende Wirkung ausüben.

Ein weiteres Produkt der gleichen Firma, das sich besonders für Indigosolblau IBC, olivgrün IB und blau IRS bewährt, ist das Dehagen II. Es hat heute das Dehapan FBB ersetzt.

Die I.G. hat ein neues Produkt, das Anthrasolsalz NO in den Handel gebracht, welches den nachteiligen Einfluss der überschüssigen salpetrigen Säure bei der Entwicklung von oxydations- bzw. nitritempfindlichen Farbstoffen (Indigosolblau IBC, Indigosololivgrün IB, Indigosolrot IFBB) vollkommen ausschaltet. Es wurde festgestellt, dass Anthrasolsalz NO einem Gemisch von 50% Thioharnstoff + 50% Glaubersalz entspricht.

Man druckt Indigosolblau IBC und Natriumnitrit, dann wird die gut getrocknete und kurz gedämpfte Ware in breitem Zustande während 10—30 Sekunden bei 60—80° C mit 4—8 g Anthrasolsalz NO und 20 cm³ Schwefelsäure 66° Bé pro Liter entwickelt. Im Falle einer Färbung wird die Ware mit einer Indigosolblau IBC und Nitrit enthaltenden Lösung gepflatscht und dann, nach einem Luftgang, durch ein Bad mit heisser verdünnter Schwefelsäure (20 cm³ Schwefelsäure konz. pro Liter), der man noch 1—3 g Anthrasolsalz NO zusetzt, genommen.

Dem Anthrasolsalz NO entsprechen wohl die zwei Patente *D.R.P. 734.399* und *734.400*, 1943 von der I.G. (Erfinder W. Hees in Köln)[1]), in welchen betont wird, dass Indigosolblau IBC ausserordentlich empfindlich gegen überschüssige salpetrige Säure ist (Überführung in die grünlichgelbe Azinform, wodurch man unbrauchbare Färbungen erhält). Dieser Übelstand kann ohne Schwierigkeit vermieden werden, wenn man dem Entwicklungsbad Thioharnstoff in Mengen von 1—2 g pro Liter zusetzt.

In dieselbe Richtung weist das *franz. P. 883.443* (eing. 23. Juni 1942, ert. am 22. März 1943, veröfftl. am 5. Juli 1943, deutsche Prior. 12. April 1941) der I.G. Farbenindustrie, das ebenfalls ein Färbeverfahren mittels der Indigosole schützt, die sich von Küpenfarbstoffen ableiten, welche eine freie —NH_2-Gruppe enthalten, und das dadurch gekennzeichnet ist, dass man nach dem Nitritverfahren in Gegenwart von Thioharnstoff arbeitet. Auf diese Art kann man den schädlichen Einfluss der salpetrigen Säure selbst bei sehr energischer Entwicklung ausschalten.

Man benützt z. B. ein Bad, das pro Liter enthält:

2,5 g Schwefelsäureester des 1-Amino-2-anthrachinonyl-2′, 3′-anthrachinonoxazols
2 g Natriumdiisobutylnaphtalinsulfonat
2 g Soda kalz.
5 g Thioharnstoff

Auf das Foulardieren folgt wie gewöhnlich eine Säureentwicklung (20 g Schwefelsäure 66 Bé pro Liter bei 65° C) während 3—5 Sekunden.

[1]) Siehe auch das *belg. P. 445.960;* Teintex 1943, S. 219. Siehe weiter unter Färbeverfahren, S. 465 das *franz. P. 904.183.*

Aus dem *D.R.P. 735.093* (11. Mai 1943) der I.G. Farbenindustrie (Erfinder Hees) geht hervor, dass Formamidinsulfinsäure

$$\begin{matrix} HN \\ H_2N \end{matrix}\!\!>\!C-S\!\!<\!\!\begin{matrix} O \\ OH \end{matrix}$$

sich ganz besonders dafür eignet, die Empfindlichkeit der Leukoester gegen salpetrige Säure aufzuheben.

Man stellt sie her durch Einwirkung von Wasserstoffsuperoxyd auf Thioharnstoff[1]).

Die Formamidinsulfinsäure entsteht ferner durch Einwirkung von schwefliger Säure auf Formamidin[2]).

$$\begin{matrix} HN \\ H_2N \end{matrix}\!\!>\!C-H + \begin{matrix} HO \\ HO \end{matrix}\!\!>\!S{=}O \longrightarrow \begin{matrix} HN \\ H_2N \end{matrix}\!\!>\!C-S\!\!<\!\!\begin{matrix} O \\ OH \end{matrix}$$

Das Patent führt folgendes Beispiel an:

Die Ware wird auf dem Foulard mit einer Lösung folgender Zusammensetzung bei 60° C geklotzt:

5 g Leukoschwefelsäureester des 1-Amino-2-anthrachinonyl-2′,3′-anthrachinonoxazols
2 g Nekal BX (diisobutylnaphtalinsulfosaures Natrium)
2 g Soda wasserfrei
5 g Natriumnitrit
5 g Formamidinsulfinsäure

auf 1 Liter

Die Entwicklung erfolgt bei 60° C in einer Flotte, die 20 cm^3/l Schwefelsäure 66° Bé enthält, anschliessend wird gespült, durch ein lauwarmes Sodabad geführt und bei Kochtemperatur geseift.

Zur Verhütung der Überoxydation setzt man 1—3 g Formamidinsulfinsäure je Liter Entwicklungsbad zu; bei Leukoestern, die einer Diazotierung unterliegen können, wird die Formamidinsulfinsäure dem Klotzbade (3—5 g) zugesetzt.

[1]) Dieses Produkt wurde von Du Pont de Nemours in den *amer. P. 2.150.921* und *2.206.535* und von der Celanese Corp. im *amer. P. 2.248.728* als Ätz- und Abziehmittel empfohlen.

[2]) Formamidin ist ein Derivat der Ameisensäure

$$H-C\!\!<\!\!\begin{matrix} O \\ OH \end{matrix} \longrightarrow H-C\!\!<\!\!\begin{matrix} O \\ NH_2 \end{matrix} \longrightarrow H-C\!\!<\!\!\begin{matrix} NH \\ NH_2 \end{matrix}$$

Ameisensäure — Amid der Ameisensäure Formamid — Formamidin

Die Farbstoffe der Anthrachinonazin-Reihe neigen besonders zur Überoxydation und schlagen dabei in Grün um, welcher Erscheinung man leicht durch eine Nachbehandlung mit einem verdünnten Reduktionsmittel (Hydrosulfit + Alkali) entgegentreten kann. (*D.R.P. 591.410* und *franz. P. 763.621* von D. H.)

Eine schöne Kombination von Indigosoldrucken mit Transparenteffekten wird im *D.R.P. 621.109* (Raduner-Benner) angegeben. Hier wird der Indigosolfarbstoff mit Nitrit zusammen aufgedruckt und in einem hochkonzentrierten Säurebad, wie es zur Pergamentierung dient, entwickelt, ohne dass der Farbstoff Schaden leidet. Dabei reserviert eine Gummiverdickung den Pergamentiereffekt, während die Säure durch eine Stärke-Tragantverdickung durchdringt und auch an diesen Stellen transparentierend wirkt. Durch entsprechende Auswahl der Verdickung kann man somit je nach Wunsch bunte Matt- oder Transparenteffekte erzielen.

d) Das Eisennitratverfahren. Diese Methode scheint besonders in den Vereinigten Staaten von Amerika eingeführt zu sein; man druckt eine Farbe auf, die den in Durit O gelösten Indigosolfarbstoff, neutrales Chromat und Stärke-Tragantverdickung enthält. Die Drucke werden nach dem Trocknen in einem 65—70° C warmen Bade, das 40 cm³ Schwefelsäure 66° Bé und 40 cm³ Eisennitratlösung 47° Bé im Liter enthält, während 2—6 Sekunden entwickelt. Nach dem Abquetschen folgt ein Luftgang (30 Sek.), worauf man gründlich spült und in ein Bad mit 7—28 g Oxalsäure und 14—56 g Natriumazetat im Liter eingeht. Darauf wird gespült, geseift und gewaschen.

e) Das Kupfervitriolverfahren. (*Amer. P. 1.917.101*, Durand & Huguenin-von Niederhäusern.) Hier wird das Gewebe vorerst mit einer mit Ameisensäure angesäuerten 2%igen Kupfersulfatlösung gepflatscht und dann mit den Indigosolfarbstoffen bedruckt. Man soll hierbei unmittelbar seifenechte Drucke erhalten, doch soll das Verfahren nur der Vollständigkeit halber erwähnt werden, da ihm gegenwärtig keine Bedeutung mehr zukommen dürfte.

f) Das Durit ADF-Verfahren. Dieses Verfahren wurde an Stelle des Eisennitratverfahrens in die Praxis aufgenommen. Die Farbe enthält.

1 Teil Farbstoff
2 Teile Harnstoff
1 Teil Durit ADF
1/3 Teil neutrales Natriumchromat
1/4 Teil Ammoniumrhodanid

Die bedruckte Ware wird getrocknet und 4 Minuten in essigsaurem-ameisensaurem Dampf gedämpft. Dieses Verfahren kann neben Rapidogendrucken ausgeführt werden.

Durand & Huguenin gibt folgendes Beispiel:

100 g Indigosolbraun IRRD Supra
50 g Harnstoff
270 g heisses Wasser
500 g neutrale Stärke-Tragantverdickung
50 g neutrales Chromat 1 : 2
20 g Ammoniumrhodanid 1 : 1
10 g Ammoniak

1000 g

Man dämpft 4 Minuten sauer oder entwickelt während 8 Sekunden bei 35° C in folgendem Bade:

25 cm^3 Schwefelsäure 66° Bé
30 g Oxalsäure
50 g Natriumsulfat kalz.

auf 1 Liter

Hierauf wird gespült, neutralisiert, geseift und gewaschen.

g) Eisenchloridverfahren. Nach diesem Verfahren werden die Indigosolfarbstoffe in üblicher Weise gelöst, verdickt, aufgedruckt und durch eine Nachbehandlung bei 40° C in einem Bade, welches

30 g Ferrichlorid
20 g Schwefelsäure 96% (66° Bé)
20 g Kochsalz

pro Liter enthält, entwickelt. Im Direktdruck wird dieses Verfahren scheinbar nur selten gebraucht. Eine sehr interessante Anwendung dieses Prinzips wurde für das Buntreservieren von Anilinschwarz mit Indigosolfarbstoffen von L. Diserens und W. Hess in der Firma Scheurer, Lauth & Co. in Thann ausgearbeitet[1]).

Dämpfverfahren.

Diese Verfahren gestatten eine Kombination der Indigosolfarbstoffe mit anderen Farbstoffklassen, wie Beizenfarbstoffen, Küpenfarbstoffen, Anilinschwarz, Rapidogenfarbstoffen usw. Man gebraucht als Oxydationsmittel die Salze der Chlorsäure (Natriumchlorat, Aluminium- oder Ammoniumchlorat) in Verbindung einerseits mit Körpern, welche beim Dämpfen eine saure Reaktion hervorrufen und anderseits mit katalytisch wirkenden Mitteln, wie insbesondere Ammoniumvanadat.

Ein anderes Oxydationsmittel wurde von R. Haller[2]) vorgeschlagen; dieses besteht aus einem Gemisch von Natriumbromid und -bromat, das unter der Wirkung von Ammoniumsulfat und in Gegenwart eines Katalysators, z. B. Ammoniumvanadat, Brom entwickelt.

[1]) *D.R.P. 743.461*, Oktober 1943; Firma Scheurer, Lauth & Co. in Thann (Erfinder L. Diserens und W. Hess). Näheres über dieses Verfahren siehe Kapitel VIII.

[2]) J. Soc. D. and Col. 1948, *64*, S. 127; Teintex 1947, S. 335.

Es ist interessant, in diesem Zusammenhang die Glukonsäure[1]) zu erwähnen, die kürzlich für die Entwicklung der Indigosole vorgeschlagen wurde. Glukonsäure ist eine sehr milde organische Säure, die durch fermentative Oxydationsmethoden aus Zucker erhalten wird. Sie ist eine Pentaoxymonokarbonsäure

$$\begin{array}{l} CH_2OH \\ | \\ CHOH \\ | \\ CHOH \\ | \\ CHOH \\ | \\ CHOH \\ | \\ COOH \end{array}$$

Da sie leicht ein Lakton bildet, wird sie in 50%iger Lösung auf den Markt gebracht. Die Kalium- und Magnesiumsalze sind wasserlöslich.

In Färberei und Druckerei wird Glukonsäure für das Entwickeln der Indigosole empfohlen. An Stelle der Glukonsäure wird heute aber meistens Natriumglukonat verwendet.

Man kennt sechs Dampfentwicklungsverfahren:

a) das Verfahren mit Natriumchlorat und Rhodanammonium und das Ammoniumsulfat-Natriumchloratverfahren.
b) das Verfahren mit Natriumchlorat und Solentwickler D (Diäthyltartrat);
c) das Verfahren mit Ammoniumchlorat ohne Anwendung säureabspaltender Mittel;
d) das Ferrocyannatriumverfahren.
e) das Ammoniumnitratverfahren.
f) das Glukonsäureverfahren.

Als säureabspaltende Mittel hatte man zuerst ein Ammoniumsalz (Rhodanid, Zitrat, Oxalat) verwendet (*brit. P. 220.694*); doch wurde hier die Beobachtung gemacht, dass die Ammoniumsalze gewisser Indigosole schwer löslich sind, so dass leicht eine Fällung des Farbstoffes in der Druckfarbe eintreten kann. Zur Behebung dieses Nachteils hat die Firma Durand & Huguenin in Basel ein Verfahren ausgearbeitet, welches die Verwendung anderer säureabgebender Mittel an Stelle der Ammoniumsalze vorsieht, die trotzdem in der Kälte in der Druckfarbe genügend beständig sind (*brit. P. 313.407*). Im *brit. P. 306.800* (auch *D.R.P. 479.678*, *504.706* oder *öst. P. 122.467*) von Durand & Huguenin wird die Verwendung von organischen Säureestern empfohlen, die sich im Dampf in Alkohol und Säure spalten und dabei in der Kälte wasserlöslich sind. Das Patent nennt

[1]) G. B. Stone, Amer. Dyest. Rep. 1948, *37*, S.633; Textil-Rundschau 1949, S. 380.

beispielsweise das Diäthyltartrat; es bildet daher die Grundlage des Solentwicklerverfahrens (vgl. Wengraf's, Ber. Märzheft 1935).

Hier wäre noch anzuführen, dass das Rhodanammonium nicht nur als säureabspaltender Körper dient, sondern auch den Farbstoff vor Überoxydation schützt. Zum gleichen Zweck kann man auch andere Körper, wie gewisse Sulfosäuren, welche leicht oxydierbare Gruppen (z. B. die Aminogruppe) enthalten, verwenden. Beim Zusatz derartiger Verbindungen zu den Indigosolfarben erhält man bedeutend reinere Farbtöne.

Gemäss *D.R.P. 535.249; brit. P. 344.964; franz. P. 686.820; amer. P. 1.779.305*, 1931, hat die Firma Durand & Huguenin S. A. gefunden, dass das Dampfentwicklungsverfahren für Indigosole wesentlich verbessert werden kann bei Mitverwendung gewisser Stoffe, die die Rolle einer Puffersubstanz übernehmen, d. h. die wohl die zur Entwicklung der Färbung erforderliche Oxydationswirkung zulassen, die jedoch einen allfälligen Überschuss an Oxydationsmittel unschädlich machen.

Es ist auf diese Weise möglich, einen gewissen Überschuss an Oxydationsmittel zu verwenden, so dass einerseits bei schlechten Dampfverhältnissen, die eine gute Ausnutzung des vorhandenen Oxydationsmittels nicht erlauben, dennoch eine vollständige Entwicklung stattfindet, anderseits bei guten Dampfverhältnissen eine Überoxydation vermieden wird.

Substanzen, die für den vorliegenden Zweck sich eignen, sind aromatische Aminosulfosäuren oder aromatische Aminokarbonsäuren, wie die Sulfosäuren oder Karbonsäuren bzw. deren Salze von Anilin, der Alkylaniline, der Homologen dieser Stoffe, ferner der Naphtylamine usw. Es sind dies Stoffe, die sich in Wasser lösen, unter den Bedingungen des Dämpfens nicht flüchtig sind und unter den gegebenen Umständen keine störenden Oxydationsfarben bilden. Die besten Resultate werden mit Dimethylanilin-p-sulfosaurem Natrium erzielt.

Das Verfahren, welches den Gegenstand des *D.R.P. 535.249* bildet, kann so ausgeführt werden, dass die genannten Stoffe entweder den Druckpasten oder den trockenen Indigosolen zugegeben werden.

Es wird z. B. folgende Druckpaste hergestellt:

Estersalz des Leukoküpenfarbstoffes 2-β, α-Naphtindol-2'-p-chloranthrazenindigo (enthaltend 55% Küpenfarbstoff)	7,2 T.
Sulfanilsaures Natrium	4,2 T.
oder dimethylanilin-p-sulfosaures Natrium	
Wasser	13 T.
Diäthyltartrat	8 T.
Tragant	50,6 T.
Natriumchloratlösung (10%)	12 T.
Ammoniumvanadatlösung (1%)	4 T.
Ammoniak	1 T.
	100 T.

Es wird auf Baumwolle gedruckt, 10 Minuten im Schnelldämpfer gedämpft, 1 Minute lang kochend geseift und gewaschen. Es wird so eine gut entwickelte Schwarzfärbung erhalten.

Laut *D.R.P. 531.473* empfiehlt die I.G. Farbenindustrie an Stelle des Rhodanammoniums oder des Diäthyltartrats die Chloride, Ester oder Anhydride organischer Säuren, speziell der Sulfosäuren, so z.B. das Benzolsulfosäureanhydrid oder das Benzol-1,3-Disulfochlorid usw.

Röhm und Haas schlagen im *amer. P. 2.008.966* zum selben Zweck Aminsalze oder Fettsäureamide, wie das Dimethylaminchlorid, das Dimethyl- oder Butylaminsulfat, das Oxamid und ähnliche Körper vor.

a) Das Rhodanammoniumverfahren. Hier wird der Farbstoff mit der entsprechenden Menge eines Lösungsmittels (Dehapan OF) angeteigt und der Teig mit 30° C heissem Wasser übergossen und verrührt. Nach Beigabe des Verdickungsmittels und Erwärmung auf dem Wasserbade fügt man die notwendigen Mengen Chlorat und Rhodanid und nach dem Erkalten Vanadat und Ammoniak hinzu. Hierbei ist zu bemerken, dass sich das Rhodanammoniumverfahren nicht für Indigosolbraun IRRD wegen seiner Schwerlöslichkeit und Salzempfindlichkeit eignet. Hingegen kann es für Indigosolbraun IRRD supra gut verwendet werden. Nach dem Drucken dämpft man 6 Minuten, spült und seift kochend.

Beispiel einer Farbe nach dem Rhodanammoniumverfahren:

80 g	Indigosolblau IBC Pulver
370 g	Wasser
490 g	Stärke-Tragantverdickung
20 g	Natriumchlorat 1:3
30 g	Ammoniumrhodanid 1:1
5 g	Ammoniumvanadat 1%
5 g	Ammoniak 25%
1000 g	

Laut *franz. P. 866.935* von Durand & Huguenin soll ein Zusatz von Alkylaminsalzen (Chlorhydrat oder Sulfat) zur Druckfarbe gleichmässigere und tiefere Farbtöne bewirken. Das Patent gibt folgende Rezeptur an:

20 g	Indigosolfarbstoff
10 g	Harnstoff
10 g	Phenol
20 g	Thiodiäthylenglykol (Glyecin A)
40 g	Triäthanolaminsulfatlösung mit 50% Base
270 g	warmes Wasser
550 g	neutrale Stärke-Tragantverdickung, auf dem Wasserbad erwärmen und nach dem Erkalten
30 g	Natriumchlorat 33%
30 g	Ammoniumrhodanid 50%
10 g	Ammoniumvanadat 1%
10 g	Ammoniak 20% zugeben
1000 g	

Nach dem Drucken und Trocknen wird 8 Minuten gedämpft und wie üblich gewaschen.

Nach beendeter Farbstoffentwicklung müssen die mit Indigosoldruckfarben (Dämpfverfahren) bedruckten Gewebe gewaschen und geseift werden, um die Verdickung, die dem Gewebe einen harten und steifen Griff verleiht, zu entfernen. Laut *D.R.P. 743.460* von Durand & Huguenin kann diese Nachbehandlung unterbleiben, wenn man die den Farbstoff und die zur Entwicklung desselben nötigen Ingredienzen enthaltende Lösung in ein wasserunlösliches Lösungsmittel einrührt, so dass eine Wasser-in-Öl-Emulsion entsteht, und die erhaltene Paste wie üblich druckt. Nach dem Dämpfen zeigen die bedruckten Stellen einen sehr weichen Griff. Laut Patentangaben kann gegebenenfalls das Lösungsmittel einen Zelluloseäther gelöst enthalten.

Es gibt noch eine andere Art der Fixierung der Indigosole, die hier zu erwähnen wäre. Es handelt sich um das Verfahren zur Herstellung von neuen, Indigosole enthaltenden Präparaten, das im *franz. P. 883.295* (eing. am 20. November 1941, ert. am 22. März 1943, veröff. am 29. Juni 1943, deutsche Prior. 11. Dezember 1940) sowie in den *schweiz. P. 221.003* und *227.111* (eing. 3. November 1941, ert. 31. Mai 1943) beschrieben wird. Nach diesem Verfahren löst man in einem geeigneten organischen Lösungsmittel einen Indigosolfarbstoff, welchem man ein Zellulosederivat (Nitrozellulose, Azetatzellulose), ein Oxydationsmittel (Chromsäure, Nitrit), eventuell Harnstoff, Plastifiziermittel (Triphenylphosphat) und Weichmachungsmittel zufügt. Als Lösungsmittel werden erwähnt: Polyalkohole, Alkohole (Methyl-, Äthyl-, Butylalkohol, Monoäthylglykol, Diäthylenglykol), Ester aliphatischer Oxysäuren (Äthyllaktat usw.).

Dieses Verfahren ermöglicht es, sehr feine, durch die Oxydation der Indigosole in der Druckmasse entstandene Pigmente durch einfaches Trocknen zu fixieren.

Folgendes Beispiel wird erwähnt:

12 T. Natriumsalz des Schwefelsäureesters der Leukoverbindung des 3,4,8,9-Dibenzpyren-5,10-chinons
12 T. Thiodiäthylenglykol
12 T. heisses Wasser
12 T. Monoäthylglykol
heiss lösen und in eine kalte Lösung von
150 T. Nitrozelluloselack giessen,
gut umrühren und
12 T. Harnstoff
10 T. Butylalkohol
3 T. Natriumnitrit
6 T. Wasser zufügen und am Schluss eine Lösung von
12 T. Oxalsäure krist.
36 T. Lösungsmittel bestehend aus 1 T. Monoäthylglykol + 1 T. Dioxan, zusetzen.

Während 1 Stunde vermischen, 5 Teile Butylalkohol zufügen und wiederum während 3 Stunden bei 30° C vermischen und zum Schluss das Ganze mit Monoäthylglykol auf 300 Teile stellen.

b) Das Verfahren mit Developsol D. Dasselbe ist besonders für die Marken Indigosolgoldgelb IGK und IRK, Indigosolscharlach HB, Indigosolrosa IR extra, Indigosolbraun IRRD und Indigosolgrün AB empfehlenswert, d. h. für Farbstoffe, welche gegen Elektrolyte empfindlich und deren Natriumsalze wenig löslich sind. Der Farbstoff wird mit einem Lösungsmittel (Dehapan O oder Debesolvol IND) und mit Developsol D angerührt; man trägt den Teig in die Verdickung ein und gibt chlorsaures Natrium und Ammoniumvanadat zu, druckt, trocknet, dämpft, spült und trocknet.

Beispiel einer Farbe nach dem Developsol D-Verfahren:

50 g	Indigosolgoldgelb IGK
40 g	Developsol D
50 g	Dehapan O bzw. Debesolvol IND
288 g	Wasser
500 g	Stärke-Tragantverdickung
32 g	Natriumchlorat 1:3
30 g	Ammoniumvanadat 1%
10 g	Ammoniak 25%
1000 g	

c) Das Ammoniumchloratverfahren. Dieses Verfahren ist im *D.R.P. 668.386* (Durand & Huguenin) beschrieben. Es bildet eine der letzten Veröffentlichungen auf diesem Gebiete und hat den Vorteil der Fixierung durch kurzes Dämpfen. Die Druckfarbe ist aus dem, unter Zuhilfenahme eines Lösungsmittels, in heissem Wasser gelösten und mit Stärke-Tragant verdickten Indigosolfarbstoff, chlorsaurem Ammonium von 15° Bé und Ammoniumvanadat zusammengesetzt. Nach dem Drucken und Trocknen wird nur 2 Minuten gedämpft und wie üblich gewaschen. Im Patent wird auch der allfällige Zusatz eines Oxydationsmittels, wie Ammoniumpersulfat, angegeben. Charakteristisch (und auch günstig) ist es somit, dass die Druckfarbe kein Metallsalz enthält, was deren Druckfähigkeit erhöht und eine kostspielige Vorbehandlung entbehrlich macht. Ausser der Entwicklung durch kurzes Dämpfen führt auch ein Verhängen während 24—28 Stunden bei 40—50° C zum Ziel. Das Verfahren ist sowohl im Druck als auch in der Färberei anwendbar. In der Praxis konnte die Wahrnehmung gemacht werden, dass sich dabei bestimmte Indigosolmarken (Indigosolgrün IB) auf spinnmattierter Kunstseide nicht genügend im Dampf entwickeln, was auf einen Gehalt der Mattierungssubstanzen an reduzierenden, die Entwicklung hindernden Körpern zurückgeführt wird und durch eine nach dem Dämpfen angewandte Passage durch ein Bad von 2—3 g Nitrit und 15g Schwefelsäure

66° Bé im Liter korrigiert werden kann. Diese Verbesserung kann unter Umständen, zufolge der Substantivität gewisser Indigosolfarbstoffe (Indigosolgrün IB), auch nach der Entwicklung und Spülung durchgeführt werden.

Beispiel einer Farbe nach dem Ammoniumchloratverfahren:

80 g	Indigosolscharlach IB
50 g	Debesolvol IND
240 g	warmes Wasser
595 g	Stärke-Tragantverdickung
30 g	Ammoniumchlorat 15° Bé
5 g	Ammoniumvanadat 1%
1000 g	

Verschnitt:

650 g	neutrale Stärke-Tragantverdickung
10 g	Natriumchlorat 31° Bé
5 g	Ammoniumvanadat 1%
10 g	Ammoniak
325 g	Wasser
1000 g	

Herstellung der Ammoniumchloratlösung 15° Bé.

A) 323 g Bariumchlorat, gelöst in 400 cm³ kochendem Wasser.

B) 132 g Ammoniumsulfat, gelöst in 450 cm³ Wasser.

Die Lösung B wird in die Lösung A gegossen, stehengelassen, filtriert und auf 15° Bé gestellt.

Ammoniumsulfat-Natriumchloratverfahren.

An Stelle von Ammoniumrhodanid hat Durand & Huguenin auch Ammoniumsulfat als säureabgebendes Mittel vorgeschlagen. Die Druckfarbe wird wie folgt zusammengestellt:

100 g	Indigosolfarbstoff
80 g	Harnstoff
90 g	heisses Wasser
600 g	neutrale Stärke-Tragantverdickung
70 g	Natriumchlorat 1:3
40 g	Ammoniumsulfat 1:2
20 g	Ammoniumvanadat 1%
1000 g	

Nach dem Drucken wird 4 Minuten gedämpft, gespült, geseift und gewaschen.

d) Das Ferrocyannatriumverfahren (1943).

Es ist bekannt, dass gewisse Indigosole, wie z. B. das Indigosolgrün IB und das Indigosololivgrün IB sich auf gewissen Zellwollgeweben nur ungenügend fixieren. Auch das Vorbehandeln des

Zellwollgewebes mit Natronlauge konnte bis jetzt diesem Übelstand nicht abhelfen.

Durand & Huguenin A.G. in Basel haben ein neues Verfahren patentiert, nach welchem die auf Zellwolle nur schlecht fixierbaren Indigosole mit gutem Erfolg angewendet werden können. Nur Indigosolblau IBC kann nach dieser Methode nicht entwickelt werden.

Das Merkmal dieses Verfahrens besteht darin, dass der übliche Sauerstoffüberträger, also Ammoniumvanadat, durch Natriumferro- oder -ferricyanid ersetzt wird. (*Franz. P. 898.527* von D.H., 13. April 1943 und *brit. P. 383.115*, siehe auch *franz. P. 895.751* der Ciba vom 21. Juni 1943).

Druckformel:

50 g	Indigosolgoldgelb IGK
50 g	Dehapan GB (Dehagen GB)
100 g	Fixierer CDH
195 g	Wasser
500 g	Stärke-Tragantverdickung
50 g	Ammoniumchlorat 15° Bé
55 g	Ferrocyannatrium 1:3
1000 g	

Verschnitt:

500 g	Stärke-Tragantverdickung
400 g	Wasser
50 g	Ammoniumchlorat 15° Bé
50 g	Ferrocyannatrium 1:3
1000 g	

Man dämpft 5—10 Minuten im Schnelldämpfer, seift kochend mit 3 g Seife und 1 g Soda kalz. pro Liter, spült und trocknet.

Ein grosser Nachteil dieses Verfahrens liegt in der Verschmutzung der Nuancen, hauptsächlich beim Gelb, durch Bildung von Berlinerblau. Um diesen Fehler zu beheben, ist es nötig, die Ware mit einer Calgon-Lösung zu behandeln, die das gebildete Berlinerblau restlos von der Faser abzieht. Auf diese Weise erzielt man sattere und lebhaftere Farbtöne als nach dem üblichen Verfahren.

Durand & Huguenin A. G. macht im *franz. P. 898.527* (ert. am 10. Juli 1944, veröfftl. am 25. April 1945, schweiz. Prior. 14. April 1942) darauf aufmerksam, dass die Rückbildung der Küpenfarbstoffe aus ihren Leukoderivaten durch Oxydation nicht nur im sauren, sondern auch im neutralen, ja sogar im deutlich alkalischen Medium geschehen kann. Ferricyankalium hat sich als Oxydationsmittel besonders gut bewährt, doch kommen auch andere aktive Oxydationsmittel in neutralem oder alkalischen Medium wie z. B. Kaliumpermanganat und Hypochlorit in Betracht.

Nach dem neuen Verfahren lässt sich eine ganze Reihe von Schwefelsäureestern von Leukoküpenfarbstoffen anwenden, und im

Prinzip kann der Grossteil der Textilfasern (vegetabilische Fasern, Zellulosekunstfasern wie Viskose, Zellwolle) nach diesem Verfahren gefärbt werden, das unter anderem auch den Vorteil aufweist, die gewöhnlich verwendeten metallischen Apparaturen nicht anzugreifen.

Beispiel:

40 T.	Schwefelsäureester des Leukodibenzpyrenchinons werden in
100 T.	ω,ω'-Dioxydiäthylensulfid (Thiodiäthylenglykol)
140 T.	Wasser und
600 T.	neutrale Stärke-Tragantverdickung heiss gelöst. Nach dem Erkalten fügt man eine Lösung von
100 T.	einer 10%igen Kaliumferricyanidlösung und
20 T.	Natriumkarbonatlösung (1/10) zu.
1000 T.	

Man bedruckt das Baumwollgewebe, dämpft, spült, seift und spült wieder. Man erhält so lebhafte gelb-orange Drucke, welche denjenigen nach dem gewöhnlichen Verfahren entsprechen.

Die Ausgiebigkeit gewisser Indigosole, wie Indigosolgrün IB, IGG, Indigosololivgrün IB, Indigosolrot IFBB und Indigosolbrillantviolett I4R nach dem Dämpfverfahren auf Viskosekunstseide, Bembergseide usw. lässt oft zu wünschen übrig. Diese Tatsache ist der leichten Dissoziationsfähigkeit der Farbstoffe und ihrer Teilchengrösse zuzuschreiben.

G. Torinus hat beobachtet, dass mit diesen Farbstoffen die beste Ausgiebigkeit nach dem nassen Verfahren erhalten wird, indem die Stücke vorgängig einer Dämpfoperation unterzogen werden (Nitritverfahren). Dieses Vorgehen erlaubt dem Indigosol vor der Dissoziation in die Faser einzudringen, so dass durch die nachfolgende Oxydation der Farbstoff im Innern der Faser fixiert wird.

Im *franz. P. 895.751* (eing. am 21. Juni 1943, ert. am 11. April 1944, veröfftl. am 2. Februar 1945, schweiz. Prior. 25. Juni 1942) hat die Ciba ein Druckverfahren auf Zellwolle mit leicht oxydierbaren Indigosolfarbstoffen beschrieben.

Zur Fixierung des Farbstoffs wird gedämpft unter Verwendung von Oxydationsbeschleunigern, z. B. Ferrocyanide oder andere, langsamer als das Ammoniumvanadat wirkende Katalysatoren.

Beispiel: Man stellt folgende Druckfarbe her:

70 g	Natriumsalz des Schwefelsäureesters des Leukoderivates von Dibromanthanthron in Teigform (Indigosolbrillantorange IRK)
50 g	ω,ω'-Dioxydiäthylensulfid (Thiodiäthylenklykol)
80 g	Harnstoff
220 g	heisses Wasser
500 g	Stärke-Tragantverdickung
60 g	Ammoniumchloratlösung 15° Bé
20 g	Natriumferrocyanidlösung 1:2
1000 g	

Man bedruckt ein Zellwollgewebe, dämpft 5—10 Minuten in einem Kontinuedämpfer, seift kochend in einer Lösung von 3 g Seife und 1 g Soda kalz. pro Liter, spült und trocknet. Der orange gefärbte Druck ist voller als ein solcher nach dem gewöhnlichen Druckverfahren.

Gemäss *franz. P. 897.697* (eing. am 19. August 1943, ert. am 5. Juni 1944, veröffl. am 28. März 1945, schweiz. Prior. 21. August 1942) von Durand & Huguenin erhält man gut verteilte und für Druck sehr geeignete Farben, sogar mit schwer löslichen Schwefelsäureestern der Leukoküpenfarbstoffe, wenn man den Druckfarben neben Natriumchlorat und einer sehr kleinen Menge eines säureabspaltenden Produktes noch ein Salz der Ferrocyanwasserstoffsäure zusetzt.

Beispiel: Man druckt auf Baumwollgewebe eine wie folgt hergestellte Druckfarbe:

4 T.	Natriumsalz des Schwefelsäureesters von Leuko-5,5'Dichlor-7,7'-dimethylthioindigo
6 T.	Harnstoff
2 T.	ω-ω'-Dioxydiäthylensulfid (Thiodiäthylenglykol)
20 T.	heisses Wasser
60 T.	neutrale Stärke-Tragantverdickung
6 T.	einer 25%igen Natriumchloratlösung
0,4 T.	Natriumferrocyanid
1,6 T.	einer 33%igen Ammoniumsulfatlösung
100 T.	

Nach dem Trocknen und der Entwicklung des Farbstoffes erhält man sehr egale violettrote Drucke, welche viel voller sind als solche, die mit Diäthyltartrat und Vanadat aber ohne Zusatz von Ferrocyannatrium erzeugt wurden.

e) Ammoniumnitratverfahren. Manche oxydationsempfindliche Indigosole (Indigosolblau IBC, Tinosolblau BC), geben sehr gute Resultate nach dem Ammoniumnitratverfahren:

25 g	Farbstoff
80 g	Harnstoff
585 g	neutrale Stärke-Tragantverdickung
90 g	Ammoniumnitrat 1:2
60 g	Natriumchlorat 1:3
10 g	Ammoniak
150 g	Wasser
1000 g	

Es wurde schon hervorgehoben, dass die Indigosole im Vergleich zu den entsprechenden Leukoküpenfarbstoffen eine bedeutend verminderte Affinität zeigen. Die Einführung des Schwefelsäureesters setzt fast in allen Fällen die Substantivität herab. So hat das Indigosol O, als ausgesprochener Elektrolyt, so gut wie keine Affinität zur Faser, während, wie oben gezeigt wurde, Indigosolmarken existieren, deren Affinität selbst diejenige der substantiven Farbstoffe übersteigt.

f) Das Glukonsäureverfahren.

In den Vereinigten Staaten wird in letzter Zeit ein weiteres Dämpfverfahren ausgeübt, in welchem als säureabspaltendes Mittel Ammoniumglukonat verwendet wird. Die Rezepte sind die gleichen wie für das Rhodanammoniumverfahren, nur wird 1 Teil Rhodanammonium 1:1 durch 2 Teile Ammoniumglukonat 1:3 ersetzt.

Beispiel:

Indigosolgoldgelb IGK	10
Harnstoff	20
Cellosolve	10
Furfurylalkohol	20
Heisses Wasser	375
Neutrale Verdickung	500
Natriumchlorat 1:3	15
Ammoniumglukonat 1:3	30
Ammoniak konz.	10
Ammoniumvanadat 1%	10
	1000

Der Vorteil des Ammoniumglukonats soll darin liegen, dass schwer lösliche Indigosole durch dieses Produkt nicht ausgefällt werden, wie dies beim Rhodanammonium der Fall ist.

Nach den *franz. P. 777.558; D.R.P. 624.374; brit. P. 443.588* und *amer. P. 2.061.860* der I.G.-Tischbein[1]) soll die Fixierbarkeit gewisser nur wenig affiner Indigosole gesteigert werden durch Vorbehandlung der Ware mit Substanzen, die mit dem Farbstoff unlösliche Verbindungen eingehen. Laut Patentangaben kommen hierfür folgende Substanzen in Betracht: Quaternäre Ammoniumbasen, Pyridiniumbasen (wie Oktadezylpyridiniumbromid), Phosphoniumbasen (Triphenylbenzylphosphoniumchlorid) oder auch aliphatische Amine oder Polyamine (so die Polyäthylenpolyamine, die aus Ammoniak und Äthylenchlorid entstehen).

Die Anwendung von Indigosol O4B nach dem Dämpfverfahren ist Gegenstand des *amer. P. 2.445.632* (E. L. Pelton)[2]). Dieser Farbstoff ergab bis jetzt nur bei Entwicklung in einem sauren Bad eine befriedigende Ausbeute[3]). Indessen wurde beobachtet, dass es möglich ist, diesen Farbstoff durch ein Dämpfverfahren zu fixieren, indem der Druckfarbe ein Natriumsalz einer Naphtolsulfosäure zugefügt wird, nötigenfalls z. B.

6-Naphtol-4-sulfosäure
1-Naphtol-2-sulfosäure
2-Naphtol-7-sulfosäure

---

1) Wengraf's Ber. 1935, Juniheft; 1936, Februarheft S. 12 und Aprilheft S. 11; R.G.M.C. 1936, S. 514.

2) Amer. Dyest. Rep. 1949 S. 108; J. Soc. D. and Col. 1949, S. 189.

3) Christ, J. Soc. D. and Col. 1938, *54*, S. 94.

Man verwendet 3—20% dieser Produkte bezogen auf das Gewicht des Indigosols O4B, z. B.

50 T. Indigosol O4B
1,5—10 T. einer oben erwähnten Naphtolsäure.

Die Entwicklung durch Verhängen.

Das Verfahren mit chlorsaurer Tonerde (nach dem *brit. P. 356.577* und *D.R.P. 525.302* von Durand & Huguenin). Dieses Verfahren nimmt gewissermassen eine Mittelstellung zwischen den beiden Hauptgruppen ein, da es weder ein Dämpfen noch eine Nassbehandlung erfordert; doch ist die Entwicklung in der Hänge ähnlich der unter c) angegebenen Abart des Ammoniumchloratverfahrens, weshalb es hier behandelt werden soll. Es erfordert eine Vorbehandlung der Ware mit Ammoniumvanadat und Weinsäure; die Druckfarbe enthält ausser den üblichen Zusätzen chlorsaure Tonerde von 25° Bé (vgl. Text-Manuf. 1936, S. 192).

Vorbereitung der Ware[1]).

1 g Ammoniumvanadat in
200 cm³ kochendem Wasser gelöst
5 g Weinsäure krist. in
200 cm³ kochendem Wasser gelöst
600 cm³ kaltes Wasser

Nach dem Klotzen wird die Ware getrocknet und mit folgender Druckfarbe bedruckt.

60 g Indigosolfarbstoff
60 g Glyecin A
280 g Wasser
550 g Stärke-Tragantverdickung
20 g Weinsäure 10%
30 g Aluminiumchlorat 25° Bé

1000 g

Nach dem Drucken werden die Stücke getrocknet, über Nacht liegen gelassen und in üblicher Weise gewaschen und geseift. Nach neueren Erfahrungen der I. G. (1943) soll ein Präparieren mit Ammoniumvanadat überflüssig sein, wenn die Ware zur Entwicklung der Indigosole gedämpft wird.

Im *D.R.P. 541.073* machen Durand & Huguenin darauf aufmerksam, dass die chlorsaure Tonerde durch Ammoniumbichromat (20 g/kg) ersetzt werden kann. Die Entwicklung geht durch ein einfaches Verhängen innerhalb von 24 Stunden vor sich (als eine Vereinfachung ist das unter c) genannte *D.R.P. 668.386* anzusehen).

[1]) Nach Durand & Huguenin, Ratgeber, 2. Aufl., S. 63.

Photochemische Entwicklungsverfahren der Indigosole.

Die Indigosole sind mehr oder weniger lichtempfindlich und können durch Einwirkung einer starken Lichtquelle entwickelt werden. Diese Tatsache wurde bereits in einem Applikationspatent der Firma Durand & Huguenin A.G. hervorgehoben. *(D.R.P. 418.487*, 1922)[1]). Seitdem hat diese Firma Rezepte herausgegeben, welche eine praktische Verwertung der Lichtempfindlichkeit der Indigosole erlauben.

Wenn man photographische Bilder mit Indigosolen auf einem Gewebe erzeugen will, soll man nach folgendem Schema gute Resultate erzielen.

Das Gewebe wird in einem Bad von ca. 5 g Weinsäure und 1 cm^3 Ammonrhodanid 1% pro Liter geklotzt und getrocknet. Das so vorbereitete Gewebe kann aufbewahrt werden. Das Gewebe wird dann mit einer Indigosollösung gepflatscht, der man gegebenenfalls noch sehr kleine Mengen Weinsäure zufügen kann. Man quetscht hundertprozentig ab. Das nicht weiter getrocknete Gewebe wird dann unter einem photographischen Film vor eine starke Lichtquelle gespannt und während einigen Minuten belichtet (2—8 Min.). Sofort nach der Belichtung wird das Gewebe durch ein heisses Bad genommen, kochend geseift, gespült und getrocknet. Indigosolbraun IRRD, Indigosolgelb V, Indigosolrot I2B, Indigosolgrau IBL, Indigosolorange HR und Indigosol O4B sollen sich für diese Arbeitsweise gut eignen. Die Dekoration von Geweben mit Indigosolen nach dem photographischen Verfahren soll in verschiedenen Firmen mit Erfolg ausgeübt werden.

Dieses Verfahren hat in letzter Zeit eine gewisse Bedeutung erworben und wird zur Herstellung von Spezialartikeln verwendet. Es mag von Interesse sein, hier den kontinuierlichen Photodruck nach L. R. Stewart, New York, zu erwähnen, der den Gegenstand des *brit. P. 633.634* (The Dyer 1950, S. 683) bildet. Die Indigosole werden dabei wie lichtempfindliche Farbstoffe, die mit Hilfe einer starken Lichtquelle entwickelt werden können, behandelt. Dieses Verfahren beruht auf folgendem Prinzip: man imprägniert das Gewebe mit einer Indigosollösung, bringt ein Negativ darauf und belichtet. Das Negativ wird auf einen Glaszylinder gelegt, in dessen Innern sich die Lichtquelle befindet. Die belichteten Stellen werden unter Bildung des unlöslichen Küpenfarbstoffs entwickelt, während an den nicht dem Licht ausgesetzten Partien das Indigosol erhalten bleibt und durch eine nachherige Wäsche entfernt werden kann.

---

[1]) Laut *D.R.P. 418.487* (eing. am 9. September 1922, ert. am 8. September 1925) von Durand & Huguenin können die Estersalze des Dihydrothioindigos durch Licht (Sonnenlicht oder Licht einer Quecksilberdampflampe) innerhalb kurzer Zeit zum Farbstoff entwickelt werden.

Reserven unter Indigosolfärbungen[1]).

Im Reserveartikel nehmen die Indigosole einen hervorragenden Platz ein; die meisten Farbstoffe dieser Gruppe lassen sich leicht durch alkalische Mittel, wie Sulfit, Zinkoxyd oder Natriumazetat, reservieren, wobei grundsätzlich die Einwirkung des Oxydationsmittels oder auch das Eindringen der Säure an den Druckstellen verhütet werden muss. Da sich die Indigosole durch saure Oxydationsvorgänge entwickeln, genügt es somit, ein Alkali (essigsaures Natrium) oder ein Reduktionsmittel (Hydrosulfit, Thiosulfat) aufzudrucken. Der Hauptvorteil liegt hierbei in der Möglichkeit der Buntreservierung von Indigosolfärbungen durch Küpenfarbstoffe.

Bisher waren küpengefärbte, mit Küpenfarbstoffen reservierte Artikel sehr schwierig herzustellen und äusserst unsicher im Ausfall; es sei hier an die mit Küpenfarbstoffen illuminierten Ludigolreserven unter Küpenfärbungen, an die Metallsalzreserven (Bildung halbdurchlässiger Membranen nach R. Haller; *öst. P. 126.753* von Zeidler-A. Haller; *öst. P. 126.754* von Lauterbach, *D.R.P. 638.755* von Bleach. Ass., Parker-Schwabe, siehe Kap. I) erinnert, ausserdem an die Reduktionsätze mittels reduktionsbeständigen Küpenfarbstoffen auf durch Reduktion zerstörbaren Küpengründen.

Die Ausführung derartiger Artikel liess sich durch die Erfindung der Indigosole ganz wesentlich vereinfachen, wobei man die verschiedensten Kombinationen ausführen kann. So kann man

a) einen Küpenfarbstoff als Buntreserve neben einer Weissreserve vordrucken und nach dem Dämpfen durch eine mit Nitrit versetzte Indigosollösung nehmen. Die Entwicklung erfolgt dann mittels Säure. Dieses Verfahren ist das einfachste und gebräuchlichste; oder

b) man kann mit einer mit Nitrit versetzten Indigosollösung vorklotzen, eine Reservefarbe aufdrucken und in Säure entwickeln; man kann aber auch

c) mit einer Indigosollösung + Natriumchlorat + Ammonsalz (Rhodanammonium, Ammoniumoxalat usw.) präparieren, die Reserve aufdrucken und dämpfen, wobei sich das Indigosol nicht an den Druckstellen entwickeln kann.

Verfahren a. Wir bringen hier die Ausführung des Reserveartikels mit einer Rezeptur, welche in der Praxis sehr gute Resultate gegeben hat.

1. Drucken der Weiss- und Buntreserven (Küpenfarbstoffe) auf Weissware;
2. Trocknen.
3. Dämpfen, um die Küpenfarbstoffe zu fixieren.

---

[1]) G. Friedländer, Über Indigosol O in der Praxis, Mell. 1926, S. 697; T. N. Patrick, Fast-Color Resist Prints from Indigosol Grounds, Textile World 1948, *98*, S. 131.

4. Pflatschen in einem sehr kurzen, Indigosol, Natriumnitrit und Verdickungsmittel enthaltenden Färbebad.

5. Nach dem Abquetschen folgt eine Behandlung in einem mit 20 cm³ Schwefelsäure 66° Bé pro Liter beschickten Entwicklungsbad. Dauer 6 Sekunden bei 70° C.

6. Waschen und neutralisieren.

Weiss-Reserve:

150 g Rongalit C trocken
560 g Senegal- oder Schirazgummi
100 g Titanweiss 1:1
40 g Eialbumin 1:1½ mit Wasser
150 g Wasser
1000 g

Für eine einwandfreie Ausführung dieses Verfahrens ist es unbedingt notwendig, die bedruckten und gedämpften Stücke sofort zu überklotzen. Die Ware darf unter keinen Umständen nach dem Dämpfen liegen bleiben. Andernfalls muss die Ware unmittelbar vor der Klotzung auf einer Trockentrommel vorgetrocknet werden. Nach praktischen Erfahrungen scheint der Reserveeffekt hauptsächlich durch die beim Dämpfen gebildeten Zersetzungsprodukte des Rongalits und nicht, wie man annehmen könnte, nur durch das Alkali, erzeugt zu werden. Durch Einwirkung der Luft auf die unbeständigen Zersetzungsprodukte nimmt die reservierende Wirkung rasch ab. Die Klotzung geschieht auf dem Foulard, die bedruckte Seite nach unten, um das Abklatschen der aufgedruckten Reserve auf die obere Walze zu verhüten.

Foulardierlösung:

5—10 g Indigosolfarbstoff (Indigosolblau IGG oder Indigosolscharlach IB)
100 g Tragantschleim 60/1000
10 g Terpentin (als Entschäumungsmittel)
10 g Natriumnitrit
auf 1 Liter

Es wurde aber beobachtet, dass die Vordruckreserven mit Indanthrenfarbstoffen unter Indigosolblau IBC im Farbton trübe und stumpf ausfallen, da die Gegenwart des Rongalit C eine vollständige Reservierung des Indigosolblau IBC verhindert.

Mit Reservol BC hat die I. G. diese Schwierigkeit überwunden. Indanthrenfarbstoffe geben mit Reservol BC lebhafte und ausgiebige Buntreserven.[1])

Mit diesem Verfahren ist es möglich, die koloristischen Ergebnisse des bekannten Indanthrenblau RS-Pappreserve-Artikels zu erreichen.

---

[1]) Ein anderes Mittel, um gute Weissreserven unter Indigosolblau IBC zu erhalten ist die Reserve X von Durand & Huguenin (siehe Ratgeber dieser Firma und dieses Kap., S. 452.

Die Indanthrenbuntreserven, denen man Reservol BC zusetzt, werden auf weisse Ware vorgedruckt; nach dem Dämpfen überpflatscht man mit Indigosolblau IBC (Chloratverfahren), trocknet in der Hotflue und dämpft abermals zur Entwicklung der Leukoester (Zirkular I. G. Nr. 1825, Juli 1939).

Stammreserve:

10 kg Weizenstärke-Tragantverdickung
20 kg Britishgumverdickung 2:3
5 kg Wasser
3 kg Glyzerin
6 kg Zinkweiss
anteigen
8 kg Natriumkarbonat zusetzen auf 60° C, erwärmen, dann
10 kg Reservol BC zufügen, verreiben, abkühlen und
3 kg Natronlauge 38° Bé zusetzen

65 kg

Indigosolblau IBC Klotzlösung:

50 g Indigosolblau IBC
20 g Glyecin A
200 cm³ Wasser
45 g Natriumchlorat 1:2
2 g Ammoniak konz.
35 g Ammoniumoxalat
200 cm³ heisses Wasser, dann
188 cm³ kaltes Wasser
200 g Tragantverdickung 60/1000
40 g Ammoniumvanadat 1:100
20 g Ludigol

1 Liter

Weissreserve:

400 g Industriegummiverdickung 1:3
100 g Zinkweiss 1:1
295 g Wasser
80 g Natriumkarbonat
75 g Natronlauge 38° Bé
50 g Ludigol 1:1 in Wasser gelöst

1000 g

Buntreserve:

100—200 g Indanthrenfarbstoff suprafix Tg.
650 g Stammreserve
90 g Rongalit C
20 g Natronlauge 38° Bé
30—130 g Wasser oder Verdickung

auf 1000 g einstellen

Drucken, dämpfen, klotzen mit der bedruckten Seite nach unten, trocknen, 3 Minuten dämpfen, oxydieren und waschen.

Verfahren b. — Die Ausführungsart dieses Verfahrens unterscheidet sich kaum von derjenigen des Verfahrens a. Das Gewebe wird am Foulard und in einer mit Nitrit versetzten Indigosollösung geklotzt und anschliessend im Hotflue getrocknet, dann mit derselben Reserve wie bei Verfahren a bedruckt. Der schwache Punkt dieses Verfahrens liegt in der Empfindlichkeit der geklotzten Ware, die möglichst vor sauren Dämpfen und Lichteinwirkung geschützt werden soll, um jede Oxydation des Indigosols vor dem Aufdruck der Reserve zu vermeiden. Diese Vorsichtsmassnahmen sind übrigens die gleichen wie diejenigen, welche beim Reserveartikel unter Anilinschwarz zu beobachten sind.

Verfahren c. Nach dem Nitritverfahren werden meistens Reserven auf helle Färbungen erhalten. Wenn kräftigere Färbungen verlangt werden, kann man die Ware mit den Indigosolen nach dem Chloratdämpfverfahren klotzen, trocknen und dann die Reserven drucken.

Für dieses Verfahren kommen die im Chloratdämpfverfahren leicht reservierbaren, wenig substantiven Indigosole in Betracht.

Klotzbad:

30 g Indigosol O4B
25 g Glyecin A
300 cm³ Wasser von 50—60° C
60 g Tragantverdickung 6%
40 g Natriumchlorat 1:2
20 g Rhodanammonium 1:1
15 g vanadinsaures Ammonium 1%

auf 1 Liter

Weissreserve:

200 g Industriegummi 1:2
300 g Weizenstärke-Tragantverdickung
100 g Rongalit C
50 g Leukotrop W konz.
100 g Zinkweiss 1:1
50 g Soda kalz.
100 g Natriumazetat
100 g Wasser

1000 g

Die Ware wird geklotzt, getrocknet, mit den Reserven bedruckt, getrocknet, gedämpft, gut gespült und kochend geseift.

Indigosolgefärbte Fonds können im übrigen auch leicht mit Rapidechtfarbstoffen oder Rapidogenen bunt reserviert werden, da diese Druckfarben durch ihre Alkalität, ebenso wie die Küpendruckfarben, die örtliche Entwicklung des Indigosols verhindern. Diesen Artikel kann man im Nitrit- oder im Dämpfverfahren ausführen. Im letzteren Fall erfolgt wieder die Entwicklung der Reservefarbe entweder in zwei Teilprozessen oder in einem Arbeitsgang. Die erstere Methode besteht darin, mit dem Indigosol (nach dem Rhodanammoniumverfahren oder dem Developsolverfahren) vorzuklotzen, zu trocknen, den Rapidechtfarbstoff aufzudrucken, zur Entwicklung des Fonds zu dämpfen und zur Entwicklung der Reserve durch ein Säurebad zu passieren. In einem Arbeitsgang gelangt man zum gleichen Ziel, wenn man dem Klotzbad eine verhältnismässig grosse Menge saurer Salze hinzufügt, so dass schon die im Dampf einsetzende Säureabspaltung genügt, um auch die Rapidogene der Reservefarbe zur Entwicklung zu bringen. Schliesslich ist es auch möglich, gleichzeitig Rapidogen- und Küpenfarbstoffreserven unter Indigosolfärbungen zu erzeugen; so erhält man ausserordentlich echte und sehr lebhafte Drucke (vgl. zu diesem Gegenstand die sehr interessante Arbeit von Caberti, Boll. Rep. Fibre Tess. Veget. *30*, S. 652).

Bei einzelnen, besonders substantiven Indigosolmarken ist laut *brit. P. 445.224* von Durand & Huguenin (Wengraf's Ber. 1936, Juniheft, S. 15) die reservierende Wirkung der Rapidechtdruckfarben ungenügend. In diesem Falle wird empfohlen, der Reserve aus Zinkweiss und Rapidechtfarbstoff quaternäre Ammoniumbasen wie das Trimethylphenylammoniummethylsulfat zuzugeben; dabei druckt man auf unpräparierte Ware, entwickelt in saurem Dampf und klotzt dann mit der Indigosollösung. Die Marken Indigosolgrün IB — das Estersalz des Dimethoxybenzanthrons, — entsprechend dem Indanthrenbrillantgrün B (Caledon Jade Green B oder dem Solanthrengrün B)- und Indigosololivgrün IB besitzen eine sehr hohe Substantivität gegenüber der pflanzlichen Faser, weswegen sie sich nicht weiss reservieren lassen, ebenso wenig wie die schwach substantiven Marken Indigosolblau IBC und Indigosolbraun IBR; besonders zeigen die Reserven unter Indigosolgrün IB einen schmutzigen Rosastich.

Eine Reihe von Arbeiten wurde einerseits von Durand & Huguenin und anderseits von der Imp. Chem. Ind. ausgeführt, um in derartigen Fällen reine Weissreserven zu erhalten.

Gemäss den *franz. P. 785.532; D.R.P. 636.208* und *brit. P. 433.865* werden als reservierende Mittel Pyridiniumabkömmlinge verwendet. Man druckt eine Farbe vor, die auf 650 g Verdickung und 300 g Wasser 50 g Benzylpyridiniumchlorid enthält, trocknet und pflatscht in einer nitrithaltigen Indigosollösung (Soledon Jade Green), trocknet, entwickelt in einem Schwefelsäurebad, wäscht und seift (R.G.M.C. 1936, S. 211; 1937, S. 428). Laut letztgenanntem Patent kann man die quaternären Ammoniumverbindungen allein ohne Zusatz von Reduktionsmitteln oder Alkalien als Reservierungsmittel anwenden (Wengraf's Ber. 1935, Oktoberheft). Im *franz. Zusatz-P. 46.429* zum *franz. P. 785.532* — entsprechend dem *brit. P. 440.573* — bemerkt die gleiche Firma, dass noch bessere Resultate mit anderen quaternären Ammoniumverbindungen als Pyridinium- oder Chinoliniumverbindungen erhältlich sind. Das Patent nennt hier das Leukotrop O (Dimethylphenylbenzylammoniumchlorid)[1]), das mit Pottasche und Formaldehydsulfoxylat aufgedruckt wird. Hierher gehören ferner die Patente der Imp. Chem. Ind. *franz. P. 789.925; D.R.P. 636.823* und *brit. P. 441.330,* 1935. Die Reserven unter Indigosolgrün IB oder Soledon Jade Green bestehen aus quaternären Phosphonium- oder Sulfoniumverbindungen mit langer Kohlenstoffkette, z. B. dem Cetyltrimethylphosphoniumbromid (aus Trimethylphosphin und Cetylbromid), aus dem Methylsulfat des Dimethylcetylsulfoniums usw.[2]).

Quaternäre Basen werden auch im *D.R.P. 626.686; franz. P. 788.336* und *brit. P. 445.224* von Durand & Huguenin als Reservierungsmittel genannt. Der sodahaltigen Druckfarbe gibt man z. B. Benzylphenylammoniumchlorid oder Triphenylammoniummethylsulfat zu[3]).

Die Reserven unter Indigosolen werden im *amer. P. 2.182.140,* D.H.-E. Tschan, beschrieben. Das Reserveverfahren besteht darin, dass man auf das Gewebe eine alkalische Farbe druckt, die Dimethylbenzylphenylammoniumchlorid oder eine ähnliche, wasserlösliche Substanz enthält, von der folgenden allgemeinen Formel:

$$(R_1)(R_2)(R_3)(R_4)N{-}X \qquad C_6H_5{-}CH_2{-}N(CH_3)_2(C_6H_5){-}Cl$$

wo R_1, R_2, R_3, R_4, Alkyl-, Aralkyl- oder Aryl-Reste, die keine Sulfo- oder Karboxyl-Gruppen enthalten, darstellen; X ist ein Säurerest.

Das in Frage stehende Patent scheint keine wirkliche Neuerung zu bringen, da die Verwendung von Dimethylbenzylphenylammoniumchlorid als Reservierungsmittel unter Indigosolklotz schon früher in mehreren vorhergehenden Patenten der Imp. Chem. Ind. beschrieben wurde.

Das *D.R.P. 627.068* derselben Firma empfiehlt als weitere Ausarbeitung des *D.R.P. 626.686* bei der Buntreservierung mit Farben aus quaternären Ammoniumverbindungen mit Rapidogenen oder Rapidechtfarbstoffen, nach dem Druck und vor dem Klotzen sauer zu dämpfen (R.G.M.C. 1936, S. 125 und 1938, S. 22).

Einen weiteren Schritt in der Erzeugung von Reserven unter Indigosolfärbungen stellen die nachstehend besprochenen Verfahren der Imp. Chem. Ind. dar. Das *brit. P. 491.931* geht auch von quaternären Ammoniumbasen aus, doch ist hier das N-Atom mit einem

[1]) Auf diesem Prinzip scheint das unter dem Namen Soledon Resist A (Dimethylphenylbenzylammoniumchlorid (Leukotrop O) bekannte Produkt der Imp. Chem.-Ind., welches sich von einer quaternären Ammoniumbase ableitet, aufgebaut zu sein.

[2]) R.G.M.C. 1936, S. 388 und 1938, S. 22; Wengraf's Ber. 1936, März, S. 17.

[3]) R.G.M.C. 1937, S. 38 und Wengraf's Ber. 1936, Februar- und Märzheft.

höheren Fettsäurerest durch eine Brücke verbunden, die in der Regel durch einen Aminorest gebildet wird. Als schematische Formel dient:

$$\begin{array}{c} R_1\ R_2\ R_3 \\ \diagdown\ \vdots\ \diagup \\ R{-}X{-}CH_2{-}N{-}Y \end{array} \qquad X = {-}NH{-}\ \text{usw.}$$

so z. B. das Stearylamidomethylpyridiniumchlorid.

Die bekannte und vorerwähnte Reservewirkung der quaternären Ammoniumverbindungen wird also hier durch die Angliederung der langen Kohlenstoffkette verstärkt, und zwar offenbar durch eine mechanische Filmbildung an der Faseroberfläche, wie sie in gleicher Weise in der Appretur (Velanverfahren) benützt wird. Die Möglichkeit der Herstellung von Buntreserven mittels Rapidechtfarben ist in diesem Patent ebenfalls vorgesehen. Eine Fortbildung des Prinzips der Reservierung mit wasserabstossenden Oberflächenschichten findet man in den *brit. P. 489.235* und *492.157.* Hier wird durch die Einwirkung von aliphatischen und aromatischen Isocyanaten auf die Faser eine Immunwirkung ausgeübt, welche in erster Linie dazu führt, dass sich die behandelten Zellulosepartien nicht mehr mit substantiven, wohl aber mit Azetatfarbstoffen anfärben lassen. Eine Übertragung dieser Verfahrensweise auf die Reservierung von Indigosolfärbungen, nach welcher man eine Emulsion eines solchen Isocyanats (z. B. des Heptadezylisocyanats) auf diese Weise vordruckt, dämpft und dann mit einer Indigosol- und Nitritlösung klotzt, gestattet ebenfalls die Fabrikation von guten, weissen und mit Rapidechtfarbstoffen illuminierbaren Reserven. In ähnlicher Weise beschreibt auch das *franz. P. 835.079* der gleichen Firma eine Reserve auf Grund der Bildung einer wasserabstossenden örtlichen Schicht. Die Analogie mit den Velanappreturen ist hier um so eher gegeben, weil die Trocknung in zwei getrennten Teilvorgängen (erst gelinde Trocknung, dann scharfe Überhitzung, im Englischen als „Baking“, d. i. Backen, bezeichnet) hier wie dort die oberflächliche Veränderung der Zellulose durch Esterifizierung bewirken soll.

Diese Reserven unter Indigosolfarbstoffen werden durch Aufdrucken von Druckpasten, welche quaternäre Ammoniumbasen mit hochmolekularen Substituenten enthalten, hergestellt. Der schwefelsaure Leukoester bildet mit diesen Ammoniumbasen farblose, der Einwirkung von Alkalien widerstehende Niederschläge, so dass an den bedruckten Stellen der Farbstoff nicht mehr aus seinem Leukoester zurückgebildet werden kann. Um diese harzigen Niederschläge von der Faser zu entfernen, muss die Ware sehr energisch geseift werden. Dies kann verhütet werden, wenn man das quaternäre Ammoniumderivat durch eine Verbindung ersetzt, deren aliphatische Kette mit dem Stickstoff durch eine Schwefel- oder Sauerstoffbrücke verbunden ist.

An den bedruckten Stellen bildet sich kein wasserabstossender Niederschlag, wie er mit Velan erhalten wird, und der das Eindringen der Farbstofflösung in das Gewebe verhindert.

Als Beispiel wird im Patent das Chlorid des Stearylamidomethylpyridiniums angegeben. Wie für Velan, wird auch hier nach dem Drucken zuerst leicht getrocknet, um eine Zersetzung des Produktes zu verhüten, und dann erst auf 110° erhitzt.

Das Prinzip des Verfahrens, das zu dem *franz. P. 836.146* der Imp. Chem. Ind. Veranlassung gab, besteht darin, dass man stellenweise dem Gewebe eine wasserabstossende Eigenschaft verleiht, die imstande ist, das Eindringen des Färbebades und das Fixieren des Farbstoffes zu verhindern (das *franz. P. 835.079* derselben Firma beschreibt ein ähnliches Verfahren).

Man druckt eine Emulsion eines Alkaliisocyanates mit hohem Molekulargewicht, z. B. das Heptadezylisocyanat, die das Gewebe stellenweise zu hydrophobieren vermag und als mechanische Reserve wirkt. Wie es gelegentlich der Anwendung des Velans vermerkt wurde, ist es unvermeidlich, nach dem Drucken bei niedriger Temperatur zu trocknen, um dann die Reaktion, in Gegenwart von Dampf, bei hoher Temperatur durchzuführen.

Für die Buntreserven verwendet man Küpenfarbstoffe, während die Färbung mit substantiven und insbesondere mit Indigosolfarbstoffen ausgeführt werden kann.

Die Reserve besteht zum Beispiel aus einem Küpenfarbstoff (Flavanthren) und dem Heptadezylisocyanat; man druckt und pflatscht mit einer Indigosollösung. Man kann die Reserve auch auf ein Gewebe drucken, das vorher mit Naphtol imprägniert wurde und dann in einer Diazolösung entwickeln. Die Verwendung von Chromfarbstoffen für die Färbung kann ebenfalls in Frage kommen.

Abweichend von dieser Arbeitsweise gehen die Patente der Imp. Chem. Ind. *D.R.P. 636.209; franz. P. 786.445; amer. P. 2.074.197* und *2.090.890; brit. P. 435.111* so vor, dass zur Reservierung auf der Faser Metallsalze der Indigosole, wie das Zinn-, Aluminium- oder Eisensalz, oder Verbindungen mit Ammonium- oder Kalialaun gebildet werden, die nicht mehr fixierbar sind (R.G.M.C. 1936, S. 211).

Ganz abweichend hiervon arbeitet ein Verfahren von Durand & Huguenin laut *franz. P. 793.279* oder *D.R.P. 636.995*, 1935 (vgl. R.G.M.C. 1937, S. 123 und 1938, S. 23) mit vorwiegend mechanischen Mitteln. Als Reserven werden hier albuminoide Körper (Leim, Gelatine, Proteine) verwendet; dieses Patent deckt sich mit dem im Handel als Reserve X (Reserve T von Geigy) bekannten Produkt.

Die Druckfarbe ist zu gleichen Teilen aus Leimverdickung 1 : 3 und Tragantverdickung 80/1000 zusammengesetzt; ein Zusatz von kalz. Soda und etwas Leukotrop O wird empfohlen. Bei sehr feinen

Geweben führt eine alkalische Einstellung (Formaldehydsulfoxylat + Natriumkarbonat + Reserve X) zu unsicheren Ergebnissen, weshalb man in solchen Fällen mit sauer eingestellten Druckfarben der Reserve X besser zum Ziel kommt. Man druckt dann auf die weisse Ware eine Farbe vor, die aus

I

50 T.	Natriumbisulfat in
130 T.	Wasser gelöst,
500 T.	Reserve X 2:3
200 T.	Industriegummiverdickung
20 T.	Leukotrop O und
100 T.	Titanoxyd 1:1 mit Wasser
1000 g	

II

100 g	Titanoxyd/Glyzerin 1:1
100 g	Natriumkarbonat
370 g	Reserve X 2:3
30 g	Eiweiss 1:1
30 g	Wasser
350 g	Desatinol DH
20 g	Leukotrop O (Leukofix J)
1000 g	

III

100 g	Titanoxyd/Glyzerin 1:1
100 g	Natriumkarbonat
370 g	Reserve X 2:3
30 g	Eiweiss 1:1
50 g	Wasser
350 g	Desatinol DH
1000 g	

besteht.

Nach dem Drucken wird 5 Minuten gedämpft (nur bei gleichzeitigem Druck von Küpenfarbstoffen), auf dem Foulard durch ein Bad von verdicktem Indigosolfarbstoff und Nitrit genommen und wie üblich mit Säure entwickelt. Das Reserve X-Verfahren ist im Handbuch von Durand & Huguenin A.G., 2. Ausg., S. 129, genau beschrieben. Hierzu gibt noch Nestelberger (Mell. 1938, *19*, S. 590) einige sehr wissenswerte Einzelheiten. Als Verdickung soll man sich eine Mischung von Leim und Industriegummi ansetzen, die man während des Kochens mit Harnstoff oder Resorzin versetzt, um ein Gerinnen zu vermeiden. Die fertige Reservefarbe enthält neben dieser Verdickung Soda (besser als die hygroskopische Pottasche), Formaldehydsulfoxylat und Leukotrop W. Man kann ihr als Buntfarbstoffe Küpenfarbstoffe zusetzen. Wenn man Rapidogene anwenden will, muss man die Druckfarbe entsprechend durch Zusatz von Zinkoxyd und Thiosulfat abändern.

Reserven von Indigosolfarbstoffen unter Indigosolfärbungen bilden den Gegenstand der Patente *D.R.P. 645.469; brit. P. 469.843* und *franz. P. 803.590* von Durand & Huguenin aus dem Jahre 1936. Die Reservefarbe enthält Nitrit, Indigosolfarbstoff, Phenol, Harnstoff und Zinkweisspaste. Nach dem Trocknen klotzt man mit einer nitrithaltigen Indigosollösung und entwickelt ohne Zwischentrocknung in einem 70° C warmen Bad von 20 cm^3 Schwefelsäure 66° Bé im Liter. Dann spült man, neutralisiert, seift kochend, spült und trocknet. Auf diese Art können bemerkenswerterweise alle Indigosolmarken herangezogen werden, während nach früheren Arbeitsweisen die Reservierung leicht oxydierbarer Indigosole durch schwer oxydierbare Typen unmöglich war (Wengraf's Ber. 1936, Novemberheft, S. 15; *D.R.P. 441.371*, 1925).

Ein anderes Reserveverfahren unter Indigosolfärbungen beschreibt das *brit. P. 393.381* der Bleachers Ass., welchem der folgende Gedanke zugrunde liegt: man druckt auf weisse Ware ein verdicktes Metallsalz ($CuSO_4$) auf; das Klotzbad enthält neben dem Indigosol einen Körper, der mit dem Kupfersulfat einen Niederschlag in Form eines unlöslichen Films bildet, so z. B. Ferrocyankalium. Der Indigosolfarbstoff, der an den Druckstellen nicht eindringen kann, wird im Dampf durch das Kupfersulfat (Ferrocyankupfer) oxydiert und fällt dann ab. Zur Verbesserung des mechanischen Reserveeffektes gibt man essigsaure Tonerde hinzu und als Verdickung nimmt man Johannisbrotkernmehl. Die Erfinder behaupten, auch in solchen Fällen nach ihrer Methode Indigosolfärbungen reservieren zu können, wo die gewöhnlichen alkalischen Reserven versagen. (Bezüglich des Verfahrens vgl. auch Kap. I u. IV dieses Buches: Patente von Parker-Schwabe: *brit. P. 386.365, 421.466; amer. P. 2.031.546; D.R.P. 629.895, 638.755, 642.581;* R.G.M.C. 1938, S. 103, 225).

Laut *amer. P. 2.298.147* (eing. 13. Juli 1940, ert. 6. Oktober 1942) beobachtete Du Pont de Nemours, dass man auf einem mit Indigosolen gefärbten Fond Weisseffekte erzeugen kann, welche sich durch ihre Nuancenreinheit, ihre scharfen Konturen und ihren vorzüglichen Griff auszeichnen. Man verfährt dabei wie folgt: man bedruckt das Gewebe mit einer Emulsion, die Wachs und ein hydrolisierbares Aluminiumsalz enthält, dann wird möglichst rasch getrocknet, um die bedruckten Stellen hydrophob zu machen, worauf mit einer Indigosollösung gefärbt wird.

Um Buntreserven zu erzielen, fügt man der Emulsion einen Küpenfarbstoff zu.

Beispiel: Man stellt eine Druckpaste her durch Vermischen von

10 T. 6,6'-Diäthoxy-2,2'-bisthionaphtenindigo (Algolorange RF)
8 T. Natriumformaldehydsulfoxylat
10 T. Kaliumkarbonat
48 T. Gummiverdickung
15 T. Emulsion auf Basis von Wachs und Aluminiumazetat
9 T. Wasser

100 T.

Man druckt diese Paste auf das Gewebe, trocknet scharf, dämpft 5 Minuten in einem Schnelldämpfer und färbt mit einer 1%igen Natriumnitrit enthaltenden Lösung von 0,5% Indigosolgrün IB. Nach dem Abquetschen der Ware wird in einem 60—70° C warmen Bad, das ½% Natriumbichromat und ¼% Schwefelsäure enthält, oxydiert, dann gewaschen, geseift, gespült und getrocknet.

Die Erfindung, die den Gegenstand des *amer. P. 2.298.147* bildet, bezieht sich auf die Herstellung rein weisser Ätzeffekte unter Indigosolfärbungen, die sich gegenüber den auf übliche Weise hergestellten Weisseffekten durch besondere Weichheit auszeichnen, sowie auf die Herstellung küpengefärbter Bunteffekte, deren Vorteile in der Reinheit der Farbtöne, sowie den besonders scharfen Konturen bestehen.

Zur Erzeugung einer Weissreserve wird die Ware mit einer Emulsion aus Wachs und einem hydrolysierbaren Aluminiumsalz bedruckt und möglichst rasch auf heissen Zylindern getrocknet. Dadurch wird den bedruckten Stellen eine wasserabstossende Wirkung verliehen, die es erlaubt, nachträglich die Ware auf übliche Weise mit Küpenfarbstoffen oder mit Schwefelsäureestern der Leukoverbindungen auszufärben.

Zur Erzeugung von Buntilluminationen wird obengenannte Emulsion zusammen mit einer Küpendruckfarbe aufgedruckt, auf heissen Zylindern möglichst rasch getrocknet, 5—10 Minuten gedämpft, mit Schwefelsäureestern der Leukoverbindungen von Küpenfarbstoffen gefärbt und entwickelt.

Beispiel:

12,5 T.	Asiatic Wax[1])
12,5 T.	Paraffinöl
10 T.	Leim 10%ig
4,8 T.	Aluminiumazetat
60,2 T.	Wasser
100 T.	

Die Emulsion wird aufgedruckt und auf heissen Zylindern während 2 Minuten getrocknet. Die bedruckte Ware wird dann ausgefärbt in einer 2%igen Lösung des Leukoschwefelsäureesters von Dimethoxydibenzanthron (Indigosolgrün IB) enthaltend 2% Natriumnitrit.

Die Ware wird abgequetscht und in einem Bad, enthaltend ½% Schwefelsäure, bei 70—80° C entwickelt und gespült.

Ein von Scheurer, Lauth & Cie. in Thann (1949) geschütztes Reserveverfahren ist im *franz. P. prov. 569.024* (11. März 1949) beschrieben und bezweckt, gewisse Schwierigkeiten der alten Verfahren (Unbeständigkeit der Farben, ungenügende Reservewirkung usw.) zu beheben, die dauerhafte Fixation von weissen oder farbigen Pigmenten

[1]) Asiatic Wax ist ein Paraffin-Wachs mit einem Schmelzpunkt von 61° C.

zu ermöglichen und folglich sehr reine Mattweiss zu erzeugen und endlich Reservefarben herzustellen, welche nach dem Drucken und Dämpfen ihre Reserveeigenschaften auf unbestimmte Zeit beibehalten.

Als Reservemittel benützt man ein Aminoformaldehydharz, dessen Reservierungsvermögen infolge seiner wasserabstossenden Eigenschaften sehr beträchtlich ist und durch Zusatz eines anderen Reservemittels z. B. Natriumformaldehydsulfoxylat gesteigert werden kann.

Die vorkondensierten Kunstharze besitzen neben ihrer reservierenden Fähigkeit noch besondere Fixationseigenschaften, welche weisse, der Druckfarbe zugesetzte Pigmente zu fixieren vermögen.

Nach diesem Verfahren ist es also möglich, Mattweissreserven von vorzüglicher Reinheit zu erzeugen. Zur Illustration des neuen Verfahrens erwähnen wir nachfolgendes Beispiel:

50—150 g	Melaminformaldehyd-Vorkondensat
450—300 g	Wasser
150—100 g	weisses Pigment (TiO_2)
100—100 g	Natriumformaldehydsulfoxylat
250—350 g	Verdickung (Stärke-Tragant)
1000 g	

Mit dieser Farbe bedruckt man ein weisses Gewebe, trocknet, dämpft während 6—8 Minuten und foulardiert in einem das Indigosol und Natriumnitrit enthaltenden Bad. Die Nachbehandlung erfolgt nach dem bekannten Nitritverfahren.

Über die Reservierung von Variaminblau B und von Anilinschwarz mittels Indigosolen wird später bei der Behandlung der einschlägigen Verfahren (Kapitel über Naphtolfarbstoffe bzw. über Anilinschwarz) ausführlich gesprochen werden.

Schliesslich wäre noch zu bemerken, dass man die Indigosole, ohne dass eine Tonveränderung beim Dämpfen eintritt, mit Ätzfarben aus Leukotrop und Formaldehydsulfoxylat mischen kann. Derartige Buntätzen können somit auf Küpenfärbungen leicht ausgeführt werden. Nach dem Dämpfen wird der Indigosolfarbstoff in einem Oxydationsbad entwickelt, der Benzyläther des Leukoküpenfarbstoffes dagegen durch ein heisses alkalisches Bad entfernt (R.G.M.C. 1933, S. 338 u. Mell. 1933, S. 312).

Als Beispiel einer derartigen Ätzfarbe soll die folgende Druckformel mitgeteilt werden:

50 g	Indigosolgrün IB Pulv.
50 g	Dehapan O oder Debesolvol IND
350 g	Britishgumverdickung
150 g	Soda
150 g	Formaldehydsulfoxylat
150 g	Leukotrop W
100 g	Zinkweisspaste 1:1
1000 g	

Nach dem Drucken wird 8 Minuten gedämpft und nachher die Indigosolätze durch eine Passage in einem Schwefelsäure enthaltenden Bad entwickelt.

Die Firma Durand & Huguenin A. G., in Basel, hat ein Verfahren herausgebracht, welches erlaubt, küpenfarbige Böden mit fast allen Indigosolen bunt zu ätzen.

Dieses Verfahren hat eine gewisse Bedeutung erhalten für Artikel, an welche die höchsten Echtheitsanforderungen gestellt werden, besonders wenn es sich um dunkel zu ätzende Böden handelt.

Das Verfahren wird wie folgt ausgeführt:

Man druckt auf küpenfarbigen ätzbaren Fond Farben auf, welche ausser den Indigosolen noch Hydrosulfit und Leukotrop enthalten, dämpft 8 Minuten, um den Fond zu ätzen und passiert nachher während 8 Sekunden bei 70° C breit durch ein Bad, welches pro Liter Wasser 20 g Natriumbichromat + 30 cm³ Schwefelsäure 66° Bé enthält. Nachher wird abgequetscht, gespült, kochend geseift, gespült und getrocknet.

Das Färben mit Indigosolen[1]).

Zweifellos haben die Indigosole auf dem Gebiet der Färberei eine verhältnismässig geringere Verbreitung gefunden als im Druck. Sie haben sich bei der Herstellung heller und mittlerer Töne bei gewissen Warengattungen eingeführt, während bei der Erzeugung dunkler Farbtöne die Küpenfarbstoffe weiter ihren Platz behauptet haben.

Eine neue Anwendung der Indigosole in der Färberei, nämlich die Färbung der Viskose und der Azetatseide in der Spinnmasse, wurde von H. Dosne gefunden und auch praktisch vollkommen ausgearbeitet. Die Verfahren sind durch zahlreiche Patente geschützt *(D.R.P. 623,118* und *624.170; franz. P. 760.350* und *775.096; brit. P. 403.049; amer. P. 2.041.907; schweiz. P. 173.686; holl. P. 38.311; jap. P. 107.870*; vgl. R.G.M.C. 1934, S. 297 und 1937, S. 328). Der Erfindungsgedanke besteht darin, der Viskose eine Lösung von Indigosol einzuverleiben und die Fällung der Viskose gleichzeitig mit der Entwicklung des Farbstoffes im sauren Bad durchzuführen. Dabei ist der Zusatz der Indigosollösungen, welche gegen Luftsauerstoff und oxydierende Mittel in alkalischen Massen beständig sind, zur Viskosemasse glatt ausführbar; die beiden Flüssigkeiten sind vollkommen miteinander mischbar. Nach dem Spinnen werden die Spulen oder die Kuchen in einem Bad, welches Natriumnitrit und Schwefelsäure ent-

---

[1]) Siehe auch C. Dierkes, Fortschritte auf dem Gebiet der Indigosolfärberei, Allg. Textilzeitschrift 1944, S. 149; Mell. 1944, S. 248, sowie Durand & Huguenin, Ratgeber, III. T., 2. Auflage.

hält, entwickelt. Die Abänderung, die im *franz. P. 775.096* beschrieben wird, besteht darin, die feingemahlenen Indigosole ohne vorherige Lösung in der Spinnmasse zu verteilen. Es sei bemerkt, dass das Verfahren in Frankreich und in anderen Ländern im Grossbetrieb ausgeführt wird und dass die Produkte unter dem Handelsnamen Strascolor verkauft werden.

Was das Färben der Azetylzellulose in der Spinnmasse anbelangt, so können die Indigosole hier in der Azetonlösung (oder Äther-Alkohollösung bei Nitroseiden) nur dann verteilt werden, wenn man sie vorher in einem spezifischen Lösungsmittel löst. Als solche werden Dioxan, Diäthylenoxyd, verschiedene Glykole, Äther und Ester angegeben. Die Spinnmassen werden dann wie gewöhnlich ausgesponnen, und die Fadenfärbung wird in einem sauren Bad entwickelt. Die Schwierigkeit bei diesem, von Dosne durch das *D.R.P. 637.829* geschützte Verfahren, besteht in der Veränderung (Verdünnung) der ursprünglichen Spinnmasse. Als Abhilfe gibt deshalb der Erfinder im *D.R.P. 647.418*, 1934 folgende Arbeitsweise an: man setzt das feingepulverte Indigosol unmittelbar einer Spinnlösung von Azetylzellulose in Azeton und Alkohol zu, worauf die Lösung selbsttätig nach 3 Stunden eintritt.

Andere Patente betreffen ebenfalls dieses interessante Problem der Färbung der Viskose in der Spinnmasse, doch schlagen sie an Stelle der Indigosole Schwefel- und Küpenfarbstoffe vor. So haben schon im Jahre 1922 einerseits Meister, Lucius und Brüning, andererseits Courtaulds die Einverleibung von reduzierten Küpenfarbstoffen in die Viskosemasse beschrieben; in dieser Form werden die Farbstoffe weder durch die Zelluloselösung noch durch das Spinnbad verändert, und sie gestatten auf einfache Weise die Wiederoxydation innerhalb der Faser beim Waschprozess. Immerhin haben technische Schwierigkeiten in der Ausführung, wie z. B. Ausflockungen in der Masse, Unregelmässigkeiten im Ausfall des Farbtons, Verstopfung der Spinndüsen, die Ausnützung dieses Verfahrens erschwert. Darum empfiehlt Courtaulds im *brit. P. 427.134* den Zusatz von Lösungsmitteln, um die verküpten Farbstoffe in feiner Verteilung innerhalb der Masse zu erhalten, während ein Verfahren der I.G., *franz. P. 782.232*, darauf beruht, die Küpenfarbstoffe selbst — also nicht im reduzierten Zustand — möglichst fein in der Viskose zu verteilen, sie erst nach dem Ausspinnen mittels einer alkalischen Hydrosulfitlösung zu verküpen und dann in gewohnter Weise wieder zu oxydieren.

Gemäss dem *brit. P. 465.606* der I.G. bildet die rasche Wiederoxydierbarkeit der Leukoküpenfarbstoffe den Hauptgrund der Ausscheidung fester Partikel, welche die Spinndüsen verstopfen. Deshalb werden hier solche Reduktionsprodukte von Küpenfarbstoffen verwendet, die durch eine besondere Behandlung schwerer als sonst wiederoxydierbar sind; die so erhaltenen Produkte sind jedoch auch in Alkalien schwerer löslich als die gewöhnlichen Leukoprodukte, so dass man in diesem Falle bei ihrer Anwendung von dispergierenden Mitteln Gebrauch machen muss. Nach den in diesem Patent befindlichen Beispielen reduziert man die Küpenfarbstoffe mit Hydrosulfit in ammoniakalischer Lösung.

Zahlreiche Arbeiten, welche die Indigosolfärberei von Baumwoll- und Kunstseidenstückwaren betreffen, haben zu den in der Färbereitechnik allgemein aufgenommenen Arbeitsweisen geführt. Durch ihre gute Egalisierungs- und Durchdringungsfähigkeit waren die Indigosole ganz besonders dazu berufen, eine entscheidende Rolle in der Foulardfärberei bei der Herstellung heller Töne zu spielen. Obwohl man sie auch auf dem Jigger oder in der Kontinueküpe färben kann, bringt die Färberei im kurzen Bad, also eben auf dem Foulard, die besten Ergebnisse. Diese Färbeweise ist also die geeignetste für die Indigosole. Am meisten ist das Nitritverfahren im Gebrauch. Man klotzt, um eine Erschöpfung der Bäder zu vermeiden, in möglichst kleinen Trögen und daher mit sehr kurzer Flotte und bei einer Temperatur zwischen 60—90° C.

Die Indigosole haben den grossen Vorteil, dass mit ihnen ohne jede Schwierigkeit sehr gute Färbungen erzielt werden können. Die Zusammensetzung des Färbebades ist infolgedessen sehr einfach und in den meisten Fällen erübrigt sich ein Zusatz von Hilfsmitteln (Egalisiermittel). Jedoch ist es hier ebenfalls vorteilhaft, dass sich die Benetzung der Ware so schnell wie möglich vollzieht. Aus diesem Grunde ist die Anwendung von Nekal BX extra stark (0,5—1 g pro Liter Flotte) oder irgendeines entsprechenden säurebeständigen Netzmittels, z. B. Surfactol DH zu empfehlen.

Zellulose-Sulfitablauge (Dekol Pulver, Cellex, Unipan A usw.) in Mengen von 1,5—2,5 g pro Liter wirkt sich ebenfalls als Schutzkolloid beim Färben und Entwickeln der Indigosole im Einbadverfahren vorteilhaft aus. Dieses Produkt hält die oxydierten Farbstoffpartikel in Lösung und verhindert aus diesem Grunde die Fleckenbildung. Im übrigen ist die Zellulose-Sulfitablauge auch ein ausgezeichnetes Schutzmittel gegen die Überoxydation einiger Indigosolfarbstoffe (Indigosolblau IBC, Indigosololivgrün IB)[1]. Zum selben Zweck wurde von der Firma Durand & Huguenin hier das Unipan A empfohlen, das sowohl als Schutzkolloid und Schutzmittel gegen die Überoxydation wirkt.

Einige Indigosolfarbstoffe werden während der Entwicklung leicht überoxydiert, so dass ihre Anwendung in der Färberei in Mischung mit anderen Indigosolen auf Schwierigkeiten stösst.

---

[1]) Drapal, Mell. 1940, S. 235.

Laut *brit. P. 503.699* und *amer. P. 2.234.301* von Durand & Huguenin kann dieser Übelstand durch Zusatz von o- oder p-dihydroxylierten oder von o- oder p-aminohydroxylierten Substanzen zum Oxydationsbad behoben werden. Die Anwendung dieser Produkte beruht auf ihrer Eigenschaft, sich leicht durch Oxydation in Chinone überführen zu lassen. Das Patent führt als Beispiele Brenzkatechin und Hydrochinon an.

Die Indigosole verhalten sich bekanntlich verschieden gegenüber sauren Oxydationsmitteln (siehe S. 428); während einzelne dieser Farbstoffe eine sehr energische Wirkung verlangen, neigen andere, leicht oxydierbare Typen zu einer Überoxydation. Schwierigkeiten erwachsen, wenn leicht und schwer oxydierbare Indigosole in einem Bad entwickelt werden müssen.

Es wurde nun laut *franz. P. 834.113; öst. P. 155.312* (Durand & Huguenin)[1]), welche wahrscheinlich dem obenerwähnten *brit. P. 503.699* entsprechen, gefunden, dass man ohne weiteres schwer oxydierbare Indigosole in einem Bad gemeinsam mit leicht oxydierbaren Indigosolen entwickeln kann, wenn man den Entwicklungsbädern Stoffe zusetzt, die leicht in Chinone oder ähnliche Körper übergehen. Hier werden z. B. das Hydrochinon, das 1,4-Naphtohydrochinon, das Pyrogallol usw. genannt, während ausdrücklich Metadioxykörper wie Resorzin ausgeschlossen werden. Die genannten Körper nehmen also offenbar zuerst als Schutzstoffe den Sauerstoff auf, um ihn wieder abzugeben. Auch wurde beobachtet, dass unter dem Einfluss direkten Sonnenlichts sonst leicht zersetzliche Indigosollösungen durch solche Zusätze weitgehend geschützt werden.

Der Vollständigkeit halber sei noch folgende Rezeptur eines Pflatschbades angegeben:

5 T. Indigosolblau IBC
1 T. Nekal BX
3 T. Hydrochinon
10 T. Natriumnitrit
———
1000 T. mit Wasser

Mit diesem Bade werden die Stücke auf einem Dreiwalzenfoulard bei 50—60° C gepflatscht und auf der Hotflue getrocknet. Hierauf wird auf dem Jigger in einer 2%igen Schwefelsäurelösung von 66° Bé bei 60° C während 1 Minute entwickelt, gewaschen und getrocknet. In Gegenwart von Hydrochinon wird die Färbung unter sonst gleichen Bedingungen weniger grünlich als ohne Zusatz dieses Produktes.

Diesbezüglich sei hier nochmals (siehe S. 429) erwähnt, dass Anthrasolsalz NO zum selben Zwecke verwendet wird. Insbesondere beim Färben von Indigosolblau IBC nach dem Nitritver-

[1]) Siehe auch *amer. P. 2.234.301*, Durand & Huguenin.

fahren läuft man Gefahr, dass die Nuance infolge Überoxydation umschlägt[1]).

Eine interessante Arbeit über das Färben der Indigosole oder Soledone der Imp. Chem. Ind. wurde von A. G. Hall (Amer. Dyestuff Rep. 1940, *29;* S. 58 und 68) veröffentlicht. Ausser einer eingehenden Beschreibung der chemischen Konstitution und Fabrikation dieser Farbstoffe enthält diese Veröffentlichung eine Zusammenstellung der Patente über Verfahren, welche die Überoxydation dieser Farbstoffe während des Fertigmachens verhindern sollen. In diesem Sinne soll Hydrochinon als Zusatz zur Druckfarbe oder zum Färbebad von ganz besonders günstigem Einfluss sein.

Als andere Puffersubstanzen werden Kupfer- und Ammoniumcyanide, Thiodiäthylenglykol, Thioharnstoff, aromatische o- oder p-Dihydroxy- und auch o- und p-Oxyaminoderivate genannt.

Andererseits lässt sich die Überoxydation durch Entwickeln dieser Farbstoffe in einem Oxydationsbad anstatt durch Dämpfen vermeiden. Als Reduktionsprodukte werden Zinnsalz und Titanchlorür angegeben; diese Substanzen können dem Oxydationsbad, welches Natriumnitrit als Oxydationsmittel enthält, anstandslos zugegeben werden.

Die richtige Zugabe des Nachsatzbades ist schwierig[2]). In Amerika bedient man sich eines besonders hierfür konstruierten Foulards. Das Stück geht zwischen den zwei nicht mit Stoff bombagierten Gummiwalzen durch. Um ein gutes Durchdringen der Färbeflotte zu sichern, lässt man von oben auf die obere Quetschwalze kurz vor der Ausdruckstelle Nachsatzbad zufliessen. Dieses Bad wird fast gänzlich vom Stück absorbiert; gleichzeitig wird das Stück von der unteren Walze durch das Bad aus dem Chassis imprägniert. Die Farblösung wird etwas dickflüssiger gehalten als üblich, um eine bessere Übertragung der Farbstofflösung durch die Walze des Foulards zu ermöglichen. Eine Zirkulationspumpe pumpt beständig das Bad aus dem Chassis in den oberen Farbbehälter, und die Zirkulation des Bades wird so geregelt, dass das Färbebad im Chassis immer auf gleicher Höhe bleibt.

Die Entwicklung der Indigosolfärbungen nach dem Eisenchloridverfahren wurde von Fairweather-Thomas (*amer. P. 1.886.947* der Imp. Chem. Ind.) dadurch verbessert, dass man dem Oxydationsbad eine gewisse Menge von Ferrosalzen oder von Salzen einer schwachen Säure, die mit dem Ferrisalz ein Doppelsalz ergeben, zusetzte. So vermeidet man die Überoxydation gewisser Indigosolfarbstoffe.

Nach dem *D.R.P. 568.003* bzw. *amer. P. 1.826.352* der Scottish Dyes Ltd. wird das Gewebe mit einer Lösung, welche den Indigosol-

---

1) *Belg. P. 445.960* der I. G. Farbenindustrie; Teintex 1943, S. 219.

2) Siehe nähere Angaben im Ratgeber der Firma Durand & Huguenin, Das Färben der Indigosole, III. Teil, 2. Auflage, S. 63—70.

(Soledon)-Farbstoff + Nitrit + Sulforizinat enthält, gepflatscht. Man dämpft sodann ohne Zwischentrocknung in einem gewöhnlichen Dämpfkasten, und darauf wird sofort, wie gewöhnlich, in einem heissen Säurebad entwickelt. Die Verfasser berichten, dass man sehr gleichmässige gute Durchfärbungen erhält; es ist jedoch schwer, sich die praktische Durchführung eines Verfahrens vorzustellen, bei welchem man eine nasse Ware durch den Dämpfer durchnehmen muss (R.G.M.C. 1936, S. 157).

Bei der Besprechung der Indigosoldruckverfahren wurden im abschliessenden Teil die Patente der I. G.: *brit. P. 443.588; franz. P. 777.558* und *D.R.P. 624.374* erwähnt, welche sich auf die Verbesserung der Farbstoffausbeute bei jenen Indigosolmarken beziehen, die eine schwache Affinität zur Faser haben. In der Z. f. ges. Text. Ind. 1936, S. 476 findet man nun weitere Einzelheiten, die das Färben mit Indigosolblau IBC betreffen; dieser Farbstoff neigt zur Überoxydation und gibt dann leicht ein grünstichiges Blau. Der Verfasser schlägt zur Verbesserung vor, auf 1 g Farbstoff 2 g Nitrit zu nehmen und nach dem Pflatschen zu trocknen, wodurch sowohl die Ausgiebigkeit als das Eindringen in die Faser gesteigert werden und Verluste an Farbstoff, der bekanntlich sehr wenig substantiv ist, vermieden werden. Es wurde laut *D.R.P. 627.276,* 1934 (Durand & Huguenin) beobachtet, dass Indigosolblau IBC eine grössere Affinität zur pflanzlichen Faser erhalten kann, wenn man den Lösungen eine kleine Menge einer organischen oder Mineralsäure zusammen mit einem Salz zusetzt (Essigsäure + Natriumsulfat). Es bildet sich dabei der Dischwefelsäureester, der eine sehr grosse Affinität zur pflanzlichen Faser besitzt.

Wir geben hier eine kurze Zusammenfassung der in der Praxis angewandten Arbeitsweisen[1]).

Das Nitritverfahren.

A. Das Klotzverfahren.

Zubereitung des Klotzbades:

Der Farbstoff wird unter ständigem Rühren mit heissem Wasser bis zur vollständigen Lösung versetzt. Dann wird der Lösung 1 g Natriumkarbonat kalz. (Solvay Soda) pro Liter und das nötige Quantum Natriumnitrit beigefügt. Diese Lösung giesst man dann in die entsprechende Menge warmes Wasser (50—60° C), welches eventuell mit etwas Tragantschleim verdickt ist. An Stelle von Tragant kann ebenfalls Cellapret (I.G.) oder Lobogomme 42 (L. Bouvard) als Verdickungsmittel verwendet werden. Die für die Entwicklung der Indigosolfarbstoffe nötige Nitritmenge muss jeweils den Bedingungen

[1]) Siehe auch: P. Colomb, Teintex 1942, S. 255.

und der Tiefe der Färbungen angepasst werden. Im allgemeinen wird eine Konzentration von 5—15 g Natriumnitrit pro Liter Färbeflotte für die meisten Indigosolmarken angewendet. Für Indigosolrot IFBB ausnahmsweise genügt schon eine Menge von 0,2—2 g Natriumnitrit für alle in Betracht kommenden Tontiefen.

Das Klotzen:

Die gut gebleichte und getrocknete Ware wird in einem Chassis mit 3 Walzen durch das auf 40—50° C erwärmte Färbebad genommen. Um die Affinität der Indigosolfarbstoffe auszugleichen, beschickt man vorerst das Chassis des Foulards mit einer etwas verdünnten Färbeflotte (beispielsweise 25 Liter Stammansatz + 4—7 Liter Wasser). Der Nachsatz erfolgt mit der Stammfarbe. Es ist hier darauf zu achten, dass sich das Niveau der Färbeflotte auf dem gleichen Stande hält, damit die Imprägnierungsdauer während des ganzen Arbeitsganges konstant bleibt (etwa 2 ½ Sekunden).

Nach der Passage durch das Klotzbad wird die Ware zwischen den Foulardwalzen abgequetscht. Der Abquetscheffekt beträgt ca. 100% des Gewichtes der Ware. Zwecks besserer Durchfärbung und Egalisierung gibt man der imprägnierten Ware eine Luftpassage von ca. 15 Sekunden.

Die Entwicklung:

Die Entwicklung wird in verdünnter Schwefelsäure (20 cm³ pro Liter Flotte) bei etwa 80° C während 2—3 Sekunden vorgenommen. Nach je 2 gefärbten Stücken setzt man dem Entwicklungsbad 1 Liter Schwefelsäure 25% Vol. zu. Um eine einwandfreie Entwicklung zu erreichen, ist nach der Passage im Säurebad eine Luftpassage von 20 bis 30 Sekunden notwendig. Kann diese Luftpassage nicht erfolgen, so muss die Dauer der Entwicklung im Schwefelsäurebad auf 8—10 Sekunden erhöht werden. Bei sehr oxydationsempfindlichen Indigosolfarbstoffen, wie Indigosolblau IBC, hat sich ein Zusatz von 2—3 g Anthrasolsalz NO bzw. Dehagen II pro Liter Entwicklungsbad sehr gut bewährt.

Die modernen Einrichtungen haben die Entwicklungsapparatur anschliessend an den Imprägnierungsfoulard angebaut. Die I. G.-Farbenindustrie beschreibt einen solchen Entwicklungsapparat, der in der Hauptsache aus einem V-förmigen Chassis besteht, in welches die warme Schwefelsäure aus einem hochstehenden Behälter durch zwei Verteilerröhren beiderseits der zu färbenden Ware unter das Niveau des Bades zugeführt wird. Dieses Chassis hat, infolge seiner geringen Breite, ein sehr kleines Fassungsvermögen (12—15 Liter für 80 cm breite Ware; 20 Liter für 100 cm breite Ware). Die Temperatur des Entwicklungsbades wird durch ein Wasserbad, in welches das Chassis eintaucht, konstant gehalten. (Siehe Abbildung im Aufsatz von P. Colomb, Teintex 1942, S. 255).

Das Gewebe ist nur sehr kurze Zeit in Berührung mit dem Entwicklungsbad; es muss von letzterem soviel wie möglich mitnehmen, so dass die Schwefelsäure rasch erneuert wird. Der Nachsatz der Schwefelsäure wird gewöhnlich so geregelt, dass ¼ bis ⅓ Liter Entwicklungsbad pro Minute durch das Überlaufrohr abläuft. Nach der Säurepassage folgt eine Luftpassage von 15—20 Sekunden. Die entwickelten Stücke werden in laufendem Wasser kalt gewaschen, in einer Lösung von 2 g Soda pro Liter (Nachsatz: 1 Liter 4%ige Sodalösung je 2 Stücke) neutralisiert und zum Schluss gespült. Für die Erzeugung satter Töne, insbesondere mit wenig substantiven Indigosolfarbstoffen, ist es von Vorteil, nach dem Klotzen zu trocknen und erst dann zu entwickeln. Diese Trocknung soll in der Hotflue, in der mechanischen Hänge oder im Spannrahmen erfolgen, aber nur wenn die Warmluftzufuhr gleichmässig auf beiden Seiten des Gewebes stattfindet. Die getrockneten Stücke müssen vor der Einwirkung des direkten Lichtes, der Feuchtigkeit und vor sauren Dämpfen geschützt werden.

Es wurde beobachtet, dass gewisse Indigosole mit einer freien Aminogruppe, z. B. der Leukoester des 1-Amino-2-anthrachinonyl-2′,3′-anthrachinoxazols (Indigosolrot IFBB), gegen die Einwirkung von salpetriger Säure empfindlich sind und deshalb egale Färbungen nach der üblichen Entwicklung mit Nitrit und Säure schwer zu erreichen sind.

Im *franz. P. 883.443*[1]) (eing. am 23. Juni 1942, ert. am 22. März 1943, veröfftl. am 5. Juli 1943, deutsche Prior. 12. April 1941) empfiehlt die I.G. Farbenindustrie, in Gegenwart von Thioharnstoff zu arbeiten; dadurch wird die schädliche Wirkung der salpetrigen Säure vollständig ausgeschaltet, sogar dann, wenn die Entwicklung sehr energisch verläuft.

Man benutzt beispielsweise ein Färbebad, welches pro Liter wie folgt angesetzt wird:

- 2,5 g Schwefelsäureester des Leukoderivates des 1-Amino-2-anthrachinonyl-2′,3′-anthrachinonoxazols (Indigosolrot IFBB)
- 2 g Natriumdiisobutylnaphtalinsulfonat (Nekal BX)
- 2 g Natriumkarbonat kalz.
- 25 g Natriumsulfat kalz.
- 5 g Natriumnitrit
- 5 g Thioharnstoff

Man foulardiert, passiert durch ein Schwefelsäurebad, spült und wäscht wie gewöhnlich.

[1]) Dieses *franz. P. 883.443* (siehe Druckverfahren Seite 429) entspricht den *D.R.P. 734.399* und *734.400* und bezieht sich auf das von der I.G. Farbenindustrie unter dem Namen Anthrasolsalz NO in den Handel gebrachte Produkt.

In einem späteren Patent, dem *franz. P. 904.183* (eing. am 10. Mai 1944, ert. am 19. Februar 1945, veröfftl. am 29. Oktober 1945, deutsche Prior. 30. März 1943) wird angezeigt, dass man an Stelle des Thioharnstoffes seine Stickstoffsubstitutionsprodukte verwenden kann, z. B. Guanidinthioharnstoff, Methylthioharnstoff usw., welche man dem Schwefelsäurebad zusetzt.

Man imprägniert beispielsweise ein Baumwollgewebe in einer Lösung, welche ein Indigosol (gegen salpetrige Säure empfindlich), Natriumnitrit und Natriumsulfat enthält. Darauf entwickelt man die Färbung in einem Schwefelsäurebad, dem man Guanidinthioharnstoff zugesetzt hat. Man erhält eine reine, gut entwickelte Nuance mit einer viel ausgeprägteren Egalität als ohne Zusatz von Guanidinthioharnstoff[1]).

B. Färben auf dem Jigger.

Für das Färben der Indigosole auf dem Jigger werden zwei Verfahren angewendet:

Nach dem Kaltentwicklungsverfahren werden ganz allgemein die leicht entwickelbaren Indigosole gefärbt. Dem Färbebad werden 25 g Natriumsulfat kalz. zugesetzt. Nach 4 Passagen oder minimal 15 Minuten wird im Schwefelsäure-Natriumnitrit-Bad kalt entwickelt.

Das Heiss-Entwicklungsverfahren gelangt bei den schwer entwickelbaren Indigosolen zur Anwendung. In diesem Falle wird das Nitrit (5—10 g/l) schon dem Grundierungsbad zugesetzt. Entwickelt wird im Schwefelsäurebad bei 65—75° C.

C. Färben auf der Haspelkufe.

Auf der Haspelkufe werden die Indigosole heute fast ausschliesslich nach dem Einbadverfahren gefärbt, wobei die Färbemethode weitgehend derjenigen für die Jigger-Färbung entspricht. Vor dem Oxydieren wird als Schutzkolloid zur Verhinderung des Ausfalles grober Farbstoffpartikel 1 g Unipan A (Durand & Huguenin) zugefügt.

Beim Färben von Indigosolblau IBC kann, um ein besseres Aufziehen des Farbstoffes zu erreichen, das Einbad-Essigsäure-Verfahren angewendet werden, wobei dem Grundierungsbad Ammoniak bzw. Natriumazetat und Essigsäure zugesetzt werden.

D. Färben von Stranggarn.

Vor allem für das Färben hart gezwirnter Garne sind die Indigosole gut geeignet. Die Färbevorschrift ist ähnlich derjenigen für die Haspelkufe, wobei für Strangware aber auch nach dem Zweibadverfahren gearbeitet werden kann.

[1]) Mit gleich gutem Erfolg können Dehagen FBB bzw. Dehagen II von Durand & Huguenin verwendet werden.

E. Färben auf mechanischen Färbeapparaten.

Auch für das Färben von Spulen, Spinnkuchen oder loser Ware auf mechanischen Färbeapparaten finden die Indigosole weitverbreitete Anwendung. Die Arbeitsweise auf säurefesten Apparaten ist ähnlich wie auf Haspel oder Wanne, wobei hier, wie auf der Wanne, auch nach dem Zweibadverfahren gefärbt werden kann.

Stehen nur gusseiserne Apparate zur Verfügung, so wird die Schwefelsäure durch Oxalsäure (10 g/l) ersetzt und die Oxydation bei 40° C durchgeführt.

Das Bichromatverfahren.

Dieses Verfahren, das nur im Klotzfärben verwendet wird, ist dem Nitritverfahren ähnlich, mit dem Unterschied, dass das Oxydationsmittel (Bichromat) dem Entwicklungsbad und nicht der Färbeflotte zugesetzt wird. Das Verdickungsmittel wird dem Färbebad nur dann beigefügt, wenn ohne dasselbe keine gute Durchfärbung und Egalität erzielt werden kann. Verwendet man an Stelle von Tragant ein anderes Verdickungsmittel, so muss festgestellt werden, ob keine Reaktion mit dem Bichromat stattfindet.

Die Färbeflotte wird wie folgt angesetzt:

0,1—8 g Indigosolfarbstoff werden in
500 g Wasser gelöst, dann
6—8 g Netzmittel und
50—150 g Tragantschleim 6% zugegeben und
auf 1000 g eingestellt

Pflatschen bei 60—80° C.

Entwicklungsbad.

	Für helle Nuancen (0,1—3 g Farbstoff)	Für dunkle Nuancen (3—10 g Farbstoff)
Natriumbichromat . . .	10 g	20 g
Schwefelsäure 66° Bé .	30 cm³	40 cm³
	auf 1 Liter einstellen	auf 1 Liter einstellen

Man entwickelt bei 35° C während 1—3 Sekunden mit nachfolgender Luftpassage oder 6—10 Sekunden in einer Rollenkufe. Nach diesem Verfahren erzielt man jedoch weniger schöne und lebhafte Farbtöne (wahrscheinlich infolge Überoxydation) als nach dem Nitritverfahren.

Die Echtheit der Färbungen kann nach dem *franz. P. 777.558* der I.G., das früher zitiert wurde, durch eine Vorbehandlung mit solchen Basen erhöht werden, die mit den Indigosolen unlösliche Verbindungen geben, so z. B. mit den oft genannten hochsubstituierten quaternären Ammonium-, Phosphonium- oder ternären Sulfoniumbasen (Oktadezylpyridiniumbromid, Triphenyldichlorbenzylphosphoniumchlorid).

Für die mechanische Durchführung der Indigosolfärberei wurde eine ganze Reihe von Spezialmaschinen konstruiert, so z. B. die Fibe-Maschine der Fa. Benninger A.G. in Uzwil, Schweiz (*D.R.P. 464.714* von J. Fischer in Hronow); der Hauptvorteil dieses Apparates liegt in der Möglichkeit, in einer ganz kurzen Flotte zu färben, im vierfachen Abquetscheffekt und in der Vermeidung jeglicher Spannung der zu behandelnden Gewebe. Ferner wäre noch die Färbemaschine von Haubold in Chemnitz, der Vierwalzenfoulard der Zittauer Maschinenfabrik und die Breitfärbemaschine „Anti-Mousse" der Etablissements A. Deck in Mülhausen zu nennen. (Einzelheiten sind im Handbuch von Durand & Huguenin, 2. Ausg., Bd. I, S. 204—210 und in Bd. III, 2. Aufl., S. 100—109 zu finden, ebenso in der Arbeit von K. Stierwaldt, Mell. 1936, S. 50, Spezialtrog für saure Entwicklung der Färbungen.)

Das Färben von Azetatkunstseide mit Indigosolen.

Wird Azetatkunstseide nach den üblichen Färbemethoden für Baumwolle oder Kunstseide mit Indigosolen gefärbt, so erhält man nur sehr schwache Färbungen. Andere Indigosolfärbeverfahren arbeiten mit Lösungs- und Quellungsmitteln, wodurch eine bessere Anfärbbarkeit hervorgerufen wird.

Ein neues, von Durand & Huguenin zum Patent angemeldetes Verfahren ermöglicht die Herstellung von kräftigen Färbungen auf einfache Weise, ohne dass Lösungs- und Quellungsmittel verwendet werden. Nach diesem Verfahren färbt man Azetatkunstseide mit Indigosolen in einem wässerigen, sauer reagierenden Bad, das ein organisches oder anorganisches Reduktionsmittel enthält, und entwickelt anschliessend in einem zweiten Bad auf übliche Weise mit Nitrit und Schwefelsäure. Der p_H-Wert des Färbebades liegt zwischen 1,4 und 2,5. Als Säuren eignen sich sowohl anorganische Säuren, wie Schwefelsäure, Salzsäure und Phosphorsäure, als auch organische Säuren, wie Ameisensäure, Essigsäure und Oxalsäure. Als Reduktionsmittel kommen die meisten der in der Färberei verwendeten Reduktionsmittel wie Natriumhydrosulfit, Schwefelnatrium, Thioharnstoff, Natriumsulfoxylatformaldehyd in Frage.

Die nach diesem Verfahren hergestellten Färbungen auf Azetatkunstseide besitzen ungefähr die gleichen Echtheitseigenschaften wie diejenigen von Baumwoll- und Viskosefärbungen. Das neue Verfahren eignet sich nicht nur für Gewebe und Garne aus Azetatkunstseide, sondern auch für Mischgewebe oder Gespinste aus Azetatkunstseide mit andern Materialien, wie z. B. Azetatkunstseide-Viskosekunstseide usw.

Die Färbevorschrift für das Färben von Azetatkunstseide mit Indigosolen lautet:

Das Färbebad wird angesetzt mit . .	0,1—2%	Indigosolfarbstoff
	1—2%	Rongalit C
	0,5%	Unipan A
	2—5%	Schwefelsäure 66° Bé
Man färbt während 45 Minuten bei 85° C und entwickelt alsdann während 15 Minuten in einem Bad, welches	10 g	Schwefelsäure 66° Bé
	1 g	Natriumnitrit enthält.

Nachher wird wie üblich fertiggemacht.

Die Färbevorschrift für das Färben von Mischgeweben aus Azetatkunstseide und Viskose mit Indigosolen lautet:

Man färbt im obengenannten Bad während 30 Minuten bei 85° C. Nach dieser Zeit lässt man die Temperatur des Färbebades im Laufe von 15 Minuten auf 50° C zurückfallen. Entwicklung und Fertigmachen wie oben angegeben.

Alle Gramm- bzw. Kubikzentimeter-Angaben verstehen sich pro Liter Flotte, während sich die Angaben in Prozent auf das Gewicht der zu färbenden Ware beziehen.

Die Anwendung der Indigosole auf Wolle und Naturseide[1]).

Druckverfahren.

Um eine gute Ausbeute zu erhalten, ist es unbedingt wichtig, die zu bedruckende Wolle vorher gut zu chloren, da die Indigosole auf ungechlorter Wolle nur mittelmässige Resultate ergeben. Das gebräuchlichste Druckverfahren besteht im Aufdruck von Natriumchlorat und Rhodanammonium oder organischen Säureestern (Developsol D), die im Dampf die nötigen Säuremengen abspalten (*öst. P. 124.716* von Durand & Huguenin und Bull Föd. 1, S. 134 und 259).

Indigosolfarbstoffe	60	60
Glyecin A oder Solentwickler GA	30	30
Wasser	205	60
Britishgumverdickung	500	500
Natriumchlorat 1:2	75	200
Solentwickler D	30	—
Rhodanammonium 1 :1	—	40
Vanadinsaures Ammonium 1:1000	100	100
Ammoniak 25%	—	10
	1000	1000

[1]) Hans Luttringhaus, Die Anwendung der Leukoester von Küpenfarbstoffen auf Wolle, Amer. Dyest. Rep. 1949, S. 173.

Nach dem Druck wird zuerst 5 Minuten im Schnelldämpfer und darauf ½ Stunde im Runddämpfer mit gesättigtem Dampf behandelt. Hierauf wird die Ware zunächst kalt und dann mit 50—60° C warmem Wasser gespült und getrocknet.

Nach dem *franz. P. 745.781* und *brit. P. 413.713*, 1922 soll es vorteilhaft sein, zuerst das Indigosol, Rhodanammonium und die Verdickung aufzudrucken und dann in saurem und oxydierendem Bad zu entwickeln. Das Verfahren ist bemerkenswert, weil sich die Fixierung in zwei Vorgängen vollzieht, nämlich zuerst in einem Aufziehen des Indigosols auf die Faser und zweitens in einer Entwicklung im sauren Oxydationsmittel. Dasselbe Verfahren bildet auch den Gegenstand des *D.R.P. 574.940* der I.G.-Sommer-Torinus (Bull. Föd. 1, S. 528).

Die Druckfarbe wird nach folgender Rezeptur vorbereitet:

Indigosolscharlach IB	50 g
Glyzerin	80 g
Glyecin A	50 g
Wasser	30 g
Ammoniumvanadat 1‰	200 g
Britishgumverdickung	550 g
Ammoniumrhodanid fest	40 g
Natriumazetat fest	60 g
	1060 g

Verschnitt:

Britishgumverdickung	550 g
Glyzerin	50 g
Ammoniumvanadat 1‰	50 g
Ammoniumrhodanid	40 g
Wasser	310 g
	1000 g

Nach dem Drucken wird getrocknet und dann 10 Minuten im Schnelldämpfer gedämpft. Die Entwicklung der gedruckten Farben findet durch eine Passage (Dauer 25 Sekunden) in einem mit 30 cm^3 Schwefelsäure 66° Bé und 30 g Natriumchlorat pro Liter beschickten Bad bei 90° C statt. Dann wird gespült, mit Igepon T geseift und gespült.

Die Farbe enthält kein Oxydationsmittel, aber ein im Dampf säureabspaltendes Mittel. Dieses hat den Zweck, im Dampf die freie Indigosolsäure zu erzeugen, die dann auf die Faser aufzieht. Ein Oxydationsmittel würde im Dampf sofort den Indigosolfarbstoff entwickeln, der dann nicht mehr auf das schwer farbstoffaufnehmende wollene Gewebe aufziehen könnte. Deswegen wird die Entwicklung erst nach dem Dämpfen im Oxydationsbad vollzogen. Um gute Resultate zu erzielen, muss die Wollware gut gechlort sein. Da hierbei Chloramine entstehen, ist darauf zu achten, dass dieselben während des Dämpfens nicht den Farbstoff entwickeln. Daher gibt man den Druckfarben vorteilhaft Natriumazetat zu.

Nach Durand & Huguenin (*D.R.P. 486.174*, 1927, siehe auch *brit. P. 296.648*, 1928 der I.G. Farbenindustrie) wird zur Entwicklung der Drucke mit Indigosolen ein Persulfat in Gegenwart einer starken Säure (HCl) benutzt. Dieses Verfahren ist auch für die Herstellung von Bunteffekten im Wolldruck von Interesse, indem die Wolle mit Reduktionssätzen + Indigosolen bedruckt und nach dem Dämpfen mit der Lösung eines Persulfates, das freie Säure enthält, behandelt wird. (*D.R.P. 504.628*, 1928. D. & H.)

Färbeverfahren.

Auf diesem Gebiet gibt es gewisse Schwierigkeiten, die besonders in der ungenügenden Reibechtheit liegen. Die geringe Reibechtheit der Indigosoldrucke auf Wolle macht sich besonders bei den Rosa- und Scharlachtönen bemerkbar. Eine Verbesserung dieses Fehlers soll nach dem *D.R.P. 516.669* (Durand & Huguenin) durch eine Nachbehandlung mit Hilfsmitteln, welche der Sapaminklasse angehören, erzielbar sein[1]). Diese Produkte sind kationaktive Verbindungen, die in saurem Bade Reinigungswirkungen ausüben, welche sonst den Seifen zukommen, daher der Name Indigosolseife W; in der Färberei kann man sie unmittelbar dem sauren Oxydationsbad zufügen. Die Färberei von Wollstückware wird im allgemeinen auf der Kufe vorgenommen; die hauptsächlich verwendeten Marken sind hier die Indigosole O und OR. Die Färberei wird in zwei getrennten Vorgängen durchgeführt: es wird zuerst der Indigosolfarbstoff aufgefärbt und darauf oxydiert. Das erste Bad enthält den Farbstoff, Glaubersalz, Ameisensäure und Rongalit, wobei man bei 40° C eingeht und dann die Temperatur unter Nachsatz von Schwefelsäure bis zum Kochen steigert. Das Reduktionsmittel hat den Zweck, eine vorzeitige Oxydation zu verhindern. Das Entwicklungsbad setzt man mit Schwefelsäure an und gibt portionenweise Nitrit zu.

Die Indigosole färben die tierische Faser in der Kälte an, wenn man dem Farbstoffbad ein alkalisches Mittel und einen reduzierenden Körper beigibt und dann in einem sauren Oxydationsbad (Persulfat — Schwefelsäure) entwickelt (*brit. P. 342.407* der I.G.-Neumann; Bull. Föd. 1, S. 69).

Nach der allgemeinen Färbevorschrift nach der, mit Ausnahme der Grün-Marken, von Indigosolbrillantviolett I4R, sowie Indigosol O und OR, alle Indisgosole gefärbt werden können, enthält das Färbebad Ammoniumsulfat und Essigsäure. Bei den angeführten Ausnahmen muss dem Färbebad noch ein Zusatz von Hydrosulfit NF gemacht werden.

[1]) Über die Sapamine, welche sich als unsymmetrische, mit höheren Fettsäureresten substituierte Derivate des Äthylendiamins charakterisieren lassen, wird Näheres im Kapitel über die substantiven Farbstoffe mitgeteilt werden (Kap. VI.).

Entwickelt wird mit Schwefelsäure und Kaliumbichromat in Gegenwart von Rhodanammonium bei 85—90° C.

Beim Färben von Indigosolfarbstoffen soll durch das Verfahren des *brit. P. 478.663* (Imp. Chem. Ind.) dem Übelstand abgeholfen werden, dass in Wolle-Zellwolle-Mischgeweben für den ersten Anteil saure, für den zweiten Anteil alkalische Flotten besser geeignet sind. Nach der vorliegenden Erfindung wird nun in einem heissen (60° C) Indigosolbad gepflatscht, welches überdies ein Quellmittel (ein Rhodansalz), ein Lösungsmittel (Solentwickler GA), eine säureabgebende Substanz (Diäthyltartrat) und ein Netzmittel enthält. Als letzteres wird ein Kondensationsprodukt empfohlen, das aus sulfonierten Petroleumfraktionen mit aliphatischen Alkoholen (Isopropylalkohol) nach dem *brit. P. 274.611,* 1927 der Brit. Dyest. Corp. hergestellt wird.

Die Entwicklung erfolgt dann durch Dämpfen bei 100° C und Behandlung in einer Persulfatlösung.

Laut *brit. P. 361.165* (Durand & Huguenin; Bull. Föd. 1, S. 142) vermeidet man die Überoxydation des Farbstoffes und zugleich die gelbe Antönung der Wollfaser im Entwicklungsbad durch Zusatz von Rhodanammonium oder Rhodankalium zum oxydierenden Bichromatbad. Hier ist eine Pufferwirkung anzunehmen. Als Beispiel wird angegeben, dass man Indigosol + Rhodanammonium vordruckt, dann in einem Bichromatbad unter Zusatz von Rhodansalz und schliesslich in einem sauren Bad entwickelt.

Indigosol O und OR, sowie Indigosolgrün IB und IGG werden mit Schwefelsäure und Natriumnitrit entwickelt. (Durand & Huguenin, Handbuch III. Teil, 2. Auflage.)

Es sei hier nochmals auf das *öst. P. 155.312* und das *franz. P. 834.113* von Durand & Huguenin (siehe S. 434) hingewiesen, in welchen die Schwierigkeiten hervorgehoben werden, denen man bei der gleichzeitigen Verwendung von mehreren Indigosolfarbstoffen im gleichen Färbebad begegnet. Wie schon oben erörtert wurde, neigen manche Indigosole zur Überoxydation, andere dagegen erheischen energischere Oxydation. Nach den Angaben der Erfinderfirma setzt man in diesen Fällen den Entwicklungsbädern Verbindungen zu, die leicht Chinon oder ähnliche Körper bilden. Diese wirken als Schutzkörper, die den Sauerstoff zuerst aufnehmen und dann wieder abgeben.

Endlich sei noch darauf aufmerksam gemacht, dass auch das Pyridin im Wolldruck mit Indigosolen hinsichtlich der Reibechtheit und der Ausgiebigkeit der Drucke gute Ergebnisse geliefert hat (Text. Rec. 1935, Maiheft). Auf der Anwendung des Pyridins beruht auch das *amer. P. 1.962.601* von Heberlein-Kundert (Bull. Föd. 2, S. 111). Hier wird eine bessere Durchdringung erzielt, wenn man der Farbe eine Pyridinbase, eine alkoholische Phenollösung und ein

Oxydationsmittel von schwacher Wirkung zusetzt und dann durch Imprägnierung in verdünnter Säure zur Entwicklung bringt.

Bei hohen Anforderungen an Licht- und Waschechtheit bei Wollartikeln, namentlich solchen aus schrumpffester Wolle, finden die Indigosole immer mehr Interesse, aber die Wollfärber haben noch wenig Erfahrung in deren Anwendung. Im Verhalten gegenüber Wolle haben die Indigosole eine ziemliche Ähnlichkeit mit den Säurefarbstoffen. So wird das Ausziehen durch Zusatz von Säure und durch Erhöhung der Temperatur gefördert und gleich wie bei Säurefarbstoffen spielt die Art der Säure für den Egalisiereffekt eine wichtige Rolle. Sie werden chemisch an die Faser gebunden und besitzen auch schon als Leukokörper eine gute Waschechtheit. Die Oxydation ist jedoch auf Wolle schwieriger durchzuführen als auf Baumwolle. Man nimmt an, dass sie sich mit der Sulfogruppe auf der Wolle fixieren und dann zu oxydieren sind. An Hand einiger Aufziehkurven für Indigosolblau O zeigt H. Luttringhaus[1]), dass das früher empfohlene Verfahren, mit Essigsäure zu färben und mit Schwefelsäure auszuziehen, falsch ist, indem mit der Essigsäure nur ca. $^2/_3$ des Farbstoffes allmählich aufziehen, der Zusatz der Schwefelsäure aber den Rest sehr rasch auf die Faser treibt, wodurch die Gefahr von unegalen Färbungen gegeben ist. Besser ist es, von Anfang an mit einem Zusatz von Schwefelsäure und Glaubersalz zu färben. Neuere Untersuchungen der übrigen Indigosole haben gezeigt, dass die meisten von ihnen bei einem p_H-Wert von 7 fast vollkommen ausziehen, namentlich die hochmolekularen anthrachinoiden Typen und die indigoiden mit Halogenatomen. In der Praxis setzt man dem neutralen Färbebad 2—10% Ammoniumsulfat zu und bringt den Farbstoff wenn nötig mit Essigsäure zum Ausziehen. Der p_H-Wert hat einen sehr starken Einfluss auf das Aufziehen der Indigosole. Vor dem Nuancieren sollte immer mit Ammoniak behandelt und auf mindestens 80° C abgekühlt werden. Ein Zusatz von Essigsäure ist nur bei dunkleren Färbungen nötig; im allgemeinen genügt Ammoniumsulfat, gegebenenfalls unter Zugabe von Glaubersalz. Zur Entwicklung der Nuance verwendet man Natriumbichromat in Gegenwart von Schwefelsäure. Indigosolgrün IB und Indigosolorange HR lassen sich auch mit Nitrit, einige andere Marken auch mit Kaliumpersulfat entwickeln. Mit Rücksicht auf Kombinationen wird am besten mit Bichromat oxydiert. Davon sind, auf das Wollgewicht berechnet, 0,7—3% nötig, je nach dem Flottenverhältnis. Um eine Überoxydation zu vermeiden und die Ablagerung von Chromoxyd auf der Faser zu verhindern, setzt man noch 1—3% Ammoniumrhodanid zu. Der Schwefelsäure-Zusatz beträgt im Mittel 10 g/l. Man beginnt lauwarm, steigert die Temperatur in 30 Minuten auf 85° C und behandelt eine weitere halbe Stunde bei dieser Temperatur.

[1]) Amer. Dyest. Rep. 1949, *38*, S. 172.

Dann wird gespült, mit kalter Sodalösung neutralisiert (2% Soda auf das Gewicht der Wolle, p_H ca. 5). An Stelle von Schwefelsäure wird auch Sulfaminsäure empfohlen, welche die Wolle weniger schädigen soll. Von allen Verarbeitungsformen der Wolle sind lose Wolle und Kammzug für das Färben mit Indigosolen am günstigsten. So gefärbte Wolle kann z. B. mit weisser Wolle zu Decken verarbeitet und diese mit Superoxyd gebleicht werden, wodurch sehr lebhafte Farben erhalten werden, die man auf andere Weise nicht in dieser Echtheit herstellen kann. Das Spitzigfärben der Wolle wird auch bei den Indigosolen beobachtet, aber nur bei denjenigen vom anthrachinoiden Typus[1]).

Nach einem neuen, vereinfachten Verfahren von Durand & Huguenin *(Ital. P. 450.933)*[2]) wird in neutralem Bad unter Zusatz von Natriumsulfat gefärbt und dann mit Schwefelsäure-Bichromat entwickelt. Die Vorteile dieses Verfahrens sind:

Färben in neutralem Bad,
kurze Behandlungsdauer von nur 35—45 Minuten,
Färbetemperatur von nur 85° C.
Alle drei Faktoren bewirken eine wesentliche Schonung der Wolle.

Die allgemeine Färbevorschrift lautet:

Man geht mit dem farbfertigen Wollmaterial in das 85° C warme Färbebad ein, das

	0,5—1 %	Indigosol (berechnet auf das Gewicht der Wolle
	1—2 g	anionaktives Hilfsmittel, z. B. Indigosolseife W oder Surfactol DH enthält.
Nach 5 Minuten gibt man zu	5—15 g	Natriumsulfat kalz.
Man färbt 5 Minuten weiter und setzt .	10—30 g	Natriumsulfat kalz. zu.
Nach weiteren 5 Minuten werden nochmals beigefügt, worauf noch 10 Minuten bei 85° C weitergefärbt wird.	10—30 g	Natriumsulfat kalz.
Entwickelt wird mit	10 g	Schwefelsäure 66° Bé
	2%	Rhodanammon (bezogen auf Warengewicht)
	2 g	Indigosolseife W
	0,8—4%	Kaliumbichromat (je nach Farbstoff und Stärke der Färbung)

während 15 Minuten bei 85° C.

Bei folgenden Farbstoffen ist der Zusatz von Hydrosulfit zum Färbebad erforderlich:

Indigosolgoldorange I2R	Indigosololivgrün IB
Indigosolblau IBC	Indigosolbraun IBR
Indigosolgrün IB	Indigosolbraun I3B

Hydrosulfit kann aber auch den Färbebädern der übrigen Indigosole zugesetzt werden, so dass alle Indigosole miteinander kombiniert werden können, was bei den bisherigen Verfahren nicht der Fall war.

[1]) Amer. Dyest. Rep. 1949, *38*, S. 172.
[2]) Text.-Rundschau 1950, *5*, S. 141.

Indigosol O, Indigosol OR und Indigosolgelb HCG werden in Abweichung von der allgemeinen Färbevorschrift unter Zusatz von 0,25—1,5 g Schwefelsäure zum Färbebad gefärbt.

Indigosol O und Indigosol OR werden überdies mit Natriumnitrit-Schwefelsäure entwickelt.

Eine Verbesserung der Reibechtheit der Färbungen wird erzielt durch den Zusatz von Surfactol DH oder Indigosolseife W zum Entwicklungsbad. Das neue Verfahren eignet sich mit geringen Modifikationen für Wolle in allen Verarbeitungsstadien und auf allen Apparaten.

Sollen besonders reine Nuancen erhalten werden, so wird eine Nachbehandlung mit 5 cm³/l Wasserstoffsuperoxyd 30 Vol. % und 5 cm³ Ammoniak bei 50° C während 2—3 Minuten vorgenommen.

Das Färben von Halbwollgeweben mit Indigosolen. Nach Durand & Huguenin[1]).

Eine interessante Anwendung der Indigosole stellt das Färben von Halbwolle dar. Die Firma Durand & Huguenin A.G. in Basel hat ein neues Färbeverfahren entwickelt, bei dessen Anwendung es möglich ist, die vegetabilischen und animalischen Faseranteile von Mischgespinsten oder -geweben auf einfache Weise Ton in Ton und küpenecht zu färben. Die meisten bisherigen Indigosolfärbeverfahren für Halbwolle waren für Foulardfärberei ausgearbeitet worden. Das neue Färbeverfahren lässt sich jedoch gut auf Jigger und Haspelkufe ausführen.

Nach diesem Verfahren beginnt man die gut vorbereitete Halbwollware mit der nötigen Menge Indigosolfarbstoff zu färben, setzt dann dem Bad 10—50 g Natriumsulfat kalz. zu und färbt in diesem neutralen Bad einige Zeit weiter. Die Temperatur muss je nach dem zur Verwendung kommenden Indigosolfarbstoff variiert werden. Sie beträgt im Mittel 40—50° C. Nach dem Färben wird in einem neuen Bad, welches Säure, Oxydationsmittel und eine Puffersubstanz enthält, entwickelt. Zum Schluss wird gespült, neutralisiert und geseift.

Je nach der Färbetemperatur wird entweder die Baumwolle oder die Wolle stärker angefärbt. Generell ziehen die Indigosole bei höheren Temperaturen mehr auf Wolle, bei tieferen Temperaturen mehr auf Baumwolle.

Eine Jigger-Färberezeptur lautet:

Man setzt das Färbebad an mit	5—10 g	Indigosolfarbstoff
	0,5 g	Soda kalz. (wenn nötig)
	0,5 g	säurebeständiges Netzmittel.
Man geht mit der gut entfetteten Ware in das Bad ein, gibt im Verlaufe von 3 Passagen portionsweise	10–50 g	Natriumsulfat kalz.
zu und lässt noch 2—4 Passagen folgen.		

[1]) Text.-Rundschau 1951, *6*, S. 20.

Hierauf wird ohne zu spülen während 15 Minuten (oder 2 Passagen) bei 85° C entwickelt. Das Entwicklungsbad enthält .	10 g	Schwefelsäure 66° Bé
	2%	Rhodanammonium
	%	Chromkali.
Anschliessend wird gespült, neutralisiert und mit	1 g	Fettalkoholsulfonat
während 15 Minuten bei 85° C geseift.		

Die Grammangaben verstehen sich für 1 Liter Färbeflotte.

Die Prozentangaben beziehen sich auf das Gewicht der Ware.

Die Indigosole haben ebenfalls eine sehr grosse Affinität zur Naturseide; man braucht sie hauptsächlich zum Färben von hellen Nuancen.

Der Hauptvorteil der Indigosole besteht in der Möglichkeit, ein saures Färbebad verwenden zu können. Dieser Umstand hat die meisten Seidenfärbereien veranlasst, die Küpenfarbstoffe aufzugeben und dafür die Indigosole zu verwenden.

Man färbt ebenfalls wie für Wolle vorerst in saurem Bade, das den Farbstoff, Natriumformaldehydsulfoxylat, Essig- und Ameisensäure enthält, dann spült man und entwickelt den Farbstoff in einem Oxydationsbad von Bichromat und Schwefelsäure; endlich spült und neutralisiert man durch Zusatz von wenig Natriumkarbonat.

Auch auf Seide kann das oben erwähnte neue Kurzfärbeverfahren für Indigosole auf Wolle zur Anwendung gebracht werden.

In diesem Falle wird mit 5—25 g Natriumsulfat kalz. gefärbt (die Salzmenge hängt von der Tiefe der Nuance und auch davon ab, ob unerschwerte oder erschwerte Seide gefärbt werden soll).

Bei Seide muss die Oxydationszeit auf ½ Stunde ausgedehnt werden, um in allen Fällen eine vollständige Oxydation zu erhalten.

Eine Verbesserung der Lichtechtheit von Färbungen und Drucken mit Küpenfarbstoffen oder Leukoestersalzen auf Garnen, Geweben, Filmen usw. aus Superpolyamiden oder Superpolyurethanen wird nach einem Verfahren erreicht, das den Gegenstand des *brit. P. 603.154* von Durand & Huguenin bildet.

Die Lichtechtheit obengenannter Farbstoffe ist vielfach ungenügend und kann wesentlich verbessert werden, indem die auf übliche Weise hergestellten Färbungen und Drucke nachträglich unter einem Druck von 1—2 Atm. gedämpft werden.

Wenn es sich um Leukoestersalze handelt, die nach dem Dämpfverfahren fixiert wurden, so wird das sonst übliche Dämpfen von 2—60 Minuten durch ein solches von 20—60 Minuten unter Druck ersetzt.

Das Nachdämpfen der auf übliche Weise gefärbten und bedruckten Materialien hat nicht nur eine Verbesserung der Lichtechtheit zur Folge, sondern hat zudem den Vorteil, dass Tonverschiebungen eintreten, die den Nuancen derselben Farbstoffe auf Geweben animalischer und vegetabilischer Herkunft näher kommen.

Name	Entsprechende Küpenfarbstoffe	Erzeugerfirma
Indigosolgelb GC Anthrasolgelb GC Cibantingelb GC Sandozolgelb 2G Soledongelb GS Algosolgelb GCA—CF Tinosolgelb GR	Algolgelb GC Cibanongelb GC Sandothrengelb NGC Caledongelb 5 GS Algolgelb GCA	Durand-Huguenin I. G. Farbenindustrie Ciba Sandoz I.C.I. G.D.C. Geigy
Indigosolgelb V Anthrasolgelb V Cibantingelb V Sandozolgelb V Tinosolgelb V	Algolgelb 4G[1])	Durand-Huguenin I. G. Farbenindustrie Ciba Sandoz Geigy
Indigosolgelb HCG Anthrasolgelb HCG Cibantingelbbraun RG Sandozolgelb CG Tinosolgelb CG Algosolgelb HCG	Helindongelb CG Cibagelb CG	Durand-Huguenin I.G. Farbenindustrie Ciba Sandoz Geigy G.D.C.
Indigosolgoldgelb IGK Anthrasolgoldgelb IGK und IGOK Cibantingoldgelb GK Sandozolgoldgelb GK Tinosolgoldgelb GK Solasolbrillantgelb JS Algosolgoldgelb IGK — CF Soledongoldgelb GKS Solvatgoldgelb GK	Indanthrengoldgelb GK und GOK Cibanongoldgelb GK Sandothrengoldgelb NGK Tinonchlorgelb GK Solanthrenbrillantgelb J Indanthrengoldgelb GKA Carbanthrengoldgelb GKA	Durand-Huguenin I. G. Farbenindustrie Ciba Sandoz Geigy Francolor G.D.C. I.C.I. N.A.C.
Indigosolgoldgelb IRK Anthrasolgoldgelb IRK Cibantingoldgelb RK Sandozolgoldgelb RK Tinosolgoldgelb RK Algosolgoldgelb IRK Soledongoldgelb RKS	Indanthrengoldgelb RK Cibanongoldgelb RK Sandothrengoldgelb NRK Tinonchlorgoldgelb RK Indanthrengoldgelb RKA	Durand-Huguenin I. G. Farbenindustrie Ciba Sandoz Geigy G.D.C. I.C.I.

[1]) Befindet sich nicht im Handel.

Zusammensetzung	Literatur und Verwendungsgebiete
Anthrachinonthiazolderivat 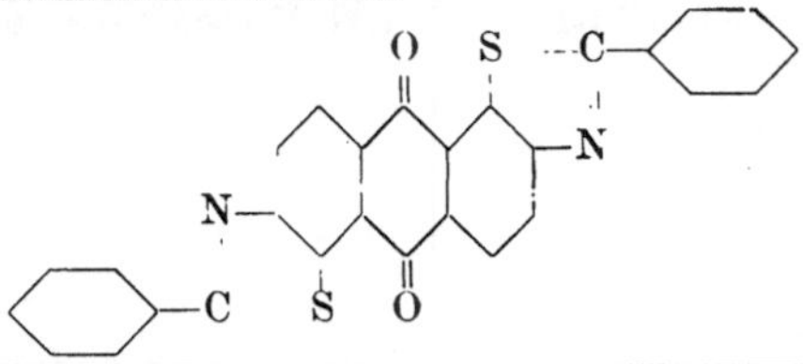	Kap. I, S. 61 Schlechte Lichtechtheit Faserschädiger
1-(p-Phenylbenzoylamino)-anthrachinon 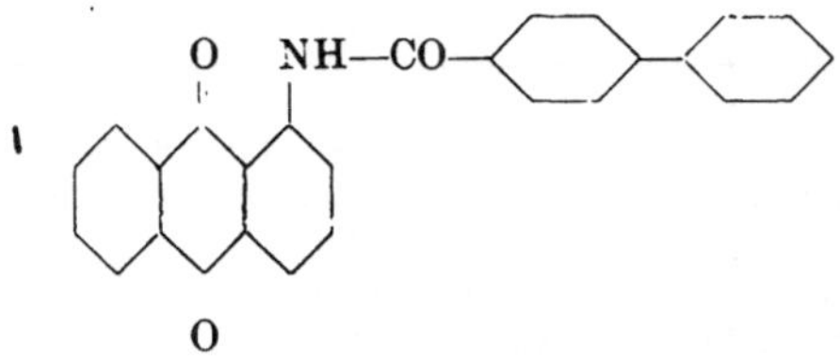	Faserschädiger Reines und lebhaftes Kanariengelb. Gute Licht- und sehr gute Wasch- u. Chlorechtheit. In Mischung mit Indigosolgrün IB zur Erzielung lebhafter Grüntöne viel verwendet.
Benzochinonderivat: p,p′-Dichloranilidobenzochinon 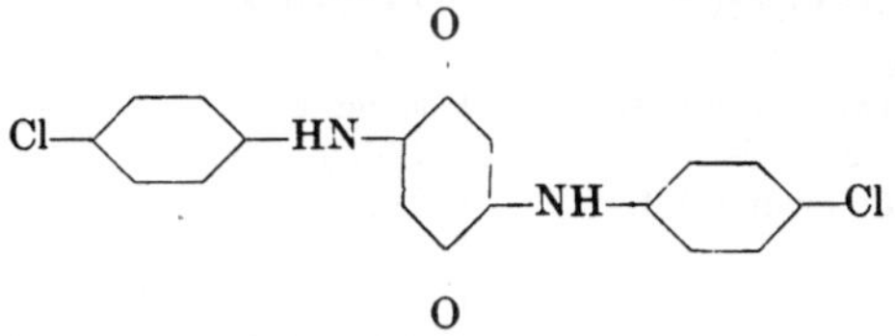	Kap. I, S. 69
3,4,8,9-Dibenzpyren-5,10-chinon 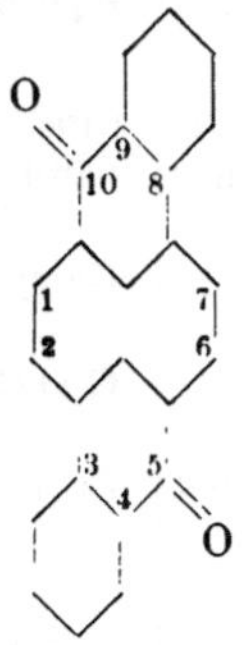	Kap. I, S. 51 Besonders für Gelbreserve unter Variaminblau im Druck verwendet.
Dibromderivat des IGK	Kap. I, S. 51 In der Färberei zur Erzielung echter Gelbnuancen verwendet

Name	Entsprechende Küpenfarbstoffe	Erzeugerfirma
Indigosolorange IGG		Durand-Huguenin
Anthrasolorange I4G	Indanthrengelb FFRK	I. G. Farbenindustrie
Indigosolorange HR		Durand-Huguenin
Anthrasolorange HR	Algolorange RF	I. G. Farbenindustrie (Bayer)
	Helindonorange R	M.L.B.
Soledonorange R	Durindondruckorange RS	I.C.I.
Solvatorange R	Vatorange R	N.A.C.
Algosolorange HR—CF	Algolorange RFA	G.D.C.
Solasolorange RH	Helianorange RF	Francolor
Cibantinorange R	Cibaorange R	Ciba
Sandozolorange R	Sandothrenorange R	Sandoz
Tinosolorange R	Tinonorange R	Geigy
Soluble Vat Orange R	Calcoloidorange RD	Calco
Indigosolbrillantorange IRK und supra		Durand-Huguenin
Anthrasolbrillantorange IRK	Indanthrenbrillantorange RK	I. G. Farbenindustrie
Cibantinbrillantorange RK	Cibanonbrillantorange RK	Ciba
Sandozolbrillantorange RK	Sandothrenbrillantorange NRK	Sandoz
Tinosolbrillantorange RK	Tinonchlorbrillantorange RK	Geigy
Algosolbrillantorange IRKL	Indanthrenbrillantorange RKD	G.D.C.
Soledonbrillantorange 6RS	Caledonbrillantorange 4RS	I.C.I.
Anthrasolgoldorange IGG		I. G. Farbenindustrie

Zusammensetzung	Literatur und Verwendungsgebiete
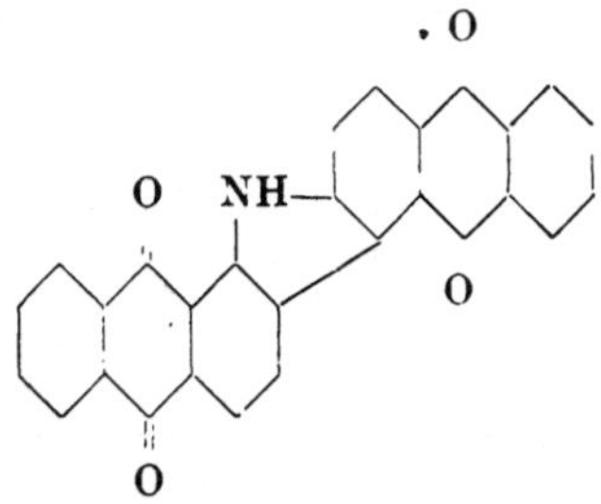 O, O, NH, O, O Karbazolderivat	Kap. I, S. 62 Ausgezeichnete Lichtechtheit (7—8)
6,6′-Diäthoxythioindigo 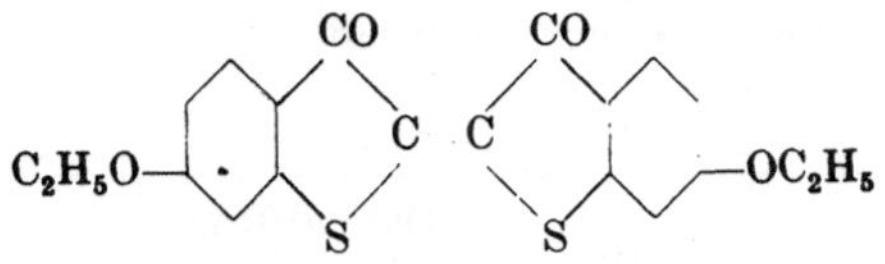 CO, CO, C, C, S, S, C_2H_5O—, —OC_2H_5	Kap. I, S. 43 Lebhafter Orangeton, von mässiger Lichtechtheit Col. Ind. Nr. 1217
Dibromanthanthron 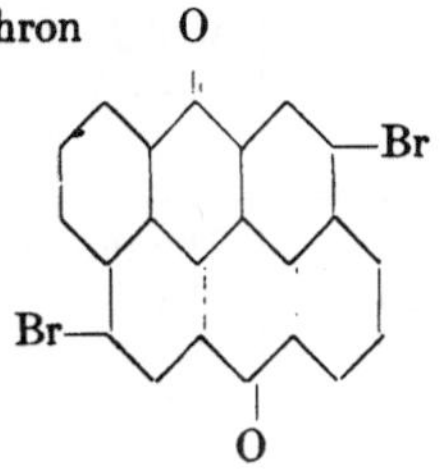 O, —Br, Br—, O	Sehr schöne Orangetöne, von sehr guter Lichtechtheit Hauptverwendung in der Färberei. Kap. I, S. 52
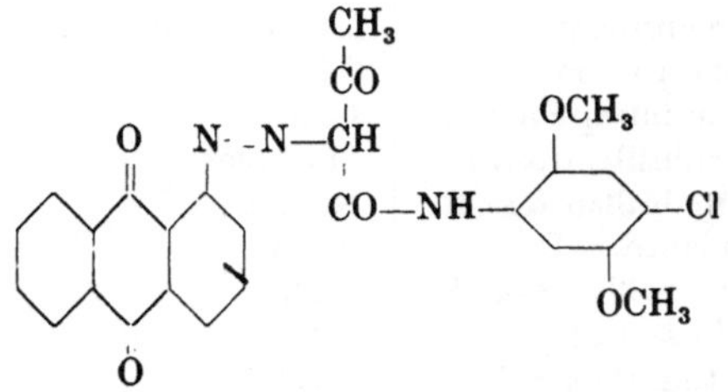 CH_3, CO, O, N—N—CH, CO—NH—, OCH_3, —Cl, OCH_3, O	

Name	Entsprechende Küpenfarbstoffe	Erzeugerfirma
Anthrasoldruckgelb I3G		I. G. Farbenindustrie
Indigosolgoldorange I2R Cibantingoldorange 2R	 Cibanongoldorange 2R	 Ciba
Indigosolbrillantorange IRK supra Cibantinbrillantorange RKS Sandozolbrillantdruckorange RK Tinosolbrillantorange RKS	 Cibanonbrillantorange RK Sandothrenbrillantorange RK	Durand-Huguenin Ciba Sandoz Geigy
Indigosolgoldorange I2R Cibantingoldorange 2R Sandozolgoldorange 2R Tinosolgoldorange 2RL	 Cibanongoldorange 2R	Durand-Huguenin Ciba Sandoz Geigy
Indigosolscharlach IB Anthrasolscharlach IB Cibantinscharlach 3B Sandozolscharlach 2B Tinosolscharlach 3BL Algosolscharlach IB	 Indanthrenscharlach B Cibanonscharlach B Tetrascharlach 2B	Durand-Huguenin I. G. Farbenindustrie (MLB) Ciba Sandoz Geigy G.D.C.
Indigosolscharlach HB Anthrasolscharlach HB Cibantinscharlach 2BB Sandozolscharlach B Tinosolscharlach B Soledonscharlach BS Algosolscharlach HB	 Helindonechtscharlach B Algolscharlach GGNA	Durand-Huguenin M.L.B. Ciba Sandoz Geigy I.C.I. G.D.C.
Indigosolbrillantrosa IR extra und IR supra Anthrasolrosa IR extra Cibantinbrillantrosa R Soledonrosa FFS Solasolbrillantrosa RS Sandozolrosa R Tinosolrosa R extra Algosolrosa IR Soluble Vat Pink FF Solvatrosa R	 Indanthrenbrillantrosa R Cibabrillantrosa R Durindonprinting Pink FFS Solanthrenbrillantrosa R Sandothrenbrillantrosa R Tinonbrillantrosa R Indanthrenbrillantrosa RA Calcoloidrosa FFD Vat Printing Pink FP	Durand-Huguenin I. G. Farbenindustrie Ciba I.C.I. Francolor Sandoz Geigy G.D.C. Calco N.A.C.

Zusammensetzung	Literatur und Verwendungsgebiete
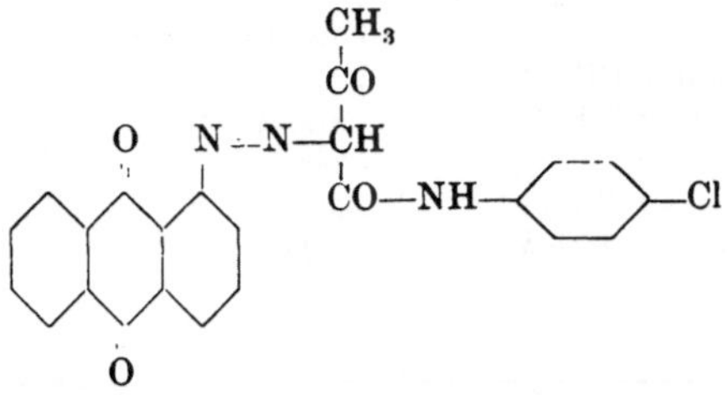	
Halogeniertes Pyranthron	
Dibromanthanthron	Gut lösliches Produkt, nur für Druckerei verwendet
6-Methoxy-4'-methyl-6'-chlorthioindigo 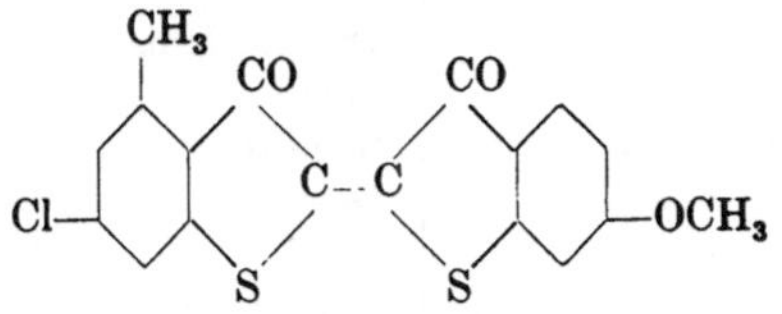	Gut egalisierender Farbstoff. Hauptverwendung in der Färberei
Mischung von Indigosolrosa IR und Orange HR	Wird nicht mehr fabriziert
6,6'-Dichlor-4,4'-dimethyl-2,2'-bisthionaphtenindigo 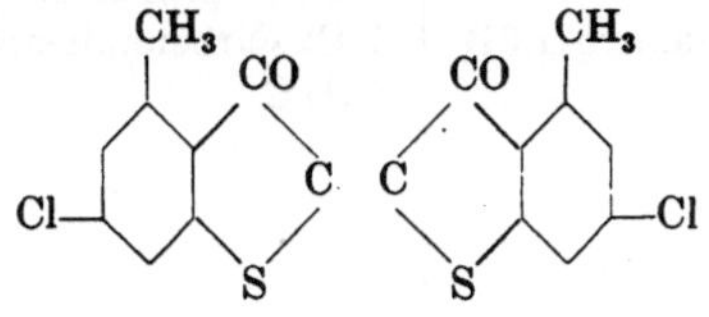	Kap. I, S. 44 Leuchtende Rosanuancen

Name	Entsprechende Küpenfarbstoffe	Erzeugerfirma
Indigosolrosa IFBB Anthrasolrot IFBB Sandozolrot FBB Tinosolrot F2B Cibantinrot FBB Algosolrot IFBB	Indanthrenrot FBB Sandothrenrot NF2B Cibanonrot FBB Indanthrenrot FBBA	Durand-Huguenin I. G. Farbenindustrie Sandoz Geigy Ciba G.D.C.
Indigosolbrillantrosa I5B Cibantinbrillantrosa 5B Sandozolbrillantrosa 5B Tinosolbrillantrosa 5B	Cibanonbrillantrosa 5 B	Durand-Huguenin Ciba Sandoz Geigy
Indigosolrot AB Cibantinrot B Tinosolrot AB		Durand-Huguenin Ciba Geigy
Anthrasoldruckscharlach IGG		I. G. Farbenindustrie
Indigosolbordeaux I2RN Cibantinbordeaux 2RN Sandozolbordeaux 2RN Tinosolbordeaux 2RN	Cibanonbordeaux 2RN Tetrabordeaux 2RN	Durand-Huguenin Ciba Sandoz Geigy
Indigosolrot I2B Cibantinbrillantrosa 2BG Sandozolrot 2B Tinosolrot 2B	Cibabrillantrosa 2BG Sandothrenbrillantrosa 2B	Durand-Huguenin Ciba Sandoz Geigy
Indigosolbrillantrosa I3B Anthrasolbrillantrosa I3B Algosolbrillantrosa I3B	Indanthrenbrillantrosa 3B	Durand-Huguenin I. G. Farbenindustrie G.D.C.

Zusammensetzung	Literatur und Verwendungsgebiete
1-Amino-2-anthrachinonyl-2',3'-anthrachinonoxazol O O NH_2 O C N O O	Kap. I, S. 62 Echtestes Rot der Indigosolreihe Hauptverwendung in der Färberei
Azoindigosol	Lebhaftes, blaustichiges Rot von mässiger Lichtechtheit. Zur Herstellung von Bädern, die durch Rongalit C sehr gut weiss ätzbar sind.
O CH_3O— —OCH_3 O Dimethoxyanthanthron	Hauptverwendung in der Färberei
	Schönes, blaustichiges Rot, besonders in der Färberei verwendet.
4,4'-Dimethyl-5,7,6'-thioindigo CH_3 CH_3 CO CO Cl— C C —Cl S S Cl	

Name	Entsprechende Küpenfarbstoffe	Erzeugerfirma
Indigosolrotviolett IRH u. IRH supra		Durand-Huguenin
Anthrasolrotviolett IRH	{ Indanthrenrotviolett RH Helindonrot 3B	I. G. Farbenindustrie M.L.B.
Cibantinrot 3BN und 3BNS	Cibarot 3BN	Ciba
Tinosolrotviolett RH	Tinonchlorrot 3B	Geigy
Sandozolrotviolett RH	Sandothrenrot 3BN	Sandoz
Solasolrotviolett NS	Solanthrenrotviolett N	Francolor
Solvatrotviolett RH	Vat Printing Redviolett RH	N. A. C.
Soledonrot 3BS	Durindonrot 3BS	I.C.I.
Algosolrotviolett IRH	Indanthrenrotviolett RHA	G.D.C.
Soluble Vat violet 6 R	Calcosolviolet 6RD	Calco
Indigosoldruckpurpur IR		Durand-Huguenin
Anthrasoldruckpurpur IR	Indanthrendruckpurpur R	I. G. Farbenindustrie
Sandozoldruckpurpur R	Tetraviolett 6R	Sandoz
Cibantinviolett 6R	Cibaviolett 6R	Ciba
Tinosoldruckpurpur R	Tinonchlorviolett 6R	Geigy
Indigosoldruckviolett IRR		Durand-Huguenin
Anthrasoldruckviolett IRR	Indanthrendruckviolett RR	I. G. Farbenindustrie
	Küpenviolett RR	Ciba
Indigosoldruckviolett IBBF		Durand-Huguenin
Anthrasoldruckviolett IBBF	Indanthrendruckviolett BBF	I. G. Farbenindustrie
Anthrasolviolett I5R		I. G. Farbenindustrie

Zusammensetzung	Literatur und Verwendungsgebiete
5,5'-Dichlor-7,7'-dimethylthioindigo 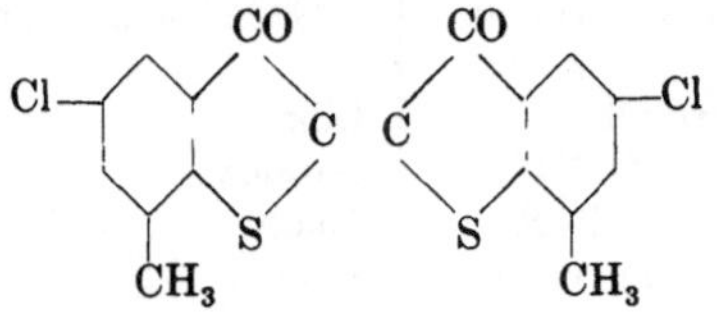	*D.R.P. 241.910* Kap. I, S. 43 Col. Ind. Nr. 1212 In der Druckerei als lebhaftes Violett verwendet
5,6-Benzo-7-chlor-2,2'-thioindigo 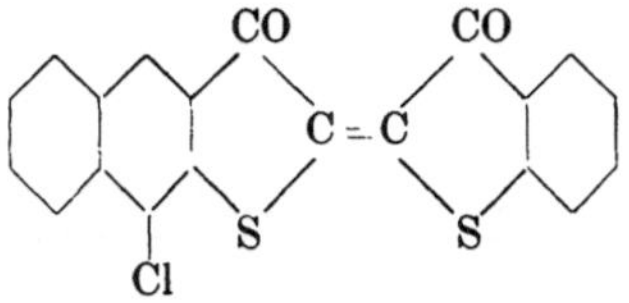	
6'-Chlor-4'-methyl-2'-oxythionaphten-2-dichlor-(5,7)-indolindigo 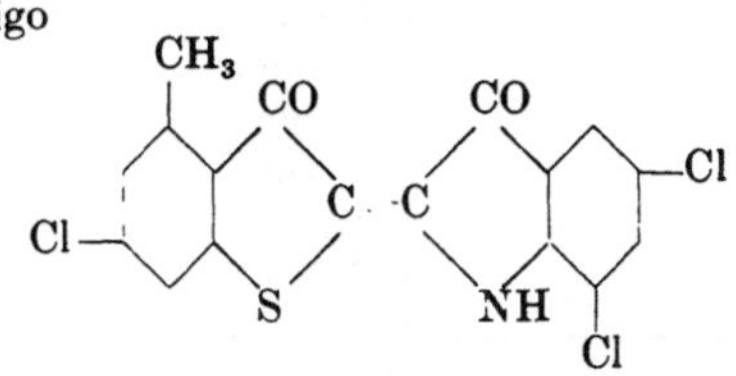	
Pentachloroxythionaphtenindolindigo 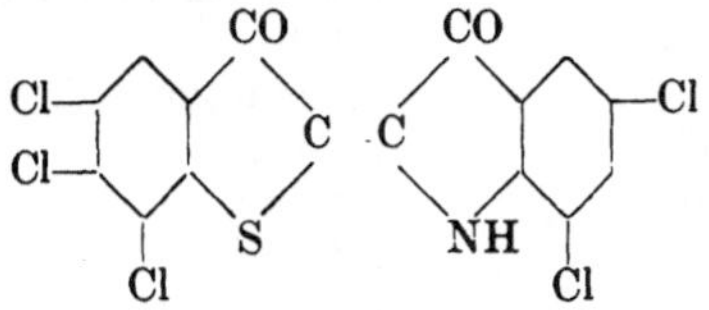	
Diäthoxyanthanthron 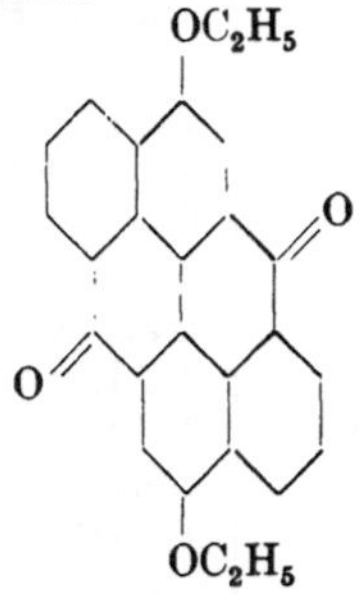	

Name	Entsprechende Küpenfarbstoffe	Erzeugerfirma
Indigosolbrillantviolett I4R		Durand & Huguenin
Anthrasolbrillantviolett I4R	Indanthrenbrillantviolett 4R	I. G. Farbenindustrie
Cibantinbrillantviolett 4R	Cibanonviolett 4R	Ciba
Sandozolbrillantviolett 4R	Sandothrenviolett N4R	Sandoz
Tinosolbrillantviolett 4R	Tinonchlorviolett B4R	Geigy
Algosolbrillantviolett I4R-CI	Indanthrenbrillantviolett 2RA	G.D.C.
Soledonbrillantpurpur 2R	Caledonbrillantpurpur 4RS	I.C.I.
Indigosol O extra		Durand-Huguenin
Anthrasol O	Indigo rein	I. G. Farbenindustrie
Cibantinindigo konz.		Ciba
Sandozolblau O konz.		Sandoz
Tinosolblau O konz.		Geigy
Algosolblau O-CF		G.D.C.
Soledon Indigo LLS		I.C.I.
Solvatblau O	Indigo NAC	N.A.C.
Indigosol OR		Durand-Huguenin
Anthrasol OR	Indigo MLB R	I.G. Farbenindustrie
Cibantinblau R	Indigo Ciba R	Ciba
	Indigo R	Francolor
Sandozolblau OR	Tetrablau OR	Sandoz
Tinosolblau OR	Tinonblau BR	Geigy
Algosolblau OR		G.D.C.
Indigosol O4B		Durand-Huguenin
Anthrasol O4B	Brillantindigo 4B	I. G. Farbenindustrie
Cibantinblau 2B	Cibablau 2B	Ciba
Solasolindigo 4B	Indigo 4B	Francolor
Soluble Vat Blue 2B	Calcoloidblau 2BD	Calco
Solvatblau 4B	Brillant Indigo 4 BR	N.A.C.
Sandozolblau O4B	Tetrablau 2B	Sandoz
Soledonblau 4BCS	Durindonblau 4BCS	I.C.I.
	Sulfanthrenblau 2BDN	Du Pont
Tinosolblau O4B	Tinonblau 2B	Geigy
Algosolblau O4B	Brillant Indigo 4B	G.D.C.

Zusammensetzung	Literatur und Verwendungsgebiete
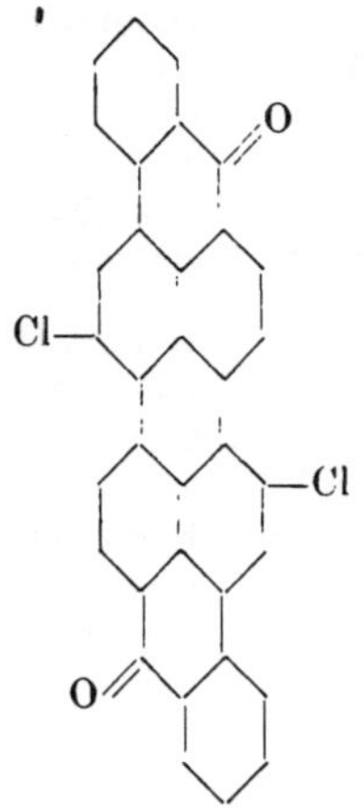 Dichlor-iso-dibenzanthron	Kap. I, S. 52 Col. Ind. Nr. 1104 In der Garnfärberei verwendet.
Bis-indol-2,2′-indigo 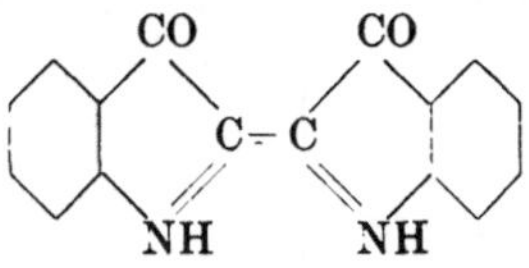	Kap. I, S. 41 Col. Ind. Nr. 1177 und 1178 Hauptverwendungsgebiet: Färberei.
Gemisch von 5-Monobromindigo und 5,5′-Dibromindigo	Kap. I, S. 42
5,7-5′,7′-Tetrabromindigo 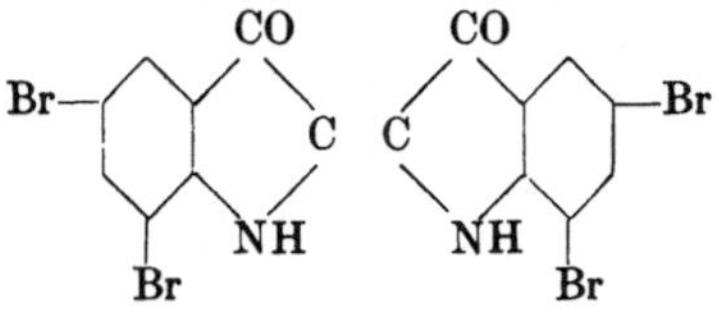	Kap. I, S. 42 Col. Ind. Nr. 1184. In der Druckerei zur Erzeugung lebhafter Blautöne verwendet.

Name	Entsprechende Küpenfarbstoffe	Erzeugerfirma
Indigosol O6B Anthrasol O6B Algosol O6B—CF Solvatblau 6B Midland Vat Blue 5B	 Brillantindigo 6B/MLB Indigo MLB 6B	Durand-Huguenin I. G. Farbenindustrie G.D.C. N.A.C. Ciba (New-York)
Indigosolblau IBC Anthrasolblau IBC Cibantinblau GF Sandozolblau BC Solasolblau SBS Tinosolblau BC Algosolblau IBC Soledonblau 2RCS	 Indanthrenblau BC Solanthrenblau SB Indanthrenblau BCFN Caledonblau R	Durand-Huguenin I. G. Farbenindustrie Ciba Sandoz Francolor Geigy G.D.C. I.C.I.
Indigosoldruckblau IGG Anthrasoldruckblau IGG Algosoldunkelblau GG	 Indanthrendruckblau GG	Durand-Huguenin I. G. Farbenindustrie G.D.C.
Indigosol AZG Anthrasol AZG	 Algolblau G	Durand-Huguenin I. G. Farbenindustrie
Anthrasoldruckblau 7B	Indanthrendruckblau B	I.G. Farbenindustrie
Indigosolblau IRS	 Indanthrenblau RS	Durand-Huguenin I. G. Farbenindustrie

Zusammensetzung	Literatur und Verwendungsgebiete
Hexabromindigo	Col. Ind. Nr. 1186
3,3'-Dichlorindanthron Das Indigosol ist das Tetrasulfat des Dichlordianthradihydrochinonazins 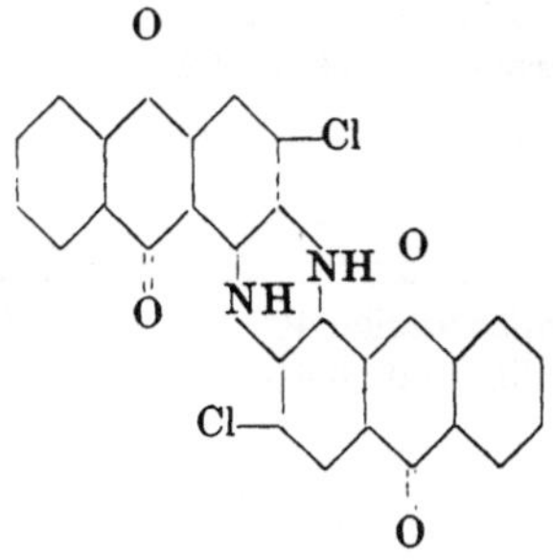	Kap. I, S. 48 Col. Ind. Nr. 1113. Wichtigster Farbstoff der Indigosolreihe. Hat sich seiner vorzüglichen Echtheiten und schöner Nuance wegen sowohl in der Druckerei wie in der Färberei eine Vorzugsstellung verschafft.
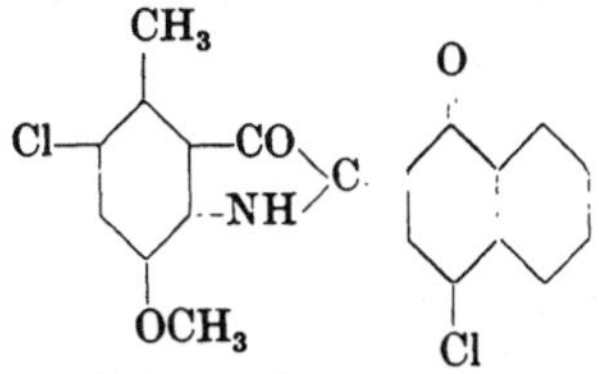 4-Methyl-5-chlor-7-methoxy-1'-oxo-4'-chlornaphtyl-(2')-indolindigo	Kap. I, S. 46
Anthrachinonindolindigo 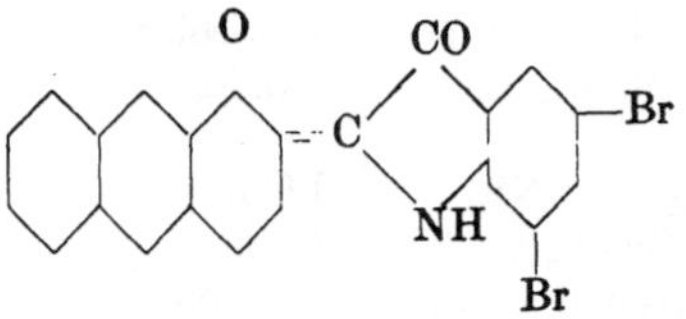	Kap. I, S. 46
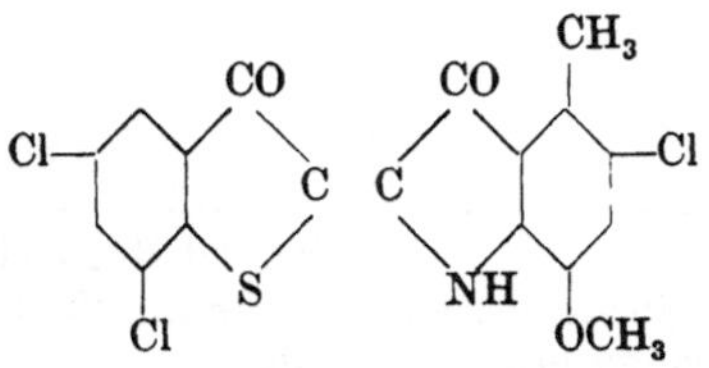	
N-Dihydro-1, 2, 2', 1'-anthrachinonazin	Kap. I., S. 47

Name	Entsprechende Küpenfarbstoffe	Erzeugerfirma
Anthrasolblau IGC	Indanthrenblau GCD Sandothrenblau NGCD Cibanonblau GCD Solanthrenblau JI Tinonchlorblau GCD Caledonblau GCD Ponsolblau GD und GCD Calcoloidblau GCD Carbanthrenblau GCD	I. G. Farbenindustrie Sandoz Ciba Francolor Geigy I.C.I. Du Pont Calco N.A.C.
Anthrasol O4G	Brillantindigo 4G Brillantindigo 4G	I. G. Farbenindustrie N.A.C.
Anthrasolblauschwarz IRD	Indanthrendruckschwarz 3GL	I. G. Farbenindustrie
Indigosolgrün IB Anthrasolgrün IB Algosolgrün IBW Cibantinbrillantgrün BF Solasolbrillantgrün BS Sandozolbrillantgrün BF Soledonjadegrün XS Tinosolgrün B Leuco Jade Green Soledon Jade Green 2BS	 Indanthrenbrillantgrün FFB Indanthrenbrillantgrün BN Cibanonbrillantgrün 2B Solanthrenbrillantgrün NB Sandothrenbrillantgrün NBF Caledonjadegrün XNS Tinonchlorbrillantgrün BF Ponsoljadegreen B supra Caledon Jade Green 3BS	Durand-Huguenin I. G. Farbenindustrie G.D.C. Ciba Francolor Sandoz I.C.I. Geigy Du Pont I.C.I.
Indigosolgrün IGG Anthrasolgrün IGG Cibantinbrillantgrün 2GF Sandozolgrün 2G Soledonjadegrün 2GS Tinosolgrün GG	 Indanthrenbrillantgrün GG Cibanonbrillantgrün 2G Sandothrenbrillantgrün I42G Caledonjadegrün 2GS Tinonchlorbrillantgrün 2GF	Durand-Huguenin I. G. Farbenindustrie Ciba Sandoz I.C.I. Geigy

Zusammensetzung	Literatur und Verwendungsgebiete
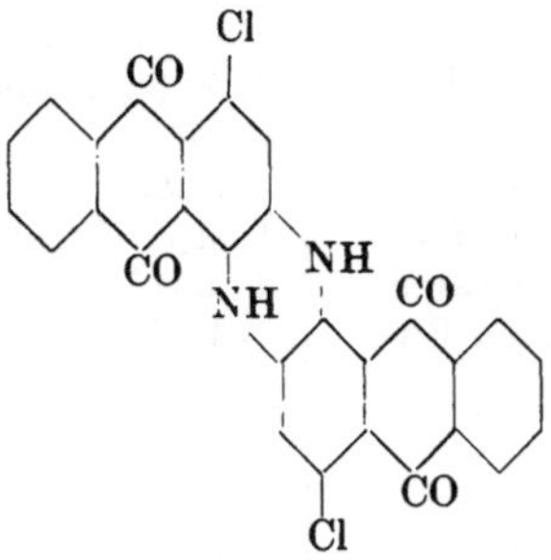 4,4′-Dichlorderivat des Indanthrenblau RS	Kap. I, S. 48 Schwer löslich
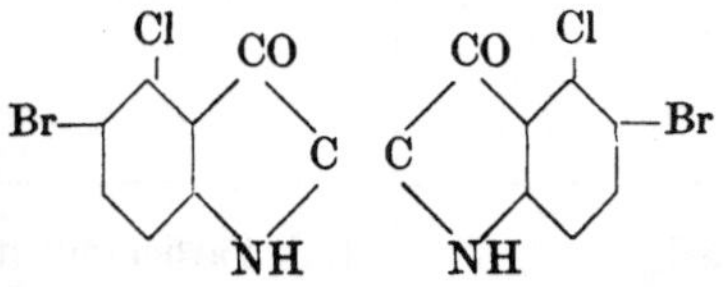	Kap. I, S. 42 Col. Ind. Nr. 1189
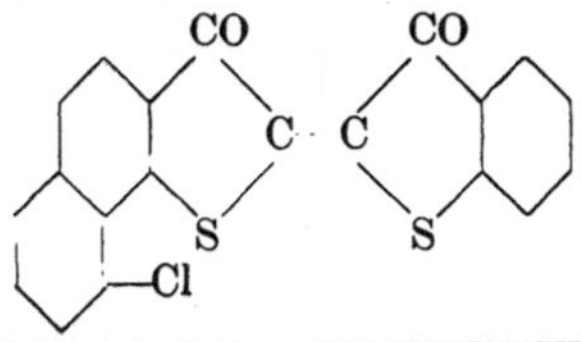	
2,2′-Dimethoxydibenzanthron 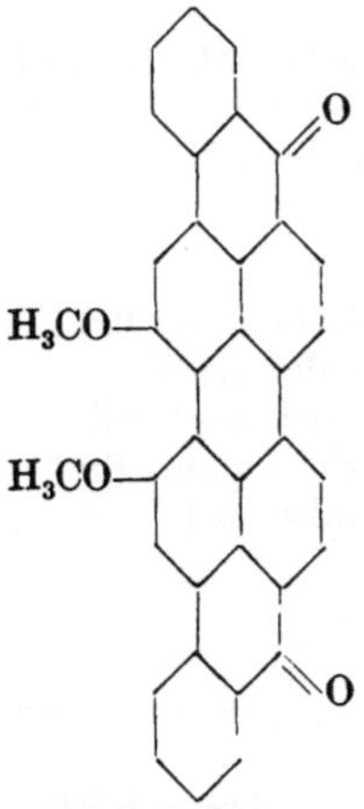	Kap. I, S. 53 Col. Ind. 1101 Farbstoff mit vorzüglichen Echtheiten Wird in der Druckerei wie in der Färberei mit gleich gutem Erfolg verwendet
Bromderivat des Indanthrenbrillantgrün FFB	Kap. I, S. 53 Besitzt eine gelbere Nuance als Indigosolgrün IB bei gleich guten Echtheiten

Name	Entsprechende Küpenfarbstoffe	Erzeugerfirma
Indigosololivgrün IB		Durand-Huguenin
Anthrasololivgrün IB	Indanthrenolivgrün B	I. G. Farbenindustrie
Cibantinoliv 2B	Cibanonoliv 2B	Ciba
Sandozololivgrün B	Sandothrenolivgrün N2B	Sandoz
Tinosololivgrün B	Tinonchlorolivgrün 2B	Geigy
Solasoldunkelgrün JS	Solanthrendunkelgrün J	Francolor
Algosololivgrün IB—CF	Indanthrenolivgrün BA	G.D.C.
Soledongrün GS	Caledongrün G	I.C.I.
Anthrasolgrün I3G	Küpengrün 3G	I. G. Farbenindustrie
Solvatblaugrün B	Carbanthrenblaugrün FFB	N.A.C.
	Indanthrenblaugrün FFB	I. G. Farbenindustrie
	Cibanonblau 3G	Ciba
Indigosolbraun IBR		Durand-Huguenin
Anthrasolbraun IBR	Indanthrenbraun BR	I. G. Farbenindustrie
Cibantinbraun BR	Cibanonbraun BR	Ciba
Solasolbraun BRS	Solanthrenbraun BR	Francolor
Algosolbraun IBR	Indanthrenbraun BRA	G.D.C.
Soledondunkelbraun 3 RS	Caledonbraun RS	I.C.I.
Indigosolbraun IRRD		Durand-Huguenin
Anthrasolbraun IRRD	Indanthrenbraun RRD	I. G. Farbenindustrie
Algosolbraun IRRD	Indanthrenbraun RRA	G.D.C.
Cibantinbraun G	Cibabraun G	Ciba
Sandozolbraun RRD	Sandothrenbraun G	Sandoz
Soledonbraun GS	Durindonbraun GS	I.C.I.
Solasolbraun 2RS	Solanthrenbraun 2RI	Francolor
Tinosolbraun RRD	Tinonchlorbraun G	Geigy
Soluble Vat brown RR	Calcoloidbraun RRP	Calco

Zusammensetzung	Literatur und Verwendungsgebiete
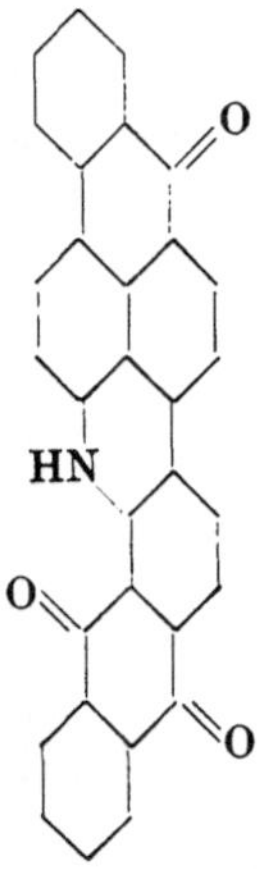 HN, O, O, O — Benzanthronylaminoanthrachinon (Benzanthronakridonderivat)	Hauptverwendungsgebiet: Färberei Vorzügliche allgemeine Echtheiten
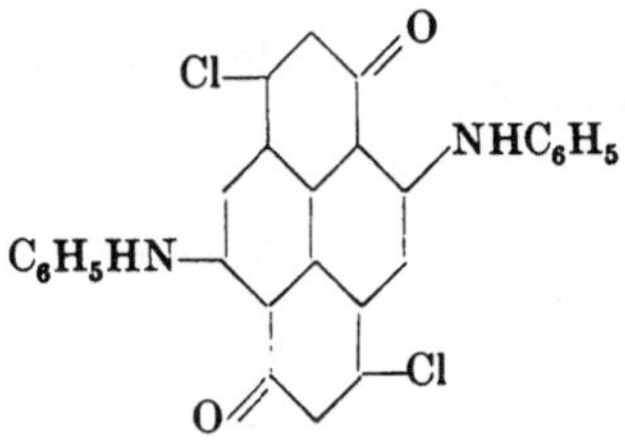 Cl, O, NHC_6H_5, C_6H_5HN, Cl, O	
Thiophenderivat des Benzanthrons	Kap. I., S. 54. Vorzügliche Lichtechtheit
 O=, =O, O, O, NH, NH, O, O — Karbazolderivat 1,4-Dikarbazol	Kap. I, S. 62 Farbstoff mit sehr guten allgemeinen Eigenschaften. Hauptverwendungsgebiet liegt in der Färberei
Dibenzthioindigo (2,2'-Naphthioindigo) 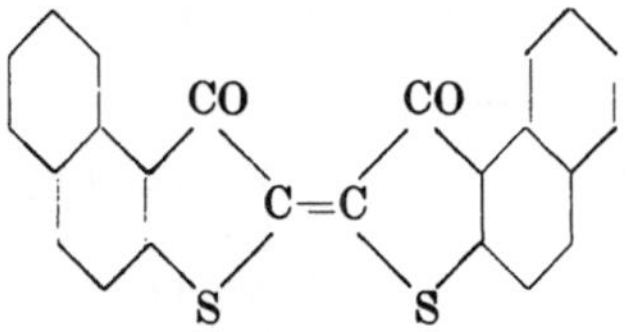 CO, CO, C=C, S, S	Nur in der Färberei verwendet. Gut egalisierender Farbstoff Siehe Kap. I, S. 44.

Name	Entsprechende Küpenfarbstoffe	Erzeugerfirma
Indigosolbraun I3B Cibantinbraun 3B Sandozolbraun 3B Tinosolbraun 3B	Cibanonbraun 3B	Durand-Huguenin Ciba Sandoz Geigy
Indigosolbraun IRRD supra Cibantinbraun GS Sandozoldruckbraun RRD Tinosolbraun RRDS	Cibabraun G Sandothrenbraun G Tinonchlorbraun G	Durand-Huguenin Ciba Sandoz Geigy
Indigosolbraun IVDR Cibantindruckbraun RM Sandozolbraun VDR Tinosolbraun VDR		Durand-Huguenin Ciba Sandoz Geigy
Indigosolgrau IBL Anthrasolgrau IBL Cibantingrau BL Sandozolgrau BL Tinosolgrau BL Algosolgrau IBL Soledongrau BS	Indanthrendruckschwarz BL Cibanongrau BL Tetradruckschwarz BL Tinondruckschwarz BL	Durand-Huguenin I. G. Farbenindustrie Ciba Sandoz Geigy G.D.C. I.C.I.
Indigosoldruckschwarz AB2N Cibantindruckschwarz BM Sandozoldruckschwarz R Tinosoldruckschwarz B2N		Durand-Huguenin Ciba Sandoz Geigy
Indigosoldruckschwarz IB Anthrasoldruckschwarz IB	Indanthrendruckschwarz B	Durand-Huguenin I. G. Farbenindustrie
Soledonschwarz BS		I.C.I.
Indigosolgelb R Cibantingelb R Sandozolgelb R Tinosolgelb R		Durand-Huguenin Ciba Sandoz Geigy

Zusammensetzung	Literatur und Verwendungsgebiete
Anthrachinonkarbazolderivat	Hauptverwendungsgebiet ist die Färberei
Dibenzthioindigo	Nur in der Druckerei verwendet
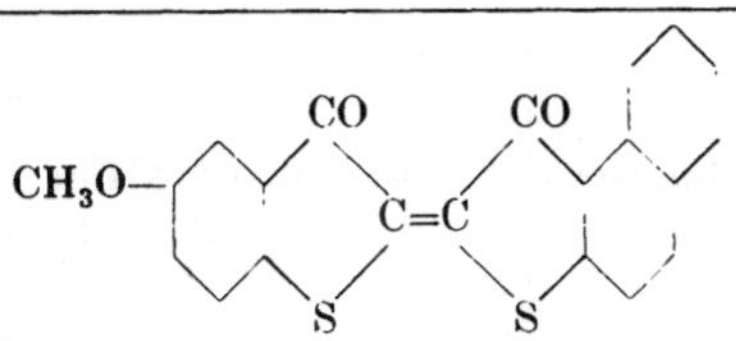 CO CO CH_3O— C=C S S	
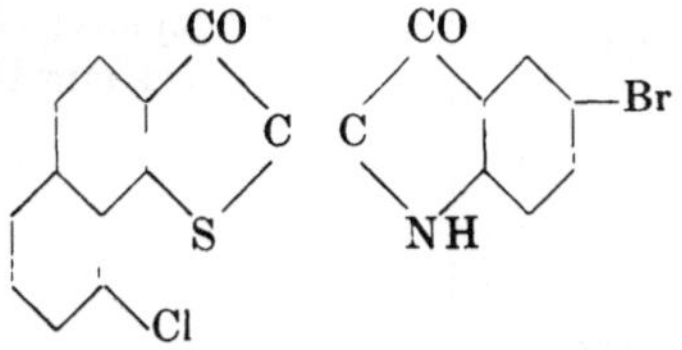 CO CO C C —Br S NH Cl Monobrom-monochlor-benzoxythionaphtenindolindigo	Hauptverwendungsgebiet ist die Färberei
	Nur im Direktdruck verwendet
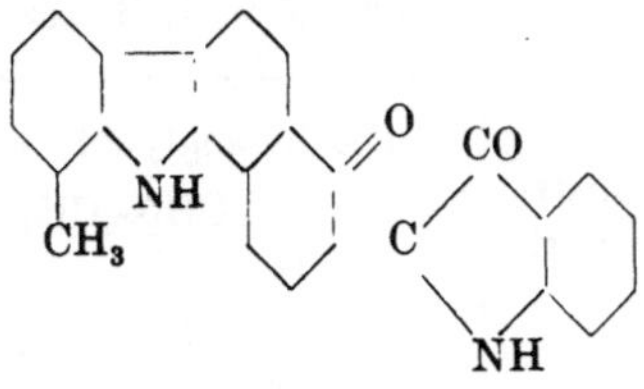 O NH CO CH_3 C NH	

Name	Erzeugerfirma	Zusammensetzung
Fixierer CDH Verstärker Ciba Solafix F	Durand-Huguenin Ciba Imp. Chem. Ind.	Teig auf Basis von Harnstoff.
Dehapan O und OF Tinosollöser O Cibantinlöser O	Durand-Huguenin Geigy Ciba	Gemischtes Lösungsmittel, das Harnstoff, einen hochsiedenden Alkohol, Glykole usw. enthält. Bei Zimmertemperatur halbflüssig, wasserlöslich.
Glyecin A Brecolane NCI Décolant, Gommaline Lyogen TG Dehapan GB Tinosollöser A Solutène CI Lyoprint G Leucosolve LD, ER, EMK, 206 Glydote A and B	I.G. Farbenindustrie Kuhlmann-Francolor Sandoz Sandoz Durand-Huguenin Geigy Francolor Ciba Sopura Imp. Chem. Ind.	Thiodiäthylenglykol $S\langle{}^{CH_2—CH_2—OH}_{CH_2—CH_2—OH}$ Siedepunkt 168° C (14 mm Hg)
Fibrit D Durit O } Carbitol } Hystabol D Eutinctol NB	I.G. Farbenindustrie C.C.C.C., New-York { Böhme-Fettchemie { P.C.M.R., Mulhouse Kuhlmann-Francolor	Zusammengesetztes Lösungsmittel auf der Grundlage von Polyglykolen und deren Äther (Monoäthyl- oder Butyldiäthylenglykol) Fibrit D = 80% Triglykoläthyläther 20% Glykol Siehe Kap. I, S. 139.
Brecolane NDG Polyglykol Diäthylenglykol Tinogenallöser B Solutène DG Solaval B	Kuhlmann I.G. Farbenindustrie C.C.C.C., New-York Geigy Francolor Imp. Chem. Ind.	Diäthylenglykol $O\langle{}^{CH_2—CH_2—OH}_{CH_2—CH_2—OH}$ Spez. Gew. 1, 118; Sdp. 244,5° C.
Developsol D Solentwickler D Tinosolentwickler D Cibantinentwickler I Lyogène ID Soledonentwickler T	Durand-Huguenin I.G.Farbenindustrie Geigy Ciba Sandoz Imp. Chem. Ind.	Diäthyltartrat

Literatur	Verwendungsgebiete
Franz. P. 680.832, 1929; *D.R.P 523.262;* R.G.M.C. 1931, S. 146; 1934, S. 111; *D.R.P. 583.204;* R.G.M.C. 1939, S. 202.	Hilfsmittel für Druckfarben zur Auflösung der Indigosolfarbstoffe, besonders des Indigosolbraun IRRD. Erhöhung der Ausgiebigkeit, 50—80 g pro Liter Druckfarbe.
Franz. P. 769.171; *D.R.P. 601.860, 1933*; Tiba 1935, S. 58; R.G.M.C. 1936, S. 65 und 104; Mell. 1934, *15*, S. 362.	Bei Zimmertemperatur dickflüssig, sehr leicht in Wasser löslich; wird als Lösungsmittel für schwerlösliche Indigosolfarbstoffe verwendet.
D.R.P. 339.690 der I. G. Farbenindustrie (1919); *brit. P. 147.102* und *427.058* (Durand-Huguenin); *franz. P. 711.869* der Newport Chem. Corp.; *franz. P. 713.460; schweiz. P. 159.928.*	Lösungsmittel.
Brit. P. 298.088 (Durand-Huguenin); *brit. P. 427.058* (Durand-Huguenin); *D.R.P. 504.076, 340.552, 391.007; schweiz. P. 157.912, 157.913; öst. P. 139.111* u. *139.845; amer. P. 1.967.656.*	Lösungsmittel für Indigosolfarbstoffe.
Brit. P. 298.088 (Durand-Huguenin); R. G. M. C. 1931, S. 32. Siehe dieses Werk, Kap. I, S. 139.	Lösungsmittel für Indigosolfarbstoffe.
Brit. P. 306.800; D.R.P. 479.678 R.G.M.C. 1930, S. 72.	In chlorathaltigen Indigosoldruckfarben zur Abspaltung von Säure im Dampf; wird an Stelle von Rhodanammonium verwendet. Fällt die schwerlöslichen Indigosole nicht aus, wirkt sogar als Lösungsmittel.

Name	Erzeugerfirma	Zusammensetzung
Äthylglykol Developsol GA Solentwickler GA Cellosolve Developpeur Solasol GA Soledonentwickler GE	I.G. Farbenindustrie Durand-Huguenin I.G. Farbenindustrie Carb. Carb. Chem. Corp. Francolor Imp. Chem. Ind.	Monoäthylglykol CH_2—OH | CH_2—OC_2H_5 Siedep. 125° C D. 0,9356
Debesolvol IND	Zundel, Joliet & Co., Gennevilliers (Frankreich)	Zusammengesetztes Lösungsmittel
Liquide Solution Salt GV	Imp. Chem. Ind.	Braune Flüssigkeit
Unipan A	Durand-Huguenin 1938	
Solution Salt SV	Imp. Chem. Ind.	Dibenzylsulfanilsaures Natrium $N(CH_2C_6H_5)_2$—C_6H_4—SO_3Na Rötlich gelbes, in Wasser lösliches Pulver.
Anthrasol Salz NO Tinosol OS Sopural WU Sel Solasol N	I.G. Farbenindustrie Geigy Sopura Francolor	Thioharnstoff + Na_2SO_4 im Verhältnis von 1:1 $C(=S)(NH_2)_2$ Beim Erhitzen des Pulvers bildet sich $(NH_4)_2S$. Mit Salpetersäure bildet sich ein schwer lösliches Salz (Nitrat).

Literatur	Verwendungsgebiete
	Lösungsmittel für Indigosolfarbstoffe.
	Ausgezeichnetes Lösungsmittel für Indigosole. Bedeutende Verbesserung der Ausbeute, der Ausgiebigkeit und der Regelmässigkeit.
	Lösungsmittel für Soledon- (Indigosol-, Anthrasol-) Farbstoffe.
Siehe S. 459.	Wird in der Indigosolfärberei beim Färben von Stückware auf der Haspelkufe oder von Strängen nach dem Einbadverfahren verwendet. Es dient als Schutzkolloid und verhütet die Beschmutzung des Farbgutes bei Anreicherung abgespülter Farbstoffteilchen im Entwicklungsbad.
Brit. P. 421.066, I.C.I.; *brit. P. 27.742*, 1908; *öst. P. 33.611*. Siehe S. 147 und S. 415.	Verbesserung der Ausgiebigkeit von Soledon- und Solacet-Farbstoffen.
D.R.P. 734.399 und *734.400*. Siehe S. 429 und 460.	Zusatz zu den Säure-Entwicklungsbädern, erlaubt die Ausschaltung des nachteiligen Einflusses der überschüssigen salpetrigen Säure bei der Entwicklung von oxydationsempfindlichen Indigosolen (Indigosolblau IBC, Olivgrün IB oder Rot IFBB).

Name	Erzeugerfirma	Zusammensetzung
Reservol BC	I.G. Farbenindustrie	
Dehagen FBB	Durand-Huguenin 1938	Leicht diazotierbare Amine.
Reserve X Reserve T Cibantinreserve	Durand-Huguenin Geigy Ciba	Wasserlösliches Pulver auf der Grundlage von Albumin, Leim, Gelatine oder sonstiger Proteinkörper. Gelbliches Pulver.
Indigosolseife W	Durand-Huguenin 1938	Saure Seife vom Sapamintypus.
Dehagen II	Durand-Huguenin 1938	
Soledon Resist A	I.C.I.	Derivat einer quaternären Ammoniumbase. (Dimethylphenylbenzylammoniumchlorid = Leukotrop O).

Literatur	Verwendungsgebiete
	Für Buntreserven und Küpenfarbstoffe unter Indigosolen. Erlaubt eine vollständige Reservierung des Indigosolblau IBC. Man erhält auf diese Weise lebhafte Buntreserven, die sonst bei Anwendung von Rongalit C stumpf ausfallen.
D.R.P. 535.249, 1931; *brit. P. 344.964; franz. P. 686.820; amer. P. 1.779.305.* Siehe S. 434.	Hilfsmittel für die Färbebäder mit Indigosolrot IFBB. Dient nur beim Klotzen von Indigosolrot IFBB, wenn die zur Entwicklung nötige Nitritmenge der Klotzflotte zugefügt wird. Ein Zusatz von Dehagen FBB zur Klotzflotte verhindert, dass nascierende nitrose Gase den Farbstoff angreifen und bewirkt so, dass die Färbungen ihre volle Echtheit und schöne Nuance aufweisen.
Franz. P. 793.279, 1935; *D.R.P. 625.686, 636.995.*	Gestattet die Weissreservierung von Indigosolfärbungen in jenen Fällen, wo bisher ein reines Weiss nicht erzielbar war, z. B. beim Indigosolgoldgelb IGK, bei Indigosolblau IBC und beim Indigosolgrün IBA. Gute Resultate werden aber nur durch Vordruckreserven erzielt.
R.G.M.C. 1936, Sept.; Mell. 1931, S. 212; *D.R.P. 516.669.*	Hilfsmittel zur Verbesserung der Reibechtheit beim Drucken oder Färben von Indigosolen auf Wolle.
	Wird in der Indigosolfärberei dem Entwicklungsbad in geringen Mengen (2—3 g pro Liter) zugefügt, um eine Überoxydation von oxydationsempfindlichen Indigosolmarken, wie Indigosolblau IBC und Indigosololivgrün IB, zu verhindern. Schützt auch Indigosolrot IFBB vor nitrosen Gasen.
	Das Produkt wird als Reservemittel unter Indigosolen speziell bei Indigosolblau IBC und Indigosolgrün IB verwendet. Diese Farbstoffe lassen sich nach den gewöhnlichen Verfahren nicht weiss reservieren. Das Produkt der I.C.I. ermöglicht die Erzeugung reiner Effekte, jedoch ohne gute Eigenschaften.

IV. KAPITEL.

Fortschritte auf dem Gebiete der unlöslichen Azofarbstoffe.

Vor nahezu 60 Jahren[1]) haben Horace Koechlin einerseits und die Chemiker v. Gallois und Ullrich der Farbwerke Höchst andererseits die Technik der Färberei unlöslicher Azofarbstoffe ins Leben gerufen. Man nannte diese unmittelbar auf der Faser durch Imprägnierung mit einem Phenolkörper und durch Nachbehandlung mit einer Diazolösung erzeugten Farbstoffe allgemein Eisfarben.

Wie es scheint, sind jedoch die ersten Versuche der Anwendung des β-Naphtols dem deutschen Chemiker Graessler in Canstatt (*D.R.P. 14.950*, November 1880) und den Engländern Thomas und Robert Holliday (Firma Read Holliday and Sons in Huddersfield) zu verdanken: die *brit. P. 2.757*, 1880; *1.638*, 1881; *2.946*, 1882; *2.580*, 1885, welche die Obgenannten erhielten, beschreiben nämlich das sogenannte „Vacancein-Rot“, das man erhält, wenn man die Zellulosefaser mit β-Naphtolnatrium tränkt und mit einer Diazolösung des β-Naphtylamins nachbehandelt. Andere Farbenchemiker, z. B. Fehr, versuchten die Übertragung dieser Eisfarben in die Praxis, doch scheinen sich bei dem Read Holliday-Graessler-Verfahren Schwierigkeiten ergeben zu haben, die eine grössere Verbreitung hinderten.

Unleugbar kommt daher den Farbwerken vorm. Meister, Lucius & Brüning in Höchst und hier wieder den Chemikern dieses Werks, v. Gallois und Ullrich, das Verdienst zu, insbesondere den wichtigsten Vertreter dieser Farbstoffgruppe, das Pararot, so gründlich bearbeitet zu haben, dass es im grössten Maßstabe in die Betriebe eingeführt werden konnte.

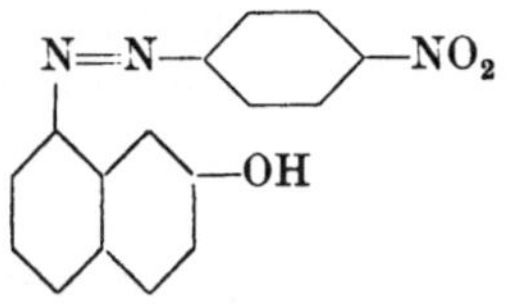

N=N— —NO_2

—OH

Von da ab nahm das Interesse für die unlöslichen Azofarbstoffe, das diese gleich bei ihrem Erscheinen fanden, in ganz ungewöhnlichem Ausmass ständig zu. Bis zum Jahre 1911 waren die Farbtöne immerhin auf Rot (Paranitranilin und p-Nitroanisidin), Bordeaux (α-Naphtylamin), Orange (Metanitranilin und m-Nitroanisidin) und Blau (Dianisidin) beschränkt, deren Echtheit noch als nicht ganz vollkommen angesehen werden konnte. Ein neuer und in seiner Bedeu-

[1]) Siehe Witt und Lehmann, Geschichte der Textilindustrie, Bd. *1*, S. 476 sowie S. 607.

tung ganz ausserordentlicher Aufschwung datiert aber vom Jahre 1911, wo die Farbwerke Griesheim-Elektron einen neuen Kupplungskörper[1]), das 2,3-Oxynaphtoesäureanilid auffanden und in die Technik einführten, dem bald andere Verbindungen ähnlicher Zusammensetzung folgen sollten. Sie ermöglichten erst den in der Geschichte der Farbenchemie einzigartigen Aufschwung auf dem Gebiete der unlöslichen Azofarbstoffe, die bisher allein auf das β-Naphtol angewiesen waren.

Der Krieg 1914—1918 hatte wohl den Aufschwung etwas verzögern können, aber unmittelbar nach Eintritt friedlicher Verhältnisse widmete sich die Farbenindustrie mit allem Feuereifer und in vorbildlicher Arbeit der Bearbeitung dieses Teilgebietes. Unter der Mitwirkung zahlloser Chemiker konnte die I. G.-Farbenindustrie AG. unausgesetzt neue Kupplungskörper der „AS-Gruppe“ und neue Farbstoffbasen auf den Markt bringen und dadurch die bisher auf wenige Töne (Rot und Orange) beschränkte Farbenskala erweitern, so dass neue braune, blaue, violette, ja sogar schwarze und grüne Azofarben entstanden; diese Neuerscheinungen haben die bisherigen Fabrikationsmethoden umgestossen, neue Verfahrensweisen an den Platz der altgewohnten gestellt, Farbstoffe, die bisher im Verbrauch an erster Stelle standen, beiseite geschoben und sich dabei den Koloristen der ganzen Welt durch ihre Schönheit, ihre Echtheit und nicht zuletzt durch ihren verhältnismässig niederen Gestehungspreis unentbehrlich gemacht.

Aber hier blieb die emsige Arbeit der genialen Chemiker der Farbenfabriken nicht stehen. Die nach der zerstörenden Kriegsperiode um so lebhafter einsetzende Schaffensperiode verlangte nach leichteren und vor allem nach rascheren Verfahren der Anwendung. Da war nun die Ausarbeitung der Rapidechtfarbstoffe der erste Schritt zu einer Vereinfachung. Man stützte sich auf ein altes Verfahren der B.A.S.F. aus dem Jahre 1893, welches damals beim β-Naphtol zu keinem greifbaren Erfolg geführt hatte. Eine Frucht ebenso ausdauernder wie wissenschaftlich hervorragender Arbeit waren weiter die im Jahre 1931 von der I. G. herausgebrachten Rapidogenfarbstoffe, das sind Mischungen von Diazoaminokörpern mit den Na-Salzen der 2,3-Oxynaphtoesäureanilide, die den grossen Vorteil einer einfachen Entwicklung bei kurzer Dämpfdauer in Essigsäure enthaltender Atmosphäre boten. So konnte an die Stelle des bisher gebräuchlichen Zweibadverfahrens (Imprägnierung

[1]) Allgemein sollen in diesem und den folgenden Abschnitten die Bezeichnungen „Kupplungskörper“ oder „Kupplungskomponenten“ für die nicht diazotierbaren Komponenten der unlöslichen Azofarbstoffe gebraucht werden, welche den Begriff besser umschreiben, als die Bezeichnung „Naphtole“; da einige Farbenfabriken für die entsprechenden Produkte andere Namen gewählt haben.

mit dem Kupplungskörper und Entwicklung mit dem Diazokörper) ein einziger Arbeitsgang treten.

Der durchschlagende Erfolg der Rapidogene war vorauszusehen und die Anwendung dieser Gruppe wurde sozusagen über Nacht eine ganz allgemeine. Diese Erscheinung kann man zwangslos mit der Leichtigkeit erklären, mit der sie sich neben Farbstoffen anderer Klassen wie Chromfarbstoffen, Küpenfarbstoffen und insbesondere Indigosolfarbstoffen fixieren lassen, mit der Lebhaftigkeit der Farbtöne, mit der Echtheit der Nuancen und mit der gerade in der letzten Zeit so reichhaltigen Farbenskala der Rapidogenklasse selbst, welche erst jüngst durch neue gelbe, braune und marine Töne ergänzt wurde. Man könnte vielleicht annehmen, dass die Industrie, die auf diese Weise mit Produkten bisher unerreichter Farbschönheit und Echtheit beschenkt wurde, sich nun mit diesen Erfolgen begnügt und sich eine Pause gegönnt hätte, doch scheint der Siegeszug der Rapidogene gerade die umgekehrte Wirkung hervorgerufen zu haben: in den Forschungslaboratorien der Farbenfabriken setzte ein geradezu fieberhafter Schaffensdrang ein, dessen Früchte sich in unzähligen neuen Arbeiten — in Europa und Amerika — erkennen lassen. Manche dieser Neuerscheinungen haben schon zu praktisch greifbaren Ergebnissen geführt und sie sollen im Folgenden eingehender erörtert werden.

Die Kupplungskörper (Naphtole).

Die Kupplungskörper, welche zur Erzeugung der unlöslichen Azofarbstoffe auf der Faser dienen, können in fünf Gruppen eingeordnet werden:

1. α- und β-Naphtol und deren Abkömmlinge, wie Aminonaphtole, Naphtocetole usw.

2. Kupplungskörper, die von den Oxynaphtoesäuren abgeleitet werden, besonders die Anilide der 2,3-Oxynaphtoesäure, also die eigentlichen Naphtole AS.

3. Neue „AS"-Kupplungskörper, die sich von o-Oxyanthrazenkarbonsäuren (Naphtol AS—GR)[1], vom Karbazol oder Diphenylimin (Naphtol AS—LB) und vom Benzokarbazol (Naphtole AS—SR und AS—SG) ableiten lassen[2]:

NH

Karbazol

NH

Benzokarbazol

[1]) *D.R.P. 549.983;* Chem. Ztbl. 1932, *2*, S. 622.

[2]) *D.R.P. 446.221*, I.G.; Frdl. *15*, S. 557; *D.R.P. 504.127*, I.G.; Frdl. *17*, S. 984; *franz. P. 699.339; brit. P. 347.113;* Chem. Ztbl. 1932, *1*, S. 2100; *D.R.P. 576.966*, I.G., Chem. Ztbl. 1933, *2*, S. 618.

4. AS-Kupplungskörper für die Herstellung gelber Azofarbstoffe.

a) Derivate der Diphenylbasen, Diazetodiazetylverbindungen (Naphtol AS—G);

b) Thiazol- und Karbazothiazolkörper (Naphtol AS—L4G):

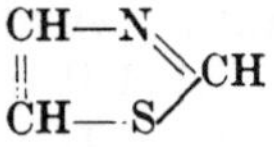

CH—N
CH
CH—S

Thiazol

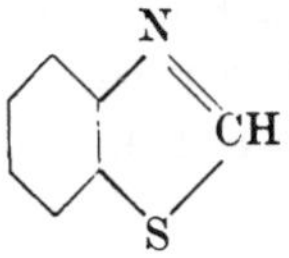

N
CH
S

Benzothiazol

N
CH
NH S

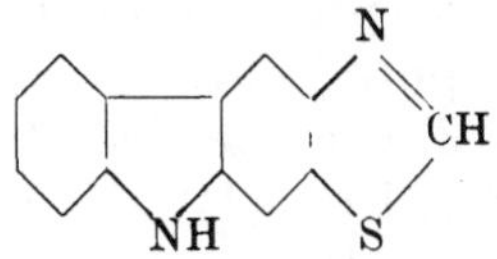

Karbazothiazol

5. Kupplungskörper nicht naphtolartigen Charakters, die imstande sind, mit Diazoverbindungen unter Bildung von unlöslichen Farbstoffen auf der Faser zu reagieren; hierher gehören die später erörterten Farbkörper wie Nigrophor, Nigrogen, Chrysoidin, Vesuvin usw.

1. α- und β-Naphtol und deren Derivate mit Ausnahme der Naphtole AS.

Das durch mehr als 20 Jahre (bis ungefähr 1912) für Kupplungszwecke ausschliesslich gebrauchte β-Naphtol zeigte verschiedene Nachteile. Die daraus hergestellten unlöslichen Azofarbstoffe ermangelten im allgemeinen der Echtheit (Licht-, Chlor-, Seifen- und Reibechtheit), andererseits war die Unbeständigkeit der β-Naphtolnatriumlösung, die Schwierigkeiten beim Trocknungsvorgang und die leichte Oxydierbarkeit des Naphtols, die schnell zum Bräunlichwerden der grundierten Gewebe führte, als ein Hindernis anzusehen. Ebenso verlangte die Färberei mit den „Eisfarben“ besondere Vorsichtsmassnahmen, wie die sofortige Ausfertigung der naphtolierten Gewebe durch die Passage in der Diazolösung, was bei den Farbstoffen der AS-Reihe nicht mehr notwendig ist. Trotzdem ist der Konsum des β-Naphtols dank seines geringen Preises in Frankreich und England für die Erzeugung von Waren für die Kolonien, in Osteuropa für den heimischen und asiatischen Markt und insbesondere in Russland für den Bedarf der Proletarierklasse, die die höheren Gestehungspreise der Naphtol AS-Waren nicht bezahlen kann, ein bedeutender geblieben, während in unseren Ländern die bäuerliche und die Arbeiterklasse als ständige Abnehmer für die Naphtol AS-Ausführungen in Frage kommen.

Das α-Naphtol wurde für sich allein wohl kaum in der Färberei verwendet, da es nur trübe und wenig echte Töne liefert. Doch gebrauchte man es zur Nuancierung der β-Naphtolfärbungen, um die Farbtöne zu vertiefen und ihnen einen Braunstich zu geben, z. B. durch Zusatz von 2—3 g (im Liter) α-Naphtol zu den gebräuchlichen β-Naphtolflotten.

Ein anderes Zusatzmittel zur Abtönung des p-Nitranilinrots ist die unter dem Namen Nuanciersalz (Cassella) verkaufte 2-Naphtol-7-sulfosäure (F-Säure). Hier entsteht durch Beimischung zum β-Naphtol, das als Grundierung des p-Nitranilinrots dient, ein ins Bläuliche spielender roter Farbton.

Naphtol R (M.L.B.) ist eine schon fertige Mischung von 9 Teilen β-Naphtol und 1 Teil der obigen F-Säure. Ähnliche Produkte wurden von Bayer und Cassella unter den Bezeichnungen Naphtol AR und β-Naphtol RC (Naphtol NB von Kuhlmann) in den Handel gebracht[1]).

In sehr geringem Ausmass wurden auch die Aminonaphtole für die Erzeugung von mit diazotiertem p-Nitranilin entwickelten Schwarztönen im Druck verwendet. Es sind dies die Marken:

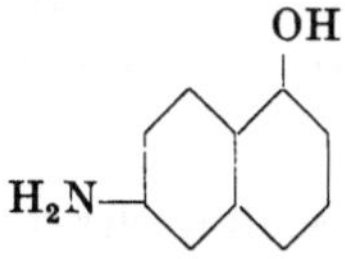

OH
H_2N—
Naphtol BD

und

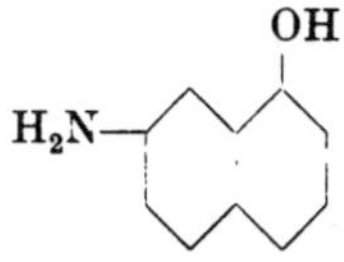

OH
H_2N—
Naphtol 3B

Das Dosne'sche Verfahren (Bull. Mulh. 1897, S. 408; R.G.M.C. 1898, S. 113) beruhte auf einem Zusatz von Aminonaphtol zur β-Naphtolgrundierung, wodurch ein gleichmässiges Braun (Puce) beim Passieren durch diazotierte p-Nitranilinlösung erhalten wurde.

Die von O. Witt erfundenen Naphtocetole sind Azetyl-(oder Benzoyl)Derivate des 4-Amino-α-naphtols (*D.R.P. 93.312*). Sie waren als Ersatzprodukte für das β-Naphtol gedacht, haben aber keine Bedeutung erlangt. Die Anwendung bestand in einer Imprägnierung, Trocknung und Passage durch die Diazolösung. Die Zusammensetzung der Naphtocetole ist z. B.:

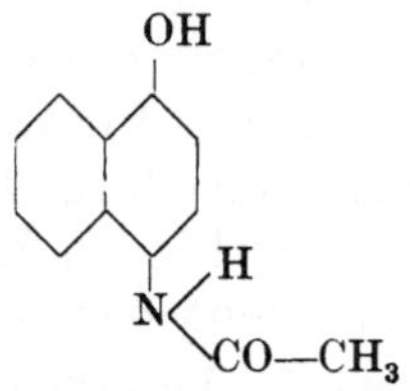

OH
N
H
CO—CH_3

Die wichtigsten Kombinationen mit β-Naphtol sind die nachstehenden:

β-Naphtol + Diazoparanitranilin	Rot (Ullrich, v. Gallois, H. Koechlin, 1889)
„ + diaz. p-Nitroanisidin	blaustichiges Rot (*D.R.P. 98.637*, 1897)

[1]) *D.R.P. 181.721* (Cassella); siehe auch Rittermann und Felli, Bull. Mulh. 1907, S. 142.

β-Naphtol + diaz.	p-Nitro-o-toluidin	(M.L.B. 1904)
„ + „	m-Nitro-p-toluidin	(B.A.S.F. 1908)
„ + „	o- oder m-Nitranilin ...	Orange
„ + „	m-Nitroanisidin	Orange
„ + „	α-Naphtylamin	Bordeaux *(D.R.P. 81.039, 94.280)*
„ + „	Dianisidin + Kupfersalz	Blau (F. Storck, 1893)
„ + „	Chloranisidin	sehr lebhaftes, orangestichiges Scharlach

Als einige weniger gebräuchliche Farbtöne wären ferner solche zu nennen, die man mit β-Naphtylamin (mattes Rot oder Granat), Tolidin, Benzidin und m-Nitrobenzidin (Braun, Puce), Aminoazobenzol oder -toluol (Granat), o-Nitro-p-phenetidin (Blaurotbase von M.L.B., bläuliches Rosa), Azorosa BB von M.L.B. (ein Benzyläther eines Aminokresylols, lebhaftes, wenig echtes Rosa), Diaminodiphenylamin (Azophorschwarz DP, stabilisierte Diazoverbindung)[1]) herstellt.

2. Kupplungskörper, die von den Oxynaphtoesäuren abgeleitet werden.

Für die Farbstofferzeugung sind insbesondere zwei Oxynaphtoesäuren von Bedeutung, und zwar:[2])

COOH —OH und die —OH —COOH

2-Oxy-1-naphtoesäure
Smp. 158° C

2-Oxy-3-naphtoesäure
Smp. 216° C

Die 2-Oxy-1-naphtoesäure ist wenig beständig. Sie wird schon von siedendem Wasser quantitativ in β-Naphtol und Kohlensäure gespalten; ebenso wird die Karboxylgruppe durch die Wirkung von Diazoverbindungen aus dem Kern losgelöst; so erhält man durch die Kombination von dieser Säure mit einem Diazokörper dieselben Endprodukte wie bei der Anwendung von β-Naphtol (M. Battegay, Bayer in Leverkusen, *D.R.P. 238.841;* R.G.M.C. 1914, S. 293; Bull. Mulh. 1914; Schmidt, Ber. 1911, S. 462).

---

[1]) Nach Schultz, Farbstofftabellen, soll Azophorschwarz DP einer Mischung von Tetrazodianisol mit tetrazotiertem Benzidin, diazotiertem p-Nitranilin und besonders diazotiertem m-Nitranilin (*D.R.P. 38.963*) entsprechen.

Vgl. Handbuch Nr. 220a der B. A. S. F., Druckerei, Grundzüge für die Verwendung der Farbstoffe der B. A. S. F., Ausgabe 1921, S. 311—313, ferner Handbuch des Zeugdrucks von Georgievics und Haller, Dax S. 658.

[2]) R.G.M.C. 1913, S. 70; Frb. Ztg. 1912, S. 241 u. 417; Z. f. Farb. und Text. Ind. 1912, S. 97, 128 und 185; Fischesser und Pokorny, Bull. Mulh. 1891, S. 625.

Dagegen ist die 2-Oxy-3-naphtoesäure sehr beständig. Sie ist in Alkohol und in Eisessig löslich; durch Kochen mit Natriumbisulfit wird β-Naphtol gebildet. Die Darstellung erfolgt durch Einwirkung von Kohlensäure auf β-Naphtolnatrium bei 230—240° C; zuerst entsteht die Additionsverbindung von Natriumkarbonat an Naphtol, dann bei 130° C die 2-Oxy-1-naphtoesäure, endlich durch intramolekulare Umlagerung bei 230—240° C die 2-Oxy-3-naphtoesäure (Schwenk, Chem. Ztg. *53*, S. 297; *amer. P. 1.700.546; D.R.P. 485.274* und *423.034; amer. P. 1.503.984* der Nat. Aniline Comp. und *amer. P. 1.450.990* und *1.648.839* von Du Pont). Zum erstenmal wurde die 2-Oxy-3-naphtoesäure von Fischesser und Pokorny zur Erzeugung eines schweissechten Dianisidinblau auf der Faser angewendet (*franz. P. 212.063;* Bull. Mulh. 1891, S. 216, 625). Zum gleichen Zweck brachten die Farbwerke Höchst das Naphtol D, eine Mischung von β-Naphtol, 2-Oxy-3-naphtoesäure und 2-Naphtol-7-sulfosäure, in den Handel. Es kann bei dieser Gelegenheit daran erinnert werden, dass Pleschkow in seinen Arbeiten feststellen konnte, dass der matte Ton des auf der Faser erzeugten Rots, das durch Aufdruck einer diazotierten p-Nitranilinlösung auf ein mit 2-Oxy-3-naphtoesäure präpariertes Gewebe entsteht, in ein sehr lebhaftes Rot verwandelt werden kann, wenn man es unter Einwirkung von Dampf mit Chlorbarium behandelt. Zufolge einer Mitteilung Kielbasinskis wurde der Blau-Rot-Artikel durch Kupplung von Salzen der 2-Oxy-3-naphtoesäure einerseits mit diazotiertem Dianisidin, andererseits mit Diazoparanitranilin unter Zusatz von Chlorbarium zum erstenmal im Jahre 1906 von dem Chemiker der Manufaktur Poluchin's Erben in Iwanowo-Wosnessensk, Bukowiecki, ausgearbeitet (Z. f. Farb. und Text. Ind. 1912, S. 97, 128, 185; R.G.M.C. 1913, S. 73; Frb. Ztg. 1912, S. 417; Kielbasinski, Mell. 1926, S. 611).

Obwohl man einzelnen Kombinationen der vorerwähnten Art ein gewisses Interesse nicht absprechen kann, muss man sich darüber klar sein, dass dies alles nur bescheidene Anfänge waren, wenn man die Bedeutung dieser Arbeiten an derjenigen misst, welche einige Jahre später ein Abkömmling dieser Säure, das Anilid der 2-Oxy-3-naphtoesäure erlangt hat, das im Jahr 1912 unter dem Namen Naphtol AS von Griesheim-Elektron hergestellt wurde[1]).

[1]) Bezüglich der Literatur siehe Kunert und Acker, Naphtole AS und BS, Frb. Ztg. 1916, S. 49, 66, 86; Rath, Über Entwicklungsfarbstoffe, Mell. 1922, S. 367 u. 388; F. Kunert, Neue Eisfarben für die Garn- und Apparatefärberei mittels Naphtol AS, R.G.M.C. 1912, S. 255; Frb. Ztg. 1914, S. 175 u. 337; Lomanowitsch, Frb. Ztg. 1912, S. 391; R.G.M.C. 1914, S. 154; Battegay, Langjahr, Rettig, Chimie et Industrie 1924, März; Rowe u. Levin, J. Soc. D. and Col. 1924, S. 218; 1930, S. 82 u. 227; 1935, S. 287; 1938, S. 422.

Scholl, Mell. 1935, Bd. *16*, S. 444, 515; Christ, Mell. 1931, Bd. *12*, S. 192;
Schober, Mell. 1925; Bd. *6*, S. 499; Mecheels, Mell. 1931, Bd. *12*, S. 581.

Das 2,3-Oxynaphtoesäureanilid[1])

Smp. 243° C

Erfinder: A. Winkler, A. Lasker und A. Zitscher, Griesheim-Elektron.

wurde im Jahre 1892 von Schöpff (Ber. *25*, S. 2744) hergestellt und beschrieben. Vorerst wurde es von der B.A.S.F. zur Entwicklung diazotierter Färbungen (Primulin) vorgeschlagen, aber dank der Anregung der Fabrik Griesheim-Elektron konnten eingehende Versuche rasch zur Anwendung in der Färberei und im Druck führen. Die Vorzüge der Azofarbstoffe, die sich von diesem neuen Naphtol ableiten lassen, sind zahlreich: Verbesserung der Echtheit im allgemeinen, erhöhte Lebhaftigkeit bei gleichzeitiger Vertiefung der Farbtöne; im speziellen ist aber als ein besonderer Fortschritt die Beschaffenheit des vom Dianisidin hergeleiteten Azoblaus zu erwähnen, welches lebhafter, tiefer, licht- und säurebeständiger, daher auch schweissechter ist als der entsprechende aus β-Naphtol hergestellte Dianisidinfarbstoff.

Das 2,3-Oxynaphtoesäureanilid ist ein hellgraues Pulver, das sich schwer in Benzol und Alkohol, dagegen gut in Lauge mit gelber, fluoreszierender Farbe löst. Es wird durch direkte Kondensation des Anilins mit der 2,3-Oxynaphtoesäure erhalten, und zwar bei erhöhter Temperatur in Gegenwart von Kondensationsmitteln, wie $POCl_3$ oder PCl_3. Man löst die Säure in Toluol und setzt das Anilin zu, erhitzt mehrere Stunden auf 80—90° C im Beisein von Phosphortrichlorid und erhält hierbei eine Ausbeute an Anilid bis zu 95%. An Stelle des Toluols kann man auch Dimethylanilin (Rohner, *schweiz. P. 111.922* und *108.072*) oder einfach einen Überschuss von Anilin (M.L.B., *D.R.P. 294.799*) verwenden. Andere Verfahren beruhen auf der Einwirkung des Chlorids, des Anhydrids oder eines Esters der 2,3-Oxynaphtoesäure auf Anilin oder Amine (vgl. hiezu die Fabrikation des Naphtol AS—BS, R.G.M.C. 1933, S. 161).

Rittner u. Gmelin, 1927, Bd. *8*, S. 530; Schwen, Mell. 1928, Bd. *9*, S. 673; Ziersch, Mell. 1929, Bd. *10*, S. 56; Lederer, Mell. 1931, Bd. *12*, S. 112, 461; Krostewitz, Mell. 1931, Bd. *12*, S. 584; Christ, Mell. 1932, Bd. *13*, S. 24, 68, 426; Christ, Mell. 1933, Bd. *14*, S. 18; Schneevoigt, Mell. 1933, Bd. *14*, S. 36; Christ, Mell. 1934, Bd. 15, S. 18.

Andere Handelsnamen: Naphtazol A von Francolor; Anthonaphtol AS der S.P.C.M.C.; Naphtanilid RC von Rohner; Brenthol AS der I.C.I.; Celcot RF von Sandoz; Cibanaphtol RF der Ciba; Irganaphtol RF von Geigy.

[1]) Literatur: *D.R.P. 256.999* vom 4. Juli 1911; *258.654*, 1912 und *261.594*, 1912; *D.R.P. 251.233*, Frld. 1912—1914, *11*, S. 462 und 466.

Der Farbton der Azofarbstoffe, die man mit Naphtol AS erhält, wird im Vergleich zu den entsprechenden Tönen auf β-Naphtolgrundierung merklich vertieft:

	mit β-Naphtol	mit Naphtol AS
p-Nitranilin	scharlach	rot
p-Nitro-anisidin	bläuliches Rot	tiefes Himbeerrot
m-Nitro-anisidin . . .	orange	sehr lebhaftes Rot
Chloranisidin	scharlachrot	blaustichiges Rot
α-Naphtylamin	bordeaux	violettstichiges Granat (Purpurfarbe)

Wie früher erwähnt, bietet das Naphtol AS besonderes Interesse für die Erzeugung eines echten Dianisidinblau. Die Kombination von β-Naphtol + Dianisidin bildet ein Violett, das in Gegenwart von Kupfersalzen in ein seifen- und lichtechtes, aber nicht säureechtes Blau umschlägt (F. Storck, 1893); aus der letzteren Ursache erklärt sich die geringe Anwendung der Kombination in der Praxis. Eingangs wurde schon die durch die Farbwerke Höchst mit dem Naphtol D erzielte Verbesserung erwähnt, doch war auch dieser Farbton nicht genügend säure-, nicht einmal genügend seifenecht. Dagegen erhält man mit einer Grundierung von Naphtol AS ein sehr lebhaftes Dianisidinblau von im allgemeinen guten Echtheitseigenschaften; aber auch dieses Ergebnis wurde etwa 15 Jahre später durch die von der I. G. im Jahre 1927 herausgebrachten Variaminblaubasen und Echtblaubasen BB und RR überflügelt, wodurch man erst die bekannten prachtvollen und echten, allgemein angewendeten Blautöne erhielt.

Auf das Naphtol AS folgten rasch andere Arylide der 2,3-Oxynaphtoesäure, die zusammen die grosse Gruppe der gegenwärtig im Handel befindlichen Naphtole bilden[1]). Die schematische Formel lautet hier:

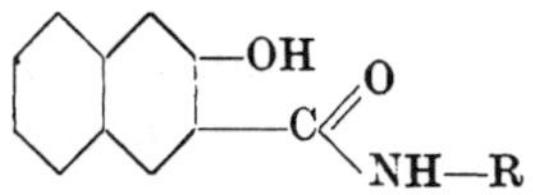

—OH
O
—C
NH—R

wobei R ein substituierter oder nicht substituierter Arylrest bedeuten kann, z.B.

[1]) Folgende Arbeiten wurden über die Eigenschaften der Kupplungskomponenten der Naphtol AS-Gruppe veröffentlicht: T. N. Mehta und V. B. Thosar, J. Soc. D. and Col. 1940, *56*, S. 160; R. B. Forster, J. Soc. D. and Col. 1940, *56*, S. 166; R. V. Bhat und K. Venkataraman, J. Soc. D. and Col. 1940, *56*, 166 und 1942, *58*, S. 155—203; Dormann, Die chemische Konstitution von Farbstoffen des Naphtol AS-Typus, Amer. Dyest. Rep. 1939, S. 28, 79, 101.

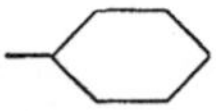

Anilid = Naphtol AS (Smp. 243° C)

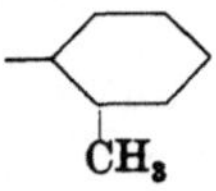

o-Toluidid = Naphtol AS–D (Smp. 193° C)

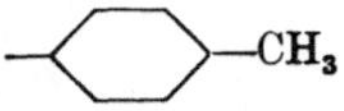

p-Toluidid = Cibanaphtol RT

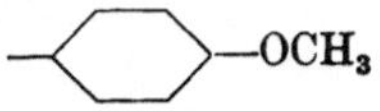

p-Anisidid = Naphtol AS–RL (Smp. 230° C)

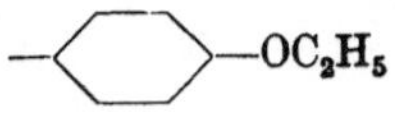

p-Phenetidid = Cibanaphtol RPH

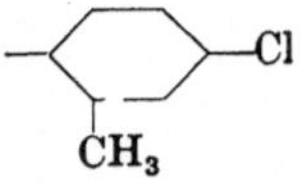

4-Chlor-2-toluidid = Naphtol AS–TR (Smp. 243° C)

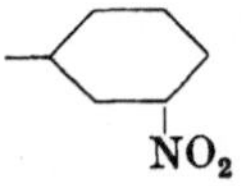

m-Nitranilid = Naphtol AS–BS (Smp. 246° C)

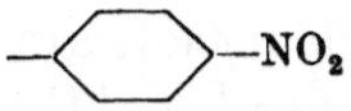

p-Nitranilid = Naphtol AS–AN

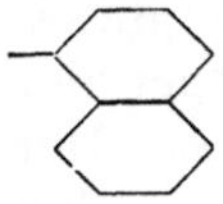

α-Naphtylamid = Naphtol AS–BO (Smp. 223° C)

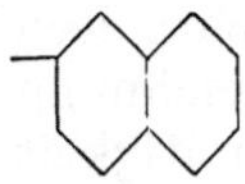

β-Naphtylamid = Naphtol AS–SW (Smp. 243° C)

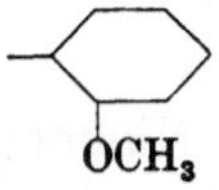

o-Anisidid = Naphtol AS–OL

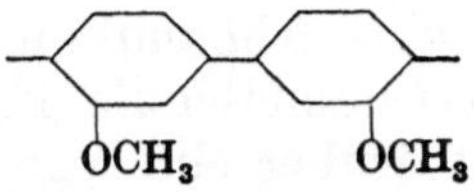

Dianisidid = Naphtol AS–BR

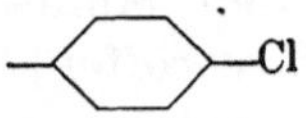

p-Chloranilid = Naphtol AS–E

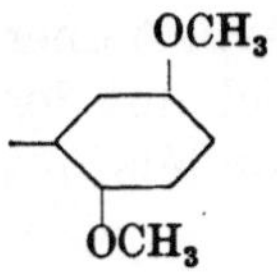

2, 5-Dimethoxyanilid = Naphtol AS–BG

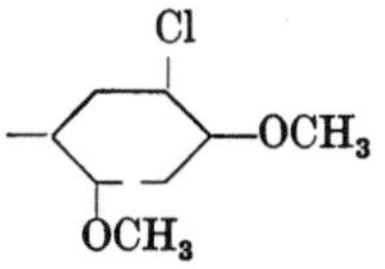

4,6-Dimethoxy-3-chloranilid = Naphtol AS–ITR

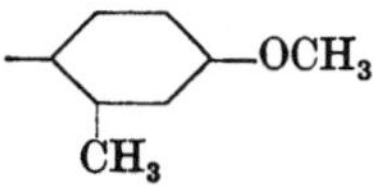

4-Methoxy-2-toluidid = Naphtol AS–LT

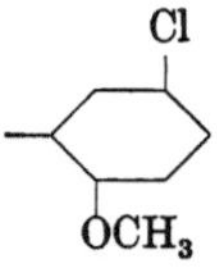

2-Methoxy-5-chloranilid = Naphtazol EL

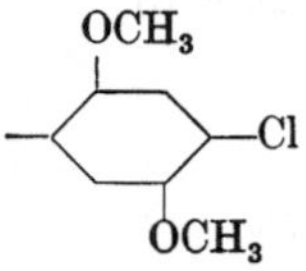

2,5-Dimethoxy-4-chloranilid = Naphtol AS–LC

Marcel Bader hat in einem sehr ausführlichen Vortrag (Kongress der A.C.I.T. in Brüssel vom 21. September 1935, wiederholt am 1. Dezember desselben Jahres vor der Schweizer Sektion des I.V.C.C., Bull. Féd. *1*, S. 451) die zahlreichen Arbeiten und Patente, die dieses Gebiet betreffen und die Entwicklung neuer Kupplungskörper der Naphtol AS-Reihe zum Zwecke hatten, auseinandergesetzt. Der Erfolg dieser Derivate ist der reichhaltigen Farbenskala, die den Koloristen bei gleichzeitiger Erhöhung der verschiedenen Echtheiten geboten wurde, — welche die Möglichkeit gaben, die „I"-Auszeichnung auf den Waren anzubringen — ebenso wie der besonderen Lebhaftigkeit der Töne, welche bei weitem diejenigen übersteigt, die mit β-Naphtol erzielt werden, zu verdanken.

Hier wären auch besonders die Arbeiten von E. Sack und Niederhauser betreffend die Naphtazole und die Kupplungsprodukte derselben mit Diazokörpern hervorzuheben, worüber eine Abhandlung im Jahrbuch der ehemaligen Hörer der höheren Chemieschule in Mülhausen (1933) erschien. Ferner hat G. Martin hierüber eine vorzügliche Arbeit in der R.G.M.C. 1934, S. 169 und in den Monographien der Revue de Chimie Industrielle 1934, Bd. *2*, veröffentlicht. Zu erwähnen wäre ferner noch ein Aufsatz von Predelli im Boll. Assoc. Ital. Chem. Tess. e Col. 1934, S. 749 und eine Arbeit über die Naphtole AS im J. Soc. D. and Col. 1934, S. 204, die sich mit der Konstitution der hierhergehörigen Verbindungen und besonders mit deren Anwendung befasst.

Fasst man die zwei hauptsächlichsten Typen der Anilide, nämlich

$C_{10}H_6(OH)—C(=O)—NH—R$ und $R—CO—CH_2—C(=O)—NH—R$

o-Oxy-aryl-anilid — Azyl-essigsäure-anilid

ins Auge, so hat sich vor allem die erstere Gruppe in der eben dargestellten Art mächtig entwickelt. Der zweite, von der Azyl-Essigsäure abgeleitete Typus wurde von den Farbwerken Höchst zur Entwicklung von Färbungen aus diazotiertem Primulin zum Zwecke der Echtheitserhöhung und überdies zur Erzeugung von gelben Farblacken vorgeschlagen. Während die o-Oxy-arylderivate zur Herstellung von Tönen von Orange bis Blau dienen, bleibt die Verwendung der Kupplungskörper mit der Azyl-essigsäure-Gruppe auf die Darstellung jener (gelben) Farbtöne beschränkt, die in der hier durchgeführten Einteilung unter Punkt 4 behandelt werden sollen.

3. Kupplungskörper, die vom Anthrazen, Karbazol und Benzokarbazol abgeleitet werden.

Die Farbenskala der Azofarbstoffe konnte um grüne, braune und schwarze Töne erweitert werden (Rev. Chim. Ind. 1932, S. 182; Kramer, Tiba 1931, S. 743), als man als Kupplungskörper die Arylide der Anthracenoxykarbonsäure einführte, so z. B. das Naphtol AS—GR, dessen Kombination mit der diazotierten Echtblaubase BB einen grünen, nicht sehr lebhaften, aber hinreichend echten Farbstoff liefert. Naphtol AS—GR ist:

$C_{14}H_8(OH)—C(=O)—NH—C_6H_4—CH_3$

(*Franz. P. 724.123*; *D.R.P. 539.116*, 1929 und *549.983*, 1930 der I. G.).

Das Naphtol AS—GR ist also ein Naphtol AS—D, dem noch eine Benzolgruppe hinzugefügt wurde. Der durch diese Substitution erzielte Farbenumschlag ist nicht sehr bedeutend, da dieselbe Farbbase mit Naphtol AS—D ein Blau, mit dem Naphtol AS—GR ein grünliches Blau ergibt.

Eine viel weiter gehende Farbvertiefung erhält man jedoch durch Vergrösserung des Moleküls des Naphtols AS, wenn man beispielsweise die Benzokarbazolderivate herstellt[1]). Hierher gehören zwei

[1]) Naphtole der Reihe des Karbazols: *D.R.P. 446.221*, I. G.; Frdl. *15*, S. 557; *D.R.P. 504.127*, I. G.; Frdl. *17*, S. 984; *franz. P. 699.339*; *brit. P. 347.113*; Chem. Zentbl. 1932, *1*, S. 2100; *D.R.P. 576.966*, I. G.; Chem. Ztg. 1933, *2*, S. 618.

Naphtolkörper, AS—SR und AS—SG, welche mit gewissen Farbbasen, so dem p-Nitroanisidin (Echtrotbase B) dunkle Braun- und Schwarztöne liefern:

Naphtol AS–SR (Arylid der Benzokarbazoloxykarbonsäure)

Man kann den Körper als ein Pyrrolderivat ansehen, nämlich als eine Naphtophenopyrrol-3′-oxy-2′-karbonsäure.

Das Naphtol AS—SG

ist das p-Anisidid der Benzokarbazol-3′-oxy-2′-karbonsäure (*D.R.P. 539.116* der I. G.).

Das Naphtol AS—LB

ist das p-Chloranilid der Oxykarbazolkarbonsäure; es gibt tiefbraune Töne (*D.R.P. 535.670* der I. G. 1930; vgl. auch das *franz. P. 734.845*, 1931 derselben Firma).

An Stelle des Karbazols ging man vom Diphenylenoxyd

aus, dessen Derivat, das 2,5-Dimethoxyanilid der 6-Oxydiphenylenoxyd-7-karbonsäure als Naphtol AS—BT bekannt ist:

Laut *franz. P. 734.845*, 1932 hat man überdies in der Imingruppe substituierte Derivate des Naphtol AS—LB dargestellt, wie das p-Chloranilid der Methyloxykarbazolkarbonsäure, welches echte Brauntöne mit den diazotierten Nitranilinen oder Chloranilinen ergibt.

Im Gegensatz zu β-Naphtol, welches beim Grundieren nur mechanisch der Faser anhaftet, ziehen die Naphtol AS-Körper substantiv auf. Diese Eigenschaft der Naphtole AS ist ohne Zweifel durch deren strukturellen Aufbau und insbesondere durch deren Molekülgrösse bedingt. In einer interessanten Arbeit, welche in Mell. 1942, S. 598, veröffentlicht wurde, beschreibt E. Feber die Herstellung und das färberische Verhalten des β-Oxynaphtoesäureanthrachinonylamids, also eines Naphtol AS, in welchem die β-Oxynaphtoesäure mit Aminoanthrachinon verbunden ist. Dieses Produkt vereinigt in sich die Eigenschaften einer gewöhnlichen Naphtol AS-Kupplungskomponente und diejenigen eines „farblosen" Küpenfarbstoffes. Hierdurch und infolge der Vergrösserung des Moleküls war zu erwarten, dass die Substantivität aus der Küpe zur Faser sowie die Reib-, Koch- und Beuchechtheit bedeutend erhöht würden.

Die Anwendung dieses neuen Produktes, wie aus Laboratoriumsversuchen hervorgeht, weicht vollständig von der üblichen Arbeitsweise ab. Die Grundierung erfolgt in der Küpe der Kupplungskomponenten (5 g Baumwolle, 0,35—0,60 g Grundierungsmittel, welche mit 1—2 cm³ NaOH 30° Bé und Hydrosulfit nach Bedarf verküpt werden) bei einem Flottenverhältnis von 1:20 während 40—50 Minuten bei 50—60° C, worauf abgequetscht, verhängt, abgesäuert und gespült wird. Unter diesen Bedingungen zieht das Grundierungsmittel zu 59—65% auf. Wie erwartet, ist hierbei die Substantivität bedeutend erhöht und erheblich grösser als diejenige des schon sehr substantiven Naphtol AS—SG. Auch die Vermutung, dass die mit diesem neuen Kupplungskörper erzielbaren Färbungen (in den Versuchen wurde beispielsweise mit Echtblau BB, Echtrot B, GL, Echtschwarz BL usw. der I. G. entwickelt) sehr gut wasch-, koch- und beuchecht sein würden, hat sich vollauf bestätigt. Es sei hier jedoch erwähnt, dass dieses Verfahren bis heute kaum über das Stadium von Laboratoriumsversuchen hinausgegangen sein dürfte.

Nach dem *brit. P. 515.381* (Ciba) können Arylamide der 2-Oxy-3-naphtoesäure durch Kondensation der β-Oxynaphtoesäure oder seiner Säureabkömmlinge, z. B. das Säurechlorid, mit Aminopyren oder Aminochrysen, wie das 3,8-Diaminopyren, das 3-Aminopyren oder das 2,8-Diaminopyren, in Gegenwart von einer dreiwertigen Base, z. B. Pyridin, erhalten werden.

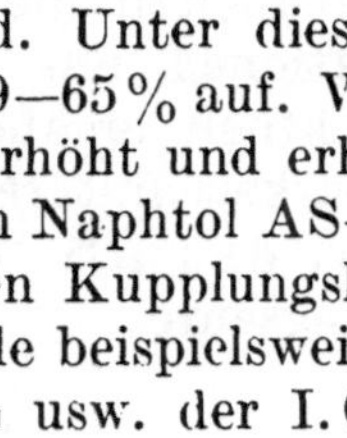

Chrysen

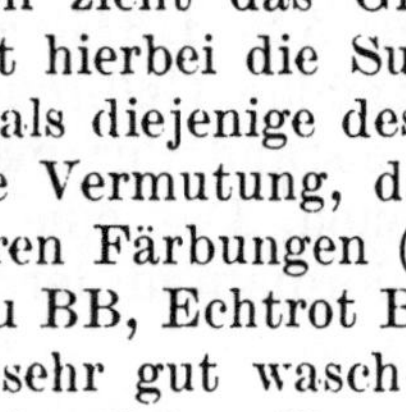

Pyren

Die Kondensationsprodukte besitzen eine gute Affinität zu den Zellulosefasern. Sie kuppeln mit diazotierten Arylaminen, die keine wasserlöslichmachende Gruppen im Molekül enthalten, unter Bildung von roten, braunen, violetten, marineblauen und schwarzen Farbstoffen, die durch vorzügliche Echtheitseigenschaften gekennzeichnet sind.

4. AS-Kupplungskörper zur Herstellung gelber, unlöslicher Azofarbstoffe.

Zur Erzeugung gelber Farbtöne musste man sich der Azylessigsäurederivate bedienen, und zwar insbesondere der Diazetoazetylderivate der substituierten oder nicht substituierten Diphenylbasen. Das Verdienst der Entdeckung dieser Naphtole kommt den Chemikern Lasker und Zitscher der Farbwerke Griesheim-Elektron zu:

$$CH_3—CO—CH_2—CO—NH—C_6H_3(CH_3)—C_6H_3(CH_3)—NH—CO—CH_2—CO—CH_3$$

Naphtol AS–G

(*D.R.P. 386.054*, 1921, von Lasker und Zitscher, Griesheim-Elektron.)

Man erhält diese Verbindung durch Erhitzen von in einem neutralen Mittel gelöstem Tolidin und Azetessigester. Der Hauptnachteil dieses Naphtols, welches während nahezu 10 Jahren der einzige Vertreter dieser Gruppe blieb, besteht darin, dass die daraus hergestellten Azofarbstoffe sich mit Formaldehydsulfoxylat nicht weiss ätzen lassen.

Im Jahre 1931 erschienen aber als Neuheiten die Naphtole AS—LG und AS—L3G, deren Kombinationen mit diazotierten Basen grünstichige Gelbtöne von guter Echtheit ergaben; dagegen blieb der Übelstand der mangelnden Ätzbarkeit mit reduzierenden Mitteln bestehen. Das eine dieser Naphtole, das AS—LG, ist das Dimethoxychlordianilid der Terephtalyldiessigsäure:

$$H_3CO—C_6H_2(Cl)(OCH_3)—NH—CO—CH_2—CO—C_6H_4—CO—CH_2—CO—NH—C_6H_2(Cl)(OCH_3)—OCH_3$$

(*Franz. P. 716.871*, 1930 der I. G.)

Das Naphtol AS—L3G entspricht der Formel

$$Cl—C_6H_2(CH_3)(OCH_3)—NH—CO—CH_2—C(=O)—C_6H_4—C(=O)—CH_2—CO—NH—C_6H_2(CH_3)(OCH_3)—Cl$$

Der früher erwähnte Mangel der Ätzbarkeit dieser Töne konnte durch die Verwendung des Naphtol AS—L4G behoben werden. Es ist dies das 2-Azetoazetylamino-6-äthoxybenzothiazol der Formel:

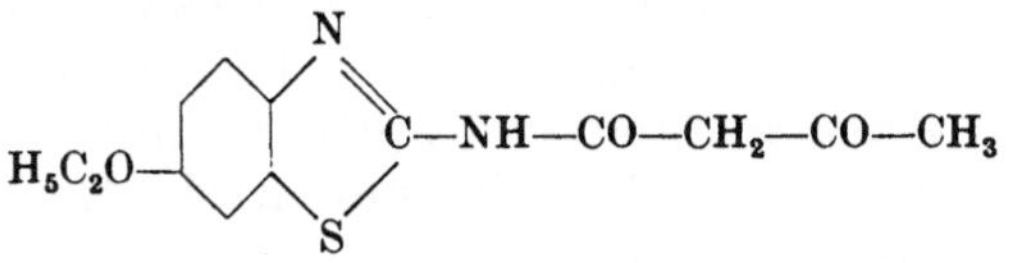

N

H_5C_2O— C—NH—CO—CH_2—CO—CH_3

S

(*D.R.P. 600.101*, 1933, *603.623*, 1933; *ind. P. 20.274* der I. G.)

Im Sinne des *D.R.P. 611.882*, 1933 werden die Amide der Aminobenzothiazole und des Azetessigesters durch andere Derivate, nämlich die Benzoylessigester, ersetzt. Weiter verwendete man die Aminonaphtothiazole und die Karbazothiazole, z. B.:

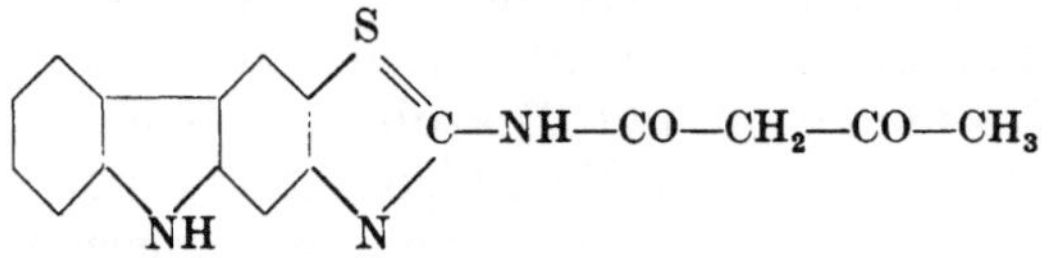

S

C—NH—CO—CH_2—CO—CH_3

NH N

(*D.R.P. 612.072*, 1933.)

Aus allen den letztgenannten Kupplungskörpern ergeben sich gelbe, mit Formaldehydsulfoxylat ätzbare Azofarbstoffe.

5. Kupplungskörper nicht naphtolartigen Charakters, die für die Herstellung von Azofarbstoffen auf der Faser zur Verwendung kommen.

Das Nigrophor, das Schraube im Jahre 1896 (*D.R.P. 116.176*) entdeckte, entsteht durch die Einwirkung einer diazotierten 2,4-Dichloranilinlösung auf die 1-Amino-8-naphtol-5-sulfosäure:

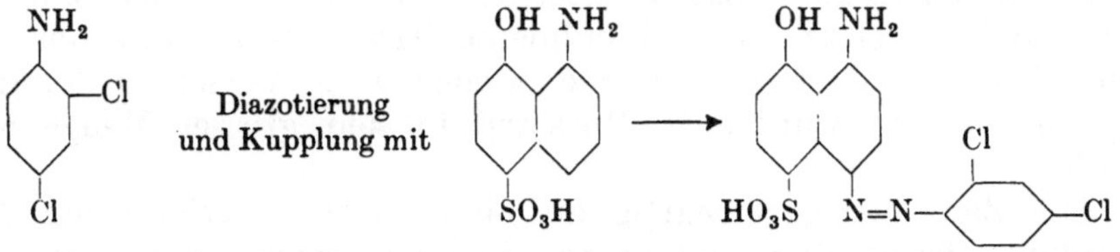

NH_2 —Cl Cl — Diazotierung und Kupplung mit — OH NH_2 SO_3H ⟶ OH NH_2 HO_3S N=N— Cl —Cl

Durch die Einwirkung des p-Nitrodiazobenzols oder des diazotierten α-Naphtylamins auf Nigrophor bekommt man ein seifenechtes, braunstichiges Schwarz, das mit Formaldehydsulfoxylat ätzbar ist.

Das Nigrogen B (B.A.S.F.) ist ein Kondensationsprodukt von Azeton mit der 1,8-Diaminonaphtalin-4-sulfosäure, welches durch Kupplung mit diazotiertem p-Nitranilin ein Schwarz liefert (vgl. Handbuch Nr. 220a der B.A.S.F. 1921, S. 291).

Der Ersatz von β-Naphtol durch Katechu oder Gerbstoffe ermöglicht die Entstehung von flohbraunen (Puce) und Bistertönen

(Verfahren von Bedford aus dem Jahre 1880, von Kalle 1890 und von Kayser). Man verwendete diese Farbtöne in Russland während des Krieges 1914—18 und in der Revolutionszeit, um dem Mangel an β-Naphtol abzuhelfen. So bekam man beispielsweise ein Granat, das im Tone dem α-Naphtylamingranat gleicht, durch Vorbehandlung des Gewebes mit einer essigsauren Katechulösung, der man Kristallfuchsin beigab, und durch Entwicklung nach der Trocknung mit einer diazotierten p-Nitranilinlösung.

Der von F. Binder im Jahre 1899 (R.G.M.C. 1904, S. 199, 203; Bull. Mulh. 1905, S. 54) gefundene Chrysoidinbister hatte in Russland einen grossen Erfolg und der Artikel ist noch immer stark verbreitet. Man stellt ihn durch Imprägnierung der Faser mit Chrysoidin, Braunsalz R oder ähnlichen Produkten, Bismarckbraun, Manchesterbraun, Vesuvin (Braunsalz G) oder den Bruns pour Foulardage N und NJ (Kuhlmann), also m-Phenylendiamin oder m-Toluylendiamin durch Kombination mit Diazobenzol oder den mono- oder bis-Diazoverbindungen des m-Phenylendiamins her; das m-Nitrodiazobenzol gibt mit den gleichen Kupplungskörpern havannabraune Nuancen. Das Gewebe wird auf dem Foulard mit einer essigsauren Lösung von Braunsalz G oder R, die mit etwas Tragantschleim versetzt ist, geklotzt, dann geht man durch eine Lösung von diazotiertem p-Nitranilin, gibt vor dem Trocknen einen Luftgang von 10—15 Sekunden, spült und seift.

Endlich soll noch das Dunkelbraun in Erinnerung gebracht werden, welches durch Überfärbung eines pararot gefärbten Gewebes mit verdünntem Anilinschwarzklotz erzeugt wird (24—28 g Anilin im Liter). Schmid hat (vgl. R.G.M.C. 1898, S. 111; Bull. Mulh. 1897, S. 411) diesen Artikel ausgearbeitet, der sich im Druck leicht durch eine Natriumazetatreserve illuminieren lässt. weil dann das ursprüngliche Rot der Grundfarbe wieder zum Vorschein kommt. Derartige Waren wurden in Russland in sehr grosser Menge hergestellt.

Die Zahl der gegenwärtig auf dem Markte befindlichen AS-Kupplungskörper übersteigt heute 20; die verschiedenen Typen der alten und neuen Kupplungskörper werden in den am Schlusse des Kapitels aufgeführten Tabellen zusammengefasst.

Die Naphtolierung.

Die Imprägnierungsbäder enthalten im allgemeinen Lauge, Seife und ein Schutzkolloid[1]).

Die Seife oder die Fettbeize (Sulforizinat) haben einen entscheidenden Einfluss nicht nur auf die Durchdringung der Faser

[1]) Siehe Rath, Vortrag auf dem 14. Kongress des I.V.C.C. in Budapest, Mell. 1929, S. 111; Mell. 1930, S. 32, und 1931, S. 585, auch Kramer, Tiba 1931, S. 741.

sondern auch auf die Lebhaftigkeit der Farbtöne. Das Pararot fällt dadurch blaustichiger aus. Es konnte festgestellt werden, dass das Ammoniumsalz der Rizinusölsulfosäure günstiger wirkt als das Natriumsalz. Durch die emulgierende Wirkung der Seifen auf die oberflächlich gebildeten Farblacke wird die Reibechtheit wesentlich erhöht. Haller konnte zeigen, dass der Umschlag des Pararots ins blaustichige Rot, der beim Zusatz von fetten Beizen zur β-Naphtolnatriumlösung erfolgt, der Bildung eines Adsorptionskomplexes zwischen dem Farbstoff und der fein dispergierten Fettsäure zuzuschreiben ist (Frb. Ztg. 1915, S. 306).

In der Regel gebraucht man Seifen von Oxysäuren, Natrium- oder Ammoniumrizinoleat, die man durch teilweise Neutralisation der Rizinolsäure erhält. Ein derartiges Produkt wurde von den Farbwerken Höchst unter dem Namen Paraseife N auf den Markt gebracht.

Von Wojcik wurde eine Spezialseife auf der Basis von Rizinolsäure ausgearbeitet, und dieses Produkt ist von Cassella seinerzeit empfohlen worden (Erban, Theorie und Praxis der Garnfärberei mit Azoentwicklern, Berlin 1906, Verlag J. Springer, S. 72; Cassella, Kleines Handbuch der Färberei 1923, S. 170).

Sazanoff schlug in Mell. 1927, S. 275, die Verwendung von Naphtensäuresulfonat an Stelle der rizinolsulfosauren Salze vor. Was die letzteren anbelangt, so kommen sowohl die gewöhnlichen Sulforizinate als auch die besonders kalkbeständigen Produkte in Betracht, welche als komplexe Sulfonsäureester (Polyoxysulfosäureverbindungen) anzusehen sind. Hierher gehören die Polysulfo-Produkte von Juillard, die Monopolseifen von Stockhausen, die Universalöle von Schmitz usw. Ähnliche Erzeugnisse werden von fast allen chemischen Betrieben hergestellt, die sich mit der Verarbeitung und besonders der Sulfonierung der Fette befassen.

J. A. Nabar, P. M. Barve, A. M. Pastel und B. N. Desai veröffentlichten in Proc. Indian. Acad. Scien. 1939, 10. A, S. 344 einen Aufsatz über die Adsorption der Naphtollösungen. Diese Forscher untersuchten Färbungen von Naphtol AS—G, AS, AS—TR, AS—BO und AS—SW auf baumwollenen Geweben. Die Konzentration der Naphtollösungen wurde vor und nach der Imprägnierung durch volumetrische Titration mit Echtrotbase TR (Trivasol Red TR) bestimmt. Es konnte festgestellt werden, dass ein Zusatz von Alkali, von Tragant oder Agar-Agar zur Naphtolflotte die Adsorption verringert. Wird die Färbung des Naphtols in verdünnten Lösungen von Alkali, Natriumchlorid oder Natriumphosphat vorgenommen, so erfolgt eine erhöhte Adsorption des Naphtols. Die Adsorption steigt bis zu einem Maximalwert an, um schliesslich wieder abzunehmen. Mit steigender Temperatur sinkt das Aufziehvermögen der

Naphtole, insbesondere für solche, die durch grosse Substantivität gekennzeichnet sind.

Hier soll abschliessend auf ein Verfahren der Chemischen Fabrik Landshoff & Meyer und Bochter (Appretur-Ztg. 1920, Nr. 10, S. 60) zur Erzeugung eines blaustichigen Pararots hingewiesen werden: der Naphtolatlösung wird eine kleine Menge (0,01%) eines substantiven, mit dem p-Nitrodiazobenzol kupplungsfähigen Farbstoffes (z. B. Diaminnitrazolviolett oder Parazolviolett) zugegeben. Die Anwesenheit dieses Farbstoffs soll die Dispersion des entstandenen Azofarbstoffs begünstigen und die Sublimation des β-Naphtolnatriums herabsetzen.

Das Lösen der Naphtole.

β-Naphtol wird in der Wärme mit der gleichen Menge Natronlauge von 38° Bé unter Zusatz von Wasser aufgelöst. Hierauf gibt man der Lösung Rizinusseife zu. Ein Überschuss von Lauge, welcher die Oxydation des Naphtols begünstigt, ist zu vermeiden, da sonst rasch ein Braunwerden des imprägnierten Gewebes eintritt.

Die Lösung der Naphtol AS-Körper kann auf zweierlei Art erfolgen: in der Wärme oder in der Kälte (The Dyer 1936, S. 619; R.G.M.C. 1937, S. 371).

Beim Auflösen in der Wärme teigt man das Naphtol mit Natronlauge von 38° Bé und einem Schutzkolloid an; dabei entsteht das Naphtolat, welches man durch heisses Wasser in Lösung bringt. Zum vollständigen Klarwerden der Lösung ist es notwendig, die Flüssigkeit zum Kochen zu bringen. Beim Kaltlöseverfahren (*franz. P. 679.411*) wird das Naphtol mittels Natronlauge und denaturiertem Alkohol in Lösung gebracht; dies geht fast augenblicklich vor sich und das entstandene Salz löst sich dann sehr leicht in wenig Wasser (vgl. Handbuch der Baumwollfärberei der I. G. 1923, S. 468).

Die Naphtole sind nicht leicht löslich und gegen Kalksalze empfindlich. In hartem Wasser kann es unter Umständen zum Auftreten unlöslicher Erdalkalinaphtolate kommen. Es wurden verschiedene Zusatzmittel zu den Naphtolbädern empfohlen, die einerseits die Löslichkeit der Naphtole in Natronlauge erleichtern und andererseits den Niederschlag von Erdalkalinaphtolaten verhüten sollen (siehe Drapal, Mell. 1940, S. 235).

Hierher gehören laut *franz. P. 739.066; amer. P. 2.026.817; öst. P. 135.670* das Acorit der Böhme-Fettchemie, welches einem Fettalkoholsulfonat mit einem an Säure gebundenen Hydroxyl entspricht, das Eunaphtol AS der I. G. Farbenindustrie und das Sapidan CAN (A. Th. Böhme, Dresden).

Man verwendet sie hauptsächlich zum Lösen der Naphtole nach dem Heisslöseverfahren. Auf diese Weise werden sehr klare Naphtollösungen erhalten (Mengenverhältnis: auf 1 Teil Naphtol kommen 1—2 Teile Eunaphtol AS). Für die Foulardgrundierung auf der Hotflue werden ebenfalls Monopolbrillantöl und Laventin HW empfohlen. Letzteres Produkt scheint sich besonders beim Variaminblaureserveartikel gut bewährt zu haben.

Der Zusatz von Produkten wie Calgon (A. Benckiser), Trilon A oder B (I. G.), welche die Fähigkeit besitzen, die Bildung von Erdalkaliseifen zu verhüten bzw. die schon gebildeten aufzulösen, hat sich gleichfalls als sehr vorteilhaft erwiesen.

Im *amer. P. 2.263.616* (eing. am 9. August 1939, ert. am 25. Februar 1941) macht Du Pont de Nemours darauf aufmerksam, dass die Naphtol AS-Kupplungskörper mit einem Überschuss von Natronlauge gelöst werden sollen, was jedoch einige Schwierigkeiten für die Rapidogene ergibt. Man versuchte daher diesen Nachteil zu beheben, indem man den Kupplungskörper in wässerigem Medium mit Alkali, Dextrin, Natriumsulforizinat und einem Dispergiermittel mischt, wie das Kondensationsprodukt aus Formaldehyd und β-Naphtalinsulfosäure. Solche Produkte sind im Handel bekannt unter den Namen

Setamol WS	I. G. Farbenindustrie
Dispergine GB	Francolor
Lissatan AC	Imp. Chem. Ind.

Dieses Gemisch wird verrieben, um es homogen zu machen, und dann getrocknet. Es löst sich leicht in alkalischen Lösungen. Diese Lösungen können für Foulardierbäder verwendet werden oder auch für die Herstellung der Rapidogene, indem man noch eine alkalibeständige Diazoaminoverbindung beigibt.

Die Reibechtheit hängt in grossem Masse von der vollkommenen Auflösung des Naphtols ab. Deshalb ist der Auswahl eines dispergierenden und lösenden Hilfsmittels der grösste Wert beizumessen. Dieses Hilfsmittel muss den Alkalien, den Säuren und hauptsächlich den Erdalkalien gegenüber sehr beständig sein. Als solche Produkte kommen Dekol Pulver der I. G., Nekal BX trocken oder extra in Betracht, die sowohl für die Apparatefärberei als auch für das Grundieren auf dem Jigger, Foulard usw. (4—5 g Dekol oder 1 g Nekal BX pro 1 Liter Flotte) mit gutem Erfolg angewendet werden.

Eine interessante Studie über die von John W. Leitch & Co. Ltd., Milnsbridge Chemical Works, Huddersfield (England) hergestellten Solunaptole wurde in dem J. Soc. D. and Col., 1939, *55*, S. 477 von G. A. Wallwork veröffentlicht.

Die Solunaptole sind keine Natriumsalze der Naphtol AS-Reihe,, sondern sehr feine Pulver, die durch Behandlung von löslichen Naphtolaten mit kochendem Wasser erhalten werden. Diese Produkte erlauben auf einfachste Weise Naphtolbäder herzustellen.

Solunaptollösungen besitzen ein besseres Durchdringungsvermögen als die gewöhnlichen Naphtolbäder. Sie sind in hartem Wasser beständiger und enthalten eine bestimmte Menge Alkali. Die Solunaptole werden für Baumwolle, Wolle sowie für Kunstseide angewendet. Für Azetatseide ist es wesentlich, die Imprägnierung mit Lösungen von möglichst geringer Alkalinität und bei höherer Temperatur vorzunehmen.

Es hat sich gezeigt, dass auf Azetatseide die Ausbeuten der Naphtolfärbungen erheblich grösser sind, wenn die Naphtolate ohne Alkaliüberschuss an Stelle der freien Naphtole verwendet werden.

Die Naphtolate besitzen die Eigenschaft der Fluoreszenz im ultravioletten (Wood'schen) Licht. Die alkalischen Lösungen fluoreszieren sehr lebhaft, und man verwendet diese Reaktion, um mit Hilfe einer Lampe, die U.V.-Strahlen aussendet, die Fehler beim Druck von Rapidechtfarben und Rapidogenen zu entdecken. Dabei geben die Naphtole AS, AS—BO, AS—E, AS—SW, AS—TR, AS—BR, AS—BG, AS—OL, AS—SG, AS—LT, AS—D, AS—RL, AS—SR und die Cibanaphtole RPH und RT ein grünlich-gelbes Aufleuchten im Gegensatz zu: Naphtol AS—LG (mattes Gelb), AS—L3G (leuchtendes Blaugrün), AS—BS (Olivgrün), AS—GR (Rotorange), AS—L4G (rötliches Blau) und AS—LB (Blau). M. Déribéré hat den p_H-Wert festgestellt, bei welchem die charakteristische Fluoreszenz der Natriumsalze der Naphtol AS-Körper am besten sichtbar wird; der günstigste Punkt der Erscheinung liegt bei $p_H = 8{,}2$—$8{,}6$ bzw., $9{,}5$—10[1]).

Wegen der Empfindlichkeit der Naphtollösungen gegenüber Luft ist es von Vorteil, auf kurzen Bädern zu arbeiten, um der Vergeudung von nicht aufgebrauchten Klotzbädern vorzubeugen.

Die Beständigkeit der Naphtollösungen.

Die Lösungen des β-Naphtolnatriums sind nicht haltbar; sie trüben sich rasch beim Stehen. Diesem Übelstand suchten Lauber und Caberti durch einen Zusatz von Glyzerin + Brechweinstein (*D.R.P. 79.802*, Naphtol LC von Bayer) zu begegnen. Man stellt sich eine Glyzerinbrechweinsteinlösung her, oder auch alkalische Antimonoxydlösung, indem man Antimonoxyd in Lauge löst und Glyzerin hinzufügt. Hier soll auch eine Arbeit von W. Sieber[2]) erwähnt werden. Sieber konnte beständige Lösungen von β-Naphtol bekommen und dabei ein Braunwerden der präparierten Gewebe vermeiden, indem er anstatt der Natriumverbindung des Naphtols

---

[1]) Mecheels, Mell. 1931, S. 581; Déribéré, Die Fluoreszenz der Naphtole, Tiba 1936, S. 557; Tiba 1937, S. 495; D. A. Derret-Smith, Tragbare Fluoreszenzlampe für die Kontrolle von Textilien, J. Text. Inst. 1937, Mai; R.G.M.C. 1937, S. 388; Déribéré, Die Verwendung einzelner Naphtole als Fluoreszenzindikatoren, Ann. Chim. Anal. 1936, Nr. 11.

[2]) Mell. 1926, S. 616, Die Anwendung von Kaliumverbindungen in der Druckereipraxis, Vortrag auf dem 3. Kongress des I.V.C.C. in Dresden, 1926.

die entsprechende Kaliumverbindung verwendete. Durch Zusatz von rizinusölsulfosaurem Kali gelang es, ein Pararot von bläulichem Ton zu erzielen, welches stark von dem gewöhnlichen Farbton abwich.

Sieber hat folgende Naphtolpräparationen verwendet:

(1)	2000 g	β-Naphtol und
	1200 g	Pottasche in
	20 l	heissem Wasser lösen
(2)	4000 g	Rizinusölsäure und
	1200 g	Pottasche ebenfalls in
	20 l	heissem Wasser lösen

Lösung 1 und 2 werden vereinigt und mit heissem Wasser auf 100 Liter eingestellt.

Diese Naphtollösung muss während der Verwendung auf einer Temperatur von mindestens 40° C gehalten werden, denn nur über dieser Temperatur bleibt die Flüssigkeit klar. Die so imprägnierte Ware kann mehrere Wochen liegen bleiben, ohne dass eine sichtbare Veränderung (Braunwerden) konstatiert werden kann.

Zusätze von Glyzerin, Brechweinstein, Glukose und Rongalit verbessern die Haltbarkeit der Präparation auf der Ware, z. B.

1,2 g	Rongalit C pro Liter
48 g	Brechweinstein pro Liter
20—30 g	Glyzerin pro Liter
20—50 g	Tragantschleim pro Liter

Die Lösungen der Naphtol AS-Körper sind wohl beständiger, doch zeigen sie ebenfalls die Erscheinung der Trübung, wenn man sie sich selbst überlässt. Die Zersetzung beginnt mit einer Abscheidung einer geringfügigen Suspension, die mit der Zeit in einen flockigen Niederschlag übergeht. Bei Verwendung derart in Zersetzung begriffener Bäder erhält man schlechtere Ausbeuten und reibunechtere Färbungen. Deshalb wurden zahlreiche Untersuchungen angestellt, um klare Lösungen von Naphtol AS-Verbindungen zu erlangen, die gegen Luftkohlensäure unempfindlich sein sollten.

So hat man schon bei den ersten Anwendungen der Naphtole der AS-Reihe, der Anilide der 2-Oxy-3-naphtoesäure, die bemerkenswerte Wirkung des Formaldehyds erkannt (*D.R.P. 279.314*, Griesheim 1913). Es wird angenommen, dass sich dabei ein durch die Methylengruppe verbundener Komplexkörper der nachstehenden Zusammensetzung bildet:

CH_2
—OH O , O HO—
—C C—
NH—R R—HN

das Anilid der Methylen-di-β-oxynaphtoesäure (nach Brass und Pummerer, Ber. 1928, *61*, S. 993.)

Im Augenblick der Kupplung wird die CH_2-Gruppe abgespalten und man erhält fast ebenso leicht wie mit den Naphtol AS-Körpern selbst die entsprechenden unlöslichen Azofarbstoffe (vgl. Dumas, Die Bedeutung des Formaldehyds bei der Verwendung der Naphtole, R.G.M.C. 1937, S. 449; Mayer, Z. f. ang. Chem. 1923, S. 530; Higgins, J. Soc. D. and Col. 1927, S. 213). Eine andere Aufklärung des Vorgangs versuchte P. W. Weber in der Z. f. ang. Chem. 1937, S. 411. Er nimmt die Bildung eines Methylolderivats an, also eines Additionsproduktes von Formaldehyd an ein einziges Anilidmolekül:

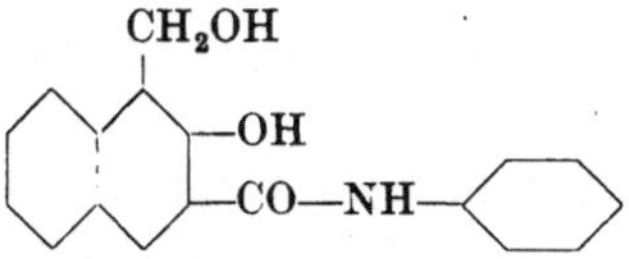

CH_2OH
—OH
—CO—NH—

Durch die Einwirkung der Diazoverbindungen tritt der Formaldehyd aus und die Azogruppe wird an die Stelle der CH_2OH-Gruppe angelagert.

So empfiehlt Griesheim den Formaldehydzusatz zu dem Zwecke, die geklotzten Waren gegen die Einwirkung der Kohlensäure unempfindlich zu machen; dagegen ist das Verfahren für das Ätzen bestimmter Färbungen nicht anzuwenden, da das Weiss merklich schlechter ausfällt.

Beim Naphtol AS—G ist der Formaldehyd ebenfalls von Nachteil; der Kupplungskörper verliert dadurch seine farbbildende Eigenschaft.

Beigaben von Schutzkolloiden verfolgen den Zweck, das Naphtolat möglichst lange in klarer Lösung zu erhalten. Hier hat man Leimlösungen empfohlen, deren Wirkung beim Naphtol AS—BO, dessen Auflösungen zum Gelatinieren neigen, unverkennbar ist. Einige Fabriken haben Spezialprodukte — Netzmittel oder Schutzkolloide oder beides zugleich — in den Handel gebracht. Es sind dies zumeist hochsulfonierte Verbindungen, sulfonierte Fettalkohole oder Kondensationsprodukte von Phenol-Formaldehyd mit einem Fettkörper. So sind das *Acorit* der Böhme-Fettchemie GmbH. in Chemnitz (P.C.M.R. in Mülhausen), das *Eunaphtol K* und *ED* der I. G., *Intrasol* und *Prästabitöl MA* von Stockhausen, das *Tibalène NED* von Kuhlmann, das *Naphtosolvine* der S.P.C.M.C. in Mülhausen hartwasserbeständige Dispergiermittel, die eine Klarhaltung der Naphtollösungen während längerer Zeit gestatten.

Die I. G. empfiehlt den Zusatz von Natriumoleyltaurin (*Igepon T*); dieses scheint sich am besten beim Klotzen schwerer Gewebe bewährt zu haben.

Auch Lösungen von arabischem Gummi (Mell. 1930, S. 943; Tiba 1931, S. 779) üben eine merkwürdige Stabilisierungswirkung auf die meisten Naphtollösungen aus, welche nach einigen Angaben derjenigen der Stärke- oder Tragantverdickungen überlegen sein sollen. Das *brit. P. 362.548* der Imp. Chem. Ind. empfiehlt, die Naphtole in trockenem Zustand mit Gummi arabicum zu mischen, das Gemisch dann mit rizinusölsaurem Natron anzuteigen und darauf das Ganze wie gewöhnlich in Lauge zu lösen. Dagegen muss man in Erinnerung rufen, dass Gummi die Zersetzung der Nitrosaminverbindungen fördert.

Gemäss dem *franz. P. 777.860; D.R.P. 620.322* der I. G. (analog dazu *amer. P. 2.030.859* und *brit. P. 444.071* der Gen. An. Wks.-Drapal) setzt man dem Klotzbad Türkischrotöl, Natriumtriphosphat und Zellulosesulfitablauge etwa in der folgenden Zusammensetzung zu:

300	Teile	Türkischrotöl 50%
100	,,	Monobutyläther des Glykols
6	,,	Natronlauge 38° Bé
300	,,	Sulfitablauge
20	,,	Natriumtriphosphat
60	,,	Natriumbutylnaphtalinsulfonat
214	,,	Wasser
1000	Teile	

Das Imprägnierungsbad wird dann aus 15 Teilen obiger Mischung, 10 Teilen Naphtol und 15 Teilen Natronlauge 38° Bé in 1000 Teilen Flotte zusammengestellt.

D.R.P. 560.580 der I.G. aus dem Jahre 1931. Die Beständigkeit der Naphtollösungen wird durch Zusätze heterozyklischer, wasserlöslicher Verbindungen, die mindestens 3 Stickstoffatome enthalten, erhöht. Hierher gehören die Triazine, wie das 1,3-Dimethyl-5-oxyhexahydrotriazin, welches durch Kondensation des Azetaldehydammoniaks (2 Teile) mit Harnstoff (1 Teil) gebildet wird; in gleicher Weise kann man auch das Hexamethylentetramin verwenden.

Im *franz. P. 739.066; amer. P. 2.026.817* und *öst. P. 135.670* der Böhme Fettchemie GmbH. findet man die Angabe, dass die Sulfonate der ungesättigten Fettalkohole, ebenso die ungesättigten Sulfofettsäuren, die eine freie OH-Gruppe aufweisen, das Lösen der Naphtole unterstützen. Man erhält diese Verbindungen durch Sulfonierung der ungesättigten Fettalkohole bei 0° C, wobei sich die Sulfogruppe an die Doppelbindung und nicht an die Hydroxylgruppe des CH_2OH-Restes anlagert. Wahrscheinlich ist das Acorit der Böhme-Fettchemie und der P.C.M.R. in Mülhausen das diesen Patenten entsprechende Erzeugnis.

Das Lösen der Naphtole soll auch nach dem *D.R.P. 524.181* der I. G. durch die Anwesenheit von Körpern von Phenol- oder Enolcharakter erleichtert werden; als Beispiel wird die hydrolysierte Stärke (Alkalistärke) angegeben.

Zum gleichen Zweck empfiehlt das *D.R.P. 535.845* der I. G. Thauss-Mauthe-Günther, die in Gegenwart von Phenolen erhaltenen Sulfonierungsprodukte des Wollfetts (Lanolin, laut dem Verfahren nach dem *D.R.P. 531.296* hergestellt). Diese Verbindungen sind in Wasser löslich; die wässerigen Lösungen reagieren sauer und werden von Mineralsäuren nicht gefällt; in alkalischem Medium sind sie vorzügliche Dispergiermittel und können ebenfalls zur Lösung der Naphtolate Verwendung finden.

Im *brit. P. 443.638* der I. G. wird bemerkt, dass man den Kupplungskörper, anstatt ihn in Alkali zu lösen, im Imprägnierungsbad mit Hilfe einer organischen Base verteilen kann, die einen höheren aliphatischen Rest besitzen muss, wie z. B. das Triäthyldodezylammoniumhydroxyd. Man erhält eine sehr beachtenswerte Netzwirkung. Demselben Gedankengang folgt das *D.R.P. 636.328* der I. G.-Dietrich (1934), welches einen Zusatz von hochsubstituierten quaternären Basen zur Imprägnier-, aber auch zur Diazolösung erwähnt. Als Beispiel wird das Trimethyllaurylammoniumhydroxyd genannt. Derartige Verbindungen sind beständig gegen alkalische Erden und gegen Säuren, und sie besitzen einen genügend basischen Charakter, um die Diazoverbindung in Lösung zu halten.

Im Gegensatz zum β-Naphtol, welches keine Substantivität zur Faser besitzt und nur mechanisch von dieser aufgenommen und zurückgehalten wird, haben die Naphtol AS-Verbindungen je nach ihrer Zusammensetzung eine bestimmte, veränderliche Affinität[1]).

Es wurde festgestellt, dass die Klotzbäder sich nicht erschöpfen, welcher Konzentration auch die Bäder sind, das heisst, dass die Fixierung des Naphtols auf dem Gewebe nicht auf eine Adsorption, sondern lediglich auf die Menge Flotte, die das Gewebe nach dem Foulardieren und Ausquetschen mitnimmt, zurückzuführen ist.

P. Mougeot hat eine sehr interessante Studie über die kartesischen Tafeln oder diejenige mit alinierten Punkten in einem vor der Soc. Ind. de Rouen am 6. März 1943 gehaltenen Vortrag zusammengefasst. (Siehe Teintex 1943, S. 89 und Cl. Zuber, Teintex 1943, S. 91).

Am wenigsten substantiv sind die Naphtole AS—D und AS, während die Bäder der am stärksten substantiven Marken AS—SG, AS—SR und AS—GR nahezu erschöpft werden. Hier sollen einige Vergleichsziffern genannt werden: Naphtol AS = 10%, Naphtole AS—TR und AS—BO = 25%, Naphtol AS—SW = 40%, Naphtol AS—BR = 50%. Diese Eigenschaft der Substantivität bewirkt, dass der Klotzvorgang als Färben im eigentlichen Sinne anzusehen

---

[1]) E. Scheel, Über die Verwandtschaft von Alkyl- und Arylamiden der 2, 3-Oxynaphtoesäure zur Baumwollfaser. Dissertation, Frankfurt a. Main, 1927.

ist, was den Vorteil mit sich bringt, dass man die imprägnierten Stücke unmittelbar ohne Zwischentrocknung durch das Diazobad nehmen kann.

Krzikalla und Eistert haben versucht, die Beziehung zwischen Konstitution und Substantivität der Naphtol AS-Körper herauszufinden. Sie konnten beweisen, dass die Substantivität wesentlich zurückgeht, wenn man zwischen den Naphtalinkern und den Amidrest eine Methylengruppe einschaltet, etwa der Art:

$$-OH \qquad -CH_2-C\begin{matrix}\nearrow O \\ \searrow NH-\end{matrix}$$

Diese Verbindung, welche den Namen „Homonaphtol“ führt, ist nicht substantiver als das β-Naphtol; ein gleiches gilt für die Sulfanilide (vgl. R.G.M.C. 1935, S. 255). Die Substantivität der Naphtole nimmt in der Kälte zu und mit zunehmender Temperatur ab; hievon macht das Naphtol AS—BR eine Ausnahme, da es bei steigender Temperatur etwas substantiver wird.

Im allgemeinen imprägniert man bei 30° C, aber in der Apparatefärberei ist eine Temperatur von 40—45° C günstiger; 45° C müssen als Maximum angesehen werden. Höhere Wärmegrade rufen in den formaldehydhaltigen Naphtol-Bädern Niederschläge hervor. Demgegenüber lässt man beim Klotzen auf dem Foulard den Zusatz von Formaldehyd weg und erwärmt in diesem Falle bis auf 90° C, wodurch man eine bessere Durchdringung erzielt und dabei die Substantivität bestimmter Naphtole herabsetzt. Der Unterschied zwischen der Anfangskonzentration und derjenigen des Nachsatzbades kann auf diese Weise auf ein Mindestmass beschränkt werden.

Die Naphtolatlösungen unterliegen leicht einer hydrolytischen Spaltung und, da das freie Naphtol nur sehr langsam kuppelt, so läuft man Gefahr, mit der Zeit erheblich lichtere Färbungen zu erhalten. Zur Vermeidung der Hydrolyse ist eine rasche Trocknung bei erhöhter Temperatur wesentlich, was man leicht auf einem Foulard, an den eine Hotflue angebaut ist, bewerkstelligen kann. (Mell. 1929 Märzheft; 1930, S. 32 und 1931, S. 585)

Die mit Naphtol AS geklotzten Gewebe sind empfindlich gegen Licht, Luft und Säuredämpfe; sie verfärben sich allmählich und die Farbtöne fallen aus diesem Grunde weniger lebhaft aus (Mell. 1930, S. 943; Tiba 1931, S. 779). Es stellte sich heraus, dass dieser Übelstand durch Zusätze von nitrobenzolsulfosaurem Natrium (Ludigol) oder von Natriumchromat behoben werden kann (*D.R.P. 614.254* der I. G.). Die mit Naphtolaten in Gegenwart von Formaldehyd geklotzten Waren sind weitaus weniger luftempfindlich.

Eine sehr ausführliche Studie über die Empfindlichkeit der mit den verschiedenen Naphtolen der AS-Reihe präparierten Geweben findet man in dem Aufsatz von Moryganoff und Rostovzeff, der in den Ber. Inst. für techn. Chemie, Iwanowo-Wosnessensk (Russland) 1939, Nr. 2, S. 96 erschienen ist.

Die Empfindlichkeit der Naphtole AS, AS—RL, AS—BS und AS—G wurde festgestellt, indem die naphtolierte Ware während einer bestimmten Zeit einer feuchten Atmosphäre oder der Luft ausgesetzt wurde. Durch Vergleichsfärbungen auf frisch geklotzter Ware wurde die Empfindlichkeit wie folgt festgelegt:

Naphtol AS $<$ AS—RL $<$ AS—BS $<$ AS—G.

Es wurde ebenfalls beobachtet, dass die Einwirkung von Licht sowie von Pyridin in keiner Weise die Empfindlichkeit gegenüber der Luft beeinflusst, hingegen wird sie durch Formaldehyd gesteigert. Die Autoren erklären diesen Vorgang wie folgt: das in der Luft befindliche Kohlensäureanhydrid bindet das freie Alkali und ruft infolgedessen die Hydrolyse des Naphtolates hervor. Hierdurch wird freies Naphtol gebildet, das sich in ein tautomeres, nicht mehr kupplungsfähiges Ketoderivat umsetzt.

Die nämlichen Autoren veröffentlichten in den Ber. Inst. für techn. Chemie, Iwanowo-Wosnessensk (Russland) 1939, S. 102, einen weiteren Aufsatz über die Ergebnisse ihrer Forschungen auf dem Gebiet der Substantivität der Naphtole AS, AS—BS, AS—RL. Verschiedene Produkte, wie Ätzalkalien, Formaldehyd, Schutzkolloide, Alkohole usw., wurden bezüglich ihres Einflusses auf die Substantivität dieser Naphtole eingehend geprüft. Es hat sich gezeigt, dass der Zusatz von sehr unterschiedlichen Mengen von Alkali (4—14 Mol pro 1 Mol Naphtol) fast keinen Einfluss auf die Substantivität hat. Sulforizinat und in gesteigertem Masse Natriumchlorid besitzen die Fähigkeit, die Substantivität zu erhöhen, während dieselbe durch Formaldehyd, Gelatine und Alkohole herabgesetzt wird. Zu bemerken ist jedoch, dass Formaldehyd das Aufziehvermögen des Naphtol AS—RL erhöht, aber dasjenige von Naphtol AS und AS—BS verringert. Abschliessend erwähnt der Aufsatz noch die schon längst bekannte Tatsache, dass mit zunehmender Temperatur der Naphtolklotzbäder die Affinität abnimmt.

Von der Kettenfärberei mit unlöslichen Azofarbstoffen handelt eine Arbeit von Creslow, The Dyer 1939, *81*, S. 111. Hier besteht die Schwierigkeit in der Aufgabe einerseits, den Faden gut von der Flotte durchdringen zu lassen und andererseits, das Bad in wirtschaftlicher Weise zu erschöpfen und auszunützen, auch wenn man Naphtole von verschiedener Substantivität verwendet. So muss die Imprägnierung in kochender Flotte besorgt werden, weil in diesem

Fall, wie schon hervorgehoben wurde, die Substantivität stark verringert und ausgeglichen wird, so dass die verschiedenen Naphtolmarken dann nahezu einheitlich aufziehen. Dabei ist es wichtig, dass das Badvolumen immer gleich eingestellt wird, und dass die Abquetschung so gleichmässig als möglich erfolgt.

Die Anwendung der Naphtole auf tierischer Faser.

Die Schwierigkeiten der Verwendung der Naphtolfarben auf tierischen Faserstoffen liegen sowohl in der Empfindlichkeit des Materials gegen alkalische Lösungen als auch in der ungenügenden Reibechtheit der Färbungen.

Naturseide[1]): Färbungen mit Naphtol AS-Farbstoffen sind aus Gründen der Echtheit besonders bei der Herstellung von Waschseidenstoffen, Krawattenstoffen, Näh- und Stickseiden und gewissen Bekleidungsstoffen am Platze. Der Färbeprozess ist annähernd derselbe wie bei Baumwolle und Kunstseide und zerfällt in folgende Operationen: Pflatschen mit der Alkali-Naphtolatlösung, Entwicklung in der sauren Diazolösung, Waschen und Seifen.

Man löst das Naphtol in der Kälte in Alkohol und gibt dem Bad ein Netzmittel und ein Schutzkolloid, wie Sulfitablauge (Protektol), zu. Die Menge der Natronlauge wird mit der 1—1 ½fachen des Naphtolgewichts bemessen. Der Zusatz von Protektol I, Pulver löslich, schützt die Seide gegen die faserschwächende Wirkung des Alkalis und begünstigt das gleichmässige Ausfärben.

Es ist zu bemerken, dass die Substantivität der Naphtole gegenüber der Seide und der pflanzlichen Faser gänzlich verschieden ist.

Bestimmte Azofarbstoffe, z. B. durch Kupplung des Naphtol AS—G mit der diazotierten Echtrotbase RBE, sind viel lichtechter auf Naturseide als auf Baumwolle.

Auf Naturseide können Azofarbstoffe der Naphtol AS-Reihe nach dem im *D.R.P. 655.633* der I. G.-Günther-Alt beschriebenen Verfahren angewendet werden. Die Seide wird zuerst mit einem zur Faser Affinität besitzenden Amid, z. B. dem sauren Salz einer hochmolekular substituierten Aminooxynaphtalinsulfosäure (laurylaminooxynaphtalinsulfosaures Natrium), imprägniert, worauf man wie gewöhnlich in der Diazolösung ausfertigt.

Im Gedankengang ist das *amer. P. 2.115.136* (Imp. Chem. Ind.) mit dieser Erfindung ähnlich; hier arbeitet man mit Aminosulfaniliden der Oxynaphtoesäure und die amino-substituierte Sulfogruppe bewirkt hier die Löslichkeit in der Grundierungsflotte; es muss aber durch eine schwache Base, vorzugsweise Triäthanolamin, noch eine Steigerung der Dispersion im Bad erfolgen.

[1]) H. Goerlich, Mell. 1935, Juni, S. 333.

Wolle[1]). Die Verwendung alkalischer Naphtollösungen sollte überhaupt durch Einführung einer löslich machenden SO_3H-Gruppe in den Naphtol AS-Körper umgangen werden, so z. B.:

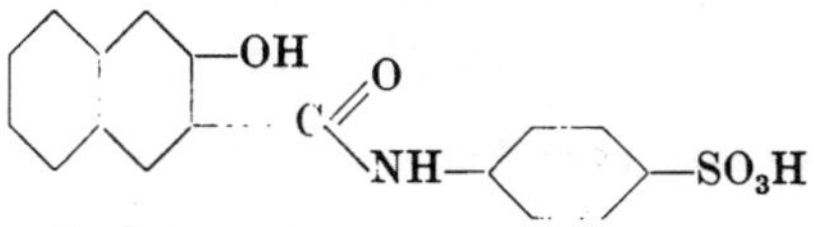

(*D.R.P. 478.331* der I. G.)

Diese Verbindung entsteht durch die Einwirkung der 2-Oxy-3-naphtoesäure auf Sulfanilsäure. Desgleichen wurde im *brit. P. 281.795* der I.C.I. die Verwendung von Sulfamiden — gebildet durch Reaktion von Sulfanilsäureamid auf Naphtol AS — vorgesehen:

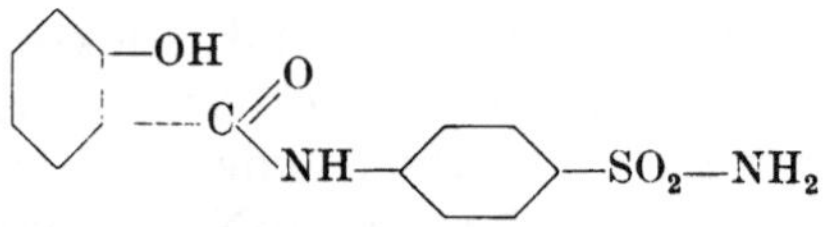

Schliesslich versuchte man auch, für den gleichen Zweck nach *D.R.P. 482.944* der I. G. die Monosulfosäure des Naphtol AS für denselben Zweck heranzuziehen:

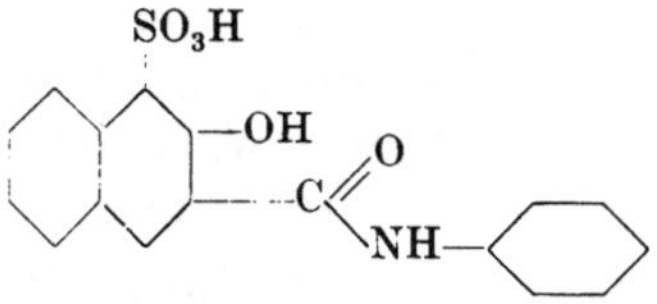

Die Naphtol AS-Lösungen sind kolloidale Lösungen, ähnlich denjenigen der substantiven Farbstoffe. Es wurde nun empfohlen, neutrale, kolloidale Lösungen zu bereiten, in denen die Arylide sich in entsprechend dispergiertem Zustande befinden sollten. Die Schwierigkeit liegt darin, dass jede Verringerung der Dispergierung (Ausflockung) eine Herabminderung der Reibechtheit zur Folge hat; andererseits kuppelt das freie Naphtol viel langsamer als das Naphtolat.

Die I. G. schlug den Zusatz von Methylzellulose zu den alkalischen Naphtollösungen und nachherige Neutralisierung mit Essigsäure vor. Das *brit. P. 307.777* der I. G. empfiehlt den Zusatz eines Sulfonierungsproduktes des Lanolins als ein hochwirksames Dispergierungsmittel. Eine auf diese Weise hergestellte kolloidale Lösung hält sich selbst in saurem Zustande. Gemäss dem *brit. P. 310.758* der Ciba verhindert der Zusatz von Schutzmitteln, wie Seife, Zellulosesulfit-

---

[1]) Kirst, Über den neuesten Stand des Färbens mit Naphtol auf Wolle, Mell. 1937, Bd. *18*, S. 739; Rath, Mell. 1928, Bd. *9*, S. 585; J. Soc. D. and Col. 1923, S. 331; Kayser, Amer. Dyest. Rep. 1926, S. 638; Clark und Borho, Amer. Dyest. Rep. 1926, S. 311; Lederer, Mell. 1931, S. 112.

ablauge oder Leimlösung, den Angriff der Faser durch Alkalien wenigstens teilweise.

Ein neuer Weg wurde von der I. G. (*brit. P. 325.563*, 1923) beschritten, und zwar durch die Darstellung von Naphtolaten in trockenem Zustand, wodurch man den Alkaliüberschuss vermeiden kann. Da das Naphtolat als Salz einer schwachen Säure anzusehen ist, so wird es in wässeriger Lösung hydrolytisch gespalten; doch kann diese Hydrolyse durch Hinzufügen eines Schutzkolloids, besonders von Alkalistärke (Natronstärke), zurückgedrängt werden. Auf diese Art erhält man eine klare Lösung, die ohne weiteres zur Imprägnierung von Wollstoffen angewendet werden kann.

Eine interessante Arbeit, welche durch *amer. P. 1.958.307* und *1.964.934; brit. P. 401.938* und *D.R.P. 610.315*, 1933 geschützt ist, stammt von der Ciba (Landolt). Es geht daraus hervor, dass man jede Alkalischädigung der tierischen Faser bei der Naphtolatbehandlung vermeiden kann, wenn man nach der Imprägnierung während etwa 10 Minuten mit einer Pufferlösung, welche die Alkalinität herabsetzt, behandelt, so z. B. mit Natriumbikarbonat, Magnesiumsulfat oder dergleichen. Die Schutzwirkung wird noch durch Zusatz eines Dispersionsmittels, wie Zellulosesulfitablauge, erhöht; nach der obenerwähnten Behandlung kuppelt man ohne vorhergehende Zwischentrocknung mit der Diazolösung.

Im Sinne des *franz. P. 778.547* der I. G. soll es ebenfalls vorteilhaft sein, ohne Zwischentrocknung zu entwickeln, sondern nur den Flüssigkeitsüberschuss durch starken Druck zu entfernen. Nach dieser Patentschrift sollen die Klotzbäder das Alkalinaphtolat, ein Netzmittel und ein Schutzmittel enthalten. Man imprägniert beispielsweise einen gechlorten Wollstoff mit einer Lösung, die 5 g Naphtol AS, in 10 g Alkohol gelöst, 2 ½ g Ätznatron und 5 cm³ Wasser enthält, und giesst dieses Gemisch in 8 g Sulfitlauge, 1 g Igepon T, 4 g Sulfoölsäureäthylanilid und 10 g NaOH von 34° Bé, worauf man das Ganze mit 30° warmem Wasser auf 1 Liter einstellt. Nach der Imprägnierung wird das Gewebe abgequetscht und ohne Zwischentrocknung durch einen Foulard genommen, in welchem sich die Diazolösung und 0,5% einer 30%igen Lösung von Peregal O (Einwirkungsprodukt von Äthylenoxyd auf Oktadezylalkohol) befindet. Die Schlussbehandlung findet auf dem Jigger in einem 60—70° warmen Bad statt, dem man Igepon T und Ammoniak zusetzt, worauf man wäscht, säuert, spült und trocknet.

Nach *franz. P. 779.541* oder *D.R.P. 640.260* der I. G.-Kirst wird die Affinität der animalischen Fasern für die Naphtolate durch eine Behandlung erhöht, die mit einer Kochsalzlösung oder Rhodanammoniumlösung in der Wärme vorgenommen wird; nach einem einstündigen Umziehen der Wolle in kochendem Wasser trocknet man und klotzt mit der im vorigen Absatz (siehe das *franz. P. 778.547*) angegebenen Flotte, welcher man während der ebenfalls eine Stunde dauernden Imprägnierung Kochsalz zugibt. Danach schleudert man und kuppelt eine Stunde lang in einem Diazobad unter Zusatz von Peregal O, spült und trocknet. Eine Erhöhung der Aufnahmefähigkeit der tierischen Faser allein für Naphtolgrundierungen wird nach dem *D.R.P. 640.260* (I. G.-Kirst) erzielt, wenn man in einem Bad von kochendem Wasser unter Zusatz von Alkalirhodaniden vorbehandelt.

Im Sinne des *franz. P. 738.795*, auch *brit. P. 385.307* der I.C.I., soll man sehr echte Färbungen auf Wolle durch Anwendung der Aryldiazosulfonate erzielen. Diese Verbindungen haben in schwach saurem Milieu eine entsprechende Affinität zur tierischen Faser; die Bildung des Azofarbstoffs findet durch Einwirkung von Essigsäure bei 90° statt. Die in Rede stehenden Diazosulfonate entstehen durch Sulfonierung des Naphtol AS, wobei die SO_3H-Gruppe in die Stellung 1 eintritt und dadurch die Kupplung verhindert. In neutraler Lösung bildet sich die Verbindung:

$SO_3—N{=}N—R_1$; —OH ; —C(=O)—NH—R (R und R_1 sind Arylreste)

Bei der Behandlung dieser Verbindung mit Alkalien findet eine Wanderung der Gruppen unter Bildung des Natriumsalzes des 1-Arylazo-sulfo-2-naphtol-3-karbonsäurearylamides statt (vgl. auch das *franz. P. 720.109* der Ciba). Durch Einwirkung von Säuren (Schwefelsäure) wird die Sulfogruppe leicht abgespalten und der entsprechende Azofarbstoff gebildet.

Demselben Gedankengang folgend beschreibt das *franz. P. 795. 802* von St-Denis-A. Wahl den nachstehenden Arbeitsvorgang: man imprägniert die Faser mit einer Lösung einer 2-Arylaminonaphtalinsulfosäure, trocknet und entwickelt in der Lösung eines Diazokörpers, welcher keine löslichmachende Gruppe besitzt. Unter diesen Umständen wird die an der Stelle 1 stehende SO_3H-Gruppe ausgeschieden und es entsteht der unlösliche Azofarbstoff nach der Gleichung:

$$C_{10}H_6(SO_3H)(NH—R) + Cl—N{=}N—X + H_2O = C_{10}H_6(N{=}N—X)(NH—R) + H_2SO_4 + HCl$$

Die entstandenen Farbstoffe sind demnach o-Arylaminoazofarbstoffe[1]).

[1]) Wahl, Anwendung von Tobiassäure (2-Naphtol-1-sulfosäure), R.G.M.C. 1932, S. 201.

Die Société Anonyme des Mat. Col. de St-Denis meldet im *amer. P. 2.139.987* (13. Dezember 1938) folgendes Verfahren an:

Die Ware wird mit einem Salz der 2-Aminonaphtol-1-sulfosäure geklotzt, deren Amino-Gruppe mit einem Kohlenwasserstoffrest substituiert ist, die aber sonst keine andere wasserlöslich machende Gruppe enthält.

Die so vorbehandelte Ware wird mit einer Diazoverbindung entwickelt, die keine wasserlöslich machende Gruppe enthält.

Im *franz. P. 734.189* und *amer. P. 1.940.551* der Ciba werden die näheren Bedingungen angegeben, unter denen man Naphtole auf Wolle aufzubringen hat. Das Flottenverhältnis soll nicht unter 1:6 und nicht über 1:50 liegen, das Imprägnierungsbad soll nicht 5% Naphtol vom Wollgewicht übersteigen, das Alkalihydroxyd beträgt die 1½- bis 2½fache Menge des Naphtols. Man behandelt in diesem Bad bis zur Erschöpfung, dann Ausfärben mit Diazokörpern, die ausser der Diazogruppe kein die Wasserlöslichkeit und Alkalilöslichkeit erhöhendes Radikal besitzen; als Schutzkolloid wird Sulfitablauge vorgeschrieben. Gemäss dem an zweiter Stelle genannten amer. P., welches den gleichen Gegenstand betrifft, verwendet man zur Erzeugung reibechter Rotfärbungen auf Wolle solche Arylide der 2-Oxy-3-naphtoesäure, welche von aromatischen Aminen abgeleitet sind, die keine anderen kupplungsfähigen Gruppen besitzen als ein oder zwei Aminoreste.

Die Naphtolatklotzung wird laut *D.R.P. 591.315* oder *brit. P. 457.798* der Ciba, durch ein vorhergehendes leichtes Chloren der Wolle (0,3 g aktives Chlor im Liter während 1½ Minuten) verbessert; man spült und behandelt mit Bisulfit nach. Auf diese Weise wird die Kupplungsfähigkeit erhöht und die Reibechtheit verbessert.

Brit. P. 451.264 der I.G. Die Färbung von Wolle oder von Mischgeweben aus Wolle-Baumwolle mit Farbstoffen der Naphtol AS-Reihe kann wohl auch ohne Zusatz von Formaldehyd zum Grundierungsbad vorgenommen werden. Der Formaldehyd dient aber dazu, um die Lichtempfindlichkeit des geklotzten Materials herabzusetzen; bei der Wolle hat er den Vorteil, dass man mit sehr schwach alkalischen Lösungen arbeiten kann, da die Verbindung Naphtol + Formaldehyd beständigere Lösungen ergibt.

Franz. P. 797.140; brit. P. 452.142 der I.G. An Stelle des Alkaliüberschusses in den Naphtolatlösungen soll man alkalische Salze, wie Phosphate, Silikate und dergleichen, zusetzen. Ein derartiges Bad enthält 0,15 g Ätznatron + Formaldehyd + 15 g Natriumpyrophosphat im Liter; eine Beigabe von Igepon und Alkohol ist vorgesehen.

Mit Rücksicht auf den Umstand, dass gewisse Kupplungskörper nur in einem für die Wollfaser schädlichen Alkaliüberschuss löslich sind, wird auch im *D.R.P. 669.184* (I. G.-Kirst) vorgeschlagen, mit einer auf 50—60° erwärmten Klotzlösung zu arbeiten, die nebst dem Formaldehyd und einem Netzmittel (Igepon T) an Stelle der Alkalien alkalisch reagierende Salze (Silikate, Borate, Pyrophosphate) enthält. Bemerkenswert ist die Beobachtung, dass hier der Formaldehyd, der in ätzalkalischer Lösung die Wolle schädlich beeinflusst, günstig zu wirken scheint. Zur Herabminderung der Alkalimenge wird ferner in den *D.R.P. 560.580* und *637.317*, 1932 der Zusatz stickstoffhaltiger, heterozyklischer Verbindungen, wie des Triazins oder des Hexamethylentetramins und der teilweise Ersatz des Ätzalkalis durch Harnstoff oder Amine der schematischen Formel

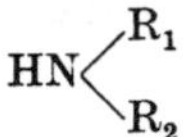

empfohlen, wobei R_1 = H oder eine niedrigmolekulare Alkylgruppe, R_2 eine andere Alkylgruppe bedeutet, z. B. Dicyandiamid oder Äthylamin usw. Verbindungen, in denen die Alkylgruppe mit dem N durch eine CO-Brücke zusammenhängt, eignen sich aber nicht für das Verfahren, welches sonst die fast vollständige Umgehung der Ätzalkalien möglich machen soll. Ebenso dienen zur Verminderung der Alkalimengen laut *D.R.P. 636.328*, bzw. *brit. P. 443.638* (I. G.) hochsubstituierte Ammoniumbasen, wie das Trimethyllaurylammoniumhydroxyd, die auch die Lösungswirkung unterstützen.

Um alkaliempfindliche Textilien, also Wolle oder Naturseide, mit Naphtolen grundieren zu können, verwendet man nach dem *amer. P. 2.117.614* (I. G.-Koeberle), auch *brit. P. 478.696*, als Kupplungskomponenten säurelösliche, von Sulfogruppen freie Verbindungen, die nach einer Arbeit im J. of Amer. chem. Soc. als „Aza-Körper" bezeichnet werden.

Eine allgemeine Charakteristik dieser Verbindungen liegt darin, dass sie zyklischer Natur sind, und dass eine oder mehrere CH-Gruppen durch Stickstoff ersetzt sind. Ein Beispiel ist hier das Methylamino-aza-phenanthren.

In der Z. f. ges. Text. Ind. 1939, Bd. *92*, S. 632 veröffentlichten H. Rath und Kubitzky ihre Forschungen, die auf eine Verminderung der Faserschwächung der Wolle durch alkalische Naphtollösungen hinzielen. Dieser Effekt wird erreicht, indem man die Löslichkeit des Naphtol AS erhöht. Durch Einführung von Oxymethylengruppen in α-Stellung in unmittelbarer Nähe des in β-Stellung befindlichen Hydroxyls. Wenn die Vorschriften für die Imprägnierung genau eingehalten werden, so ziehen diese Naphtole sehr gleichmässig auf die

Fasern auf und können ohne Schwierigkeiten mit den verschiedenen Diazoverbindungen gekuppelt werden.

Auf Mischgeweben (Halbwollstoffen) lassen sich gemäss dem *D.R.P. 646.338*, auch *franz. P. 801.886* der I. G.-Jantsch (1936), ähnlich auch *brit. P. 457.798* der I. G., mit den Farbstoffen der Naphtol AS-Reihe nur schwer nach den gewöhnlichen Methoden einheitliche, gleichmässige Färbungen erzeugen, da die Wolle sich im allgemeinen schwächer anfärbt, als die pflanzliche Faser. Das Verfahren empfiehlt die Vorbehandlung mit einem sauerstoffabgebenden Mittel, z. B. mit einer mit Pyrophosphat stabilisierten Wasserstoffsuperoxyd-Lösung, darauf eine Imprägnierung mit der Naphtollösung, der man ein Netzmittel, wie Igepon T und Protectol, zusetzt. Hierdurch wird der Farbausfall egaler.

Insbesondere für die kontinuierliche Färbung von wollhaltigen Mischtextilien ist das *D.R.P. 641.517* (I. G.-Kirst-Gutesohn) gedacht. Die Vorgänge sind hier die folgenden: kurze Imprägnierung (3 Min.) im Naphtolatbad, Auspressen ohne Zwischentrocknung und Ausfärbung in der Diazolösung; zum Abschluss geht man durch ein schwach alkalisches Bad, so z. B. durch eine verdünnte Ammoniaklösung (vgl. hierzu das *D.R.P. 663.523* der I. G.-Just-Kirst).

Hilfsmittelzusätze erscheinen sowohl in der Naphtol- als in der Diazolösung von grossem Belang; hier werden besonders Igepon oder Peregal genannt.

Im *D.R.P. 622.976* (I. G.-Christ-Berthold) wird der schon früher erwähnte Gedanke der Verwendung von Naphtoldispersionen anstatt der Naphtole weiter durchgeführt. Die gänzliche Abwesenheit von Alkali ist bei der Bearbeitung der Azetatfasern (siehe auch nächster Abschnitt) von Bedeutung, da die verseifende Wirkung unterbleibt. Solche Dispersionen erhält man mit Igepon, Nekal usw. in wässeriger Lösung. Ein weiterer Vorteil liegt in der verbesserten Ausbeute bei jenen Naphtolmarken, deren Alkalisalze schwer löslich sind.

Die Diazoverbindungen reagieren auch mit der Wollfaser selbst und geben mit ihr gelbe oder braune, die Färbung trübende Töne. Diese nebenher gehende Kupplung kann im Sinne des *D.R.P. 621.758* (I. G.-Kirst) durch eine Nachbehandlung mit reduzierenden Mitteln, z. B. mit 1—2% Zinkformaldehydsulfoxylat + Schwefelsäure + Igepon bei 100° C beseitigt werden. Andererseits kann man die Reaktion der Wollfaser mit Diazokörpern zur Herstellung von bestimmten Farbtönen benützen, die sich durch Nachbehandlungen mit Chrom-, Kupfer-, Nickel- oder Kobaltsalzen, z. B. Kupfersulfat, Bichromat und dergleichen, noch in ihren Eigenschaften verbessern lassen (vgl. hiezu die *brit. P. 437.049* und *454.729*).

Anwendung der Naphtole auf Azetatseide.

Die unlöslichen Azofarbstoffe können ebenfalls auf Azetatseide verwendet werden. Zum Färben behandelt man die Azetatseide bei 65° C in einem Bad, welches gleichzeitig mit dem Naphtol und der Base in fein dispergierter Form beschickt ist. Nach dieser Behandlung setzt man dem gleichen Färbebad Nitrit und Säure zu. Hierbei erfolgt die Diazotierung und die sofortige Kupplung der zwei auf der Faser fixierten Farbstoffkomponenten.

Der Ursprung dieses Verfahrens geht auf das Jahr 1907 zurück, denn zu jener Zeit schon hatte Knoll[1]) festgestellt, dass die Amine und Phenole aus wässeriger Lösung oder Dispersion auf Azetatzellulose aufziehen und feste Lösungen bilden, die sich zur Herstellung von Farbstoffen in der Faser eignen.

Es ist das Verdienst von Clavel[2]), als erster im Jahre 1922 eine diazotierbare Base und einen Entwickler aus ein und demselben Bade auf die Azetatzellulose aufgefärbt und durch nachträgliche Behandlung auf frischer Flotte mit salpetriger Säure die Diazotierung und Entwicklung vorgenommen zu haben.

Die Reibechtheit der Färbungen ist besser, wenn die Entwicklung, so wie sie Clavel ausführte, auf separatem Bade vorgenommen wird. Der Zusatz von Säure und Nitrit zum Färbebad selbst wurde von Burgess, Ledward & Co. und Harrisson ebenfalls im Jahre 1922 vorgeschlagen[3]).

Ein sehr interessantes Färbeverfahren wurde von Röhling in Mell. 1937, S. 644 und franz. Ausg. 1939, S. 63, eingehend beschrieben. Nach diesem Verfahren wird folgendermassen gearbeitet:

Das Naphtol und die Base werden zusammen unter ständigem Rühren in Äthylenglykol, Natronlauge und enthärtetem Wasser bei 100° aufgelöst. Diese Mischung wird dem mit Natronlauge, Nekal BX extra, Leim, Glaubersalz und Natriumnitrit beschickten und auf 65° C erwärmten Färbebad zugesetzt. Man färbt bei dieser Temperatur während etwa einer Stunde und setzt alsdann 5 cm³ Ameisensäure pro 1 Liter Färbeflotte zu. Nach einer Viertelstunde ist die Diazotierung und die Kupplung beendet. Anschliessend wird gespült, geseift und getrocknet. Es ist zu erwähnen, dass die Alkalimenge auf ein Mindestmass beschränkt werden muss, um eine oberflächliche Verseifung der Azetatfaser zu verhüten.

Wenn man die nötigen Vorsichtsmassnahmen ergreift, so bietet das Färben der Azetatseide mit Naphtolen der AS-Reihe keine Schwierigkeiten. Das freie Alkali, welches beim Färben in Anwendung

---

[1]) *D.R.P. 198.008*, 1907.

[2]) Zusatzpatent *25.936* zum *franz. P. 528.230*, 1922.

[3]) *Brit. P. 193.646*, 1922.

kommt, ist im allgemeinen mengenmässig so gering, dass eine Verseifung der Azetatzellulose nicht in Frage kommt. Das Färben von dunklen und leicht reproduzierbaren Nuancen ist ohne weiteres möglich. Die Licht- und Nassechtheiten (Seifen-, Überfärbeechtheit usw.) sind, mit einigen Ausnahmen, vorzüglich. Sowohl auf Garn als auf Kammgarnband lassen sich sehr zufriedenstellende egale Färbungen erzielen.

Die ausserordentlich grosse Affinität der Naphtole und der Basen zur Azetatzellulose sowie die viel grössere Ausbeute auf dieser Faser im Vergleich zur Baumwolle, veranlassen zur Annahme, dass man es hier mit Farbstoffen zu tun hat, die sich speziell für Azetatseide eignen.

Diese Affinität ist so gross, dass bei vorsichtigem Färben eines Azetatseide-Baumwolle-Mischgewebes die Azetatzellulose allein angefärbt wird und die Baumwolle weiss bleibt.

Bei richtiger Auswahl der Naphtole ist es möglich, dieselben fast vollständig aus dem Färbebad auszuziehen, während bei Baumwolle nur ein Bruchteil der angewendeten Menge von der Faser aufgenommen wird. Von ganz besonderem Interesse ist die quantitative Ausnützung der Basen, von welchen bei der Herstellung von Naphtolfärbungen auf Baumwollware grosse Mengen verloren gehen.

Das von der Firma Rhodiaceta ausgearbeitete Verfahren ist viel einfacher und ausgiebiger als dasjenige von Röhling. Die Arbeitsweise ist folgende:

1 Teil Naphtol und die entsprechende Menge Base werden so gut wie möglich mit 1—2 Teilen Furfurylalkohol (oder den. Alkohol oder Glykol) angeteigt. Man setzt alsdann unter ständigem Rühren die nötige Menge Natronlauge 36° Bé und 1 Teil enthärtetes, kochendes Wasser zu. Die Mischung wird während 5—10 Minuten auf dem Wasserbad bei 80—85° C erwärmt und dann durch ein Sieb in das Färbebad (Flottenverhältnis 1:30) eingegossen. Letzteres wurde vorerst mit

0,15—0,5 cm³ Natronlauge 36° Bé
0,3 g eines Netz- und Dispergiermittels (beispielsweise Nekal BX der I. G.)
und mit 2—5 g vorgelöster Gelatine pro Liter beschickt.

Man geht mit der entschlichteten und nassen Ware bei 65° C ein und färbt während einer Viertelstunde bei dieser Temperatur, setzt 10 g Glaubersalz pro Liter Flotte zu und färbt nochmals eine Viertelstunde. Hierauf erwärmt man das Bad auf 80° C und färbt 1 Stunde lang bei dieser Temperatur.

Die gefärbte Ware wird 5 Minuten kalt gespült und dann in einem frischen Bade, welches pro Liter 2 g Natriumnitrit und 5 cm³ Ameisensäure 80% enthält, während ¼ Stunde bei 55—60° C behandelt, wobei die Diazotierung der Base und die Kupplung gleichzeitig erfolgen. Nach der Entwicklung spült man 2mal in kaltem Wasser und seift ½ Stunde bei 80° C mit 5 g Seife und 1 g Natriumhydrosulfit pro Liter. Zuletzt wird die Ware heiss, dann kalt gespült und getrocknet.

A. Baron[1]), welcher das Färben von Azetatzellulose mit Naphtol AS und Basen untersuchte, fand, dass das allgemein angenommene Prinzip mit einem Überschuss an Naphtol zu färben, zweifelhaft ist.

Es wurde festgestellt, dass nicht nur diejenigen Basen, welche für sich allein nur schwach gefärbte Produkte ergeben, sondern auch solche, welche für sich allein ziemlich stark gefärbte Verbindungen erzeugen, dem Färbebad im Überschuss zugegeben werden können, ohne dass eine schädliche Wirkung auf die Walkechtheit der Färbung eintritt.

Wenn man jedoch die höchste Lebhaftigkeit der Färbung erhalten will, so ist es unbedingt nötig, nur die für die Kupplung notwendige Basenmenge anzuwenden und die Verwendung solcher Basen, welche für sich allein gefärbt walkunechte Produkte ergeben, nach Möglichkeit auszuschalten. Die Anwendung einer Kombination zweier Naphtole in einem einzigen Bad ist möglich. Die anzuwendende Menge Base muss dann gleich der Summe der für jedes Naphtol notwendigen Basenmenge sein.

Durch einen Zusatz von 10 g kalziniertem Natriumsulfat zum Präparationsbad wird das Aufziehvermögen des Naphtols um 10—15% erhöht. In diesem Fall muss die anzuwendende Basenmenge entsprechend erhöht werden, um das auf der Faser befindliche Naphtol restlos zu binden.

Schwarzfärbungen, welche auf Azetatzellulose durch Färben, kaltes Diazotieren und Kuppeln mit β-Oxynaphtoesäure erhalten werden, lassen sich ebenfalls in einem einzigen Bade, welches die Base und das Naphtol enthält, herstellen[2]).

Im *franz. P. 851.482* der I. G. wird ein neues Verfahren empfohlen, laut welchem Azetatseide mit einer wässerigen Suspension eines Arylids einer aliphatischen oder aromatischen Karbonsäure, die eine diazotierbare Aminogruppe und eine freie, kupplungsfähige Stelle enthält, imprägniert wird. Man diazotiert die Verbindung auf der Faser und bringt sie durch Zusatz von einem schwach alkalischen Mittel zur intramolekularen Kupplung.

Laut *franz. P. 850.502* kann man ebenfalls Aminonaphtole verwenden, die auch demselben intramolekularen Kupplungsvorgang unterworfen werden können.

---

[1]) Joly, Teintex 1944, Aprilheft; J. P. Sisley, Teintex 1941, S. 190; A. Baron, Teintex 1945, Märzheft.

[2]) G. Lister, J. Soc. D. and Col. 1943, *59*, S. 889.

Das *D.R.P. 609.475* (Aceta) empfiehlt zur Vermeidung der alkalischen Naphtollösungen an Stelle der Verbindungen der Oxynaphtoesäure deren azylierte Derivate, so z. B. das Reaktionsprodukt von Essigsäureanhydrid auf 2-Oxynaphtalin-3-karboxyaminobenzol, das sich leicht mit Ammoniak verseifen lässt und dann mit der Diazoverbindung des Aminoazobenzols kuppelt.

Laut *amer. P. 2.008.691* der Celanese wird die Faser mit einer Dispersion des Naphtols imprägniert, dann gedämpft und schliesslich kontinuierlich durch die Diazolösung hindurchgeführt. Auch soll es möglich sein (*brit. P. 394.317* und *421.122* ebenfalls der Celanese) eine Emulsion von Kupplungskörper und Farbbase in Sulforizinatlösung aufzubringen, nachher zu diazotieren und schliesslich zu spülen und zu seifen, wodurch man ein besseres Eindringen und eine erhöhte Reibechtheit erhalten soll.

Im Sinne des *franz. P. 795.471* der I.G. ersetzt man das Ätzalkali durch Stickstoffbasen, die mit den Kupplungskörpern mehr oder weniger beständige Verbindungen eingehen, wodurch man Alkaliüberschüsse umgeht. Diese Lösungen nimmt die Azetatseide auf, ohne durch sie verseift zu werden. Eine Verbesserung der Haltbarkeit dieser Lösungen erzielt man noch durch den Zusatz heterozyklischer Verbindungen (*D.R.P. 560.580*); so besteht z. B. das Klotzbad aus Naphtolat, mit einem Gehalt von 2 Teilen Naphtol + Alkohol + 0,8 Teilen Natronlauge 34° Bé + 4,2 Teilen Wasser + 2 Teilen Oleylmethyltaurin + Dicyandiamid in 1000 cm^3 Wasser. (Siehe die Arbeit von Metzger, Naphtol AS in der Azetatseidenfärberei, Mell. franz. Ausg. 1937, S. 156.)

Naphtol AS-Farbstoffe färbt man auf Azetatseide auch nach dem *amer. P. 2.048.796* der Celanese (vgl. Bull. Föd. *3*, S. 116) durch Imprägnierung mit Naphtol AS, Base und Glukose und nachheriges Diazotieren in einem essigsauren Nitritbad.

Das *amer. P. 2.132.456* (Imp. Chem. Ind.) beschreibt folgende neue Färbemethode für Azetatseide mit unlöslichen Azofarbstoffen. Während bis heute die Faser zuerst mit einer diazotierbaren Base gefärbt, hierauf in einem zweiten Bade diazotiert und schliesslich in einem dritten Bade mit einem Entwickler gekuppelt wurde, wird dieses Verfahren durch Anwendung von Verbindungen, welche eine Triazolgruppe —N=N—N= enthalten, vereinfacht. Diese Körper entstehen durch Einwirkung von sekundären Aminen (Diäthanolamin) auf eine diazotierte Base, wie z. B. das 5-Chlor-2-toluidin. Die Faser wird zunächst mit dem Triazolderivat gefärbt und die Färbung hierauf in saurem Bade mit dem Entwickler, im vorliegenden Beispiel mit der Oxynaphtoesäure, behandelt.

Art und Bezeichnung	Erzeugerfirma
β-Naphtol	Francolor I. G. Farbenindustrie
Sel pour Nuançage N (Nuanciersalz N) Nuanciersalz (alte Bezeichnung)	Francolor Cassella
Naphtol NB Naphtol R Naphtol AR β-Naphtol RC Färbesalz I Entwickler NF (alte Bezeichnung)	Kuhlmann M.L.B. Bayer Cassella B.A.S.F. Kuhlmann
Naphtol D	M.L.B.
Naphtol LC	
Aminonaphtol BD	
Aminonaphtol 3B	
Naphtocetole	

Zusammensetzung	Verwendungsgebiete
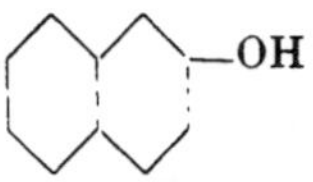 —OH	Herstellung von Paranitranilinrot in Druck und Färberei; Entwicklung substantiver Färbungen auf der Faser
2-Naphtol-7-sulfosäure (F-Salz oder F-Säure) 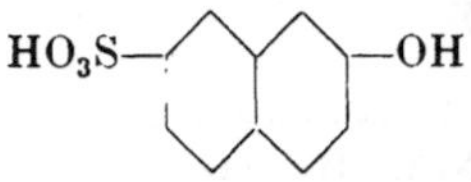 HO_3S— —OH	Zusatz zu β-Naphtol-Alkalilösungen zur Herstellung eines blaustichigen Paranitranilinrots
Mischung von β-Naphtol mit 10% Nuanciersalz	Wird zu Erhöhung der Lebhaftigkeit der Pararotfärbung und zur Verleihung eines Blaustichs verwendet
Mischung von 2, 3-Oxynaphtoesäure (Smp. 216° C), β-Naphtol und 2-Naphtol-7-sulfosäure	Zur Erzeugung eines echteren Dianisidinblaus
Verfahren Lauber-Caberti: Mischung von β-Naphtol, Antimonoxyd und Glyzerin	Wird zur Verhinderung der raschen Verfärbung der mit β-Naphtol imprägnierten Stücke verwendet; erhöht die Beständigkeit der β-Naphtolnatriumlösungen
Dosne'sches Verfahren: 6-Amino-1-naphtol 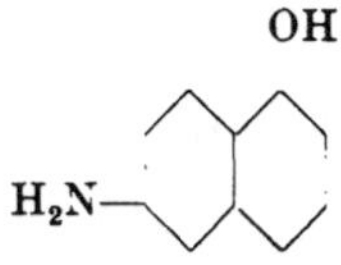 OH H_2N—	Herstellung eines Puce (Flohbraun) mit Paranitrodiazobenzol
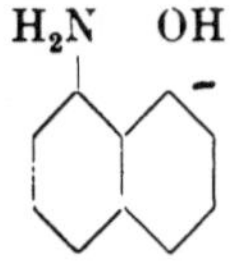 H_2N OH 8-Amino-1-naphtol	Wie beim Vorstehenden
O. Witt: Azetyl-(Benzoyl-)Derivate des 4-Amino-1-naphtols 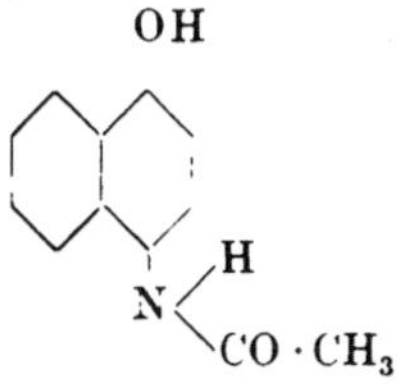 OH N H CO · CH_3	Färbung nach dem Witt'schen Verfahren: Imprägnierung des Gewebes mit Naphtocetol anstatt Natrium-β-naphtolat, dann Passage durch die Diazolösung

Art und Bezeichnung	Erzeugerfirma
Naphtol AS	I. G.
Naphtazol A	Francolor
Anthonaphtol AS	S.P.C.M.C.
Naphtanilid RC	Rohner, Pratteln
Cibanaphtol RF	Ciba
Celcot RF	Sandoz
Irganaphtol RF	Geigy
Brenthol AS	I.C.I.
Solunaptol A	John W. Leitch and Co. Ltd.
Naftolo ACNA–C	A.C.N.A. (Italien)
Ultrazol I	Aussig
Naphtanil AS–SH	Du Pont
Naphtanil AS–N grains	Du Pont
Naphtol AS dispersible	N.A.C.
Naphtosol AS und ASF	Calco Chem. Div.
Naphtol AS supra	G.D.C.
Amanil Naphtol AS	A.A.P.
Naphtoid AS	Nippon Senryo Co. (Japan)
Naphtol AS–D	I. G.
Naphtazol D	Francolor
Anthonaphtol AS–D	S.P.C.M.C.
Naphtanilid D	Rohner
Celcot RTO	Sandoz
Cibanaphtol RTO	Ciba
Irganaphtol RTO	Geigy
Brenthol OT	I.C.I.
Solunaptol OT	J. W. Leitch and Co. Ltd.
Ultrazol D	Aussig
Naftolo ACNA–E	A.C.N.A.
Naphtanil AS–D	Du Pont
Naphtol AS–D	N.A.C.
Naphtosol D	Calco Chem. Div.
Naphtol AS–D	G.D.C.
Amanil Naphtol AS–D	A.A.P.
Naphtol AS–OL	I. G.
Naphtazol F	Francolor
Anthonaphtol MF	S.P.C.M.C.
Naphtanilid OL	Rohner
Cibanaphtol RK	Ciba
Celcot RK	Sandoz
Irganaphtol RK	Geigy
Brenthol FR	I.C.I.
Naftolo ACNA–O	A.C.N.A.
Naphtanil AS–OL	Du Pont
Naphtosol BS	Calco Chem. Div.
Naphtol AS–OL	N.A.C.
Amanil Naphtol AS–OL	A.A.P.
Naphtol AS–OL	G.D.C.

Zusammensetzung	Verwendungsgebiete
Anilid der 2,3-Oxynaphtoesäure oder Anilid der 2-Oxynaphtalin-3-karbonsäure —OH, —C(=O)—NH—(Phenyl) Smp. 243° C *D.R.P. 256.999; 261.594; 264.527; 279.314; 293.897; 268.542; 287.242.*	Gelbliches, in Lauge leicht lösliches Pulver. Besitzt eine geringe Affinität zur pflanzlichen Faser, zur Herstellung von Rot, Orange, Scharlach mit verschiedenen Basen. Gibt ein tiefes Dunkelblau mit Variaminblau B Base (Echtblaubase NBL von Kuhlmann), ein Korinthrot mit Echtkorinthsalz V (I. G.), ein Blauviolett mit Echtviolettsalz B. Gibt schöne Marinetöne mit Echtblau BB und RR Basen der I. G. Zu den echtesten Rottönen, die sich von Naphtol AS ableiten lassen, gehört dasjenige, das man mit Echtrot 3GL Base (p-Chlor-o-nitranilin) bekommt.
o-Toluidid der 2,3-Oxynaphtoesäure —OH, —C(=O)—NH—(Phenyl), CH_3 Scholl, Mell. 1935, Bd. *16*, S. 444 u. 515	Zur Herstellung von Rot, Orange, Scharlach, Blau, Violett, Marine wie das vorgenannte Produkt; die mit Naphtol AS-D erhaltenen Töne sind aber leichter ätzbar als diejenigen mit Naphtol AS (und analogen Produkten). Besitzt eine etwas geringere Affinität als das vorige und wird leichter durch Seifen- und Sodabehandlung von der Faser abgezogen.
o-Anisidid der 2,3-Oxynaphtoesäure —OH, —C(=O)—NH—(Phenyl), OCH_3	Ziemlich unempfindlich gegenüber der Kohlensäure der Luft. Gibt gelbstichige, lichtechte Orangetöne mit m-Chloranilinchlorhydrat (Echtorange GC Base), dunkle, grünstichige Marinetöne mit Variaminblau B Base, ein sehr lebhaftes, ausserordentlich lichtechtes Scharlach mit Echtscharlach GGS Base und ein Orange mit dem Echtorangesalz RD der I. G. Ein ebenfalls sehr echtes Rot mit Echtrot 3GL Base.

Art und Bezeichnung	Erzeugerfirma
Naphtanil MX	Du Pont
Naphtol AS–RL	I. G.
Naphtazol RL	Francolor
Anthonaphtol MRL	S.P.C.M.C.
Naphtanilid RL	Rohner
Cibanaphtol RBL	Ciba
Celcot RBL	Sandoz
Irganaphtol RBL	Geigy
Brenthol PA	I.C.I.
Ultrazol III	Aussig
Naftolo ACNA–R	A.C.N.A.
Naphtanil RL	Du Pont
Naphtosol RL	Calco Chem. Div.
Naphtol AS–RL	N.A.C.
Amanil Naphtol AS–RL	A.A.P.
Naphtol AS–RL supra	G.D.C.
Naphtol AS–BS	I. G.
Naphtazol B	Francolor
Anthonaphtol BS	S.P.C.M.C.
Naphtanilid BS	Rohner
Cibanaphtol RM	Ciba
Celcot RM	Sandoz
Irganaphtol RM	Geigy
Brenthol MN	I.C.I.
Solunaptol MNL	J. W. Leitch and Co. Ltd.
Ultrazol IV	Aussig
Naftolo ACNA–M	A.C.N.A.
Naphtosol BS	Calco Chem. Div.
Naphtol AS–BS	N.A.C.
Naphtanil BS	Du Pont
Amanil Naphtol AS–BS	A.A.P.
Naphtol AS–BS supra	G.D.C.
Naphtoid BS	Nippon Senryo Co. (Japan)
Naphtol AS–TR	I. G.
Naphtazol TR	Francolor
Anthonaphtol AS–TR	S.P.C.M.C.
Naphtanilid TR	Rohner
Cibanaphtol RCT	Ciba
Irganaphtol RCT	Geigy
Celcot RCT	Sandoz
Brenthol CT	I.C.I.
Naftolo ACNA–T	A.C.N.A.
Solunaptol CTL	J. W. Leitch and Co. Ltd.
Amanil Naphtol AS–TR	A.A.P.
Naphtol AS–TR supra	G.D.C.

Zusammensetzung	Verwendungsgebiete
m-Xylidid der 2, 3-Oxynaphtoesäure	
p-Anisidid der 2, 3-Oxynaphtoesäure (Smp. 230° C) 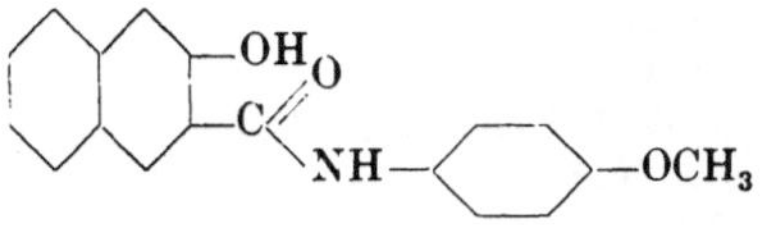	Liefert sehr lichtechte Töne, insbesondere mit den Echtrot RL, B und GL Basen und der Echtorange RD Base der I. G.; ein tiefes, grünstichiges Marine mit Variaminblau B Base (Echtblaubase NBL von Kuhlmann) und ein Korinth mit der Echtkorinth LB Base.
m-Nitranilid der 2, 3-Oxynaphtoesäure (Smp. 246° C) 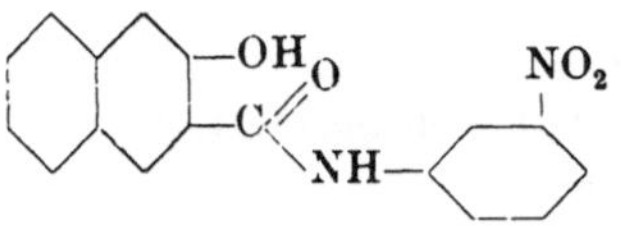	Gibt lebhaftere und blaustichigere Rottöne als Naphtol AS. Zur Herstellung lebhafter Töne mit Echtscharlach R und G Basen geeignet. Gibt ein grünstichiges, ausserordentlich lichtechtes Blau mit Variaminblausalz FG.
4-Chlor-2-toluidid der 2, 3-Oxynaphtoesäure (Smp. 243° C) 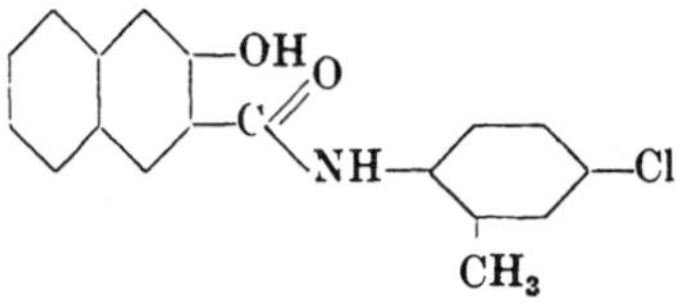	Gibt mit Echtrot TR Base einen Rotton, der demjenigen mit Alizarinrot N3B sehr ähnlich ist; besonders ausgesprochene Echtheit beim Kochen unter Druck und gegenüber der Einwirkung von Chlor.

Art und Bezeichnung	Erzeugerfirma
Naphtol AS–BO	I. G.
Naphtazol 3B	Francolor
Anthonaphtol M3B	S.P.C.M.C.
Naphtanilid BO	Rohner
Cibanaphtol RN	Ciba
Celcot RN	Sandoz
Irganaphtol RN	Geigy
Brenthol AN	I.C.I.
Solunaptol ANL	J. W. Leitch and Co. Ltd.
Naftolo ACNA–P	A.C.N.A.
Ultrazol VII	Aussig
Naphtanil BO	Du Pont
Naphtol AS–BO	N.A.C. u. G.D.C.
Naphtosol BO	Calco Chem. Div.
Amanil Naphtol AS–BO	A.A.P.
Naphtoid BO	Nippon Senryo Co. (Japan)
Naphtol AS–SW	I. G.
Naphtazol SW	Francolor
Anthonaphtol SW	S.P.C.M.C.
Naphtanilid SW	Rohner
Cibanaphtol RA	Ciba
Irganaphtol RA	Geigy
Celcot RA	Sandoz
Brenthol BN	I.C.I.
Solunaptol BNXL	J. W. Leitch and Co. Ltd.
Ultrazol VIII	Aussig
Naftolo ACNA–D	A.C.N.A.
Naphtanil SW	Du Pont
Naphtol AS–SW	N.A.C.
Naphtosol SWF	Calco Chem. Div.
Amanil Naphtol AS–SW	A.A.P.
Naphtoid SW	Nippon Senryo Co. (Japan)
Naphtazol EL	Francolor
Anthonaphtol MEL	S.P.C.M.C.
Naphtanilid EL	Rohner
Cibanaphtol RCA	Ciba
Naphtol AS–AN	I. G.

Zusammensetzung	Verwendungsgebiete
α-Naphtylamid der 2,3-Oxynaphtoesäure (Smp. 223° C) OH, C=O, NH	Blaustichigere Töne als mit Naphtol AS. Besonders lichtechte Kupplungsfarbstoffe mit Echtrot B Base.
β-Naphtylamid der 2,3-Oxynaphtoesäure (Smp. 233° C) OH, C=O, NH	Sehr stark substantiv; besonders für die Apparatefärberei geeignet. Gute Kupplungen mit Echtschwarz LB Base und Echtschwarzsalz G (sehr chlorechte Schwarztöne). Die Kupplungen mit Echtrot KB Base der I.G. liefern Scharlachtöne, die vorzüglich der Kochung unter Druck und dem Chloren widerstehen.
5-Chlor-2-methoxyanilid (oder m-Chlor-o-anisidid) der 2,3-Oxynaphtoesäure OH, C=O, NH, Cl, OCH_3	Gibt mit verschiedenen Farbbasen Scharlachtöne von grosser Lichtechtheit.
p-Nitranilid der 2,3-Oxynaphtoesäure OH, C=O, NH, NO_2	

Art und Bezeichnung	Erzeugerfirma
Naphtol AS-E Naphtanilid E Cibanaphtol RC Celcot RC Irganaphtol RC Brenthol BB Ultrazol VI Naftolo ACNA-PC Naphtol AS-E supra Naphtol AS-E	I. G. Rohner Ciba Sandoz Geigy I.C.I. Aussig A.C.N.A. G.D.C. N.A.C.
Naphtol AS-LT Naphtanilid LT Brenthol MA	I. G. Rohner I.C.I.
Naphtol AS-BG Naphtanilid BG Cibanaphtol RDM Brenthol FO Naphtanil BG	I. G. Rohner Ciba I.C.I. Du Pont
Naphtol AS-BR Brenthol DA Amanil Naphtol AS-BR Naphtol AS-BR	I. G. I.C.I. A.A.P. G.D.C.
Naphtanilid M	Rohner
Naphtol AS-ITR Naphtanilid ITR Naphtazol STR Naftolo ACNA-SS Naphtol AS-ITR	I. G. Rohner Francolor A.C.N.A. G.D.C.

Zusammensetzung	Verwendungsgebiete
p-Chloranilid der 2, 3-Oxynaphtoesäure 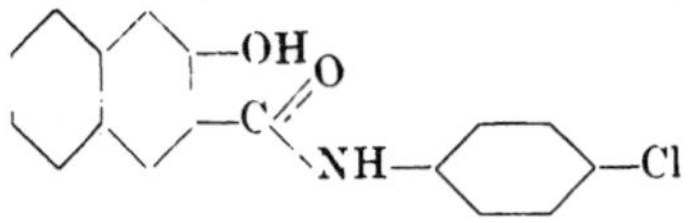	Violettstichiges, sehr lichtechtes Blau mit Variaminblausalz FG.
4-Methoxy-2-toluidid (oder 2-Methyl-4-methoxyanilid) der 2, 3-Oxynaphtoesäure 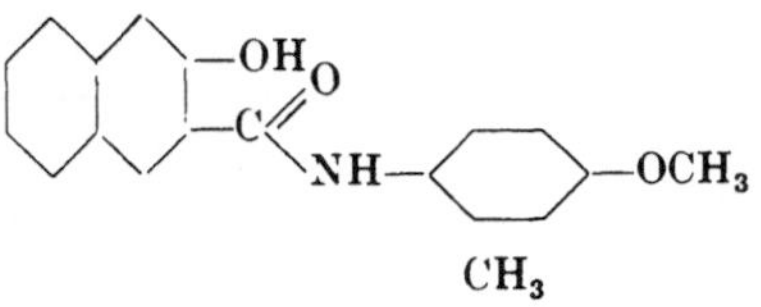	Braunstichiges Violett mit Echtkorinth LB Base, stumpfes, sehr lichtechtes Rot mit Echtrot 3GL Base, Scharlach mit Echtrot TR Base, endlich sehr lichtechtes Orange mit Echtorangesalz LG.
2, 5-Dimethoxyanilid der 2, 3-Oxynaphtoesäure 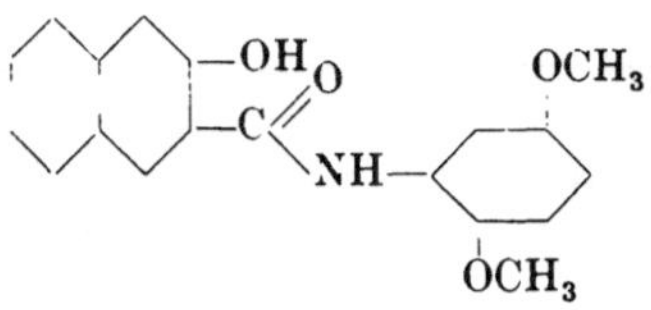	Sehr echtes Braun mit Echtscharlach GGS oder GG Basen.
Dioxydinaphtoyl-dianisidid 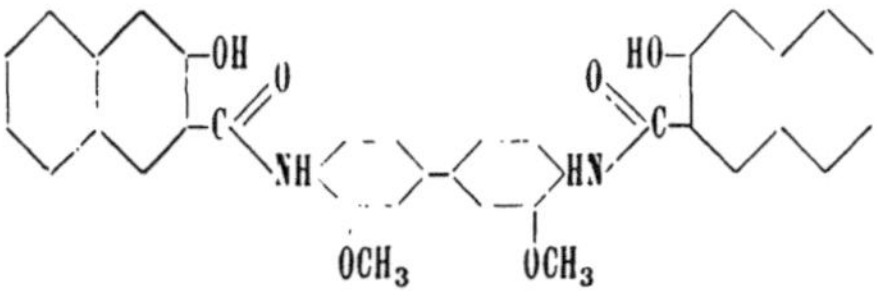	Sehr luftbeständig; eignet sich nicht für den Ätzartikel; lässt sich nicht von der Faser entfernen; gibt mit Formaldehyd eine nicht mehr kupplungsfähige Verbindung.
Di-2,3-oxynaphtoesaures Toluidid.	
4, 6-Dimethoxy-3-chloranilid der 2, 3-Oxynaphtoesäure *Franz. P. 761.607* und *761.623* der I. G. *D.R.P. 542.623*, 1930 und *575.216*, I. G. Farbenindustrie (9. September 1931) 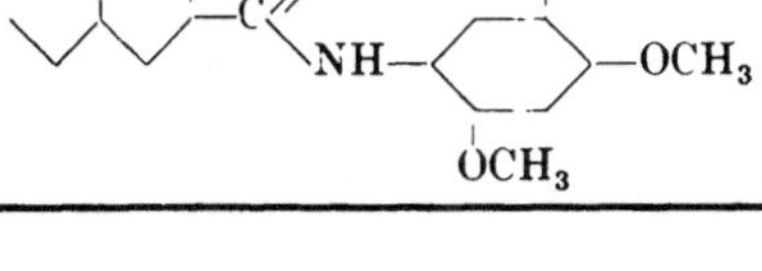	In Kombination mit Echtrot ITR Base gibt es ein lebhaftes, blaustichiges Rot von hoher Lichtechtheit. Dieses Rot bildet den besten Ersatz für Türkischrot.

Art und Bezeichnung	Erzeugerfirma
Naphtol AS–LC Naphtanilid LC	I. G. Rohner
Cibanaphtol RPH Celcot RPH Irganaphtol RPH Naphtol AS–PH Naphtanilid PH	Ciba Sandoz Geigy I. G. Farbenindustrie Rohner
Cibanaphtol RT Celcot RT Irganaphtol RT	Ciba Sandoz Geigy
Naphtanil OP Naphtanilid PH	Du Pont Rohner
Naphtol AS–GR Brenthol NG	I. G. I.C.I.
Naphtol AS–SG Brenthol GB	I. G. 1930 I.C.I.

Zusammensetzung	Verwendungsgebiete
2,5-Dimethoxy-4-chloranilid der 2,3-Oxynaphtoesäure 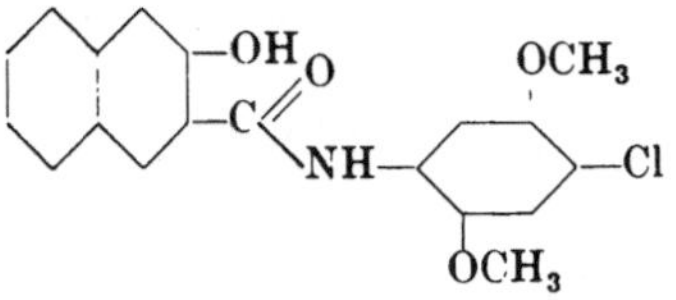	Sehr substantives Produkt; gibt mit Echtrot FR Base ein hervorragend lichtechtes Rot.
p-Phenetidid der 2,3-Oxynaphtoesäure 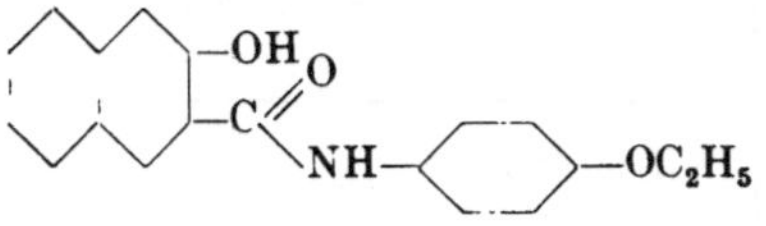	Naphtol AS–PH und Naphtanilid PH entsprechen dem Orthoderivat.
p-Toluidid der 2,3-Oxynaphtoesäure 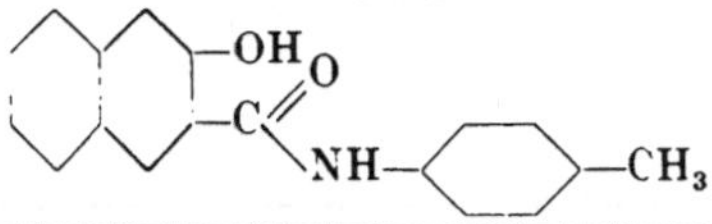	Etwas substantiver als Naphtol AS; gibt rote Azofarbstoffe mit den Scharlachbasen Ciba IV und V.
o-Phenetidid der 2,3-Oxynaphtoesäure	
Anthrazenderivat: Anilid (o-Toluidid) der 2,3-Oxyanthrazenkarbonsäure 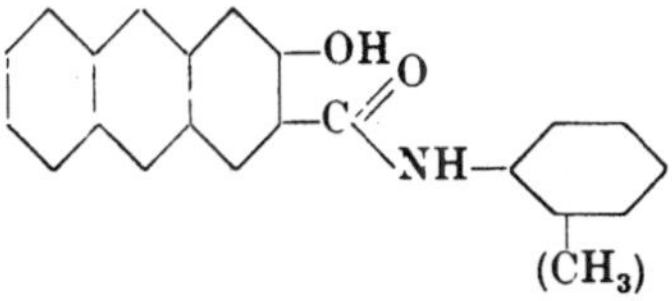 Bull. Föd. *1*, S. 51; Kramer, Tiba, 1931, S. 743; Christ, Mell. 1932, S. 25; *D.R.P. 549.983*, 1930, I.G.; *Franz. P. 724.123*, 1931; Chem. Ztbl. 1932, *2*, S. 622.	Gibt blaustichige Grüntöne mit den Echtblau RR, BB Basen und Variaminblausalz B. Der Grünton ist zufolge seines Blaustichs sehr wenig lebhaft. Sehr substantiv, das Bad wird bis zu 50—60% erschöpft. Die Imprägnierung hat in der Wärme zu erfolgen. Das o-Toluidinderivat gibt ein noch blaustichigeres Grün von ungenügender Lichtechtheit.
Pyrrolderivat: p-Anisidid der 3′-Oxy-7-benzokarbazol-2′-karbonsäure. Mell. 1933, S. 15; Tiba, 1931, Juli, S. 743; R.G.M.C. 1938, Novemberheft; Christ, Z. f. ges. Text. Ind. 1932, *35*, S. 492; D.R.P. *539.116*; Scholl, Mell. 1945, *16*, S. 444, 515. 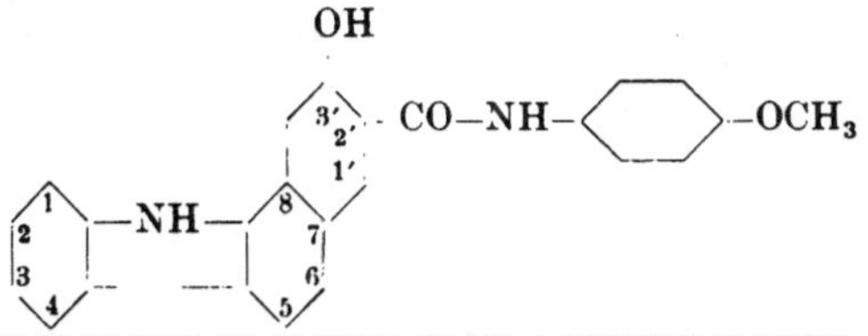	Gibt ein Azoschwarz von vorzüglicher Echtheit mit der Echtrot B Base (p-Nitro-o-anisidin). Sehr hohe Substantivität, 80 bis 90%.

Art und Bezeichnung	Erzeugerfirma
Naphtol AS–SR Brenthol RB	I. G. 1930 I.C.I.
Naphtol AS–BT	I. G. 1935
Naphtol AS–LB Brenthol BT	I. G. I.C.I.
Cibanaphtol SB Cibanaphtol ST Cibanaphtol SD Celcot SB Celcot ST Celcot SD Irganaphtol SB Irganaphtol ST Irganaphtol SD	Ciba Ciba Ciba Sandoz Sandoz Sandoz Geigy Geigy Geigy Diese Produkte werden nicht mehr fabriziert.

Zusammensetzung	Verwendungsgebiete
Pyrrolderivat: 4-Methoxy-2-methylanilid der 3'-Oxy-benzokarbazol-2'-karbonsäure. *D.R.P. 539.116.* I.G. 1929. 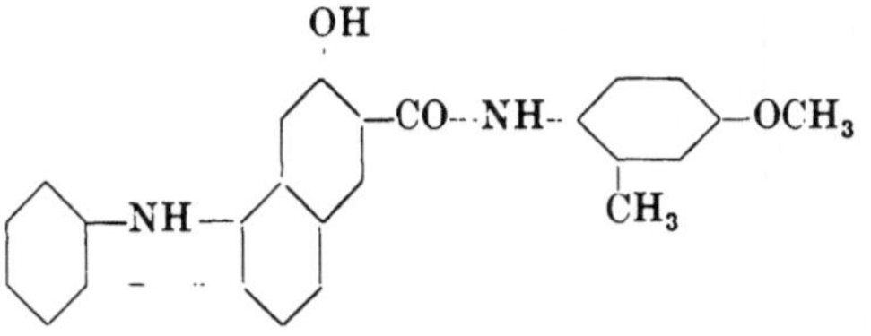	Sehr echtes Schwarz von rotstichigem Ton mit Echtrot B Base. Grosse Substantivität, 80—90%.
2,5-Dimethoxyanilid der 6-Oxydiphenylenoxyd-7-karbonsäure 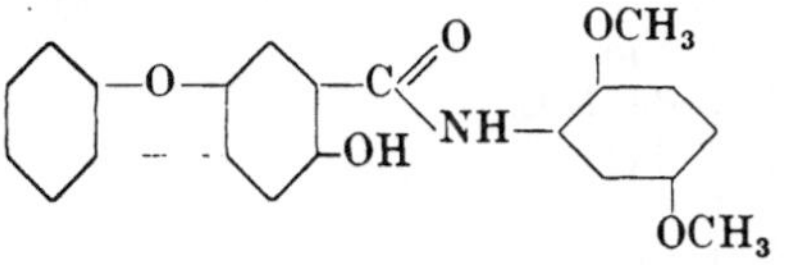	Braune Azofarbstoffe mit Echtrot TR Base und Echtkorinth LB Base. Sehr licht- und waschecht.
Karbazolderivat: p-Chloranilid der 2-Oxykarbazol-3-karbonsäure. 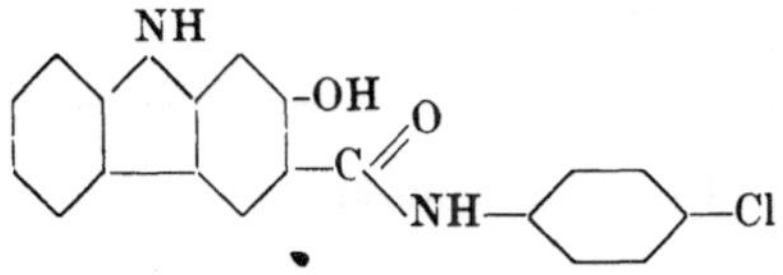 *D.R.P. 535.670,* I.G. 1929; *Franz. P. 734.845,* 1932.	Äusserst echte Brauntöne mit Echtrot B Base (p-Nitro-o-anisidin). Sehr substantiv und besonders gut reibecht. Die Imprägnierung wird in der Wärme vorgenommen.
Durch Einwirkung von Kresotinsäure auf Benzidin, Tolidin und Dianisidin; Ciba: *Franz. P. 727.003,* 1931; I.G.: *D.R.P. 655.340,* 1930. SB.. Kondens. Prod. der p-Kresotinsäure mit Benzidin. ST.. Kondens. Prod. der p-Kresotinsäure mit Tolidin. SD.. Kondens. Prod. der p-Kresotinsäure mit Dianisidin. 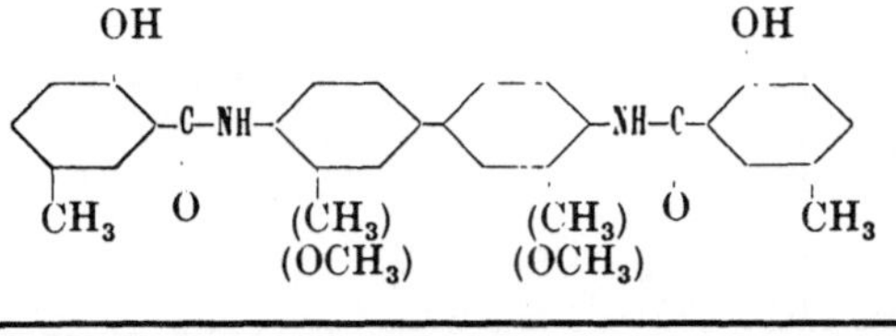	Nur in Verwendung mit den Braunsalzen Ciba I, II, III oder IV für die Kupplungsfärbung brauner Azofarbstoffe.

Art und Bezeichnung	Erzeugerfirma
Cibanaphtol RP	Ciba
Naphtol AS–G Naphtazol J Anthonaphtol MG Naphtanilid G Cibanaphtol AG Brenthol AT Naftolo ACNA–G Amanil Naphtol AS–G Naphtol AS–G Naphtol AS–G supra Naphtosol AS–G	I. G. Francolor S.P.C.M.C. Rohner Ciba I.C.I. A.C.N.A. A.A.P. N.A.C. G.D.C. Calco Chem. Div.
Naphtol AS–LG	I. G. Farbenindustrie
Naphtol AS–L3G	I. G. Farbenindustrie

Zusammensetzung	Verwendungsgebiete
1-Oxy-naphtyl-4-phenylketon. Lederer, Mell. 1931, *12*, S. 461; Z. f. ges. Text. Ind. 1933, *36*, S. 550, 560. *D.R.P. 378.909, 393.701.* Frdl. *14*, S. 470 und 1028. OH CO—	Rote Azofarbstoffe mit Scharlachsalz Ciba R.
Diazetoazetylderivate der Diphenylbasen; Diazetylazetotolidid: Lasker u. Zitscher, Griesheim 1921; *D.R.P. 386.054;* Frdl. *14*, S. 1006 (1921/1925) CH_3 CH_3 C=O C=O CH_2 CH_3 CH_3 CH_2 O=C—NH— —NH—C=O	Gelbe Azofarbstoffe mit allen Basen. Das Naphtol ASG ist unempfindlich gegenüber der Luftkohlensäure, empfindlich gegen Formaldehyd und besitzt eine ausgeprägte Substantivität. Die Färbungen sind mit Formaldehydsulfoxylat nicht ätzbar.
Durch Kondensation eines Mols Terephtalyldiessigsäureäthylester mit 2 Molen 2,4-Dimethoxy-5-chloranilin oder Bis-dimethoxy-(2,4)-chlor-(5)-anilid der Terephtalyldiessigsäure (*franz. P. 716.871*, I.G. 1930; Mell. 1933, Bd. *14*, S. 320; Christ, Mell. 1934, Bd. *15*, S. 18). Cl Cl H_3CO- -NH-CO-CH_2-CO- -CO-CH_2-CO-NH- -OCH_3 OCH_3 OCH_3	Sehr starke Substantivität, welche diese Kupplungskörper für die Färberei auf der Kufe verwendbar macht. Gelbe, etwas grünstichige, nicht ätzbare Azofarbstoffe.
Durch Kondensation eines Mols Terephtalyläthylpropanolat mit 2 Molen 2-Methoxy-5-methyl-4-chloranilin oder Bis-methoxy-(2)-chlor-(4)-methyl-(5)-anilid derselben Säure CH_3 CH_3 Cl- -NH-CO-CH_2CO- -CO-CH_2-CO-NH- -Cl OCH_3 OCH_3	

Art und Bezeichnung	Erzeugerfirma
Naphtol AS–L4G	I. G. Farbenindustrie
Naphtanilid L4G	Rohner
Naphtazol JLE	Francolor

Zusammensetzung	Verwendungsgebiete
2-Azetoazetylamino-6-äthoxybenzothiazol 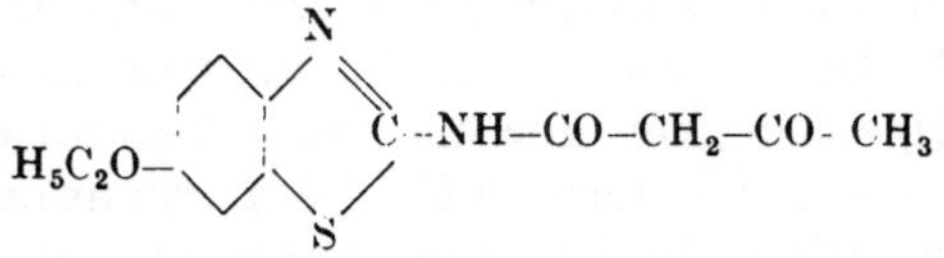 $H_5C_2O-C_6H_3(N=)(S-)C-NH-CO-CH_2-CO-CH_3$ *D.R.P. 603.623*, 1933, I. G.; in analoger Weise wurden die Aminonaphtothiazole und die Karbazothiazole verwendet: *D.R.P. 612.072*, 1932; *D.R.P. 611.882*, 1933. 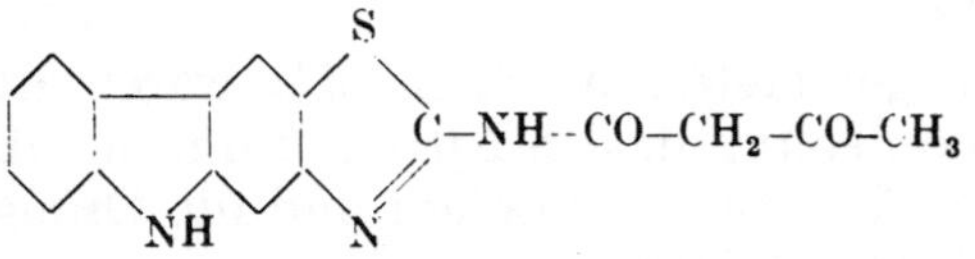 C–NH–CO–CH_2–CO–CH_3 (S, NH, N)	Sehr leicht lösliches Produkt von geringer Substantivität; für die Stückfärberei sehr geeignet. Liefert gelbe, mit Rongalit ätzbare Azofarbstoffe. Die besten Gelbfärbungen erhält man mit der Echtgelb GC Base, Echtrot KB Base, Echtschwarz RD Base; hervorragende Lichtechtheit.

Die diazotierbaren Basen.

Die Anzahl der Basen, welche zur Herstellung der unlöslichen Azofarbstoffe in Betracht kommen, war im Anfang ziemlich gering, aber sie stieg mit der Erfindung der Naphtol AS-Körper und insbesondere nach dem ersten Weltkrieg unaufhörlich. Es war nicht nur möglich, die allgemeinen Eigenschaften der bis dahin bekannten Rot- und Orangetöne zu verbessern, sondern auch die Farbenskala dieser Azofarbstoffe auf Braun, Blau, Violett und Schwarz auszudehnen.

Vorerst sollen diejenigen Basen besprochen werden, die schon vor dem Krieg 1914—18 bekannt waren, dann diejenigen, welche in den letzten 30 Jahren noch hinzutraten.

Die ersten auf der Faser gebildeten Azofarbstoffe waren das Pararot, das α-Naphtylaminbordeaux, das p-Nitroanisidinrot, die Rottöne aus Aminoazobenzol und o-Aminoazotoluol und die Orange aus o- oder m-Nitranilin oder Nitrotoluidinen.

Das Paranitranilinrot: p-Nitranilin + β-Naphtol (Holliday & Sons, 1880; *brit. P. 2.757*, 1880; H. Koechlin, 1888; Ullrich und v. Gallois, 1889; siehe Tiba 1929, Febr., S. 137). Paranitranilin S von Bayer ist das Sulfat des p-Nitranilins in 50%igem Teig unter Zusatz von β-naphtalinsulfosaurem Natrium und das Paranitranilin N von M.L.B. ist p-Nitranilin + Nitrit. Die gegenwärtigen Bezeichnungen sind Echtrot 2 G Base der I. G. und Echtrotbase 2 J von Francolor.

Das Diazoniumsalz des p-Nitranilins kam in den Handel unter den Bezeichnungen Diazorot (F.T.M.), Paranil A (Bayer) — dieses stabilisiert mit β-naphtalinsulfosaurem Natrium — Nitrazol C und CF von Cassella, Azophorrot PN (M.L.B.), Benzonitrol (Bayer), Azogenrot (Kalle), Parazol (Bayer). Die gegenwärtigen Bezeichnungen sind Echtrotsalz 2G (I. G.), Echtrotsalz 2J und Paranitrol N (Francolor).

Das Paranitranilinrot auf β-Naphtol hat einen gelblichen Ton. Schon im ersten Teil dieser Arbeit wurden verschiedene Verfahren, die einen Umschlag in einen bläulicheren Ton bezwecken, angeführt (Verwendung von Naphtol R, AR oder β-Naphtol R; Zusatz von Nuanciersalz, Cassella, d. i. F-Säure = 2-Naphtol-7-sulfosäure, zum β-Naphtol, von Kalium- oder Natriumsulforizinat zur Naphtolatlösung usw.).

Diazotiertes p-Nitranilin gibt mit Chrysoidin tiefe, dunkelbraune Töne (Chrysoidinbister von F. Binder)[1]), ein Braunschwarz mit Nigrophor. Man verwendet es schliesslich auch zur Entwicklung

[1]) Bull. Mulh. 1905, S. 54.

substantiver Farbstoffe, welche eine freie Amino- oder Hydroxylgruppe aufweisen (Parafarbstoffe der I. G., Paradiazolfarbstoffe von Francolor, Paradiaminfarbstoffe von Saint-Clair, Nitrophenylfarbstoffe von Geigy, Nitranil- und Paranitranilfarbstoffe der Ciba, Parasulfonfarbstoffe von Sandoz usw.).

α-Naphtylaminbordeaux: α-Naphtylamin + β-Naphtol (*D.R.P. 81.039* und *94.280*). Um die Herstellung der Diazoverbindung dem Verbraucher zu erleichtern, wurde das α-Naphtylaminsalz in disperser Form in den Handel gebracht, so das Granatsalz (F.T.M.) und das α-Naphtylamin S in Pulver und Teig (M.L.B.). Das diazotierte α-Naphtylamin, das mit Hilfe von Naphtalinsulfosäuren stabilisiert war, wurde unter dem Namen Naphtolgranat 50% Teig und Puce-Naphtol (F.T.M.) verkauft.

p-Nitroanisidinrot: Durch Kupplung des diazotierten p-Nitroanisidins mit β-Naphtol (*D.R.P. 98.637*, 1897) hergestellt besitzt es eine bemerkenswerte Chlorechtheit. Vor dem Kriege wurde das p-Nitroanisidin unter den Namen Tuscalinrotbase (B.A.S.F.), Rose Naphtol (F.T.M.), Nitroanisidin (Agfa), Brillantrosa (M.L.B.) vertrieben. Die derzeitigen Bezeichnungen sind Echtrot B Base (I. G.) und Echtrotbase B (Francolor). Das Azorosa NA von M.L.B ist das stabilisierte Diazoprodukt des p-Nitroanisidins; sein derzeitiger Handelsname ist Echtrotsalz B 20% der I. G. oder Echtrotsalz B 20% von Francolor. Diese Base wird zusammen mit Naphtol AS oder AS—RL sehr viel zur Herstellung eines ausserordentlich licht- und chlorechten Himbeerrots angewendet.

Das Aminoazobenzol gibt mit β-Naphtol ein trübes, blaustichiges Rot von guter Seifenechtheit. Es wird selten gebraucht; zu bemerken ist, dass man es bei 15° C diazotieren kann.

Das β-Naphtylamin + β-Naphtol gibt ein trübes Rot von geringer Lichtechtheit. Die Kombination fand Verwendung zur Erzeugung des Zinnsalz-Reserveartikels und im direkten Druck für Kardinal-(Rotviolett-)Töne durch Zusatz kleiner Mengen von α-Naphtol zum β-Naphtolbad.

Das o-Aminoazotoluol (Echtgranatbase von M.L.B.) liefert mit β-Naphtol ein sehr gut seifenechtes Granat.

Das o-Nitro-p-phenetidinrosa (Blaurot O von M.L.B.) + β-Naphtol fand nur eine geringe Anwendung; man erzielte ein bläuliches, ziemlich echtes Rosa; die Diazotierung kann ohne Eiszusatz bei 15—20° C vorgenommen werden.

Das Azorosa BB (M.L.B.) konnte zur Erzeugung von lebhaften, aber wenig echten Rosatönen gebraucht werden. Die Base ist der Benzyläther eines Aminokresylols[1]). Der Azofarbstoff besitzt die Eigentümlichkeit, gegen die reduzierende Wirkung des Trauben-

[1]) 3-Amino-4-kresolbenzyläther-azo-β-naphtol.

zuckers widerstandsfähig zu sein, wodurch er sich für Buntätzzwecke (Rot auf Indigo) eignet (Verfahren von Prochoroff, Scheunert und Wosnessensky, Bull. Mulh. 1915, und 1920, S. 266).

Das o-Anisidin, das von den Farbwerken Höchst in Form seiner beständigen Azoverbindung (Azophorrosa A) hergestellt wurde, und mit β-Naphtol ein blaustichiges Rot gibt, hat wenig praktisches Interesse.

Das Chloranisidin (Chloranisidinsalz M von M.L.B., Chloranisidin P der B.A.S.F.) gibt ein sehr lebhaftes Scharlachrot mit β-Naphtol; seine derzeitigen Namen sind Echtrot RC Base (I.G.), Echtrotbase RS (Francolor).

Azoorangefarbstoffe, die auf β-Naphtolgrundierung erzeugt werden, erhält man mit Hilfe der Diazoverbindungen des m-Nitranilins (Azophororange MN von M.L.B.), des o-Nitranilins (Azoorange LO), des m-Nitroanisidins (Tuscalinorange G der B.A.S.F., Azoorange NA von M.L.B.), der Nitrotoluidine (p-Nitro-o-toluidin von M.L.B. 1909, m-Nitro-p-toluidin der B.A.S.F. 1908). Der Methylester der Anthranilsäure (Azoorangegelb G von M.L.B.) gibt ein rotstichiges, licht- und seifenechtes Orange.

Braune Töne erhält man durch Kupplung der Diazoverbindungen des Benzidins, des m-Nitrobenzidins und des Tolidins mit β-Naphtolnatrium; sie sind gut seifenecht; das Tolidinbraun ist etwas violettstichiger und lichtechter als das Benzidinbraun. Drucke von m-Nitrobenzidin werden lichtechter und klarer durch eine Nachbehandlung in kochender Kupfersulfatlösung.

Obwohl das Dianisidinblau (Dianisidin + β-Naphtol) sehr säureempfindlich ist, wurde es doch oft für den Blau-Rot-Artikel verwendet. Schon im ersten Abschnitt dieses Kapitels wurde erwähnt, dass die Dianisidinbase mit β-Naphtol ein Blauviolett von ungenügender Echtheit gibt. Im Jahre 1893 beobachtete F. Storck, dass sich in Gegenwart von Kupfersalzen ein dunkles, dem Indigo ähnliches Blau bildet. Immerhin sind auch diese Töne säure-, schweiss- und hitzeempfindlich. Eine stabilisierte Diazoverbindung des Dianisidins war unter dem Namen Azophorblau D auf dem Markt. Man erhält sie durch Abdunsten der Tetrazoverbindung des Dianisidins in Gegenwart von Aluminium- oder Zinksulfat. In Mischung mit Azophororange MN wurde das Azophorblau D zur Herstellung des Azophorschwarz S (*D.R.P. 83.963*) angewendet.

Azophorschwarz DP ist eine stabilisierte Diazoverbindung des Diaminodiphenylamins; es wurde zur Herstellung von Diazoschwarz auf β-naphtolierter Ware vorgeschlagen[1]).

[1]) Nach Schultz, Farbstofftabellen, ist das Azophorschwarz DP ein haltbares Gemisch von Tetrazodianisol mit tetrazotiertem Benzidin, diazotiertem p-Nitranilin und besonders diazotiertem m-Nitranilin (*D.R.P. 83.963*).

An dieser Stelle soll nicht in allen Einzelheiten auf die neuen Arylamine, die gleichzeitig mit dem Ausbau der Naphtol AS-Körper in den Handel gebracht wurden, eingegangen werden. Eine Zusammenstellung derselben findet man in den Tabellen am Schluss des Kapitels. Den Arylaminen, welche die Gruppen $-NO_2$ und $-NH_2$ enthielten, folgten Verbindungen, die gleichzeitig mit $-NO_2$-, $-NH_2$- oder mit Methoxy-, Äthoxy-, Methyl-, Halogenresten usw. substituiert waren. Der Vorteil der Einführung derartiger Reste in das Molekül des Arylamins liegt in einer Erhöhung der Chlor- und Lichtechtheit. Man bediente sich dieser — schon von früher her (p-Nitroanisidin, m-Nitroanisidin usw.) bekannten — Erscheinung in zahlreichen Fällen bei der Herstellung neuer Produkte, so z. B. bei der Variaminblau B Base, der Echtblau BB Base und erst in jüngster Zeit bei der Echtrot ITR-Base.

NH_2

H_3CO—

—SO_2—$N(C_2H_5)_2$

Sack hat in einem Vortrag an der höheren Chemieschule in Mülhausen (Jahrbuch 1933) darauf aufmerksam gemacht, dass ein Zusammenhang zwischen der Konstitution und der grösseren oder geringeren Widerstandsfähigkeit der Azokombinationen gegen die Einwirkung des Lichts, des Chlors und der Kochlaugen nur schwer zu finden ist. Wie schon früher erwähnt, verbessert die Einführung der Methoxy-, Äthoxy-, Halogen-, der Benzoylamino- oder Sulfaminoreste allgemein die Lichtechtheit, aber diese Gruppen wirken verschieden, je nachdem ob sie im Amin oder im Karbanilid des Kupplungskörpers enthalten sind; es scheint, dass die Substitution in der Karbanilidgruppe eine stärkere Beeinflussung der Eigenschaften herbeiführt. Sack führt als Beispiel den folgenden Fall an:

m-Nitranilin (Echtorangebase R)[1] + m-Nitranilid der 2,3-Oxynaphtoesäure (Naphtazol B)[1] . . . . Echtheitsgrad = 3.

m-Nitranilin + 5-Chlor-2-toluidid der 2,3-Oxynaphtoesäure (Naphtazol TR)[1] . . . . Echtheitsgrad = 4—5.

m-Nitranilin + p-Chlor-o-anisidid der 2,3-Oxynaphtoesäure (Naphtazol EL)[1] . . . . Echtheitsgrad = 7.

Dagegen:

5-Chlor-o-toluidin (Echtrotbase TR)[1] + m-Nitranilid der 2,3-Oxynaphtoesäure (Naphtazol B[1]) . . . . . Echtheitsgrad = 3.

p-Chlor-o-anisidin (Echtrotbase RS)[1] + m-Nitranilid der 2,3-Oxynaphtoesäure. . . . . Echtheitsgrad = 4.

---

[1]) Handelsnamen der Produkte von Francolor.

Daraus geht deutlich hervor, dass die Einführung der Cl-, OCH_3- und OC_2H_5-Gruppen die Lichtechtheit dann wesentlich erhöht, wenn die Reste im Karbanilidrest stehen, während deren Wirkung bei einer Substitution des Aminmoleküls sozusagen gleich null ist.

Im allgemeinen bewirken Gruppen in meta-Stellung oder noch mehr in para-Stellung zum Aminorest eine stärkere Verschiebung des Farbtons nach Rot, so z. B.:

o-Nitranilin	Orange
m-Nitranilin	Rotorange
p-Nitranilin	Rot
m-Nitro-o-anisidin	Scharlachrot
p-Nitroanisidin	Rot
m-Nitro-p-anisidin	Bordeaux

Die Vergrösserung des Moleküls hat ein deutliches Tiefer- und Blauwerden der Nuance zur Folge; so z. B. gehen Korinth- und Granattöne aus Benzidin und Aminoazotoluol in Violett über, wenn man als Base ein methoxyliertes Toluidin, das im Kern mit einem hochmolekularen Rest wie

$$\left(C_6H_5{-}\overset{O}{\overset{\|}{C}}{-}NH{-} \right)$$

substituiert ist, verwendet.

Von allen in letzter Zeit erfundenen und auf den Markt gekommenen Farbbasen sind unstreitig die Variaminblau B Base (Echtblaubase BL von Francolor) und die Echtblau BB und RR Basen die wichtigsten. Dank dieser bedeutenden Schöpfungen, die der Forscherarbeit der I. G. zu verdanken sind[1]), steht der Industrie an Stelle der vom Dianisidin abgeleiteten Azofarbstoffe eine Reihe sehr dunkler, echter und lebhafter Blautöne zur Verfügung. Die Bedeutung dieser neuen Basen und die mit deren Hilfe herstellbaren, schönen Artikel sind wohl in der ganzen Welt bekannt. Das Dianisidinblau ergab ausser seiner bekannten, ungenügenden Lichtechtheit noch Schwierigkeiten in der Färberei, die daher stammen, dass das Dianisidin in seiner Eigenschaft als Diamin bei der Diazotierung ein Tetrazoprodukt ergibt, das je nach der mehr oder weniger sauren oder alkalischen Reaktion des Entwicklungsbades, ein- oder zweifach mit dem Naphtol kuppelt, woraus sich die unegalen Ausfälle erklären lassen. Zur befriedigenden Herstellung gleichförmiger Blautöne auf mit Naphtol AS grundierter Ware musste man daher entsprechende Monoaminbasen ausfindig machen.

---

[1]) Die direkte Anregung zu dieser Erfindung wurde von Zänker gegeben.

Die Variaminblaubase B[1]) ist das Sulfat des 4-Methoxy-4'-aminodiphenylamins. Die erhaltenen Blautöne genügen den höchsten Anforderungen hinsichtlich der Lichtechtheit; das beste Ergebnis (5—7) liefern Naphtol AS und AS—D.

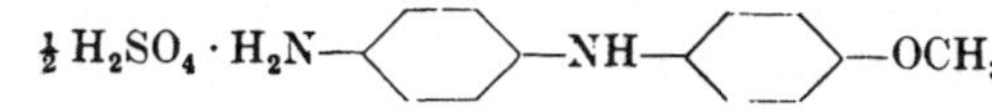

$$\tfrac{1}{2}\,H_2SO_4 \cdot H_2N-\langle\;\rangle-NH-\langle\;\rangle-OCH_3$$

(siehe Rowe, R.G.M.C. 1930, S. 382, Chem. Ztbl. 1930, S. 2190).

Einige Schwierigkeiten macht die Variaminblaubase beim Diazotieren; wenn man in der üblichen Art mit der Minimalmenge Salzsäure und 2 Mol Nitrit diazotiert und auf 12° C abkühlt, bildet sich eine Nitroso-Diazoverbindung. Während des Zusatzes des ersten Mols Nitrit entsteht eine lebhafte, violette Lösung, dann ein brauner Niederschlag, welcher sich beim Zusatz des zweiten Mols Nitrit wieder löst. Die gelbe Lösung ist dann nahezu klar. Die angewendete Nitritmenge ist also erheblich grösser, als es den für die Diazotierung ermittelten stöchiometrischen Verhältnissen entsprechen würde. Die NO-Gruppe wird langsam durch eine spätere alkalische Seifenbehandlung abgespalten, aber überdies auch besonders durch ein Reduktionsmittel wie Natriumsulfid oder -sulfit (Variaminblauentwickler A). In dieser Weise kommt schliesslich die Entwicklung der eigentlichen schönen Variaminblaufärbung zustande:

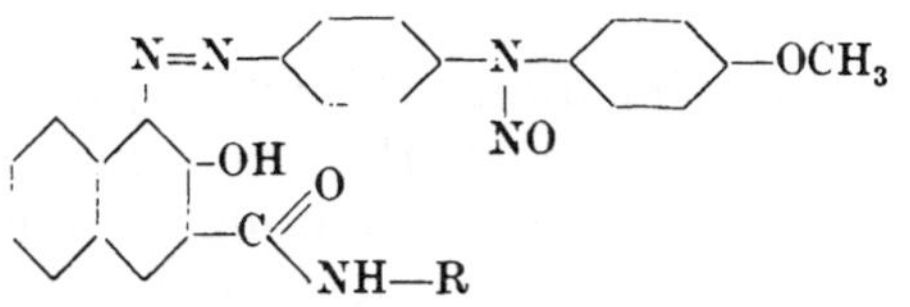

$$C_{10}H_5(OH)(CO{-}NH{-}R)-N{=}N-\langle\;\rangle-N(NO)-\langle\;\rangle-OCH_3$$

(Nitrosoverbindung)

Aus diesem Grunde musste die ursprüngliche Herstellungsmethode des Variaminblaus von derjenigen der gewöhnlichen Rotfärbungen abweichen, da diese nachträgliche Behandlung mit Schwefelnatrium für die Entwicklung des Blautons unerlässlich war. Nun kann man wohl die Bildung des Nitrosokörpers umgehen und den reinen Diazokörper unmittelbar erhalten, aber die so hergestellten Diazokörper haben den Nachteil eines sehr geringen Kupplungsvermögens, woraus sich Unegalitäten in der Färbung ergeben, weil das vom Gewebe mitgeführte Naphtol sich langsam während des Kupplungsvorgangs in der Flotte ablöst. Die I. G. hat das Variaminblausalz B 50% (Echtblausalz BL von Francolor) in den Han-

[1]) Literatur über Variaminblaubase B: *D.R.P. 508.585*; Frdl. *17*. S. 967. *D.R.P. 532.685*; Frdl. *18*, S. 941; D.F.Z. 1929, Bd. *65*, S. 498, 552, 834, 951 und 1930, Bd. *66*. S. 313; Neuwirth, Mell. 1930, S. 33; Christ, Mell. 1930, S. 447; Rath, Mell. 1929, Bd. *10*, S. 535; Rowe, J. Soc. D. and Col. 1930, Bd. *46*, S. 227; Krostewitz, Mell. 1931, Bd. *12*, S. 584; Mell. 1929, Bd. *10*, S. 814; 1930, Bd. *11*, S. 144.

del gebracht; es ist dies die reine, mit Magnesiumsalzen stabilisierte Diazoverbindung der Base, welche sich ebensowohl im Druck als in der Färberei sehr gut bewährt hat[1]).

Variaminblausalz B wird in Wasser unter Zusatz von Essigsäure aufgelöst. Die Lösungen werden in der gleichen Weise wie bei der diazotierten Variaminblau B Base und der Naphtolgrundierung kombiniert. Die Entwicklung erfolgt durch ein 50—60° C warmes Wasser- oder auch Sodabad.

Die Diazolösungen des Variaminblau B sind sehr empfindlich gegen Alkalien und Säuren; kuppelt man in einer Lösung, welche gerade soviel Säure enthält, als dem auf der Faser befindlichen Alkali entspricht, so bekommt man ungenügend tiefe Färbungen; kuppelt man in neutraler Lösung, so wird der Diazokörper rasch durch das Alkali zerstört, das von der naphtolierten Faser ins Bad mitgeführt wird. Zinksulfat und Magnesiumsulfat scheinen (*D.R.P. 698.772*) die besten Mittel zur Abstumpfung des Alkalis zu sein; dagegen eignen sich Essigsäure oder Aluminiumsulfat, die in anderen Fällen bei diazotierten Lösungen angewendet werden, nicht für das Variaminblau (*brit.P. 429.025*). Zinksalze reagieren sauer und verhindern nicht die Kupplung. Mit Alkali geben sie neutrale Verbindungen. Da Magnesiumhydroxyd eine stärkere Base ist als Zinkhydroxyd, so sind die Magnesiumsalze praktisch genommen viel weniger sauer.

Dagegen findet man im *franz. P. 792.434*, bzw. *D.R.P. 627.324* der I. G. eine Vorschrift für das Färben von dichteingestellten oder Rohgeweben mit Variaminblausalz B, wonach man die Neutralisierungsmittel für das Alkali, nämlich das $ZnSO_4$, bzw. $MgSO_4$ durch Ammoniumsulfat (10 g pro Liter) zu ersetzen hat. Dann — nach der Ausfärbung — wird das Gewebe durch einen Dämpfkasten oder zwischen zwei geheizten Platten durchgenommen. Der Vorteil besteht in einer Verbesserung der Faserdurchdringung.

Gewisse Diazoverbindungen, insbesondere das Variaminblausalz B, sind gegenüber Alkalien empfindlich. Ein Zusatz von Ammonium- oder Magnesiumsalzen zum Entwicklungsbad kann sich unter Umständen vorteilhaft auswirken.

Laut *D.R.P. 662.935* der I. G. Farbenindustrie erhält man vorzügliche Ergebnisse durch Zusatz von Salzen organischer Basen, wie Pyridin, Äthanolamine, sowie von Salzen quaternärer Ammoniumbasen zum Entwicklungsbad. Das Verfahren ist in der Patentschrift durch folgendes Beispiel illustriert: die wie üblich mit Naphtol AS-Lösung präparierte und getrocknete Ware wird in

[1]) Nach Rowe, J. Soc. D and Col. 1930, *46*, S. 227, soll das Variaminblausalz B das Magnesiumsalz der nitrosofreien Diazokomponente von 4'-Äthoxy-4-aminodiphenylamin sein.

einem Bad entwickelt, das mit Variaminblausalz B + Peregal O (Dispergiermittel) + Piperidin- oder Triäthanolaminchlorhydrat beschickt ist.

I. G. und Jellineck (*D.R.P. 534.639*) haben auch ein Verfahren ausgearbeitet, um die Stückfärbung ohne Zustandekommen der Nitrosoverbindungen durchzuführen. Der Grundgedanke des Verfahrens liegt darin, dass man das mit dem Naphtolat imprägnierte Gewebe durch eine mit Essigsäure angesäuerte Diazolösung führt. Hierbei findet noch keine Kupplung statt, welche erst in einem darauffolgenden, leicht erwärmten Sodabad erfolgt; die Reaktion tritt sofort und sehr gleichmässig ein und man erhält den normalen Farbton des Variaminblau B (siehe Christ, Mell. 1930, S. 447). Diese Art der Entwicklung kann man vorteilhaft bei den Echtblau BB und RR Basen, bei der Variaminblau RT Base (das Variaminblau FG ist hier ausgenommen), deren Alkali- und Säureempfindlichkeit sehr gross ist, bei allen Rot- und Orangebasen (Echtrot TR Base, Schwarzsalz G und KN) anwenden, wogegen sie natürlich für den Reserveartikel unter Variaminblau unbrauchbar ist.

Variaminblau RT Base ist 4-Aminodiphenylamin.

$H_2N—C_6H_4—NH—C_6H_5$

Das entsprechende Variaminblausalz RT 50% ist das Magnesiumsalz der nitrosofreien Diazokomponente.

Ein anderes, sehr wichtiges Erzeugnis der I. G. ist die jüngst herausgekommene Echtbraunbase V,

$O_2N—C_6H_3(Cl)—N{=}N—C_6H(CH_3)(NH_2)—OCH_3$

die von grosser Bedeutung für den Direktdruck sowie für die Herstellung ätzbarer Färbungen ist. Diese Base ist ein Monoazofarbstoff, nämlich der o-Chlor-p-nitranilin-azo-p-aminokresolmethyläther. Sie gibt mit den Naphtolen AS, AS—RL und AS—OL tiefbraune Färbungen, die nicht nur leicht weiss ätzbar, sondern auch von hervorragender Lichtechtheit sind. Mit β-Naphtol bekommt man ein violettstichiges Braun, welches anstatt des Chrysoidinbisters angewendet, diese Farbe an Echtheit übertrifft. Die Diazotierung der Echtbraunbase V wird ebenfalls abweichend von den gebräuchlichen Arbeitsweisen vorgenommen. Hier ist es von Vorteil, die Base zuerst mit Ameisensäure zu verrühren, dann Salzsäure und Nitrit zuzusetzen und schliesslich mit Harnstoff zu neutralisieren. Die Diazoverbindung ist wenig beständig; sie zersetzt sich leicht durch Berührung mit Eisen sowie am Licht, doch kann deren Beständigkeit dadurch verbessert werden, dass man sie salzsauer hält. Die Kupplung wird in diesem Fall durch eine Sodapassage (10 g pro Liter bei 70° C) vorgenommen. Der Farbton wird vertieft, während die Ätzbarkeit nicht verringert wird.

Die Einführung der Aminobenzoylgruppe in verschiedene Aminbasen, die offenbar in der letzten Zeit den Gegenstand zahlreicher Forschungen bildete, hat neue Basen geliefert, deren Diazoverbindungen bei der Kupplung mit Naphtolen braune, blaue, violette und Korinth-Töne geben.

Als Beispiel soll die Echtkorinth LB Base der I. G., ein 3-Methoxy-4-benzoylamino-2-chloranilin oder 4-Amino-3-chlor-2-methoxybenzanilid der Formel

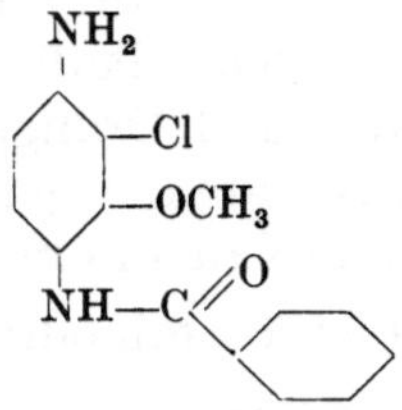

4-Amino-3-chlor-2-methoxybenzanilid

angeführt werden.

Die Echtviolett B Base der I. G. (= Echtviolettbase B von Francolor) ist ein 4-Benzoylamino-2-methoxy-m-toluidin oder 4-Amino-3-methoxy-6-methylbenzanilid:

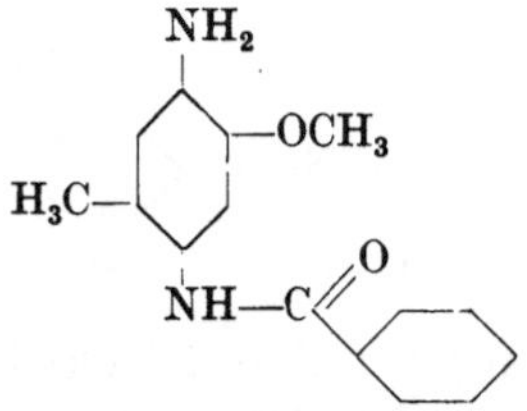

4-Amino-3-methoxy-6-methylbenzanilid

Die Echtblau BB Base ist 1-Amino-4-benzoylamino-2, 5-diäthoxybenzol[1]):

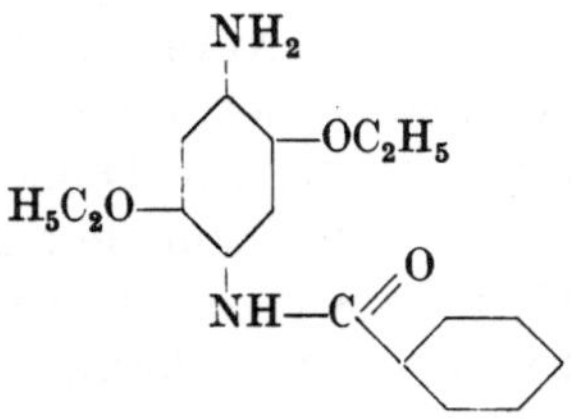

[1]) *D.R.P. 561.400, 556.866, 566.601;* Frdl. *18*, S. 454, 456, 555.

Die **Echtblau RR Base** unterscheidet sich von der Marke BB dadurch, dass die Äthoxy-Gruppen der letzteren durch Methoxygruppen ersetzt sind; sie ist somit ein 1-Amino-4-benzoylamino-2,5-dimethoxybenzol der Formel:

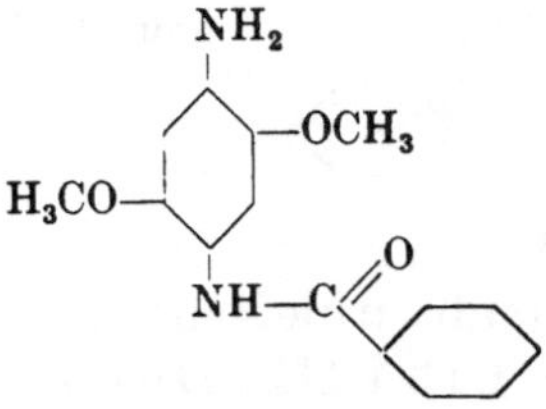

NH_2

H_3CO— —OCH_3

NH—C(=O)—C_6H_5

Gemäss dem *D.R.P. 560.798* der I.G. kuppelt man die Naphtolate mit Diazosulfaten der Basen der nachstehenden Zusammensetzung:

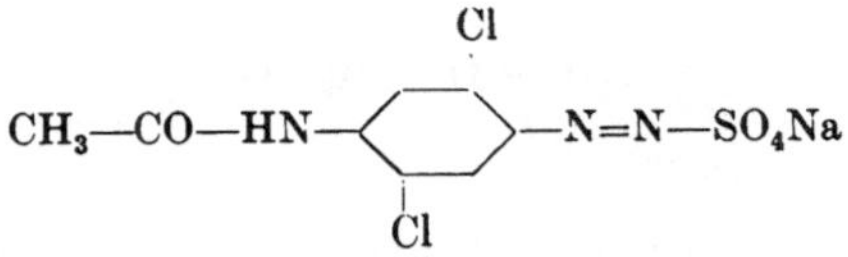

Cl

CH_3—CO—HN— —N=N—SO_4Na

Cl

2,5-Dichlor-4-azetylamino-1-diazobenzolsulfat.

Hierdurch erhält man Granattöne von bemerkenswerter allgemeiner Echtheit.

Die Sulfaminogruppe, z. B.:

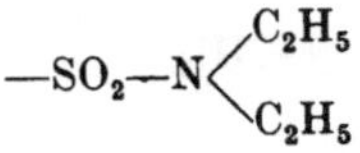

$$-SO_2-N\langle^{C_2H_5}_{C_2H_5}$$

die man in gewisse Basen einführte, brachte die Wirkung einer Echtheitserhöhung im allgemeinen und der Chlor- und Kochechtheit im besonderen hervor. So werden im *franz. P. 761.607* (I.G.) Basen der schematischen Formel:

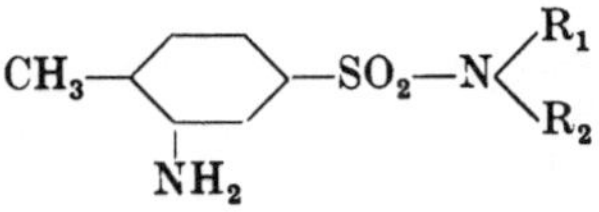

$$CH_3-C_6H_3(NH_2)-SO_2-N\langle^{R_1}_{R_2}$$

(R_1 und R_2 = Alkyl, Aralkylrest usw.)

genannt, welche man durch Reaktion des 2-Nitrotoluol-4-sulfosäurechlorids auf die entsprechenden Amine und nachfolgende Reduktion der Nitrogruppe erhält.

Weiter wären noch die **Echtrot ITR Base** der I.G. — entsprechend der **Echtrotbase STR** von Francolor —

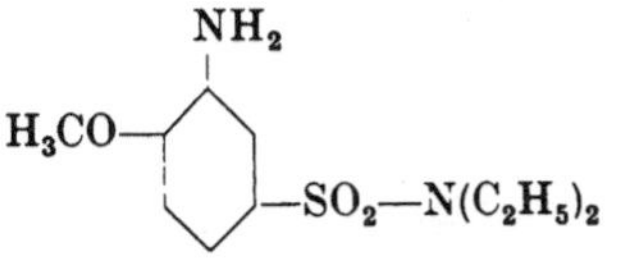

NH_2

H_3CO—

—SO_2—$N(C_2H_5)_2$

m-Diäthylsulfamino-o-anisidin

und die Echtrubinbase NS von Francolor:

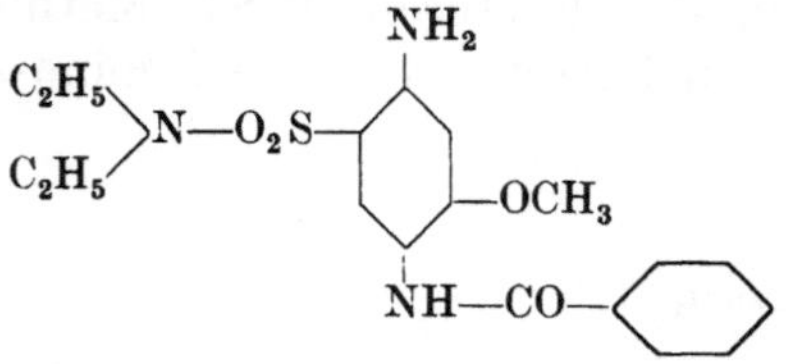

1-Amino-3-methoxy-4-benzoylamino-6-diäthylsulfaminobenzol

an dieser Stelle zu nennen.

Die Einführung der (substituierten) Azetylaminogruppen finden wir bei der Violettbase Ciba III (Devolviolett A von Sandoz, Violettbase Irga III von Geigy), d. i. 1-Amino-2,5-dimethoxy-4-tolylazetylaminobenzol:

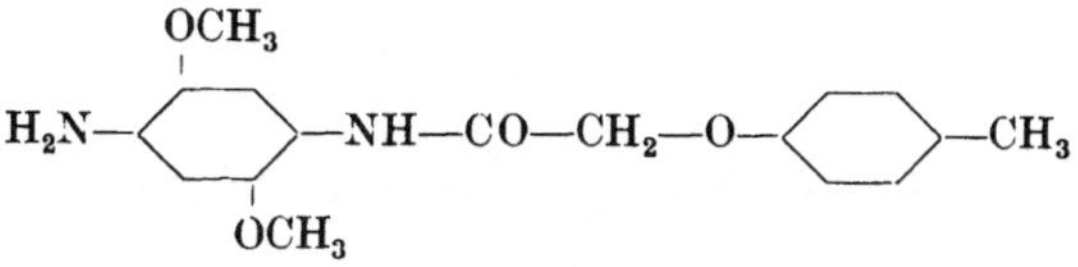

Man hat ferner verschiedene Sulfonderivate herangezogen, um mit einer grossen Anzahl von Naphtolmarken sehr koch- und lichtechte Rot- und Scharlachtöne zu erzeugen, so z. B. die Echtscharlachbase LG = 1-Methoxy-2-aminobenzol-4-benzylsulfon:

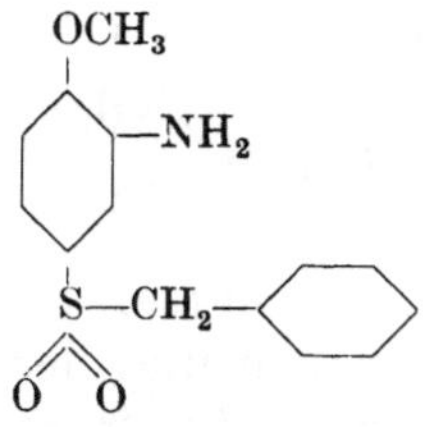

und die Echtrotbase GTR: 1-Methoxy-2-aminobenzol-4-äthylsulfon:

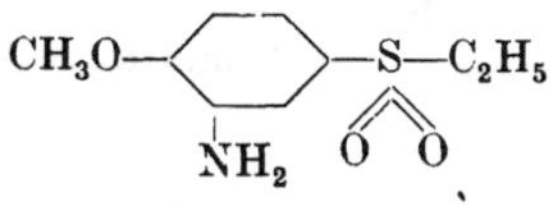

Verschiedene Basen lassen sich auch vom Diphenyläther ableiten, so die Scharlachbase Ciba R[1]) (Braunbase Ciba I = Echtrot FG Base der I.G.); das ist 4-Chlor-2-aminodiphenyläther:

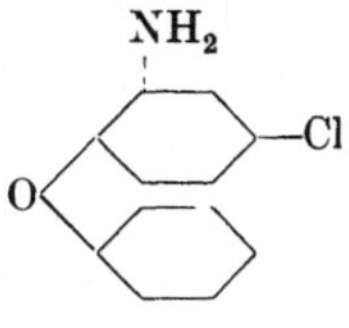

[1]) *D.R.P. 479.713* und *franz. P. 568.839* der Ciba.

weiters die Scharlachbase Ciba IV (Devolscharlach D, Scharlachbase Irga IV)

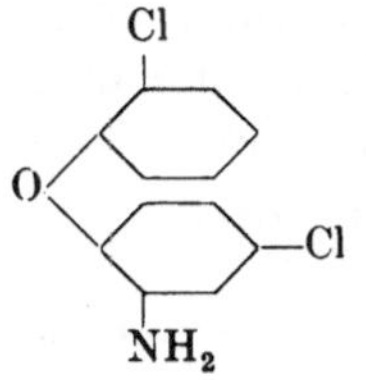

Cl

O

—Cl

NH_2

= 2-Amino-4, 2'-dichlor-diphenyläther

und die Scharlachbase Ciba V der Ciba, identisch mit der Braunbase Ciba II[1]) und der Echtrot FR Base der I.G. Farbenindustrie, 4, 4'-Dichlor 2-aminodiphenyläther.

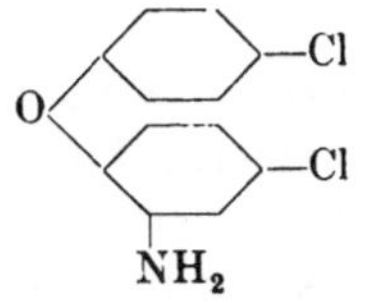

—Cl

O

—Cl

NH_2

Man hat festgestellt, dass die Einführung von Fluor, besonders als Trifluormethylgruppe $—CF_3$ einen sehr günstigen Einfluss hat. Gewisse diazotierbare Basen mit $—CF_3$-Gruppen, die für die Bildung von unlöslichen Azofarbstoffen mit Naphtol AS gebraucht werden können, wurden in den Jahren vor dem letzten Krieg von der I. G. Farbenindustrie in den Handel gebracht. Diese Farbstoffe haben eine besonders gute Lichtechtheit.

Unter diesen Basen können folgende angeführt werden:

Echtscharlachbase VD (*D.R.P. 551.882*)

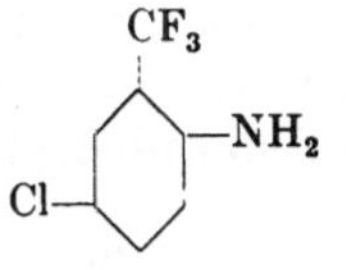

CF_3

$—NH_2$

Cl—

2-Amino-5-chlor-1-trifluormethylbenzol

Echtgoldorangebase GR (*D.R.P. 588.781*)

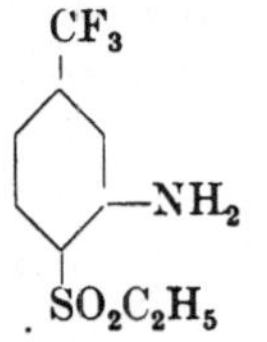

CF_3

$—NH_2$

$SO_2C_2H_5$

1-Amino-2-äthylsulfon-5-trifluormethylbenzol

Echtgoldorangebase GGD (*D.R.P. 590.255*)

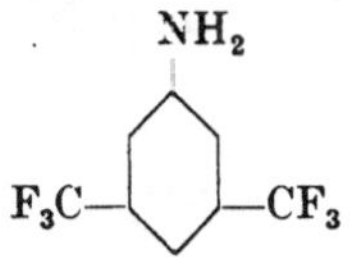

NH_2

$F_3C—$

$—CF_3$

1-Amino-3, 5-ditrifluormethylbenzol

---

[1]) *D.R.P. 572.663* und *franz. P. 725.326* der Ciba.

Laut *brit. P. 513.323* der I. G.-Saunders erhält man sehr lebhafte scharlachrote Naphtolfärbungen, indem man die Diazoniumverbindung des Diphenyloxyd-2-azo-2,5-oxyäthoxyanilins mit Naphtol AS—G kuppelt. Die erhaltenen Färbungen sind durch sehr gute Lichtechtheit ausgezeichnet. Die schematische Formel dieses Farbstoffes ist:

$$\text{O--CH}_2\text{--CH}_2\text{--OH}$$
$$(\text{C}_6\text{H}_5\text{--O--})\text{C}_6\text{H}_4\text{--N=N--C}_6\text{H}_2\text{--N=N}^+ \longrightarrow \text{Naphtol AS--G}$$
$$\text{O--CH}_2\text{--CH}_2\text{--OH}$$

Die ersten Azoschwarz waren — wie schon oben erwähnt — Mischungen des stabilisierten, tetrazotierten Dianisidins (Azophorblau D) mit diazotiertem m-Nitranilin (Azophororange MN), welches Kombinationsprodukt unter dem Namen Azophorschwarz S (M.L.B.) bekannt war. Auch erhielt man Azoschwarztöne mit Abkömmlingen des Azobenzols, z. B. das Eisschwarz (Kinzelberger) oder das Azotol von Cassella, d. s. asymmetrische Alkylderivate des p-Diaminobenzols, z. B.:

$$(\text{CH}_3)_2\text{N--C}_6\text{H}_4\text{--N=N--C}_6\text{H}_3(\text{NH}_2)\text{--NH}_2$$

p-Dimethylamino-o′, p′-diaminoazobenzol

Die wichtigsten Azoschwarz bekam man jedoch mit Diphenylaminderivaten, so dem Diaminodiphenylamin; zu den in neuerer Zeit in den Verkauf gekommenen Produkten gehört die Echtschwarz B Base (I. G.), ein p, p′-Diaminodiphenylamin:

$$\text{H}_2\text{H--C}_6\text{H}_4\text{--NH--C}_6\text{H}_4\text{--NH}_2$$

das Echtschwarzsalz G (Echtschwarzsalz J von Francolor) ein p-Aminodiphenylamin-p′-azo-2′-methyl-4′-amino-5′-äthoxybenzol:

$$\text{H}_2\text{N--C}_6\text{H}_4\text{--NH--C}_6\text{H}_4\text{--N=N--C}_6\text{H}_2(\text{OC}_2\text{H}_5)(\text{CH}_3)\text{--NH}_2$$

und das Echtschwarzsalz K der I. G., ein p-Nitro-p′-azo-2′,5′-dimethoxyanilin

$$\text{O}_2\text{N--C}_6\text{H}_4\text{--N=N--C}_6\text{H}_2(\text{OCH}_3)_2\text{--NH}_2$$

Auch sind Azoschwarzfarbstoffe bekannt, welche von äthoxylierten Aminobenzolen abgeleitet werden, die nach der Diazotierung mit α-Naphtylamin gekuppelt werden. Dieser Körper gibt mit verschiedenen Naphtolen tiefe Schwarztöne, so die Echtschwarz LB Base:

OC_2H_5 — $N{=}N$ — NH_2

1-Äthoxybenzol-2-azo-α-naphtylamin (oder Phenetol-2-azo-α-naphtylamin)

Trotz der ansehnlichen Anzahl von Farbtönen, die durch die Kombinationen der zahlreichen Basen mit den verschiedenen Naphtolen erhältlich sind (man kann die Zahl der Varianten auf mehr als 2000 schätzen), muss man in gewissen Fällen dennoch auf Mischungen mehrerer Naphtole oder mehrerer Basen greifen. Hier gibt es wieder zwei Möglichkeiten: Mischungen zweier Naphtole und Kupplung mit einer einzigen Base oder Anwendung eines einzigen Naphtols mit zwei oder drei Basen. Anscheinend ist der zweite Fall der praktisch vorteilhaftere. Doch können gewisse Basen nicht gemischt werden; so gibt die Echtkorinthbase V mit den Echtrotbasen TR und B einen Niederschlag. Wenn man andererseits Naphtole miteinander mischt, so muss man die verschiedene Substantivität der Kupplungskörper berücksichtigen, welche mit dem Verdünnungsgrad der Lösung wächst; in diesem Falle ist es somit geboten, mit möglichst kurzen Flotten zu arbeiten (zum Studium dieser Frage wird auf die sehr interessante Arbeit von Blackshaw im J. Soc. D. and Col. 1937, S. 373 verwiesen).

Die Diazotierung.

Die Diazo- und Tetrazokörper, welche durch die Einwirkung freier salpetriger Säure auf die Lösung von Salzen der Amine oder Diamine (Chlorhydrate, Sulfate) entstehen, sind sehr unbeständig. Als günstigste Temperatur für die Diazotierung und die unveränderte Haltung der Lösung ist eine solche von 0—5° C anzusehen, weshalb man das Nitrit in Gegenwart von Eis zugibt. Indessen hat von Gallois gelehrt, dass man auch ohne Anwendung von Eis diazotieren kann, wenn man entweder verdünnte Lösungen benützt oder konzentrierteren Lösungen einen Überschuss von Mineralsäure zusetzt. Cassella hat einen Diazotierungsvorgang beschrieben, der ebenfalls ohne Eis, aber mit solchen Salzen durchgeführt wird, die im Lösungsvorgang eine Temperaturerniedrigung bewirken (z. B. wird hier

Glaubersalz genannt). Die Fabrikation von Pararot und β-Naphtylaminbordeaux kann nach den folgenden zwei Methoden ohne Zuhilfenahme von Eis vor sich gehen:

A) Man stellt sich zwei verdickte Lösungen her, und zwar enthält die eine das Nitrit, die andere die Base oder deren Salz + Säure; die beiden Lösungen werden vor dem Gebrauch gemischt, wobei durch den Zusatz der Verdickung die Diazolösung beständiger wird und die Kupplung gleichmässiger abläuft.

B) Man diazotiert das p-Nitranilin in Gegenwart von Natriumphosphat und erhält auf diese Weise ein blaustichigeres Rot; auch kann man einen Teil der Mineralsäure durch Oxalsäure ersetzen. Ein Zusatz von Tragantschleim zur Diazolösung des β-Naphtylamins bringt überdies besondere Vorteile.

Eine Reihe von Aminbasen kann jedoch bei höherer Temperatur diazotiert werden — zwischen 15—20° C —, so z. B. das o-Aminoazobenzol, das o-Aminoazotoluol, das Nitrophenetidin usw.

Ein Überschuss an Säure und Nitrit ist in den meisten Fällen für die Kupplung der Amine günstig: die Mineralsäure verlangsamt oder verhindert gänzlich die Bildung von Zersetzungsprodukten (Diazoaminoverbindungen, Phenole u. dgl.). Die sauren Diazolösungen sind an sich beständig, doch können sie in diesem Zustand nicht für die Kupplung verwendet werden. Nach v. Gallois setzt man kurz vor der Verwendung Natriumazetat zu, wodurch die Beständigkeit der Diazolösungen sehr gering wird, so dass sie sich rasch zersetzen. Das früher erwähnte Natriumphosphat — an Stelle des Natriumazetats — wird für die Erzeugung eines blaustichigeren Rots verwendet und gibt stabilere Diazolösungen, doch sind die mit Natriumazetat neutralisierten Bäder, denen man Paradurol (Natriumnaphtalin-di- oder -trisulfonat 1,3,6.) zugibt, noch beständiger. Nach Posdejeff gestattet ein Ersatz des Natriumazetats durch Tonerde ebenfalls eine Stabilisierung der Diazolösungen (siehe: Die Arbeiten der russischen Koloristen, Vortrag auf dem Kongress des I.V.C.C., Heidelberg 1928, Mell. 1928, S. 755).

Seit dem Beginn der Verwendung der unlöslichen Azofarbstoffe hatte man sich schon bemüht, die Diazolösungen in einen beständigeren Zustand zu bringen und andererseits feste und lagerfähige Diazoniumsalze herzustellen, welche durch einfaches Lösen in Wasser gebrauchsfähige Bäder liefern, ohne dass eine vorzeitige Zersetzung eintreten kann. Nach diesem Gesichtspunkt sollen zuerst die Arbeiten zur Verbesserung der Beständigkeit der Diazolösungen und sodann diejenigen besprochen werden, welche auf die Erzeugung der festen, lagerbeständigen Diazoniumsalze Bezug haben.

Stabilisierung der Diazolösungen.

Ullmann (Depositum in der Chem. Ztg. 1899, Nr. 129) beobachtete eine Verbesserung der Beständigkeit der Diazolösungen beim Zusatz organischer oder anorganischer Säuren, mit Ausnahme der Essigsäure, so z. B. der Oxalsäure, der Zitronensäure, der Weinsäure, der Phosphor-, Chrom- und Borsäure.

L. Lichtenstein stellte in einer diesbezüglichen Arbeit fest, dass vom physikalischen Standpunkt aus die Neutralisation mit essigsaurem Natrium die Einhaltung einer gleichmässigen Wasserstoffionen-Konzentration zur Folge habe[1]).

W. Sieber[2]) beobachtete, dass einzelne Mineralsäuren an Stelle der Essigsäure ohne Schaden für die Faser gebraucht werden können, so z. B. die Borsäure oder die Wolframsäure. Sieber verwendete neutrale Diazolösungen ohne Natriumazetat und Naphtolbäder, die Kalilauge und Rizinusölsulfosaures Kalium enthalten[3]).

Ein interessantes Stabilisierungsverfahren rührt von Becker (1893) her (*D.R.P. 81.039*, *86.367*, *88.949*, *92.237;* Frdl. *4*, S. 679, 1894—1897). Es beruht auf der Anwendung der Mono- oder Polysulfosäuren des Naphtalins, insbesondere der β-Naphtalinsulfosäure und der Naphtalin-di- und -trisulfosäure (1,5-Naphtalindisulfosäure). Bayer & Co. in Leverkusen brachten hier ein Produkt, das Paradurol, das Natriumnaphtalintrisulfonat heraus, welches als Stabilisierungsmittel für jede Diazoniumsalzlösung angegeben wurde (*D.R.P. 263.431*, Frdl. *11*, S. 370, 1912—1914). Ein anderes analoges Erzeugnis, das Parasanol, wurde von den Farbwerken Höchst ausgearbeitet. Die derzeitigen Handelsbezeichnungen sind: Diastersol N von Francolor, Stabilisol der S.P.C.M.C. in Mülhausen, Diazophile von Saint-Denis, Paradurol der I.G., Azoguard der Imp. Chem. Ind.

Neuerdings hat man für den gleichen Zweck in den *franz. P. 697.425*, 1931 und *717.193*, 1932 (I. G.) die Verwendung der Di- oder Polysulfoverbindungen des Benzols, des Diphenyls oder deren Halogenverbindungen empfohlen. Es wurde beobachtet, dass die Anisol-p-sulfosäure die Beständigkeit, insbesondere bei den Diazolösungen des 5-Chlor-o-toluidins und des 5-Chlor-m-toluidins, erhöht.

Im *brit. P. 413.257; D.R.P. 593.790*, 1931 und im *öst. P. 135.053* (I. G.) wird ein Verfahren zur Stabilisierung der Diazolösungen unter

[1]) Vortrag Über die Azoentwickler, Z. f. Elektrochemie u. angew. physik. Chemie, September 1908, Bd. *14*, S. 586.

[2]) Über beständige Diazodruckfarben und über eine Erklärung der Konstitution der Diazoverbindungen; XII. Kongress des I.V.C.C. in Karlsbad, vgl. Mell. 1927, S. 609.

[3]) W. Sieber, Die Anwendbarkeit von Kaliumverbindungen in der Druckereipraxis, Mell. 1926, S. 616.

Verwendung von dispergierenden oder emulgierenden Mitteln beschrieben, wobei die Sulfitablauge und die Reaktionsprodukte von aliphatischen Säuren mit Aminosulfosäuren genannt werden. Ein Beispiel erwähnt das Einwirkungsprodukt des Oleylchlorids auf das Natriumsalz des Taurins. Das Oleyltaurin oder das Oleylmethyltaurin entsprechen dem Igepon A oder T der I. G. (*brit. P. 343.899*).

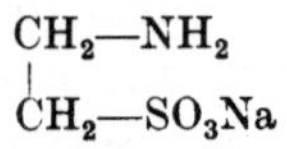

$$\begin{array}{l} CH_2—NH_2 \\ | \\ CH_2—SO_3Na \end{array}$$

Taurin

$$C_{16}H_{33}—C\begin{array}{l} {}^{\nearrow}O \\ \searrow N—CH_2—CH_2—SO_3Na \\ \quad | \\ \quad CH_3 \end{array}$$

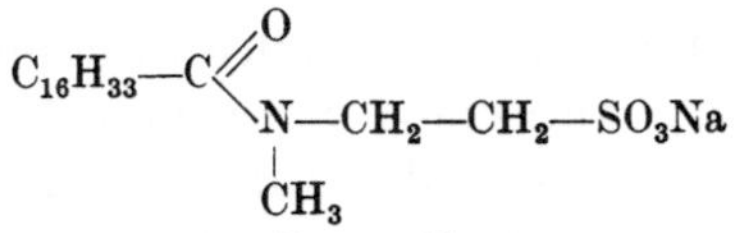

Igepon T

Durch den Zusatz dieser Körper bekommt man klare und beständige Diazobäder und die Reibechtheit der Färbungen wird durch den Umstand verbessert, dass die Bildung von Zwischenprodukten aus der Zersetzung der Diazoverbindungen vermieden wird. Auf Grund dieser Arbeiten brachte die I. G. das Diazopon A[1]) heraus, von welchem man laut Vorschrift 2—5 g auf den Liter Lösung zugibt.

Diazopon A ist ein auf Grundlage nicht ionogener, höher molekularer Stoffe vom Peregal-Typus aufgebautes Derivat. Es wirkt infolge seiner hohen Schutzkolloidwirkung günstig auf die Teilchengrösse des gebildeten Farbpigments ein.

Die Farblackanteile werden von Diazopon A im Bade und auf dem Gewebe so fein verteilt, dass sie sich beim Seifen sehr leicht entfernen lassen. Die Reibechtheit wird infolgedessen wesentlich erhöht. Als Anteigungsmittel für Farbsalze und Basen verwendet wirkt Diazopon A fördernd auf den Diazotierungsvorgang.

Im *D.R.P. 636.328* empfiehlt die I. G. die Beigabe von hochsubstituierten quaternären Ammoniumverbindungen, z. B. Trimethyllaurylammoniumhydroxyd, zu den Diazolösungen.

Laut dem *schweiz. P. 167.488*, 1933 der I. G.-Farbenindustrie wird ein Produkt, das zur Stabilisierung von Diazolösungen verwendet werden kann, nach folgendem Verfahren erhalten:

Technisches Äthanolamin, das mit dem Spermöl aminolisiert wurde, gibt in Gegenwart kleiner Mengen Ätzalkalien oder konz. Laugen mit der 2 ½fachen Menge Äthylenoxyd ein salbenartiges, in Wasser leicht lösliches Produkt mit gutem Emulgier-, Egalisier- und Dispergiervermögen. In einem weiteren Patent (*schweiz. P. 171.585*, 1933) wird Wollfett an Stelle von Spermöl aminolisiert.

---

[1]) Andere Handelsmarken sind:

Diazotex O konz.	Francolor
Diazolo	A.C.N.A.
Solifex TN	Sinnova
Solusol	S.P.C.S. (Bezons)
Azopol A	I.C.I.

Neuerdings nennt das *franz. P. 806.895*, bzw. *brit. P. 477.689* von Strasser für denselben Zweck Abkömmlinge der Azoxykarbonsäure:

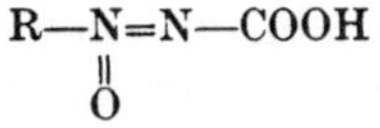

R—N=N—COOH (mit =O am N) R = aromatischer Rest, wie Phenyl, Diphenyl, Naphtyl.

Diese Körper sind an sich nicht beständig, dagegen sind es deren Ester oder Amide in vollkommenem Grade. Das Patent nennt z. B. die nachstehenden Verbindungen:

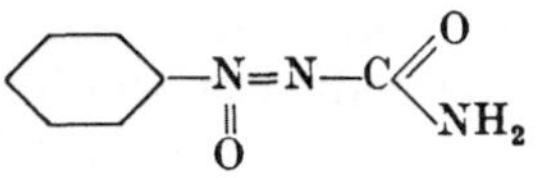

C_6H_5—N=N(O)—C(=O)NH_2 und $C_{10}H_7$—N=N(O)—C(=O)NH_2

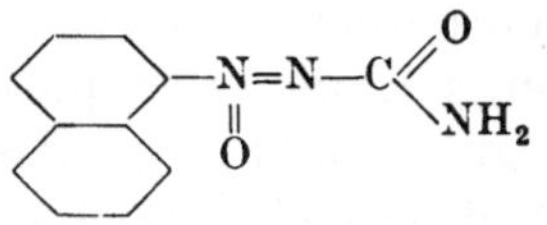

Benzazoxykarbonsäureamid Naphtylazoxykarbonsäureamid

Die Entwicklung dieser Derivate wird in alkalischem Milieu vorgenommen, um die NH_2-Gruppe abzuspalten oder die Ester zu verseifen. Demnach vollzieht man den Färbeprozess im Zweibadverfahren, und zwar:

a) man klotzt mit der Naphtolatlösung,

b) man nimmt durch die mit einem der obigen Mittel stabilisierten Diazolösungen und

c) man fertigt in einem alkalischen Bad aus.

Im *brit. P. 477.689* werden die Diazoverbindungen zur Färbung naphtolierter Waren in die entsprechenden Azoxykarbonsäuren oder Amide umgewandelt, so in einem Beispiel:

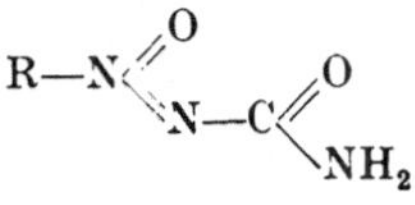

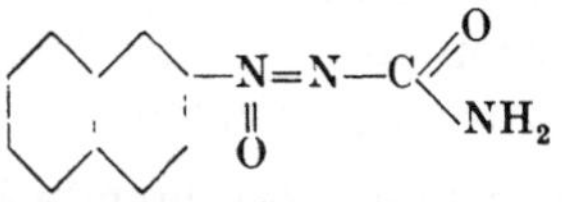

R—N(=O)=N—C(=O)NH_2 $C_{10}H_7$—N=N(O)—C(=O)NH_2

Amid der Naphtylazoxykarbonsäure

wobei R ein aromatischer oder heterozyklischer Rest bedeutet.

Zu erwähnen wäre hier auch noch das Verfahren des *D.R.P. 662.935* und des *brit. P. 489.972* der I. G., laut welcher Veröffentlichung die Stabilisierung allgemein durch Zusätze von Aminen oder quaternären Ammoniumverbindungen (Piperidinchlorid, Triäthanolaminsulfat) vorgenommen wird. Ähnlich sind auch das *amer. P. 2.124.899* und das *franz. P. 817.431* derselben Erfinderfirma: die wasserlöslichen Aminsalze (Triäthanolamin- oder Diäthanolaminsulfat), welche an sich nicht kupplungsfähig sind, erhöhen die Beständigkeit der Diazolösungen gegen die aus der Grundierungsflotte mitgenommenen Alkaliüberschüsse. Das an zweiter Stelle genannte franz. Patent gibt hier noch einige bemerkenswerte Einzelheiten.

Danach liegt der Hauptverwendungszweck derartiger Zusätze bei den alkaliempfindlichen Diazolösungen, besonders beim Variaminblau B (Methoxy-p-aminodiphenylamin). Ein Beispiel erörtert den Färbevorgang: Naphtolklotz, Trocknung, Passage durch eine diazotierte Variaminblaulösung, der man Peregal O (Kondensationsprodukt des Oleylalkohols mit Äthylenoxyd) und Triäthanolaminsulfat zugibt. Im übrigen entsprechen die hier genannten basischen Verbindungen den früher angeführten Amin- oder Ammoniumsalzen.

Nach dem *amer. P. 2.319.265* von Du Pont de Nemours (eing. am 25. September 1940, ert. am 18. Mai 1943), kann die Stabilität der Diazolösungen, die auf naphtoliertes Gewebe gedruckt werden sollen, durch Zugabe einer aliphatischen Karboxylsäure, wie Maleinsäure, oder eines ihrer löslichen Metallsalze bedeutend verbessert werden.

Laut *amer. P. 2. 479.890* der Amer. Cyanamid Co. — F. H. Adams' wird die Stabilisierung der Diazolösungen durch Zugabe von wasserlöslichen Säureamiden erreicht, in welchen mindestens ein Wasserstoff der Amidgruppe durch ein organisches Radikal der Olefin- oder Azetylenreihe ersetzt ist, als Beispiel wird N-Alkylazetamid genannt.

Die Herstellung beständiger Diazoniumsalze.

Zahlreiche Forschungen, die die Einführung der neuen unlöslichen Farbstoffe der Azogruppe mit sich brachte, beschäftigten sich im Laufe der letzten Jahre mit dem Problem, die Diazoniumsalze in beständige, feste Form zu bringen und sie dadurch jederzeit in gebrauchsfähigem Zustand zu erhalten[1]). In historischer Reihenfolge sollen die diesbezüglichen Arbeiten besprochen werden, wobei insbesondere auf eine interessante Abhandlung von Kienzle aufmerksam gemacht werden soll, die als Dissertation im Jahre 1934 der Pariser Universität vorgelegt wurde.

Man kann hier die folgende Einteilung vornehmen:

1. Herstellung von Diazoniumverbindungen mit verschiedenen, hierfür besonders geeigneten Säuren.

2. Herstellung von Diazoniumverbindungen, die aus komplexen Doppelsalzen bestehen, wozu die Alaune, die Chlorzinkate, die Chlorstannate u. dgl. gehören.

In die erste Gruppe ist das Verfahren von P. Becker (1893) einzureihen, wonach man durch die Einwirkung der α-Naphtalinsulfosäure auf Diazoniumchloride oder -sulfate wohl feste und beständige, aber schlecht lösliche Verbindungen erhält (*D.R.P. 81.039*, *86.367* von Becker; *D.R.P. 88.949*, *92.237*, *94.280* der F.T.M.; *D.R.P. 92.169* und *93.306* von Bayer — Polysulfosäuren; Frdl. *4*,

[1]) Vgl. Ullmann *3*, S. 665; Grandmougin, R.G.M.C. 1907, S. 232.

S. 679, 680, 684, 1894—1897). Das Diazorot (Rouge Diazo) der Fabrique de Produits Chimiques de Thann et Mulhouse wurde nach diesem Verfahren erzeugt und es entsprach dem α-Naphtalinsulfonat des p-Nitrophenyldiazoniums; wegen seiner geringen Löslichkeit hatte es wenig Erfolg in der Praxis:

O_2N— —N—O_3S—
|||
N

Das Naphtolrosa und Naphtolblau (Rose Naphtol und Bleu Naphtol) derselben Firma waren die Diazoniumsalze des p-Nitro-o-anisidins bzw. des Dianisidins, die mit derselben Sulfosäure kombiniert waren.

Um die Löslichkeit dieser Produkte zu erhöhen, ersetzte O. N. Witt (1912) die α-Naphtalinsulfosäure durch die entsprechende isomere β-Verbindung (*D.R.P. 264.268;* Frdl. *11,* S. 370, 1912—1914), welche mit dem Diazo-p-nitranilin ein leicht lösliches Doppelsalz gibt, das neben dem Diazoniumsalz noch ein Molekül β-naphtalinsulfosaures Natrium + 1 Mol Wasser enthält. Dieses Doppelsalz entspricht dem Paranil A (Bayer & Co., Leverkusen):

O_2N— —N—O_3S— · —SO_3Na · H_2O
|||
N

Diese Stabilisierungsmethode wird für gewisse Diazoverbindungen auch jetzt noch angewendet.

Gemäss dem *D.R.P. 94.280* kann man zu dem gleichen Zweck auch Naphtalinpolysulfosäuren heranziehen. In der Praxis werden heute bestimmte Diazoniumsalze mit einer Naphtalindisulfosäure stabilisiert. Daneben wurde, wie schon erwähnt, auch das Naphtalintrisulfonat von Bayer (Paradurol) als stabilisierender Zusatz zu Diazoniumsalzen empfohlen (*D.R.P. 263.431:* Frdl. *11,* S. 376, 1912—1914) und neuerdings werden hier auch die Di-, Tri- und Polysulfonate des Benzols, des Diphenyls oder der entsprechenden Halogensubstitutionsprodukte in den *franz. P. 697.425,* 1931 und *717.193,* 1932 (vgl. Chem. Ztbl. 1931, *2,* S. 1638; 1932, *1,* S. 1715) genannt.

In diese erstere Gruppe gehören ferner die mit Hilfe von Thiosulfaten (*D.R.P. 80.652;* Frdl. *4,* S. 676, 1894—1897), mittels Ferro- und Ferricyaniden (*D.R.P. 532.402;* Chem. Zent. 1932, *2,* S. 775) und insbesondere mit Borfluoriden[1]) (Bart'sches Verfahren, *D.R.P. 281.055* und *478.031;* Frdl. *16,* S. 900, 1931, bzw. *12,* S. 311, 1914—1916) stabilisierten Diazoniumsalze. Die letztge-

[1]) Es sind dies Salze der Borfluorwasserstoffsäure HBF_4.

nannten Doppelverbindungen sind hinreichend löslich und ausserordentlich beständig, und man erhält bei deren Anwendung besonders lebhafte und dabei wesentlich echtere Färbungen als mit den gewöhnlichen Diazolösungen (vgl. R.G.M.C. 1929, Februar, S. 80; Z. f. ang. Chem. 1929, Bd. *37*, S. 712; Victoroff, R. G. M. C. 1933, S. 6). Trotzdem sind im Sinne des *amer. P. 1.862.241* der I. G.-Schnitzspan die Aryldiazoniumborfluoride noch immer nicht genügend löslich für den Gebrauch; eine Erhöhung der Löslichkeit findet laut dieser Veröffentlichung dann statt, wenn man dem Färbebad ein Metallsalz der ersten Gruppe hinzufügt, dessen Metall eine größere Affinität zur Borfluorwasserstoffsäure besitzt als zu der Säure, an die es gebunden ist.

In die Reihe der Diazoniumverbindungen, die aus komplexen Doppelsalzen bestehen, gehören vorerst die von v. Gallois (1894) beschriebenen Substanzen, welche von alaunartigen Verbindungen ausgehen. Schematisch sind sie durch die Formel

$$Al_2(SO_4)_3 \cdot M_2SO_4 \cdot 24\,H_2O$$

ausgedrückt, wobei M das Diazonium-Radikal bedeutet. Die sauren, konzentrierten Lösungen der Diazoniumsalze, denen man wasserfreies Aluminium- oder Zinksulfat (zur Aufnahme eines Teils des Wassers der Lösung) hinzufügt, werden im Vakuum bis zur Trockene eingedampft (*D.R.P. 94.495*). Dieses Verfahren bildete die Grundlage für die Erzeugung der Azophorfarbstoffe von Höchst, nämlich Azophororange MN (m-Nitranilin), Azophorrot PN (p-Nitranilin), Azophorrosa A (o-Anisidin), Azophorblau (Dianisidin); sie sind zufolge ihres ausgeprägten sauren Charakters auf Schwierigkeiten in der Anwendung gestossen (*D.R.P. 85.387*, Frdl. *4*, S. 673, 1894 bis 1897). Ein analoges Erzeugnis ist das Nitrazol C von Cassella; hier wird die stark saure Lösung des Sulfats des p-Nitrodiazobenzols unter Zusatz von wasserfreiem Natriumsulfat konzentriert; das Salz nimmt den Überschuss des Wassers auf und setzt den Überschuss der Schwefelsäure in Bisulfat um (*D.R.P. 97.933;* vgl. auch *D.R.P. 281.098* von Cassella; Ullmann *3*, S. 664; Frdl. *5*, S. 482, 1897 bis 1900).

Im Jahre 1894 nahm die Fabrique de Produits Chimiques de Thann et Mulhouse ein Patent auf die Erzeugung von Doppelsalzen, speziell Chlorzinkaten der Diazoverbindungen des α-, des β-Naphtylamins und des Tolidins, die unter der Bezeichnung Naphtolrot i. Tg. (Rouge Naphtol pâte), Naphtolgranat i. Tg. (Grenat pâte) und Naphtolbraun i. Tg. (Puce Naphtol pâte) vertrieben wurden (*D.R.P. 89.437* der Farbwerke Hoechst; Frdl. *4*, S. 675, 1894—1897; vgl. auch Sack, Vortrag, gehalten an der höheren Chemieschule in Mülhausen, Jahrbuch 1933). Dieses Prinzip wurde später auf die Stabilisierung der Diazoverbindungen der Aminoazobasen oder der Diaminoazobasen eingeschränkt und in allgemeiner Form wurde es seit dem Jahre 1923 laut den *D.R.P. 454.849* und *491.318*, 1931 (vgl. Frdl. *15*, S. 569, 1925—1927, und Frdl. *16*, S. 1064, 1931) angewendet. Das zuletzt genannte Patent nennt auch die Doppelsalze mit Kadmiumverbindungen. Eine praktische Ausführungsform fanden die Farbwerke Griesheim-Elektron in der Isolierung der Zinkdoppelsalze durch Aussalzen aus den wässerigen Lösungen.

Wacker und Schmitt (Mülhausen) stellten eine Doppelverbindung aus dem Diazoniumsalz des Paranitranilins mit Zinntetrachlorid her. Dieses sehr leicht wieder spaltbare Chlorstannat bekam den Namen Explosivrot (Rouge explosif).

Durch das *D.R.P. 587.509* der I. G. wird ein Verfahren zur Erzeugung von stabilisierten Diazoniumverbindungen geschützt, welches auf der Behandlung eines Diazoniumsalzes mit Kaliumsulfit in der Kälte beruht; das trockene Reaktionsprodukt wird mit Kaliumbromat oder -sulfit gemischt und bei der Auflösung desselben in angesäuertem Wasser bekommt man eine sehr beständige Diazolösung.

Das *D.R.P. 572.268* der Ciba (1930) veröffentlicht ein Verfahren, wonach man beständige Diazoverbindungen in der Weise erhält, dass man die Verbindungen der Diazokörper mit Halogenbenzolsulfosäuren abscheidet, so z. B. diazotiert man m-Nitranilin und fügt 1-chlorbenzol-2,4-diazosulfosaures Natrium zu; die entstandene Doppelverbindung, die hierbei auskristallisiert, ist sehr beständig. Auch kann man im Sinne des *D.R.P. 572.269* zugleich Sulfosäuren und Metallsalze verwenden und auf diese Weise Doppelsalze erhalten, wie z. B. dasjenige aus der Naphtalin-1,5- oder 2,7-disulfosäure mit Magnesiumchlorid.

Gegenwärtig werden die drei folgenden Verfahren in der Farbstoffindustrie allgemein angewendet: die Chlorzinkmethode (o-Chloranilin, Dichloranilin, o-Chlor-p-toluidin, Dianisidin), die Methode mit Natriumnaphtalindisulfonat (m-Chloranilin, m-Nitranilin und p-Nitro-o-anisidin) und die Methode mit Borfluorwasserstoffsäure. Die Farbenfabriken bringen fast sämtliche Diazoverbindungen in stabilisiertem Zustand in den Handel. Die Namen dieser Produkte sind Echtsalze der I.G., Echtsalze (Sels solides) von Francolor Azogenechtsalze der S.P.C.M.C. in Mülhausen, Diazoechtsalze von Rohner, Devolsalze von Sandoz, Cibasalze der Ciba, Irgasalze von Geigy, Brentamine Fast Salts der I.C.I. Der ausserordentliche Vorteil dieser wertvollen Erzeugnisse liegt auf der Hand; man kann behaupten, dass durch sie die Anwendung der Eisfarben überhaupt keine wie immer gearteten Schwierigkeiten verursacht, selbst dann nicht, wenn der Techniker in seinem Betrieb nur über mangelhafte Behelfe verfügt. Ein Zusatz von irgendwelchen Stabilisierungsmitteln zu den Lösungen derartiger Echtsalze erübrigt sich vollständig.

Die Chlorhydrate der Diazoniumverbindungen des p-Aminodiphenylamins und seiner Abkömmlinge, speziell des 4-Methoxy-4'-aminodiphenylamins, das als Variaminblau B Base bekannt ist, sind hinreichend beständig, dabei von so geringer Löslichkeit in wässerigen Salzlösungen, dass man sie ohne besondere Schwierigkeit in Salzform im trockenen Zustand erhalten kann (Variaminblausalz B, Echtblausalz BL)

$$CH_3O-\langle\ \rangle-NH-\langle\ \rangle-\underset{\overset{|}{N}}{N}-Cl$$

Das *amer. P. 2.138.572* (29. Februar 1939) beschreibt ein Präparat, welches als Verzögerungsmittel eine Verbindung von Harnstoff mit Äthanolamin, ferner ein organisches Lösungsmittel aus der Reihe der wasserlöslichen Fettalkohole, wie Diäthylenglykol und die Monoäther des Äthylenglykols, eine Azokupplungskomponente mit einer aktiven Methylengruppe und eine stabilisierte Diazoverbindung enthält. Es ist dafür Sorge zu tragen, dass die Mischung keine wesentlichen Säuremengen enthält, so dass keine Kupplung eintritt, solange nicht grössere Säuremengen hinzugefügt werden.

Die Naphtolfärberei.

Die Naphtolfärberei ist ganz anderer Art als die üblichen Färbeprozesse, wo fertige Farbstoffe aus ihrer Lösung auf die Faser gebracht werden. Bei der Naphtolfärberei geht man einerseits von Naphtolkupplungskörpern und andererseits von diazotierten Basen aus, wobei der unlösliche Azofarbstoff durch eine Reaktion, die Kupplung genannt wird, auf der Faser gebildet wird.

Wie für jede chemische Reaktion ist es auch hier unumgänglich, die genauen Bedingungen herauszufinden, um die besten Resultate zu erhalten. Für die Kupplung ändern die nötigen Bedingungen für jede Kombination und sind von der chemischen Konstitution der Farbstoffkomponenten abhängig.

So hat der Textilchemiker zuerst die günstigsten Bedingungen für die Naphtolfärberei nach der chemischen Konstitution der Farbstoffkomponenten herauszufinden. Die Grundlagen hierzu finden sich in den Zirkularen der Farbstoffwerke[1]) und sind auch in den Tabellen dieses Kapitels zu finden.

---

[1]) Naphtol AS-Anwendungsvorschriften der I. G. Farbenindustrie.

Eine der ersten Bedingungen ist, dass das Mengenverhältnis zwischen Naphtolkupplungskörper und Base genau eingehalten wird, was jedoch wieder von der Art der Base abhängt. Auch einige Naphtole haben einen gewissen Einfluss auf die Kupplungsbedingungen.

Die Kupplungsenergie und -geschwindigkeit einer aromatischen Diazoniumverbindung hängt von Anwesenheit und Art der Substituenten ab. Diese verschiedenen Kupplungsbedingungen wurden von W. Hees[1]) in seinem Artikel, Die Azofarbstoffkupplung in der Naphtol AS-Färberei, in ausgezeichneter Art bearbeitet, der nach unserer Ansicht die besten und wichtigsten Grundlagen behandelt, sodass wir uns erlauben, die charakteristischen Teile davon im vollen Text anzuführen.

Ein wichtiger Faktor für die Farbstoffbildung stellt die Konstanz des Reaktionsmediums dar, d. i. die Entwicklungslösung der diazotierten Base. Das naphtolierte Material kommt in der Diazolösung zur Entwicklung, welche eine zu errechnende Menge an organischer Säure bzw. an sauren Salzen als Alkalibindemittel für die von der Faser aus der Grundierungsflotte mitgeführte und berechnete Menge Natronlauge enthält. Die Entwicklungsflotte wird in den meisten Fällen mit einem über das Alkali-Äquivalent hinausgehenden, bestimmten Säureüberschuss versetzt, da die Farbstoffbildung sich vorwiegend im schwachsauren Medium am sichersten und gleichmässigsten vollzieht. In der Diazolösung stellt sich bald ein Gleichgewichtszustand der H-Ionen-Konzentration ein, der insbesondere bei einer kontinuierlichen Entwicklung aufrechterhalten werden muss, damit ein gleichmässiger Farbausfall der Gesamtpartie gewährleistet ist. Auf die Bedeutung konstanter p_H-Werte bei der Entwicklung von Naphtol AS-Färbungen wurde bereits in einer früheren Arbeit des Verfassers[2]) hingewiesen und für eine Reihe wichtiger Naphtol-Basen-Kombinationen der optimale Entwicklungs-p_H-Bereich bekanntgegeben, innerhalb welchem die maximale Farbstoffausbeute und gleichzeitig der vorschriftsmässige Farbton erzielt wird.

In der vorliegenden Abhandlung soll nunmehr die Farbstoffbildung sowohl von der chemischen als auch von der anwendungstechnischen Seite eingehender untersucht werden.

Die Bildung des unlöslichen Azofarbstoffpigments aus der Natriumverbindung des Naphtols (Naphtolat) und der diazotierten Base (Diazoniumchlorid) stellt eine nach stöchiometrischen Gesetzen verlaufende Reaktion dar, welche als Kupplung bezeichnet wird.

---

[1]) W. Hees, Die Azofarbstoffkupplung in der Naphtol AS-Färberei, Mell. 1949, *30*, S. 359, 363 und 525.

[2]) W. Hees, Die Bedeutung des p_H-Wertes in der Textilveredlung, Mell. 1938, *19*, S. 981.

Die Kupplungsreaktion wird sowohl durch Säuren als auch durch Alkalien gehemmt. Die Geschwindigkeit der Farbstoffbildung ist umgekehrt proportional der Konzentration des Reaktionsmediums an H-Ionen, bzw. OH-Ionen. Hiernach muss theoretisch der für die Kupplung optimale p_H-Wert 7 betragen, der Färbeprozess also beim Neutralpunkt am günstigsten verlaufen. Praktisch ist jedoch diese ideale Einstellung des Reaktionsmediums nicht in jedem Falle realisierbar. Verschiedene Diazoverbindungen erfahren auf Grund ihrer Konstitution bei neutraler Reaktion und der hier bestehenden leichten Verschiebungsmöglichkeit nach der alkalischen Seite eine chemische Umlagerung oder bereits eine Zersetzung. Andererseits existieren Diazoniumverbindungen, deren optimale Reaktionsfähigkeit zwar selektiv am Neutralpunkt liegt, welche aber durch eine Verschiebung nach der sauren Seite sehr stark gehemmt wird, so dass die Kupplung aus Sicherheitsgründen in sehr schwach alkalischem Gebiet vollzogen werden muss. Kupplungsenergie und Kupplungsgeschwindigkeit sind demnach in erster Linie eine Funktion der chemischen Konstitution der Farbstoffkomponenten, wobei die Diazokomponente, d. h. der Basentyp, die primäre Rolle spielt, vor allem in Kombination mit den 2,3-Oxynaphtoesäurearyliden, der Hauptgruppe der Rotnaphtole, Naphtol AS, sowie auch mit dem Naphtol AS—GR, ein Arylid der Oxyanthrazenkarbonsäure. Jedoch können auch gewisse Naphtole, wie die Arylide heterozyklischer Oxykarbonsäuren und von α-Ketokarbonsäuren, in massgeblichem Umfange die Kupplungsbedingungen mitbestimmen z. B.

Diphenylenoxydoxykarbonsäurearylide Diphenylensulfidoxykarbonsäurearylide Karbazoloxykarbonsäurearylide	= Braunnaphtole
z. B. Naphtol AS–BT Naphtol AS–LB	
Naphtokarbazoloxykarbonsäurearylide	= Schwarznaphtole
Naphtol AS–SR Naphtol AS–SG	
Azetessigsäurearylide Bis-azetessigsäurearylide Benzoylessigsäurearylide Terephtaloyl-bis-essigsäurearylide	= Gelbnaphtole
Naphtol AS–G Naphtol AS–L4G Naphtol AS–L3G Naphtol AS–LG	

Hier sind die besonderen Eigenschaften der Naphtolkomponenten zu berücksichtigen; die höhere Säureempfindlichkeit der heterozyklischen Oxykarbonsäurearylide und bei Gelbfärbungen mit den α-Ketokarbonsäurearyliden die geringere Farbstoffausbeute bei ungenügender Azidität des Entwicklungsbades.

Kupplungs-Energie.

Definition: Unter Kupplungsenergie versteht man die an einen bestimmten p_H-Bereich gebundene optimale Reaktionsfähigkeit der aromatischen Diazoverbindung zur Naphtol-Kupplungskomponente.

Die Kupplungsenergie einer Diazoverbindung wird bestimmt durch Gegenwart und Art der Substituenten im Molekül. Je stärker negativierend ein Substituent wirkt, und je öfter er im Molekül vertreten ist, um so energischer erfolgt die Kupplung, und um so schneller ist sie beendet. Positive Substituenten dagegen setzen die Kupplungsenergie herab und verlängern die Zeit der Auskupplung.

Die nachstehende Gruppeneinteilung zeigt die verschiedenartigen Substituenten der Echtbasen, geordnet nach der Stärke ihres Einflusses auf die Kupplungsenergie.

Gruppe I.

Basen von hoher Kupplungsenergie, in stärker saurem Medium kuppelnd.

Substituenten im Anilin	*Chemische Bezeichnung*
$—NO_2$, NO_2	Dinitraniline
$—NO_2$	Nitraniline
$—NO_2$, —Cl	Nitrochloraniline
—Cl, —Cl	Dichloraniline
—Cl	Chloraniline
$—NO_2$, $—CH_3$	Nitrotoluidine
$—NO_2$, $—O—CH_3$	Nitroanisidine
—Cl, —Cl, $—CH_3$	Dichlortoluidine
—Cl, —Cl, $—O—CH_3$	Dichloranisidine
$—CF_3$, $—CF_3$	Ditrifluormethylaniline
$—CF_3$	Mono-trifluormethylaniline
—C≡N, R_1, $—R_2$—C≡N (R_1; R_2: —Cl; $—CH_3$, $—OCH_3$)	Nitrilo-Basen

Gruppe II.

Basen von mittlerer Kupplungsenergie, in schwach saurem Medium kuppelnd.

Substituenten im Anilin		*Chemische Bezeichnung*
—Cl, $—CH_3$		Chlortoluidine
—Cl, $—O—CH_3$		Chloranisidine
—Cl, —O—⬡		Chlor-phenoxyaniline (Chlor-amino-diphenyläther)
$—SO_2$-Alkyl; (R: $—CH_3$, bzw. $—O—CH_3$)	—R bzw.	Alkylsulfon-aniline Alkylsulfon-toluidine Alkylsulfon-anisidine
$—SO_2$—⬡ (R: $—CH_3$, bzw. $—O—CH_3$)	—R bzw.	Arylsulfon-aniline Arylsulfon-toluidine Arylsulfon-anisidine

—SO_2—CH_2—⬡ (R: —CH_3, bzw. —O—CH_3)	—R	Aralkylsulfon-aniline bzw. Aralkylsulfon-toluidine Aralkylsulfon-anisidine
—SO_2—NH-Alkyl; oder —SO_2—N(Alkyl)(Alkyl) (R: CH_3 bzw. —O—CH_3)	—R	Alkylsulfon-amino-aniline bzw. Alkylsulfonamino-toluidine —R Alkylsulfonamino-anisidine

Gruppe III.

Basen von geringer Kupplungsenergie, in sehr schwach saurem bis neutralem Medium kuppelnd.

Substituenten im Anilin		*Chemische Bezeichnung*
—COO-Alkyl,	—R	Karbonsäurealkylester-Basen
—COO—⬡,	—R	Karbonsäurearylester-Basen
—NH—CO—CH_3,	—R	Azetylamino-Basen
—NH—CO—⬡,	—R	Benzoylamino-Basen

Die Kupplungsenergie dieser Basen ist gering, wenn die übrigen Substituenten = R positiven Charakter tragen; sie wird etwas erhöht bei Einführung stärker negativer Substituenten.

Gruppe IV.

Basen von ausgesprochener Kupplungsträgheit, in neutralem bis schwach alkalischem Medium kuppelnd.

Substituenten im Anilin *Chemische Bezeichnung*

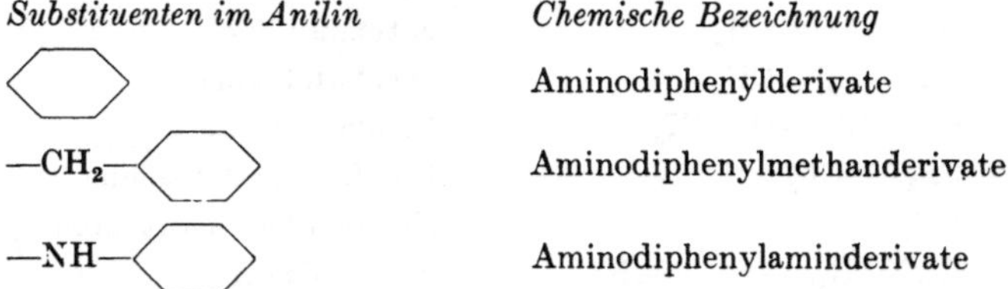

Kupplungsgeschwindigkeit.

Definition: Unter der Kupplungsgeschwindigkeit einer Diazoverbindung versteht man die Zeit, in welcher sich die Vereinigung der Diazokomponente innerhalb ihres optimalen Kupplungsbereiches mit der Naphtolkomponente vollzieht.

Man kann die Geschwindigkeit der Farbstoffbildung grössenordnungsmässig einteilen und so von einer grossen, mittleren und kleinen Kupplungsgeschwindigkeit sprechen. In den vorstehend nach ihrer Kupplungsenergie eingeteilten 4 Basengruppen sind die einzelnen Basentypen innerhalb der betreffenden Gruppe etwa nach abnehmender Kupplungsgeschwindigkeit geordnet.

Konstitutionell gesehen ist in Analogie zur Kupplungsenergie die Kupplungsgeschwindigkeit stark negativ substituierter Basen am grössten; positive Substituenten setzen sie mehr oder weniger herab. Einen gewissen Einfluss übt auch die Art der jeweiligen Naphtolkomponente aus. Hier setzen umgekehrt negative Substituenten die Geschwindigkeit der Farbstoffbildung herab positive Substituenten dagegen erhöhen sie. Der Einfluss der Naphtolkomponente ist jedoch weniger stark ausgeprägt und wird, abgesehen von einigen Ausnahmen, durch den primären Effekt des Basentyps stets übertönt.

Die Einführung eines positiven Substituenten in ein negativ substituiertes Amin bedingt stets den Rückgang der Kupplungsgeschwindigkeit ($= K_t$). Grössenordnungsmässig ist derselbe abhängig von der negativierenden bzw. positivierenden Stärke der eingetretenen Substituenten und ihrer jeweiligen Stellung zur Aminogruppe.

Charakteristisch ist das Verhalten des in meta-Stellung negativ substituierten Anilins. Durch den in meta-Stellung eingeführten negativen Substituenten hat das Amin seinen basischen Charakter nur geringfügig eingebüsst. Durch Hinzukommen eines weiteren positiven Substituenten in o-Stellung zur Aminogruppe und in p-Stellung zum negativen Substituenten wird derselbe noch erhöht.

Basen mit kleiner Kupplungsgeschwindigkeit und von geringer Kupplungsenergie stellen die mit einem schwach negativierenden Substituenten, dem Benzoylradikal, versehenen Benzoylaminobasen dar. In dieser Gruppe weisen solche Amine eine etwas grössere Geschwindigkeit der Farbstoffbildung auf, welche die Benzoylaminogruppe in p-Stellung zur Aminogruppe tragen, wobei durch Einführung eines weiteren, stärker negativen Substituenten in o-Stellung zur Aminogruppe noch eine Erhöhung der Kupplungsgeschwindigkeit eintritt.

Befindet sich die Benzoylaminogruppe in m-Stellung zur Aminogruppe, so ist die Basizität des Amins ungeschwächt und wird durch Eintritt weiterer positiver Substituenten noch erhöht. Dieser Basentyp zeigt die kleinste Kupplungsgeschwindigkeit innerhalb der Gruppe.

Amine, welche den stark positivierenden Phenylaminorest als Substituenten enthalten, also die Aminodiphenylamine, weisen eine ausgesprochene Kupplungsträgheit auf.

—NH— —NH_2

Das unsubstituierte 4-Aminodiphenylamin besitzt nahezu die gleiche Kupplungsgeschwindigkeit wie das im Phenylaminorest in p-Stellung positiv substituierte 4-Amino-4′-methoxy-diphenylamin.

Tritt jedoch die Methoxygruppe in o-Stellung zur diazotierbaren Aminogruppe ein, so zeigt sich der positivierende Einfluss in einem merklichen Rückgang der Kupplungsgeschwindigkeit.

$$H_3CO-C_6H_4-NH-C_6H_4-NH_2 > C_6H_5-NH-C_6H_3(OCH_3)-NH_2$$

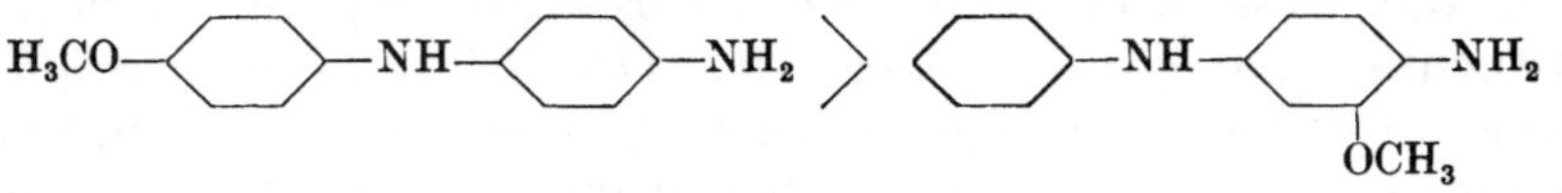

Die Basen vom Typ der Amino-azofarbstoffe weisen in den meisten Fällen eine hohe Kupplungsenergie auf; die Arylazogruppe wirkt also wie ein negativierender Substituent. Ihre Kupplungsgeschwindigkeit ist jedoch durchwegs klein. Der bei den einfachen Anilinderivaten gefundene gesetzmässige Einfluss negativer und positiver Substituenten ist hier mehr oder weniger stark verwischt. Mehrfacher Eintritt negativer Substituenten in den aminogruppen freien Benzolkern erhöht in gewissem Umfange die Kupplungsenergie ($= K_e$), z. B.

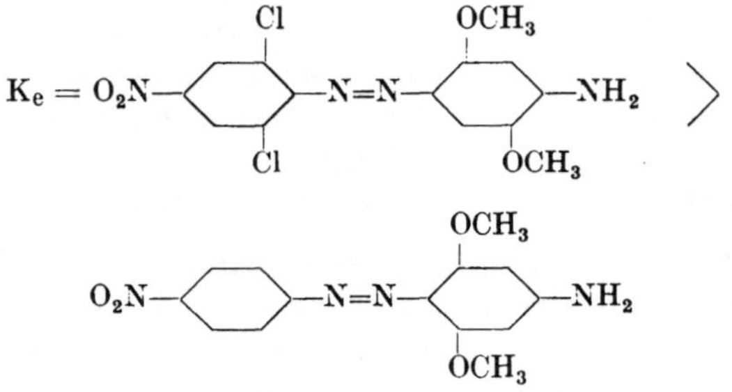

$$K_e = O_2N-C_6H_2Cl_2-N{=}N-C_6H_2(OCH_3)_2-NH_2 >$$

$$O_2N-C_6H_4-N{=}N-C_6H_2(OCH_3)_2-NH_2$$

Monoazofarbstoffe des Aminodiphenylamins zeigen in Analogie zu den einfachen Diphenylaminbasen eine geringe Kupplungsenergie und eine entsprechend kleine Kupplungsgeschwindigkeit, z. B.

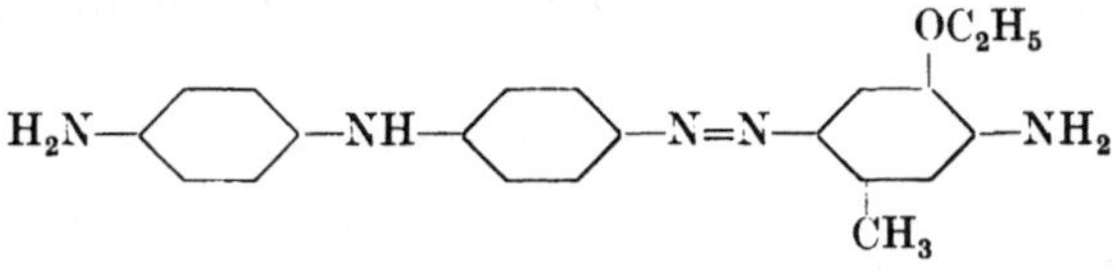

$$H_2N-C_6H_4-NH-C_6H_4-N{=}N-C_6H_2(OC_2H_5)(CH_3)-NH_2$$

Wie aus den vorstehenden Untersuchungen ersichtlich ist, lassen sich aus der Konstitution aromatischer Amine gewisse eindeutige Schlüsse auf Kupplungsenergie und Kupplungsgeschwindigkeit ihrer Diazoverbindungen bei der Vereinigung mit Naphtolen der AS-Reihe ziehen. Der Anwendungstechniker hat hiermit die Möglichkeit, für eine Base im voraus die optimalen Kupplungsbedingungen annähernd festzulegen und das Färbeverfahren entsprechend einzustellen.

Die Diazoverbindungen der Echtbasen und Echtfärbesalze werden nach ihrer Kupplungsenergie analog der konstitutionschemischen Einteilung in 4 Gruppen eingeordnet. Für jede Basengruppe ist der Entwicklungsbereich p_H-wertmässig festgelegt, welcher zur Erzielung normal tiefer sowie im Kontinuebetrieb endengleicher Färbungen konstant zu halten ist. Die Einstellung des jeweiligen p_H-Intervalls erreicht man in der Praxis auf folgenden drei Wegen:

1. Durch die Art der Abstumpfung bzw. Neutralisation der überschüssigen Mineralsäure in der Diazolösung;
2. durch die Art des Alkalibindemittels;
3. durch die Anwendung von Puffergemischen.

Die hierfür gebräuchlichen Mittel zeigt die folgende Übersicht:

Neutralisationsmittel	Abstumpfungsmittel
Natriumbikarbonat	Natriumazetat Natriumformiat basisch-schwefelsaure Tonerde Zinkoxyd

Alkalibindemittel		
starksauer	schwachsauer	Puffergemische
Essigsäure Ameisensäure schwefelsaure Tonerde	Zinksulfat Magnesiumsulfat Chromiazetat Triäthanolamin-hydrochlorid	Essigsäure + Natriumazetat Ameisensäure + Natriumformiat

Kupplungsbestimmende Naphtole.

Naphtole bestimmter Konstitution erfordern zu ihrer optimalen Farbstoffbildung mit Echtbasen der verschiedensten Kupplungsenergie die Einhaltung besonderer Entwicklungsbedingungen. Sie sind somit kupplungsbestimmend. Der sonst hervortretende primäre Einfluss des Basentyps wird durch das spezifische Verhalten dieser Naphtoltypen zurückgedrängt.

Die kupplungsbestimmenden Naphtole lassen sich nach den für sie geltenden optimalen Kupplungsbereichen in zwei Gruppen unterteilen. Die erste Gruppe umfasst die Braunnaphtole AS—LB und AS—BT, sowie die Schwarznaphtole AS—SG und AS—RS, welche ihre optimale Reaktionsfähigkeit in schwach saurem bis neutralem Medium aufweisen.

Die zweite Gruppe wird vertreten durch die Gelbnaphtole AS—G, AS—L4G, AS—LG und AS—L3G, deren Kupplungsoptimum in stärker saurem Bereich liegt.

Das geläufigste Färbeverfahren ist noch immer dasjenige der Imprägnierung der Faser (Garn, Gewebe) mit einer Naphtolatlösung unter Zusatz von sulforizinusölsaurem Natrium sowie verschiedenen der obenerwähnten Dispergiermittel. Hieraufolgt die Ausfärbung mit der Diazolösung auf dem 2- oder 3-Walzenfoulard.

Wir geben hier einige Beispiele aus der Praxis wieder, die als Grundlage für die Ausführung von unlöslichen Azofärbungen dienen können.

Paranitranilinrot.

Klotzbad.

18 g β-Naphtol
17 g Natronlauge 38° Bé
30 g Natriumsulforizinat
100 g Tragantschleim 6%
1 Liter

Man teigt das Naphtol mit Natriumsulforizinat und der Natronlauge an, übergiesst mit 100 cm³ kochendem Wasser und rührt die Masse, bis sie gleichmässig verteilt ist, dann gibt man 500 cm³ kochendes Kondenswasser zu; um das gebildete β-Naphtolat vollständig zu lösen, versetzt mit dem Tragantschleim und verdünnt auf einen Liter.

Das Gewebe wird mit dieser β-Naphtolatlösung auf dem Foulard bei etwa 30—40° C geklotzt, auf ca. 100% des Warengewichts abgequetscht und in der Hotflue getrocknet.

Entwicklungsbad.

18 p-Nitranilin
44 g Salzsäure 20° Bé
80 g heisses Wasser und mit
200 g Eiswasser und Eis auf 5° C abkühlen.
Man gibt dann langsam eine kalte Lösung von
10 g Natriumnitrit in
35 g Wasser zu. Nach ½ Stunde stumpft man ab mit
30 g Natriumazetat in
100 g kaltem Wasser gelöst. Nun setzt man
13 g Essigsäure zu und verdünnt auf
1 Liter

Nach der Passage auf dem Foulard wird die Ware durch eine heisse Natriumkarbonatlösung von 3 g pro Liter genommen, gespült, geseift, auf der Breitwaschmaschine gewaschen und auf der Trockentrommel getrocknet.

Naphtol AS-Färbungen.

Klotzbad.

14 g Naphtol AS–D
20 g Natriumsulforizinat
18 g Natronlauge 38° Bé anteigen mit
100 g kochendem Wasser,
500 g heisses Wasser zusetzen und auf
1 Liter einstellen

Klotzen auf dem Foulard der Hotflue mit dem auf 70—80° C erwärmten Naphtolbad. Es ist vorteilhaft, bei hoher Temperatur zu pflatschen, um die Substantivität des Naphtolats herabzusetzen. Ausserdem ist es zu empfehlen, das Chassis des Foulards vorerst mit dem etwas verschnittenen (1 T. Wasser zu 10 T. Ansatz) Ansatz zu beschicken und dann mit dem Stammansatz nachzusetzen. Nach dem Klotzen werden die Stücke in der Hotflue oder in der Hänge getrocknet.

Entwicklungsbad.

14,5 g Echtrot KB Base werden mit
160 g heissem Wasser angeteigt, dann setzt man
14,5 g Salzsäure 20° Bé zu, filtriert und giesst die erhaltene Lösung in eiskaltes Wasser, so dass die Temperatur auf 10—12° C herabgesetzt wird. Dann gibt man unter ständigem Rühren
5,75 g Natriumnitrit in
30 g Wasser zu. Nach einer halben Stunde versetzt man die Lösung mit
11 g Natriumnitrit in
45 g kaltem Wasser oder 40 g Calgonlösung 1:2 gelöst. Zuletzt säuert man noch an mit
10 g Essigsäure oder 10 g Aluminiumsulfat und verdünnt auf
1 Liter

Die Entwicklung wird im Vollbad auf dem Foulard vorgenommen, indem man die Ware über zwei Walzen nimmt, ausquetscht und nach einem Luftgang von 1 Minute in einer Lösung von 3 g Soda pro Liter auf der Breitwaschmaschine heiss behandelt. Anschliessend wird gespült, geseift und getrocknet.

Es ist zu erwähnen, dass das Natriumazetat im Entwicklungsbad vorteilhaft durch Calgon (A. Benckiser) ersetzt werden kann. Die Stabilität des Entwicklungsbades wird dadurch bedeutend erhöht.

Entwicklung mit Färbesalz.

15 g Naphtol AS
18 g Natronlauge 38° Bé
20 g Natriumsulforizinat
1 Liter

Man klotzt bei 70—80° C mit etwa 100%iger Abquetschung, trocknet und entwickelt mit

70 g Echtscharlachsalz VD
10 g Essigsäure
1 Liter

Nach einer kurzen Luftpassage wird die Ware durch eine heisse Lösung von 3 g Natriumkarbonat pro Liter genommen, dann wie üblich gewaschen, geseift und gespült.

Sehr interessante wasch- und lichtechte, dunkle Blaufärbungen auf Baumwoll- und Zellwollgeweben können einerseits mit Naphtol

AS und Variaminblausalz R (diese Färbungen können durch Zusatz von Variaminblausalz RT zum Entwicklungsbad oder von Naphtol AS—G zum Klotzbad vertieft werden), andererseits mit Naphtol AS und Echtdunkelblausalz R erhalten werden[1]). Letztere Kombination ist von besonderem Interesse, da sie sehr leicht ätzbare und tiefe Marinetöne zu erhalten erlaubt, die durch grosse Licht-, Reib- und Kochechtheit ausgezeichnet sind.

Naphtolgrundierung.

12 g Naphtol AS
20 g Natriumsulforizinat
15 g Natronlauge 38° Bé

1 Liter

Die Grundierung wird auf der Hotflue vorgenommen. Temperatur des Klotzbades: 80° C.

Entwicklungsbad.

40 g Echtdunkelblausalz R
210 g Wasser 30° C
28 cm^3 Essigsäure
350 cm^3 reines Wasser

1 Liter

Die Temperatur soll bei 30° C liegen, da hier die Löslichkeit des Echtdunkelblausalz R am besten ist. Nach dem Passieren des Entwicklungsbades ist ein Luftgang von 40 Sekunden zwecks guter Durchkupplung von Vorteil. Die Ware wird dann durch ein 50° C warmes Bad mit 10 g Soda kalz. im Liter geführt, gewaschen, geseift und kalt gespült.

Bei der Ausführung des Diakonissenartikels auf Baumwoll- oder Zellwollgeweben erzielt man die hier verlangte tiefe Marineblaufärbung mit etwa 13—15 g Naphtol AS im Liter Grundierungsbad und 91—105 g Echtdunkelblausalz R im Liter Entwicklungsbad. Man fügt weiterhin 4 g Diazopon A und 40 cm^3 Essigsäure 50%ig pro Liter zu.

Ein neuartiges Färbeverfahren besteht nach den *D.R.P. 534.639, 598.772*, bzw. *brit. P. 429.025*[2]) darin, die präparierten Stücke durch eine mit Essigsäure versetzte Diazolösung durchzunehmen, eine Luftpassage von einigen Sekunden zu geben und unmittelbar darauf in einem Sodabad bei 30—40° C zu behandeln, wobei der Kupplungsprozess sofort einsetzt. Diese Methode bietet, wie schon erwähnt, in der Praxis verschiedene Vorteile, insbesondere bei den Echtblau BB

[1]) Mell. 1940, S. 29.

[2]) Vgl. Christ, Mell. 1930, S. 447; Kramer, Tiba 1931, S. 741; Rath, Vorlesung auf dem XIV. Kongress des I.V.C.C. in Budapest 1929, Mell. 1929, Nr. 3 (franz. Ausgabe) und Neuwirth, Mell. 1930, S. 33.

und RR Basen, bei der Variaminblau B Base, bei der Echtviolett B Base und bei den Echtkorinthsalzen V oder LB. So vermeidet man den schädlichen Einfluss der mitgeschleppten Alkalimengen, die vor allem bei schlechtkuppelnden Basen schädlich sind. Dabei sind die Diazoverbindungen in essigsaurer Lösung beständiger, der Arbeitsvorgang ist ein gleichmässigerer und die Färbung wird im allgemeinen hinsichtlich des Eindringens in das Fasermaterial, der Farbtiefe und der Echtheit merklich verbessert.

Wenn bei der obigen Art der Kupplung die Geschwindigkeit der Reaktion verlangsamt wird, bleibt andererseits bei gewissen Basen ein Teil der Diazoverbindung unausgenützt und die Ergebnisse sind mitunter nicht befriedigend. Trotz der Unbeständigkeit der Diazolösungen scheint es, dass man auch bei erhöhter Temperatur rasch und vollständiger kuppeln kann, bevor eine Zersetzung des Bades eintritt; man kann schätzungsweise eine Verbesserung der Ausbeute unter diesen Umständen von 20—25% annehmen. In den Patenten *D.R.P. 608.847; franz. P. 743.329; brit. P. 404.304* und *amer. P. 2.046.425* der I.G. und im *brit. P. 389.853* der Bleacher Ass. (vgl. Wengraf's Ber. 1935, Februar; 1936, Aprilheft, S. 11; Tiba 1933, S. 349) wird zur Durchführung der Reaktion und zur Verbesserung der Ausbeute empfohlen, das Gewebe nach dem Durchtritt durch die Diazotierungslösung unmittelbar bei erhöhter Temperatur über heisse Trockentrommeln (Trockenzylinderentwicklung) oder durch einen dampferfüllten Raum (Dampfentwicklung) zu nehmen. Der Dampfraum schliesst an den Färbefoulard an und wird auf etwa 100° C erwärmt. Auch kann man das Gewebe zwischen zwei geheizten Platten (19—20 Sek.) hindurchführen. Im einen oder anderen Fall muss man eine zu weit gehende Trocknung vermeiden; das Gewebe muss noch in etwas feuchtem Zustand den Apparat verlassen. Diese Arbeitsmethode eignet sich gut für Färbungen mit Variaminblau B sowie für die Echtblau BB und RR Basen.

Hier ist noch eine interessante Arbeitsweise zu erwähnen, die in der Elsässischen Stoffdruckerei Scheurer-Lauth & Cie., Thann (Elsass) ausgeführt wird (1935). Nach diesem Verfahren wird die Kupplung mittels einer auf 30—35° C erwärmten Variaminblausalz B-Lösung vorgenommen. Die erzielten Ausbeuten sind bedeutend höher als diejenigen, welche nach dem oben angeführten Verfahren (Heizplatten, Trockentrommeln usw.) erhalten werden können. Bei gleicher Farbtonhöhe erlaubt diese Arbeitsweise, die Menge Variaminblausalz B von 30 auf 24 g herabzusetzen, also eine Ersparnis von 20% gegenüber dem Verfahren mit kaltem Kupplungsbad zu verwirklichen.

Der Arbeitsgang ist folgender: Die wie üblich auf der Hotflue naphtolierte und getrocknete Ware wird anschliessend durch ein auf 30—35° C erwärmtes Variaminblausalz B-Bad genommen. Die Erwärmung erfolgt durch ein im Foulardchassis befindliches kupfernes Dampfrohr, das zum Zwecke einer regelmässigen und langsamen Wärmeabgabe mit einer Sandhülle umgeben ist. Nach dem Abquetschen gibt man eine Luftpassage von 20—30 Sekunden, nimmt durch ein Sodabad bei 30—35° C, spült und trocknet.

Gemäss dem *brit. P. 410.669* (Ciba) soll ein Zusatz von 2—5% Pyridin zum Diazobad ebenfalls von Vorteil sein. Die Kombination von Diazoverbindungen mit Kupplungskörpern, welche zwei kupplungsfähige Gruppen aufweisen, führt zu nicht einheitlichen Mischfärbungen, da die Kupplungsgeschwindigkeit einer jeden dieser beiden Gruppen verschieden ist. Der Pyridinzusatz behebt diesen Übelstand. Das *brit. P. 450.981* der Imp. Chem. Ind. hat eine Verbesserung der Echtheit der Naphtolfärbungen zum Gegenstand; grundsätzlich wird hier derselbe Gedanke ausgedrückt, der in dem *brit. P. 450.868*, bzw. *franz. P. 801.131* enthalten ist, nämlich die Behandlung der Färbungen mit Glyzeriden höherer Fettsäuren, die noch freie OH-Gruppen besitzen (hierzu ist Näheres im Kapitel betreffend die substantiven Farbstoffe zu finden).

Die I. G.-Farbenindustrie macht im *D.R.P. 696.362* (24. April 1937) darauf aufmerksam, dass die bei der Herstellung von Eisfarben in den Entwicklungsbädern benutzten Puffersubstanzen den Nachteil haben, dass sie mit den Textilölen Metallseifenschmieren bilden, welche sich auf der Ware absetzen können. Dieser Übelstand wird vermieden, wenn man die Kupplung in Gegenwart von wasserlöslichen Chromverbindungen vornimmt, z. B. Chromisulfat, -fluorid und -azetat. Die Chromisalze können auch den festen Diazoniumverbindungen zugesetzt werden.

Eine erhöhte Echtheit von auf der Faser erzeugten, unlöslichen Farbstoffen der Naphtol AS-Reihe bietet das Verfahren des *brit. P. 502.144* (I. G.). Man gibt der Diazoverbindung ein Metallsalz, z. B. eine Chrom- oder Aluminium-Verbindung, zu und erhitzt dann im Dampf, so dass man die Bildung von komplexen Farbstoffen nach Art der Palatinecht- oder Neolanfarbstoffe, hier aber auf pflanzlichen Fasern, annehmen muss. In einem Beispiel wird Baumwolle mit Naphtol AS imprägniert und die Färbung mit diazotiertem Methoxyaminodiphenylamin entwickelt, wobei man dem Diazobad noch essigsaures Chrom zugibt; dann wird gedämpft.

Interessant ist es, zu erfahren, dass man im Falle von Reserven die Färbung erst nach der Entwicklung und Ausfixierung des Reservedruckes mit dem Metallsalz nachbehandelt.

Zur Steigerung der Reibechtheit setzt man gemäss dem *D.R.P. 663.415* (I. G.-Gund-Christ-Drapal) dem Diazobad gewisse Verteilungsmittel, wie sulfonierten Oleylalkohol, zu (bei den Naphtolbädern sind derartige Zusätze schon bekannt, aber sie führen zu keiner so guten Verbesserung der Reibechtheit). Hier wird geltend gemacht, dass der Farblack, soweit er nicht mit der Faser fest verbunden ist, durch das Oleylalkoholsulfonat in kolloidaler Lösung gehalten und dann beim Spülen leicht mitgenommen wird[1]).

Eine merkliche Echtheitsverbesserung wird erzielt, wenn man gemäss dem *franz. P. 842.215* der I. G. dem Kupplungsbad Chrom-, Nickel-, Kobalt- oder Aluminiumsalze zusetzt. Es werden hierbei unlösliche Azofarbstoffe gebildet, die in ihrem Molekül das Metall gebunden haben. Die Art der Bindung zwischen Metall und Farbstoffmolekül wurde nicht geklärt, jedoch ist sie von bemerkenswerter Festigkeit, da das Metall selbst durch wiederholtes Abkochen nicht entfernt werden kann. Als Salze der oben angeführten Metalle kommen hauptsächlich diejenigen der Wein-, Oxal- und Essigsäure in Betracht.

Um die Reibechtheit der durch Kupplung auf der Faser erzeugten Färbungen unlöslicher Azofarbstoffe zu erhöhen, empfiehlt die I. G. Farbenindustrie im *D.R.P. 721.217*, 1937, diese unter Verwendung von Kondensationsprodukten von Äthylenoxyd und aliphatischen oder aliphatisch-aromatischen Alkoholen bzw. Phenolen als Waschmittel, denen man noch Pyrophosphate oder Metaphosphate sowie Salze von Aminosäuren zufügt, zu behandeln. In vielen Fällen wird die Reibechtheit noch wesentlich verbessert, wenn man ein sauerstoffabgebendes Mittel (Persulfate oder Perborate) in sehr geringer Menge zusetzt.

Auch die für so manche andere Zwecke empfohlenen Abbauprodukte der Proteine, z. B. Gemische von Aminosäuren, werden im *amer. P. 2.105.326* (Pharma Chemical Corp.) als Schutzmittel gegen vorzeitige Bildung des Farblacks in Mischungen von stabilisierten Diazoverbindungen und Kupplungskomponenten angegeben.

Gemäss dem *franz. P. 837.182* der I. G. wird die Reibechtheit der Naphtol AS-Färbungen erhöht, wenn man die gefärbte Ware in einem Seifenbad behandelt, das ausser Fettalkoholsulfonat, Seife oder Emulgatoren (z. B. Emulphor) noch organische oder anorganische Körper enthält, welche die Bildung von unlöslichen Erdalkalisalzen verhüten. Als solche Körper werden Pyrophosphate, Metaphosphate, Salze von Aminosäuren, die einen tertiären Stickstoff enthalten, wie z. B. Triglykolaminosäure, erwähnt. Ein Zusatz von sauerstoffabgebenden Verbindungen, wie Perborate, ist ebenfalls von Vorteil. Diese Arbeitsweise soll hauptsächlich in der Apparatefärberei zu guten Verbesserungen der Reibechtheit führen.

[1]) Siehe auch Mell. 1943, S. 99 und 366.

Im *brit. P. 514.059* beschreibt die I. G. Farbenindustrie ein anderes Verfahren, nach welchem die Reibechtheit verbessert werden kann. Dieses Verfahren besteht in einer kochenden Behandlung mit Lösungen, die ausser dem Waschmittel noch ein in Wasser unlösliches Salz enthalten, wie z. B. Salze des Trikarboxymethylamins oder der Äthylen-bis-iminodiessigsäure.

Als Waschmittel kann man verwenden: Seifen der gesättigten oder ungesättigten Fettsäuren, Fettalkoholsulfonate (Gardinole), Kondensationsprodukte der Fettsäuren mit aliphatischen oder aromatischen Aminen (Igepon A und T), substituierte oder sulfonierte Derivate dieser Reaktionsprodukte, Kondensationsprodukte des Äthylenoxyds mit aliphatischen Alkoholen (Igepale) usw. Wird das Behandlungsbad noch mit einem sauerstoffabgebenden Mittel versetzt, so erzielt man in manchen Fällen noch eine weitere Echtheitserhöhung und zugleich lebhaftere Nuancen. Noch bessere Ergebnisse werden so z. B. durch Zusatz von Perboraten, Persulfaten oder Phosphaten zum Seifenbad erzielt.

In einer kürzlich erschienenen Mitteilung (*D.R.P. 739.977* und *746.571*, letzteres ausgegeben am 10. Juni 1944) beschreiben die Etablissements Kuhlmann in Paris ein interessantes Verfahren, nach welchem die Lichtechtheit der unlöslichen Azofarbstoffe erhöht wird, indem man dieselbe während oder nach der Kupplung in ihre Kupferkomplexverbindungen überführt. So gibt man beispielsweise eine Nachbehandlung in einem Bad, welches mit 5 g Kupfersulfat und 0,5 g Essigsäure pro Liter Flotte beschickt wird.

R. H. Nuttall (American Aniline Products, Inc.) gibt im Amer. Dyest. Rep., 1948, *38*, S. 232 eigene Erfahrungen über die besten Methoden in der Anwendung von Naphtolfarbstoffen bekannt. Diese Angaben umfassen das Färben von Garnen auf Apparaten, von losem Material und von Wirkwaren. Beim Färben von losem Material mit Naphtolfarben macht der Verfasser darauf aufmerksam, dass eine Verwendung von Färbesalzen ausgeschlossen ist und nur Basen in bezug auf die Verspinnbarkeit brauchbare Resultate ergeben. Aber auch dann noch muss sorgfältig darauf geachtet werden, dass ja kein Basenüberschuss vorhanden ist. So erhält er mit den Naphtolen AS—SW und AS—SG in Kombination mit Echtrot KB Base die besten Resultate, wenn auf 16 Teilen Naphtol 12½ Teile Base verwendet werden.

Die Druckverfahren.

Die allgemein gebräuchliche Druckmethode besteht in einer Vorbehandlung mit Naphtolatlösung und einem Aufdruck der Diazolösung. Seltener wird, da hier die Erhaltung des Weiss des Bodens schwieriger ist, das verdickte Naphtol aufgedruckt und durch die Diazolösung genommen.

Die Diazodruckfarben werden mit Gummi oder Stärke-Tragant verdickt (vgl. hierzu A. Gotthardt, Die Zubereitung von Eisfarben für den Direktdruck, Mell. 1924, S. 248); man kann ihnen in gewissen Fällen Stabilisierungsmittel, wie Paradurol oder Parasanol, zugeben und muss sie vor dem Druck mit Natriumazetat abstumpfen. Die Druckfarben müssen ständig gekühlt sein, da die Temperatur 10—15° C nicht übersteigen soll. Hier sei an eine von Winternitz angegebene Einrichtung erinnert, bei der die Farben im Drucktrog durch eine hohle, kupferne oder eiserne, seitlich verschliessbare Auftragwalze gekühlt werden, in welche mit Kochsalz gemischte Eisstückchen eingebracht werden (Versieg. Schreiben bei der Soc. Ind. de Mulhouse 1908; Revue A.C.I.T., 1926, S. 117).

Wenn man dagegen mit Echtsalzen arbeitet, so geschieht dies bei Zimmertemperatur; die Echtsalze werden einfach in Wasser gelöst und verdickt. Zusätze von Essigsäure erweisen sich als notwendig bei den Echtschwarzsalzen K und G, bei den Echtblausalzen BB und RR, ebenso beim Variaminblausalz B (siehe hierzu die interessante Arbeit von Löser, Variaminblau im Druck. Z. f. ges. Text.-Ind. 1936, S. 511 und 533).

Das Gewebe wird wie üblich mit einer Naphtolatlösung vorbehandelt (siehe: Färben mit unlöslichen Azofarbstoffen). Hierfür bedient man sich eines Foulards mit kleinem Chassis, dessen Inhalt zwischen 20—40 Liter beträgt. Während der Grundierung wird die Temperatur des Bades bei 80° C gehalten, um die Substantivität des Naphtolats soweit wie möglich herabzudrücken. Nach der Passage auf dem Foulard werden die Stücke in der Hotflue oder in der Hänge getrocknet. Es ist zu bemerken, dass die Naphtole AS—RL und AS—LB sehr lichtempfindlich sind. Infolgedessen ist die mit ihnen grundierte Ware vor dem Färben oder Drucken möglichst an einem dunklen Orte aufgerollt zu lagern.

Zum Drucken von naphtolierter Ware kann man sowohl verdickte Diazolösung als auch Färbesalze verwenden.

Die Diazotierung der Basen wird wie für die Färberei vorgenommen, indem man entweder das in Wasser gelöste Nitrit der Lösung des Basenchlorids zusetzt oder, wenn die Base in verdünnter Salzsäure unlöslich ist, sie mit Nitrit anteigt und die Paste in verdünnte Salzsäure einträgt. Nach einer anderen Methode verdickt man vorerst die salzsaure Lösung der Base und gibt zuletzt das Natriumnitrit zu.

Nach beendeter Diazotierung stumpft man die Mineralsäure mit Natriumazetat ab[1]).

[1]) I.G. Farbenindustrie: Naphtol AS auf dem Gebiete der Druckerei, 1930. I.b. 333/B. Siehe auch *amer. P. 2.416.549*, Du Pont; Teintex 1948, S. 56.

Die Färbesalze haben gegenüber den Basen den Vorteil, dass ihre Anwendung bedeutend einfacher ist. Sie sind leicht in Wasser löslich und ihre Lösungen genügend beständig.

Die Ware wird mit

20 g Naphtol AS–D
20 cm³ Türkischrotöl
30 cm³ Natronlauge 38° Bé
———
1 Liter

grundiert und mit folgender Farbe (Rezept nach I. G.-Ratgeber) bedruckt.

13 g	Echtscharlach Base G
26 g	Salzsäure 20° Bé
100 cm³	kochendes Wasser. Man setzt
200 cm³	kaltes Wasser, dann eine Lösung von
6,5 g	Natriumnitrit in
20 cm³	Wasser zu. Nach ½ Stunde stumpft man mit
15 g	Natriumazetat in
50 cm³	Wasser ab und versetzt mit
12 cm³	Essigsäure 8° Bé (50%). Zuletzt verdickt man mit
500 g	Stärke-Tragantverdickung und stellt mit Wasser auf
1 Liter ein.	

Als Begleitfarben neben Naphtol AS-Farben kommen Küpenfarbstoffe in Betracht. In diesem Falle dämpft man nach dem Drucken 5 Minuten im Schnelldämpfer bei 101° C, worauf in kaltem Wasser gespült und, wie bei Küpenfarbstoffen angegeben, in üblicher Weise ausgefertigt wird.

Die Verwendung von Küpenfarbstoffen bringt einige Schwierigkeiten mit sich, welche auf der Wirkung des Rongalit C beruhen, der in der Druckpaste enthalten ist. Der Farbton einiger Azofarbstoffe kann daher beim Dämpfen merklich verändert werden.

Die Indigosole als Begleitfarben auf Naphtol AS-Grundierungen werden nach dem Dämpf- oder Nitritverfahren angewendet.

Es folgen einige Beispiele aus der Praxis.

Der Stoff wird, wie oben beschrieben, mit Naphtol AS grundiert und getrocknet. Man druckt ein mehrfarbiges Muster, das z. B. Rot, Rosa, Lila, Grün und einen dunkelblauen Fond hat. Das Rot wird mit Echtrotsalz TR erhalten, Rosa, Lila und Grün hingegen mit Indigosolfarbstoffen nach folgender Formel:

60 g	Indigosolfarbstoff
50 g	Dehapan O
185 g	Wasser
600 g	Stärke-Tragantverdickung
35 g	Ammoniumoxalat
60 g	Natriumchlorat 1 : 3
10 g	Ammoniumvanadat 1%
1000 g	

Der dunkelblaue Fond wird mit Variaminblausalz B erhalten.

Marineblau.

25 g	Variaminblausalz B Tg. 50%
100 g	Wasser
860 g	Verdickung
15 g	Essigsäure 30%
1000 g	

Nach dem Drucken wird in der Mansarde getrocknet und im Schnelldämpfer gedämpft. Die Ausfertigung besteht in einer Passage durch ein Oxydationsbad, das 3 g $NaNO_2$ und 15 g H_2SO_4 66° Bé im Liter enthält. Nachher wird gespült und kochend in einem Bad geseift, das ein Dispergiermittel (Seife, Fettalkoholsulfat) und Soda enthält.

Chromfarbstoffe sowie basische Farbstoffe können ebenfalls auf mit Naphtol AS grundierter Ware gedruckt werden.

Nach R. H. Nuttal[1]) (Amer. Anil. Products Inc.) ist es wichtig, gegenüber Base oder Färbesalz einen Überschuss an Naphtol auf der Ware zu haben, um ein Ausbluten der Farben beim Nachseifen zu vermeiden. Im Basenaufdruck können unter Umständen, namentlich bei feinen Konturen in dunklen Farben, Emulsionsverdickungen, wie sie für Aridyes und Sherdyes gebraucht werden, gute Dienste leisten. Für das Fertigstellen der Ware wird neuerdings an Stelle eines kochenden Seifenbades ein 90—95° C heisses Stabilon-Bad empfohlen, gefolgt von einer Behandlung mit 65—70° C warmer, verdünnter Essigsäure. Zum Schluss wird mehrmals mit heissem Wasser gespült. Diese Behandlung soll sogar eine bessere Reibechtheit geben als die früher übliche Seifenwäsche.

Ferner sind hier noch das *amer. P. 2.241.367* und das *brit. P. 587.540* der Radio Corp. of America zu erwähnen, welche ein neues Verfahren zur Herstellung bemusterter Stoffe auf elektrolytischem Wege beschreiben. Mischungen aus sulfonierten diazotierbaren aromatischen Aminen, einem Nitrit und einer Kupplungskomponente werden auf Stoff aufgetragen und der Einwirkung des elektrischen Stroms ausgesetzt. Durch Anlagerung von Wasserstoffionen findet die Diazotierung statt unter Bildung von Diazoniumionen, die mit der Kupplungskomponente unter Bildung eines Azofarbstoffs reagieren. Die Neuerung dieses Verfahrens besteht in der Anwendung von Sulfosäuren der aromatischen Amine.

Naphtolatdruck.

Ein in Russland sehr geläufiges Verfahren bestand in dem Aufdruck von verdicktem β-Naphtolat auf weisses Gewebe und anschliessender Kupplung in einem Diazobad. Mit den verschiedenen Naphtolen der AS-Reihe ist es möglich, auf diese Weise mehrfarbige

[1]) Amer. Dyest. Rep. 1949, *38*, S. 232.

Muster herzustellen. Interessant ist dieses Verfahren wegen der einfachen Ausführung, Einsparung an Chemikalien und der sehr reinen Weisseffekte.

Man druckt die verdickten Naphtolate, trocknet und nimmt durch eine Lösung von Färbesalz oder einer diazotierten Base.

Beispiel.

20 g	Naphtol AS
50 g	Monopolbrillantöl
50 g	Alkohol denat.
25 g	Natronlauge 38° Bé, zusammen anteigen, erwärmen, mit
355 g	heissem Wasser lösen und in
500 g	Stärke-Tragantverdickung eintragen.
1000 g	

Russische Fabrikation (Gründelmuster) — Naphtolataufdruck und Ausfärben im Diazobad

38 g	Weizenstärke
48 g	Kondenswasser, anteigen mit
125 g	Tragantschleim 6%, mischen und
8 g	Natronlauge 38° Bé zugeben
55 g	β-Naphtol
24 g	Natriumhydroxyd fest
500 g	Tragantschleim
2 g	Safranin in
200 g	Tragantschleim gelöst
1000 g	

Man druckt auf weisse Ware, trocknet und nimmt durch eine Lösung von diazotiertem α-Naphtylamin. Anschliessend wird gespült, durch verdünnte Schwefelsäure (2 ½° Bé) passiert, gewaschen und im Strang geseift.

Die Weisseffekte sind manchmal etwas angefärbt. In diesem Falle werden die Stücke mit einer Lösung von 5 g Rongalit C pro Liter überpflatscht, getrocknet, gedämpft, dann gewaschen und geseift.

Ton-in-Ton-Artikel durch Naphtolatdruck.

Man klotzt die Ware mit

4 g	β-Naphtol
4 g	Natronlauge 38° Bé
20 g	Natriumsulforizinat
1 Liter	

trocknet und überdruckt mit einer verdickten konzentrierten β-Naphtolatlösung:

225 g	Tragantschleim 6%	
400 g	dicker Tragantschleim	
60 g	Natriumsulforizinat	
300 g	Naphtollösung	40 g β-Naphtol 80 g Natronlauge 22° Bé 180 g Wasser
15 g	Terpentin	
1000 g		

Nach dem Drucken und Trocknen passiert man in einer Lösung von Diazo-p-nitrobenzol, wäscht und seift wie üblich.

Die so erhaltene Ton-in-Ton bedruckte Ware wird mit einer Rongalitätze, die Anthrachinon enthält, und mit Diphenylschwarz überdruckt, gedämpft, gewaschen und geseift.

Man erzielt auf diese Weise schwarze und weisse Effekte auf einem roten Ton-in-Ton bemusterten Gewebe.

Dieser Artikel, der vor Jahren in Russland in sehr grossem Massstabe hergestellt wurde, kann selbstverständlich ohne Schwierigkeiten ebenfalls mit den Naphtolen der AS-Reihe ausgeführt werden.

Ein von den gewöhnlichen Druckmethoden abweichendes Verfahren wurde von Gürtler der I. G. (*D.R.P. 446.541, 451.049, 459.902, 459.975*) ausgearbeitet; es besteht im Zusatz von Natriumnitrit zum Naphtolklotz, während die Druckfarbe die Base in Form eines Salzes und organische Säuren enthält. Die Diazotierung geht auf der Faser vor sich und die Kupplung mit dem Naphtolat erfolgt unmittelbar (Naphtol-Nitrit-Verfahren). Dieses Verfahren kann man nur bei Basen anwenden, deren Chlorhydrate leicht in Wasser löslich sind; es ist für p-Nitranilin ungeeignet. Man kann auch eine Farbe aus Naphtolat + Nitrit vordrucken und dann durch eine Diazolösung nehmen.

Naphtol-Nitrit-Klotzverfahren nach Gürtler[1]).

Grundierung.

20 g	Naphtol AS–OL werden mit
10 cm³	Alkohol denat.
30 g	Monopolbrillantöl und
20 cm³	Natronlauge 38⁰ Bé angeteigt und in
500 cm³	kochendem Wasser gelöst. Dazu gibt man
25 g	Natriumnitrit und
1,5 g	Nekal BX trocken und stellt mit Wasser auf
1 Liter ein.	

Druckfarbe.

15 g	Echtorange GC Base in
135 cm³	Wasser lösen
75 g	Weinsäurelösung 1:1
75 g	Milchsäure 50% zugeben und
700 g	Stärke-Tragantverdickung hinzufügen.
1000 g	

Für feine Muster kann man Naphtolat + Nitrit aufdrucken und in einer Diazolösung entwickeln (Naphtol-Nitrit-Druckverfahren).

Sehr leicht kann man Indigosole neben Echtsalzen drucken, wobei man zur Entwicklung der ersteren im allgemeinen das Nitritverfahren anwendet, doch ist auch das Verfahren mit Natriumchlorat + Ammoniumoxalat oder das Rhodanammonverfahren hier-

[1]) I. G.-Ratgeber.

für geeignet. Beim Nitritverfahren muss man darauf achten, dass nicht Spuren von Nitrit in das Schwefelsäurebad mitgenommen werden, da in diesem Fall das Variaminblau sehr schnell in Violett umschlägt. Die Säurepassage soll unbedingt so kurz als möglich sein. Am praktischsten arbeitet man so, dass man vorerst mit dem Naphtolat grundiert, dann die Indigosol-Nitrit-Farben neben Variaminblausalz - allenfalls neben Echtrotsalz oder Echtorangesalz - druckt, 4 Minuten dämpft, um das Variaminblau schon vor dem Säurebad entstehen zu lassen (das kurze Dämpfen ist übrigens auch für den Ausfall der Indigosoldrucke von Vorteil), endlich durch 2%ige Schwefelsäure bei 65° C laufen lässt. So lässt sich dieser Artikel leicht ausführen, der besonders reiche und farbenschöne Schattierungen gestattet.

Durand & Huguenin beschreiben im *D. R. P. 729.846*[1]) das folgende Verfahren: Man druckt eine Farbe auf, die ausser den gewöhnlichen Hilfsmitteln ein Alkalinitrit, ein Alkalisalz einer Kupplungskomponente (dem möglicherweise Alkalihydroxyd zugegeben wird), ein primäres aromatisches Amin und nötigenfalls Harnstoff enthält. Nach dem Drucken entwickelt man durch Säureeinwirkung bei gewöhnlicher Temperatur und nachfolgender Behandlung mit säurebindenden Mitteln.

Es werden Druckfarben verwendet, die Zinkoxyd enthalten, da letzteres der Farbe eine erhöhte Beständigkeit verleiht, während gleichzeitig die Farbtöne lebhafter werden. Nach den angegebenen Beispielen gibt man den Druckfarben 10% Zinkoxyd zu.

Im Sinne des *D. R. P. 596.186* der I. G.-Aubauer kann man auch Küpenfarben mit Farbstoffen der Naphtol AS-Reihe nach dem Colloresinverfahren kombinieren. Auf das naphtolierte Gewebe druckt man einerseits die diazotierte Base unter Zusatz einer Substanz von mässig oxydierenden Eigenschaften (nitrobenzolsulfosaures Natrium), andererseits den Küpenfarbstoff ohne Zusatz von Formaldehydsulfoxylat; dann nimmt man durch ein alkalisches Hydrosulfitbad, welches den Azofarbstoff nicht angreift. Die Küpenfarbstoffe werden in dem speziell für das Verfahren konstruierten Kolloresindämpfer fixiert.

Die Rhodiaceta in Lyon hat folgendes Rezept für den Druck von Naphtolfarbstoffen auf Azetatkunstseide ausgearbeitet:

30 g	Naphtol
10 g	Echtbase
100 g	Tetrahydrofurfurylalkohol (Hystabol D)
10 g	Natronlauge 30° Bé
220 g	Wasser. Bis zum Kochen erwärmen und dann
600 g	Gummiverdickung
30 g	Natriumnitrit zusetzen
1000 g	

[1]) Amer. Dyest. Rep. 1949, *38*, S. 232.

Nach dem Drucken wird 20 Minuten bei 100° C gedämpft, in einer Lösung von 50 cm³ Ameisensäure 30% und 10 g Natriumnitrit pro Liter während 1 Minute bei 60° C entwickelt und schliesslich gespült, neutralisiert und geseift.

Gute Ergebnisse erzielt man beispielsweise mit
Cibanaphtol RK und Scharlachbase Ciba V
Cibanaphtol RK und Rotbase Ciba III
Cibanaphtol RK und Rotbase Ciba V usw.

Ausfertigung der Färbungen und Drucke.

Die Endbehandlungsflotte der Färbungen und Drucke mit unlöslichen Azofarbstoffen besteht in einem 100°C warmen, sodahaltigen Seifenbad. Soda und Seife sind beide hierfür unerlässlich, denn die Soda entfernt das Naphtolat vollkommen, worin eine Vorbedingung für einen reinen Weißboden bei Direktdrucken und Ätzen liegt. Von der kochenden Seifenbehandlung hängt die Reibechtheit der Färbung ab.

Die Naphtole AS-BR, AS-SW, AS-GR, AS-SG, AS-SR, AS-BS, AS-LG und AS-L3G lassen sich nicht gänzlich von der Faser ablösen, da sie sehr substantiv sind; sie eignen sich daher weder für den Ätzartikel noch für den Direktdruck auf naphtolierter Ware. Dagegen eignen sie sich gut für das Verfahren, bei dem man verdicktes Naphtolat aufdruckt und dann durch das Diazobad nimmt.

Nach dem *D.RP. 610.170*, 1930 der Böhme-Fettchemie, ebenso nach dem *D.R.P. 621.038* (vgl. Wengraf's, Ber. 1935, Februarheft; R. G.M.C.1935, S. 398) kann bei Drucken und Färbungen die Reinheit des Farbtons und die Reibechtheit der unlöslichen Azofarbstoffe durch Zusätze kleiner Mengen von Fettalkoholsulfaten zu den Seifenbädern (z.B. 2% Seife + 0,5% Natriumdodezylsulfat + 5% Soda) verbessert werden. Gemäss den obenerwähnten *brit. P. 450.868* und *450.981* der Imp. Chem. Ind. (D.F.Z. 1937, S. 23) gibt man zum gleichen Zweck Verbindungen zu, die durch Kondensation von Fettsäuren mit Glyzerin in Gegenwart von Alkalien gebildet werden. Ausdrücklich soll hier betont werden, dass es sich nicht um Triglyzeride, mit einem Worte, um gewöhnliche Fette handelt, sondern um wasserlösliche Ester, die noch freie OH-Gruppen besitzen und nur bei entsprechenden Überschüssen von Glyzerin entstehen (Beispiel: 120 T. Ölsäure, 400 T. Glyzerin, 1 T. Ätznatron bei 280°C). Denselben Gedanken findet man auch im *D.R.P. 634.952* der Böhme-Fettchemie (Chemnitz): durch Vereinigung von nur einem oder zwei Fettresten mit dem Glyzerin oder einem Kohlehydrat bleibt ein (oder mehrere) OH-Rest unsubstituiert, und man erhält bei der Neutralisation Produkte, die nicht als Seifen anzusehen sind, sich in Wasser gut lösen und schaumbildend und erdalkalibeständig sind. Das Patent nennt als Beispiele die Palmitinsäureester der Laktose oder der Saccharose.

Im allgemeinen wird eine Erhöhung der Reibechtheit erzielt, wenn man dem Seifenbad Produkte von sehr hohem Reinigungs- und Dispergiervermögen zusetzt, beispielsweise sulfonierte Fettalkohole (Gardinole von Böhme, Cyklanone der I. G. usw.) oder synthetische Produkte, wie die Igepale (I.G.) oder die Ultravone (Ciba).

Gemäss dem *D.R.P. 679.769* der Chem. Fabr. J. A. Benckiser und A. Volz vom 16. Aug. 1939 wird vorgeschlagen, die mit unlöslichen Farbstoffen bedruckte Ware in einem Bade zu behandeln, das phosphorsaure Salze enthält. In Betracht kommt also Calgon.

Grundsätzlich anders wirkt Intrasol von Stockhausen; obwohl diese aliphatische Sulfosäure weder Netz- noch Schaumvermögen besitzt, ist sie besser als Seife imstande, alle oberflächlich auf der Faser anhaftenden Farbstoffteilchen abzulösen. Ausserdem verhindert Intrasol bei Anwendung von hartem Wasser die Abscheidung von Kalkverbindungen. Allein, d. h. ohne Seife, zur Nachbehandlung angewandt, gewährleistet es eine einwandfreie Reibechtheit.

Für Naphtol AS-Färbungen (Bademäntel und dgl.), welche in bezug auf Bluten den höchsten Anforderungen entsprechen müssen, empfiehlt man, die gefärbte Ware nach dem Seifen einer Nachbehandlung mit einem für diesen Zweck speziell ausgearbeiteten Produkt zu unterwerfen. Dieses Produkt wurde von der I. G. unter dem Namen Solidogen AS in den Handel gebracht. Die Behandlung erfolgt bei 60—90° C während ½ Stunde in einem Bad, das 1—3 g Solidogen AS pro Liter Flotte enthält[1]).

Das Abziehen der Färbungen unlöslicher Azofarbstoffe.

Die Färbungen mit unlöslichen Azofarbstoffen lassen sich nur sehr schwer abziehen. Ein teilweiser Abbau kann durch Natriumformaldehydsulfoxylat und Lauge hervorgerufen und durch Anthrachinon unterstützt werden.

Für das Abziehen von Naphtol AS-Färbungen empfiehlt die I. G. folgende Zusammensetzung des Bades:

1 cm³	Igepal C oder Peregal O
3—4 cm³	Natronlauge 40° Bé
3—4 g	Hydrosulfit konz. und
0,5—1 g	Anthrachinon Teig 30%ig
auf 1 Liter	

Die Behandlung geschieht bei nahezu Kochtemperatur. Dagegen gestattet das in den Patenten der Imp. Chem. Ind. (*franz. P. 748.510, 771.349; D.R.P. 605.913; brit. P. 400.239*) niedergelegte Verfahren einen nahezu vollständigen Abbau dieser Färbungen mit alkalischen

[1]) Drapal, Mell. 1940, S. 235.

Hydrosulfitlösungen, wenn man denselben Amine oder Aminsalze und insbesondere quaternäre mit höheren Fettketten (über 10 C-Atome) substituierte Ammoniumsalze zusetzt (vgl. auch das *franz. P. 752.728;* Rowe, J. Soc. D. and Col. 1936, S. 205), so z. B. das Cetyltrimethylammoniumbromid

$$C_{16}H_{33}-N\begin{matrix} \diagup CH_3 \\ -CH_3 \\ \diagdown CH_3 \end{matrix} \quad \text{Br}$$

Im Sinne des letztgenannten *franz. P. 752.728* aus dem Jahre 1936 behandelt man die Färbungen mit einem Reduktionsmittel in Gegenwart von Aminen oder einer quaternären Ammoniumbase, besonders einer Pyridiniumverbindung; man findet hier beispielsweise das β-Diäthylaminoäthylolcetylamid, dessen Azetat oder Chlorhydrat, das Oktadezylpyridiniumbromid

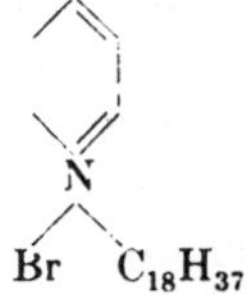

usw. Nach dem neueren *D.R.P. 652.347* erhöhen kleine Zusätze von Anthrachinon oder von dessen Oxy-, Amino-, Alkyl- oder Halogenderivaten diese Abziehwirkung ganz wesentlich. Das *franz. P. 771.349* bezieht sich auf den Abziehprozess von Beizenfärbungen mit denselben Mitteln. Die Patente liegen den Handelserzeugnissen Dekamin A und Lissolamin A der Imp. Chem. Ind. zugrunde, welche sich als sehr energisch wirkende Dispergiermittel erwiesen haben (vgl. hierzu noch *D.R.P. 632.066* und *632.728*; *brit. P. 444.169*; *amer. P. 2.052.612* und *franz. P. 791.217*).

Das *D.R.P. 701.845* und das *franz. P. 820.153* der Ciba empfehlen zur Unterstützung des Abziehens in Natriumhydrosulfit- oder Natriumformaldehydsulfoxylat-Flotten Zusätze von Sulfosäuren höhersubstituierter Amine (z. B. des Laurylbenzylmethylamins) oder hochsubstituierter Benzimidazole (Methylheptadezylbenzimidazol). Auch hier ist ein Zusatz von kleinen Anthrachinonmengen günstig. Einzelheiten hierüber findet man noch im *franz. P. 820.353* derselben Firma: die genannten Benzimidazole entstehen durch Einwirkung von o-Phenylendiamin auf Fettsäuren. Das Abziehbad lässt man bei 90°C einwirken; es enthält 5 g NaOH, 3 g Hydrosulfit und 2 g N-Methyl-ω-heptadezylbenzimidazol, wobei eine nahezu vollständige Entfärbung stattfindet. Diese Benzimidazole sind unter dem Namen Ultravone (vgl. Graenacher, Bull. Föd. II, 3, S. 268) im Handel.

Nach *D.R.P. 701.845* (17. September 1936) der Ciba geschieht das Abziehen der Färbungen unlöslicher Azofarbstoffe in der Weise, dass man die üblichen hydrosulfit- oder sulfoxylathaltigen Abziehbäder mit Sulfosäuren oder Schwefelsäureestern nicht aromatischer Amine, die einen aliphatischen Rest von mindestens zehn Kohlenstoffatomen enthalten, versetzt, z. B. Dodezylmethylbenzylamin, die am Stickstoff alkylierten Benzimidazole (also Ultravone) u. a.

Reserven, welche die Bildung unlöslicher Azofärbungen verhindern.

In den Jahren 1890–1905 war die Erzeugung des oben genannten Artikels ausserordentlich verbreitet; das Verfahren büsste seine Bedeutung durch die Erfindung des Formaldehydsulfoxylats nahezu vollständig ein, da mit Hilfe dieses Reduktionsmittels in einfacher Weise auf fertigen Azofärbungen Weiss- und Buntätzen hergestellt werden konnten. Dagegen eroberte es sich neuerdings seinen Platz in der Drucktechnik beim Erscheinen der Basen, deren Diazoverbindungen nur eine geringe Kupplungsfähigkeit aufweisen, besonders der Variaminblaubase B. Daraus ergaben sich zahlreiche neue und wichtige Fabrikationsverfahren. Die Reserven dieser Art werden durch Aufdruck von Körpern erhalten, die entweder eine Zersetzung, eine Ausfällung oder eine Umwandlung der Diazoverbindung zur Folge haben, oder die die Kupplungsfähigkeit des Naphtols aufheben.

Säuren oder stark saure Salze wirken der Kupplung der Diazokörper entgegen. So erhält man durch Bedrucken der naphtolierten Ware mit Zitronen- oder Weinsäure, mit Natriumpersulfat oder Nitrit+saurem Salz leicht weisse Reservedrucke. Chlorammonium gibt Halbreserven, wenn man es kurz vor dem Passieren durch die Diazolösung aufbringt. Weiter sei hier erwähnt, dass Öhler und Kallab *(D.R.P. 147.632; franz. P. 327.554)* Hydrazin- und Hydroxylaminderivate als Reserven empfohlen haben. Besonders gibt hier sulfoniertes Phenylhydrazin gute Resultate; es wurde unter dem Namen Reserve H verkauft. Da diese Phenylhydrazinsulfosäure nicht löslich ist, gebraucht man zum Druck das Ammoniumsalz (Frb. Ztg. 1903, S. 226).

Gemäss dem *franz. P. 766.957* der I. G. kann man das Verfahren auf unlösliche Azofarbstoffe anwenden, die von den Aryliden der Oxynaphtoesäuren abgeleitet sind.

Man druckt auf ein mit Oxynaphtoesäureanilid naphtoliertes Gewebe:

100 g	sulfoniertes Phenylhydrazinsulfosäure (Reserve H)
246 g	Wasser
50 g	Ammoniak 25%
4 g	Ammoniumrhodanid
600 g	Verdickung
1000 g	

Dann wird getrocknet, durch das Diazobad passiert, mit warmem Wasser gewaschen und geseift. Für Buntätzen können Tanninfarbstoffe (Methylenblau, Brillantgrün, Thioflavin T) und Chromfarbstoffe verwendet werden.

Gandourine (*D.R.P. 108.504*, Fischer's Ber. 1900, S. 476) gab eine Reservierungsmethode an, die auf der Umwandlung des p-Nitrodiazobenzols durch Alkalieinwirkung in das Isodiazotat beruht, welches nicht mehr mit dem Naphtolat kuppelt.

Überdies wurden auch Leim, Paraffin oder Wachs unter Zusatz von organischen Säuren als reservierende Körper angegeben; hier druckt man vor der Imprägnierung mit dem Naphtolklotz, um ein Vergilben der naphtolierten Gewebe zu verhüten (Oswald, Bull. Mulh. 1899, S. 272).

Weiterhin wurde ein Verfahren der Ciba[1]) bekannt, wonach man Xanthogenate als Reservierungsmittel unter Drucken oder Färbungen unlöslicher Azofarbstoffe gebrauchen kann:

$$\mathrm{R{-}O{-}\underset{\underset{\displaystyle S}{\|}}{C}{-}SH} \qquad (\mathrm{R} = \text{Alkyl})$$

Diese Xanthogenate stellt man durch Einwirkung von Schwefelkohlenstoff auf Alkoholate her. Man druckt auf das naphtolierte Gewebe eine Druckfarbe, die 125 g Natriumxanthogenat im kg enthält, nimmt durch die Diazolösung oder überdruckt mit der Diazodruckfarbe.

Das Verfahren mit Xanthogenat gibt ausgezeichnete Resultate. Um jedoch gute Weisseffekte zu erzielen, ist es notwendig, die Ware nach der Entwicklung sehr energisch zu waschen.

Gemäss den späteren Patenten der Ciba: *D.R.P. 702.280* (16. August 1938); *brit. P. 526.689*, 1940 und *franz. P. 851.747* (13. Januar 1940) kann durch Zusatz von Erdalkalisalzen zur Druckfarbe die Wirkung des Xanthogenats bedeutend erhöht werden, so dass ein einfaches Waschen in kaltem Wasser genügt, um vorzügliche Weissreserven zu erzielen. Durch den Zusatz der Erdalkalisalze wird die Wirkung der Xanthogenatreserve derart verstärkt, dass man selbst unter p-Nitranilinrot rein weisse Muster erhält; z. B. druckt man auf naphtolierte Ware folgende Reserve:

500 g	Gummiverdickung 1/1
400 g	Wasser
50 g	Magnesiumchlorid krist.
50 g	Kaliumxanthogenat
1000 g	

Nach dem Trocknen wird in diazotiertem p-Nitranilin entwickelt und anschliessend in kaltem Wasser gewaschen. Nach dem

[1]) R. Haller, *franz. P. 739.810*, 1932; *brit. P. 387.922; D.R.P. 577.702;* Tiba 1933, S. 347; R.G.M.C. 1933, S. 386; R.G.M.C. 1934, S. 111; Journ. f. prakt. Chemie *41*, S. 183.

nämlichen Verfahren werden Buntreserven hergestellt, indem man einer Druckfarbe, die ein Indigosolfarbstoff und Natriumnitrit enthält, Magnesiumsulfit und Kaliumxanthogenat zusetzt und auf naphtolierte Ware aufdruckt. Nach dem Trocknen wird in einer Diazolösung entwickelt und nach einer Luftpassage durch heisse, verdünnte Schwefelsäure (20 g H_2SO_4 66° Bé pro Liter) zwecks Entwicklung des Indigosolfarbstoffs genommen, worauf man gründlich spült.

Ein anderes Reserveverfahren findet man im *brit. P. 405.005* (Hardcastle-Schwabe-Parker). Hier wird auf die noch nicht naphtolierte Ware eine Paste aufgedruckt, in der ein Aluminiumsalz (Formiat) und ein Mangansalz verteilt wird. Die *brit. P. 386.365* und *421.466* von Schwabe-Parker beabsichtigen die Herstellung von Ton-in-Ton-Effekten durch Erzeugung einer halbdurchlässigen Membran auf der Faser, wodurch ein Eindringen des Farbstoffs verhindert wird. Man druckt eine Naphtoldispersion vor, die mit Kolloresin verdickt ist und überpflatscht dann mit Naphtolat. An den Druckstellen bildet sich dann das halbdurchlässige Häutchen. Schliesslich passiert man durch die Diazolösung. Das *amer. P. 2.031.546*, ebenfalls von Schwabe-Parker, schützt ein ähnliches Verfahren. Die auf unpräpariertes Gewebe zu druckende Reserve ist aus Aluminiumazetat + Verdickung + nativer Stärke und einem Hydrolysierungs- und Peptisierungsmittel, nämlich Rhodanammonium, zusammengesetzt. Derartig vorgedruckte Stücke kann man ohne weiteres vor dem Färben längere Zeit liegenlassen, da die Reserve sehr lagerbeständig ist. Hier findet man das wohlbekannte Prinzip der halbdurchlässigen Membranen (A. Haller-Zeidler) wieder, die als mechanische Schutzkörper dem Eindringen des Naphtols oder des Diazokörpers in die Faser entgegenwirken; auch die Verwendung der nativen Stärke wurde schon früher im *öst. P. 126.753* veröffentlicht. Weitere Einzelheiten des Schwabe-Parker-Verfahrens findet man noch im *D.R.P. 629.895;* vor allem wurde die Beobachtung gemacht, dass derartige Reserven bei sehr substantiven Naphtolmarken am Platze sind, auch beim Mitdrucken von Farbstoffen, die eine Entwicklung verlangen, wie Rapidogene, Rapidechtfarbstoffe und Anilinschwarz (R.G.M.C. 1937, S. 237; *D.R.P. 638.755, 642.581;* R.G.M.C. 1938, S. 103 und 225).

Die wichtigsten Reserveverfahren beruhen auf der Anwendung von Zinnsalz (Koechlin Frères, F. Binder), von Sulfiten (Tigerstedt), von Tannin (Langer, Romann, J. Koechlin, Rolffs), von Persulfaten (M.L.B.), von sauren Salzen, wie insbesondere von Tonerdesulfat oder von Salzen, die im Dampf Säure entwickeln (Ammoniumoxalat).

Unter den vorgenannten Verfahren ist es einzig und allein das Reserveverfahren mit Tonerdesulfat, das für die Reservierung von Variaminblau B üblich ist.

Zinnsalzreserven[1]): Dieses Verfahren, mit dem man schöne Reserven unter Pararot erhält, beruht auf der Beobachtung (V. Meyer), dass das p-Nitrodiazobenzol durch Zinnsalz in Phenylhydrazin umgewandelt wird (Ber. 1883, S. 3976). Ein Nachteil liegt darin, dass die Faser durch Dissoziation des Zinnsalzes geschwächt wird und auch im etwas gelblichen Ton der Weissreserven, die beim Lagern noch etwas nachdunkeln. Ausser dem Zinnsalz enthält die Druckfarbe noch organische Säuren, welche die Wirkung des Salzes unterstützen, und rein mechanische Reservierungsmittel, wie Pfeifenton, Leimlösung, Wachs oder Paraffin.

Zinnsalz-Weissreserve.

	I	II	III	IV	
Zinnsalz	400	500	300	250	
Gummiverdickung	400	—	550	250	saure Stärkever-
Zitronensäure	100	—	50	—	dickung
Weinsäure 1/1	—	150	—	50	
Glukose.	100	—	—	—	
Kaolin-Gummiverdickung .	—	350	—	350	Leimlösung 1:2
Chinaclay	—	—	100	100	
	1000 g				

Man druckt die Farbe auf mit β-Naphtol präparierten Stoff, dämpft kurz im Schnelldämpfer, foulardiert mit der Diazolösung, passiert durch ein Schwefelsäurebad von 3°Bé, wäscht, seift in Strangform und spült.

Da die Druckfarben Zinnsalz enthalten, muss nach dem Drukken gleichmässig und bei niederer Temperatur getrocknet werden, um eine Faserschwächung und ein Vergilben der Reserven zu verhüten.

Das Diazobad wird ziemlich schnell unbrauchbar durch die sich lösenden Bestandteile der Reserven. Nach dem Entwickeln müssen die Stücke möglichst anschliessend gewaschen werden, da sonst der Weisseffekt darunter leidet.

Buntreserven werden mittels Pigmenten - durch Albumin fixiert - und basischen oder Küpenfarbstoffen erhalten.

60 g Methylenblau NNX
75 g Azetin
235 g Stärke-Tragantverdickung
100 g Zitronensäure
180 g Tannin 1/1
50 g Weinsäure
300 g Zinnsalz
1000 g

[1]) Koechlin Frères in Mülhausen (versiegeltes Schreiben v. J. 1888 bei der Soc. Ind. de Mulhouse; Bull. Mulh. 1900, S. 44; R.G.M.C. 1900, S. 136) und F. Binder (Bull. Mulh. 1900, S. 92; R.G.M.C. 1900, S. 171).

Nach dem Druck auf naphtolpräparierter Ware nimmt man kurz durch einen Dämpfkasten, entwickelt dann auf dem Foulard mit der Diazolösung, führt durch ein 3%iges Schwefelsäurebad, wäscht, seift und spült. Die basischen Farbstoffe können auch ohne Tannin gedruckt werden.

Durch diese Art Buntillumination mit Zinnlacken erhält man sehr lebhafte Farbtöne, die jedoch schlechte Echtheiten aufweisen. Unter den Farbstoffen, die sich mit Zinnchlorür fixieren lassen, ist besonders das Rhodamin 6 G zu nennen, das ein sehr lebhaftes Rosa gibt.

Um die Wasch- und Lichtechtheit der Bunteffekte zu erhöhen, können die basischen Farbstoffe nach der gewöhnlichen Art mit Tannin fixiert werden. Nachfolgend geben wir einige Druckfarbenrezepte aus der Praxis:

Basische Farbstoffe mit Tannin fixiert.

Gelbreserve:	40 g	Thioflavin T
	40 g	Ameisensäure 90%
	60 g	Azetin oder Alkohol
	365 g	Gummiverdickung
	75 g	Weinsäure
	120 g	Tannin 1:1
	300 g	Zinnsalz
	1000 g	
Blaureserve:	235 g	Stärke-Tragantverdickung
	60 g	Methylenblau NNX
	75 g	Azetin oder Alkohol
	100 g	Zitronensäure
	180 g	Tannin 1:1
	50 g	Weinsäure
	300 g	Zinnsalz
	1000 g	
Violettreserve:	40 g	Tanninheliotrop T
	100 g	Glyzerin
	300 g	Wasser
	560 g	Gummiverdickung
	425 g	Industriegummi
	625 g	Zinnsalz
	250 g	Weinsäure 1:1
	200 g	Tannin-Wasser 1:1
	2500 g	

Es konnte festgestellt werden, dass Titansalzreserven, z. B. solche aus $Ti_2(SO_4)_3+NH_4CNS+$Stärkeverdickung, bessere Ergebnisse liefern (vgl. Nanson, Text. Col. 1928; A.C.I.T., 1928, S. 105). Buntreserven stellt man mittels basischer Farbstoffe mit Tanninzusatz oder mit Pigmentfarbstoffen her.

Sulfitreserven[1]). Tigerstedt in Serpoukoff, Russland, hat als erster die Sulfite als Reservierungsmittel unter Azofärbungen vorgeschlagen. Unabhängig davon führte M. Richard[2]) den Artikel — dunkles Alizarinblau unter Pararot — aus. Für die Sulfitreserven ist die Bildung eines Diazosulfonats, das nicht mehr kupplungsfähig ist, charakteristisch. Tigerstedt druckte auf ein mit Naphtol und Antimonsalz präpariertes Gewebe eine Weissreserve, bestehend aus Bisulfit, Natronlauge und Glyzerin.

Sulfit-Weissreserve:

145 g	Pottasche (K_2CO_3)
120 g	Wasser
490 g	Natriumbisulfit 38° Bé
60 g	Weizenstärke
90 g	Britishgum oder geröstete Stärke
95 g	Gummiverdickung
1000 g	

Meist wird das sehr gut lösliche Kaliumsulfit allen anderen Sulfiten vorgezogen.

Nach dem Druck wird durch den Dämpfkasten und hierauf durch die Diazolösung genommen. Buntreserven enthalten Pigmentfarbstoffe, substantive Farbstoffe, Chromfarbstoffe und basische Farbstoffe (Tannin-Brechweinsteinlackbildung oder — nach Bourcart — Ferrocyanzinklacke, wobei man der Naphtolatlösung gelbes Blutlaugensalz zugibt, Bull. Mulh. 1912, S. 595). Die Sulfitreserve fand hauptsächlich beim Pararot und bei einigen Naphtol AS-Färbungen Anwendung, ist aber nicht für das α-Naphtylaminbordeaux geeignet. Das Weiss ist im allgemeinen besser als dasjenige der Zinnsalzreserve; eine Faserschwächung findet nicht statt.

Richard[3]) erhielt mit der Sulfitreserve unter Pararot einen Blau-Rot Artikel unter Verwendung von Alizarinblau. Man geht folgendermassen vor:

Auf das mit Naphtolat und Rotöl präparierte Gewebe druckt man die Blaureserve:

Alizarinblau	200 g
Kaliumsulfit 45° Bé	300 g
Chromazetat 20° Bé	300 g
Stärke-Tragantverdickung	1000 g
	1800 g

Dann wird getrocknet, durch den Schnelldämpfer passiert, mit Diazolösung gepflatscht, eine Luftpassage gegeben, gewaschen, geseift, gespült und getrocknet.

[1]) Tigerstedt in Serpoukoff, Russland, R.G.M.C. 1901, S. 175; Bull. Mulh. 1901, S. 269.

[2]) M. Richard, Bull. Mulh. 1901, S. 97, 161 und R.G.M.C. 1901, S. 101 und 143.

[3]) R.G.M.C. 1901, S. 161.

Für die Gelbreserve benutzte Richard folgende Farbe:

250 g Kreuzbeerenextrakt 30° Bé
300 g Zinnazetat 20° Bé
350 g Kaliumsulfit 45° Bé
1000 g Verdickung

1900 g

Bourcart (Bull. Mulh. 1912, S. 595)[1]) verwendete Zinkferrocyanid, um die basischen Farbstoffe zu fixieren. Zuerst wird der Stoff mit β-Naphtol und Kaliumferrocyanid präpariert, denen zur Stabilisierung Brechweinstein zugesetzt wird.

β-Naphtol-Präparation

32 g Kaliumferrocyanid
200 g Wasser
30 g β-Naphtol
12 g NaOH
30 g Rotöl
6 g Glyzerin
2 g Brechweinstein
50 g Wasser

auf 1 Liter einstellen.

Die Druckfarbe enthält ein Zinksalz, den basischen Farbstoff und als Reservemittel das Kaliumsulfit. Kalium- und Zinksulfit wirken als Fixier- und Reservemittel.

Reserve nach Bourcart

40 g Thioflavin T
10 g Thioninblau O
30 g Alkohol
40 g Glyzerin
230 g Wasser
500 g Stärke-Tragantverdickung
150 g Kalium- und Zinksulfit

1000 g

Nach dem Drucken wird getrocknet, durch den Schnelldämpfer passiert, in der Diazolösung foulardiert und geseift.

Rezept für Illumination mit Albuminfarbstoffen:

250 g Kaliumsulfit 45° Bé
300 g Stärke-Tragantverdickung
250 g Bleichromatteig
150 g Albumin 1:1
50 g Glyzerin

1000 g

Die Stücke können nicht lange vorher präpariert werden, da β-Naphtol bereits nach 24 Stunden eine Braunfärbung hervorruft.

[1]) Oswald wendete diesen Prozess erstmals bei Prochoroff im Jahre 1893 an.

Um diesen Nachteil zu beheben, geben Lauber und Caberti (*D.R.P. 79.802)* dem Foulardierbad alkalische Lösungen von Antimonsalz und Glyzerin zu.

Nach Oswald (Bull. Mulh. 1899, S. 272) kann dem folgendermassen abgeholfen werden: man druckt zuerst die Reserve auf, pflatscht mit β-Naphtolat und stellt wie üblich fertig. Den Druckfarben wird in diesem Fall eine organische Säure, eine aliphatische Verbindung, Paraffin, Leim usw. zugegeben. (Siehe auch Depierre, *4*, S. 229.)

Weissreserve mit Paraffin

30 l Wasser
6 kg Leim
6 kg Paraffin, schmelzen und mit
18 kg gerösteter Stärke anteigen, kochen,
24 kg Weinsäure auflösen, auf 40°C abkühlen und
3 l Terpentinöl zugeben.

Diese Druckfarbe muss warm gedruckt werden. Nachher wird mit β-Naphtolat gepflatscht, auf der Trockentrommel getrocknet und mit der Diazolösung foulardiert. Die Gelbreserve wird mit Bleinitrat erzielt und in diesem Fall passiert man nach dem Entwickeln in einem Bichromatbad. Die Blaureserve erhält man durch Auflösen von Berlinerblau in Oxalsäure. Diese Lösung gibt man der Weissreserve zu. Das Berlinerblau wird auf dem Stoff durch die Natronlauge des β-Naphtolbades niedergeschlagen. (Depierre, *4*, S. 230).

Tanninreserven: Dieses Verfahren wurde durch Romann[1]), Langer[2]) und Juste Koechlin[3]) erfunden. Trotz der Priorität der Arbeiten von Langer und Romann wurde das Verfahren der Firma Rolffs in Deutschland patentiert[4]), woraus sich Prozesse und andere Streitigkeiten entwickelten.

Tannin gibt mit den Diazokörpern unlösliche Verbindungen, die nicht mehr mit den Naphtolen kuppeln. Dank der Möglichkeit der Erzielung schöner Buntreserven mit basischen Farbstoffen hatte das Verfahren einen ausserordentlichen Erfolg; auf Pararot konnte man in vollkommener Weise den Schlieper-Baum'schen Rotblauartikel auf Türkischrot nachahmen.

Verfahren von Romann: Für Weissreserven verwendet man eine Tanninfarbe (250/1000), für Buntilluminierung setzt man basische Farbstoffe zu. Man dämpft 1 Stunde, pflatscht mit der

---

1) Sitzung der Soc. Ind. Mulh. vom 8. Dezember 1897, Bull. 1897, S. 152.

2) Langer, versiegeltes Schreiben, einger. bei der Soc. Ind. von Rouen 1894, veröff. im Januar 1898, Bull. Mulh. 1899, S. 76; R.G.M.C. 1900, S. 22; Bull. Rouen 1898 S. 145.

3) Versiegeltes Schreiben vom Jahre 1895; Bull. Mulh. 1899, S. 74; R.G.M.C. 1900, S. 22.

4) *D. R. P. 113.238, 116.694* (17. März 1898); Bull. Mulh. 1900, S. 94.

β-Naphtollösung, passiert im Diazobad, spült und seift. Für Reinweiss wird anschliessend noch gechlort.

Verfahren von Langer: Man druckt auf den mit β-Naphtolat präparierten Stoff die Tannin enthaltende Reserve und färbt in p-Nitrodiazobenzol aus. Das Tannin schlägt das p-Nitrodiazobenzol nieder, bevor es mit dem β-Naphtol kuppeln kann und ergibt so eine Weissreserve. Für Buntreserven fügt man der Reserve basische Farbstoffe zu. Vor dem Ausfärben müssen sie dann im Schnelldämpfer gedämpft werden, um die basischen Farbstoffe mit dem Tannin zu fixieren.

Weissreserve nach Langer

400 g	Tannin
250 g	Wasser
200 g	Gummiverdickung
50 g	Glyzerin
100 g	Seifenlösung
1000 g	

Nach dem Ausfärben wird gewaschen und geseift. Um die basischen Farbstoffe besser zu fixieren, kann man vor dem Seifen durch ein Brechweinsteinbad passieren, was jedoch nicht unbedingt nötig ist. Man kann noch einfacher den Brechweinstein dem β-Naphtol zusetzen.

Verfahren von Juste Koechlin: Auf einen nicht vorbehandelten Baumwollstoff druckt man eine Tanninfarbe (250 g/kg) auf, dämpft 2 Stunden, pflatscht mit einer Picotwalze eine β-Naphtollösung auf, trocknet und passiert durch die Diazolösung. Nachher wird gewaschen, geseift, gespült und getrocknet.

Patent von Rolffs: ist mit dem Verfahren von Langer identisch.

Man geht nach folgendem Arbeitsschema vor:

1. Druck von Tanninfarben auf naphtoliertes Gewebe,
2. Dampfpassage,
3. Passage durch die Diazolösung,
4. Brechweinsteinpassage,
5. Waschen, Seifen und Spülen.

Da das Dämpfen der naphtolierten und bedruckten Ware wegen der Empfindlichkeit des Naphtolats — Sublimation oder Verflüchtigung im Wasserdampf — nachteilig ist, schlug M. Battegay an Stelle des β-Naphtols zur Präparation die 2-Oxy-1-naphtoesäure vor (R.G.M.C. 1914, S. 283; Bull. Mulh. 1914; *D.R.P. 238.841* von Bayer & Co.).

Der Stoff wird präpariert mit:

20 g	2-Oxy-1-naphtoesäure
27 g	NaOH 36° Bé
60 g	Rotöl
200 g	warmes Wasser

auf 1 Liter verdünnen und
3 g Brechweinstein zusetzen.

Nach dem Trocknen druckt man z. B. folgende Buntreserve auf:

35 g	Modernviolett (DH)
153 g	warmes Wasser
50 g	Azetin 1:1
7 g	Kreuzbeerenextrakt 30° Bé
10 g	Rongalit C
500 g	Stärke-Tragantverdickung
100 g	Tannin
120 g	Wasser
25 g	Chromazetat 19° Bé
1000 g	

Man trocknet, dämpft 4—5 Minuten, färbt im Diazobad, wäscht, seift, spült und trocknet.

Für den Blaurotartikel können auch verschiedene Gallofarbstoffe, die sich mit Chrom und Tannin drucken lassen, angewendet werden, z. B. Galloviolett DF-Pulver, Gallomarineblau 2 CB, Modernviolett usw.

Blaureserve mit Galloviolett DF

30 g	Galloviolett DF in Pulver
250 g	essigsaure Stärke-Tragantverdickung
200 g	Britishgum 1:1
200 g	Tragantschleim 65/1000
60 g	essigsaures Chrom 20° Bé
80 g	Tannin-Essigsäure 1:1
30 g	Glyzerin
150 g	Wasser
1000 g	

Man druckt auf Naphtolgrund (15 g β-Naphtol pro Liter), dämpft 2-3 Minuten im Schnelldämpfer und klotzt mit der Diazolösung des p-Nitranilins. Anschliessend wird die Ware zuerst durch heisses Wasser genommen und dann durch ein 30°C warmes Bad, das mit 2 g Bichromat und ½ g Soda kalz. pro Liter beschickt ist. Zum Schluss wird gespült, bei 60°C geseift, gespült, getrocknet und gechlort.

Persulfatreserven: *D.R.P. 83.964,* M.L.B.; Fischer's Ber. 1895, S. 981. Das Verfahren beruht auf der Zerstörung des Naphtolüberschusses durch die oxydative Wirkung des Natrium- oder Ammoniumpersulfats. Die Persulfate greifen weder das tetrazotierte Dianisidin noch das aus diesem Körper durch Kupplung mit Naphtol entstehende Blau an. Das Verfahren fand Anwendung im Blaurotartikel. Man druckte auf naphtolierte Ware tetrazotiertes Dianisidin + Kaliumpersulfat + Kupferchlorid; nach dem Trocknen liess man durch einen Dämpfkasten laufen, wobei der Überschuss des Naphtols durch das Persulfat zerstört wurde; dann klotzte man in p-Nitrodiazobenzollösung, wobei die Kupplung nur noch an den unbedruckten Stellen stattfand. Ein Braunwerden des Pararots (durch Berührung mit den Kupfersalzen) lässt sich durch Zuatz von Ammoniumoxalat zur Diazolösung vermeiden. Das Rot aus p-Nitro-o-anisidin wird durch Kupfersalze nicht beeinflusst und ist deshalb zweckmässiger. Die Druckfarbe hat folgende Zusammensetzung:

495 g	Verdickung
396 g	Tetrazolösung des Dianisidins
59 g	Kaliumpersulfat
50 g	Kupferchlorid 40° Bé
1000 g	

Tetrazolösung

40 g	Dianisidinsalz
250 g	Wasser
25 g	Salzsäure 22° Bé
620 g	Wasser
65 g	Nitritlösung 300:1000
1000 g	

Hier sei noch kurz ein Verfahren von Bloch und Schwartz (Bull. Mulh. 1894, S. 122) erwähnt, welches auf der Abstumpfung des Naphtols an den bedruckten Stellen durch Dianisidin beruht, worauf dann beim Färben mit p-Nitrodiazobenzol dort eine Anfärbung mit p-Nitranilinrot nicht mehr möglich ist.

Tonerdesulfatreserven: Der Blaurotartikel konnte durch die Erfindung der Naphtol AS-Körper in ausserordentlich erfolgreicher Weise mit Hilfe dieses Verfahrens (p-Nitranilin + Dianisidinblau und neuerdings Variaminblau + Echtrot TR, 3 GL Basen usw.) ausgebaut werden. Es ist hauptsächlich der Erfindung der Variaminblaubase, sowie der Echtblau BB und RR Basen zu verdanken, dass dieser Artikel nunmehr wohl zum Bestand nahezu aller Druckereien gehört. Das Tonerdesulfatverfahren, von Griesheim vorgeschlagen, wurde zuerst auf Naphtol AS — reserviert mit Dianisidinblau, ausgefärbt mit p-Nitranilin — angewendet (Verfahren von Tschudi). Man druckt auf naphtolgeklotztes Gewebe die verdickte Diazolösung von p-Nitranilin (oder eine solche von Echtrot- oder Echtorangebase) + 120 g Tonerdesulfat im kg Druckfarbe und nimmt ohne zu dämpfen durch die Diazolösung (tetrazotiertes Dianisidin).

Verfahren von Tschudi

Naphtol AS-Präparation

36 g	Naphtol AS
300 g	kochendes Wasser
35 g	NaOH 10° Bé
60 g	Türkischrotöl 50%
30 g	Natriumazetat, auf
1500 g	stellen.

Färbebad

500 g	tetrazotiertes Dianisidin
50 g	essigsaure Tonerde 13,5° Bé
400 g	Eis
50 g	Natriumazetat 15° Bé
1000 g	

Rotreserve

580 g	Stärke-Tragantverdickung
120 g	Tonerdesulfat
280 g	Diazolösung von p-Nitranilin
20 g	Natriumazetat 15° Bé
1000 g	

Variaminblaureserveartikel.

Der Blaurotartikel hat durch den Variaminblaureserveartikel die höchste Vollkommenheit und Schönheit erreicht. Dieses einfache Reservierungsverfahren ist der geringen Kupplungsfähigkeit des Variaminblausalzes zu verdanken.

Die in der Färberei so nachteilige Empfindlichkeit der Diazoverbindung der Variaminblaubase gegenüber Säuren erwies sich umgekehrt als ein ganz besonderer Vorteil bei der Herstellung von Reservedrucken; gerade durch diesen Umstand war es möglich, einen allbekannten, für die Druckereien lebenswichtigen, farbenprächtigen Artikel zu schaffen. Es genügt der blosse Aufdruck einer Farbe, die 100–120 g Tonerdesulfat im kg enthält, auf naphtoliertes Gewebe, um an den Druckstellen jede Kupplung der Diazolösung zu unterbinden, während die Kupplung der Rot- und Orangebasen dabei in keiner Weise behindert ist. Dadurch kann man unschwer eine Weissreserve neben Orange- und Rotreserven erhalten, die sich sehr schön vom marineblauen Grund abheben.

Auf Kunstseidengeweben, zu welchen das Naphtolat eine grössere Affinität besitzt, soll die Wirkung des Aluminiumsulfats durch verschiedene Zusätze unterstützt werden.

An Stelle von Tonerdesulfat kann Kaliumalaun verwendet werden. Wegen der ungenügenden Löslichkeit dieses Produkts (bei gewöhnlicher Zimmertemperatur weniger als 10%) besteht jedoch die Gefahr einer Auskristallisation in der Druckfarbe. Dieser Nachteil kann behoben werden, indem man die Farbe mit Milchsäure versetzt, welche die Löslichkeit des Alauns infolge Komplexbildung bedeutend erhöht. Gute Ergebnisse können beispielsweise mit folgender Weissreserve erzielt werden (Scheurer-Laut & Co., Thann i. Elsass):

700 g	Stärke-Tragantverdickung	unter ständigem Rühren auf 80°C erwärmen, bis der Alaun vollständig gelöst ist.
180 g	Wasser	
80 g	Kaliumalaun	
40 g	Milchsäure 50%	
1000 g		

Als Reservemittel unter Variaminblau soll Milchsäure allein ebenfalls mit gutem Erfolg Anwendung finden.

Beim Lagern von bedruckten, aber unentwickelten Stücken kommt es manchmal vor, dass die Aluminiumsulfatreserve abfleckt und so die Bildung des Variaminblaufonds örtlich verhindert. Dieser schwere Fehler, der zu grossen finanziellen Verlusten führen kann, tritt besonders dann auf, wenn das Aluminiumsulfat in der Druckpaste teilweise oder ganz durch Glykolsäure, Milchsäure oder ähnliche Säuren ersetzt wird. In der Praxis können die fehlerhaften Stücke wieder korrigiert werden, indem man sie vor der Entwicklung auf der bedruckten Seite mit verdünnter Natronlauge überpflatscht und dann trocknet. Diese Operation wird am vorteilhaftesten mit einer 1000-Punktwalze auf der Druckmaschine ausgeführt.

Nach dem *D.R.P. 531.474* der I. G. setzt man der Tonerdesulfatreserve Weinsäure oder einen anderen, sauer reagierenden Körper zu; hier verbessern ausserdem Zusätze von Milchsäure oder Glykolsäure oder deren Salze den Ausfall besonders in feinen Druckpartien[1]). Der genannte Reserveartikel verlangt keine Ausfertigung im Dampf; nach dem Druck nimmt man einfach auf dem gewöhnlichen Foulard im vollen Bad durch eine Variaminblausalzlösung. Es hat sich herausgestellt (*brit. P. 389.853* der Bleachers Ass., auch *brit. P. 404.304; franz. P. 743.329; amer. P. 2.046.425* und *D.R.P. 608.847* der I. G.), dass die Farbausbeute gesteigert wird, wenn man das Gewebe nach dem Diazobad während 10–20 Sek. zwischen 2–3 geheizten Platten hindurchführt. Hierüber wurde bereits gelegentlich der Besprechung der Variaminblaufärberei berichtet, aber das Verfahren scheint vor allem für den Reserveartikel eine besondere Bedeutung zu haben. Am Schluss folgt eine Passage durch ein Salzsäurebad (20 g HCl im Liter bei 90°C) oder durch ein Bisulfitbad, worauf man spült und seift. Das Gewebe darf keine Spuren von ungekuppelter Diazolösung in das Seifenbad mitschleppen, weil sonst

[1]) Mell. 1938, S. 520.

das Reserveweiss stark angebläut wird (siehe Rath, Mell. franz. Ausgabe 1929, Nr. 3).

Zur Buntreservierung des Variaminblaus kann man noch basiche Farbstoffe (diese Fabrikation ist von geringem Interesse), Chrom- oder Küpenfarbstoffe benützen, doch sind für diesen Artikel die Indigosole am geeignetsten. Auf diesem Gebiet kann man zwei Gruppen unterscheiden:

a) Dämpfverfahren,

b) Verfahren ohne Dampfanwendung.

Als reservierende Mittel verwendet man bei den Indigosolen Säuren oder Körper, welche Säure abgeben (Ammoniumoxalat) oder auch saure Salze (Tonerdesulfat).

Dämpfverfahren.

Das Natriumchloratverfahren laut *D.R.P. 551.508*, *551.525* und *555.304* von Durand & Huguenin A.G.

1. Die naphtolierte Ware wird mit einer Druckfarbe, bestehend aus Indigosol+Ammoniumoxalat+Natriumchlorat+Ammoniumvanadat bedruckt, getrocknet, gedämpft und in einer Lösung von Variaminblausalz B entwickelt. Die Ausbeute lässt hier häufig zu wünschen übrig, da einerseits die Farben nicht genügend beständig sind und andererseits die Reserven nicht sehr klar sind (siehe diesbezüglich den Aufsatz von Krostewitz in Mell. 1931, S. 585, worin man einige bemerkenswerte Einzelheiten findet).

Druckfarbe

30 g	Indigosolgrün IBA
50 g	Debesolvol IND
155 g	heisses Wasser
460 g	Stärke-Tragantverdickung
5 g	Ammoniak 25%
50 g	oxalsaures Ammonium
100 g	Wasser
12,5 g	Natriumchlorat
37,5 g	heisses Wasser
100 g	vanadinsaures Ammonium 1%
1000 g	

2. Folgende Abänderung dieses Verfahrens hat in einigen mitteleuropäischen Druckereien Eingang gefunden: als Reservierungsmittel verwendet man Tonerdesulfat, dem man Natriumchlorat als oxydierende Substanz zugibt; die Druckfarben enthalten kein Vanadat. Nach dem Trocknen der Drucke und kurzem Dämpfen nimmt man unmittelbar durch das Variaminblausalzbad und fertigt in einem Säurebad bei 70°C aus, worauf man spült. Frisch bereitete Farben

geben hierbei gute Reservewirkungen, doch lassen sie sich leider nicht lange aufbewahren.

Druckfarbe

30 g	Indigosolgoldgelb IGK	
30 g	Fixierer CDH	oder 60 g Debesolvol IND
30 g	Glyecin A	
239 g	heisses Wasser	
450 g	Stärke-Tragantverdickung	
200 g	Aluminiumsulfat 1:1	
20 g	Natriumchlorat	
1 g	Natriumkarbonat kalz.	
1000 g		

Verfahren ohne Dampfanwendung.

Das Bleichromatverfahren (*amer. P. 1.890.138* der I. G.) wird noch jetzt häufig angewendet. Man druckt auf die naphtolierte Ware eine Druckfarbe, die aus Indigosolfarbstoff + Kaliumsulfit + Rhodanammonium + Chromgelb (60% Teig) besteht.

Druckfarbe nach Durand-Huguenin

80 g	Indigosolgoldgelb IGK
70 g	Dehapan O
255 g	heisses Wasser
400 g	neutrale Stärke-Tragantverdickung
65 g	Natriumbisulfit 38 Bé oder Kaliumsulfit 45° Bé
10 g	Rhodanammonium
120 g	Chromgelb-Teig 60%
1000 g	

Die Ausbeute nach dem Chromatverfahren lässt sich noch durch Ersatz des Kaliumsulfits und Ammoniumrhodanids durch Zinksulfat verbessern. Folgende Farbe wird empfohlen:

Druckfarbe

40 g	Indigosolgoldgelb IGK
50 g	Glyecin A
300 g	heisses Wasser
470 g	Stärke-Tragantverdickung
70 g	Chromgelb-Teig 60%
70 g	Zinksulfat
1000 g	

Nach dem Drucken und Trocknen wird unmittelbar, ohne zu dämpfen, in einer Lösung von Variaminblausalz B geklotzt und nach einem Luftgang von 30 Sekunden durch ein Bad mit 20 cm³ Salzsäure 19° Bé pro Liter bei 90°C während 30 Sekunden genommen. Diese Methode zeichnet sich nicht nur durch die Schönheit des Ausfalls der Buntreserven aus, sondern es ist auch bemerkenswert, dass in der Druckfarbe gleichzeitig das reservierende und reduzierende Mittel (Sulfit) und das für die Entwicklung der Indigosole nötige Oxydationsmittel enthalten ist. Die Wirkung von Substanzen entgegengesetzter Reaktion in einer Farbe lässt sich nur dadurch erklären, dass die beiden Körper zu verschiedenen Zeitpunkten reagieren: zuerst die Sulfitreserve und dann das Oxydationsmittel (Chromsäure), das für den Indigosolfarbstoff in Betracht kommt.

Das Kupfersulfatverfahren nach dem *brit. P. 372.190* von Durand & Huguenin beruht auf dem Aufdruck einer Farbe aus Indigosol + Zinksulfat oder Natriumbichromat; nach dem Trocknen des Drucks wird in Variaminblausalz B entwickelt, dann schaltet man einen Luftgang ein und führt 2 Sekunden durch ein 70°C warmes Bad, das Kupfersulfat + Schwefelsäure enthält. Nach diesem Patent kann auch das Kupfersulfat durch Peroxyd ersetzt werden.

Druckfarbe

40 g	Indigosolgoldgelb IGK
60 g	Glyecin A
250 g	heisses Wasser
600 g	Stärke-Tragantverdickung
50 g	Zinksulfat
1000 g	

Das Tonerdechloratverfahren: Hier gibt es zwei Möglichkeiten:

a) der Naphtolklotz enthält Vanadat, die Druckfarbe Natriumchlorat und Tonerdesulfat;

b) der Naphtolklotz enthält Natriumchlorat, die Druckfarbe Tonerdesulfat und Vanadat.

Nach a) wird das mit dem Naphtolat + Ammoniumvanadat gepflatschte Gewebe mit einer Paste bedruckt, in der Natriumchlorat +Tonerdesulfat enthalten sind, worauf man auf dem Foulard durch eine Lösung von Variaminblausalz B nimmt. Der Zusatz des Vanadats zur Naphtollösung ist darum nicht empfehlenswert, weil die Imprägnierung dann sehr wenig haltbar ist.

Naphtol-Präparation nach Durand-Huguenin

17,5 g	Naphtol AS
20 g	Natronlauge 34° Bé
16 g	Monopolbrillantöl
846,5 g	kochendes Wasser lösen und
100 g	Ammoniumvanadat 1% heiss zugeben

auf 1 Liter einstellen

Druckfarbe

30 g	Indigosoldunkelblau IGG
60 g	Glyecin A
250 g	Wasser
500 g	Stärke-Tragantverdickung
40 g	Aluminiumsulfat 1:1
120 g	Aluminiumchlorat 25° Bé
1000 g	

Es ist hier auf die Notwendigkeit hinzuweisen, das Ammoniumvanadat der heissen Naphtollösung zuzusetzen und die Ware heiss zu klotzen. Nach den Angaben der Firma Durand & Huguenin vermindert die Zugabe von Ammoniumvanadat in keiner Weise die Haltbarkeit der naphtolierten Ware.

Das Verfahren nach b) ist das neuere und besser anwendbare. Der Zusatz des Chlorats zur Naphtollösung verändert nicht die Beständigkeit des Klotzes oder die Haltbarkeit der Gewebe. Auch ist es günstig, dass die Reservefarben keine chlorsaure Tonerde enthalten, welche sich im Aufdruck bildet und dadurch vollständig reserviert. Man geht also so vor, dass man zuerst mit Naphtolat und Natriumchlorat imprägniert, eine Druckfarbe aus Indigosol, Ammoniumvanadat und Tonerdesulfat aufdruckt, trocknet und in einer Lösung von Variaminblausalz B entwickelt. Es wäre hierzu noch zu bemerken, dass bei diesem Verfahren ein Dämpfen die Farbausbeute wesentlich steigert, so dass man es logischerweise unter die Dämpfverfahren einreihen müsste. Die Ergebnisse sind hinsichtlich der Reinheit der Buntreserven und der Beständigkeit der Druckfarben hervorragend gut.

Naphtolpräparation

17,5 g	Naphtol AS
20 g	Natronlauge 34° Bé
16 g	Monopolbrillantöl
886,5 g	kochendes Wasser, lösen, dann
10 g	Natriumchlorat in
50 g	Wasser zugeben
1000 g	

Druckfarbe

25 g	Indigosolscharlach IB
50 g	Debesolvol IND
115 g	heisses Wasser
585 g	Stärke-Tragantverdickung
200 g	Aluminiumsulfat 1:1
25 g	Ammoniumvanadat 1%
1000 g	

Man erhält auf diese Weise gut haltbare naphtolierte Stücke und recht gut haltbare Druckfarben.

Das hohe Kupplungsvermögen der anderen Echtsalze ist mittels Aluminiumsulfat nicht genügend zu beeinflussen. Es wurde beobachtet, dass Peregal OK mit einer Lösung von Naphtol AS einen weissen Niederschlag gibt, der mit Echtsalzen nicht kuppelt, so dass es möglich ist, auf Grund dieser Eigenschaft eine Weissreserve unter

Naphtol AS-Farben auszuarbeiten. Man druckt auf naphtolierten Stoff (AS-BG) folgende Reserve:

500 g	Stärke-Tragantverdickung
120 g	Hydrosulfit
120 g	Peregal OK
200 g	Zinkoxyd 1:1
60 g	Wasser
1000 g	

trocknet und kuppelt im Vollbad auf dem Foulard mit Echtblausalz BB. Als Buntreserven kann man verdickte Echtsalzlösung+Peregal OK oder Indigosolreserven verwenden. (Lanczer, Enschede, Holland, Mell. 1941, Bd. *22*, S. 2).

Die Ätzverfahren auf Färbungen unlöslicher Azofarbstoffe.

Der Ätzartikel auf Glattfärbungen unlöslicher Azofarbstoffe kann man mit Hilfe reduzierender Mittel ausführen, wobei die chromophore Gruppe $-N=N-$ zerstört wird und die Farbstoffe in ungefärbte Produkte (Amine oder Aminonaphtole) gespalten werden, die sich leicht von der Faser entfernen lassen:

$$R-N=N-R_1(OH) \xrightarrow{4\,H} R-NH_2 + R_1\begin{matrix} OH \\ NH_2 \end{matrix}$$

wobei R und R_1 Aralkylgruppen bedeuten.

Der Ätzartikel konnte durch das Formaldehydsulfoxylat, welches die alten Methoden der Zinnsalz-, Sulfit-, Tanninreserven und die Zinkstaubätzen verdrängte, einen neuen Aufschwung nehmen.

Die Azofarbstoffe sind widerstandsfähig gegen oxydierende Mittel; daher ist ein Ätzen der Färbungen auf diesem Wege nicht durchführbar; trotzdem wurden auch Oxydationsätzen versucht, die allerdings nicht von der Praxis aufgenommen wurden. Eine dieser Arbeiten (Pokorny, Bull. Mulh. 1921, S. 311 und 1922, S. 331) erwähnt eine Natriumchlorat-Ferrocyanid-Ätze, der man Leukotrop zusetzen soll, während die andere (Pollak) den Aufdruck einer Chlorat-Ferrocyanid-Farbe mit darauffolgender Nachbehandlung in Lauge + Glyzerin beschreibt.

Als erster scheint H. Schmid[1]) Reduktionsätzen ausgearbeitet zu haben. Man druckt auf Pararot eine Farbe, die Zinnsalz, Natriumzitrat und Azetin enthält. Das Verfahren wurde von den Farbwerken Höchst übernommen, die eine Reihe von Farben unter dem Namen Ätze PN in den Handel brachten (siehe hierzu Wolff, *D.R.P. 94.174*, $SnCl_2 + NH_4CNS$ und Cassella, $SnCl_2$ + Essigsäure + Ammoniumazetat).

[1]) Versiegeltes Schreiben, das im Jahre 1896 bei der Soc. Ind. de Mulh. hinterlegt wurde; Frb. Ztg. 1897, S. 150 und 373; Bull. Mulh. 1897, S. 141; *D.R.P. 95.827; franz. P. 255.997;* R.G.M.C. 1897, S. 44.

H. Züblin und A. Zingg, Chemiker der Fa. Schlaepfer, Wenner & Co. in Italien[1]) konnten feststellen, dass Glukose in alkalischer Lösung und in Gegenwart von Glyzerin oder Azetin imstande ist, Azofarbstoffe zu reduzieren. Sie benützten daher dieses Mittel zum Ätzen. Das mit Pararot gefärbte Gewebe wurde mit heisser Glukoselösung von 12–14° Bé geklotzt und dann mit einer Farbe bedruckt, die Lauge und Indigo enthielt, 40 Sekunden im Schlieper'schen Dämpfer gedämpft, hierauf sofort kalt abgesäuert und anschliessend breit gewaschen, geseift und gespült.

Edm. Knecht empfahl im J. Soc. D. and Col. 1902, S. 359, für denselben Zweck die Verwendung von Titanchlorid oder -rhodanid[2]).

Die ersten Ätzversuche mit Hydrosulfiten wurden mit Farben gemacht, welche Zinkstaub und Bisulfit enthielten; die Nachteile dieser Methode waren die Unbeständigkeit der Druckfarben und das Einsetzen derselben in die Gravur. G. Pelizza und L. Zuber[3]) fanden eine wesentliche Vervollkommnung des Verfahrens durch den Ersatz des freien Bisulfits durch dessen Verbindung mit Formaldehyd oder Azeton; denselben Vorschlag machten die Farbwerke Höchst (Zusatz von Formaldehyd zu einer Druckfarbe aus Zink und Bisulfit).

An Stelle des Zinkstaubs wurde auch Aluminiumpulver versucht. R. Weiss hatte schon im Jahre 1891 für Wollätzen Mischungen von Aluminium- und Magnesiumpulver mit Kaliumsulfit empfohlen (Bull. Mulh. 1902, S. 22, Sitzungsber.). Hermann Alt (Bull. Mulh. 1902, S. 39, Sitzungsber.) bediente sich dieses Verfahrens zum Ätzen von Pararot und die Fa. Kalle erhielt darauf das *D.R.P. 123.138*. Von A. Scheurer wurde dagegen namens der Fa. Scheurer-Lauth & Co. die Priorität dieser Erfindung in Anspruch genommen, da die Firma schon seit dem Jahre 1895 Aluminiumpulver zum Ätzen von Direktfärbungen gebraucht hatte (Bull. Mulh. 1901, S. 187, Sitzungsber.). Aber alle bisher genannten Verfahren ergaben nur sehr unbefriedigende Resultate.

Zum erstenmal findet man die Anwendung der Hydrosulfite in Ätzdruckfarben in den Patenten der B.A.S.F., namentlich in *D.R.P. 133.478*, 1900, *D.R.P. 135.725*; *franz. P. 297.370*; R.G.M.C. 1905, S. 60, vgl. auch *D.R.P. 184.381* und *188.837* der Ciba, 1907. Im *D.R.P. 133.478* schlug die B.A.S.F. bloss die Verwendung von Zink-Natriumhydrosulfit, im *D.R.P. 135.725* eine Zugabe von Bisulfit zur Druckfarbe vor, woraus sich gewisse Vorteile ergeben sollen.

---

[1]) *Franz. P. 267.205; brit. P. 13.088*, 1898; *D.R.P. 98.796;* Frb. Ztg. 1898, S. 110; siehe auch Starek, Bull. Mulh. Sitzungsber. 1910; ferner Lauber, Handbuch des Zeugdruckes, Ergänz. Bd. 1898, S. 56 und Mell. 1923, S. 536.

[2]) *Brit. P. 9.847* von 13. Mai 1901.

[3]) R.G.M.C. 1900, S. 137; 1904, S. 130; Bull. Mulh. 1900, S. 49; vers. Schr. vom 6. und 22. April 1899 bei der Soc. Ind. Mulh.

Bezüglich des Kalziumhydrosulfits-Redo von L. Descamps in Lille (*franz. P. 320.227*, 1902; Grossmann, *D.R.P. 112.774*, *113.940*, *113.949*, 1908; R.G.M.C. 1903, S. 35, 37, 85) kann gesagt werden, dass es analog dem Zinknatriumhydrosulfit der B.A.S.F. aus Gründen seiner Reaktionsträgheit und seiner ungenügenden Löslichkeit keine praktische Anwendung fand.

Einen bedeutenden Schritt nach vorwärts machte die B.A.S.F. durch die Herstellung der Salze der hydroschwefligen Säure in beständiger Form mittels Fällung durch Kochsalz; das auf diese Weise erhaltene Natriumhydrosulfit pulv. erwies sich als ein sehr wirksames Reduktionsmittel, dessen Anwendung auf dem Gebiet der Ätzfarben — Ersatz der Zinnsalz- oder Zinkstaubätzen — lag (vgl. *D.R.P. 112.483*, *125.303*, *144.632*, betr. Erzeugung von festen Hydrosulfiten durch Fällung mit Kochsalz siehe auch *D.R.P. 133.040*, *138.093*, *138.315*. *160.529*). Im *D.R.P. 186.442* gibt die B.A.S.F. die folgende Druckformel an: Natriumhydrosulfit pulv. + Glyzerin + Natronlauge; entsprechend dem *D.R.P. 186.443* wird die Natronlauge durch eine gesättigte Kochsalzlösung ersetzt (siehe auch die *D.R.P. 191.459* und *192.431*).

Beim Vermahlen des Hydrosulfits pulv. mit Glyzerin und Natronlauge erhält man einen graustichigen Teig, der unter dem Namen Eradit B oder Rongalit B in den Handel gebracht und als Ätzmittel für Pararot und α-Naphtylaminbordeaux verwendet wurde.

Die Manufaktur E. Zündel in Moskau (Ch. Schwartz-Thesmar, vers. Schr. vom 7. Oktober 1902; Bull. Mulh. 1904, S. 36 und 43) verwendete als Ätzmittel das Zinkhydrosulfit; auf das Verfahren wurde von den Farbwerken Höchst im Jahre 1901 das *franz. P. 311.938* genommen. Dieses Salz ist sehr beständig und schwer löslich. Die Ätzfarbe stellt man durch Anteigen des Zinkhydrosulfits mit Glyzerin her, dem man Zinnoxydulhydrat, Natriumazetat und Kochsalz zusetzt. Beim Dämpfen der bedruckten Ware bildete sich durch Einwirkung von Natriumazetat auf die Zinkverbindung das Natriumhydrosulfit.

Weiss der Manufaktur E. Zündel (1901)

120 g Zinnoxydulhydrat in Teig
700 g Präparation A
100 g essigsaures Natrium
80 g Kochsalz fest

1000 g

Präparation A

600 g Zinkhydrosulfit in Teig
400 g Senegalgummiverdickung

1000 g

Die Manufaktur E. Zündel hat das Zinkhydrosulfit in Teig in ihrer Farbküche nach folgender Vorschrift selbst fabriziert:

Herstellung von Zinkhydrosulfit in Teig

20 kg Zinkpulver
10 l Wasser
28 kg Schwefelsäure 52° Bé
60 l Wasser
60 kg Eis

Diese Mischung wird in 200 kg Bisulfit 38° Bé + 120 kg Eis eingegossen. Dann rührt man gut um, lässt absetzen und dekantiert die Lösung. Dieselbe wird mit 10% Kochsalz versetzt, wobei das Zinkhydrosulfit ausfällt; man lässt hierauf absetzen, dekantiert, filtriert und presst die Zinkhydrosulfitpaste aus. Ausbeute: 55 kg.

Man gibt dann 27 kg Wasser zu den 55 kg Zinkhydrosulfit und erhält so das gebrauchsfertige Produkt.

Trotz der hier besprochenen Vervollkommnungen war die Lösung des Problems noch nicht gefunden. Die Schwierigkeiten lagen in der praktischen Durchführung der Ätzverfahren und in der mangelhaften Beständigkeit der Druckfarben. An diesem Punkte setzte die wichtige Entdeckung der durch ihre Beständigkeit hervorragenden Verbindungen der Formaldehydsulfoxylsäure ein. Man kann sie ohne weiteres als eine der bedeutendsten Neuerungen der letzten 35 Jahre auf dem Gebiet der praktischen Chemie bezeichnen. Es zeigt sich hier wieder, dass grosse Erfindungen niemals aus einer einzigen und unabhängig gefassten Idee entspringen, sondern dass frühere Arbeiten sich schrittweise dem Ziel nähern, das dann in logischer Entwicklung der Gedanken erreicht wird. So könnte man bei der Herstellung der Formaldehydsulfoxylate als Vorstufen die Erkenntnis der geringen Beständigkeit der Hydrosulfite, andererseits die Massnahmen der Erhöhung der Beständigkeit durch Formaldehydzusatz (M.L.B.) oder durch Ersatz des Bisulfits durch dessen Aldehydverbindungen (Pelizza und Zuber) ansehen; von da war nur ein weiterer Schritt zur schärferen Erfassung des Reaktionsverlaufs, zur Prüfung der Wirksamkeit des Formaldehyds und seiner Reaktion mit der hydroschwefligen Säure zu tun. Fast gleichzeitig kamen mehrere Forscher zum gesuchten Ergebnis:

In erster Linie hat — um der Reihe nach vorzugehen — C. Kurz[1]) aus Darnetal beobachtet, dass der Zusatz von Formaldehyd zu einer Hydrosulfit pulv. der B.A.S.F. enthaltenden Ätzdruckfarbe auf Pararot eine günstige Wirkung hatte.

[1]) Vers. Schr. bei der Soc. Ind. Mulh. vom 1. Dezember 1902; Bull. Mulh. 1904, S. 46; R.G.M.C. 1904, S. 196, 200; Z. f. F. u. Text. Chem. 1904, S. 54; Lefèvre R.G.M.C. 1905, S. 125.

An zweiter Stelle kam dann die Manufaktur E. Zündel in Moskau, wo man die analoge Beobachtung beim Zusatz von Formaldehyd zum Zinkhydrosulfit machte; es konnte die Bildung eines neuen, wohl charakterisierten Körpers festgestellt werden, der die unerwartete Eigentümlichkeit aufwies, dass er in der Kälte gar nicht, dagegen bei höherer Temperatur, zum Beispiel im Dampf, sehr energisch reduzierte. Diese Arbeiten verdankt man den Chemikern Schwartz, Baumann und Thesmar[1]), die am 15. Dezember 1902 das erste diesen Gegenstand betreffende versiegelte Schreiben bei der Soc. Ind. de Mulh. hinterlegten.

Ferner wären noch R. Russina[2]) der Kattunmanufaktur in Eilenburg (Sachsen) und sein Mitarbeiter F. Kunert zu nennen, welche im Jahre 1903, unabhängig von den früheren, dieselbe Feststellung gemacht haben sollen.

Aus einer privaten Mitteilung, die mir Herr Dr. P. Wengraf machte, geht jedoch hervor, dass wenn es auch richtig wäre, dass R. Russina eine Medaille auf dem Kongress des I. V. C. C. in Dresden 1926 für seine Erfindertätigkeit erhielt, sich trotzdem kein Beweis für irgendeine Publikation von Russina über Natriumformaldehydsulfoxylat finden lässt. Das Zitat von Haller, Mell. 1926 ist also nicht richtig.

Ein amerikanisches Patent wurde weder der Eilenburger Kattunmanufaktur noch Russina erteilt.

Es steht also zweifellos fest, dass Russina in keiner Weise an der Erfindung des Natriumformaldehydsulfoxylats beteiligt war.

Die Entdeckung von C. Kurz wurde von L. Descamps in Lille übernommen, dem am 23. Februar 1903 das *franz. P. 337.530*, auch das *brit. P. 19.446*, 1903 erteilt wurde (R.G.M.C. 1904, S. 153; 1905, S. 102). Die Lizenz für dieses Patent wurde an die Manufacture Lyonnaise des Matières Colorantes in Lyon (Cassella) abgegeben, die im Jahre 1904 das Natriumformaldehydsulfoxylat unter dem Namen Hyraldit A zum Verkauf brachte[3]).

---

[1]) Bull. Mulh. 1904, S. 48; R.G.M.C. 1904, S. 196; Bericht von H. Schmid, R.G.M.C. 1904, S. 202; Bull. Mulh. 1903, S. 183; Z. f. F. u. Text. Chem. 1904, S. 55.

[2]) Vgl. den Bericht auf dem XI. Kongress des I.V.C.C. 1926 in Dresden; Mell. 1926, S. 604; ferner Haller, Mell. 1926, S. 854; R. Haller, Handbuch des Zeugdrucks, Bd. *1*, S. 584 (1930).

[3]) Literatur über die Entdeckung des Natriumformaldehydsulfoxylats: H. Schmid: R.G.M.C. 1905, S. 256; Chem. Ztg. 1904 und 1905, S. 609; J. Lefèvre, R.G.M.C. 1905, S. 102; Descamps, Les Rédos, R.G.M.C. 1905, S. 286. Siehe auch: Die Industrie des Hydrosulfits, Tiba, 1924, September- und Oktoberheft. Siehe Bd. *3*, S. 132, wo vom geschichtlichen Standpunkt aus eine Richtigstellung in bezug auf die Entdeckung des Natriumformaldehydsulfoxylats vorgenommen wurde. Siehe diesbezüglich R. Haller, Textil Rundschau 1948, S. 116; P. J. Wood, Who was the Discoverer of Hydrosulfit NF, Amer. Dyest. Rep. 1949, *38*, S. 105.

Die Farbwerke Höchst meldeten dagegen das Verfahren, welches merkwürdigerweise den gleichen Gegenstand behandelt wie das fast ein Jahr vorher von der Manufaktur E. Zündel niedergelegte versiegelte Schreiben, zum Patent an, worauf sie das *D.R.P. 165.280* (25. Februar 1903) erhielten. Das Produkt ist unter dem Namen Hydrosulfit NF bekannt. Es würde den Rahmen dieses Kapitels überschreiten, wenn man sich weiter bei der Geschichte der Entwicklung dieser Erfindung aufhalten wollte. Über den Gegenstand findet man Näheres in den Ausführungen über die Reduktionsmittel (Bd. *3*, Kap. XIII). Hier genügt die Feststellung, dass die beiden ersten Produkte Hydrosulfit NF und Hyraldit A aus einer Mischung von gleichen molekularen Mengen von Natriumformaldehydbisulfit, dem Salz der Oxymethansulfonsäure:

$$CH_2\begin{cases} OH \\ SO_3Na \end{cases} \quad \text{(ohne wesentliche Reduktionskraft; Anteil 56\%)}$$

und von Natriumformaldehydsulfoxylat, dem Salze der Oxymethansulfinsäure:

$$CH_2\begin{cases} OH \\ O{-}S{-}ONa \end{cases} \quad \text{(sehr starkes Reduktionsmittel; Anteil 44\%)}$$

bestehen. Diese Mischung führt die Bezeichnung: Hydrosulfit-Formaldehyd, $Na_2S_2O_4 \cdot 2\,CH_2O \cdot H_2O$.

Die Reindarstellung der Verbindung Natriumformaldehydsulfoxylat in kristallisierter Form gelang zuerst der B.A.S.F. auf dem Wege der fraktionierten Kristallisation. Das Produkt erhielt den Namen Eradit C (1905), später den Namen Rongalit C. Derzeit findet man dieses vorzügliche Reduktionsmittel unter den nachstehenden Namen im Handel vor: Rongalit C extra (I. G.), Hydrosulfit R konz. (Ciba), Hydrosulfit RN und RFN (Sandoz), Hydrosulfit FD konz. (Geigy), Hydrosulfit RF konz. (Rohner), Rongeol NC extra und NC extra konz. (Kuhlmann-Francolor), Hydrosulfit SC (Soc. Ind. Der. du Soufre), Formosul (Brotherton), Sulfoxyt C (Du Pont)[1]). Der Gehalt des Produktes an Natriumformaldehydsulfoxylat schwankt zwischen 96 und 98%.

Die Druckerei- und Färbereiindustrie nahm rasch die Gelegenheit wahr, dieses ausgezeichnete Hilfsmittel zu verwerten. Insbesondere auf dem Gebiete der Ätzdrucke waren die Fortschritte ganz ausserordentlich gross.

Seit 1903 geschieht das Ätzen der meisten unlöslichen Azofarben in einfacher und sicherer Weise ganz allgemein mit Sulfoxylaten.

[1]) Zu vergleichen die Ausführungen in diesem Buche Kap. I., S. 108, 111, und Kap. XIII.

Die Spaltung von p-Nitranilinrot erfolgt dabei ganz glatt in Aminonaphtol und p-Phenylendiamin nach folgender Gleichung:

$$\text{HO}-C_{10}H_6-\text{N}=\text{N}-C_6H_4-\text{NO}_2 + 5\,H_2 = \text{NH}_2-C_{10}H_6-\text{OH} + \text{NH}_2-C_6H_4-\text{NH}_2 + 2\,H_2O$$

Die Spaltungsprodukte können ohne weiteres restlos von der Faser entfernt werden.

Zum Ätzen von Pararot genügen durchschnittlich 200 g Rongalit C konz. pro kg Druckfarbe.

Obwohl der Grossteil der damals bekannten Azofarbstoffe, vorab das Pararot, sich leicht ätzen liessen, war dies beim α-Naphtylaminbordeaux nicht der Fall, doch konnten die eifrigen Bemühungen mehrerer Chemiker russischer Druckereibetriebe nach systematischer Arbeit auch dieser Schwierigkeit Herr werden[1]). Zuerst suchte man nach einem Ersatz des Bordeaux durch eine Kombination ähnlichen Tones, die sich leichter ätzen liesse, z. B. fand man ein Granat aus β-Naphtol und diazotiertem Aminoazotoluol; doch ist dieser Farbstoff weniger licht- und seifenecht.

Eine gut wirksame Ätzfarbe erhält man durch den Zusatz von bestimmten Fettsubstanzen (Ammonium- oder Natriumoleate, Rizinoleate, Sulforizinate) zur Natriumformaldehydsulfoxylat enthaltenden Druckfarbe. Merkwürdigerweise wird das aus dem Nitro-α-naphtylamin erhaltene Granat durch eine gewöhnliche Ätzfarbe aus Natriumformaldehydsulfoxylat leicht zerstört.

$$\text{NO}_2-C_{10}H_6-\text{N}=\text{N}-C_{10}H_6-\text{OH}$$

Diese Beobachtung war der Ausgangspunkt einer Reihe von Versuchen, um das Natriumformaldehydsulfoxylat zum Ätzen des α-Naphtylaminbordeaux anzuwenden. Nach Charles Sunder (Bull. Mulh. 1906, S. 364) lässt sich das Pararot aus dem Grunde leichter ätzen als das Bordeaux, weil der NO_2-Rest dem Farbkörper sauren Charakter verleiht. Diese Erklärung trifft nicht ganz zu; wohl wirkt das Formaldehydsulfoxylat besser in schwach saurem Milieu, und es wurde seinerzeit in diesem Sinne versucht, das gefärbte Gewebe mit

[1]) Siehe Leipziger Text. Ztg. 1906, S. 324; Frb. Ztg. 1906, S. 473, Das Ätzen von Bordeaux.

Chlorammonium oder mit m-Nitrobenzolsulfonat vorzubehandeln, doch haben die in der letzten Zeit angestellten Forschungen ergeben, dass die schwer ätzbaren Azofarbstoffe zu ihrer vollkommenen Ätzung bestimmte, katalytisch wirkende Substanzen benötigen, die als Wasserstoffüberträger anzusehen sind.

Die B.A.S.F. empfahl das erste Ätzmittel für Naphtylaminbordeaux auf der Grundlage von Hydrosulfit. Das Verfahren bestand in der Umwandlung des Natriumhydrosulfits in ein beständiges Produkt durch Zusatz von Natronlauge (*D.R.P. 133.478, 135.725; franz. P. 297.370*), das, wie schon bemerkt, dem Rongalit B oder Eradit entspricht. Die Manufaktur E. Zündel (Baumann, Frossard, Bull. Mulh. 1905, S. 117, 374, 421; R.G.M.C. 1905, S. 243) ebenso Wilhelm (Bull. Mulh. 1906, S. 75), Chemiker der Manufaktur Konschin in Serpoukoff (Russland), geben ebenfalls alkalische hydrosulfithaltige Ätzfarben für diesen Zweck an.

Alkalisches Ätzweiss für Bordeaux

220 g	Glyzerin
300 g	Gummiverdickung
200 g	Natronlauge 38° Bé
280 g	Natriumhydrosulfit
1000 g	

Hier sollen die einzelnen Stufen der historischen Entwicklung dieser Frage angeführt werden, die schliesslich zur Entdeckung der katalytischen Wirkung des Anthrachinons und zur Aufstellung der endgültigen Ätzformel für die auf Naphtolgrundierung hergestellten Azofarbstoffe führten.

Wirkung von Eisensalzen: Die Chemiker der Manufaktur E. Zündel in Moskau verwendeten zuerst als Zusatz zur Rongalitätze eine alkalische Eisenhydroxydlösung[1]).

Alkalische Eisen-Weissätze

160 g	Kreide 64%iger Teig
140 g	alkalische Eisenhydroxydlösung
420 g	Rongalit C
270 g	Gummiverdickung
210 g	Natronlauge 38° Bé
1200 g	

Alkalische Eisenhydroxydlösung

20 g	Eisenchlorid lösen in
20 g	Wasser
24 g	Kaliumhydroxyd lösen in
36 g	Wasser
40 g	Glyzerin
140 g	

[1]) Baumann und Thesmar, Zugabe von Eisennitrat in alkalischem Medium, Bull. Mulh. 1905, S. 374; R.G.M.C. 1906, S. 69.

Diese Methode zeigte jedoch infolge der starken Alkalinität der Ätzfarbe mehrere Nachteile.

Deshalb wurde eine Rongalitätze mit Eisenzitrat und Natriumnitrit ausgearbeitet, mit welcher gute Resultate erzielt wurden[1]).

Neutrale Eisenzitrat-Weissätze

400 g Stärke-Tragantverdickung
400 g Rongalit C
80 g Natriumrizinat
120 g Eisenzitratlösung
30 g Natriumnitrit 40%
1030 g

Eisenzitratlösung

16 g Eisenchlorid
32 g Natriumzitrat
24 g Glyzerin, auf
120 g einstellen

Blauätze

40 g Thioninblau O
80 g Anilin
329 g Verdickung
75 g Kaolin 1:1
200 g Rongalit C
8 g Natriumnitrit
80 g Eisenzitratlösung
28 g Oxalsäure 50%
20 g Glyzerin
140 g Tannin 50%
1000 g

Ferner wurde Eisennitrat als Katalysator empfohlen (Z. f. Farb. und Text. Chem. 1906, S. 121).

Die B.A.S.F. hat an Stelle der Eisensalze Eisenoxyde oder metallisches Eisen in Pulverform angewendet[2]).

400 g Rongalit C
100 g feines Eisenpulver
500 g Verdickung
1000 g

400 g Rongalit C
100 g Eisenoxyd
500 g Verdickung
1000 g

Katalytische Wirkung verschiedener Farbstoffe: Die ersten brauchbaren Resultate wurden mit katalytisch wirkenden

[1]) A. Hug und G. Thesmar, Bull. Mulh. 1905, S. 425; R.G.M.C. 1906, S. 105 und 137.

[2]) *D.R.P. 167.530, 172.675* und *172.676*; siehe auch Fischer's Ber. 1906, S. 426, und R. Koechlin, Bull. Rouen, 1907.

Substanzen von P. Wilhelm[1]) erzielt, welcher gefunden hat, dass Zusätze gewisser Farbstoffe als Katalysatoren gute Dienste leisten, z. B. Setopalin (Geigy), Nitroalizarin, Ätzmarineblau, Rhodamin 6G.

Setopalin reagiert besser in leicht saurem Medium und in Gegenwart einer hygroskopischen Substanz wie Glyzerin.

Weissätze mit Setopalin

450 g	Tragantverdickung
10 g	Setopalin
40 g	Phenol
150 g	Glyzerin
350 g	Rongalit C (nicht konzentriert)
1000 g	

Man dämpft 4 Minuten im Schnelldämpfer mit gesättigtem Dampf. Nach dem Dämpfen weist das Weiss eine bläuliche Nuance auf. Man ist gezwungen, nicht konzentriertes Rongalit C zu nehmen, da sonst das Setopalin zerstört und seine katalytische Eigenschaft verlieren würde.

Weissätze mit Nitroalizarin

230 g	Gummiverdickung 33%
500 g	Rongalit C
70 g	Nitroalizarin 20%
200 g	Kalilauge 50° Bé
1000 g	

Patentblau V: Vorgeschlagen von den Farbwerken Höchst, *D.R.P. 188.700;* Fischer's Berichte 1907, S. 456.

Weissätze mit Patentblau

590 g	Tragantverdickung 60/1000
20 g	Formaldehyd 40%
250 g	Rongalit C extra
20 g	Patentblau (F. W.)
70 g	Wasser
50 g	Glyzerin
1000 g	

Indulinscharlach (Vorschlag der B.A.S.F.): *franz. P. 355.117; D.R.P. 184.381;* R.G.M.C. 1907, S. 61.

Weissätze mit Indulinscharlach

414 g	Tragantverdickung
280 g	Kaolin-Tragant 1:1
250 g	Rongalit C extra
50 g	Anilin
6 g	Indulinscharlachlösung
1000 g	

[1]) Vers. Schreiben vom 2. August 1905 und vom 6. Januar 1908; Bull. Mulh. 1906, S. 75 und 82; 1906, S. 84; R.G.M.C. 1906, S. 193, 362; Justin Mueller, R.G.M.C. 1907 S. 199 und 403; C. Kurz, vers. Schreiben vom 25. Juni 1906, A.C.I.T. 1927, S. 147.

Das Merkmal des Indulinscharlachs ist die geringe Menge, welche schon zu einem entsprechenden Ergebnis führt. Die B.A.S.F. brachte eine Spezialmarke des Formaldehydsulfoxylats in den Handel, welche Spuren von Indulinscharlach und Methylenblau enthielt; dieses Produkt führt den Namen Rongalit spez. = 10 kg Rongalit C + 26 g Indulinscharlach + 4 g Methylenblau + 10 g Leukotrop O. Dieses katalytisch wirkende Farbstoffgemisch kann man ebenso dem Diazotierungsbad (0,6–0,8 g pro Liter) zugeben, wodurch man ein mit den gewöhnlichen Ansätzen ätzbares α-Naphtylaminbordeaux erhält.

Herstellung der sauren Reaktion während des Dämpfvorgangs, Baumann-Thesmar-Hug[1]): Zusatz von Salzen aromatischer Basen (o-Anisidin) oder Estersalzen (Methyltartrat).

A. Scheunert und J. Frossard[2]) (Manufaktur Prochoroff in Moskau): Zugabe von Xylidin oder Anilin; bei der Erwärmung des Formaldehydsulfoxylats mit Xylidin oder Anilin bilden sich wahrscheinlich Alkalisalze der Anilin-(oder Xylidin-)methylen-ω-sulfinsäure als energische Reduktionsmittel:

$$CH_2\left<\begin{array}{l}NH—R\\O—S—ONa\end{array}\right.$$

Übrigens wird die Verwendung der obgenannten Verbindungen im *franz. P. 805.937* und im *amer. P. 1.912.008* für die Ätzung von Azetatseide vorgeschlagen (s. Kap. IX).

Die Farbwerke Höchst fanden auch, dass Kondensationsprodukte von Formaldehyd mit gewissen Aminen eine günstige Wirkung beim Ätzen von α-Naphtylaminbordeaux mit Rongalit ausübten. So wurde für die Präparation des Azobordeaux vor dem Druck (Z. f. Farb. und Text. Chem. 1902, S. 12) das Solidogen, ein Kondensationsprodukt von Formaldehyd mit einer Mischung von o- und p-Toluidin empfohlen (*D.R.P. 180.727*, 1906, vgl. auch dieses Buch Kap. IV). Das Produkt kommt als wässerige Lösung des salzsauren Salzes in den Handel. Von derselben Firma rührt auch das Rodogen MLB her, welches nach Bohn (Z. f. F. u. Text. Chem. 1906, S. 257) ein Oxalat des Anhydroformanilids ist[3]).

Zusätze zu den Naphtolpräparationen. Rittermann und Felli (Bull. Mulh. 1907, S. 142; R.G.M.C. 1907, S. 248) setzen dem Naphtolklotz 2-Naphtol-7-sulfosäure zu (Nuanciersalz von Cassella; *D.R.P. 181.721* von Cassella).

---

[1]) Bull. Mulh. 1906, S. 219; R.G.M.C. 1906, S. 330.

[2]) Bull. Mulh. 1906, S. 219.

[3]) Nach anderen Angaben soll Rodogen MLB dem Kondensationsprodukt von Formaldehyd und Xylidin entsprechen.

Anwendung von überhitztem Dampf. Simon-Weckerlin (L. Lefèvre, R.G.M.C. 1906, S. 65; Baumann und Thesmar, R.G.M.C. 1906, S. 137). Das Verfahren beruht auf einem schwerwiegenden Irrtum von seiten der Erfinder ebensowohl als von seiten derjenigen Techniker, die es in der Praxis anwendeten. Das Formaldehydsulfoxylat hat nur eine sehr ungenügende Ätzwirkung bei Temperaturen, die 105° C übersteigen. Der Verfasser konnte persönlich in gänzlich unrichtige Vorschriften, die in grossen russischen Druckereien in Übung waren, Einsicht nehmen; so fanden sich Angaben von 500 g Formaldehydsulfoxylat im kg Ätzfarbe, und zwar in Fällen, in denen nach der heutigen Erfahrung 100–125 g ausreichen.

Die endgültige Lösung des Ätzproblems auf Azofärbungen fanden Slatonstoffski und Ch. Sunder (vers. Schr. vom 26. März 1906; Bull. Mulh. 1906, S. 365; 1907, S. 382; *D.R.P. 186.050*, 1906) durch Ausnützung der katalytischen Wirkung des Anthrachinons, ohne indessen eine genaue Erklärung der Wirkungsweise dieses Körpers geben zu können. Es ist wesentlich, das Anthrachinon der Farbe in fein dispergiertem Zustand einzuverleiben; dies erreicht man durch Auflösen des Anthrachinons in 96%iger Schwefelsäure und Wiederausfällen desselben mit Wasser. Man kann aber auch das Anthrachinon in alkalischem Milieu reduzieren und es durch Einleiten eines oxydierenden Luftstroms wieder ausfällen; das Anthrachinon löst sich hierbei zuerst unter Bildung des Alkalisalzes des Hydroanthrachinons mit roter Farbe, worauf es durch den durchgeleiteten Luftstrom als Anthrachinon reoxydiert und in feiner Form ausgefällt wird.

Das Anthrachinon kommt als 15- und 30%iger Teig in den Handel. Seine Wirkungsweise im Ätzprozess wurde von Planowsky[1]) untersucht, welcher die Bildung von Oxanthron durch Reduktion des Anthrachinons annahm und bezüglich der Wirkung des Anthrachinons in Rongalitätzen folgende Erklärung gab:

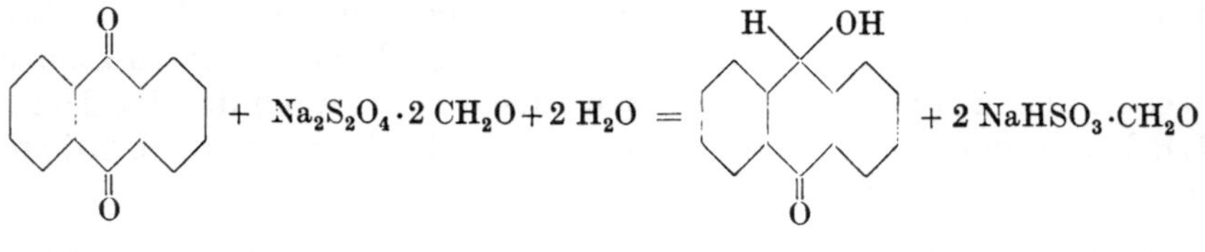

$$(\text{Anthrachinon: O, O}) + Na_2S_2O_4 \cdot 2\,CH_2O + 2\,H_2O = (\text{Oxanthron: H, OH; O}) + 2\,NaHSO_3 \cdot CH_2O$$

Das sich bildende Oxanthron wirkt auf das Pigment spaltend und oxydiert sich dabei zum Anthrachinon zurück.

Nach Untersuchungen von Kurt H. Meyer[2]) stimmt diese Erklärung nicht, da nachgewiesen wurde, dass bei der Reduktion des Anthrachinons in neutraler oder alkalischer Lösung vorab Hydro-

[1]) Z. f. Farb. u. Text. Chem. 1907, S. 109; R.G.M.C. 1907, S. 215.

[2]) Ann. 1911, *379*, S. 43 und 59; 1913, *390*, S. 141; 1920, *420*, S. 113.

anthrachinon entsteht, während das Oxanthron nur in saurem Medium gebildet wird (Liebermann, Ann. 1882, S. 65).

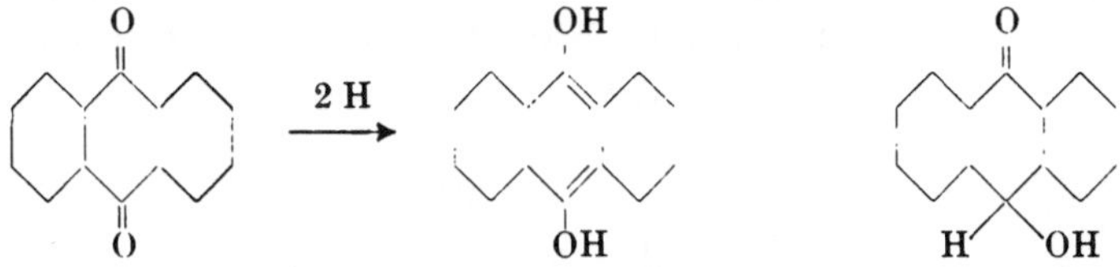

O O $\xrightarrow{2\,H}$ OH OH H OH O

Hydroanthrachinon Oxanthron

Die Reduktion des Anthrachinons und die Oxydation des Hydroanthrachinons sind daher die bei der Ätzung in Betracht zu ziehenden Teilvorgänge (Anthrachinon und Anthrahydrochinon sind Ketoenoldesmotrope Substanzen).

M. Battegay, Lipp und Wagner (Bull. Mulh. 1921, S. 233) nahmen an, dass der Ersatz des Anthrachinons durch eines seiner löslichen Derivate, so z. B. durch die α- oder β-Anthrachinonmonosulfosäuren oder durch die entsprechenden Disulfosäuren, eine stärkere katalytische Wirkung auslösen könnte. Anscheinend haben aber diese Arbeiten zu keinem Erfolg geführt[1]).

Das negative Resultat, das man mit Salzen der Anthrachinonsulfosäuren erhält, kann auf die Bildung von Oxanthronverbindungen zurückgeführt werden:

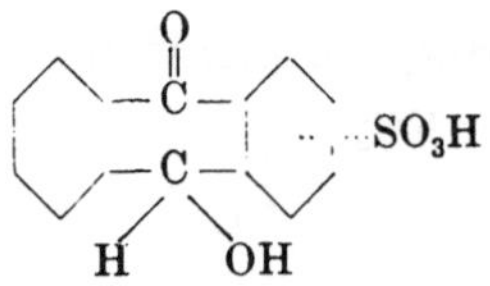

O C C SO_3H H OH

Diese Verbindung widersteht der Selbstoxydation und ist daher ohne katalytische Wirkung. Wenn man der β-Anthrachinonsulfosäure enthaltenden Druckfarbe Alkali zugibt, so erhält man positive Resultate, da das Alkali die Bildung der selbstoxydierbaren Enolverbindung günstig beeinflusst:

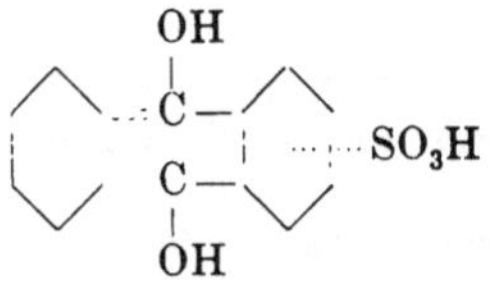

OH C C SO_3H OH

Es ist auch möglich, dass das Rongalit die Anthrachinonsulfosäuren zu Anthrazensulfosäuren reduziert, also nicht nur zu Oxanthronverbindungen. Diese Vermutung konnte noch nicht bestätigt werden. Es konnte jedoch festgestellt werden, dass sich bei einem

[1]) Battegay, Etude sur l'anthraquinone, Rev. Gén. des Sciences 1922, S. 502.

Rongalitüberschuss bei der Reduktion des Natriumanthrachinon-β-monosulfonates kein Natriumanthrazen-β-monosulfonat bildet.

Wenn man die Reduktion mit Natriumhydrosulfit in alkalischem Medium ausführt, so erhält man Natriumanthranolsulfonat:

```
          OH
          |
  /\    —C—    /\
 |  |         |  |—SO3H
  \/    —C—    \/
          |
          H
```

Ebenso haben Sunder und Bader (Bull. Mulh. 1921, S. 187) Versuche mit einer Reihe von Anthrachinonabkömmlingen angestellt; hierbei konnten sie nachweisen, dass die Sulfoderivate — ungeachtet ihrer Leichtlöslichkeit — dem Anthrachinon in dessen katalytischer Wirksamkeit keineswegs überlegen sind[1]).

Im Sinne des *franz. P. 713.972* und des *D.R.P. 548.203* der I. G.-Fischesser kann man als Ätzmittel auf Färbungen unlöslicher Azofarbstoffe Zinkformaldehydsulfoxylat in Mischung mit quaternären Ammoniumverbindungen (Dimethylphenylbenzylammoniumsalz) anwenden.

Im *D.R.P. 563.764* (I. G.-Siefert) findet man einige interessante Angaben über die Verwendung der unlöslichen Formaldehydsulfoxylate. Hier hat sich eine Zugabe von Metallsalzen starker Säuren, welche Salze bei höheren Temperaturen spaltbar sind, als vorteilhaft erwiesen. Als solche Salze kommen Ammoniumsulfat oder Nitrat oder auch das Kaliumhydroxylaminsulfonat

$$KO_3S—N—SO_3K \quad (\text{N}—OH)$$

in Betracht.

Derartige Druckfarben haben zufolge ihrer grossen Beständigkeit besonderes Interesse für den Hand- und Filmdruck.

Damit schliessen die Forschungsarbeiten, welche sich auf die Ätzverfahren für unlösliche Azofarbstoffe beziehen, und zur Ergänzung dieses Berichtes seien noch einige in der Praxis übliche Ätzformeln angefügt:

Ätzweiss auf α-Naphtylaminbordeaux

175—200 g	Natriumformaldehydsulfoxylat, aufgelöst in
200—250 g	Wasser
560—480 g	Stärke-Tragant- oder Gummiverdickung
50 g	Anthrachinon 30% Teig
15—20 g	Natronlauge 38° Bé
950—1000 g	

[1]) Vgl. die Dissertation von Philippe Brandt, Strassburg 1922; hierzu die Mitteilung von M. Battegay, Bull. Mulh., Sitzungsber. vom 7. März 1923; M. Battegay und Ph. Brandt, Das Anthrachinon als Katalysator in Ätzen auf α-Naphtylaminbordeaux, Bull. Mulh. 1923, Juli; Battegay und Hueber, Bull. Soc. Chim. 1923, S. 1904.

Färbungen auf Naphtol AS-Grund können nur mittels alkalischer Farben geätzt werden, z. B. sollen diese 30-50 g Pottasche im kg enthalten. Wo die bei der Reduktion entstehenden Zersetzungsprodukte besonders schwer entfernbar sind, wendet man vorteilhaft Natronlauge an. Eine Ausnahme von dieser Regel bilden die braunen Azofarbstoffe, welche auf der Basis von Naphtol AS-BT hergestellt sind. Diese lassen sich nur mit absolut neutralen Druckfarben weiss ätzen; hier genügt schon ein Zusatz des schwach basischen Zinkoxyds, um ein merkliches Vergilben der Ätzpartien hervorzurufen (Mell. 1937, S. 728).

Ohne Zusatz von Pottasche kann man ein gutes Ätzweiss mit einer natriumformaldehydsulfoxylathaltigen Farbe erhalten, der man Titanoxyd zugibt; der Ätzeffekt wird noch durch Zinksulfat gesteigert.

200 g	Natriumformaldehydsulfoxylat
80 g	Wasser
400 g	Stärke-Tragantverdickung
200 g	Titanoxyd (Titanweiss)
60 g	Solutionssalz 1:1
20 g	Anthrachinon 30% Teig
40 g	Zinksulfat
1000 g	

Ätzweiss für Färbungen auf mit Naphtol AS-präpariertem Grund

150—175 g	Natriumformaldehydsulfoxylat
175—200 g	Wasser
400—330 g	Stärke-Tragantverdicknng
150—170 g	Zinkweisspaste 1:1
50 g	Anthrachinon 30% Teig
25 g	Natronlauge 38° Bé
50 g	Pottasche
1000 g	

Eine Verbesserung der Wirkung bei einigen schwer ätzbaren Färbungen ergibt sich auch beim Zusatz von 40-60 g Leukotrop W pro kg Druckfarbe.

Die Ausfertigung der Drucke besteht

a) in einem 6 Minuten dauernden Dämpfen in einem auf 101°C erwärmten Dämpfkasten. Es empfiehlt sich, die Stücke weder vor noch nach dem Dämpfen liegen zu lassen;

b) in einem Seifen in breitem Zustande oder im Strang in einer kochend heissen Lösung von 4 g Seife+1 ½ g Soda.

c) im Spülen;

d) im Trocknen der Ware.

Es ist dabei erforderlich, dass die Ätzpartien ein vollkommen reines Weiss zeigen und dass keine Spuren von Naphtol auf der Ware zurückbleiben, bevor man sie trocknet. Während die Entfernung des

β-Naphtols verhältnismässig leicht vor sich geht, ist dies bei den Naphtol AS-Komponenten, die teilweise sehr substantiv und daher von der Faser nur schwer ablösbar sind, nicht der Fall.

Einzelne Naphtol-AS-Marken eignen sich überhaupt nicht zur Erzeugung ätzbarer Färbungen, wie Naphtol AS-LG, AS-BR und AS-L3G.

Buntätzen auf Färbungen mit unlöslichen Azofarbstoffen.

Für die Buntätze sind Tanninfarben, Chromfarbstoffe, Schwefelfarbstoffe und vor allem Küpenfarbstoffe im Gebrauch.

Buntätzen mit basischen Farbstoffen.

Das Verdienst der ersten Anwendung der basischen Farbstoffe in formaldehydsulfoxylathaltigen Ätzfarben gebührt der Manufaktur E. Zündel in Moskau (Bull. Mulh. 1905, S. 111 und 119); dort hatte man schon im Jahre 1903 diesen Artikel in ausgezeichneter Ausführung herausgebracht. Die Hauptschwierigkeit bei der Herstellung der in Rede stehenden Buntätzen lag in der Auswahl des Lösungsmittels, wobei ein Ausfallen des Tanninlacks in der Druckfarbe vermieden werden musste. A. Romann von der Fa. Koechlin Frères in Mülhausen schlug darum vor, das Tannin nicht der Druckfarbe einzuverleiben, sondern damit das vorher in Pararot gefärbte Gewebe zu imprägnieren (R.G.M.C. 1905, S. 241; Bull. Mulh. 1905, S. 110), ausserdem wird eine ganze Anzahl von Lösungsmitteln, wie Phenol[1]) vorgeschlagen.

Gelbätze mit Phenol als Lösungsmittel

40 g	Thioflavin T
80 g	Azetin
40 g	Glyzerin
30 g	Wasser
430 g	Gummiverdickung
90 g	Phenol
200 g	Rongalit C extra
90 g	Tannin-Alkohol $^3/_4$
1000 g	

Da aber einige Farbtöne durch Phenol getrübt werden, konnten hier keine besonderen Ergebnisse erzielt werden. Ferner schlug Jeanmaire[2]) Anilin als Lösungsmittel vor, welches in der Praxis im Gegensatz zum Phenol ausgezeichnete Farben liefert, die sich im praktischen Gebrauch durch ihre Beständigkeit auszeichnen, wobei die Farbnuancen lebhafter sind als dies bei den phenolhaltigen Farben der Fall ist.

[1]) Gassmann, *D.R.P. 99.756*, 1897 und später Baumann und Thesmar, Bull. Mulh. 1905, S. 111; R.G.M.C. 1905, S. 241.

[2]) Bull. Mulh. 1905, S. 121; R.G.M.C. 1905, S. 60, 224; *franz. P. 344.681; D.R.P. 165.219.*

Blauätze mit Anilin als Lösungsmittel

30 g Methylenblau NNX
60 g Alkohol
90 g Anilin
100 g Wasser
400 g Gummi arabicum-Verdickung
200 g Rongalit C extra
120 g Tannin 50%
1000 g

Resorzin (Diserens, R.G.M.C. 1919, S. 117)[1]) ist ein hervorragend gutes Lösungsmittel für die Tanninlacke und die basischen Farbstoffe im allgemeinen. Eine in der Praxis bewährte Druckformel ist die folgende:

30 g basischer Farbstoffe werden in
120 g Resorzin-Wasser 1 : 1 aufgelöst
30 g Glyzerin oder Alkohol
420 g Gummiverdickung
200 g Natriumformaldehydsulfoxylat
80 g Anilin
120 g Tannin-Alkohol 1 : 1
1000 g

L. Diserens (1917) hat ferner festgestellt (siehe Kap. II, Reserven unter Schwefelfarbstoffen, S. 399)[1]), dass bei Anwendung von Resorzin als Lösungsmittel die Brechweinsteinnachbehandlung unnötig ist, da das Zinktannat in Resorzin löslich ist.

Folgende Druckvorschrift wird empfohlen:

40 g basischer Farbstoff in
120 g Resorzin-Wasser 1 : 1 und
30 g Alkohol aufgelöst
320 g Senegalgummiverdickung
200 g Rongalit C
80 g Anilinöl
160 g Tannin-Alkohol 1 : 1
50 g essigsaures Zink 10° Bé oder noch besser glykolsaures Zink
1000 g

Ein ähnliches Verfahren wurde auch von Bayer, aber später, im *D.R.P. 312.584* vom 31. Mai 1919 veröffentlicht.

40 g basischer Farbstoff in
100 g Resorzin und
150 g Wasser gleichzeitig bei 70°C mit
160 g Britishgumverdickung lösen,
200 g Rongalit C zusetzen. Nach dem Erkalten
100 g Anilinöl
200 g Tannin-Alkohol 1 : 1 und
50 g essigsaures Zink 10° Bé zugeben
1000 g

[1]) Siehe auch A. Schneevoigt: Über die Verwendung von Resorzin im Zeugdruck, Mell. 1925, S. 106; Wosnessensky, *D.R.P. 308.815* vom 22. Oktober 1918.

Neuerdings wurden als Lösungsmittel Diäthylenglykol und dessen Äther (Carbitol, Fibrit, Hystabol D usw.) und Thiodiäthylenglykol (Glyecin A, Brecolane NCI) vorgeschlagen. An dieser Stelle sei auch das interessante Verfahren erwähnt, das auf der Verwendung eines Spezial-lösungsmittels, des Debetanlacks A oder C (Lab. Zundel, Joliet & Co. in Gennevilliers bei Paris, vgl. dieses Buch, Kap. VI) im Gemisch mit einer Druckfarbe beruht, die aus Farbstoff + Tannin + Metallsalz besteht.

Für das Tannin wurden Ersatzprodukte, wie Katanol O und ON, vorgeschlagen (siehe Fischer, Neue Erfahrungen mit Katanol im Zeugdruck, Mell. 1924, S. 119; ebenso L. Gaillard, Katanol im Zeugdruck, Mell. 1924, S. 608).

Justin Müller (Bull. Mulh. 1907, S. 428; R.G.M.C. 1908, S. 148; Bull. Mulh. 1920, S. 636) verwendet basische Farbstoffe, welche mit Zinkferrocyanid auf der Faser fixiert werden. Zu diesem Zwecke wird die Ware mit Kaliumferrocyanid präpariert, dann mit einer Farbe, die den basischen Farbstoff, Zinksulfat und Rongalit C enthält, bedruckt, anschliessend gedämpft und gewaschen.

Wenn der Stoff mit Kaliumferrocyanid präpariert wird, ist eine zusätzliche Trocknung nötig. Justin Müller fand heraus, dass die Vorbehandlung der Ware mit Kaliumferrocyanid durch eine Passage in einer Kaliumferrocyanidlösung nach dem Dämpfen günstig umgangen werden kann. So erhält man einen Artikel wie nach dem gewöhnlichen Tannin-Brechweinstein-Verfahren. Diese Druckpaste enthält nach Justin Müller den Farbstoff (Methylenblau) gelöst in Glyzerin, Zinksulfat und Tannin-Glyzerin 1:1. Es ist zu bemerken, dass das Tannat des Leukoderivats in Glyzerin unlöslich ist. Die Druckfarbe von Justin Müller enthält also den Farbstoff in mehr oder weniger fein niedergeschlagener Form. Das Anilin und Resorzin lösen das Tannat des Leukoderivats sehr gut und erlauben so eine höhere Ausbeute zu erreichen als nur mit Glyzerin.

Die Ätzfarbe wird folgendermassen zubereitet:

40 g	Methylenblau
70 g	Alkohol
100 g	Resorzin 1:1
30 g	Glyzerin
150 g	Gummiverdickung
120 g	Rongalit C extra
340 g	Gummiverdickung
50 g	Zinksulfat
100 g	Wasser
1000 g	

Man bedruckt den Stoff, dämpft und passiert durch ein Kaliumferrocyanidbad.

Der basische Farbstoff fixiert sich auf dem mit Kaliumferrocyanid präparierten Stoff schlechter, als wenn er mit Tannin-Brechweinstein behandelt wird. Die Weisseffekte sind weniger gut, die Farbe läuft beim Waschen stark aus und druckt leicht ab. Die Rückoxydation des Methylenblaus verläuft langsamer. Es scheint, dass das Tannat des Leukoderivates dem Hydrosulfit besser widersteht als das Ferrocyanid. Dies wird bestätigt mit dem Rhodamin 6G extra, das ganz entfärbt aus dem Dämpfer kommt und nur teilweise und ganz langsam an der Luft zurückgebildet wird. Daher ist die Ergiebigkeit mit dem Rhodamin 6G extra sehr gering. Benützt man einen Stoff, der mit Kaliumferrocyanid behandelt wurde, so ist die Fixierung besser, aber die Farben laufen stark aus.

Hingegen ist die Reinheit und die Lebhaftigkeit der Farblacke mit Zinkferrocyanid besonders bemerkenswert. Methylenblau gibt ein volles, violettstichiges Blau, das besonders vom grünstichigen Tannin-Brechweinstein-Blau absticht.

Die Zinkferrocyanidfarblacke könnten wohl für gewisse Artikel verwendet werden, aber die Wasch- und Lichtechtheit ist zu gering.

Buntätzen mit Küpenfarbstoffen.

Buntätzen mit Küpenfarbstoffen bieten keine besonderen Schwierigkeiten; man findet demgemäss nur wenig Veröffentlichungen über diesen derzeit allgemein ausgeführten Artikel.

Folgende Farbstoffe sind besonders für Buntätzen geeignet:

Cibascharlach G
Cibanongelb GC
Indanthrenbrillantgrün FFB
Cibablau 2B
Indanthrenbrillantorange GR.

Für die ersten Buntätzen, die auf Paranitranilinrot hergestellt wurden, verwendete man blaue und gelbe Küpenfarbstoffe, denen man Zinkhydrosulfit, fein verriebenen Indigo oder Flavanthren zugab. Seit der Einführung des Rongalits C ist dies ein vielhergestellter Artikel geworden.

Alkalische Farben neigen leicht zum Auslaufen und zu Farbhöfen. Um diesen Nachteil zu beheben, fügt man der Ätzfarbe Kaolin zu und ersetzt einen Teil der Natronlauge durch Pottasche.

Buntätze

200 g	Rongalit C
250 g	Helindonscharlach S Teig
20 g	Glyzerin
160 g	Britishgum 35%
20 g	Natronlauge 38° Bé
150 g	Pottasche 45° Bé
100 g	Gummiverdickung
100 g	Kaolin 1:1
1000 g	

Rotätze

270 g	Cibascharlach G dopp. Teig
355 g	Britishgum 1 :1
60 g	Diäthylenglykol
100 g	Pottasche 45° Bé
200 g	Rongalit C 1 :1
15 g	Anthrachinon 30%
1000 g	

Nach dem Drucken passiert man bei 101°C während 6–12 Minuten im Schnelldämpfer, oxydiert, wäscht und seift.

Konversionseffekte können auf Naphtylaminbordeaux oder Paranitranilinrot erhalten werden, indem man dem Diazobad gewisse Küpenfarbstoffe beigibt. Dann wird eine Ätzfarbe aufgedruckt, die Rongalit C und Alkali enthält:

200 g	Natronlauge 38° Bé
100 g	Glyzerin
300 g	Rongalit C extra
400 g	Gummiverdickung
1000 g	

An den bedruckten Stellen wird der Azokörper durch Rongalit zerstört, während der Küpenfarbstoff fixiert wird.

Eine andere Art besteht darin, auf das naphtolierte Gewebe eine Ätzfarbe aus Rongalit und Natronlauge zu drucken, zu trocknen und einen Fond zu überdrucken, der aus einer verdickten Lösung von Paranitrodiazobenzol oder Diazonaphtylamin und einem Küpenfarbstoff besteht.

An dieser Stelle wäre das von Rebert und Lantz ausgearbeitete Verfahren (Bull. Mulh. 1924, S. 638) zu erwähnen: man präpariert das Gewebe mit β-Naphtolat, druckt eine alkalische Formaldehydsulfoxylatfarbe auf und überdruckt mit der Diazolösung, der man einen Küpenfarbstoff zusetzt; nach dem Aufdruck dieser beiden Farben dämpft man 6 Minuten, wäscht und seift.

Kielbasinski und Slosarsky beschreiben einen interessanten Artikel, der darin besteht, dass man auf Pararot eine Blauätze mit Brillantindigo 4B (B.A.S.F.) und einen Weisseffekt ausführt, der die Blauätze wie auch den Rotfond überdeckt.

Zu diesem Zweck druckt man auf das Pararot folgende Farbe:

35 g	Brillantindigo 4B
50 g	Glyzerin
75 g	Wasser
600 g	alkalische Verdickung
150 g	Rongalit C extra
90 g	Wasser
1000 g	

Man dämpft 7 Minuten im Schnelldämpfer, wäscht und überdruckt dann eine Weissätze, die Rongalit CL enthält:

400 g	Rongalit CL
160 g	Wasser
400 g	Kaolin-Tragant 1:1
40 g	Anthrachinon 30%
1000 g	

Man erhält jedoch bessere Resultate, wenn man zuerst die Weissätze aufdruckt und nach dem Trocknen mit der Blauätze überdruckt. (Fischer's Ber. 1911, S. 492).

Ribbert (*D.R.P. 176.426, 183.668, 186.979;* Frb. Ztg. 1906, S. 144) konnte den gleichen Artikel herstellen, indem er Druckfarben verwendete, die das Pararot ätzen, den für die Illumination gebrauchten Küpenfarbstoff aber reservieren.

Man druckt auf das Pararot eine Druckpaste, die Rongalit und ein Metallsalz enthält, trocknet, überdruckt mit einem Küpenfarbstoff, trocknet, dämpft, wäscht, seift und spült.

Die Küpenfarbe ätzt das Pararot und wird zudem reserviert, wo sie auf das Metallsalz kommt. So erhält man einen Weisseffekt, der das Rot und den Küpenfarbstoff überdeckt.

Ätzreserve

150 g	Rongalit C
500 g	Britishgumverdickung
125 g	Zinkazetat
125 g	Zinksulfat
	erwärmen, auflösen und abkühlen. Das Zinksalz des Rongalit C wird so gefällt. Man setzt
100 g	Ammoniumchlorid zu, erwärmt bis zum Auflösen und füllt auf
1000 g	

Gelbätzreserve

100 g	Britishgum
60 g	Kaolin
100 g	Wasser
160 g	Gummiverdickung
200 g	Rongalit C extra
200 g	Bleisulfat
180 g	Bleiazetat
1000 g	

Für Blauätzreserven verwendet man Chromfarbstoffe, die gegenüber Hydrosulfit unempfindlich sind und sich durch ein kurzes Dämpfen von 4–6 Minuten fixieren lassen (Chromoglaucin, Chromazurin, Gallophenin, Modernviolett usw.).

Buntätzen mit Chromfarbstoffen.

Die Illumination mit Chromfarbstoffen bildet keine Schwierigkeiten. Man druckt den Chromfarbstoff mit Rongalit C und Chromazetat auf, dämpft 7 Minuten und wäscht. Man benützt Calicogelb

2G, Chromazurin, Modernviolett, Querzitron, Alizarinblau, Anthrazenbraun usw.

Die Farbstoffe der Gallocyaningruppe, die durch Reduktionsmittel in Küpen übergeführt werden können, können ohne Beize verwendet werden, wenn man sie in Phenol löst, mit Hydrosulfit reduziert und nachher wieder oxydiert. So lassen sich z. B. Modernviolett und Phenocyanin sehr gut fixieren.

Dunkelblau auf Rot

50 g	Modernviolett
150 g	Phenol
200 g	Rongalit C extra
600 g	Verdickung
1000 g	

Man druckt, dämpft 7 Minuten, passiert in einer warmen Chromatlösung, spült und seift[1]).

Buntätzen mit Schwefelfarbstoffen.

Die Illumination mit Schwefelfarbstoffen ist nur von beschränktem Interesse, da die Lebhaftigkeit der Farbtöne in den meisten Fällen ungenügend ist. Für gewisse Rauhartikel hingegen (Flanelle, Cheviotte usw.) verwendet man Schwefelfarbstoffätzen auf Pararot. Der Schwefelfarbstoff wird mit Hydrosulfit und warmem Glyzerin angeteigt, dann setzt man Natronlauge, Glukose, Kaolin und Rongalit C zu. Dunkelblau erhält man mit Immedialindon R, ein mittleres Blau mit Immedialindogen, Gelb mit Schwefelgelb GG oder Immedialgelb GG, Orange mit dem Immedialorange N und Grautöne mit dem Immedialschwarz NNR oder Immedialkarbon BB extra.

Beispiel I

40 g	Thiogenblau BD konz.
50 g	Glyzerin
100 g	Kaolin 1 : 1
50 g	Natronlauge 40° Bé
510 g	Verdickung
200 g	Rongalit C extra
50 g	Natronlauge 40° Bé
1000 g	

Beispiel II

50 g	Schwefelfarbstoff
50 g	Glyzerin
80 g	Glukose
100 g	Natronlauge 40° Bé
220 g	Wasser, erhitzen
300 g	Britishgumverdickung
200 g	Rongalit C extra
1000 g	

[1]) Camille Favre, Bull. Mulh. 1906, S. 134; R.G.M.C. 1906, S. 312.

Drucken, trocknen, dämpfen, behandeln in Bichromatlösung und spülen.

Um ein Schwärzen der Kupferwalzen zu verhüten, muss Natriumsulfid vermieden werden. Man verwendet daher spezielle Druckfarben (Marke D), die kein Sulfid enthalten. Zu diesem Zweck schlägt man den Farbstoff mit Säure nieder und löst ihn mit Bisulfit.

Buntätzen mit Pigmentfarbstoffen.

Dondain und Corhumel (Bull. Mulh. 1905, S. 123) versuchten, Chromgelb für die Illumination mit Rongalit zu verwenden. Sie drukken Rongalit und Bleiazetat auf, dämpfen, behandeln in Kalkmilch und chromieren. Podreschetnikoff verhütet die Trübung des Bleichromats, indem er nach dem Dämpfen eine Behandlung in Wasserstoffsuperoxyd gibt. Die B.A.S.F. empfiehlt im gleichen Sinne Natriumpersulfat.

Baumann und Thesmar (Bull. Mulh. 1904, S. 53) gaben im Jahre 1902 eine Buntätze mit Berlinerblau an, indem sie dem Ätzweiss Eisenferrocyanid und Albumin zugaben.

Buntätze mit Pigmentfarbstoffen

I.

150 g	Ultramarineblau
100 g	Wasser
50 g	Glyzerin
200 g	Rongalit C extra
300 g	Verdickung
200 g	Albumin 1 : 1
1000 g	

II.

300 g	basischer Farbstofflack 50%
50 g	Glyzerin
200 g	Albumin 1 : 1
250 g	Gummiverdickung
200 g	Rongalit C
1000 g	

Basischer Farbstofflack

300 g	Rhodamin 6 G extra in
300 g	Wasser gelöst
1200 g	Tannin-Wasser 1 : 1
600 g	Brechweinstein 1 : 1
	Abpressen – Ausbeute 2 kg.

Chrysoidinbister (F. Binder, Bull. Mulh. 1905, S. 54; R.G.M.C. 1904, S. 203 und 199) wird durch Kupplung von Chrysoidin mit p-Nitrodiazobenzol (Nitrazol CF, Parazol FB usw.) erhalten. Die in Betracht kommenden Chrysoidinmarken sind: Chrysoidin R extra, Chrysoidin AG (Bayer), Manchesterbraun GG, Brun pour foulardage J von Kuhlmann (Francolor).

Chrysoidinbister wurde in Russland in grossem Maßstabe hergestellt, wo es neben den Indigo- und Pararotartikeln einen hervorragenden Platz einnahm. Heute noch ist Chrysoidinbister neben α-Naphtylaminbordeaux und Paranitranilinrot von grösster Bedeutung für die Bemusterung des Leder-Satin (Satin Cuir), welches einen in grossen Mengen hergestellten Exportartikel für Algerien darstellt.

Für die Erzeugung einer einwandfreien, weissätzbaren Chrysoidinbisterfärbung ist es von Wichtigkeit, jede Spur von nicht gekuppeltem Chrysoidin von der gefärbten Ware zu entfernen. Zu diesem Zwecke wird das Gewebe, nach dem Passieren durch das Entwicklungsbad und einem 10–15 Sekunden dauernden Luftgang, gründlich geseift, bevor es für den Druck freigegeben wird.

Im allgemeinen gibt man zwei Passagen im Diazobad; am zweckmässigsten verwendet man hierfür einen 2-Chassisfoulard mit drei Abquetschwalzen.

Vorschrift für das Klotzbad

20 g	Chrysoidin AG oder Brun pour foulardage J
75 g	Essigsäure 6° Bé
805 g	Wasser
100 g	Tragantverdickung
1000 g	

Nach dem Klotzen wird getrocknet, aufgerollt, in p-Nitrodiazobenzol entwickelt, gewaschen, geseift und gespült.

Für das Ätzen des Chrysoidinbisters kommen dieselben Ätzfarben wie für die Azofärbungen in Betracht; es ist hier günstig, das Gewebe vor dem Druck mit einer Lösung von Chlorammonium, Ammoniumsulfat oder Natriumnitrobenzolsulfonat vorzubehandeln. Sunder (Bull. Mulh. 1921) empfahl eine Zugabe von etwa 20 g Ammoniumzitrat auf das kg Druckfarbe; hierzu ist zu bemerken, dass dieser Zusatz schon vor dem Erscheinen dieser Veröffentlichung in der Praxis bekannt war.

Die Manufaktur E. Zündel beschreibt im Bull. Mulh. 1905, S. 54, eine interessante Halbätze auf Chrysoidinbister, die zu schönen Ton-in-Ton-Effekten führte. Hierfür wird eine Farbe gedruckt, die Rongalit C und Natronlauge enthält.

Vorschrift für die Halbätze auf Chrysoidinbister

700 g	Weiss mit Rongalit C (250/1000)
300 g	Natronlauge 38° Bé
1000 g	

Chrysoidin mit anderen Diazoverbindungen als p-Nitrodiazobenzol gekuppelt erzeugt interessante, betriebsmässig erzeugte Farbtöne: so erhält man mit m-Nitrodiazobenzol ein Havannabraun, mit o-Nitrodiazobenzol ein Tabakbraun.

Man hat im grossen einen schönen Doppeltonkonversionartikel hergestellt, indem man auf mit Chrysoidin geklotzte Ware verdicktes p-Nitrodiazobenzol aufdruckte und die unbedruckten Stellen alsdann im Vollbad mit m-Nitrodiazobenzol entwickelte; zum Schluss wird die so erhaltene Ware mit einer Weissätze bedruckt.

p-Nitranilinbister wird durch Nachbehandlung des fertigen p-Nitranilinrots mit Kupfersalzen erhalten. Eine andere Arbeitsmethode besteht darin, die weisse Ware mit einer Lösung von Natriumnaphtolat+Kupfertartrat zu klotzen und nach dem Trocknen im Diazobad zu entwickeln. p-Nitranilinbister kann entweder mit Zinnsalz reserviert oder mit Rongalit C geätzt werden.

Die Umwandlung des Pararots in Bister durch Klotzen mit Anilinschwarzpräparation geht auf H. Schmid zurück[1]). Der schöne, tiefe Braunton lässt sich mittels Natriumazetatreserve leicht rot reservieren und mit den üblichen Ätzfarben weiss oder bunt ätzen.

Das Konversionsbister von H. Schmid wird durch Pflatschen der pararotgefärbten Ware mit einer üblichen oder verschnittenen Anilinschwarzklotzlösung (24 g anstatt 75 g Anilinsalz) erhalten. Mit Rongalitätzen erzeugt man auf diesem Bister einen wunderbaren Ätzartikel. Um die Entwicklung des Anilinschwarz zu verhüten, wird der Ätzfarbe 80 g Natriumazetat per kg einverleibt. Eine aussergewöhnlich lebhafte Rotreserve wird erzielt, indem man eine verdickte Natriumazetatlösung aufdruckt, die das Anilinschwarz reserviert.

Eine andere Ausführungsform wurde hier von Cassella ausgearbeitet: das Pararot wird mit einem Direktfarbstoff überfärbt, der sich mit Chlorat-Ferrocyanid und mit Hydrosulfit ätzen lässt, z. B. mit Diamin-Nitrazolschwarz B, das man dann mit einer p-Nitrodiazobenzollösung entwickelt.

Ein drittes, hierher gehöriges Verfahren wurde schliesslich von C. Rebert der Kattunmanufaktur E. Zündel (Bull. Mulh. 1924, S. 643) angegeben: die Umwandlung des Pararots in den Bisterton findet durch Klotzen mit der Lösung eines Chromfarbstoffes statt, der sich sowohl durch Chlorat-Ferrocyanidätze als auch durch Formaldehydsulfoxylat ätzen und in kurzer Dämpfdauer fixieren lässt. Das Gewebe wird also pararot gefärbt und mit einer Lösung von Chromalblau G (Geigy) gepflatscht; man bekommt einen Bisterton, der durch eine Farbe, bestehend aus Formaldehydsulfoxylat und Natriumzitrat, weiss, durch Aufdruck einer Chlorat-Ferrocyanidfarbe rot geätzt wird[2]).

---

[1]) R.G.M.C. 1898, S. 114; Bull. Mulh. 1897, S. 411.

[2]) Buntreserven mittels
  a) Chromfarbstoffen: Camille Favre, Bull. Mulh. 1908, S. 139; R.G.M.C. 1906, S. 312
  b) Pigmenten: Baumann und Thesmar, Bull. Mulh. 1904, S. 53 (Berlinerblaureserve).

Name	Erzeugerfirma	Zusammensetzung
Echtgelb GC Base **Echtgelb GC Base** **Base de Jaune solide JS** **Base pour Jaune solide GC** **Azogène Jaune solide JS** **Brentamine Fast Yellow GC Base**	I.G. Rohner Francolor Saint-Denis S.P.C.M.C. I.C.I.	o-Chloranilinchlorhydrat. 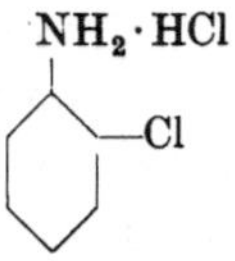 $NH_2 \cdot HCl$ —Cl
Echtgelbsalz GC 20% **Diazoechtgelb GC** **Sel de Jaune solide JS 20%** **Sel d'Azogène Jaune solide JS 20%** **Brentamine Fast Yellow Salt GC**	I.G. Rohner Francolor S.P.C.M.C. I.C.I.	Stabilisierte Diazoverbindung des o-Chloranilins.
Echtgelb G Base **Echtgelb G Base** **Azogène Jaune solide J** **Gelbbase Ciba I** **Brentamine Fast Yellow G Base**	I.G. Rohner S.P.C.M.C. Ciba I.C.I.	o-Chloranilin. 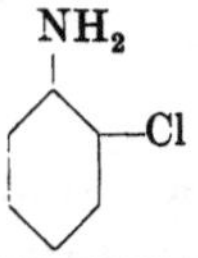 NH_2 —Cl
Echtorange GC Base **Echtorange GC Base** **Orangebase Ciba IV** **Devolorange C** **Orangebase Irga IV** **Edelaminorange GC** **Base d'Orange solide JS** **Base pour Orange solide GC** **Azogène Orange solide JS** **Brentamine Fast Orange GC Base** **Base per Arancio solido MC** **Naphtanil Orange GC Base**	I.G. Rohner Ciba Sandoz Geigy Aussig Francolor Saint-Denis S.P.C.M.C. I.C.I. A.C.N.A. Du Pont	Chlorhydrat des m-Chloranilins. 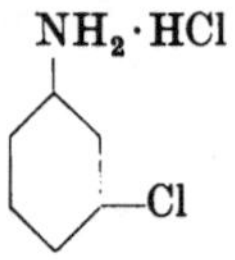 $NH_2 \cdot HCl$ —Cl
Echtorange G Base **Echtorange G Base** **Base pour Orange solide G** **Azogène Orange solide J**	I.G. Rohner Saint-Denis S.P.C.M.C.	m-Chloranilin.
Echtorangesalz GC 20% **Diazoechtorange GC** **Echtorangesalz GC neu** **Sel d'Orange solide JS und JSN 20%** **Sel d'Azogène Orange solide JS 20%** **Sel d'Azogène Orange solide JSN 20%** **Brentamine Fast Orange Salt GC** **Naphtanil Diazo Orange GC**	I.G. Rohner I.G. Francolor S.P.C.M.C. S.P.C.M.C. I.C.I. Du Pont	Stabilisierte Diazoverbindung des m-Chloranilins.

Äquivalente Naphtolmenge	Verwendungszwecke
1 T. Naphtol AS-G kuppelt mit 1 T. Base. 1 T. Naphtol AS-D ..... 0,95 T. Base. 1 T. Naphtol AS-RL .... 0,75 T. Base. 1 T. Naphtazol EL ...... 0,7 T. Base.	Kanariengelb mit Naphtol AS-G. Sehr lichtechtes Orange für Decken und Vorhänge mit Naphtol AS-RL (Naphtazol NRL). Sehr kochechtes und bleichechtes Orange mit Naphtazol EL, das für Tisch- und Leibwäsche geeignet ist.
1 T. Naphtol AS-G ...... 5 T. Salz. 1 T. Naphtol AS-RL .... 3,75 T. Salz. 1 T. Naphtazol EL ...... 3,5 T. Salz.	
1 T. Naphtol AS .... 0,90 T. Base. 1 T. Naphtol AS-D ...... 0,85 T. Base. 1 T. Naphtol AS-ITR.... 0,65 T. Base. 1 T. Naphtol AS-OL..... 0,80 T. Base.	Orange mit Naphtol AS; rötliches Orange mit Naphtol AS-RL; sehr licht- und kochechtes, braunstichiges Orange mit Naphtol AS-ITR; sehr lichtechtes, gelbstichiges Orange mit den Naphtolen AS-OL und AS-D; Olivbraun mit Naphtol AS-LB von bedeutender Echtheit. Rot mit Naphtol AS-SW. Bordeaux mit Naphtol AS-BS. Orange mit Cibanaphtol RF; Olivbraun mit Cibanaphtol RK und RTO.
1 T. Naphtol AS .... 4,5 T. Salz. 1 T. Naphtol AS-D ...... 4,25 T. Salz. 1 T. Naphtol AS-ITR.... 3,25 T. Salz. 1 T. Naphtol AS-OL .... 4,0 T. Salz.	

Name	Erzeugerfirma	Zusammensetzung
Echtorange GR Base Echtorange GR Base Orangebase Ciba II Devolorange B Orangebase Irga II Edelaminorange GR Base d'Orange solide JR Base p. Orange solide GR Azogène Orange solide JR Brentamine Fast Orange GR Base	I.G. Rohner Ciba Sandoz Geigy Aussig Francolor Saint-Denis S.P.C.M.C. I.C.I.	o-Nitranilin. NH_2, —NO_2
Echtorangesalz GR 20% Diazoechtorange GR 20% Orangesalz Ciba II Devolorangesalz B 20% Orangesalz Irga II 20% Azoorange LO (alte Bez.) Sel d'Orange solide JR 20% Brentamine Fast Orange Salt GR	I.G. Rohner Ciba Sandoz Geigy M.L.B. Francolor I.C.I.	Stabilisierte Diazoverbindung des o-Nitranilins.
Echtorange R Base Echtorange R Base Orangebase Ciba I Edelaminorange R Base d'Orange solide R Base pour Orange solide R Azogène Orange solide R Brentamine Fast Orange R Base Echtorange R Base (a. Bez.) Naphtanil Orange R Base	I.G. Rohner Ciba Aussig Francolor Saint-Denis S.P.C.M.C. I.C.I. Griesheim Du Pont	m-Nitranilin. NH_2, —NO_2
Echtorangesalz R 20% Diazoechtorange R 20% Sel d'Orange solide R 20% Sel d'Azogène Orange solide R 20% Brentamine Fast Orange Salt R	I.G. Rohner Francolor S.P.C.M.C. I.C.I.	Stabilisierte Diazoverbindung des m-Nitranilins.
Azophororange MN	M.L.B.	Mit Hilfe von Tonerdesulfat stabilisiertes und im Vakuum zur Trockene gebrachtes Sulfat der Diazoverbindung des m-Nitranilins.

Äquivalente Naphtolmenge	Verwendungszwecke
1 T. Naphtol AS .... 0.65 T. Base. 1 T. Naphtol AS–D ...... 0,6 T. Base. 1 T. Naphtol AS–BS .... 0,6 T. Base. 1 T. Naphtol AS–SW .... 0,6 T. Base. 1 T. Naphtol AS–ITR.... 0,5 T. Base.	Orange mit β-Naphtol. Rotorange mit Naphtol AS und AS–BS. Braun mit Naphtol AS–LB. Blaustichiges Rot mit Naphtol AS–D. Sehr lichtechtes Rot mit Naphtol AS–RL. Sehr licht-, wasch- und chlorechtes Scharlach mit Naphtol AS–ITR. Rotstichiges Braun mit Naphtol AS–SW. Rotorange mit Cibanaphtol RF und RM. Rot mit Cibanaphtol RTO. Sehr lichtechtes, braunstichiges Rot mit Cibanaphtol RBL.
1 T. Naphtol AS .... 3,25 T. Salz. 1 T. Naphtol AS–D ...... 3 T. Salz. 1 T. Naphtol AS–SW .... 3 T. Salz. 1 T. Naphtol AS–ITR.... 2,5 T. Salz.	
1 T. Naphtol AS .... 0,65 T. Base. 1 T. Naphtol AS–D ...... 0,6 T. Base. 1 T. Naphtol AS–ITR.... 0,5 T. Base. 1 T. Naphtol AS–BS .... 0,6 T. Base.	Orange mit β-Naphtol. Orange mit Naphtol AS, AS–D und AS–BS. Sehr echtes Scharlach mit Naphtol AS–ITR.
1 T. Naphtol AS .... 3,25 T. Salz. 1 T. Naphtol AS–D ...... 3 T. Salz. 1 T. Naphtol AS–ITR.... 2,5 T. Salz. 1 T. Naphtol AS–BS .... 3 T. Salz.	
D.R.P. 85.387; Frdl. *4*, S. 673 (1894—1897).	

Name	Erzeugerfirma	Zusammensetzung
Echtorangesalz LG 20% Diazoechtorange LG	I.G. Rohner	Stabilisierte Diazoverbindung von 2-Aminodiphenylsulfon.
Echtorangesalz RD 20% Diazoechtorange RD	I.G. Rohner	Stabilisierte Diazoverbindung von 4-Chlor-3-amino-1-trifluormethylbenzol. 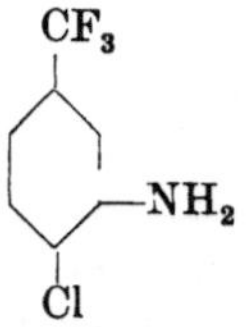
Eohtorangesalz GGD 20%	I.G.	Stabilisierte Diazoverbindung von 1-Amino-3,5-ditrifluormethylbenzol. 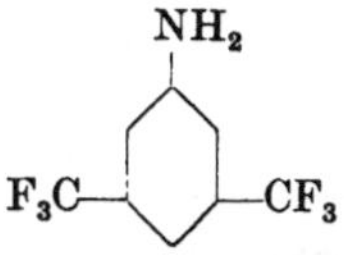
Echtgoldorangesalz GR Diazoechtgoldorange GR	I.G. 1935 Rohner	Stabilisierte Diazoverbindung von 1-Trifluormethyl-3-amino-4-äthylsulfon. 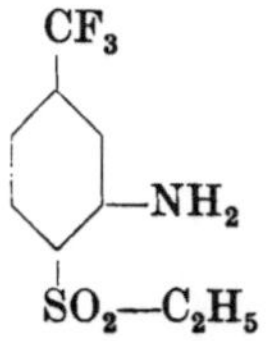
Base d'Ecarlate solide 3 J Azogène Ecarlate solide 3 G Echtscharlach 3 G Base	Francolor S.P.C.M.C. I.G.	o-Chlor-p-anisidin: 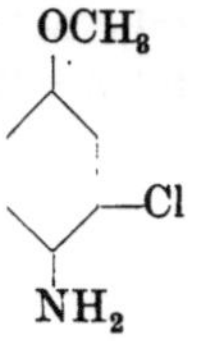
Sel d'Ecarlate solide 3 J 20%	Francolor	Stabilisierte Diazoverbindung der obigen Base.

Äquivalente Naphtolmenge	Verwendungszwecke
1 T. Naphtol AS .... 4,8 T. Salz. 1 T. Naphtol AS–OL..... 4,3 T. Salz. 1 T. Naphtol AS–LT .... 4,1 T. Salz.	Rotstichiges, sehr echtes Orange auf Naphtol AS–OL und AS–LT.
1 T. Naphtol AS .... 4,25 T. Salz. 1 T. Naphtol AS–RL .... 3,8 T. Salz.	Rotstichiges Orange von hervorragender Echtheit mit den Naphtolen AS und AS–RL.
D.R.P. 590.255.	
D.R.P. 588.781. Teintex 1947, S. 3.	Gibt mit den Naphtolmarken AS, AS–D, AS–E und AS–TR Goldorange-Töne von hervorragender Echtheit.
1 T. Naphtol AS–G...... 0,9 T. Base. 1 T. Naphtol AS–TR .... 0,7 T. Base.	Sehr kochechtes, chlorechtes und lichtechtes, reines Gelb mit Naphtol AS–G. Gibt mit Naphtol AS–TR ein Scharlachrot von sehr guter Echtheit beim Chloren und gut lichtecht in der Hauswäsche.

Name	Erzeugerfirma	Zusammensetzung
Echtscharlach GG Base Echtscharlach GG Base Scharlachbase Ciba I Devolscharlach A Scharlachbase Irga I Edelaminrot SGG Base d'Ecarlate solide 2J Base p. Ecarlate solide 2G Azogène Ecarlate solide GG Brentamine Fast Scarlet GG Base Naphtanilscarlet GG Base	I.G. Rohner Ciba Sandoz Geigy Aussig Francolor Saint-Denis S.P.C.M.C. I.C.I. Du Pont	2,5-Dichloranilin: NH_2 Cl— —Cl
Echtscharlach GGS Base Echtscharlach GGT Base Base d'Ecarlate solide 2JS Azogène Ecarlate solide 2JC Base per Scarlatto solido DS	I.G. Rohner Francolor S.P.C.M.C. A.C.N.A.	Sulfat des 2,5-Dichloranilins. Cl $—NH_2 \cdot \frac{1}{2}H_2SO_4$ Cl
Echtscharlachsalz GG 25%[1]) Diazoechtscharlach GG 25% Scharlachsalz Ciba I 25% Devolscharlachsalz A Scharlachsalz Irga I 25% Sel d'Ecarlate solide 2J 25% Brentamine Fast Scarlet Salt GG Naphtanil Diazo Scarlet GG	I.G. Rohner Ciba Sandoz Geigy Francolor I.C.I. Du Pont	Stabilisierte Diazoverbindung des 2,5-Dichloranilins. NH_2 Cl— —Cl
Echtscharlach G Base Echtscharlach G Base Scharlachbase Ciba II Devolscharlach B Scharlachbase Irga II Edelaminrot SG Base d'Ecarlate solide J Base pour Ecarlate solide G Azogène Ecarlate solide J Brentamine Fast Scarlet G Base Echtscharlachbase G (alte Bezeichnung)	I.G. Rohner Ciba Sandoz Geigy Aussig Francolor Saint-Denis S.P.C.M.C. I.C.I. Griesheim	p-Nitro-o-toluidin 4-Nitro-2-aminotoluol CH_3 $—NH_2$ (1904) NO_2
Echtscharlachsalz G 20% Diazoechtscharlach G 20% Sel d'Ecarlate solide J 20%	I.G. Rohner Francolor	Stabilisierte Diazoverbindung des p-Nitro-o-toluidins.

[1]) Die %Angabe ist auf Echtscharlach GGS bezogen.

Äquivalente Naptholmenge	Verwendungszwecke
1 T. Naphtol AS-G ...... 1 T. Base. 1 T. Naphtol AS 0,95 T. Base. 1 T. Naphtol AS-BG .... 0,9 T. Base. 1 T. Naphtol AS-RL .... 0,85 T. Base. 1 T. Naphtol AS-BO .... 0,85 T. Base.	Gelbtöne mit Naphtol AS-L3G und AS-LG (hervorragende Echtheit), Gelb mit Naphtol AS-G. Braun mit Naphtol AS-BG von grosser Echtheit und Scharlach mit Naphtol AS-OL. Katechubraun mit Naphtol AS-BO.
1 T. Naphtol AS-G ...... 1,2 T. Base. 1 T. Naphtol AS .... 1,15 T. Base. 1 T. Naphtol AS-BO .... 0,95 T. Base. 1 T. Naphtol AS-BG .... 1 T. Base. –	
1 T. Naphtol AS-G ...... 5 T. Salz. 1 T. Naphtol AS .... 4,75 T. Salz. 1 T. Naphtol AS-RL .... 4,25 T. Salz. 1 T. Naphtol AS-BG .... 4,5 T. Salz. 1 T. Naphtol AS-BO .... 4,25 T. Salz.	
1 T. Naphtol AS .... 0,75 T. Base. 1 T. Naphtol AS-D ...... 0,7 T. Base.	Sehr lebhaftes Scharlach mit Naphtol AS. Bläuliches Rot mit Naphtol AS-D; verschnitten rosa.
1 T. Naphtol AS .... 3,75 T. Salz. 1 T. Naphtol AS-D ...... 3,5 T. Salz.	

Name	Erzeugerfirma	Zusammensetzung
Echtscharlach R Base Echtscharlach R Base Scharlachbase Ciba III Devolscharlach F Scharlachbase Irga III Base d'Ecarlate solide R Base pour Ecarlate solide R Azogène Ecarlate solide R Brentamine Fast Scarlet R Base Naphthanil Scarlet R Base *Alte Bezeichnungen:* Tuskalinorange G Base Azoorange NA Echtscharlachbase R	I.G. Rohner Ciba Sandoz Geigy Francolor Saint-Denis S.P.C.M.C. I.C.I. Du Pont B.A.S.F. M.L.B. Griesheim	m-Nitro-o-anisidin. 5-Nitro-1-amino-2-methoxy-benzol oder 4-Nitro-2-aminoanisol. NH_2, OCH_3, O_2N
Echtscharlach RC Base Echtscharlach RC Base Edelaminrot SRC Base d'Ecarlate solide RS Base pour Ecarlate solide RC Azogène Ecarlate solide RS Brentamine Fast Scarlet RC Base Base p. Scarlatto solido 3NA Braunbase Ciba IV Braunbase Irga IV Naphtanil Scarlet RC Base	I.G. Rohner Aussig Francolor Saint-Deins S.P.C.M.C. I.C.I. A.C.N.A. Ciba Geigy Du Pont	Chlorhydrat des m-Nitro-o-anisidins. $NH_2 \cdot HCl$, OCH_3, O_2N Werden nicht mehr fabriziert.
Echtscharlachsalz R 25%[1] Diazoechtscharlach R 25% Scharlachsalz Ciba III Devolscharlachsalz F Scharlachsalz Irga III Sel d'Ecarl. solide RS 25% Brentamine Fast Scarlet Salt RC Naphtanil Diazo Scarlet R	I.G. Rohner Ciba Sandoz Geigy Francolor I.C.I. Du Pont	Stabilisierte Diazoverbindung des m-Nitro-o-anisidins.
Echtscharlach TR Base Echtscharlach TR Base Base d'Ecarlate solide TR Azogène Ecarlate solide TR	I.G. Rohner Francolor S.P.C.M.C.	Chlorhydrat des 6-Chlor-2-aminotoluols. $NH_2 \cdot HCl$, CH_3, Cl

[1]) Die %-Angabe ist auf Echtscharlach RC Base bezogen

Äquivalente Naphtolmenge	Verwendungszwecke
1 T. Naphtol AS .... 0,95 T. Base. 1 T. Naphtol AS-D ...... 0,85 T. Base. 1 T. Naphtol AS-OL..... 0,85 T. Base. 1 T. Naphtol AS-BS .... 0,85 T. Base.	Sehr lebhaftes Orange mit β-Naphtol. Feuriges Scharlach mit Naphtol AS, sehr lebhafte Scharlachtöne mit Naphtol AS-D, AS-OL und AS-RL. Sehr lebhaftes Blaurot mit AS-BS; Braungelb mit AS-LB; Bordeaux mit AS-BS und AS-LT.
1 T. Naphtol AS .... 1,15 T. Base. 1 T. Naphtol AS-D ...... 1,10 T. Base. 1 T. Naphtol AS-OL..... 1 T. Base. 1 T. Naphtol AS-BS .... 1 T. Base.	
1 Naphtol AS .... 4,6 T. Salz. 1 Naphtol AS-D .... 4,4 T. Salz. 1 Naphtol AS-OL .... 4 T. Salz. 1 Naphtol AS-BS .... 4 T. Salz.	
1 T. Naphtol AS .... 0,9 T. Base. 1 T. Naphtol AS-TR .... 0,85 T. Base.	Lebhaftes Scharlach mit Naphtol AS und AS-D. In der Hauswäsche und in der Chlorbehandlung echtes Scharlach mit Naphtol AS-TR; sehr echtes Gelbbraun mit Naphtol AS-LB.

Name	Erzeugerfirma	Zusammensetzung
Echtscharlach B Base Base d'Ecarlate solide NB Base pour Ecarlate solide B Azogène Ecarlate solide B	I.G. Francolor Saint-Denis S.P.C.M.C.	β-Naphtylamin. $-NH_2$
Echtscharlach LG Base Echtscharlachsalz LG Diazoechtscharlach LG	I.G. und Rohner I.G. Rohner	1-Methoxy-2-aminobenzol-4-benzylsulfon. OCH_3 $-NH_2$ $S-CH_2-$ O O resp. stabilisierte Diazoverbindung
Echtscharlachsalz VD Diazoechtscharlach VD	I.G. Rohner	Stabilisierte Diazoverbindung des 1-Trifluormethyl-2-amino-5-chlorbenzols. CF_3 $-NH_2$ Cl–
Scharlachbase Ciba R Braunbase Ciba I Devolscharlach C Scharlachbase Irga R Echtrot FG Base	Ciba Ciba Sandoz Geigy I.G.	4-Chlor-2-aminodiphenyläther NH_2 —Cl O
Scharlachsalz Ciba R 20% Devolscharlachsalz C Scharlachsalz Irga R Echtrotsalz FG	Ciba Sandoz Geigy I.G.	Stabilisierte Diazoverbindung der obigen Base.
Scharlachbase Ciba IV Devolscharlach D Scharlachbase Irga IV	Ciba Sandoz Geigy	2-Amino-4,2'-dichlordiphenyläther. Cl O —Cl NH_2

Äquivalente Naphtolmenge	Verwendungszwecke
	Mattes, wenig lichtechtes Rot mit β-Naphtol. Wenig echte Rottöne mit Naphtol AS und AS–D.
	Schöne, sehr echte Scharlachrottöne mit Naphtol AS–LT.
D.R.P. 551.882. Teintex 1947, S. 3.	Blaustichige, sehr lebhafte Scharlachtöne mit Naphtol AS, AS–D und AS–OL. Schönes Rot mit Naphtol AS–E. Ausgezeichnete Echtheiten mit Naphtol AS und AS–E.
D.R.P. 479.713 und *franz. P. 568.839* der Ciba.	Blaustichiges Rot mit Cibanaphtol RF (Naphtol AS), sehr schönes Scharlach mit Cibanaphtol RG (Naphtol AS–E) und Cibanaphtol RA (Naphtol AS–SW).

Name	Erzeugerfirma	Zusammensetzung
Scharlachsalz Ciba IV 20% Devolscharlachsalz D Scharlachsalz Irga IV	Ciba Sandoz Geigy	
Echtrot FR Base Echtrot FR Base Scharlachbase Ciba V Braunbase Ciba II Devolscharlach E Scharlachbase Irga V	I.G. Rohner Ciba Ciba Sandoz Geigy	4, 4′-Dichlor-2-aminodiphenyläther. O —Cl —Cl NH_2
Echtrotsalz FR 40% Diazoechtrot FR 40% Scharlachsalz Ciba V 40% Devolscharlachsalz E Scharlachsalz Irga V 40%	I.G. Rohner Ciba Sandoz Geigy	
Echtrot 3GL Base spez. Echtrot 3GL Base spez. Rotbase Ciba VI Devolrot F Rotbase Irga VI Edelaminrot 3GL Base de Rouge solide 3JL Base pour Rouge solide 3GL Azogène Rouge solide 3JL Brentamine Fast Red 3GL Base Base per Rosso 2CN Naphtanil Red 3G Base	I.G. Rohner Ciba Sandoz Geigy Aussig Francolor Saint-Denis S.P.C.M.C. I.C.I. A.C.N.A. Du Pont	p-Chlor-o-nitranilin 2-Nitro-4-chloranilin. NH_2 —NO_2 Cl
Echtrotsalz 3GL 40% Diazoechtrot 3GL 40% Rotsalz Ciba VI 40% Devolrotsalz F Rotsalz Irga VI Sel de Rouge solide 3JL Brentamine Fast Red Salt 3GL Naphtanil Diazo Red 3G	I.G. Rohner Ciba Sandoz Geigy Francolor I.C.I. Du Pont	Stabilisierte Diazoverbindung des p-Chlor-o-nitranilins.
Echtrot GG Base Echtrot GG Base Base de Rouge solide 2J Base pour Rouge solide 2G Azogène Rouge solide 2J Brentamine Fast Red GG Base *Alte Bezeichnungen:* Paranitranilin extra Paranitranilin C Paranitranilin S Paranitranilin N	I.G. Rohner Kuhlmann Saint-Denis S.P.C.M.C. I.C.I. M.L.B. Cassella Bayer M.L.B.	p-Nitranilin. NH_2 (1899) NO_2 p-Nitranilinsulfat 50% + 2 Mol β-naphtalinsulfosaures Natrium. p-Nitranilin gemischt mit der erforderlichen Nitritmenge.

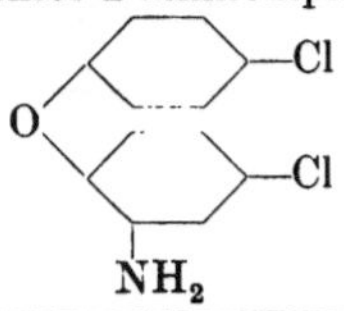

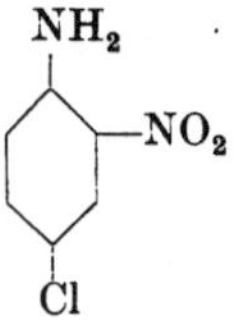

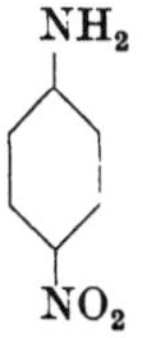

Äquivalente Naphtolmenge	Verwendungszwecke
D.R.P. 572.663 und *franz. P. 725.326* der Ciba.	Sehr echte, rein blaustichige Rottöne mit Cibanaphtol RK (Naphtol AS-OL), ferner mit Cibanaphtol RBL und RTO (Naphtol AS-RL und Naphtol AS-D).
1 Naphtol AS .... 1,7 T. Base. 1 Naphtol AS-D .... 1,65 T. Base. 1 Naphtol AS-OL ...... 1,55 T. Base. 1 Naphtol AS-RL ...... 1,55 T. Base.	Orange mit β-Naphtol. Sehr echte Türkischrottöne mit Naphtol AS und AS-D. Rot von bemerkenswerter Echtheit mit Naphtol AS-RL. Bordeaux mit Naphtol AS-OL (hervorragende Echtheit). Braun mit Naphtol AS-LB. Schwarz mit Naphtol AS-SR.
1 T. Naphtol AS .... 4,25 T. Salz. 1 T. Naphtol AS-D ...... 4,15 T. Salz. 1 T. Naphtol AS-OL..... 3,9 T. Salz. 1 T. Naphtol AS-RL .... 3,9 T. Salz.	
1 T. Naphtol AS .... 0,7 T. Base. 1 T. Naphtol AS-D ...... 0,65 T. Base. 1 T. Naphtol AS-SW .... 0,6 T. Base. 1 T. Naphtol AS-TR .... 0,6 T. Base. 1 T. Naphtol AS-ITR.... 0,5 T. Base. Leicht diazotierbar. Mischung, welche den Diazokörper durch Säurezusatz ergibt.	Gelbstichiges Rot mit β-Naphtol. Blaustichiges Rot mit Naphtol R, AR oder β-Naphtol R. Blaustichiges Rot mit β-Naphtol beim Zusatz von Nuanciersalz (Cassella). Braun mit Chrysoidin. Schwarzbraun, bzw. Schwarz mit Nigrophor. Rot mit Naphtol AS-SW von Pararotähnlichem Farbton für Kopsfärberei auf Apparaten. Billiges, sehr lichtechtes Rot mit Naphtol AS-TR, Rotbraun mit Naphtol AS-ITR.

Name	Erzeugerfirma	Zusammensetzung
Echtrotsalz GG 20% Diazoechtrot GG 20% Sel de Rouge solide 2J 20%	I.G. Rohner Francolor	Stabilisierte Diazoverbindung des p-Nitranilins.
Alte Bezeichnungen:		
Azophorrot PN	M.L.B. (1894)	Mit Hilfe von Tonerdesulfat stabilisiertes p-Nitrodiazobenzol.
Nitrazol C	Cassella	Durch Zusatz von wasserfreiem Natriumsulfat zur Sulfatlösung des p-Nitrodiazobenzols stabilisiertes Produkt; man erhält auf diese Weise ein Gemisch des Diazoniumsalzes mit $NaHSO_4$ von grosser Beständigkeit.
Nitrazol CF	Cassella	
Paranil A	Bayer	Stabilisiertes p-Nitrodiazobenzol. Doppelsalz aus dem Diazoniumsalz + β-naphtalinsulfosaures Natrium + Wasser.
Diazorot	F.T.M.	Becker'sches Verfahren: Stabilisierung mittels α-Naphtalinsulfosäure.
Azogenrot Benzonitrol Parazol FB	Kalle Bayer Bayer	Stabilisiertes p-Nitrodiazobenzol.
Nitrazol CF Paranitrol N	I.G. Kuhlmann	Stabilisiertes p-Nitrodiazobenzol.
Echtrot GL Base Echtrot GL Base Rotbase Ciba VII Devolrot G Rotbase Irga VII Edelaminrot GL Base de Rouge solide JL Base pour Rouge solide G Azogène Rouge solide JL Brentamine Fast Red GL Base Base per Rosso 3NT	I.G. Rohner Ciba Sandoz Geigy Aussig Francolor Saint-Denis S.P.C.M.C. I.C.I. A.C.N.A.	m-Nitro-p-toluidin. 3-Nitro-4-aminotoluol. CH_3 — Benzolring — NO_2 — NH_2 B.A.S.F. 1908
Alte Bezeichnungen: Base HR Nitrotoluidin G Echtrotbase GL	 Bayer Cassella Griesheim	

Äquivalente Naphtolmenge	Zusammensetzung
1 T. Naphtol AS .... 3,5 T. Salz. 1 T. Naphtol AS-D .... 3,5 T. Salz. 1 T. Naphtol AS-SW ..... 3 T. Salz. 1 T. Naphtol AS-ITR..... 2,5 T. Salz.	
D.R.P. 85.387, 94.495, 94.496, 97.933. Zusatz einer wasserfreien Tonerdesulfatlösung zu der konzentrierten Diazolösung und Abdunsten im Vakuum. *D.R.P. 97.933; D.R.P. 281.098.* *D.R.P. 264.268.* *D.R.P. 92.237, 92.169, 93.306, 94.280, D.R.P. 88.949, 94.280.*	Rot mit β-Naphtol: Klotzen des Gewebes mit einer β-Naphtolnatriumlösung und Ausfertigung in einer Lösung von Azophorrot PN.
	Erzeugnisse, welche für die Entwicklung der Direktfarbstoffe (Parafarben der I. G., Paradiazolfarben von Kuhlmann, Paradiaminfarben von Saint-Denis) Anwendung finden.
1 T. Naphtol AS .... 0,75 T. Base. 1 T. Naphtol AS-D ...... 0,7 T. Base. 1 T. Naphtol AS-OL..... 0,65 T. Base. 1 T. Naphtol AS-RL .... 0,65 T. Base. 1 T. Naphtol AS-ITR.... 0,55 T. Base. 1 T. Naphtol AS-BO .... 0,6 T. Base.	Orange mit β-Naphtol. Feuerrot mit Naphtol AS. Sehr echtes Rot mit Naphtol AS-RL; ebenfalls sehr echte Rottöne mit Naphtol AS-ITR und AS-BO. Schwarz mit Naphtol AS-SG. Bordeaux mit Naphtol AS-D.

Name	Erzeugerfirma	Zusammensetzung
Echtrotsalz GL 20% Diazoechtrot GL 20% Devolrotsalz G Rotsalz Ciba VII 20% Rotsalz Irga VII 20% Sel de Rouge solide JL 20% Brentamine Fast Red Salt GL	I.G. Rohner Sandoz Ciba Geigy Kuhlmann I.C.I.	Stabilisiertes Diazoprodukt des m-Nitro-p-toluidins.
Echtrot KB Base Echtrot KB Base Base de Rouge solide D Base pour Rouge solide KB Azogène Rouge solide KB Edelaminrot KB Base per Rosso 4CT Brentamin Fast Red KB Base Naphtanil Red KBH Base	I.G. Rohner Francolor Saint-Denis S.P.C.M.C. Aussig A.C.N.A. I.C.I. Du Pont	Chlorhydrat des p-Chlor-o-toluidins oder 4-Chlor-2-aminotoluols. CH_3 $—NH_2 \cdot HCl$ Cl
Echtrotsalz KB 20% Diazoechtrot KB 20%	I.G. Rohner	Stabilisierte Diazoverbindung des p-Chlor-o-toluidins.
Echtrot KX Base Base de Rouge solide K Azogène Rouge solide KX	I.G. Francolor S.P.C.M.C.	2-Nitro-m-xylidin. 4-Amino-2-nitro-1,3-xylol. CH_3 $—NO_2$ $—CH_3$ NH_2
Sel de Rouge solide K 20%	Francolor	Stabilisierte Diazoverbindung der vorgenannten Base.
Echtrot TR Base Echtrot TR Base Rotbase Ciba IX Devolrot K Rotbase Irga IX Base de Rouge solide TR Base pour Rouge solide TR Azogène Rouge solide TR Brentamine Fast Red TR Base Base per Rosso 5CT	I.G. Rohner Ciba Sandoz Geigy Francolor Saint-Denis S.P.C.M.C. I.C.I. A.C.N.A.	Chlorhydrat des 5-Chlor-2-aminotoluols oder m-Chlortoluidin (1,2,5). CH_3 $—NH_2 \cdot HCl$ Cl—

Äquivalente Naphtolmenge	Verwendungszwecke
1 T. Naphtol AS .... 3,75 T. Salz. 1 T. Naphtol AS-D ...... 3,5 T. Salz. 1 T. Naphtol AS-OL..... 3,25 T. Salz. 1 T. Naphtol AS-RL .... 3,25 T. Salz. 1 T. Naphtol AS-ITR.... 2,75 T. Salz. 1 T. Naphtol AS-BO .... 3 T. Salz.	Siehe Echtrot GL Base
1 T. Naphtol AS .... 1 T. Base. 1 T. Naphtol AS-D ...... 0,9 T. Base. 1 T. Naphtol AS-SW .... 0,85 T. Base. 1 T. Naphtol AS-TR .... 0,85 T. Base.	Gelb mit Naphtol AS-L3G und AS-LG. Lebhaftes Rot mit Naphtol AS-D. Sehr kochechte Scharlachrottöne mit Naphtol AS-SW und AS-TR.
1 T. Naphtazol EL ...... 0,85 T. Base. 1 T. Naphtol AS-TR .... 0,85 T. Base.	Gibt sehr koch- und chlorechte Rottöne mit Naphtazol EL und Naphtol AS-TR.
1 T. Naphtazol EL ...... 4,25 T. Salz. 1 T. Naphtol AS-TR .... 4,25 T. Salz.	
1 T. Naphtol AS .... 1 T. Base. 1 T. Naphtol AS-D ...... 0,95 T. Base. 1 T. Naphtol AS-TR .... 0,8 T. Base. 1 T. Naphtol AS-ITR.... 0,75 T. Base.	Hervorragend echtes Rot mit Naphtol AS-LT. Sehr koch- und chlorechtes, türkischrotähnliches Rot mit Naphtol AS-TR und AS-ITR. Lebhaftes Rot mit Naphtol AS. Bordeaux mit Naphtol AS-D.

Name	Erzeugerfirma	Zusammensetzung
Echtrotsalz TR 20% Diazoechtrot TR 20% Rotsalz Ciba IX Sel de Rouge solide TR 20% Brentamine Fast Red Salt TR	I.G. Rohner Ciba Francolor I.C.I.	Stabilisiertes Diazoprodukt des m-Chlor-toluidins.
Base de Rouge solide CL Azogène Rouge solide CL	Francolor S.P.C.M.C.	3-Methoxy-6-nitro-p-toluidin (o-Nitro-m-kresidin). CH_3 O_2N— —OCH_3 NH_2
Sel de Rouge solide CL 20%	Francolor	Stabilisiertes Diazoprodukt obiger Base.
Echtrot RL Base Echtrot RL Base Rotbase Ciba X Base de Rouge solide RL Azogène Rouge solide RL Brentamine Fast Red RL Base Base per Rosso 5NT	I.G. Rohner Ciba Francolor S.P.C.M.C. I.C.I. A.C.N.A.	m-Nitro-o-toluidin. 5-Nitro-2-aminotoluol. CH_3 —NH_2 O_2N—
Echtrotsalz RL 20% Sel de Rouge solide RL 20% Sel d'Azogène Rouge solide RL 20% Brentamine Fast Red Salt RL	I.G. Francolor S.P.C.M.C. I.C.I.	Stabilisierter Diazokörper der obigen Verbindung.
Echtrot GTR Base	I.G.	1-Methoxy-4-äthylsulfon-2-aminobenzol OCH_3 —NH_2 S—C_2H_5 O O

Äquivalente Naphtolmenge	Verwendungszwecke
1 T. Naphtol AS .... 5 T. Salz. 1 T. Naphtol AS-D ...... 4,5 T. Salz. 1 T. Naphtol AS-TR .... 4,15 T. Salz. 1 T. Naphtol AS-ITR.... 3,75 T. Salz.	Siehe Echtrot TR Base.
1 T. Naphtol AS-BS .... 0,85 T. Base. 1 T. Naphtol AS-BO .... 0,85 T. Base. 1 T. Naphtazol EL ...... 0,75 T. Base.	Blaustichiges, sehr wasch- und chlorechtes Rot mit Naphtol AS-BS und AS-BO. Sehr echtes Rot mit Naphtazol EL.
1 T. Naphtol AS-BS, AS-BO oder Naphtazol NEL 4,25 T. Salz.	
1 T. Naphtol AS-G ...... 0,75 T. Base. 1 T. Naphtol AS .... 0,75 T. Base. 1 T. Naphtol AS-OL..... 0,65 T. Base. 1 T. Naphtol AS-RL .... 0,7 T. Base. 1 T. Naphtol AS-ITR ... 0,55 T. Base.	Gelb mit Naphtol AS-G. Sehr echtes Braun mit Naphtol AS-LB. Rot mit Naphtol AS. Lebhafte, sehr lichtechte Rot- und Rosatöne mit Naphtol AS-RL. Granat mit Naphtol AS-OL und AS-ITR. Schwarz mit Naphtol AS-SR.
1 T. Naphtol AS-G ...... 3,75 T. Salz. 1 T. Naphtol AS .... 3,75 T. Salz. 1 T. Naphtol AS-OL..... 3,25 T. Salz. 1 T. Naphtol AS-RL .... 3,5 T. Salz. 1 T. Naphtol AS-ITR.... 2,75 T. Salz.	
	Schöne gelbstichige Rottöne von sehr guter Lichtechtheit mit Naphtol AS-ITR.

Name	Erzeugerfirma	Zusammensetzung
Echtrotsalz GTR	I.G.	Stabilisierter Diazokörper der Echtrot GTR Base
Echtrot RC Base	I.G.	Chlorhydrat des p-Chlor-o-anisidins oder des 4-Chlor-2-aminoanisols. 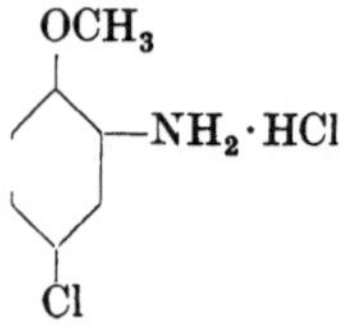
Echtrot RC Base	Rohner	OCH_3, $-NH_2 \cdot HCl$, Cl
Rotbase Ciba I	Ciba	
Devolrot J	Sandoz	
Rotbase Irga I	Geigy	
Edelaminrot RC	Aussig	
Base de Rouge solide RS	Francolor	
Base pour Rouge solide RC	Saint-Denis	
Azogène Rouge solide RC	S.P.C.M.C.	
Brentamine Fast Red RC Base	I.C.I.	
Naphtanil Red RCH Base	Du Pont	
Alte Bezeichnungen:		
Chloranisidin P	B.A.S.F.	
Chloranisidinsalz M	M.L.B.	
Echtrotbase R	Griesheim	
Braunbase Ciba III	Ciba	werden nicht mehr fabriziert.
Braunbase Irga III	Geigy	
Echtrotsalz RC 20%	I.G.	Stabilisierte Diazoverbindung des p-Chlor-o-anisidins.
Diazoechtrot RC 20%	Rohner	
Sel de Rouge solide RS 20%	Francolor	
Naphtanil Diazo Red RC	Du Pont	
Echtrot B Base	I.G.	p-Nitro-o-anisidin. 4-Nitro-1-aminoanisol. 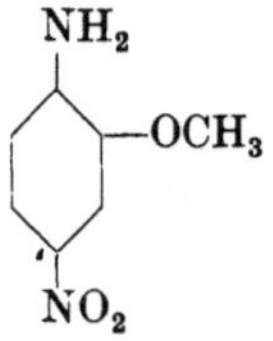
Echtrot B Base	Rohner	NH_2, $-OCH_3$, NO_2
Rotbase Ciba V	Ciba	
Devolrot E	Sandoz	
Rotbase Irga V	Geigy	
Base de Rouge solide B	Francolor	
Base pour Rouge solide B	Saint-Denis	
Azogène Rouge solide B	S.P.C.M.C.	
Brentamine Fast Red B Base	I.C.I.	
Base per Rosso 5NA	A.C.N.A.	
Naphtanil Red B Base	Du Pont	
Alte Bezeichnungen:		
Tuskalinrotbase B	B.A.S.F.	
Brillantrosa	M.L.B.	
Echtrotbase B	Griesheim	
Nitroanisidin A	Agfa	
Naphtolrosa	F.T.M.	

Äquivalente Naphtolmenge	Verwendungszwecke
1 T. Naphtol AS .... 1,05 T. Base. 1 T. Naphtol AS–D ...... 1 T. Base. 1 T. Naphtazol EL ...... 0,9 T. Base.	Feuriges Rot mit β-Naphtol. Lebhaftes Rot mit Naphtol AS. Sehr koch- und chlorechter Türkischrotton mit Naphtazol EL. Braun mit Naphtol AS–LB.
1 T. Naphtol AS .... 5,25 T. Salz. 1 T. Naphtol AS–D ...... 5 T. Salz. 1 T. Naphtazol EL ...... 4,5 T. Salz.	
D.R.P. 98.637, 1897; *franz. P. 271.908.* 1 T. Naphtol AS .... 0,85 T. Base. 1 T. Naphtol AS–G ...... 0,9 T. Base. 1 T. Naphtol AS–ITR.... 0,65 T. Base. 1 T. Naphtol AS–RL .... 0,8 T. Base. 1 T. Naphtol AS–BO .... 0,75 T. Base.	Blaustichiges Rot mit β-Naphtol. Himbeerrot mit Naphtol AS. Sehr echtes Bordeaux mit Naphtol AS–RL. Sehr lichtechtes Rot mit Naphtol AS–ITR. Sehr billiges und durchschnittlich sehr echtes Orangegelb mit Naphtol AS–G. Sehr echtes, rotstichiges Braun mit Naphtol AS–LB. Schwarz mit Naphtol AS–SG und AS–SR.

Name	Erzeugerfirma	Zusammensetzung
Echtrotsalz B 20% Diazoechtrot B 20% Rotsalz Ciba V 20% Devolrotsalz E Rotsalz Irga V Sel de Rouge solide B 20% Sel d'Azogène Rouge solide B 20% Brentamine Fast Red Salt B 20% Naphtanil Diazo Red B *Alte Bezeichnungen:* Azophorrot A Azorosa NA Naphtolrosa	I.G. Rohner Ciba Sandoz Geigy Francolor S.P.C.M.C. I.C.I. Du Pont M.L.B. M.L.B. F.T.M.	Stabilisierte Diazoverbindung des p-Nitro-o-anisidins. Mit α-Naphtalinsulfonat stabilisiert.
Echtrot BB Base Rotbase Ciba IV Base de Rouge solide 2B Base pour Rouge solide 2B Azogène Rouge solide 2B Brentamine Fast Red BB Base *Alte Bezeichnung:* Azophorrosa A	I.G. Ciba Francolor Saint-Denis S.P.C.M.C. I.C.I. M.L.B.	o-Anisidin. —NH_2 OCH_3 Mit Aluminiumsulfat stabilisierte Diazoverbindung.
Blaurot O	M.L.B.	o-Nitro-p-phenetidin. OC_2H_5 —NO_2 NH_2
Azorosa BB	M.L.B.	Benzyläther eines Aminokresylols. Der Farbstoff ist das 3-Amino-4-kresolbenzyläther-azo-β-naphtol.
Echtrot ITR Base Echtrot ITR Base Base de Rouge solide STR	I.G. Rohner Francolor	Diäthyl-sulfamino-o-anisidin (4-Diäthylsulfamino-2-amino-1-methoxybenzol). *Franz. P. 761.607* und *806.438*, 1936. NH_2 H_3CO— —SO_2—$N(C_2H_5)_2$

Äquivalente Naphtolmenge	Verwendungszwecke
1 T. Naphtol AS .... 4,25 T. Salz. 1 T. Naphtol AS-G...... 4,5 T. Salz. 1 T. Naphtol AS-ITR.... 3,25 T. Salz. 1 T. Naphtol AS-RL .... 4 T. Salz. 1 T. Naphtol AS-BO .... 3,75 T. Salz.	Siehe Echtrot B Base
Diese Farbbase ist von geringer praktischer Bedeutung und kommt in den letzten Veröffentlichungen der Farbenfabriken nicht mehr vor.	Bordeaux auf β-Naphtol.
Die Diazotierung erfolgt bei 15—20°C ohne Zuhilfenahme von Eiskühlung.	Rosa von ziemlich guter Echtheit auf β-Naphtol. Wird mit Naphtol AS-Kupplungskörpern nicht mehr angewendet.
	Gibt mit β-Naphtol ein Rosa, das gegenwärtig nicht mehr von Interesse ist.
1 T. Naphtol AS-ITR... 0,9 T. Base. In der Foulardfärberei setzt man $^2/_3$ T. Essigsäure (auf das Salzgewicht berechnet) zu.	Sehr lebhaftes, besonders licht- und kochechtes Rot mit Naphtol AS-ITR.

Name	Erzeugerfirma	Zusammensetzung
Echtrotsalz ITR 40% Diazoechtrot ITR 40%	I.G. Rohner	Stabilisierter Diazokörper des Diäthylsulfamino-o-anisidins.
Echtrot FR Base Echtrot FR Base	I.G. Rohner	4,4'-Dichlor-2-amino-diphenyl-oxydchlorhydrat.
Echtrotsalz FR 40% Diazoechtrot FR 40%	I.G. Rohner	Stabilisierter Diazokörper obiger Verbindung.
Echtrotsalz AL Diazoechtrot AL Sel de Rouge solide AL Sel d'Azogène Rouge solide AL Naphtanil Diazo Red AL	I.G. Rohner Francolor S.P.C.M.C. Du Pont	Stabilisierte Diazoverbindung des 1-Aminoanthrachinons. 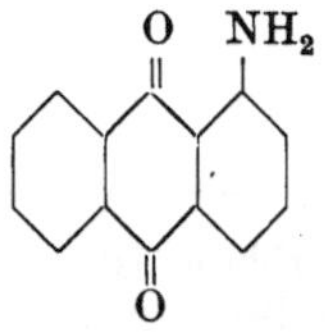 O NH_2 O
Echtrot RBE Base Azogène Rouge solide RBE Brentamine Fast Red RBE Base	I.G. S.P.C.M.C. I.C.I.	Chlorhydrat des 1,3-Dimethyl-4-benzoylamino-6-aminobenzols. 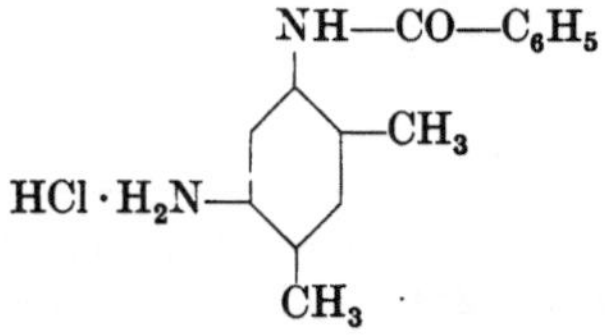 $NH—CO—C_6H_5$ $—CH_3$ $HCl \cdot H_2N—$ CH_3
Rotbase Ciba VIII Devolrot H Rotbase Irga VIII	Ciba Sandoz Geigy	Wahrscheinlich: 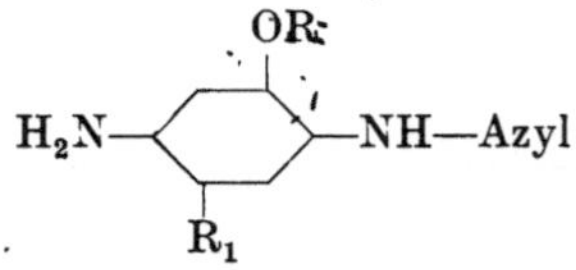 OR $H_2N—$ —NH—Azyl R_1 R_1 = Halogen oder Alkyl. R = Aryl oder Aralkyl.
Echtbordeaux GP Base Echtbordeaux GP Base Bordeauxbase Ciba IV Devolbordeaux B Bordeauxbase Irga IV Base de Bordeaux solide J Azogène Bordeaux solide J Naphtanil Bordeaux GP Base	I.G. Rohner Ciba Sandoz Geigy Francolor S.P.C.M.C. Du Pont	m-Nitro-p-anisidin. 3-Nitro-4-aminoanisol. 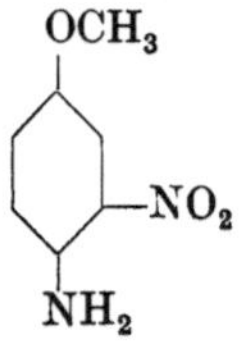 OCH_3 $—NO_2$ NH_2

Äquivalente Naphtolmenge	Verwendungszwecke
1 T. Naphtol AS-G ...... 5,85 T. Salz. 1 T. Naphtol AS .... 5,5 T. Salz. 1 T. Naphtol AS-OL..... 4,9 T. Salz.	Besonders die Kombinationen mit Naphtol AS-G, AS, AS-OL zeichnen sich durch grosse Lichtechtheit aus. Orangegelb mit Naphtol AS-G.
1 T. Naphtol AS .... 1 T. Base.	Sehr kochechtes, türkischrotähnliches Rot mit Naphtol AS-SW.
Franz. P. 758.265, 1933.	Sehr reines, lichtechtes Blaurot mit Cibanaphtol RK und RN.
1 T. Naphtol AS .... 0,85 T. Base. 1 T. Naphtol AS-D...... 0,8 T. Base. 1 T. Naphtol AS-OL..... 0,8 T. Base. 1 T. Naphtol AS-RL .... 0,8 T. Base. 1 T. Naphtol AS-TR .... 0,75 T. Base. 1 T. Naphtol AS-BO .... 0,75 T. Base. 1 T. Naphtol AS-SW .... 0,75 T. Base.	Sehr lichtechtes Bordeaux mit Naphtol AS-OL, AS-RL, AS-TR, AS-BO, AS-SW.

Name	Erzeugerfirma	Zusammensetzung
Echtbordeauxsalz GP 20% Diazoechtbordeaux GP 20% Sel de Bordeaux solide J 20% Naphtanil Diazo Bordeaux GP	I.G. Rohner Francolor Du Pont	Stabilisierte Diazoverbindung des m-Nitro-p-anisidins.
Bordeauxbase Ciba III Devolbordeaux A Bordeauxbase Irga III	Ciba Sandoz Geigy	4-Amino-3-methoxyazobenzol. 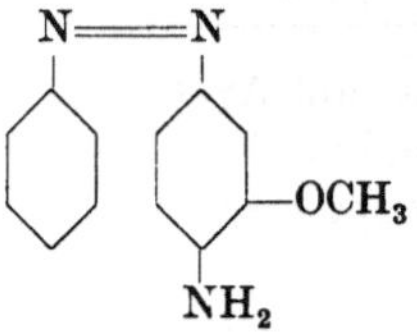 N=N OCH_3 NH_2
Bordeauxsalz Ciba III 20% Devolbordeauxsalz A Bordeauxsalz Irga III 20%	Ciba Sandoz Geigy	Stabilisierte Diazoverbindung der Bordeauxbase Ciba III.
Echtbordeauxsalz BD Diazoechtbordeaux BD	I.G. Rohner	Stabilisierte Diazoverbindung von 4-Amino-2,5-dimethoxybenzonitril.
Echtgranat GB Base Azoechtgranat M Base de Grenat solide JB Base pour Grenat solide GB Azogène Grenat solide JB	I.G. M.L.B. Francolor Saint-Denis S.P.C.M.C.	o-Aminoazotoluol. 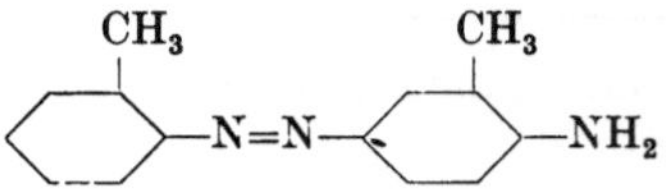 CH_3 CH_3 —N=N— —NH_2
Echtgranat GBC Base Echtgranat GBC Base Bordeauxbase Ciba II Devolbordeaux Bordeauxbase Irga II Edelaminbordeaux Base de Grenat solide JBS Naphtanil Garnet GBC Base	I.G. Rohner Ciba Sandoz Geigy Aussig Francolor Du Pont	Chlorhydrat des o-Aminoazotoluols.
Echtgranatsalz GBC 20% Diazoechtgranat GBC 20% Naphtanil Diazo Garnet GBC	I.G. Rohner Du Pont	Stabilisierte Diazoverbindung.

Äquivalente Naphtolmenge	Verwendungszwecke
1 T. Naphtol AS .... 4,25 T. Salz. 1 T. Naphtol AS-D, AS-OL, AS-RL ...... 4 T. Salz. 1 T. Naphtol AS-TR, AS-BO und AS-SW... 3,75 T. Salz.	Siehe Echtbordeaux GP Base
	Dunkles Bordeaux mit Naphtol AS-RL, AS-BO und AS-OL.
Wird durch Kupplung des Diazoproduktes des o-Toluidins mit o-Toluidin erhalten. 1 T. Naphtol AS-TR ..... 0,9 T. Base. 1 T. Naphtazol EL .... 0,9 T. Base.	Sehr licht-, wasch- und chlorechte Granattöne mit Naphtol AS-TR und Naphtazol EL. Orange mit Naphtol AS-G. Mit Naphtol AS-E Azofarbstoff der Lichtechtheit 7.
1 T. Naphtol AS .... 1,25 T. Base.	Wie Echtgranat GB Base.
1 T. Naphtol AS .... 6,25 T. Salz.	

Name	Erzeugerfirma	Zusammensetzung
Echtgranat B Base Base de Grenat solide B Base pour Grenat solide B Azogène Grenat solide B *Alte Bezeichnungen:* Echtgranat B Base Sel pour Grenat Naphtylamin S Pulver oder Teig Grenat Naphtol en pâte 50% Puce Naphtol Acétonine NN	I.G. Francolor Saint-Denis S.P.C.M.C. Griesheim F.T.M. Cassella F.T.M. Francolor	α-Naphtylamin. NH_2 α-Naphtylaminsulfat in sehr feiner Verteilung. Mit α-Naphtylaminsäure stabilisiertes α-Diazonaphtalin.
Base de Rubis solide S	Kuhlmann	1-Amino-3-methoxy-4-benzoylamino-6-diäthylsulfaminobenzol. NH_2 $(C_2H_5)_2N{-}SO_2$ OCH_3 $NH{-}CO$
Echtgranat GC Base Echtgranat GC Base Base per Granato solido AC	I.G. Rohner A.C N.A.	Chlorhydrat des m-Aminoazotoluols (Isomeres der Echtgranat GB Base).
Diazoechtgranat GC	Rohner	Stabilisierte Diazoverbindung der Echtgranat GC Base.
Echtkorinth B Base Echtkorinth B Base Base de Corinthe solide B Base pour Corinthe solide B Azogène Corinthe solide B *Alte Bezeichnung:* Acétonine NZ	I.G. Rohner Francolor Saint-Denis S.P.C.M.C. Francolor	Benzidin. H_2N NH_2
Echtkorinthsalz V conc. Diazoechtkorinth V	I.G. Rohner	Stabilisierte Diazoverbindung des Kupplungsproduktes von Nitrotoluidin mit Metakresidin. CH_3 NO_2 CH_3 $N{=}N$ CH_3 NH_2

Äquivalente Naphtolmenge	Verwendungszwecke
	Bordeaux mit β-Naphtol. Praktisch wegen der geringen Echtheiten der Kupplungsfarbstoffe mit Naphtol AS-Verbindungen nicht mehr im Gebrauch.
Becker'sches Verfahren: *D.R.P. 81.039*, 1894; *D.R.P. 94.280.*	Gibt beim Aufdruck der mit Gummi verdickten Farbe auf naphtolpräparierter Ware α-Naphtylaminbordeaux.
1 T. Naphtol AS–ITR..... 1,5 T. Base.	Ausserordentlich echtes Rubinrot mit Naphtol AS–ITR.
1 Naphtol AS........... 1,25 T. Base. Diazotierung bei 5°C.	Granat mit Naphtol AS, AS–D und AS–OL.
	Flohbraun (Puce) mit β-Naphtol. Gibt mit den Naphtolmarken wenig lichtechte Töne und erscheint daher nicht mehr in den neuesten Farbkarten.
1 T. Naphtol AS .... 3,75 T. Salz.	Korinth-Töne mit Naphtol AS, AS–LT und AS–RL. Dunkelbraun mit Naphtol AS–D. Die Töne sind hervorragend lichtecht, dagegen nur wenig widerstandsfähig gegen heisses Bügeln.

Name	Erzeugerfirma	Zusammensetzung
Echtkorinth LB Base Echtkorinth LB Base	I.G. Rohner	2-Methoxy-1-benzoylamino-5-chlor-4-aminobenzol. (*Franz. P. 793.324*) 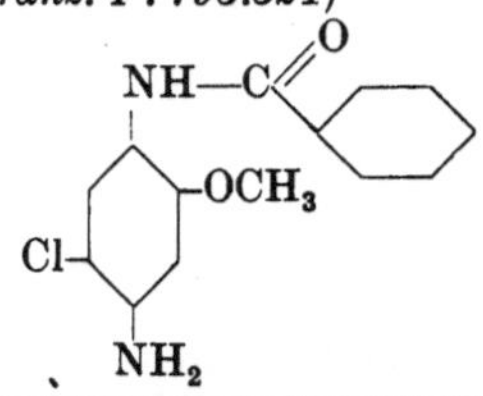 O NH—C OCH_3 Cl NH_2
Echtkorinthsalz LB 20% Diazoechtkorinth LB 20%	I.G. Rohner	Stabilisierte Diazoverbindung.
Echtbraun V Base	I.G. 1935	Monoazofarbstoff: o-Chlor-p-nitranilin-azo-p-amino-kresidin 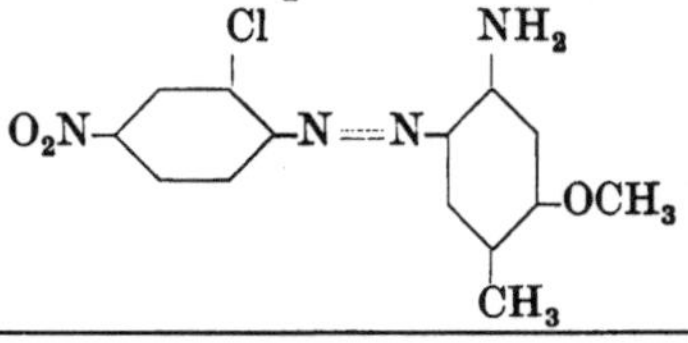 Cl NH_2 O_2N —N=N— OCH_3 CH_3
Echtbraunsalz RR	I.G. 1933	
Braunsalz Ciba I, II, III, IV Devolbraunsalz A, B, C, D Braunsalz Irga I, II, III, IV	Ciba Sandoz Geigy	
Echtviolett B Base Echtviolett B Base Base de Violet solide B Violettbase Ciba IV	I.G. Rohner Francolor Ciba	6-Benzoylamino-4-methoxy-m-toluidin oder 4-Amino-3-methoxy-6-methylbenzanilid: 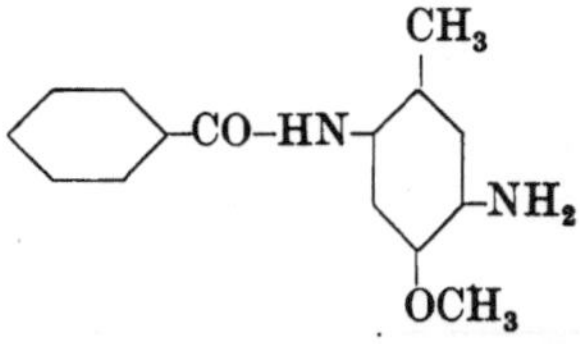 CH_3 —CO–HN— NH_2 OCH_3
Echtviolettsalz B 20% Diazoechtviolett B 20% Sel de Violet solide B 20%	I.G. Rohner Francolor	Stabilisierte Diazoverbindung.
Violettbase Ciba III Devolviolett A Violettbase Irga III	Ciba Sandoz Geigy	1-Amino-4-(4′-methyl)-phenoxy-azetylamino-2,5-dimethoxy-benzol. 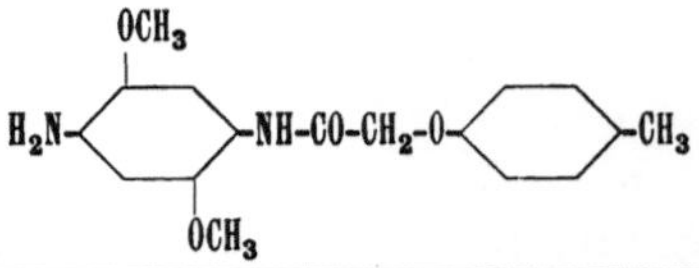 OCH_3 H_2N— —NH-CO-CH_2-O— —CH_3 OCH_3

Äquivalente Naphtolmenge	Verwendungszwecke
1 Naphtol AS .... 1,3 T. Base.	Korinth mit Naphtol AS. Violett mit Naphtol AS–D. Korinth mit Naphtol AS–LT und AS–RL (hervorragende Echtheit). Granat mit Naphtol AS–LB. Licht- und chlorechtere Töne als mit der Marke V.
Der Diazotierungsvorgang weicht von der gewöhnlichen Arbeitsmethode ab.	Tiefes Braun mit β-Naphtol. Brauntöne von sehr guter Koch-, Chlor- und Lichtechtheit mit Naphtol AS, AS–RL und AS–OL.
1 T. Naphtol AS .... 3,85 T. Salz.	Rotbraun mit Naphtol AS–OL.
Diese Produkte werden nicht mehr hergestellt.	
1 T. Naphtol AS .... 1,4 T. Base. 1 T. Naphtol AS–RL .... 1,25 T. Base. 1 T. Naphtol AS–ITR.... 1,2 T. Base.	Blauviolett mit Naphtol AS. Rotviolett mit Naphtol AS–TR. Violett mit Naphtol AS–D. Braun mit Naphtol AS–LB. Goldorange mit Naphtol AS–G (Cibanaphtol AG).
	Sehr tiefe Violettöne mit den Naphtolmarken: AS, AS–OL, AS–SW, AS–BS und Cibanaphtol RPH. Gute Wasch- und Kochechtheit.

Name	Erzeugerfirma	Zusammensetzung
Violettsalz Ciba III 30% Devolviolettsalz A Violettsalz Irga III 30%	Ciba Sandoz Geigy	Stabilisierte Diazoverbindung der Violettbase Ciba III.
Violettbase Ciba I	Ciba	4-Amino-3-methoxy-6-methyl-4'-chlor-1-azobenzol. 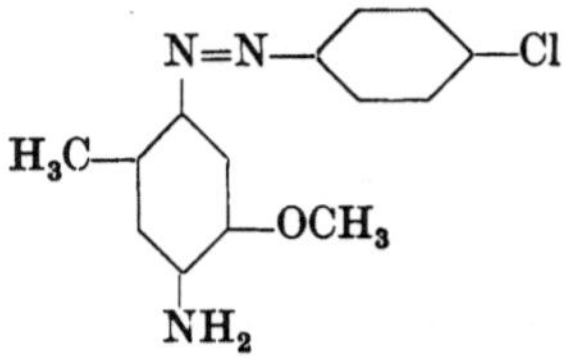
Violettbase Ciba II	Ciba	1-Amino-4-phenylazonaphtalin: 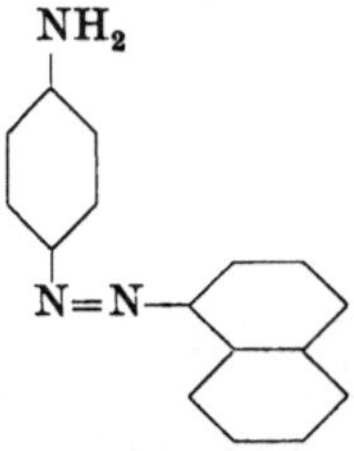
Variaminblau B Base Echtblau VB Base Base de Bleu solide BL Base pour Bleu solide BL Azogène Bleu solide BL Base per Blu solido ACNA V	I.G. (1928) Rohner Francolor Saint-Denis S.P.C.M.C. A.C.N.A.	Sulfat des 4'-Methoxy-4-amino-diphenylamins.  $\frac{H_2SO_4}{2} \cdot H_2N$-C₆H₄-NH-C₆H₄-$OCH_3$
Variaminblausalz B 50% Diazoechtblau VB 50% Sel de Bleu solide BL 50% Sel pour Bleu solide B Variaminblausalz BA	I.G. (1928) Rohner Francolor Saint-Denis I.G.	Stabilisierte Diazoverbindung der Variaminblau B Base. Magnesiumsalz der nitrosofreien Diazoverbindung (Rowe).
Variaminblau RT Base Variaminblausalz RT Diazoechtblau VRT Sel de Bleu solide R Variaminblausalz RTA	I.G. (1928) Rohner Francolor I.G.	Sulfat (oder Chlorid) des 4-Aminodiphenylamins. 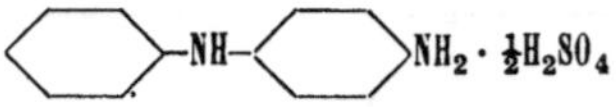 C_6H_5-NH-C_6H_4-$NH_2 \cdot \frac{1}{2}H_2SO_4$ bzw. stabilisierte Diazoverbindung.
Variaminblausalz FB Variaminblausalz FG Diazoechtblau VFG	I.G. I.G. Rohner	4-Amino-3-methoxydiphenyl-amin.

Äquivalente Naphtolmenge	Verwendungszwecke
1 T. Naphtol AS .... 1,5 T. Base. 1 T. Naphtol AS–D ...... 1,4 T. Base. 1 T. Naphtol AS–TR .... 1,35 T. Base. *D.R.P. 552.834*, *508.585*, Frdl. *17*, I, S. 967; *D.R.P. 518.333*, Frdl. *17*, I, S. 974.	Sehr echte Blautöne mit Naphtol AS und AS–OL; wird viel in der Stückfärberei und Druckerei im Ätzartikel und besonders für Reserven angewendet. Grün mit Naphtol AS–GR. *BA:* Für die Entwicklung keine Essigsäure erforderlich, Unterschied zur Marke B.
1 Naphtol AS .... 3 T. Salz. 1 T. Naphtol AS–D .... 2,8 T. Salz. 1 T. Naphtol AS–TR...... 2,7 T. Salz. *D.R.P. 515.205*, Frdl. *17*, S. 1057.	
1 T. Naphtol AS .... 2,7 T. Salz. 1 T. Naphtol AS–D .... 2,5 T. Salz. 1 T. Naphtol AS–TR ..... 2,3 T. Salz. 1 T. Naphtol AS–RL ..... 2,4 T. Salz.	Dieselben Anwendungen wie das Variaminblausalz B; sehr echtes Blau mit Naphtol AS–RL; Grün mit Naphtol AS–GR; sehr echtes Marineblau mit Naphtol AS.
1 T. Naphtol AS .... 4,45 T. Salz.	Sehr echtes Kornblumenblau mit Naphtol AS–E; grünstichiges Blau mit Naphtol AS; Grün mit Naphtol AS–BS.

Name	Erzeugerfirma	Zusammensetzung
Echtblau RR Base Echtblau RR Base Base de Bleu solide RR	I.G. Rohner Francolor	5-Amino-2-benzoylamino-1,4-dimethoxybenzol oder 4-Amino-2,5-dimethoxybenzanilid: OCH_3 H_2N— —NH—CO— OCH_3
Echtblausalz RR 40% Diazoechtblau RR 40%	I.G. Rohner	Stabilisierte Diazoverbindung der Echtblau RR Base.
Echtblau BB Base Echtblau BB Base Base de Bleu solide BB Blaubase Ciba IV	I.G. Rohner Francolor Ciba	5-Amino-2-benzoylamino-1,4-diäthoxybenzol oder 4-amino-2,5-diäthoxybenzanilid: C_2H_5O H_2N— —NH—CO— OC_2H_5
Echtblausalz BB 40% Diazoechtblau BB 40%	I.G. Rohner	Stabilisierte Diazoverbindung der Echtblau BB Base
Echtblau B Base Echtblau B Base Base de Bleu solide B Base pour Bleu solide B Azogène Bleu solide B Naphtanil Blue B Base	I.G. Rohner Francolor Saint-Denis S.P.C.M.C. Du Pont	Dianisidin (Storck, 1893). H_2N— — —NH_2 OCH_3 OCH_3
Echtblausalz B 20% Diazoechtblau B 20% Sel de Bleu solide B 20% Sel d'Azogène Bleu solide B 20% Naphtanil Diazo Blue B	I.G. Rohner Francolor S.P.C.M.C. Du Pont	Stabilisierte Tetrazoverbindung des Dianisidins (Zinkverbindung).
Alte Bezeichnungen:		
Azophorblau D	M.L.B.	Mit Hilfe von Tonerdesulfat stabilisierte Tetrazoverbindung.
Bleu Naphtol	F.T.M.	Mit Hilfe von Naphtalinsulfosäuren stabilisierte Tetrazoverbindg.

Äquivalente Naphtolmenge	Verwendungszwecke
1 T. Naphtol AS .... 1,3 T. Base.	Gibt mit Naphtol AS ein leicht ätzbares Blauviolett.
1 T. Naphtol AS .... 1,45 T. Base.	Marineblau mit Naphtol AS. Blau mit Naphtol AS–D. Diese beiden Blautöne sind schlecht ätzbar. Grün mit Naphtol AS–GR; Farbenumschlag beim Passieren der vom Naphtalin abgeleiteten Naphtole in solche der Anthrazenreihe (AS–GR).
1 T. Naphtol AS–D ..... 3,75 T. Salz.	
1 T. Naphtol AS .... 0,6 T. Base. *D.R.P. 80.409, 83.802, 83.963, 85.387; amer. P. 569.292.* Das Dianisidinblau ist das Kupfersalz der Verbindung: Dianisidin: ↗ β-Naphtol ↘ β-Naphtol	Violettstichiges Blau mit β-Naphtol. In Gegenwart von Kupfersalzen schweiss- und säureempfindliches Dunkelblau mit β-Naphtol. Schweissechtes Blau mit Naphtol D; mit Naphtol AS billige, aber wenig lichtechte Blautöne.
1 T. Naphtol AS .... 3 T. Salz. *D.R.P. 85.387.*	

Name	Erzeugerfirma	Zusammensetzung
Echtdunkelblau R Base (alte Marke) Base de Bleu foncé solide R Base pour Bleu foncé solideR Azogène Bleu foncé solide R	I.G. Francolor Saint-Denis S.P.C.M.C.	Tolidin H_2N-C₆H₃(CH_3)-C₆H₃(CH_3)-NH_2
Echtdunkelblausalz R Sel de Bleu foncé solide R Sel d'Azogène Bleu foncé solide R 31,5%	I.G. Francolor S.P.C.M.C.	Stabilisierte Tetrazoverbindung des Tolidins.
Echtdunkelblausalz R Diazoechtdunkelblau R	I.G. (1938) Rohner	Monoazoderivat. Stabilisierte Diazoverbindung von 2-5-Dimethoxy-4-azo-(2'-6'-dichlor-4'-nitrobenzol)-anilin NH_2, OCH_3, H_3CO, Cl, N=N, NO_2, Cl
Echtschwarzsalz G Diazoechtschwarz G Sel de Noir solide J Sel d'Azogène Noir solide G	I.G. Rohner Francolor S.P.C.M.C.	Stabilisierte Tetrazoverbindung des p-Aminodiphenylamin-p'-azo-4-amino-5-äthoxy-2-toluols. H_2N-C₆H₄-NH-C₆H₄-N=N-C₆H₂(CH_3)(OC_2H_5)-NH_2
Echtschwarzsalz K Echtschwarzsalz KN Diazoechtschwarz K	I.G. I.G. Rohner	4'-Nitro-2,5-dimethoxy-4-amino-azobenzol oder p-Nitro-p'-azo-2',5'-dimethoxyanilin. O_2N-C₆H₄-N=N-C₆H₂(OCH_3)₂-NH_2
Echtschwarz B Base Echtschwarzsalz B	I.G. I.G.	p,p'-Diaminodiphenylamin. H_2N-C₆H₄-NH-C₆H₄-NH_2 resp. die entsprechende stabilisierte Diazoverbindung.

Äquivalente Naphtolmenge	Verwendungszwecke
	Puce mit β-Naphtol. Sehr dunkles Marineblau mit Naphtol AS; der Farbton ist von geringer Lichtechtheit, aber in der Herstellung sehr billig.
	Gibt mit den Naphtolen AS und AS-D Dunkelblautöne, die sich sehr leicht ätzen lassen; hat daher für den Ätzartikel grosse Vorteile.
D.R.P. 560.602, 1929.	Schwarz mit Naphtol AS, AS-BO, AS-TR. Besonders im Druck verwendet.
	Gibt mit verschiedenen Naphtolen ein grünstichiges Schwarz.

Name	Erzeugerfirma	Zusammensetzung
Echtschwarz LB Base Echtschwarz LB Base	I.G. Rohner	o-Phenisidin-azo-α-naphtylamin: 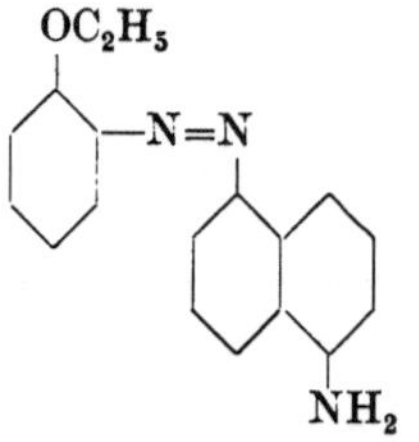 OC_2H_5 —N=N— NH_2
Azotol C	Cassella	p-Dimethylaminoazobenzol. 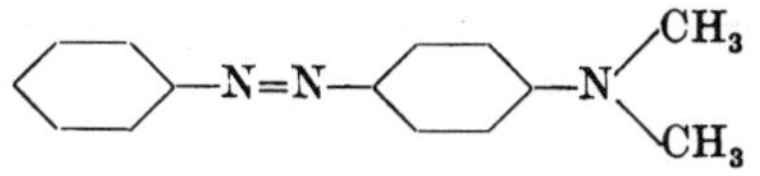 —N=N—N(CH_3)(CH_3)
Eisschwarz	Kinzelberger & Co.	Asymmetrische Alkylderivate des p-Diaminoazobenzols, wie z. B. p-Dimethylamino-o′, p′-diaminoazobenzol. 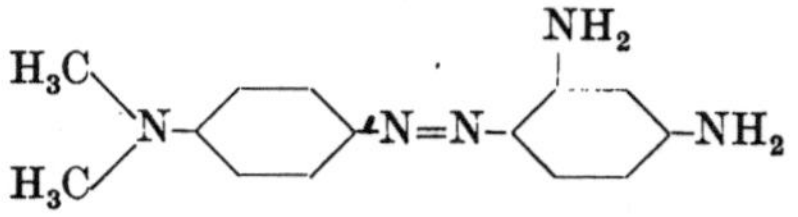 (H_3C)(H_3C)N—N=N— NH_2, NH_2
Azophorschwarz DP	M.L.B.	Stabilisierte Diazoverbindung des Diaminodiphenylamins: 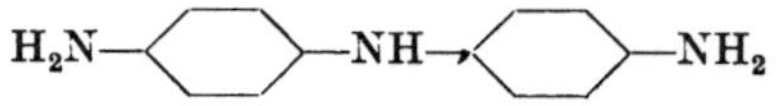 H_2N—NH— NH_2
Azophorschwarz S	M.L.B.	Mischung von Azophorblau D (Dianisidin) mit Azophororange MN (m-Nitranilin).
Azophorschwarz O	M.L.B.	Mischung von Dianisidin, Benzidin und m-Nitranilin.
Azophorschwarz ON	M.L.B.	Azophorschwarz O und Nitrit.

Literatur	Verwendungszwecke
	Schwarz mit β-Naphtol; derzeit nicht mehr in Verwendung.
D.R.P. 92.753, 94.735, 96.361; amer. P. 586.865; Frdl. *4*, S. 697. Die freie Base ist unter dem Namen Diaminodiphenylamin im Handel. Nach Schultz: Haltbares Gemisch von Tetrazodianisol mit tetrazotiertem Benzidin und diazotiertem p-Nitranilin und besonders m-Nitranilin.	Schwarz mit β-Naphtol.
D.R.P. 83.963.	Schwarz mit β-Naphtol.

Die neuen Verfahren zur unmittelbaren Bildung von unlöslichen Azofarbstoffen auf der Faser ohne vorhergehende Naphtolimprägnierung[1]).

Bekanntlich besteht die übliche Verfahrensweise der Bildung eines unlöslichen Azofarbstoffs auf der Faser in zwei getrennten Arbeitsgängen:

a) in der vorhergehenden Klotzung mit einer Natriumnaphtolat-Lösung, gefolgt von einem Abquetschen und Trocknen.

b) in der Kupplung mit einer Diazoverbindung.

Diese Arbeitsweise ist, praktisch genommen, einzig und allein in der Färberei mit unlöslichen Azofarbstoffen, für die Ätz- und Reserveartikel im Gebrauch.

Im Druck suchte man dagegen seit dem Erscheinen der β-Naphtolkombinationen auf dem Farbstoffmarkt nach einer Vereinfachung dieser Zweibadmethode; man wollte die Diazoverbindung und das Naphtol in einer Druckfarbe unterbringen, um durch Imprägnierung der Faser (sei es in der Färberei, sei es im Druck) unmittelbar den unlöslichen Farbstoff entstehen zu lassen.

Die ersten von der B.A.S.F. gemachten Versuche — mit Gemischen von Natrium-β-naphtolat und dem Nitrosamin des Paranitranilins — brachten keinen rechten Erfolg, doch wurde der Gedanke nicht mehr aufgegeben, sondern im Jahre 1913 durch Griesheim-Elektron wieder aufgenommen und diesmal auf die Natriumsalze der Arylide der 2,3-Oxynaphtoesäure angewendet. Diese Arbeiten führten vorerst zu einer interessanten Lösung des Problems, die man im allgemeinen wie folgt charakterisieren kann:

Es muss in einer Druckfarbe der Naphtol AS-Kupplungskörper mit einer Verbindung vereinigt werden, welche im gegebenen Zeitpunkt nach der Imprägnierung der Faser entweder die Diazoverbindung oder das Amin entstehen lässt, so dass der unlösliche Azofarbstoff auf dieser Faser durch Aufdruck in einem einzigen Arbeitsgang entwickelt werden kann.

Das erste auf diesem Gebiet erzielte Ergebnis (Rapidechtfarben der Farbwerke Griesheim — 1915) erregte das grösste Interesse, und daraufhin unternahm die I. G. die gründliche Durcharbeitung dieses Problems, dessen Lösung sie in ausserordentlich gewandter Weise fand. Die Krönung dieser hervorragenden Arbeiten bildete die Schöpfung einer neuen Klasse von Farbstoffen, die in der Fachwelt als Rapidogene (1930) bekannt sind. Diese Erfindung rief unter

[1]) A. Wolf, Procédés de fixation des colorants azoïques insolubles sur fibre par application en une seule opération, Teintex 1942, S. 247.

den Farbenchemikern das grösste Aufsehen hervor. Die elegante Durchführung des Verfahrens, die einfache Art der Anwendung, das weite und neue Arbeitsgebiet, das sich damit für die unlöslichen Azofarbstoffe darbot, die glatte Möglichkeit, sie neben den meisten anderen Farbstoffklassen (Küpenfarbstoffen, Indigosolen, Anilinschwarz, Chromfarbstoffen, basischen Farbstoffen) zu verwenden, das alles waren Momente, die zu neuen Forschungen anregten, in denen jedem Einzelnen die Auffindung bisher unbekannter Effekte und die Erreichung grosser Erfolge vorschwebte.

Die Arbeiten, über die hier berichtet wird, fussen auf drei Grundgedanken:

A. Eine Diazoverbindung beständig und passiv zu machen, um sie mit den Naphtol AS-Kupplungskörpern in einer Druckfarbe vereinigen zu können, dann die aktive Diazoverbindung wieder entstehen zu lassen, um unmittelbar und örtlich die Kupplung mit dem in der Druckfarbe vorhandenen Naphtol zu vollziehen und so auf der Faser den direkten Aufdruck der unlöslichen Azofarbstoffe durchführen zu können.

In diese Gruppe gehören[1]):

1. die Rapidechtfarbstoffe der I. G. Farbenindustrie[2]), das sind Mischungen von Naphtolaten mit Antidiazotaten;

2. die Rapidogene der I. G. Farbenindustrie[3]), das sind sehr beständige Mischungen der Naphtol AS-Kupplungskörper mit Diazoaminoverbindungen bestimmter Basen;

3. die Rapidazole der I. G. Farbenindustrie, Mischungen von Naphtolaten mit Diazosulfonaten;

---

[1]) Vgl. Wengraf's Ber. 1938, Oktoberheft, S. 19, Referat über einen Sammelartikel von Desai, Metha und Thosar im J. Soc. D. and Col., 1938, S. 371.

[2]) Andere Handelsnamen:

Cibagene	Ciba
Momentogene	Sandoz
Tinogene	Geigy
Naphtazoldirektfarbstoffe	Francolor
Pontagenfarbstoffe	Du Pont
Naphtosollichtfarbstoffe	Calco Chem. Div.
Brentamine Rapids	I. C. I.

[3]) Andere Handelsnamen:

Naphtazogene	Francolor
Brentogene	Imp. Chem. Ind.
Diagene	Du Pont
Calconylfarbstoffe	Calco Chem. Div.
Citazolofarbstoffe	A. C. N. A.
Ronagene	Rohner
Cibanogene	Ciba
Rapidogene	G. D. C.
Fenogene (Exportbezeichn.)	G. D. C.

4. die Photorapidfarbstoffe der Fa. Saint-Denis, ebenfalls Gemische von Antidiazosulfonaten, die sich von einem Amin ableiten lassen, mit Aryliden der 2,3-Oxynaphtoesäure;

5. eine weitere Zahl von Kombinationen, die in den Arbeiten der letzten Jahre enthalten sind, aber anscheinend zu keinem praktischen Ergebnis geführt haben.

B. Solche lösliche Verbindungen zu verwenden, die zwar nicht die Diazokörper, wohl aber das Amin an sich abspalten, das zusammen mit dem ebenfalls in der Druckfarbe enthaltenen Nitrit bei einer späteren Behandlung mit Säure in den Diazokörper übergeht, welcher dann mit dem auch in der Druckfarbe vorhandenen Naphtolat kuppelt.

Die Durchführung dieses Gedankens findet man bei bestimmten Marken der Klasse der Cibagene (Ciba), der Momentogene (Sandoz) und der Tinogene (Geigy). Es dürfte aber die Anregung auf die von Marcel Bader veröffentlichte Arbeit über die Nitraminate zurückzuführen sein. Andere Möglichkeiten der Ausführung, die auf dem gleichen Prinzip beruhen, sind in einzelnen Patenten der I. G., von Kuhlmann, der Ciba und der Imp. Chem. Ind. zu finden.

C. Ein dritter Grundgedanke stammt in seiner Entdeckung und Durchführung aus der jüngsten Zeit. Er liegt darin, dass man von einer fertigen Azoverbindung ausgeht, die natürlich unlöslich ist, sie sodann in den löslichen Zustand überführt, indem man den Wasserstoff der OH-Gruppe durch einen Rest ersetzt, welcher löslichmachende Eigenschaften verleiht und endlich den Farbstoff als solchen durch Spaltung des auf die Faser aufgebrachten Komplexkörpers in einer entsprechenden Nachbehandlung wiederbildet.

Dieses Verfahren wurde vor kurzem von der Ciba gefunden, und die Farbstoffe werden von den Basler Farbenfabriken unter den Namen Neocotone (Ciba), Neogenole (Sandoz) und Tinogenale (Geigy) vertrieben. Wenn die Löslichkeit und die Anwendungsverfahren im allgemeinen den Anforderungen in der Praxis entsprechen, so werden diese Produkte sicherlich den Rapidogenen scharfe Konkurrenz machen, welche trotz aller ihrer Vorteile auch gewisse Schwierigkeiten im Gebrauch (Angriff der Walzen und Rakeln) und in der Entwicklung (saurer Dampf) mit sich bringen.

Mit Rücksicht auf den Neuheitscharakter der verschiedenen Verfahren, die grosse Zahl der hier vorliegenden Arbeiten und das Interesse, das ihnen in chemischer Hinsicht zuzusprechen ist, scheint es unumgänglich nötig, einen möglichst ausführlichen Bericht über die diesbezügliche Literatur zu geben, und zwar nach der oben entwickelten Einteilung in die drei genannten Grundprinzipien, nach denen die Arbeiten und Patente in dieser so wichtigen Frage eingeordnet werden sollen.

Grundgedanke A.

Überführung der Diazoverbindung in eine beständige und indifferente Form, um sie derart mit den AS-Kupplungskörpern in einer Farbe zu vereinigen, dann die aktive Diazoverbindung wieder zurückzubilden und die Kupplung durchzuführen. Es sind also Mischungen von Naphtolen und stabilisierten, wasserlöslichen, indifferenten Diazoverbindungen, die die aktive, kupplungsfähige Diazoverbindung auf der Faser zu regenerieren imstande sind. Diese Verbindung kuppelt dann mit dem Naphtol, welches sich in der Druckfarbe befindet.

Die Rapidechtfarbstoffe[1]).

Die Rapidechtfarbstoffe sind Mischungen der Naphtolate mit den Antidiazotaten.

Die Antidiazotate oder Isodiazotate, welche ursprünglich als Nitrosamine angesprochen wurden, sind von Schraube und Schmidt (Ber. 1894, *27*, S. 518) und Bamberger (Ber. 1894, *27*, S. 679) entdeckt worden; man erhält sie durch Einwirkung von Alkalien (NaOH) auf Diazoniumsalze.

Für den Ablauf dieser Reaktion zwischen Alkalien und Diazoniumsalzen liegen mehrere Erklärungen vor: nach der ersten, von Peter Griess stammenden, sind die Diazoverbindungen von einem zweiwertigen Radikal, $C_6H_4N_2$, abzuleiten, das an eine Säure gebunden ist, z. B. $C_6H_4N_2 \cdot HCl$; später wies Kékulé nach, dass die beiden Stickstoffatome nicht mit zwei Wertigkeiten am aromatischen Kern

[1]) Literatur über Rapidechtfarbstoffe: G. Martin, R.G.M.C. 1934, S. 172; Kienzle, Dissertation, Paris 1934; E. Sack, Vortrag vor der höheren Chemieschule in Mülhausen, Jahrbuch 1933; Ullmann, *3*, S. 676; Rowe und Stafford, J. Soc. D. and Col. 1924, S. 218 und 228; Tiba 1929, S. 929; Lubs, Amer. Dyest. Rep. 1927, S. 101; *D.R.P. 291.076*, Griesheim; *franz. P. 471.123*, *511.296*, *583.661*, *671.164*, I. G. Farbenindustrie, und *franz. P. 689.488*, Imp. Chem. Ind.; H. H. Hodgson, Colour und Constitution, Part X, Diazonium Salts, J. Soc. D. and Col. 1948, S. 361.

Handelsnamen:

Rapidechtfarbstoffe	I. G. Farbenindustrie (früher Griesheim-Elektron in Frankfurt, jetzt Farbenfabriken Bayer)
Naphtazoldirektfarbstoffe . .	Francolor
Pontagenfarbstoffe	Du Pont
Naphtanilfarbstoffe	Du Pont
Cibagenfarbstoffe	Ciba
Momentogenfarbstoffe	Sandoz
Tinogenfarbstoffe	Geigy
Naphtosollichtfarbstoffe . . .	Calco Chem. Div.
Brentamine Rapids	Imp. Chem. Ind.
Citazinafarbstoffe	A. C. N. A.
Rapid Fast Colours	G. D. C.

hängen, und er stellte die Diazoverbindungen durch die Formel R—N=N—X dar. Blomstrand fasst die Diazoniumsalze als analoge Verbindungen wie die quaternären Ammoniumsalze auf und nimmt ein fünfwertiges Stickstoffatom an, das mit dem zweiten Stickstoffatom durch eine dreifache Bindung zusammenhängt. Zur Zeit neigt man allgemein zur Annahme dieser Formel:

$$\begin{array}{l} R{-}N{\equiv}N \\ \phantom{R{-}}| \\ \phantom{R{-}}Cl \end{array}$$

Nach Hantzsch[1]) (Ber. 1894, *27*, S. 1727, 3530; 1897, *30*, S. 75, 90, und 1900, *33*, S. 2179) entstehen durch die Einwirkung der Ätzalkalien stereo-isomere Körper, die schematisch durch die nachstehenden Formeln dargestellt werden:

$$\begin{array}{r} R{-}N \\ \| \\ NaO{-}N \end{array} \qquad\qquad \begin{array}{l} R{-}N \\ \phantom{R{-}}\| \\ \phantom{R{-}}N{-}ONa \end{array}$$

Kuppelndes Syndiazotat — Nicht kuppelndes Antidiazotat

Das entsprechende Diazoniumhydrat lässt sich nicht isolieren. Die alkalische Lösung verliert mit der Zeit ihre Basizität und man muss annehmen, dass die Verbindung einen sauren Charakter bekommt:

$$[C_6H_5{-}N{\equiv}N]OH \rightleftarrows \begin{array}{r} C_6H_5{-}N \\ \| \\ HO{-}N \end{array}$$

Syndiazosäure

Diese zweite Form ist ausserordentlich unbeständig; behandelt man sie nach der Umwandlung mit Kalilauge, so entsteht das Salz:

$$\begin{array}{r} C_6H_5{-}N \\ \| \\ KO{-}N \end{array}$$

nämlich ein kupplungsfähiges Kaliumsyndiazotat.

Beim Erwärmen dieses Salzes mit Kaliumhydroxyd auf 130°C bildet sich die isomere und beständigere Form

$$\begin{array}{l} C_6H_5{-}N \\ \phantom{C_6H_5{-}}\| \\ \phantom{C_6H_5{-}}N{-}OK \end{array}$$

ein nicht mehr kuppelndes Kaliumantidiazotat.

Das Antidiazotat gibt wieder bei Säurebehandlung theoretisch eine Antidiazosäure, welche sehr unbeständig ist und sich nach der folgenden Gleichung in das Nitrosamin verwandelt.

$$\begin{array}{l} C_6H_5{-}N \\ \phantom{C_6H_5{-}}\| \\ \phantom{C_6H_5{-}}N{-}OK \end{array} + HCl \longrightarrow KCl + \left[\begin{array}{l} C_6H_5{-}N \\ \phantom{C_6H_5{-}}\| \\ \phantom{C_6H_5{-}}N{-}OH \end{array}\right] \longrightarrow \begin{array}{l} C_6H_5{-}NH \\ \phantom{C_6H_5{-}N}| \\ \phantom{C_6H_5{-}}NO \end{array}$$

Nitrosamin

[1]) Hantzsch u. Enler, Ber. 1901, *34*, S. 4166.

Der Hauptvorteil der Antidiazotate gegenüber den normalen Diazoniumsalzen liegt in der hinreichenden Beständigkeit der ersteren. Es gelang, sie in fester Form oder als konzentrierte Teige rein darzustellen (*D.R.P. 78.874;* Frdl. 1894–1897, *4*, S. 658, 671). In Gegenwart von Säuren werden diese Verbindungen leicht in die entsprechenden Diazoniumsalze übergeführt, wobei sie ihre Beständigkeit gegenüber den Naphtolen in alkalischer Lösung beibehalten. Diese wertvolle Eigenschaft machte sich im Jahre 1893 die B.A.S.F. zunutze und brachte das Nitrosaminrot 20%, ein Gemisch des Antidiazotats des Paranitranilins und des Natrium-β-Naphtolats, in den Handel[1]).

So bestechend auch diese Arbeitsweise auf den ersten Blick zu sein schien, so stellten sich ihr doch in der Praxis schwere Hindernisse entgegen; die Unempfindlichkeit der Antidiazotate gegen β-Naphtol ist keine dauernde; mit der Zeit geht dennoch eine Kupplung vor sich. Andererseits verändert sich, wie bereits erwähnt, das β-Naphtolat ziemlich rasch durch Einwirkung der Luft, so dass der Gedanke der B.A.S.F. der Herstellung von Mischungen von Antidiazotaten mit Kupplungskörpern, insbesondere mit dem Natrium-β-Naphtolat, nicht den erhofften Erfolg mit sich brachte.

Die Bildung eines Azorots mit Hilfe von Nitrosaminrot auf der Faser kann entweder durch Kohlensäure oder durch Essigsäure hervorgerufen werden (B.A.S.F., *D.R.P. 81.791;* Schweitzer und Ebersol, Frb. Ztg. 1909, S. 163; Bull. Mulh. 1908, S. 65; Chayloff, Bull. Mulh. 1908; Frb. Ztg. 1909, S. 240; Felmayer, *D.R.P. 199.143*, *204.707*, *204.799;* Frb. Ztg. 1909, S. 64; Z. f. Farb. u. Text. Chem. 1909, S. 630).

Immerhin muss festgestellt werden, dass gewisse Antidiazotate fast vollkommen unempfindlich sind, z. B. das Antidiazotat des p-Nitro-o-anisidins, das die B.A.S.F. unter dem Namen Nitrosamin BX oder Naphtolrosa (*franz. P. 271.908;* Frdl. 1897–1900, S. 216) auf den Markt gebracht hat.

Das *D.R.P. 83.010* der B.A.S.F. hat die Herstellung der Antidiazotate des Dianisidins und des β-Naphtylamins zum Gegenstand.

Gemäss dem *D.R.P. 204.702* (Calico Printers Ass. - Fourneaux) wird empfohlen, das β-Naphtol durch die 2-Naphtol-1-sulfosäure zu ersetzen, dagegen soll man im Sinne des *D.R.P. 238.841* (Heilmann & Co.) die 2-Oxy-1-naphtoesäure als Kupplungskörper verwenden.

Zur Erzeugung des Antidiazotats des Dianisidins ist ein grosser Überschuss an Natronlauge zur Umwandlung der normalen Tetrazoverbindung nötig; nach dem *D.R.P. 292.118* (Griesheim) empfiehlt es

[1]) *D.R.P. 80.263, 81.134, 81.202, 81.203, 81.206, 81.791, 84.389, 84.609, 87.874;* Nitrosaminsalz, vgl. Erdmann, Chem. Ind. 1894, *17*, S. 291; P. Friedländer, Chem. Ztg. 1894, *18*, S. 1186; *D.R.P. 83.010* der B.A.S.F.: Antidiazotat des o-Anisidins + β-Naphtylamin.

sich darum, die Arylsulfonate der Tetrazoverbindung, z. B. das Natriumsalz der Naphtalin-1,5-disulfosäure, in solchen Fällen zu verwenden.

Das Antidiazotat des p-Nitro-o-anisidins wurde in Kombination mit β-Naphtolnatrium in ziemlich grossem Maßstabe zur Herstellung von Rotätzen auf Indigo angewendet. Das Verfahren stammt von W. Pluzanski, Dziewonski und Kopec, welche auch feststellen konnten, dass man ein gutes Rot mit dem Antidiazotat des Paranitranilins erhalten kann, wenn man der Druckfarbe Natriumzinkat und Natriumaluminat zugibt[1]).

Die Rotätzen auf Indigo wurden von mehreren russischen, polnischen und ungarischen Druckereien mit gutem Erfolg hergestellt. Der Arbeitsvorgang ist folgender:

Man behandelt die indigogefärbten Stücke mit einer Borsäurelösung oder essigsaurer Tonerde vor und bedruckt dann mit der Ätzfarbe, welche das Antidiazotat des p-Nitro-o-anisidins+β-Naphtolat+Natriumchromat enthält. Nach dem Druck dämpft man 2-3 Minuten und ätzt in einem Bad, das mit Schwefelsäure und Oxalsäure beschickt ist. An den bedruckten Stellen wird der Indigo oxydiert und gleichzeitig die Kupplung des Naphtols mit dem wiedergebildeten Diazoniumsalz vollzogen.

Die Schwierigkeiten, denen man bei der Anwendung der Antidiazotate in Verbindung mit dem β-Naphtol begegnete, konnten durch die Einführung der Anilide der 2,3-Oxynaphtoesäure überwunden werden, deren Alkalisalze gegenüber dem Sauerstoff der Luft beständiger sind und die sich als unempfindlicher gegenüber den Antidiazotaten erwiesen. Der vorstehend erörterte Grundgedanke wurde daher im Jahre 1914 mit ausgezeichnetem Erfolg durch Griesheim-Elektron aufgenommen; es gelang der Firma, eine sehr reiche Farbenskala von Mischungen, die den Sammelnamen Rapidechtfarbstoffe tragen (*D.R.P. 291.076;* Frdl. *12,* S. 370, 1914–1916) in den Handel zu bringen. Die Auswahl wurde noch durch die I. G. Farbenindustrie A.-G. beträchtlich vermehrt. Gegenwärtig gibt es ungefähr dreissig derartige Mischtypen in Pulver- oder Teigform (Rapidechtfarben der I. G.; Naphtazoldirektfarben von Francolor; *D.R.P. 408.505,* Frdl. *14,* S. 1043, 1921–1925).

Bei der Herstellung der Antidiazotate spielt die Wahl der Amine eine wichtige Rolle. Man konnte nämlich feststellen, dass die Beständigkeit der Abkömmlinge mehr oder weniger von dem basischen Charakter des angewendeten Amins abhängt; je mehr der basische Charakter abgeschwächt wird — wie dies z. B. bei den Nitranilinen

[1]) Z. f. Farb. und Text. Chem. 1900, S. 282; Frb. Ztg. 1910, S. 117; Bull. Mulh. 1909, S. 169; auch ACIT 1927, S. 150.

oder deren Chlorderivaten der Fall ist —, desto beständiger und unempfindlicher sind die daraus hergestellten Antidiazotate. Daher ist man bis jetzt nur zur Erzeugung von Rapidechtfarben geschritten, die sich von Aminen mit sehr schwach basischen Eigenschaften ableiten lassen.

In folgender Aufzählung sollen die Zusammensetzungen einiger Rapidechtfarben angegeben werden[1]):

Rapidechtgelb G = Antidiazotat des 2,5-Dichloranilins + Naphtol AS–G.
Rapidechtorange RG pulv. = Antidiazotat des o-Nitranilins + Naphtol AS.
Rapidechtrot B pulv. = Antidiazotat des p-Nitro-o-anisidins + Naphtol AS.
Rapidechtrot BB Teig = Antidiazotat des p-Nitro-o-anisidins + Naphtol AS–BS.
Rapidechtrot GG = Antidiazotat des p-Nitranilins + Naphtol AS.
Rapidechtrot 3 GL = Antidiazotat des o-Nitro-p-chloranilins + Naphtol AS.
Rapidechtrot GZH = Antidiazotat des 2,4-Dichloranilins + Naphtol AS.
Rapidechtrot GL Teig = Antidiazotat des m-Nitro-p-toluidins + Naphtol AS.
Rapidechtblau B = Antidiazotat des Dianisidins + Naphtol AS.

Die Mehrzahl der Rapidechtfarben, welche im Anfang nur in Teigform erzeugt wurden, sind nunmehr in Pulverform lieferbar[2]).

Die „H“-Marken haben, vermöge ihrer Beständigkeit, eine besondere Bedeutung für den Zeugdruck. Die zur Zeit erhältlichen Marken sind folgende:

Rapidechtgelb IGH pulv.: sehr reines Gelb, das sich in neutralem Dampf entwickeln und neben Küpenfarben drucken lässt, da es gegen Formaldehyd-Dämpfe unempfindlich ist. Lichtechtheit 7.
Rapidechtgelb GH konz. (Cibagengelb RA, Tinogengelb RA, Momentogengelb GR). Lichtechtheit 6—7.
Rapidechtgelb GGH pulv. Lichtechtheit 4—5.
Rapidechtgelb I3GH pulv.: Zitronengelb, durch kurze Behandlung in säurefreiem Dampf entwickelbar und ebenfalls neben Küpenfarben zufolge seiner Unempfindlichkeit gegen Formaldehyd-Dämpfe anwendbar. Lichtechtheit 6—7.
Rapidechtorange IRH pulv. Lichtechtheit 7.
Rapidechtorange IGH pulv. Lichtechtheit 6—7.
Rapidechtorange GH pulv.
Rapidechtorange RH pulv. (Cibagenorange 3 RA, Momentogenorange R, Tinogenorange 3 R). Lichtechtheit 6.
Rapidechtgoldorange I2GH. Lichtechtheit 6—7.
Rapidechtscharlach ILH pulv. (Cibagenscharlach 2GA, Momentogenscharlach G, Tinogenscharlach 2 G). Lichtechtheit 6—7.
Rapidechtscharlach IRH. Lichtechtheit 5—6.
Rapidechtrot FGH pulv. Lichtechtheit 5—6.
Rapidechtrot IRH pulv. Lichtechtheit 6—7.
Rapidechtrot RH pulv. (Cibagenrot 2 BA, Momentogenrot B, Tinogenrot 2B). Lichtechtheit 4—5.

---

[1]) Rowe und Stafford, J. Soc. D. and Col. 1924, S. 228; J. Rowe und Lewin, J. Soc. D. and Col. 1924, S. 218.

Vortrag von Kielbasinski auf dem XI. Kongress des I.V.C.C. in Dresden, Mai, 1926; Mell. 1926, S. 611.

[2]) Die Rapidechtfarben werden zur Zeit von den Farbenfabriken Bayer in Elberfeld fabriziert.

Rapidechtrot ILB Teig
Rapidechtbordeaux RH pulv. Lichtechtheit 4.
Rapidechtbordeaux IBN pulv. Lichtechtheit 6—7.
Rapidechtbraun GGH pulv. Lichtechtheit 6.
Rapidechtbraun IRH pulv. (Cibagenbraun RA, Momentogenbraun R, Tinogenbraun R) Lichtechtheit 6—7.
Rapidechtbraun IBH pulv. Lichtechtheit 6—7.
Rapidechtolivbraun IGH. Lichtechtheit 7.
Rapidechtbraun I2RH. Lichtechtheit 7.
Rapidechtblau BH. Lichtechtheit 3.

Die Rapidechtfarben werden in alkalischem Medium auf unpräparierte Gewebe gedruckt, wobei man zumeist chromsaures Natrium der Druckfarbe zum Zweck der Erhöhung der Beständigkeit im Dampf hinzufügt. Die Entwicklung erfolgt durch Verhängen[1]) oder Dämpfen in gesättigtem, säurefreiem Dampf, worauf man eine Passage durch ein Bad aus Glaubersalz, Essig- und Ameisensäure (70° C) folgen lässt oder andernfalls durch Entwicklung in essigsäurehaltigem Dampf, dann ohne saure Nachbehandlung.

Die Rapidechtfarben werden neben dem Prussiatschwarz trüb, können dagegen neben dem Hängeschwarz (Kupfersulfidverfahren, Vanadiumschwarz) ohne weiteres gedruckt werden.

Das *amer. P. 2.047.543* der I. G. enthält eine Verbesserung, die zwar etwas umständlich erscheint, aber dennoch interessant ist. Danach wird die Entwicklung der Rapidechtfarben in einer mit Kohlensäure beladenen Dampfatmosphäre vorgenommen. Der natürliche CO_2-Gehalt der Luft ist ungenügend, während man mit 3–10% Kohlensäure (auf das Dampfvolumen berechnet) eine vollkommene Entwicklung erzielen kann. Hauptsächlich hätte das Verfahren Bedeutung für den Druck der Rapidechtfarben neben Küpenfarbstoffen, wobei man das zweimalige Dämpfen vermeiden könnte.

Andere stabile Mischungen bekommt man nach dem *amer. P. 2.048.745* (Nat. Anil. Comp.-Kern) in der Weise, dass man die wässerige Lösung des Nitrosamins der betreffenden Diazoverbindung mit einem indifferenten organischen Sulfonat (wie dem dichlorbenzolsulfosauren Natrium), das selbst nicht kuppelt, auskristallisieren lässt und dieses Gemisch dann zu Färbe- oder Druckzwecken auf die Faser aufbringt.

Gemäss dem *D.R.P. 572.693* der Böhme Fettchemie-Perndanner-Hackl verbessert ein Zusatz von Pyridinbasen zu den Druckfarben die Durchdringung und die Reibechtheit, wobei auch die Töne vertieft werden.

Das *franz. P. 861.900* der Ciba behandelt ebenfalls die Anwendung der Antidiazotate mit den Kupplungskörpern der Naphtol AS-

[1]) Die Umlagerung und Bildung des Farbstoffs erfolgt hier durch die Kohlensäure der Luft, siehe *franz. P. 783.655* der Ciba (1935) und *Zusatz P. 46.657*, 1936: Zuerst Behandlung mit einem sauren, dann mit einem säurebindenden Mittel (Na_2CO_3).

Reihe zum Zweck der Bildung von satten und lebhaften Braundrucken. Die Druckfarbe enthält ein Nitrosamin, Naphtol AS, Natronlauge, Türkischrotöl und eine neutrale Stärkeverdickung. Nach dem Drucken wird die Farbe in einem 10%igen ameisensauren Bad entwickelt, dann nimmt man durch eine 5%ige Sodalösung, spült, seift und wäscht.

Die Rapidechtfarbstoffe lassen sich leicht gemeinsam mit den Indigosolen, den Küpenfarbstoffen und denjenigen Beizenfarbstoffen drucken, die in kurzer Dämpfdauer fixiert werden.

H. Rittner und Gmelin (Offenbach) haben Mischfarben von Rapidechtfarbstoffen und Indigosolen gedruckt[1]).

Die Mischfarbe enthält eine gewöhnliche Rapidechtdruckfarbe (Rapidechtfarbstoff, Monopolbrillantöl, Chromatlösung und Verdikkung), der man eine verdickte Lösung eines Indigosolfarbstoffs und Natriumnitrit zusetzt. Nach dem Drucken und Trocknen wird während 2 Minuten neutral gedämpft, dann zum Zwecke der Entwicklung des Indigosolfarbstoffs durch heisse, verdünnte Ameisensäure (50 g Ameisensäure+100 g Natriumchlorid pro Liter) genommen und anschliessend wie üblich fertiggemacht.

Die Rapidogene[2]).

Die Rapidogene sind sehr beständige Mischungen der Natronsalze der Anilide der 2,3-Oxynaphtoesäure mit den Diazoaminoverbindungen der geeigneten Basen. Diese Mischungen kuppeln nicht in alkalischem Medium, sind aber leicht unter Einwirkung von Säuren spaltbar. Dabei bilden sich die entsprechenden Diazoverbindungen, die mit dem anwesenden Naphtol zum Farbstoff kuppeln.

Das Verdienst der Entdeckung der Rapidogene kommt den Chemikern der I. G. Farbenindustrie A.G. zu, welche den Gedanken fassten, die von Peter Griess im Jahre 1869, dann von Schraube,

[1]) H. Rittner und Gmelin, Mell. 1927, S. 530. F. Jacobs, Ein Überblick über den Gebrauch von Rapidogenfarbstoffen, Rayon Text. Monthly, 1948, *29*, S. 83.

[2]) Literatur: *D.R.P. 500.437;* Frdl. *17*, S. 1058; *D.R.P. 510.441;* Frdl. *17*, S. 1060; *D.R.P. 530.396.*

Handelsnamen:

Rapidogene	I. G. Farbenindustrie
Naphtazogene	Francolor
Pharmasole	Pharma Chem. Corp. and Carbic Color
Brentogene	Imp. Chem. Ind.
Ronagene	Rohner
Rapidogene	G. D. C.
Fenogene (Exportbezeichnung)	G. D. C.
Calconylfarbstoffe	Calco Chem. Div.
Diagene	Du Pont
Citazolofarbstoffe	A. C. N. A.
Cibanogenfarbstoffe	Ciba

Fritsch und Green (Ber. 1896, *29*, S. 287) bearbeiteten Diazoaminoverbindungen für den direkten Aufdruck der unlöslichen Azofarbstoffe nutzbar zu machen.

Hier wäre hervorzuheben, dass die erste Angabe über eine Verwendung der Diazoaminoverbindungen im Textildruck von Wimmer herrührt (Ber. *20*, S. 1577; *D.R.P. 40.890*), welcher zum Zwecke der Bildung der Azofarbstoffe auf der Faser vorschlug, Mischungen von Diazoaminoverbindungen, Phenolen, Alkohol und Verdickungsmittel aufzudrucken, zu trocknen und zu dämpfen. Dieser Gedanke wurde wohl von der I. G. im Jahre 1930 aufgenommen, als die Vorschriften für die Rapidogene ausgearbeitet wurden.

Die Diazoaminoverbindungen, deren einfachste Form das Diazoaminobenzol ist, weisen die schematische Formel

$$R—N{=}N—NH—R'$$

auf.

Sie entstehen durch die Reaktion einer Diazoverbindung einer sehr starken Base mit einem stabilisierenden Amin von schwach basischem Charakter, welches durch Zersetzung mittels Säure nur die Diazoverbindung: R—N=N—Azyl liefert. Hier ist zu bemerken, dass die Umkehrbarkeit der Reaktion bei der Säureeinwirkung zwar Griess entging, dass Frieswell und Green dagegen die Möglichkeit dieser Reaktion ins Auge fassten und dass endlich O. Wallbach im Jahre 1886 diese Tatsache bestätigte.

Diejenigen Diazoaminoverbindungen, die in p-Stellung zu der NH-Gruppe ein austauschbares Wasserstoffatom besitzen, neigen leicht zu einer intramolekularen Umlagerung unter Bildung der isomeren Aminoazoverbindung.

$$C_6H_5—N{=}N—NH—C_6H_5 \longrightarrow C_6H_5—N{=}N—C_6H_4—NH_2$$

Diese Umwandlung erfolgt in Gegenwart kleiner Mengen Anilinsalz oder freier Säuren nach folgendem Reaktionsschema:

$$C_6H_5—N{=}N—NH—C_6H_5 + HCl \longrightarrow C_6H_5—N{=}N—Cl + C_6H_5—NH_2$$

$$C_6H_5—N{=}N—Cl + C_6H_5—NH_2 \longrightarrow C_6H_5—N{=}N—C_6H_4—NH_2 + HCl$$

Aus diesen Gleichungen geht hervor, dass nur kleine Mengen Anilinsalz oder Salzsäure notwendig sind, da dieselben immer wieder im Verlaufe der Umwandlung frei werden.

Als Nebenprodukt dieser Reaktion bildet sich Benzoldiazoaminoazobenzol

$$C_6H_5—N{=}N—C_6H_4—NH—N{=}N—C_6H_5$$

infolge primärer Spaltung des Diazoaminobenzols in Anilin und Diazoniumsalz, wobei letzteres sich mit dem schon gebildeten Aminoazobenzol verbindet.

Die Diazoaminoverbindungen sind ferner leicht zu Umlagerungen im Sinne des nachstehenden Schemas fähig:

$$R{-}N{=}N{-}NH{-}R_1 \longrightarrow R{-}NH{-}N{=}N{-}R_1$$

Diese eigenartige Reaktion wurde von Griess im Jahre 1874 (Ber. 1882, *15*, S. 2160) beobachtet. Er erhielt tatsächlich dieselbe Diazoaminoverbindung sowohl bei der Einwirkung von Diazobenzol auf p-Toluidin als auch bei der Einwirkung der Diazoverbindung des p-Toluidins auf Anilin.

$$C_6H_5{-}N{=}N{-}Cl + CH_3{-}C_6H_4{-}NH_2 \longrightarrow C_6H_5{-}N{=}N{-}NH{-}C_6H_4{-}CH_3 + HCl$$

$$H_3C{-}C_6H_4{-}N{=}N{-}Cl + C_6H_5{-}NH_2 \longrightarrow H_3C{-}C_6H_4{-}N{=}N{-}NH{-}C_6H_5$$

Es ist also eine Umlagerung durch Wanderung des H-Atoms von einem N-Atom zum anderen anzunehmen. Die Reaktion bildete den Gegenstand zahlreicher Arbeiten, unter denen diejenigen von Noelting und Binder (1887), von Meldola und Stretfield (1886), von Goldschmidt (1888), von Dimroth (1905) zu erwähnen sind (vgl. auch Earl, Chemistry and Industry, 1936, *55*, S. 192).

Besonders fanden Noelting und Felix Binder, dass beim Arbeiten mit zwei Aminen, nämlich dem Anilin und dem Toluidin, immer, und zwar ohne Rücksicht darauf, welche Base der Diazotierung unterworfen wurde, der Körper

$$C_6H_5{-}N{=}N{-}NH{-}C_6H_4{-}CH_3$$

(Ber. 1887, *20*, S. 3004)

entstand, woraus die Wanderung der Azogruppe unter Bildung einer Diazoaminoverbindung gefolgert werden kann.

Schraube und Fritsch (1896) haben bemerkt, dass je nach den Reaktionsbedingungen beim Zusammentritt von Diazo-p-toluol mit Sulfanilsäure vier Diazoamino-Kombinationen möglich sind, und zwar zwei asymmetrische Kombinationen:

$$R{-}N{=}N{-}NH{-}R_1$$
$$R_1{-}N{=}N{-}NH{-}R$$

und zwei symmetrische Kombinationen:

$$R{-}N{=}N{-}NH{-}R$$
$$R_1{-}N{=}N{-}NH{-}R_1$$

Die Auswahl der stabilisierenden Base ist von grosser Bedeutung. Die Bedingungen, unter denen man die Rapidogene herstellen kann, können wie folgt zusammengefasst werden:

Die Diazoaminoverbindungen müssen ausschliesslich das asymmetrische Derivat enthalten, wobei die Diazogruppe an der Seite desjenigen Amins angelagert ist, welches mit dem Naphtol kuppelt, also:

$$R{-}N{=}N{-}NH{-}R_1$$

wobei R das Radikal der diazotierten Base, R_1 das Radikal der stabilisierenden Base bedeutet.

Demgemäss sind die Kombinationen

$$R{-}N{=}N{-}NH{-}R$$
$$R_1{-}N{=}N{-}NH{-}R_1$$
$$R_1{-}N{=}N{-}NH{-}R$$

auszuschliessen. Es ist entscheidend, dass das Diazoniumsalz, welches durch die Einwirkung der Säure wieder gebildet wird, der Formel

$$R{-}N{=}N{-}Cl$$

und nicht der Formel

$$R_1{-}N{=}N{-}Cl$$

entspricht.

Das stabilisierende Amin hat die Aufgabe, der Diazoaminoverbindung eine ausreichende Löslichkeit in Wasser und eine genügende Löslichkeit in Alkalien zu verleihen. Die Diazoverbindung soll leicht und quantitativ durch eine kurze Passage in verdünnter Säure wieder gebildet werden, und zwar unter solchen Bedingungen, dass die Essigsäure oder Ameisensäure nicht schädlich auf die Faser einwirken können.

Goldschmidt und Bruno Bardach haben nachgewiesen, dass die Iminogruppe (NH) bei der Bildung einer Diazoaminoverbindung sich immer an denjenigen Kern anlagert, der am stärksten durch elektronegative Gruppen substituiert ist, z. B. durch Halogen oder NO_2, und zwar ohne Rücksicht auf die Art des diazotierten Moleküls. Daraus folgt, dass das stabilisierende Amin einen schwach basischen Charakter besitzen soll, während umgekehrt die zu diazotierenden Amine stark basisch sein müssen.

Die Gefahr der Bildung von Diazoaminoderivaten in der unerwünschten Richtung, d. h. die Umlagerung (Migration) der Iminogruppe, wird dadurch verhütet, dass man als stabilisierende Amine nicht diazotierbare Basen verwendet. Als solche kommen hauptsächlich aromatische oder aliphatische sekundäre Amine oder auch basische Verbindungen, wie Cyanamid, in Betracht. Die stabilisierende Base, die verschiedentlich substituiert sein kann, darf mit dem regenerierten Diazoniumsalz nicht kupplungsfähig sein.

Die Löslichkeit der Komplexverbindung wird durch Verwendung von Körpern hervorgebracht, die löslichmachende Reste, wie Sulfo- Karboxyl-, Sulfaminogruppen u. dgl., enthalten.

Die elektronegative Natur dieser Substituenten verleiht gleichzeitig den stabilisierenden Aminen den verringerten basischen Charakter, der für die Orientierung der Kondensation der Diazoaminoverbindung in dem gewünschten Sinne nötig ist.

$$Ar—N{=}N—NH—Ar_1 \longrightarrow Ar—N{=}N—Cl + Ar_1—NH_2$$

Die Wahl des Stabilisators übt einen sehr grossen Einfluss auf die Löslichkeit und auf das Kupplungsvermögen der Diazoaminoverbindung aus. Je nach dem verwendeten stabilisierenden Amin erhält man mit der gleichen diazotierten Base mehr oder weniger leicht spaltbare Diazoaminoverbindungen und folglich Farbstoffe, die sich mehr oder weniger leicht entwickeln lassen.

A. *Die stabilisierenden Amine.* Als solche Amine kommen in Betracht:

a) aliphatische oder aromatische sekundäre Amine
b) primäre aromatische Amine
c) verschiedene basische Derivate, die einen basischen dreiwertigen Stickstoff enthalten

a) Aliphatische oder aromatische sekundäre Amine von der allgemeinen Formel

$$HN\begin{cases}R_1\\R_2\end{cases}$$

wobei R_1 und R_2 einem Alkyl-, Aryl-, Aralkylrest mit einer löslichmachenden Gruppe entsprechen, so z. B. das Sarkosin:

$$CH_3—NH—CH_2—COOH$$

oder das Methyltaurin:

$$\begin{array}{l}CH_2—NH—CH_3\\ |\\ CH_2—SO_3H\end{array}$$

Ausserdem wurden sekundäre Amine als Stabilisatoren vorgeschlagen, die sich nicht diazotieren lassen, so z. B. vom Benzol abgeleitete sekundäre Amine, wie das sulfonierte Monoäthyl-p-toluidin oder die 2-Äthylaminotoluol-4-sulfosäure[1])

[Strukturformeln: Benzolring mit $NH—C_2H_5$ (oben), $—SO_3H$ (rechts), CH_3 (unten); Benzolring mit CH_3 (oben), $—NH—C_2H_5$ (rechts oben), SO_3H (unten)]

[1]) *D.R.P. 502.334, 510.441, 530.396, 532.562;* Chem. Ztbl. 1932, *2*, S. 773; Frdl. *17*, S. 1060, 1932; *franz. P. 674.195, 674.637, 674.638; brit. P. 320.324; D.R.P. 500.437;* Frdl. *17*, S. 1058 (1932); *franz. P. 769.838*, I.G.; *russ. P. 50.823, 51.249, 52.351* (siehe Weisberg, R.G.M.C. 1936, S. 370).

auch die 2-Äthylamino-5-sulfobenzoesäure:

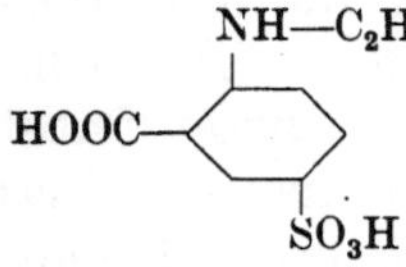

$$\text{HOOC}-C_6H_3(\text{NH}-C_2H_5)(SO_3H)$$

Franz. P. 764.755, 1934; *amer. P. 1.968.879; brit. P. 429.618* von du Pont de Nemours. Kombinationen von diazotierten Aminen mit sekundären Aminen als stabilisierende Körper, die sich von Zuckerarten, also von Tetrosen, Pentosen, Hexosen der allgemeinen Formel $R-NH-CH_2-(CHOH)_x-CH_2OH$ ableiten; die Patente nennen Verbindungen, welche der folgenden schematischen Formel entsprechen:

$$R-N=N-N\begin{cases} R_1 \text{ (Alkyl- oder Arylrest)} \\ CH_2-(CHOH)_x-CH_2OH \end{cases}$$

so z.B.: Diazoverbindung+Glukamin oder Methylglukamin. Man erhält wasserlösliche Körper, welche die kuppelnden Diazoverbindungen leicht wieder entstehen lassen. Im Druck mischt man das Erzeugnis mit Soda und dem Natriumsalz eines Arylids der 2,3-Oxynaphtoesäure. Man entwickelt in einem auf 90°C erwärmten Bad von Essig- und Ameisensäure.

Im *amer. P. 2.035.518* von Du Pont wird empfohlen, dem sauren Entwicklungsbad gewisse Mengen eines neutralen Salzes (Na_2SO_4 oder NaCl) zuzugeben, doch ist der Gedanke nicht neu, weil die I. G. Farbenindustrie derartige Zusätze bei Entwicklungsbädern für Rapidogenfarbstoffe bereits angeführt hat. Das Patent nennt als Beispiel:

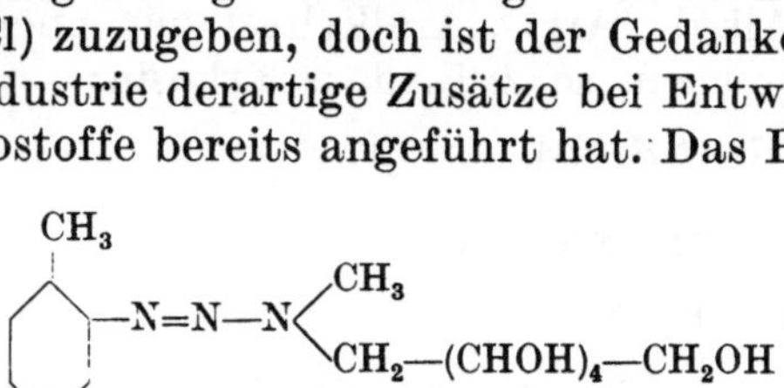

$$(CH_3)(Cl)C_6H_3-N=N-N\begin{cases} CH_3 \\ CH_2-(CHOH)_4-CH_2OH \end{cases} + \text{Naphtol AS—D}$$

Diazoaminoverbindung aus 4-Chlor-2-aminotoluol + Methylglukamin.

Entwicklung in der Siedehitze in einer Lösung von 1 Teil Essigsäure+0,5 Teilen Ameisensäure 85%+2,8 Teilen Kochsalz in 30 Teilen Wasser.

Amer. P. 2.078.388 von du Pont de Nemours. Mit den Naphtolen werden die Diazoverbindungen in Form ihrer Diazoaminoverbindungen vereinigt, welche der allgemeinen Formel:

$$\text{Aryl}-N=N-N\begin{cases} R_1 \\ R_2 \end{cases}$$

entsprechen; man erhält diese Verbindungen durch die Einwirkung von Oxyalkylaminen auf den Diazokörper, so z. B. von Diäthanolamin auf die Diazoverbindung des m-Nitro-p-toluidins:

$$H_3C-C_6H_3(NO_2)-N{=}N-N\begin{cases}CH_2-CH_2-OH\\CH_2-CH_2-OH\end{cases}$$

Die Kupplung findet in diesem Falle in einer warmen Salzsäurelösung statt, welcher Behandlung man ein Natriumazetatbad folgen lässt, worauf man wie gewöhnlich spült und seift. Die Diazoaminoverbindung wird durch die Säure, welche dem Gewebe beim Durchgang durch zwei Foulardwalzen zugeführt wird, gespalten und der freie Diazokörper kuppelt im Augenblick des Eintritts des Gewebes in das alkalische Bad.

Hierher gehört auch das *amer. P. 2.138.572*, 1936 von du Pont de Nemours. Man bedruckt das Gewebe mit Druckpasten, die eine Azokomponente mit kupplungsfähiger CH_2-Gruppe + eine Diazoaminoverbindung + Harnstoff und Triäthanolamin enthalten. Die Entwicklung erfolgt in essigsaurem Dampf.

Das *franz. P. 860.132*, Kuhlmann empfiehlt die Kondensationsprodukte der 2-Chlor-5-sulfobenzoesäure mit primären Oxyalkylaminen oder Alizykloaminen als Stabilisatoren für die Diazoverbindungen. Beispiel:

$$HO_3S-C_6H_3(COOH)-NH-CH_2-CH_2OH$$

2-Oxyäthylamino-5-sulfobenzoesäure

Zum selben Zwecke werden im *brit. P. 481.019* von Du Pont wasserlösliche und eine Furfuryl- oder Tetrahydrofurfurylgruppe enthaltende aliphatische sekundäre Amine vorgeschlagen.

Beispiel: Furfurylaminoessigsäure.

Das *franz. P. 807.893.* Kuhlmann empfiehlt sekundäre Phenylamine, die eine Sulfaminogruppe und eine oder mehrere Karboxylgruppen enthalten. Beispiel:

$$H_2NO_2S-C_6H_4-NH-CH_2-COOH$$

b) Aromatische primäre Amine.

Franz. P. 674.638, 1. Zusatz *P. 37.203*, I. G.
Franz. P. 677.579, I. G.
D.R.P. 513.209, I. G.
D.R.P. 531.008, I. G.
D.R.P. 534.640, I. G.
D.R.P. 535.670, I. G.
D.R.P. 550.711, I. G.
D.R.P. 552.283, I. G.

Als Stabilisatoren kommen hier Phenylamine in Betracht, die im Benzolkern mit löslichmachenden Gruppen substituiert sind, z. B. 1-Aminobenzol-3, 6-disulfosäure

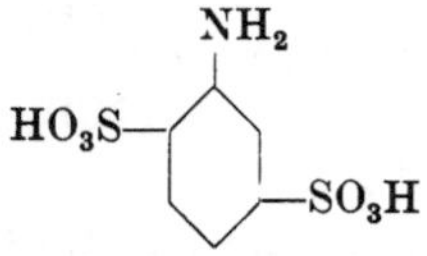

NH_2
HO_3S— —SO_3H

1-Amino-3-sulfo-6-benzoesäure (Sulfanthranilsäure)

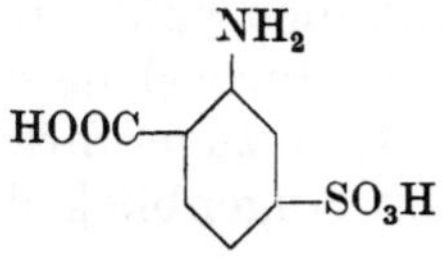

NH_2
HOOC— —SO_3H

Im *D.R.P. 532.401* der I.G. werden Naphtylaminsulfosäuren als Stabilisatoren vorgeschlagen, z. B. α-Naphtylamin-2,4-disulfosäure oder β-Naphtylamin-4, 6, 8-trisulfosäure.

In den *D.R.P. 535.076, 671.788* der I.G. und *franz. P. 800.876, 807.893; brit. P. 459.342* von Kuhlmann werden eine Anzahl Stabilisatoren unter Patentschutz genommen, die in ihren Molekülen eine oder mehrere Sulfaminogruppen, eine Sulfamino- und eine Karboxylgruppe, eine Sulfaminogruppe und eine oder mehrere Karboxylgruppen, die entweder frei oder als Karboxylsulfimid mit der nächststehenden Sulfaminogruppe verbunden sind, enthalten.
Beispiele:

1-Methyl-4-aminobenzol-2-sulfanilid

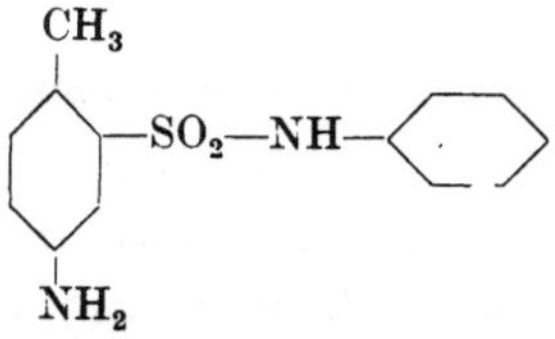

CH_3
—SO_2—NH—
NH_2

1-Karboxy-2-amino-4-sulfaminobenzol

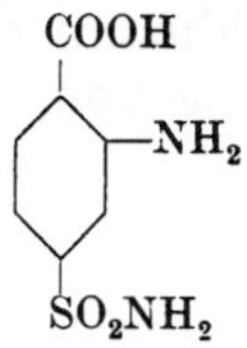

COOH
—NH_2
SO_2NH_2

1-Karboxy-2-amino-3, 4-karboxysulfiminobenzol

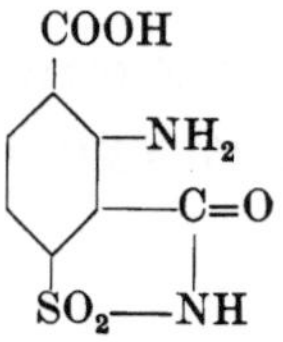

COOH
—NH_2
—C=O
|
SO_2—NH

Kuhlmann seinerseits empfiehlt in den *franz. P. 800.876, 807.893* und *brit. P. 459.342* ein Verfahren, welches auf der Anwendung von Diazoaminoverbindungen beruht, die erhalten werden, wenn man Diazoverbindungen mit primären Aminen kombiniert, die neben einer Sulfaminogruppe einen oder zwei freie Karboxylreste aufweisen. Als Beispiel diene die 2-Amino-5-sulfaminobenzoesäure, welche bei der Kombination mit einem Diazokörper eine Diazoaminoverbindung der folgenden Zusammensetzung liefert:

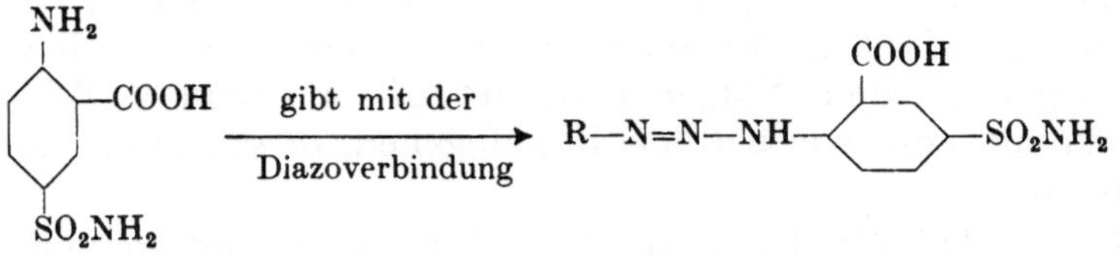

NH_2 — COOH — SO_2NH_2 $\xrightarrow[\text{Diazoverbindung}]{\text{gibt mit der}}$ R—N=N—NH— (COOH) —SO_2NH_2.

Das letztere Produkt gibt, mit dem Natriumsalz eines Arylids der 2,3-Oxynaphtoesäure gemischt und verdickt, nach dem Druck und der darauffolgenden Passage durch sauren Dampf den Azofarbstoff. Das Verfahren unterscheidet sich von dem Rapidogenverfahren der I. G. nur durch die Auswahl des stabilisierenden Amins. Die Patente der I. G. erstrecken sich auf alle Körper, welche neben der Aminogruppe löslich machende Reste (COOH, SO_3H) enthalten, z. B. die Sulfanthranilsäure, so dass wahrscheinlich das Kuhlmann'sche Patent in den Schutzbereich der Patente der I. G. fällt.

Zur Herstellung von stabilen Diazopräparaten werden laut dem *D.R.P. 671.788* der I.G. Diazoaminoverbindungen genommen, die durch Einwirkung von Diazoverbindungen auf primäre oder sekundäre Amine entstehen, welche eine Sulfaminogruppe und ausserdem eine freie Karboxylgruppe aufweisen. Als Beispiel diene der auf Basis des 4-Chlor-2-toluidins mit der 2-Amino-4-sulfaminobenzoesäure gebildete Diazoaminokörper

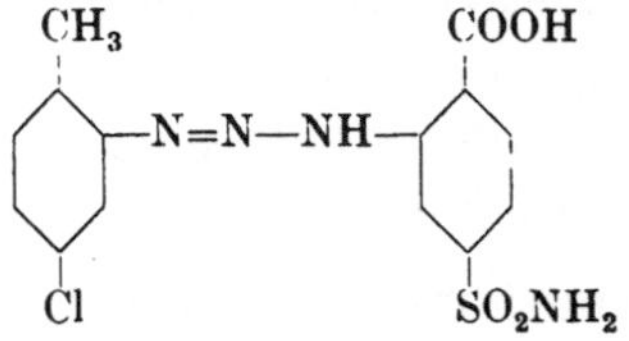

(CH_3, Cl) —N=N—NH— (COOH, SO_2NH_2)

der zusammen mit einer Kupplungskomponente auf die Faser gebracht, im sauren Dampf den fertigen Azofarbstoff liefert.

Bei den primären aromatischen Aminen, welche elektronegative Reste tragen (NO_2, SO_3H, COOH), tritt die Umlagerung nur selten ein (siehe Goldschmidt und Molinari, Ber. 1888, *21*, S. 2578; Dimroth, Ber. 1907, *40*, S. 2394; Hantzsch und F. Peckin, Ber. 1897, *30*, S. 1394).

c) Verschiedene Derivate, die ein dreiwertiges Stickstoffatom enthalten:

Amer. P. 2.105.326 der Pharma Chemical Comp. Auch hier werden die Mischungen von stabilisierten Diazoverbindungen mit Naphtol AS-Kupplungskörpern unter Zusatz von Aminosäuren, wie man sie durch Abbau der Proteinsubstanzen erhält, hergestellt. Es möge hier festgestellt werden, dass derartige Abbauprodukte schon häufig als Schutzkolloide empfohlen wurden. Anscheinend hat das Verfahren der Pharma Chem. Comp. in den Vereinigten Staaten eine grössere Verbreitung gefunden, wo eine Reihe von derartigen löslichen Erzeugnissen unter dem Namen Pharmasole auf dem Markt ist. Die Entwicklung wird, wie bei den Rapidogenen, in saurem Dampf vorgenommen.

Brit. P. 458.808 der Imp. Chem. Ind. Kombination von Diazoverbindungen mit Abbauprodukten des Leimes oder von Proteinsubstanzen, denen man die alkalische Lösung eines Arylids der 2,3-Oxynaphtoesäure zusetzt, worauf man in saurem Dampf entwickelt. Es wird im Patent ausdrücklich als wesentlich bezeichnet, dass der Abbau von Proteinsubstanzen bis zur Bildung von Aminosäuren getrieben werden muss. Näheres erfährt man hierzu aus dem (wohl parallelen) *amer. P. 2.111.692* derselben Firma. Der Leim wird mittels Schwefelsäure hydrolysiert, dann wird mit Kalkmilch neutralisiert und die Kalksalze werden durch Soda in die Natriumsalze umgewandelt. Die diazotierte Base wird mit dieser; auf eine bestimmte Konzentration eingestellten Lösung gemischt, es findet eine Reaktion mit dem Proteinkörper statt und dann wird erst der Kupplungskörper hinzugefügt.

Brit. P. 463.515 von Heaton. Hier werden die stabilisierten Diazoverbindungen, welche mit den Naphtolaten gemeinsam aufgedruckt werden, durch Einwirkung eines tertiären Alkylamins auf das Diazoniumsalz eines Arylamins erhalten.

$$N\begin{cases}R-OH\\R-OH\\R-OH\end{cases}\quad \text{z. B. Triäthanolamin}$$

Die Entwicklung findet mittels Säure statt.

Franz. P. 777.401; D.R.P. 614.198, 615.846, 624.765, 625.585; brit. P. 433.222; amer. P. 2.054.397 der I. G. — Taube. Stabilisierungskörper: Cyanamid und seine Salze.

Hier wird die Bildung beständiger Diazokörper durch die Einwirkung von Cyanamid auf die Diazoverbindung im Sinne der Formel

$$R-N=N-\underset{\displaystyle Me}{\underset{|}{N}}-C\equiv N$$

beschrieben. Die Reaktion geht nach folgendem Schema vor sich:

$$R{-}\underset{\displaystyle Cl}{\underset{|}{N}}{\equiv}N + C\begin{matrix}{\nearrow\!\!\!\nearrow\!\!\!\nearrow} N \\ \searrow N\begin{matrix}\nearrow H\\ \searrow Me\end{matrix}\end{matrix} \xrightarrow{-HCl} R{-}N{=}N{-}\underset{\displaystyle Me}{\underset{|}{N}}{-}C{\equiv}N \xrightarrow{+H_2O+2\,HCl}$$

$$\longrightarrow R{-}N{=}N{-}Cl + Me{-}Cl + C\begin{matrix}\nearrow NH_2\\ \cdots O\\ \searrow NH_2\end{matrix}$$

So diazotiert man z. B. das p-Nitro-o-anisidin und fügt der Lösung Cyanamidnatrium hinzu, worauf das Reaktionsprodukt auskristallisiert, das durch Salzzusatz sich noch völlig ausfällen lässt.

Diese Verbindungen werden leicht durch Säuren zersetzt und ergeben unter Bildung von Harnstoff die entsprechenden Diazoverbindungen.

Laut *D.R.P. 625.585* kann man das Cyanamid durch die Cyanamidkarbonsäure

$$N{\equiv}C{-}N\begin{matrix}\nearrow H\\ \searrow COOH\end{matrix}$$

ersetzen. Die Reaktion verläuft in diesem Falle nach der Gleichung:

$$R{-}\underset{\displaystyle Cl}{\underset{|}{N}}{\equiv}N + Na{-}\underset{\displaystyle COONa}{\underset{|}{N}}{-}C{\equiv}N \longrightarrow R{-}N{=}N{-}\underset{\displaystyle COONa}{\underset{|}{N}}{-}C{\equiv}N + NaCl$$

Man druckt eine Mischung dieser Verbindung mit dem Natriumsalz eines Arylids der 2,3-Oxynaphtoesäure auf und entwickelt in saurem Dampf.

In dieselbe Reihe gehört auch eine besonders interessante Arbeit von P. Kienzle (Dissertation 1934, Paris), der sich mit den Diazoguanidinen befasste, welche von Walther und Grieshammer im Jahre 1915 (J. prakt. Chem. 1915, *92*, S. 209) beschrieben wurden:

$$HN{=}C\begin{matrix}\nearrow NH_2\\ \searrow NH{-}N{=}N{-}R\end{matrix}$$

Um die Körper dieser Klasse für den beabsichtigten Zweck nutzbar zu machen, müssen sie ausser der Beständigkeit und der Fähigkeit, die kuppelnde Diazoverbindung zurückzubilden, auch eine genügende Löslichkeit in Wasser aufweisen. Die letztere Eigenschaft gewinnen die Guanidine durch Einführung von Gruppen wie SO_3H, von Arylkarboxyl- oder Arylsulfosäureresten, wodurch Verbindungen wie das Glykocyanamin

$$HN{=}C\begin{cases}NH{-}CH_2{-}COOH\\NH_2\end{cases}$$

oder die Guanidin-methylenschweflige Säure

$$HN{=}C\begin{cases}NH_2\\NH{-}CH_2{-}O{-}SO_2H\end{cases}$$

oder auch die Guanidin-1-naphtalin-2,4-disulfosäure entstehen.

$$HO_3S{-}C_{10}H_5(SO_3H){-}NH{-}C(NH_2){=}NH$$

Alle diese Guanidinderivate sind an sich oder in Form ihrer Alkalisalze wasserlöslich und kuppeln im allgemeinen mit den Diazoniumsalzen, wobei sie Diazoguanidine liefern, die sich durch ihre Beständigkeit und gute Löslichkeit auszeichnen. Man kann sie mit den Naphtolen ohne die Gefahr einer vorzeitigen Bildung des Azofarbstoffes mischen. Kienzle bemerkt aber, dass diese Kombinationen wohl in festem Zustand, nicht aber in wässeriger Lösung hinreichend beständig sind. Diese geringe Beständigkeit zeigt sich besonders im Falle des β-Naphtolnatriums, wobei selbst in alkalischem Medium eine Kupplung einsetzt.

Nach den *amer. P. 2.099.091* und *2.099.104*, auch *franz. P. 758.889*, 1933 und *brit. P. 422.195* (Du Pont) werden Oxyaminoverbindungen von der allgemeinen Formel:

$$H_2N{-}Aryl{-}OH$$

diazotiert, mit einer Piperidin-α-karbonsäure gekuppelt, wodurch ebenfalls stabilisierte Gemische entstehen, die sich mit Säuren entwickeln lassen. Im *amer. P. 2.112.764* derselben Firma wird folgender Gedanke noch ausgeführt: Man stellt die Diazoaminoverbindung z. B. von 4-Chlor-2-aminoanisol, das ist die Echtrot RC Base der I. G.

$$C_6H_3(OCH_3)(NH_2 \cdot HCl)(Cl)$$

her, indem man deren Diazoverbindung mit der Piperidin-α-karbonsäure

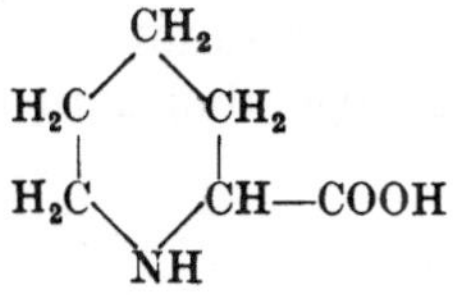

```
       CH2
      /   \
  H2C       CH2
   |         |
  H2C       CH—COOH
      \   /
       NH
```

oder

```
CH2—CH2
|        \
|         NH
|        /
CH2——CH
      |
      COOH
```

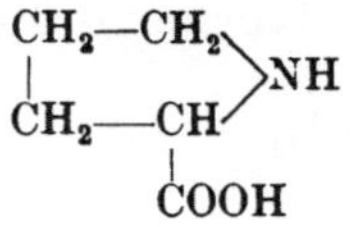

Prolin = Pyrrolidin-α-karbonsäure

reagieren lässt und druckt diesen stabilisierten Körper im Gemisch mit der alkalischen Lösung eines Kupplungskörpers, der keine Substantivität gegenüber der Faser besitzt, z. B. einem Azetoazetylanilid auf.

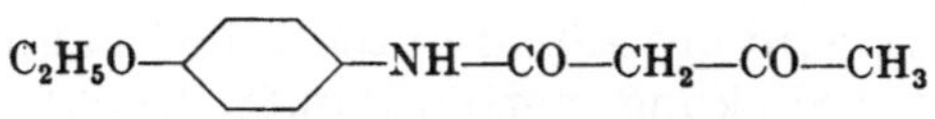

$$C_2H_5O—C_6H_4—NH—CO—CH_2—CO—CH_3$$

Azetoazetyl-4-äthoxyanilid

Wie gewöhnlich wird die Entwicklung in saurem Dampf vorgenommen.

Nach dem *brit. P. 407.840* der I. G. verwendet man Derivate von Piperidin oder Pyrrol, die im Kern mit löslichmachenden Gruppen substituiert sind, wie z. B.
die Piperidin-3-sulfosäure

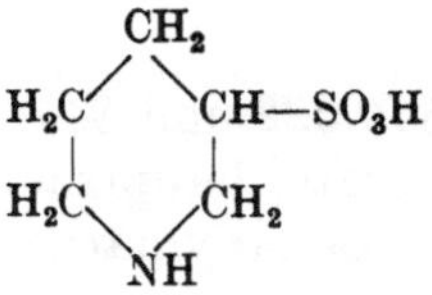

```
       CH2
      /   \
  H2C       CH—SO3H
   |         |
  H2C       CH2
      \   /
       NH
```

oder die 2,3-Dimethylindol-5-sulfosäure.

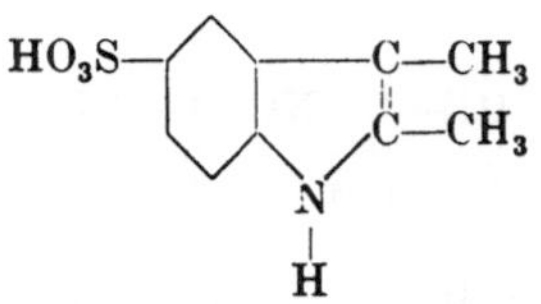

```
HO3S—(C6H3)————C—CH3
                ||
                C—CH3
         \     /
            N
            |
            H
```

Franz. P. 775.097 der I.C.I.; *brit. P. 423.507* der I.C.I. Als Stabilisatoren werden hier verschiedene Piperazinessigsäuren erwähnt, z. B.:

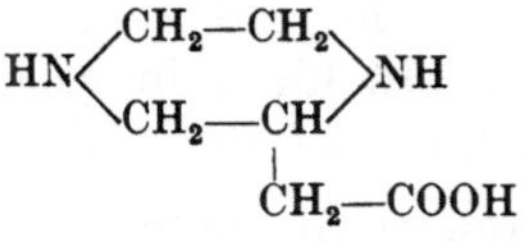

```
    CH2—CH2
   /        \
HN            NH
   \        /
    CH2——CH
         |
         CH2—COOH
```

Eine neue Methode zur Herstellung stabilisierter diazotierter Farbbasen, die im *brit. P. 515.980/81; amer. P. 2.154.405* und *franz. P. 840.322, 840.445* (Calco Chem. Co.) beschrieben wird, soll besonders festgehalten werden. Es wurde gefunden, dass man durch die Einwirkung von derartigen diazotierten Basen, z. B. dem 2-Methyl-5-Chloranilindiazoniumchlorid auf Guanylharnstoffsulfat unlösliche, meist gelblich gefärbte Körper erhält, im vorliegenden Fall die Verbindung:

$$\text{(2-}CH_3\text{-5-Cl-}C_6H_3\text{)}-N{=}N-NH-\underset{\underset{NH}{\|}}{C}-NH-\underset{\underset{O}{\|}}{C}-NH_2$$

welche nach der Vermahlung mit einem geeigneten Dispergiermittel und mit der Kupplungskomponente eine sehr beständige, lagerfähige Paste ergeben. Diese wird mit Alkali unter Zuhilfenahme von Cellosolve in Stärke-Tragantverdickung verteilt, aufgedruckt und so wie die Rapidogene in saurem Dampf fertiggemacht, wobei allerdings die Säureentwicklung energischer sein muss. Tierische Fasern werden vor dem Druck mit Schwefelsäure oder Bisulfat, pflanzliche Fasern mit säureabspaltenden Salzen (Ammoniumsalzen) vorimprägniert. Als Dispergiermittel für das stabilisierte Diazoprodukt wird besonders das Natriumsalz des Disulfodinaphtylmethans genannt, hergestellt durch Einwirkung von Formaldehyd auf Naphtalindisulfosäure, welches den Handelsnamen Tamol führt (Setamol WS der I. G.).

Gemäss den *franz. P. 840.322* und *840.445* der Calco Chem. Corp. werden Guanylharnstoffderivate, hauptsächlich die Guanylharnstoff-N-sulfosäure und der N-Nitroguanylharnstoff als Stabilisatoren vorgeschlagen.

Folgende Beispiele von Diazoaminoverbindungen werden erwähnt:

$$R-N{=}N-HN-\underset{\underset{NH}{\|}}{C}-NH-\underset{\underset{O}{\|}}{C}-NH-SO_3H$$

$$R-N{=}N-NH-\underset{\underset{NH}{\|}}{C}-NH-\underset{\underset{O}{\|}}{C}-NH-NO_2$$

Man druckt eine Farbe, welche die stabilisierte Diazoverbindung, Naphtol, Monoäthylglykol und Stärke-Tragantverdickung enthält und entwickelt nach dem Trocknen in essigsaurem Dampf. (Siehe auch *brit. P. 515.980* und *515.981* der Calco Chem. Corp.[1])).

Ein weiteres Verfahren wird im *amer. P. 2.155.942* (Nat. Anil. and Chem. Comp.) beschrieben. Es wurde gefunden, dass man sehr

---

[1]) Im gleichen Sinne siehe auch *canad. P. 388.639* der Amer. Cyanamid Co., welches ebenfalls Guanylharnstoffderivate als Stabilisatoren beschreibt.

beständige Produkte durch Bindung der diazotierten Base an Hexamethylentetramin erhält. Das letztere von der Formel[1])

```
   H2C——N——CH2
    |   |    |
← N   CH2  N →
    |   |    |
   H2C——N——CH2
```

kann an den mit Pfeilen gekennzeichneten N-Atomen die Diazoreste aufnehmen, so dass dann beispielsweise das Formelbild

$$HO_3S-\langle\bigcirc\rangle-N{=}N-\mathrm{H}-N{=}N-\langle\bigcirc\rangle-SO_3H$$

entsteht (H = Hexamethylentetramin). Dabei sollen, wie im vorliegenden Fall, die Farbbasen löslichmachende Gruppen aufweisen. Die entsprechenden Alkalisalze lassen sich leicht in der Druckfarbe mit Kupplungskomponenten mischen; die Ausfertigung erfolgt im heissen Säurebad bei 90°C (vgl. hierzu Wengraf's Ber., Juniheft 1939, S. 17).

Gemäss den *franz. P. 673.052*, I. G.; *D.R.P. 502.334*, I. G. und *brit. P. 309.610*, I. G.; *brit. P. 374.497*, I.C.I. verwendet man als Stabilisatoren die Derivate von Methylaminoformaldehydbisulfit der allgemeinen Formel:

$$R-NH-\underset{\displaystyle R}{\underset{|}{CH}}-O-SO_2H$$

z. B. das Monomethylaminoformaldehydnatriumbisulfit:

$$CH_3-NH-CH_2-O-SO_2Na$$

Ein hiervon gänzlich abweichendes Verfahren ist im *brit. P. 374.497* der Imp. Chem. Ind. (1931) beschrieben. Hier handelt es sich

[1]) Man kann im Zweifel sein hinsichtlich des Chemismus der Reaktion, wie im Patent angegeben. Die richtige Formel des Hexamethylentetramins ist

```
          N
      /   |   \
   H2C   CH2   CH2
    |     |     |
    N-CH2-N-CH2-N
      \       /
         CH2
```

und nicht die des Textes. An Hand dieser Formel kann man sich die Bindung der diazotierten Base an 2 Stickstoffatomen des Hexamethylentetramins nicht vorstellen, ohne dass eine Ringspaltung stattfindet. Trotz der nicht einwandfreien Angaben haben wir die Zusammenfassung des Patentes wiedergegeben, da diese Stabilisierungsmethode hier nicht ohne weiteres übergangen werden kann.

um Einwirkungsprodukte von Bisulfitformaldehyd auf ein primäres aromatisches Amin (ω-Methylsulfonat):

$$\text{Aryl—NH—CH}_2\text{—SO}_3\text{H}$$

Die Druckfarbe wird aus dem löslich gemachten Amin+Natriumnaphtolat+Nitrit zusammengesetzt. Durch saures Dämpfen wird das Amin in Freiheit gesetzt, diazotiert und mit dem Natriumsalz des 2,3-Oxynaphtoesäurearylids gekuppelt.

Nach dem *franz. P. 840.666* der May Chem. Corp. gebraucht man als Stabilisatoren die Amidine der Karbaminsäure, die unter den Namen Guanido- und Biguanido-Säuren bekannt sind.

Beispiel der Diazoaminoverbindungen:

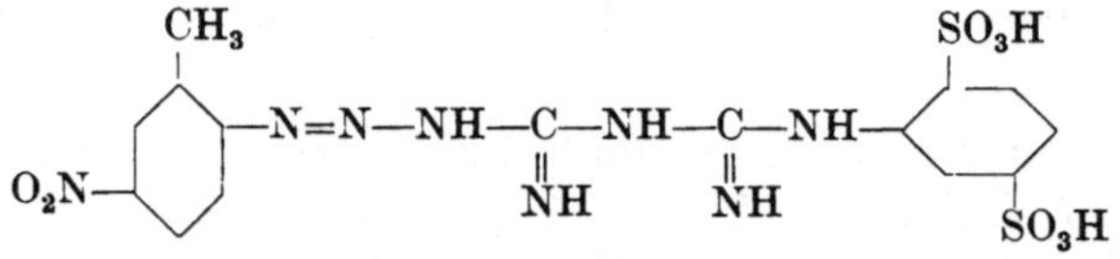

```
 CH3
 |
/\—N=N—NH—C—NH—CH—COOH
| |         ||    |
\/          NH    CH2—COOH

     CH3                                   SO3H
     |                                     |
    /\—N=N—NH—C—NH—C—NH—/\
O2N—| |          ||    ||     \/
    \/           NH    NH      |
                               SO3H
```

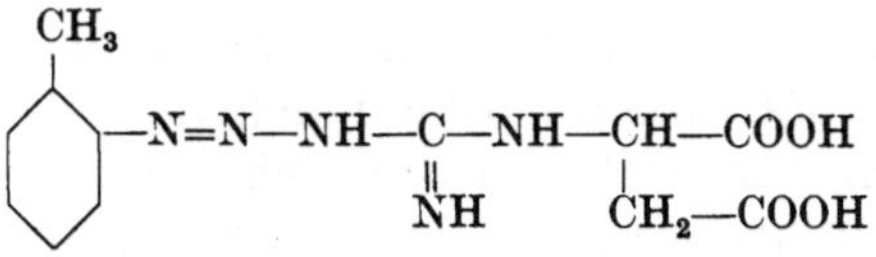

Das *brit. P. 427.803* der I. G. erwähnt die Verwendung anderer Verbindungen, welche einen zyklischen Stickstoff und löslichmachende Gruppen enthalten. Folgende Beispiele sind in diesem Patent beschrieben:

Tetramethyltetrahydrochinolinsulfosäure, Hexahydrokarbazolsulfosäure usw.

Ein ähnliches Verfahren findet man im *D.R.P. 696.270* der I.G. Farbenindustrie (6. Juni 1937).

Man druckt oder klotzt alkalische Gemische aus 2-Oxynaphtalin-3-karbonsäurearyliden, welche in 1-Stellung eine Sulfogruppe tragen, und Diazoaminoverbindungen aus stark negativ substituierten Aminen oder stark negativ substituierten Nitrosaminen auf die Faser, trocknet und entwickelt durch saures Dämpfen.

Auch wurde im *franz. P. 769.838* und im *brit. P. 433.878* die Herstellung von Diazoaminoverbindungen geschützt, welche man nach einem entgegengesetzt ablaufenden Verfahren erhielt, nämlich durch Reaktion der Diazoverbindung der Sulfanthranilsäure, also des stabilisierenden Amins, auf ein primäres Amin, dessen p-Stellung besetzt ist. Die Diazoaminoverbindung erfährt eine Umlagerung, darauf eine Spaltung durch Säuren nach dem folgenden Schema:

$$R-C_6H_4-NH_2 + HO-N{=}N-C_6H_3(SO_3Na)(COONa) \longrightarrow$$

$$NaO_3S-C_6H_3(COONa)-N{=}N-NH-C_6H_4-R \longrightarrow NaO_3S-C_6H_3(COONa)-NH-N{=}N-C_6H_4-R$$

Auf diese Weise erhält man die Diazoverbindung des Amins, welches nun keine löslichmachende Gruppe mehr enthält und in Gegenwart des Naphtols den unlöslichen Azofarbstoff liefert.

Die industrielle Lösung des Problems wurde in der Anwendung stabilisierender Amine gefunden, welche neben den NH_2-Gruppen Reste enthielten, die die Löslichkeit der Verbindungen bewirkten, wie die Radikale $-COOH$ und $-SO_3H$.

Die Wahl der Chemiker der I. G. fiel dabei auf das sulfanthranilsaure Natrium:

$$NaO_3S-C_6H_3(NH_2)-COONa$$

D.R.P. 513.209; Frdl. *17*, S. 1062, 1932; *D.R.P. 531.009;* Chem. Ztbl. 1932, *2*, S. 774.

Die ersten Rapidogenrot- und Rapidogenscharlachmarken wurden mittels dieses Stabilisators hergestellt. Sarkosin wurde als stabilisierendes Amin bei den neuen Marken Rapidogenrot GS und Rapidogenscharlach RS angewendet. Ferner kommt noch Methyltaurin in Betracht.

Als andere, für diesen Zweck in Betracht kommende Verbindungen nennen deutsche Patente die 3-Amino-5-sulfobenzoesäure, die 1-Amino-2,5-disulfosäure, die Amino-G-Säure:

$$H_2N-C_{10}H_5(SO_3H)_2$$

(*franz. P. 769.838* der I.G. und *brit. P. 433.878*)

B. *Die Basen:* Was die zu diazotierenden Amine anbelangt, so wurde schon bemerkt, dass nur diejenigen, welche stark basischen Charakter aufweisen, befriedigende Resultate ergeben, während das Umgekehrte bei der Herstellung der Antidiazotate der Fall ist, wo allein die Amine mit schwach basischen Eigenschaften in Betracht kommen.

Man kann — nach E. Sack (Vortrag Mülhausen, Jahrbuch 1933) — die verschiedenen Basen, welche für die Erzeugung der Rapidogene und Rapidechtfarben gebraucht werden können, nach dem untenstehenden Schema gruppieren. Die im oberen Rahmen enthaltenen Amine dienen für die Rapidogenfarbenerzeugung, die im unteren Rahmen befindlichen für die Darstellung der Rapidechtfarben.

Oberer Rahmen	Beiden Rahmen gemeinsam	Unterer Rahmen
Dianisidin Tolidin Benzidin 6-Nitro-p-kresidin 4-Chlor-o-toluidin p-Chlor-o-anisidin 5-Chlor-o-toluidin	5-Nitro-o-toluidin Dichloranilin	m-Nitro-p-toluidin m-Nitranilin p-Nitranilin o-Nitranilin p-Chlor-o-nitranilin

Die Bildung des unlöslichen Azofarbstoffs auf der Faser geschieht nach dem folgenden Schema:

$$R{-}NH_2 \xrightarrow{HNO_2} R{-}N{=}N{-}OH \xrightarrow{\text{Stabilisierendes Amin}}$$

(Stabilisierendes Amin: Benzolring mit NH_2, $-COONa$, NaO_3S-)

$$\longrightarrow \left[R{-}N{=}N{-}\ (OH \cdots H)\,NH{-}C_6H_3(COONa)(SO_3Na) \; + \; C_{10}H_6(OH){-}C(=O){-}NH{-}R_1 \right] \xrightarrow[\text{essigsäurehaltiger Dampf}]{\text{Säure}}$$

Rapidogen

$$\longrightarrow R{-}N{=}N{-}C_{10}H_5(OH){-}C(=O){-}NH{-}R_1 \; + \; NaO_3S{-}C_6H_3(NH_2){-}COONa$$

unlöslicher Azofarbstoff, wobei R_1 einen aromatischen Rest bedeutet.

Die ganze koloristische Welt nahm diese schöne Erfindung mit begreiflicher und grosser Begeisterung auf. Man findet derzeit die Rapidogene in den Rezepten der meisten Fabrikationsmethoden und verdankt ihnen eine grosse Zahl origineller Artikel aller Art.

Sie lassen sich sehr gut neben den Chromfarbstoffen, den basischen Farbstoffen, den Küpen- und Indigosolfarbstoffen sowie zusammen mit Anilinschwarz anwenden. Von ganz besonderer Bedeutung wurden sie für die Herstellung von Anilinschwarzreserven und für Reserven unter Indigosolfärbungen (vgl. Bernardy, Mell. 1932, S. 17; *franz. P. 769.838* der I. G., 1934; *D.R.P. 560.602;* Mell. 1935, S. 209; Tiba 1935, S. 583).

Zur Zeit gibt es eine Auswahl von mehr als 40 Mischungen, von denen die wichtigsten in den Tabellen erwähnt werden sollen:

Name	Erzeugerfirma	Zusammensetzung
Rapidogengelb G Ronagengelb G Calconylgelb G pulv. Citazologelb G Cibanogengelb GR	I.G. Farbenindustrie Rohner Calco A.C.N.A. Ciba	Diazoaminoverbindung der Echtrotbase KB (p-Chlor-o-toluidin) mit Naphtol AS–G. Stabilisierendes Amin: p-Sulfanthranilsäure.
Rapidogengelb GS konz. Ronagengelb GS konz.	I.G. Farbenindustrie Rohner	Diazoaminoverbindung der Echtrotbase KB mit Naphtol AS–G. Stabilisierendes Amin: Sarkosin.
Rapidogengelb I4G Cibanogengelb HG	I.G. Farbenindustrie Ciba	Diazoaminoverbindung der Echtrotbase TR (5-Chlor-2-aminotoluol) mit Azetoessigsäure-4-chlor-2,5-dimethoxyanilid. Stabilisierendes Amin: Methyltaurin.
Rapidogengelb I3G Ronagengelb I3G Citazologelb 3G	I.G. Farbenindustrie Rohner A.C.N.A.	Diazoaminoverbindung der Echtrotbase KB mit Naphtol AS–L4G. Stabilisierendes Amin: Sarkosin.
Ronagengelb 2G	Rohner	Diazoaminoverbindung der Echtrot RC Base mit Naphtanilid G.

[1]) Zur Zeit werden die Rapidogene der I.G. Farbenindustrie von den Farbenfabriken Bayer in Elberfeld erzeugt.

Echtheiten[2])	Eigenschaften und Verwendungsvorschriften
L 5—6 W 5 Ch 4—5	
L 5—6 W 5 Ch 4—5	Leichter löslich wie die Marke G.
L 7—8 W 4—5 Ch 4—5	Liefert volle, gegen Rapidogengelb I3G noch grünstichigere, etwas lebhaftere Gelbdrucke, die in mittleren und tiefen Tönen hervorragend lichtecht und sehr gut wasch- und chlorecht sind. Rapidogengelb I4G eignet sich für den Direktdruck neben anderen Rapidogenfarbstoffen, Indigosolen, Anilin- bzw. Diphenylschwarz, sowie zur Erzeugung schöner, lebhafter Buntreserven unter Indigosolen und Anilinschwarz. Da es gegenüber Formaldehyd empfindlich ist, eignet es sich nicht zum Aufdruck neben Küpenfarbstoffen. Das Produkt ist natronlaugeempfindlich. Bei normaler Säuredämpfung in hellem Verschnitt ist ein Zusatz von Chromatlösung (50 g/kg) zur Verschnittfarbe vorteilhaft. Eignet sich nicht als Begleitfarbe in Drucken, die zunächst neutral gedämpft werden müssen.
L 6—7 W 4—5 Ch 4	Liefert reinere, grünstichigere Gelbdrucke als Rapidogengelb G, von sehr guter Licht- und Waschechtheit und auch guter Chlorechtheit. Empfindlich gegen Formaldehyd, daher neben Küpenfarbstoffen nicht anwendbar. Rapidogengelb I3G ist alkaliempfindlich; für Reserven unter Anilinschwarz ist deshalb Rapidechtgelb I3GH vorzuziehen.

[2]) Die Lichtechtheit entspricht den Normen und Typen der Echtheitskommission von 1931 und 1935.

Die Beurteilung der Wasch- und Chlorechtheit erfolgte nach den Normen und Typen der Deutschen Echtheitskommission vom Jahre 1935.

Nach diesen Normen und Typen wird die Lichtechtheit, mit Ausnahme von Marineblau und Schwarz, durch drei Zahlen festgelegt, die sich auf die verschiedenen Farbtiefen (dunkel, mittel, hell) beziehen.

Unsere Angaben in diesen Tabellen lauten auf:

L = Lichtechtheit für mittlere Farbtiefen
W = Waschechtheit bei 100°C
Ch = Chlorechtheit.

Name	Erzeugerfirma	Zusammensetzung
Rapidogengoldgelb IFG	I.G. Farbenindustrie	Diazoaminoverbindung der Echtrotbase RC (p-Chlor-o-anisidin) mit Benzoylessigsäure-4′-benzylamino-2′,5′-dimethoxyanilid. Stabilisiert mit Sarkosin.
Rapidogenorange G Ronagenorange G Citazoloorange G Naphtazogen-orange J	I.G. Farbenindustrie Rohner A.C.N.A. Francolor	Diazoaminoverbindung der Echtorangebase GC (m-Chloranilin) mit Naphtol AS–D. Stabilisierendes Amin: p-Sulfanthranilsäure.
Rapidogenorange I2R Ronagenorange I2R Rapidogenorange IRR	I.G. Farbenindustrie Rohner G.D.C.	Diazoaminoverbindung der Echtorangebase RD (4-Chlor-3-amino-1-trifluormethyl-benzol) mit Naphtol AS–OL. Stabilisiert mit 5-Sulfo-2-äthylaminobenzoesäure.
Rapidogenorange R Ronagenorange R Rapidogenorange FFR	I.G. Farbenindustrie Rohner G.D.C.	Diazoaminoverbindung aus Echtscharlachbase GG (2,5-Dichloranilin) und 5-Sulfo-2-äthylaminobenzoesäure. N=N—N—C_6H_3—SO_3H (am N: C_2H_5; am Ring: COOH); am Dichlorphenylring: Cl, Cl Mit Naphtol AS–PH (o-Phenetidid der 2,3-Oxynaphtoesäure).
Rapidogengold-orange IGG Ronagengoldorange I2G Rapidogengold-orange IGG	I.G. Farbenindustrie Rohner G.D.C.	Vermutlich ein Nitrosamin (Rapidecht-Typus) der Echtgoldorangebase GR (Trifluormethyl-3-amino-4-äthylsulfonylbenzol) mit Naphtol AS–D.
Rapidogenorange IGN	I.G. Farbenindustrie	

Echtheiten	Eigenschaften und Verwendungsvorschriften
L 6—7 W 4—5 Ch 4—5	Gibt auf Baumwoll- und Kunstseidengeweben volle, lebhafte Goldgelbdrucke, die in satteren Tönen eine vorzügliche Licht- und eine sehr gute Wasch- und Chlorechtheit aufweisen. Rapidogengoldgelb IFG ist sowohl für den Direktdruck neben Rapidogen- oder anderen Begleitfarbstoffen, wie z. B. Indigosolen, als auch für die Herstellung von Buntreserven unter Anilinschwarz und Indigosolen von grossem Interesse. Das Produkt ist natronlaugeempfindlich und eignet sich nicht als Begleitfarbe in Drucken, die zunächst neutral gedämpft werden müssen.
L 5 W 4 Ch 4—5	
L 7 W 4 Ch 4	Liefert sehr leuchtende, rotstichige Orangetöne, besonders für Reserven unter Anilinschwarz gut geeignet.
L 6 W 4 Ch 4	
L 6—7 W 4—5 Ch 4—5	Lebhaftes Goldorange.
L 6—7 W 4 Ch 4	Liefert sehr leuchtende, gelbstichige Orangedrucke, die im Farbton zwischen den mit Rapidogenorange G und Rapidogengoldorange IGG erhältlichen Orange- bzw. Goldorangetönen liegen. Ist für den Direktdruck und für Buntreserven unter Anilinschwarz von grossem Interesse.

Name	Erzeugerfirma	Zusammensetzung
Rapidogenscharlach R Naphtazogen-scharlach R Ronagenscharlach R Citazoloscharlach R Calconyl-scharlach R pulv. Diagenscharlach AR Cibanogenscharlach R Rapidogenscharlach FFR	I.G. Farbenindustrie Francolor Rohner A.C.N.A. Calco Du Pont Ciba G.D.C.	Diazoaminoverbindung aus Echtrotbase KB (p-Chlor-o-toluidin) und 4-Sulfo-2-aminobenzoesäure. 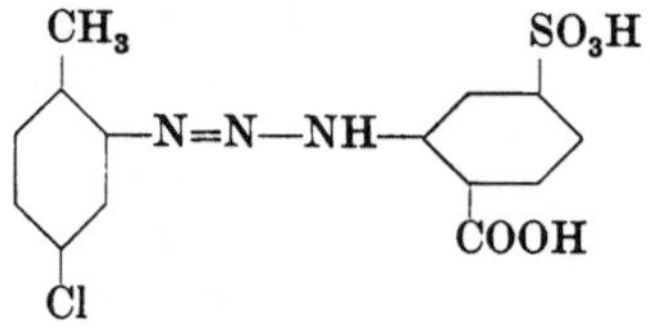 CH_3 SO_3H —N=N—NH— COOH Cl mit Naphtol AS–PH[1]).
Rapidogenscharlach RS konz. Ronagen-scharlach RS konz. Naphtazogen-scharlach RS Brentogenscharlach RS	I.G. Farbenindustrie Rohner Francolor I.C.I.	Diazoaminoverbindung der Echtrotbase KB mit Naphtol AS–PH[1]). Stabilisiert mit Sarkosin.
Rapidogenscharlach IL Ronagenscharlach IL Rapidogenscharlach IL	I.G. Farbenindustrie Rohner G.D.C.	Diazoaminoverbindung aus Echtscharlachbase GG (2,5-Dichloranilin) und 5-Sulfo-2-äthylaminobenzoesäure. 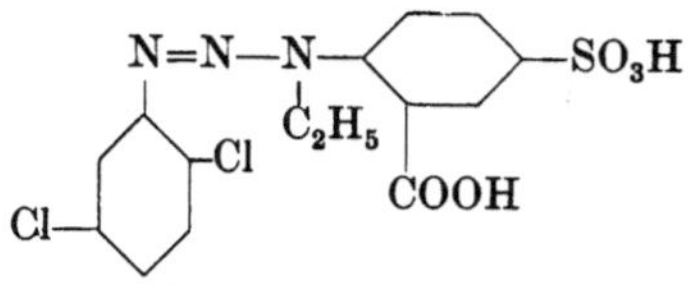 N=N—N— —SO_3H C_2H_5 —Cl COOH Cl— mit Naphtol AS–OL.
Rapidogenrot G Ronagenrot G Cibanogenrot R Citazolorot G Rapidogenrot FFG Calconylrot G pulv. Diagenrot AG	I.G. Farbenindustrie Rohner Ciba A.C.N.A. G.D.C. Calco Du Pont	Diazoaminoverbindung aus Echtrotbase KB und p-Sulfanthranilsäure. 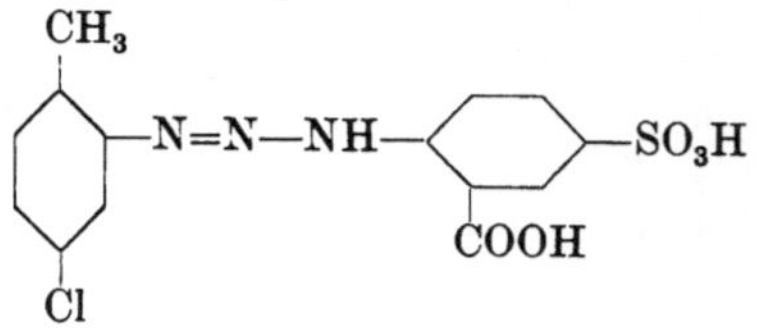 CH_3 —N=N—NH— —SO_3H COOH Cl mit Naphtol AS–D.

[1]) Naphtol AS–PH (I.G.), Naphtanilid PH (Rohner), Cibanaphtol RPH (Ciba) ist das o-Phenetidid der 2,3-Oxynaphtoesäure

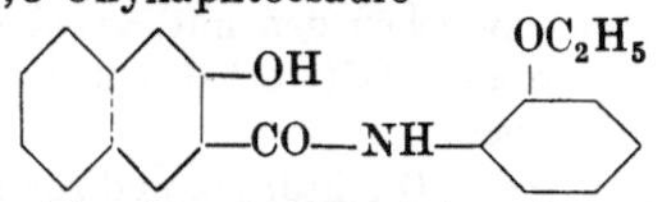

OC_2H_5
—OH
—CO—NH—

Das Produkt befindet sich nicht im Handel und wird ausschliesslich für die Herstellung gewisser Rapidogene benützt.

Echtheiten	Eigenschaften und Verwendungsvorschriften
L 5—6 W 5 Ch 5	
L 5—6 W 5 Ch 5	Verbesserte Löslichkeit.
L 6—7 W 5 Ch 5	Rapidogenscharlach IL ist gelbstichiger als das frühere Rapidogenscharlach R. Es zeichnet sich durch seine Lebhaftigkeit und seine gute bis sehr gute Licht-, Wasch- und Chlorechtheit aus.
L 5—6 W 5 Ch 5	

Name	Erzeugerfirma	Zusammensetzung
Rapidogenrot GS konz. Ronagenrot GS konz	I.G. Farbenindustrie Rohner	Diazoaminoverbindung der Echtrotbase KB mit Naphtol AS–D. Stabilisiert mit Sarkosin.
Rapidogenrot R Ronagenrot R Naphtazogenrot R Calconylrot R pulv. Diagenrot AR Brentogenrot RS Citazolorot R Rapidogenrot FFR	I.G. Farbenindustrie Rohner Francolor Calco Du Pont I.C.I. A.C.N.A. G.D.C.	Diazoaminoverbindung aus Echtrotbase RC (p-Chlor-o-anisidin) und Sarkosin. OCH_3 CH_3 $-N{=}N-N-CH_2-COOH$ Cl mit Naphtol AS–OL.
Rapidogenrot I2G Rapidogenrot IGG	I.G. Farbenindustrie G.D.C.	Diazoaminoverbindung der Echtrotbase GR mit Naphtol AS–ITR. Stabilisiert mit 5-Sulfo-2-methylaminobenzoesäure.
Rapidogenrot ITR Ronagenrot ITR Rapidogenrot ITR	I.G. Farbenindustrie Rohner G.D.C.	Diazoaminoverbindung der Echtrotbase ITR mit Naphtol AS–ITR. Stabilisiert mit 5-Sulfo-2-methylaminobenzoesäure.
Rapidogen-bordeaux IB Ronagenbordeaux IB	I.G. Farbenindustrie Rohner	Diazoaminoverbindung aus Echtrotbase B (p-Nitro-o-anisidin) und 5-Sulfo-2-methylaminobenzoesäure. $N{=}N-N-$ $-SO_3H$ CH_3 $-OCH_3$ $COOH$ NO_2 mit Naphtol AS–BO.
Rapidogenbordeaux R oder RN Ronagenbordeaux RN Naphtazogen-bordeaux R Rapidogenbordeaux BN Citazolobordeaux R Rapidogenbordeaux RN	I.G. Farbenindustrie Rohner Francolor G.D.C. A.C.N.A. G.D.C.	Diazoaminoverbindung aus Echtrotbase RL mit Naphtol AS–D. Stabilisiert mit 5-Sulfo-2-äthylaminobenzoesäure. CH_3 C_2H_5 $-N{=}N-N-$ $-SO_3H$ O_2N- $COOH$

Echtheiten	Eigenschaften und Verwendungsvorschriften
L 5—6 W 5 Ch 5	Leichter löslich als die Marke G.
L 5 W 5 Ch 4—5	
L 6—7 W 5 Ch 5	
L 7 W 5 Ch 5	Liefert sehr lebhafte, blaustichige Rottöne. Eignet sich sowohl für den Direktdruck wie für Buntreserven unter Anilinschwarz.
L 6—7 W 5 Ch 4	Gibt ein volles, blaustichiges Bordeaux von sehr guter Licht- und Waschechtheit.
L 5 W 4—5 Ch 4—5	Rapidogenbordeaux RN ist viel besser löslich und entwickelt sich erheblich schneller im Säuredampf, aber von verhältnismässig geringerer Beständigkeit als Rapidogenbordeaux R.

Name	Erzeugerfirma	Zusammensetzung
Rapidogenrotviolett RR Ronagenviolett RR Rapidogenrotviolett RRA	I.G. Farbenindustrie Rohner G.D.C.	Diazoaminoverbindung des 6-Nitrokresidins mit Naphtol AS–BO.
Rapidogenkorinth R	I.G. Farbenindustrie	
Rapidogenkorinth IB Ronagenkorinth IB Rapidogenkorinth IB	I.G. Farbenindustrie Rohner G.D.C.	Diazoaminoverbindung aus Echtkorinthbase LB und 5-Sulfo-2-methylaminobenzoesäure. O NH—C OCH_3 Cl— N=N—N— —SO_3H CH_3 COOH mit Naphtol AS–LT.
Rapidogenviolett B Ronagenviolett B Naphtazogenviolett B Citazoloviolett B Rapidogenviolett B Cibanogenviolett B	I.G. Farbenindustrie Rohner Francolor A.C.N.A. G.D.C. Ciba	Diazoaminoverbindung aus Echtviolettbase B (4-Amino-3-methoxy-6-methylbenzanilid) und Sarkosin. CH_3 —CO—HN— CH_3 —N=N—N—CH_2—COOH OCH_3 mit Naphtol AS.
Rapidogenblau R Ronagenblau R Citazoloblau R	I.G. Farbenindustrie Rohner A.C.N.A.	Diazoaminoverbindung der Echtblaubase RR mit Naphtol AS. Stabilisiert mit Methyltaurin.
Rapidogenblau B und BN Ronagenblau B Citazoloblau B Rapidogenblau BN Cibanogenblau B	I.G. Farbenindustrie Rohner A.C.N.A. G.D.C. Ciba	Diazoaminoverbindung der Echtblaubase BB mit Naphtol AS. Stabilisiert mit Sarkosin.
Rapidogenmarineblau B Ronagenmarineblau B Brentogenmarineblau BS Cibanogenblau G	I.G. Farbenindustrie Rohner I.C.I. Ciba	Diazoaminoverbindung der Echtblaubase MG (Dianisidin) mit Naphtol AS. Stabilisierungsamin: Methyltaurin.

Echtheiten	Eigenschaften und Verwendungsvorschriften
L 6 W 5 Ch 5	Gibt sehr gute, rotviolette Drucke.
L 6 W 5 Ch 5	
L 6—7 W 5 Ch 4	
L 5 W 5 Ch 4—5	
L 5—6 W 5 Ch 4	
L 5—6 W 5 Ch 4	

Name	Erzeugerfirma	Zusammensetzung
Rapidogenmarine-blau R Ronagenmarine-blau R Rapidogendunkel-blau R	I.G. Farbenindustrie Rohner G.D.C.	Diazoaminoverbindung der Echtblaubase BB und Echtblaubase RR mit Naphtol AS–BO.
Rapidogenmarine-blau IB Ronagenmarineblau IB	I.G. Farbenindustrie Rohner	Diazoaminoverbindung aus Variaminblau B Base und Sarkosin. $CH_3O-C_6H_4-NH-C_6H_4-N=N-N(CH_3)-CH_2-COOH$ mit Naphtol AS.
Rapidogengrün B	I.G. Farbenindustrie	Diazoaminoverbindung aus Echtblaubase BB (4-Amino-2,5-diäthoxybenzanilid) und Sarkosin. $HOOC-H_2C-N(CH_3)-N=N-C_6H_2(OC_2H_5)_2-NH-CO-C_6H_5$ mit Naphtol AS–GR.
Rapidogenbraun IB Rapidogenbraun FFIB	I.G. Farbenindustrie G.D.C.	Diazoaminoverbindung aus Echtrotbase RC und Sarkosin mit Naphtol AS–LB.
Rapidogenbraun IBR	I.G. Farbenindustrie	Diazoaminoverbindung aus Echtrotbase PT (p-Toluidin) und Sarkosin mit Naphtol AS–LB.
Rapidogenbraun IR Ronagenbraun IR	I.G. Farbenindustrie Rohner	Diazoaminoverbindung der Echtscharlachbase GG (2,5-Dichloranilin) und 5-Sulfo-2-äthylaminobenzoesäure mit Naphtol AS–BG.
Rapidogenbraun IRR und I2RN	I.G. Farbenindustrie	Diazoaminoverbindung aus Echtrotbase RL (m-Nitro-o-toluidin) und 5-Sulfo-2-äthylaminobenzoesäure. $O_2N-C_6H_3(CH_3)-N=N-N(C_2H_5)-C_6H_3(COOH)-SO_3H$ mit Naphtol AS–LB.

Echtheiten	Eigenschaften und Verwendungsvorschriften
L 5 W 5 Ch 4	Liefert rotstichige Marinedrucke, die tiefer und rötlicher sind als mit Rapidogenblau B. Eignet sich hauptsächlich für Direktdruck.
L 4—5 W 5 Ch 3	Blaustichiges, stumpfes Grün.
L 7 W 4 Ch 4	
L 6—7 W 4—5 Ch 4	Liefert tiefe, gegen Rapidogenbraun IB etwas rotstichigere, bügelfestere Braundrucke.
L 6—7 W 4—5 Ch 4—5	
L 6—7 W 4 Ch 3	Liefert schöne Braundrucke. Ist leicht löslich und entwickelt sich rasch im Säuredampf.

Name	Erzeugerfirma	Zusammensetzung
Rapidogenolivbraun IG	I.G. Farbenindustrie	Diazoaminoverbindung aus Echtorangebase GC und p-Sulfanthranilsäure mit Naphtol AS–LB.
Rapidogenschwarzbraun ITR	I.G. Farbenindustrie	Diazoaminoverbindung aus Echtrotbase ITR und 5-Sulfo-2-äthylaminobenzoesäure mit Naphtol AS–BT.
Rapidogenschwarzbraun T	I.G. Farbenindustrie	Diazoaminoverbindung aus Echtrotbase RC und Sarkosin mit Naphtol AS–BT.
Rapidogenschwarz IT	I.G. Farbenindustrie	Diazoaminoverbindung aus Echtrotbase B (p-Nitro-o-anisidin) und 5-Sulfo-2-methylaminobenzoesäure, mit einer Mischung aus Tetralolkarbonsäure-α-naphtylamid und Naphtol AS–SR.
Rapidogenschwarz 3G	Farbenfabriken Bayer	Diazoaminoverbindung aus Echtrotbase B und Echtblaubase BB und 5-Sulfo-2-methylaminobenzoesäure mit einer Mischung aus Tetralolkarbonsäure-α-naphtylamid und Naphtol AS–SG.
Rapidogengoldgelb GR	Farbenfabriken Bayer 1950	
Rapidogenorange I3G Rapidogenorange IGR	Farbenfabriken Bayer 1950	
Rapidogenrot IGT	Farbenfabriken Bayer	
Rapidogenbraun 3R	Farbenfabriken Bayer	

Echtheiten	Eigenschaften und Verwendungsvorschriften
L 7 W 4 Ch 4	
L 6 W 4 Ch 4	Gibt interessante, dunkelbraune Drucke. Eignet sich nur für Direktdruck. Höhere Laugenmengen als 25 g NaOH 38° Bé im kg geben eine Farbvertiefung, jedoch nicht in demselben Maße wie bei der Marke T.
L 6 W 4 Ch 4	Höhere Laugenmengen als 30 g NaOH 38° Bé im kg Druckfarbe (z. B. 40–50 g/kg) wirken stark vertiefend. Bei Mischungen von T und ITR sollte für beide Farbstoffe eine Mindestlaugenmenge von 30 g NaOH 38° Bé nicht unterschritten werden, da sonst mit Nuancenschwankungen zu rechnen ist.
L 6—7 W 5 Ch 4	Schwarz von bräunlichem Stich und von geringer Beständigkeit. Mit Chromatzusatz (30 g/kg) wird die Nuance etwas röter. Chloratzusatz liefert ein schöneres, blaueres Schwarz. Durch Zusatz von Harnstoff (50 g/kg) wird der Durchdruck auf Baumwolle verbessert.

Im Prinzip sind alle Rapidogenfarbstoffe miteinander mischbar, nur ist nicht ohne weiteres der Farbton zu erwarten, der sonst bei einer Mischung der betreffenden Farbtönen erhalten wird, z. B. aus Blau und Gelb ein Grün, oder aus Rot und Blau ein Violett. Infolge des Vorhandenseins verschiedener Naphtole und Basen in solch einer Mischung durchkreuzen und überlagern sich nämlich mehrere Kupplungsmöglichkeiten in unkontrollierbarer Weise. So ergibt z. B. Rapidogengelb mit Rapidogenbraun ein trübes Rot, weil die Base, die im Rapidogengelb enthalten ist, mit dem Naphtolbestandteil des Rapidogenbraun ein blaustichiges Rot bildet; oder ein anderes Beispiel: Rapidogengelb liefert mit Rapidogenblau ein Braun, weil die im Blau vorhandene Base mit dem Naphtol des Rapidogengelb gelbbraun und die im Rapidogengelb enthaltene Base mit dem Naphtol des Rapidogenblau rot kuppelt usw. Auch die Rapidogenfarben, die das gleiche Naphtol enthalten (z. B. Rapidogenrot G + Rapidogenbordeaux R), ergeben bei Mischungen miteinander nicht die zu erwartende Nuance, da hierbei die verschiedene Kupplungsenergie der Basen zur Geltung kommt.

Es soll deshalb im folgenden kurz zusammengefasst werden, welche Mischtöne sich aus den Rapidogenfarbstoffen, im Verhältnis 1:1 gemischt, ergeben:

1. Mischungen von Rapidogengelb G mit den anderen Rapidogenfarbstoffen.

Die einzigen lebhaften Orangetöne, gelber bzw. röter als Rapidogenorange G, die sich in der Rapidogenfarbstoffreihe erhalten lassen, werden erzielt durch Mischen von Rapidogengelb und -scharlach R.

Rapidogenorange G, -braun R, -rot G, -rot R, -bordeaux R, -korinth R geben mit Rapidogengelb G stumpfe, bräunliche Rottöne. Rapidogenviolett B, -blau R und B ergeben mit Rapidogengelb G gemischt gelbbraune Töne, die aber weniger lichtecht sind.

2. Mischungen von Rapidogenorange G mit den anderen Rapidogenfarbstoffen.

Aus Rapidogenorange G und -braun R bzw. -scharlach R, -rot G, -rot R, -bordeaux R erhält man ebenfalls stumpfe Rottöne.

mit Rapidogenkorinth R ein sattes Bordeaux
mit Rapidogenviolett B ein Rotbraun,
mit Rapidogenblau R und B ein Schwarzbraun.

Beim Dämpfen solcher Drucke kann man auch ein Schwarz erhalten.

3. Mischungen von Rapidogenbraun R und } mit den anderen Rapidogenfarbstoffen
4. Mischungen von Rapidogenscharlach R }

Rapidogenbraun R und -scharlach R geben mit den anderen gemischt ähnliche Töne wie Rapidogenorange G, nur mit Rapidogenblau R und B erhält man an Stelle von Schwarzbraun mehr korinth-(puce) ähnliche Nuancen.

5. Mischungen von Rapidogenrot G mit den anderen Rapidogenfarbstoffen.

Man erhält aus Rapidogenrot G mit

Rapidogenrot R	ein Braunrot (Kupfer)
Rapidogenbordeaux R	ein Rot (zwischen Rapidogenrot G und R)
Rapidogenkorinth R	ein Bordeaux
Rapidogenviolett B	ein Korinth (gelber als Rapidogenkorinth),
Rapidogenblau R	ein Puce
Rapidogenblau B	ein Violettschwarz.

6. Mischungen von Rapidogenrot R mit den anderen Rapidogenfarbstoffen.

Ähnlich wie Rapidogenrot G.

7. Mischungen von Rapidogenbordeaux R mit den anderen Rapidogenfarbstoffen.

Rapidogenbordeaux R gibt mit

Rapidogenkorinth R	Mischtöne zwischen beiden,
Rapidogenviolett B	ein rotstichiges Korinth,
Rapidogenblau R	ein blaustichiges Korinth,
Rapidogenblau B	ein Schwarzblau.

8. Mischungen von Rapidogenkorinth R mit den anderen Rapidogenfarbstoffen.

Rapidogenkorinth R gibt mit

Rapidogenviolett B	ein Rotviolett,
Rapidogenblau R	ein Dunkelviolett,
Rapidogenblau B	ein Dunkelblau

9. Mischungen von Rapidogenviolett B mit den anderen Rapidogenfarbstoffen.

Gemischt mit Rapidogenblau R und B erhält man Mischtöne zwischen beiden, also blaues Violett bzw. rotstichiges Blau.

10. Mischung von Rapidogenblau R mit -blau B gibt einen Mischton zwischen beiden.

Hieraus ergibt sich also folgendes:

Orange-Nuancen, die zwischen Gelb und Orange bzw. zwischen Orange und Scharlach liegen, können durch Mischen von Rapidogengelb G mit Rapidogenscharlach R erhalten werden.

Rot-Töne zwischen Rapidogenscharlach R und -rot G erzielt man durch Mischen dieser beiden Farbstoffe.

Bordeaux-Töne, meistens gelber als Rapidogenbordeaux R liefern:

Rapidogenorange G	+ Rapidogenkorinth R
Rapidogenscharlach R	+ Rapidogenkorinth R
Rapidogenscharlach R	+ Rapidogenviolett B
Rapidogenrot G	+ Rapidogenviolett B
Rapidogenrot R	+ Rapidogenviolett B

Korinth und Puce:

Rapidogenbraun R	+ Rapidogenblau R oder B
Rapidogenscharlach R	+ Rapidogenblau R
Rapidogenrot G bzw. R	+ Rapidogenblau R
Rapidogenbordeaux R	+ Rapidogenviolett B
Rapidogenbordeaux R	+ Rapidogenblau R

Braun-, Rotbraun-, Dunkelbraun-Töne:

Rapidogengelb G	+ Rapidogenviolett B
Rapidogengelb G	+ Rapidogenblau R oder B
Rapidogenorange G	+ Rapidogenviolett B
Rapidogenorange G	+ Rapidogenblau R oder B
Rapidogenbraun R	+ Rapidogenviolett B.

Dunkel-bzw. schwarzviolette und dunkel-bzw. schwarzblaue Töne:

Rapidogenrot G	+ Rapidogenblau B
Rapidogenrot R	+ Rapidogenblau B
Rapidogenbordeaux R	+ Rapidogenblau B
Rapidogenkorinth R	+ Rapidogenblau R und B
Rapidogenviolett B	+ Rapidogenblau R und B
Rapidogenblau R	+ Rapidogenblau B

Zum Schluss sei noch erwähnt, dass sich ausser den unter 2. angeführten Schwarztönen auch ein Schwarz herstellen lässt aus Rapidogengelb G (20 Teile), Rapidogenblau B (70 Teile) und Rapidogenkorinth R (30 Teile) bzw. Rapidogenviolett B (30 Teile), und zwar müssen diese Drucke gedämpft werden.

In den folgenden 10 Gruppen sind Rapidogenfarbstoffe, die entweder das gleiche Naphtol oder die gleiche Base enthalten, zusammengestellt.

Die Farbstoffe innerhalb dieser Gruppen können daher in erster Linie untereinander kombiniert werden:

1. Rapidogengelb I3G, Rapidogengelb G, Rapidogenscharlach R, Rapidogenrot G;
2. Rapidogenrot R, Rapidogenbraun IB;
3. Rapidogenbordeaux R, Rapidogenbraun IRR;
4. Rapidogenorange G, Rapidogenolivbraun IG;
5. Rapidogenorange G, Rapidogenrot G, Rapidogenbordeaux R;
6. Rapidogenrot R, Rapidogenscharlach IL;
7. Rapidogenrot IR, Rapidogenkorinth IB;
8. Rapidogenviolett B[1]), Rapidogenblau B, Rapidogenblau R;
9. Rapidogenblau B, Rapidogengrün B;
10. Rapidogenolivbraun IG, Rapidogenbraun IB, Rapidogenbraun IRR.

[1]) Statt Rapidogenviolett B kann auch Rapidogenkorinth R benutzt werden.

Ferner ist eine gleichzeitige Verarbeitung folgender Rapidogenfarbstoffe, die verschiedene Naphtole und verschiedene Basen enthalten, möglich:

Rapidogenorange G + Rapidogenscharlach R	Scharlachtöne
Rapidogenbraun IB + Rapidogenblau B	Dunkelbrauntöne
Rapidogenbraun IRR + Rapidogenblau B	satte Rotbrauntöne
Rapidogenblau B + Rapidogengelb G evtl. Rapidogenviolett B[1])	Schwarztöne

Besonders empfehlenswert sind die nachstehenden Kombinationen:

Rosatöne: Rapidogenrot IGG + Rapidogenscharlach IL.

Rottöne von hoher Beständigkeit: Rapidogenrot ITR + Rapidogenorange IRR.

Bordeaux-Granat-Töne: Rapidogenrot ITR + Rapidogenrotviolett 2 R.

Brauntöne: Rapidogenbraun IB + Rapidogenschwarzbraun T.

Cachoutöne: Rapidogenbraun IB + Rapidogenorange IRR.

Nuancierung mit Naphtolen:

Es kommen folgende Kombinationen in Betracht:

		Nuance des Rapidogenfarbstoffs wird
Rapidogenorange G . . .	+ Naphtol AS-G	röter
Rapidogenscharlach R . .	+ Naphtol AS-G	gelbstichiger
Rapidogenrot G	+ Naphtol AS-G	gelbstichiger
Rapidogenrot R	+ Naphtol AS-G	gelbstichiger
Rapidogenrot IR	+ Naphtol AS-G	gelbstichiger
Rapidogenbordeaux R . .	+ Naphtol AS-G	ziemlich gelbstichiger
Rapidogenkorinth R . . .	+ Naphtol AS-G	gelbstichiger
Rapidogenkorinth IB . .	+ Naphtol AS-G	bräunlich
Rapidogenviolett B. . . .	+ Naphtol AS-D	rotstichiger
Rapidogenviolett B. . . .	+ Naphtol AS-BG	rotstichiger
Rapidogenolivbraun IG .	+ Naphtol AS-D	rotstichiger
Rapidogenbraun IB . . .	+ Naphtol AS-G	etwas gelbstichiger
Rapidogenbraun IB . . .	+ Naphtol AS-OL	rotstichiger
Rapidogenbraun IRR. . .	+ Naphtol AS-G	gelbstichiger
Rapidogenbraun IRR. . .	+ Naphtol AS-D	rotstichiger
Rapidogengrün B	+ Naphtol AS-G	gelbstichiger

[1]) Statt Rapidogenviolett B kann auch Rapidogenkorinth R benutzt werden.

Nuancierung mit Indigosolen.

Praktisch finden Mischungen aus Rapidogenfarbstoffen mit Indigosolen nur für Grün- und satte Brauntöne Verwendung:

So wird

Indigosolgrün IBA Teig zusammen mit Rapidogengelb I3G	für lebhafte Grünnuancen

und

Indigosoldruckschwarz IB oder Indigosolgrün IBA Teig zusammen mit Rapidogenorange G und Rapidogenblau B	für Dunkelbraun herangezogen.

An Stelle von

Rapidogenorange G
+ Rapidogenblau B

kann man auch

Rapidogengelb G
+ Rapidogenblau B

mit den genannten Indigosolfarbstoffen für satte Braun benützen.

Herstellung der Druckfarben.

Die Herstellung der Druckfarben ist im allgemeinen einfach, doch verlangt sie gewisse Vorsichtsmassnahmen, wenn man unangenehme Überraschungen im Ausfall vermeiden will. Die Rapidogene werden mit Natriumrizinat oder -sulforizinat angeteigt und dann erst in verdünnter Lauge aufgelöst; man muss ein unmittelbares Anteigen mit der konzentrierten Lauge vermeiden. Gewisse Lösungsmittel, die sich vom Glykol ableiten lassen, oder auch Dispergiermittel (Peregal O, Harnstoff) erleichtern noch die Lösung der Mischung; sie ergeben klare Druckfarben, welche die Rakel oder die Gravur nicht angreifen können. Das beste Verdickungsmittel scheint Stärke-Tragant zu sein. Die I. G. empfiehlt Monopolöl M für Druck anstatt des Natriumsulforizinats.

Es hat sich herausgestellt, dass die Löslichkeit des Rapidogenrot G durch Zusatz von Natronlauge verbessert werden kann und dass sich der Ton vertieft.

Man kann die Rapidogene auch mit Cellosolve (Solentwickler GA) lösen und Monopolöl der Druckfarbe beifügen; damit soll sich besonders zufriedenstellend arbeiten lassen.

Bei Rapidogenblau B und R hat sich folgende Arbeitsweise eingebürgert: Diese Farbstoffe werden in der gleichen Menge Glyecin A gelöst, dann heisses Wasser, Natronlauge und Monopolöl zugesetzt.

Zur Verbesserung der Beständigkeit der Druckfarben wird ein Zusatz von 30—40 g Chromat pro kg zum Verschnitt oder zu hellen Druckfarben, welche weniger als 25 g Rapidogen-Farbstoff im kg enthalten, empfohlen. Dies ist vor allem dann notwendig, wenn man die Rapidogenfarbstoffe neben Küpenfarbstoffen druckt, wobei ein zweimaliges Dämpfen erforderlich ist. Nach dem *amer. P. 2.008.966* (Röhm & Haas) verbessert ferner eine Zugabe von Salzen alkylierter Amine ebenfalls die Haltbarkeit; hier werden beispielsweise das Diäthylaminchlorhydrat, das Butylaminoxalat u. a. genannt, die eine Farbstoffbildung vor dem Dämpfen verhindern.

Die Rapidogene lassen sich nach dem Säuredampfverfahren sehr gut neben Anilinschwarz drucken, ohne durch die Anilindämpfe in ihrer Lebhaftigkeit beeinträchtigt zu werden.

Entwicklung der Rapidogene.

Die Entwicklung der Rapidogene kann in nachstehender Weise erfolgen:

Entwicklung auf nassem Wege. Ohne zu dämpfen wird durch ein 80° C warmes Bad von Essigsäure + Ameisensäure genommen.

Diese Methode scheint nunmehr ganz ausser Gebrauch zu sein, da die Farbausbeute im allgemeinen gering ist und die Weissböden durch das Ausbluten der Farben stark angetönt werden. Immerhin soll nach dem *brit. P. 436.371* und *amer. P. 2.035.518* (Du Pont) eine Zugabe von ziemlich bedeutenden Mengen von Kochsalz zum Essigsäurebad von Vorteil sein, um den genannten Übelstand zu umgehen.

In dem *D.R.P. 696.268* (17. August 1938) beschreibt die Firma Durand & Huguenin ein Verfahren zum Entwickeln von Drucken mit Indigosolen neben Rapidogenfarbstoffen. Hier werden Entwicklungsbäder verwendet, die neben Essigsäure bzw. Ameisensäure auch eine Mineralsäure enthalten, z. B. Schwefelsäure + Natriumsulfat. Die Entwicklungsdauer erfolgt während 20 Sekunden bei 75—80° C.

Entwicklung in saurem Dampf.

Sie besteht in einem dem Druck folgenden Dämpfen unter Beimischung von Essigsäure- oder Ameisensäuredämpfen. Diese Arbeitsweise ist zur Zeit die gebräuchlichste, sie hat aber auch schwerwiegende Nachteile, einerseits den starken Verschleiss der Dämpfapparatur, anderseits die Notwendigkeit des doppelten Dämpfens, wenn man Rapidogene neben Küpenfarbstoffen druckt.

Die I. G. hat im *brit. P. 435.523* eine Vorrichtung zum Dämpfen der Rapidogene beschrieben, welche eine Zerstäuberdüse aufweist, die eine Mischung von Essigsäure und Ameisensäure im Dämpfkasten versprüht. Der Apparat ist aus Holz konstruiert und weist im Inneren keine Metallteile auf. Die Lager und Verzahnungen liegen ausserhalb des Apparates und die Walzen bestehen aus plastischen Massen (Kunstharzen). Die Säure selbst kann auf verschiedene Art eingeführt werden, und zwar entweder durch eine besondere Spritzdüse oder durch Zumischung der Säure zum Dampf in der Leitung oder noch einfacher durch Anbringung einer Düsenröhre, die in die Dampfeintrittstelle mündet. Man mischt im Verhältnis 3 Teile Essigsäure zu 1 Teil Ameisensäure; der Verbrauch schwankt zwischen 250—350 g pro Stück, je nach der Grösse der bedruckten Fläche.

Das *brit. P. 472.700* von Sochor-Morch-Kvasnicka beschreibt einen Dämpfer, der besonders für die Entwicklung der Rapidogene bestimmt ist, und durch eine Rückgewinnungsanlage für die Säuredämpfe gekennzeichnet ist. Der Abdampf wird durch einen Kühler geführt, worauf das Säure-Wassergemisch, durch einen Zusatz verstärkt, wieder in den Dämpfer geleitet wird. So erhält man eine kontinuierliche Arbeitsweise. Diese Idee ist zwar nichts Spezielles, hingegen ist bemerkenswert, wie sie verwirklicht wurde. In der Praxis scheint der Nachteil in der sehr grossen Verdünnung der zurückgewonnenen Säure und in der beträchtlichen Wassermenge, die zu zirkulieren hat, zu bestehen. Wie dem auch sei, die Zurückgewinnung ist sehr mangelhaft, da ein grosser Teil des Säuredampfes durch den Schlitz entweicht, durch welchen der Stoff den Apparat wieder verlässt. Man kann sich auch fragen, ob die Ersparnis an Säure die Kosten einer solchen Apparatur rechtfertigt.

Eine bedeutende Textildruckerei hat folgende interessante Einrichtung verwirklicht, die zum Ziel hat, soweit wie möglich den Angriff der Säuredämpfe auf den Dämpfer zu vermeiden.

Vor dem normalen Schnelldämpfer ist ein zweiter Dämpfer aus Holz aufgestellt, auf dessen Boden sich ein geheizter Trog befindet, in den man Essigsäure von etwa 25% tropfen lässt. Die Innentemperatur dieses ersten Apparates übersteigt nicht 40° C.

Beim Durchgehen durch den ersten Apparat sättigen sich die Stücke mit Essigsäure. Unmittelbar danach werden sie durch den normalen Dämpfer geführt, wo die Entwicklung der Rapidogenfarbendrucke vor sich geht. Für Muster, die bis zu 75% bedruckt sind, genügt eine einmalige Passage durch die beiden Apparate. Nur einige Muster mit grossen Rapidogenfonds benötigen zwei aufeinanderfolgende Passagen. Die Arbeitsweise hat sich sowohl im Direktdruck als auch im Reserveartikel unter Anilinschwarz bewährt.

Entwicklung auf der Trommel: Man klotzt in einem essigsauren Bade in der Kälte mit unmittelbar darauffolgender Passage über erhitzte Trockentrommeln oder in einem kleinen Dämpfkasten (*D.R.P. 534.640*, *562.623*; R.G.M.C. 1933, S. 261; *D.R.P. 571.355*, *578.649*, I.G. Farbenindustrie).

Entwicklung in neutralem Dampf.

Um die Anwendung der Rapidogene zu vereinfachen und sie sowohl auf pflanzliche als auch auf tierische Fasern drucken zu können, hat man nach Verfahren gesucht, welche die Entwicklung dieser Farbstoffe durch einmaliges, neutrales Dämpfen gestatten sollten.

Die I.G. Farbenindustrie hat vor kurzem mehrere Verfahren ausgearbeitet, die in folgenden Patenten beschrieben sind:

1. *D.R.P. 639.238; franz. P. 798.425; brit. P. 436.371* der I.G. Farbenindustrie-Tietze-Siefert.

Das neue Verfahren, das diesen Patenten zugrunde liegt, besteht in einer Behandlung in neutralem Dampf im Beisein von Salzen, welche Säure abspalten, wie z. B. von Zink-, Magnesium-, Aluminium- oder Ammoniumchlorid. Man tränkt die Rückseite der Gewebe mit einer Lösung dieser Salze und dämpft dann wie gewöhnlich in neutralem Dampf. Eine Abänderung dieses Verfahrens wird im letztgenannten *brit. P. 436.371* der I.G. bekanntgegeben. Nach dem Aufdruck der Farbe wird die Rückseite mit einer Lösung des Ammonsalzes einer starken organischen Säure besprüht, welches beim Dämpfen die zur Entwicklung der Rapidogene nötige Säure abspaltet.

2. Solentwickler-D-Verfahren. Die I.G. Farbenindustrie hat ein neues Entwicklungsverfahren, das Solentwicklerverfahren, für die Rapidogenfarbstoffe empfohlen, bei welchem das Gewebe vor dem Bedrucken mit einer säure-abspaltenden Verbindung geklotzt und getrocknet wird[1]), wie z. B. Diäthyltartrat, und das Ammoniumsalz der Toluolsulfosäure. Man trocknet und bedruckt mit Rapidogenfarbstoffen, dämpft, wäscht und seift wie gewöhnlich. Beim Dämpfen wird der nachträglich aufgedruckte Rapidogenfarbstoff durch die aus der Präparation abgespaltene Säure entwickelt. Als Säure abspaltendes Mittel eignet sich Solentwickler D am besten. Das Verfahren sollte den Vorteil bieten, ohne die Notwendigkeit eines zweimaligen Dämpfens gleichzeitig Küpenfarbstoffe aufdrucken und fixieren zu können. Leider wird dieser Vorteil durch die Umständlichkeit und Kostspieligkeit der Vorimprägnierung, welche eigentlich überhaupt die Verwendung der Rapidogenfarbstoffe unter diesen Umständen als entbehrlich erscheinen lässt, wettgemacht. Damit steht das Verfahren in einem gewissen Gegensatz zu dem Ziele, welches die I.G. selbst in so vollkommener Weise erreicht hat (siehe Torinus, Mell. 1936, S. 70; Mell. franz. Ausg. 1937, März). Das Handelsprodukt — Diäthyltartrat — führt den Namen Solentwickler D oder Developsol D.

Die Arbeitsweise wurde anfänglich nur für Seide und Wollstra propagiert; sie lässt sich jedoch auch für Baumwolle, Kunstseide sowie Mischgewebe verwenden und wird in der Praxis an den Stellen besonders interessieren, an welchen das Arbeiten im Säuredampf, bei dem die Säure mittels einer Düse in den Dämpfer gespritzt oder aus Pfannen usw. verdampft wird, Ablehnung fand.

Die Solentwickler-Methode ist dabei nicht nur für Rouleauxdrucke anwendbar, sondern kommt nach unseren neueren Erfah-

[1]) *D.R.P. 639.238, 639.288; franz. P. 785.334, 798.425; brit. P. 466.846* der I.G. Farbenindustrie (vgl. auch das *öster. P. 126.754* von Lauterbach).

rungen auch für die Entwicklung von Film- und Handdrucken in Betracht.

Als Verdickung verwendet man zweckmässig Stärke-Tragant-Verdickung oder Tragantverdickung 60:1000. Die Verdickung muss neutral oder ganz schwach alkalisch sein, andernfalls ist sie mit Natronlauge zu versetzen und gleichmässig zu verrühren.

Der Vollständigkeit halber werden nachstehend die Vorschriften, welche für Film- und Handdrucke auf Baumwollstoff und Kunstseide ausgearbeitet wurden, gegeben. Die Unterlagen können auch für Maschinendrucke dienen.

	1	2	3	4	5	6
Rapidogenfarbstoff	40 bis 80 g					
Harnstoff	—	—	—	—	40	50
Solentwickler D	—	—	—	50	—	—
Glyecin A	50	—	—	—	—	50
Monopolbrillantöl	—	30	30	30	30	30
Natronlauge 32½% (38° Bé)	10	20	15	20	20	20
Wasser	200	200	200	200	200	200
Neutrale Verdickung	500	500	500	500	500	500
Wasser	200	210	220	150	170	110
Terpentinöl	10	—	—	10	—	—

Es kommt in Betracht für	Vorschrift
Rapidogengelb I3G	1
Rapidogengelb G	2
Rapidogenorange G	2
Rapidogenorange IRR	2
Rapidogenorange R	2
Rapidogenscharlach IL	2
Rapidogenscharlach R	2
Rapidogenrot IGG	4
Rapidogenrot G	2
Rapidogenrot R	3
Rapidogenrot ITR	4
Rapidogenrotviolett RR	2
Rapidogenviolett B	2
Rapidogenkorinth IB	2
Rapidogenblau R	5
Rapidogenblau B	5
Rapidogengrün B	6
Rapidogenolivbraun IG	3
Rapidogenbraun IRR	3
Rapidogenbraun IB	3

Für die Vorbehandlung von Baumwoll- und Kunstseidenstoff genügt im allgemeinen 35—40 g Solentwickler D im Liter. Für Naturseide sollte nicht weniger als 40 g Solentwickler D im Liter verwendet werden.

Ist die Druckfarbe besonders satt aufgetragen worden, dann ist die Präparation mit Solentwickler D zu verstärken, evtl. ist auch die Dämpfzeit zu verlängern. Im allgemeinen kommt man bei Baumwoll- und Kunstseidendrucken mit einer, höchstens zwei Schnelldämpferpassagen aus.

Rapidogenscharlach RS konz., Rapidogenrot GS konz., Rapidogenbordeaux R und Rapidogenkorinth R sind jedoch für die Schnelldämpfer-Entwicklung nicht geeignet, sondern erfordern zur vollen Entwicklung ein längeres Dämpfen im Kessel.

Zum Schluss sei noch darauf hingewiesen, dass man bei Baumwollstoffen, z. T. auch bei Mischgeweben, die Solentwicklerpräparation durch Mitverwendung von Ammoniumsulfat verbilligen kann.

Man benützt z. B. eine Mischung aus

15 g Solentwickler D und
5—10 g Ammoniumsulfat.

Bei Kunstseide, insbesondere bei Vistra, wird eine Mischung aus

15 g Solentwickler D und
10 g Natriumazetat empfohlen.

Aus den Patenten der I.G. geht die Möglichkeit hervor, nach diesem Verfahren die Rapidogene auf Wolle oder Naturseide drucken zu können, da die Faser von der Wirkung der schädlichen Ätzalkalien verschont bleibt. Ferner wurde auch noch ein anderes Produkt, das Laventin RA, das im Dämpfprozess Säure abspaltet und dadurch die Kupplung und Fixierung des Farbstoffs bewirkt, von der I.G. vorgeschlagen, um die Rapidogene auf Naturseide zu drucken. Das Seidengewebe wird hierbei zuerst in einem lauwarmen Bad von 5 g Natriumkarbonat im Liter imprägniert und dann, nachdem man mit kaltem Wasser gewaschen hat, getrocknet. Darauf klotzt man mit einer Lösung von 35 g Laventin RA im Liter und trocknet wieder. Anschliessend bedruckt man mit Rapidogenfarben.

Druckrezept

50 g	Rapidogenfarbstoff
25 g	Natronlauge 38° Bé
30 g	Monopolbrillantöl
150 g	Wasser
500 g	Stärke-Tragantverdickung
245 g	Wasser
1000 g	

Die Fertigstellung der Drucke erfolgt durch ½-stündiges Dämpfen im Schnelldämpfer. Nach dem Entwickeln in neutralem Dampf wird gründlich gespült und geseift.

Das Verfahren wurde in Lyon zum Bedrucken von unbeschwerter Seide mit gutem Erfolg angewendet.

Anilinschwarzreserven kann man ebenfalls nach diesem Verfahren leicht erhalten, wenn man dem Schwarzklotz Diäthyltartrat zusetzt.

Die praktische Lösung des Problems wäre offenbar in der Möglichkeit zu suchen, die Rapidogene im normalen Dampf ohne jede Vorbehandlung zu entwickeln. Eine solche Lösung müsste einerseits alle Nachteile des üblichen Verfahrens (Angriff der Apparatur durch die sauren Dämpfe) vermeiden und andererseits die in den *franz. P. 785.334* und *798.425* beschriebenen umständlichen Verfahren umgehen und dabei die einfache Anwendung der Rapidogene neben Küpenfarbstoffen ermöglichen.

Im *franz. P. 786.012* bzw. *brit. P. 452.482* und *454.869* sowie im *D.R.P. 640.935* der I.G. findet man nun ein Verfahren, welches diesen Voraussetzungen entspricht. Man gibt der Druckfarbe Verbindungen zu, die die Säure im Dämpfprozess abspalten, wie z. B. bromessigsaures Natrium, Bernsteinsäureäthylester, Methyloxalat, den Äthylester der Dithioglykolsäure, Diäthyltartrat, Estersalze anorganischer Säuren (PO_4''', BO_3'''), fluorsulfonsaures Kalium, azetoxyäthansulfosaures Natron usw. So druckt man z. B. Rapidogenfarbstoff, Natriumsulforizinat, Lauge, Diäthyltartrat und Verdickung, trocknet und dämpft wie gewöhnlich. Das Verfahren konnte sicherlich einen Schritt zu der oben dargestellten idealen Lösung bedeuten, indessen erscheinen in der Praxis die Ergebnisse nicht genügend gleichmässig, die Farbausbeute ist geringer und die Beständigkeit der Druckfarben lässt zu wünschen übrig. Der Zusatz derartiger Ester zu einer alkalisch reagierenden Druckfarbe ist schon theoretisch bedenklich, da diese ersteren Verbindungen leicht verseifbar sind (*D.R.P. 640.935*; R.G.M.C. 1938, S. 224).

Eine Variante dieses Verfahrens wird in den *D.R.P. 740.010* (17. April 1943); *franz. P. 866.654* von Durand & Huguenin beschrieben. Man löst die Rapidogen- oder Rapidechtfarbstoffe in Zelluloselacken (Nitrozellulose, Azetylzellulose usw.) auf, welche ein bei höherer Temperatur säureabspaltendes Produkt enthalten (Ammoniumoxalat, Diäthyltartrat usw.), druckt und trocknet auf der Trockentrommel. Der Farbstoff entwickelt sich durch Einwirkung der bei dieser Erwärmung freiwerdenden Säure. Um den harten Griff der bedruckten Stellen zu verhüten, setzt man der Druckpaste ein Weichmachungsmittel zu. Ein nachträgliches Waschen der fixierten Stücke ist überflüssig.

Beispiel:

4 T.	Rapidogenfarbstoff	
20 T.	Lösungsmittel A	100 g Diäthylenglykoldiäthyläther 100 g Monoäthylglykol 40 g Wasser 240 g
60 T.	Nitrozelluloselack	15 g Kollodiumwolle niedrigviskos 2:1 20 g Butylalkohol 10 g Butylazetat 25 g Äthyllaktat 30 g Äthylalkohol 100 g
0,8 T.	oxalsaures Ammonium gelöst in	
15,2 T.	Lösungsmittel A	
100 T.		

Es wird auf Baumwolle gedruckt und danach auf einer Trockentrommel bei 120—130° C getrocknet.

Gemäss dem *brit. P. 454.869*, 1935, von du Pont de Nemours druckt man Gemische aus einer wasserlöslichen Diazoaminoverbindung + substantive Azokomponente + wasserlösliche, beim Dämpfen säureabspaltende Verbindung (wie chloressigsaures Natrium) + Netzmittel + Verdickungsmittel + Alkali und dämpft im Schnelldämpfer. Als säureentwickelndes Mittel können Triäthanolaminazetat, -formiat, und -sulfat Verwendung finden.

Nach *franz. P. 859.710* von Saint-Denis soll es möglich sein, jede Alkalinität zu verhüten, wenn man, anstatt das Naphtol zu lösen, es einfach in der Druckfarbe dispergiert.

Die Druckfarbe besteht: a) aus einem kupplungsfähigen Arylamid einer Oxykarbonsäure, das keine löslichmachende Gruppe wie COOH und SO_3H enthält und dessen Karbamidgruppe sowie die Kupplungsstellung sich in unmittelbarer Nähe der Hydroxylgruppe befinden und b) aus einer Diazoaminoverbindung, deren aktiver Teil ebenfalls keine löslichmachenden Gruppen enthält. Diese Farbstoffkomponenten werden mit etwas Thiodiäthylenglykol angeteigt und mit Tragantschleim verdickt.

Nach dem Drucken und Trocknen dämpft man die Ware während 15 Minuten im neutralen Dampf, wäscht und seift kochend ½ Stunde lang.

Das Verfahren eignet sich namentlich für das Drucken von Wolle und Naturseide.

Die hierbei erzielten Drucke sind jedoch weniger satt und lebhaft als diejenigen nach dem gewöhnlichen Verfahren.

Im *D.R.P. 651.044* und *651.045* (I.G.) wird dafür Sorge getragen, dass beim Drucken und Entwickeln von Rapidogen- oder Rapidechtfarbstoffen die Komponenten, bzw. die Entwicklungsflüssigkeit nicht von einem Bad in das andere übertragen wird. Hier wird die Säure, bzw. das säurebindende Mittel durch Auftrag einer entsprechenden Druckfarbe von der Rückseite des Gewebes her mit dem Druck in Berührung gebracht und dadurch eine bessere Ausnützung des Entwicklers gesichert, sowie ein Fliessen der Farben vermieden.

In Anbetracht der oben erwähnten Patente der I.G., welche die Zusätze verschiedener säureabspaltender Ester u. dgl. betreffen, ist es überraschend, im *amer. P. 2.088.506* von Du Pont ein Verfahren geschützt zu finden, welches genau denselben Gegenstand betrifft, ohne einen neuen Gedanken hinzuzufügen. Es handelt sich um den Aufdruck eines Rapidogens (Diazoaminoverbindung + Kupplungskörper der AS-Reihe) gemeinsam mit einem Entwicklungsmittel, welches in der Kälte wirkungslos ist, aber im Dampf eine organische Säure abspaltet. Als solche Entwicklungsmittel werden die Salze der chloraliphatischen Säuren (monochloressigsaures Natrium), die Ester mehrwertiger Alkohole, organische Säureamide (Formamid) u. a. bezeichnet. Offensichtlich ist dieses Verfahren sowohl durch die ersterwähnten Patente (*franz. P. 786.012*, bzw. *brit. P. 452.482*) als auch durch die letztgenannten beiden deutschen Patente so weit vorbeschrieben, dass man erstaunt ist, dass das amerikanische Patentamt dieses Verfahren für patentfähig erklären konnte.

Ein Verfahren, das zu einer Lösung dieses Problems führte und auch in der Praxis, besonders im Filmdruck, mit einigem Erfolg angewendet wurde, ist in den *D.R.P. 696.269*, 1936, *697.185*, *704.542; belg. P. 431.339; ital. P. 368.289; franz. P. 824.620*, *846.748*, 1938; *brit. P. 480.169* der I.G. Farbenindustrie beschrieben. Es beruht auf folgendem Prinzip: Die zum Lösen des Naphtols und für die Stabilität der Druckfarbe nötige Natronlauge wird durch eine mit Wasserdampf flüchtige organische Base ersetzt. Beim Dämpfen verschwindet infolgedessen die Alkalinität der Druckfarbe und das Naphtol kuppelt mit der in Freiheit gesetzten Diazoverbindung. Als Basen kommen tertiäre Alkyloxyalkylamine in Betracht, z. B. Diäthyloxyäthylamin

$$(C_2H_5)_2N—CH_2—CH_2—OH$$

welches im Jahre 1939 von der I.G. unter dem Namen Rapidogenentwickler N in den Handel gebracht wurde[1]).

Eine grosse Anzahl Rapidogenfarbstoffe können auf diese Weise durch neutrales Dämpfen entwickelt werden.

[1]) Vergleiche auch *franz. P. 877.306* der I. G. Farbenindustrie; Teintex 1944, S. 137.

Die Wirkung des Rapidogenentwicklers N beruht einerseits auf seiner Alkalinität, derzufolge dieses Produkt auf die Hydroxylgruppe des Naphtols salzbildend wirkt, andererseits auf seinen lösenden Eigenschaften für das Naphtol und die Diazoaminoverbindung. Im übrigen ist die Beständigkeit der Druckfarbe derjenigen mit Natronlauge ebenbürtig. Da sich der Rapidogenentwickler während des Dämpfens verflüchtigt, und infolgedessen jede Alkalinität verschwindet, kann die Spaltung der Diazoaminoverbindung und die Kupplung erfolgen.

Das Verfahren eignet sich für solche Diazoaminoverbindungen, deren Spaltung bei einem der Neutralität nahen p_H-Wert erfolgt, da während des Dämpfens keine Säurezufuhr stattfindet. Man kann das Verfahren auch für andere Diazoaminoderivate anwenden, vorausgesetzt, dass dieselben nicht in ihrer gewöhnlichen Form als Natriumsalze, sondern als Salze flüchtiger Basen, wie Ammoniak oder Pyridin, hergestellt wurden. Durch Hydrolyse dieser Salze während des Dämpfens werden die Säuregruppen des Stabilisators frei. Hierdurch wird der p_H-Wert herabgesetzt und somit die Spaltung des Diazoaminoderivates erleichtert.

Die Verfahren der I.G., welche ein saures Dämpfen dadurch vermeiden, dass die Diazoaminoderivate in Form ihrer Salze mit flüchtigen Basen, wie Ammoniak oder Pyridin, angewendet werden, finden ihren Ausdruck im *franz. P. 824.620*, bzw. im *amer. P. 2.125.087*. Man diazotiert z. B. 4-Chlor-2-toluidin und erhält bei der Mischung der Diazoverbindung mit der 4-Sulfo-2-aminobenzoesäure und Ammoniumkarbonat einen Körper der Formel:

CH_3 SO_3NH_4

—N=N—NH—

$COONH_4$

Cl

Dieses Ammoniumsalz wird mit dem Naphtolat und einer flüchtigen Base (z. B. Diäthyloxyäthylamin) gemischt aufgedruckt. Es spaltet sich schon im neutralen Dampf unter Entwicklung freier Säure, welche die Kupplung hervorbringt. Zu bemerken ist, dass freie fixe Alkalien hier vermieden werden müssen. Dieser Erfindung dürfte das *D.R.P. 671.788* (ebenfalls der I.G.)[1]) nahestehen, wonach ebenfalls zur Herstellung von stabilen Diazopräparaten Diazoaminoverbindungen genommen werden, die durch Einwirkung der Diazoverbindungen auf solche primäre oder sekundäre Amine entstehen, welche eine Sulfaminogruppe, ausserdem eine freie Karboxylgruppe enthalten. Als

[1]) Siehe oben S. 703.

Beispiel dient hier die Diazoaminoverbindung aus 4-Chlor-2-toluidin und 2-Amino-4-sulfaminobenzoesäure der Formel

$$CH_3 \qquad\qquad COONa$$
$$-N{=}N{-}NH-$$
$$Cl \qquad\qquad SO_2NH_2$$

welche man mit der Kupplungskomponente auf die Faser bringt, hier allerdings, wie aus einem Beispiel, welches im obigen Patent angegeben ist, hervorgeht, im sauren Dampf entwickelt.

Das *franz. P. 871.865* bringt eine neue und wichtige Verbesserung dieses Verfahrens. Es wurde beobachtet, dass im Gegensatz zu den Rapidogenfarben, welche mit Natronlauge zubereitet sind, diejenigen mit Rapidogenentwickler N einen Zusatz von säureabspaltenden Mitteln vertragen, ohne dass die Beständigkeit beeinflusst wird.

Nach dem Verfahren der General Aniline and Film Corp., welches den Gegenstand des *amer. P. 2.257.190* bildet, ist es möglich, die Rapidogene durch Dämpfen ohne Säurezusatz zu entwickeln, indem man der Druckpaste statt Natronlauge flüchtige Basen zusetzt, wie die Hydroxylamine oder organische Basen, die Hydroxylgruppen enthalten. Die Ausbeute des Druckes kann erhöht werden, indem man Verbindungen beigibt, die man durch Neutralisation dieser Basen mit einer Säure wie Ameisen-, Wein- oder Essigsäure erhöht.

Beispiel: Man bereitet folgende Druckpaste:

	Teile
2-Azetoazetylamino-6-äthoxy-benzothiazol (Naphtol AS–L4G)	16,1
Diazoaminoverbindung aus diazotiertem 4-Chlor-2-toluidin (Echtrotbase KB) und dem Natriumsalz von Sarkosin	15,3
Glykolmonoäthyläther	50
Diäthyloxyäthylamin	100
Wässerige Lösung von 19 Teilen Diäthyloxyäthylamin neutralisiert mit Ameisensäure	50
Wasser	200
Neutrale Stärke-Tragantverdickung	550

Man druckt mit dieser Paste, trocknet bei 50—60° C, dämpft 5 Minuten im Schnelldämpfer, wäscht und seift. Man erhält einen gelben Druckeffekt, dessen Färbevermögen bedeutend verbessert ist verglichen mit demjenigen ohne Diäthyloxyäthylaminformiat.

Zur Auflösung der Rapidogene nach dem Rapidogenentwickler N-Verfahren muss man dann organische Lösungsmittel, insbesondere Glyecin RN verwenden; im Zuge von im grösseren Maßstabe angestellten Versuchen hat es sich nun gezeigt, dass dieses kostspielige

Lösungsmittel durch Alkohol + Harnstoff ersetzt werden kann (10 g Alkohol + 30 g Harnstoff im Liter). Mit Rücksicht auf die Empfindlichkeit des Rapidogenentwicklers N gegen Alkali ist eine vorhergehende Neutralisation der Verdickung zu empfehlen. Druckt man den Entwickler neben Küpenfarbstoffen, so ist es angezeigt, der Farbe noch 15 g Ludigol + 15 g Rhodanammon zuzugeben.

Nachstehend sei eine Formel mitgeteilt, die gute praktische Ergebnisse geliefert hat:

60 g	Rapidogenrot G extra konz.
80 g	Rapidogenentwickler N
10 g	Brennspiritus
30 g	Harnstoff
80 g	kaltes Wasser
600 g	Stärke-Tragantverdickung (vor dem Zusatz des Entwicklers neutralisiert)
30 g	Ludigol 1:1
30 g	Rhodanammon
80 g	kaltes Wasser
1000 g	

Dieses Verfahren eignet sich weder für das Rapidogenbraun IB noch für Rapidogengelb I4G oder Rapidogengoldgelb IFG.

Die Entwicklung vollzieht man im neutralen Dampf, worauf man wie gewöhnlich spült und seift.

Das Rapidogenentwickler N-Verfahren ist zweifellos eine vorzügliche Lösung des Problems der Rapidogenentwicklung in neutralem Dampf, besonders für den Filmdruck.

Um Rapidogenfarbstoffe in Verbindung mit Küpenfarbstoffen nach dem Rapidogenentwicklerverfahren benutzen zu können, hat die I.G. Farbenindustrie eine Marke Rapidogenentwickler NN in den Handel gebracht, bestehend aus Rapidogenentwickler N + Kalziumlaktat + Ludigol.

Der Rapidogenentwickler RNA der G.D.C. ist identisch mit dem Produkt der I.G. Farbenindustrie.

Das Gemisch mit Kalziumlaktat und Ludigol ist für die Lagerung nicht geeignet, da es nicht genügend beständig ist. Daher verwendet die G.D.C. den Rapidogenentwickler RNA für alle Farbstoffklassen ausser Küpenfarben.

Kalziumlaktat und Ludigol werden als Paste 1:1 unter dem Namen Rapidogen Developer Assistant verkauft. Wenn Küpenfarbstoffe gedruckt werden, empfiehlt es sich, 90 Teile Developer RNA und 10 Teile Developer Assistant zuzusetzen. Ein anderer Entwickler, der ebenfalls befriedigende Resultate gibt, ist die Rapidogen Developer Base RPN (2-Amino-2-methylpropanol).

Ein Verfahren zum Bedrucken von Geweben mit auf der Faser erzeugten Azofarbstoffen wird im *brit. P. 618.616* (G. Trapp Douglas und S. Thomson Mc Queen der Imp. Chem. Ind.) beschrieben, welches den Druck von stabilisierten Azofarbstoffpräparaten und deren Fixierung durch neutrales Dämpfen betrifft. Die Druckfarbe enthält danach das Antidiazotat einer geeigneten aromatischen Base, ein Naphtol, ein aliphatisches Amin, welches das Antidiazotat zu lösen vermag, z. B. Diäthylaminoäthanol und einen aliphatischen Säureester, z. B. Diäthyltartrat. Das ganze wird mit Tragant verdickt aufgedruckt, getrocknet und 15 Min. bei 100—102° C neutral gedämpft. Die Mengen Diäthylaminoäthanol und Diäthyltartrat schwanken zwischen 120 und 140 bzw. 5—6 g/kg. Anstelle von Diäthyltartrat können auch Diisobutyltartrat, Äthyllaktat, Dimethylsuccinat, als zusätzliche Lösungsmittel Äthylenglykol oder Thiodiglykol verwendet werden.

Folgende Rapidogene können mit Entwicklern neutral gedämpft werden[1]):

Rapidogengoldorange IGG	Rapidogenrot ITR
Rapidogenorange IRR	Rapidogenbordeaux RN
Rapidogenorange FFR	Rapidogenrotviolett RRA
Rapidogenscharlach FFG	Rapidogenkorinth IB
Rapidogenscharlach FFR	Rapidogenviolett B
Rapidogenscharlach IL	Rapidogenblau BN
Rapidogenrot FFG	Rapidogenmarineblau FFR
Rapidogenrot FFR	Rapidogenschwarz MG
Rapidogenrot FFBB	Rapidogenschwarz FFM
Rapidogenrot IGG	

Rapidogenbraun FFIB kann mit Natronlauge oder Rapidogenentwickler RPN gedruckt werden.

Alle Rapidecht-Farben können mit Natronlauge gelöst werden und dann neutral entwickelt werden. Wenn sie hingegen in Kombination mit Rapidogenen, welche neutral zu entwickeln sind, gedruckt werden, empfiehlt es sich, die Rapidecht-Farben mit Rapidogenentwickler RPN statt mit Natronlauge zu lösen.

Im allgemeinen sind die Ergebnisse gut, ausser mit folgenden Marken:

Rapidogenrot GS, IGG	Rapidogengrün B
Rapidogenschwarz IT	Rapidogenbraun IB
Rapidogengelb IGG	

Das neutrale Dämpfverfahren mit dem Rapidogenentwickler N oder NN ist für die Rapidogene neben Anilinschwarz nicht gut brauchbar, da die alkalischen Dämpfe des Rapidogenentwicklers die Entwicklung des Schwarz stören.

[1]) Diese Farbstoffmarken beziehen sich auf die General Dyestuff Corporation.

Diphenylschwarz dagegen lässt sich neben Rapidogenentwickler nach folgendem Ansatz gut anwenden:

30 g	Essigsäure 8° Bé
55 g	Natriumchlorat
600 g	Stärke-Tragantverdickung
63 g	Diphenylschwarzbase I in
90 g	Essigsäure 8° Bé
62 g	Milchsäure 50% gelöst
10 g	Anilinöl
10 g	Anilinsalz
50 g	Aluminiumchlorid 30° Bé
10 g	Ammoniumvanadat 1/1000
20 g	Wasser
1000 g	

Wegen der hohen Gestehungskosten scheint dieses Verfahren jedoch nur in beschränktem Masse angewendet zu werden. Für Rapidogendrucke allein oder neben Küpendrucken ist zweifellos ein saures Dämpfen, bzw. eine zweite Passage in saurem Dampf vorteilhafter und billiger und wird deshalb von den meisten Koloristen bevorzugt.

Bei Anwendung der Rapidogene hat man stets mit gewissen Schwierigkeiten zu kämpfen, die auf eine unvollständige Lösung des Farbstoffs zurückzuführen sind, woraus sich Angriffe auf die Gravur und die Rakel und somit Verringerung der Produktion ergeben. Schon früher wurden als Abhilfe Zusätze von Lösungsmitteln, Alkohole, Glykole, Harnstoff usw. erwähnt, ohne dass man jedoch durch diese Massnahme unbedingt sichere Arbeitsbedingungen schaffen konnte. Aus diesem Grunde wurden in den Vereinigten Staaten die Rapidogene teilweise durch die Pharmasole ersetzt; sie sind ähnliche Erzeugnisse wie die Rapidogene, unterscheiden sich aber durch die Art der Stabilisierung von den letztgenannten. Sie werden von einer amerikanischen Firma, der Pharma Chem. Corp. in New-York, in 20%iger Lösung in den Handel gebracht, wobei die bei der Verarbeitung der Rapidogene erwähnten Schwierigkeiten vermieden werden. Die Entwicklung erfolgt in gleicher Weise in einer Essigsäure-Dampfatmosphäre (*amer. P. 2.105.326*, Pharma-Markush-Miller, siehe weiter unten).

Laut dem *franz. P. 849.848* der Ciba (August 1938) kann das Anschmutzen des Weiss durch Ausbluten verhütet werden, wenn die bedruckte und entwickelte Ware vor dem Seifen in Wasser von mindestens 75° C kurz behandelt wird.

Die Rapidogene werden allgemein als Buntreserven unter Anilinschwarz (siehe dieses Werk, VIII. Kapitel), sowie unter Indigosolen (vgl. dieses Werk, III. Kapitel; Caberti, Boll. rep. fibre tess. veget.

1936, S. 652, auch Handbuch der Firma Durand & Huguenin, 2. Ausgabe, S. 241) verwendet.

An dieser Stelle wäre noch das *brit. P. 422.488* der I.G. zu nennen, welches einen eigenartigen Konversionsartikel mit Indigosolen und Rapidogenen beschreibt. Man druckt die Rapidogenfarbstoffe zusammen mit Verbindungen, welche sowohl die Indigosole als das Anilinschwarz reservieren (Zinkoxyd, kalz. Magnesia, Natriumthiosulfat) und überdruckt nach dem Trocknen mit Indigosolen oder Anilinschwarz, denen man noch Ammoniumglykolat beifügt. Im Dampf fixieren sich die Indigosole an den Stellen, an denen sie nicht auf die Rapidogenfarben fallen, dagegen werden sie von den letzteren durch die Alkalität der Druckfarbe und durch die darin enthaltenen Reservierungsmittel abgeworfen. Die Rapidogene entwickeln sich dagegen nur an den Überdruckstellen unter dem Einfluss der Glykolsäure oder des Rhodanwasserstoffs, die sich bei der Erwärmung aus den darüberfallenden Farben abspalten. Dort, wo kein Überfall stattfindet, kann sich die Rapidogenfarbe nicht entwickeln, sondern sie fällt beim Spülen und Dämpfen ab (Rundschreiben der I.G., 836).

Ein anderer Konversionsartikel lässt sich erhalten, indem man das Neutralentwicklungsverfahren für Rapidogene unter Zuhilfenahme von Rapidogenentwickler NN anwendet, und zwar bedient man sich der Küpenfarbstoffe in Verbindung mit Rapidogenen. Man setzt eine Farbe von einem Rapidogenfarbstoff an, z.B. Rapidogenscharlach IL, und fügt noch Indanthrenbrillantblau 3G zu.

80 g	Rapidogenscharlach IL
50 g	Glyecin A
50 g	Harnstoff
120 g	Rapidogenentwickler NN
200 g	Wasser
400 g	Kolloresin V extra-Industriegummi
100 g	Indanthrenbrillantblau 3G Tg. fein konz.
1000 g	

Drucken, trocknen, überdrucken mit einer zweiten Farbe, welche nur Rongalit C sowie Pottasche enthält, dämpfen.

An den überdruckten Stellen wird der Rapidogenfarbstoff weggeätzt und der Küpenfarbstoff zugleich fixiert; an den nicht überdruckten Stellen entwickelt sich dagegen nur der Rapidogenfarbstoff, nicht aber der zugesetzte Küpenfarbstoff (siehe F. Nestelberger, Mell. 1941, S. 35; Teintex, 1941, S. 106).

Hier soll noch ein Aufsatz von Hans Gürtler über die Reservierung von Küpenfarbstoffen unter Überdruck mit Rapidogenfarbstoffen nach dem Rapidogenentwicklerverfahren (siehe Mell. 1940, S. 126) erwähnt werden.

Rapidazolfarbstoffe der I.G. Farbenindustrie[1]).

Der Gedanke, welcher diesen Farbstoffen zugrunde liegt, besteht in einer Umwandlung der Diazoverbindungen in Diazosulfonate oder Hydrazinsulfonate, die mit Naphtolen nicht kuppeln.

Die Diazosulfonate wurden von E. Fischer im Jahre 1877 (Ann. 1878, *190*, S. 73) entdeckt und durch die Einwirkung von Natriumsulfit in neutraler oder schwach alkalischer Lösung auf die Diazoniumsalze hergestellt:

$$C_6H_5{-}\underset{\substack{|\\ Cl}}{N}{\equiv}N + Na_2SO_3 \longrightarrow \underset{\text{nicht kupplungsfähig}}{C_6H_5{-}N{=}N{-}SO_3Na} \xrightarrow[\text{unter der Einwirkung des Lichtes}]{\text{Isomerisation}}$$

$$\longrightarrow \underset{\text{kuppelt mit Naphtol}}{C_6H_5{-}N{\equiv}N{-}SO_3Na}$$

Man erhält die Diazosulfonate, indem die Diazoverbindungen der Echtbasen in eine Lösung von Natriumsulfit und Soda eingetragen und durch Eindampfen oder Aussalzen isoliert werden.

Während die Umwandlung der Diazoaminoverbindungen oder der Isodiazotate in wirksame und kuppelnde Syndiazotate mit Hilfe verdünnter Säuren bewirkt wird, ist dies bei den Diazosulfonaten nicht der Fall. Es wurde beobachtet, dass in gewissen Fällen die unmittelbare Einwirkung des Lichtes bestimmte Diazosulfonate aktivieren und zur Kupplung fähig machen kann; in anderen Fällen, die allein industriell von Bedeutung sind, findet dagegen die Umwandlung der nicht reaktionsfähigen Verbindungen in kuppelbare Diazokörper durch Erhöhung der Temperatur statt. Dies ist der Fall bei den Diazosulfonaten des Monoazetyl- oder Monobenzoyl-p-phenylendiamins und des p-Aminodiphenylamins, (*franz. P. 727.665;* Chem. Ztbl. 1932, *2*, S. 2542; *brit. P. 377.207;* Chem. Ztbl. 1933, *1*, S. 317 und *D.R.P. 588.212;* Chem. Ztbl. 1934, *1*, S. 1899; *D.R.P. 560.797* und *560.798*, 1930). In den *brit. P. 377.207*, *379.279* und *379.280* der I.G. wird ein Zusatz von Schwefel zur Druckfarbe empfohlen, wodurch die Geschwindigkeit und Regelmässigkeit der Farbstoffbildung verbessert wird, da der Schwefel die sich gleichzeitig bildende schweflige Säure bindet.

Der wesentliche Nachteil dieser Farbstoffklasse besteht in ihrer begrenzten Farbstoffskala.

---

[1]) Literatur über Rapidazolfarbstoffe: *D.R.P. 560.797, 560.798, 563.061, 578.648, 588.212*; *brit. P. 377.207, 377.279, 379.280, 398.846, 421.971*; *franz. P. 727.665* und *Zusatz-P. 42.476*, *franz. P. 735.365* und 1. *Zusatz-P. 41.731*, 2. *Zusatz-P. 43.623*.

Die Rapidazolfarben werden jetzt von der Naphtol-Chemie, Offenbach, fabriziert.

Die Patente der I.G. nennen die folgenden Beispiele: Mischungen von Natriumsalzen der Diphenylamin-4-diazo- oder 4,4′-bis-diazosulfosäure + alkalische Lösung von Naphtol AS.

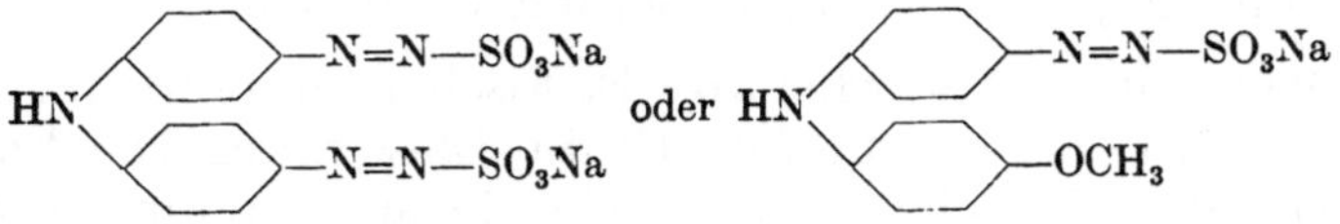

$$HN(C_6H_4—N{=}N—SO_3Na)_2 \quad \text{oder} \quad HN\begin{cases} C_6H_4—N{=}N—SO_3Na \\ C_6H_4—OCH_3 \end{cases}$$

Das Rapidazolblau IB ist das Diazosulfonat der Variaminblau B Base + Naphtol AS, und das Rapidazolschwarz B entspricht dem Rapidazolblau IB bei Zusatz von Naphtol AS—G.

Dieses wird nicht mehr hergestellt, sondern wurde durch das Rapidazolschwarz R ersetzt. Bekannt ist ferner das Rapidazolmarineblau RR, das volle, rotstichige Marineblautöne von sehr guter Wasch- und genügender Chlorechtheit gibt, sowie das Rapidazolmarineblau G, welches, am besten mit Natronlauge und Glyecin A gelöst, gut haltbare Druckfarben gibt; man erzielt damit grünstichige Marineblautöne von sehr guter Licht- und Waschechtheit. Eine Bereicherung erfuhr die Rapidazolklasse neuerdings durch die Einführung einer Orangemarke, nämlich des Rapidazolorange FB, welches durch Zusatz von Naphtol AS—OL und in Mischung mit Rapidazolschwarz R sehr interessante Brauntöne gibt.

Druckvorschrift für Rapidazolschwarz R und Rapidazolorange FB

80 g	Rapidazolfarbstoff in Pulver
20 g	Natronlauge 38° Bé
30 g	Glyecin A
70 g	kaltes Wasser portionenweise zufügen
500 g	neutrale Stärke-Tragantverdickung
30 g	neutrale Chromatlösung
270 g	kaltes Wasser
1000 g	

Zur Erzielung von braunen Nuancen setzt man der Rapidazolorange FB-Stammfarbe pro kg 10 g Naphtol AS—OL beim Anteigen zu.

Druckvorschrift für Rapidazolblau IB und Rapidazolmarineblau RR und G

60 g	Rapidazolfarbstoff in Pulver
7 g	Harnstoff
20 g	Natronlauge 38° Bé
20 g	Glyecin A werden zusammen gut angeteigt,
93 g	kaltes Wasser portionenweise hinzugefügt, dann nacheinander mit
500 g	neutraler Stärke-Tragantverdickung,
20 g	neutraler Chromatlösung und
280 g	kaltem Wasser versetzt und verrührt.
1000 g	

Verschnittfarbe.

500 g	neutrale Stärke-Tragantverdickung
10 g	Glyecin A
5 g	Natronlauge 38° Bé
10 g	neutrale Chromatlösung
475 g	Wasser
1000 g	

Fertigstellung: Nach dem Aufdruck wird getrocknet, 5—10 Minuten gedämpft, gespült und kochend geseift.

Durch längeres Liegenlassen der Drucke vor dem Dämpfen, z. B. über Nacht, werden die Farben wesentlich voller.

Die Entwicklung geht sehr rasch vonstatten. In Anbetracht der Schwierigkeiten, denen die Anwendung dieser Arbeitsweise bei anderen Basen begegnet, hat die Farbenskala dieser Gruppe keine Erweiterung gefunden, und augenblicklich scheint man von diesem Prinzip abgekommen zu sein.

Durch die Reduktion der Diazosulfonate erhält man die Hydrazinsulfosäuren, welche in gleicher Weise angewendet werden können wie die Rapidazolfarbstoffe (*D.R.P. 563.061* der I.G.).

Schliesslich gebraucht man nach dem *D.R.P. 578.648* der I.G. die Hydrazinsulfosäuren der Basen, welche der schematischen Formel

x

H_2N—⟨ ⟩—NH—Azidylrest

y

entsprechen, indem man sie mit dem Kupplungskörper (Naphtol AS) und Bichromat mischt und durch Dämpfen entwickelt.

Die Photorapidfarbstoffe von Saint-Denis-Francolor[1]).

Hier findet man dasselbe Prinzip wieder, das von der I.G. bei den Rapidazolfarbstoffen angewendet wurde.

Die Photorapidfarbstoffe sind Mischungen von Antidiazosulfonaten, die von Aminen abgeleitet sind, welche keine löslichmachenden Gruppen (wie SO_3H oder COOH) aber eine zur Diazogruppe orthoständige OH-Gruppe enthalten, mit Aryliden der 2,3-Oxynaphtoesäure und Natronlauge. Sie entwickeln sich unter dem Einfluss des Lichtes. Die besten Ergebnisse soll man mit Diazosulfonaten erhalten, die der allgemeinen Formel

$N{=}N{-}SO_3Na$

—a (OH-Gruppe)

(Halogen, Alkyl) b—

NH—(Azyl-, Benzoyl-, Azetylrest)

[1]) Literatur über Photorapidfarbstoffe: *Franz. P. 760.784*, 1933 und *Zusatz-P. 45.829; brit. P. 440.144; amer. P. 2.078.861; franz. P. 795.558* von Saint-Denis-Lantz; *D.R.P. 643.973* und *franz. P. 766.668* der I.G.

entsprechen, so z. B. mit dem Natriumsalz der 2-Methyl-5-chlordiazobenzolsulfosäure mit 2-Aminoäthoxybenzol, 4-Nitro-2-aminotoluol, weiter m-Xylidin, 5-Chlor-2-aminomethoxybenzol usw.

Es sollte also genügen, auf das Gewebe die Mischung eines Antidiazosulfonats + Alkalinaphtolats aufzudrucken, bei niedriger Temperatur zu trocknen und dann dem Sonnenlicht oder dem elektrischen Licht (Bogenlampe oder Quecksilberdampflampe) auszusetzen. Die Soc. des Mat. Col. de Saint-Denis hoffte, dass dieses Verfahren den in den Handel gebrachten Photorapidfarbstoffen Eingang in die Praxis verschaffen würde, doch war ihm der erwartete Erfolg nicht beschieden. Man scheint hier auf grosse Schwierigkeiten bei der Überführung dieses interessanten Gedankens in die Druckereipraxis gestossen zu sein.

Azofarbstoffe, die sich unter Einwirkung von Oxydationsmitteln entwickeln (Saint-Denis).

Im *amer. P. 2.078.861; franz. P. 795.558; D.R.P. 679.768* und *brit. P. 457.718* (Saint-Denis) wird erwähnt, dass man die Bildung des unlöslichen Azofarbstoffs — wenn man von einer derartigen Mischung von Diazosulfonaten + Naphtolen ausgeht — durch die Einwirkung von Dampf hervorrufen kann, der mit einem Oxydationsmittel, wie z. B. Chlor, beladen ist. Als ein derartiges Entwicklungsmittel kann man Chlor oder Brom ansehen, welch letzteres die Imp. Chem. Ind. vor einigen Jahren zum selben Zwecke empfohlen haben. Das Verfahren der Imp. Chem. Ind. bestand in einem Zusatz von Kaliumbromat und Kaliumbromid zu einer Mischung von Diazosulfonat + Natriumnaphtolat; zum Zweck der Entwicklung nahm man durch essigsauren Dampf; die Säure setzte dabei das als Oxydationsmittel wirkende Brom in Freiheit (Methode von Schmitt, *brit. P. 377.978* und *414.681*, Imp. Chem. Ind.).

$$\underset{\text{nicht kuppelnde Verbindung}}{R{-}N{=}N{-}SO_3Na} \xrightarrow{+\,O} \underset{\text{kuppelnde Verbindung}}{R{-}N{=}N{-}SO_4Na}$$

Im *franz. P. 795.558*, 1934 von Saint-Denis-Lantz, welches dem ebenerwähnten amer. P. entspricht, wird die Verwendung von Mischungen der Salze der Aryl-Antidiazosulfonate oder der Aryl-Hydrazinsulfonate + Kupplungskörper beschrieben, welche Mischungen den Azofarbstoff ergeben, wenn man ein Oxydationsmittel einwirken lässt, so z. B. wenn man während drei Minuten in einem 100° C warmen, Chlor enthaltenden Dampf entwickelt.

Nach dem *D.R.P. 679.768* verwendet man Antidiazosulfonate oder Hydrazinsulfonate, die aus aromatischen Aminen hergestellt sind, welche negative Substituenten (aber keine COOH- oder SO_3H-Gruppen) enthalten.

Folgendes Beispiel wird in diesem Patent gegeben:

Man druckt auf ein Baumwollgewebe eine Druckfarbe, bestehend aus Natrium-2-methyl-5-chlorbenzol-1-antidiazosulfonat,

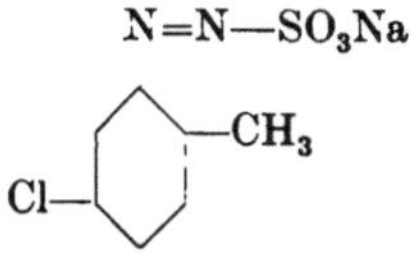

$N{=}N{-}SO_3Na$

Cl— —CH_3

Natriumsalz des Naphtol AS—D, kaustischer Soda, Glyzerin und Stärke-Tragantverdickung.

Die Entwicklung wird durch Oxydation mit gasförmigen oder flüssigen Mitteln durchgeführt. Besonders geeignet sind Chlor, Brom, salpetrige Säure, Bleidioxyd, Hypochlorite und Bromate in saurem Mittel.

Die Entwicklung der Photorapidfarbstoffe von Saint-Denis mittels Lichteinwirkung dürfte auf einer gleichen Reaktion beruhen. Der Sauerstoff, welcher von dem Gewebe mitgeführt wird, wird durch die Lichtwirkung aktiviert und verwandelt das Diazosulfonat in Diazosulfat, das letztere kuppelt mit dem in der Druckfarbe befindlichen Naphtolat und bildet auf diese Weise den unlöslichen Azofarbstoff.

Mischungen von Naphtolen, die sich von der 1-Sulfo-2,3-oxynaphtoesäure ableiten, mit Nitrosaminen oder Diazoaminoderivaten.

Es sind dies Produkte von Typus der Rapidogen- oder Rapidechtfarbstoffe, bei denen aber die Naphtole AS durch Arylide der 1-Sulfo-2,3-oxynaphtoesäure ersetzt sind. Die Sulfogruppe befindet sich also an der Stelle, wo die Kupplung sich vollzieht. Durch Einwirkung von Säure wird die Sulfogruppe abgespalten und die Kupplung findet statt.

Diese Produkte sind in den *franz. P. 838.925* und *D.R.P. 696.270* der I.G. Farbenindustrie beschrieben. Das Verfahren hat den Vorteil, Naphtole zu verwenden, deren Löslichkeit grösser ist als diejenige der gewöhnlichen Naphtole; man braucht für das Lösen auch weniger Alkali.

Beispiel:

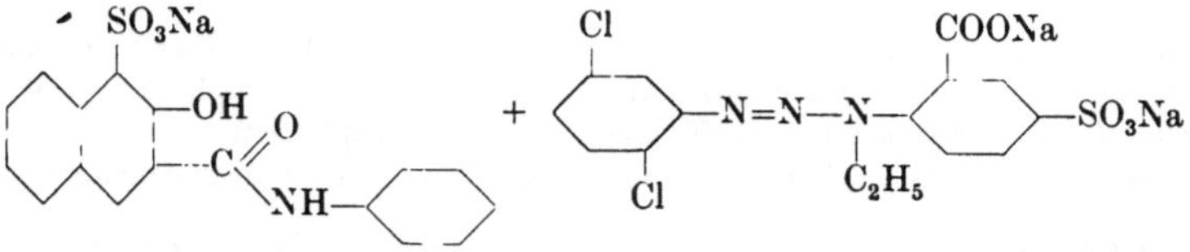

SO_3Na — —OH — C(=O)—NH— + Cl, Cl — —N=N—N(C_2H_5)— (COONa) —SO_3Na

Derivate der 2-Amino-naphtalin-1-sulfosäure (Tobiassäure).

Franz. P. 795.802, 811.711; D.R.P. 694.311; brit. P. 479.708 von Saint-Denis — A. Wahl — M. Paillard (1. Januar 1937).

Diese Produkte kuppeln in Stellung 1 mit Diazokomponenten in mineralsaurem Mittel unter Abspaltung der Sulfogruppe. In den Patenten werden erwähnt N-Arylderivate und N-Alkylderivate z.B.

SO_3Na — N—Aryl, H SO_3Na — N—Alkyl, H

Die Entwicklung erfolgt durch Behandlung mit Säuren.

Es kommen hier also die 2-Alkylaminonaphtalin-1-sulfosäuren als Azokomponenten in Betracht.

Die Ware wird z. B. mit der Lösung des Salzes einer 2-Alkyl- oder 2-Zykloalkylaminonaphtalin-1-sulfosäure getränkt oder bedruckt und der Farbstoff durch Kupplung mit einer geeigneten Diazoverbindung ohne löslichmachende Gruppen entwickelt.

Unter diesen Umständen ersetzt der Diazorest die Sulfogruppe in der Azokomponente unter Abspaltung von Schwefelsäure. Die Alkylaminonaphtalin-1-sulfosäuren werden erhalten, indem man primäre aliphatische Amine auf 2-Oxynaphtalin-1-sulfosäure in Gegenwart von Schwefeldioxyd einwirken lässt.

Die Kupplung wird in neutraler oder mineralsaurer Lösung durchgeführt, so dass die Farbstoffe ohne weiteres auf tierischen Fasern, wie Wolle oder Seide, hergestellt werden können.

Grundgedanke B.

Anwendung löslicher Verbindungen, die imstande sind, das Amin zu regenerieren, das mittels des in der Druckfarbe befindlichen Nitrits durch eine nachfolgende Säurebehandlung diazotiert wird, dadurch die Diazoverbindung liefert, welche ihrerseits mit dem Naphtolat kuppelt und so den unlöslichen Azofarbstoff ergibt. Auf diesem Gedanken sind mehrere Verfahren aufgebaut:

1. Das Verfahren von Marcel Bader vom Jahre 1932: Mischungen von Nitraminaten oder ihrer Isomeren, Aryl-N-Nitrosohydroxylaminen, mit Naphtolen.
2. Verfahren von der Ciba in Basel: Mischungen von Basendispersionen mit Naphtolen.
3. Verfahren von Kuhlmann-Francolor und der I.G. Farbenindustrie: Mischungen von Kondensationsprodukten der Basen mit Aldehyden, die löslichmachende Gruppen enthalten (Schiff'sche Basen) mit Naphtolen.
4. Verfahren von Tursky: Amine, die mit sich selbst zu kuppeln vermögen.

Die Verfahren von Marcel Bader und der Ciba wurden von den Basler Chemischen Fabriken (Ciba, Sandoz, Geigy) ausgearbeitet und in die Praxis umgesetzt. Es handelt sich hier um die Cibagenfarbstoffe der Ciba, die Momentogenfarbstoffe von Sandoz und die Tinogenfarbstoffe von Geigy. Im Oktober 1938 erschien das Cibagenbordeaux 3 GOD (Momentogenbordeaux B, Tinogenbordeaux 3G) auf dem Markt, ein Produkt, dem ein Nitraminat zugrunde liegt. Anscheinend ist dem ersten Vertreter dieser Gruppe noch eine Reihe analoger Erzeugnisse gefolgt; es kamen das Momentogenblau B und R und das Momentogenviolett R und 2B in den Handel, doch ist ausdrücklich zu bemerken, dass andere Cibagene, Momentogene und Tinogene nicht Nitraminate sind, sondern den Rapidechtfarbstoffen entsprechen (vgl. weiter oben).

I. Mischungen von Nitraminaten der Basen, bzw. ihrer Isomeren, Arylnitrosohydroxylaminen, mit Naphtolen[1]).

Hier muss vorausgeschickt werden, dass das Grundprinzip des in Rede stehenden Verfahrens sich in den Arbeiten von Marcel Bader vorfindet, welcher bereits in den aus dem Jahre 1932 stammenden Patenten: *franz. P. 761.811; schweiz. P. 172.341* und *D.R.P. 642.716* die Anwendung der Nitramine beschrieben hatte, deren Alkalisalze, die Nitraminate, in Wasser löslich sind, durch Mineralsäure zersetzt werden und das Amin, von dem man ausging, wiederbilden. So geht die Farbstoffbildung nach dem folgenden Schema vor sich:

$$R{-}\underset{\displaystyle H}{\underset{|}{N}}{-}NO_2 \longrightarrow R{-}\underset{\displaystyle Na}{\underset{|}{N}}{-}NO_2 \xrightarrow{\text{Säure}} R{-}NH_2 \xrightarrow[\text{HCl}]{NaNO_2} R{-}N{=}N{-}Cl$$

lösliches Nitraminat

bzw. $R{-}\underset{\displaystyle ONa}{\underset{|}{N}}{-}NO$ $\xrightarrow{\text{Säure}}$ $R{-}NH_2$

Diazoniumsalz, das mit dem in der Farbe vorhandenen Naphtolat kuppelt.

Bei der Wiederbildung des Amins entsteht Natriumnitrat. Die Druckfarbe enthält das Nitraminat einer Base, Nitrit und das Natronsalz eines Arylids der 2,3-Oxynaphtoesäure. Die Entwicklung wird in einem verdünnten Salzsäurebad vorgenommen; das wiedergebildete Amin wird durch die salpetrige Säure diazotiert und die Kupplung geht in einem Natriumazetatbad vonstatten.

An Stelle der Nitraminate kann man auch deren Isomere, die Arylnitrosohydroxylamine

$$\longrightarrow R{-}N\begin{matrix}\diagup NO\\ \diagdown OH\end{matrix}$$

deren Alkalisalze beständig sind, anwenden. Auch hier werden die

[1]) Literatur: *franz. P. 761.811, 1. Zusatz-P. 43.788, 2. Zusatz-P. 45.054, 3. Zusatz-P. 45.630; schweiz. P. 172.341; D.R.P. 642.716* von M. Bader; *brit. P. 430.167, 430.222, 430.236, 437.824* von M. Bader; *franz. P. 801.094; D.R.P. 651.044, 651.045* der I.G. Farbenindustrie.

Verbindungen unter dem Einfluss der salpetrigen Säure in kupplungsfähige Diazokörper umgewandelt.

In den *franz. P. 788.349* und *brit. P. 441.178* erweitert die Ciba das Verfahren auf die Nitraminate vorgebildeter, unlöslicher Azofarbstoffe, beispielsweise auf

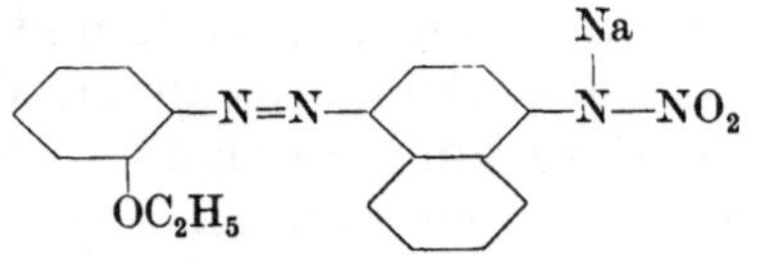

$$\underset{OC_2H_5}{\bigcirc}-N{=}N-\bigcirc\!\!\bigcirc-\overset{\displaystyle Na}{\overset{|}{N}}-NO_2$$

während in den *franz. P. 611.500; D.R.P. 433.276, 449.018; amer. P. 1.857.230* die I.G. Farbenindustrie-Zitscher-Muris die Anwendung von löslichen Sulfonitrosaminsalzen, bzw. Sulfaminsalzen der unlöslichen Azofarbstoffe empfiehlt.

$$\text{Aryl}-N\begin{cases}NO\\ SO_3Me\end{cases}$$

$$R-N{=}N-R_1-\underset{\displaystyle SO_3Me}{\underset{|}{N}}-NO$$

$$R-N{=}N-R_1-\underset{\displaystyle SO_3Me}{\underset{|}{N}}-H$$

Die Entwicklung ist dieselbe. Im Falle der Verwendung von Sulfonitrosaminen erübrigt sich ein Zusatz von Natriumnitrit, da die Diazotierung durch die infolge hydrolytischer Spaltung der Nitrosokörper freiwerdende salpetrige Säure erfolgt. Bei Anwendung von Sulfaminen ist ein Zusatz von Natriumnitrit naturgemäss unerlässlich.

Das Verfahren der Anwendung der Nitraminate bildet den Gegenstand der Patente: *D.R.P. 638.878; brit. P. 449.267; franz. P. 783.655* und *öster. P. 147.774* der Ciba. Es wird in nachstehender Art durchgeführt:

Man druckt das Nitraminat, Naphtolat, Nitrit und essigsaures Natrium auf. Die Entwicklung unterscheidet sich von der bei den Rapidogenen üblichen dadurch, dass die Diazotierung und die Kupplung in zwei deutlich voneinander getrennten Phasen vor sich gehen, und dass man die Behandlung im sauren Dampf umgeht. Nach dem Druck nimmt man unmittelbar durch ein kaltes, Salzsäure und Natriumchlorid enthaltendes Bad und lässt dann die Kupplung unmittelbar darauf in ein die Säure abstumpfendes Bad (Karbonat oder Azetat) eintreten. Das Patent führt noch an, dass die Gegenwart von Formaldehyd günstigere Bedingungen für die Entwicklung schafft.

Gemäss dem *D.R.P. 644.070* und dem *schweiz. P. 179.416* der Ciba wird die Beständigkeit der Druckfarbe durch die Anwesenheit von Formaldehyd verringert, weshalb an Stelle der Alkalinaphtolate

Kondensationsprodukte der letzteren mit Formaldehyd empfohlen werden. Die Herstellung derartiger Kondensationsprodukte von Formaldehyd mit Aryliden der 2,3-Oxynaphtoesäure ist in Ber. 1928, *61*, S. 998 beschrieben. Man mischt das Arylid der 2,3-Oxynaphtoesäure bei Zimmertemperatur mit Formaldehyd, wobei sich das Additionsprodukt bildet, welches man unmittelbar der Druckfarbe zusetzt.

Im *brit. P. 468.189* der Ciba wird darauf aufmerksam gemacht, dass der Farbton durch Stickstoffdioxyddämpfe beeinflusst wird, weshalb es angezeigt erscheint, dem Salzsäurebad Formaldehyd beizufügen. Die Mischung von Säure und Formaldehyd wird dem Gewebe in verdicktem Zustand durch eine Klotzwalze zugeführt. Nach dem Säuren neutralisiert man mit kalz. Soda. Es ist nötig, einen Luftgang zwischen diese zwei Bäder einzuschalten, um die Diazotierung eintreten zu lassen.

Im Zusammenhang mit diesem Verfahren stehen noch die Patente *D.R.P. 663.496; amer. P. 2.112.864; D.R.P. 661.225* und *franz. P. 823.195* der Ciba. Diese umfassen verschiedene Abänderungen und Verbesserungen in der Anwendung der Cibagen- und analogen Farbstoffe. Das *D.R.P. 663.496* befasst sich vor allem mit der Abstumpfung der Säure nach dem Diazotierungsvorgang. Da eine Entfernung der Säure zur Durchführung des Kupplungsvorgangs notwendig ist, wird hier anstatt einer Natriumazetat-Behandlung ein Auswaschen derselben oder ein Verhängen, insbesondere in ammoniakhaltiger Atmosphäre vorgesehen.

Die Druckfarbe wird wie folgt hergestellt:

60—70 g	Cibagenbordeaux 3 GOD, gelöst in
240 g	Wasser
50 g	Natronlauge 36° Bé
10 g	Formaldehyd
40 g	Äthylenglykol (Sandozol oder Cibagenlöser)
590 g	Stärke-Tragantverdickung
990—1000 g	

Die Blau- und Rotmarken löst man in einem Gemisch von Alkohol und Äthylglykol auf. Nach dem Druck trocknet man bei 70° C, klotzt auf dem Foulard mit der verdickten Formaldehyd-Salzsäurelösung (500 T. Tragantschleim 6% + 250 T. Salzsäure 21° Bé + 10 T. Formaldehyd + 240 T. Wasser) oder verdickter Ameisensäure, gibt, unter Vermeidung jeder Berührung mit Metallteilen, einen Luftgang von 2 Minuten, nimmt eine halbe Minute durch ein Sodabad 30%ig bei 50° C, spült und seift.

Die Cibagene können leicht mit Küpenfarbstoffen und Indigosolen gemeinsam verwendet werden; dagegen scheinen sie sich für Anilinschwarzreserven nicht zu eignen (*amer. P. 2.112.864* der Ciba; Teintex 1938, Augustheft).

Im *franz. P. 840.697* empfiehlt Sandoz die Anwendung von diazotierbaren Aminoarylsulfaminen, welche mit Ausnahme der Sulfamidgruppe keine löslichmachende Gruppen enthalten und die folgender allgemeinen Formel entsprechen:

$$NH_2—R—SO_2—NH—R_1$$

2. Mischungen von Basendispersionen mit Naphtolen (Verfahren der Ciba)[1].

Im allgemeinen scheint das Nitraminverfahren grossen Schwierigkeiten begegnet zu sein, weshalb die Ciba versuchte, von den nicht flüchtigen Aminbasen selbst auszugehen, deren Schmelzpunkt nicht unter 60° C liegt und die in Wasser unlöslich sind.

Diese Basen werden gut dispergiert und mit Naphtolen + Natronlauge + Nitrit zusammengemischt. Nach dem Dämpfen erfolgt die Entwicklung in einem kochsalzhaltigen Salzsäurebad bei einer Temperatur von 25° C.

Im übrigen wird so gearbeitet, wie dies bei der Besprechung der Patente *D.R.P. 638.878; brit. P. 449.267* und *öst. P. 147.774* erwähnt wurde.

Das *D.R.P. 661.225* ist ein Zusatzpatent zum *D.R.P. 638.878*, und man ersieht daraus abermals die Möglichkeit, unter besonderer Berücksichtigung der bei der Diazotierung angewendeten Säure, an Stelle der Natriumazetat-Passage entweder einen Spülprozess oder ein Verhängen einzuschalten. Endlich soll auch das *franz. P. 823.195* erwähnt werden, dem Anleitungen zur Ausführung von einheitlich egalisierenden Drucken auf Mischgeweben (Wollstra, Gemisch von Vistra mit Wolle) zu entnehmen sind. Nach dem Druck führt man das Gewebe zwischen zwei Walzen durch, welche eine verdickte Mischung von Säure und Formaldehyd zuführen, und nimmt schliesslich durch ein Neutralisierbad von essigsaurem Natrium oder Soda.

Im *franz. P. 849.849* der Ciba (August 1939) und *schweiz. P. 203.928* wird hervorgehoben, dass die Ausbeute der Druckfarbe, welche Nitrit, Alkali, Naphtol und das primäre Amin enthält, bedeutend erhöht wird, wenn man derselben Thiodiäthylenglykol zusetzt.

Als Beispiel sei hier die Zubereitung einer Cibagendruckfarbe angegeben:

24,9 T. Echtviolettbase B (I.G.) = 1-Amino-2-methoxy-5-methyl-4-benzoylaminobenzol
24,8 T. Naphtol AS
18,9 T. Nitrit
0,2 T. kaustische Soda
1,2 T. Natriumazetat

[1]) Patente der Ciba in Basel: *D.R.P. 638.878, 644.070, 661.225, 663.496, 683.201; franz. P. 783.655, 1. Zusatz-P. 46.657, 822.227, 823.195; brit. P. 449.267, 450.618, 452.177, 468.189, 487.724; amer. P. 2.112.864; franz. P. 603.720* und *D.R.P. 451.049* der I.G. Farbenindustrie.

Man dispergiert 50 T. dieser Mischung in 180 T. Thiodiäthylenglykol und 40 T. Natronlauge 30% und bringt diese Dispersion in 600 T. neutrale Stärke-Tragantverdickung + 70 T. Wasser.

3. Kondensationsprodukte der Basen mit Aldehyden, die löslichmachende Gruppen enthalten (Schiff'sche Basen).

Ein anderes Verfahren wurde gleichzeitig von der I.G. und von Kuhlmann-Francolor gefunden, welches Gegenstand folgender Patente ist:

D.R.P. 641.874; franz. P. 803.579 der I.G. Hier werden die Aldehydimine zum gleichen Zweck herangezogen.

$R_1—N=CH—R_2—X$
R_1 = aliphatischer, aromatischer oder heterozyklischer Rest
R_2 = aromatischer Rest
X = löslichmachende Gruppe

Man druckt diese Verbindungen gemeinsam mit dem Kupplungskörper und Nitrit auf und entwickelt durch Klotzen mit Ameisensäure, worauf man über die Trockentrommel nimmt.

Franz. P. 803.964 und *1. Zusatz-P. 47.766; brit. P. 459.766; amer. P. 2.095.639* von Kuhlmann-Kienzle. Das Verfahren ist identisch mit dem vorstehenden, und es bedient sich der Verbindungen, die den Schiff'schen Basen analog gebaut sind. Diese letzteren weisen die allgemeine Formel

$R—N=CH—R_1$
Amin — aromatischer sulfonierter Aldehyd

auf; man erhält sie durch Kondensation eines primären aromatischen Amins mit einem aromatischen sulfonierten Aldehyd, wie die Disulfosäure des Benzaldehyds.

CHO
$—SO_3Na$
SO_3Na

Die entstandene Base wird mit einer Lösung des Natriumsalzes eines Arylids der 2,3-Oxynaphtoesäure und Nitrit gemischt. Nach dem Aufdruck entwickelt man wie bei den Rapidogenen oder Rapidechtfarbstoffen in essigsaurem Dampf.

Das Reaktionsschema muss man sich in folgender Weise vorstellen:

$$R{-}NH_2 + R_1{-}C\begin{smallmatrix}H\\O\end{smallmatrix} = \left[R{-}NH{-}CHOH{-}R_1\right] \longrightarrow$$

$$\longrightarrow H_2O + R_1{-}CH{=}N{-}R \longrightarrow R_1{-}C\begin{smallmatrix}H\\O\end{smallmatrix} + R{-}NH_2 \xrightarrow[\text{Säure}]{NaNO_2}$$

$$\longrightarrow R{-}N{=}N{-}Ac$$

welche Verbindung mit dem Naphtol kuppelt.

Man druckt also diese Schiff'schen Basen mit Nitrit, Naphtol und Natronlauge, dämpft in essigsaurem Dampf, wobei Diazotierung und Kupplung erfolgen.

4. Diazotierbare Amine die mit sich selbst kuppeln. Verfahren von Tursky.

Schweiz. P. 154.172, 156.654, 156.655, 158.239; franz. P. 689.707; D.R.P. 552.926; brit. P. 347.609 von Tursky und *brit. P. 387.360* von der Ciba (siehe auch Mell. 1937).

Die Patente betreffen die Herstellung von Verbindungen, die in sich das Naphtol AS und die diazotierbare Base enthalten.

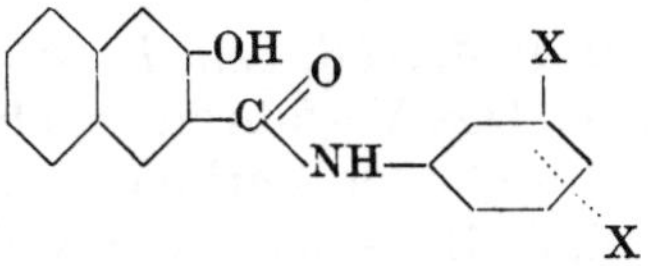

X... Substituenten (NH_2)

Der unlösliche Azofarbstoff entsteht in folgender Weise:

Aufdruck der Farbe, der man Natriumnitrit und Alkali zugibt; Bildung der Diazoverbindung in einem Bad von verdünnter Schwefelsäure und Durchführung der Kupplung in alkalischer Lösung (vgl. auch das *franz. P. 738.657* der Ciba vom 15. Juni 1932[1])).

Man benutzt also diazotierbare Amine, die mit sich selbst zu kuppeln vermögen und Affinität zur vegetabilischen und tierischen Faser besitzen.

Die Basen entsprechen folgenden Formeln:

$$NH_2{-}Aryl{-}NH{-}CO{-}R{-}OH$$
$$HO{-}Aryl{-}NH{-}CO{-}R{-}NH_2$$
$$NH_2{-}Aryl{-}NH{-}CO{-}R{-}NH_2$$

z. B.

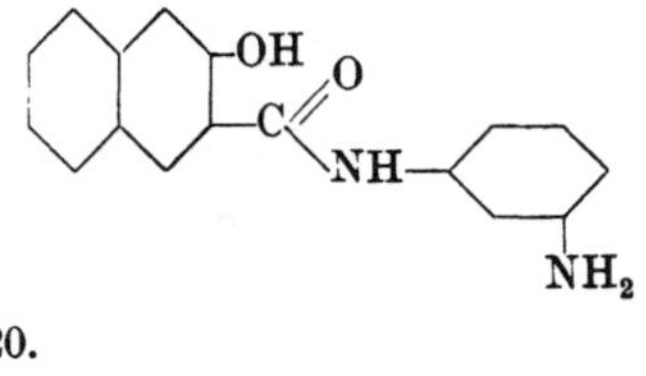

[1]) Chem. Ztbl. 1933, S. 2320.

Eine andere Reihe von Patenten beschreiben ein ähnliches Verfahren, wobei man sulfonierte Amine benutzt, die diazotiert werden können und mit sich selbst zu kuppeln vermögen; solche Amine leiten sich von dem 1-Oxy-3-sulfonaphtalin ab. Diese Verfahren sind in folgenden Patenten beschrieben: *franz. P. 838.947*, und *1. Zusatz-P. 50.139; franz. P. 841.521*, *843.266* und *871.658* der I.G. Farbenindustrie.

Man färbt in alkalischem Medium für vegetabilische Fasern oder in schwach saurem Medium für tierische Fasern, diazotiert und kuppelt in alkalischem Bad. Im Druck wird folgenderweise gearbeitet:

Man druckt in Gegenwart von Nitrit, dämpft 10 Minuten in saurem Dampf (Essigsäure) und führt durch ein Bad von kalz. Soda. Trotz der Löslichkeit der Ausgangsfarbstoffe, da es sich ja hier um sulfonierte Produkte handelt, erzielt man Färbungen von guter Waschechtheit.

Wir lassen hier einige Beispiele solcher sulfonierter Amine folgen:

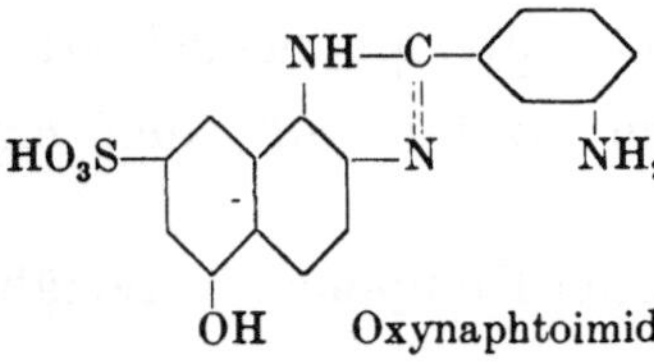

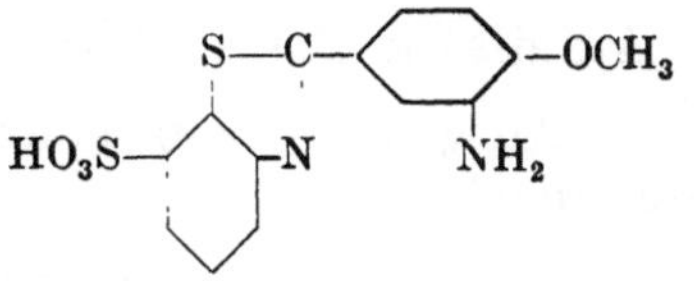

Oxynaphtoimidazol-, thiazol-, oxazolsulfonate

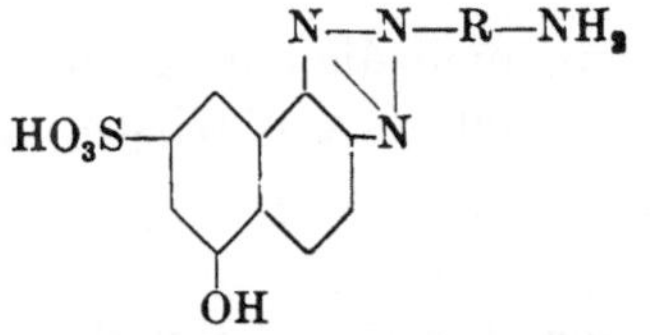

Oxynaphtopseudoazimidsulfonate

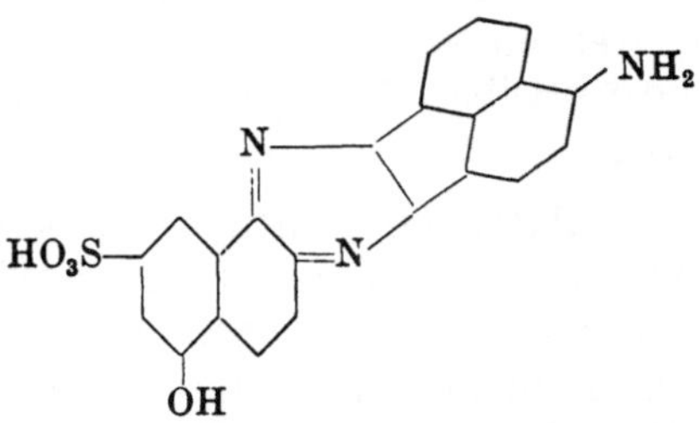

Kondensationsprodukte der o-Diaminonaphtolsulfosäuren mit aromatischen o-Diketonen

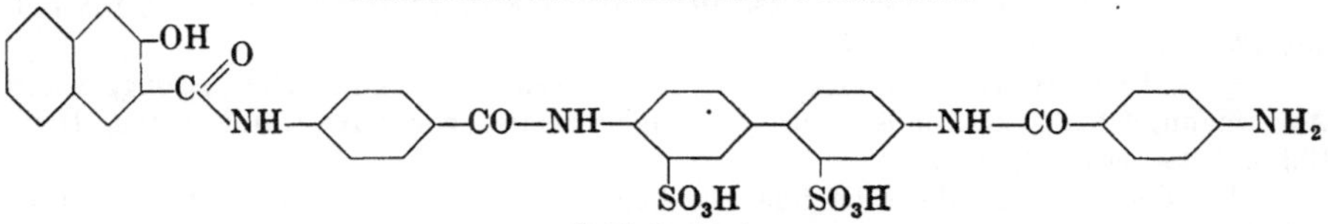

Sulfoderivate

Tursky hat als erster den Gedanken der Bildung des freien Amins in der Druckfarbe und der Entwicklung in zwei Stufen, nämlich einerseits die Diazotierung in saurem und andererseits die unmittelbar darauffolgende Kupplung im alkalischen Bade veröffentlicht. Ein anderes Beispiel für die Arbeitsweise lässt sich auch bei der Färberei des Variaminblau B feststellen, d. h. in der Verwendung eines Diazobads, dem man Essigsäure hinzufügt und in der anschliessenden Kupplung in einem sodahaltigen Bade. Beim Eintritt des Gewebes in die alkalische Lösung wird die Säure abgestumpft, woraus sich die für die Kupplung günstigen Bedingungen ergeben.

Grundgedanke C.

Anwendung von Azofarbstoffen, die durch die Einführung von löslichmachenden Gruppen in Lösung gebracht werden und Wiederbildung des ursprünglichen Farbstoffs auf der Faser durch eine entsprechende Nachbehandlung.

Auf diesem Prinzip beruhen die folgenden drei Möglichkeiten:

1. Ausgehend von einem unlöslichen Azofarbstoff, den man löslich macht.

2. Ausgehend von einer löslich gemachten Komponente, die fähig ist, einen löslichen Azofarbstoff zu bilden.

3. Ausgehend von einem löslichen Körper, der durch chemische Umsetzung zu einem unlöslichen Azofarbstoff führt.

Bisher wurde ein einziges, auf diesem Gedanken beruhendes Verfahren veröffentlicht. Es wurde von der Ciba ausgearbeitet und bildet den Gegenstand der nachstehenden Patente: *franz. P. 815.575, 817.814, 820.352*, auch *amer. P. 2.095.600* (Ciba)[1]). Die in Rede stehenden neuen Produkte werden von den Basler Farbstoffabriken unter den Namen Neocotone (Ciba), Neogenole (Sandoz) und Tinogenale (Geigy) vertrieben.

Wie man aus den Patenten[2]) entnehmen kann, sind die Neocotone schon vorgebildete, unlösliche Azofarbstoffe, z. B. der Farbstoff, der durch Kupplung der Diazoverbindung des Chloranilins mit dem Anilid der 2,3-Oxynaphtoesäure entsteht. Diese Farbstoffe überführt man durch die Einwirkung azylierender Mittel in lösliche

---

[1]) *Franz. P. 830.313, 832.779, 833.101, 840.459, 850.422, 852.400, 852.410, 856.423, 856.693, 858.333, 862.040, 867.110; brit. P. 480.358.*

[2]) G. Engi, Helv. Chim. Acta 1941, Jubiläumsheft; Ch. Gränacher, Brüngger und Ackermann, Über Neocotonfarbstoffe, eine neue Klasse von Farbstoffderivaten, Helv. Chim. Acta 1941, *24*, 40 E.

Aus dem Studium der Ciba über die Neocotone (Helv. Chim. Acta 1941, S. 40 E) geht hervor, dass die Arbeiten in erster Linie auf die Ermittlung der Schwefelsäureester

Produkte. Die azylierenden Mittel müssen neben dem Azylrest noch wenigstens einen Substituenten besitzen, welcher der neu entstandenen Verbindung die Eigenschaft der Löslichkeit mitteilt. Als azylierende Mittel verwendet man Verbindungen, die eine COOH- und eine SO_3H-Gruppe enthalten, wobei wieder mindestens einer dieser Reste als

---

der Azofarbstoffe gerichtet waren. Diese Tendenz hat Marcel Bader seinerzeit auch zur Entdeckung der Indigosole geführt.

Tatsächlich konnte eine Esterifikation festgestellt werden, sofern man von einem Azokörper der Formel

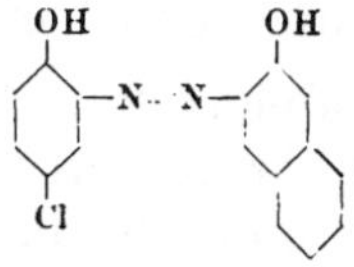

OH OH
—N=N—
Cl

ausging, auf den man Chlorsulfonsäure in Pyridinlösung einwirken liess.

Dagegen trat bei einer Azoverbindung folgender Formel

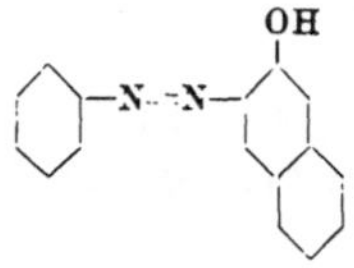

OH
—N=N—

unter denselben Bedingungen keine Esterifikation ein.

Lässt man dagegen

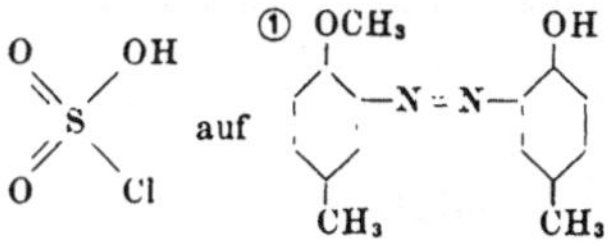

O OH
S
O Cl
auf
① OCH_3 OH
—N=N—
CH_3 CH_3

dispergiert in Pyridin einwirken, so erhält man den Schwefelsäureester folgender Formel:

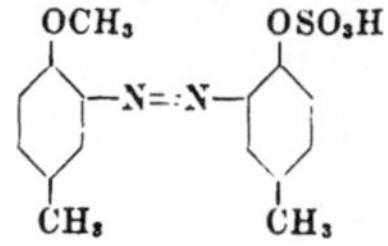

OCH_3 OSO_3H
—N=N—
CH_3 CH_3

Die gleiche Esterifikation wird eintreten für

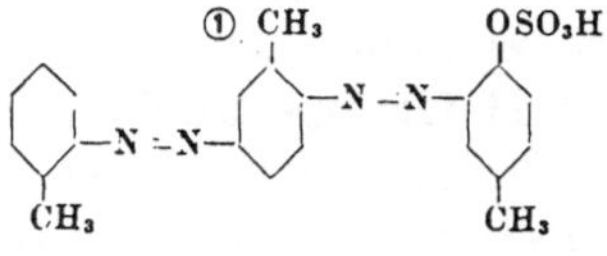

① CH_3 OSO_3H
—N=N— —N=N—
CH_3 CH_3

Diese Reaktion verläuft ebenso gut auf dem Benzol- wie auf dem Naphtalinkern, einzig eine Bedingung scheint absolut notwendig, die Gegenwart einer Substitution in Stellung ①.

Leider konnten diese Körper nicht isoliert werden, da sie sich sehr leicht zersetzen, besonders wenn man sie in trockenem Zustand zu erhalten sucht.

Halogenid vorhanden ist. Als Beispiel diene das Sulfochlorid der Benzoesäure[1]):

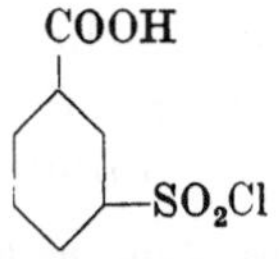

COOH

SO_2Cl

Im *amer. P. 2.170.262*, 1939 werden noch andere Azylierungsmittel, z. B. das Chlorid der 1,3,6-Naphtalintrisulfosäure erwähnt.

Die Reaktion kann nun in zweifacher Art ausgelegt werden:

Man kann erstens annehmen, dass das Benzoesäuresulfochlorid bei der Einwirkung auf einen Azofarbstoff, der eine freie OH-Gruppe besitzt, eine Azylverbindung gibt, die in Wasser löslich ist und der folgenden allgemeinen Formel entspricht:

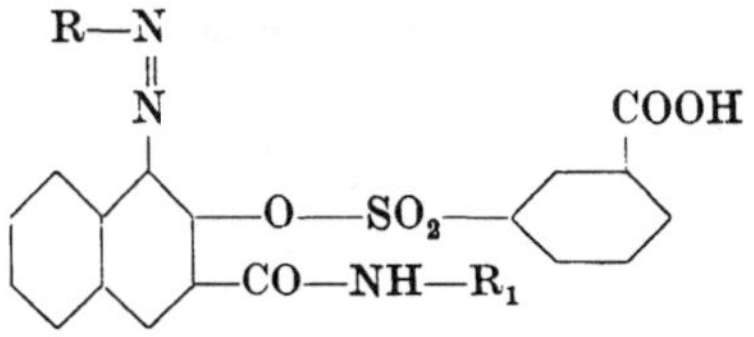

R—N=N ... COOH

$—O—SO_2—$

$—CO—NH—R_1$

In diesem Falle würden also Karboxylverbindungen der Sulfonsäureester vorliegen. Da die Reaktion in Pyridinlösung vor sich geht, erhält man am COOH-Rest ein Pyridinsalz, nämlich:

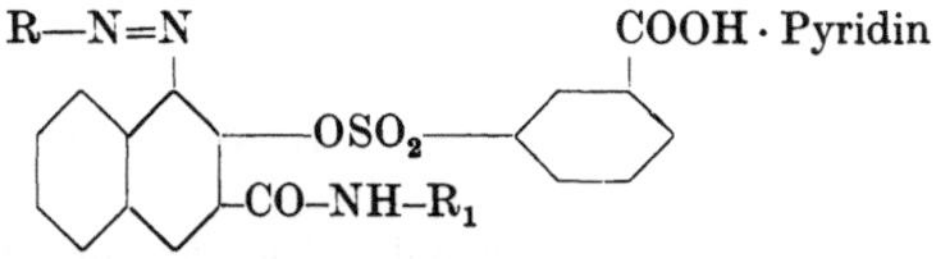

R—N=N ... COOH · Pyridin

$—OSO_2—$

$—CO–NH–R_1$

Diese Auffassung ist unstreitig logisch und vom chemischen Standpunkt aus auch annehmbar, doch scheint sie aus mehreren Gründen nicht dem Ablauf der Reaktion zu entsprechen.

Tatsächlich hat die Karboxylgruppe nur eine geringe löslichmachende Wirkung, selbst wenn sie in Form eines Salzes vorhanden ist. Man muss sich vor Augen halten, dass die Benzoesäure an sich in kaltem Wasser nur schwer löslich ist. Das Molekulargewicht des Neocoton-Körpers liegt zwischen 400 und 600; unter diesen Umständen könnte die COOH-Gruppe allein nicht die Löslichkeit eines so grossen Moleküls zur Folge haben. Überdies könnten die Pyridinsalze derartiger Karbonsäuren nicht beständig sein und müssten

[1]) Das p-Sulfochlorid der Benzoesäure wurde bereits von der I.G. Farbenindustrie im *D.R.P. 514.519* (siehe Kap. III, S. 408) zur Esterifizierung der Leukoderivate der Küpenfarbstoffe empfohlen, um lösliche Ester dieser Farbstoffe analog den Indigosolen zu erhalten.

leicht hydrolytisch dissoziierbar sein. Ferner sind die Sulfosäureester in alkalischem Mittel nicht so leicht hydrolysierbar wie die Karbonsäureester.

Alle diese Umstände führen dazu, eine zweite Deutung ins Auge zu fassen, die übrigens der tatsächlichen Konstitution der Verbindungen entspricht und die sich wie folgt darstellen lässt: das Benzoesäuresulfochlorid reagiert in der Pyridinlösung nicht als

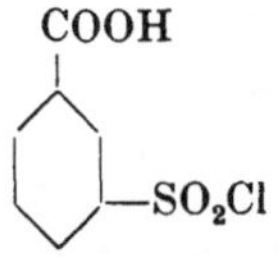

COOH

—SO_2Cl

sondern als Karbonsäurechlorid einer Benzolsulfosäure

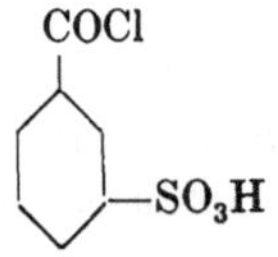

COCl

—SO_3H

welcher Umstand auf die stark chlorierende Wirkung der SO_2Cl-Gruppe zurückzuführen ist, die intramolekular auf die freie COOH-Gruppe wirkt und dabei den isomeren Körper, also das Chlorid der Sulfobenzoesäure gibt, welches als das eigentliche azylierende Mittel anzusehen ist.

Das Pyridin hat hierbei wahrscheinlich die Aufgabe, als Katalysator zu wirken und die bei der Reaktion frei werdende Salzsäure zu binden.

Daraus folgt, dass sich durch die Verbindung mit der freien OH-Gruppe des Azofarbstoffs Karbonsäureester bilden und dass die Neocotone in Wahrheit als Mono- oder Disulfonate von Karbonsäureestern anzusehen sind.

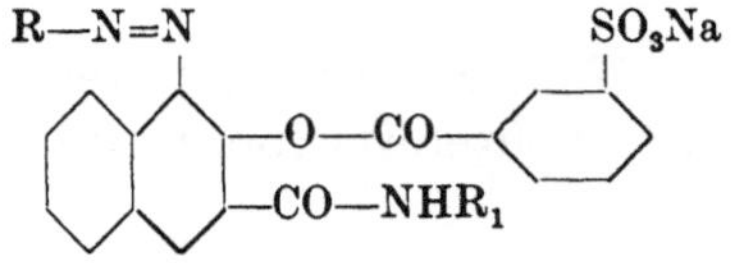

R—N=N SO_3Na

—O—CO—

—CO—NHR_1

Auf diese Weise wird die Löslichkeit des Moleküls durch die Anwesenheit von ein oder zwei SO_3H-Gruppen, die eine starke Lösungsfähigkeit besitzen, hervorgerufen, so dass sich auch bei Körpern von hohem Molekulargewicht die Erreichung der Löslichkeit erklären lässt. Andererseits findet die leicht erfolgende Hydrolyse in alkalischem Milieu bei den Neocotonen durch deren Natur als Karbonsäureester eine entsprechende Begründung. Schliesslich kann man auch die Anwendung der Bariumsalze bei Sulfonaten leicht verstehen; man vermeidet so ein Ausbluten im Augenblick der Entwicklung, da auf der

Faser zuerst das nicht dissoziierte Bariumsalz des Sulfonats, also des praktisch an sich unlöslichen Neocotons gebildet wird, wodurch erst auf der Faser die hydrolytische Spaltung stattfinden kann, ohne dass man Gefahr läuft, einen Teil der Komplexverbindung im Entwicklungsbade abzulösen und dadurch zu verlieren.

Als Verseifungs-(Entwicklungs-)Mittel werden verdünnte Alkalien, z. B. NaOH (10%) + NH_3 oder NaOH (6%) + $K_3Fe(CN)_6$ oder auch Bariumhydroxydlösungen empfohlen.

Die Druckfarbe wird in folgender Weise zubereitet:

50 g	Neocotonblau B werden mit
150 g	Neocotonlöser II angeteigt und in
200 g	heissem Wasser aufgelöst, worauf man die Lösung in
600 g	neutrale Stärke-Tragantverdickung einrührt.
1000 g	

Aus dem *schweiz. P. 204.218; brit. P. 512.664; franz. P. 850.422* (Sept. 1939), *867.110* (Ciba) erfährt man, dass man besonders druckfähige Farben mit Neocotonen erhält, wenn man denselben ausserdem Verdickungsmittel unsymmetrisch substituierte Harnstoffderivate, z. B. unsymmetrischen Diäthylharnstoff u. dgl. zugibt. In Frage kommen auch Alkaliphosphate, Harnstoff, Äther von Thiodiäthylenglykolen, Monoäthylharnstoff, 3-Äthylthioglykolsäureamid usw. Die Ausfertigung nach dem Dämpfen erfolgt wie gewöhnlich in einer Lösung, die $BaCl_2$ + NaOH enthält.

Laut *franz. P. 856.693* (1. Aug. 1940) der Ciba erzielt man bessere Ausbeuten durch Zusatz von wasserlöslichen Hydantoinderivaten der allgemeinen Formel

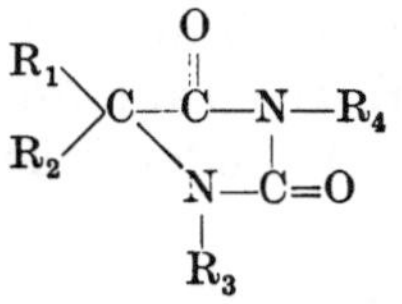

```
                  O
    R1           ‖
      \C——C——N——R4
    R2/   \      |
           N——C=O
           |
           R3
```

wo R_1 und R_2 Wasserstoff oder Alkyl, letzteres eventuell substituiert, R_3 und R_4 Wasserstoff, Säurerest von niederem Molekulargewicht oder Alkyl bedeuten.

Hydantoin ist das Ureid der Glykolsäure.

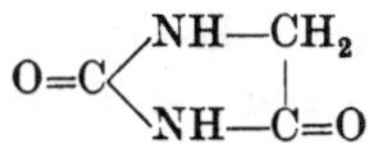

```
       /NH—CH2
  O=C<      |
       \NH—C=O
```

Als solche kommen beispielsweise Hydantoin, 5-Methylhydantoin, 5,5'-Dimethylhydantoin usw. in Betracht.

Diese Verbindungen können entweder der Druckfarbe zugegeben oder mit dem Farbstoff vermischt werden. In letzterem Falle eignen sich dann die Farbstoffe für den Druck. Das Patent weist insbesondere darauf hin, dass die Hydantoinderivate in den Druckfarben vorteilhaft in Verbindung mit anderen hydrotropen Substanzen angewendet werden sollen. Als hydrotrope Substanzen werden erwähnt: Harnstoff, Thioharnstoff, Alkylthioglykolsäureamide, Glyzerin, Äthylenglykol, Thiodiäthylenglykol usw.

Die Verwendung von Methylenderivaten der allgemeinen Formel

$$R_1-\overset{\displaystyle H}{\overset{|}{N}}-CH_2-\overset{\displaystyle H}{\overset{|}{N}}-R_2$$

R_1 = Ameisensäurerest
R_2 = Säurerest von höchstens 4 Kohlenstoffatomen,

erhöht laut *franz. P. 858.333* der Ciba ebenfalls die Ausbeuten der Neocotondrucke. Das Patent erwähnt als Beispiele: das Methylenformamid, das Methylenformacetamid. Die Anwendungsweise dieser Substanzen ist dieselbe wie für die Hydantoinderivate. Auf dem Gewebe bewirken diese Methylenderivate ein Quellen der Faser und somit ein besseres Eindringen des Farbstoffes. Die Lebhaftigkeit und Echtheit der Drucke werden hierdurch erhöht.

Es befinden sich zur Zeit folgende Marken im Handel:

Neocotongelb G	Neocotonrot R u. 29
Neocotonorange GR	Neocotonbordeaux RB
Neocotonscharlach G u. 27	Neocotonblau B

Den Neocotonfarben, welche neben Küpenfarbstoffen gedruckt werden sollen, muss man 3% m-nitrobenzolsulfosaures Natrium (Albatex BD, Ludigol) zufügen, um der zerstörenden Wirkung des Natriumformaldehydsulfoxylats zu begegnen, das in den Küpendruckfarben enthalten ist. Die bedruckten und getrockneten Gewebe werden 7—8 Minuten gedämpft; die Entwicklung nimmt man wie folgt vor:

Man klotzt das gedämpfte Gewebe im breiten Zustand in einer Lösung, die 50 cm^3 Natronlauge 36° Bé + 20 g Bariumchlorid + 200 g Natriumchlorid im Liter enthält, quetscht ab, lässt 10—15 Minuten liegen, spült kalt und säuert.

Für die als Begleitfarben neben Neocotonen mitgedruckten Küpenfarbstoffe ist aber die stark alkalische Nachbehandlung wegen der Gefahr des Abfleckens nicht ratsam.

Während der Entwicklung (Verseifung) der Neocotonfarbstoffe wird ein Teil des wasserlöslichen Azylderivates von der Faser abgezogen. Man begegnet diesem Nachteil dadurch, dass man laut *franz. P. 840.459* (Ciba) dem Entwicklungsbad stark dissoziierte Salze, wie Kochsalz, Kalziumchlorid usw., zusetzt, welche die Ionisation der Neocotonfarbstoffe zurückdrängen.

Da die Neocotonfarbstoffe lösliche Verbindungen von Azofarbstoffen der Naphtolreihe darstellen, die vollständig ausgekuppelt sind, können sie wie gewöhnliche Pigmentstoffe zu beliebigen Mischungen herangezogen werden.

Mit den Neocotonfarbstoffen hergestellte Druckfarben sind unbegrenzt haltbar.

Die Verwendung stark alkalischer Entwicklungsbäder für die Neocotonfarben wird von der Praxis als Nachteil empfunden, insbesondere bei der Fertigstellung der Kunstseide- und Zellwollgewebe.

Das Neocotonverfahren hat den Vorteil, dass für die Entwicklung der Farbe keine schädliche Behandlung nötig ist, wie dies leider bei den Rapidogenen der Fall ist (nämlich ein saures Dämpfen, Angriff der Apparatur); ferner kann man hier neben Küpenfarbstoffen unlösliche Azofarbstoffe fixieren und endlich auch Anilinschwarzreserven mit weitaus grösserer Sicherheit und Regelmässigkeit als mit den Rapidogenen erhalten (vgl. hierzu Ch. Graenacher und F. Reichart, Neocotonfarbstoffe, eine neue Klasse von Farbstoffderivaten, Mell. 1939, Nr. 4). Eine kleine Abänderung der Vorschrift liegt darin, der Druckfarbe noch Natriumphosphat, dem Ausfertigungsbad Bariumhydroxyd und Kochsalz zuzugeben, zu spülen bei 70° C, in Salzsäure (5 cm³ pro Liter) abzusäuren, zu spülen und zu seifen.

Laut *franz. P. 862.040* der Ciba können Neocotonfarbstoffe zusammen mit Indigosolfarbstoffen für die Herstellung von Mischtönen Verwendung finden. Zu diesem Zwecke mischt man beispielsweise eine Indigosolblau 04B-Druckfarbe (Ammoniumrhodanid-Chlorat-Verfahren) mit einer üblichen Neocotonrotdruckfarbe, druckt, trocknet und dämpft anschliessend während 7 Minuten im Schnelldämpfer. Die so behandelte Ware wird dann durch das Entwicklungsbad, welches Natronlauge, Bariumchlorid, Kochsalz und etwas m-nitrobenzolsulfosaures Natrium enthält, genommen, abgequetscht und anschliessend wie für die Neocotonfarbstoffe üblich fertiggestellt. Man erhält auf diese Weise satte und echte violettrote Drucke.

Die Indigosole können nur nach dem Dämpfverfahren neben Neocotonfarben, aber nicht nach dem Nitritverfahren angesetzt werden.

Das Nitritverfahren liefert aber zum Teil ausgiebigere Drucke. Beim Arbeiten mit Rapidogenfarben nach dem Rapidogenentwickler N-Verfahren werden die Indigosole vorteilhaft nach dem Nitritverfahren gedruckt.

Sofern nicht ein einfacheres Verfahren für die Neocotone herausgebracht wird, bleiben die für die Rapidogenfarben üblichen Entwicklungsmethoden dem stark alkalischen Entwicklungsprozess der Ciba überlegen.

Im *franz. P. 818.918*, auch *brit. P. 492.166* der Ciba wird weiter die Verwendung dieser neuen Verbindungen zu Ätzfarben nach dem

Verfahren mit rotem Blutlaugensalz (altes Indigoätzverfahren nach Mercer) beschrieben. Man druckt auf ein mit Indigo oder Cibablau 2B vorgefärbtes Gewebe eine Farbe auf, welche den löslichgemachten Azofarbstoff + Ferricyankalium enthält und lässt dann durch ein Bad von Natronlauge 13° Bé bei 50° C durchlaufen.

Eine interessante Verwendung der Neocotone wird im *franz. P. 842.560* (Ciba) beschrieben. Die Farbstoffe dienen hier dazu, um Anilinschwarz bunt zu reservieren. Nach der gewöhnlichen Präparation mit dem Schwarzklotz trocknet man vorsichtig, um ein stärkeres Anlaufen zu verhüten. Dann druckt man eine Farbe auf, die neben der Farbstofflösung Zinkweiss und Triphosphat enthält, Zusätze, welche noch nicht zu einer Abspaltung des unlöslichen Farbstoffs führen. Durch den darauffolgenden Dämpfprozess wird das Schwarz entwickelt und die Farbstofflösung so weit auf der Faser fixiert, dass bei der Ausfertigung in einem alkalischen, salzhaltigen Bad ($BaCl_2$, NaOH und NaCl) die Rückbildung des Farbstoffs gleichzeitig mit der Ausfertigung des Schwarz erfolgt.

Aus dem kurz nachher veröffentlichten *franz. P. 842.809* derselben Firma entnimmt man die Möglichkeit der Weissätzungen der Neocotonfärbungen durch reduktive Ätzen (Natriumformaldehydsulfoxylat + K_2CO_3 + Anthrachinon). Buntätzen werden in diesem Fall mit Küpenfarbstoffen hergestellt. Als Reserven unter Neocotonfärbungen kommen laut *franz. P. 843.174* (Ciba) Vordrucke von Farben in Betracht, die etwa 10% Formaldehydsulfoxylat enthalten. Buntreserven werden nach dem üblichen Rongalit-Pottasche-Verfahren erzielt. Nach dem Aufdruck der Farbe wird mit der Lösung des Neocotonfarbstoffs, die etwas Thiodiäthylenglykol und Trinatriumphosphat enthält, geklotzt, dann 7 Minuten im Mather-Platt gedämpft und wie üblich in einer Flotte von Bariumchlorid, Kochsalz und Natronlauge entwickelt, gespült und geseift.

Verfahren der Imp. Chem. Ind. Einwirkung des Diazoniumchlorides der p-Sulfanilsäure auf Azofarbstoffe.

Amer. P. 2.115.149 der Imp. Chem. Ind. Der Grundgedanke dieses Verfahrens ist einerseits demjenigen ähnlich, der die I.G. für die Herstellung der Rapidogene empfohlen hat, da man die Sulfanilsäure als Amin zum Löslichmachen der Komplexverbindung verwendet und andererseits findet man hier das ebenerwähnte Prinzip der Behandlung der fertiggebildeten unlöslichen Azofarbstoffe wieder, wie es die Ciba in den Neocotonen durch Löslichmachen vermittels Esterifizierung der OH-Gruppe mit Hilfe von Benzoesäuresulfochlorid anwendet.

Das in Rede stehende Verfahren der Imp. Chem. Ind. beruht darauf, dass man zuerst die Diazoverbindung einer Base mit einem

Kuppelungskörper zum unlöslichen Azofarbstoff vereinigt und den entstandenen Niederschlag in Pyridin auflöst. Hierauf gibt man z. B. die Diazoverbindung der Anilin-p-sulfosäure zu. Es entsteht eine lösliche Verbindung des Farbstoffs; durch Abdunsten des Pyridins bekommt man das neue Erzeugnis in trockenem Zustand. Man druckt dieses auf und spaltet den Azofarbstoff durch eine Passage in saurem Dampf auf der Faser ab. Hierdurch wird die löslichmachende Gruppe (Sulfanthranilsäure oder Anilin-p-sulfosäure) abgeschieden und der Farbstoff fixiert. Das Verfahren kann man schematisch in nachstehender Weise erklären:

$$R{-}N{=}N{-}R_1H{-}OH + C_6H_4(N{=}N{-}Cl)(SO_3Na) \longrightarrow R{-}N{=}N{-}R_1\begin{matrix}OH\\N{=}N{-}C_6H_4{-}SO_3Na\end{matrix} \longrightarrow$$

Unlöslicher Azofarbstoff

$$\xrightarrow{\text{Essigsäure}} R{-}N{=}N{-}R_1H{-}OH$$

Wenn tatsächlich die Abspaltung der zweiten Azogruppe gemäss den Angaben des Patents vor sich geht, so müsste die Reaktion auf sämtliche Polyazofarbstoffe anwendbar sein, doch ist dies in der Praxis nicht der Fall. Darum wäre es wünschenswert, weitere Einzelheiten zu erfahren, die den Ablauf dieses Vorgangs betreffen.

Erzeugung eines löslichen Azofarbstoffs aus einer löslich gemachten Komponente.

a) Verfahren der I.G. Farbenindustrie.

Franz. P. 716.951 I. G. Farbenindustrie. Als Ausgangsprodukt für die Herstellung unlöslicher Azofarbstoffe verwendet man Sulfaminsäuren des 9,10-dischwefelsauren Esters des 2-Aminoanthrahydrochinons von folgender Formel:

$$C_{14}H_7(OSO_3H)_2(NH{-}SO_3H)$$

(Anthracengerüst mit OSO_3H in 9- und 10-Stellung und $NH{-}SO_3H$ in 2-Stellung)

Diese Derivate werden kalt mit Nitrit und Salzsäure diazotiert und dann mit einem in Natronlauge aufgelösten Naphtol AS in Gegenwart von überschüssiger Soda gekuppelt. Der hierbei gebildete lösliche Azofarbstoff wird ausgesalzen.

Man färbt diesen Farbstoff auf vegetabilische oder tierische Faser und entwickelt durch Oxydation in saurem Medium. Bei dieser Behandlung wird die Sulfogruppe abgespalten und der unlösliche Anthrachinonazofarbstoff auf der Faser ausgefällt.

b) Verfahren der Imp. Chem. Ind.

Franz. P. 738.795; brit. P. 385.307 vom 10. Juni 1931 der Imp. Chem. Ind. Das Verfahren wurde insbesondere zum Zwecke der Bildung unlöslicher Azofarbstoffe auf Wolle ausgearbeitet; es beruht auf der Verwendung der Aryldiazosulfonate, welche eine bestimmte Affinität zur tierischen Faser in schwach saurem Medium zeigen. Man erhält diese Diazosulfonate durch Sulfonierung der Arylide der 2,3-Oxynaphtoesäure; die SO_3H-Gruppe tritt in die Stellung 1 ein, wodurch die Kupplung verhindert wird. In neutralem Medium entsteht:

SO_3Na — OH — CONHR $\xrightarrow[\text{Diazoverbindung}]{Cl—N{=}N—R_1}$ $SO_3—N{=}N—R_1$ — OH — CONHR   R u. R_1 = Arylreste

1-Aryldiazosulfonat des 2,3-Oxynaphtoesäurearylids

Behandelt man nun diese Verbindung mit Alkali, so tritt eine Umlagerung unter Bildung des Natriumsalzes des Arylamids der 1-Arylazosulfo-2-naphtochinon-3-karbonsäure ein. Schliesslich wird durch die Einwirkung von Schwefelsäure die Sulfogruppe abgespalten und man erhält den entsprechenden Azofarbstoff.

NaO_3S $N{=}N—R_1$ — O — $CONHR_2$ — H_2 $\xrightarrow{\text{Mineralsäure}}$ $N{=}N—R_1$ — OH — $CONHR_2$

Additionsnaphtochinonprodukt

Ein ähnliches Verfahren findet sich im *franz. P. 720.109* vom 17. August 1931 der Ciba.

Man färbt die Wolle mit dem Naphtochinonderivat bei 90° C in essigsaurem Bade, worauf der unlösliche Azofarbstoff durch mehrminutige Behandlung mit verdünnter Schwefelsäure abgespalten wird.

Unlösliche Azofarbstoffe durch Laktamisation erhalten.

a) Dieses Verfahren ist der Imp. Chem. Ind. zu verdanken und wird in einer Anzahl Patenten beschrieben, insbesondere in den *franz. P. 764.700, 768.526, 1. Zusatz-P. 44.515* und den *brit. P. 415.753, 416.779.*

Das Prinzip dieses Verfahrens besteht in der Herstellung unlöslicher Azofarbstoffe, die der allgemeinen Formel

R—N=N—⟨ ⟩—NH_2
—X—Y—COOH

entsprechen und wo X und Y Atome oder der Gruppen wie S,O, = NH, = CH_2 sind.

Die Kette X—Y—COOH ist befähigt, mit nebenstehender Aminogruppe durch Kondensation einen 6-gliederigen Laktamring zu bilden, der die Unlöslichkeit des Farbstoffes bedingt.

Man erhält einen unlöslichen Azofarbstoff von der Formel

NH
O
R—N=N— C

Die Laktamisation erfolgt entweder auf der Faser oder in der Masse durch eine Behandlung in verdünnter starker Säure.

Das Verfahren zielt hauptsächlich auf die Bildung von unlöslichen Azofarbstoffen auf der animalischen Faser ab.

Der Arbeitsgang ist folgender: man färbt 30 Minuten lang bei 90° C in wässeriger Lösung, dann abermals 30 Minuten unter portionenweisem Zusatz von 2% Essigsäure. Die Laktamisation wird durch eine Behandlung von 10 Minuten in kochender 1/10 normaler Salzsäure vorgenommen.

Das Verfahren kann für Naphtolfarbstoffe angewendet werden, die durch Kupplung von einem Diazoechtsalz mit einem zur Laktambildung neigenden Arylid der 2,3-Oxynaphtoesäure hergestellt werden.

Beispiel:

—OH NH_2
—CO—NH—⟨ ⟩—S—CH_2—COOH

Zum Schluss wäre noch folgendes Verfahren zu erwähnen:

b) *Franz. P. 739.705* der Ciba vom 6. Juli 1932. Dieses originelle Verfahren lässt den Gedanken des Erfinders erkennen, eine Verbindung herzustellen, die an sich den Kupplungskörper und die Diazoverbindung in einem Komplex enthält, und zwar durch die Einwirkung eines Chlorids der 2,3-Oxynaphtoesäure auf eine Diazoaminoverbindung.

Die Bildung des Azofarbstoffs findet durch Säureeinwirkung nach dem folgenden Schema statt:

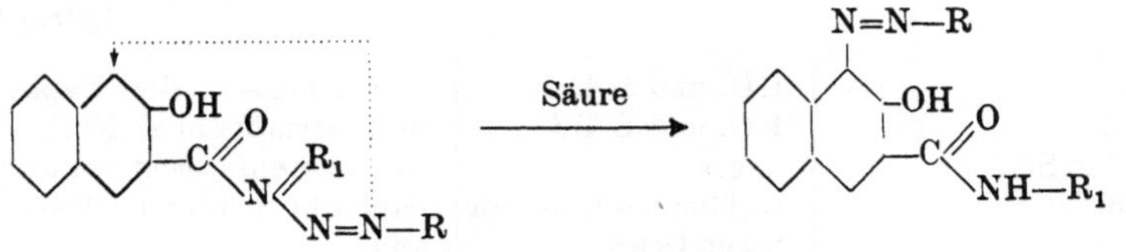

R und R_1 = Arylreste

Das Verfahren konnte sich aber zufolge der Schwierigkeiten bei der Herstellung der Verbindung und zufolge der geringen Löslichkeit nicht praktisch durchsetzen.

Name	Erzeugerfirma	Zusammensetzung
		Hilfsmittel für
Paradurol Parasanol Stabilisator SG Diastersol N Diazophile Stabilisol Azoguard	I. G. und G.D.C. I. G. und G.D.C. Sager Kuhlmann-Francolor Saint-Denis S.P.C.M.C. Imp. Chem. Ind.	Natriumsalz der Naphtalin-di- und -trisulfosäure. Nach anderen Angaben entspricht Paradurol dem naphtalin-1, 3, 6-trisulfosauren Natrium.
Diazopon A Diazotex O conc. Diazopon AN Azopol A Diazolo Solusol AO Solifix TN Diazolite Diazopon FFA, hoch konz. Stabilon	I. G. (1932) Francolor G.D.C. I.C.I. A.C.N.A. S.P.C.S. (Bezons) Sinnova Union Chim. Belge I. G. (1943) Amer. Anil. Prod.	Kondensationsprodukt von Ölsäure mit 20 Molen Äthylenoxyd. Ist wie Peregal O eine 15%ige Lösung von Emulphor O $RO(C_2H_4O)_nH$ Fettfreies Dispergiermittel für die Diazobäder. Austauschprodukt für Diazopon A: 1 T. FFA = 3 T. A.
Setamol WS, WSN Diastersol NDS Dispergine CB Tamol N Lomar PW Lyokol O Lissatan AC	I. G. Farbenindustrie Kuhlmann (1938) Francolor (1942) Calco Chem. Div. J. Wolf Sandoz I.C.I.	Kondensationsprod. des β-naphtalinsauren Natriums mit Formaldehyd. Entspricht dem Natriumsalz des Disulfodinaphtylmethans.
		Hilfsmittel für
Entwickler D Developsol D Tinosolentwickler Soledonentwickler T	I. G. D.H. Geigy I.C.I.	Diäthyltartrat
Rapidogenentwickler N Lyoprint DA Brentogenentwickler N	I. G. Ciba I.C.I.	Diäthyloxyäthylamin oder Diäthylaminoäthanol $\left.\begin{matrix}C_2H_5\\C_2H_5\end{matrix}\right\rangle N{-}CH_2{-}CH_2{-}OH$
Rapidogenentwickler NN	I. G.	Marke N + Ludigol + Kalziumlaktat.
Laventin RA	I. G.	

Literatur	Verwendungszwecke
Diazobäder	
Bayer, *D.R.P. 263.431;* Frdl. XI, S. 370.	Stabilisierendes, die Zersetzung der Diazobäder hemmendes Mittel. Wird zum Färben und Drucken verwendet.
Ursprüngliches Patent: *D.R.P. 593.790.* Hellgefärbte Flüssigkeit. Z. f. ges. Text. Ind. 1932, S. 337. Christ: Z. f. ges. Text. Ind. 1932, S. 492; Steitz: Mell. 1935, S. 444 und 515; Schwen: Text. Manuf. 1936, S. 153; Kirst: Mell. 1937, S. 739; Metzger: Mell. 1937, S. 644; Christ: Mell. 1932, Bd. 13, S. 368.	Dispergiermittel, welches die Reibechtheit der Färbungen mit unlöslichen Azofarbstoffen verbessert. Erhöht die Beständigkeit der Diazotierungsflotten, begünstigt die Erhaltung der Lacke im kolloidalen Zustand, daher bessere Durchdringung. Zusatz: 2—5 g pro Liter zur Diazolösung. Übt eine stabilisierende Wirkung auf diazotierte Basen aus, indem es die Bildung gefärbter Nebenprodukte verhindert.
Amer. P. 2.154.405.	Steigert die Dispergierung und verzögert das Absetzen; erhöht die Klarheit der Entwicklungsbäder und verbessert die Reibechtheit.
Rapidogendruckfarben	
Brit. P. 466.846; D.R.P. 639.288; franz. P. 785.334, 798.425.	Das Produkt wird zur Entwicklung der Rapidogene im neutralen Dampf verwendet.
The Dyer, 1950, *103*, S. 297.	Zur Entwicklung der Rapidogene mit neutralem Dampf in Kombination mit Küpenfarben. Erlaubt, die Rapidogene ohne Zusatz von Natronlauge anzusetzen.
	Für Rapidogenfarben, die neben Küpenfarbstoffen gedruckt werden.
Franz. P. 785.334, 798.425.	Wird für den Druck und die Entwicklung der Rapidogene auf Naturseide angewendet.

Name	Erzeugerfirma	Zusammensetzung
Débénaphtol A und AN	Lab. Zundel, Joliet & Co., in Gennevilliers	Braune Flüssigkeit.
Sandozol S Cibagenlöser	Sandoz Ciba	Lösungsmittel, welches als Grundlage Glykolderivate enthält, vermutlich Äthylglykol.
Neocotonlöser Tinogenallöser A u. B Lyoprint G Glyecin A Solutène CI Dehapan GB Lyogen TG Tinosollöser A Kromfax Solvent Glydote A u. B.	Ciba Geigy Ciba (1944) I. G. Farbenindustrie Francolor Durand & Huguenin Ciba Geigy C.C.C.C. I.C.I.	Thiodiäthylenglykol $S\begin{cases} CH_2-CH_2-OH \\ CH_2-CH_2-OH \end{cases}$

Hilfsmittel für

Name	Erzeugerfirma	Zusammensetzung
Acorit	Böhme Fettchemie	Fettalkoholsulfat oder Fettsulfosäure mit einer freien OH-Gruppe.
Acorit	Gardinol Chem. Co.	Mischung eines anionaktiven Fettalkoholsulfats und eines organischen Lösungsmittels.
Sapidan CAN	Böhme, Dresden	Fettalkoholsulfat.
Eunaphtol K	I. G.	Alkylnaphtalinsulfonat.
Eunaphtol ED	I. G.	Kondensationsprodukt von Alkylsulfonaphtalin mit Formaldehyd.
Eunaphtol AS	I. G.	Mischung von Sulforizinat + Nekal BX + Dekol + Glykol + Trinatriumphosphat + Natronlauge.

Literatur	Verwendungszwecke
	Dispergier- und Lösungsmittel; verbessert die Löslichkeit der Rapidogene, wodurch die häufig auftretenden, auf eine schlechte Zubereitung der Druckfarbe zurückzuführenden Nachteile vermieden werden.
Brit. P. 449.267; öst. P. 147.774; D. R. P. 638.878.	Lösungsmittel, das als Hilfsmittel bei der Zubereitung der Cibagenfarben empfohlen wird.
Siehe Kap. I, Tabellen.	Lösungsmittel, das als Hilfsmittel bei der Zubereitung der Neocoton- und Tinogenaldruckfarben empfohlen wird.

Naphtolbäder

Literatur	Verwendungszwecke
Franz. P. 739.066; amer. P. 2.026.817; öst. P. 135.670. A. J. Hall, Silk and Rayon, 1950, *24*, S. 230.	Lösungs- und Emulgiermittel für die Auflösung der Naphtole; hervorragende Beständigkeit gegen hartes Wasser, Alkalien, Säuren und Salzlösungen. Ausgesprochene Netzfähigkeit; Verbesserung der Reibechtheit und des Durchdringungsvermögens. Man erhält klare Naphtolatlösungen.
	Dispergiermittel zur Auflösung der Naphtole. Verbesserung der Reibechtheit; Zusatz von 1—3 g/Lit. Die Marke N wird zum Seifen der Färbungen mit unlöslichen Azofarbstoffen empfohlen.
Mell. 1930, S. 610. Mell. 1934, S. 184. Görlich, Mell. 1935, S. 441. Hasse, Mell. 1937, S. 518.	Hartwasserbeständiges Netzmittel; wird zur Auflösung der Naphtole verwendet. Marke AS: besitzt eine ausgezeichnete Kalkbeständigkeit und eine gute schutzkolloide Wirkung, gibt klare und beständige Grundierbäder; gute, reibechte Färbungen.

Name	Erzeugerfirma	Zusammensetzung
Tibalène NED Naphtosolvine ED	Francolor S.P.C.M.C.	Formaldehyd-Phenol-Kondensationsprodukt mit einem Fettkörper.
Sunaptol N in Tg. od. Pulv. Collex in Tg. oder Pulv. Nekal AEM	Francolor S.P.C.M.C. I. G.Farbenindustrie	Alkylierte Verbindung von Keratin und Naphtalinsulfosäure. Kasein oder Leim, die mittels alkylnaphtalinsulfosauren Natriums hydrolisiert wurden.
Avirol AH extra Sandozol KB, KBN Oloran B 7 Prästabitöl ZN Flerhenol M sup. extra Puropolöl AMG Tibalène NAM Immersol S und SG Astrolane Calsolenöl HS Tinopolöl BH	Böhme Sandoz Oranienburg Chem. Fabr. Stockhausen Flesch Simon-Dürckheim Francolor Saint-Denis S.P.C.M.C. Imp. Chem. Ind. Geigy	Sulfonierter Rizinusölsäureester $C_{17}H_{32}\langle{}^{O-SO_2-ONa}_{C\langle{}^{O}_{O-R}}$ Hochsulfoniertes Öl.
Prästabitöl MA Intrasol Prästabitöl	Stockhausen Stockhausen Stockhausen	Alkalisalze eines Fett-Schwefelsäureesters + Lösungsmittel. Alkalisalze von hochmolekularen aliphatischen Sulfosäuren.
Eulysin AS	I. G.	

Literatur	Verwendungszwecke
Franz. P. 734.318; Tiba, 1932, S. 1027.	Dispergiermittel, welches die Bildung von Kalkseifen verhindert. Schutz- und Egalisiermittel. Hält die Naphtolbäder in klarer Lösung. Es entstehen so tiefere, lebhaftere und reibechtere Töne. Zusatz 3—4 g/Lit.
	Schutzkolloid und Durchdringungsmittel, für Klotz- und Entwicklungsbäder (Salze oder Basen) im Gebrauch. Hält den nicht fixierten Überschuss des Farbstoffs in Suspension; erhöht die Reibechtheit.
Vgl. dieses Werk Kap. I, S. 360.	Beständig gegen Wasserhärte und Magnesiumsulfat; verhindert die Kalkseifenbildung; Verwendung in Naphtolbädern. Ersatz der üblichen Rizinusölsulfonate. — Dispergier- und Netzmittel, das für die Rapidogenfarben (Zusatz 10—15‰) zur Verhinderung der Bildung von Rakelstreifen empfohlen wird.
D.R.P. 591.196.	Hochkonzentriertes Netz- und Anteigemittel für die Naphtolfärberei, nur in weichem Wasser anwendbar. Zum Anteigen von Naphtolen der AS-Reihe.
Gibt bei der Umsetzung mit Natronlauge keine Fällung.	Wird in der Variaminblaufärberei angewendet. Alkalibindemittel für die Variaminblaufärberei; wird in Wasser gelöst und dem Variaminblausalzbade zugesetzt; bewirkt bessere Egalität und reineren Farbton, verbessert die Haltbarkeit der Farbe.

Name	Erzeugerfirma	Zusammensetzung
Paraseife PN	M.L.B.	Saures Natriumrizinoleat.
Lissolamin A	Imp. Chem. Ind.	Aus quaternären Ammonium- oder Pyridiniumbasen erhaltenes Produkt, z. B. Cetyltrimethylammoniumbromid; Oktadezylpyridiniumbromid. $(CH_3)_3N(R)Br$, $R = C_{16}H_{33}$. Weisser, in Wasser leicht löslicher Teig von neutraler Reaktion. Beständig gegen Säuren, Alkalien und hartes Wasser.

Literatur	Verwendungszwecke
Fischer's Ber. 1890, *36*, S. 1115. Herstellung: 120 cm³ NH_3 + 1 kg Rizinusölsäure, gut mischen, noch 1 kg Rizinusölsäure hinzufügen. Die Rizinusölsäure erhält man durch Kochen von Rizinusöl (100 kg) während einer Stunde mit 100 kg NaOH 19° Bé (= 13,6 kg NaOH), worauf man bis zum Eintritt der sauren Reaktion 15 Liter H_2SO_4 66° Bé zugibt. Über Nacht stehenlassen und so die Rizinusölsäure abscheiden... Ausbeute 95 kg.	Das Produkt wird für den Ansatz der Naphtolbäder verwendet.
Franz. P. 752.728 (1933) und *748.510* (1933) der Imp. Chem. Ind. Dieses Werk Kap. IV, S. 603. A. J. Hall, Silk and Rayon, 1950, *24*, S. 372.	Dispergiermittel zur Förderung der Entfärbung in Mischung mit Natriumhydrosulfit und Alkali. Zum Abziehen der Azofärbungen geeignet. Man behandelt die gefärbte Faser während 30 Minuten bei Kochtemperatur mit 2% LissolaminA, 4% NaOH und 6% Natriumhydrosulfit.

V. KAPITEL

Fortschritte auf dem Gebiete der Beizenfarbstoffe.

Die Beizenfarbstoffe[1]) sind Verbindungen, die keine direkte Affinität zu den vegetabilischen oder tierischen Fasern zeigen, aber mittels Beizen fixiert werden können.

Die charakteristischen Merkmale der Beizenfarbstoffe sind beizenziehende Gruppen, die die Eigenschaft besitzen, mit Metallsalzen (Al-, Cr-, Cu-, Fe-, Ni- und andere Salze) mehr oder weniger schwerlösliche Verbindungen, sogenannte Farblacke, zu bilden.

Man unterscheidet zwei Hauptgruppen von Farbstoffen, die die Fähigkeit besitzen, mit Beizen zu reagieren.

1. Farbstoffe verschiedener Konstitution, die in ortho- oder peri-Stellung folgende Gruppen aufweisen:

a. zwei Hydroxylgruppen,

b. eine Hydroxyl- und eine Karboxylgruppe,

c. zwei Karboxylgruppen

zum Beispiel

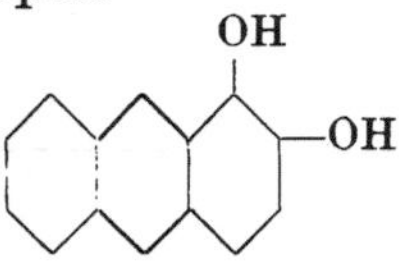

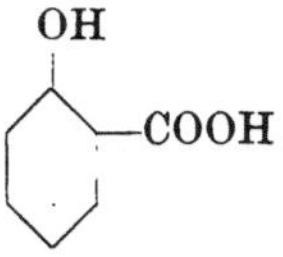

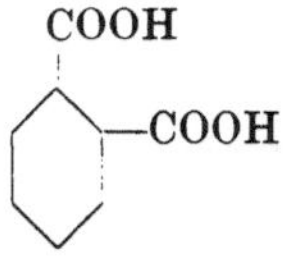

OH, OH — COOH, OH — COOH, COOH

2. Azofarbstoffe, die in ortho- oder peri-Stellung zur Azogruppe in einem oder in beiden Kernen Hydroxyl- oder Karboxylgruppen und im zweiten Kern eine Aminogruppe enthalten, zum Beispiel

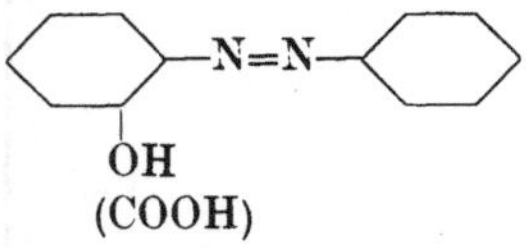

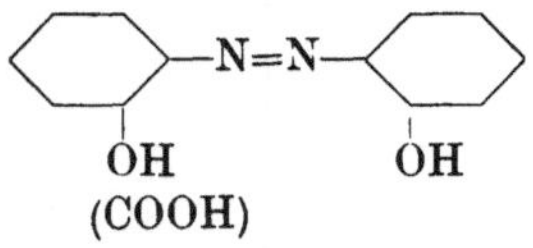

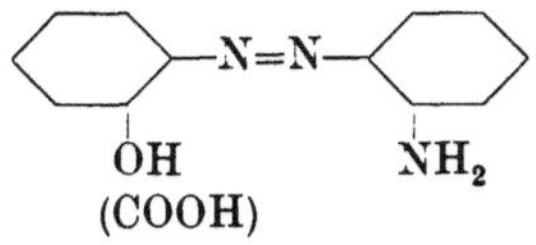

—N=N— / OH (COOH) —N=N— / OH (COOH), OH —N=N— / OH (COOH), NH_2

[1]) Sammelbezeichnungen: Chromoxal-, Metachromfarbstoffe der A.G.F.A.; Beizen-, Palatinchromfarbstoffe der B.A.S.F.; Chromoxan-, Diamant-, Säureanthrazen-, Säurechrom-, Monochrom-, Gallofarbstoffe von Bayer; Anthrazenchrom-, Anthrazensäurechromfarbstoffe von Cassella; Oxychromfarbstoffe von Griesheim; Salizin-, Einbadchromfarbstoffe von Kalle; Chromogen-, Echtbeizen-, Säurealizarin-, Antochromfarbstoffe von M.L.B.; Azoalizarin-, Modern-, Novochrom-, Chrom-, Viridin-, Luxinfarbstoffe von Durand & Huguenin; Eriochrom-, Erioalizarinfarbstoffe von Geigy; Naphtochrom-, Chromechtfarbstoffe der Ciba; Omegachromfarbstoffe von Sandoz; Autochrom-, Metachrom-, Anthrazen-, Alizarin-, Beizen- Chrom-, Chromecht-, Gallamin-, Gallo-, Brillantalizarinfarbstoffe der I. G.; Colorants acides au chrome, Alizarines von Francolor; Colorants acides au chrome von Saint-Denis.

Auf Grund ihrer Konstitution gehören die Beizenfarbstoffe zu folgenden Farbstoffklassen:

Azofarbstoffe,
Triphenylmethanfarbstoffe,
anthrachinoide Farbstoffe,
Pyrazolonfarbstoffe,
Oxazinfarbstoffe (Gallocyanine),
chinoide Farbstoffe, die sich nicht vom Anthrachinon ableiten.

Die wichtigsten Beizenfarbstoffe gehören einerseits zu den anthrachinoiden Farbstoffen, deren wichtigster Vertreter das Alizarin ist, und andererseits zu den Azo- und Triphenylmethanfarbstoffen.

Bei den Azofarbstoffen ist es unbedingt nötig, dass eine Hydroxylgruppe in o-Stellung zum Stickstoff oder eine o-Dioxy- oder o-Dikarboxy- oder auch eine Karboxylgruppe vorhanden ist.

Für das Färben und Drucken von Zellulosefasern kommen Farbstoffe in Betracht, die keine Sulfogruppe enthalten. Aber es gibt eine grosse Anzahl von Azofarbstoffen, die verschiedene Derivate von Naphtalinsulfosäuren sind, also Sulfogruppen besitzen; diese werden dennoch zum Färben und Bedrucken von Baumwolle und andern Zellulosefasern verwendet. Es ist also nicht die Sulfogruppe ein charakteristisches Merkmal der Beizenfarbstoffe für Zellulosefasern. In diesem Falle handelt es sich eher um eine gegenseitige Kompensierung der Einflüsse der Anzahl der Sulfogruppen und der Molekülgrösse. Es gibt jedoch auch sehr viele Farbstoffe für Zellulosefasern, die durch die Anwesenheit einer Karboxylgruppe gekennzeichnet sind.

Für die Wollfärberei benötigt man Beizenfarbstoffe, die eine oder zwei löslichmachende Gruppen enthalten, zum Beispiel Sulfo- oder Karboxylgruppen. Sie gelangen dann in Form ihrer Natriumsalze in den Handel.

Zum Färben gebeizter tierischer Fasern kann man sowohl lösliche als auch unlösliche Farbstoffe verwenden, während für den Nachchromierungsprozess oder das Einbadverfahren nur lösliche Farbstoffe in Betracht kommen (Chromierungsfarbstoffe).

Das immer wachsende Interesse für die modernen Fabrikationen (Naphtole, Rapidogene, Küpen- und Indigosolfarbstoffe), die sich durch hervorragende Licht- und Waschechtheit, Lebhaftigkeit sowie reiche Nuancenpalette auszeichnen, hat die Chromfarbstoffe in den letzten Jahren immer mehr in den Schatten gestellt. Immerhin spielen sie auch heute noch eine grosse Rolle, und die neueren Arbeiten der Firma Durand & Huguenin haben ihnen neue Gebiete im Rahmen der Druckerei eröffnet.

Die Metallbeizen.

Da die natürliche Affinität der Baumwolle zu gewissen Farbstoffen zu gering ist, muss sie künstlich erhöht werden, indem man auf diese Faser Produkte sauren oder basischen Charakters aufbringt, welche in Form ihrer Hydrate mit den Farbstoffen unlösliche Lacke bilden. Diese Farblacke sind komplexe, unlösliche Salze, in denen das Metall seine Kationeigenschaften eingebüsst hat.

Die eigentlichen Beizen sind leicht hydrolysierbare Salze, weshalb die normalen Salze starker Säuren keine Beizmittel sind. In dem Masse aber, in welchem die Basizität des Salzes durch Hydrolyse erhöht wird, erhält man basische Salze, welche Beizencharakter haben. Die Normalsalze und besonders die basischen Salze schwacher Säuren (Azetate, Formiate) und dreiwertiger Metalle gehören zu den gebräuchlichsten Beizmitteln. Mit Säuren, welche wenig hydrolysierbare Salze bilden, und die die Fähigkeit besitzen, komplexe Verbindungen zu geben, in denen das Metall seinen elektropositiven Charakter verliert, wird die Lackbildung verlangsamt und kann sogar vollständig verhindert werden. Es lässt sich folgende Regel aufstellen: mit normalen oder basischen Azetaten leichte, mit Laktaten verlangsamte, mit Oxalaten, Tartraten und Zitraten unvollkommene Lackbildung.

Die hauptsächlichsten Beizen, welche in der Druckerei und Färberei zur Verwendung kommen, sind die Chrom-, Aluminium- und Eisensalze, für Spezialfälle auch Nickel-, Zink- und Kobaltsalze. Kalzium- und Zinnsalze werden nur in binären oder ternären Gemischen mit Aluminiumbeizen für Alizarinrosa oder -rot angewendet.

Die Chrombeizen[1]).

Diese Beizen leiten sich vom dreiwertigen und sechswertigen Chrom ab, aber im letzteren Fall beginnt die Beizwirkung erst, wenn das sechswertige Chrom zum dreiwertigen reduziert wird. Die beiden Salze, welche als Ausgangsprodukte für die Bereitung von Chrombeizen dienen, sind Bichromat und Chromalaun.

Für den Druck ist Chromazetat das wichtigste Beizmittel. Zum Färben von Spinnfasern, für welche Chrombeizen zwar nur wenig Verwendung finden, benützt man vorzugsweise Chromchloridlösungen von 20^0 Bé sowie Chromchromate.

Zum Beizen von Baumwollgeweben, die für die Färberei bestimmt sind, wird besonders Chrombisulfit angewendet, während man für Wolle Bichromat mit Schwefel-, Oxal- und hauptsächlich Ameisensäure, in besonderen Fällen auch Chromfluorid mit Oxalsäure, anwendet.

---

[1]) Kissilef, Chrombeizen, R.G.M.C. 1936, S. 203.

Chromazetat, $Cr(C_2H_3O_2)_3 \cdot 5\,H_2O$ in Lösung, wird durch Auflösen von frischgefälltem Chromhydroxyd in der entsprechenden Menge Essigsäure erhalten. Das komplex gebundene Chrom wird durch Soda oder Ätzalkali in der Kälte nicht niedergeschlagen, sondern scheidet sich erst bei Siedehitze oder durch Dämpfen aus. Man kann Chromazetat ebenfalls durch doppelte Umsetzung von Chromalaun mit Blei- oder Kalziumazetat, oder auch durch Reduktion von Natriumbichromat in essigsaurer Lösung mittels einer reduzierenden organischen Substanz, wie Glukose, herstellen. Die grüne Lösung von Chromazetat verwandelt sich in die violette Modifikation, welche komplexen Salzen entspricht (Ullmann Bd. *4*, S. 673; A. Recoura, C. R. 1899, S. 129, 158, 208, 288).

$[Cr(OH)_2(C_2H_3O_2)](C_2H_4O_2)_2$
violett, Chromodiessigsäure

$[Cr(OH)(C_2H_3O_2)_2](C_2H_4O_2)$
violett, Chromomonoessigsäure

$[Cr_2O(C_2H_3O_2)_4](C_2H_4O_2)_2$
grün, Chromessigsäure

Das violette Handelsprodukt ist ein basisches Salz, $Cr(C_2H_3O_2)_2OH$, welches durch Zusatz von Soda in das übliche grüne Azetat übergeht. Die basischen Salze zersetzen sich leicht in der Wärme. Das normale Azetat gibt 8,4% seines Chromgehaltes ab, während $Cr(C_2H_3O_2)_2OH$ 25% abgibt (Buttner, Z. f. angew. Chem. 1912, Bd. *75*, S. 292, 370).

Die Chromsulfazetate werden wie die entsprechenden Aluminiumsalze durch doppelte Umsetzung von Chromalaun mit einer ungenügenden Menge Blei- oder Kalziumazetat oder auch durch Reduktion von Natriumbichromat in essigsaurer Lösung in Gegenwart von Schwefelsäure erhalten. Zur Anwendung kommen die basischen Sulfazetate, z. B. $Cr_3(SO_4)(C_2H_3O_2)(OH)_6$, welches 84% seines Chromgehaltes abgibt, sowie das normale Chromsulfazetat $Cr_2(C_2H_3O_2)_4(SO_4)$, das durch Reduktion von 12 Teilen $Na_2Cr_2O_7$ mit 6 Teilen Glukose in Gegenwart von 9 Teilen H_2SO_4 66° Bé und 24 Teilen Essigsäure erhalten wird. Diese Lösung wird gewöhnlich auf 50° Bé eingestellt und entspricht einem Gehalt von 15,5% Cr_2O_3.

Die Chromnitrazetate, $Cr_2(NO_3)_3(C_2H_3O_2)_3$ und $Cr(NO_3)(C_2H_3O_2)_2$, erhält man durch Reduktion von Natriumbichromat mit Glyzerin in Gegenwart von Essig- und Salpetersäure oder durch doppelte Umsetzung von Chromalaun mit Bleinitrat und Blei- oder Kalziumazetat. Das basische Chromnitrazetat entspricht der Formel: $Cr_3(NO_3)_2(C_2H_3O_2)(OH)_6$.

Man verwendet ebenfalls das Chromformiat und das Chromrhodanid im Druck, weil sie den Vorteil bieten, verfrühte Lackbildung zu verhindern.

Das Chromrhodanid, $Cr(CNS)_3$, ist ein grünes, in Wasser leicht lösliches Salz und die grünen oder violetten Lösungen besitzen eine sehr gute Stabilität. Es wird durch doppelte Umsetzung von Chromalaun mit Barium- oder Kalziumrhodanid sowie auch durch Auflösen von 31 Teilen 24%igem Chromoxyd in 63 Teilen Wasser und 10 Teilen Schwefelsäure 66° Bé und Zusetzen von 30 Teilen Bariumrhodanid krist. erhalten. Die Lösung wird gewöhnlich auf 12° Bé eingestellt.

A. Scheurer empfahl die Verwendung von Chromformiat für Alizarinblau und Alizarinorange.

Das Chromformiat soll ein Komplexsalz folgender Formel sein:

$$[Cr_3(OH)_3(H—COO)_5]—O—C\begin{matrix}\diagup H \\ \diagdown\!\!\diagdown O\end{matrix}$$

(Werner, Ber. Bd. *41*, S. 3452).

Das Chromglykolat wird, seines hohen Preises wegen, kaum praktisch verwendet.

Von besonderem Interesse ist das Chromlaktat (Böhringer in Ingelheim), welches seit geraumer Zeit zur Fixierung von Beizenfarbstoffen Verwendung findet. Es wird entweder durch Auflösen von Chromhydroxyd in Milchsäure oder durch doppelte Umsetzung von Kalziumlaktat mit Chromsulfat nach folgenden Rezepten hergestellt:

Auflösen von 800 Teilen $Cr(OH)_3$ von 22% Cr_2O_3-Gehalt in 440 Teilen 50%-iger Milchsäure und auf 15% Cr_2O_3 Gehalt einstellen, oder durch Einwirkung von 480 Teilen $Cr_2(SO_4)_3$ 30° Bé auf 220 Teile Kalziumlaktat in 300 Teilen Wasser gelöst und Einstellen der Lösung auf einen Gehalt von 20% Chromlaktat, 4% Cr_2O_3 entsprechend.

Diese Beize hat in letzter Zeit eine neue Anwendung für das Drucken der Chromfarbstoffe auf Seide und Kunstseide gefunden.

Es ist eine bekannte Tatsache, dass arabische und indische Gummiarten durch Chromazetat koaguliert werden und deshalb dem Gewebe einen harten Griff verleihen, wodurch die Anwendung dieser sonst für Seiden- und Kunstseidendruck besonders gut geeigneten Verdickungsmittel ausgeschlossen ist. Laut *franz.P.744.137; amer. P. 1.942.774* sowie *D.R.P. 583.204*, 1932 wird die Koagulation, und somit auch der harte Griff der Ware, durch Zusatz von 5 Teilen Ammoniumrhodanid, 3 Teilen Glyzerin und 8 Teilen Harnstoff vermieden. Zum gleichen Zwecke empfehlen *franz. P. 770.437*, 1934; *D.R.P. 623.648*, 1934 und *D.R.P. 631.923*, 1934 von Durand & Huguenin die Verwendung von Chromlaktat.

Es wurde ebenfalls festgestellt, dass weinsaures und zitronensaures Chrom Gummi nicht koagulieren, jedoch fallen die Drucke mit

Azochromfarbstoffen erheblich heller aus, da ihre Lackbildung durch den Umstand erschwert wird, dass Weinsäure und Zitronensäure komplexe Salze bilden, in denen das Metall seinen elektropositiven Charakter einbüsst. Es ist zu beachten, dass auch mit Chromlaktat die Drucke zu hell ausfallen. Immerhin ist die Möglichkeit, Gummi zur Herstellung von Chromdruckfarben anwenden zu können, ohne dadurch der Ware einen harten Griff zu verleihen, von grossem Interesse für eine ganze Reihe von Stoffarten. Der weiche Griff wird jedoch nur durch einstündiges Dämpfen erhalten; eine Dämpfdauer von 8 Minuten ist hierfür nicht ausreichend. Viel bessere Resultate werden erreicht, wenn man das Chromlaktat mit Soda, Ammoniak, Aminen oder Amiden, z. B. Harnstoff, neutralisiert. Auch sind die Druckfarben mit Chromlaktat beständiger als diejenigen mit Chromazetat.

Sieber (Mell. 1927, S. 62) beschreibt ein Verfahren, welches die Fixierung der Chromfarbstoffe durch ein kurzes Dämpfen von 5—6 Minuten ermöglicht. Die Druckfarbe wird folgendermassen bereitet: 55 Teile Chromsalz (Chromalaun) werden in 200 Teilen Glyzerin gelöst, hierzu gibt man 25 Teile Borax und erhitzt zum Sieden, bis man eine homogene Lösung erhält. Diese Lösung wird in gewünschter Menge der Druckfarbe zugegeben.

Borissoff (Tiba 1932, S. 321) schlägt die Verwendung folgender Beize vor, welche ebenfalls die Chromfarbstoffe durch kurzes Dämpfen fixiert:

250 T. $K_2Cr_2O_7$
500 T. Wasser
200 T. Glyzerin
einstellen auf 28° Bé

Zufolge *D.R.P. 582.378* (Oranienburg-Lindner) ist es zum Färben mit Chromfarbstoffen vorteilhaft, Metallbeizen in Gegenwart von Fettsäuren zu verwenden, jedoch muss hierbei das Ausfallen von unlöslichen Metallseifen verhindert werden. Dies wird durch Anwendung von substituierten aromatischen Sulfosäuren (z. B. Natriumpalmitylbenzolsulfonat), deren Lösungen mit Chrombeizen gemischt keinen Niederschlag geben (Bull. Föd. *1*, S. 518), erreicht.

Durch Beizen der Faser mit einer Bichromatlösung, welcher Rongalit zugesetzt wird, lassen sich bedeutende Mengen Chromhydroxyd auf ihr fixieren. Durch ein sehr kurzes Dämpfen bildet sich $Cr_2(OH)_6 \cdot 4\ H_2O$, welches als Beize und gleichzeitig zum Feuersichermachen dient (*D.R.P. 587.584*, Nankey).

Das Chromichromat $Cr_2(CrO_4)_3$ wird durch Lösen von Chromhydroxyd in einer Mischung von Chromsäure, Schwefelsäure und Essigsäure erhalten.

Die Chrombeizen GA I und GA II von Meister, Lucius und Brüning sind Mischungen von Chromichromat, schwefelsaurem und essigsaurem Chrom.

Chromat D. H., welches von der Firma Durand & Huguenin auf den Markt gebracht wurde, ist wahrscheinlich ein Chromichromat, das durch Mischen von Natrium- oder Kaliumchromat mit Chromchlorid erhalten wird (*D.R.P. 672.238; brit. P. 481.854* von D. H.; siehe unter Färberei).

Das Chrombisulfit, $Cr_2(HSO_3)_6$, ist eine der wichtigsten Beizen für die Färberei. Es wird durch doppelte Umsetzung von Chromsulfat mit Kalziumbisulfit oder durch Einwirkung von Natriumbisulfit auf eine gesättigte Chromalaunlösung erhalten. Es existiert nur in Form einer grünen Lösung und zersetzt sich leicht in der Wärme. Die Lösungen des Handels sind gewöhnlich auf 21° Bé, 28° Bé oder 40° Bé eingestellt, einem 9-, 12- oder 18%igen Cr_2O_3-Gehalt entsprechend.

Das Natriumchromit (alkalische Chrombeize von Horace Koechlin und Henri Schmid) wird entweder durch Einwirkung von Natronlauge auf eine Chromazetatlösung von 20° Bé oder durch Fällung von Chromhydroxyd aus Chromalaunlösung und Lösen des erhaltenen Hydroxyds in Ätznatron hergestellt. Diese Beize wurde besonders in der Färberei für den Ätzartikel mit Oxalsäure angewendet.

Chromsulfat sowie Chromalaun sind sehr stabile Salze und geben deshalb nur schwierig und wenig von ihrem Chromgehalt an die Faser ab; sie eignen sich also nicht zum Beizen von Baumwolle. Um brauchbare Beizen zu erhalten, muss man basische Salze anwenden, z. B. $Cr_2(SO_4)_2(OH)_2$ oder $Cr_4(SO_4)_3(OH)_6$, welche ausgezeichnete Beizen sind. Während $Cr_2(SO_4)_3$ nur 12,8% Cr_2O_3 abgibt, tritt $Cr_4(SO_4)_3(OH)_6$ 86,4% Cr_2O_3 an die Faser ab. A. Scheurer erhielt eine sehr gute Beize in Form eines grünen Salzes durch Einwirkung von SO_2 auf eine Bichromatlösung.

Das Chromchlorid, $CrCl_3$, violette Kristalle und $CrCl_3 \cdot 6\,H_2O$ von grüner Farbe. Es existieren mehrere Variationen: $[Cr(H_2O)_6]Cl_3$ violettes Salz; $[Cr(H_2O)_5Cl]Cl_2 \cdot H_2O$ grünes Salz; $[CrCl_2(H_2O)_4]Cl \cdot 2\,H_2O$ grünes Salz (Werner und Gubser, Ber. 1901, *34*, S. 1579).

Das Handelsprodukt entspricht einem basischen Salz; es wird entweder durch Auflösen von $Cr(OH)_3$ in einer ungenügenden Menge Salzsäure oder durch Auflösen von Chromhydroxyd in $CrCl_3$ erhalten. Man kennt mehrere basische Salze: $Cr(OH)_2Cl$, $Cr(OH)Cl_2$, $Cr_2Cl_3(OH)_3$.

Das Chromnitrat hat nur eine beschränkte Anwendung in der Druckerei gefunden. Es wird durch Reduktion des Bichromats mittels Glukose in Gegenwart von Salpetersäure oder durch Auflösen von Chromhydroxyd in Salpetersäure dargestellt.

Das Chromfluorid, $CrF_3 \cdot 4\,H_2O$, ist ein sehr leicht lösliches, grünes Pulver, welches Glas, Kupfer- und Zinkbehälter angreift. Es findet seine Hauptverwendung als Wollbeize und im Vigoureuxdruck.

Es sei noch ein eigenartiges Verfahren erwähnt, welches im *amer. P. 2.091.539* von White beschrieben ist. Es handelt sich hier nicht um ein Beizen, sondern um eine möglichst konzentrierte Einlagerung von gewissen löslichen Chromsalzen auf die Faser durch Imprägnieren und nachheriges Trocknen, die durch Behandlung mit Alkalien in gefärbte unlösliche Hydroxyde übergeführt werden. Zum Imprägnieren werden leichtlösliche Chromverbindungen benützt, welche durch Verzuckerung (Hydrolyse) von Stärke mittels Chromsäure und darauffolgender Einwirkung von Chromsalzen erhalten werden. Es bilden sich Glukonate und Saccharate des Chroms von charakteristischer dunkel oliver Farbe, $Cr_2(C_6H_{11}O_7)_6$. Diese Salze können mit Eisensalzen (Eisenvitriol, holzessigsaures Eisen) gemischt werden, wodurch mit Chromfarbstoffen verschiedene Farbtöne erhältlich sind.

Weiter ist es sehr interessant zu erfahren, dass die noch Überschüsse an Glukose enthaltenden Chromsaccharate und Glukonate bis zu einem gewissen Grad auch Küpen- oder Schwefelfarbstoffe aufnehmen, die offenbar reduziert und beim Trocknen zurückoxydiert werden.

Die Aluminiumbeizen[1]).

Diese Beizen werden besonders zum Färben und Drucken von Alizarinrot, Alizarinrosa, Alizarinorange und Alizarinbordeaux verwendet. Die Ausgangsprodukte zur Herstellung dieser Beizen sind Alaun $Al_2(SO_4)_3K_2SO_4 \cdot 24\,H_2O$ und Aluminiumsulfat $Al_2(SO_4)_3 \cdot 18\,H_2O$, welches 51,39% $Al_2(SO_4)_3$ oder 15% Al_2O_3 enthält. Diese beiden Salze werden als solche zum Wollbeizen benützt, während man für Baumwolle ihre basischen Derivate verwendet, welche ihrer leichten Dissoziation wegen mehr Al_2O_3 an diese Faser abtreten. Durch partielle Neutralisation des Aluminiumsulfates erhält man folgende basische Salze:

$$1\text{ Mol } Al_2(SO_4)_3 + 1\text{ Mol } Na_2CO_3 \rightarrow Al_2(SO_4)_2(OH)_2$$
$$1\text{ Mol } Al_2(SO_4)_3 + 2\text{ Mol } Na_2CO_3 \rightarrow Al_2(SO_4)(OH)_4$$
$$1\text{ Mol } Al_2(SO_4)_3 + 3\text{ Mol } Na_2CO_3 \rightarrow 2\,Al(OH)_3$$

Im letzten Falle bildet sich ein basisches Sulfat von der Formel $Al_4(SO_4)(OH)_{10}$. Mit Soda und Natriumbikarbonat lässt sich ebenfalls ein basisches Sulfat $Al_4(SO_4)_3(OH)_6$ erhalten, welches durch Verdünnung mit Wasser oder durch Erwärmen hydrolysiert wird; bei 98° C tritt es 58,7% Al_2O_3 ab.

$$2\,Al_2(SO_4)_3 \cdot 18\,H_2O + 6\,NaHCO_3 = Al_4(SO_4)_3(OH)_6 + 6\,CO_2 + 18\,H_2O + 3\,Na_2SO_4$$

Das Aluminiumsulfat $Al_2(SO_4)_2(OH)_2$ gibt sehr beständige Lösungen von saurer Reaktion, welche der Siedehitze widerstehen und 51,1% Al_2O_3 abgeben. Das Aluminiumsulfat $Al_2(SO_4)(OH)_4$ hat eine

[1]) Girard, Über einige Aluminiumverbindungen, Rev. Chim. 1933, S. 130; Depierre, Bd. *2*, S. 156.

saure Reaktion; seine wässerigen Lösungen trüben sich leicht und der gebildete Niederschlag entspricht einem Tonerdehydrat, auch Gelée d'Alumine genannt.

Suida und Liechti haben bewiesen, dass das Aluminiumsulfat um so leichter durch Verdünnen oder Erwärmen hydrolysiert wird, je basischer es ist, und zwar tritt normales Sulfat, in Gegenwart von Baumwolle hydrolysiert, nur 13% Al_2O_3 ab, während $Al_2(SO_4)_2(OH)_2$ 51% und $Al_4(SO_4)_3(OH)_6$ 58,7% an die Faser abgeben. Kurz zusammengefasst wird also zum Beizen die Verwendung von $Al_2(SO_4)_3$ und $Al_2(SO_4)(OH)_4$, letzteres Salz wegen seiner geringen Stabilität, ausgeschieden und man verwendet hauptsächlich $Al_2(SO_4)_2(OH)_2$ und $Al_4(SO_4)_3(OH)_4$; diese Verbindungen sind die geeigneten Beizen für Alizarinrotfärbungen. Im Druck werden die basischen Aluminiumsalze nicht verwendet. Für Wolle gebraucht man das normale Sulfat unter Zusatz von Weinsäure.

Durch Erwärmen auf Siedehitze von $Al_2(SO_4)_2(OH)_2$-Lösungen erhält man $Al_4(SO_4)(OH)_{10}$. Durch stärkeres Neutralisieren sollte man das Hydroxyd $Al_2(OH)_6$ erhalten; aber es gelang nie, es auszuscheiden. Man vermutet jedoch, dass es sich in Suspensionsform in der wässerigen Lösung befindet. Durch Trocknen des Gels erhält man

$$Al\begin{matrix} \nearrow O \\ \searrow OH \end{matrix} \quad \text{oder} \quad Al_2\left(\begin{matrix} \nearrow O \\ \searrow OH \end{matrix}\right)_2 \quad \text{oder} \quad Al_2O(OH)_4$$

und durch Glühen Al_2O_3.

Das dem $Al_2(OH)_6$ nahestehende Produkt ist ein basisches Sulfat $Al_4(SO_4)(OH)_{10}$, welches durch Einwirkung von 1 Mol $Al_2(SO_4)_3 \cdot 18\,H_2O$ mit 2 ½ Mol Na_2CO_3 erhalten wird und im Handel unter dem Namen Tonerdegel oder Gelée d'Alumine bekannt ist. Es ist ein stark basisches Aluminiumsulfat, welches in Wasser unlöslich, dagegen in Säuren löslich ist und der Formel $Al_4(SO_4)(OH)_{10} \cdot 2\,H_2O$ entspricht.

Von diesem letzten Produkt ausgehend bereitet man die wichtigsten Beizen durch Lösen in den entsprechenden Säuren und erhält auf diese Weise Aluminium-azetat-, -nitrat, -laktat, -glykolat, -formiat oder -tartrat. Diese Beizen finden in der Druckerei Anwendung für Alizarinrot und Alizarinrosa in binären oder ternären Gemischen mit Kalziumazetat und Zinnverbindungen.

Oscar Scheurer (1865, Bull. Mulh. 1926, versiegeltes Schreiben Soc. Ind. de Mulhouse) hat Tonerdegel im Überschuss (150—200 g pro kg Druckfarbe) benützt, um den schädlichen Einfluss von Eisenspuren auf das Alizarinrosa zu vermeiden.

Aluminiumazetat und Aluminiumnitrat sind die wichtigsten Beizen für Alizarindruckfarben; in Wirklichkeit werden sie in Form von Sulfazetaten und Sulfonitraten, deren Konstitution mit den jeweiligen Druckereien wechselt, verwendet.

Das normale Aluminiumazetat $Al(C_2H_3O_2)_3$[1]) wurde nie rein isoliert; es ist in seiner wässerigen Lösung bekannt, welche sich schon rasch bei gewöhnlicher Temperatur, sehr leicht bei Kochtemperatur und durch Verdampfen unter Bildung basischer Salze zersetzt. Man bildet das normale Azetat entweder durch doppelte Umsetzung von Aluminiumsulfat mit Blei- oder Kalziumazetat

$$Al_2(SO_4)_3 + 3\,Pb(C_2H_3O_2)_2 = 3\,PbSO_4 + 2\,Al(C_2H_3O_2)_3$$

oder durch Lösen von Aluminiumhydroxyd in Essigsäure; man erhält eine klare Lösung, welche mit der Zeit das basische Salz $Al(C_2H_3O_2)_2(OH)$ absetzt. Diese Umsetzung wird durch Erwärmen beschleunigt. Das basische Azetat gibt auf Baumwolle 50 % seines Al_2O_3-Gehaltes ab. Es sind auch elektrochemische Verfahren bekannt, welche auf die anodische Oxydation von metallischem Aluminium in Gegenwart von Essigsäure als Elektrolyt fussen (Wacker, *D.R.P. 379.512; schweiz. P. 106.775*, 1923; H. Cruse, *brit. P. 213.088*).

Man kennt eine ganze Reihe basischer Azetate, die wasserlöslich oder wasserunlöslich sind:

$Al_2(OH)_2(C_2H_3O_2)_4 \cdot 3\,H_2O$, weisse, in Wasser völlig lösliche Masse.

$Al_2(OH)_4(C_2H_3O_2)_2$ wasserunlöslich[2]), erhältlich durch Erhitzen einer normalen Aluminiumazetatlösung unter Druck.

$Al_2(OH)_3(C_2H_3O_2)_3$ (E. de Haen, Chem. Fabr. List, *D.R.P. 190.451*).

Die Sulfazetate finden im Druck grosse Verwendung (Rotbeize, Rotmordant). Man unterscheidet das normale Sulfazetat $Al_2(C_2H_3O_2)_4(SO_4)$, welches nach folgender doppelten Umsetzung erhalten wird:

$$Al_2(SO_4)_3 + 2\,Pb(C_2H_3O_2)_2 = 2\,PbSO_4 + Al_2(C_2H_3O_2)_4(SO)_4$$

das Sulfazetat $Al_2(SO_4)_2(C_2H_3O_2)_2$, hergestellt durch doppelte Umsetzung von 1 Mol $Al_2(SO_4)_3$ mit 1 Mol $Pb(C_2H_3O_2)_2$, und ein anderes normales Sulfazetat $Al_4(C_2H_3O_2)_{10}(SO_4)$, erhalten durch Auflösen von Tonerdegel in Essigsäure. Dieses letztere Salz ist die Alizarinrotbeize, welche alle Eigenschaften einer guten Beize für Druckereizwecke besitzt und ohne nachteiligen Einfluss einen Essigsäurezusatz verträgt. Vorzugsweise werden die Sulfazetate oder die Nitrazetate für den Druck und die basischen Salze für die Färberei verwendet.

Die basischen Sulfazetate, z. B. $Al_2(SO_4)(C_2H_3O_2)_2(OH)_2$, werden durch Zusatz von Soda zu normalem Sulfazetat oder durch doppelte Umsetzung von basischem Sulfat mit Blei- oder Kalziumazetat erhalten (E. Schlumberger, Walter Crum, Liechti, Suida, Schwitzer).

[1]) Depierre, Bd. *2*, S. 156.

[2]) Wacker, *D.R.P. 347.606*, 1920, stellt das Salz durch 10-stündiges Kochen von 131,5 Teilen $AlCl_3$ mit 400 Teilen Eisessig her. Es soll auf diese Weise nahezu chlorfrei erhalten werden.

Die den Azetaten entsprechenden Aluminiumformiate, besonders das normale Sulfoformiat $Al_4(HCOO)_{10}(SO_4)$, werden zur Fixation von Nitroalizarin verwendet. Dieses bietet den Vorteil, eine vorzeitige Lackbildung zu verhindern und sich schwieriger als das entsprechende Azetat zu hydrolysieren (*D.R.P. 133.719*, M.L.B. 1902; A. Scheurer, Bull. Mulh. 1911, S. 153; Th. Hennig, Feste ameisensaure Tonerde, Chem. Ztg. 1937, S. 925).

Ein Aluminiumformiat in kristalliner Form, von bekannter chemischer Zusammensetzung, dem Aluminiumtriformiat $Al(HCOO)_3 \cdot 3\,H_2O$ entsprechend, wird von der Firma Zschimmer und Schwarz in Chemnitz (Marke Dölau) und von der Société Normande de Prod. Chim., Paris (Triformiate d'aluminium SN) hergestellt. Dieses Produkt ist ein weisses, kristallines Pulver. Es enthält 98—99% $Al(HCOO)_3$ und entspricht einem Gehalt von 70% Al_2O_3 und 63% HCOOH. Das deutsche Produkt enthält 2—3% SO_4'', als Na_2SO_4 berechnet, wogegen das französische Produkt vollständig frei von SO_4'' ist (*D.R.P. 574.452* und *575.597*). Nähere Angaben sind im Werk L. Diserens, Nouveaux procédés dans la technique de l'ennoblissement des fibres textiles, Kap. IV, Verlag Teintex, Paris, 1939, zu finden[1]).

Das Aluminiumlaktat, welches durch Auflösen von Tonerdegel in Milchsäure erhalten wird, bietet den Vorteil, die Lackbildung zu verlangsamen, wodurch die Reibechtheit der Rotfärbungen erhöht wird.

Das Aluminiumtartrat, $Al_2(C_4H_4O_6)_3$ (A. Scheurer, Bull. Mulh. 1911, S. 153), wird durch Auflösen von Tonerdegel in Weinsäure gebildet, z. B. nach folgendem Rezept:

1500 T. Tonerdegel 30%
2200 T. Wasser
720 T. Weinsäure
1500 T. Wasser

auf 15⁰ Bé einstellen

Es wird fast ausschliesslich als Beize für Alizarinrot und Alizarinorange im Druck angewandt.

Das Aluminiumrhodanid, $Al_2(CNS)_6$, wird nur für den Druck verwendet; es gibt ca. 33% seines Al_2O_3-Gehaltes an die Faser ab. Da die Stahlrakeln durch die Rhodanwasserstoffsäure nicht angegriffen werden, fallen die Alizarinrosadrucke reiner als mit Aluminiumazetat aus.

Das basische Aluminiumrhodanid, $Al_6(CNS)_2(OH)_{16}$, ist ebenfalls bekannt (*D.R.P. 42.682*, Hauff). Es besitzt den Vorteil, die Baumwollfaser während des Dämpfens unter Druck nicht anzugreifen.

Das Aluminiumnitrat, $Al_2(NO_3)_6 \cdot 5\,H_2O$, entsteht durch Auflösen von Aluminiumhydroxyd in Salpetersäure. Das normale Salz wird weder durch Erwärmen noch durch Verdünnen seiner Lösungen

[1]) Siehe auch L. Diserens, Neue Verfahren in der Technik der chemischen Veredlung der Textilfasern, Bd. *2* (in Vorbereitung).

hydrolysiert. Für den Druck verwendet man vorzugsweise basische Nitrate sowie normale oder basische Nitrazetate $Al_2(NO_3)_2(C_2H_3O_2)_4$ und $Al_2(C_2H_3O_2)_2(NO_3)_2(OH)_2$, welche sich langsamer hydrolysieren als die entsprechenden Azetate.

Das Aluminiumchlorid, $AlCl_3 \cdot 6\,H_2O$, wird durch doppelte Umsetzung von Aluminiumsulfat mit Kalziumchlorid oder durch Auflösen von Aluminiumhydroxyd in Salzsäure erhalten. Man verwendet hauptsächlich die basischen Chloride $Al_2Cl_3(OH)_3$, $Al_2Cl_4(OH)_2$ oder Al_2Cl_5OH sowie die Chlorazetate, z. B. $AlCl(C_2H_3O_2)_2$. Das letztere wird durch Umsetzung von Aluminiumsulfat mit Bariumchlorid und Bleiazetat gewonnen.

$$Al_2(SO_4)_3 + BaCl_2 + 2\,Pb(C_2H_3O_2)_2 = 2\,AlCl(C_2H_3O_2)_2 + 2\,PbSO_4 + BaSO_4.$$

Dieses Salz widersteht der Verdünnung und der Siedehitze und gibt nur 10% Al_2O_3 ab. Es wird in der Alizarinrosafärberei für helle Töne verwendet. A. Scheurer (Bull. Mulh. 1925, S. 474) hat die interessante Beobachtung gemacht, dass die basischen Aluminiumchloridbeizen in der Alizarinrotfärberei und Druckerei das Umschlagen nach Violett durch Eisensalze vollständig ausschalten. Zu diesem Zwecke bereitete er folgende Lösung:

600 T. Tonerdegel
240 T. Salzsäure 21° Bé
100 T. Essigsäure 80%

und setzte von dieser Beize 5—20 g pro kg Druckfarbe zu.

Aluminate $Al\langle {}^{O}_{ONa}$ (Erban, Chem. Ztg. 1913, S. 709).

Da das Hydrat $Al(OH)_3$ amphoter ist, erhält man Salze der entsprechenden Säure von der Formel $H[Al(OH)_4]$, abstammend von $Al(OH)_3 \cdot OH' = [Al(OH)_4]'$.

Das Natriumaluminat ist sehr leicht hydrolysierbar nach der Gleichung:

$$Al(ONa)_3 + H_2O \rightleftarrows Al\begin{matrix} \nearrow O \\ \searrow ONa \end{matrix} + 2\,NaOH$$

Diese Reaktion findet auch auf der Baumwollfaser leicht statt und kann zum Kaltbeizen vegetabilischer Fasern benutzt werden. Es genügt, die Faser mit einer Natriumaluminatlösung zu imprägnieren, um darauf die Fixation durch einfaches Waschen zu erhalten. Auf Wolle und Seide kann diese Beizmethode wegen der starken Alkalinität nicht verwendet werden.

Gemäss dem *brit. P. 440.400* verwendeten Peter Spence & Sons die schon von Liechti und Suida (1888) beschriebenen Doppelsalze aus schwefelsaurem und phosphorsaurem Aluminium, und zwar in einem stöchiometrischen Verhältnis von 0,33 Mol P_2O_5 auf 1 Mol Al_2O_3.

Beim Abdunsten der Lösung ergibt sich ein Doppelsalz, das etwa 18% Al_2O_3 enthält, sich leicht in kaltem Wasser löst, aber in der Hitze ohne irgendwelche andere Zusätze zerfällt, so dass die Eignung solcher Doppelverbindungen als Tonerdebeizen in der Färberei und im Druck gegeben ist.

Die Eisenbeizen[1]).

Das Ferroazetat, welches durch doppelte Umsetzung von Ferrosulfat mit Blei- oder Kalziumazetat, sowie durch Auflösen von Eisen in Essigsäure gebildet wird, fand nur geringe Anwendung, da es sich zu leicht in Ferriazetat oxydiert.

Dagegen verwendet man gewöhnlich holzessigsaures Eisen (Eisenbrühe, Schwarzbrühe), das durch Lösen von Alteisen und Eisenfeile in Rohessigsäure der Holzverkohlungsindustrie (Holzessig) oder durch doppelte Umsetzung von Ferrosulfat und holzessigsaurem Kalk erhalten wird. Dieses Produkt oxydiert sich langsamer wegen des Einflusses der organischen Beimengungen (Azetaldehyd, Ameisensäure, Propionsäure, Buttersäure, Phenole, Kresole, Brenzkatechin und Pyrogallol); es ist eine tiefbraune Lösung von 14° Bé und entspricht einem Gehalt von 55% Fe (*amer. P. 2.082.087* von White). Es wird in grossem Maßstabe in der Blauholzfärberei sowie im Druck verwendet.

Das *amer. P. 2.082.087* (White) bezeichnet es als vorteilhaft, statt des gewöhnlichen holzessigsauren Eisens für Beizzwecke ein Umsetzungsprodukt von rohem essigsaurem Kalk mit Eisenvitriol und Schwefelsäure darzustellen und dieses als Beize zu benützen. Hier sollen die im Kalziumazetat enthaltenen aromatischen Verunreinigungen, wie Brenzkatechin oder Pyrogallol, das Eisenazetat vor weiterer Oxydation schützen und umgekehrt sollen die niederen Fettsäuren imstande sein, die aromatischen Körper in Lösung zu halten.

Das Ferrosulfazetat wird ebenfalls in der Alizarinfärberei und im Druck für Alizarinviolett benützt; es wird durch Umsetzung von Ferrosulfat mit Bleiazetat erhalten.

Das Eisenrhodanid (Soliddruckgrünbeize), $Fe(CNS)_2$, durch Einwirkung von Ferrosulfat auf Bariumrhodanid gewonnen, findet ebenfalls einige Anwendung, besonders für den Druck von Soliddampfgrün (Soliddruckgrün, Echtdruckgrün, Vert d'Alsace), welches die Bisulfitverbindung von Nitroso-β-naphtol ist.

Basische Ferrisulfate von der Formel $Fe_4(OH)_2(SO_4)_5$ sowie $Fe_2(OH)_2(SO_4)_2$, auch Rostbeize oder Rouille und oft fälschlich Eisennitratbeize benannt, werden zum Beizen von Baumwolle, Wolle und Seide für die Blauholzfärberei verwendet.

Es sind dunkelbraune Flüssigkeiten, gewöhnlich von 50° Bé; sie werden durch Einwirkung von Salpetersäure auf Ferrosulfat erhalten.

---

[1]) Depierre, Bd. *2*, S. 184.

Das normale Ferrisulfat $Fe_2(SO_4)_3$ wird in der Färberei nicht verwendet, da es weniger beizenaktiv ist.

Ein Beizen mit kolloidalen Eisenoxydhydratlösungen, speziell zum Zwecke der Anfärbung von Azetatgeweben, ist endlich im *amer. P. 2.085.795* (Amer. Dyewood) vorgesehen.

Die Zinnbeizen.

Die Zinnbeizen finden im Alizarin- und Nitroalizarindruck Verwendung; es sind Salze von SnO und SnO_2.

Die Stannosalze werden wegen ihrer ausgesprochen reduzierenden Eigenschaften nur wenig als Beizen benützt; die mit ihnen gebildeten Lacke sind unbeständig.

Das Zinnsalz $SnCl_2 \cdot 2\,H_2O$ wird den Alizarindruckfarben zugesetzt, um Alizarinrot und -rosa nach Gelb abzutönen und um feurigere Nuancen zu erhalten.

In gewissen Fällen werden auch Alizarinrotdrucke oder Färbungen mit Zinnsalz und Seife nachbehandelt. Zinnsalz wird ebenfalls, zusammen mit Zinntetrachlorid, zum Fixieren von Cochenille auf Wolle und von Katechu auf Seide angewendet.

Von anderen Stannosalzen kommen noch das Hydrat, Zitrat, Laktat und Rhodanid (H. Sunder, Bull. Mulh. 1921, S. 137) als Zusatz zu den Alizarinrotdruckfarben in Betracht.

Das Stannihydroxyd $Sn(OH)_4$, sowie die Metazinnsäure

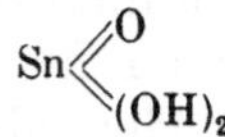

werden durch Fällen des Zinntetrachlorids (Chlorzinn, Zinnchlorid) mittels Ammoniak erhalten.

Das Zinnoxychlorid in 55⁰ Bé Lösung, auch fälschlich Stanninitrat genannt, bildet sich durch langsames Zugeben von Zinnsalz zu Salpetersäure; die Reaktion geht heftig, unter Entwicklung von Stickstoffdioxyddämpfen, vor sich. Das Endprodukt ist eine Lösung von $Sn(OH)_4$ in $SnCl_4$. Es wird dem Alizarinrot und -rosa zugegeben, um die Nuancen zu schönen.

Man verwendet oft sulfonierte fettsaure Stanno- und Stannisalze als Zusatz zu Alizarindruckfarben, um den Glanz und die Seifenechtheit zu erhöhen (A. Scheurer, versiegeltes Schr. 1881, Bull. Mulh. 1893, S. 95; P. Wilhelm, Bull. Mulh. 1908, S. 78; H. Sunder, Bull. Mulh. 1921, S. 137).

Die Kalzium-, Nickel-, Zink- und Kobaltbeizen.

Man verwendet ausschliesslich Kalziumazetat, holzessigsauren Kalk und auch Kalziumrhodanid.

Die Nickel-, Zink- und Kobaltbeizen finden nur selten Verwendung, und zwar im Alizarinblaudruck (Zink- und Nickelazetat) und für Nitroso-β-naphtoldruck (Kobaltazetat).

Die Fettbeizen[1]).

Die Anwendung von Fettbeizen ist seit ältester Zeit in der Türkischrotfärberei bekannt. Diese Industrie stammt aus dem Orient und besonders aus Indien, Persien und der Türkei. Vor Zeiten wurden Fettkörper wie Milchrahm, Lebertran, Sesamöl usw. verwendet.

Die Gegenwart von Fettsubstanzen ist für die Herstellung von echtem Türkischrot unbedingt notwendig, und die Tatsache, dass diese Verbindungen durch das Färben wesentlich verändert werden, beweist, dass sie bei der Bildung des Farblackes mitwirken. Sie verbessern nicht nur die Lebhaftigkeit, sondern auch ganz wesentlich die Seifenechtheit der fertigen Rotfärbung.

Während langer Zeit wurden unlösliche Öle, vorzugsweise im ranzigen Zustande als solche (huile tournante) oder in Form ihrer Emulsionen (D. Koechlin) verwendet; später, infolge der Arbeiten von Frémy und Runge (Depierre, Bd. *2*, S. 210; Lauber, Dingler's Polytech. Journal 1834, S. 247 und S. 469) über die Wirkung von Schwefelsäure auf Olivenöl und Ölsäure, ging man zur Verwendung der löslichen Öle oder Seifen über, da sie von besserer Wirkung und von handlicherem Gebrauch sind.

Dank den Nachforschungen von Benedict, Ulzer, Fischli, Scheurer-Kestner, W. Crum, Liechti und Suida haben einerseits die Sulforizinate, welche durch Einwirkung von Schwefelsäure auf Rizinusöl gebildete Oxyfettsäuren sind, andererseits die durch direkte Verseifung des Rizinusöls gewonnenen Rizinate, sowie die Oxydations- oder Chlorierungsprodukte der Öle oder ihrer sulfonierten Verbindungen die ursprünglichen unlöslichen Fettbeizen ersetzt. Es liegt selbstverständlich nicht im Rahmen des vorliegenden Kapitels, eine eingehende Studie über diese Arbeiten zu bringen, es sollen nur die wichtigsten Produkte erwähnt werden, welche für die Färberei und Druckerei von Alizarinfarbstoffen in Anwendung kommen. Diese Verbindungen lassen sich in drei Kategorien einteilen:

1. Die Sulforizinate oder Sulfoleate, Türkischrotöle, gebildet durch Einwirkung von Schwefelsäure auf Rizinus- oder Olivenöle.

2. Die Seifen und Oxyseifen, erhalten durch vollständiges oder teilweises Verseifen von Rizinusöl.

3. Die chlorierten Öle.

Die Sulforizinate oder Sulfoleate (Rotöle) sind Oxyfettsäuren, welche durch Einwirkung von 1 Mol H_2SO_4 auf 1 Mol Fettsäure entstehen.

[1]) Depierre, Bd. *2*, S. 210; G. Hurst, Seifen und Öle für die Textilindustrie, London 1904; Herbig, Die Öle und Fette in der Textilindustrie, Stuttgart 1929; Sauzay, Tiba 1924, S. 13; A. Beyer, Die sulfurierten Öle, Tiba, Nov. und Dez. 1929; Tiba, Jan. 1930.

Zuerst verwendete man Olivenöl, welches aber nur schwer sulfonierbar ist. Später ging man zur Verwendung von Rizinusöl über. Nach den heutigen Kenntnissen sind die Sulfoleate[1]) komplexe Mischungen von Di- und Triglyzeriden, von Seifen aus Ölsäure und Oxystearinsäure, von den Sulfoestern dieser Säuren und von gesättigten Fettsäuren (Stearin- und Palmitinsäure).

Das Türkischrotöl[2]), welches Natrium- oder Ammoniumsulforizinat ist, entspricht einer Mischung von nicht in Reaktion getretenem Rizinusöl (Tririzin), von Tririzinsäure, von Dioxystearinsäure, ihrer Sulfoester und von Di- und Polyrizinsäuren. (*D.R.P. 128.691*, 1902, M.L.B.; Fischer's Berichte 1902, S. 515, Anwendung der Monopolseife zum Ölen der Baumwolle).

Schmitz und Toengs bereiteten im Jahre 1892 (*D.R.P. 60.579, 64.073*) Oxyoleate von Olein oder Rizinusöl ausgehend durch wiederholte Sulfonierung mit darauffolgender Verseifung. Durch Addition einer Sulfogruppe an die Kohlenstoffdoppelbindung wird zunächst ein Ester gebildet, hierauf wird durch Verseifung die Sulfogruppe abgespaltet unter Bildung von gesättigten Oxyfettsäuren (Oxystearinsäure, wenn man von Rizinusölsäure ausgeht). Die Oxyoleate von Schmitz enthalten also keine Doppelbindung mehr. Es ist andererseits von grosser Wichtigkeit, dass die Fettbeizen keine Ester mehr enthalten, da widrigenfalls während des zur Fixierung notwendigen langen Dämpfens eine Hydrolyse eintritt, welche einen Teil der Sulfogruppen unter Schwefelsäurebildung abspaltet, wodurch die Faser angegriffen wird und ausserdem die Rot- und Rosatöne vergilben. Aus diesen Gründen haben die Oxyoleate von Schmitz sowie die sauren Rizinusölseifen und Oxyfettsäureseifen von Liechti einen grossen Anklang in der Färberei und Druckerei von Alizarinfarben gefunden (Beyer, Tiba. November 1929).

Die Rizinate: Liechti hat bewiesen, dass eine zu $^1/_4$ neutralisierte Rizinusölsäure sehr gut lösliche Seifen gibt und empfahl diese sauren Oxyfettseifen zum Präparieren der für die Türkischrotfärberei bestimmten Faser. Diese sauren Ammonium- oder Natriumrizinate ergeben die gleichen Resultate wie die Sulforizinate und haben den grossen Vorteil, keine Sulfogruppen zu enthalten. Solche spezielle Rotöle lassen sich entweder durch Teilverseifung von Rizinusöl oder durch Behandlung von frisch isolierter Rizinusölsäure mit Ammoniak oder Ätznatron herstellen. Es ist dabei wichtig, von nicht ver-

---

[1]) Müller-Jacob, *D.R.P. 17.264* (1881); Dingler's Polytech. Journ. *229*, S. 544; *251*, S. 449, 547; *524*, S. 302; Grün und Corelli, Z. f. ang. Chem. 1912, S. 655; Beyer, Tiba, Nov. 1929; Depierre, *2*, S. 220.

[2]) Grün und Wetterkamp, Z. f. Farb. u. Text. Chem. 1908, *7*, S. 375; 1909, *8*, S. 279; Chem. Ztbl. 1909, *1*, S. 67, 1749; Scheurer-Kestner, Juillard, Bull. Mulh. 1891, S. 53 und 1892, S. 409, 415; Frb. Ztg. 1890, S. 91, 337 und 1891, S. 92, 275; Depierre, *2*, S. 233; Erban, Frb. Ztg. 1915, S. 187.

dickter Rizinusölsäure auszugehen, da Seifen von guter Qualität aus veralteter, polymerisierter Rizinusölsäure schwer darstellbar sind; andererseits ist es wesentlich, nur Seifen von hydratysierten Fettsäuren zu benutzen, da neutrale Seifen für das Ölen der Gewebe ungeeignet sind und schlechte Resultate ergeben.

Chlorierte Öle: Lauber empfahl (1887) die Anwendung von chlorierten Ölen, die durch Behandlung von Olivenöl und ranzigen Ölen (huiles tournantes) mit Chlorkalklösungen erhalten wurden (Depierre, Bd. *2*, S. 229). Diese Frage wurde wieder von G. Imbert aufgenommen (*D.R.P. 206.305*, *208.699*, *212.001*, *214.154; franz. P. 368.534*), welcher von chlorierter oder oxychlorierter Fettsäure zur Bereitung von Oxyfettsäuren ausging. Die Oxydation der Öle durch Hypochlorite ist Gegenstand der *brit. P. 289.001* und *289.002* von Vidal, während E. Schmidt das Rizinusöl mittels Natriumpersulfat bei 245° C oxydiert (*D.R.P. 245.902;* Chem. Ztg. Rep. 1912, S. 97). Diese letzteren Produkte werden nicht für Alizarinrot verwendet; sie besitzen dagegen seifende und emulgierende Eigenschaften.

Die oben erwähnten Beizen werden zur Vorbehandlung der Ware in 5—10%iger Lösung benutzt, da sie den Druckfarben nicht direkt zugegeben werden können.

Nach dem *brit. P. 488.054* und *D.R.P. 666.464* der I. G. Farbenindustrie ist es möglich, anstatt die Ware, wie es bis jetzt üblich war, vor dem Färben mit Beizenfarbstoffen mit sulfonierten oder mit Ätzkali emulgierten Ölen zu präparieren, diese Methode zu vereinfachen, indem man neutrale Öle verwendet, welche mit nicht ionogenen organischen Emulgatoren in Emulsion gebracht werden. Die in Frage kommenden Emulgatoren gehören der Gruppe des Emulphors an (so z. B. das Produkt, welches durch Einwirkung von Äthylenoxyd auf Rizinusöl entsteht). Man klotzt die Zellulosefaser mit einer Emulsion von Rizinusöl + Emulphor, beizt hierauf mit einem Aluminiumsalz (basische Aluminiumsulfatlösung von 6° Bé) und färbt aus. Die so erhaltenen Färbungen sind feuriger und dunkler als nach dem alten Verfahren. Diese Methode bietet die Vorteile, die Verwendung von überschüssigem Ätzalkali und das Entfernen von nicht fixiertem Öl zu vermeiden.

Zur Vereinfachung der Fabrikation suchte man (1908) nach einem Mittel, um dieses Präparieren zu umgehen, und zwar durch Anwendung von Produkten, welche den die Metallbeizen enthaltenden Druckfarben ohne Bildung von Aluminium- oder Kalziumniederschläge zugegeben werden können. Dies gelang zuerst Paul Wilhelm von der Manufaktur Konschin in Serpoukhoff, Russland (Bull. Mulh. 1909, S. 69 u. 348)[1], welcher Sulforizinusölsäure in einen solchen Zustand brachte, dass ihre Kombination mit den Beizen nur langsam

[1]) Siehe weiter unten S. 814.

nach dem Drucken vor sich ging. Der frisch bereiteten Sulforizinusölsäure wird Essigsäure und 35% Ameisensäure enthaltender Tragantschleim zugegeben; man erhält auf diese Weise eine stabile Emulsion, welche der Druckfarbe zugegeben werden kann. Ein anderes Verfahren (*D.R.P. 226.222*, *227.125*, M.L.B.; Frb. Ztg. 1911, S. 12; R.G.M.C. 1909, S. 343; Frb. Ztg. 1914, S. 420; R.G.M.C. 1910, S. 38, Septemberheft; 1930, S. 357; Fischer's Ber. 1910, S. 475 und S. 559), welches sofort in der Praxis aufgenommen wurde und ausgezeichnete Resultate ergab, stammt von Tigerstedt (M.L.B.). Es handelt sich hier um das unter dem Namen Lizarol bekannte Produkt. Nach H. Sunder (Bull. Mulh. 1921) ist die Seifen- und Reibechtheit der mit Lizarol gebildeten Rotdrucke geringer als auf vorgeölter Ware; aber ein Zusatz von Zinnsulfoleat soll diesen Übelstand aufheben.

Das Lizarol ist ein Kondensationsprodukt der Rizinusölsäure mit Formaldehyd. Infolge der Untersuchungen von Tschilikin (Frb. Ztg. 1914, S. 420) wird Rizinusöl durch konzentrierte Schwefelsäure verseift unter Bildung des Schwefelsäureesters, ohne die Doppelbindung zu beeinflussen.

$$CH_3—(CH_2)_5—\underset{\displaystyle OSO_3H}{\underset{|}{CH}}—CH_2—CH{=}CH—(CH_2)_7—COOH$$

Hierauf kondensiert sich 1 Mol CH_2O mit 2 Molen dieses Esters,

$$CH_2O + \begin{matrix} HSO_3—O—R—COOH \\ \\ HSO_3—O—R—COOH \end{matrix} + H_2O \rightarrow CH_2\Big\langle\begin{matrix} O—R—COOH \\ O—R—COOH \end{matrix} + 2\,H_2SO_4$$

wo R dem Rest $CH_3—(CH_2)_5—\underset{|}{CH}—CH_2—CH{=}CH—(CH_2)_7—$ entspricht.

Ein anderes Verfahren beruht darauf, eine mit CH_2O kombinierte, mit Persulfat auf 200° C erhitzte und nach der Sulfonierung mit Natriumchlorat behandelte Fettsäure in die Alizarinrotdruckfarbe einzugeben. Das so entstandene chlorierte Öl gibt auf ungeölter Ware ein gutes Rot. Lizkowsky (Bull. Mulh. 1927, Okt.) fand, dass die Verbindung von Rizinusölsäure mit Anilin bei gewöhnlicher Temperatur durch die Beizen nicht niedergeschlagen wird,. dagegen bei höherer Temperatur in seine Komponenten zerfällt. Man gibt 10—15% dieses Produktes in die Druckfarbe in Gegenwart von Milch- oder Ameisensäure. Diese Fettseife von Lizkowsky wird dargestellt durch Verseifen von Rizinusöl mit Natronlauge; die gebildete Seife wird hierauf mittels Salzsäure zersetzt und die erhaltene Rizinusölsäure (300 Teile) mit 95 Teilen Anilin bis zur Bildung eines klaren, in Ammoniak vollständig löslichen Öls gekocht.

Name	Erzeugerfirma	Zusammensetzung
Chromazetat Grünes essigsaures Chrom 24° Bé	I. G.	$Cr(C_2H_3O_2)_3 \cdot 5\ H_2O$. Mol.-Gew. 229,1. Kommt in den Handel als grüne Lösung von 20—24° Bé; gibt 8,4% seines Chromgehaltes ab. Bildet mit Natronlauge in der Kälte keinen Niederschlag.
Grünes essigsaures Chrom S 20° Bé	I. G.	Kommt auch in Pulverform auf den Markt.
Grünes essigsaures Chrom AS 20° Bé	I. G.	Enthält eine gewisse Menge Schwefelsäure an Chrom gebunden und ausserdem etwas gebundene Ameisensäure.
Violettes Chromazetat Essigsaures Chrom trocken, violett Essigsaures Chrom A 20° Bé, violett	I. G.	$Cr_2(C_2H_3O_2)_4(OH)_2$. Gibt 25,7% seines Chromgehaltes ab. Kommt in Pulverform und in Lösung auf den Markt.
Normales Chromsulfazetat Essigschwefelsaures Chrom		$Cr_2(C_2H_3O_2)_4(SO_4)$.
Basisches Chromsulfazetat		$Cr_3(SO_4)(C_2H_3O_2)(OH)_6$. Gibt 84% seines Chromgehaltes ab.
Chromnitrazetat Basisches Chromnitrazetat		$Cr_2(NO_3)_3(C_2H_3O_2)_3$ grüne Lösung. $Cr(NO_3)(C_2H_3O_2)_2$. $Cr_3(NO_3)_2(C_2H_3O_2)(OH)_6$.
Chromnitrat Salpetersaures Chrom		Grüne Lösung von 50° Bé.
Chromnitrosulfazetat		

Herstellung	Verwendungsgebiete
1. Lösen von frischgefälltem $Cr(OH)_3$ in Essigsäure: 20 Teile $Cr(OH)_3$, 22,5% Cr_2O_3 + 30 Teile CH_3—COOH 7⁰ Bé und einstellen auf 20⁰ Bé = 11,2% Cr_2O_3. 2. Doppelte Umsetzung von Chromalaun mit Bleiazetat (Bleizucker): 12,2 Teile Chromalaun + 12 Teile Bleiazetat, einstellen auf 20—24⁰ Bé. 3. Reduktion von Bichromat mit Glukose in Gegenwart von Essigsäure: 48 Teile $Na_2Cr_2O_7$ + 72 Teile CH_3COOH 40% + 27 Teile Glukose = 270 Teile Chromazetatlösung.	Im Woll-, Baumwoll-, Kunstseiden- und Seidendruck. Klotzen mit Chromfarbstoffen für den Chloratätzartikel.
Zusatz von Soda zum gewöhnlichen, grünen Chromazetat. Enthält mehr Chromoxyd als die grüne Modifikation und keine gebundene Schwefelsäure.	Als Beize für Baumwolldruck benutzt.
Reduktion von Bichromat in Gegenwart von Essigsäure und Schwefelsäure: 12 Teile $Na_2Cr_2O_7$ + 9 Teile H_2SO_4 66⁰ Bé + 4 Teile Glukose + 24 Teile CH_3COOH. Einstellen auf 50⁰ Bé = 15,5% Cr_2O_3.	Im Baumwolldruck.
Doppelte Umsetzung von Chromalaun mit ungenügender Menge Bleiazetat: 11 Teile Chromalaun + 7 Teile Bleiazetat. Einstellen auf 25⁰ Bé.	Im Baumwolldruck.
Reduktion von Bichromat mit Glukose in Gegenwart von Salpeter- und Essigsäure: 3 Teile $K_2Cr_2O_7$ + 2,6 Teile HNO_3, spez. Gew. 1,33 + 4 Teile CH_3COOH 30% + 0,75 Teile Glyzerin 28⁰ Bé. Einstellen auf 39⁰ Bé.	Im Baumwolldruck. Zersetzt Stärke nicht, koaguliert Gummi nicht.
Reduktion von Bichromat mit Glukose in Gegenwart von Salpetersäure: 20 Teile $K_2Cr_2O_7$ + 31 Teile HNO_3, spez. Gew. 1,33 + 5 Teile Glukose.	Nur selten für Baumwolldruck verwendet.
Doppelte Umsetzung von Chromalaun mit salpetersaurem und essigsaurem Blei: 6 Teile Chromalaun + 2,5 Teile Bleiazetat + 2,5 Teile Bleinitrat. Einstellen auf 21⁰ Bé.	Selten verwendet.

Name	Erzeugerfirma	Zusammensetzung
Normales Chromformiat Ameisensaures Chrom		$Cr(HCOO)_3$. Mol.-Gew. 187,04. Grüne, leicht wasserlösliche Nadeln. Hydrolysiert sich nicht so leicht wie das essigsaure Salz.
Basisches Chromformiat		$Cr(OH)(HCOO)_2$.
Komplexes Chromformiat		$[Cr_3(OH)_3(HCOO)_5]—O—C(=O)—H$ Schwerer dissoziierbar als das Azetat.
Chromoxyd T extra in Teig	I. G.	$Cr(OH)_3$ 24%ig. Leicht löslich in Essigsäure.
Rhodanchrom Chromrhodanid		$Cr(CNS)_3$. Mol.-Gew. 226,22. Grünes, leicht lösliches Salz, dessen Lösungen von guter Haltbarkeit sind. Kommt in den Handel als Lösung von 20⁰ Bé.
Chromlaktat	Böhringer (Ingelheim)	
Universalbeize 9333 Universalbeize 9333 konz. Universalbeize 9333 extra-konz. Universalbeize R.C.	D. H. D. H. D. H. D. H.	Chromlaktat + Harnstoff + Glyzerin. *D.R.P. 583.204, 623.648, 631.923.* *Franz. P. 770.437*, 1934; R.G.M.C. 1935, S. 138.
Chromichromat Chrombeize GA I 35⁰ Bé Chrombeize GA II Chrombeize GA III	M.L.B. und de Gallois	$Cr_2(CrO_4)_3 \cdot 9\ H_2O$. Mischung von Chromichromat mit schwefelsaurem und essigsaurem Chrom. Kommt in den Handel als Lösung von 35⁰ Bé. Chrombeize GA I = chromsaures Chromoxyd + HCl. Chrombeize GA II = chromsaures Chromoxyd + CH_3COOH.

Herstellung	Verwendungsgebiete
Gleiche Herstellungsweise wie bei den Azetaten. Lösen von Chromhydroxyd in Ameisensäure: 235 Teile $Cr(OH)_3$ 30% + 150 Teile HCOOH 85%. Einstellen auf 20° Bé. *D.R.P. 228.668, 244.320, 252.833, 262.049.*	Im Garndruck (Vigoureux).
18 kg Na_2CO_3 werden in 100 kg warmem Wasser gelöst, dann eine Lösung von 60 kg Chromalaun in 300 kg 55° C warmem Wasser bis zum Aufhören der Kohlensäureentwicklung zugeben. Ausbeute: 75 kg $Cr(OH)_3$ von 12,5% Cr_2O_3 Gehalt.	Ausgangsprodukt für Chrombeizen.
Doppelte Umsetzung von Chromalaun mit Bariumrhodanid: 31 Teile Chromoxyd T 24% + 63 Teile H_2O + 10 Teile H_2SO_4 66° Bé, erwärmen und 30 Teile Ba $(CNS)_2$ krist. zusetzen. Einstellen auf 12° Bé.	Im Zeugdruck. Hat keinen grossen Vorteil vor den Azetaten. Verhindert frühzeitige Lackbildung. Verlackt langsamer während des Dämpfens.
Auflösen von Chromhydroxyd in Milchsäure: 800 Teile $Cr(OH)_3$ 22% Cr_2O_3 + 440 Teile Milchsäure 50%. Einstellen auf 15% Cr_2O_3. Doppelte Umsetzung von Chromsulfat mit Kalziumlaktat: 480 Teile $Cr_2(SO_4)_3$ 30° Bé + 220 Teile Kalziumlaktat + 300 Teile Wasser. Man erhält eine 20%ige Lösung von Chromlaktat = 4% Cr_2O_3.	Im Baumwoll-, Kunstseiden- und Seidendruck.
Die konzentrierte Marke ist um 25% stärker als die gewöhnliche Marke.	Im Kunstseiden- und Seidendruck. Verhindert die Koagulierung der Gummilösungen und beeinträchtigt den weichen Griff der Ware nicht. Universalbeize 9333 fixiert sich schlecht auf Baumwolle. Die Marke RC gibt eine gute Fixation auf B'wolle, Kunstseide u. Seide
100 Teile Chromalaun + 86 Teile Soda $\longrightarrow$ $Cr(OH)_3$ gelöst in 30 Teilen CrO_3. Lösung von $Cr(OH)_3$ in einer Mischung von Chromsäure, Essig- und Schwefelsäure: 1 Teil Chromalaun + 0,85 Teile Soda und lösen des $Cr(OH)_3$ in 0,3 Teilen Chromsäure.	Beizen von Garn durch Immersion und nachheriges Fixieren im Kreidebad oder in warmer Sodalösung. Für den Klotzartikel.

Name	Erzeugerfirma	Zusammensetzung
Eriochromalbeize	Geigy	Chrom-Natrium Doppeloxalat.
Chrosozin N	Geigy	Anorganisches Chromsalz.
Chromosol	Sandoz	Chromoxalat + Soda.
Metachrombeize Eriochromalbeize Synchromatbeize	I. G. Geigy Ciba	Ammoniumchromat oder eine Mischung von Kaliumbichromat mit Ammoniumsulfat.
Chromsulfochromat		$Cr_2(OH)_2(SO_4)(CrO_4)$. Gibt gut haltbare Lösungen.
Chromat D.H.	D.H.	*Brit. P. 481.854.* Wahrscheinlich ein Chromsulfochromat von obiger Formel. Wengraf's Ber. 1938, Maiheft, S. 11. Nach Privatangaben soll Chromat DH Natriumchromat sein.
Chrombisulfit		$Cr_2(HSO_3)_6$. Existiert nur als grüne Lösung. Zersetzt sich leicht in der Wärme. In den Handel kommen Lösungen von 21° Bé, 28° Bé und 40° Bé, welche einem Gehalt von 9%, 12% oder 18% Cr_2O_3 entsprechen.
Mordant pour soie SF Seidenbeize SF	D. H. D. H.	
Chrombeize S	Geigy	Organisches Chromsalz.
Chrom-Ammoniumsulfit	Prud'homme	$Cr(NH_4)(SO_3)_2$.

Herstellung	Verwendungsgebiete
	Zum Färben der Chromfarbstoffe nach der Eriochromalmethode.
	Verbesserung der Wasser- und Schweiss-Echtheit von mit Metallsalzen nachbehandelbaren dunklen Färbungen.
	Zum Färben der Chromfarbstoffe auf Wolle.
Mell. franz. Ausg. 1937, S. 28. Metachromfärberei: Amer. Dyest. Rep. 1947, *36*, S. 238.	Einbadfärben der Chromfarbstoffe (Metachromfarbstoffe) auf Wolle nach dem Metachromverfahren der I. G. Farbenindustrie.
1 Teil Chromalaun + 0,86 Teile Soda; auflösen des gebildeten $Cr(OH)_3$ in 0,2 Teilen H_2SO_4 66° Bé und Zusetzen von 0,15 Teilen $Na_2Cr_2O_7$ (nach de Gallois).	Im Baumwoll-, Woll- und Kunstseiden-Druck.
Mell. 1939, S. 587.	Verbessert die Haltbarkeit der Druckfarben. Eignet sich nicht für Seidendruck. Kann nicht mit Gummiverdickung verwendet werden.
a) Einwirkung von Kalziumbisulfit auf Chromsulfat. b) Durch Einwirkung einer gesättigten Chromalaunlösung auf Natriumbisulfit 38° Bé. c) Fällen von $Cr(OH)_3$ und einführen eines SO_2-Stromes bis zur vollständigen Lösung.	In der Baumwollfärberei: Pflatschen der Beize auf der Hotflue bei 60—70° C, trocknen und fixieren in einem Kreidebad. Im Reserveartikel unter Beizendampffarben mit Weinsäure und Oxalsäure als Reservierungsmittel.
Von Niederhäusern, Mell. 1934, Bd. *15*, S. 362; R.G.M.C. 1936, Bd. *40*, S. 202.	Einbadfärberei von Seide.
	Zum Färben von Chromfarbstoffen auf Seide.
45 Teile $K_2Cr_2O_7$ + 20 Teile Na_2CO_3 + 100 Teile $(NH_4)_2SO_3$ 36° Bé + 100 Teile Ammoniak + 1000 Teile H_2O.	

Name	Erzeugerfirma	Zusammensetzung
Natriumchromit Alkalische Chrombeize Chromoxydnatron		$Cr \begin{smallmatrix} \diagup\!\!\diagup O \\ \diagdown ONa \end{smallmatrix}$ $\quad$ $Cr \begin{smallmatrix} \diagup ONa \\ - ONa \\ \diagdown ONa \end{smallmatrix}$ Ist wenig haltbar, gibt leicht sein $Cr(OH)_3$ an die Faser ab. Erban, Chem. Ztg. 1913, S. 709.
Chromchlorid Chlorchrom		Basisches Salz. $CrCl(OH)_2$, auch $CrCl_2(OH)$. Grüne Lösung von 20° Bé oder 30° Bé.
Chromfluorid Fluorchrom		$CrF_3 \cdot 4\ H_2O$. Mol.-Gew. 181,1. Grünes, sehr leicht lösliches Pulver. Die Lösungen wirken auf Glas, Kupfer und Zink ätzend.
Tonerdegel Gelée d'alumine		$Al_4(SO_4)(OH)_{10} \cdot 2\ H_2O$. Unlöslich in Wasser, löslich in Säuren.
Normales Aluminiumazetat Essigsaure Tonerde Tonerdeazetat Rotbeize Rotmordant		$Al(C_2H_3O_2)_3$. Depierre, Bd. *2*, S. 156. Die Lösungen sind gut haltbar und lassen sich bis auf 100° C ohne Zersetzung erwärmen. Gibt nur 15% seines Al_2O_3-Gehaltes an die Faser ab.
Basische Aluminiumazetate		$Al(OH)(C_2H_3O_2)_2$ und $Al(OH)_2(C_2H_3O_2)$.
Normales Aluminiumsulfazetat Rotbeize Rotmordant		$Al_2(C_2H_3O_2)_4(SO_4)$. $Al_2(C_2H_3O_2)_2(SO_4)_2$.

Herstellung	Verwendungsgebiete
H. Koechlin: 250 Teile grünes Chromazetat 20° Bé + 10 Teile Glyzerin + 420 Teile NaOH 38° Bé. H. Schmid: 150 Teile Chromalaun werden mit 50 Teilen Soda kalz. gefällt und der gewaschene Niederschlag in 540 Teilen NaOH 38° Bé gelöst.	In der Färberei für den Ätzartikel mittels Oxalsäure.
Lösen von $Cr(OH)_3$ in $CrCl_3$.	Beizen von Baumwolle für Unifärberei, Beizen von Seide für Färbungen mit Alizarin- und Gallocyaninfarbstoffen. Beize für Baumwollgarn.
	Beizen von Baumwolle im Vigoureuxdruck. Für Färbereizwecke wenig verwendet.
48 Teile Soda + 100 Teile $Al_2(SO_4)_3 \cdot 18\ H_2O$ oder 142 Teile Alaun, den Niederschlag waschen und auf 93 Teile = 25% $Al(OH)_3$ oder 16,4% Al_2O_3 einstellen.	Ausgangsprodukt für Aluminiumbeizen.
1. Auflösen von $Al(OH)_3$ in Essigsäure. Gewöhnlich verwendet man Tonerdegel: 1,250 g Aluminiumhydrat 12% 1,000 g Essigsäure 6° Bé. Auf 10° Bé = 5,2% Al_2O_3 einstellen. 2. Doppelte Umsetzung von Aluminiumsulfat mit Blei- oder Kalziumazetat: $Al_2(SO_4)_3 + 3\ Pb(C_2H_3O_2)_2 = 3\ PbSO_4 + 2\ Al(C_2H_3O_2)_3$ 665 Teile $Al_2(SO_4)_3$ 18% Al_2O_3 + 1127 Teile $Pb(C_2H_3O_2)_2$. Beide Produkte einzeln auflösen, Lösungen mischen und auf 10° Bé einstellen.	Wenig für Färberei und Druck, dagegen in der Strangfärberei verwendet.
1. Lösen von $Al(OH)_3$ in normalem Aluminiumazetat. 2. Zusatz von Soda zu einer Lösung von normalem Aluminiumazetat.	Wie für vorhergehendes Produkt.
1. Doppelte Umsetzung von Aluminiumsulfat mit ungenügender Menge Blei- oder Kalziumazetat: 126 Teile Bleiazetat + 120 Teile Aluminiumsulfat, $Al_2(SO_4)_3 + 2\ Pb(C_2H_3O_2)_2 = 2\ PbSO_4 + Al_2(SO_4)(C_2H_3O_2)_4$. 2. 120 Teile Aluminiumsulfat + 63 Teile Bleiazetat, $Al_2(SO_4)_3 + Pb(C_2H_3O_2)_2 = PbSO_4 + Al_2(C_2H_3O_2)_2(SO_4)_2$.	Sehr gute Beize für den Alizarinrot- und Alizarinrosa-Druck.

Name	Erzeugerfirma	Zusammensetzung
Basisches Aluminiumsulfazetat		$Al_2(SO_4)(C_2H_3O_2)_2(OH)_2$. E. Schlumberger, Walter Crum, Liechti, Suida, Schwitzer.
Beizsalz TR	I. G.	Hochbasisches Tonerdesalz mit einem hohen Gehalt an wirksamer Tonerde.
Normales Aluminiumnitrazetat Tonerdenitrazetat		$Al_2(C_2H_3O_2)_4(NO_3)_2$. Mol.-Gew. 414. Hydrolysiert sich leichter als das entsprechende Azetat.
Basisches Aluminiumnitrazetat		$Al_2(C_2H_3O_2)_2(NO_3)_2(OH)_2$.
Aluminiumformiat Tonerdeformiat Ameisensaure Tonerde		$Al_2(HCOO)_6$. Mol.-Gew. 144. Man stellt ebenfalls die Sulfoformiate nach denselben Methoden wie die Sulfazetate dar. A. Scheurer, Bull. Mulh. 1911, S. 153. *D.R.P. 133.719*, M.L.B. 1902.
Aluminiumtriformiat krist., Marke Dölau 98—99% Aluminiumtriformiat SN in Pulver	Zschimmer u. Schwarz Soc. Normande de Prod. Chim.	$Al(HCOO)_3 \cdot 3\ H_2O$. 40% Al_2O_3 und 36% HCOOH.
Aluminiumtartrat		$Al_2(C_4H_4O_6)_3$. Mol.-Gew. 498,33. Bull. Mulh. 1911, S. 153.
Aluminiumrhodanid Rhodantonerde Tonerderhodanid		$Al_2(CNS)_6$. Mol.-Gew. 402. Gibt ungefähr 33% seines Al_2O_3-Gehaltes ab.
Basisches Aluminiumrhodanid		$Al_6(CNS)_2(OH)_{16}$. *D.R.P. 42.682*, Hauff.

Herstellung	Verwendungsgebiete
Doppelte Umsetzung von Aluminiumsulfat oder Alaun mit einer ungenügenden Menge Blei- oder Kalziumazetat und Zusatz von kalz. Soda: 1,908 g Alaun oder 1,336 g Aluminiumsulfat + 2,000 g H_2O + 1,590 g Bleiazetat + 1,000 g H_2O, beide Produkte einzeln lösen. Mischen der Lösungen, abfiltrieren und Zugabe von 150 g Soda zur Lösung. Einstellen auf 12° Bé.	Im Druck und in der Türkischrotfärberei.
1. Doppelte Umsetzung von Aluminiumsulfat mit Blei- oder Kalziumazetat in Gegenwart von Blei- oder Kalziumnitrat. 66 Teile Aluminiumsulfat 18% Al_2O_3 + 78 Teile Kalziumazetat 15° Bé + 88 Teile Kalziumnitrat 36° Bé. Einstellen auf 10° Bé. 2. 6 Teile Alaun + 4 Teile Bleiazetat + 2 Teile Bleinitrat.	Druck von Alizarinrot.
102 Teile Bariumnitrat oder 130 Teile Bleinitrat + 120 Teile H_2O + 74 Teile Aluminiumsulfat 18% Al_2O_3 + 80 Teile H_2O, abdekantieren, waschen, 12 Teile Soda zugeben und auf 15° Bé einstellen.	Druck von Alizarinrot.
Auflösen von Tonerdegel in Ameisensäure: 235 Teile Tonerdegel 30% + 450 Teile H_2O + 100 Teile Ameisensäure. Einstellen auf 20° Bé.	Drucken von Alizarinrosa und Alizarinorange. Greift während des Dämpfens die Faser nicht an. Keine vorzeitige Lackbildung.
	Druck von Alizarinfarben. Greift während des Dämpfens die Faser nicht an. Keine vorzeitige Lackbildung.
1500 g Tonerdegel 30% + 2200 g H_2O + 720 g Weinsäure + 1500 g H_2O, beide Lösungen mischen. Einstellen auf 15° Bé.	Für das Drucken von Alizarinfarben, besonders Alizarinorange.
630 Teile Aluminiumsulfat + 1000 Teile H_2O + 850 Teile $Ba(CNS)_2$ + 1000 Teile H_2O, beide Lösungen mischen. Abfiltrieren und die Lösung auf 12° Bé einstellen = 6,2% Al_2O_3.	Für Alizarinrosadruck. Greift die Rakel nicht an. Schützt Alizarinrosa gegen die Einwirkung des Eisens. Greift beim Dämpfen unter Druck die Faser nicht an.
1. 50 Teile $Al_2(SO_4)_3$ + 50 Teile $Ca(CNS)_2$. Lösung auf 15° Bé einstellen. 2. Lösen von Aluminiumhydroxyd in einer Aluminiumrhodanidlösung.	

Name	Erzeugerfirma	Zusammensetzung
Aluminiumlaktat Lacktalut Lactinium	 Böhringer Byk. Guldenwerke	$Al_2(C_3H_5O_3)_6$, weisse Masse.
Normales Aluminiumnitrat Tonerdenitrat Nitratbeize		$Al_2(NO_3)_6 \cdot 15\ H_2O$. Mol.-Gew. 696. Wird weder durch Erwärmen noch durch Verdünnen hydrolysiert.
Basisches Aluminiumnitrat		
Aluminiumchlorid Chloraluminium		$AlCl_3 \cdot 6\ H_2O$.
Basische Aluminiumchloride		Al_2Cl_5OH; $Al_2Cl_4(OH)_2$.
Aluminiumchlorazetat		$AlCl(C_2H_3O_2)_2$. Widersteht dem Verdünnen und der Siedehitze.
Natriumaluminat		Al(=O)(ONa) $Al(ONa)_3$ und $Al_2Na_4O_5$. Erban, Chem. Ztg. 1913, S. 709.
Holzessigsaures Eisen Schwarzbeize Holzsaures Eisen		Konzentration der Handelsmarken; 12—15° Bé, entsprechend einem Eisengehalt von 50—55% Fe.
Ferrosulfazetat Ferroazetat		 $Fe(C_2H_3O_2)_2 \cdot 4\ H_2O$.
Eisenrhodanid Soliddruckgrünbeize		$Fe(CNS)_2$.

Herstellung	Verwendungsgebiete
50 Teile Tonerdegel, 10% Al_2O_3 + 25 Teile Milchsäure 50%. Einstellen auf 17° Bé = 4% Al_2O_3.	Druck von Alizarinrot. Verhindert vorzeitige Lackbildung.
1. Auflösen von $Al(OH)_3$ in Salpetersäure: 24 Teile $Al(OH)_3$ von 10% Al_2O_3 + 0,6 Teile HNO_3 vom spez. Gew 1,33. Einstellen auf 19,5° Bé = 4,8% Al_2O_3. 2. Doppelte Umsetzung von Aluminiumsulfat mit Bleinitrat: 70 Teile $Al_2(SO_4)_3$ + 104 Teile $Pb(NO_3)_2$. Lösung auf 15° Bé einstellen.	Druck von Alizarindampfrot. Beizen der Seide zum Färben mit Alizarinfarbstoffen.
75 Teile $Al_2(SO_4)_3$ + 100 Teile Bariumnitrat oder 130 Teile Bleinitrat, einzeln lösen, zusammenmischen, filtrieren, 8 Teile Soda zusetzen und auf 15° Bé einstellen.	Gleiche Verwendung wie für das normale Nitrat.
1. Doppelte Umsetzung von Aluminiumsulfat mit Kalzium- oder Bariumchlorid: 10 Teile Aluminiumsulfat + 11 Teile Bariumchlorid. Einstellen auf 22° Bé. Oder: 58 Teile $Al_2(SO_4)_3$ + 140 Teile $CaCl_2$ 21° Bé. Einstellen auf 12° Bé. 2. Auflösen von $Al(OH)_3$ in Salzsäure 19° Bé.	Selten als Beize gebraucht.
Auflösen von $Al(OH)_3$ in einer Aluminiumchloridlösung.	Wie oben.
$Al_2(SO_4)_3 + BaCl_2 + 2\ Pb(C_2H_3O_2)_2 =$ $2\ AlCl\ (CH_3COO)_2 + BaSO_4 + 2\ PbSO_4$.	Zum Färben von Alizarinrosa.
Auflösen von Tonerdegel in Natronlauge: 500 g $Al(OH)_3$ von 10% Al_2O_3 + 328 g NaOH 38° Bé. Einstellen auf 22° Bé. Auflösen von Aluminiumpulver in Natronlauge.	Zum Kaltbeizen von Baumwolle. Unbrauchbar zum Beizen tierischer Fasern.
1. Auflösen von Eisenabfällen in Holzessig. 2. Doppelte Umsetzung von Ferrosulfat mit holzessigsaurem Kalk.	Im Druck von Alizarin- und Nitrosofarbstoffen. In der Woll-, Seiden- und Baumwollschwarzfärberei mit Blauholz.
Doppelte Umsetzung von Eisensulfat mit Bleiazetat: 34 Teile $FeSO_4$ + 36 Teile Bleiazetat. Einstellen auf 10° Bé.	Im Druck von Alizarinviolett.
280 Teile $FeSO_4$ + 290 Teile $Ba(CNS)_2$ oder 192 Teile $Ca(CNS)_2$. Einstellen auf 10° Bé.	Im Druck von Nitrosofarbstoffen, Vert d'Alsace, Solidgrün, Naphtolgrün.

Name	Erzeugerfirma	Zusammensetzung
Ferronitrat		
Basisches Ferrisulfat wird auch fälschlich als Eisennitratbeize oder salpetersaures Eisen bezeichnet. Eisenbeize Schwarzbeize Rostbeize, Rouille		$Fe_4(SO_4)_5(OH)_2$; $Fe_2(OH)_2(SO_4)_2$. Handelsprodukt: 45⁰—50⁰ Bé. Kommt als sirupdicke, dunkelbraune Lösung in den Handel, von etwa 13—14% Fe- und 26—28% H_2SO_4-Gehalt.
Stannohydroxyd Zinnoxydulhydrat		$Sn(OH)_2$. Mol.-Gew. 152.
Stannozitrat Ammoniakalisches Stannozitrat		
Stannoazetat Essigsaures Zinnoxydul		$Sn(C_2H_3O_2)_2$. Mol.-Gew. 236.
Zinnrhodanid Rhodanzinn		$Sn(CNS)_2$.
Zinnoxalat		$Sn(C_2O_4)$. Kommt als Lösung von 16⁰ Bé vor.
Zinnlaktat Milchsaures Zinn	C. H. Böhringer	$Sn(C_3H_5O_3)_2$. H. Sunder, Bull. Mulh. 1921, S. 137. Wird als konz. Lösung in den Handel gebracht.
Stannihydroxyd Metazinnsäure		$Sn(OH)_4$. $SnO(OH)_2$.

Herstellung	Verwendungsgebiete
1. Lösen von Eisen in Salpetersäure. 2. 175 Teile $FeSO_4$ + 208 Teile Bleinitrat. Lösung 45° Bé = 22% Ferronitrat.	
Einwirkung von Salpetersäure auf Eisensulfat: 150 Teile HNO_3 36° Bé + 70 Teile H_2SO_4 66° Bé + 400 Teile $FeSO_4$. Erwärmen und zusetzen von 30 Teilen HNO_3. Einstellen auf 52° Bé.	Zum Färben von Wolle mit Blauholz. Im Baumwolldruck.
Durch Fällung von Zinnchlorür mit Soda erhalten. 10 Teile $SnCl_2$ gelöst in 50 Teilen H_2O + 6,7 Teile Na_2CO_3 in 40 Teilen H_2O gelöst. Ausbeute: 3 kg Teig von 23%.	Zusatz zu den Druckfarben, um das Alizarinrot lebhafter zu erhalten.
35 Teile Stannohydroxyd + 65 Teile Zitronensäure. 5 Teile Stannohydroxyd + 4,7 Teile Zitronensäure + 6,5 Teile NH_4OH 12,5%. Ausbeute 20 kg. Lösung von 32° Bé.	
1. Auflösen von Stannohydroxyd in Eisessig: 10 Teile $Sn(OH)_2$ + 12 Teile Eisessig + 12 Teile CH_3—$COOH$ 30%. 2. Doppelte Umsetzung von Zinnsalz mit Bleiazetat: 100 Teile $SnCl_2$ + 80 Teile CH_3COOH + 100 Teile Bleiazetat + 80 Teile CH_3COOH 6° Bé. Einzeln auflösen und Lösungen zusammenmischen.	Zum Ätzen von Substantivschwarzfärbungen.
Einwirkung von Kalziumrhodanid auf Stannooxalat.	Als Zusatz zu Alizarindruckfarben.
Auflösen von Zinnhydroxyd in Oxalsäurelösung 1:1; 100 Teile $Sn(OH)_2$ + 8 Teile Oxalsäurelösung 1:1, auf dem Wasserbade erwärmen. Einstellen auf 16° Bé.	Als Zusatz zu Alizarindruckfarben.
Auflösen von Zinnhydroxyd in Milchsäure 50%: 180 Teile $Sn(OH)_2$ 23% + 600 Teile Milchsäure 50% + 220 Teile Glyzerin. Einstellen auf 25° Bé.	Selten gebraucht als Ersatz von Zinnoxalat. Greift Baumwolle beim Dämpfen unter Druck nicht an. Verlangsamt die Lackbildung. Verbessert die Echtheit des Alizarinrots.
1. Auflösen von Zinnchlorid in Ammoniak oder kalz. Soda: 100 Teile $SnCl_4$ 66% gelöst in 2500 Teilen H_2O + 183 Teile Na_2CO_3 gelöst in 2500 Teilen H_2O, filtrieren. Ausbeute 250 Teile $SnO(OH)_2$ 17%. 2. Durch Neutralisieren von Zinnoxychlorid mit Soda: 10 Teile Zinnoxychlorid + 3 Teile Na_2CO_3 = 28 Teile Hydrat von 17%.	Zusatz zu den Alizarindruckfarben.

Name	Erzeugerfirma	Zusammensetzung
Stannioxychlorid Stanninitrat		Im Handel als Lösung von 50—55° Bé.
Stannioxalat Oxalsaures Zinn Mordant OX		$Sn(C_2O_4)_2 \cdot aq$. Kommt im Handel vorzugsweise als 16° Bé-Lösung vor.
Zinnsulfoleat Ammoniakalisches Zinnsulfoleat Stannisulfoleat		A. Scheurer, Bull. Mulh. 1893, S. 95. P. Wilhelm, Bull. Mulh. 1908, S. 78. H. Sunder, Bull. Mulh. 1921, S. 137. Z. f. Farb. u. Text. Chem. 1906, S. 15.
Kalziumazetat Holzessigsaurer Kalk	Pfeiffer (Mühlhausen)	$Ca(C_2H_3O_2)_2 \cdot H_2O$.
Kalziumrhodanid		$Ca(CNS)_2$.

Fett-

Name	Erzeugerfirma	Zusammensetzung
Natriumsulfoleat		Mischung von Di- und Triglyzeriden, Olein- und Oxystearinseifen und ihrer Sulfoester sowie von Fettsäuren (Stearin- und Palmitinsäuren).
Türkischrotöl Natriumsulforizinat Ammoniumsulforizinat Huile Rhéolane Huile pour rouge Huile Topaz	I. G., Böhme Flesch, Stockhausen Pott, Milch-Oranienburg S.P.C.M.C. Mulhouse Laroche & Juillard Fournier	Gemisch von Tririzin, von Tririzinusölsäure und Dioxystearinsäure sowie ihrer Sulfoester und von Polyrizinussäuren. Erban, Frb. Ztg. 1915, S. 187; Beyer, Tiba, Nov. 1927; *D.R.P. 128.691*, 1902, M.L.B.; Fischer's Ber. 1922, S. 515. $C_{17}H_{32}(OSO_3H) \cdot COOH$.

Herstellung	Verwendungsgebiete
Einwirkung von Salpetersäure auf Zinnchlorür (Zinnsalz). Man gibt langsam 50 Teile $SnCl_2 \cdot 2\ H_2O$ zu 30 Teilen HNO_3 (spez. Gew. 1,33). Ausbeute: 100 Teile Oxychloridlösung von 55° Bé.	Für Alizarinfarben. Avivieren von Alizarinrot- und -rosa.
1. Lösen von Stannihydroxyd oder Stannioxychlorid in Oxalsäure: 100 Teile $SnO(OH)_2$ 23% + 4 Teile Oxalsäure; erwärmen auf dem Wasserbade und auf 16° Bé einstellen. 2. 500 Teile Stannioxychlorid 55° Bé + 2000 Teile H_2O + 150 Teile Soda, in 1000 Teilen H_2O lösen. 70 Teile Oxalsäure zugeben.	Im Alizarinfarbendruck und Färberei. Die Rot- und Rosatöne werden lebhafter.
1. 50 Teile Natriumsulfoleat 25% + 3,2 Teile $SnCl_2$ + 20 Teilen H_2O, filtrieren. Ausbeute 17 kg Stannosulfoleat. 2. 25 Teile Sulfoleinsäure + 25 Teile Stannisulfoleat + 10 Teile NH_4OH 12,5%. 3. 100 Teile Natriumsulfoleat 25% + 90 Teile $SnCl_4$ 55° Bé.	Für Alizarinfarben. Avivieren der Rot- und Rosatöne.
Auflösen von Kalk in Essigsäure: 5 Teile CaO mit 25 Teilen H_2O gelöscht + 25 Teile CH_3COOH 6° Bé. Einstellen auf 15° Bé.	Zusatzbeize für Alizarinrot.

beizen

Herstellung	Verwendungsgebiete
78 Teile Ölsäure + 38 Teile konz. H_2SO_4, langsam einfliessen lassen, ohne dass die Temperatur über 35° C steigt; mit Natronlauge oder Ammoniak neutralisieren.	Präparieren der Ware für Alizarinfärberei und Druck.
In 3 Phasen: a) Einwirkung von konz. H_2SO_4 auf Rizinusöl: 100 Teile Rizinusöl + 35 Teile H_2SO_4 66° Bé, langsames Zufliessenlassen der Säure, damit die Temperatur nicht über 35° C steigt. b) Entfernen der überschüssigen Schwefelsäure zuerst mit Kochsalzlösung und darauf mit reinem Wasser. c) Neutralisieren der Sulforizinussäure mit Natronlauge oder Ammoniak.	Präparieren der Ware für die Alizarinrot- oder Rosafärberei oder für den Druck mit Alizarinfarben: 30 bis 65 g Sulforizinat 50% pro Liter und Zusatz von 2,5‰ NH_4OH 25%.

Name	Erzeugerfirma	Zusammensetzung
Natriumrizinat Türkischrotöl D Huile pour rouge Paraseife PN Sapoléine (alte Bez.) Alsatine Paranaphtaléine Türkischrotöl F (alt) Ricinate de soude Turkey Red Oil PO	Stockhausen M.L.B. F.P.C. Thann Wegelin-Tétaz Laroche et Juillard I.C.I.	Rizinusölseife von saurer Reaktion. Mischung von mehr oder weniger hydrierten Oxyfettsäuren, welche durch Ammoniakzusatz löslich werden.
Chloröl	M.L.B.	Lauber 1887. Depierre, Bd. *2*, S. 229.
Kalziumsulfoglyzerat Mordant G	Havraneck	Einwirkungsprodukt von konzentrierter Schwefelsäure auf Glyzerin mit darauffolgender Neutralisation mittels Kreide.
Lizarol Lizarol D und D konz. Rizinol Lizarine Rhodenol Direkt Rotöl Isodrucköl Purpuröl	M.L.B. I. G. Laroche et Juillard Pfeiffer (Mulhouse) Wacker und Schmitt Bayer & Cie. L. Blumer Pott	Kondensationsprodukt von 2 Mol sulfonierter Rizinusölsäure mit 1 Mol Formaldehyd. 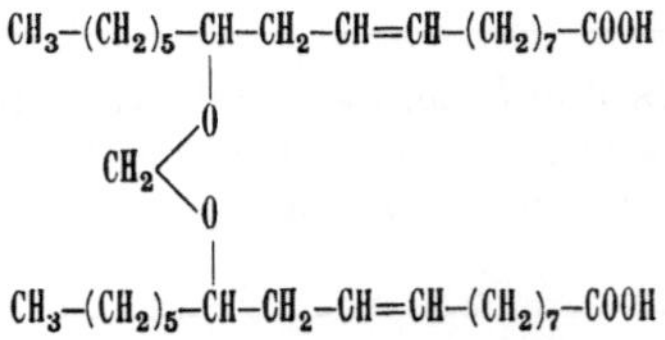 $\begin{array}{l} CH_3-(CH_2)_5-CH-CH_2-CH=CH-(CH_2)_7-COOH \\ \qquad\qquad\qquad \vert \\ \qquad\qquad\qquad O \\ \qquad\qquad CH_2\langle \\ \qquad\qquad\qquad O \\ \qquad\qquad\qquad \vert \\ CH_3-(CH_2)_5-CH-CH_2-CH=CH-(CH_2)_7-COOH \end{array}$ Dickes, in Wasser unlösliches Öl. *D.R.P. 226.222*, 1908, M.L.B.
Lizarol R konz.	M.L.B. 1918	Als Ersatz für Lizarol D. Gibt mit Wasser haltbare Emulsionen.
Elisol		Chloriertes Öl (S. 797).

Herstellung	Verwendungsgebiete
1. 100 Teile Rizinusöl + 59 Teile NaOH 36° Bé + 100 Teile H_2O, während 1 Stunde im Kupferkessel kochen, hierauf 22 Teile HCl 19° Bé zugeben und teilweise mit 2 Teilen NaOH 38° Bé neutralisieren. 2. 100 Teile Rizinusöl + 100 Teile NaOH 19° Bé (13,6 Teile NaOH) 1 Stunde kochen, hierauf sehr langsam 15 Teile H_2SO_4 66° Bé bis zur sauren Reaktion zugeben. Abdekantieren der Rizinusölsäure (95 Teile) und bei 30° C mit 0,12 Teilen NH_4OH 25% auf 2 Teile Rizinusölsäure neutralisieren.	Zum Vorölen der für die Alizarin- und Nitroalizarinrotfärberei oder für den Druck bestimmten Ware.
Einwirkung von Chlorkalklösung auf Olivenöl oder Rizinusöl: 1 Teil Rizinusölsäure + 1 Teil $CaCl_2O$ von 2° Bé oder 1 Teil Tournantöl + 1 Teil $CaCl_2O$ von 6° Bé oder 4 Teile Oliven- oder Rizinusöl + 1 Teil H_2SO_4 66° Bé und darauffolgendes Mischen mit 3 Teilen $CaCl_2O$ von 8° Bé.	Zusatz zu Alizarindruckfarben.
48 Teile Glyzerin 30° Bé + 48 Teile H_2SO_4 66° Bé. Giessen des Gemisches in 160 Teile H_2O, neutralisieren mit 47 Teilen Kreide und filtrieren. Ausbeute = 160 Teile Sulfoglyzeratlösung.	Zusatz zu Alizarindampfrot. Soll die Lebhaftigkeit des so erhaltenen Rottons erhöhen.
10 Teile Rizinusöl + 10 Teile NaOH 19° Bé (1,39 Teile NaOH), verseifen, darauf 3,2 Teile H_2SO_4 65° Bé zufügen. Waschen der gebildeten Rizinusölsäure, Sulfonieren mit 3 Teilen H_2SO_4 66° Bé, mit 3 Teilen CH_2O 40% kondensieren und mit konzentrierter Kochsalzlösung waschen. Man kann auch direkt vom Rizinusöl ausgehen, welches man in der Kälte sulfoniert, hierauf setzt man den Formaldehyd hinzu und lässt einige Stunden stehen.	Druck von Alizarinrot auf ungeölter Ware. Zusetzen von 40—50 g Lizarol pro kg Druckfarbe.

Druckverfahren für Beizenfarbstoffe auf vegetabilischer Faser.

Die Beizenfarbstoffe haben bis in die heutige Zeit eine gewisse Bedeutung im Druck beibehalten, obwohl ihnen in den letzten 3—5 Dekaden wichtige Konkurrenten erstanden, wie das Paranitranilinrot und die Naphtol AS-Farbstoffe, die in ihrer stabilen Form (Rapidechtfarbstoffe, Rapidogene, Rapidazole und Neocotone) keiner Vorbehandlung des Gewebes bedürfen.

Verschiedene klassische Artikel, namentlich Dekorationsstoffe, werden noch laufend mit Alizarinfarbstoffen (Alizarinrot, -rosa und -orange) einerseits und mit Chromfarbstoffen (Coeruleïn, Anthrazenbraun, Alizarinblau, Kreuzbeerenextrakt usw.) andererseits ausgeführt.

Gewisse, für den afrikanischen Markt bestimmte Artikel, sogar auch Kleiderstoffe, werden mit Beizenfarbstoffen neben Rapidogenen bedruckt. So werden beispielsweise die Rot-, Orange und Marinetöne mit Rapidogenfarbstoffen, die Grün-, Grau- und Beigetöne mit Chromfarbstoffen ausgeführt.

Druck auf Aluminiumbeizen.

(Alizarinrot und -rosa, Alizarinorange.)

Folgende Farbstoffe kommen für den Druck auf Aluminiumbeizen in Betracht:

Alizarin: [Strukturformel: CO, CO, OH, —OH] Dioxyanthrachinon, blaustichig für Rosatöne

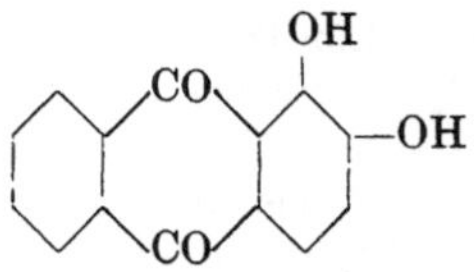

Handelsnamen:

Alizarin V1 neu, V2 bläulich	B.A.S.F.
Alizarin IB	M.L.B.
Alizarin IB extra, IA	Bayer
Alizarin NB, N2B, N3B	Kuhlmann-Francolor
Alizarin B2	I. G. Farbenindustrie

Anthrapurpurin: [Strukturformel: HO—, CO, CO, OH, —OH] 1,2,7-Trioxyanthrachinon, (Perkin 1872) gelbstichig für Rot

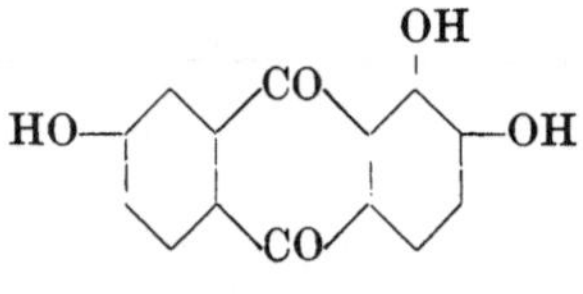

Handelsnamen:

Alizarin GD, SX	B.A.S.F.
Alizarin RX	M.L.B.
Alizarin SX extra	Bayer
Alizarin NA	Kuhlmann-Francolor

Flavopurpurin: 1, 2, 6-Trioxyanthrachinon, gelbstichig für Rot

Handelsnamen:		
	Alizarin GI, RG	B.A.S.F.
	Alizarin VG, X, XG	Bayer
	Alizarin SDG	M.L.B.
	Alizarin NF	Kuhlmann-Francolcr

Nitroalizarin: 3-Nitro-1, 2-dioxyanthrachinon Rosenstiehl 1876

Handelsnamen:		
	Alizarin Orange A in Teig	B.A.S.F.
	Orange d'Alizarine N en pâte	Kuhlmann-Francolor

Alizarinsaphirol: Natriumsalz der 1, 5-Dioxy-4, 8-diamino-2, 6-anthrachinondisulfosäure R. E. Schmidt 1897

Handelsnamen:		
	Alizarinsaphirol B	Bayer
	Alizarinlichtblau B	Sandoz

Alizarinbordeaux: 1, 2, 5, 8-Tetraoxyanthrachinon R. E. Schmidt 1890

Handelsnamen:		
	Alizarinbordeaux B	Bayer
	Alizarincyanin	Bayer

Alizarinmarron: 3-Amino-1, 2, 4-trioxyanthrachinon (Aminopurpurin)

Handelsnamen:		
	Alizarinmarron W in Teig	B.A.S.F.
	Alizarinmarron W in Pulver	

Schöne Farbtöne können mit Alizarinrot, -rosa und -orange nur erhalten werden, wenn die Farbstoffe in Gegenwart von Türkischrotöl gedruckt werden.

Mit Rizinusöl erzielt man viel lebhaftere Rottöne als mit Olivenöl, aber das Weiss verliert hierbei an Reinheit.

Bei wenig gedeckten Weissgrundmustern hat sich die Anwendung einer rizinusfettsauren Seife gut bewährt (siehe Freiberger, Frb. Ztg. 1912, S. 85).

Mit reiner essigsaurer Tonerde und essigsaurem Kalk kann man kein gutes Rot erhalten. Besser ist es, Rhodanaluminium, das sich langsamer hydrolysiert, zu verwenden.

In Gegenwart von nichtflüchtigen organischen Säuren (Oxalsäure, Weinsäure usw.) wird die Lackbildung verlangsamt.

Folgende Druckverfahren werden ausgeführt:

a) Drucken auf geölte Ware;

b) Drucken auf weisse Ware mit einer Farbe, welche den Fettkörper enthält. (Verfahren mit Lizarol A).

Drucken auf geölte Ware.

Um möglichst lebhafte und seifenechte Drucke zu erhalten, wird die Ware mit einer Lösung von Türkischrotöl (5—7%ige Lösung von Türkischrotöl 50%) vorbehandelt.

Zweckmässig verwendet man Natrium- bzw. Ammoniumsulforizinat oder auch Natriumrizinat (siehe Tabelle S. 794 u. 817). Die imprägnierte Ware wird dann in der Hotflue, auf dem Spannrahmen oder auf mit Kattun umwickelten Trockentrommeln getrocknet.

Nachstehend einige Rezepte für Dampfalizarinrot.

Nach Haller:

150 g	Alizarinrot in Teig
630 g	essigsaure Stärke-Tragantverdickung
60 g	Rizinusöl
30 g	essigsaure Tonerde 12° Bé
30 g	salpetersaure Tonerde 15° Bé
28 g	rhodansaures Zinn 9° Bé
28 g	rhodansaures Kalzium 24° Bé
10 g	essigsaures Kalzium 15° Bé
34 g	Wasser
1000 g	

Nach einer Moskauer Firma:

474 g	Stärke-Tragantverdickung
26 g	Rizinusöl
130 g	Alizarin GF 20%
90 g	Zinnzitrat 20%
50 g	essigsaures Kalzium 15° Bé
90 g	Aluminiumsulfazetat 15° Bé
70 g	Kalziumsulfoglyzerat
70 g	Natriumrizinat
1000 g	

Nach einer elsässischen Firma:

100 g	Weizenstärke mit
150 g	Kalziumsulfoglyzerat 20° Bé und
70 g	Essigsäure 80% anteigen
215 g	Schirazgummi dünn
30 g	Alizarin B2 40%
190 g	Alizarin 5G 20%
30 g	Tournantöl
	alles zusammen kochen, abkühlen und
150 g	essigsaure Tonerde 12° Bé
50 g	Zinnsulforizinat
15 g	essigsaures Kalzium 20° Bé zusetzen
1000 g	

Alizarinrot-Tonerde-Kalklacke geben blaustichige Rosanuancen. Durch Zusatz von Zinnbeizen werden gelbstichige Töne erhalten.

Rezepte für Alizarinrosa.

600 g	essigsaure Stärke-Tragantverdickung
40 g	Alizarin V neu 20%ig
50 g	Wasser
100 g	rhodansaures Aluminium 15° Bé
40 g	essigsaures Kalzium 15° Bé
30 g	oxalsaures Zinn 15° Bé
130 g	Wasser
10 g	Chloröl
1000 g	

Nach Scheurer, Lauth & Cie., Thann im Elsass.

100 g	Alizarin B2 40%
775 g	Schirazgummiverdickung (dünn)
25 g	Essigsäure 80%
100 g	rhodansaures Aluminium 10° Bé
1000 g	

Nach Firma Zündel in Moskau:

100 g	Weizenstärke
100 g	Wasser
100 g	Essigsäure 6° Bé
172 g	Tragantschleim
84 g	Alizarin für Rot 20%
84 g	Alizarin für Rosa 20%
65 g	Rizinusöl, kochen, abkühlen und
72 g	essigsaures Kalzium 15° Bé
150 g	Aluminiumnitrat 15° Bé
38 g	Stannooxalat
35 g	essigsaure Tonerde 13° Bé zugeben
1000 g	

Der grösste und häufigste Fehler im Alizarinrosadruck besteht in der Trübung der Nuance durch Eisensalze, die sich durch Einwirkung der sauren Druckfarben auf die Stahlrakel bilden. Lange

Jahre hindurch beschäftigten sich die Chemiker-Koloristen mit dem Problem, wie man die schädliche Wirkung der Eisensalze in den Alizarindruckfarben ausschalten könnte. Persoz empfahl diesbezüglich den Zusatz von gewissen Zinnpräparaten zur Druckfarbe.

Oskar Scheurer (Scheurer, Lauth & Cie) fand im Jahre 1895, dass dieser Übelstand ohne Schwierigkeit behoben werden kann, wenn man der Druckfarbe sehr grosse Mengen Tonerdegel (150 g bis 200 g pro kg Druckfarbe) zusetzt. Diese Methode wurde in der elsässischen Firma eingeführt und hat sich bis heute aufs beste bewährt.

Alizarinrosa nach O. Scheurer:

Stammfarbe		Verschnitt:	
200 g	Alizarin V 1 neu 20%ig	100 g	Pfeifenerde 1/1
100 g	Aluminiumsulfat 10° Bé	150 g	Tonerdegel
675 g	Gummiverdickung	917 g	Gummiverdickung
25 g	Essigsäure 6° Bé	25 g	Essigsäure
1000 g		8 g	Schwefelsäure 1:10
		1200 g	

Albert Scheurer[1]) seinerseits machte die sehr interessante Beobachtung, dass Aluminiumchlorid auf dem Gewebe sich in ein Oxychlorid umwandelt, welches sich der Fixierung von Alizarinviolett sehr energisch widersetzt. Die Zugabe von Aluminiumoxychlorid zu einer Druckfarbe von Alizarinrosa, der man absichtlich einige Gramm Ferroazetat beimischt, verhütet vollständig den Umschlag von Rosa in Violett.

Als Aluminiumoxychlorid kann man beispielsweise $Al_2Cl_4(OH)_2$ oder $Al_2Cl_3(OH)_3$ verwenden.

Herstellung von Aluminiumoxychlorid.

Man löst

600 g	Tonerdegel 15% in
240 g	Salzsäure 21° Bé und
160 g	Essigsäure 80%
1000 g	

Von dieser Lösung setzt man der Druckfarbe 5—20 g pro Liter zu. Auf diese Weise erzielt man Rot- und Rosatöne, die den geringen Mengen Eisensalzen gegenüber, welche die Farbe während des Druckens verunreinigen, unempfindlich sind.

Zum selben Zweck hat man ebenfalls die Verwendung von Aluminiumrhodanid vorgeschlagen. Ausser dem hohen Preis hat dieses Produkt noch den Nachteil, dass es beim Dämpfen Rhodanwasserstoffsäure in Freiheit setzt und somit eine Faserschädigung hervorrufen kann.

[1]) Bull. Mulh. 1925, September, versiegeltes Schreiben von 1906.

Um die Verunreinigung der Alizarinfarbstoffe durch Eisensalze zu verhüten, schlug man vor, die Stahlrakel durch eine Messingrakel zu ersetzen. Jedoch scheint dieser Vorschlag bei den Druckern keinen Anklang gefunden zu haben. In gewissen Fällen überzog man einfach die Stahlrakel mit einer alkoholischen Schellacklösung, um sie vor dem Angriff durch die saure Druckfarbe zu schützen. Heute würde man zweckmässiger Polyvinyl- oder Polyakrylharze an Stelle von Schellack verwenden.

Das Nitroalizarin besitzt eine sehr hohe Affinität zu den Metallbeizen. Aus diesem Grunde kann man das leicht hydrolysierbare Aluminiumazetat nicht als Beize verwenden, weil dasselbe den Farbstoff schon nach 24 Stunden vollständig bindet und die Druckfarbe infolgedessen unbrauchbar machen würde.

Um diesem Nachteil vorzubeugen, verwendet man vorzugsweise weinsaures Aluminium als Beizmittel. Bei diesem Produkt besteht jedoch die Gefahr einer Faserschwächung. Albert Scheurer (Bull. Mulh. 1911, S. 153) hat mit Erfolg ameisensaures Aluminium und Kalzium angewandt.

Alizarinsaphirol (Alizarinlichtblau B) soll nicht auf geölte Ware gedruckt werden. Eine erprobte Druckfarbe hat beispielsweise folgende Zusammensetzung:

80 g	Alizarinlichtblau B (Sandoz)
300 g	heisses Wasser
100 g	Resorzin 1:1, erwärmen
103 g	Schirazgummiverdickung
107 g	Bariumrhodanid
170 g	Schirazgummi
140 g	Aluminiumsulfat 1:1
1000 g	

Drucken auf ungeölte Ware.

Das Präparieren der Gewebe mit Fettkörpern ist, wenn auch nicht eine kostspielige, so doch eine immerhin umständliche und die Fabrikation komplizierende Operation. Deswegen hat man versucht, den Fettkörper der Druckfarbe selbst einzuverleiben. Als erster hat Paul Wilhelm, Chemiker-Kolorist der Manufaktur Konschin in Serpoukoff-Russland (Bull. Mulh. 1908, S. 69, 78) ein Verfahren ausgearbeitet, nach welchem man die Sulforizinusölsäure direkt der Druckfarbe zusetzen kann. Somit ist eine Vorbehandlung der Ware unnötig. Die Druckfarbe muss eine Säure enthalten, welche das Ausfällen der Metallbeize durch die Sulforizinusölsäure verhütet. Wilhelm verwendete zu diesem Zweck eine Mischung von Ameisensäure und Milchsäure[1]).

[1]) Siehe S. 796.

Druckfarbe nach Wilhelm:

160 g	Stärke
150 g	Wasser
100 g	Tragantschleim
50 g	Essigsäure 6° Bé
150 g	Alizarin GFX 20%
25 g	Olein
25 g	Zinnsulfoleat
130 g	Aluminiumnitrat 15° Bé
40 g	Zinnoxalat
75 g	Kalziumazetat 15° Bé
22 g	Milchsäure 50%
60 g	Ameisensäure 92%
100 g	Sulforizinusölsäure-Präparat
18 g	Natriumazetat
1000 g	

Sulforizinusölsäure-Präparat:

450 Teile frisch gefällte Sulforizinusölsäure werden mit 100 Teilen Essigsäure versetzt und mit 450 Teilen Tragantschleim verdickt. Man erhält auf diese Weise eine sehr beständige, weisse Emulsion.

Die von Wilhelm angegebene Druckfarbe benötigt für ihre normale Entwicklung ein längeres Dämpfen. Dies kann jedoch durch Zusatz von Natriumazetat verhütet werden.

Die endgültige Lösung dieses Problems wurde von den Farbwerken in Höchst gefunden, welche das Lizarol D in den Handel brachten (siehe R.G.M.C. 1909, S. 343; 1910, S. 38; *D.R.P. 226.222* und *228.125;* Frb. Ztg. 1911, S. 12).

Das Lizarol D ist ein Kondensationsprodukt von Formaldehyd mit Sulforizinusölsäure. Es kann der Alizarin und Metallbeize enthaltenden Druckfarbe zugegeben werden, ohne dass eine Ausfällung von unlöslichem Aluminium- bzw. Kalziumsulforizinaten und eine vorzeitige Lackbildung zu befürchten wäre.

Die I.G. ihrerseits hat ein ähnliches Produkt unter dem Namen Direktrotöl empfohlen, mit welchem sich, bei einem Zusatz von 30—40 g pro kg Druckfarbe, sehr schöne Rot- und Rosadrucke auf nicht geölter Ware herstellen lassen.

Ein weiteres Mittel wurde im Bull. Mulh. 1912, S. 8 vorgeschlagen. Es ist dies ein unter dem Namen Elisol bekanntes chloriertes Öl, welches durch Reaktion eines Öls oder einer Fettsäure mit Formaldehyd in Gegenwart von Persulfat durch Erhitzen auf 200° C und durch Behandlung des so entstandenen Fettsulfonats mit Natriumchlorat erhalten wird. Durch Zusätze von diesem chlorierten Öl zur Druckfarbe werden ebenfalls ausgezeichnete Resultate erzielt.

Lizkowsky (Bull. Mulh. 1927, Oktoberheft) beschreibt die Herstellung eines Produktes, welches der Druckfarbe zugesetzt ebenfalls das Drucken von Alizarinfarbstoffen auf ungeölte Ware erlaubt. Es handelt sich in diesem Fall um ein Reaktionsprodukt von Rizinusölsäure und Anilin (siehe S. 797)[1]).

Dampfalizarinrot auf ungeölter Ware (Haller):

567 g	essigsaure Stärke-Tragantverdickung
150 g	Alizarin D2NG Tg 20%ig
135 g	rhodansaures Aluminium 12° Bé
45 g	essigsaure Tonerde 12° Bé
3 g	Weinsäure
50 g	Kalziumazetat 18° Bé
10 g	Zinnoxalat 16° Bé
40 g	Lizarol D konz.
1000 g	

Alizarinrosa (Haller):

600 g	essigsaure Stärke-Tragantverdickung
5 g	Alizarin V neu, 20%ig
365 g	Wasser
15 g	rhodansaures Aluminium 12° Bé
3 g	Kalziumazetat 18° Bé
12 g	Lizarol D konz.
1000 g	

Rezept nach einer russischen Firma:

524 g	Stärke-Tragantverdickung
84 g	Alizarin für Rot 20% (M.L.B.)
89 g	Alizarin für Rosa 20%
135 g	rhodansaures Aluminium 12° Bé
35 g	Aluminiumazetat 13,5° Bé
3 g	Weinsäure
60 g	Kalziumazetat 15° Bé
10 g	Zinnoxalat
20 g	Fuchsin S-Lösung 10%
40 g	Lizarol D konz.
1000 g	

Verschnitt:

985 g	Stärke-Tragantverdickung
15 g	Lizarol D konz.
1000 g	

Es wurde beobachtet, dass man durch Zugabe von 20—40 g Resorzin pro kg Druckfarbe die Beständigkeit erhöhen und tiefere Rotdrucke erzielen kann (Schneevoigt, Mell. 1925, S. 106).

H. Sunder (Bull. Mulh. 1921, S. 137) hat festgestellt, dass Alizarinrotdrucke, welche nach dem Lizarolverfahren hergestellt wurden, bezüglich Lebhaftigkeit, Seifen- und Reibechtheit denjenigen auf

[1]) Langer, Bull. Mulh. 1932, S. 177; Ermakoff, R.G.M.C. 1930, Nr. 404, Septemberheft.

geölter Ware nachstehen. Dieser Übelstand kann durch Zusatz von Zinnsulfoleat (15 g pro kg) zur Druckfarbe behoben werden, eine Tatsache, die schon A. Scheurer und P. Wilhelm (siehe oben und Bull. Mulh. 1893, S. 95; 1908, S. 78) bekannt war.

H. Sunder schlug ausserdem die Verwendung von Zinnlaktat an Stelle von Zinnoxalat vor. Hierdurch soll eine Faserschwächung vermieden werden.

Garance (The Dyer and Calico Printer 1905, S. 5) empfahl die Anwendung von milchsauren Salzen in den Alizarinrot- und -rosadruckfarben.

Die milchsauren Salze verlangsamen die Lackbildung und bewirken eine gleichmässigere und vollständigere Fixierung des Farbstoffes. Die Druckfarben, welche Laktate enthalten, sind sehr beständig, flecken beim Dämpfen nicht ab und bluten beim Waschen nicht aus (L. Diserens, Bull. Mulh. 1921, S. 137).

Die Lebhaftigkeit der Nuancen ist hervorragend, insbesondere mit den gelblichen Marken.

Folgende Rezeptur einer Alizarinrotdruckfarbe wurde vom Verfasser in Russland ausgearbeitet (Manufaktur Morosoff und Zündel, 1918) und mit vorzüglichem Ergebnis angewendet:

480 g	Stärke-Tragantverdickung
40 g	Lizarol D konz.
25 g	Rizinusöl
150 g	Alizarinrot 20%
130 g	Aluminiumlaktat 19° Bé (4% Al_2O_3)
100 g	Zinnlaktat 25° Bé (4,1% SnO)
25 g	Aluminiumazetat 13,5° Bé (5,2% Al_2O_3)
50 g	Kalziumrhodanid 15° Bé (7,8% CaO)
1000 g	

Es bleibt zum Schlusse noch das von Havraneck empfohlene Sulfoglyzerat zu erwähnen, welches das Präparieren der Ware mit Fettbeizen ersetzen soll. Dieses Produkt wird durch Behandeln von Glyzerin mit Schwefelsäure 66° Bé und darauffolgende Neutralisation mit Kreide gewonnen. Jedoch ist seine Wirkung zweifelhaft. Es wurde hingegen mit Vorteil für den Alizarindruck verwendet, um lebhaftere und feurigere Rottöne zu erhalten.

Ausfertigung der Drucke.

Die bedruckte Ware wird zuerst im Schnelldämpfer vorgedämpft, um den grössten Teil der Säuren zu entfernen; dann dämpft man noch 1 Stunde unter Druck im Runddämpfer (Dämpfen im Sack). Man kann auch für eine in grossem Maßstabe ausgeführte Fabrikation, wie sie in Russland üblich ist, das Dämpfen im Kontinue-Dämpfer (System Welter, Mather-Platt, Zittauer Maschinenfabrik,

Société Alsacienne de Constructions Mécaniques in Mülhausen usw.) vornehmen und gleichzeitig 3—5 Stücklagen zusammen passieren.

Nach dem Dämpfen werden die Stücke auf einer Haspelkufe oder auf einer Kontinue-Maschine in einer Flotte, die 20—40 g Schlämmkreide pro Liter Wasser enthält, bei 60—80° C behandelt, dann gespült, gründlich geseift und auf der Trockentrommel gechlort. Ein Zusatz von Zinnsalz und Soda zum Seifenbad erhöht die Lebhaftigkeit der Rot- und Rosadrucke. Hierfür wird das Seifenbad beschickt mit:

5 g Oleinseife oder
2 g Marseillerseife
1 g Soda
1—1,5 g Zinnsalz
auf 1 Liter

In diesem Bad wird die Ware $^1/_2$ Stunde bei Kochtemperatur behandelt.

Druck mit Aluminiumbeizen und nachträgliche Ausfärbung.

Dieser Artikel wurde, dank der ausgezeichneten Echtheitseigenschaften der Nuancen, in ganz grossen Mengen nach dem Altrotverfahren ausgeführt.

E. Knispel in Warnsdorf (siehe auch: Tabellarische Übersicht über die Anwendung der Farbstoffe der Farbenfabriken vorm. Friedrich Bayer & Co. in Leverkusen. II. Teil, 2. Auflage, 1927, S. 74/75) hat folgende einfachere und praktischere Arbeitsmethode als das Altrotverfahren vorgeschlagen:

Man druckt auf die gut gebleichte Ware eine verdickte Aluminiumazetatlösung, der man einen Blendfarbstoff beigemischt hat. Die bedruckte Ware wird in der geheizten Hänge während einer Nacht sich selbst überlassen, dann wiederholt in 400 Liter Wasser + 100 kg Kuhkot + 25 kg Kreide behandelt und gründlich gespült. Dann wird gut ausgequetscht und auf dem Jigger in einem Bad, welches 3—4% Alizarin V neu Tg 40% (B.A.S.F.) und 2,5% Türkischrotöl enthält, gefärbt.

Man geht mit der Ware kalt ein, erwärmt im Laufe von $^3/_4$ Stunden bis zum Kochen und färbt dann noch $^1/_2$ Stunde bei dieser Temperatur weiter. Zuletzt wird gewaschen und geseift.

Druck auf Zink-, Nickel- und Eisenbeizen.

Diese Beizen werden nur für vereinzelte Farbstoffe verwendet, wie z. B. für das Alizarinblau S, welche mit Zink- oder Nickelsalzen bedeutend lebhaftere Blaunuancen ergeben als mit Chromazetat. Es muss jedoch erwähnt werden, dass die Zink- und Nickellacke weniger seifen- und lichtecht sind als die entsprechenden Chromlacke.

Ferner sind die Nitrosofarbstoffe (Soliddruckgrün, Viridon FE usw.) zu erwähnen, welche ebenfalls mit Nickel- und Kobaltsalzen sehr interessante Farblacke bilden. Soliddruckgrün wird jedoch in der Praxis vorzugsweise mittels Ferrorhodanidbeize (Soliddruckgrünbeize) fixiert.

Die Oxyphtaleine (Eosine usw.), die Alkaliblau-Marken sowie einige basische Farbstoffe (Viktoriablau) können auf Chrombeize fixiert werden.

Alizarinblau S.

mit Zink-Nickelbeize		mit Nickelbeize	
40 g	Alizarinblau S	60 g	Alizarinblau S
250 g	kaltes Wasser	200 g	kaltes Wasser
600 g	Stärke-Tragantverdickung	540 g	Tragantschleim 60%
50 g	Zinkazetat 20° Bé	200 g	Nickelazetat 12° Bé
50 g	Nickelazetat 12° Bé	1000 g	
10 g	Natriumbisulfit		
1000 g			

Viridon FE.

mit Eisenbeize		mit Nickel-Kobaltbeize	
100 g	Viridon FE (Soliddruckgrün)	100 g	Viridon FE
100 g	Wasser	100 g	kochendes Wasser
600 g	Stärke-Tragantverdickung	440 g	Stärke-Tragantverdickung
100 g	Essigsäure 6° Bé	166 g	Nickelazetat 12° Bé
100 g	Eisenazetat 20° Bé oder Ferrorhodanid 10° Bé (Soliddruckgrünbeize)	194 g	Kobaltazetat 12° Bé
1000 g		1000 g	

Die mit Eisenbeize am meisten hergestellte Nuance ist zweifellos das Alizarinviolett.

Alizarinviolett.

100 g	Alizarin V neu 20%	70 g	Alizarin V neu 20%
752 g	Stärke-Tragantverdickung	735 g	Tragantschleim 60%
100 g	Eisenpyrolignit (holzessigsaures Eisen)	70 g	Essigsäure 6° Bé
23 g	Kalziumazetat 16° Bé	40 g	Ferrorhodanid 11° Bé
1 g	Methylviolettlösung 1%	25 g	Bariumrhodanid 12° Bé
24 g	Wasser	60 g	Ameisensäure
1000 g		1000 g	

Die ziemlich trübe Nuance des Alizarinvioletts kann durch Zusatz von sehr kleinen Mengen Methylviolett verbessert werden. Man erhält ein reineres Violett, wenn in der Druckfarbe die Kalziumbeize durch eine Bariumbeize (Bariumrhodanid) ersetzt wird.

Eine interessante Fixierungsmethode für kubischen Katechu durch Dämpfen im Schnelldämpfer beruht auf der Verwendung von Kupfersalzen als Oxydationsmittel. Nach diesem Verfahren kann man Katechu neben Anilinschwarz drucken.

Druckfarbe mit Katechu.

120 g kubisches Katechu
150 g Wasser
35 g Essigsäure
70 g Ammoniumchlorid
505 g Stärke-Tragantverdickung
40 g Kupfernitrat 48° Bé
80 g Kupferazetat 15° Bé
1000 g

Man druckt diese Farbe neben Anilinschwarz auf vorgebleichte und gerauhte Ware, dämpft 4 Minuten im Schnelldämpfer, nimmt durch ein Bad mit Bichromat + Soda, wäscht und seift. Das Chromieren der bedruckten Ware kann sogar unterbleiben, ohne dass eine Veränderung der Drucke stattfindet.

Druck mit Chrombeizenfarbstoffen.

Die Mehrheit der Beizenfarbstoffe, deren chemische Konstitution sehr verschieden ist, werden im Druck mit Chromazetat fixiert.

Diese Farbstoffe sind unter den verschiedensten Handelsnamen bekannt, so dass es fast unmöglich ist, sie ihrem Namen nach in Klassen nach ihrer chemischen Zusammensetzung und Herkunft einzureihen.

Die geläufigsten Bezeichnungen sind folgende:

Chromfarbstoffe (Beyer)
Chromechtfarbstoffe (Ciba)
Chromoxanfarbstoffe (I. G.)
Anthrazenfarbstoffe (I. G.)
Alizarinfarbstoffe (I. G.)
Gallofarbstoffe (Bayer & Co.)
Novochromfarbstoffe (Durand & Huguenin)
Modernfarbstoffe (Durand & Huguenin)
Perchromfarbstoffe (Durand & Huguenin)
Ultrafarbstoffe (Sandoz)
Chrominfarbstoffe (Francolor)

Der Hauptvorteil der Chromfarbstoffe liegt in ihrer einfachen und sicheren Anwendungsweise. Eine Chromdruckfarbe enthält neben dem Farbstoff Wasser zum Lösen, dann Verdickung und eine Chrombeize. Gewisse Chromfarbstoffe benötigen ausserdem noch einen Zusatz einer organischen Säure. Nach dem Drucken und Trocknen wird gedämpft, wobei sich der unlösliche Chromlack bildet. Früher war zur Erreichung der Chromlackbildung ein Dämpfen von einer Stunde notwendig. Für Alizarinrot, dessen Lack ein Aluminium-Kalzium-Doppelalizarat ist, muss sogar 1—2 Stunden unter 0,5—1 Atm. Druck gedämpft werden. In neuerer Zeit ist es aber gelungen, die Dämpfzeit stark zu verkürzen. Die Perchromfarbstoffe (Durand & Huguenin

A. G.) z. B. werden auf Baumwolle schon in 2 Minuten, auf Viskosekunstseide in 4 Minuten fixiert. Da die Chromfarben gegen Dampfschwankungen nicht sehr empfindlich sind und ein luftfreies Dämpfen nicht benötigen, gestatten sie ein sehr sicheres Arbeiten. Nach dem Dämpfen wird die Ware gespült, bei 40—50° C geseift, gespült und fertig gemacht.

Rezeptur einiger Chromdruckfarben.

40– 50 g	Alizarinbraun Pulv.
200–300 g	Wasser
40– 50 g	Essigsäure 6° Bé
620–450 g	Stärke-Tragantverdickung
100–150 g	Chromazetat 18° Bé
1000 g	

40 g	Chromocitronin R in
240 g	Wasser heiss lösen
600 g	Verdickung, abkühlen und
120 g	Chromazetat 20° Bé zugeben
1000 g	

42 g	Modernblau BB
182 g	Wasser
6 g	Rongalit C 1:2
500 g	essigsaure Stärke-Tragantverdickung
20 g	Glyzerin
20 g	Ameisensäure
100 g	Harnstoff 1:1
130 g	Chromazetat 18° Bé
1000 g	

Ein Verfahren zum Fixieren von Beizenfarbstofflacken ohne Dämpfen wird von Durand & Huguenin im *D.R.P. 742.752* beschrieben. Man löst den Beizenfarbstoff in einem geeigneten Lösungsmittel (Dioxydiäthylensulfid, Monoäthylglykol) und Harnstoff auf. Diese Lösung trägt man in einen Nitrozelluloselack (bzw. in einen anderen Zelluloselack) ein, worauf man diesem Gemisch unter ständigem Umrühren eine wässerige Lösung von Chromat und eines in der Wärme säureabspaltenden Mittels (Ammoniumrhodanid, Diäthyltartrat usw.) zusetzt. Man erhält auf diese Weise eine ganz homogene Paste, welche auf den Stoff gedruckt wird. Nach dem Drucken wird scharf getrocknet. Hierbei bildet sich aus dem Chromat und dem Beizenfarbstoff quantitativ der Chromlack in feinst verteilter Form. Die erhaltenen Drucke sind gut reib- und seifenecht.

Neue Verfahren zur Fixierung von Chromfarbstoffen durch kurzes Dämpfen.

Die Umstellung der Fabrikationsverfahren und das Erscheinen neuer Farbstoffklassen in den letzten Jahren schienen die Verwendung der Chromfarbstoffe in den Hintergrund zu drängen. Dank der Verbesserung der Farbstoffskala (es wurden in letzter Zeit lebhaftere und echtere Chromfarbstoffe auf den Markt gebracht) und der Anwendungsverfahren trat diese Wendung aber nicht ein. Dies wird durch das steigende Interesse bewiesen, welches gegenwärtig dieser Farbstoffklasse entgegengebracht wird[1]).

Das Erscheinen der Rapidechtfarben, der Rapidogene und der neuen, unlöslichen Azofarbstoffe überhaupt warf die Frage der für die Fixierung der Chromfarbstoffe nötigen Dämpfdauer auf, da es dem Koloristen zur Bereicherung der Farbenpalette äusserst wünschenswert erschien, beide Farbstoffklassen gemeinsam aufdrucken zu können.

Da ein längeres Dämpfen den Rapidogenfarbstoffen im allgemeinen nachteilig ist, versuchte man aus diesem Grunde Mittel zu finden, um die Chromfarbstoffe durch ein kurzes Dämpfen von 6—8 Minuten zu fixieren.

Diese Frage wurde von der Firma Durand & Huguenin eingehend studiert, und es gelang ihr nach angestrengter Arbeit, Druckverfahren auszuarbeiten, welche einerseits ein besseres Fixieren und hiermit eine Verkürzung der Dämpfdauer gestatteten, andererseits den Druck der mit Gummi verdickten Beizenfarbstoffe auf Seide und Kunstseide erlaubten, ohne den weichen Griff dieser Fasern zu beeinträchtigen.

Diese Verfahren wurden von Durand & Huguenin in folgenden Patenten niedergelegt: *D.R.P. 528.262, 583.204; franz. P. 680.832,* 1929; *brit. P. 318.469; amer. P. 1.848.589, 1.942.774,* 1929. — Alle diese Patente beziehen sich auf die Verkürzung der Dämpfdauer durch Zugabe von Harnstoff zur Druckfarbe. Die Firma Durand & Huguenin brachte zu diesem Zwecke ein harnstoffhaltiges Produkt unter dem Namen Fixierer CDH[2]) in den Handel. Dieses Produkt ist von sehr guter Wirkung für die Lackbildung vieler Beizenfarbstoffe und erlaubt die Fixierung durch ein kurzes Dämpfen von 6—8 Minuten, während in Abwesenheit von Harnstoff mindestens einstündiges Dämpfen zur guten Fixierung notwendig ist. Es ist jedoch unmöglich, zur gleichen Farbtiefe wie durch längeres Dämpfen zu gelangen. Parallelversuche mit und ohne Harnstoff haben bewiesen, dass die Gegenwart von Harnstoff zwar die Fixierung wesentlich begünstigt, ohne jedoch die gleiche Ausbeute, dieselbe Licht- und Seifenechtheit zu geben wie ein längeres Dämpfen.

Das Harnstoffverfahren eignet sich nicht für Alizarinfarbstoffe (Alizarinrot, Nitroalizarin, Anthrazenbraun usw.), dagegen gibt es interessante Resultate mit Chromazurin DN, E und Neuchromazurin HB; Gallophenin D, Ultracyanol B und allen Novochrommarken von

[1]) Siehe A. Baumert, Der Druck mit Chromfarbstoffen, Mell. 1940, *21*, S. 472; Durand & Huguenin, Neue Wege der Fixierung von Chromfarbstoffen, Mell. 1939, *20*, S. 584.

[2]) Mell. 1933, S. 412; von Niederhäusern, Mell. 1934, S. 362; R.G.M.C. 1931, S. 146; 1934, S. 111; 1936, S. 202.

Durand & Huguenin. Die Anwendung von Harnstoff zur Verbesserung der Fixierung von Chromfarbstoffen war, wie Wiasmitinow (Bull. Föd. *1*, S. 299) bemerkt, allerdings seit geraumer Zeit mehreren Farbstoffabriken bekannt. So z. B. enthielten die Chromrotteige der Farbenfabrik Bayer in Leverkusen eine gewisse Menge Harnstoff, und Durand & Huguenin selbst hatten bereits vor den oben zitierten Patenten die Zugabe von Harnstoff zu den mit Chromfarbstoffen hergestellten Anilinschwarzreserven empfohlen.

Später beobachtete man, dass die Wirkung von Harnstoff durch Zusatz von hochsiedenden Phenolen und Alkoholen erhöht wird, und die diesbezüglichen Patente empfehlen die Zugabe von Furfurylalkohol oder von Glykolderivaten (Diäthylenglykol und Alkylglykole). Neue interessante Angaben findet man im *franz. P. 769.171* und *D.R.P. 601.860*, 1933, welche ebenfalls Phenole, Furfurylalkohol oder flüssige aliphatische Alkohole, deren Siedepunkt über 100° C liegt, erwähnen (Handelsprodukt Dehapan O). Das Patent enthält folgende Druckvorschrift:

20 g	Chromfarbstoff
200 g	Wasser
600 g	Stärke-Tragantverdickung
40 g	Harnstoff
20 g	Phenol
20 g	Furfurylalkohol
100 g	Chromazetatlösung 20° Bé
1000 g	

Zufolge *D.R.P. 623.939*, 1932; *franz. P. 755.351; brit. P. 412.*391 und *amer. P. 2.018.436* von Durand & Huguenin wird die Fixierung gewisser Chromfarbstoffe wie Chromocitronin, Chromorhodin u. a. m. auf tierischen Fasern schon durch eine Dämpfdauer von 6—12 Minuten durch Zugabe von nichtflüchtigen, organischen Säuren (Weinsäure, Oxalsäure) zur Druckfarbe erreicht, welche entweder an das Chrom (Chromtartrat oder Chromoxalat) oder an Ammoniak, z. B. Ammoniumoxalat, gebunden sind[1]).

Die Patente beziehen sich auf das von Durand & Huguenin unter dem Namen Fixierer WDHL hergestellte Produkt, welches von dieser Firma hauptsächlich für den Wolldruck empfohlen wird.

Aus gewissen Veröffentlichungen geht hervor, dass der Zusatz von Ureiden in Mischung mit heterozyklischen Basen (Debechromol A, Laboratoires Zündel, Joliet & Co., Gennevilliers) es ermöglicht, Chromfarbstoffe in kurzer Dämpfdauer mit guter Ausbeute zu fixieren.

Die oben zitierten zahlreichen Patente und Veröffentlichungen beweisen zur Genüge das grosse Interesse an Verfahren, welche das gleichzeitige Aufdrucken von Chromfarbstoffen mit Rapidogenen durch ein kurzes Dämpfen ermöglichen.

[1]) von Niederhäusern, Mell. 1934, S. 362; Wengraf's Ber. 1934, Augustheft, S. 15.

Es muss aber darauf hingewiesen werden, dass falls die mitgedruckten Rapidogene durch saures Dämpfen entwickelt werden, ein zweites, neutrales Dämpfen zur Fixierung der Chromfarben absolut notwendig ist. Es wurde die interessante Beobachtung gemacht, dass ein schon gebildeter Chromlack durch ein nachheriges saures Dämpfen zum grössten Teil wieder zerstört wird.

Laut *franz. P. 865.067* der I. G. können die Beizenfarbstoffe durch kurzes Dämpfen fixiert werden, wenn man den Druckfarben Karbonsäureamide oder Nitrile, wie z. B. das Amid der Äthylthioglykolsäure, Formamid, Azetamid, Benzamid usw. zusetzt.

Auf diesem Prinzip hat die I. G. ein neues Verfahren zum Drucken von Chromfarbstoffen ausgearbeitet. Mit dem herausgebrachten Solutionssalz CN soll nahezu erreicht werden, dass sämtliche Chromdruckfarbstoffe neben kurz zu dämpfenden Begleitfarben (Rapidogene, Indigosole) gedruckt werden können.

Solutionssalz CN soll ein Gemisch von 60% Formamid + 40% Harnstoff sein.

Zusammensetzung einer Druckfarbe mit Solutionssalz CN.

30 g	Farbstoff
30 g	Glyecin A
20– 80 g	Solutionssalz CN in
340–140 g	Wasser gelöst
450–550 g	neutrale Stärke-Tragantverdickung
30– 70 g	Essigsäure 50% (8° Bé)
100 g	Chromazetat A 20° Bé
1000 g	

Die mit Chromfarbstoffen allein bedruckten Stücke werden zur Ausfertigung 4—8 Minuten im Schnelldämpfer gedämpft, gewaschen und schwach geseift.

In Gegenwart von Rapidecht- oder Rapidogenfarbstoffen wird die Ware 4—8 Minuten in essigsaurem Dampf gedämpft und mit Igepal CN (0,5 g pro Liter Flotte) geseift.

Die Verwendung der Thioglykolsäure sowie anderer sauerstoffhaltiger Säuren des Schwefels, um die Dauer der Fixierung der Chromfarbstoffe zu verkürzen, bildet den Gegenstand des *brit. P. 453.834* der I. G. Farbenindustrie.

Ein anderes interessantes Verfahren, welches die Verwendung der Chromfarbstoffe im Druck auf Baumwolle und Kunstseide, einschliesslich der Zellwolle und sämtlicher Mischgewebe dieser Faser, erlaubt, ist das Chromat DH-Verfahren.

Chromat DH ist Natriumchromat.

Die Vorteile dieses Verfahrens bestehen in einer grösseren Haltbarkeit der Druckfarbe und in einer kürzeren Dämpfdauer.

Besonders zu erwähnen ist der Druck von Chromfarbstoffen neben Rapidogenen. Es ist bekannt, dass im allgemeinen an jenen Stellen Höfe entstehen, an denen sich Chromfarben und Rapidogenfarben berühren, und in manchen Fällen ist die Fixierung der Chromfarben überhaupt in Frage gestellt. Hingegen weisen die Chromfarben, die Chromat DH als Beize enthalten, diesen Übelstand nicht auf.

Chromat DH[1]) hat sich hauptsächlich als Beize für Chromfarbstoffe bewährt, die neben Küpenfarbstoffen gedruckt werden. Gewöhnliche, mit Chromazetat angemachte Farben verhindern ein normales Fixieren der Küpenfarbstoffe. Diese Übelstände können vollständig vermieden werden, wenn man statt Chromazetat Chromat DH als Beize verwendet.

Druckrezept mit Chromat DH.

20 g	Farbstoff
20 g	Fixierer CDH
340 g	Wasser
550 g	Stärke-Tragantverdickung mit Ammoniak neutralisiert
20 g	Ammoniumrhodanid 1:1
40 g	Chromat DH 1:2
10 g	Ammoniak 25%
1000 g	

Zum Schluss wäre noch eine neue Chromfarbstoffklasse zu erwähnen, die zur vollständigen Fixierung auf Baumwolle eine Dämpfzeit von nur 2 Minuten und auf Viskose und Zellwolle eine solche von nur 4 Minuten benötigt. Es handelt sich um die Perchromfarbstoffe, welche die Firma Durand & Huguenin A. G. kürzlich auf den Markt gebracht hat. Wir geben nachstehend eine Generalrezeptur an.

50 g	Farbstoff
30— 80 g	Fixierer CDH
320—270 g	Heisses Wasser
500 g	Neutrale Verdickung, gut lösen und zugeben:
30 g	Rhodanammon 1:1 abkühlen und zugeben:
60 g	Chromat DH 1:2
10 g	Ammoniak 20%
1000 g	

Nach dem Drucken und Trocknen wird für Baumwolle 2 Minuten, für Viskose und Zellwolle 4 Minuten gedämpft und hierauf, wie für Chromfarben üblich, fertiggemacht.

Die Perchromfarbstoffe eignen sich besonders für das Drucken neben Indigosolen oder Küpenfarbstoffen.

[1]) Mell. 1939, S. 585; s. dieses Kap., S. 802; *D.R.P. 672.238* u. *brit. P. 481.854* von Durand & Huguenin.

Eine ganze Anzahl von Patenten beziehen sich auf diese Produkte, vor allem das *schweiz. P. 247.429*[1]), nach welchem es möglich ist, eine Fixierung durch einfaches Trocknen durch Verhängen während einer Minute und nachfolgendes kurzes Dämpfen während zwei Minuten zu erreichen. Die Druckfarbe besteht aus einem Thiosulfat oder einem anderen Salz einer Sauerstoffsäure des Schwefels von schwach reduzierenden Eigenschaften, Hydrochinon oder Anthrachinon als sauerstoffbindendem Mittel und einem Amid, z. B. Harnstoff.

Die Farbe wird verdickt, Thiosulfat, Harnstoff und Natriumchromat (Chromat DH) zugegeben.

Brit. P. 582.089[2]); *franz. P. 891.131* und *D.R.P. 742.752* (eing. 15. November 1941, ert. 1. Oktober 1943) von Durand & Huguenin geben ein neues Verfahren zur Bildung des Chromlacks auf der Faser ohne zu dämpfen an.

Zu diesem Zwecke wird die Druckpaste, die durch inniges Mischen des Farbstoffs mit Nitrozelluloselack erhalten wurde, in ganz wenig Wasser und einem geeigneten Lösungsmittel gelöst, wie z. B. Thiodiäthylenglykol oder Monoäthylglykol. Ferner werden noch Harnstoff, ein Chromat und eine Verbindung, die in der Wärme Säure abzuspalten vermag, zugegeben. Nach dem Drucken wird scharf getrocknet und nötigenfalls gewaschen und geseift.

Der Farbstoff wird mit Harnstoff und einem die Löslichkeit fördernden Mittel, wie Thioglykol in möglichst wenig Wasser gelöst. Diese Lösung wird mit Nitrozellulose, einem Chromsalz und Ameisensäure gemischt und damit das Gewebe bedruckt. Anschliessend wird bei 130° C getrocknet, wobei sich der Chromlack bildet. Es lassen sich so reibechte Drucke erzielen.

Beispiel 1		Beispiel 2	
20 T.	Eriochromazurol S	20 T.	Chromocitronin R
80 T.	Harnstoff	80 T.	Harnstoff
40 T.	Thiodiäthylenglykol	40 T.	Glykolmonoäthyläther
80 T.	Wasser	80 T.	Wasser
500 T.	Nitrozelluloselack	500 T.	Nitrozelluloselack
200 T.	Butylalkohol	200 T.	Butylalkohol
40 T.	einer 50%igen Lösung von Ammoniumrhodanid	40 T.	einer 50%igen Lösung von Ammoniumrhodanid
40 T.	einer 50%igen Lösung von Natriumchromat	40 T.	einer 50%igen Lösung von Natriumchromat
1000 Teile		1000 Teile	

Nach dem Drucken, z. B. eines Gewebes aus Naturseide, wird bei 120—130° C getrocknet, während 5—10 Minuten bei 60—80° C gewaschen und geseift.

[1]) Amer. Dyest. Rep. 1948, S. 538.

[2]) The Dyer 1947, *97*, S. 28; J. Soc. D. and Col. 1947, *63*, S. 280.

Die so erhaltenen Drucke sind sehr brillant und ergeben eine gute Farbausbeute.

In einem anderen Patent, dem *brit. P. 602.099*[1]), von der gleichen Firma findet man die Beschreibung eines Verfahrens zum Fixieren von Chromfarbstoffen auf Zellulosefasern ohne Dämpfen oder mittels kurzen Dämpfens nach der Karbonsäureamid- (Harnstoff-)Methode. Dieses Verfahren ist dadurch gekennzeichnet, dass die Druckpasten neben dem Farbstoff und der Verdickung ein Karbonsäureamid, ein Alkalichromat oder -bichromat als Beize, ein lösliches und reduzierendes Salz einer Sauerstoffsäure des Schwefels, z. B. Sulfite, Thiosulfate usw., sowie eine Verbindung, die eine starke Säure abzuspalten vermag, wie z. B. Ammoniumrhodanid, -chlorid, -sulfat oder -nitrat, enthalten. Gegebenenfalls wird noch eine aromatische Verbindung, die zur reversiblen Chinon-Hydrochinonumlagerung fähig ist, wie Hydrochinon, Pyrogallol, 1,2,4-Trioxybenzol usw. und Thioglykol zugegeben.

Ohne Dämpfen wird der Chromlack nach einem Trocknen bei 25—60° C durch 48stündiges Verhängen oder durch Trocknen des bedruckten Stoffs bei 60—100° C gebildet. Entwickelt man den Lack durch 2—6minutiges Dämpfen, so kann die aromatische Polyoxyverbindung und das Thioglykol beim Ansetzen der Druckpaste weggelassen werden. Bei ausgezeichneter Farbstoffausnützung soll nach diesem Verfahren ein sehr gut fixierter Chromfarbstoffdruck erhalten werden.

Nach dem Drucken wird bei 60—70° C getrocknet, während 48 Stunden verhängt, dann gewaschen, geseift und getrocknet.

Das *franz. P. 909.310* entspricht dem vorhergehenden (eing. 16. Februar 1945, ert. 10. Dezember 1945, veröff. 6. Mai 1946). Es macht darauf aufmerksam, dass die Fixierung des Chromfarbstoffs auf dem Gewebe beschleunigt werden kann, wenn man Druckpasten verwendet, die neben dem Farbstoff, der Verdickung und anderen Zusätzen, wie z. B. Ameisensäure, Essigsäure usw., ein Karbamid, ein Alkalichromat oder -bichromat als Beize, ferner ein lösliches Salz einer Sauerstoffsäure des Schwefels von reduzierender Eigenschaft, eine Verbindung, welche bei erhöhter Temperatur eine starke Säure abspaltet, sowie eine aromatische Verbindung, die zur reversiblen Chinon-Hydrochinonumlagerung fähig ist, und Thioglykol enthalten.

Der Chromlack bildet sich ohne Dämpfen durch einfaches Trocknen oder Verhängen oder durch sehr kurzes Dämpfen von 2 Minuten.

[1]) J. Soc. D. and Col. 1948, S. 349; Mell. 1949, S. 273.

Beispiel:

30 T. Chromocitronin R
30 T. Harnstoff
30 T. Thiodiäthylenglykol
249 T. Wasser
500 T. Tragantverdickung
30 T. Ammoniumrhodanid 1:1
60 T. Natriumchromat 1:2
60 T. Thiosulfat
10 T. Ammoniak
1 T. Hydrochinon

1000 Teile

Man bedruckt Baumwolle, trocknet, lässt etwas liegen oder verhängt während 48 Stunden bei Zimmertemperatur, spült, seift bei 60° C, spült und trocknet. Auf diese Weise erhält man kräftige und gleichmässige Drucke, die ebenso gut sind wie die Drucke, die mit Chromazetat durch einstündiges Dämpfen erhalten werden.

Von grosser Wichtigkeit ist auch, wie schon erwähnt, das Problem, Gummiverdickung mit Chromfarbstoffen für den Druck von Seide und Kunstseide verwenden zu können, ohne den weichen Griff dieser Fasern zu beeinträchtigen.

Es ist eine bekannte Tatsache, dass alle natürlichen Gummiarten durch Metallbeizen und ganz besonders durch essigsaures oder ameisensaures Chrom koaguliert werden und dadurch den bedruckten Stellen einen harten Griff verleihen. Da aber eine Gummiverdickung zum Drucken von Seide und Kunstseide die geeignetste Verdickung ist, hat man versucht, Mittel und Wege zu finden, um diesem Übelstand abzuhelfen.

Im *franz. P. 744.137; amer. P. 1.942.774; D.R.P. 583.204*, 1932 von Durand & Huguenin empfiehlt diese Firma, den die Chromfarbstoffe, Chromazetat und Gummiverdickung enthaltenden Druckfarben Harnstoff, Glyzerin und Ammoniumrhodanid zuzugeben. (Die fertige Mischung dieser drei Produkte wurde von Durand & Huguenin unter dem Handelsnamen Dehagen S verkauft.)

Es muss jedoch bemerkt werden, dass die Wirkung des Dehagen S als Weichmachungsmittel bei einer kurzen Dämpfdauer nur ungenügend ist und durch längeres Dämpfen nicht viel besser wird.

Weitere Versuche ergaben, dass durch Ersetzen des Chromazetates durch Chromsalze anderer organischer Säuren, wie z. B. Chromlaktat oder Chromtartrat, und Zugabe von Harnstoff die Gerinnung des Gummis vollständig verhindert wird, wodurch dem Stoff der weiche Griff erhalten bleibt.

Dieses letzte Verfahren ist in den *D.R.P. 623.648, 623.939, 631.923, 655.445*, im *franz. P. 770.437*, 1934 sowie im *brit. P. 435.701* von

Durand & Huguenin beschrieben (Bull. Föd. *3*, S. 197 und S. 312). Diese Patente beziehen sich auf die Universalbeize 9333[1]), welche von dieser Firma auf den Markt gebracht wird und hauptsächlich aus Chromlaktat und Harnstoff besteht; jedoch wird auch mit dieser Beize, genau wie bei Verwendung von Dehagen S, der weiche Griff nur durch einstündiges Dämpfen erhalten, und die Farben fallen heller aus als bei Verwendung einer gewöhnlichen Druckfarbe mit Chromazetatbeize. Ein weiterer Übelstand der Universalbeize 9333 besteht darin, dass die Farbstoffe sehr schlecht auf Baumwolle fixiert werden.

Das obenerwähnte *D. R. P. 623.648* gibt folgendes Beispiel an:

20 g	Chromfarbstoff
50 g	Harnstoff
306 g	Wasser
600 g	arabischer Gummi 1:1
24 g	Chromlaktat von 14,5% Cr_2O_3 Gehalt
1000 g	

Immerhin besitzt diese Beize den Vorteil, Gummiverdickung mit Chromfarbstoffen anwenden zu können, ohne den weichen Griff der Ware zu beeinträchtigen.

In der Folge brachte Durand & Huguenin die Universalbeizen konz. und extra konz. in den Handel, welche gewisse Vorteile gegenüber der gewöhnlichen Marke bieten. Die mit ihnen hergestellten Druckfarben haben keine Tendenz mehr zu fliessen, aber wie bei der Verwendung der ursprünglichen Marke fixieren sich die Chromfarbstoffe schlecht auf Baumwolle. Auf Kunstseide werden sie ebenfalls durch ein kurzes Dämpfen nur ungenügend fixiert. Erst das von der gleichen Firma in letzter Zeit unter dem Namen Universalbeize RC herausgebrachte Produkt hat den grossen Vorteil, von allen obengenannten Übelständen frei zu sein.

Persönliche Versuche im Jahre 1934 ergaben recht interessante Resultate und führten zu einem weicheren Griff als die Paralleldrucke mit der Universalbeize 9333 von Durand & Huguenin. Es wurde nämlich festgestellt, dass die Koagulierung der Gummiverdickungen durch Chrombeizen verhindert wird, wenn man der Druckfarbe Derivate aus Triäthanolamin und Weinsäure, Oxalsäure oder Essigsäure zugibt. Tatsächlich behält Seide und Kunstseide, welche mit einer Druckfarbe bedruckt wurde, die den Chromfarbstoff, Chromazetat, Gummiverdickung und das durch Einwirkung von Weinsäure auf Triäthanolamin entstehende Produkt enthält, nach 45 Minuten langem Dämpfen ihren ursprünglichen charakteristischen, weichen Griff. Weiter wurde festgestellt, dass die Salze der Pyridinbasen (Pyridinlaktat) mit Chromazetat ebenfalls die Gerinnung der Gummi-

[1]) Durand & Huguenin, Neue Wege zum Fixieren von Chromfarbstoffen, Mell. 1929, S. 584.

verdickungen verhindern und der Ware ihren weichen Griff bewahren. Schliesslich wird die Wirkung dieser Körper durch Zusatz von Phenolen (Phenol, Resorzin oder Kresol) noch verbessert (siehe weiter *D.R.P. 683.952*, 1937).

Laut *amer. P. 2.454.623* und *schweiz. P. 243.322*[1]) wurde gefunden, dass der harte Griff vermieden werden kann, wenn den gummi- und chromathaltigen Druckfarben Metallverbindungen zugesetzt werden, die in wässeriger Lösung farblose, zwei- oder dreiwertige Kationen liefern und keine unlöslichen Chromate bilden. Als zwei- oder dreiwertige Metalle kommen vor allem Zink, Kadmium, Magnesium, Kalzium, Strontium, Aluminium usw. in Betracht.

Man löst z. B. 30 Teile Natriumbichromat in 75 Teilen Wasser, ferner 41 Teile Zinksulfat in 45 Teilen Wasser, giesst beide Lösungen zusammen und gibt unter Rühren 26 Teile 25%iges Ammoniak zu. Die entstandene Fällung wird abfiltriert, mit wenig kaltem Wasser gewaschen und bei 60 bis 70° C getrocknet. Das gelbe Pulver enthält etwa 25% Chrom; das Atomverhältnis Cr: Zn: NH_3 beträgt nahezu 3:2:2. Das Präparat kann beispielsweise in folgender Druckfarbe verwendet werden:

2 g	Chromazurol S konz.
8 g	Harnstoff
27 g	Wasser
60 g	Industriegummi 1:3
3 g	Essigsäure 80%
100 g	

Dieser Paste werden 2 g des nach obigem Beispiel dargestellten Zinkchromats beigefügt. Mit dieser Farbe bedruckte Kunst- oder Naturseide zeigt nach dem Dämpfen, Waschen und Trocknen einen weichen Griff. An Stelle von Ammoniak kann in obigem Beispiel auch ein Äthanolamin verwendet werden.

Eine Anzahl von neueren Patenten von Durand & Huguenin (*D.R.P. 656.879; öst. P. 153.802; franz. P. 817.501; brit. P. 484.836; amer. P. 2.131.320*), wo neben Beizenfarbstoffdrucken basische Farbstoffe mit verwendet werden, schützt ein Verfahren, nach welchem ein 3%iger Zusatz des Natriumsalzes einer Oxykarbonsäure (weinsaures oder milchsaures Natrium oder Natriumglykolat) zu der Chromlaktat und Harnstoff enthaltenden Druckfarbe gegeben wird. Auf solche Weise hergestellte Drucke werden schon durch ein Waschen in der Kälte gut ausgewaschen, was ein eventuelles Nebeneinanderdrucken mit den waschunechten basischen Farbstoffen erlaubt. In den Patenten findet man folgende Vorschrift:

[1]) Amer. Dyest. Rep. 1949, S. 296; T. C. Hutchins, Amer. Dyest. Rep. 1936, S. 613.

30 g	Chromfarbstoff (z. B. Chromocitronin R)
200 g	Wasser
30 g	Natriumtartrat
642 g	arabischer Gummi 1:1
38 g	Chromlaktat (von 14,7% Cr_2O_3)
60 g	Harnstoff
1000 g	

Nach dem Drucken dämpft man 1 Stunde und wäscht in kaltem Wasser.

Das *franz. P. 833.403* und das *amer. P. 2.131.320* derselben Firma empfehlen besonders für das Bedrucken von Mischgeweben aus Baumwolle und Kunstseide mit Gummi verdickte Druckfarben, denen ein Chromsalz einer aliphatischen Säure von niederem Molekulargewicht, sowie das Salz einer aliphatischen, alizyklischen oder heterozyklischen Säure, deren Alpha- oder Ortho-Stellung nicht substituiert ist, um die Bildung eines komplexen Chromsalzes zu verhindern, und ausserdem noch ein die Gerinnung verhinderndes Mittel, wie Harnstoff oder Phenol, zugegeben wird.

Das Patent gibt folgendes Beispiel an: Chromfarbstoff (Chromocitronin R) + Gummiverdickung + mineralsäurefreies Chromazetat + Natriumformiat bzw. Natriumbenzoat, -benzylazetat oder -p-aminobenzoat.

Nach dem *amer. P. 2.131.320* von Durand & Huguenin enthält die Druckfarbe

Chromfarbstoff
Gummiverdickung
ein Chromsalz einer Fettsäure von niederem Molekulargewicht (Chromlaktat)
ein Alkalisalz einer aliphatischen Oxysäure (Natriumtartrat).

Solche Druckfarben ergeben schon bei einer Dämpfdauer von 8 Minuten eine gute Lackbildung der Chromfarbstoffe, ohne den weichen Griff der Ware ungünstig zu beeinflussen; ausserdem werden bei Mischgeweben egalere Drucke erzielt.

Parallel zu diesen Patenten ist noch das *D.R.P. 683.952* von Durand & Huguenin (14. Februar 1937) zu erwähnen.

Die bei diesem Verfahren verwendeten Druckpasten enthalten neben dem Farbstoff das Chromsalz einer niederen Fettsäure, ohne Beimengungen von mineralsauren Chromsalzen, und ein lösliches Salz einer anderen Fettsäure, das mit dem Farbstoff kein schwerlösliches Salz bildet (ameisensaures Natrium). Durch Zusatz von Harnstoff, Phenol u. dgl. wird eine noch bessere Haltbarkeit, eine bessere Fixierung und ein weicherer Griff erzielt.

Beispiel einer Farbe: Chromfarbstoff + Gummiverdickung + mineralsäurefreies Chromformiat + Chromazetat + ameisensaures

Natrium + Harnstoff + ameisensaures Triäthanolamin (siehe S. 836: Versuche von L. Diserens mit Triäthanolamin).

Im *D. R. P. 732.682* von Durand & Huguenin (veröff. am 11. Februar 1943) wurde das Verfahren folgenderweise geändert:

Die Druckpaste enthält Farbstoff + Chromsalz einer niederen Fettsäure ohne Beimengungen von mineralsauren Chromsalzen (Chromazetat) + lösliches Salz einer organischen, nicht zur Metallkomplexbildung befähigten Karbonsäure (ameisensaures Natrium) + chromkomplexbildende organische Säure oder deren Salze (Aminoessigsäure, Milchsäure, Oxal-, Wein-, Zitronen-, Glykol-, Salicyl- oder Phtalsäure).

Nach *D.R.P. 623.939* und *631.923* kann auf Seide ein weicher Griff der bedruckten Stellen bei kurzer Dämpfdauer nur dann erreicht werden, wenn der Druckpaste noch eine gewisse Menge Harnstoff zugefügt wird. Nach dem Verfahren, das im *D.R.P. 732.682* beschrieben wird, kann man ohne Zusatz von Harnstoff den weichen Griff erreichen.

Ein neues Verfahren der I. G.-Farbenindustrie-Kerth reihte sich in den letzten Jahren diesen Arbeiten an und bildet den Gegenstand des *D.R.P. 645.468;* des *brit. P. 453.348;* des *franz. P. 801.765* sowie des *schweiz. P. 190.986*, 1935 (R.G.M.C. 1938, S. 346; Bull. Föd. *3*, S. 197 und 311).

Es wurde festgestellt, dass die Gerinnung des Gummis und hierdurch die Beeinträchtigung des weichen Griffs der Kunstseiden verhindert wird, wenn man der Druckfarbe Aminoessigsäure (Glykokoll), Oxyessigsäure (Glykolsäure) oder deren Substitutionsprodukte, z. B. das Natriumsalz der Kresoxyessigsäure oder o-Tolylglykolsäure (Natrium-o-kresoxyazetat) oder das Natriumsalz der Phenyloxyessigsäure (Phenylglykolsäure), erhalten durch Reaktion chlorierter aliphatischer Säuren auf aromatische Verbindungen (Phenol, Kresol), zugibt.

CH_3

C_6H_4—O—CH_2—COONa o-kresoxyessigsaures Natrium oder o-tolylglykolsaures Natrium

ONa

C_6H_5ONa + CH_2—Cl | COONa ⟶ C_6H_5—O—CH_2—COONa + NaCl

phenyloxyessigsaures Natrium oder phenylglykolsaures Natrium

Man gibt 5—10% dieser Substanzen entweder in die Druckfarbe selbst oder man teigt sie mit dem Farbstoff an.

Ausserdem empfiehlt man die Anwendung von Salzen der Aminoessigsäure in Verbindung mit Kresoxyazetat, Rhodaniden und Betain.

Die Erfindung dehnt sich auf alle Verbindungen, welche die Gruppe $>N—CH_2—COO—$ enthalten, aus, so dass auch Derivate komplizierterer Konstitution wie das Natriumsalz der Triglykolaminsäure (nitriloessigsaures Natrium) in Frage kommen.

$$N \begin{matrix} / CH_2—COONa \\ — CH_2—COONa \\ \backslash CH_2—COONa \end{matrix}$$ triglykolaminsaures Natrium (also Trilon A)[1])

Dieses Verfahren weist gegenüber der im *franz. P. 770.437* beschriebenen Methode den Vorteil auf, eine grössere Stabilität der Druckfarben zu bewirken. Zugleich bleibt auch der weiche Griff der Ware erhalten.

Um das Koagulieren der Gummiverdickung und somit den harten Griff des bedruckten Gewebes zu vermeiden, schlagen die Imp. Chem. Ind. im *brit. P. 499.377*, 1937 vor, Druckpasten zu verwenden, welche ausser dem Farbstoff + Chromazetat + Verdickungsmittel (Senegal- oder arabischer Gummi) noch 3% Bernsteinsäure bzw. Phtalsäure oder deren wasserlösliche Ammonium- oder Monoäthanolaminsalze, wie z. B. bernsteinsaures oder phtalsaures Monoäthanolamin, enthalten. Nach dem Drucken wird getrocknet, eine Stunde lang gedämpft und dann wie üblich fertiggemacht.

Ätz- und Reserveverfahren für Beizenfarbstoffe.

Diese Verfahren sind schon seit längerer Zeit bekannt. Persoz beschreibt eine ganze Anzahl Ätz- und Reservemethoden, von welchen einige heute noch Verwendung finden.

Jedoch ist die Fabrikation in den letzten Jahren immer mehr durch den Ätzdruck auf Färbungen mit Azofarbstoffen zurückgedrängt worden.

Besonders in Russland spielt der unter dem Namen Koumatsch bekannte Türkischrotätzartikel eine bedeutende Rolle, und wahrscheinlich wird er heute noch hergestellt, da er bei dem Arbeiter- und Bauernstand äusserst beliebt ist.

Die Ätzverfahren auf Beizenfarbstoffen lassen sich in sechs Klassen einteilen:

1. Ätzen auf gebeizter Ware: Zitronensäureätze (Haussmann, 1825).

2. Reserven unter Alizarin- und Chromdruckfarben: Zitronensäurereserven, Chloratreserven und Halbreserven mit Pyrophosphaten.

3. Ätzen auf Türkischrot.

---

[1]) Celon C der S.P.C.S. (Bezons).

4. Chlorätzen auf mit Beizenfarbstoffen geklotzten Färbungen.
5. Ätzen mittels Natriumsulfoxylaten.
6. Buntätzen mit Chromfarbstoffen.

Die Zitronensäurereserve wird besonders angewendet für den Rot-Weiss-Artikel unter Alizarinrosagründelmuster, welcher ebenfalls in Russland, dank seiner ausgezeichneten Echtheit, sehr beliebt ist und bei der Arbeiterklasse bedeutenden Anklang findet.

Das Türkischrotätzverfahren war während vieler Jahre für die Stoffdruckerei von ausserordentlich grosser Bedeutung und war deshalb seit einem Jahrhundert Gegenstand zahlreicher Arbeiten vieler Forscher, wie Haussmann, D. Koechlin, Schlieper und Baum, Schmidlin u. a. m.

Aus diesen Arbeiten entwickelten sich mit der Zeit Verfahren, welche klassisch geblieben sind.

In chronologischer Folge lassen sie sich in folgender Weise einteilen:

A) Chromatätze[1]).

B) Chlorätze (presse écossaise, England 1810)[2]).

C) Ätzen in der Chlorkalkküpe (cuve décolorante, D. Koechlin, 1811)[3]).

D) Ätzen nach der Alkalimethode (Schlieper und Baum 1883; Triapkine, R.G.M.C. 1898; Schmidlin, Bull. Mulh. 1884, S. 49).

E) Sulfoxylatätze, Buntätze mit Küpenfarbstoffen (Farbw. Höchst, 1906; *D. R. P. 173.878* und *179.454;* Fischer's Ber. 1906, S. 438; Ivanoff, Bull. Mulh. 1913, S. 87; Manufaktur E. Zündel in Moskau: Ätzen mit Natriumsulfoxylatformaldehyd + Natriumsilikat 36⁰ Bé + Natriumhydroxyd).

Wie schon erwähnt, ist diese Fabrikation durch den Ätzartikel auf mit unlöslichen Azofarbstoffen erzeugten Färbungen, besonders seit dem Erscheinen der Sulfoxylatätze, zum grossen Teil verdrängt worden.

Ätzdruck auf Beize.

Ätzen mit Zitronensäure.

Der Ätzdruck auf Beize wurde zum ersten Male von J. M. Haussmann in Logelbach bei Kolmar i. Els. gegen 1825[4]) ausgeführt. Das Ätzverfahren bestand im Aufdruck einer verdickten organischen Säurelösung (vorzugsweise Oxal-, Wein- oder Zitronensäure, auch Zitronensaft) auf ein mit Aluminium-, Chrom- oder Eisenbeizen vor-

[1]) Persoz, Bd. *3*, S. 231.
[2]) Persoz, Bd. *3*, S. 232.
[3]) Persoz, Bd. *3*, S. 236; Depierre, Bd. *3*, S. 439/446.
[4]) Persoz, Bd. *3*.

behandeltes Gewebe. Nachdem die bedruckte Ware längere Zeit sich selbst überlassen wurde, fixiert man nun die Beize und färbt anschliessend mit dem Beizenfarbstoff.

Diese Ätzmethode wurde lange Jahre hindurch mit ausserordentlichem Erfolg angewendet. Von anderen nach diesem Verfahren hergestellten Artikeln sollen folgende besonders erwähnt werden:

Weiss-Schwarz-Artikel auf Alizaringranat.
(Russische Fabrikation.)

Man klotzt das Gewebe auf dem Foulard mit

110 l	essigsaure Tonerde 6° Bé
70 l	Eisenpyrolignit 30° Bé
180 Liter	Lösung, die auf 3° Bé eingestellt wird

und trocknet in der Hotflue. Die so präparierte Ware wird mit einer Anilinschwarzdruckfarbe und einer Zitronensäureätze bedruckt. Zitronensäureätze:

300 g	Zitronensäure krist.
130 g	Wasser
70 g	Natronlauge 38° Bé
500 g	Stärkeverdickung
1000 g	

Nach dem Drucken und Trocknen dämpft man die Ware 4 Minuten im Schnelldämpfer und nimmt sie, um die Beize zu fixieren, zuerst breit bei 55° C, dann im Strang bei 65° C durch Kuhkot und Kreide. Anschliessend wird gewaschen und während 2 Stunden bei 60° C gefärbt mit

150 g	Fuchsin	
750 g	Galläpfelextrakt 30° Bé	Färberezept für 6 Stücke
500 g	Querzitron 30° Bé	Cretonne zu 120 Meter,
5100 g	Alizarin 2A 20%	70 kg Gesamtgewicht.

Nach dem Färben wird gewaschen, gedämpft, gechlort und appretiert. Es kommt öfters vor, dass die Weisseffekte leicht angefärbt sind. Dieser Übelstand kann in vielen Fällen durch leichtes Chloren behoben werden. Die Stücke mit zu stark angefärbtem Weiss werden im allgemeinen mit Chrysophenin geklotzt für die Erzeugung des bekannten Crème-Schwarz-Granat-Artikels.

Das Ätzen auf Beize wurde ebenfalls in grossem Maßstabe für die Herstellung des Halb-Trauer-Artikels ausgeführt. Die Arbeitsweise ist folgende:

Beizen der Stücke auf dem Foulard mit Aluminium- und Eisenazetat.

Drucken der Zitronensäureätze, 7 Minuten dämpfen.

Degummieren im Kreide- oder Natriumphosphatbad.

Färben auf der Haspelkufe mit Blauholzextrakt oder Querzitron im Beisein von Galläpfelextrakt, Leim und Kreide.

Der Weiss- und Buntätzdruckartikel auf Chrombeize bei nachfolgendem Färben mit Chromfarbstoffen wurde in einer ganzen Reihe von Farbtönen ausgeführt. Die Arbeitsweise ist der obenerwähnten sehr ähnlich.

Weisseffekte können auch durch Aufdrucken einer Zitronensäureätze auf mit Chrombeize geklotzter oder bedruckter Ware und nachfolgendes Färben mit Chromfarbstoffen erhalten werden.

Echte dunkelblaue und braune Färbungen können nach dem Verfahren der Firma Rollfs & Co. (*D.R.P. 97.686*) durch Verwendung von gemischten Chrom-Eisenbeizen hergestellt werden.

Albert Scheurer hat im Bull. Mulh. 1911, S. 228 ein Ätzverfahren mit Zinnlaktat beschrieben. Ammoniumzitrat ist ein gutes Ätzmittel für Aluminium- sowie Chrombisulfitbeize. Chrombeizen können ebenfalls mit einem Gemisch von Zitronensäure und Natriumbisulfit geätzt werden.

Kaliumzitrat kann gleichzeitig als ausgezeichnetes Reservemittel unter Anilinschwarzüberdruck und als Weissätze auf gebeizter Ware verwendet werden[1]).

Reserven unter Alizarin- und Chromfarbstoffen.

(Zitronensäure-, Chloratreserven.)

Diese Reserven werden durch Aufdrucken einer Chlorat- oder Zitronensäurefarbe auf weisser Ware erhalten. Man bedient sich dieses Verfahrens in der Hauptsache für die Herstellung degradierter Effekte oder der sogenannten „Effets frappés".

Man druckt beispielsweise eine Zitronensäure- oder Zitratätze (Tupfen-, Banden- oder Würfelmuster), trocknet und überdruckt Beizenfarben mit einem beliebigen Muster. Man nimmt alsdann durch Ammoniak, dämpft und wäscht. An den mit der Ätze bedruckten Stellen erzielt man degradierte Effekte infolge der nur teilweisen Fixierung der Beizenfarbstoffe. Durch Zusatz von Brechweinstein zur Zitratätze können gleichzeitig basische Farben reserviert werden.

Für die Herstellung der gleichen Effekte kann man an Stelle der Zitratätze die Chlorat-Ferrocyanidätze verwenden, welche beim Dämpfen die überfallenden Beizenfarben durch Oxydation zerstört.

Einen ähnlichen Artikel erhält man durch Aufdruck einer Chloratätze auf vorgedruckter und gewaschener Ware (Effets frappés). Nach Albert Scheurer lassen sich mit Zinnlaktat schöne, degradierte Effekte erhalten.

Zur Herstellung des seinerzeit in grossen Mengen fabrizierten Weiss-Rot-Artikels unter Alizarinrosagründel diente hauptsächlich die Zitronensäurereserve. Dieser schon seit langem bekannte Artikel

[1]) Mell. 1926, S. 615.

wurde von Persoz im Bd. *2*, S. 286, seines Werkes beschrieben. Wegen seinen guten Echtheitseigenschaften fand dieser Artikel sehr grossen Absatz bei der ländlichen Bevölkerung in Russland. Er wird in diesem Lande ausschliesslich auf Cretonnestoff hergestellt, mit einem Riffel oder glänzenden Appret ausgerüstet und dient zur Herstellung von Blusen, Röcken und Schürzen, die von der Landbevölkerung gerne getragen werden.

Herstellungsweise:

Man druckt auf die weisse Ware ein Alizarinrot neben folgender Reserve:

140 g	Kaolin
80 g	Wasser
160 g	Zitronensäure
388 g	Stärke-Tragantverdickung
2 g	Indigokarmin
230 g	Natronlauge 30° Bé
1000 g	

trocknet in der Hotflue, rollt auf und überdruckt ein Gründelmuster mit Alizarinrosa.

Nach einer Behandlung in Ammoniak dämpft man die bedruckten Stücke zweimal während einer Stunde, wäscht und seift im Strang. Das Rosagründel fällt über das Alizarinrosa, wird aber an den mit Zitrat bedruckten Stellen reserviert. Man erhält auf diese Weise den Weiss-Rot-Artikel auf einem bedruckten Rosafond. Diese Fabrikation wurde gleichfalls mit Alizarin auf Eisenbeize sowie mit Alizarinblau und -bordeaux ausgeführt.

Halbreserven unter Färbungen mit Beizenfarbstoffen.

Die Herstellungsmethode dieses Artikels ist Felix Binder[1]) zu verdanken. Sie beruht auf der Eigenschaft des Natriumpyrophosphats, die Fixierung der Chromsalze auf dem Gewebe zu verhindern. Man klotzt die Ware mit Chromsulfazetat, trocknet, druckt eine Zitronensäureätze und eine Halbreserve mit Pyrophosphat (80 g pro kg) auf, dämpft, passiert in einem Sodabad bei 60° C, trocknet und färbt wie üblich.

Den gleichen Halbtoneffekt erhält man mit Natriumwolframat, Natriumphosphat, Zinnlaktat und insbesondere mit Natriummetaphosphat (Calgon der Firma Benckiser in Ludwigshafen a. Rh.) an Stelle von Natriumphosphat.

Türkischrotätzartikel.

Dieser Artikel hat während langer Zeit eine hervorragende Stelle in der Stoffdruckerei eingenommen. Seit mehr als einem Jahrhundert hat er zu zahlreichen Untersuchungen Anlass gegeben, mit welchen die Namen Koechlin, Schlieper und Baum, Schmidlin verbunden sind.

[1]) Depierre, Bd. *5*, S. 581.

Durch das Erscheinen der Azofarbstoffe und insbesondere der Naphtole der AS-Reihe sowie durch die verschiedensten Anwendungsmöglichkeiten dieser Farbstoffe (Ätzen der Naphtol AS-Färbungen, Ätzverfahren mit Rongalit usw.) hat das Türkischrot mehr und mehr an Bedeutung verloren.

Zur Zeit wird der Ätzdruck auf Türkischrot hauptsächlich in Russland nur für die Herstellung ganz spezieller Artikel ausgeführt (Taschentücher, Schals, Kleiderstoffe für Bäuerinnen in Weiss, Gelb, Blau und Grün geätzt nach dem alkalischen Verfahren (Fabrikation von Ivanowo-Wosnessensk, Manufaktur vorm. Baranoff).

Die verschiedenen Methoden zum Ätzen von Türkischrot wurden bereits oben erwähnt. Die Ätzmethode mit Chlorkalkküpe (enlevage à la cuve décolorante [1811]) von Daniel Koechlin ist eines der ältesten Verfahren, dem eine ganz besondere Bedeutung zuzumessen ist[1]).

Es sei nochmals kurz das Prinzip dieses Verfahrens erwähnt. Bei den ersten Versuchen druckte Daniel Koechlin eine verdickte Chlorkalklösung auf und passierte dann die Stücke durch ein Säurebad. Dieses sehr heikle Verfahren, welches zu mannigfaltigen Schwierigkeiten führte, konnte jedoch erst durch Umkehrung der Arbeitsfolge praktisch verwendet werden.

Die Arbeitsweise ist folgende:

Man druckt ein Weiss, welches

100 g Weinsäure 38° Bé
100 g Dextrin

enthält, trocknet, passiert in einer Rollenkufe durch eine Chlorkalklösung von 5° Bé, quetscht aus und wäscht.

Nach Düring kann man die Weinsäure vorteilhaft durch Milchsäure ersetzen (Frb. Ztg. 1900, S. 436).

Druckvorschrift mit Milchsäure:

400 g Milchsäure 50%
600 g Verdickung
1000 g

Die bedruckte und getrocknete Ware wird durch eine Chlorkalklösung von 3° Bé genommen, gewaschen, abgesäuert und gespült.

Die wichtigste Ätzmethode für Türkischrotfärbungen ist zweifellos das alkalische Verfahren[2]).

[1]) Persoz, *3*, S. 236; Depierre, *3*, S. 439.

[2]) Das Verfahren wurde in verschiedenen Aufsätzen beschrieben. Die ernsthafteste und ausführlichste Studie wurde von Triapkine, R.G.M.C. 1898, S. 6, veröffentlicht. Unter den anderen Arbeiten sind noch zu erwähnen: Diakonoff, Frb. Ztg. 1898, S. 199; Maslowsky, Frb. Ztg. 1896, S. 33; Oswald, R. G. M. C. 1897, S. 184; Schlieper und Baum, Bull. Mulh. 1884, S. 49; Depierre, Bd. *3*, S. 370; Bourchart, Journ. of Soc. Chem. Ind. 1883, S. 193; Schmidlin 1888, Bull. Rouen 1899, S. 431; R.G.M.C. 1900, S. 20; Depierre, Bd. *5*, S. 445.

Die erste Anregung zu dieser Ätzmethode wurde von Schlieper und Baum gegeben, welche durch Aufdruck von Indigo nach ihrem Verfahren eine Blauätze auf Türkischrotfärbungen erzielten. Hierbei wird der Türkischrotlack durch das Alkali der Druckfarbe zerstört.

Man bedruckt die türkischrotgefärbte und mit Glukose präparierte Ware mit einer Farbe, die Indigo und Alkali enthält. Die bedruckten und getrockneten Stücke werden gedämpft, in der Rollenkufe gewaschen, dann getrocknet und durch eine in drei Abteilungen getrennte Kufe genommen, deren erste Abteilung mit Schwefelsäure 7⁰ Bé, die zweite mit Wasser und die dritte mit einer Sodalösung von 2⁰ Bé beschickt ist.

Einige Jahre später vervollständigte Schmidlin das Verfahren von Schlieper und Baum durch die Herstellung von gelben und grünen Buntätzeffekten sowie von Weissätzen auf Türkischrotfärbungen. Er druckte zu diesem Zweck Anilinschwarz, Chromgelb (für Grün in Mischung mit Indigo) und eine alkalische Weissätze auf die gefärbte Ware. In Russland hatte dieser Artikel einen ausserordentlich grossen Absatz gefunden.

Die Weissätze enthält im allgemeinen 300 g Ätznatron und 100—150 g Natriumsilikat pro kg Druckfarbe. Durch Zusatz von Natriumzinkat oder -stannit erzielt man reinere Weisseffekte.

Ätzweiss:

55 g	Zinnsalz
35 g	Zinksulfat
75 g	Glyzerin
160 g	Gummiverdickung
535 g	Natronlauge 50⁰ Bé
125 g	Natriumsilikat 30⁰ Bé
15 g	Terpentinöl
1000 g	

Die Gelbätze ist hauptsächlich aus einer Lösung von Natriumplumbit und Natriumsilikat zusammengesetzt. Das Bleioxyd, welches sich während des Dämpfens auf der Faser fixiert, wird in einem Bichromatbad in gelbes Bleichromat umgewandelt.

Gelbätze:

2250 g	Dextrin 60⁰/₀₀
1750 g	Wasser
15000 g	Natronlauge 50⁰ Bé
2000 g	Glyzerin
9250 g	Bleinitrat
5000 g	Natriumsilikat 38⁰ Bé
400 g	Terpentinöl
35650 g	

Blaueffekte erhält man mit Indigo nach dem Verfahren von Schlieper und Baum.

Für Grüneffekte mischt man in gewünschtem Verhältnis Blau- und Gelbätze.

Dieser Ätzartikel, illuminiert mit Weiss, Gelb, Grün, Blau und Schwarz, wird auf folgende Weise ausgeführt: Die türkischrotgefärbte Ware wird zuerst mit einer Lösung von Glukose, essigsaurer Tonerde und Ammoniumvanadat imprägniert, getrocknet und bedruckt. Nach dem Aufdruck und Trocknen dämpft man 3—5 Minuten im Schnelldämpfer bei 102° C, degummiert und behandelt in einer Wasserglaslösung von 2° Bé (10—15 g Wasserglas 38° Bé pro Liter), um das Alizarin in Form von Natriumalizarat abzuziehen. Dann wird chromiert, gewaschen und geseift.

Freiberger gelang es 1898, Buntätzen mit diazotierbaren substantiven Farbstoffen auf türkischrotgefärbter Ware herzustellen (Frb. Ztg. 1914, S. 76; R.G.M.C. 1914, S. 21; Bull. Mulh. 1913, S. 651).

Sulfoxylatätze auf Türkischrot.

Im Jahre 1906 veröffentlichten Meister, Lucius und Brüning[1]) ein Verfahren zum Ätzen von Alizarinrotfärbungen mit stark alkalischen Indigo-Rongalitdruckpasten. In der Folge wurde das Verfahren von Schlieper und Baum durch diese einfachere und weniger heikle Sulfoxylatmethode vollständig verdrängt.

Beispiel einer Druckfarbe:

75 g	Rongalit C extra in	
125 g	Wasser lösen	
450 g	alkalische Verdickung	165 g Dextrin 835 g Natronlauge 50° Bé
150 g	Indigo 20% M.L.B.	
200 g	Gummiverdickung	
1000 g		

Mit Schwefelfarbstoffen können ebenfalls Buntätzen auf Alizarinrot hergestellt werden.

Ivanoff[2]) erzielte als erster Buntätzen mit Indanthrenfarbstoffen. Er benutzte stark alkalische, mit Dextrin verdickte Indanthrendruckpasten. Dextrin dient hier gleichzeitig als Reduktions- und als Verdickungsmittel.

Die Entdeckung des Rongalits sowie die ausserordentliche Entwicklung der Küpenfarbstoffe erlaubten den Buntätzartikel auf Alizarinrotfärbungen in vollendeter Weise auszuführen.

Dieser Artikel wurde von der Firma E. Zündel in Moskau im Jahre 1914 lanciert.

---

[1]) *D.R.P. 173.878, 179.454;* Fischer's Ber. 1906, S. 438.

[2]) Bull. Mulh. 1913, S. 87; versiegeltes Schreiben vom Jahre 1901.

Man druckt auf alizarinrotgefärbte Ware Druckpasten, die den Küpenfarbstoff, Alkali, Rongalit C und Wasserglas enthalten.

Buntätze:

200 g	Küpenfarbstoff in Teig
60 g	Glyzerin
300 g	Gummiverdickung
210 g	Natronlauge 38° Bé
180 g	Rongalit C extra
50 g	Wasserglas 36° Bé
1000 g	

Weissätze:

180 g	Dextrin
100 g	Gummiverdickung
600 g	Natronlauge 50° Bé
100 g	Rongalit C extra
20 g	Natriumbisulfit 38° Bé
1000 g	

Nach dem Drucken und Trocknen wird 7 Minuten im Schnelldämpfer gedämpft, in einem Bad von 10 g Bichromat + 3 g Salzsäure pro Liter chromiert, gewaschen, dann bei 40° C durch eine Wasserglaslösung von $1^1/_2$° Bé genommen, geseift und gewaschen.

Chloratätze auf mit Beizenfarbstoffen geklotzten Färbungen.

Diese Fabrikation wurde nach dem Chlorat-Ferrocyanidverfahren von Jeanmaire ausgeführt, welches hierbei wieder vorübergehend an Bedeutung gewann.

Jeanmaire hat im Bull. Mulh. 1895, S. 134; 1899, S. 317; Frb. Ztg. 1894/95, S. 20 (versiegeltes Schreiben der Firma Koechlin Frères in Mülhausen, 1885) sein Ätzverfahren auf Alizarinblau beschrieben.

Das Färben der Ware durch Klotzen mit dem Beizenfarbstoff zusammen mit der Beize (Chromazetat) und nachfolgendem Dämpfen und Waschen wurde vor einigen Jahren noch, aber insbesondere in Russland, in grossem Maßstabe ausgeführt. Die so gefärbte Ware bedruckt man mit der Chloratätze, dämpft 2 Minuten im Mather-Platt und wäscht.

Wir geben anschliessend ein aus der Praxis gegriffenes Beispiel. Man klotzt die Ware am Foulard der Hotflue mit

42,0 g	Modernblau CVI (D. H.)
609,0 g	kochendem Wasser
3,0 g	Rongalit C trocken
10,0 g	Tragantschleim
20,0 g	Glyzerin
20,0 g	Ameisensäure 85%
196,5 g	Wasser
125,0 g	essigsaurem Chrom 20° Bé
1,5 g	Oxalsäure
75,0 g	Noir réduit
1102,0 g	

Die geklotzte und getrocknete Ware wird zuerst 4 Minuten im Schnelldämpfer, dann 1 Stunde im Runddämpfer ohne Druck gedämpft. Die gedämpften Stücke passiert man durch ein Bad von 3 g Natriumbichromat + 3 g Kreide pro Liter, wäscht, seift und spült gründlich. Dann bedruckt man die gefärbte Ware mit einer Chloratweissätze von folgender Zusammensetzung:

375 g	Stärke-Gummiverdickung
200 g	Natriumchlorat
200 g	Pfeifenerde (Kaolin)
50 g	gelbes Blutlaugensalz
100 g	Zitronensäure
75 g	Wasser
1000 g	

Nach dem Drucken und Trocknen wird 6 Minuten im Schnelldämpfer gedämpft, breit in saurem Bichromatbad behandelt, gespült und getrocknet.

Man kann auf diese Weise eine lückenlose Farbenskala, von den tiefsten bis zu den hellsten Nuancen, herstellen. Unter den hierfür besonders geeigneten Farbstoffen sind zu erwähnen: Alizarinblau, Gallocyanin, Modernviolett, Alizarinbraun, Coerulein, Alizarincyanin, Anthracyanin, Alizarinviridin u. a. m.

Die Illuminationsmöglichkeit ist begrenzt. Sie beschränkt sich lediglich auf die Anwendung von Pigmenten (Chromgelb), unlöslichen Azofarbstoffen und einige substantive Farbstoffe der Stilbenreihe (Diaminechtgelb A von Cassella, Stilbengelb G) oder auf Thiazolderivate (Primulingelb, Diaminechtgelb FF, B, C von Cassella).

Sulfoxylatätze auf mit Beizenfarbstoffen gefärbter Ware.

Verschiedene Farbstoffe, wie das Eriochromgelb von Geigy, das Chromalblau von Geigy, das Chromocitronin und die Novochromfarbstoffe von Durand & Huguenin, Chrombrillantviolett BD von Bayer, sind mit Rongalit C weiss ätzbar. Diese Fabrikation unterscheidet sich kaum vom Ätzartikel auf substantiv gefärbter Ware, welcher jedoch den Vorteil einer grösseren Auswahl der Bodenfärbungen, hauptsächlich der Schwarz- und Rotskala, besitzt.

Die Arbeitsweise ist folgende: Man klotzt die Ware mit einer Lösung eines mit Rongalit C ätzbaren Chromfarbstoffs und einer Beize, dämpft nach dem Trocknen 1 Stunde, wäscht und seift.

Die gefärbte Ware bedruckt man mit den Ätzdruckfarben (Weiss- und Buntätzen), dämpft 7 Minuten im Schnelldämpfer, wäscht und spült.

Buntätzen mit Chromfarbstoffen.

Eine ganze Reihe von Chromfarbstoffen sind hydrosulfitbeständig und lassen sich deshalb ohne weiteres für den Ätzdruck verwenden. Mit Ausnahme der Modernfarbstoffe, die nur ein kurzes Dämpfen benötigen, müssen die anderen ätzbeständigen Marken zweimal gedämpft werden. Es wird zuerst kurz 1—8 Minuten gedämpft und hierauf 30—45 Minuten nachgedämpft. Dieses Nachdämpfen bewirkt die Rückoxydation des Farbstoffs und ist unerlässlich, wenn man volle Brillanz und eine gute Farbstoffausbeute erhalten will. Die Perchromätzfarbstoffe (Durand & Huguenin A.-G.) bieten allein den grossen Vorteil, sich schon in 8 Minuten vollständig zu fixieren. Sie werden nach dem folgenden Generalrezept gedruckt:

70 g	Perchromätzfarbstoff
50 g	Fixierer CDH
110 g	Wasser
600 g	Verdickung
80 g	Hydrosulfit R conc.[1])
90 g	Chromacetat 20^0 Bé
1000 g	

Nach dem Drucken und Trocknen wird 8 Minuten im Mather-Platt gedämpft, hierauf gut gespült, leicht geseift, gespült und fertig gemacht.

Das Färben mit Beizenfarbstoffen.

Noch vor wenigen Jahren standen die Metallbeizenfarbstoffe, und ganz besonders die Alizarine, zur Erzeugung von echten Färbungen in vorderster Reihe.

Seit dem Erscheinen der Küpenfarbstoffe sowie der neuen unlöslichen Azofarbstoffe erlitten sie jedoch einen merklichen Rückgang.

Immerhin spielt das Türkischrot in der Färberei und speziell in der Garnfärberei noch eine wesentliche Rolle. Aus obengenannten Gründen findet man in der Fachliteratur nur wenig neue Forschungen und eine geringe Zahl Patente, welche dieses Gebiet betreffen; dieselben sollen hier kurz erwähnt werden.

Färben auf Tonerdebeize (Alizarinrotfärberei).

Die wichtigste Farbe auf Tonerdebeize ist das Alizarinrot bzw. Türkischrot (Rouge Turc), welches auf Tonerdebeize durch Auffärben von Alizarin, Ölbeize und Kalk erzeugt wird.

Theorie des Türkischrots[2]):

Das Verdienst, die Zusammensetzung des Alizarinrotlackes ermittelt zu haben, gebührt zweifellos Loechti und Suida, welche auch den klaren Beweis erbrachten, dass derselbe aus einem Aluminium-Kalzium-Doppelalizarat besteht. Diese beiden Forscher haben auch die wichtige Rolle, welche die Kalziumsalze bei der Alizarinrotlackbildung spielen, eindeutig geklärt.

[1]) Firma Rohner A.-G.

[2]) Haller-Glafey, Technologie der Baumwolle, Herzog's Technologie der Textilfasern, S. 91; R. Haller, Alizarinrot, Bull. Föd. *3*, S. 381.

Haller veröffentlichte im Mell. 1938, S. 448, 504, 595, eine eingehende und interessante Arbeit über die Konstitution des Alizarinrots. Er erwähnt zuerst die Ansichten seiner Vorgänger Fischli, Sansone sowie Kornfeld und erläutert hierauf seine eigenen Versuche, die ihm erlaubten, den Vorgang der Alizarinrotlackbildung klarzulegen.

Fischli[1]) nahm an, dass durch Einwirkung von Rizinusölsäure auf Aluminiumhydroxyd folgender Formel:

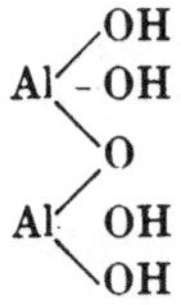

```
    /OH
Al<-OH
    \
     O
    /
Al<  OH
    \OH
```

eine Verbindung entsteht, welche sich mit Alizarin rot färbt.

Witt war derselben Ansicht wie Fischli, der annahm, dass der Rizinusölsäurerest einen integrierenden Bestandteil des Alizarinrotlackes darstellt.

Die Untersuchungen von R. Haller haben aber auch diesbezüglich ein der Fischli'schen Auffassung entgegengesetztes Resultat ergeben. Haller hat festgestellt, dass Aluminiumrizinoleat wohl eine rote Färbung mit einer Suspension von Alizarin erzeugt, aber dass durch Einwirkung von konzentrierter Natronlauge auf diese Verbindung kein Natriumrizinoleat und Natriumalizarat entsteht.

Nach Haller verhält sich Alizarin dem Aluminiumrizinoleat gegenüber wie eine Säure, welche die Rizinusölsäure unter Bildung von Aluminiumalizarat in Freiheit setzt.

Sansone stellte eine Konstitutionsformel des Rotlackes auf, welche die Beziehungen von Alizarin, Aluminium und Fettsäure erklären sollte. Er nahm an, dass die Fettsäure in das Molekül des Lackes eintritt und die Zellulosefaser dabei auch eine Rolle spielt. Jedoch erschien diese Auffassung dem Autor selbst zweifelhaft.

In den Jahren 1910 und 1912 stellte Kornfeld[2]) eine neue Theorie auf, laut welcher das Aluminiumoleat mit dem Kalziumalizarat folgender Formel eine Komplexverbindung eingeht:

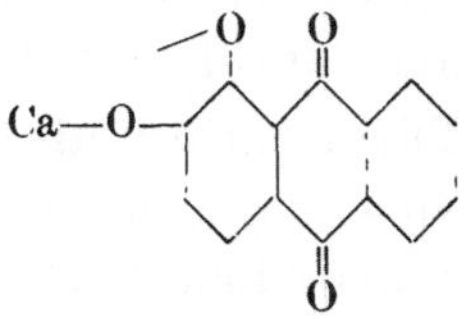

```
          —O   O
           |   ‖
Ca—O—
               ‖
               O
```

Er nimmt die Bildung eines Anhydrids der Fettsäure an, welches mit dem Aluminium- und Kalziumalizarat den Alizarinrotlack von der Formel $Al_2 \cdot Ca(C_{14}H_6O_4)$ (CHOH) $(C_{16}H_{31}COO)_6$ bildet.

[2]) Bull. Mulh. 1888, S. 731; siehe auch Haller, Kolloidchem. Beihefte 1920, S. 109.
[3]) Z. f. angew. Chemie 1910, S. 1273; Chem. Ztg. 1911, S. 29, 42, 58.

Die Lackbildung findet nach seiner Ansicht während des Dämpfprozesses unter Druck in Gegenwart von Wasser statt, indem aus 2 Molekülen Fettsäure Wasser austritt und unter Ringbildung mit dem Alizarat folgende Verbindung entsteht:

$$\left(O \begin{matrix} \diagup CH—C_{16}H_{31}—COO \\ \diagdown CH—C_{16}H_{31}—COO \end{matrix} \right) Al_2Ca \cdot C_{14}H_6O_4 .$$

Es gelang nun Haller festzustellen, dass sich durch Einwirkung von Aluminiumhydroxyd auf Alizarin eine kolloidale Lösung von Alizarinrot bildet, welche er als die Muttersubstanz des Alizarinrotlackes anspricht. Das Kalziumalizarat entsteht neben den Alizarinaluminiumsalzen, und erst während des Dämpfens bildet sich in Gegenwart des Öles, welches als Dispersionsmittel dient, das Aluminium-Kalziumalizarat.

Auch in der Zeit. f. ges. Text.-Ind., 1921, *41*, S. 298, stellt Haller das Problem der Alizarinrotbildung dar. Es wird besonders hervorgehoben, dass die Rolle des Öls nicht darin liegt, dass es in den Farbkörper selbst eintritt, sondern dass es lediglich als Dispergiermittel für den Aluminium-Kalzium-Alizarinlack anzusehen ist. In unzweideutiger Weise kann der Beweis geführt werden, dass nach der Färbung drei an sich verschiedene Körper in der Faser abgelagert sind, nämlich die Polymerisationsprodukte der Fettsäuren, der Rizinolsäure oder Laktone derselben, das Alizarat des Aluminiums und dasjenige des Kalziums. Die Vereinigung der beiden Alizarate zum komplexen, das Alizarinrot bildenden Lack findet in der Dampfatmosphäre statt. Die Polymerisationsprodukte der Fettsäure schmelzen bei 105—107^0 C und ergeben dadurch erst das Dispergiermittel, in welchem die Doppelsalzbildung stattfinden kann, während vor dem Dämpfen die beiden Alizarate getrennt nebeneinander existieren.

Die Qualität der Türkischrotfärbungen und insbesondere die Reib- und Beuchechtheit sind im wesentlichen von der Natur des verwendeten Öles und dessen Fixierung abhängig.

Man unterscheidet folgende Färbeverfahren:

1. Das Altrotverfahren (Tournantöl als Ölbeize).
2. Das Neurotverfahren (Türkischrotöl als Ölbeize).
3. Das Verfahren Erban-Specht (Beizen und Färben in einem Bade, Lackbildung durch nachträgliches Dämpfen; *D. R. P. 128.997*, *133.719* M.L.B.).
4. Das Verfahren von Schlieper und Baum (Verwendung von Natriumaluminat).

Nach dem Altrotverfahren erhält man ein in jeder Beziehung äusserst echtes Rot, jedoch ist die Ausführung sehr zeitraubend. Der ganze Arbeitsgang dauert etwa 20 Tage, während mit dem Neurotverfahren die Herstellung schon nach 5—8 Tagen beendet ist.

Das Altrotverfahren.

Dieses Verfahren ist wegen seiner komplizierten Ausführung nahezu aus der Praxis der Türkischrotfärberei verschwunden. Es beruht auf der Anwendung von ranziggewordenem Olivenöl, welches im Handel unter dem Namen Tournantöl bekannt ist. Die Erzeugung dieses ranzigen Öles erfolgt auf künstlichem Wege in Gegenwart von kleinen Mengen Alkali. Man erhält eine Emulsion, mit welcher die zu färbenden Stücke wiederholt imprägniert werden.

Die Arbeitsweise, deren Prinzip die Grundlage zu neueren Verfahren lieferte, ist folgende:

1. Präparieren der Ware: Auskochen mit Soda während 5—6 Stunden, Waschen und Trocknen. Das Chloren ist wegzulassen, weil man in der Praxis die Erfahrung machte, dass nach dieser Behandlung die Stücke nur schwer mit Alizarin färbbar sind. Die Anwesenheit von Eisensalzen ist peinlichst zu verhüten.
2. Erstes Ölen mit einer Mischung von emulgiertem Olivenöl oder Tournantöl mit Kuhkot.

   Für 100 kg Weissware verwendet man

   25 kg Tournantöl und
   $1^1/_4$ kg Kuhkot in
   200 Liter Wasser.

   Das Ölen erfolgt in einer Kufe bei 40° C so lange, bis das Gewebe vollständig imprägniert ist. Danach wird zuerst an der Luft und anschliessend in der geheizten Hänge getrocknet.
3. Zweites Ölen.
4. Drittes Ölen.
5. Behandlung in einer lauwarmen Sodalösung von $1^1/_4$° Bé während 5—6 Stunden, um den nicht fixierten Anteil des Öles zu entfernen, dann Waschen in lauwarmem Wasser.
6. Gallieren: Das ist eine Behandlung in einer Gerbsäure enthaltenden Lösung (Sumach- oder Galläpfelabsud), während 6 Stunden bei 50° C.
7. Beizen mit einer eisenfreien, mit Kreide oder Soda neutralisierten Alaunlösung. Die Ware wird durch Einlegen in eine 5° Bé starke Lösung von

   4 T. Alaun
   1 T. Soda krist.
   $^1/_4$ T. Aluminiumazetat 15° Bé
   5-6 g Stannochlorid auf 1 kg Alaun

   während 24 Stunden imprägniert, ausgequetscht und an der Luft oder auf der Trockentrommel getrocknet.

8. Färben: Man verwendet vorteilhaft Wasser von 5^0 Härte (deutsche Härtegrade). Die Färbeflotte enthält:

   8–10% Alizarin 20% Teig
   3% Kleie
   3% Tannin

   auf das Gewicht der Ware berechnet. — Man fährt kalt ein, behandelt während einer Stunde kalt und steigert alsdann die Temperatur im Laufe einer Stunde auf 85—90^0 C, und geht dann auf Kochtemperatur. Die Stücke haben nach dem Färben eine bräunlichrote Nuance.

9. Avivieren oder Schönen: Diese Behandlung bezweckt die Erzeugung des lebhaften Rots. Hierfür werden die gefärbten Stücke in einem geschlossenen Kessel bei 1 atü mit 4—5 kg Olivenöl, 5 kg Marseillerseife und einer 2^0 Bé starken Sodalösung pro 100 kg Ware behandelt. Danach lässt man abkühlen, fährt die Ware aus, worauf man sie wäscht.

10. Das Rosieren (Arvers und St-Evron, Rouen 1735): Diese Operation ist der vorhergehenden ähnlich und bezweckt ebenfalls die Erzeugung eines möglichst lebhaften Rots.

    Die Stücke werden 1—2 Stunden in einem geschlossenen Kessel bei 1 atü mit einer Lösung von 2,5 g Seife und 0,15 g Stannochlorid pro Liter behandelt.

Eine Vereinfachung des Altrotverfahrens wurde von Steiner (in Manchester und Rappoltsweiler i. Els.) vorgenommen, indem er die Ware anstatt mit Tournantöl mit 100^0 C heissem Olivenöl imprägnierte. Die geölten und getrockneten Stücke werden 7mal durch eine 2—3^0 Bé starke Sodalösung genommen und dann während 2 Stunden in einer Heizkammer aufgehängt. Auf diese Weise kann man bis 10% des Warengewichtes an Öl auf dem Gewebe fixieren. Nach dem Ölen beizt man mit einer Alaunlösung und färbt wie beim Altrotverfahren.

Geschichtlichen Interesses halber sei hier ein Verfahren von Horace Koechlin angeführt, welches in der Manufaktur Gros-Roman in Wesserling (Ober-Elsass) eingeführt wurde.

Dieses Verfahren wurde später (1876) Walter Crum in England überlassen. Der Arbeitsgang ist folgender:

1. Klotzen der Stücke mit 30%igem Ammoniumsulfoleat.
2. Trocknen und 1 Stunde dämpfen.
3. Klotzen mit einer Aluminiumsulfatlösung von 20^0 Bé und trocknen.
4. Behandlung in einer kalten Lösung von Natriumsilikat + Ammoniak, während 3 Minuten. (1 Liter Natriumsilikat 20^0 Bé + 10 Liter Wasser + $^1/_4$ Liter Ammoniak.)

5. Färben. Hierfür wird das Färbebad für 10 kg Ware mit

800 g Alizarin 20%
800 g Kalziumazetat 18° Bé
100 g Tannin
1,6 g Blutalbumin 100/1000

beschickt. Dann wird gewaschen und getrocknet.
6. Klotzen mit einer 10%igen Ammoniumsulfoleatlösung, trocknen und 1 Stunde dämpfen.
7. Waschen, kochend seifen, spülen und trocknen.

Herstellung von Ammoniumsulfoleat.

Zu 4 kg Olivenöl setzt man allmählich, unter ständiger Kühlung, 4 kg Schwefelsäure 66° Bé zu. Nachdem das Gemisch während zwölf Stunden sich selbst überlassen wurde, verdünnt man mit 80 Liter kaltem Wasser. Die obenauf schwimmende Flüssigkeit wird in einem separaten Gefäss mit Ammoniak neutralisiert. Hierfür benötigt man 18 kg Ammoniak für 165 kg Flüssigkeit.

Das Färben der Mischgarne aus Zellwolle und Baumwolle mit Alizarinrot nach dem Türkisch-Altrotverfahren stellte bei der Einführung dieser Gespinste für den Türkischrotfärber zunächst ein gewisses Problem dar, das teilweise auch durch Anwendung bestimmter Spezialverfahren bis heute noch nicht in vollkommen idealer Weise gelöst werden konnte. Die Schwierigkeiten auf diesem Sondergebiet der Echtfärberei bestehen in erster Linie darin, dass die meisten zur Beimischung dienenden Viskosezellwollen nach dem normalen Baumwollfärbeverfahren nur schlecht bzw. überhaupt nicht mit Alizarinrot anfärbbar sind.

Der Türkischrotfärber konnte aber bald die Beobachtung machen, dass bei den einzelnen Mischgarnpartien, die nach dem normalen Altrotverfahren ausgefärbt wurden, der Anfärbungsgrad der verschiedenen Zellwollfasern stark unterschiedlich war.

Es wurde nun durch eingehende mikroskopische Untersuchungen gefunden[1]), dass bei der gut anfärbbaren Zellwolle es sich stets um die gleiche Viskosefaser handelt, und zwar um eine bestimmte Vistra-Fertigung, die als Vistrafaser HB identifiziert wurde. Diese aus ungereifter Viskose gesponnene Faser unterscheidet sich durch ihre charakteristische Längsstruktur sowie durch ihren nierenförmigen Querschnitt von den normalen Viskosefasern, die vorwiegend typische Längsriefen und einen gekerbten Querschnitt aufweisen.

Um den Anfärbeschwierigkeiten bei den verschiedenen Mischgarnen aus dem Wege zu gehen, bedienten sich die Türkischrotfärber nun in der Folge verschiedener ausgearbeiteter Spezialverfahren, die nachstehend geschildert werden sollen.

---

[1]) W. Hees, Mell. 1939, Nr. 3.

Das am meisten ausgeführte Verfahren dürfte das sogenannte Vorfärbeverfahren darstellen, welches man auch heute noch für die Mischgespinste 20/80 und 30/70 vielfach anwendet. Hierbei werden die nach dem Altrotfärbeverfahren geölten Garne nach der zweiten Auslauge, vor dem Tonerdebeizprozess, auf der Passiermaschine mit einer Alizarinlösung vorgefärbt. Als Lösungsmittel für das Alizarin verwendet man vorzugsweise Alkalikarbonate, wie Pottasche, ferner Ammoniak und vereinzelt auch Borax. In den Alkalien ist das Alizarin mit blauvioletter Farbe und in Boraxlösung mit brauner Farbe löslich. Das auf die geölte Faser aufgebrachte lösliche Alizarin setzt sich in der Beizlösung mit den basischen Tonerdesalzen zu rotem Aluminiumalizarat um. Auf diese Weise erreicht man bereits vor dem eigentlichen Färbeprozess bis zu einem gewissen Grade eine Anfärbung der Zellwollfaser. Mit dem im Färbebad aus den Kalksalzen und Alizarin gebildeten Kalziumalizarat setzt sich das auf der Faser befindliche Aluminiumalizarat später zu dem eigentlichen Türkischrotlack, dem Aluminium-Kalzium-Alizarat, um.

Eine verbesserte Anfärbung der Kunstspinnfaser lässt sich auch nach einem weiteren Verfahren durch eine Gerbstoffvorbeize mit Tannin oder durch Anwendung einer gerbstoffhaltigen Tonerdebeize erreichen. Hierbei wird auf der Faser durch Fällung bzw. Adsorption gerbsaures Aluminium niedergeschlagen, das während des Färbeprozesses mit Alizarin und den Kalksalzen unter Lackbildung reagiert. Der Nachteil dieser Methode ist der, dass der Farblack nur oberflächlich auf der glatten Kunstspinnfaser haftet und in den auf das Färben folgenden Avivageprozessen mehr oder weniger stark abgezogen wird. Das Verfahren findet vereinzelt noch für das Färben von Schussgarnen des Mischungsverhältnisses 20/80 Anwendung.

In einzelnen Fällen versucht man auch, die Schwierigkeiten in der Mischgarnfärberei dadurch zu überbrücken, dass man die türkischrotgefärbten Garne mit einer licht- und natronlaugekochechten Naphtolrotkombination in geringer Farbtiefe übersetzt. Dieser Arbeitsweise liegt die Erkenntnis zugrunde, dass die Naphtole zu der Regeneratzellulose eine höhere Affinität besitzen als zu der Baumwollfaser, wodurch erstere stärker angefärbt wird. Für die Überfärbung genügen bereits Naphtolflotten geringer Konzentration. Wenn dieses kombinierte Färbeverfahren auch eine gute Deckung des Zellwollanteiles in den Mischgespinsten und eine lebhafte, gleichmässige Färbung ergibt, so dürften jedoch die höheren Kosten des zweifachen Färbeprozesses nicht in allen Fällen tragbar sein.

Ein Verfahren zum Färben von Zellwolle oder Mischungen aus Zellwolle und Baumwolle mit Alizarin wurde von A. Römer, Zittau, ausgearbeitet und bildet den Gegenstand des *D.R.P. 696.448* (9. Okt. 1936).

Das Färbegut wird zunächst unter Anwendung einer etwa 0,5%igen 2-Oxynaphtalin-3-karbonsäurearylidlösung nach Art der Eisfarben mit einer Diazolösung entwickelt und in roten Tönen vorgefärbt, worauf es im nassen Zustand der üblichen Art des Türkischrotfärbens unterworfen wird.

Es zeigte sich auch, dass man nach dem Neurotverfahren mit Beizenauftrocknung und nachfolgender Fixierung der Beize stets eine vollkommene Anfärbung aller Zellwollfasern, gleich welcher Herkunft, erzielte.

Bei Anwendung von Beizen geeigneter Zusammensetzung und unter Berücksichtigung besonderer Fixierungsbedingungen ist eine Lackbildung auf den Zellwollfasern zu erreichen, ohne dass der Spinner einen besonders geeigneten Fasertyp zur Beimischung verwenden muss.

Die in normaler Weise in Anwendung stehenden Altrotbeizen stellen allgemein basische Aluminiumsulfate niederer Basizität dar, die zu den meisten Viskosekunstspinnfasern keine hohe Affinität besitzen. Sie entsprechen etwa folgender Formel:

$$\begin{array}{c} Al{=}SO_4 \\ \diagdown \\ SO_4 \\ \diagup \\ Al \\ HO\diagup \quad \diagdown OH \end{array}$$

und werden durchschnittlich in einer Stärke von 5^0 Bé = etwa 50 g $Al_2(SO_4)_3 \cdot 12\,H_2O$ im Liter angewandt.

Höher basische Tonerdebeizen, die durch weitergehende Abstumpfung der schwefelsauren Tonerde mit Alkalikarbonaten hergestellt werden können, führen hinsichtlich Anfärbung der Zellwolle zu keinem nennenswerten besseren Resultat. Ausserdem zeigen diese Beizen den Nachteil, beim Verdünnen sehr leicht zu dissoziieren, so dass sie stets in hoher Konzentration von etwa $12{,}5^0$ Bé = etwa 120 g $Al_2(SO_4)_3 \cdot 12\,H_2O$ im Liter Anwendung finden müssen. Der p_H-Wert der Beizlösungen liegt für die schwächer und höher basischen Aluminiumsulfate durchschnittlich bei p_H 4.

Es ist nun neuerdings der I. G. Farbenindustrie Aktiengesellschaft gelungen, eine hochbasische Tonerdeverbindung herzustellen, welche eine gleich hohe Affinität zur Zellwoll- und Baumwollfaser besitzt und sich ausserordentlich leicht fixiert. Das Produkt kommt unter der Bezeichnung B e i z s a l z TR in den Handel. Durch Verwendung dieser Spezialbeize an Stelle der sonst vom Färber selbst hergestellten basischen Tonerdebeize ist es möglich, nach dem normalen Altrotverfahren, ohne Änderung der Arbeitsweise und ohne einen zusätzlichen Arbeitsprozess, eine gute Anfärbung der Zellwollfasern in Mischgespinsten auf einfachem Wege zu erhalten.

Beizsalz TR stellt ein hochbasisches Tonerdesalz mit einem hohen Gehalt an wirksamer Tonerde dar, welches leicht in Wasser löslich ist. Die verdünnte wässerige Lösung des Salzes reagiert schwach sauer (etwa $p_H = 5{,}2$).

Das Neurotverfahren[1]).

Durch Verwendung der wasserlöslichen sulfonierten Öle wurde das Färben mit Türkischrot sehr vereinfacht. Das langwierige und zeitraubende Ölen konnte weggelassen und durch eine einzige Passage in einer Sulforizinatlösung ersetzt werden. Die Einführung der sulfonierten Öle in die Praxis der Färberei und der Druckerei ist Horace Koechlin in Mülhausen zu verdanken.

Das Neurotverfahren besteht in folgenden Operationen:

a) Ölen.
b) Beizen.
c) Färben.

1. Man behandelt die Stücke in einer 60° C warmen Lösung von 100—150 g Ammoniumsulfoleat oder Natriumsulforizinat pro Liter, trocknet bei 40—50° C und dämpft 2 Stunden.

2. Klotzen in der Kälte mit einer Aluminiumbeize (basische essigschwefelsaure Tonerde 6° Bé, bzw. basische schwefelsaure Tonerde 8° Bé).

   Ansatz des Klotzbades:

   7,6 kg Aluminiumsulfat
   2,76 kg Soda krist.
   60 Liter Wasser

3. 2 Minuten dämpfen im Schnelldämpfer. Hierbei bilden sich Polyrizinolsäuren und Aluminiumrizinoleat.

4. Degummieren mit Kreide und Arseniat bei 50° C:

   36 kg Arsensäure 81%
   17 kg Soda
   20 kg Kreide
   400 Liter

   oder im Kreide- bzw. Phosphatbad (5 g/Liter) bei 80° C.

5. Färben. Zuerst kalt während 1 Stunde, dann 3/4 Stunden bei 60° bis 75° C, waschen und trocknen.

[1]) F. Weber, Bull. Mulh. 1909, S. 275.

Ansatz des Färbebades für 7 Stück Cretonne zu 100 m. Gesamtgewicht 70—80 kg.

1200 g Alizarin SX 100% oder 7000 g Alizarin GFX 20%
6000 g Natriumrizinat
6000 g Albuminlösung 50%
1000 g Sumac
3000 g Stannihydroxyd
500 g Kreide

6. Klotzen mit Natriumrizinat.
7. 1 Stunde dämpfen.
8. 15 Minuten seifen bei 80° C, waschen und trocknen.

Verfahren von Erban und Specht.

(*D.R.P. 54.047.*)

Dieses Verfahren wird vorzugsweise zum Färben von Rosatönen angewendet. Man arbeitet folgendermassen:

Die Stücke werden mit einer kalkfreien ammoniakalischen Alizarinlösung und neutralem Türkischrotöl geklotzt und in der Hotflue bei 55° C getrocknet. Die so vorgefärbte Ware wird mit einer Aluminium- und Kalziumazetat enthaltenden Beizflotte foulardiert, getrocknet, während 2 Stunden bei 2 atü gedämpft und zuletzt wie üblich aviviert.

Verfahren von Schlieper-Baum.

Das Verfahren von Schlieper und Baum[1]) unterscheidet sich im wesentlichen von diesen zwei klassischen Färbemethoden. Es beruht auf der Verwendung von Natriumaluminat als Beizmittel.

Der Arbeitsgang ist folgender:

1. Beizen mit Natriumaluminat und nachfolgendes Trocknen in der Hotflue.

Zusammensetzung der Beizflotte:

41 kg	Tonerdegel
64 l	Natronlauge 35° Bé
auf 450 l	mit Wasser verdünnen,
8 l	Salzsäure D = 1,15 zusetzen und auf
600 l	einstellen.

2. Fixierung der Beize mit Ammoniumchlorid und Waschen.
Auf der Faser bildet sich ein saures Natriumaluminat, welches sich durch nachträgliches Kreiden in das entsprechende Kalziumaluminat umsetzt.

3. Färben in der Rollenkufe in einer Färbeflotte, welche mit Alizarin und klarem Kalkwasser beschickt ist.

[1]) Bull. Mulh. 1903, S. 193.

4. Ölen (20—25 g Türkischrotöl pro Liter Flotte).
5. Trocknen, dann während 1—2 Stunden bei 0,5 atü dämpfen.
6. Avivieren wie üblich.

Meister, Lucius und Brüning haben im *D.R.P. 133.719* ein Verfahren unter Patentschutz genommen, nach welchem bei Verwendung von Aluminiumformiat oder -sulfit das Beizen und Färben in einem Bade vorgenommen werden kann.

Amer. P. 1.895.019 (Barnes-Thomas-Scott). Diesen Forschern ist es gelungen, Alizarin in einfacherer Weise als bisher zu färben, und zwar dadurch, dass ein Sulfoester des Alizarins — die Sulfogruppe hängt am β-ständigen Hydroxyl — durch Behandeln des Alizarins mit einer tertiären Base (Pyridin) und einem Sulfoderivat dieser Base hergestellt, verwendet wird. Das so erzeugte Produkt lässt sich mit Aluminiumsulfat und Kalziumazetat durch Ausfärben und nachträgliches Dämpfen fixieren.

In einer interessanten Versuchsreihe verfolgt R. Haller die Idee, Alizarinrotfärbungen im Einbadverfahren herzustellen[1]). Diese Arbeit fusst auf der Tatsache, dass man Rizinolsäureäthylester, welcher sich beim Dämpfen verseift, zusammen mit den Metallbeizen ins Alizarinfärbebad bringen kann, ohne eine vorzeitige Ausfällung von Metallseifen bei normaler Temperatur befürchten zu müssen. Die Zusammensetzung des Färbebades ist folgende:

100 g	Tragantschleim 60‰, worin man
50 g	Rizinolsäureäthylester emulgiert
100 g	Alizarin 20%ig, Teig
100 g	Rhodanaluminium 12° Bé
50 g	essigsaures Kalzium 13° Bé
30 g	essigsaures Zinn 6° Bé
570 g	Wasser
1000 g	

Die mit dieser Flotte imprägnierte Ware wird getrocknet, 1 bis 2 Stunden bei 0,5 atü gedämpft, gewaschen und geseift. Man erhält auf diese Weise ein wasch- und chlorechtes Rot, welches jedoch weniger lebhaft als das gewöhnliche Alizarinrot ist.

Als Rizinolsäureester kann auch Rizinusöl (Glyzerinester der Rizinolsäure) verwendet werden. Man erhält hierbei den gleichen Ausfall der Rotfärbungen wie mit Rizinolsäureäthylester.

Dieses Verfahren scheint jedoch nicht über das Versuchsstadium hinausgegangen zu sein.

D.R.P. 582.378 (Oranienburg-Lindner). — Diesem Patente zufolge lassen sich die Metallbeizen mit den Fettsäuren gemeinsam in einer Lösung vereinigen, ohne dass die Metallseifen ausfallen, wenn

[1]) R. Haller, Auf dem Wege zum einbadigen Alizarinrot, Mell. 1942, S. 86.

man die von der Erfinderfirma in den Handel gebrachten substituierten aromatischen Sulfosäuren, z. B. palmitylbenzolsulfosaures Natrium, zusammen mit den Beizen anwendet.

Färben auf Chrombeizen mit Chromfarbstoffen.

Die wichtigste Beize für das Färben mit Chromfarbstoffen ist die von de Gallois entdeckte Chrombeize GA II, 35° Bé (M. L. B.), welche einem Chromichromat entspricht. Sie entsteht durch Auflösen von Chromhydroxyd in Chromsäure. Durch einfaches Eintauchen der Ware in diese Beize ist es möglich, ansehnliche Mengen Chromoxyd auf der Faser zu fixieren.

Die Chrombeizen sind heutzutage von geringer Bedeutung für die Stückfärberei. Man bedient sich ihrer hauptsächlich in der Garnfärberei. Chromchlorid 20° Bé und Chrombisulfit, sowie die alkalische Chrombeize werden meistens angewendet.

Zusammensetzung der alkalischen Chrombeize.

25 l Chromazetat 20° Bé
1 l Glyzerin 30° Bé
32 l Natronlauge 30° Bé
42 l kaltes Wasser

auf 20° Bé einstellen.

Eine Fabrikation, welche auch heute noch üblich ist, besteht darin, die Ware auf der Hotflue mit der Farbstofflösung zusammen mit der Beize zu pflatschen und hierauf entweder eine Stunde im Kontinuedämpfer oder im Sack zu dämpfen.

Dieser Artikel, welcher mit einer ganzen Reihe von Chromfarbstoffen ausgeführt wird (Chromocitronin usw.), wird nachträglich mit einer Chloratätze weiss geätzt. Mit Modernblau insbesondere erzielt man ein sehr sattes und mit Chloratätze leicht ätzbares Marineblau.

Wir geben nachfolgend die Zusammensetzung eines Färbebades (bezüglich der Weissätzen dieser Färbungen siehe weiter oben S. 548):

Havannabraun

30 g Alizarin für Rot 20%
2,4 g Alizarinbraun 20%
70 g Kreuzbeerenextrakt 30° Bé
15 g Borax
412 g kaltes Wasser
30 g Tragantschleim 6%
70 g Leiogumverdickung 25%
45 g Chromazetat 30° Bé

auf 1 Liter einstellen

Eichengrün

7 g Alizarinviridin
3,75 g Alizarincyanin GG
10 g Borax
500 g kochendes Wasser
26 g Kreuzbeerenextrakt 30° Bé
300 g kaltes Wasser
70 g Leiogumverdickung
30 g Tragantschleim 6%
30 g Chromazetat 30° Bé

auf 1 Liter einstellen

Brit. P. 481.854 von Durand & Huguenin. — Gemäss diesem Patente wendet man zum Färben von Beizenfarbstoffen in einem einzigen Bade Chromichromat an, welches man dem Färbebade zusetzt. Man geht mit der Baumwolle oder Kunstseide bei gewöhnlicher Temperatur ein, erwärmt in 3/4 Stunden auf 90° C und färbt 1/2 Stunde bei dieser Temperatur. Es wurde beobachtet, dass die Lackbildung nur auf der Faser und nicht in der Farbflotte stattfindet. Ein Zusatz von Chromtartrat oder Chromlaktat hat sich als sehr vorteilhaft erwiesen.

D.R.P. 672.238 von Durand & Huguenin. — Gemäss diesem Patent wird das durch Mischen von Bichromat mit Chromchlorid entstehende Chromichromat zum Beizen von Baumwolle verwendet.

Man beizt zunächst die Faser mit diesem Produkt und fixiert auf einem Sodabade; hierauf färbt man die Ware mit Chromfarbstoffen.

Nach demselben Patent soll es möglich sein, Kunstseide mit Chromichromat in einem Bade zu färben. Man geht mit der Ware in das kochende, den Farbstoff (Chromazurol S), die Beize und Kochsalz enthaltende Färbebad ein, gibt hierauf Essigsäure zu und färbt bis zur vollständigen Erschöpfung des Bades.

Es erscheint wahrscheinlich, dass diese Patente der Beize entsprechen, welche Durand & Huguenin unter dem Namen Chromat DH[1]) auf den Markt bringt.

D.R.P. 587.584 (Hankey). — Nach diesem Patent wird eine sehr konzentrierte Lösung von Chromoxydhydrat für Beizzwecke durch Vermischen von Natrium- oder Kaliumchromatlösungen mit Rongalitlösungen und Klotzen auf dem Gewebe hergestellt. Beim kurzen Dämpfen entsteht die Verbindung $Cr_2(OH)_6 \cdot 4\ H_2O$, die nicht nur als Beize wirksam ist, sondern auch Feuerfestigkeit bewirkt.

Zum Schluss sei noch das *amer. P. 2.085.795* (Amer. Dyewood) erwähnt, welches ein Beizen mit kolloidalen Eisenhydroxydlösungen speziell zum Zwecke der Ausfärbung von Azetatgeweben mit Beizenfarbstoffen beschreibt.

Abziehen von Beizenfarbstoffen.

D.R.P. 632.728; franz. P. 771.349, Imp. Chem. Ind.[2])

Gemäss diesen Patenten lassen sich die Beizenfarbstoffe mit Natriumhydrosulfit in Gegenwart von Aminen, welche eine lange gerade oder verzweigte Kohlenstoffkette besitzen, abziehen. Man verfährt auf folgende Weise:

Der mit Beizenfarbstoffen gefärbte Stoff wird während einer Viertelstunde in 40 Gewichtsteilen einer Lösung gekocht, welche pro Liter

4 T. Natronlauge 38° Bé
3,75 T. Natriumhydrosulfit
2 T. Trimethylcetylammoniumbromid

[1]) Siehe dieses Kapitel S. 802 u. 831; Mell. 1939, S. 585.
[2]) R.G.M.C. 1935, S. 138.

enthält. Der Farbton wird durch diese Behandlung braun, durch eine darauffolgende Passage in einem Natriumhypochloritbade von $^1/_2{}^0$ Bé wird ein reines Weiss erhalten.

Beizenfarbstoffe auf tierischen Fasern.

Färbeverfahren für Wolle.

Das Färben der Wolle mit Beizenfarbstoffen und insbesondere auf Chrombeizen (Chromfarben) ist eine der wichtigsten Fabrikationen in der Textilindustrie. Die Beizenfarbstoffe, von welchen die Eriochromfarbstoffe von Geigy die typischsten Vertreter sind, finden für Wolle in allen ihren Stadien, vom losen Material bis zum fertigen Tuch, in der Wollfärberei Anwendung.

Für das Färben mit Beizenfarbstoffen kommen drei Verfahren in Betracht:

a) Färben mit darauffolgendem Beizen mit Bichromat, Chromfluorid, Alaun oder Kupfersulfat;

b) Färben und Beizen im selben Bade;

c) Färben nach einer Vorbeize mit Alaun, Chrom- oder Eisensalzen.

I. Färben mit darauffolgendem Beizen mit Metallsalzen (Nachchromierungsmethode)[1]).

Diese Methode beruht auf der Nachbehandlung der unter Zusatz von Essigsäure und Glaubersalz gefärbten Wolle in einem Bichromatbad, in welchem der Chromfarblack gebildet wird. Man erhält auf diese Weise Färbungen, welche durch ihre hervorragenden Echtheitseigenschaften gekennzeichnet sind.

Die Farbstoffklassen, welche sich für dieses Verfahren eignen, sind:

Säurealizarin-, Säurechrom-, Säureanthrazen-, Chromogen-,
Chromoxan-, Chromotrop-, Salizin- und
Palatinchromfarbstoffe der I. G. Farbenindustrie,
Neochromfarbstoffe von Kuhlmann-Francolor,
Saure Chromfarbstoffe von Saint-Denis,
Eriochromfarbstoffe von Geigy,
Omegachromfarbstoffe von Sandoz,
Chromechtfarbstoffe und
Naphtochromfarbstoffe der Ciba.

---

[1]) Seiferth, Frb. Ztg. 1907, S. 84, 98, 185; von Kapff, Frb. Ztg. 1907, S. 130; 1908, S. 49, 69, 236; Lengfeld, Frb. Ztg. 1907, S. 133; Müller, Frb. Ztg. 1908, S. 142; Kertess, Frb. Ztg. 1909, S. 213, 249; 1908, S. 137; Theis, Frb. Ztg. 1908, S. 240; Gavard, Frb. Ztg. 1908, S. 270; Race, Rowe und Speakman, The nature of the dye-chromium complex in the case of wool dyed with certain mordants dyes, J. Soc. D. and Col. 1946, *62*, S. 372.

Die wichtigsten Vertreter der Eriochromfarbstoffe sind sulfonierte oder karboxylierte Azoverbindungen; sie werden unter Zusatz von Essigsäure gefärbt und auf einem Kaliumbichromatbade entwickelt. Von diesen lassen sich gewisse Farbstoffe auch nach dem Einbadverfahren färben (Eriochromalverfahren); sie werden in der Praxis unter besonderem Namen gehandelt.

In gewissen Fällen wird das Bichromat durch Chromfluorid (Gallocyanin und saure Alizarinfarbstoffe, z.B. Erioechtbrillantblau 3 R), durch Alaun (Alizarinrot, -orange und -gelb) oder auch durch Kupfersulfat (Neochromschwarz, Eriochromviolett B) ersetzt.

Das sogenannte Kombinationsschwarz wird unter Anwendung von Säureschwarz und Blauholz in einem Bad gefärbt und nachträglich mit Ferrosulfat und Kupfersulfat entwickelt.

Die durch Nachchromieren erhaltenen Färbungen sind um so reibechter, je langsamer das Chrom auf die Faser zieht. Als Mittel zur Verlangsamung und Regulierung des Aufziehens empfiehlt das *amer. P. 1.911.307* von Claflin die Verwendung des Aldols

$$CH_3—CHOH—CH_2—C\begin{matrix}\nearrow O \\ \searrow H\end{matrix}$$

das dem Bichromatbade zugesetzt wird.

Besonders interessant ist das *D.R.P. 587.361* von Bucherer, welches eine Färbemethode für solche Farbstoffe beschreibt, die gegen einen Chromüberschuss empfindlich sind. Die Wolle wird zunächst mit dem Chromfarbstoff auf saurem Bade gefärbt; hierauf wird gespült, mit einer kalten Chromatlösung behandelt, gewaschen, durch eine Bisulfitlösung gezogen und schliesslich in heisses Wasser gebracht, in welchem erst die Lackbildung erfolgt. Es ist interessant festzustellen, dass das Chromioxyd und der Beizenfarbstoff sich in einem solchen Zustande nebeneinander auf der Faser befinden, dass die Lackbildung erst in heissem Wasser stattfinden kann, wodurch die Faser zugleich geschont wird.

Diesem Patente schliesst sich das *D.R.P. 591.212* (ebenfalls von Bucherer) an, laut welchem die Beizenfarbstoffe auf einem Bade durch Zusatz von Ammoniumsalzen, z. B. Ammoniumkarbonat, gefärbt werden.

Mischtextilien aus Wolle und Zellwolle lassen sich nach dem Verfahren, welches in dem *brit. P. 484.796* der I. G. Farbenindustrie dargelegt ist, mit gewissen direktziehenden, eine chromierbare Gruppe enthaltenden Farbstoffen, wie Gallomarineblau S Pulver und Chromechtgelb RD einheitlich färben, wenn man die Fasern zuerst unter Zusatz eines Schutzkolloids, z. B. Sulfitablauge, mit Chromazetat vorbeizt, dann heiss ausfärbt und zum Schlusse nachchromiert. Im Patent wird hervorgehoben, dass die Vorbeize das Aufziehen des Farbstoffs auf die vegetabilische Faser beschleunigt, dagegen auf die animalische Faser verlangsamt, wodurch eine egale Färbung erzeugt wird (Bull. Föd. *3*, S. 438).

Das Bichromat wirkt, als Beizmittel angewandt, auch oxydierend auf die tierische Faser ein. Man nimmt jedoch an, dass wegen der sehr langsamen, reduzierenden Wirkung der Wolle sich echtere Farbstofflacke bilden, obwohl im Verlaufe dieses Prozesses eine Schädigung der Faser stattfindet.

Das Nachchromierungsverfahren hat sich in der Praxis aufs beste bewährt und wird auch heute noch allgemein angewendet. Durch das Nachchromieren bilden sich auf der Faser, zwischen Farbstoff und Chromsalz, komplexe Salzverbindungen, welche durch ihre hervorragenden allgemeinen Echtheitseigenschaften gekennzeichnet sind.

Dem Vorbeizverfahren gegenüber weist die Nachchromierungsmethode folgende Vorteile auf: raschere Ausführung, kürzere Kochdauer, Schonung der Faser und geringerer Dampfverbrauch.

Arbeitsweise: Die auf 60—70^0 C erwärmte Flotte wird mit 10—20% Glaubersalz krist., 2—4% Essigsäure 30% und mit dem vorgelösten Farbstoff beschickt. Man geht mit der Ware ein, treibt langsam bis zum Kochen und färbt $^1/_2$—$^3/_4$ Stunden. Dann setzt man noch 3—5% Essigsäure zu und färbt kochend weiter bis zur vollständigen Erschöpfung des Bades. Nun lässt man das Bad abkühlen, gibt langsam die Bichromatlösung zu, treibt abermals auf Kochtemperatur und behandelt die Ware kochend während $^3/_4$—1 Stunde.

II. Das Färben und Beizen mit Chromsalzen im selben Bade (Metachrom-, Synchromatverfahren)[1]).

Für dieses einbadige Färbeverfahren eignet sich eine besondere Auswahl von Chromfarbstoffen, die unter folgenden Namen bekannt sind:

Metachrom- und
Monochrom-Farbstoffe (IG)
Synchromat-Farbstoffe (Ciba)
Eriochromal-Farbstoffe (Geigy)
Metomegachrom-Farbstoffe (Sandoz)

Man färbt die obigen Farbstoffe in Gegenwart einer Beize, die in der Regel aus einem Ammoniumchromat oder einer Mischung von Kaliumbichromat und Ammoniumsulfat besteht (Metachrom-, Eriochromal-, Synchromatbeize). Eine eingehende Studie über dieses Färbeverfahren findet sich in Mell. Franz. Ausg. 1937, S. 28.

[1]) Textile World 1946, 95, S. 112, German dyeing procedure for half-wool with metachrome dyes; Textiles 1947, S. 41.

Die Arbeitsweise ist folgende: Man beschickt die auf 35—40° C erwärmte Flotte mit 10% Glaubersalz, 3—5% in heissem Wasser gutgelöster Metachrombeize und setzt alsdann die Farbstofflösung zu. Nun geht man mit der Ware ein und treibt nach 10 Minuten die Flotte im Laufe einer Stunde allmählich auf Kochtemperatur und färbt dann bei dieser Temperatur noch 1$^1/_2$—2 Stunden weiter. Für schwer egalisierende Farbstoffe ist ein Zusatz von Ammoniumazetat bzw. -sulfat oder $^1/_2$% Leonil S zum Färbebad zu empfehlen.

Für Mischgewebe aus Woll- und Zellwollgarnen kommt das Metachromverfahren nach dem *öst. P. 153.489* der I. G. Farbenindustrie in Betracht, wenn man der Spinnmasse (Zellwollgarnen) Kondensate von Polyaminen mit höheren Paraffinen, z. B. Polyäthylendiamin und Trichlorhartparaffin, zumischt. Solche Mischgewebe lassen sich beispielsweise mit Metachrombraun 6 G walkecht ausfärben (Bull. Föd. *3*, S. 439).

Das *amer. P. 2.121.337* der I. G. Farbenindustrie-Brodersen behandelt ebenfalls das Färben von Mischfasern mit Metachromfarbstoffen. Hier wird die Zellwollfaser mit organischen Basen vorbehandelt, welche als Beize für Metachromfarbstoffe dienen. Die schematische Formel dieser Körper ist folgende:

$$\begin{array}{c} R{-}X{-}C{-}NH_2 \\ \quad\quad \| \\ \quad\quad NH \end{array}$$

R = Alkyl von hohem Molekulargewicht;
X = zweiwertiges Radikal, z. B. = NH; = O usw.

Das Patent führt als Beispiel Stearylguanidin an:

$$HN{=}C\begin{matrix} \diagup NH{-}C_{18}H_{37} \\ \diagdown NH_2 \end{matrix}$$

Da das Einbad-Metachromverfahren der I. G. Farbenindustrie für gewisse Chromfarbstoffe nicht anwendbar ist und die Abmusterung im Zweibadverfahren wegen des Nachchromierens gewisse Schwierigkeiten bietet, hat die Imp. Chem. Ind. (*franz. P. 821.992*) ein Verfahren ausgearbeitet, nach welchem auch die chromierbaren Farbstoffe, die sich für das Metachromverfahren nicht eignen, auf einem Bade gefärbt werden können. Es beruht auf Zusätzen hochsubstituierter quaternärer Ammoniumbasen, z. B. des Cetyltrimethylammoniumbromids; die Färbung wird auf schwach alkalischem Bade (NH_4OH) vorgenommen. Als Beispiel wird Solochromschwarz PV und Eriochromcyanin angegeben. Man färbt $^1/_2$ Stunde warm und 1 Stunde bei Kochtemperatur.

Neben diesem einbadigen Verfahren wird heute das Färben durch direkten Zusatz von Bichromat und Essigsäure in das Färbebad weniger mehr ausgeübt: Man beschickt das Färbebad mit 10% Glaubersalz krist., 0,2—1,5% Chromkali und dem Farbstoff, geht bei 60° C ein, treibt auf 95° C, gibt nach 1/2 Stunde 1—5% Essigsäure 30% zu oder 0,5—1% Ameisensäure 85% und kocht eine Stunde weiter.

Als weiteres Einbadverfahren hat Sandoz seinerzeit das Färben mit Chromosol (Chromnatriumoxalat, $CrNa(C_2O_4)_2$) herausgebracht.

Dieses Doppelsalz zersetzt sich in essigsaurer Lösung beim Erwärmen nur sehr langsam.

Interessant zu erwähnen ist das neue *DA. 53.541* (Pat. Anm. p. 46.921 D/8 m, 1/01) der Farbenfabriken Bayer, Leverkusen (Erfinder Rabe und Hansen) vom 24. Juni 1949, welches ein Verfahren zum Färben von Wolle mit Chromfarbstoffen in Gegenwart von Chromalaun und Hilfsmitteln des Typus Polyglykoläther betrifft. Nach diesem Verfahren soll man kräftigere Färbungen als nach dem normalen Metachromverfahren erhalten.

III. Das Färben auf Vorbeizen.

Das Färben der Wolle auf vorgebeizter Ware ist eines der ältesten Verfahren der Wollfärberei. Die Ausführung beruht auf dem Vorbeizen mit Aluminium-, Chrom- oder Eisensalzen und darauffolgendem Färben auf essigsaurem Bade.

Dieses Verfahren eignet sich insbesondere für das Färben mit Alizarin, Blauholz, Kreuzbeerenextrakt, synthetischen Alizarinfarbstoffen (Polyoxyanthrachinonfarbstoffe, Salicylsäurefarbstoffe usw.). Die meist gebrauchten Metallbeizen sind: Alkalibichromate für die Chrombeize (Chromsud), Alaun für Tonerdebeizen. Zum Beizen der Wolle werden diese Metallsalze in Verbindung mit Weinsäure, Milchsäure, Ameisensäure oder Schwefelsäure angewendet.

Das Titanoxyd wurde ebenfalls als Beize für tierische Fasern vorgeschlagen[1]).

Nach dem *amer. P. 1.675.459*, 1929 der Federal Phosphorus Co. werden auf Wolle, welche mit Natriumbichromat unter Zusatz von Natriumpyrophosphat gebeizt worden ist, bedeutend lebhaftere Nuancen erzielt.

Das Beizen mit Chromsalzen (Chromsud) und das Färben werden im allgemeinen in zwei Bädern vorgenommen. Es ist jedoch möglich, die zwei Operationen in einem Bad auszuführen.

Arbeitsweise:

Beizen der Wolle: Die Flotte wird mit 2—4% Kaliumbichromat und 2,5% bzw. 1,5% Schwefelsäure 96% oder mit 1,5%

---

[1]) Barnes, R.G.M.C. 1896, S. 73; Gavard, Frb. Ztg. 1909, S. 8; siehe auch *franz. P. 571.195*, 1923 der Soc. d'Exploitation des Procédés Escaich.

Kaliumbichromat, 3% Milchsäure und 1% Schwefelsäure 96% beschickt. Man geht mit der Ware bei 70° C ein, treibt bis zum Kochen, behandelt kochend während $1^1/_2$ Stunden und wäscht.

Färben: Man beschickt das Färbebad mit 2—4% Essigsäure 30% oder mit 5% Ammoniumazetat, geht mit der gebeizten Ware bei 30—40° C ein, behandelt während $^1/_2$ Stunde und treibt im Laufe von $^3/_4$ Stunden zum Kochen. Dann färbt man kochend weiter bis zur Erschöpfung des Bades.

Für Blauholzfärbungen wird die Ware mit einer Mischung von Kaliumbichromat und Kupfersulfat gebeizt.

Das Färbeverfahren auf vorgebeizter Ware hat viel an Bedeutung verloren. Es wurde allmählich von den einfacheren und schnelleren Färbemethoden mit Chromfarbstoffen (Nachchromierungs-, Metachromverfahren usw.) sowie auch durch das Färben mit Küpenfarbstoffen verdrängt.

Zum Färben auf einem Bade wird die Flotte mit dem Farbstoff, Glaubersalz und Bichromat beschickt und kochend unter Zusatz von Essigsäure und Schwefelsäure gefärbt. Die Farbstoffe, welche nach diesem Verfahren gefärbt werden, sind die Autochromfarbstoffe der I. G. (M.L.B.), die Chromfarbstoffe von Casella, die Monochromfarbstoffe von Bayer, die Palatinchromfarbstoffe der B.A.S.F., die sauren Chromfarbstoffe von Francolor sowie die Eriochromfarbstoffe von Geigy.

Beim Färben von Wolle mit Chrombeizenfarbstoffen wird von Baumheier das Formollaktin, eine hellbraune, in Wasser lösliche, sauer reagierende Flüssigkeit, empfohlen. Formollaktin bewirkt eine langsamere Reduktion der Chromsäure und eine Verbesserung der Gleichmässigkeit der Färbung. Man verwendet es bei allen Chrombeizenverfahren (Chromierverfahren und bei Vorbeize).

Die Tonerdebeize kommt hauptsächlich für die Herstellung von roten Färbungen (Uniformtuch) mit verschiedenen Alizarinmarken in Betracht. Die Ware wird während $1^1/_2$ Stunden in einem Bade, welches 10% Alaun, 3% Weinsäure und 2% Oxalsäure enthält, gebeizt, gewaschen und mit Alizarin gefärbt.

Eisenbeize: Das Beizen der Wolle mit Eisensalzen war sehr lange Zeit hindurch von ausserordentlicher Bedeutung für die Herstellung von Schwarzfärbungen auf Wolle mit Blauholz. Dieses Schwarz war während langen Jahren das einzige Schwarz auf Wolle.

Diese Färbung mit Blauholz wurde durch die synthetischen Azofarbstoffe (Naphtolschwarz usw.) fast vollständig verdrängt. Sie wird jedoch noch hin und wieder für die Herstellung billiger Artikel ausgeführt. Für sehr echte Schwarzfärbungen auf Wolle verwendet man in neuerer Zeit das Alizarinschwarz der I.G. Farbenindustrie.

Färbeverfahren für Naturseide.

Naturseide wird heute mit direkten, mit sauren, mit Chromfarbstoffen und in speziellen Fällen mit Küpenfarbstoffen gefärbt. Die Chromfarbstoffe und Küpenfarbstoffe ergeben auf dieser Faser die echtesten Färbungen; die Küpenfarbstoffe müssen jedoch in alkalischen Bädern auf die Naturseide gebracht werden, was der Faser nicht sehr zuträglich ist.

Durand & Huguenin haben ein einbadig (metachrom) arbeitendes Färbeverfahren ausgearbeitet, welches heute unter der Bezeichnung „Seidenbeize SF-Verfahren" bekannt ist[1]). Das Verfahren, das sich für viele Chromfarbstoffe eignet, gestattet die Herstellung von sehr gut waschechten Seidenfärbungen, nicht nur in dunklen, sondern auch in hellen Nuancen. Der Griff der nach diesem Verfahren gefärbten Seidenstücke ist in den meisten Fällen gut. Bei gewissen, sehr leichten Geweben, z. B. bei Pongé-Seide, welche oft einen etwas lappigen Griff besitzen, kann der Griff durch eine einfache Avivage verbessert werden.

Gefärbt wird nach folgender Vorschrift:

Der gut gelöste Farbstoff wird unter Zusatz von

8% Seidenbeize SF und
2–4% Ameisensäure 85%

dem 30° C warmen Färbebad zugesetzt. Nach kurzem Hantieren wird innerhalb $^3/_4$ Stunden gleichmässig auf 90° C erwärmt und diese Temperatur während 1 Stunde beibehalten. Die fertigen Färbungen werden nach gutem Spülen $^1/_4$ Stunde bei 85—90° C geseift.

Solche Färbungen zeichnen sich vor allem durch eine sehr gute Waschechtheit aus und lassen sich, bei geeigneter Auswahl der Chromfarbstoffe, rein weiss ätzen.

Druckverfahren[2]).

Die Beizenfarbstoffe werden hauptsächlich für den Druck von Kammzug (Vigoureux-Druck) verwendet. Auf Wollgeweben und insbesondere auf Wollmousseline werden diese Farbstoffe nur selten und vereinzelt angewandt. Die Druckfarben werden mit denselben Anteig- und Lösungsmitteln wie für die sauren Farbstoffe zubereitet.

Die Praxis hat gezeigt, dass ein Zusatz von Ammoniumrhodanid von Vorteil ist.

Als Säure verwendet man meist Oxal- oder Ameisensäure. Die Chromsalze sind die einzigen Metallbeizen, welche in Betracht kommen.

[1]) Siehe G. von Niederhäusern, Mell. 1934, Bd. *15*, S. 362; R.G.M.C. 1936, Bd. *40*, S. 202.

[2]) Beizenfarbstoffe auf Azetatseide und Nylonfaser siehe Kap. IX und X dieses Werkes.

Zum Verdicken der Farben werden insbesondere Britishgum und gebrannte Stärke angewendet.

Zusammensetzung einer Druckfarbe ohne Metallbeize		Druckfarbe mit Metallbeize	
250 g	Alizarinviridin FF Teig	60 g	Palatinchromfarbstoff (I. G.) in
50 g	Glyzerin	50 g	Glyzerin und
20 g	Natriumchlorat	120 g	heissem Wasser gelöst
20 g	Ammoniumoxalat	620 g	Britishgumverdickung 1:1
610 g	Britishgumverdickung 1:1	20 g	Ammoniumoxalat
30 g	Tournantöl	20 g	Natriumchlorat, erwärmen und kalt
1000 g		100 g	Chromazetat 20%
		10 g	Tournantöl oder Terpentinöl zugeben
		1000 g	

Die Beizenfarbstoffe lassen sich im allgemeinen nur durch einstündiges Dämpfen vollständig fixieren; diesbezüglich erwähnt Durand & Huguenin in einer Anzahl von Patenten, und zwar *D.R.P. 623.939*, 1933; *franz. P. 755.351; brit. P. 412.391; amer. P. 2.018.436*, dass sich die Dämpfdauer erheblich verkürzen lässt, wenn man der Druckfarbe eine genügende Menge Ammoniumsalze von nicht flüchtigen organischen Säuren, z. B. 40 g pro kg oxalsaures oder weinsaures Ammonium zugibt (Wengraf's Ber. 1934, Augustheft, S. 15). Das Produkt, welches von Durand & Huguenin unter dem Namen Fixierer WDHL auf den Markt gebracht wird, entspricht diesen Bedingungen[1]).

Stalder gibt folgendes Rezept:

20 g	Farbstoff
50 g	Glyzerin
408 g	Wasser
500 g	Stärke-Tragantverdickung
12 g	oxalsaures Ammonium
10 g	neutrales Ammoniumchromat
1000 g	

Eine Stunde dämpfen und waschen.

Eine noch schnellere und trotzdem gute Fixierung erhält man bei Anwendung der Perchromfarbstoffe (Durand & Huguenin AG.), die nur eine Dämpfdauer von 4 Minuten in feuchtem Dampf benötigen. Hierbei gelten die gewöhnlichen Baumwolldruckrezepte, denen man 5% Dehapan GB zusetzt und in denen der Fixierer CDH durch den Fixierer WDHL ersetzt wird. Dank dieser kurzen Dämpfzeit bleibt der unbedruckte Boden auch bei chlorierter Wolle tadellos weiss. Für den Ätzdruck wären speziell zwei neue Farbstoffklassen zu erwähnen: die Perchromätzfarbstoffe (Durand & Huguenin AG.) und die Seidenätzfarbstoffe supra (Durand & Huguenin AG.),

[1]) G. von Niederhäusern, Mell. 1932, S. 412, sowie Stalder von der Firma Geigy. Mell. 1933, S. 20; Text. Col. 1933, S. 624, und Tiba 1933, S. 35.

die sich beide durch rasche Fixierung auszeichnen. Ein Dämpfen von 8 Minuten genügt vollständig. Ein Nachdämpfen erübrigt sich. Beide Farbstoffklassen sind miteinander mischbar und geben relativ echte und leuchtende Ätzeffekte.

Beispiel:

7 g	Farbstoff
5 g	Fixierer CDH
19 g	Wasser
50 g	Gummi arabicum neutralisiert mit Ammoniak
9 g	Universalbeize RC
10 g	Hydrosulfit CW
100 g	

Nach dem Drucken und Trocknen wird 8 Minuten gedämpft, in kaltem und nachträglich in warmem Wasser gewaschen.

Nylonfasern werden gewöhnlich mit Azetatfarbstoffen gefärbt. Mit anderen Farbstoffen erzielt man keine befriedigenden Ergebnisse. Die Erfindung, die den Gegenstand des *amer. P. 2.421.131* von Geigy bildet[1]), zeigt jedoch eine Methode, nach der man Chromfarbstoffe auf Nylon voll zur Entwicklung bringen kann. Dies ist hier Voraussetzung zur Erzielung gleichmässiger und waschechter Färbungen. Dazu wird die Faser mit dem Chromfarbstoff in stark saurem Bade gefärbt, darauf folgt eine Behandlung mit Kalium- oder Natriumbichromat, eine Dampfbehandlung (0,3 atü bei 113° C) und endlich das übliche Waschen. In den Beispielen des Patents werden folgende Farbstoffe genannt: Eriochromflavin A und Eriochromrot B.

[1]) Mell. 1949, S. 321.

Name	Herkunft	Zusammensetzung
Fixierer CDH	D.H. (1930)	Hauptsächlich Harnstoff enthaltendes Produkt. Kristalliner, leicht wasserlöslicher Teig.
Seidenbeize SF	D. H.	
Dehapan OF	D. H. (1933)	Dünne Paste.
Fixierer WDHL	D. H.	Ammoniumoxalat und Harnstoff. Wenig wasserlöslich.
Débéchromol A und B Débéchrommordant	Lab. Zündel, Joliet & Cie., Gennevillers	Ureide mit Zusatz von Pyridinderivaten.
Universalbeize 9333 Universalbeize 9333 konz. Universalbeize 9333 extra konz. Universalbeize RC Irgachrombeize B	D. H. Geigy (1946)	Chromlaktat + Harnstoff + Glyzerin.
Solutionssalz CN	I. G. Farbenindustrie (1940)	60% Formamid 40% Harnstoff

Literatur	Verwendungsgebiete
D.R.P. 528.262; brit. P. 318.469; amer. P. 1.942.774; franz. P. 680.832, 1929; R.G.M.C. 1931, S. 146, und 1934, S. 111; Bull. Föd. *1*. von Niederhäusern, Mell. 1933, S. 412; 1934, S. 362; R.G.M.C. 1936, S. 202.	Hilfsmittel für Beizenfarbstoffe. Besseres Fixieren der Farbstoffe, Verkürzung der Dämpfdauer und Erhöhung der Seifenechtheit.
	Beize zum Färben von Chromfarbstoffen auf Seide.
D.R.P. 601.860, 1933; *franz. P. 769.171;* Tiba 1935, S. 58; R.G.M.C. 1936, S. 65 und 104. von Niederhäusern, Mell. 1934, S. 362.	Lösungsmittel für Chromfarbstoffe.
D. R. P. 623.939; franz. P. 755.351, 1935; *brit. P. 412.391;* amer. *P. 2.018.436* von Durand & Huguenin, Basel.	Für Wolldruck.
	Hilfsmittel für Beizenfarbstoffe. Bessere Fixation. Verkürzung der Dämpfdauer.
D.R.P. 623.648, 631.923, 655.445; brit. P. 435.701 von Durand & Huguenin und *franz. P. 770.437*, 1934; R.G.M.C. 1935, S. 138; *D.R.P. 656.879; öst. P. 153.802; franz. P. 817.501; brit. P. 489.836; amer. P. 2.131.320* von Durand & Huguenin, Basel. Tiba, 1936, S. 23, 94, 411. von Niederhäusern, Mell. 1934, S. 15. Britt, Mell. 1935, *16*, S. 188. Mell. 1939, *20*, S. 584.	Beizen, welche an Stelle des Chromazetates verwendet werden. Verhindern das Koagulieren der Gummiverdickung. Für Druck auf Reyon und natürlicher Seide.
Teintex 1941, S. 83.	

Patentverzeichnis.

Amerikanische Patente

Belgische Patente

Britische Patente

Deutsche Patente

Französische Patente

Holländisches Patent

Indisches Patent

Italienische Patente

Japanisches Patent

Kanadische Patente

Österreichische Patente

Russische Patente

Schweizerische Patente

Alphabetisches Sachverzeichnis

der im Text und in den Tabellen erwähnten Produkte.

A

B

C

D

E

H

I

J

K

L

O

P

Q

R

S

U